Integrale Betriebswirtschaftslehre

Herausgeber
Karl Schaufelbühl
Walter Hugentobler
Matthias Blattner

Integrale Betriebswirtschaftslehre

Lehrbuch zur Webplattform www.bwl-online.ch

Mitautorinnen und Mitautoren
Marc Aeschbacher, Nathalie Amstutz, Urs Baldegger, Veronika Bellone, Beat Birkenmeier, Matthias Blattner, Harald Brodbeck, Christian Buser, Anita Graf, Dieter Hartfelder, Knut Hinkelmann, Walter Hugentobler, Daniel Jakobi, Georg Kassowitz, Ivan Köhle, Valeria Legena, Jürg Liechti, Erhard Lüthi, Andreas Mühlhäuser, Guy Ochsenbein, Ivan Raffainer, Herbert Ruile, Karl Schaufelbühl, Fabian Schmid, Andreas Stettin, Hugo Tschirky, Martina Zölch

7. überarbeitete und erweiterte Auflage

orell füssli
verlag

Herausgeber: Karl Schaufelbühl, Walter Hugentobler, Matthias Blattner

7. überarbeitete und erweiterte Auflage 2020
ISBN 978-3-280-04211-3

MIX
Papier aus verantwortungsvollen Quellen
FSC® C013736
www.fsc.org

Druck: Kösel GmbH & Co. KG, Altusried-Krugzell

Orell Füssli Verlag, www.ofv.ch

Die Deutsche Nationalbibliothek verzeichnet diese Publikation in der Deutschen Nationalbibliografie; detaillierte bibliografische Daten sind im Internet unter www.dnb.de abrufbar.

Weiterführende Texte, Übungsaufgaben und Lernkontrollen stehen unter www.bwl-online.ch zur Verfügung.

Orell Füssli Verlag Lernmedien
lernmedien@orellfuessli.com
www.ofv.ch/lernmedien

Vorwort

Dieses Lehrbuch, besonders für die Stufe der Fachhochschulen, war längst fällig. Ein solides Verständnis für Management ist eine notwendige Bedingung für die Konkurrenzfähigkeit der Wirtschaft, aber auch für den Erfolg des Einzelnen in der Gesellschaft.

Das Buch steht in der Tradition der St. Galler Systemorientierten Managementlehre, wie sie Ende der 60er-Jahre von Prof. Dr. Hans Ulrich initiiert und von ihm und seinen damaligen Dozentenkollegen, besonders unter Mitwirkung von Prof. Dr. Walter Krieg, an der Universität St. Gallen und später am Management Zentrum St. Gallen geschaffen und bis heute weiterentwickelt wurde. Es war das erste und ist seither das einzige Managementmodell, das den grösstmöglichen und umfassendsten Ansatz zugrunde legte, nämlich die Unternehmung in ihrer Umwelt zu sehen und sie den Erkenntnissen der Allgemeinen Systemtheorie entsprechend als komplexes interaktives, dynamisches System zu verstehen. Gleichzeitig wurde auch für die Funktion des Managements die umfassendste Sicht gewählt, wie sie sich aus der Kybernetik ergibt, nämlich als die Gestaltung, Entwicklung und Lenkung eines komplexen Systems.

Die konzeptionellen Grundlagen mussten, wie in vielen Publikationen seither gezeigt wurde und wie auch das vorliegende Buch beweist, bis heute nicht verändert werden. Dieses Lehrbuch ist ein weiteres Zeugnis für die Richtigkeit des damaligen Denkens und der Entscheidungen, die zur St. Galler Systemorientierten Managementlehre führten. Es ist ein grosses Verdienst der Autorinnen und Autoren, dass sie auf diesen Grundlagen aufbauen, sie für ihre Zielgruppe sichtbar machen und es dieser damit ermöglichen, Kontinuität und Entwicklung zu erkennen.

Die heutige Managementliteratur ist ein Labyrinth. Sie zeigt, mit wenigen Ausnahmen, alle Attribute einer unterentwickelten Disziplin. Die vorherrschende Konzept-, Begriffs- und Methodenvielfalt ist nicht, wie manche meinen, eine Stärke eines Wissensgebietes, die es dem Studierenden ermöglicht, sich seine eigene Meinung zu bilden. Wir finden das in keinem hoch entwickelten Fach. Es ist in Wahrheit eine Schwäche, die Konfusion schafft und in massgeblicher Weise zu schlechtem Management und zu den heute überall zu beobachtenden Kommunikationsschwierigkeiten beiträgt.

Dieses Lehrbuch schafft Klarheit, Ordnung und Systematik. Es ist am Nutzen für den Studierenden orientiert und gleichzeitig an der Leitidee richtigen und guten Managements.

St. Gallen, im Juni 2020 — Prof. em. Dr. oec. Fredmund Malik

Integrales Management: Leitideen wertbetonter, wirksamer und verantwortungsbewusster Führung

Das Modell des Integralen Managements hat seine Wurzeln im St. Galler Systemansatz und seinen konzeptionellen Grundlagen. Es ist Basis für Ausbildung, Weiterbildung und Befähigung in Betriebswirtschafts- und Managementlehre. Als umfassender, mehrdimensionaler Bezugsrahmen, der bewusst offen konzipiert ist, erweist das Modell seine Integrationskraft für theoretische Weiterentwicklungen und eigene Erfahrungen insbesondere auch in der Managementpraxis.

In diesem Sinne möchte ich im Folgenden einige Leitideen für die Führungspraxis von heute und morgen formulieren. Sie gründen im Systemdenken, haben sich dank langjährigen Erfahrungen in Praxis und Lehre geformt und sind gerade im gegenwärtigen Umfeld von Wirtschaft und Gesellschaft von hoher Relevanz.

Wir sind immer mehr zu einer Gesellschaft von Organisationen, von «managed institutions» (Peter Drucker) geworden. Umso wichtiger ist es, sich bewusst zu machen, was richtiges, gutes und glaubwürdiges Management ist, nicht nur von Wirtschaftsunternehmen, sondern von sozialen Organisationen und Institutionen. Wegleitend dafür ist ein wirklich ganzheitliches Managementverständnis, wie es auch dem Integralen Management zugrunde liegt. Es verbindet

- die institutionelle Dimension der Gesamtführung solcher sozialen Systeme und
- die personale Dimension der Führungskräfte, die in diesen und für diese Systeme tätig sind.

Thesenartig seien zunächst einige Kernaussagen formuliert, die sich auf die institutionelle Dimension von Management beziehen:

1. Zweckorientierte, kompetent und verantwortungsvoll geführte und dadurch wirksame soziale Institutionen – Wirtschaftsunternehmen sind eine Teilmenge davon – sind die wichtigsten Kraftzentren der modernen Wirtschaft und Gesellschaft geworden. Sie sind für deren Funktionieren konstitutiv.
2. Management ist das spezifische «Wirkorgan» jeder Institution. Es hat Zweckerfüllung, Funktionsfähigkeit und letztlich auch Sinnhaftigkeit sicherzustellen, indem es
   - Ressourcen mit Hilfe von Wissen in Nutzen für Dritte transformiert (customer value),
   - für zweckerfüllende und zielkonforme Ergebnisse sorgt und damit auch
   - einen gesellschaftlichen Beitrag leistet (public value).
3. Die Lebensfähigkeit und Funktionsfähigkeit sozialer Institutionen hängt davon ab, ob und wie dem «Regulativ der Entsprechung», dem Varietätsgesetz, nachgelebt wird. Grundbedingungen sind:

- Art, Geschwindigkeit und Differenziertheit der Verhaltensweisen der Institution müssen übereinstimmen mit den kritischen Ereignissen, der Diversität und der Dynamik in der relevanten Umwelt («äussere Entsprechung»).
- Daraus resultierende normative, strategische und operative Konzepte, Massnahmen und Verhaltensweisen sind ständig aufeinander abzustimmen und zu balancieren, damit sie effektiv und effizient sind («innere Entsprechung»).

4. In diesem Sinne ist Management dann wirksam, wenn folgende Verhaltensgrundsätze wegleitend sind:
   - Bewusste Legitimation des «Warum» und «Wozu» durch Zwecksetzung und Grundwerte, erfasst in einem Purpose, der Mission, Vision und Werte mit einem Gemeinwohlbezug verbindet und dadurch auch sinnstiftend wirkt.
   - Strategische Ausrichtung mit Fokus auf den Kundennutzen (customer value) und Gemeinwohlnutzen (public value) mit differenzierter Bildung von Geschäftsmodellen und Konzentration der Kräfte auf die kybernetisch wirksamsten Punkte.
   - Strukturgestaltung nach dem «Zellteilungsprinzip» (Rekursivität): strategiegerecht, prozessorientiert, anpassungsfähig und flexibel.
   - Befähigung der Mitarbeitenden durch aktive Massnahmen, aber insbesondere auch durch das Schaffen bestmöglicher Voraussetzungen für Produktivität, für einen stärkenkonformen Einsatz, für die Nutzung von Wissen und Können sowie für Sinnfindung durch bewusste Orientierung am Purpose.
   - Nachhaltige Umsetzung, indem kontinuierliche Entwicklung und ständige Ergebnisverbesserung durch ganzheitliche Rahmenkonzepte und kompetentes Vorgehen gesteuert werden.
5. Normativ betrachtet, besteht die umfassende Verantwortung des Managements sozialer Institutionen darin:
   - Zwecke, Leistungen, wirtschaftliche und gesellschaftliche Beiträge normativ zu legitimieren und in einem Purpose-Statement transparent zu machen.
   - Funktionsfähigkeit, Zweckerfüllung und Lebensdienlichkeit zu gewährleisten.

Richten wir das Augenmerk auf die personale Dimension des Managements, also auf die Führungskräfte, so ist immer deren duales Verhältnis zur Institution zu beachten: Sie sind einerseits Teil dieser Institution und sollen darin wirksam werden können. Andererseits sind die Aufgaben der Institution Gegenstand der Gestaltungs- und Vollzugshandlungen von Führungskräften, und zwar in operativer, strategischer und eben auch normativer Hinsicht. Das Selbstverständnis insbesondere der obersten Verantwortungsträger ist deshalb von zentraler Bedeutung.

Managerin und Manager ist zum wohl wichtigsten Beruf geworden. Er lässt sich durch vier Elemente kennzeichnen (Fredmund Malik):

- Aufgaben, die den Erwerb bestimmter Kenntnisse bedingen;
- Werkzeuge, deren Beherrschung vor allem Training voraussetzt;

- Grundsätze, welche als Verfahrensregeln die Wirkungsqualität bestimmen und ein hohes Mass an Einsicht und Disziplin erfordern;
- Verantwortung, die mit einer entsprechenden Werthaltung verbunden ist und die persönliche Verpflichtung umfasst, für sein Tun und Lassen gerade zu stehen.

Die beiden ersten Elemente betreffen Fähigkeiten und Fertigkeiten, die lernbar und lehrbar sind. Das gilt sicher zum Teil auch für die Grundsätze im Sinne von Verhaltensmustern. Sie machen die Professionalität einer Person aus. Verantwortung hingegen kann man nicht lernen, allenfalls entwickeln und fördern. Letztlich ist es eine Frage der persönlichen Haltung und des Charakters, mithin Ausfluss dessen, was wir Persönlichkeit nennen. Ein ganzheitliches Berufsverständnis kann und darf indessen weiter reichen. Dabei geht es um Fragen wie Lebensaufgabe, Lebenssinn und Selbstwerdung. Eine eingehende Auseinandersetzung damit bedarf der Selbstführung, denn echte Antworten kann man nur selber finden, und sie erschliessen sich oft erst im Rückblick. Für Peter Drucker ist übrigens «managing oneself» eine der ganz grossen Herausforderungen des 21. Jahrhunderts.

Management ist, wie oben dargelegt, eine gesellschaftliche Funktion, deren Kern die Verantwortung bildet und die sich vor allem über Glaubwürdigkeit legitimiert. Darum ist es – gerade in jüngerer Zeit – nicht immer zum Besten bestellt. Sie wird zwar oft durch die Masslosigkeit einzelner Führungskräfte beschädigt, überträgt sich aber sofort auch auf die Institution selbst und kann diese stark erschüttern. Dank des zunehmenden Hinterfragens des reinen Shareholder-Value-Ansatzes zeichnet sich indessen ein eigentlicher Paradigmenwechsel ab, hin zu einer starken Purpose-Orientierung durch «Reimagining Capitalism» (Rebecca Henderson).

Diese Neubesinnung müsste vermehrt zu einem Selbstverständnis im Management führen, insbesondere bei den obersten Führungskräften, das sich wie folgt artikuliert:
- «Ich diene der Institution», statt: «Ich bin die Institution».
- «Meine Aufgabe zuerst», statt: «Meine Bedürfnisse zuerst».
- «Was ist richtig für die Institution?», statt: «Wer hat recht?».
- «Was ist zu tun?», statt: «Was will ich haben?».
- «Ich gebe mein Bestes», statt: «Ich bin der Beste».
- «Wir können Ziele nur gemeinsam erreichen», statt: «Ohne mich geht gar nichts».
- «Ich konzentriere mich auf das Wesentliche», statt: «Ich suche stets neue Herausforderungen».

Ein solches Selbstverständnis geht einher mit der Grundhaltung der Dienenden Führung (Servant Leadership), die immer bedeutsamer wird, insbesondere für mittelständische Unternehmer und Unternehmungen. Sie ist verbunden mit der fundamentalen Einsicht, dass Sinn immer etwas mit richtig verstandenem Dienen zu tun hat, mit Dienst an Menschen oder an einer Sache. So versteht Viktor Frankl den Menschen als Wesen auf der Suche nach

Sinn. Sinnsuche ist für ihn die letztlich bewegende Kraft, denn Sinn kann nicht gegeben, sondern nur selber gefunden werden.

Hier schliesst sich der Kreis zu Selbstführung und Purpose. Selbstführung gründet in der Kernaussage:

- Was ist meine persönliche Mission, mein Purpose?
- Was soll mein eigentlicher, signifikanter und sinnvoller Beitrag sein – im Beruf, in der Familie, im Leben?

Der Purpose einer Organisation gibt dem «Warum» und «Wozu» Gestalt und verleiht dem Organisationszweck Sinn und emotionale Energie. Und nur eine Führungskraft, die sich selber führen kann und sich selber den existenziellen Fragen nach Lebenssinn und Beitrag zum Grösseren stellt, kann andere wirksam und glaubwürdig führen und ihre Mitverantwortung im Management wahrnehmen.

Zusammenfassend ergibt sich, dass wirksames und verantwortungsvolles Management in der institutionellen Dimension drei Merkmale und Eigenschaften aufweist. Es ist

- richtiges, effektives Management (strategisch),
- gutes, effizientes Management (operativ),
- glaubwürdiges, wertbetontes Management (normativ).

Diese Eigenschaften sind letztlich Ausfluss von Haltung und Verhalten der mit Gestaltungsaufgaben betrauten Führungskräfte. Umso wichtiger ist es, dass möglichst viele von ihnen durch Selbstführung ihr Potenzial nutzen und einen massgeblichen Beitrag zum grösseren Ganzen leisten können. Sie entfalten drei sich kumulierende Eigenschaften, die drei Ps der Führung:

- *P*rofessionalität im Umgang mit Aufgaben und Werkzeugen;
- *P*ersönlichkeit beim Befolgen von Grundsätzen und bei der Wahrnehmung von Verantwortung;
- *P*assion bei der Erfüllung der beruflichen und ausserberuflichen Aufgaben, in der Hingabe an den Dienst, orientiert am jeweiligen Purpose.

Die ersten beiden Ps sind ein «Muss» für die Wirksamkeit jeder Führungskraft, das dritte P ein «Sollte» für diejenigen, die grosse Verantwortung übernehmen. Ihnen sei eine Regel ans Herz gelegt, die Paulus einem seiner Gemeindeleiter, Timotheus, mitgegeben hat:

«Du aber sei nüchtern in allem, dulde Ungemach, tue deine Arbeit, vollbringe deinen Dienst» (2. Tim. 4,5).

Cham, im Juni 2020 — Prof.em. Dr.oec. Walter Krieg

A Einführung in die Betriebswirtschaftslehre

B Integrales Management

F Führungsfunktionen

F1 Management
F2 Organisation
F3 Personalführung
F4 Kommunikation

C Marktleistungsbezogene Funktionen

C1 Marketing
C2 Beschaffung, Marktleistungserstellung und Distribution
C3 Marktleistungsentwicklung

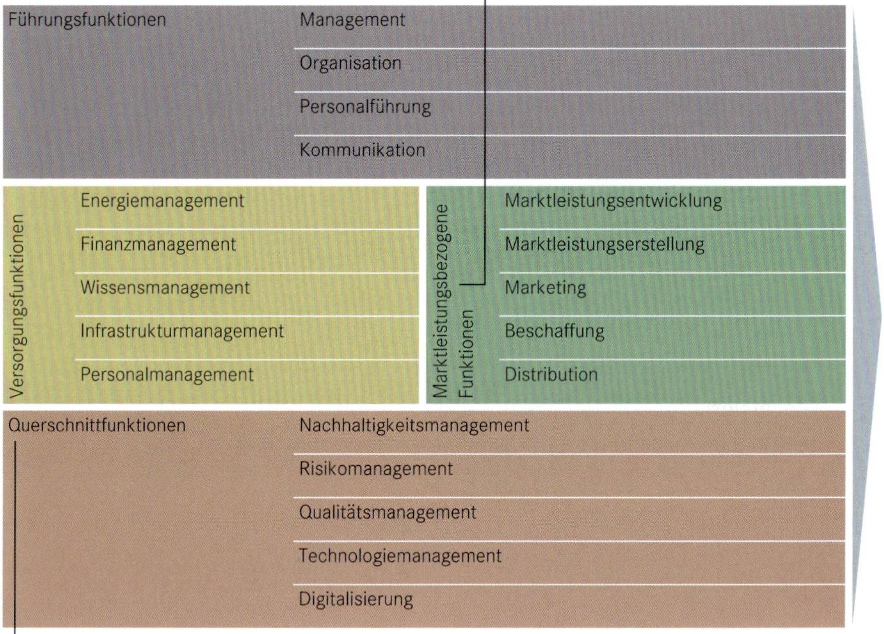

E Querschnittfunktionen

E1 Nachhaltigkeitsmanagement
E2 Risikomanagement
E3 Qualitätsmanagement
E4 Technologiemanagement
E5 Digitalisierung

D Versorgungsfunktionen

D1 Finanzmanagement
D2 Personalmanagement
D3 Wissensmanagement
D4 Energiemanagement
D5 Infrastrukturmanagement

Anhang

1 Stichwortverzeichnis
2 Autorenverzeichnis

Webplattform

www.bwl-online.ch

Inhaltsverzeichnis

A Einführung in die Betriebswirtschaftslehre

B Integrales Management

C1 Marketing

C2 Beschaffung, Marktleistungserstellung und Distribution

C3 Marktleistungsentwicklung

D1 Finanzmanagement

D2 Personalmanagement

D3 Wissensmanagement

D4 Energiemanagement

D5 Infrastrukturmanagement

E1 Nachhaltigkeitsmanagement

E2 Risikomanagement

E3 Qualitätsmanagement

E4 Technologiemanagement

E5 Digitalisierung

F1 Management – normativ und strategisch

F2 Organisation

F4 Kommunikation

Anhang

Einführung in die Betriebswirtschaftslehre A

Walter Hugentobler • Andreas Mühlhäuser

Weiterführende Texte, Übungsaufgaben
und Lernkontrollen finden Sie unter
www.bwl-online.ch

1 Grundlagen

1.1 Wirtschaft als Teil des gesellschaftlichen Lebens

1.1.1 Bedürfnisse und Bedarf

Jeder Mensch ist auf die vielfältigste Weise mit dem Phänomen verbunden, das wir gemeinhin als «die Wirtschaft» bezeichnen. Ob Unternehmerin, Arbeitnehmer, Student oder Rentnerin, ob Produzent, Konsumentin oder Sparer, keiner kann sich den Einflüssen der Wirtschaft entziehen.

Triebkraft der Wirtschaft ist der Mensch mit seinen unerfüllten Wünschen, die in den Wirtschaftswissenschaften als **Bedürfnisse** bezeichnet werden. In der Betriebswirtschaftslehre, als Teilgebiet der Wirtschaftswissenschaften, interessieren vor allem jene Bedürfnisse, die die Wirtschaft als Anbieterin von Gütern und Dienstleistungen befriedigen kann.

Äussern sich Bedürfnisse als Nachfrage nach einem Gut oder einer Dienstleistung, spricht die Betriebswirtschaftslehre von **Bedarf**. Voraussetzung dafür ist, dass das nachfragende Individuum über die notwendige Kaufkraft und unter Umständen über genügend Zeit verfügt. Wenn ein Ehepaar von Ferien in der Südsee träumt, aber leider nicht über genügend Geld und/oder über die notwendige Anzahl Ferientage verfügt, so wird das Bedürfnis nicht zum Bedarf und ist für die Wirtschaft vorderhand unerheblich.

Fazit: Die *Wirtschaft* dient der Befriedigung menschlicher Bedürfnisse nach Gütern.

1.1.2 Wirtschaftsgüter

Die **Wirtschaftsgüter** lassen sich auf verschiedene Art und Weise gliedern. Abbildung 1 zeigt die wichtigsten Begriffe.

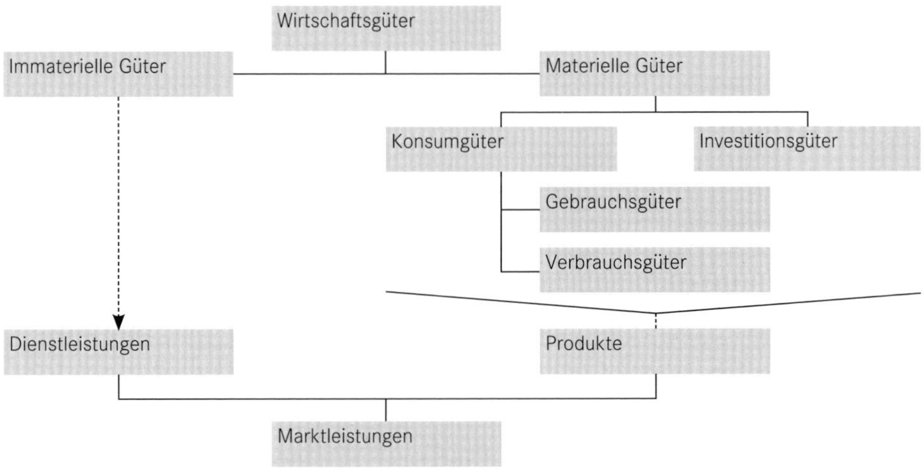

Abb. 1: Übersicht über die Wirtschaftsgüter

Immaterielle Güter haben im Gegensatz zu materiellen Gütern keine Substanz. Immaterielle Güter sind vornehmlich Dienstleistungen aller Art, hinzu kommen Patente und Rechte. Die **materiellen** Güter lassen sich in Investitions- und Konsumgüter gliedern. **Investitionsgüter** werden auch als **Produktionsgüter**, **Betriebsmittel** oder **Potenzialfaktoren** bezeichnet. Investitionsgüter befriedigen nur indirekt menschliche Bedürfnisse. Sie werden gebraucht, um Konsum- oder andere Investitionsgüter wie Maschinen, Lastwagen, Fabrikgebäude usw. herzustellen. Bei den **Konsumgütern** unterscheidet man zwischen ***Ge*brauchs-** und ***Ver*brauchsgütern**, je nachdem, ob ein wiederholter Gebrauch möglich ist oder nicht. Beispiele für Gebrauchsgüter sind Kleider, Fernsehgeräte, Bücher. Eine Geburtstagstorte ist ein typisches Verbrauchsgut. Ein Personenauto kann sowohl ein Investitionsgut (Einsatz als Taxi) als auch ein Konsumgut (Verwendung für private Zwecke) sein. Das Gleiche gilt auch für eine Angelrute, je nachdem, ob ein Berufs- oder ein Hobbyfischer das Gerät verwendet.

In der Betriebswirtschaftslehre differenziert man in der Regel zwischen **Produkten** und **Dienstleistungen**. Ab und zu wird in der Praxis aber der Begriff «Produkte» auch anstelle von **«Marktleistung»** als Oberbegriff verwendet.

Stehen hintereinander geschaltete Wertschöpfungsprozesse mehrerer Unternehmungen (Wertschöpfungskette) im Vordergrund, so ist die Unterscheidung in Input- und Outputgüter sinnvoll. Das **Outputgut** einer Unternehmung kann in einer andern Unternehmung **Inputgut** sein. Eine Mühle produziert Mehl (Output), der Bäcker verwendet dieses (Input), um Brot herzustellen.

1

1.1.3 Ökonomisches Prinzip

Den unbegrenzten Bedürfnissen der Menschen stehen knappe Ressourcen, das heisst Produktionsfaktoren wie Betriebsmittel, Personal, Material, gegenüber. Für einen optimalen Ressourceneinsatz ergibt sich das nachfolgende Handlungsprinzip, das in der Betriebswirtschaftslehre auch als **ökonomisches Prinzip** bezeichnet wird:

- Mit einem gegebenen Input an Produktionsfaktoren soll ein möglichst hoher Output erzielt werden **(Maximumprinzip)**. Beispiel: Bei einem Arbeitseinsatz von acht Stunden wird eine möglichst grosse Anzahl eines Produktes bei gegebener Qualität hergestellt.
- Ein gegebener Output soll mit einem möglichst kleinen Input an Produktionsfaktoren realisiert werden **(Minimumprinzip)**. Beispiel: Ein Gerät wird mit einem möglichst geringen Energieverbrauch produziert.
- Es ist weder Input noch Output vorgegeben. Input und Output werden demnach so aufeinander abgestimmt, dass diese in einem optimalen Verhältnis zueinander stehen (**Optimumprinzip** oder **Extremumprinzip**). Beispiel: Ein bestimmtes Produkt zeichnet sich durch ein optimales Preis-Leistungs-Verhältnis aus.

Massgrösse für das Handeln nach dem ökonomischen Prinzip sind die Produktivität und die Wirtschaftlichkeit (vgl. Kapitel 3.2).

1.2 Betriebswirtschaftslehre als Teil der Wirtschaftswissenschaften

Die Betriebswirtschaftslehre ist eine junge Wissenschaft, die erst nach Gründung zahlreicher Handelshochschulen (z. B. in Leipzig, Aachen, St. Gallen, Wien) zu Beginn des 20. Jahrhunderts zu einer methodischen und fachlichen Fundierung kam – nicht zuletzt dank Eugen Schmalenbach, Professor für Betriebswirtschaftslehre an der Universität Köln, dem die Disziplin ihren Namen verdankt.

Die **Betriebswirtschaftslehre** wendet sich den einzelnen Unternehmungen (Betrieben) zu und beschäftigt sich mit wirtschaftlichen Fragen der Beschaffung, der Produktion, des Marketings, der Finanzierung, der Kooperation, der Globalisierung etc. Es ist das Ziel der Betriebswirtschaftslehre, unternehmerische Sachverhalte zu erklären (Erklärungsaufgabe) und Handlungsempfehlungen zu geben (Gestaltungsaufgabe).

Die Betriebswirtschaftslehre lässt sich nach funktionellen, genetischen und institutionellen Aspekten gliedern.

Die **funktionelle Gliederung** unterteilt die Betriebswirtschaftslehre in verschiedene Wertschöpfungsfunktionen wie Personalmanagement, Finanzmanagement, Infrastrukturmanagement, Marktleistungsentwicklung, Marktleistungserstellung.

Die **genetische Gliederung** geht vom Lebenslauf der Unternehmung aus: Dieser beginnt mit der Gründungsphase, setzt sich mit der eigentlichen Umsatzphase (Lebensphase) fort und endet schliesslich mit der Liquidations- oder Auflösungsphase.

Die **institutionelle Gliederung** differenziert zwischen verschiedenen Wirtschaftszweigen, verlangt also nach einer speziellen Betriebswirtschaftslehre für die Industrie, den Handel, die Banken, die Versicherungen, das Revisions- und Treuhandgewerbe, den Tourismus usw.

1.3 Basiskonzepte der Betriebswirtschaftslehre

Der Frage der Ein- oder Mehrdimensionalität der Betriebswirtschaftslehre soll zuerst anhand dreier Basiskonzepte nachgegangen werden. Anschliessend folgt eine Beschreibung des systemorientierten Ansatzes, welcher die Grundlage für das Management-Modell «Integrales Management» bildet (siehe Teil B, Integrales Management).

Das ökonomische Konzept

Die Beschränkung der Betriebswirtschaftslehre auf ökonomische Erkenntnisse und kritisch-rationale Methoden ist im deutschsprachigen Raum verbunden mit Namen wie Albach, Witte, Wöhe, Gutenberg, Kosiol, Mellerowic, Schneider und Rieger. Das Erkenntnisobjekt dieser «klassischen» Betriebswirtschaftslehre ist nicht die Unternehmung schlechthin, sondern ausschliesslich deren «wirtschaftliche Seite». Technische, rechtliche, soziologische, psychologische und ethische Aspekte des Unternehmungsgeschehens bleiben ausgeklammert. Diese strenge methodische «Eindimensionalität» begründete damals den wissenschaftlichen Rang der Betriebswirtschaftslehre als eine ökonomische Disziplin. Im Zentrum steht das Treffen optimaler Entscheidungen aus der Sicht der Unternehmung.

Das sozialwissenschaftliche Konzept

Beim sozialwissenschaftlichen Konzept tritt als Erweiterung des ökonomischen Ansatzes das Individuum, das heisst die Idee der individuellen Bedürfnisbefriedigung, ins Zentrum der Analyse. Indem der Mensch und sein Verhalten zunehmend in das Erfahrungsobjekt einbezogen werden, öffnet sich die Betriebswirtschaftslehre als Sozialwissenschaft immer mehr den verhaltenswissenschaftlichen Disziplinen. Im deutschsprachigen Raum stehen dafür Namen wie Heinen, Schanz und Raffée.

Betriebswirtschaftslehre als Führungslehre

Seit dem Beginn der 70er-Jahre nähert sich mit dem Vordringen des system- und entscheidungsorientierten Ansatzes und der Öffnung hin zu den Sozial- und Verhaltenswissenschaften die Betriebswirtschaftslehre im deutschsprachigen Raum immer mehr der angelsächsischen Managementlehre.

Der systemorientierte Ansatz

Hans Ulrich von der Hochschule St. Gallen (HSG) – der heutigen Universität St. Gallen – löst sich Anfang der 70er-Jahre von der traditionellen Betriebswirtschaftslehre. Die Unternehmung wird nun als offenes soziales System verstanden, das in seine Umwelt eingebettet ist und dessen Zweck die Schaffung von Werten für diese Umwelt ist. Dem Management ist die Aufgabe des Gestaltens und Lenkens des «Systems Unternehmung» gestellt mit dem Ziel, einen Fit zwischen Unternehmung und Unternehmungsumwelt herzustellen. Dafür ist eine ganzheitliche und vieldimensionale Sicht auf das Thema Management Voraussetzung, ein Ansatz, der Komplexität als solche akzeptiert und den intelligenten Umgang mit ihr zur Basis hat. Die Kybernetik, die Lehre von der Lenkung von Systemen, wird zum zentralen Element.

Management ist in diesem Verständnis eine Disziplin mit dem Zweck, Institutionen erfolgreich zu machen, und zwar in dem Sinne, dass diese den Anforderungen, die von der Gesellschaft gestellt werden, gerecht werden. Vertreter dieses systemorientierten Ansatzes sind neben Ulrich Malik, Krieg, Bleicher, Gomez und Probst. Wesentliches trugen auch Beer, Vester und nicht zuletzt Drucker bei (siehe weitergehende Ausführungen zum systemorientierten Ansatz Teil B, Integrales Management).

2 Typologie der Unternehmung

2.1 Eigentum

Während **öffentliche Unternehmungen** dem Staat (Bund, Kanton oder Gemeinde) gehören, sind natürliche oder juristische Personen Eigentümer **privater Unternehmungen**. Sind sowohl Private wie auch der Staat wesentlich an einer Unternehmung beteiligt, so spricht man von einer **gemischtwirtschaftlichen Unternehmung** (siehe Abbildung 2).

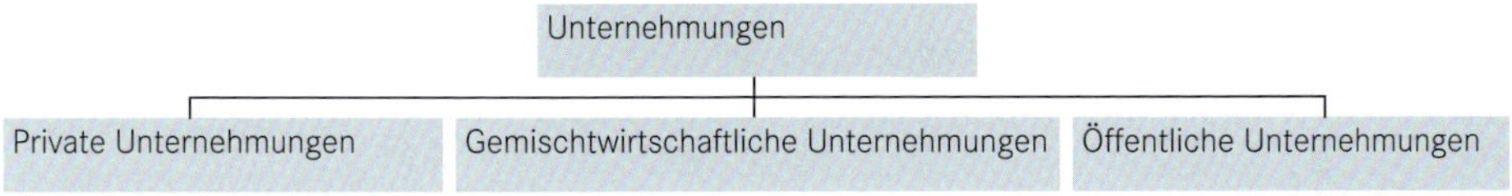

Abb. 2: Gliederung der Unternehmungen nach Eigentümern

Öffentliche Unternehmungen unterstehen in der Regel dem öffentlichen Recht (Verwaltungsrecht). In einzelnen Fällen bestehen auch besondere Gesetze für den Betrieb einer öffentlichen Unternehmung wie z. B. für Kantonalbanken oder die Schweizerischen Bundesbahnen. Es kommt in jüngster Zeit auch immer häufiger vor, dass öffentliche Unternehmungen eine Rechtsform des Privatrechts wählen, um die Führungsstrukturen zu vereinfachen (vgl. auch Abbildung 3, Formen der Privatisierung). Im Zentrum steht dabei die Aktiengesellschaft, bei welcher der Staat entweder alle Aktien oder zumindest eine Aktienmehrheit hält. Beispiele dazu sind etwa Spitäler, Kantonalbanken, Verkehrsbetriebe, Elektrizitätswerke, Telekommunikationsanbieter usw.

Private und öffentliche Unternehmungen unterscheiden sich häufig in der Frage der Gewinnorientierung. Während private Unternehmungen in der Regel einen Gewinn anstreben, beschränken sich öffentliche Unternehmungen oftmals darauf, ihre Kosten zu decken oder wenigstens einen möglichst hohen Kostendeckungsgrad zu erzielen.

In den letzten Jahren lässt sich auch ein Trend zur **Privatisierung** von Aufgaben erkennen, die bisher von öffentlichen Unternehmungen oder Verwaltungen wahrgenommen wurden. Nicht selten entstehen im Vorfeld von Abstimmungen über Privatisierungen hitzige Diskussionen, die ihre Ursache darin haben, dass unter «Privatisierung einer Aufgabe» nicht alle das Gleiche verstehen. Beispiele sind Aufträge an private Transportunternehmungen, Linien des öffentlichen Verkehrs zu betreiben, die Privatisierung von Telekommunikationsunternehmungen usw.

Im Mittelpunkt solcher Bestrebungen steht meistens das Ziel, die Effizienz zu erhöhen. Eine klar definierte Dienstleistung soll beispielsweise kostengünstiger produziert werden. Nicht selten werden aber damit auch Ängste geschürt, man wolle mit einer bisher von der öffentlichen Hand wahrgenommenen Aufgabe in Zukunft Gewinn erzielen, was entweder Preiserhöhungen oder eine Einschränkung der Dienstleistungsqualität zur Folge hat.

Warum kommt es beispielsweise oftmals vor, dass eine private Gärtnerunternehmung die Pflege von öffentlichen Grünanlagen kostengünstiger vornehmen kann als die staatliche Verwaltung? Warum sind die Selbstkosten der gemeindeeigenen Kehrichtbeseitigung meist höher als die offerierten Kosten eines privaten Transportunternehmens? Arbeiten private Unternehmungen grundsätzlich effizienter? Die Ursache der Kostendifferenz liegt häufig in der Frage der optimalen Betriebsgrösse respektive der Auslastung von Investitionsobjekten. Eine private Transportunternehmung kann beispielsweise ein Kehrichtfahrzeug für mehrere Gemeinden einsetzen, sodass es die ganze Woche gut ausgelastet ist. Bei einer kleineren Gemeinde würde ein solches Spezialfahrzeug vielleicht an einzelnen Tagen pro Woche nutzlos herumstehen. Das Gleiche gilt für die Gärtnerunternehmung: Aufgrund der Betriebsgrösse kann sie Spezialgeräte anschaffen, mit welchen sich die ihr übertragenen Aufgaben effizienter ausführen lassen.

Eine Alternative für den Staat ist die Ausgliederung von staatlichen Aufgaben in privatrechtliche Aktiengesellschaften. Der Staat kann dabei immer noch Allein- oder Mehrheitsaktionär bleiben. Er übt seine Kontrolle über die Aktionärsrechte aus, unter Umständen stellt er auch einen oder mehrere Verwaltungsräte. Damit fallen beispielsweise die vielerorts komplexen politischen Budgetierungsprozesse weg und das Management einer privatrechtlichen – aber dem Staat gehörenden – Aktiengesellschaft kann das Unternehmen unabhängig von den politischen Alltagsprozessen effizienter führen.

In Anlehnung an Liedtke (2007, S. 17 ff.) kann man zwischen den nachfolgenden Formen der **Privatisierung** differenzieren:

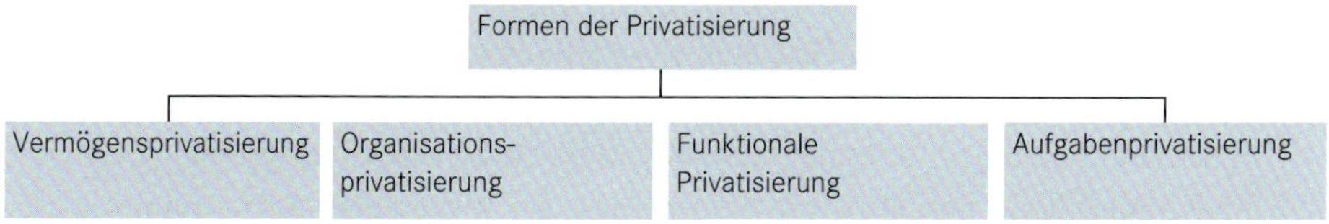

Abb. 3: Formen der Privatisierung

Bei der **Vermögensprivatisierung** – auch materielle Privatisierung genannt – werden finanzielle Beteiligungen, welche bisher zu rein erwerbswirtschaftlichen Zwecken im Portfolio der öffentlichen Hand gehalten wurden und nicht mehr gebraucht werden, an private Investoren oder Unternehmen verkauft. Bei der **Organisationsprivatisierung**, die in der Lehre auch als formelle Privatisierung bezeichnet wird, werden bestimmte öffentliche Aufgaben und Leistungsbereiche auf eine privatrechtliche Organisationsform übertragen. Es wird nicht die Aufgabenerbringung privatisiert, sondern die öffentliche Hand nutzt den Mantel des Privatrechts für die Aufgabenerfüllung (Liedtke, 2007, S. 18). Als besonders häufige Beispiele können Verkehrsunternehmen, Spitäler und Sport- resp. Freizeitanlagen erwähnt werden. Bei der **funktionalen Privatisierung** werden Versorgungsaufgaben auf vertraglicher Ebene an private Unternehmungen übertragen. Die öffentliche Hand bleibt aber gegenüber den Bürgern weiterhin verantwortlich für die Aufgabenerbringung. Sie übt

Kontrollfunktionen aus. Die Grundlage dazu bildet in der Regel ein klar definiertes Pflichtenheft. Bei der **Aufgabenprivatisierung** – auch materielle Privatisierung genannt – geht ein öffentlicher Aufgabenbereich mit allen Verantwortlichkeiten und der Trägerschaft an Private über. Im Extremfall zieht sich der Staat vollständig aus der Aufgabenwahrnehmung in diesem Segment zurück. Die staatliche Leistungserbringung wird abgelöst durch ein rein marktwirtschaftlich ausgerichtetes privates Unternehmen. Schliesslich ist noch zwischen einer **Teil-** und **Vollprivatisierung** zu unterscheiden.

Für die öffentliche Hand ergeben sich aber auch Alternativen zur Privatisierung von Aufgaben. Die optimale Betriebsgrösse kann beispielsweise durch Kooperationen zwischen Gemeinden oder Kantonen erwirkt werden. Eine Gemeinde kann zum Beispiel den Schnee auch in den Nachbargemeinden räumen, wodurch das Spezialfahrzeug gut ausgelastet wird.

Ein analoges Beispiel ist das Steueramt einer grösseren Gemeinde, welches seine Dienstleistungen auch den umliegenden Gemeinden anbietet. In den letzten Jahren ist zudem auch die Zusammenlegung kleinerer Gemeinden ein Thema, um die Effizienz der Gemeindeverwaltungen durch das Erreichen einer optimalen Betriebsgrösse zu erhöhen.

Nicht selten wird dem Staat auch eine gewisse Systemineffizienz unterstellt. Deshalb werden viele Erkenntnisse über die Führung und Gestaltung von Unternehmen auch auf öffentliche Unternehmen und Verwaltungen übertragen. So spricht man in der mancherorts stattfindenden Neuorientierung der öffentlichen Verwaltung von «New Public Management».

New Public Management – gleichbedeutend mit dem Begriff **wirkungsorientierte Verwaltungsführung (WOV)** – will Verantwortung an die Front delegieren und über Ziele und Wirkungen führen statt über Mittel. Der schwere, hierarchische Staatsapparat soll leichter werden und von den Erfahrungen der Betriebswirtschaft profitieren. New Public Management will darüber hinaus Wettbewerb in den öffentlichen Dienst hineintragen und die hoheitliche Verwaltung zum produzierenden Dienstleistungsbetrieb umfunktionieren. Es will sich durch zufriedene Kunden direkt legitimieren und damit letztlich die Beziehungen zwischen Politik, Verwaltung und Gesellschaft verändern (vgl. Schedler, 1996a, S. 13 ff., 18 ff., 36 ff. und 103 f.; Schedler, 1996b, S. 15). Allerdings entpuppte sich der durch das New Public Management in Gang gesetzte, permanente Zwang zu messbarer Effizienz und messbarer Qualität oft als ein dermassen aufwendiges Unterfangen, dass der Bürokratie dadurch neue Türen geöffnet wurden. So entstand teilweise eine neue Controlling-, Evaluations- oder Optimierungsbürokratie. Das kann man beispielsweise im Bildungs- und Gesundheitswesen sehen (vgl. Binswanger, 2019, S. 166).

Seit einigen Jahren ist auch die sogenannte **Public Private Partnership** (Abkürzung PPP) als Methode zur Erfüllung von öffentlichen Aufgaben bekannt. Mit PPP wird die Mobilisierung privaten Kapitals und Fachwissens zur Erfüllung staatlicher Aufgaben bezeichnet. Im weiteren Sinn steht der Begriff auch für andere Arten des kooperativen Zusammenwirkens von Hoheitsträgern mit privaten Wirtschaftssubjekten. PPP geht in vielen Fällen mit einer Teilprivatisierung von öffentlichen Aufgaben einher.

Ein konkretes Beispiel ist die Machbarkeitsstudie zum Bau einer zweiten Gotthardröhre. Diese Studie im Auftrag von Economiesuisse (S. 1) zeigt, dass dies in einer Partnerschaft zwischen der öffentlichen Hand und privaten Investoren effizient möglich wäre. Dazu würde eine private Gesellschaft einen zweiten Tunnel bauen, danach den ersten sanieren und anschliessend beide Röhren je einspurig betreiben. Zur Finanzierung würde eine Maut eingeführt. Im PPP-Finanzierungsmodell würde eine solche Gebühr für PKW-Fahrer bei rund CHF 20.– liegen – für den Staat entstünden so keinerlei Kosten.

Öffentlich-private Partnerschaften sind in der Schweiz noch nicht so stark verbreitet wie in anderen (europäischen) Ländern. Im Hochbau gibt es aber bereits erfolgreiche Beispiele für solche Partnerschaften: das Verwaltungszentrum in Burgdorf, der Rathausplatz in Baar oder die Fussballstadien in Luzern und Neuenburg.

Für den Staat bieten PPP-Projekte die Möglichkeit, zusammen mit einem privaten Investor, Bauherr und Betreiber Infrastrukturen zu erstellen, ohne selbst (die oft knappen) öffentlichen Mittel auszugeben. Gleichzeitig kann er einen Teil des Projektrisikos abgeben. Als Investoren kommen in der Schweiz Pensionskassen, Kantone, aber auch private Firmen und Fonds infrage. Für sie können PPP-Projekte attraktive und langfristige Investitionsmöglichkeiten bieten.

In andern Ländern sind PPP-Infrastrukturprojekte vielfach erprobt worden. In England sind in den letzten Jahren 29 Strassenprojekte durch PPP entstanden, in Deutschland sind es bereits 14 Strassenprojekte und zwei Tunnels. Dabei konnten Effizienzgewinne gegenüber konventionellen Verfahren von zehn Prozent erzielt werden. Diese resultieren unter anderem aus der Konkurrenz der Anbieter beim Ausschreibungsverfahren, aber auch aus der Möglichkeit des privaten Partners, die gesamte Projektlaufzeit (Finanzierung, Bau, Betrieb, Unterhalt) effizient zu planen. Dazu muss die öffentliche Hand dem Partner aber den notwendigen Spielraum geben.

2.2 Gewinnorientierung

In Normalfall ist davon auszugehen, dass ein kaufmännisch geführtes Unternehmen das Ziel verfolgt, Gewinn zu erzielen. Ob es sich dabei um den «maximal möglichen» Gewinn (Gewinnmaximierungsidee) oder um einen «angemessenen» Gewinn unter Berücksichtigung von Restriktionen handelt, ist in diesem Zusammenhang unerheblich. Mit den erzielten Gewinnen kann das Unternehmen die Kapitalgeber für das zur Verfügung gestellte Eigenkapital unter Berücksichtigung des eingegangenen Risikos entschädigen. Nicht ausgeschüttete Gewinne erhöhen das Eigenkapital – im Fall der Aktiengesellschaft über die Reserven – und werden vornehmlich für die Finanzierung von Wachstumsinvestitionen benötigt. Zudem bildet die Höhe des Eigenkapitals eine wichtige Entscheidungsgrundlage der Banken für eine Kreditfinanzierung. Schliesslich können eventuell in der Zukunft auftretende Verluste über die Reserven buchhalterisch aufgefangen werden. Unternehmen werden deshalb langfristig nur überleben können, wenn sie angemessene Gewinne erzielen.

Auf der andern Seite gibt es eine grosse Anzahl von Unternehmungen, bei denen von ihrer Zweckbestimmung her nicht die Gewinnerzielung im Vordergrund steht, sondern eine spezielle Bedürfnisbefriedigung respektive Bedarfsdeckung. Sie werden als **Nonprofit-Organisationen (NPO)** bezeichnet. Einige dieser Organisationen erhalten von staatlicher oder privater Seite Unterstützungszahlungen, sodass ihre ökonomische Zielsetzung sich auf die Realisierung eines guten Kostendeckungsgrades beschränkt (siehe Abbildung 4).

Arten		Aufgaben	Formen
Staatliche NPO	Gemeinwirtschaftliche NPO	Erfüllung demokratisch festgelegter öffentlicher Aufgaben (auf Bundes-, Kantons-, Gemeindeebene), Erbringung konkreter Leistungen für die Bürger (Mitglieder)	Öffentliche Verwaltungen Öffentliche Betriebe Verkehr, Post, Energie Spital, Heim, Anstalt Schule, Universität Museum, Theater, Bibliothek
Private NPO	Wirtschaftliche NPO	Förderung der wirtschaftlichen Interessen der Mitglieder	Wirtschaftsverband Arbeitnehmerorganisation Berufsverband Konsumentenorganisation Genossenschaft
	Soziokulturelle NPO	Gemeinsame Aktivitäten im Rahmen kultureller, gesellschaftlicher Interessen, Bedürfnisse der Mitglieder	Sportvereine Freizeitvereine Kirche, Sekten Spiritistische Zirkel
	Politische NPO	Gemeinsame Aktivitäten zur Bearbeitung und Durchsetzung politischer (ideeller) Interessen und Wertvorstellungen	Politische Parteien Natur-, Heimat-, Umweltschutzorganisationen Politisch orientierte Vereine Organisierte Bürgerinitiative
	Karitative NPO	Erbringung karitativer Unterstützungsleistungen an bedürftige Bevölkerungskreise (Wohltätigkeit, Gemeinnützigkeit)	Hilfsorganisationen für Betagte, Behinderte, Geschädigte, Süchtige, Arme, Benachteiligte Entwicklungshilfe-Organisationen Selbsthilfegruppen mit sozialen Zwecken

Abb. 4: Nonprofit-Organisationen (NPO) (Schwarz, 1996, S. 18)

2.3 Branche

Am gesamtwirtschaftlichen Leistungsprozess ist eine Vielzahl von Unternehmungen beteiligt. Betrachtet man wie in Abbildung 5 diesen Prozess als eine **Wertschöpfungskette**, so kann dieser am Beispiel der Brotproduktion wie folgt abgebildet werden:

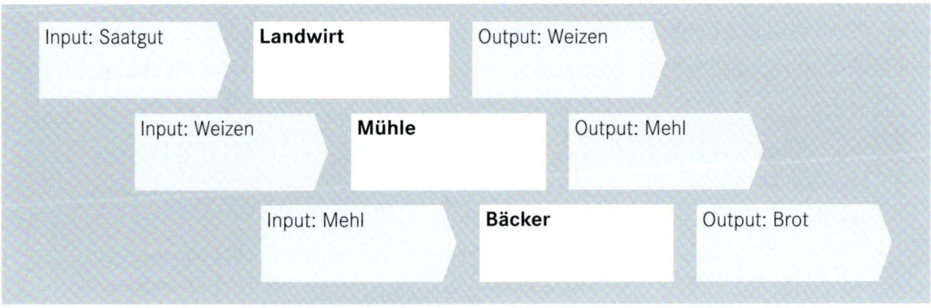

Abb. 5: Wertschöpfungskette der Brotproduktion

Gewinnungsbetriebe ernten den Weizen, *Veredlungs- oder Aufbereitungsbetriebe* mahlen den Weizen zu Mehl, und *Verarbeitungs- oder Fertigungsbetriebe* verwenden das Mehl für die Produktion des Brotes. In einer modernen Volkswirtschaft werden die **Sachleistungsbetriebe** unterstützt durch eine Vielzahl von **Dienstleistungsbetrieben** (vgl. Abbildung 6).

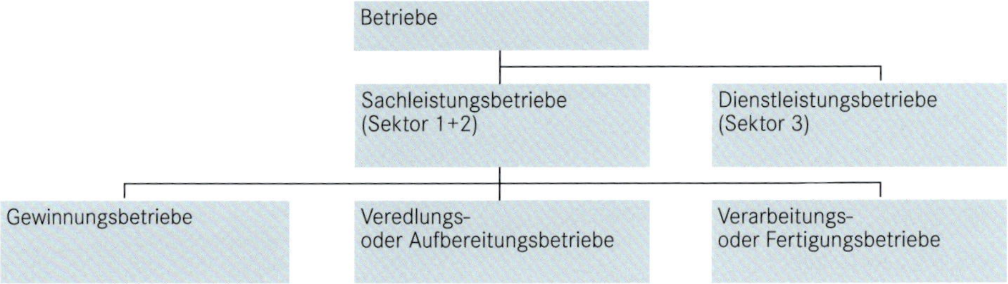

Abb. 6: Gliederung der Unternehmungen nach Wirtschaftssektoren

Die nachfolgende Statistik der Erwerbstätigen in den drei **Wirtschaftssektoren** (vgl. Abbildung 7) zeigt, dass sich das Schwergewicht der Erwerbstätigen immer weiter zum dritten Sektor verschiebt.

Sektoren	**Prozentuale Verteilung der Erwerbstätigen**						
	1960	1970	1980	1990	2000	2010	2018
Landwirtschaft	14.5 %	8.5 %	6.9 %	4.2 %	4.2 %	3.4 %	3.0 %
Industrie	46.5 %	46.2 %	38.1 %	32.2 %	25.4 %	22.8 %	20.8 %
Dienstleistungen	39.0 %	45.3 %	55.0 %	63.6 %	70.4 %	73.8 %	76.2 %

Abb. 7: Entwicklung der Erwerbstätigen nach Wirtschaftssektoren (Quelle: Bundesamt für Statistik)

Die nachfolgende Abbildung 8 zeigt die detaillierte Branchengliederung, aus der auch die Grösse der einzelnen Wirtschaftsabteilungen in Bezug auf die Anzahl der Erwerbstätigen ersichtlich wird:

Wirtschaftsabteilungen		**2011**	**2013**	**2015**	**2017**
01-96	**Total**	**4226**	**4317**	**4384**	**4465**
01-03	**Sektor I**	**168**	**162**	**160**	**158**
07-43	**Sektor II**	**1092**	**1101**	**1091**	**1088**
07-09	Bergbau und Gewinnung von Steinen und Erden	5	5	5	4
10-33	Verarbeitendes Gewerbe, Herstellung von Waren	710	705	692	685
35	Energieversorgung	30	30	30	30
36-39	Wasserversorgung, Beseitigung von Umweltverschmutzung	14	15	16	17
41-43	Baugewerbe	333	345	348	351
45-96	**Sektor III**	**2966**	**3054**	**3133**	**3219**
45-47	Handel, Instandhaltung und Reparatur von Kraftfahrzeugen	670	670	666	660
49-53	Verkehr und Lagerei	231	231	232	236
55-56	Gastgewerbe, Beherbergung und Gastronomie	235	238	240	242
58-63	Information und Kommunikation	156	159	166	171
64-66	Finanz- und Versicherungsdienstleistungen	253	254	255	255
68	Grundstücks- und Wohnungswesen	61	64	67	71
69-75	Freiberufliche, wissenschaftliche und technische Dienstleistungen	348	361	375	390
77-82	Sonstige wirtschaftliche Dienstleistungen	265	284	292	313
85	Erziehung und Unterricht	99	104	108	111
86-88	Gesundheits- und Sozialwesen	494	527	561	592
90-93	Kunst, Unterhaltung und Erholung	66	71	76	82
94-96	Erbringung von sonstigen Dienstleistungen	88	91	95	97

Abb. 8: Erwerbstätige nach Wirtschaftsabteilungen in 1000 (Quelle: Bundesamt für Statistik)

2.4 Grösse

Es gibt kein einheitliches Kriterium, mit welchem man die Grösse einer Unternehmung messen kann. Mögliche Messgrössen sind:

- Anzahl Beschäftige
- Umsatz
- Bilanzsumme

Eine verbreitete Klassifizierung in **Klein-**, **Mittel-** und **Grossbetriebe** ist die Gliederung gemäss Abbildung 9. Ein Unternehmen fällt dann in eine dieser Kategorien, wenn mindestens zwei der drei Merkmale für eine bestimmte Klasse zutreffen.

	Beschäftigte	Umsatz (in CHF)	Bilanzsumme (in CHF)
Kleinbetrieb	unter 50	unter 1 Mio.	unter 5 Mio.
Mittelbetrieb	50–250	1–25 Mio.	5–50 Mio.
Grossbetrieb	über 250	über 25 Mio.	über 50 Mio.

Abb. 9: Einteilung der Unternehmungen nach der Grösse

Im Fusionsgesetz (Bundesgesetz über Fusion, Spaltung, Umwandlung und Vermögensübertragung) definiert der Gesetzgeber «**kleinere und mittlere Unternehmungen**» in Art. 2 lit. e (nebst weiteren Bedingungen) wie folgt: «Gesellschaften, die zwei der nachfolgenden drei Grössen während zwei Jahren nicht überschreiten»:

- 200 Vollzeitstellen im Jahresdurchschnitt
- Umsatzerlös von 40 Millionen Franken
- Bilanzsumme von 20 Millionen Franken

2

Die folgende Abbildung 10 zeigt die 50 grössten Unternehmungen in der Schweiz. Als Grössenkriterium wurde der konsolidierte Umsatz im Jahr 2018 genommen.

Rang	Unternehmen	Ort	Branche	Umsatz 2018 (in Mio. CHF)
1	Vitol SA	Genf	Mineralölhandel	225918
2	Glencore International AG	Baar	Welt-/Rohstoffhandel	214919
3	Trafigura AG	Luzern	Welt-/Rohstoffhandel	177018
4	Mercuria Energy Trading SA	Genf	Welt-/Rohstoffhandel	119316
5	Cargill International SA	Genf	Welt-/Rohstoffhandel	112177
6	Nestlé-Konzern	Vevey	Nahrungsmittel	91439
7	Gunvor SA	Genf	Mineralölhandel	61614
8	Roche Holding AG	Basel	Chemie/Pharma	56846
9	Novartis AG	Basel	Chemie/Pharma	50758
10	BHP Billiton Group	Baar	Welt-/Rohstoffhandel	42678
11	Coop-Gruppe	Basel	Mischkonzern	30662
12	Migros-Konzern	Zürich	Mischkonzern	28453
13	Adecco Group AG	Glattbrugg	Temporärarbeit	27566
14	LafargeHolcim Ltd	Jona	Bauzulieferer/Bauelemente	27466
15	ABB Ltd	Zürich	Maschinenindustrie	27053
16	MSC Mediterranean Shipping Company	Genf	Logistik/Spedition	24450

Rang	Unternehmen	Ort	Branche	Umsatz 2018 (in Mio. CHF)
17	Kühne + Nagel International AG	Schindellegi	Logistik / Spedition	20 774
18	Ineos Holdings AG	Rolle	Chemie / Pharma	18 586
19	Compagnie Financière Richemont SA	Bellevue GE	Mischkonzern	16 157
20	Syngenta AG	Basel	Chemie / Pharma	13 523
21	Tetra Pak International SA	Pully	Papier- / Kartonindustrie	12 936
22	Liebherr-International SA	Bulle	Maschinenindustrie	12 186
23	Swisscom AG	Worblaufen	Telecom	11 714
24	DKSH Holding AG	Zürich	Mischkonzern	11 345
25	Schindler Holding AG	Hergiswil NW	Maschinenindustrie	10 879
26	ALSO Holding AG	Emmen	Computer / Informatik	10 598
27	Transgourmet Schweiz AG	Basel	Grosshandel (Food)	9 710
28	Schweizerische Bundesbahnen	Bern	Bahnen / Öffentlicher Verkehr	9 645
29	Dufry AG	Basel	Grosshandel (Non Food)	8 685
30	MET Group	Zug	Welt- / Rohstoffhandel	8 600
31	Swatch Group AG	Neuenburg	Uhrenindustrie	8 475
32	DXT Commodities SA	Lugano	Energieversorgung / -verteilung	8 228
33	Die Schweizerische Post AG	Bern	Dienstleistungen	7 691
34	Siemens Building Technologies	Zug	Haustechnik / Gebäudeautomation	7 638
35	Ceva Logistics AG	Baar	Logistik / Spedition	7 194
36	Sika AG	Baar	Bauzulieferer / Bauelemente	7 085
37	Alcon AG	Genf	Medizinaltechnik	6 992
38	Barry Callebaut AG	Zürich	Schokoladeindustrie	6 948
39	Fenaco Genossenschaft	Bern	Mischkonzern	6 767
40	SGS SA	Genf	Dienstleistungen	6 706
41	Ameropa Holding AG	Binningen	Welt- / Rohstoffhandel	6 653
42	Clariant AG	Muttenz	Chemie / Pharma	6 623
43	Panalpina Welttransport Holding AG	Basel	Logistik / Spedition	6 036
44	Maus Frères SA	Genf	Mischkonzern	5 800
45	Hilti Aktiengesellschaft	Schaan FL	Befestigungstechnik	5 659
46	Lonza Group AG	Basel	Chemie / Pharma	5 542
47	Givaudan SA	Vernier	Chemie / Pharma	5 527
48	Swiss International Air Lines AG	Basel	Luftverkehr	5 300
49	Alpiq AG	Lausanne	Energieversorgung / -verteilung	5 186
50	Rolex SA	Les Acacias GE	Uhrenindustrie	5 050

Abb. 10: Die 50 grössten Unternehmen der Schweiz (Quelle: Bisnode, 2020)

In der Schweiz dominieren aber die Klein- und Mittelbetriebe, die vornehmlich als Familienbetriebe strukturiert sind. Auf Basis der Statistik STATENT 2019 erhält man folgendes Bild (siehe Abbildung 11). Für die Definition von **Unternehmungsgrössen** wird nebst dem Umsatz und der Bilanzsumme vor allem auf die Mitarbeiterzahl zurückgegriffen. Dabei wird zwischen Kleinst- (1–9 Mitarbeiter), Klein- (10–49 Mitarbeiter), Mittel- (50–249 Mitarbeiter) und Grossbetrieben (250 und mehr Mitarbeiter) unterschieden.

Mitarbeiterzahl	**Unternehmen in der Schweiz 2013**		
		absolut	%
< 10	Kleinstbetriebe	529 490	89.7%
10–49	Kleinbetriebe	50 053	8.5%
50–249	Mittelbetriebe	9 080	1.5%
> 249	Grossbetriebe	1 630	0.3%
Total		590 253	100%

Abb. 11: Unternehmungen in der Schweiz nach Grössenklassen (Quelle: Statistik STATENT 2019)

Mit andern Worten: 99.7% aller Unternehmen in der Schweiz sind Kleinst-, Klein- oder Mittelbetriebe oder 98.2% aller Unternehmen sind Kleinst- oder Kleinbetriebe mit weniger als 50 Mitarbeitern. Eine Studie des Schweizerischen Instituts für Klein- und Mittelunternehmen (KMU-HSG) zeigt zudem, dass der Anteil der Familienunternehmungen in der Schweiz mit 88.14% im Vergleich zu andern Ländern «bemerkenswert hoch» ist (Frey, Halter & Zellweger, 2004, S. 4). Vergleiche haben ergeben, dass zum Beispiel in Deutschland 68% und in Spanien 71% der Unternehmen als Familienunternehmen gezählt werden können. In dieser Studie handelt es sich dann um ein Familienunternehmen, wenn das Unternehmen durch eine oder mehrere Familien substanziell beeinflusst wird oder werden kann.

Klein- und Mittelbetriebe weisen oftmals die nachfolgenden Merkmale auf:

- Der oder die Unternehmer prägen den Betrieb. Die Persönlichkeit der Unternehmer spielt eine wichtige Rolle.
- Soweit die Aktiengesellschaft als Rechtsform gewählt wurde, besteht häufig eine Personalunion zwischen Aktionärskreis, Verwaltungsrat und Management. Interessenkonflikte bleiben demzufolge aus.
- Klein- und Mittelbetriebe verfügen über schlanke Strukturen und haben eine besondere Fähigkeit, sich rasch an neue Verhältnisse anzupassen.
- Bei einer kleinen Zahl von Eigentümern sind der Höhe des Eigenkapitals enge Grenzen gesetzt. In kapitalintensiven Branchen dominieren deshalb grössere Betriebe.
- In Klein- und Mittelbetrieben herrscht aufgrund der kleinen Zahl von Mitarbeitenden eine «persönliche Atmosphäre», was sich häufig positiv auf das Betriebsklima und damit auf die Motivation der Mitarbeitenden auswirkt.

2.5 Standort

Jede Unternehmung muss darüber entscheiden, an welchen **Standorten** sie tätig werden will. Je nach Art der Unternehmung dominieren unterschiedliche Anforderungen an konkrete Standorte. Zusätzlich stellt sich die Grundsatzfrage der geografischen Zentralisierung/Dezentralisierung der Unternehmenstätigkeiten. Und schliesslich müssen sich international tätige Unternehmungen auch darüber Gedanken machen, in welcher Form sie sich im Ausland entfalten.

2.5.1 Standortfaktoren

Standortfaktoren sind Kriterien, welche die Wahl eines Standortes beeinflussen. Von Bedeutung sind vor allem die folgenden acht (siehe Abbildung 12):

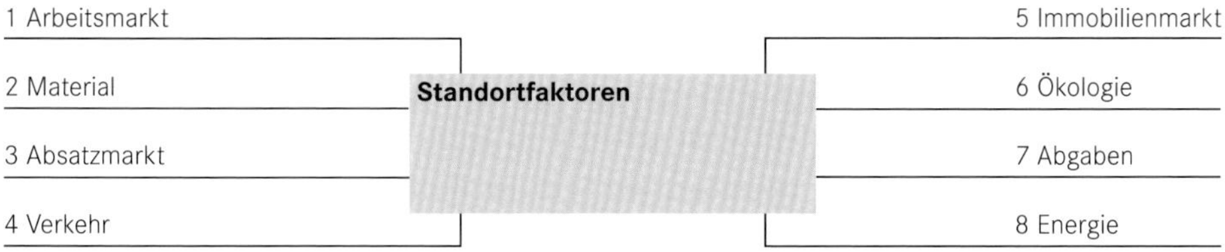

Abb. 12: Standortfaktoren im Überblick

Stichworte zu den einzelnen Standortfaktoren:

- *(1) Arbeitsmarkt:* Wo findet man die benötigten Arbeitskräfte, welche über das gewünschte Know-how verfügen? In welchen Regionen ist das Lohnniveau günstig?
- *(2) Material*: Bei welchem Standort lassen sich die Transportkosten für das Material minimieren? Diese Frage ist beispielsweise bei der Standortwahl eines Stahlproduzenten besonders bedeutungsvoll. Macht es Sinn, den Stahl in der Nähe des Rohmaterials (Eisenerz) zu produzieren oder ist es sinnvoller, die Nähe zur Kohle zu suchen, damit diese nicht über weite Distanzen angeliefert werden muss?
- *(3) Absatzmarkt*: Soll die Unternehmung in der Nähe der potenziellen Kunden errichtet werden? Sind die Güter überhaupt lagerfähig, sodass sie über längere Distanzen angeliefert werden können? Will der Kunde die Produkte gar persönlich beim Produzenten vor dem Kauf einsehen? Wo haben die Konkurrenten ihre Betriebsstätten?
- *(4) Verkehr:* Ist die Unternehmung auf bestimmte Verkehrsmittel (Schiff, Lastwagen, Flugzeug, Eisenbahn) angewiesen? Können die Rohstoffe und Zulieferteile kostengünstig und genügend schnell angeliefert werden? Gilt das auch für die Fertigprodukte auf dem Weg zu den Kunden? Wie steht es um die Transportsicherheit?
- *(5) Immobilienmarkt:* Welche Bedeutung haben die Kosten für Immobilien (Gebäude, Land)? Welche Regionen zeichnen sich durch besonders günstige Immobilienpreise aus? Kann die Unternehmung diesen Aspekt überhaupt berücksichtigen, oder sind andere Gesichtspunkte wichtiger (z. B. Kundennähe, Verkehrslage, Rohstoffe)?

- *(6) Ökologie:* Wie hoch ist die Umweltbelastung durch die Unternehmung? Welche gesetzlichen Umweltvorschriften gibt es an verschiedenen zur Diskussion stehenden Standorten? Wird die Bevölkerung die Standortwahl überhaupt akzeptieren? Damit ist die öffentliche Meinung angesprochen, auf die exponierte Unternehmungen (z. B. Atomkraftwerk, Flughafen, chemische Industrie mit entsprechender Umweltgefährdung) vermehrt Rücksicht nehmen müssen.
- *(7) Abgaben:* Gibt es Standorte, welche sich durch eine besonders niedrige Belastung (Steuern, Abgaben, Beiträge) auszeichnen? In der Schweiz gibt es bekanntlich Unterschiede zwischen den Kantonen und sogar innerhalb einzelner Kantone zwischen den Gemeinden. International tätige Unternehmungen können den Vergleich über viele Länder vornehmen, wobei der Standortfaktor «Abgaben» nur selten zum dominierenden Kriterium wird. Weiter ist anzufügen, dass Unternehmungen ohnehin nicht alle Steuern am juristischen Hauptsitz entrichten, sondern dezentral an den verschiedenen Betriebsstätten respektive am jeweiligen Sitz der Tochtergesellschaften.
- *(8) Energie:* Ist die für die Transformationsprozesse benötigte Energie in ausreichendem Mass vorhanden? Wie sind die Energiepreise zu beurteilen? Ein gutes Beispiel ist die Aluminiumproduktion, die besonders viel Energie benötigt. Man findet deshalb diesen Industriezweig wegen der tiefen Energiepreise auch in Island.

2.5.2 Grad der geografischen Ausbreitung

In Anlehnung an Thommen, Achleitner, Gilbert, Hachmeister & Kaiser (2016, S. 38) können folgende **Grade der geografischen Ausbreitung** unterschieden werden:

- *Lokale Tätigkeit:* Die Unternehmung beschränkt seine betriebliche Tätigkeit in erster Linie auf eine Gemeinde/Stadt. Beispiel: das Coiffeurgeschäft in einem Dorf.
- *Regionale Tätigkeit:* Die Unternehmung ist in einer bestimmten Region eines Landes tätig. Beispiel: Rhätische Bahn, Elektrizitätswerk einer Region.
- *Nationale Tätigkeit:* Die Unternehmung hat seine Produktions- und/oder sein Vertriebsnetz auf ein bestimmtes Land verteilt. Beispiel: Coop, Migros (Detailhandel), Galenica AG (Verteilergrossist für Medikamente und pharmazeutische Produkte in der Schweiz).
- *Internationale Tätigkeit:* Eine Unternehmung mit einem internationalen Standort produziert zur Hauptsache im Inland, exportiert aber seine Produkte auch in andere Länder. Beispiel: schweizerische Uhrenhersteller.
- *Multinationale Tätigkeit:* Im Gegensatz zum internationalen Standort kennt die multinationale Unternehmung bezüglich Leistungserstellung und Leistungsverwertung keine Grenzen. Sie ist dadurch gekennzeichnet, dass sie in mehreren Ländern Standorte von Tochtergesellschaften hat. Beispiel: Novartis, Nestlé, ABB, UBS.

Internationale/multinationale Unternehmungen haben gegenüber nationalen Unternehmungen vor allem folgende Vorteile:

- Besserer Zugang zu den internationalen Faktormärkten (Arbeit, Kapital, Rohstoffe, spezielle Technologien im Ausland).
- Ausnutzung **komparativer Kostenvorteile** in verschiedenen Ländern, das heisst, jedes Land spezialisiert sich auf jene Güter, die es relativ günstiger herstellen kann. Die Theorie der komparativen Kostenvorteile wurde von David Ricardo entwickelt und ist ein Kernpunkt der Aussenwirtschaftstheorie (Volkswirtschaftslehre).
- Produktion für einen grösseren Markt zur Realisierung von **Skaleneffekten** (**Economies of scale**/Skalenerträge), das heisst tiefere Stückkosten bei entsprechend höherer Produktionsmenge.
- Möglichkeit der internationalen Steueroptimierung.

2.6 Rechtsform

Jede Unternehmung hat eine rechtliche Struktur. Mit dieser werden rechtliche Beziehungen gegenüber Dritten, insbesondere gegenüber den Anspruchsträgern, geregelt und gleichzeitig Grundstrukturen der eigenen Organisation bestimmt. Die **Rechtsformen** werden in der dritten Abteilung des Schweizerischen Obligationenrechts (Handelsgesellschaften und Genossenschaft, Art. 552–926) abschliessend geregelt.

Das Gesellschaftsrecht lässt den Beteiligten viel Spielraum offen, indem zahlreiche Bestimmungen lediglich dispositiven Charakter haben, das heisst, diese gesetzlichen Bestimmungen gelten nur dann, wenn die Gesellschafter keine andere Regelung getroffen haben. Im Gegensatz dazu dürfen zwingende Bestimmungen nicht abgeändert werden. Typische dispositive Regelungen sind beispielsweise Art. 531 Abs. 2 OR (Beiträge) oder Art. 535 Abs. 1 OR (Geschäftsführung), typische zwingende Bestimmungen sind andererseits beispielsweise Art. 621 OR (Höhe Aktienkapital), Art. 885 OR (Stimmrecht Genossenschafter).

2.6.1 Einzelunternehmung und Gesellschaft

Grundsätzlich ist zwischen einer Einzelunternehmung und einer Gesellschaft zu unterscheiden. Bei einer **Einzelunternehmung** ist eine einzelne Person Eigentümerin; sie bringt das Eigenkapital ein und führt in letzter Verantwortung die Unternehmung:

«Der Einzelkaufmann (Einzelunternehmer, Alleinunternehmer) ist eine natürliche Person, die in eigenem Namen und in eigener Verantwortung ein kaufmännisches Unternehmen (Einzelunternehmen, in bisheriger Terminologie auch Einzelfirma genannt) betreibt, für dessen Verbindlichkeiten sie unbeschränkt mit ihrem ganzen Vermögen haftet» (Meier-Hayoz, Forstmoser & Sethe, 2018, S. 895).

Als weitere Merkmale einer Einzelunternehmung können die folgenden erwähnt werden:

- Es braucht keinen speziellen Gründungsakt. Mit der Aufnahme der Tätigkeit ist man eine Einzelunternehmung.
- Der Eigentümer erhält den ganzen Gewinn respektive trägt den ganzen Verlust.
- Der Eigentümer trägt die letzte Verantwortung allein und haftet für die Gesellschaftsschulden unbeschränkt, das heisst mit dem ganzen Geschäfts- und Privatvermögen.
- Der Kapitalbeschaffung sind enge Grenzen gesetzt.
- Geschäfts- und Privateinkommen respektive Geschäfts- und Privatvermögen werden gemeinsam besteuert, was in Bezug auf die Progression Nachteile haben kann.
- Die Firma besteht zwingend aus dem Namen des Einzelkaufmanns, mit oder ohne geschäftsübliche Zusätze.

Eine **Gesellschaft** im Sinne des Privatrechts ist eine vertraglich begründete und der gemeinsamen Verfolgung eines bestimmten Zweckes dienende Personenvereinigung. Drei Merkmale prägen also den Gesellschaftsbegriff:

- Gemeinsame Zweckverfolgung: Die Gesellschafter verfolgen ein gemeinsames Unternehmensziel.
- Personenvereinigung: An der Gesellschaft sind zwei oder mehr Gesellschafter beteiligt.
- Vertragliche Grundlage: Zwischen den Gesellschaftern besteht ein Vertragsverhältnis.

2

2.6.2 Die Gesellschaftsformen nach schweizerischem Recht und ihre wirtschaftliche Bedeutung

Die Gesellschaften lassen sich unterteilen in Rechtsgemeinschaften und Körperschaften:

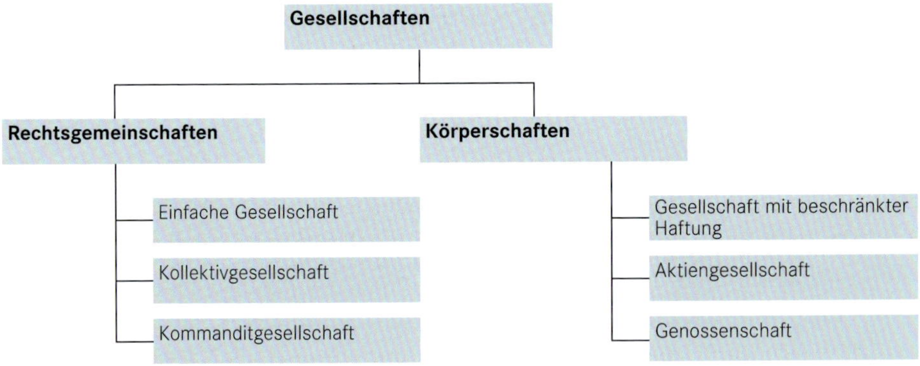

Abb. 13: Gesellschaftsformen nach schweizerischem Recht (ohne Kommanditaktiengesellschaft und Verein)

Rechtsgemeinschaften haben keine eigene Rechtspersönlichkeit. Die einzelnen Mitglieder sind die Rechtsträger. Die Rechtsgemeinschaft kann zwar unter ihrem Namen Verträge abschliessen und Prozesse führen, berechtigt und verpflichtet sind aber immer nur die Gesellschafter. Die Rechtsgemeinschaften werden auch als Personengesellschaften bezeichnet.

Körperschaften sind juristische Personen und werden durch ihre Organe tätig. Sie verfügen über eine eigene Rechtspersönlichkeit, das heisst, sie sind Träger von Rechten und Pflichten, sie sind also rechtsfähig. Sie können zum Beispiel Verträge abschliessen, vor Gericht klagen und beklagt werden.

In der Schweiz dominieren einerseits die so genannten «Einzelunternehmungen», also Personen, die ein Handels-, ein Fabrikations- oder ein anderes nach kaufmännischer Art geführtes Gewerbe betreiben (Art. 934 Abs. 1 OR) und andererseits bei den Gesellschaften die «Aktiengesellschaft». Die Anzahl der Gesellschaften mit beschränkter Haftung beträgt heute (2019) das 68-fache gegenüber 1980!

Abbildung 14 zeigt die wirtschaftliche Bedeutung der einzelnen Rechtsformen:

Jahr	Einzel-unter-nehmen	Kollektiv-gesell-schaft	Komman-ditgesell-schaft	Aktien-gesell-schaft	GmbH	Genossen-schaft	Verein	Stiftung	Andere
2019	160203	11253	1478	221065	207473	8407	9846	17232	16507
2018	159810	11395	1548	218026	197858	8559	9465	17143	16186
2017	178758	11415	1618	215194	188428	8683	9117	17141	16010
2016	157620	11386	1693	211926	178594	8855	8692	17110	15809
2015	156460	11604	1771	209225	169249	9019	8296	17170	15500

Abb. 14: Im Handelsregister eingetragene Firmen (Quelle: EHRA Statistiken, 2020)

2

2.6.3 Einfache Gesellschaft

Sobald sich zwei oder mehrere Personen zur Erreichung eines gemeinsamen Zweckes mit gemeinsamen Kräften und Mitteln vertraglich zusammenschliessen, liegt eine Gesellschaft vor. Sie ist eine «**einfache Gesellschaft**», sofern dabei nicht die Voraussetzungen einer anderen durch das Gesetz geordneten Gesellschaft zutreffen (Art. 530 OR).

Die einfache Gesellschaft weist folgende besonderen Merkmale auf:

- Sie ist keine Handelsgesellschaft, sondern nur ein Zusammenschluss auf vertraglicher Basis zur Wahrnehmung gemeinsamer Interessen, wodurch kein neuer Rechtsträger entsteht. Sie ist im Obligationenrecht unter den Vertragsverhältnissen geregelt.
- Sie hat keine eigene (geschützte) Firma und kann nicht ins Handelsregister eingetragen werden. Unter einer Firma im rechtlichen Sinn versteht man den Namen einer Unternehmung.
- Sie hat keine eigene Rechtspersönlichkeit, das heisst, sie kann selber keine Rechte und Pflichten erwerben. So kann sie vor dem Richter weder klagen noch beklagt werden. Auch kann sie nicht betrieben werden. Berechtigt und verpflichtet werden letzten Endes einzig und allein die einzelnen Gesellschafter.

Anwendungsbeispiele

- als *Grundform* für die beiden Personengesellschaften (Kollektiv- und Kommanditgesellschaft). Bei der Kollektiv- und Kommanditgesellschaft gibt es gesetzliche Bestimmungen, die direkt oder indirekt wieder auf die einfache Gesellschaft verweisen, zum Beispiel Art. 574 Abs. 1 OR (Auflösung) sowie Art. 557 Abs. 2 OR (Vertragsfreiheit).
- als *Gründergesellschaft:* In der Gründungsphase einer juristischen Person bilden die Gründer bis zur erfolgten Gründung (Eintrag ins Handelsregister; konstitutive Wirkung) eine einfache Gesellschaft.
- als *Gelegenheitsgesellschaft:* Wenn der Zusammenschluss nur vorübergehend ist oder wenn für eine gemeinsame Geschäftstätigkeit keine andere Gesellschaftsform in Frage kommt, liegt eine einfache Gesellschaft vor. Beispiele: Praxisgemeinschaft mehrerer Ärzte, Bürogemeinschaft mehrerer Architekten oder Anwälte, Konkubinat, Baukonsortium.
- als *Gesellschaft von Aktionären,* welche aufgrund von Aktionärsbindungsverträgen miteinander verbunden sind.
- Verein ohne gültige Statuten.

2.6.4 Kurzporträts der wichtigsten Gesellschaftsformen

2

Kollektivgesellschaft

Die **Kollektivgesellschaft** ist eine Vereinigung von natürlichen Personen, die in der Regel wirtschaftliche Zwecke verfolgt und ein kaufmännisches Unternehmen betreibt und für deren Verbindlichkeiten neben dem Gesellschaftsvermögen subsidiär alle Gesellschafter unbeschränkt und solidarisch haften.

Rechtsgrundlage	Art. 552–593 OR
Gesellschafter	Zwei oder mehr natürliche Personen (Art. 552 Abs. 1 OR)
Firma	Die Kollektivgesellschaft kann ihre Firma unter Wahrung der allgemeinen Grundsätze der Firmenbildung frei wählen unter Angabe der Rechtsform KLG (Art. 950 OR).
Grundkapital	Kein Grundkapital vorgeschrieben. Eigenkapital ist jederzeit veränderlich. Nicht bezogene Gewinne, Honorare und Zinsen werden dem Kapitalanteil zugeschrieben (Art. 559 Abs. 3 OR), sofern keine Einwendungen erfolgen.
Organisation / Geschäftsführung	Geschäftsführung primär gemäss vertraglicher Abmachung und Eintrag im Handelsregister (Art. 557 OR). Sekundär ist jeder Gesellschafter einzeln zur Geschäftsführung berechtigt (Art. 563–564 OR).

Gewinnverteilung	Primär nach Vertrag (Art. 557 Abs. 1 OR), dispositiv nach Köpfen (Art. 557 Abs. 2 und 533 Abs. 1 OR).
Honorar und Eigenkapitalzinsen	Dispositiv 4 % Zins vom einbezahlten Kapital (Art. 558 Abs. 2 OR). Zinsen und Honorare dürfen schon während des Geschäftsjahres bezogen werden (Art. 559 Abs. 2 OR).
Haftung	Primär haftet die Kollektivgesellschaft mit ihrem ganzen Vermögen. Subsidiär haften alle Gesellschafter persönlich, unbeschränkt und solidarisch, das heisst, jeder haftet für die ganze Gesellschaftsschuld mit Regressrecht auf die andern (Art. 568 OR).

Kommanditgesellschaft

Die **Kommanditgesellschaft** ist eine Vereinigung von Personen, die in der Regel wirtschaftliche Zwecke verfolgt und ein kaufmännisches Unternehmen betreibt. An einer Kommanditgesellschaft sind mindestens ein Komplementär und ein Kommanditär beteiligt.

Rechtsgrundlage	Art. 594–619 OR
Gesellschafter	Mindestens ein unbeschränkt haftender Gesellschafter (Komplementär) plus mindestens ein bis zur Kommanditsumme beschränkt haftender Gesellschafter (Kommanditär). Der Komplementär muss eine natürliche Person sein, beim Kommanditär sind natürliche oder juristische Personen oder Handelsgesellschaften möglich (Art. 594 OR).
Firma	Die Kommanditgesellschaft kann ihre Firma unter Wahrung der allgemeinen Grundsätze der Firmenbildung frei wählen unter Angabe der Rechtsform KMG (Art. 950 OR).
Grundkapital	Analog Kollektivgesellschaft (Art. 598 OR).
Organisation / Geschäftsführung	Geschäftsführung: gemäss vertraglicher Abmachung (Art. 598 Abs. 1 und 603 OR). Dispositiv: Jeder Komplementär einzeln (Art. 599 OR). Der Kommanditär handelt als Prokurist oder Bevollmächtigter (Art. 605 OR).
Gewinnverteilung	Komplementäre: primär nach Vertrag, dispositiv nach Köpfen (analog Kollektivgesellschaft, Art. 598 Abs. 2 OR). Kommanditäre: primär nach Vertrag, dispositiv nach freiem richterlichem Ermessen (Art. 601 Abs. 2 OR).
Honorar und Eigenkapitalzinsen	Analog Kollektivgesellschaft: primär nach Vertrag, dispositiv 4 % Zins vom einbezahlten Kapital (Art. 598 und 558 Abs. 2 OR). Zinsen und Honorare dürfen schon während des Geschäftsjahres bezogen werden (Art. 598 und 559 Abs. 2 OR).
Haftung	Primär: Gesellschaft mit ihrem Vermögen. Sekundär: Gesellschafter mit ihrem Vermögen; Komplementäre wie Kollektivgesellschafter, Kommanditäre bis zur eingetragenen Kommanditsumme (Art. 604, 608, 617 OR).

Aktiengesellschaft

«Die **Aktiengesellschaft** (AG) ist eine kapitalbezogene Körperschaft, die in der Regel wirtschaftliche Zwecke verfolgt und ein kaufmännisches Unternehmen betreibt, für deren Verbindlichkeiten ausschliesslich das Gesellschaftsvermögen haftet und die ein in bestimmter Höhe festgesetztes, in Teilsummen (Aktien und allenfalls Partizipationsscheine) zerlegtes Grundkapital (Aktienkapital und allenfalls Partizipationskapital) aufweist» (Meier-Hayoz, Forstmoser & Sethe, 2018, S. 448).

Rechtsgrundlage	Art. 620–763 OR
Gesellschafter	Eine Aktiengesellschaft kann durch eine oder mehrere natürliche oder juristische Personen oder andere Handelsgesellschaften gegründet werden (Art. 625 OR).
Firma	Freie Wahl der Firma unter Wahrung der allgemeinen Grundsätze der Firmenbildung. Der Firma muss die Bezeichnung «AG» beigefügt sein (Art. 950 OR).
Grundkapital	Festes Aktienkapital (mindestens CHF 100 000.–), eingeteilt in Teilsummen (Aktien, Nennwert mindestens 1 Rp.). Mindesteinzahlung 20 %, aber nicht weniger als CHF 50 000.– (Art. 620 Abs. 1, 621, 622 Abs. 4, 632 OR). Herabsetzung oder Erhöhung des Aktienkapitals über Statutenänderung möglich (Art. 626 Ziff. 3, 650 ff., 732 ff. OR).
Organisation / Geschäftsführung	Die Aktiengesellschaft verfügt über drei Organe: Generalversammlung (Versammlung der Aktionäre, Art. 698 ff. OR), Verwaltungsrat (oberstes Führungsorgan, Art. 707 ff. OR) und Revisionsstelle (Art. 727 ff. OR). Auf die Revisionsstelle kann unter bestimmten Voraussetzungen verzichtet werden (Art. 727a Abs. 2 OR).
Gewinnverteilung	Verteilung des Bilanzgewinnes nach Statuten (Art. 660 OR), in der Regel im Verhältnis des einbezahlten Nominalwertes der Aktie (Art. 661 OR). Beachtung der Reservevorschriften (Art. 674 OR). Gewinnanteile an Verwaltungsräte (Tantiemen) gemäss Art. 677 OR.
Honorar und Eigenkapitalzinsen	Es dürfen keine Zinsen auf das Aktienkapital bezahlt werden (Art. 675 Abs. 1 OR). Entschädigungen für Arbeitsleistungen werden der Erfolgsrechnung belastet (Art. 663 Abs. 3 OR).
Haftung	Die Aktiengesellschaft haftet mit ihrem Gesellschaftsvermögen, d. h. mit dem gesamten Eigenkapital, welches sich aus dem Grundkapital, den offenen und stillen Reserven sowie dem Gewinnvortrag zusammensetzt (Art. 620 Abs. 1 OR). Die Aktionäre verlieren maximal den für die Aktien gezeichneten Betrag (Art. 620 Abs. 2 OR).

Zurzeit wird eine weitere Aktienrechtsreform vorbereitet. Im Zentrum steht der Ausbau der Aktionärsrechte. Da im heutigen Zeitpunkt noch nicht absehbar ist, wie die endgültige Regelung aussieht, wird darauf verzichtet, bereits konkrete Hinweise zu geben.

Gesellschaft mit beschränkter Haftung

«Die **Gesellschaft mit beschränkter Haftung (GmbH)** ist eine teils kapitalbezogene, teils personenbezogene Körperschaft, die zumeist wirtschaftliche Zwecke verfolgt und in der Regel ein kaufmännisches Unternehmen betreibt, die ein in bestimmter Höhe festgesetztes Stammkapital aufweist und für deren Verbindlichkeiten das Gesellschaftsvermögen haftet» (Meier-Hayoz, Forstmoser & Sethe, 2018, S. 687).

Rechtsgrundlage	Art. 772–827 OR
Gesellschafter	Gründung durch eine oder mehrere natürliche oder juristische Personen oder Handelsgesellschaften (Art. 775 OR).
Firma	Freie Wahl der Firma unter Wahrung der allgemeinen Grundsätze der Firmenbildung. In allen Fällen muss die Bezeichnung «GmbH» beifügt sein (Art. 950 OR).
Grundkapital	Festes Stammkapital (mindestens CHF 20 000.-), eingeteilt in Teilsummen (Stammanteile, Nennwert mindestens CHF 100.-), das voll einbezahlt sein muss. Jeder Gesellschafter besitzt eine Stammeinlage von mindestens CHF 100.– (Art. 773 und 774 OR). Änderungen in der Höhe des Stammkapitals sind analog der Aktiengesellschaft möglich (Art. 782 OR).
Organisation / Geschäftsführung	Die Gesellschaft mit beschränkter Haftung verfügt über zwei bis drei Organe: Gesellschafterversammlung (Art. 804 ff. OR), Geschäftsführung (Art. 809 ff. OR) und eine Revisionsstelle (Art. 818 OR). Auf die Revisionsstelle kann analog der Aktiengesellschaft unter bestimmten Voraussetzungen verzichtet werden.
Gewinnverteilung	Verteilung des Bilanzgewinnes primär nach Statuten, dispositiv im Verhältnis der einbezahlten Stammanteile. Beachtung der Reservevorschriften (Art. 798 OR).
Eigenkapitalzinsen	Es dürfen keine Zinsen auf das Stammkapital bezahlt werden (Art. 798a OR).
Haftung	Die Haftung einer GmbH ist grundsätzlich gleich geregelt wie diejenige bei der AG. Die Statuten können eine Nachschusspflicht zur Deckung von Verlusten vorsehen (Art. 795 OR).

Genossenschaft

«Die **Genossenschaft** ist eine personenbezogene Körperschaft mit nicht geschlossener Mitgliederzahl, die zur Hauptsache bestimmte wirtschaftliche Zwecke in gemeinsamer Selbsthilfe verfolgt, die ein kaufmännisches Unternehmen betreiben kann und für deren Verbindlichkeiten vorbehältlich einer anderen statutarischen Ordnung ausschliesslich das Gesellschaftsvermögen haftet. Die Genossenschaft kann ein variables Grundkapital aufweisen, das in Anteile zerlegt ist» (Meier-Hayoz, Forstmoser & Sethe, 2018, S. 718).

Rechtsgrundlage	Art. 828–926 OR
Gesellschafter	Bei der Gründung mindestens sieben natürliche oder juristische Personen oder Handelsgesellschaften (Art. 831 OR). Die Mitgliederzahl ist nicht geschlossen, d.h. Ein- und Austritte dürfen nicht übermässig erschwert werden (Art. 839 und 842 OR).
Firma	Freie Wahl der Firma unter Wahrung der allgemeinen Grundsätze der Firmenbildung. Der Firma muss die Bezeichnung «Genossenschaft» beigefügt sein (Art. 950 OR).
Grundkapital	Grundkapital nur, wenn in den Statuten vorgesehen. Das Grundkapital ist jederzeit veränderlich. Jeder Genossenschafter muss bei Vorhandensein eines Grundkapitals einen Anteilschein übernehmen (Art. 833 Ziff. 1 und Art. 853 OR).
Organisation / Geschäftsführung	Die Genossenschaft verfügt über drei Organe: Generalversammlung (Versammlung der Genossenschafter, Art. 879 ff. OR), Verwaltung (oberstes Führungsorgan, bestehend aus mindestens drei Personen, Art. 894 ff. OR) und Revisionsstelle (Art. 906 ff. OR). Auf die Revisionsstelle kann analog der Aktiengesellschaft unter bestimmten Voraussetzungen verzichtet werden.
Gewinnverteilung	Der Reinertrag fällt in das Genossenschaftsvermögen, sofern es die Statuten nicht anders vorsehen (Art. 859 Abs. 1 OR). Eine Verteilung des Reinertrages erfolgt nach dem Masse der Benützung der genossenschaftlichen Einrichtungen durch die einzelnen Mitglieder (Art. 859 Abs. 2 OR), sofern die Statuten nichts anderes bestimmen. Bestehen Anteilscheine, so darf die Ausschüttung den landesüblichen Zinssatz für langfristige Darlehen ohne besondere Sicherheiten nicht überschreiten (Art. 859 Abs. 3 OR). Reservevorschriften siehe Art. 860 OR.
Honorar und Eigenkapitalzinsen	Auf den Anteilscheinen können Gewinnanteile, nicht aber Zinsen ausgeschüttet werden (Art. 859 Abs. 3 OR).
Haftung	Grundsätzlich haftet nur das Genossenschaftsvermögen, d.h. das gesamte Eigenkapital der Genossenschaft. Die Statuten können eine beschränkte oder unbeschränkte persönliche Haftung oder eine beschränkte oder unbeschränkte persönliche Nachschusspflicht vorsehen (Art. 868 ff. OR). Persönliche Haftung und Nachschusspflicht können kombiniert werden (Art. 871 Abs. 1 OR).

2.6.5 Kriterien für die Wahl einer Gesellschaftsform

Es gibt für eine bestimmte Unternehmung keine *ideale* Rechtsform. Jede Gesellschaftsform hat ihre Vor- und Nachteile. Im konkreten Entscheidungsfall müssen deshalb individuelle Kriterien definiert und gewichtet werden, um im Vergleich von möglichen Rechtsformen die beste Lösung zu finden. Nachfolgend werden deshalb die in der Praxis häufig genannten drei Kriterien erwähnt und kommentiert:

- Haftung
- Steuerliche Belastung
- Kapitalbedarf

Als weitere Kriterien können erwähnt werden:

- Fortbestand der Unternehmung (Problem der Nachfolge)
- Firmenschutz
- Wunsch nach Anonymität
- Formalitäten und Kosten
- Regelung Stimmrecht

Haftung

Es ist verständlich, dass in der Praxis dem Kriterium «Haftung» meistens das grösste Gewicht beigemessen wird. Wer will schon sein ganzes Privatvermögen verlieren! Die Regelung der Haftung bei den einzelnen Gesellschaftsformen wurde in den einzelnen Kurzporträts stichwortartig bereits dargestellt. Hier nochmals eine Gesamtübersicht. Das schweizerische Gesellschaftsrecht unterscheidet drei Haftungstypen (siehe Abbildung 15).

Von der Haftung her betrachtet, sind Aktiengesellschaft und GmbH natürlich vorteilhaft. Man darf diese aber auch nicht überschätzen. Bietet nämlich das Gesellschaftsvermögen zu wenig Haftungssubstanz, so kommt es nicht selten vor, dass gewisse Anspruchsträger (z. B. Lieferanten, Kreditgeber) von den Eigentümern der AG respektive GmbH besondere Sicherheiten verlangen, zum Beispiel eine Solidarbürgschaft zur Absicherung ungedeckter Bankkredite. Im Weiteren muss man stets auch prüfen, ob besondere Risiken einer Branche beispielsweise nicht durch geeignete Versicherungen reduziert werden können.

Steuerliche Belastung

Grundsätzlich ist zu beachten, dass die Körperschaften direkt steuerpflichtig sind. Bei den Rechtsgemeinschaften hingegen werden letztlich die Gesellschafter für die Gewinne der Gesellschaft anteilig steuerpflichtig.

Leider gibt es in steuerlicher Hinsicht keine ideale Gesellschaftsform. Die Rechtsgemeinschaften haben – wie eingangs bereits erwähnt – den Nachteil, dass bei den Gesellschaftern Privat- und Geschäftseinkommen zusammen besteuert werden. Dies kann – je nach vorliegender Situation – zu einer hohen Progression führen.

Die jährlich fünf wichtigsten Übernahmen mit Schweizer Beteiligung					
Jahr	**Übernommene Unternehmung**	**Land**	**Käufer**	**Land**	**Mio USD**
2016	Syngenta AG	CH	China National Chemical Corporation	CHN	43 299
	Capsugel Inc.	US	Lonza Group Ltd.	CH	5 500
	Allied World Assurance Company Holdings AG	CH	Fairfax Financial Holdings Ltd.	CAN	4 698
	Foncia Groupe SA	FR	Partners Group et al.	CH, FR, CAN	2 039
	gategroupe Holding AG	CH	HNA Group Co Ltd.	CHN	1 927

Abb. 16: Wichtige Übernahmen seit 2016 (Quelle: Clarity on Mergers & Acquisitions, KPMG)

Das Kernziel einer Unternehmenskooperation ist die Steigerung des Unternehmenswertes durch externes Wachstum und/oder die Erzielung möglichst vieler **Synergie**(Spar-)**effekte**. Ein bestimmtes Ziel kann mit weniger Ressourcen erreicht werden, was über tiefere Kosten zu einem höheren Unternehmenswert führt. Allerdings darf nicht übersehen werden, dass in zahlreichen Fällen vor der Gewinnung von Synergien zuerst zusätzlich investiert werden muss, zum Beispiel in die IT bei der Zusammenführung der Informationssysteme. Bei der Fusion von Fiat/Chrysler mit Peugeot PSA rechnet man beispielsweise mit Synergien von 3.7 Milliarden Euro pro Jahr. Nach vier Jahren sollen diese zu 80 % ausgeschöpft werden. Der Konzern wird 14 Automarken haben. Die Synergien sollen dabei durch gemeinsamen Einkauf, gemeinsame Nutzung von Plattformen und Technologieentwicklungen entstehen.

2

Vielfach wird auch auf die Risikostreuung als mögliches Ziel einer Unternehmungskooperation hingewiesen. Durch die Diversifikation in neue Produkte und Märkte soll das Risiko verteilt und damit reduziert werden. Das mag in einzelnen Fällen zutreffen, entspricht aber nicht mehr dem bei vielen Unternehmungen festzustellenden Trend, sich auf ihre Kernkompetenzen zu beschränken und ihre Grössenvorteile dort auszunützen. Nachfolgend sind Beispiele für mögliche Synergieeffekte aufgeführt. Es ist sehr wichtig, dass im konkreten Fall vor dem Eingehen einer Kooperation das Synergiepotenzial im Detail ermittelt wird. Die Praxis zeigt, dass die Synergieeffekte nicht selten überschätzt werden.

Materialmanagement

- Gemeinsamer Einkauf führt zu besseren Lieferantenkonditionen (Preis, Zahlungsbedingungen, Liefertermine usw.)
- Sicherung der Versorgung mit Rohstoffen oder Zulieferteilen, sofern das in der Wertschöpfungskette vorgelagerte Unternehmen in die Kooperation integriert ist

Produktion

- Bessere Auslastung vorhandener Kapazitäten
- Gemeinsame Entwicklung von Produktionsverfahren

- Arbeitsteilung, verbunden mit einer entsprechenden Spezialisierung auf bestimmte Produkte oder Produktteile
- Vereinheitlichung der hergestellten Produkte
- Rationalisierung von Produktionsabläufen
- Ausnützung der Kostendegression durch hohe Stückzahlen (Economies of Scale)

Marketing

- Zusammenlegung der Verkaufsorganisationen
- Gemeinsames Marketing
- Sortimentserweiterung durch Kooperation

Forschung und Entwicklung

- Gemeinsame Forschung
- Koordination der Forschungstätigkeit und kostensparende Arbeitsaufteilung

Andere Bereiche

- Gemeinsame Beschaffung von Investitionsgütern
- Zusammenlegung der Informatik
- Zusammenlegung ausgewählter Dienstleistungen wie zum Beispiel Rechtsabteilung, Rechnungswesen und Controlling usw.

2.7.2 Arten von Unternehmungskooperationen

Wertschöpfungsstufe der Kooperation

Nach dem Merkmal Wertschöpfungsstufe werden drei Arten von Unternehmungskooperationen unterschieden:

Horizontale Unternehmungskooperation: Zwei oder mehr Unternehmungen auf der gleichen Wertschöpfungsstufe gehen eine Kooperation ein, zum Beispiel Kooperation zwischen Detailhandelsgeschäften, Kooperation zwischen Autoherstellern usw.

Vertikale Unternehmungskooperation: Zwei oder mehr Unternehmungen kooperieren entlang einer Wertschöpfungskette, zum Beispiel ein Reiseveranstalter besitzt Beteiligungen an Hotels sowie eine eigene Airline und verfügt zudem über eine Vertriebskette eigener Reisebüros.

Diagonale Unternehmungskooperation: Zwei oder mehr Unternehmen verschiedener Branchen kooperieren, zum Beispiel in Form einer gemeinsamen Holdinggesellschaft. Dahinter können Risikoüberlegungen (Risikodiversifikation) oder finanzpolitische Überlegungen (Kapitalanlage) stehen.

Dauer der Kooperation

Es ist zu differenzieren zwischen vorübergehenden und dauernden, das heisst zumindest auf unbestimmte Zeit eingegangenen Kooperationen. Kooperationen für eine im Voraus beschränkte Zeit, zum Beispiel für die Realisierung eines Projektes, haben als Rechtsform in der Regel die einfache Gesellschaft. Auf unbeschränkte Zeit eingegangene Kooperationen können auf blossen Zusammenarbeitsverträgen basieren (Beispiel Oneworld-Allianz unter der Leitung von British Airways). Denkbar ist aber auch eine gemeinsame Tochtergesellschaft in der Rechtsform einer Aktiengesellschaft oder eine gemeinsame Holdinggesellschaft der Kooperationspartner (Beispiel Air France/KLM). Schliesslich können auf «ewige Zeit» in der Form einer Fusion eingegangene Kooperationen auch wieder durch eine Unternehmensspaltung aufgehoben werden.

Kooperationsgrad

Von zentraler Bedeutung ist auch die Frage, in welchem Umfang die rechtliche und wirtschaftliche Selbständigkeit durch die konkrete Kooperationsform eingeschränkt wird. In Anlehnung an Boemle und Stolz (2012, S. 162 ff.) können folgende Typen von **Unternehmensverbindungen** unterschieden werden:

1. Unternehmungsverbindung auf vertraglicher Grundlage
2. Unternehmungsverbindung durch Beteiligungserwerb (Akquisition)
3. Verbindungen durch käufliche Übernahme von Aktiven und Passiven
4. Beteiligung an Gemeinschaftsunternehmungen (Joint Ventures)
5. Verbindungen durch Bildung einer Zwillingsaktiengesellschaft
6. Quasifusion

Bei einer Quasifusion erwirbt die übernehmende Gesellschaft durch Anteilsumtausch alle oder die Mehrheit der Anteilsrechte von Anteilsinhabern der übernommenen Gesellschaft, welche als Tochtergesellschaft der übernehmenden Gesellschaft weiterbesteht (Boemle und Stolz, 2012, S. 202).

Rechtsform einer Kooperation

Bei jeder Unternehmungskooperation stellt sich auch die Frage nach der Rechtsform. Folgende Rechtsverhältnisse sind bei Unternehmungskooperationen nach Schweizer Recht zu beobachten:

- Kooperationsvertrag (keine Gesellschaftsform, blosser Zusammenarbeitsvertrag)
- Einfache Gesellschaft
- Aktiengesellschaft
- Gesellschaft mit beschränkter Haftung
- Genossenschaft
- Verein

2.7.3 Formen (Inhalte) von Unternehmungskooperationen

Es gibt für die Bezeichnung der verschiedenen Formen von Unternehmungskooperationen keine anerkannten Definitionen. In der Praxis werden oft konkrete Kooperationen mit einem Begriff betitelt, welcher gewöhnlich für andere Kooperationsformen verwendet wird.

Eine Unternehmungskooperation lässt sich demnach beschreiben mit

- der Form der Unternehmenskooperation
- der Differenzierung nach der Wertschöpfungsstufe (horizontal, vertikal, diagonal)
- der Dauer der Unternehmenskooperation (vorübergehend, dauernd)
- den vorkommenden Verbindungselementen
- der Rechtsgrundlage respektive der Rechtsform der Unternehmenskooperation.

Die von uns im Folgenden beschriebenen Begriffe von Kooperationsformen beschränken sich auf Ausdrücke, die in der Praxis oft verwendet werden.

Partizipation

Bei einer **Partizipation** schliessen die Beteiligten Geschäfte im eigenen Namen, aber für gemeinsame Rechnung ab. Als Rechtsform eignet sich die einfache Gesellschaft.

Konsortium

Konsortien sind Unternehmungskooperationen auf vertraglicher Basis (einfache Gesellschaften) für die Realisierung genau abgegrenzter Projekte. Beispiele: Bankenkonsortium wie Kreditkonsortium (Vergabe von Grosskrediten), Emissionskonsortium (Emission von Obligationen oder Aktien für Grossunternehmen). Bekannt in der Praxis sind auch sogenannte Baukonsortien, die oftmals als Arbeitsgemeinschaft bezeichnet werden.

Arbeitsgemeinschaft

Bei den **Arbeitsgemeinschaften** handelt es sich in der Regel um einfache Gesellschaften, welche für die Dauer der Projektrealisierung gebildet wurden (Baukonsortien).

Kartell

Unter einem **Kartell** versteht man eine vertraglich oder auf andere Weise abgesprochene Kooperation von rechtlich selbstständig bleibenden Unternehmen zur Beschränkung des Wettbewerbs (Thommen, 2012, S. 88). Zu differenzieren ist zwischen Kartellen auf horizontaler Stufe (z.B. Preiskartell, Gebietskartell, Mengenkartell) und Kartellen auf vertikaler Stufe (z.B. Preisbindung der zweiten Hand, exklusive Lieferungsverträge).

Kartelle sind in der Schweiz nach dem geltenden Kartellgesetz (Bundesgesetz über Kartelle und andere Wettbewerbsbeschränkungen vom 6.10.1995) grundsätzlich erlaubt, sofern sie nicht das wirtschaftliche Gesamtinteresse (wirksamer Wettbewerb) verletzen oder zu einem Missbrauch führen. Im Gegensatz zum Ausland (z.B. USA, EU), wo Kartelle verboten sind, kennt die Schweiz bloss das Missbrauchsprinzip. Kartelle haben, soweit es überhaupt noch solche gibt, als Rechtsform in der Regel den Verein. In der Praxis beobachtet man aber auch sogenannte «formlose Kartelle». Verschiedene Unternehmungen in einer bestimmten Region fixieren – ohne besondere Absprache – gleiche oder auffallend ähnliche Preise für dasselbe Produkt, beispielsweise die Treibstoffpreise bei Tankstellen.

Interessengemeinschaft

Eine relativ lose Kooperationsform stellt die so genannte **Interessengemeinschaft** dar. Zwei oder mehr Unternehmungen arbeiten in einem klar definierten Bereich zusammen, wobei es sich bei der Zusammenarbeit nicht um einen Kernbereich handeln muss. Häufigster Anwendungsfall ist eine Zusammenarbeit im Bereich der Forschung und Entwicklung. Rechtsgrundlage kann ein Kooperationsvertrag sein, eventuell bildet man eine einfache Gesellschaft.

Joint Venture

Ein Projekt, häufig im Ausland, wird von zwei oder mehr Unternehmungen in der Regel durch die Gründung einer gemeinsamen Tochtergesellschaft realisiert. Grosse Auslandaufträge in der Industrie wurden vor allem in der Vergangenheit häufig mit der Auflage gekoppelt, dass der Auftragnehmer in Zusammenarbeit mit einer lokalen Unternehmung im Auftraggeberland das Projekt partnerschaftlich mittels Gründung einer gemeinsamen Tochtergesellschaft abwickeln muss. **Joint Ventures** sind auch – vor allem in klein- und mittelbetrieblichen Verhältnissen – auf der Grundlage einer einfachen Gesellschaft denkbar.

Strategische Allianz

Bei einer **strategischen Allianz** handelt es sich um eine Kooperation auf strategischer Ebene, also eine langfristige, enge Zusammenarbeit in Kernbereichen wie zum Beispiel Produktentwicklung und Markterschliessung. Es versteht sich von selbst, dass die an einer strategischen Allianz beteiligten Unternehmen auf einen Teil ihrer wirtschaftlichen Selbstständigkeit verzichten müssen. Besonders bekannt ist der Begriff bei den Fluggesellschaften. So beschränkt sich zum Beispiel die strategische Allianz «Oneworld» auf einen Kooperationsvertrag zwischen den Mitgliedern, während zum Beispiel Air France und KLM (Mitglieder des Skyteams) sich einer gemeinsamen Holdinggesellschaft untergeordnet haben.

Konzern

Unter einem **Konzern** versteht man die Zusammenfassung rechtlich selbstständiger Unternehmen unter einheitlicher Führung, das heisst, eine Muttergesellschaft **(Holdinggesellschaft)** kontrolliert über Kapitalbeteiligungen (> 50 %) eine oder mehrere Tochtergesellschaften. Bei dieser wenig konkreten Umschreibung könnte im Extremfall auch eine Kleinunternehmung mit zum Beispiel zwei Tochtergesellschaften als Konzern bezeichnet werden. Der Gesetzgeber definiert nun in Art. 663e OR aber Limiten. Wenn eine Unternehmung während zwei aufeinander folgenden Jahren zwei der nachfolgenden Grössen *nicht* überschreitet, so muss keine Konzernrechnung erstellt werden, das heisst, es ist aus der Sicht des Gesetzgebers *kein* Konzern:

- Bilanzsumme von 10 Millionen Franken
- Umsatzerlös von 20 Millionen Franken
- 200 Arbeitnehmer im Jahresdurchschnitt

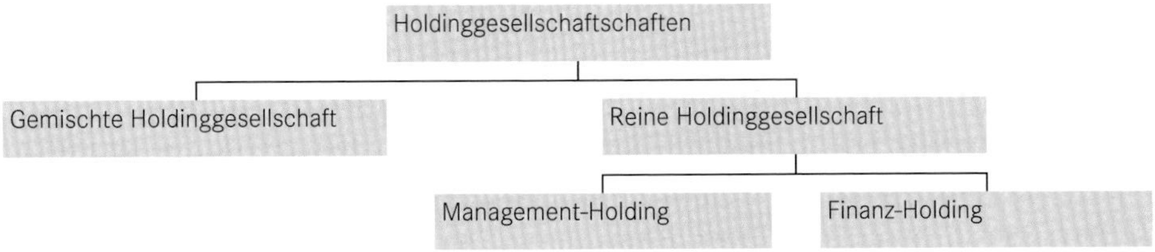

Abb. 17: Arten von Holdinggesellschaften

Abbildung 17 zeigt die in der Praxis üblichen Arten von Holdinggesellschaften. **Gemischte Holdinggesellschaften** sind Unternehmungen mit Tochtergesellschaften, welche ihre ursprüngliche betriebliche Tätigkeit beibehalten und zusätzlich die Tochtergesellschaften lenken. **Reine Holdinggesellschaften** beschränken sich auf das Halten ihrer Beteiligungen an den Tochtergesellschaften. Je nach Grad an wirtschaftlicher Selbstständigkeit der einzelnen Tochtergesellschaften unterscheidet man zwischen einer Management-Holding und einer Finanz-Holding.

Die **Management-Holding** nimmt verschiedene Führungsfunktionen zur Lenkung und Entwicklung der Tochtergesellschaften wahr. Insbesondere nimmt sie Einfluss auf die Festlegung der Unternehmenspolitik und der Strategien der beherrschten Tochtergesellschaften. Besteht dagegen das Ziel der Holding lediglich in der gewinnbringenden Kapitalanlage in Form von Beteiligungen, ohne dass eine Einflussnahme auf die Unternehmungspolitik der betreffenden Tochtergesellschaften im Vordergrund steht, spricht man von einer **Finanz-Holding**.

Wertschöpfungspartnerschaften

Eine Kooperationsform stellen auch die sogenannten Wertschöpfungspartnerschaften dar. Eine Wertschöpfungspartnerschaft ist «eine strategisch-vertikale Allianz von Unternehmen, die ihre Aktivitäten auf bestimmte Stufen der Wertkette konzentrieren und entlang der Wertkette kooperieren» (Sydow, 1995, S. 64). «Die Konzentration vieler Unternehmen auf ihr Kerngeschäft führt bei den Herstellern zur Verringerung der Fertigungstiefe und verlangt eine Neuverteilung der Zusammenarbeit zwischen Herstellern und Zulieferern. Der Rückgang der Fertigungstiefe ist für den Hersteller nur realisierbar, wenn er auf ausgewählte, zuverlässige (Zuliefer-)Partner vertrauen kann, die ihm zum Teil Komplettlösungen liefern. Die benötigten Wertschöpfungspartner werden frühzeitig in eigene Unternehmensaktivitäten eingebunden, und es entsteht eine langfristige, strategisch orientierte

Partnerschaft. Solche Wertschöpfungspartnerschaften führen folglich zu einer Veränderung der Beschaffungsfunktion beim Hersteller, indem er möglichst komplette Baugruppen und Module produktsynchron beschaffen kann.

Die frühzeitige Einbindung der Wertschöpfungspartner in alle Unternehmensaktivitäten setzt einen offenen Informationsaustausch voraus. Sie bietet vor allem dann Kostenvorteile, wenn das Zielkostenmanagement, die Erschliessung von Rationalisierungspotenzialen, das Aufdecken und Abbauen von Schwachstellen in der logistischen Kette und die Parallelisierung von Prozessen gemeinsam vorgenommen werden. Der Umfang der Zusammenarbeit zwischen Herstellern und Zulieferern in strategischen Wertschöpfungspartnerschaften reicht weit über traditionelle Beschaffungsbeziehungen hinaus. An den Wertschöpfungspartner werden daher hohe Erwartungen bezüglich seiner Wettbewerbsstärke als Produzent des erforderlichen Produktes wie auch als Lieferant von Know-how auf den Gebieten Produktentwicklung, Qualitäts- und Kostenmanagement gerichtet» (Steuerlinks, 2019).

3 Unternehmungsziele

3.1 Zielbildung und -gliederung

Kernziel einer Unternehmung ist die Erzielung einer marktgerechten Rentabilität auf dem investierten Kapital. Eine wichtige Voraussetzung für eine gute Rentabilität ist eine hohe Wirtschaftlichkeit. Die Wirtschaftlichkeit wiederum ist abhängig von der Produktivität und den Input- und Outputpreisen. Es gibt verschiedene Arten von Rentabilität. Die Unterscheidung zwischen Eigenkapital- und Gesamtkapitalrentabilität steht im Vordergrund. Letztere wird oft auch als ROI (Return on Investment) bezeichnet (siehe weitergehende Ausführungen zu Kennzahlen in Teil D1, Finanzmanagement).

Ziele müssen klar definiert werden. Wichtige Dimensionen sind das Ausmass, die Messbarkeit und der Zeithorizont der Zielerreichung. Zwischen Zielen können komplexe Beziehungen bestehen. In einer Grobeinteilung differenziert man zwischen komplementären, konkurrierenden und indifferenten Zielbeziehungen.

3.2 Kernziele einer Unternehmung

Ohne Bezug auf eine bestimmte Branche und ohne Berücksichtigung einer bestimmten Unternehmung ist es das Ziel eines jeden marktorientierten Betriebes, seinen Wert nachhaltig zu steigern. Oder etwas einfacher ausgedrückt: Die Unternehmung strebt eine nachhaltige und marktgerechte Rentabilität auf dem investierten Kapital an. Dazu muss das Unternehmen einen optimalen Ressourceneinsatz sicherstellen und zumindest qualitativ, eventuell – je nach Konkurrenzsituation – auch quantitativ wachsen und sich weiterentwickeln.

Ausgehend von der Notwendigkeit eines optimalen Ressourceneinsatzes wurde bereits im Abschnitt 1.1.3 das ökonomische Prinzip erläutert. Ein bestimmter Output soll mit möglichst wenig Ressourcen respektive bei gegebenem Ressourceneinsatz soll ein möglichst hoher Output generiert werden. Diese Zielerreichung kann mit der Produktivität und Wirtschaftlichkeit gemessen werden:

> Als **Produktivität** bezeichnet man das mengenmässige Verhältnis zwischen Output und Input eines Prozesses.

Die Produktivität kann mit folgender Formel ausgedrückt werden:

$$\text{Produktivität} = \frac{\text{Output (Menge)}}{\text{Input (Menge)}}$$

In der Praxis häufig gemessene Produktivitäten sind Arbeitsproduktivität, Flächenproduktivität, Maschinenproduktivität und die Rohstoffproduktivität. Sie lassen sich an folgenden Beispielen veranschaulichen:

$$\text{Arbeitsproduktivität} = \frac{\text{Anzahl erledigte Dossiers}}{\text{geleistete Arbeitsstunden}}$$

$$\text{Flächenproduktivität} = \frac{\text{Umsatz in einem Detailhandelsgeschäft}}{\text{Ladenfläche in m}^2}$$

$$\text{Maschinenproduktivität} = \frac{\text{Anzahl produzierte Stücke}}{\text{geleistete Maschinenstunden}}$$

$$\text{Rohstoffproduktivität} = \frac{\text{Anzahl produzierte Büchsen Qualität XYZ}}{\text{verbrauchtes Blech in kg}}$$

Da man nicht Arbeitsstunden, Ladenflächen, Maschinenstunden und Rohstoffe addieren kann, handelt es sich immer um Teilproduktivitäten. Deshalb ist die Angabe der Dimension im Zähler und Nenner unerlässlich, also z.B. eine Arbeitsproduktivität von 4,1 Stück/Arbeitsstunde.

Die **Wirtschaftlichkeit** ergibt sich aus der Produktivität durch Multiplikation von Zähler und Nenner mit Output- und Input-Preisen. Die Wirtschaftlichkeit wird deshalb mit einem Wertverhältnis ausgedrückt:

$$\text{Wirtschaftlichkeit} = \frac{\text{Output (Menge)} \times \text{Verkaufspreis}}{\text{Input (Menge)} \times \text{Faktorpreis}} = \frac{\text{Ertrag}}{\text{Aufwand}}$$

Da man bei der Wirtschaftlichkeit sowohl im Zähler wie auch im Nenner Frankengrössen hat, lassen sich die verschiedenen Teilwirtschaftlichkeiten zu einer Gesamtwirtschaftlichkeit in einer Unternehmung addieren. Eine Wirtschaftlichkeit von 1 besagt beispielsweise, dass der Ertrag dem Aufwand entspricht, also weder Verlust noch Gewinn erwirtschaftet wurde.

Ein Gewinn als positive Differenz zwischen Ertrag und Aufwand ist in seiner absoluten Höhe wenig aussagekräftig. Der Gewinn muss in Beziehung zum investierten Kapital gesetzt werden, was durch die **Rentabilität** ausgedrückt wird.

$$\text{Rentabilität} = \frac{(\text{Gewinn} \times 100)}{\varnothing \text{ Kapital}}$$

$$\text{Eigenkapitalrentabilität} = \frac{(\text{Gewinn} \times 100)}{\varnothing \text{ Eigenkapital}}$$

$$\text{Gesamtkapitalrentabilität} = \frac{(\text{Gewinn} + \text{Zinsen}) \times 100}{\varnothing \text{ Gesamtkapital}}$$

Die **Gesamtkapitalrentabilität** wird auch als **Return on Investment (ROI)** bezeichnet. Dabei wird die Renditeformel durch Einbezug des Umsatzes in zwei Bestandteile zerlegt. Geht man von der Gesamtkapitalüberlegung aus, so ergibt sich folgende Formel:

$$\text{ROI} = \frac{(\text{Gewinn} + \text{Zinsen}) \times 100}{\text{Umsatz}} \times \frac{\text{Umsatz}}{\varnothing\ \text{Gesamtkapital}}$$

Gewinn-Marge vor Zinsen oder EBI-Marge × Kapitalumschlag

Damit wird der ROI in seine beiden Bestimmungsfaktoren **EBI-Marge** und **Kapitalumschlag** zerlegt. Die EBI-Marge (Earnings Before Interest) drückt den Gewinn vor Zinsen in % des Umsatzes aus. Mit dieser erweiterten Formel können die Ursachen einer Rentabilitätsverschlechterung besser analysiert werden. Stellt man beispielsweise einen branchenkonformen Kapitalumschlag und eine unbefriedigende EBI-Marge fest, so deutet dies mit grosser Wahrscheinlichkeit auf ein Kosten- und/oder Umsatzproblem hin. Umgekehrt wären Ursachen für einen tiefen Kapitalumschlag zum Beispiel zu teure Anlagen, zu hohe Warenlager oder eine schlechte Debitorenbewirtschaftung.

3.3 Zieldimensionen

3.3.1 Ausmass der Zielerreichung

Bei dieser Zieldimension geht es darum, das angestrebte Ausmass eines Zieles festzulegen. Es wird unterschieden zwischen dem Erreichen des maximal Möglichen **(Maximierungsziel)** und dem Erreichen einer bestimmten Limite **(Satisfizierungsziel)**.

Beispiele:

- Wir wollen eine Gesamtkapitalrendite von mindestens 10 % erreichen (= Maximierungsziel).
- Wir müssen einen Liquiditätsengpass unter allen Umständen verhindern (= Satisfizierungsziel; wir brauchen gerade so viel Liquidität, dass alle kurzfristigen Forderungen rechtzeitig beglichen werden können).

3.3.2 Messung der Zielerreichung

Je nach Zielinhalt beruht die Messung der Zielerreichung auf unterschiedlichen Messskalen:

Kardinalskala: Der Zielerreichungsgrad kann durch einen numerischen Wert ausgedrückt werden. Es handelt sich demzufolge um quantifizierbare Ziele. Beispiel: Es wird im kommenden Jahr eine Umsatzsteigerung von 5 % angestrebt.

Ordinalskala: Eine ordinale Messung der Zielerreichung beruht auf der Vorstellung einer Rangordnung. Für die Neubesetzung einer Kaderstelle wird beispielsweise ein Idealprofil eines zukünftigen Stelleninhabers definiert. Die Bewerbungen werden nun mittels einer Nutzwertanalyse beurteilt und erhalten unterschiedlich gute Noten bezüglich ihrer Eignung für die ausgeschriebene Stelle. Es wird also möglich, eine Rangordnung der Bewerbungen aufzustellen.

Nominalskala: Bei der nominalen Messung kann lediglich gesagt werden, ob ein Ziel erreicht worden ist oder nicht. Beispiele für Ziele, deren Erreichung mit einer Nominalskala gemessen werden, sind etwa: Konkurs verhindern, Kaufvertrag abschliessen, trockenen Fusses über einen Bach springen.

Wenn immer möglich sollten die gesetzten Ziele kardinal messbar sein.

3.3.3 Zeithorizont der Zielerreichung

Bei einer eindeutigen Zielformulierung muss schliesslich auch angegeben werden, innerhalb welcher Zeitperiode das gesteckte Ziel zu erreichen ist. Die Zeithorizonte haben sich in den letzten Jahren stark verkürzt. Hat man noch vor geraumer Zeit ein langfristiges Ziel mit einem Zeithorizont von zehn und mehr Jahren charakterisiert, gelten heute als grobe Richtlinie folgende Zeitperioden:

- kurzfristiges Ziel: bis 1 Jahr
- mittelfristiges Ziel: 1–3 Jahre
- langfristiges Ziel: über 3 Jahre

3

3.4 Zielbeziehungen

Wie in der Volkswirtschaftslehre differenziert man auch in der Betriebswirtschaftslehre zwischen *komplementären, konkurrierenden* und *indifferenten* Zielbeziehungen.

3.4.1 Komplementäre Zielbeziehungen

Eine Zielbeziehung ist dann **komplementär**, wenn es gelingt, mit einer bestimmten Massnahme beiden Zielen näher zu kommen. Oder anders ausgedrückt: Mit der Erreichung des einen Zieles wird die Erfüllung des andern Zieles gesteigert.

Ziel A = Gewinn erhöhen; Ziel B = Liquidität erhöhen; Massnahme: in einer bestimmten Abteilung drei Stellen abbauen. Der Stellenabbau führt ceteris paribus zu einem Minderaufwand, der den Gewinn zumindest kurzfristig erhöht. Der geringere Lohnaufwand führt auch zu einem kleineren Geldabfluss, wodurch die Liquidität geschont wird.

Bei komplementären Zielbeziehungen ergeben sich aus der Definition heraus sogenannte Mittel-Zweck-Beziehungen. Mit dem Erreichen des Zieles A kommen wir auch dem Ziel B näher, was sich positiv auf das finale Ziel C auswirkt usw. Es gilt deshalb, zwischen Ober-, Zwischen- und Unterzielen zu differenzieren.

3.4.2 Konkurrierende Zielbeziehungen

Eine Zielbeziehung ist dann **konkurrierend**, wenn man mit jeder Massnahme zwar einem der beiden Ziele näher kommt, sich aber gleichzeitig von der Zielerreichung des andern entfernt. Ein bekanntes Beispiel liefert die Volkswirtschaftslehre mit dem Ziel der Preisstabilität und demjenigen der Vollbeschäftigung. Bis heute ist keine wirtschaftspolitische Massnahme bekannt, mit der man beiden Zielen gleichzeitig näher kommen kann.

3.4.3 Indifferente Zielbeziehungen

Eine Zielbeziehung ist dann **indifferent**, wenn es keine Massnahme gibt, mit welcher man beiden Zielen näher kommt. Die gewählte Massnahme wird jeweils nur die Erreichung eines der beiden Ziele verbessern.

Ziel A: Raumtemperatur von 19 auf 22 Grad erhöhen, Ziel B: Mitarbeitermotivation erhöhen; Massnahme: mehr heizen. Mit dieser Massnahme werden wir die gewünschte Raumtemperatur erreichen, aber kaum die Mitarbeitermotivation erhöhen, es sei denn, die erhöhte Temperatur löse ein besonderes Wohlbefinden bei den Mitarbeitenden aus, das sich dann auch positiv in der Motivation niederschlägt. Sollte dies zutreffen, dann haben wir bereits eine komplementäre und nicht mehr eine indifferente Zielbeziehung!

4 Zusammenfassung

Triebkraft der Wirtschaft ist der Mensch mit seinen unerfüllten Bedürfnissen. Die Wirtschaft dient direkt oder indirekt der Befriedigung menschlicher Bedürfnisse. Die Wirtschaftsgüter lassen sich auf verschiedene Art und Weise gliedern: Wichtige Unterteilungen sind materielle und immaterielle Güter sowie Konsum- und Investitionsgüter. In betriebswirtschaftlicher Terminologie ist die Marktleistung der Oberbegriff für Produkte und Dienstleistungen.

Die Betriebswirtschaftslehre kann nach funktionellen, genetischen oder institutionellen Aspekten gegliedert werden. Grundlage für das Integrale Management bildet das Konzept der Systemorientierung. In diesem Ansatz wird die Unternehmung als vieldimensionale Ganzheit verstanden. Der Begriff «System» und die formalen Erkenntnisse der Kybernetik bilden dafür die Basis.

Unternehmungen werden durch verschiedene Merkmale geprägt. Im Vordergrund stehen Eigentum, Gewinnorientierung, Branche, Grösse, Standort und geografische Ausbreitung sowie die Rechtsform.

Je nach der Anzahl ihrer Eigentümer bezeichnet man eine Unternehmung als Einzelunternehmung oder als Gesellschaft. Gesellschaften lassen sich in Rechtsgemeinschaften (Personengesellschaften) oder Körperschaften (juristische Personen) unterteilen. Einzelunternehmungen, Aktiengesellschaften und Gesellschaften mit beschränkter Haftung kommen in der Praxis am häufigsten vor. Die Regelung der Haftung, die steuerliche Belastung der Unternehmung und ihrer Eigentümer sowie der notwendige Kapitalbedarf sind die wesentlichen Kriterien für die Wahl einer bestimmten Rechtsform. Weitere Aspekte sind Fragen im Zusammenhang mit dem Fortbestand einer Unternehmung, Firmenschutz, Wunsch nach Anonymität, Formalitäten und Kosten sowie die Regelung der Mitbestimmungsrechte.

Sogenannte Unternehmungskooperationen werden immer wichtiger: Sie bilden für viele Unternehmungen eine strategische Option. Es geht letztlich darum, den zukünftigen Unternehmenswert nachhaltig zu steigern. Mit den aus Kooperationen gewonnenen Synergieeffekten können in der Regel Kosten reduziert werden.

Kernziel einer Unternehmung ist die Erzielung einer marktgerechten Rentabilität auf dem investierten Kapital. Eine wichtige Voraussetzung für eine gute Rentabilität ist eine hohe Wirtschaftlichkeit. Die Wirtschaftlichkeit wiederum ist abhängig von der Produktivität und den Input- und Outputpreisen. Es gibt verschiedene Arten von Rentabilität. Die Unterscheidung zwischen Eigenkapital- und Gesamtkapitalrentabilität steht im Vordergrund. Letztere wird oft auch als ROI (Return on Investment) bezeichnet.

Ziele müssen klar definiert werden. Wichtige Dimensionen sind das Ausmass, die Messbarkeit und der Zeithorizont der Zielerreichung. Zwischen Zielen können komplexe Beziehungen bestehen. In einer Grobeinteilung differenziert man zwischen komplementären, konkurrierenden und indifferenten Zielbeziehungen.

5 Literaturverzeichnis

Binswanger, M. (2019). *Der Wachstumszwang.* Weinheim: Wiley-VCH.

Bisnode (2020). TOP 500. Die grössten Unternehmen der Schweiz. Gefunden am 17.03.2020 unter https://www.bisnode.ch/top-listen/

Boemle, M. & Stolz, C. (2012). *Unternehmungsfinanzierung,* Band 2 (14. Aufl.). Zürich: SKV.

Bundesamt für Statistik [BFS] (2016). *Statistisches Jahrbuch der Schweiz 2016.* Zürich: NZZ.

Bundesamt für Statistik (2020a). Kleine und mittlere Unternehmen. Gefunden am 17.03.2020 unter https://www.bfs.admin.ch/bfs/de/home/statistiken/industrie-dienstleistungen/unternehmen-beschaeftigte/wirtschaftsstruktur-unternehmen/kmu.html.

Economiesuisse (2012): *Zweite Gotthardröhre: Eine private Finanzierung ist machbar,* Zürich: Economiesuisse.

EHRA Statistiken (2020). *Statistiken.* Gefunden am 17.03.2020 unter https://ehra.fenceit.ch/de/statistiken/.

Frey, U., Halter, F. & Zellweger T. (2004). *Bedeutung und Struktur von Familienunternehmen in der Schweiz* (Forschungsbericht). St. Gallen: Schweizerisches Institut für Klein- und Mittelunternehmen (KMU-HSG).

Honsell, H., Vogt, N. P. & Watter, R. (Hrsg.) (2012). *Basler Kommentar zum Schweizerischen Privatrecht, Obligationenrecht II* (4. Aufl.). Basel: Helbling & Lichtenhahn.

Liedtke, R. (2007). *Wir privatisieren uns zu Tode: Wie uns der Staat an die Wirtschaft verkauft.* Frankfurt/Main: Eichborn.

Meier-Hayoz, A., Forstmoser, P. & Sethe, R. (2018). *Schweizerisches Gesellschaftsrecht* (12. Aufl.). Bern: Stämpfli.

Schedler, K. (1996a). *Ansätze einer wirkungsorientierten Verwaltungsführung: Von der Idee des New Public Management (NPM) zum konkreten Gestaltungsmodell: Fallbeispiel Schweiz* (2. Aufl.). Bern: Haupt.

Schedler, K. (1996b, 4. Dez.). *Falsch verstandenes New Public Management: Hindernisse auf dem Weg zu einer neuen Dienstleistungsmentalität.* NZZ vom 4. Dez. 1996, S. 15.

Schwarz, P. (1996). *Management in Nonprofit Organisationen: Eine Führungs-, Organisations- und Planungslehre für Verbände, Sozialwerke, Vereine, Kirchen, Parteien usw.* (2. Aufl.). Bern, Stuttgart: Haupt.

Steuerlinks (2019). *Lexikon der Unternehmensführung: Organisation: Wertschöpfungspartnerschaft.* Gefunden am 28.12.2019 unter http://www.steuerlinks.de/organisation/lexikon/wertschpfungspartnerschaft.html.

Sydow, J. (1995). *Strategische Netzwerke: Evolution und Organisation* (3. Aufl.). Wiesbaden: Gabler.

Thommen, J.-P., Achleitner, A.-K., Gilbert, D.U., Hachmeister, D. & Kaiser, G. (2016). *Allgemeine Betriebswirtschaftslehre: Umfassende Einführung aus managementorientierter Sicht* (8. Aufl.). Wiesbaden: Springer Gabler.

Ulrich, H. (1970). *Die Unternehmung als produktives soziales System: Grundlagen der allgemeinen Unternehmungslehre* (2. Aufl.). Bern: Haupt.

Ulrich, H. & Probst, G. (1995). *Anleitung zum ganzheitlichen Denken und Handeln: Ein Brevier für Führungskräfte* (4. Aufl.). Bern, Stuttgart: Haupt.

5

Integrales Management B

Karl Schaufelbühl

Weiterführende Texte, Übungsaufgaben
und Lernkontrollen finden Sie unter
www.bwl-online.ch

1 Einleitendes

> Was spielt sich nun objektiv und subjektiv in dem Affen ab, während er still, aber innerlich schwer arbeitend, dasitzt und sich durch Umherblicken über die gebotene Situation informiert? Was er erlebt, wissen wir nicht, aber wir können mit erheblicher Sicherheit annehmen, dass der Gesamtvorgang dem analog ist, den wir bei uns selbst *Denken* nennen. Ich persönlich bin davon überzeugt, dass er nichts anderes tut als ich selbst, dass er nämlich in einem *vorgestellten*, d.h. in seinem Zentralnervensystem modellmässig repräsentierten Raum eine ebenso repräsentierte Kiste verschiebt und «sich vorstellt», wie er dann auf diese klettern und die Banane erreichen kann.
>
> Konrad Lorenz

Management erfordert vor allem intelligenten Umgang mit Komplexität. Komplexität zu leugnen, sie als solche nicht zu akzeptieren, ist kein Ausweg. Notwendig sind Ansätze, um mit Komplexität erfolgreich umzugehen. Zu nennen sind in diesem Zusammenhang im Wesentlichen drei Ansätze, die an unterschiedlicher Stelle noch zu erläutern sein werden:

- Der kybernetische Ansatz, welcher von der Varietät komplexer Systeme ausgeht und dessen Hauptaussage darin besteht, dass ein Managementsystem ein operatives oder ausführendes System nur dann beherrschen kann, wenn es über die mindestens gleich grosse Varietät verfügt wie das ausführende System (Ashby, 1974, S. 298).
- Der Ansatz des Systems Engineering, das ein komplexes Problem oder System so lange in Teile gliedert, bis diese für die Problembearbeitenden lösbar sind und sie die Lösungen der Teilprobleme wieder zu einer Gesamtlösung zusammenfügen können. Dieses Vorgehen ist unter dem Schlagwort «Vom Groben ins Detail ... und zurück» bekannt (Haberfellner, de Weck, Fricke & Vössner, 2018, S. 53).
- Der Ansatz der Modellbildung, bei dem man sich ein vereinfachtes Abbild der Wirklichkeit, eines Systems oder eines Problems macht und dieses in der Folge bearbeitet. Natürlich darf der Grad der Vereinfachung nicht zu gross, aber auch nicht zu klein sein. Ein Modell muss funktionieren, es muss dem Zweck, für den es geschaffen wurde, gerecht werden (Beer, 1981, S. 83).

2 Modelle

Das im Folgenden dargestellte Modell des **Integralen Management**, was so viel wie ganzheitliches, systemisches, auf vernetztem Denken beruhendes Management bedeutet, ist ein solches Modell, das eine vereinfachte Abbildung des Themas Management darstellt.

Die Qualität jedes Modells ergibt sich

- aus dem Masse, in welchem es geeignet ist, zur Lösung von Problemen beizutragen oder neues Wissen über Sachverhalte zu gewinnen,
- aus dem Grad seiner Prüfbarkeit, der Strenge der Prüfungen, denen es unterzogen wurde, und wie es diese Prüfungen bestanden hat (Popper, 1984, S. 18, 158).

In diesem Sinne ist ein Modell objektiv und damit nachprüfbar. Ein Modell ist so lange das gültige Bild, das wir uns von einer betrachteten Wirklichkeit machen, bis es verbessert wird.

Wir sind darauf angewiesen, in Modellen zu denken, denn wir müssen uns, um die uns interessierende Wirklichkeit erfassen, erklären und auf sie einwirken zu können, von dieser ein vereinfachtes Abbild machen (Lorenz, 1973, S. 155).

Wenn wir also Unternehmungsführung oder Management im weitesten Sinne zum Thema haben, so müssen wir eine Vorstellung von der Unternehmung haben. Wir müssen erkannt haben, welche Rolle oder welcher Zweck der Unternehmung von ihrer Umwelt zugedacht sind. Wir müssen wissen, nach welchen Grundprinzipien Unternehmungen geführt werden können und welche Prozesse im Allgemeinen und im Einzelfall notwendig sind, damit die Unternehmung ihrer Zwecksetzung gerecht werden kann.

In einer Zeit, in der in fast inflationärem Ausmass tatsächlich oder nur vermeintlich Neues die Managementliteratur anwachsen lässt, ist es besonders wichtig, die Spreu vom Weizen zu trennen. Dafür sind Strukturen notwendig, die zu ganzheitlichem Denken führen. Solche Strukturen sollen Zusammenhänge bewusst machen. Sie sollen einen Ordnungsrahmen bilden, in den Gelerntes eingeordnet ist und in den neues Wissen eingefügt werden kann. Das macht das Lehren und Lernen effektiver und effizienter, weil auf Bekanntes zurückgegriffen werden kann. Auch wird dank einheitlicher Begriffe der mühselige Streit um Definitionen überflüssig.

Auf Ulrich (2000a) zurückgreifend, muss ein zeitgemässer Unterricht in Betriebswirtschaftslehre, besonders auch ein Managementtraining, folgenden Ansprüchen genügen:

1. «Die Lehre soll auf Probleme ausgerichtet sein, wie sie in produktiv tätigen sozialen Systemen im wirtschaftlichen Zweckbereich der Gesellschaft auftreten [aber nicht nur dort, sondern überall, wo eine Institution Ziele erreichen soll, Anm. des Autors].
2. Die Lehre soll die von ihr anvisierten Probleme in dem Sinne wirklichkeitsentsprechend behandeln, dass sie diese in ihrer vollen Komplexität erfasst und nicht lediglich einzelne Aspekte von Problemstellungen und -lösungen hervorhebt.

3. Die Lehre soll sich auf Fragestellungen beschränken, die zu ihrer Beantwortung systematische Erkenntnisse erfordern.
4. Die Lehre soll gehobene ‹kaufmännische Ausbildung› bedeuten und deshalb auch Verfahrenstechniken für bestimmte Handlungsbereiche in Unternehmungen vermitteln.
5. Die Lehre soll ‹Unternehmungsführungslehre› bedeuten und diese Führungsprobleme umfassend und nicht nur von einem vorgefassten ‹Gesichtspunkt› aus behandeln» (S. 50).

Ganzheitliches und vernetztes Denken ist nur auf der Grundlage der allgemeinen Systemtheorie, einschliesslich der Kybernetik, möglich. Denn für «die Systemtheorie sind alle Phänomene in der Welt miteinander verbunden und voneinander abhängig. Innerhalb dieser Lehre nennt man ein integriertes Ganzes, dessen Eigenschaften nicht mehr auf die seiner Teile reduziert werden kann, ein System. Lebende Organismen, Gesellschaften und Ökosysteme – sie alle sind Systeme ... Lebende Systeme [und nicht nur sie, Anm. des Autors] sind so organisiert, dass sie Strukturen auf mehreren Ebenen bilden, wobei jede Ebene aus Untersystemen besteht, die in Bezug auf ihre Teile Ganzheiten sind und Teile in Bezug auf die grösseren Ganzheiten» (Capra, 1983, S. 40).

Exakt dieses Bewusstsein, das Komplexität nicht leugnet, sondern sie akzeptiert, sie zu verstehen versucht und das zu einem im wahrsten Sinne des Wortes umsichtigen Umgang mit komplexen Systemen führt, ist im heutigen Management gefragt und Voraussetzung für Erfolg.

Das Modell des **Integralen Managements** soll die Basis für einen einführenden Unterricht in Betriebswirtschaftslehre und Management schaffen, eine Einführung, die jedoch beliebig erweitert und vertieft werden kann. Es soll ein Leergerüst sein, das mit Inhalten gefüllt werden kann und sicherstellt, dass diese Inhalte nicht isoliert voneinander, sondern in ihren Interdependenzen gesehen werden. Es soll nicht zuletzt eine Terminologie liefern, die klar und konsistent ist.

Jedes **Modell** ist das vereinfachte Abbild einer bestimmten Wirklichkeit. Jede Vereinfachung verlangt nach der Entscheidung, was im Einzelfall wesentlich ist, welche Zusammenhänge von Bedeutung sind.

Vereinfachung ist das Mittel, um Komplexität zu reduzieren. Vereinfachung bedeutet Konzentration auf das Relevante, auf das Bedeutende, auf das aktuell Interessierende. Hierin liegt die Reduktion der Komplexität. Es wird nicht mehr die gesamte Wirklichkeit, sondern nur die interessierende Wirklichkeit betrachtet. Alles andere wird ausgeblendet, weggelassen, nicht berücksichtigt.

Die Kunst der Modellbildung besteht darin, das richtige Mass der Vereinfachung zu wählen. Ist sie zu gross, wird Relevantes beiseitegelassen, besteht die Gefahr, dass Problemlösungen resultieren, die der Wirklichkeit nicht gerecht werden und die nicht funktionieren. Geht die Vereinfachung zu wenig weit, wird Irrelevantes miteinbezogen, ist das zumindest ineffizient (Schwaninger, 2004, S. 53).

3 Die Teilmodelle des Integralen Managements

> Begriffe sind Denkzeuge. Wie man beim handwerklichen Arbeiten je nach Art der Tätigkeit bestimmte Werkzeuge braucht, so braucht man auch bei einer bestimmten Art des Denkens spezifische, geeignete Hilfsmittel in Form von Begriffen, die den verwendeten Ausdrücken bestimmte Inhalte zuordnen.
>
> Hans Ulrich, Gilbert Probst

Die Kernaufgabe der Unternehmungsführung besteht darin, zwischen Unternehmung und Umwelt einen «Fit» herzustellen, die Unternehmung in ihre Umwelt einzupassen. Dass Unternehmungsumwelt und Unternehmung komplexe Systeme sind, steht ausser Zweifel. Unternehmungsführung wird daher immer versuchen, beide Systeme zu verstehen, die anfallende Komplexität in den Griff zu bekommen und beide Systeme – mit Sicherheit in unterschiedlichem Ausmass – lenkbar zu machen. Unternehmungsführung muss daher über eine Vorstellung von Unternehmungsumwelt, Unternehmung und auch von sich selbst verfügen. Benötigt wird ein Modell, das nach Möglichkeit als Erfassungs-, Erklärungs-, Entscheidungs- und Gestaltungsmodell dienen kann (Ulrich, 2001b, S. 390; Malik, 2009, S. 190).

Das Modell des **Integralen Managements** gliedert sich konsequenterweise in drei Teilmodelle, die miteinander verknüpft sind und die miteinander interagieren. Sie sind in Abbildung 1 festgehalten.

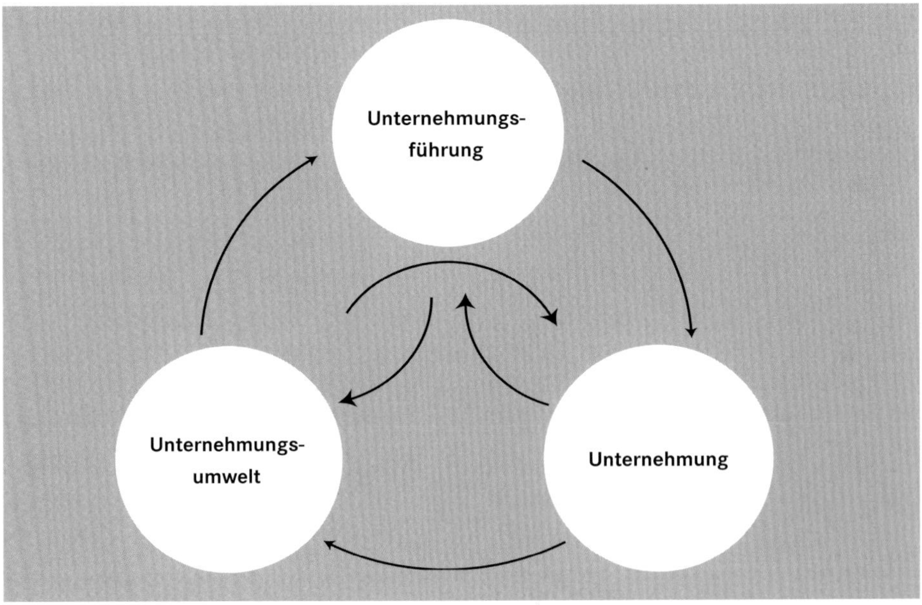

Abb. 1: Integrales Management: die Modellelemente

4 Die Unternehmungsumwelt

> An dem Tag, an dem die Manager vergessen, dass eine Unternehmung nicht weiter bestehen kann, wenn die Gesellschaft ihre Nützlichkeit nicht mehr empfindet oder ihr Gebaren als unmoralisch betrachtet, wird die Unternehmung zu sterben beginnen.
>
> Alfred Herrhausen

4.1 Wertschöpfungskette und Märkte

Betrachten wir als Erstes die **Unternehmungsumwelt,** machen wir uns von ihr eine vereinfachte modellhafte Vorstellung:

Jede Unternehmung ist eingebettet in mindestens eine **Wertschöpfungskette** (vgl. Abbildung 2). Sie zeigt den Werdegang einer **Marktleistung** – wir verwenden den Begriff als Oberbegriff für Produkte und/oder Dienstleistungen –, von deren Ursprung, der Gewinnung von Rohstoffen über die Herstellung, den Handel bis hin zum Konsum, der Wiederverwendung und der Entsorgung.

Jede Unternehmung hat die Entscheidung getroffen, in welcher Wertschöpfungskette sie tätig sein will und welche Aufgabe oder Aufgaben sie in dieser Wertschöpfungskette wahrnehmen möchte. Sie hat damit das Glied, manchmal auch mehrere Glieder der Wertschöpfungskette festgelegt, in dem oder in denen sie aktiv sein möchte.

4

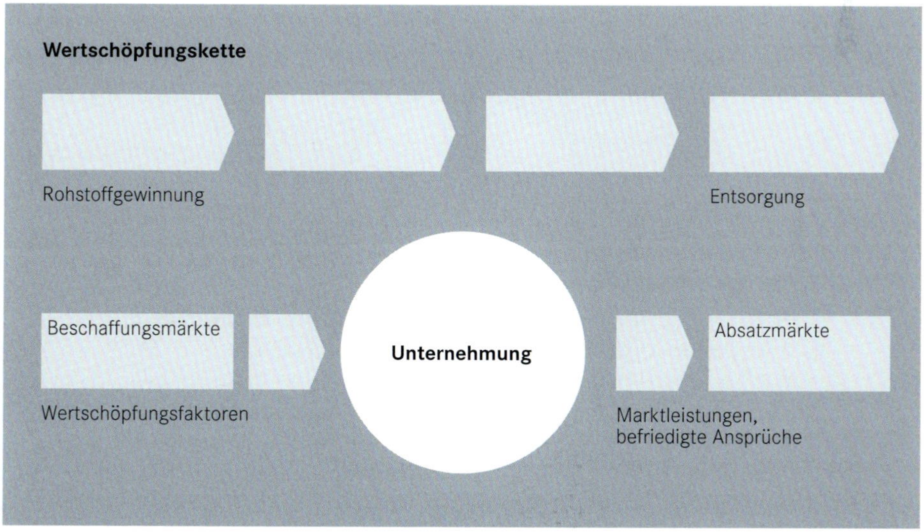

Abb. 2: Die Unternehmung als Glied der Wertschöpfungskette

Mit dem vorangegangenen Glied und dem nachfolgenden ist sie durch drei Ströme verbunden, den Güterstrom, den Geldstrom und den Informationsstrom. Diese Aufzählung ist abschliessend. Sie ist zwar trivial, zeigt trotzdem etwas überaus Wichtiges auf: Es gilt, diese drei Ströme – Güter-, Geld- und Informationsstrom – im Griff zu haben und zu lenken.

Als Glied einer Wertschöpfungskette ist die Unternehmung ein Transformationssystem. Das heisst, dass sie Inputs, besser Wertschöpfungsfaktoren, aus ihrer Umwelt aufnimmt. Den Ort, woher diese stammen, nennen wir **Beschaffungsmarkt**. Die an die Kunden der Unternehmung abgegebenen Outputs, die Marktleistungen, gehen an den **Absatzmarkt**. Ein weiterer Output der Unternehmung sind die befriedigten Bedürfnisse der Anspruchsträger. Auf sie wird noch einzugehen sein (Ulrich & Krieg, 2001, S. 22).

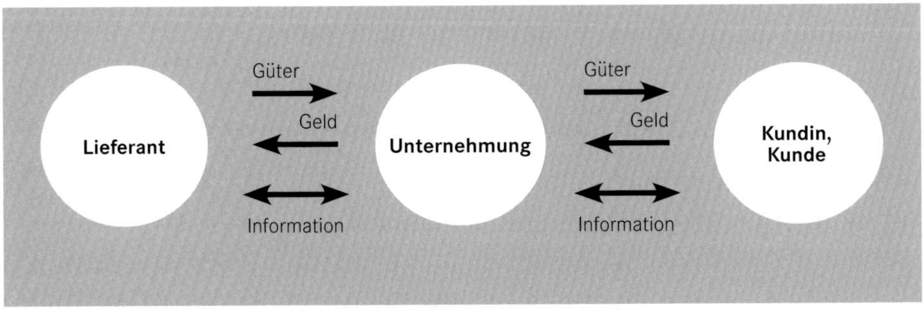

Abb. 3: Güter-, Geld- und Informationsstrom

Im Zusammenhang mit der Einbettung der Unternehmung in ihre Umwelt ist noch ein wichtiger Sachverhalt hervorzuheben. Die Güter durchfliessen die Unternehmung vom Beschaffungsmarkt her zum Absatzmarkt. Das Geld, das die Gegenleistung für Güter darstellt, fliesst naturgemäss in die umgekehrte Richtung. Die Informationsströme begleiten Güter-

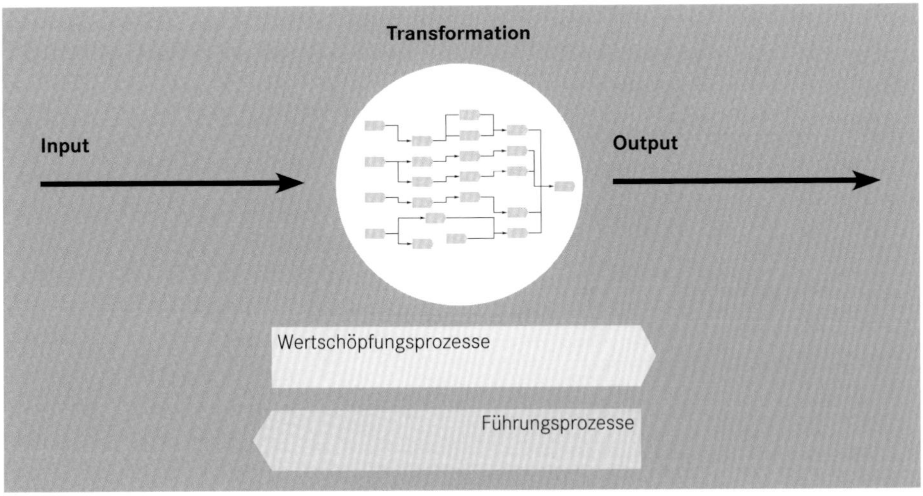

Abb. 4: Wertschöpfungs- und Führungsprozesse

und Geldströme. Damit ist gewährleistet, dass beides unter Kontrolle ist und man weiss, was mit Gütern und Geld geschieht. Dem physischen Durchlauf der Güter durch das Transformationssystem Unternehmung, dem **Wertschöpfungsprozess**, läuft der **Führungsprozess** entgegen. Das Nachdenken über die Ziele der Unternehmung beginnt beim Absatzmarkt oder, anders formuliert, beim Markt oder Kunden. Nur so ist Markt- und Kundenorientierung sichergestellt.

4.2 Umweltsphären

Ein weiteres Gliederungskriterium der Umwelt der Unternehmung bilden die **Umweltsphären**. Sie dienen vor allem dazu, Probleme zu lokalisieren, sie zuzuordnen und sie in einem grösseren Zusammenhang zu sehen. Es handelt sich dabei um einen thematischen Zugang zum Umweltgeschehen. Es wird versucht, die Umwelt unter speziellen Gesichtspunkten zu betrachten (Ulrich & Krieg, 2001, S. 23; Rüegg-Stürm & Grand, 2019, S. 46). Die **ethische Umweltsphäre** umfängt die moralischen und ethischen Aspekte, welche die für die Unternehmung relevante Umwelt prägen, also die allgemein anerkannten Normen, denen das menschliche Zusammenleben unterliegt. Die **ökologische Umweltsphäre** beinhaltet alle Fragestellungen betreffend das natürliche oder ökologische Wirkungsgefüge zwischen Natur und Lebewesen. Sie beschreibt den Zustand der Umwelt für Mensch, Tier und Pflanzen und die Gegebenheiten ihres Zusammenlebens. Sie schliesst die Umweltmedien Wasser, Luft und Boden, alle Lebewesen und ihre Lebensräume ein. Die **soziale, rechtliche und politische Umweltsphäre** umschreibt die gesellschaftlichen, kulturellen und politischen Gegebenheiten, Strömungen und Entwicklungen. Besonders hervorgehoben sei hier noch, dass

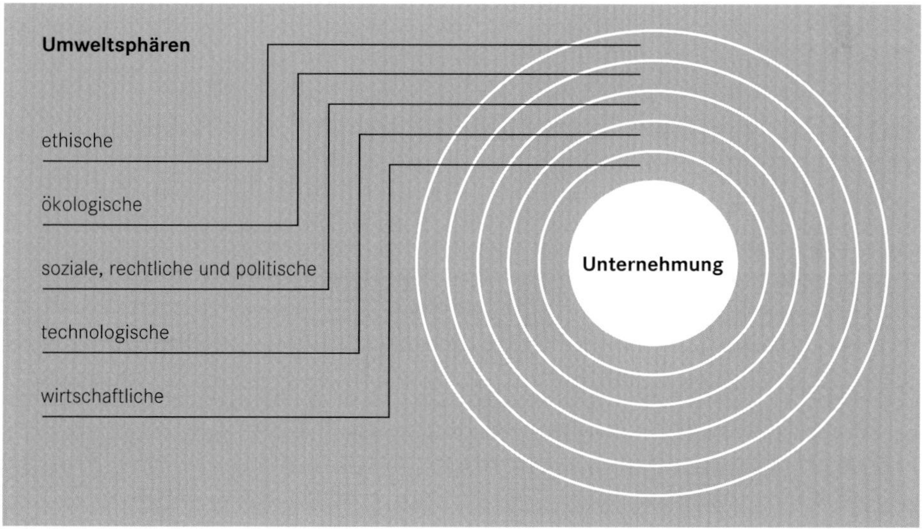

Abb. 5: Umweltsphären

rechtlichen, juristischen Aspekten des Umweltgeschehens grosse Bedeutung zukommt und sie unbedingt in eine Umweltbetrachtung einbezogen werden müssen. Die **technologische Umweltsphäre** beschäftigt sich mit dem materiellen, naturwissenschaftlichen und technologischen Geschehen. Die **wirtschaftliche Umweltsphäre** ist durch ökonomische Fragestellungen wie Konjunktur, Wachstum, Beschäftigung, Aussenwirtschaft etc. gekennzeichnet.

Die Analyse der Umwelt und die Abschätzung ihrer zukünftigen Entwicklung sind für die Unternehmungsführung vordringliche Aufgabenstellungen, ist doch für das Management die Anpassung der Unternehmung an ihre Umwelt, die Herstellung eines «Fits» zwischen Unternehmung und Umwelt, eine zentrale Frage.

4.3 Anspruchsträger

Die Unternehmungsumwelt lässt sich, wie gezeigt, nach Absatz- und Beschaffungsmärkten sowie nach Umweltsphären gliedern; im Weiteren umfasst sie auch unternehmungsexterne Individuen und Institutionen. Sie alle sind **Anspruchsträger**, die ihre Bedürfnisse an die Unternehmung herantragen (siehe Abbildung 6). Es ist dann an der Unternehmung, zu entscheiden, ob und, wenn ja, in welchem Umfang sie diesen Ansprüchen nachkommen will oder kann (Ulrich & Krieg, 2001, S. 22; Rüegg-Stürm & Grand, 2019, S. 52). Mit Sicherheit ist *ein* Bedürfnis möglichst perfekt zu befriedigen, nämlich dasjenige des Kunden.

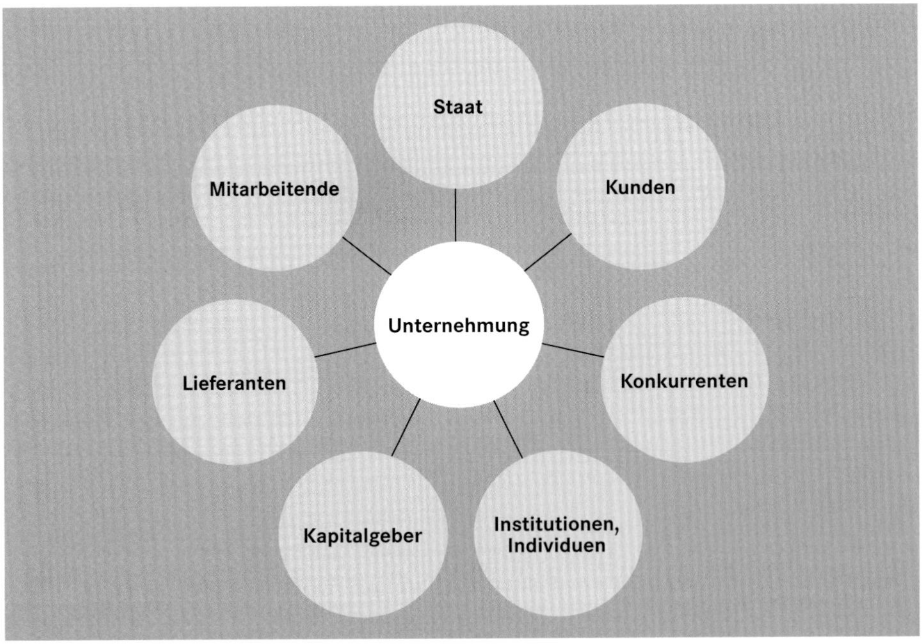

Abb. 6: Anspruchsträger der Unternehmung

Denn nur der Austausch von Marktleistungen und Geld bringt letztlich der Unternehmung die finanziellen Mittel, die sie zum Überleben braucht. Peter Drucker (2002, S. 36) sieht sogar den Zweck der Unternehmung darin, einen Kunden zu finden.

Neben den Kundenansprüchen müssen auch diejenigen der übrigen Anspruchsträger berücksichtigt werden. Diejenigen der Mitarbeiter – Lohn, Sicherheit des Arbeitsplatzes, Arbeitszufriedenheit –, der Lieferanten – Liefermöglichkeiten, guter Preis –, von Institutionen jeglicher Art, die auf Spenden, Zuwendungen, Sponsoring etc. aus sind (Gomez, 1993).

Hervorzuheben bleiben die Kapitalgeber, die Shareholder, die vielfach besondere Aufmerksamkeit seitens der Unternehmung geniessen. Der sogenannte **Shareholder-Value-Ansatz** stellt Eigentümerrendite der Anteile in den Vordergrund. Es ist dies eine Sichtweise, die einem ganzheitlichen und langfristigen Denken in der Unternehmungsführung zuwiderlaufen kann, nicht muss. Wird dem Shareholder-Value-Ansatz richtig nachgelebt, ist das Ziel nämlich die langfristige Steigerung des Unternehmungswertes, dann findet keine kurzfristige Optimierung statt, werden keine Suboptima angestrebt (Rappaport, 1998/2006).

Dass eine Unternehmung im Prinzip möglichst allen Ansprüchen aller Anspruchsträger gerecht werden soll, dass sie für ihre Umwelt Werte schaffen muss, kann als Richtschnur zeitgemässen und verantwortungsvollen unternehmerischen Handelns betrachtet werden. Man bezeichnet dies als **Stakeholder-Value-Ansatz**. Man kann dies getrost als den **Zweck jeder Unternehmung** ansehen, der ihr von aussen zugedacht ist, der ihr die Existenzberechtigung in ihrer gesamten Umwelt unter allen Gesichtspunkten gibt (Porter & Kramer, 2006).

4.4 Die Ziele der Unternehmung

Ist es der Zweck der Unternehmung, verschiedensten Ansprüchen gerecht zu werden, so leiten sich daraus vier oberste **Ziele** ab, die ausnahmslos jede Unternehmung verfolgen muss:

1. Will die Unternehmung ihrem Zweck entsprechen, muss sie auf langfristige **Existenzsicherung** bedacht sein.
2. Dazu wiederum muss sie **Gewinn** erwirtschaften. Er allein ermöglicht es ihr, sich im Gleichschritt mit der Umwelt weiterzuentwickeln. Gehen wir nämlich davon aus, dass Marktleistungen immer höheren Ansprüchen gerecht werden müssen, so ergibt sich, dass auch die Leistungen der Unternehmung besser werden müssen. Dies lässt sich aber langfristig nur dann finanzieren, wenn Gewinne erzielt werden, und damit finanzielle Mittel für Investitionen verfügbar sind.
3. Zum Gewinnziel tragen der optimale **Ressourceneinsatz** wie auch effektive und effiziente Prozesse bei.

Die Unternehmung ist im Allgemeinen in ihrer Zielsetzung autonom. Dies trifft zumindest auf diejenigen zu, die sich in einem marktwirtschaftlichen Umfeld zu bewähren haben. Es gibt allerdings auch Unternehmungen, denen die zu schaffenden Werte vorgegeben sind, die einen bestimmten Leistungsauftrag zu erfüllen haben. Hierzu zählen viele staatliche, öffentlich-rechtliche und andere Institutionen. Diese sind gleichwohl in dem Sinne produktiv, als sie ihr Ziel unter optimalem Einsatz an Ressourcen erreichen sollen. Auch bei ihnen ist Effizienz ein vordringliches Gebot. Der Unternehmungsbegriff soll daher nicht nur auf privatwirtschaftliche Institutionen beschränkt sein. Er soll auch die übrigen sozialen *und* produktiven Systeme miteinbeziehen (Ritz & Thom, 2006). Wir werden im Folgenden vorwiegend von der Unternehmung im marktwirtschaftlichen Umfeld ausgehen, da dies für die Führung der Institution die noch schwierigere Situation darstellt.

5.2 Der Begriff «System»

«Unter einem **System** verstehen wir eine geordnete Gesamtheit von Elementen, zwischen denen irgendwelche Beziehungen bestehen oder hergestellt werden können» (Ulrich, 2001a, S. 133). Die obige Definition ist in dem Sinne universell anwendbar, als sie nicht bestimmte Eigenschaften mit dem Systembegriff verbindet, als sie keine Aussagen über die Systemelemente, deren Beziehungen untereinander und die im System herrschende Ordnung macht. Dies erst ermöglicht wirkliches Systemdenken, ein Denken in Gesamtheiten, die sich ihrerseits weiter aufteilen lassen und die selbst Element einer übergeordneten Gesamtheit sind.

5

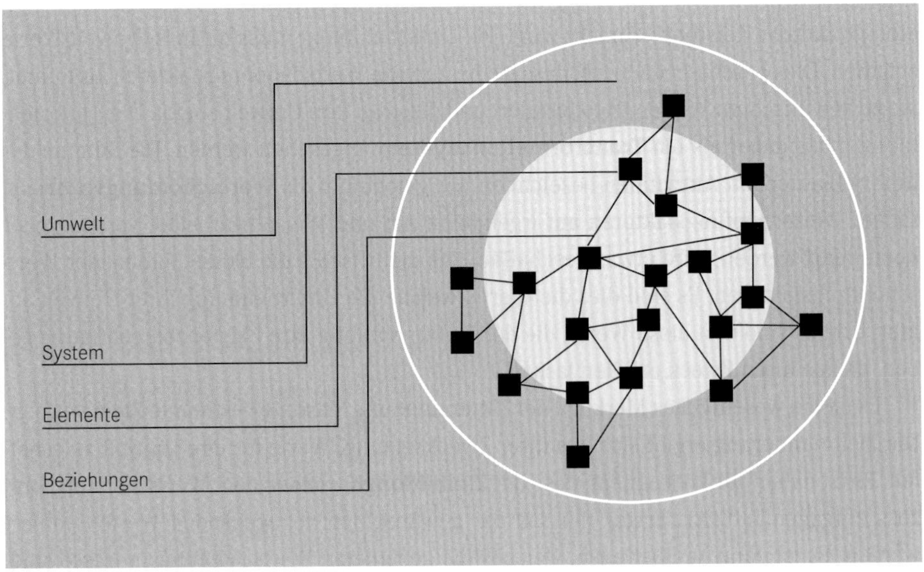

Abb. 7: Der Begriff «System»

Das Systemdenken erweist sich bei komplexen Problemstellungen als besonders fruchtbar, weil es hilft, Probleme zu gliedern, sie in beherrschbare Teile aufzuspalten, ohne darüber die Gesamtheit, die Zusammenhänge aus den Augen zu verlieren.

5.3 Gestaltungssphären

Das Unternehmungsgeschehen lässt sich thematisch wie die Umwelt der Unternehmung unter fünf Aspekten erfassen. Wir nennen sie **Gestaltungssphären**. Dies deshalb, weil das Unternehmungsgeschehen vom Management mehr oder minder frei gestaltet werden kann (Ulrich & Krieg, 2001, S. 28). Es lassen sich in Analogie zu den Umweltsphären (vgl. Abbildung 8) eine **ethische**, eine **ökologische**, eine **soziale, rechtliche und politische,** eine **technologische** und eine **wirtschaftliche Gestaltungssphäre** unterscheiden. Wie bei den Umweltsphären sei auch hier angemerkt, dass ein wichtiges Element der sozialen und politischen Gestaltungssphäre rechtliche Aspekte sind, welche hier allerdings ausgestaltet werden können, wie zum Beispiel Verträge mit Lieferanten oder Kunden.

Die vorgenommene Gliederung in die genannten Gestaltungssphären soll zu einem ganzheitlichen Denken beitragen, indem die Konsequenzen des eigenen Tuns in allen fünf Dimensionen bedacht werden. Sie erleichtert es auch, die Zusammenhänge zwischen Umwelt- und Unternehmungsgeschehen zu erkennen.

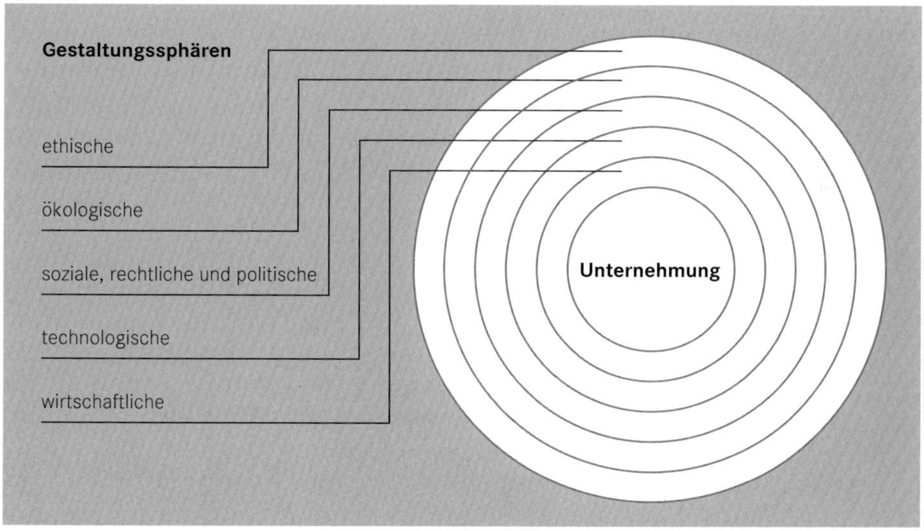

Abb. 8: Die Gestaltungssphären

5.4 Aufgabenarten

Die Unternehmung hat sich in einer komplexen Umwelt zu bewähren. Dies verlangt von ihr ein hohes Mass an Flexibilität, eine hohe Bereitschaft, sich einem ständigen Wandel zu unterwerfen. Die Anpassungsfähigkeit der Unternehmung hängt vom Ausmass ab, in dem es gelingt, Strukturen aufzubauen, die der Komplexität ihrer Umwelt gerecht werden. Dies schlägt sich nieder in der Vielzahl von Verhaltensmöglichkeiten, über die eine Unternehmung verfügen können muss. Je zahlreicher die Verhaltensmöglichkeiten, umso komplexer wird aber auch das System Unternehmung. Komplexe Systeme haben die aus der Managementsicht unerwünschte Eigenschaft, dass ihr Verhalten kaum vorausgesagt werden kann und dass sie nur schwer beherrscht werden können. Ein Kernproblem der Unternehmungsführung ist demzufolge die Bewältigung von **Komplexität**. Dieser Wunsch ruft grundsätzlich nach einer Reduktion der Verhaltensmöglichkeiten der Unternehmung, damit wird aber wiederum ihre Anpassungsfähigkeit beeinträchtigt – ein Widerspruch, der unauflöslich ist, ein Dilemma, dem kein Management entrinnen kann (Bleicher & Abegglen, 2017, S. 100).

Unternehmungsführung ist damit eine Gratwanderung zwischen der Anpassungsfähigkeit der Unternehmung an ihre Umwelt und ihrer Beherrschbarkeit, eine Gratwanderung zwischen Neuerung und Bewahrung, zwischen Flexibilität und Effizienz.

Wird eine Aufgabe in einer Unternehmung erstmals wahrgenommen, so erfordert dies von ihr in der Regel ein bestimmtes Mass an Flexibilität, weil nicht bekannt ist, was auf einen zukommt, weil man Möglichkeiten der Lösungssuche offen halten und weil man Verhaltensmöglichkeiten bereithalten muss, die vielleicht gar nicht in Anspruch genommen werden. Dies ist zwar flexibel, aber nicht effizient, da Mittel verfügbar gehalten werden, die eventuell gar nicht benötigt werden. Flexibilität und Effizienz sind die Endpunkte einer Skala. Grosse Flexibilität und grosse Effizienz schliessen einander aus, können nicht gleichzeitig in einem System realisiert werden. Flexibilität bedeutet immer, dass Optionen zur Verfügung stehen, von denen nicht angenommen werden kann, dass sie jemals gebraucht werden. Das ist ineffizient. Effizienz bedeutet eine Beschränkung von Optionen auf die wirklich erforderlichen. Treten Umstände ein, bei denen noch andere Optionen benötigt würden, können diese nicht wahrgenommen werden. Das ist inflexibel.

Je besser man die Aufgabe kennt, umso mehr wird man sie strukturieren, um sie effizienter zu erledigen. Damit werden immer Verhaltensmöglichkeiten ausgemerzt, was zu Lasten der Flexibilität geschieht.

Die Entwicklung einer Unternehmung ist gekennzeichnet von einer Abfolge von Zeiten der Neuerung und solchen der Bewahrung. Entsprechend lassen sich zwei **Aufgabenarten** unterscheiden (Ulrich & Krieg, 2001, S. 30; siehe auch Abbildung 9):

- **Innovative Aufgaben** sind der Unternehmung neu. Sie werden sich auf die gleiche Art nicht mehr wiederholen und sind inhaltlich nur schwer definierbar. Ihr Ablauf ist mindestens zu Beginn noch offen. Das Ergebnis ist nicht voraussehbar. Das eingegangene Risiko ist hoch. Innovative Aufgaben sind wenig strukturierbar und werden daher mit geringer Effizienz wahrgenommen. Und nicht zuletzt erfordern sie ein hohes Mass an Flexibilität.

- **Repetitive Aufgaben** sind inhaltlich klar. Ihr Ablauf, der Prozess ist bekannt und festgelegt, das Resultat vorhersehbar oder sogar sicher. Sie wiederholen sich oft. Das eingegangene Risiko ist gering. Sie sind stark strukturierbar und sollten auch strukturiert werden, damit ihre Abwicklung effizient erfolgen kann.

Innovative Aufgaben		Repetitive Aufgaben
schwer definierbar	Inhalt der Aufgabe	klar
offen (zu Beginn)	Ablauf der Aufgabe	festgelegt
nicht vorhersehbar	Ergebnis	sicher
nie	Wiederholung	oft
hoch	Risiko	klein
gering	Strukturierbarkeit	hoch
hoch	Flexibilität	gering
gering	Effizienz	hoch

Abb. 9: Innovative und repetitive Aufgaben

Das Differenzieren nach innovativen und repetitiven Aufgaben hat fundamentale Folgen für die Führung einer Unternehmung. Dafür seien zwei Beispiele angegeben. Innovative Aufgaben sind einer weitgehenden Strukturierung verschlossen, weil sie ein hohes Mass an Flexibilität verlangen. Repetitive Aufgaben sind im Hinblick auf ihre effiziente Wahrnehmung stark zu strukturieren.

Im Hinblick auf die Personalführung gilt, dass innovative Aufgaben nach einem partizipativen oder mitarbeiterorientierten Führungsstil rufen, während bei repetitiven ein sachorientierter, eher autoritärer Führungsstil angebracht ist.

Für die Organisation ist die Unterscheidung innovativer und repetitiver Aufgaben besonders wichtig. Innovative Aufgaben können nicht stark strukturiert werden, weil sonst die erforderliche Flexibilität fehlt. Repetitive Aufgaben hingegen müssen hoch strukturiert werden, weil bei ihnen die Effizienz gefragt ist.

5.5 Umwelt- und Unternehmungsanalyse

Das Kernproblem jeder Unternehmungsführung ist bekanntlich die Herstellung eines Gleichgewichtes, eines «Fits» zwischen Unternehmungsumwelt und Unternehmung. Dazu ist es notwendig, beides zu kennen und im Falle der Unternehmungsumwelt sogar deren zukünftige Entwicklung abzuschätzen. Aus der Kenntnis von Unternehmungsumwelt und Unternehmung müssen Schlussfolgerungen gezogen werden, die unmittelbar in den Zielbildungsprozess eingehen.

Hier ist ein Muster erkennbar, das für fast alle Führungsaufgaben gilt: Aus der Analyse externer Gegebenheiten sowie der Abschätzung ihrer Entwicklung und der Analyse interner Faktoren werden Schlussfolgerungen gezogen, die in die zu definierenden Zielvorgaben münden (siehe Abbildung 10).

Wenn es um die Führung der Gesamtunternehmung geht, werden die gesamte relevante Unternehmungsumwelt und die gesamte Unternehmung analysiert. Auf tieferen Ebenen werden andere Umwelt- und Unternehmungsausschnitte analysiert und daraus die Schlussfolgerungen gezogen.

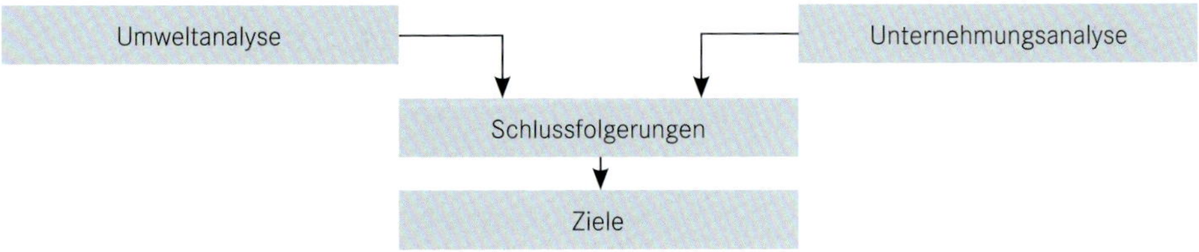

Abb. 10: Umwelt- und Unternehmungsanalyse

5.6 Zusammenfassung

Zusammenfassend lässt sich Folgendes festhalten:

- Wir betrachten die Unternehmung als produktives soziales und als offenes System, das eingebettet ist in seine Umwelt und mit dieser in vielfältigen Beziehungen steht.
- Der Zweck jeder Unternehmung ist es, den Ansprüchen der verschiedenen Anspruchsträger gerecht zu werden. Man bezeichnet dies als den Stakeholder-Value-Ansatz. Als entscheidender Anspruchsträger ist der Kunde zu sehen.
- Die allgemeinen Ziele der Unternehmung und ihrer Führung, die sich aus dieser Zwecksetzung ergeben, sind die langfristige Existenzsicherung, die Gewinnerzielung, der optimale Ressourceneinsatz, optimale Prozesse und ein qualitatives und/oder quantitatives Wachstum, einfach die Fortentwicklung der Unternehmung, ihre laufende Anpassung an die Umwelt.
- Das Unternehmungsgeschehen lässt sich unter den gleichen Gesichtspunkten betrachten wie das Umweltgeschehen. Wir sprechen hier von den Gestaltungssphären und unterscheiden die ethische, die ökologische, die soziale, rechtliche und politische, die technologische sowie die wirtschaftliche Sphäre.
- Innovative und repetitive Aufgaben fallen in jeder Unternehmung an. Innovative Aufgaben sind vorherrschend in Zeiten der Neuerung, der Anpassung der Unternehmung an ihre Umwelt. Repetitive Aufgaben überwiegen hingegen in Zeiten der Bewahrung, der Konsolidierung von Erreichtem.
- Das **Modell der Unternehmung** wird aus zwei Elementen gebildet, den Gestaltungssphären und den Aufgabenarten.

6 Unternehmungsführung

> Management ist der Beruf des Resultate-Erzielens oder Resultate-Erwirkens. Der Prüfstein ist das Erreichen von Zielen und die Erfüllung von Aufgaben.
> Fredmund Malik

6.1 Das Spannungsfeld des Managements

Management vollzieht sich in einem Spannungsfeld, bestehend aus den vier Elementen «Strategie», «Prozess», «Struktur» und «Kultur».

Da ist zum Ersten «Strategie». Der Begriff steht für Ziele der Unternehmung, die meist in Konkurrenz zu anderen Unternehmungen erreicht werden sollen. Eine Unternehmung ist, wie bereits gezeigt wurde, notwendigerweise zielorientiert. Management oder Unternehmungsführung beinhaltet im Kern das Bilden von Zielen für die Unternehmung. Mit der Fixierung von Zielen ist die Frage «Was wollen wir erreichen?» beantwortet.

Sind die Ziele fixiert, lautet die nächste Frage: «Wie wollen wir diese erreichen, was müssen wir dafür tun?» Der Festlegung der Ziele folgt die Gestaltung von Prozessen. Prozesse sind Aktivitäten, die notwendig sind, um der Zwecksetzung der Unternehmung, der Befriedigung von Ansprüchen Aussenstehender, gerecht zu werden. «In definitional terms, a process is simply a structured, measured set of activities designed to produce a specified output for a particular customer or market [...] A process is [...] a specific ordering of work activities across time and place, with a beginning, an end, and clearly identified inputs and outputs: a structure for action» (Davenport, 1993, S. 5). Demnach besteht ein Prozess «aus einer Folge von Aktivitäten, die aus einer Reihe von Inputs einen bestimmten Output erzeugen» (Schmelzer & Sesselmann, 2013, S. 51). Prozesse sind in der Regel so vielfältig und unterschiedlich, dass mehrere Systeme – Mitarbeiter und/oder Maschinen – die anfallenden Aufgaben bewältigen müssen. Das bedeutet zwangsläufig Arbeitsteilung. Arbeitsteilige Systeme bestehen aus Elementen, die alle bestimmte Aktivitäten wahrnehmen.

Die Tätigkeit dieser Elemente wiederum muss koordiniert, auf die anzustrebenden Ziele ausgerichtet werden. «Struktur» steht hier für alle organisatorischen Bemühungen, Ordnung und Zielorientierung in die ablaufenden Prozesse zu bringen. Es ist unerlässlich, die vielfältigen Aktivitäten durch den Aufbau von hierarchischen Lenkungsstrukturen zu führen (Bleicher, 1991, S. 34; Stöger, 2018).

«Unter ‹Kultur› lässt sich allgemein ein System von Wertvorstellungen, Verhaltensnormen sowie Denk- und Handlungsweisen verstehen, welches von einem Kollektiv von Menschen erlernt und akzeptiert worden ist und welches bewirkt, dass sich diese soziale Gruppe deutlich von anderen Gruppen unterscheidet» (Bleicher, 1991, S. 732; Schein, 1995). Kultur oder besser **Unternehmungskultur** ist das Ergebnis des Zusammenarbeitens von Menschen in einer Institution. Es bilden sich Werte und Verhaltensweisen heraus, die allen gemeinsam sind, die von allen geteilt werden. Entsprechend schwierig ist es, im Bedarfsfall starke Unternehmungskulturen anzupassen, wenn ein grundlegender Wandel angesagt ist, verursacht zum Beispiel durch schnelles Wachstum, durch einen Wechsel an der Führungsspitze, durch das Eingehen von Allianzen oder durch Unternehmungszusammenschlüsse. Kulturveränderungen müssen immer im Hinblick auf die anvisierten Ziele und unter Berücksichtigung organisatorischer Strukturen erfolgen, also im Einklang mit dem gesamten Geschehen in der Unternehmung stehen. Dass die Träger der Unternehmungskultur immer Menschen sind, deren Denken, Fühlen und Verhalten nur schwer verändert werden kann, darf dabei nie ausser Acht gelassen werden.

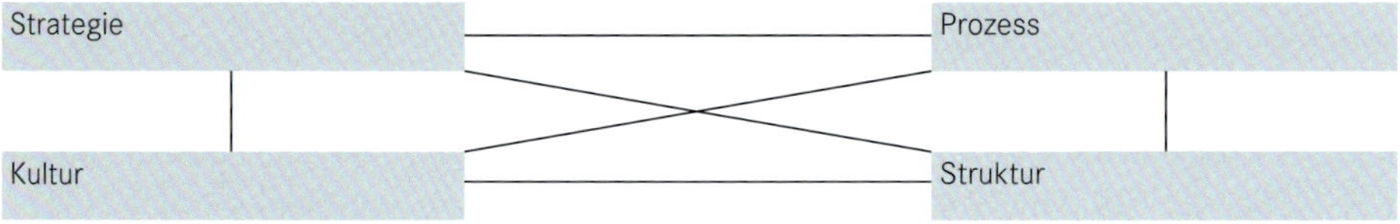

Abb. 11: Spannungsfeld des Managements

Zusammenfassend lässt sich sagen, dass es die Aufgabe des Managements ist, diese vier Elemente in Übereinstimmung zu bringen (siehe Abbildung 11). Das Erreichen von Zielen erfordert Prozesse, die meistens in einem arbeitsteiligen Rahmen ablaufen. Die Struktur für diesen Rahmen ist das Ergebnis des Organisierens. Sie soll die Prozesse koordinieren und integrieren. Ist die Struktur das Resultat der bewussten Gestaltung des Unternehmungsgeschehens, so ist Kultur oft die Konsequenz einer andauernden Entwicklung gemeinsamer Ideen und Vorstellungen, die von allen Mitgliedern der Institution getragen und weiterentwickelt werden (French & Bell, 1990, S. 31).

6.2 Metafunktionen, Funktionsbereiche, Funktionen und Teilfunktionen

Management hat immer mit Aufgaben zu tun. Es selbst umfasst Aufgaben, und es lenkt Systeme, denen Aufgaben übertragen sind. Machen wir uns von diesen Aufgaben ein Modell.

Aufgaben gleicher Art lassen sich unter dem Begriff Funktion zusammenfassen. Den höchsten Grad der Abstraktion solcher Zusammenfassungen stellen **Metafunktionen** dar. Es lassen sich vier Metafunktionen unterscheiden: Führungsfunktionen, Versorgungsfunktionen, marktleistungsbezogene Funktionen und Querschnittfunktionen.

Jede Aufgabe, jedes Problem lässt sich bis zu einem bestimmten Punkt beliebig tief gliedern. Dieser Punkt ist erreicht, wenn eine weitergehende Gliederung keine zusätzliche Erkenntnis oder keine Verbesserung der Problemlösung zur Folge hat. Genauso verhält es sich auch mit den Metafunktionen. Auch sie lassen sich feiner strukturieren, in Funktionsbereiche zerlegen (Ulrich & Krieg, 2001c, S. 26). Diese sind die klassischen Teildisziplinen der Betriebswirtschaftslehre, die sich in vielen Lehrbüchern wiederfinden (Capaul & Steingruber, 2013; Straub, 2015; Thommen, Achleitner, Gilbert, Hachmeister, & Kaiser, 2016; Wöhe, Döring & Brösel, 2016).

Es lässt sich immer wieder trefflich darüber streiten, ob eine funktionale Betrachtung des Unternehmungsgeschehens sinnvoll ist, weil dieses dadurch angeblich in unzusammenhängende, isolierte Elemente unterteilt wird. Eine Unterteilung, die dem Prozessgedanken, der fliessenden unterbruchsfreien Abfolge von Aktivitäten durch die Gesamtunternehmung hindurch zuwiderläuft (Bullinger & Lott, 1997, S. 34; Osterloh & Frost, 2006, S. 24).

Dies ist in unseren Augen nicht zutreffend. Denn Metafunktionen können in Funktionsbereiche, Funktionsbereiche in Funktionen, Funktionen in Teilfunktionen gegliedert werden. Teilfunktionen lassen sich als Funktionen ansehen und wiederum in Teilfunktionen gliedern, wie wir es mit Systemen und ihren Elementen auch tun. Die Aufteilung lässt sich bis hin zu Aktivitäten fortsetzen, bei denen es keinen Sinn mehr macht, weiter zu differenzieren. Die Abfolge von Aktivitäten bildet letztlich einen Prozess. Es gibt somit keinen Unterschied zwischen funktionaler und prozessualer Betrachtung des Unternehmungsgeschehens. Der Unterschied liegt in der Abstraktionsebene der Betrachtung. Kommt hinzu, dass die funktionale Betrachtung der Unternehmung, die ihren Ausgangspunkt in den in der Unternehmung anfallenden Aufgaben hat, viel geeigneter ist, komplexe Zusammenhänge aufzuzeigen, weil sie eine gleichsam natürliche, allgemein bekannte Betrachtungsweise ist (Rüegg-Stürm & Grand, 2019, S. 60).

Die Bildung der Funktionsbereiche soll helfen, Probleme und deren Lösung zu lokalisieren, sie einzuordnen und in einen grösseren Rahmen zu stellen. Mit der funktionalen Betrachtungsweise wird ein Modell der Aufgaben in Unternehmung und Unternehmungsführung geschaffen. Ein Modell, das es erlaubt, Probleme in Teile zu gliedern und deren Komplexität in den Griff zu bekommen (siehe Abbildung 12).

Funktionsbereiche umfassen Aufgaben, die inhaltlich und sachlich in einem engen Zusammenhang stehen. Auch Porters Modell der Wertkette (2014, S. 61), die Prozessidee, wie sie unter anderem von Osterloh und Frost (2006, S. 30) geschildert wird, oder die interne Prozessperspektive, dargestellt von Kaplan und Norton (2004, S. 8, S. 59), sind letztlich nichts anderes als Modelle, welche die im Rahmen der Unternehmungsführung anfallenden Aufgaben – vielleicht jeweils eine Nuance anders – schildern. Die Gestaltung der Prozessstrukturen als Aufgabe der Organisation ist eines, etwas völlig anderes ist die Betrachtung der Unternehmung und der Unternehmungsführung unter dem funktionalen Aspekt, unter dem Aspekt, welche Aufgaben wahrgenommen werden müssen. Die Gestaltung organisatorischer Strukturen und die funktionale Betrachtung sind voneinander unabhängig. Insbesondere präjudiziert die funktionale Betrachtung weder die organisatorische Struktur noch die organisatorische Gliederung nach Funktionen noch die Zentralisation nach Funktionen.

Funktionsbereiche lassen sich zu Metafunktionen zusammenfassen, weil ihnen inhaltlich, von ihrem Charakter her einiges gemeinsam ist. Wir unterscheiden vier Metafunktionen:

- In den **Führungsfunktionen** sind alle Funktionsbereiche vereinigt, deren Zweck letztlich die Führung der Unternehmung ist.
- Zu den **marktleistungsbezogenen Funktionen** zählen alle Aufgaben, die direkten Bezug zur Marktleistung, sei es ein Produkt oder eine Dienstleistung, haben.
- Zweck der **Versorgungsfunktionen** ist die Versorgung der Unternehmung mit den benötigten Wertschöpfungsfaktoren. Diese werden auf den Beschaffungsmärkten aufgenommen und unternehmungsintern zur Verfügung gestellt.
- In den **Querschnittfunktionen** werden Fragestellungen bearbeitet, die in einem besonders starken Ausmass die Gesamtunternehmung tangieren. Es sind dies Tätigkeiten, die alle Funktionsbereiche berühren, diese gleichsam durchdringen. Typisches Beispiel ist das Qualitätsmanagement.

Zu den **Führungsfunktionen** – wir werden diese wegen ihrer Bedeutung noch eingehender schildern – zählen die folgenden Funktionsbereiche:

- **Management** zerfällt in einer ersten Gliederung in die Managementfunktionen Entscheiden, Umsetzen und Kontrollieren.
- **Organisation** gliedert sich in zwei Teilfunktionen. Sie muss zum Ersten Prozesse strukturieren. Nach der Prozessstrukturierung müssen zum Zweiten Strukturen oder Lenkungshierarchien entworfen und verwirklicht werden, Strukturen, die geeignet sind, die ablaufenden Prozesse zu lenken, sie zu koordinieren.

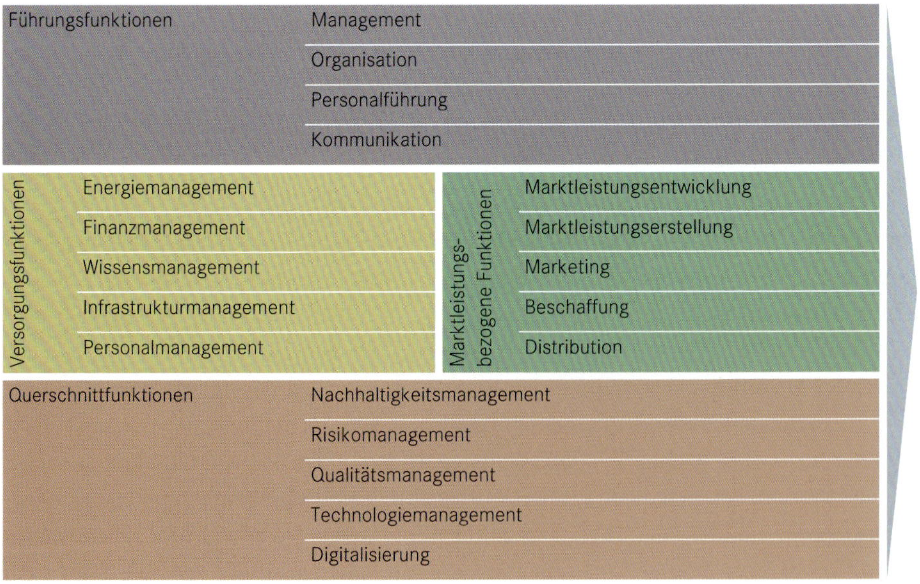

Abb. 12: Metafunktionen und Funktionsbereiche der Unternehmung

- **Personalführung** schliesst alle Aufgaben ein, die der unmittelbaren Führung der Mitarbeitenden dienen. Es sind dies: Soll-Wert vereinbaren, Verhalten der Mitarbeitenden beeinflussen, Leistungen beurteilen und Mitarbeitende fördern.
- **Kommunikation,** besser Unternehmenskommunikation, gehört eindeutig zu den Führungsfunktionen. Sie soll hier als zielgerichtete kommunikative Aktivität im Unternehmen und aus dem Unternehmen hinaus aufgefasst werden. Führung ohne Kommunikation ist undenkbar.

Die **marktleistungsbezogenen Funktionen** stehen in direktem Zusammenhang mit den angebotenen Produkten und Dienstleistungen. Es sind dies:
- Die **Marktleistungsentwicklung** hat die technische Entwicklung der Produkte und Dienstleistungen, aber auch die Gestaltung der Prozesse, welche der Erstellung der Marktleistung dienen, zum Gegenstand. Befasst sich das Technologiemanagement schwergewichtig mit Grundlagenforschung, so wird hier angewandte Forschung betrieben, die mit vollständig definierten Marktleistungen und Marktleistungserstellungsprozessen endet.
- Die **Marktleistungserstellung** stellt die Marktleistungen im eigentlichen Sinn des Wortes her. Sie muss die notwendigen Kapazitäten, anders gesagt die notwendige Infrastruktur und ihren Umfang sowie die notwendigen Wertschöpfungsfaktoren, insbesondere das Material und die Art der Beschaffung, bestimmen.
- Das **Marketing** ist ein besonderer Funktionsbereich. In ihm werden zum Ersten alle Aufgaben wahrgenommen, die direkt dazu führen, ein Kundenbedürfnis zu befriedigen beziehungsweise ein Kundenproblem zu lösen. Marketing ist zum Zweiten auch eine Geisteshaltung, welche die Unternehmung durchdringt. Sie sorgt dafür, dass bei allen wahrgenommenen Aktivitäten Kundinnen und Kunden, deren Bedürfnisse und Probleme im Auge behalten werden. Kunden- und Marktorientierung sind die bezeichnenden Stichworte.
- Die **Beschaffung** hat die Aufgabe, sämtliche Materialien, die in die Marktleistung eingehen, zu beschaffen und sie für die Marktleistungserstellung bereitzustellen. Sie lenkt den Materialfluss von den Beschaffungsmärkten in die Marktleistungserstellung, genauer gesagt in die Produktion. Die Beschaffung führt die Eingangslager. Man könnte sie ebenso gut den Versorgungsfunktionen zuordnen. Bedenkt man, dass die beschafften Materialien Bestandteil der Marktleistung werden, so ist die Einordnung unter die marktleistungsbezogenen Funktionen sinnvoll.
- Der **Distribution** obliegt es, die erstellten Marktleistungen zu den Kundinnen und Kunden zu bringen. Sie sorgt für den physischen Transport der Produkte zu den Absatzmärkten. Sie kümmert sich darum, dass Dienstleistungen am richtigen Ort erbracht werden. Sie disponiert die Ausgangslager und deren Bestände.

Die **Querschnittfunktionen** umfassen die folgenden Funktionsbereiche:
- **Nachhaltigkeitsmanagement** weist drei Dimensionen auf: eine ökologische, eine öko-

nomische und eine soziale. Aus ökologischer Sicht geht es darum, die Lebensgrundlagen zu erhalten und die Gesundheit der Menschen zu schützen. Ökonomische Nachhaltigkeit ist darauf ausgerichtet, mit hoher Effizienz Ressourcen einzusetzen und ein Maximum an Werten zu schaffen. In sozialer Hinsicht muss eine Unternehmung zur Entwicklung einer solidarischen Gesellschaft beitragen. Dies beinhaltet die Förderung von Demokratie, Rechtstaatlichkeit, Freiheit, sozialer Gerechtigkeit und Wohlstand (Porter & Kramer, 2006).

- Das **Risikomanagement** umfasst alle Tätigkeiten, die dem Erkennen, dem Analysieren, dem Handhaben und dem Überwachen von Risiken dienen.
- Das **Qualitätsmanagement** sorgt dafür, dass Prozesse zuverlässig und sicher ein vorbestimmtes Resultat zeitigen, dass nur einwandfreie Wertschöpfungsfaktoren eingesetzt werden und dass die Marktleistungen oder ihre Teile vorgegebenen Anforderungen genügen.
- Das **Technologiemanagement** befasst sich mit Fragen der Technologieentwicklung und des Technologietransfers. Technologien werden beschafft, selbst entwickelt und vermarktet. Dazu müssen sie beurteilt, evaluiert werden. Diese Probleme, die oft noch keinen direkten Bezug zur Marktleistung oder zu deren Erstellung haben, bilden den Kern des Technologiemanagements (Bullinger, 1994, S. 37).
- **Digitalisierung** befasst sich mit IT-Systemen, mit deren Analyse, Entwicklung, Einführung und Einsatz. Daten, Software und Hardware sind die Kernelemente jedes IT-Systems. Als Schlüsseltechnologien kommen das Internet oder das Internet of Things, Big Data und Künstliche Intelligenz hinzu, welche prägend für die moderne Digitalisierung sind. Sie eröffnen völlig neue Möglichkeiten der Gestaltung von Geschäftsmodellen, über das Erarbeiten von Strategien bis hin zur Strukturierung von Prozessen. Letztlich durchdringt Digitalisierung alles, sie ist damit eine typische Querschnittfunktion.

Den **Versorgungsfunktionen** ist die Aufgabe gestellt, Wertschöpfungsfaktoren zu beschaffen, sie zu verwalten, zu disponieren und unternehmungsintern zur Verfügung zu stellen. Wertschöpfungsfaktoren sind **Energie**, **Finanzen, Wissen,** die gesamte **Infrastruktur** – dazu gehören Mobilien und Immobilien – sowie das **Personal**. Die hohe Kunst der Versorgung besteht in den fünf R – R steht hier für richtig. Alles muss in der richtigen Qualität, in der richtigen Quantität, zu richtigen Kosten, zur richtigen Zeit am richtigen Ort sein (Wannenwetsch, 2010, S. 11).

6.3 Metafunktion Führung

Management, Organisation, Personalführung und Kommunikation bilden zusammen die Metafunktion Führung. Management und Organisation seien im Folgenden beispielhaft für andere Funktionsbereiche näher beschrieben und tiefer gegliedert.

6.3.1 Funktionsbereich Management

Eine auf den Erkenntnissen der Systemtheorie und der Kybernetik aufbauende Managementlehre definiert **Management** als das Gestalten und Lenken von zweckorienierten sozialen Systemen (Ulrich, 2006, S. 116). Wir wollen im Folgenden diese eine Kernaufgabe des Managements, das Lenken von Systemen, näher betrachten.

Die Grundstruktur der Lenkung ist sehr einfach. Ein Lenkungssystem lenkt ein operatives System durch die Vorgabe eines Soll-Wertes. Dieser löst im operativen System einen Transformationsprozess aus, dessen Resultat ein bestimmter Output ist, der im Idealfall den Absichten des Lenkungssystems entspricht. Ob dem so ist, stellt das Lenkungssystem fest, indem es den aus dem operativen System zurückgekoppelten Ist-Wert erfasst und mit dem zuvor abgegebenen Soll-Wert vergleicht. Das operative System selbst nimmt aus seiner Umwelt einen Input auf, den es irgendeinem Prozess unterwirft, und erzeugt einen Output. Damit ist das **Grundmodell der Lenkung** definiert, das in Abbildung 13 wiedergegeben ist. Es ist gleichsam der Grundbaustein, aus dem sich selbst komplizierteste Lenkungsstrukturen aufbauen lassen, indem man Hierarchien bildet und sie ineinander verschachtelt.

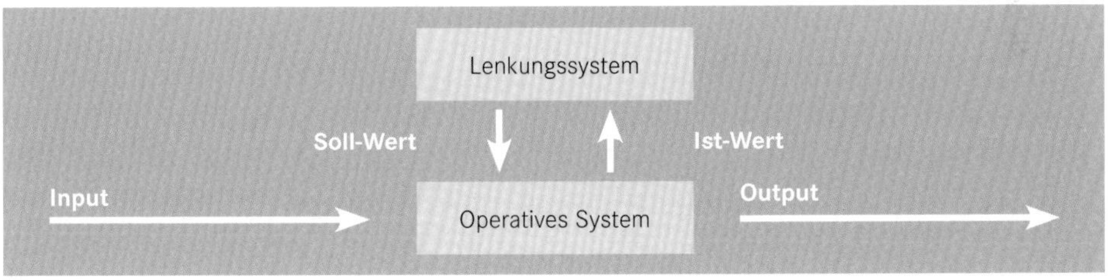

Abb. 13: Grundmodell der Lenkung

Zu erwähnen bleibt, dass Soll- und Ist-Wert das Gleiche wiedergeben müssen. Der Ist-Wert richtet sich immer nach dem Soll-Wert. Er darf in all seinen Inhalten nicht anders ausgestaltet sein.

Betrachten wir den **Soll-Wert** näher und überlegen uns, was er alles enthalten muss, was durch ihn dem operativen System vorgegeben werden kann, so kommen wir auf drei Inhalte. Dem operativen System müssen zum Ersten der zu erzeugende Output, zum Zweiten der zu benutzende Input und zum Dritten die Art der Transformation vorgegeben werden, wobei die Reihenfolge der drei Inhalte unerheblich ist. Der Output stellt das zu errei-

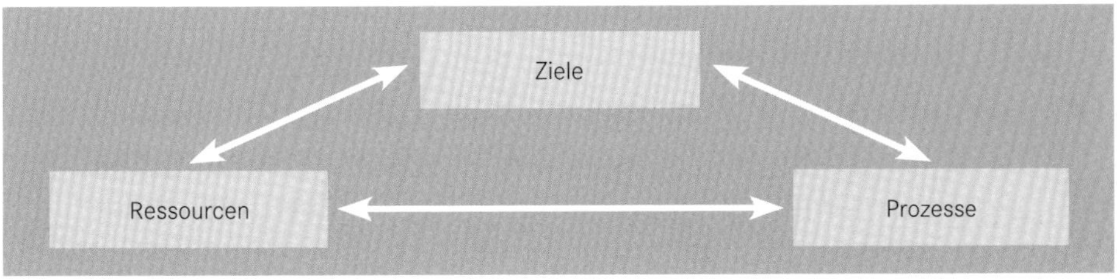

Abb. 14: Inhalte von Soll- und Ist-Werten

chende Ziel, der Input die einzusetzenden Ressourcen und die Umschreibung der Transformation den abzuwickelnden Prozess dar. Ziele, Ressourcen und Prozesse sind die Inhalte, die jeder Soll-Wert, aber auch jeder **Ist-Wert** umfassen muss (siehe Abbildung 14).

Im Rahmen des Lenkungsprozesses werden drei Fragen beantwortet: «Was soll erreicht werden?», ist die Frage nach dem Ziel. «Womit soll es erreicht werden?», ist die Frage nach den Ressourcen. «Wie soll es erreicht werden?», ist die Frage nach den Prozessen. Damit wird offensichtlich, dass Lenkungsprozesse nichts anderes als Informations- und Kommunikationsprozesse sind. Information wird aufgenommen, verarbeitet und abgegeben, und zwar von Lenkungs- wie auch von operativen Systemen (Ulrich, 2001a, S. 47).

Als Funktionsbereich lässt sich Management in die drei Funktionen Entscheiden, Umsetzen und Kontrollieren unterteilen. Diese drei Funktionen ihrerseits können feiner gegliedert werden. Abbildung 15 zeigt dies. Sie zeigt auch, dass Management, im Grunde genommen, nichts anderes ist als Problemlösen (Haberfellner, de Weck, Fricke & Vössner, 2018, S. 129).

Managementfunktionen und ihre Gliederung		
Entscheiden		
	Ist-Werte analysieren	
		Zielerreichung analysieren
		Ressourcenverbrauch analysieren
		Prozessstrukturen analysieren
	Restriktionen ermitteln	
	Ziele bestimmen	
	Lösungsalternativen ausarbeiten	
		Zielerreichbarkeit überprüfen
		Alternative Prozessstrukturen ermitteln
		Alternative Ressourceneinsätze ermitteln
	Lösungsalternativen bewerten	
	Optimale Lösungsalternative auswählen	
Umsetzen		
	Soll-Werte kommunizieren	
		Ziele kommunizieren
		Ressourcen kommunizieren
		Prozessstrukturen kommunizieren
	Soll-Ist-Toleranzwert festlegen	
Kontrollieren		
	Soll-Ist-Vergleich anstellen	
	Probleme erkennen	

Abb. 15: Managementfunktionen und ihre Gliederung

6.3.2 Funktionsbereich Organisation

Unternehmungen und andere zielorientierte Institutionen sind durch Arbeitsteilung gekennzeichnet. Mehrere Personen und/oder technische Systeme wirken zusammen, um gesetzte Ziele zu erreichen. Arbeitsteilung und das Erfordernis, Ziele zu erreichen, rufen nach Vorgaben, welche bewirken, dass sich die Aktivitäten von Mitarbeitenden und technischen Systemen in eine Ordnung einfügen.

Ausgehend von vorgegebenen Zielen wird eine Gesamtaufgabe definiert, die in den meisten Fällen wegen ihrer Grösse aufgeteilt werden muss. Diese Aufteilung geht so weit, bis Aktivitäten entstanden sind, bei denen eine weitere Gliederung keinen Sinn mehr macht. Die Abfolge, das Abarbeiten der so festgelegten Aktivitäten muss bestimmt werden. Damit sind die **Prozessstrukturen** fixiert.

Jede Aktivität muss von Menschen und/oder technischen Systemen wahrgenommen werden. Die Aktivität muss diesen zugeordnet werden. Handelt es sich um Mitarbeitende, spricht man in diesem Zusammenhang von Stellenbildung. Eine Stelle ist die kleinste organisatorische Einheit. Ihr werden Aktivitäten zugeteilt, die ein sinnvolles Ganzes und die Gesamtaufgabe der Stelle ergeben.

Mehrere Stellen wirken von sich aus nicht unbedingt so zusammen, dass ein gesetztes Ziel erreicht wird. Es bedarf der Koordination der Stellen. Vorgesetzte Stellen oder Instanzen koordinieren die Tätigkeit der jeweils nachgeordneten Stellen. Die vorgesetzte und die nachgeordnete Stelle können als Lenkungssystem beziehungsweise als operatives System aufgefasst werden. Die Lenkungskapazität der vorgesetzten Stellen ist natürlich begrenzt. Es müssen deshalb organisatorische Einheiten geschaffen werden, die von einer Instanz gelenkt werden können. Diese organisatorischen Einheiten ihrerseits müssen durch weitere vorgesetzte Stellen koordiniert werden, diese wiederum durch weitere Instanzen etc. Es wird eine hierarchische **Lenkungsstruktur** geschaffen, welche letztlich zum Zweck hat, alle in der Unternehmung anfallenden Aktivitäten so zu koordinieren, dass die gewünschten Outputs erzeugt werden.

Die Organisation hat demnach eine zweifache Aufgabenstellung. Sie bestimmt zum Ersten die auszuübenden Aktivitäten und fasst diese in Prozessen zusammen. Sie gestaltet Prozessstrukturen. Sie schafft zum Zweiten Lenkungsstrukturen, die geeignet sind, die Aktivitäten so zu koordinieren, dass ein ins Auge gefasstes Ziel erreicht wird. Beides – Prozessstrukturen fixieren und Lenkungsstrukturen fixieren – ist untrennbar miteinander verwoben (siehe Abbildung 16). Unter **Organisation** sind alle Aktivitäten zu verstehen, die erstens darauf gerichtet sind, in einem soziotechnischen System Prozesse einzurichten, die dauerhaft und zielgerichtet ablaufen, und die zweitens durch den Aufbau von Lenkungsstrukturen sicherstellen, dass die Prozesse effektiv und effizient ablaufen (Bleicher, 1991, S. 41).

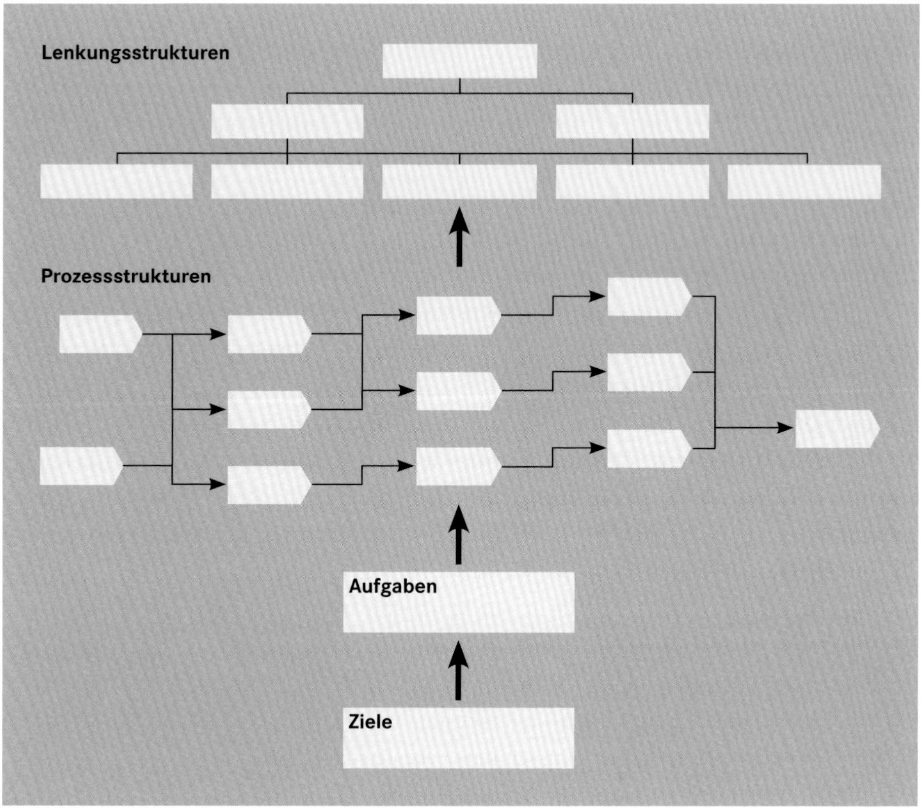

Abb.16: Organisatorische Strukturierung der Unternehmung

6

Prozesse lassen sich unter sechs Gesichtspunkten, den **Prozessdimensionen**, betrachten. Es sind dies:

- Stoffe, also materielle Wertschöpfungsfaktoren im weitesten Sinne, die in jedem Prozess eine Rolle spielen
- Kosten, die jeder Prozess verursacht
- die Qualität, die der Output des Prozesses und dieser selbst aufweist
- der Ort, an dem sich der Prozess vollzieht
- die Zeit, welche der Prozess beansprucht, und der Zeitpunkt, zu dem er sich vollzieht
- Information, die in den Prozess als Soll-Wert eingeht, und Information, die im Laufe des Prozesses, sicher aber an seinem Ende als Ist-Wert anfällt

Eine Zielvorgabe, die einen Prozess vollständig beschreiben soll, muss alle sechs Prozessdimensionen umfassen. Im Übrigen erkennen wir in den drei Prozessdimensionen Stoffe, Kosten und Information den Güter-, Geld- und Informationsfluss wieder, der Aktivitäten oder Prozesse miteinander verbindet.

Organisatorische Strukturierung ist **Systemgestaltung**. Eine solche vollzieht sich immer in drei Phasen, nämlich der Systemanalyse, der Systemgestaltung und der Systemimplementation. Es liegt auf der Hand, dass diese drei Aktivitäten das Organisieren als Prozess kennzeichnen.

Zeitgemässe Organisationskonzepte rücken die Organisation der Prozesse in den Vordergrund. Erreicht werden soll, dass die Aktivitäten in der Institution zielgerichtet – im Falle der Unternehmung kunden- und marktorientiert – ablaufen. Dies wird damit begründet, dass sich in den Aktivitäten oder Prozessen letztlich die Kompetenzen der Unternehmung manifestieren (Krüger & Homp, 1997; Becker, Kugeler & Rosemann, 2012). So betrachtet wird die Koordination, die Integration der Aktivitäten oder Prozesse zum Folgeproblem. Es gilt der Grundsatz: «Prozessstrukturen bestimmen die Lenkungsstrukturen.»

Der Funktionsbereich Organisation lässt sich in vier Funktionen teilen, die ihrerseits wieder feiner gegliedert werden können (vgl. Abbildung 17).

Organisationsfunktionen und ihre Gliederung	
Soll-Werte (Ziele, Ressourcen und Prozessstrukturen) analysieren	
Prozessstrukturen fixieren	
	Prozessstrukturen analysieren
	Prozessstrukturen gestalten
	Prozessstrukturen implementieren
Lenkungsstrukturen fixieren	
	Lenkungsstrukturen analysieren
	Lenkungsstrukturen gestalten
	Lenkungsstrukturen implementieren
Strukturen überprüfen	
	Effektivität der Prozessstrukturen überprüfen
	Effizienz der Prozessstrukturen überprüfen
	Effektivität der Lenkungsstrukturen überprüfen
	Effizienz der Lenkungsstrukturen überprüfen

Abb. 17: Organisationsfunktionen und ihre Gliederung

Beim Organisieren steht ein Problem im Vordergrund, dessen Tragweite kaum überschätzt werden kann. Es ist dies die Frage, in welchem Ausmass strukturiert werden darf. Wir haben mit der Unterscheidung innovativer und repetitiver Aufgaben dafür bereits eine Entscheidungshilfe kennen gelernt (vgl. Kapitel 5.4). Bei innovativen Aufgaben kann nur in geringem Umfang strukturiert werden. Es sind flexible Strukturen angesagt. Repetitive Aufgaben hingegen sind einer hohen Strukturierung zugänglich. Effizienz ist angesagt.

Neben den Aufgabenarten spielt aber auch die Komplexität des zu lenkenden operativen Systems eine Rolle. **Komplexität** bedeutet, dass ein System eine Vielzahl von Elementen umfasst, dass diese in einem engen Beziehungsnetz eingebunden sind und dass sich die Systemumwelt und das System selbst ständig verändern. Ein Mass für die Komplexität ist die **Varietät**. Darunter versteht man die Anzahl der Zustände, die ein System annehmen kann.

Das **Varietätsgesetz** oder das Gesetz der erforderlichen Vielfalt, formuliert von Ashby, besagt, dass ein Lenkungssystem über die mindestens gleich grosse Varietät verfügen muss wie das zu lenkende operative System, um dieses beherrschen zu können (1974, S. 298). Das Varietätsgesetz gilt im Verhältnis zwischen Lenkungs- und operativem System.

Es gilt aber auch im Verhältnis von Systemen und ihrer Umwelt, wenn von den Systemen eine permanente Anpassung an ihre Umwelt gefordert wird. Systeme, die sich einer komplexen Umwelt anpassen sollen, müssen über eine hohe Varietät – anders gesagt, über ein umfangreiches Repertoire an Verhaltensweisen – verfügen. Hohe Varietät des operativen Systems verlangt, dem Varietätsgesetz folgend, auch eine entsprechend hohe Varietät des Lenkungssystems.

Will das Lenkungssystem das operative System beherrschen und verfügt das operative System – das ist der schlimmste anzunehmende Fall aus der Sicht des Lenkungssystems – über eine grössere Varietät als das Lenkungssystem, so stehen dem Lenkungssystem zwei Lenkungsstrategien zur Verfügung. Zum Ersten kann die Varietät des Lenkungssystems erhöht werden, zum Zweiten kann auch die Varietät des operativen Systems reduziert werden. Eine Reduktion der Varietät des operativen Systems vermindert dessen Anpassungsfähigkeit, erhöht aber seine Beherrschbarkeit und Effizienz. Eine Erhöhung seiner Varietät macht es anpassungsfähiger und flexibler, aber weniger beherrschbar. Das ist genau das Dilemma, vor dem die Organisation im Besonderen und auch das Management im Allgemeinen stehen. Anpassungsfähigkeit und Beherrschbarkeit, Flexibilität und Effizienz sind nicht gleichzeitig zu haben. Auf welche Seite sich die Waagschale neigen soll, ist von der Aufgabenart und von der Komplexität der Umwelt des operativen Systems abhängig. Eine folgenreiche Entscheidung, wird sie falsch getroffen.

Im Allgemeinen tendieren Lenkungssysteme dazu, die Varietät des operativen Systems zu reduzieren, weil dies die sehr viel einfachere Alternative zu einer Erhöhung der eigenen Varietät ist. Dass damit die Anpassungsfähigkeit des operativen Systems herabgesetzt wird, bleibt unbeachtet.

Die Erziehung von Kindern mag dafür ein Beispiel abgeben. Sie ist darauf gerichtet, alle nicht erwünschten Verhaltensweisen wegzuerziehen. Der ankommende Bus wird nicht gestürmt, man lässt zuerst aussteigen, bevor man selber einsteigt. Diese Regel macht natürlich Sinn, ist gesellschaftlich erwünschtes Verhalten, kann aber im Einzelfall individuellen Interessen entgegenlaufen. Solche begrenzenden Regeln kennt das Management, besonders die Organisation, in Hülle und Fülle, begonnen bei Stellenbeschreibungen, Prozessdiagrammen und endend mit Richtlinien für alles Mögliche und Unmögliche. All das hat zum Zweck, unerwünschte Varietät zu vernichten. Dies macht operative Systeme – manchmal nur vermeintlich – beherrschbarer. Es beschränkt aber auch ihre Anpassungsfähigkeit.

6.4 Managementstufen

Wir haben in den vorangegangenen Abschnitten die Funktionsbereiche als Element der Unternehmungsführung ausführlich dargestellt. Es fehlt nun noch das zweite Element, das zusammen mit den Funktionsbereichen das Managementsystem der Unternehmung bildet. Es sind dies die Managementstufen. Das Konzept der Managementstufen hilft mit, die im Rahmen der Unternehmungsführung anfallende Komplexität zu bewältigen.

Wie wir bereits ganz zu Beginn festgehalten haben, steht mit dem Systems Engineering ein geeigneter Ansatz zur Verfügung, komplexe Probleme zu lösen. Sein Vorgehensprinzip lautet: «Vom Groben zum Detail, und zurück.» Es besagt, dass ein komplexes Problem so lange in Teilprobleme gegliedert wird, bis diese gelöst und wieder zu einer Gesamtlösung integriert werden können.

Auch im Rahmen des Managements wird dieses Prinzip angewendet, indem das Managementsystem der Unternehmung sich über mehrere **Managementstufen** erstreckt. Zuerst werden grundlegende, sehr allgemeine Entscheide getroffen, die im weiteren Verlauf zunehmend konkretisiert und verfeinert werden (Ulrich, 2001c, S. 115). Es gibt vier Managementstufen zu unterscheiden: Unternehmungspolitik, strategische Planung, operative Planung und operative Führung. Die jeweils übergeordnete Managementstufe lenkt die nachgeordnete (siehe Abbildung 18).

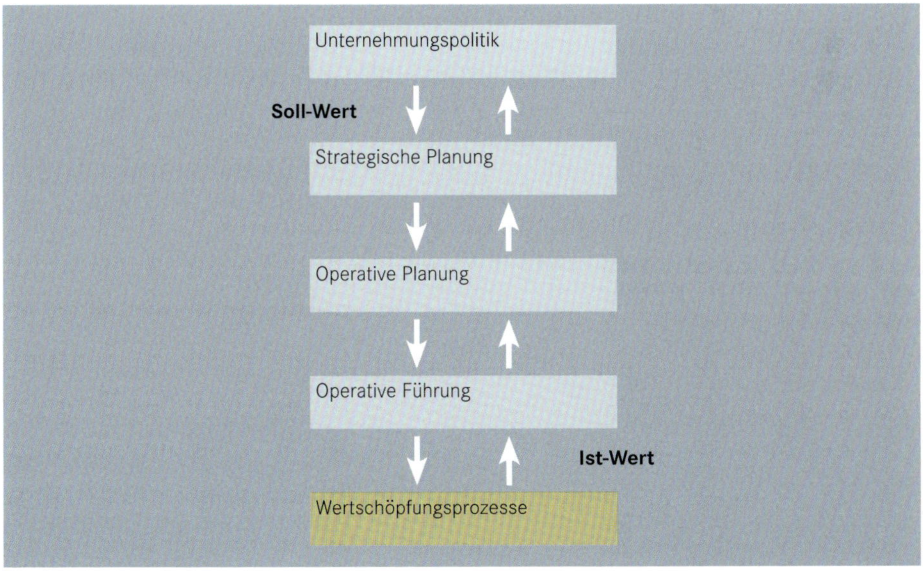

Abb. 18: Managementstufen

Die Managementstufen lassen sich hinsichtlich der Tragweite der zu treffenden Entscheide, deren Zeithorizont, deren Detaillierungsgrad, hinsichtlich der vorherrschenden Aufgabenart und der Strukturierbarkeit des Entscheidungsprozesses unterscheiden (siehe Abbildung 19).

Managementstufe	**Tragweite der Entscheidung**	**Zeithorizont**	**Detaillierungsgrad**	**Vorherrschende Aufgabenart**	**Strukturierbarkeit**
Unternehmungspolitik	gross	langfristig	klein	innnovativ	gering
Strategische Planung	↕	↕	↕	↕	↕
Operative Planung	↕	↕	↕	↕	↕
Operative Führung	gering	kurzfristig	gross	repetitiv	gross

Abb. 19: Unterscheidungsmerkmale der Managementstufen

6.4.1 Unternehmungspolitik

Die Unternehmungspolitik beinhaltet die obersten Zielsetzungen einer Unternehmung. Diese können somit nicht aus internen Vorgaben hergeleitet werden. Vielmehr müssen eine **Umweltanalyse** und eine **Unternehmungsanalyse** durchgeführt werden. Da die Unternehmungspolitik für die gesamte Unternehmung Gültigkeit hat, muss die Umweltanalyse die gesamte für die Unternehmung relevante Umwelt einbeziehen und die Unternehmungsanalyse die Gesamtunternehmung zum Gegenstand haben (vgl. dazu auch Kapitel 5.5).

Die Umweltanalyse bezieht sich auf die einzelnen Umweltsphären, die Absatz- und Beschaffungsmärkte der Unternehmung und auch auf die Ansprüche, welche die «Stakeholders» an die Unternehmung herantragen. Resultat der Umweltanalyse sind die für die Unternehmung relevanten Umweltfaktoren, deren heutiger und zukünftiger Einfluss auf die Unternehmung. Eine Umweltanalyse wird immer für die Gegenwart und die Zukunft durchgeführt. Wieweit dabei in die Zukunft geschaut wird, ist von der Dynamik der Umwelt abhängig und der erforderlichen Reaktionszeit, innerhalb derer Anpassungen vorgenommen werden können.

Die Unternehmungsanalyse wird meist nach Funktionsbereichen durchgeführt. Sie kann in ein Stärken/Schwächen-Profil münden, das die wesentlichen Qualitäten der Unternehmung festhält. Jede Unternehmungsanalyse beschreibt ausschliesslich Ist-Zustände.

Zu diesen meist funktional angelegten Analysen tritt oft die Analyse der Wertvorstellungen des Topmanagements, weil diese naturgemäss das gesamte Unternehmungsgeschehen mitprägen. Solche Wertvorstellungen beziehen sich auf Grundfragen der Unternehmungsführung. Themen wie die Ausgestaltung von Managementsystemen, Personalführung, die Berücksichtigung gesellschaftlicher und ökologischer Anliegen, die

Risikobereitschaft, Vorstellungen bezüglich Wachstum, Innovation, Qualität, Preisniveau und viele mehr können hier genannt werden.

«Die **Unternehmungspolitik** umfasst die originären, allgemeinen und langfristig wirksamen Entscheide, welche das Verhalten der Unternehmung auf lange Sicht bestimmen sollen» (Ulrich, 2001b, S. 191). Die Unternehmungspolitik bildet das oberste Zielsystem der Unternehmung. Sie umschreibt die grundsätzlich einzusetzenden Ressourcen. Sie legt die grundsätzlich erforderlichen Kompetenzen, die grundsätzlich zu beachtenden Prozesse fest. Ganz wesentliches Merkmal unternehmungspolitischer Entscheide ist, dass sie sich immer auf die gesamte Unternehmung beziehen. Sie sind unternehmungsweit gültig und gelten bis auf Widerruf.

Die Unternehmungspolitik setzt sich aus drei Elementen zusammen:

- Die **Vision** ist gleichsam der Urknall des Zielsystems der Unternehmung, der Ausgangspunkt aller Überlegungen. Müller-Stewens und Lechner beschreiben die Vision als eine auf die Zukunft gerichtete Leitidee, als eine richtungsweisende, normative Vorstellung, die sinnstiftend, motivierend und handlungsleitend ist (2016, S. 221). Meist wird eine Vision in wenige Worte gefasst, beschreibt die wesentlichsten Merkmale, die heute und in Zukunft die Unternehmung auszeichnen sollen.
- Das **Unternehmungsleitbild** ist eine erste Konkretisierung, eine erste Verfeinerung der Vision. Wir haben als den Zweck der Unternehmung erkannt, dass sie den an sie herangetragenen Ansprüchen gerecht werden muss (vgl. Kapitel 4.3).
  Wichtigster Anspruchsträger ist der Kunde. Seine Bedürfnisse müssen prioritär befriedigt werden. Entsprechend sind die zu befriedigenden Kundenbedürfnisse und die Beschreibung der grundlegenden Anforderungen an die Marktleistung der herausragende und unabdingbare Inhalt eines Leitbildes. Alles Weitere wird daraus abgeleitet. Das Unternehmungsleitbild wird damit zusammen mit der Vision zum Fixstern am Horizont – der eine Sogwirkung für die gesamte Unternehmung ausübt (Baldegger, 2007, S. 183; Ulrich, 2001b, S. 275; von Oetinger, 2000, S. 224).
- **Funktionale Politiken** stellen unternehmungspolitische Vorgaben für die Funktionsbereiche dar. Sie weisen alle Merkmale unternehmungspolitischer Ziele auf. Beachtenswert ist, dass sie jeweils für den gesamten Funktionsbereich Gültigkeit haben. Funktionale Politiken werden für alle im Einzelfall wesentlichen Funktionsbereiche in unterschiedlichem Detaillierungsgrad, je nach den Bedürfnissen der Unternehmung – verfasst (Lynch, 2003; Schaufelbühl, 1999, S. 31). Zu den funktionalen Politiken, die praktisch in jeder Unternehmung, auch in kleinen und mittleren, fixiert werden, zählen die Marketingpolitik, die Finanzpolitik und die Personalpolitik.

Der Formulierung unternehmungspolitischer Ziele geht immer eine Analyse der Unternehmungsumwelt und der Unternehmung selbst voran. Bei der Vision und beim Unternehmungsleitbild wird die gesamte Umwelt und die gesamte Unternehmung zum Objekt der Analyse, allerdings in einem sehr groben Masse. Bei der Ausarbeitung funktionaler Politi-

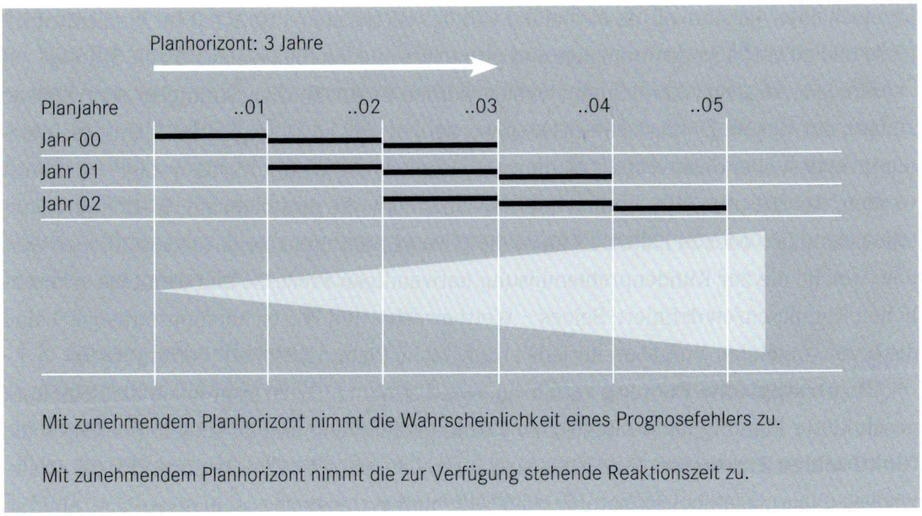

Abb. 20: Prinzip der rollenden operativen Planung

umfassen grössere und einmalige Aufgabenstellungen, die selten in dieses regelmässige zeitliche Raster passen. Man trennt deshalb **Projektplanungen** mit Vorteil von den periodischen Planungen ab.

6.4.4 Operative Führung

Die **operative Führung** ist die tiefste Managementstufe. Ihre Aufgabe ist die direkte Lenkung der Wertschöpfungsprozesse, der ausführenden oder operativen Systeme. Hier werden die unmittelbar zu realisierenden Entscheidungen getroffen, die Aktivitäten auslösen.

6

6.5 Managementsystem der Unternehmung

Das **Managementsystem** der Unternehmung hat zum Zweck, alle in der Unternehmung ablaufenden Wertschöpfungsprozesse zu lenken. Dazu muss das Managementsystem Soll-Werte generieren, die so konkret, so fein, so unmittelbar umsetzbar sind, dass damit Wertschöpfungsprozesse gelenkt werden können. Das Managementsystem muss deshalb so strukturiert sein, dass die Komplexität des Problems Unternehmungsführung bewältigt werden kann. Das Problem Unternehmungsführung muss, dem Ansatz des Systems Engineering folgend, in Teile gegliedert werden, die für sich lösbar sind. Das macht es in der Folge notwendig, die Lösungen der Teilprobleme zu einer Gesamtlösung zusammenzubauen. Das entspricht exakt dem «Vom Groben zu Detail ... und zurück» des Systems Engineering (vgl. Kapitel 1).

Um das Problem Unternehmungsführung in Teilprobleme gliedern zu können, bedarf es Kriterien, nach denen es gegliedert werden kann. Wir haben diese bereits kennen gelernt. Es sind die Funktionsbereiche (vgl. Kapitel 6.2) und die Managementstufen (vgl. Kapitel 6.4).

Die Struktur der Zielbildung über die **Managementstufen** hinweg erzwingt zunächst grundsätzliche Entscheide im Rahmen der Unternehmungspolitik. Diese Entscheide sind allerdings so wenig konkret, dass damit keine Wertschöpfungsprozesse gelenkt werden können. Sie müssen also verfeinert werden, was von jeder Managementstufe zur nächsten geschieht, bis schlussendlich die operative Führung Soll-Werte formuliert, welche im Wertschöpfungssystem Prozesse auslösen.

Die **Funktionsbereiche** bilden die zweite Dimension des Managementsystems. Damit wird die notwendige Aufgabenorientierung sichergestellt. Das darf allerdings nicht so verstanden werden, dass die Struktur des Managementsystems die organisatorischen Strukturen präjudiziert. Grundsätzlich besteht hier kein Zusammenhang.

Das Managementsystem wird in der Horizontalen aus den Managementstufen, in der Vertikalen aus den Funktionsbereichen gebildet. Die Funktionsbereiche erstrecken sich über alle Managementstufen hinweg, beginnend mit den funktionalen Politiken und endend mit den funktionalen Soll-Werten, welche von der operativen Führung generiert werden und Vorgabe für das Wertschöpfungssystem sind.

Es sind zwei Bereiche, wo die funktionale Sicht nicht gegeben ist, zum Ersten im Falle der Vision und des Leitbildes, welche als Elemente der Unternehmungspolitik die obersten Ziele der Unternehmung darstellen. Und es sind zum Zweiten die strategischen Planungseinheiten, zusammengesetzt aus Branchen und strategischen Geschäftsfeldern, die Element der strategischen Planung sind (vgl. Abbildung 21).

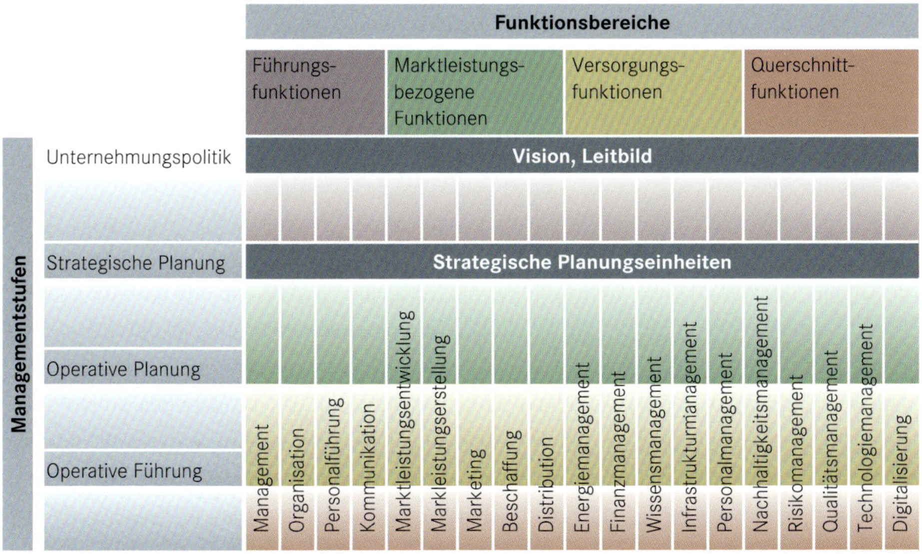

Abb. 21: Managementsystem der Unternehmung

Die **Zielbildung in den Funktionsbereichen** läuft für alle strukturell gleich ab. Sie setzt mit den funktionalen Politiken ein. Sie beinhalten die grundsätzlichen, obersten und originären Entscheide für einen Funktionsbereich. Funktionale Strategien bewegen sich im Rahmen der zugehörigen funktionalen Politik. Als weiterer Input kommen die Zielsetzungen der strategischen Planungseinheiten hinzu. Im Wesentlichen sind das die Wettbewerbsstrategien, formuliert für die einzelnen strategischen Planungseinheiten. Die operative Planung und die operative Führung konkretisieren und detaillieren die Ziele der funktionalen Strategien. Ein Beispiel für den Zielbildungsprozess: Die Personalpolitik ist die Vorgabe für die Personalstrategie, diese wiederum für die Personalplanung. Die erstellten Pläne werden dann durch die operative Führung im Personalmanagement realisiert. Diese Struktur gilt, wie gesagt, für alle Funktionsbereiche. So kann man statt «Personal» «Marketing» setzen. Die Struktur bleibt unverändert, die Inhalte sind selbstverständlich andere: Marketingpolitik, Marketingstrategie, Marketingplan, Marketing-Soll-Wert (vgl. Abbildung 22).

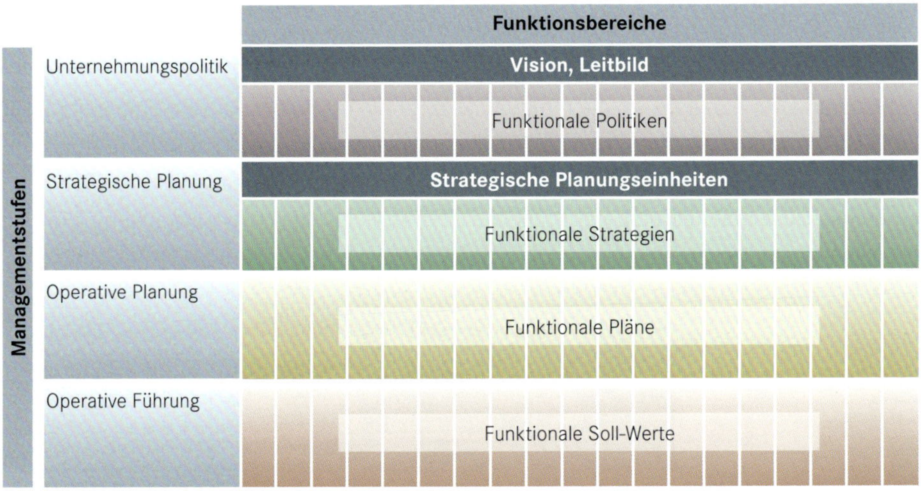

Abb. 22: Zielbildung in den Funktionsbereichen

Die Gliederung des Managementsystems nach Managementstufen und Funktionsbereichen ist zum einen sinnvoll, um die anfallende Komplexität in den Griff zu bekommen. Zum anderen erleichtert sie ein ganzheitliches Denken, und zwar in dem Sinne, dass man bei allen Entscheidungen und zu lösenden Problemen weiss, auf welche Managementstufe und in welchen Funktionsbereich sie gehören. Damit kann alles im Managementsystem eingeordnet werden: Geschehnisse, Probleme und Entscheidungen. Bei letzteren ist klar, welches die zu beachtenden Vorgaben von übergeordneten Managementstufen sind, für welchen Bereich die getroffenen Entscheide als Zielsetzungen gelten, welche Funktionsbereiche auf der gleichen Managementstufe betroffen und welche Entscheide anderer Funktionsbereiche auf der gleichen Managementstufe zu berücksichtigen sind.

Aus Obigen geht schon hervor, dass die Gliederung des Problems Unternehmungsführung in Teilprobleme, wie sie im Managementsystem vorgenommen ist, es notwendig macht, die Teilproblemlösungen zu einer Gesamtlösung zusammenzuführen.

Die Vorgaben der einzelnen Managementstufen müssen aufeinander abgestimmt werden. Wir nennen dies die **vertikale Integration**. Sie geschieht, indem die Zielsetzungen der einzelnen Funktionsbereiche über alle Managementstufen hinweg integriert werden. Konkret heisst dies, dass keine Zielsetzung einer nachgeordneten Managementstufe derjenigen einer übergeordneten widersprechen darf. Funktionale Politiken bilden die Soll-Werte für die funktionalen Strategien, diese wiederum für die operative Planung und diese für die operative Führung. Damit bilden die Funktionsbereiche die Klammern, welche die Managementstufen zusammenhalten.

Zudem müssen die Zielsetzungen der verschiedenen Funktionsbereiche auf der gleichen Managementstufe harmonisiert werden. Das heisst, alle funktionalen Politiken, alle funktionalen Strategien, alle funktionalen Pläne und alle funktionalen Soll-Werte müssen aufeinander abgestimmt sein. Die **horizontale Integration** sorgt für die Konsistenz der Zielsetzungen der Funktionsbereiche auf der gleichen Managementstufe.

6.6 Wertschöpfungssystem

Es wurde im Obigen mehrmals, aber fast beiläufig erwähnt: das **Wertschöpfungssystem** der Unternehmung. Das wird seiner Bedeutung natürlich nicht gerecht, ist es doch das Wertschöpfungssystem, in dem die Wertschöpfungsprozesse ablaufen und das letztlich die Marktleistungen erstellt und Ansprüche der Anspruchsgruppen befriedigt, Werte schafft und damit die Zwecksetzung der Unternehmung verwirklicht (vgl. dazu auch Stöger, 2018).

Dem Managementsystem in seiner Gesamtheit obliegt es, das Wertschöpfungssystem zu gestalten und zu lenken. Grundprinzipien der Gestaltung von Wertschöpfungsprozessen sind:

- «ganzheitliche Betrachtung von Prozessen,
- Orientierung am externen und internen Kunden,
- Lernen von den Besten,
- Reduktion von Komplexität,
- Vermeidung von Verschwendung,
- Beachtung des Faktors Zeit,
- kontinuierliche Verbesserungsprozesse,
- bereichsübergreifende Nutzung des im Unternehmen vorhandenen Wissens sowie
- Schaffung von zusätzlichem Unternehmenswert» (Albach, Kaluza & Kersten, 2002, S. 3).

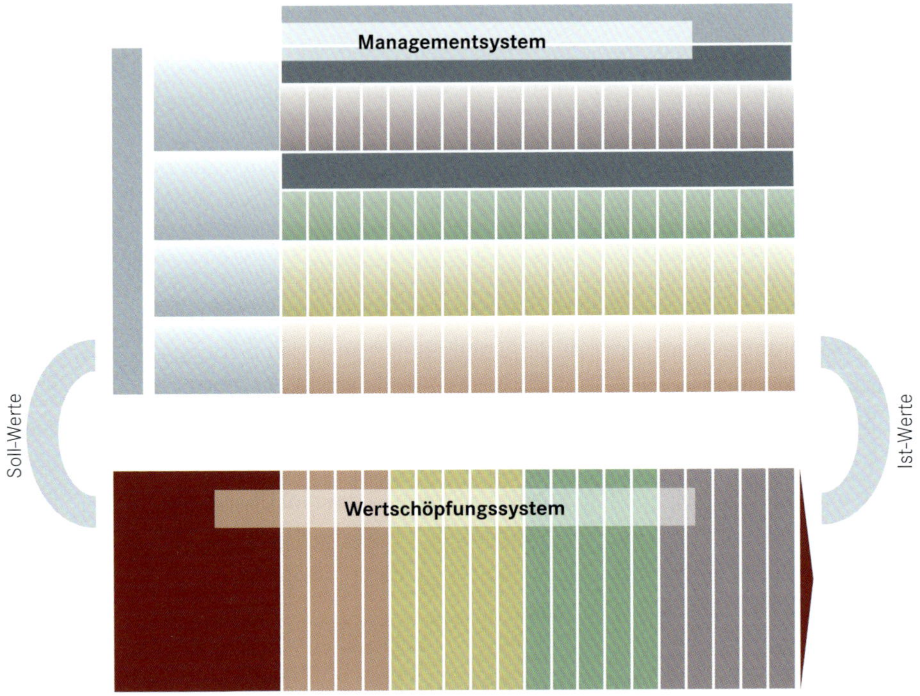

Abb. 23: Wertschöpfungssystem und Managementsystem der Unternehmung

Die Annahme, dass nur die marktleistungsbezogenen, die Versorgungs- und die Querschnittfunktionen das Wertschöpfungssystem ausmachen, ist irrig. Auch die Führungsfunktionen umfassen Wertschöpfungsprozesse. Nicht alles, was in den Führungsfunktionen getan wird, ist Führungsarbeit. Es müssen auch Aktivitäten wahrgenommen werden, die ausführenden Charakter haben. So müssen zum Beispiel Pläne durchgerechnet, Organigramme gezeichnet und Stellenanforderungen festgehalten werden.

Die Grundlage der Wertschöpfungsprozesse bilden Kompetenzen. Eine solche «besteht nicht in einer Einzelfähigkeit oder Einzeltechnologie, sondern in einem Bündel von Fähigkeiten und Technologien» (Hamel & Prahalad, 1995, S. 307). Zu ihnen gesellt sich mit dem «Wissen» ein Wertschöpfungsfaktor, dessen Relevanz für den Unternehmungserfolg ständig zunimmt. Bevor also Wertschöpfungsprozesse gestaltet und implementiert werden können, müssen die erforderlichen Kompetenzen vorhanden sein. Da Wertschöpfungsprozesse mit der Zeit angepasst werden müssen, einer ständigen Verbesserung unterworfen sind, ist das Management der Kompetenzen eine kaum zu überschätzende Aufgabenstellung.

6.7 Zusammenfassung

Das **Modell der Unternehmungsführung** kann zusammenfassend wie folgt beschrieben werden:

- Grundlegend für das Verständnis eines ganzheitlichen Managements ist die Erkenntnis, dass Strategie (Ziele), Struktur, Prozess und Kultur vollkommen zusammenpassen müssen. Die Vernachlässigung auch nur eines Faktors kann zu Missständen und Fehlentwicklungen führen.
- Metafunktionen, Funktionsbereiche, Funktionen, Teilfunktionen und schliesslich Aktivitäten eröffnen den Zugang zu den Aufgaben, die im Rahmen der Unternehmungsführung und der Wertschöpfung anfallen. Dabei haben wir festgehalten, dass Funktionsbereiche eine Menge gleichartiger Aufgaben darstellen, die sich beliebig fein aufteilen lassen, bis Teilfunktionen oder Aktivitäten resultieren, deren weitere Gliederung keinen Sinn mehr macht. Verknüpft man Aktivitäten miteinander, bringt man sie in eine sinnvolle Abfolge, entstehen Prozesse.
- Die Metafunktion der Führung umfasst die Funktionsbereiche Management, Organisation, Personalführung und Kommunikation. Dem Management ist es übertragen, Ziele zu generieren, die Frage nach dem Was zu beantworten. Organisation hat im Kern zwei Funktionen, nämlich Prozesse strukturieren und Lenkungsstrukturen gestalten. Mit den Prozessstrukturen wird festgelegt, wie die Ziele realisiert werden sollen. Die Lenkungsstrukturen dienen der Koordination der wahrgenommenen Aktivitäten. Die Personalführung schliesslich umschliesst alle Aufgaben, welche eine vorgesetzte Stelle hinsichtlich der Führung ihrer Mitarbeitenden auszufüllen hat. Kommunikation dient der Information im Internen wie im Externen.
- Die Unterscheidung von Managementstufen – Unternehmungspolitik, strategische und operative Planung sowie operative Führung – hat zum Zweck, die Komplexität der Unternehmungsführung in den Griff zu bekommen, indem die Probleme nach dem Prinzip «Vom Groben ins Detail und zurück» angegangen werden.
- Das Managementsystem der Unternehmung bildet den Kern des Modells des Integralen Managements. Es teilt Unternehmungsführung nach zwei Kriterien in Teilprobleme, nach Funktionsbereichen und Managementstufen. Damit ist ein Ordnungsraster gegeben, das ganzheitliches Denken fördert, indem man sich der Strukturen und der Zusammenhänge bewusst ist.
- Das Wertschöpfungssystem umschliesst sämtliche Aktivitäten, welche die Erstellung und Abgabe der Marktleistungen sowie die Befriedigung der Ansprüche der Anspruchsträger zum Zweck haben. Die Basis von Wertschöpfungsprozessen bilden Kompetenzen, das heisst Fähigkeiten, Fertigkeiten und Wissen.

7 Literaturverzeichnis

Albach, H., Kaluza, B. & Kersten, W. (Hrsg.) (2002). *Kernkompetenz Wertschöpfungsmanagement – Horst Wildemann zum 60. Geburtstag.* In: Albach, H., Kaluza, B. & Kersten, W. (Hrsg.), *Wertschöpfungsmanagement als Kernkompetenz.* Wiesbaden: Gabler.

Ansoff, H. I. (1984). *Implanting Strategic Management.* London: Prentice-Hall International.

Ashby, W. R. (1974). *Einführung in die Kybernetik.* Frankfurt am Main: Suhrkamp Taschenbuch Wissenschaft.

Baldegger, R.J. (2007). *Management. Strategie – Struktur – Kultur.* Fribourg, Bern, Zürich, New York: Growth Publisher.

Bea, F. X. & Haas, J. (2017). *Strategisches Management* (9. Aufl.). Konstanz, München: UVK.

Becker, J., Kugeler, M. & Rosemann, M. (Hrsg.) (2012). *Prozessmanagement. Ein Leitfaden zur prozessorientierten Organisationsgestaltung* (7. Aufl.). Wiesbaden: Springer Gabler.

Beer, S. (1981). *Brain of the Firm* (2nd Ed.). Chichester, New York, Brisbane, Toronto: John Wiley & Sons.

Bleicher, K. (1991). *Organisation: Strategien – Strukturen – Kulturen* (2. Aufl.). Wiesbaden: Gabler.

Bleicher, K. & Abegglen, Chr. (2017). *Das Konzept. Integriertes Management* (8. Aufl.). Frankfurt am Main: Campus.

Bullinger, H.-J. & Lott, C.-U. (1997). *Target Management: Unternehmen zielorientiert gestalten und ergebnisorientiert führen.* Frankfurt am Main, New York: Campus.

Capaul, R. & Steingruber, D. (2013). *Betriebswirtschaftslehre verstehen. Das St. Galler Management-Modell* (2. Aufl.). Oberentfelden: Sauerländer.

Capra, F. (1983). *Wendezeit. Bausteine für ein neues Weltbild* (6. Aufl.). Bern, München, Wien: Scherz.

Davenport, Th. H. (1993). *Process Innovation: Reengineering Work through Information Technology.* Boston, Mass: Harvard Businees School Press.

Drucker, P. F. (2002). *Management als gesellschaftliche Funktion und als Geisteswissenschaft.* In: Drucker, P. F., *Was ist Management? Das Beste aus 50 Jahren* (S. 19–30). München: Econ.

French, W. L. & Bell, C. H. (1994). *Organisationsentwicklung* (4. Aufl.). Bern, Stuttgart, Wien: Paul Haupt.

Gomez, P. (1993). *Wertmanagement: Vernetzte Strategien für Unternehmen im Wandel.* Düsseldorf, Wien, New York, Moskau: Econ.

Haberfellner, R., de Weck, O., Fricke, E. & Vossner, S. (2018). *Systems Engineering* (14. Aufl.). Zürich: Orell Füssli Verlag.

Hahn, D. (2006). *Strategische Unternehmungsführung – Grundkonzept.* In: Hahn, D. & Taylor, B. (Hrsg.): *Strategische Unternehmungsplanung. Strategische Unternehmungsführung. Stand und Entwicklungstendenzen* (9. Aufl.), S. 29–50. Heidelberg: Physika-Verlag.

Hamel, G. & Prahalad, G. K. (1995). *Wettlauf um die Zukunft. Wie Sie mit bahnbrechenden Strategien die Kontrolle über Ihre Branche gewinnen und die Märkte von morgen schaffen.* Wien: Wirtschaftsverl. Ueberreuter.

Horváth, P. & Gleich, R. (Hrsg.) (2003). *Neugestaltung der Unternehmensplanung. Innovative Konzepte und erfolgreiche Praxislösungen.* Stuttgart: Schäffer-Poeschel.

Kaplan, R. S. & Norton, D. P. (2004). *Strategy Maps: der Weg von immateriellen Werten zum materiellen Erfolg.* Stuttgart: Schaffer-Poeschel.

Kreilkamp, E. (1987). *Strategisches Management und Marketing. Markt- und Wettbewerbsanalyse, strategische Frühaufklärung, Portfolio-Management.* Berlin, New York: de Gruyter.

Krüger, W. & Homp, Chr. (1997). *Kernkompetenz-Management. Steigerung von Flexibilität und Schlagkraft im Wettbewerb.* Wiesbaden: Gabler.

Lorenz, K. (1973). *Die Rückseite des Spiegels. Versuch einer Naturgeschichte menschlichen Erkennens*, München: Piper.

Lynch, R. (2003). *Corporate Strategy* (3d Ed.). Harlow: Prentice Hall.

Malik, F. (2009). *Systemisches Management, Evolution, Selbstorganisation. Grundprobleme, Funktionsmechanismen und Lösungsansätze für komplexe Systeme* (5. Aufl.). Bern, Stuttgart, Wien: Paul Haupt.

Müller-Stewens, G. & Lechner, Chr. (2016). *Strategisches Management. Wie strategische Initiativen zum Wandel führen* (5. Aufl.). Stuttgart: Schaffer-Poeschel.

Nagel, R. (2014). *Lust auf Strategie. Workbook zur systemischen Strategieentwicklung* (3. Aufl.). Stuttgart: Klett-Cotta.

von Oetinger, B. (2000). *Braucht ein Industriebetrieb Visionen?* In: von Oetinger, B., *Das Boston Consulting Group Strategie-Buch* (7. Aufl.). Düsseldorf: Econ.

Osterloh, M. & Frost, J. (2006). *Prozessmanagement als Kernkompetenz. Wie Sie Business Reengineering strategisch nutzen können* (5. Aufl.). Wiesbaden: Gabler.

Popper, K. R. (1984). *Objektive Erkenntnis: ein evolutionärer Entwurf* (4. Aufl.). Hamburg: Hoffmann und Campe.

Porter, M. E. (1998). *What is Strategy?* In: Porter, M. E., *On Competition* (S. 39–73). Boston, MA: Harvard Business School Press.

Porter, M. E. (2014). *Wettbewerbsvorteile: Spitzenleistungen erreichen und behaupten* (8. Aufl.). Frankfurt am Main: Campus.

Porter, M.E. & Kramer, M.R. (2006). *Corporate Social Responsability.* Harvard Business Manager, November 2006, S. 16–34.

Porter, M. E. (2013). *Wettbewerbsstrategie. Methoden zur Analyse von Branchen und Konkurrenten* (12. Aufl.). Frankfurt am Main, New York: Campus.

Porter, M.E. & Kramer, M.R. (2006). *Strategy and Society. The Link between Competitive Advantage and Corporate. Harvard Business Social Responsibility.* Harvard Business Review. December 2006. S. 78–92.

Rachlin, R. (2001). *Praxishandbuch Budgetplanung. Grundlagen und Instrumente für erfolgreiches Finanzmanagement.* Frankfurt am Main, New York: Campus.

Rappaport, A. (1998). *Shareholder Value. Wertsteigerung als Massstab für die Unternehmungsführung* (2. Aufl.). Stuttgart: Schäffer-Poeschel.

Rappaport, A. (2006). *Die zehn Gebote des Shareholder Value.* Harvard Business Manager, November 2006, S. 24–41.

Rieg, R. (2015). *Planung und Budgetierung. Was wirklich funktioniert.* (2. Aufl.). Wiesbaden: Gabler.

Rüegg-Stürm, J. (2002). *Das neue St. Galler Management-Modell. Grundkategorien einer integrierten Managementlehre. Der HSG-Ansatz* (2. Aufl.). Bern, Stuttgart, Wien: Haupt.

Rüegg-Stürm, J. & Grand, S. (2019). *Das St. Galler Management-Modell. Management in einer komplexen Welt.* Bern: Paul Haupt.

Schaufelbühl, K. (1999). *Integrales Management. Ein Ordnungsrahmen für zeitgemässes Management* (3. Aufl.). Aarau: Sauerländer.

Schein, E. H. (1995). *Unternehmenskultur. Ein Handbuch für Führungskräfte.* Frankfurt am Main, New York: Campus.

Schmelzer, H. J. & Sesselmann, W. (2013). *Geschäftsprozessmanagement in der Praxis. Kunden zufriedenstellen. Produktivität steigern. Wert erhöhen* (8. Aufl.). München: Hanser.

Schwaninger, M. (2004). *Was ist ein Modell?* In: Dubs, R., Euler, D., Rüegg-Stürm, J. & Wyss, Chr. E. (Hrsg.). *Einführung in die Managementlehre* (S. 53–62). Bern: Haupt.

Stöger, R. (2018). *Prozessmanagement. Kundennutzen, Produktivität, Agilität* (4. Aufl.). Stuttgart: Schaffer-Poeschel.

7

Straub, Th. (2015). *Einführung in die Allgemeine Betriebswirtschaftslehre* (2. Aufl.). Hallbergmoos: Pearson Deutschland.

Ritz, A. & Thom, N. (2020). *Public Management. Erfolgreiche Steuerung öffentlicher Organisationen* (6. Aufl.). Wiesbaden: Springer Gabler.

Thommen, J.-P., Achleitner, A.-K., Gilbert, D. U., Hachmeister, D. & Kaiser, G. (2016). *Allgemeine Betriebswirtschaftslehre: Umfassende Einführung aus managementorientierter Sicht* (8. Aufl.). Wiesbaden: Springer Gabler.

Ulrich, H. & Krieg, W. (2001). *Das St. Galler Management-Modell.* In: Ulrich, H., *Gesammelte Schriften 2. Das St. Galler Management-Modell* (S. 9–55). Bern: Paul Haupt.

Ulrich, H. (2001a). *Die Unternehmung als produktives soziales System.* In: Ulrich, H., *Gesammelte Schriften 1. Die Unternehmung als produktives soziales System* (1–443). Bern: Paul Haupt.

Ulrich, H. (2001b). *Unternehmungspolitik.* In: Ulrich, H., *Gesammelte Schriften 2. Das St. Galler Management-Modell* (S. 171–460). Bern: Paul Haupt.

Ulrich, H. (2001c). *Systemorientiertes Denken und Management.* In: Ulrich, H., *Gesammelte Schriften 4. Management: Aufsätze 1970–1981* (S. 115–128). Bern: Paul Haupt.

Ulrich, H. (2001d). *Die Unternehmung als produktives soziales System.* In: Ulrich, H., *Gesammelte Schriften 4. Management: Aufsätze 1970–1981* (S. 11–20). Bern: Paul Haupt.

Wöhe, G., Döring, U. & Brösel, G. (2016). *Einführung in die Allgemeine Betriebswirtschaftslehre* (26. Aufl.). München: Vahlen.

Wannenwetsch, H. (2010). *Integrierte Materialwirtschaft und Logistik. Beschaffung, Logistik, Materialwirtschaft und Produktion* (4. Aufl.). Berlin, Heidelberg: Springer.

7

Marketing C1

Veronika Bellone

Weiterführende Texte, Übungsaufgaben
und Lernkontrollen finden Sie unter
www.bwl-online.ch

1 Grundlagen des Marketing

1.1 Marketing und das Primat des Marketing

Marketing stellt die Brücke dar zwischen der anbietenden Unternehmung und dem Markt. Marketing ist aber auch eine unternehmerische Denkart. Es umschreibt jene Unternehmerhaltung, bei welcher man sich primär marktgerichtet und marktgerecht verhält.

Das Bild der Brücke ist Symbol für den Austausch: Marktleistungen, Geld, Informationen, Angebote und Präsentationen passieren die Brücke von der Unternehmung Richtung Markt. Im Gegenzug fliesst vom Markt zur Unternehmung Geld und Information zurück. Diese Information muss in jedem Fall gründlich analysiert werden. So wäre es zu einfach, zum Beispiel Umsatzrückgänge einzig mit der schlechten Konjunktur zu begründen. Kaufentscheidungen werden sehr differenziert gefällt und sind von vielerlei Umständen und auch Zufälligkeiten beeinflusst – der unfreundliche Service, die unpraktische Verpackung, das aufwändige Bestellritual, die Baustelle vor dem Ladengeschäft, die fehlenden Parkmöglichkeiten und vieles andere mehr. Marketing bewegt sich in einem komplexen Umfeld. Kommt hinzu, dass Konsumentinnen und Konsumenten heute sehr viel besser informiert sind, ihre Konsumentscheidungen überlegt treffen und auch, dass eine Vielzahl von Institutionen die Interessen der Verbraucher wahren. Alles Umstände, die die Beziehung zum Markt, zu den Konsumentinnen und Konsumenten nicht eben einfacher, dafür als Aufgabenstellung umso bedeutender und anspruchsvoller machen.

Markt- oder Kundenorientierung sind das Fundament für den Unternehmungserfolg. Der Managementprozess oder die Führung der Unternehmung beginnt mit der Frage nach den zu befriedigenden Kundenbedürfnissen. Antworten darauf finden sich, sehr allgemein formuliert, schon im Unternehmungsleitbild. Kundenbedürfnisse sind auch Ausgangspunkt für die Definition der Kernkompetenzen der Unternehmung. Die optimale Befriedigung von Kundenbedürfnissen schafft das Fundament für Wettbewerbsvorteile und damit auch für den Unternehmungserfolg. Im Rahmen des Modells des Integralen Managements ist das Marketing zwar ein Funktionsbereich wie jeder andere auch, es kommt ihm aber durch die ihm eigene Markt- und Kundenorientierung eine im wörtlichen Sinne herausragende Bedeutung zu, weil es Ausgangspunkt aller unternehmerischen Entscheidungen ist.

1.2 Orientierungen im Marketing

Nach dem Zweiten Weltkrieg, als die Nachfrage jedes Angebot überstieg, als zuerst produziert und im Anschluss ein Käufer für das Hergestellte gesucht und auch gefunden wurde, spielte Marketing eine untergeordnete Rolle. Oft wurde dabei Marketing auf Werbung reduziert, wobei der Werbung vor allem die Bedeutung der Information über das Leistungsangebot zukam. Ob es sich bei den Gütern um solche des täglichen Bedarfs handelte oder um solche für den längerfristigen Gebrauch wie Autos oder Haushaltgeräte, der Markt war prinzipiell offen, die Nachfrage gross und die Konzentration auf die Herstellung von Produkten und deren Verbesserung nachvollziehbar.

Mit dem Erdölschock von 1973 begannen sich die Verkäufer- zu Käufermärkten zu wandeln, in denen die Verhandlungsmacht bei den Käufern liegt. Die bisherige **Produktionsorientierung** wurde durch **Markt-** oder **Kundenorientierung** abgelöst. Kundinnen und Kunden, ihre Bedürfnisse und Probleme, rückten ins Zentrum (Kotler, Armstrong, Harris & Piercy, 2019, S. 49–52). Marketing gewann enorm an Bedeutung und unterliegt einem stetigen Wandel durch das digitale Zeitalter. Abbildung 1 zeigt die Auswirkungen, welche dieser Wandel mit sich brachte.

Produktionsorientierung			
Ausgangspunkt	*Hauptaugenmerk*	*Mittel*	*Ziel*
bestehende Produktion	existierende Marktleistungen	Werbung, Verkaufsaktionen	Gewinn durch hohen Umsatz
Markt- oder Kundenorientierung			
Ausgangspunkt	*Hauptaugenmerk*	*Mittel*	*Ziel*
Märkte	tatsächliche Bedürfnisse der Kundschaft	integriertes Marketing	Langfristige Gewinnerwartung durch nachhaltiges Zufriedenstellen der Kunden
Marktorientierung im Digitalen Zeitalter			
Ausgangspunkt	*Hauptaugenmerk*	*Mittel*	*Ziel*
Märkte	Beziehungsaufbau mit Kunden, Mitarbeitenden, Komplementärpartnern	Flexible Wertschöpfungsnetzwerke	Langfristige Gewinnerwartung durch überlegene Produkte, starke Marken und/oder überzeugendes Kundenmanagement

Abb. 1: Produktions- und Marktorientierung (in Anlehnung an: Kotler, Armstrong, Harris & Piercy, 2019, S. 51 und de Swann Arons, 2014)

Marketing bewegt sich heute in einem Spannungsfeld von Kunden- und Konkurrenzorientierung. Da ist zum Ersten das Verhältnis zwischen Unternehmung und Kunden. Die Unternehmung bemüht sich, ihren Kunden maximalen Nutzen zu stiften. Und da ist zum Zweiten das Verhältnis zwischen Unternehmung und Konkurrenten. Unternehmungen bemühen sich um Wettbewerbsvorteile, versuchen, besser zu sein als die anderen. Noch anspruchsvoller wird es, wenn zwischen Unternehmung und Kunden der Handel seine vermittelnde Funktion übernimmt. Die Unternehmung muss in diesem Fall auch dem Handel Nutzen erbringen – meist über attraktive Margen und die Unterstützung bei der Vermarktung der Güter. Die Unternehmung – wie ihre Konkurrenz auch – sind auf die Partnerschaft mit dem Offline- wie Online-Handel angewiesen. Sie konkurrieren deshalb miteinander um gute Beziehungen zum Handel (Rieser, 1990, S. 175, siehe Abbildung 2).

Dieses Spannungsfeld umfasst zwei Themen von herausragender Bedeutung: die Positionierung und die Differenzierung. Positionieren muss sich die Unternehmung in den Augen des Kunden, sie muss eine möglichst unverwechselbare und einzigartige Stellung einnehmen. Dies kann sie über die Qualität und die besonderen Eigenschaften der Marktleistungen oder über den Preis erreichen. Im Grunde genommen ist beides nicht voneinander zu trennen, denn der Nutzen einer Marktleistung liegt in ihrem Preis/Leistungs-Verhältnis. Das Schaffen einer solchen möglichst einzigartigen Position nennt sich **Positionierung** (Homburg, 2017, S. 509).

Die **Differenzierung** beschreibt das Verhältnis der Unternehmung zu ihren Konkurrenten. Sie zeigt, welche Wettbewerbsvorteile die Unternehmung hat und wodurch sie sich von ihrer Konkurrenz unterscheidet. Grundsätzlich geschieht dies durch den Nutzen, den die Unternehmung ihren Kundinnen und Kunden bringt. Damit sind wir wieder bei der Positionierung, denn letztlich hebt sich eine Unternehmung von ihren Konkurrenten durch die Art und Weise sowie das Ausmass der Nutzenstiftung ab. Daraus ergeben sich Wettbewerbsvorteile, eine einzigartige Position und die Überlegenheit gegenüber der Konkurrenz.

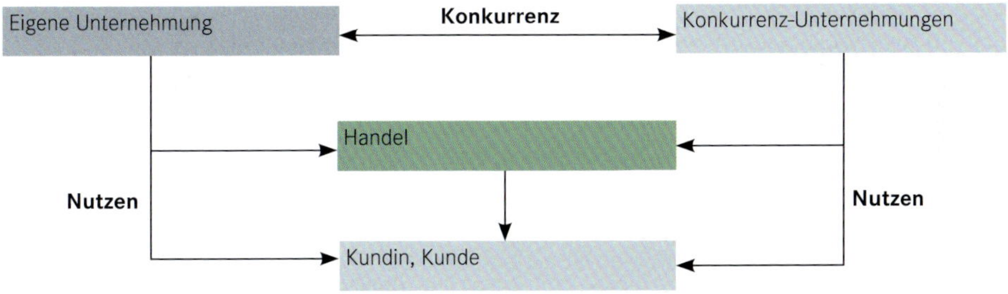

Abb. 2: Spannungsfeld des Marketing (in Anlehung an: Baum, Coenenberg & Günther, 2013, S. 33)

Positionierung und Differenzierung sind die beiden Seiten der gleichen Medaille. Fragt man sich, welche Seite den Vorrang bei der Ausgestaltung der Marketingaktivitäten haben soll, ist die Antwort klar. Wenn es gelingt, dem Kunden maximalen Nutzen zu bieten, dann ergeben sich daraus gleichsam automatisch Wettbewerbsvorteile. Legt man das Gewicht auf die Schaffung von Wettbewerbsvorteilen, so ergibt sich eine Überlegenheit gegenüber der Konkurrenz. Ob allerdings dem Kunden damit gedient ist, ist nicht garantiert.

Die oben angestellten Überlegungen schlagen sich alle in zeitgemässen Definitionen des Marketing nieder. Kernelement ist immer die Austauschbeziehung, die zum Nutzen aller

Beteiligten ausgestaltet werden soll. Als Marketing-Management bezeichnen wir die Analyse, die Planung, die Einführung und Durchführung und die Überwachung von Programmen, die dazu entworfen wurden, gegenseitig vorteilhafte Austauschbeziehungen mit Käuferzielgruppen zu schaffen, auszubauen und zu pflegen, mit dem übergeordneten Ziel, die Zielvorgaben der betreffenden Organisation zu erfüllen (Kotler, Keller & Opresnik, 2017, S. 5; siehe zu Definitionen des Begriffs des Marketing auch Busch, Dögl & Unger, 2001, S. 2).

Es wird also immer wichtiger, dass sich Anbieter in der Präsentation nach aussen nicht mehr nur über ihre Marktleistungen definieren. Es muss vielmehr die Lösung des Kundenproblems im Vordergrund stehen. Kunden müssen erkennen, welchen Nutzen sie mit dem Produkt oder der Dienstleistung einkaufen. Und dieser Nutzen muss für den Kunden von Bedeutung sein. Da stehen dann zum Beispiel nicht mehr die überragende Waschkraft eines Waschmittels an erster Stelle oder das längst überholte Profilierungsargument der sorgsamen Hausfrau, sondern die Zeitersparnis verkürzter Waschgänge oder das umweltschonende Waschen.

Um den wirklichen Kundennutzen zu erkennen, benötigt man Informationen darüber, wo sich der Kunde informiert, wo er sich in der Freizeit aufhält, welches Wertesystem für ihn von Bedeutung ist, welche Prioritäten er setzt, wo er sich loyal verhält und wo nicht und vieles mehr.

Für die Entwicklung optimaler Kundenbeziehungen braucht es nicht nur das Wissen um die Kundenbedürfnisse, sondern auch das Wissen um die Ansprüche der übrigen Anspruchsträger wie Mitarbeitenden, Lieferanten, Kapitalgeber Konkurrenten, des Staates sowie Institutionen (Verbände, Gewerkschaften, Arbeitgeberorganisationen). Erst ein ganzheitlicher Ansatz deckt auf, was im Hinblick auf den Kundennutzen effektiv verwirklicht werden kann. Können die Lieferanten die Forderungen nach einer Just-in-time-Lieferung überhaupt erfüllen, um kurze Produktionszeiten an die Kunden weiterzugeben und die eigenen Lagerkosten tief zu halten? Lässt sich mit den bestehenden Mitarbeitenden ein gewünschter Servicedienst aufbauen? Gäbe es Möglichkeiten, mit der Konkurrenz zusammenzuarbeiten, um zum Beispiel Synergien zu nutzen?

Hier liegen die zukünftigen Aufgaben des Marketing: Die Komplexität der Ansprüche erkennen, die Konsequenzen ziehen und konkrete Massnahmen in Gang setzen. Allzu häufig stellt man heute fest, dass Marketingmassnahmen herausgelöst aus dem Gesamtzusammenhang realisiert und die Auswirkungen zu wenig bedacht werden.

1.3 Teildisziplinen des Marketing

Marketing kennt üblicherweise vier **Teildisziplinen** (Busch, Dögl & Unger, 2001, S. 17):

- Das **Konsumgüter-Marketing** zeichnet sich dadurch aus, dass die Unternehmung einer anonymen Kundschaft gegenübersteht, mit der bislang gesamthaft kommuniziert wurde. Durch Segmentierung von Branchen und eine entsprechende Adaption des Angebotes auf die Branchensegmente wird das Konsumgüter-Marketing zunehmend individualisierter.

- Das **Investitionsgüter-Marketing** befasst sich mit den eigentlichen Investitionsgütern wie Maschinen, Infrastruktureinrichtungen, Immobilien und Immaterialgüterrechten. Der wesentliche Unterschied zum Konsumgüter-Marketing liegt darin, dass die Anzahl der Abnehmer klein ist. Sie sind den Anbietern meist sogar persönlich bekannt.
- **Dienstleistungs-Marketing** stellt eine weitere Teildisziplin dar. Versicherungen, Reisebüros, aber auch die Polizei sind typische Dienstleistungserbringer. Dienstleistungs-Marketing ist in seiner Struktur dem Konsumgüter-Marketing näher als dem Investitionsgüter-Marketing (siehe Kapitel 6).
- Beim **Non-Profit-Marketing** oder **Social Marketing** werden zwar vorwiegend Erkenntnisse aus dem Konsumgüter-Marketing angewandt, das Erzielen eines Gewinnes ist aber ein untergeordnetes Ziel. Beispiele sind Spitäler, Kirchen oder Verbände. Oft treten an die Stelle von käuflichen Marktleistungen Ideen, deren Verbreitung oder Anerkennung gefördert werden soll.

1.4 Abgrenzung von Marketing und strategischer Planung

Im Rahmen der strategischen Planung ist immer von Kundenbedürfnissen als Ausgangspunkt aller Überlegungen die Rede. Erst recht stehen sie im Marketing im Zentrum aller Anstrengungen. Die strategische Planung hat zwei Bezugspunkte: die strategischen Kompetenzeinheiten und die strategischen Planungseinheiten.

Die ersten bilden eine Einheit aus Kundenbedürfnissen und Kernkompetenzen, die zweiten sind eine Kombination von Branche und strategischem Geschäftsfeld (siehe Teil F1, Management). Mit «Branchen» beschreibt die strategische Planung Kundenbedürfnisse, Kundenprobleme und/oder Kundenmerkmale. Dies geschieht auf einem eher abstrakten Niveau, weil eine detailliertere Betrachtung gar nicht erforderlich ist. Das Marketing hingegen muss konkreter sein, vielleicht sogar die Branche in Branchensegmente aufteilen. Analog verhält es sich mit den strategischen Geschäftsfeldern. Sie definieren sich zwar im Rahmen der strategischen Planung als Marktleistungen, aber auch hier vielfach auf einem abstrakten Niveau, welches für das Marketing zu wenig konkret ist. So können zum Beispiel Kleinküchengeräte ein strategisches Geschäftsfeld darstellen. Das Marketing muss dies aber konkretisieren, nämlich beispielsweise nach Mixern, Kaffeemaschinen, Toastern und Eierkochern. Vielleicht ist sogar diese Einteilung zu grob und es müssen noch Arten von Mixern unterschieden werden.

Marketing befasst sich handfest mit exakt definierten Produkten oder Dienstleistungen. Marketingdenken dreht sich in der Regel um genau festgelegte Branchensegmente und Marktleistungen. In Abbildung 3 ist die Grenze zwischen strategischer Planung und

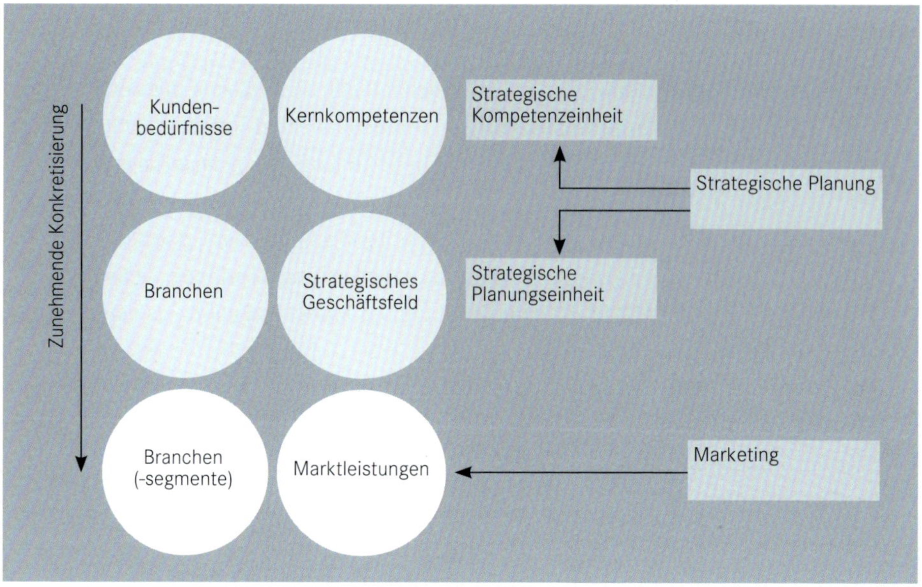

Abb. 3: Abgrenzung von strategischer Planung und Marketing

1

Marketing präziser gezogen, nämlich zwischen den strategischen Kompetenzeinheiten, den strategischen Planungseinheiten und dem Marketing.

Das Marketing selbst erstreckt sich wie alle Funktionsbereiche über alle Managementstufen. Es ist als Marketingpolitik Element der Unternehmungspolitik. Es ist als Marketingstrategie Element der strategischen Planung. Es ist als Marketingplanung Element der operativen Planung, und selbstverständlich ist es auch Element der operativen Führung. Kurz, es ist integraler Bestandteil des Managementsystems und der Wertschöpfungsprozesse.

1.5 Die vier P – eine umfassende Systematik

Wie kreiert man ein glaubwürdiges, abgestimmtes Angebot, das sich – wenn möglich – auch von anderen Angeboten im Markt differenziert? Authentizität ist für das Angebot ein Schlüsselfaktor. Eine Marktleistung – egal ob Produkt oder Dienstleistung – muss stimmig sein, das heisst, die Qualität, der Preis, die gesamte Kommunikation rund um das Angebot und letztendlich der Ort, wo es angeboten wird, müssen ein harmonisches Ganzes bilden. Sehr treffend wird das Ergebnis dieser Bemühungen als Marketing-Mix bezeichnet. Perreault und McCarthy (2002, S. 48) sprechen in diesem Zusammenhang von der Abstimmung der vier P. Die **vier P** stehen für:

- **Product** (Produkt): Unter diesem Titel wird alles zusammengefasst, was die Qualität und die Beschaffenheit der Marktleistung betrifft. Sinnvoll ist es, sich dabei Rechenschaft darüber abzulegen, welche Elemente der Marktleistung der – potenziellen –

Kundschaft welchen Nutzen bringen. Von herausragender Bedeutung ist auch die Entscheidung, ob die Marktleistung als Markenartikel angeboten werden soll.

- **Price** (Preis): Hier werden der Preis festgelegt, den die Kundschaft für die Marktleistung zu entrichten hat, und Rabatt- und Bonussysteme ausgestaltet, ebenso der Ansatz, nach welchem Preise fixiert und wie und auf welche Arten sie geändert werden.
- **Place** (Distribution): Hier wird festgehalten, wie die Distanz zum Endkonsumenten überbrückt werden soll, welches die Distributionskanäle sind und wie sie beschaffen sein sollen. Dazu gehören die Standortplanung, Lagerhaltung und Logistik.
- **Promotion** (Kommunikation, Werbung): Hier wird zum einen bestimmt, mit wem überhaupt kommuniziert wird und welches Medium für die Übertragung der Werbebotschaften geeignet ist. Zum anderen wird die Art und Weise der Kommunikation bezeichnet.

Mit den vier P hält man auch ein griffiges Set von Instrumenten in Händen, um das Angebot an den Kunden umfassend zu gestalten. Es ist deshalb nicht erstaunlich, dass die vier P ein durchgängiges Thema im Marketing darstellen. Sie tauchen auf allen Managementstufen auf, natürlich in unterschiedlichem Detaillierungsgrad.

Die Notwendigkeit der Harmonie zwischen den vier P lässt sich an einem Beispiel aufzeigen: Wenn die Bedürfnisse eines Kunden beim Kauf einer luxuriösen Uhr sowohl in der Erwartung von Zuverlässigkeit und Qualität liegen als auch in einer nicht offen geäusserten Aufwertung des persönlichen Images, dann unterstützt der hohe Preis die Güte des Produktes. Garantieversprechen machen eine Aussage zur Qualität des Produktes und zum Standing des Herstellers. Der Distributionskanal – beispielsweise ein autorisierter Fachhändler – unterstreicht die Exklusivität des hochwertigen Produktes. Dieser kann auch mit überragenden Produktkenntnissen aufwarten. Eine stilvolle Werbung in ausgesuchten, auf die Zielgruppe abgestimmten Medien trägt dazu bei, dass sich der Kunde in seiner Wahl bestätigt sieht. Wird nur ein Merkmal des Marketing-Mix verändert, hat das Auswirkungen auf die Akzeptanz beim Kunden und auf die Glaubwürdigkeit der Marktleistung. Würde diese hochpreisige, luxuriöse Uhr intensiv über Kaufhausketten, Fachhändler, Internet und Direktversand distribuiert, so würde das Bedürfnis des Kunden nach Exklusivität und Prestige nicht befriedigt.

Was man mit dem Einsatz der Instrumente alles bewirken kann, wird in den späteren Kapiteln zu den vier P aufgezeigt werden. In Abbildung 4 soll zunächst die Bandbreite skizziert werden, die die einzelnen Instrumente aufweisen, denn jedes P setzt sich aus verschiedenen Kriterien zusammen, die miteinander kombiniert werden können. So spricht man auch vom **Produkt-Mix**, vom **Preis-Mix**, vom **Distributions-Mix** und vom **Kommunikations-Mix**. Auch die Gesamtheit dieser Mixes muss in sich stimmig sein, darf keine sich widersprechenden Elemente enthalten. Innerhalb der einzelnen Marketing-Instrumente hingegen besteht grosser Handlungsspielraum. Es gibt schnell veränderbare Elemente – zum Beispiel Preisnachlässe – und solche, deren Anpassung wesentlich mehr Zeit in Anspruch nimmt – zum Beispiel die Umstrukturierung eines Vertriebssystems. Die Auswirkungen von Änderungen des Marketing-Mix sind immer von so grosser Tragweite, dass der Einsatz der Instrumente sorgfältig und detailliert überlegt werden muss (Kotler, Armstrong, Harris & Piercy, 2019, S. 329).

Product (Produkt-Mix)	**Price** (Preis-Mix)	**Place** (Distributions-Mix)	**Promotion** (Kommunikations-Mix, Werbung)
- Qualität - Design - Produktvarianten - Garantieleistungen - Markenname - Verpackung - Angebotsmenge - Kundendienst, Extraservices	- Listenpreis - Rabatte und Preisnachlässe - Zahlungskonditionen - Kundenkredite	- Distributionskanäle, Vertriebspartner - Marktabdeckung, Verteildichte - Bezugsquellen und deren Standorte - Lagerhaltung - Transport und Transportlogistik	- Werbung - Verkaufsförderung - Aussendienst - Persönlicher Verkauf - Public Relations oder Öffentlichkeitsarbeit

Abb. 4: Marketing-Mix

1

1.6 Branchensegmentierung

Marketing muss spätestens im operativen Management ganz konkrete Entscheidungen treffen und Ziele festlegen. Das erfordert sehr gute Kenntnisse des Marktes, der Einflussfaktoren, die darin wirken, und nicht zuletzt der Kundinnen und Kunden. Je transparenter die Marktsituation für die Unternehmung ist, desto eher lassen sich auch Ziele und Strategien zur Zielerreichung bestimmen.

Wie bereits erwähnt, ist die Definition der Branchen in der strategischen Planung vielfach zu grob. Im Rahmen des Marketing muss eine Konkretisierung erfolgen, das heisst eine Aufteilung nach Branchensegmenten. Dieser Aufteilungsprozess wird **Branchensegmentierung** genannt. Wenn die Branche aus allen potenziellen Kunden besteht, die ein bestimmtes Grundbedürfnis haben, dann setzt sich ein Branchensegment aus allen potenziellen Abnehmern einer bestimmten Marktleistung zusammen, die über das grundlegende Bedürfnis hinaus noch spezielle Bedürfnisse erfüllt sehen wollen (Perreault & McCarthy, 2002, S. 73).

Betrachten wir das Hören von Musik als Kundenbedürfnis und damit als Branche. Eine solche Branchendefinition ist für die Aufgabenstellung des Marketing viel zu grob. Eine Möglichkeit, die Branche feiner aufzuteilen, ist die Gliederung nach Musikstilen, zum Beispiel in einem ersten Schritt nach klassischer und Unterhaltungsmusik. Das wären schon zwei Branchensegmente, gekennzeichnet durch verschiedenartige Kundinnen und Kunden, deren Merkmale und Bedürfnisse genau eruiert werden müssten, um die Marketingaktivitäten möglichst fein auf sie auszurichten.

Branchensegmente sollten grundsätzlich scharf voneinander abgegrenzt sein, Zusammenhänge zwischen ihnen dürfen – wenn überhaupt – nur in ganz geringem Ausmass bestehen. Das Kundenverhalten in den einzelnen Branchensegmenten sollte sich deutlich unterscheiden. Kundinnen und Kunden der einzelnen Segmente sollten getrennt angesprochen werden können. Die Kriterien, auf denen die Segmentierung beruht, sollten, wenn immer möglich, messbar, ihre Veränderung leicht erfassbar sein. Nicht zuletzt sollten Branchensegmente längere Zeit Bestand haben, und ihre Wirtschaftlichkeit sollte langfristig gegeben sein (Homburg, 2017, S. 484).

Ausschlaggebend für die Brauchbarkeit der **Branchensegmentierung** ist die Wahl der Segmentierungskriterien, mit deren Hilfe eine Branche in Segmente geteilt wird (siehe Abbildung 5; Kotler, Keller & Opresnik, 2017, S. 311; Preissner, 1997, S. 30).

Die Segmentierung ist für den Erfolg von Marktleistungen und Marketinganstrengungen ausschlaggebend. Im Allgemeinen gilt, dass eine zu grobe Segmentierung den kleineren Fehler darstellt als eine zu feine, weil bei einer zu groben Segmentierung – das Branchensegment ist dann zu gross definiert – der Streuverlust gross ist, also zu viele Konsumenten und Konsumentinnen angesprochen werden und demzufolge die Marketinganstrengungen ungenutzt verpuffen. Bei einer zu feinen Segmentierung hingegen werden potenzielle Kunden erst gar nicht angesprochen, weil das Segment zu eng festgelegt ist. All diese Argumente legen es nahe, die Branchensegmentierung sehr sorgfältig vorzunehmen und sie auch permanent daraufhin zu überprüfen, ob sie noch der Realität entspricht. Eine probate Methode, das Branchensegment realer werden zu lassen, ist die Erstellung einer **Persona.** Hier werden neben der interaktiven Beschreibung nach den Kriterien auch Bilder, Symbole und vieles mehr zur Darstellung der typischen Kunden genutzt.

	Segmentierungskriterien	
	Eigenschaften von Kundinnen und Kunden	Unterschiede der Marktleistung, der Marktleistungsfunktion
Direkt, objektiv	**Statistische Merkmale** Geografie (Region, Wohnort, Ortsgrösse, Bevölkerungsdichte), Geschlecht, Alter, Zivilstand, Familiengrösse, Einkommen, Vermögen, Kaufkraft, Beruf, Ausbildung, Konfession, Nationalität, Rolle im Haushalt, Preiselastizität der Nachfrage	**Verhaltensunterschiede** Verbrauchsintensität, Informationsverhalten, Kaufentscheidungsverhalten, Einkaufsstättenwahl, Kaufverhalten, Reaktionen auf Kommunikationsinhalte, Markenloyalität, Kaufmengen
Indirekt	**Psychologische Kriterien** Lebensstil, Persönlichkeitsmerkmale wie Wertvorstellungen, Innovationsbereitschaft, Substitutionsneigung, Kaufmotive, Emotionen, Preissensibilität	**Anforderungen an die Marktleistung** Nutzen hinsichtlich Qualität, Preis, Image, Prestige, Status, Wirtschaftlichkeit

Abb. 5: Kriterien für die Branchensegmentierung

Das Kaufverhalten der Kunden und möglichen Kunden wird nicht nur durch deren Lebensumstände und Persönlichkeitsstruktur beeinflusst, sondern auch ganz wesentlich durch Personen im engsten Umkreis. **Interne Beeinflusser** wie Freunde, Verwandte, Nachbarn und andere Bezugsgruppenangehörige müssen bei der Kaufentscheidung eines Konsumenten daher mitbeachtet werden.

In der Kindheit ist es die Familie, welche die Wertvorstellungen prägt und damit auch das Konsumverhalten beeinflusst. Später ist es vielfach der Lebenspartner, der bei der Kaufentscheidung eine Rolle spielt. Bei Kindern und Jugendlichen ist es der Freundeskreis, der darüber entscheiden kann, ob man mit dem Kauf eines Produktes – Sport-Outfit, Musik, Jeans – dazugehört oder nicht.

Diese Einflüsse machen sich einige Unternehmungen zunutze. Sie haben Verkaufsanstrengungen und Werbung darauf abgestimmt. Dafür ist es wichtig, die unterschiedlichen Motive und Antriebe der Kunden und internen Beeinflusser zu kennen. So setzen Hersteller von Haushaltsreinigern und Waschmitteln häufig das Element der Zugaben wie Spielzeug oder Wettbewerbe ein, im Bewusstsein, dass Kinder hervorragende interne Beeinflusser sind. Ausserdem stellen sie die nachfolgende Konsumentengeneration dar, die man für das Produkt gewinnen möchte.

1.7 Analysen im Marketing

Der **Zielbildungsprozess** und die dazugehörigen Analysen laufen im Marketing gleich ab wie in allen übrigen Funktionsbereichen. Im Falle des Marketing setzt die Analysephase mit der Analyse des Absatzmarktes und des Marketing selbst ein. Die sich daraus ergebenden Chancen und Gefahren bilden das Fundament für die Formulierung der Marketingpolitik. Marketingpolitik ist die eine, die Zielsetzungen der einzelnen strategischen Planungseinheiten die zweite Vorgabe, die in die Marketingstrategie einfliessen. Für die Formulierung der Marketingstrategie, der operativen Marketingpläne und für die operative Führung im Marketing sind Informationen über Branchen oder Branchensegmente und über die Marktleistungen und die jeweilige Ausgestaltung der vier P erforderlich. Sie unterscheiden sich hinsichtlich ihrer Konkretisierung, Genauigkeit und Feinheit. Die folgende Abbildung 6 hält diese Zusammenhänge fest.

Die **Analysen im Marketing**, welche den Unterbau für die Zielsetzung im Marketing bilden, teilen sich in unternehmungsexterne und -interne auf. Betrachten wir zunächst die externen Analysen.

1.7.1 Qualitative Umweltanalyse

Ein guter Gesamtüberblick über die für das Marketing relevante Umwelt findet sich bei Kühn (1997, S. 21, siehe Abbildung 7). Ein Umweltelement sind die Marktteilnehmer, welche sich gegenseitig auf vielfältige Art und Weise beeinflussen. Als zweites Element kom-

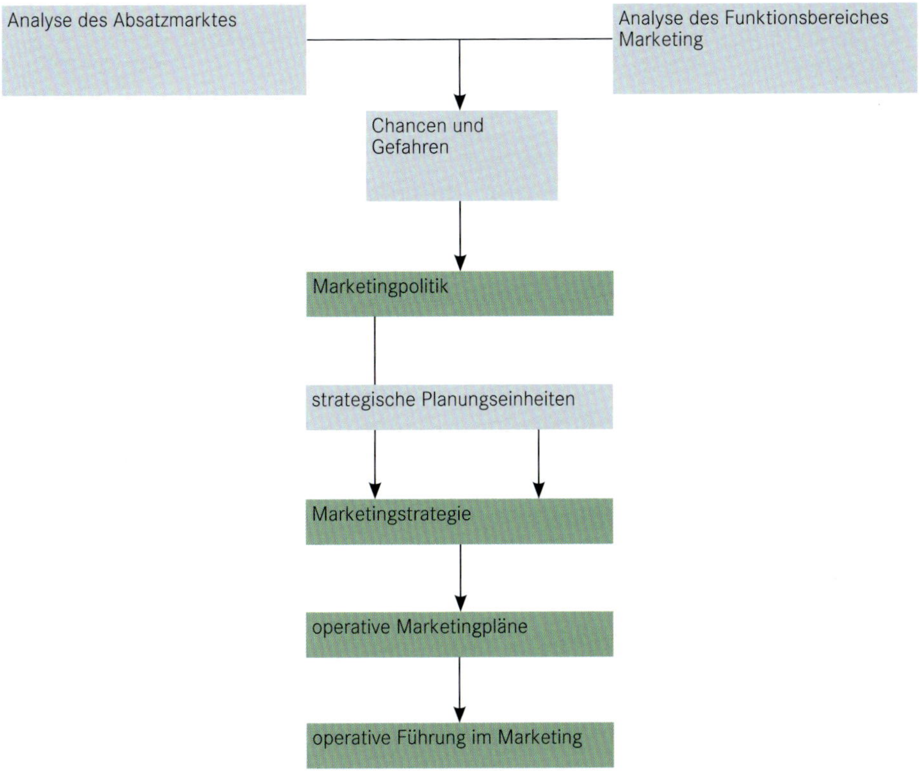

Abb. 6: Zielbildungsprozess und Managementstufen im Marketing

men die Umweltsphären dazu, welche die Rahmenbedingungen des Marktes darstellen. Untersucht man aus Marketingsicht die relevante Umwelt, dann hat dies für beide Elemente zu geschehen.

Die ethische, die ökologische, die soziale, rechtliche und politische, die technologische sowie die wirtschaftliche Umweltsphäre bilden den thematischen Zugang zum Umweltgeschehen. Die dort gegebenen Sachverhalte und Entwicklungen beeinflussen alle Marktteilnehmer. Die Einflüsse wirken etwa über Behörden, Parteien, Vereine, Institutionen, Organisationen und Unternehmungen. Jede Gesellschaft entwickelt kollektive Wertsysteme, Normen und Verhaltensweisen, welche – mit einer bestimmten Toleranz – ein konformes Verhalten der Gesellschaftsmitglieder festlegen und unter anderem durch rechtliche Vorschriften absichern. Diesen Vorgaben muss auch die Unternehmung genügen. Grundsätzlich gilt es zu beachten, wie kurzfristige Einflüsse, Strömungen und gesellschaftliche Trends das Umwelt- oder Marktgeschehen prägen. Denn es ist weitaus einfacher, sich einer Strömung bewusst zu sein und diese zu nutzen, als ein gesellschaftliches Bewusstsein zu verändern und gegen den Strom zu schwimmen. Das heisst nicht, dass nur angepasstes Verhalten zum Erfolg führt, das zeigen Unternehmen mit disruptiven Ansätze wie

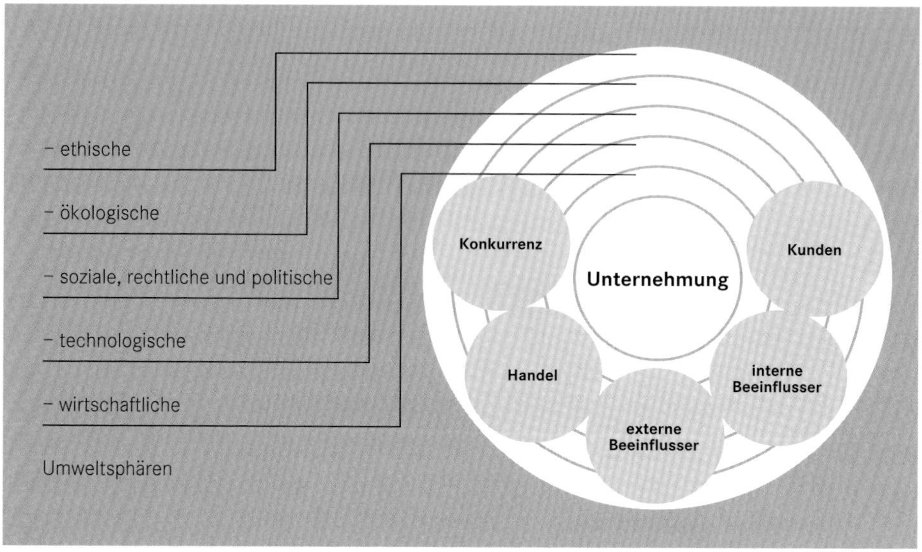

Abb. 7: Umweltstruktur des Marketing

Uber, Airbnb, Lyft etc. Auch viele Non-Profit-Organisationen haben den Auftrag, «non-konform» zu sein. Hier wird das Augenmerk allerdings eher auf desolate Zustände gerichtet. Das Marketing muss auch hier nach den aussichtsreichsten Möglichkeiten suchen, um zum Beispiel Spender und Gönner für die Organisation einzunehmen.

Die blosse Bekanntmachung reicht heute in diesem Umfeld nicht aus, denn es gibt viele Organisationen mit ähnlichen Projekten. Es wird immer wichtiger werden, den Nutzen für die Gesellschaft und den persönlichen Nutzen für den Spender darzustellen.

Von herausragender Wichtigkeit ist es für die Unternehmung, Trends und Entwicklungen, welche für das eigene Umfeld relevant sind, möglichst frühzeitig zu erkennen und zu prüfen. Dabei muss zwischen einem kurzzeitigen Trend und einer sich anbahnenden Entwicklung unterschieden werden.

So gibt es vier Arten von Wandlungsprozessen: Metatrends, Megatrends, Konsum- und soziokulturelle Trends sowie Produkt- und Modetrends.

Metatrends zeigen Veränderungen auf, die evolutionär bedingt sind und zur wirtschaftlichen und gesellschaftlichen Umstrukturierung führen. Gehen wir hier von dem Kondratieff-Modell aus, nach dem russischen Ökonomen Nikolas Kondratieff benannt, so verlaufen solche Veränderungen in Wellen. Diese Zyklen oder technologischen Wellen dauern ca. 30–50 Jahre und sind meist durch einen Schlüsselrohstoff oder eine Schlüsseltechnologie gekennzeichnet.

Wir befinden uns im 6. Kondratieff, der von den Themen Nachhaltigkeit und Gesundheit geprägt ist. Mit jeder neuen technologischen Welle wird wieder ein Wachstums- und Pro-

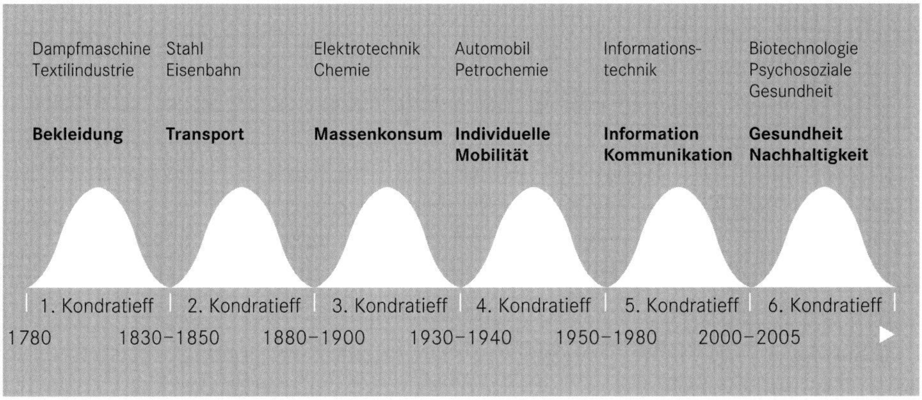

Abb. 8: Kondratieff-Wellen (Bellone, 2010, S. 25)

duktivitätsschub ausgelöst. Die sich herausbildenden Themen sind wiederum Initialzündungen für Megatrends.

Megatrends weisen eine Halbwertszeit von mindestens 25 Jahren auf und sind prinzipiell global verbreitet - wenn auch nicht überall gleich stark. Sie wirken sich auf die Konsumwelt, aber auch auf die Politik und die Ökonomie aus. Die Globalisierung etwa, Greenomics (grüne Wirtschaft), Connectivity (vernetzte Welt) und der demographische Wandel sind unter anderem als Megatrends zu bezeichnen.

Die Globalisierung ist eigentlich ein schon lange währender Megatrend, doch ändern sich die Regeln und Gesetze. Während das «alte» Modell der Globalisierung von einem unipolaren System ausgeht, in dem der Westen Technologie in die Schwellenländer exportiert und Billigprodukte importiert, vollzieht sich derzeit ein markanter Wandel zum multipolaren System. Das heisst, dass sich die Schwellenländer, allen voran China, Indien, Brasilien zu mächtigen Wirtschaftsnationen entwickeln und aktiv an der Globalisierung teilhaben. Die Schwellenländer oder *Emerging Markets* investieren in Forschung und Entwicklung und werden damit zu eigenständigen Wachstumstreibern (Horx, 2011a, S. 34). So erreichte zum Beispiel die kumulierte installierte Leistung durch Photovoltaikanlagen in China 2018 rund 176 Gigawatt. Das entsprach einem Anteil von knapp 35 Prozent an der weltweit installierten Leistung der Photovoltaikanlagen – vor den USA, Japan und Deutschland (Statista, 2019a).

Greenomics oder grünes Wirtschaften hat heute nichts mehr mit den «grünen Anfängen» in den 70er und 80er Jahren des letzten Jahrhunderts zu tun. Es geht nicht mehr nur um Mülltrennung und biologische Lebensmittel. Nachhaltigkeit wird heute in einem vollkommen neuen Kontext verstanden und heisst für die Unternehmungen verantwortungsvolles, nachhaltiges Wirken im ökonomischen, ökologischen, kulturellen und sozialen Bereich.

Connectivity, *das heisst Vernetzungsmöglichkeiten* über diverse soziale Medien, haben einen neuen Stand erreicht. Bis vor kurzem war das Internet im Wesentlichen ein Informationsmedium. Heute sind digitale *Communities* entstanden, bei denen es nicht mehr nur um das (Mit-)Teilen von Informationen, Befindlichkeiten und Bewertungen über Facebook, Twitter & Co geht, sondern um Bündelung von Interessengemeinschaften wie: Social News Sites, die durch kollektive Intelligenz auffallen, Social Bookmarking Sites mit Website-Empfehlungen und unzählige soziale Netzwerke zu diversen Themen (Weinberg, 2012). Das hat nicht nur die Kommunikationsmöglichkeiten für das Marketing erheblich verändert, sondern stellt die Unternehmungen auch entsprechend unter Druck. In Echtzeit können Kunden und Kundinnen die Leistungsangebote mit der Konkurrenz, aber auch mit Bewertungen in den genannten Netzwerken vergleichen. Innovationen können heute über Crowdsourcing-Projekte generiert werden, das heisst, dass über die Einbindung von freiwilligen Ideen-Entwicklern neue Produkte entstehen. So hat beispielsweise McDonald's 2012 mit der Aktion «Mein Burger» in Deutschland Furore gemacht: Bereits nach vier Wochen gab es 327 000 Burger-Kreationen von Fans. Victorinox, Ritter Sport, L'Oreal, Swarovski, Mammut, Tchibo u.v.m. setzen auf diese «Schwarmintelligenz» bei der Produktentwicklung und können davon ausgehen, von einer breiten Mehrheit getragene Resultate zu erhalten. Weil solche Aktionen aber nur bis zu einem gewissen Grad plan- und steuerbar sind, müssen sich die Unternehmen gut rüsten, wie sie auch mit Negativeinflüssen umgehen. Und das hängt nicht zuletzt von der Wertekultur ab, die in der Unternehmung vorherrscht. Die Entscheidung, welche digitale und mobile Präsenz in welcher Form für die Unternehmung relevant ist, wird damit zunehmend auch zu einer unternehmungsinternen kulturellen Herausforderung.

Der **demographische Wandel** zwingt das Marketing, sich neu zu orientieren. Weltweit wird sich die Zahl der Senioren in den nächsten 30 Jahren mehr als verdoppeln. Die über 50-Jährigen werden in einigen Jahren in Europa die Mehrheit bilden (Birg, 2010; Otten, 2008). Es wird nicht nur mehr Senioren geben, sie werden auch andere Werthaltungen und Ansprüche entwickeln als ihre Vorgänger. Das hat nicht nur Auswirkungen auf die Gesundheitsversorgung, sondern auf das gesamte Angebot von Waren und Dienstleistungen bis hin zur Distribution und Präsentation. Aber auch Lebensformen, Kommunikations- und Rollenmuster werden neu überdacht werden müssen. Längst spricht man von Zielgruppen wie Generation Silver Sex (Alter zwischen 50 bis 75 Jahren), den Greyhoppers (Alter ab 60 Jahren) und den Grauen Powerkonsumentinnen (ab 55 Jahren). Übereinstimmend wird festgestellt, dass diese Konsumentengruppen aufgrund ihrer Sozialisation ohne Kriegserfahrung sehr viel mehr Ansprüche an Selbstverwirklichung und Selbstbestimmung stellen als Generationen zuvor (Wenzel, Dziemba & Langwieser, 2012, S. 167).

Die Megatrends beeinflussen unser Konsumverhalten und unsere gesellschaftliche Kultur. Für das Marketing ist wichtig zu erkennen, wie sich diese Einflüsse im Alltag der Kunden und Kundinnen zeigen und wie diese für das Leistungsangebot adaptiert werden. Konsum- und soziokulturelle Trends sind dabei mittelfristige Veränderungen und haben eine Halbwertszeit von fünf bis acht Jahren. Zu beachten ist dabei, dass es immer gegenläufige Trends gibt. So ist zum Beispiel aus der zunehmenden Digitalisierung des Lebensumfeldes nicht nur das Gefühl nach entsprechendem Infotainment entstanden, sondern auch das soziale Bedürfnis nach Echtheit, nach alten Werten und Tradition. Ein sehr interessantes Beispiel dafür ist die Ende 2009 gestartete Zeitschrift «Landlust», die 2019 auf Platz 6 der auflagenstärksten Kaufzeitschriften in Deutschland war und viele Verlage zu Nachahmerprodukten animiert hat. Aber nicht nur der soziokulturelle Trend nach echten Werten ist ausgeprägt, auch Bio Yourself oder Greenisfaction und Kollaboration, Wertschätzung oder Convenience gehören unter anderem dazu (Horx, 2011b; Statista, 2020).

Bio Yourself oder *Greenisfaction* sind die Ableitungen aus dem grossen Trend der grünen Wirtschaft. Die Gestaltung einer nachhaltigen, ökologischen Kultur für daheim oder im Lebensumfeld. Das reicht vom Gemüse-Anbau im eigenen Garten oder auf dem Balkon bis hin zu Gewächshäusern, die in städtischen Wohnwelten integriert sind. Auch das so genannte Urban Gardening gehört dazu, das Bepflanzen von öffentlichem Raum, das von vielen Stadtbewohnern als erfüllende Tätigkeit und zur Selbstversorgung erkannt wird.

Kollaboration und Wertschätzung: Belohnungskonzepte als persönliche Wertschätzung werden für Kunden und Kundinnen noch elementarer, denn sie sind sich durchaus ihrer Macht bewusst, wie Kaufverweigerungen und kritische Blog-Kommentare im Internet zeigen. Punktesammeln, Auszeichnungen und Informations- und Kaufvorteile erhalten, sind heute per App wie zum Beispiel mit Payback möglich (payback.de, 2020). Die Interaktion mit der Kundschaft wird zunehmend zentraler werden.

Konsumentinnen und Konsumenten legen immer höheren Wert auf Bequemlichkeit (Convenience) und massgeschneiderte Lösungen. Die Angebote sollen sinnstiftend und nutzbringend sein, in die Lebenssituation passen und zur persönlichen Entwicklung beitragen. Das impliziert, dass zunehmend mobile, flexible Leistungen gefragt sind, die zur Entlastung der Kunden und Kundinnen beitragen und zeitliche Einsparmöglichkeiten schaffen, damit andere Optionen wahrgenommen werden können. Mehr Flexibilität heisst für Unternehmungen auch Verknüpfung des stationären Handels mit digitalen Informations-, Bestell- und Liefersystemen.

Auch der **Zwischenhandel** oder die **Absatzkanäle** haben entscheidenden Einfluss auf die Unternehmung. Wichtige Fragen sind: Welche Struktur hat der Zwischenhandel – Filialketten, einzelne Fachhändler, Franchiseorganisationen, Online-Marktplätze, Grossmärkte –, und in welchem Ausmass deckt er den Markt ab? Welche Bedingungen stellt und welche Unterstützung bietet der Zwischenhandel – Belieferungsrhythmus, werbliche Unterstützung? Wie wichtig sind die Beeinflusser im Falle des eigenen Angebotes? Welchen Beeinflusser-Typ muss man ansprechen, um die Kundschaft besser zu erreichen? Dabei sind **externe Beeinflusser** aussenstehende Personen, die nicht zum näheren Umfeld der Konsumentin oder des Konsumenten gehören. Das Votum einer Ernährungsberaterin kann beispielsweise den Kauf von Fast-Food-Produkten beeinflussen. Weitere Beeinflusser können Journalistinnen, Gutachter, allgemeine Berater, Fachberaterinnen, Trainer, Fachlehrer etc. sein (Blatter-Constantin & Gantner, 2002, S. 153).

Es ist wichtig, über die Konkurrenzsituation informiert zu sein. Hier empfiehlt es sich, ein Stärken/Schwächen-Profil zu erstellen, um zu erkennen, wie die eigene Unternehmung im Verhältnis zum Wettbewerb dasteht. Transparenz über das eigene Angebot im Vergleich zur Konkurrenz bietet eine Auflistung der Ausprägungen in den vier P. Wenn eine Unternehmung ein Produkt im Markt positioniert, so bestimmt sie, wie die Zielkunden eines bestimmten Branchensegmentes dieses Produkt im Vergleich zu Konkurrenzprodukten sehen sollen. Sie bezieht im Markt eine Position und legt fest, ob beispielsweise spezielle Qualitätseigenschaften, gefragte Serviceleistungen oder ein gutes Preis/Leistungs-Verhältnis das eigene Angebot auszeichnen sollen.

Die Erfahrung lehrt, dass viele Misserfolge von Produktlancierungen vor allem auf eine schwache oder unklare Produktpositionierung oder auf eine begrenzte, vom Konsumenten nicht wahrgenommene Produktdifferenzierung zurückzuführen sind. Es geht bei der **Differenzierung** um die Schaffung substantieller und anhaltender Wettbewerbsvorteile, wenn möglich einer **USP** (Unique-Selling-Proposition, einzigartiger Wettbewerbsvorteil). Solche sind heutzutage nur noch schwer zu erreichen. Sie müssen einerseits aus Sicht der Zielkunden wahrnehmbar sein, andererseits muss der Nutzen für den Kunden relevant sein. Differenzierung um der Differenzierung willen bringt in der Regel keinen nachhaltigen Erfolg. Wenn die Marktleistung keine sonstigen Vorteile bietet, lässt es sich bloss über die Kommunikation von den Konkurrenzprodukten abheben – und das wird zunehmend schwieriger. Die **UAP** (Unique-Advertising-Proposition, die einzigartige werbliche Alleinstellung) wird zum Beispiel oft in den Erlebniswelten der Biermarken eingesetzt, aber selbst dort versucht man, über Produkterweiterungen wie Merchandiseprodukte und spezielle Verpackungen das Profil zu verstärken. Nach wie vor bildet die Kommunikation einen wesentlichen Ansatz, um über Angebotsvorzüge eines Produktes zu informieren.

1.7.2 Quantitative Umweltanalyse

Zu den qualitativen Aspekten der Analysen, die, wo immer dies möglich ist, mit empirischen Daten untermauert werden sollten, treten quantitative Informationen. Man spricht in diesem Zusammenhang von den **Marktgrössen**. Sie werden in Geld- und/oder Mengeneinheiten angegeben und sind grundlegende Basisinformationen für sehr viele Marketingentscheidungen. Die Erfassung der Marktgrössen ist wichtig, um zum Beispiel den eigenen Anteil an der Branche zu bestimmen, um zu überprüfen, ob eine ins Auge gefasste Breakeven-Menge erreicht werden kann, und um zu treffende Entscheidungen mit empirischen Daten zu unterlegen (Hill & Rieser, 1990, S. 112; siehe Abbildung 9):

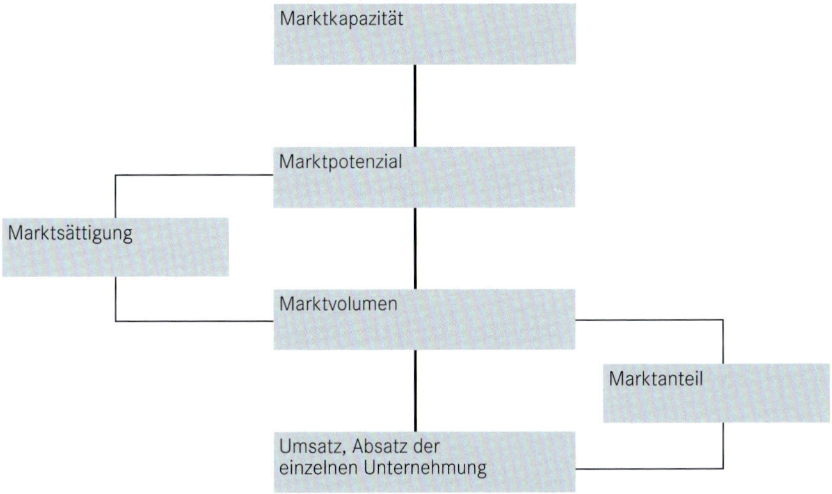

Abb. 9: Marktgrössen

- Eine sehr allgemeine Grösse ist die **Marktkapazität**. Sie stellt diejenige Menge einer Marktleistung dar, welche rein theoretisch und ohne Berücksichtigung der Kaufkraft der Kunden abgesetzt werden könnte. Damit ist eine Obergrenze gegeben, die hypothetisch bleibt. Schätzt man zum Beispiel die Marktkapazität für Ferraris ab, also die Anzahl aller Personen, die grundsätzlich ein solches Auto haben möchten, dann werden sich ganz andere Stückzahlen ergeben, als wenn man zusätzlich berücksichtigt, wer sich ein solches Auto auch leisten kann.
- Das **Marktpotenzial** ist das maximal mögliche Aufnahmepotenzial einer Branche oder eines Branchensegmentes hinsichtlich einer bestimmten Marktleistung unter Berücksichtigung der Kaufkraft und weiterer Segmentierungskriterien. Anstelle von Marktpotenzial wird auch von potenzieller Nachfrage gesprochen.
- Mit **Marktvolumen** wird die in einer Branche oder einem Branchensegment abgesetzte Menge oder der darin erzielte Umsatz bezeichnet. Das Marktvolumen entspricht somit der tatsächlichen Grösse eines Marktes hinsichtlich Menge und Wert.
- Das Verhältnis zwischen Marktvolumen und Marktpotenzial stellt die **Marktsättigung** dar. Sie zeigt auf, in welchem Umfang die Nachfrage abgedeckt wird. Dabei stellen wir heute vielfach fest, dass das Marktvolumen und das Marktpotenzial deckungsgleich sind, der Markt also gesättigt ist.
- Der **Marktanteil** stellt das Verhältnis des eigenen Absatzes oder Umsatzes zum entsprechenden Wert der gesamten Branche oder des gesamten Branchensegmentes dar.

Die Marktgrössen sind die grundlegenden Daten für sehr viele Entscheidungen im Marketing. Sie für Vergangenheit und Gegenwart zu kennen, ist notwendige Grundlage dafür, zukünftige Entwicklungen abzuschätzen. Prognosen hinsichtlich der Entwicklung der

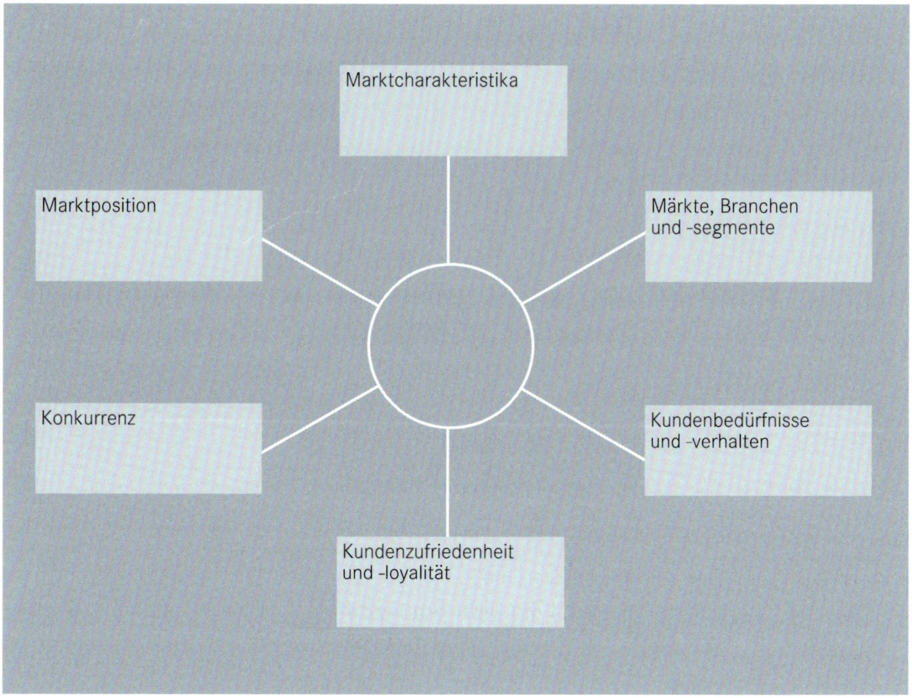

Abb. 10: Erkenntnisobjekte der Marktforschung

Marktgrössen müssen gestellt werden, um die notwendige Reaktionszeit zu gewinnen und um Anpassungen vornehmen zu können.

Bisher wurden Trends und zukünftige Entwicklungen allgemeiner Art sowie – als grundlegende Werte – die Marktgrössen betrachtet. Über welche weiteren Sachverhalte Informationen vorliegen müssen, um Chancen, Perspektiven sowie Risiken der Unternehmung einzuschätzen, soll im Folgenden erläutert werden. Dies ist Sache der **Marktforschung** und betrifft die so genannten «Erkenntnisobjekte der Marktforschung». Wir folgen der Systematik von Homburg & Krohmer (2003, S. 187, siehe Abbildungen 10 und 11). Sie zeigt, welche Informationen über den Markt, über die Branche und Branchensegmente sowie über Konkurrenz und Kunden das Fundament für Entscheidungen im Marketing bilden.

Die Wahl der Methodik ist entscheidend für die Qualität der erhobenen Informationen, ebenso wie die korrekte Anwendung der gewählten Methode (siehe Abbildung 12; Homburg & Krohmer, 2003, S. 195). Grundsätzlich lassen sich zwei Hauptkategorien von Marktforschungsmethoden unterscheiden: die Erhebung von Primärdaten und die Erhebung von Sekundärdaten. Primärdaten werden direkt an ihrer Quelle erhoben, während Sekundärdaten aus bereits vorhandenen Datenbeständen aufbereitet werden. In der Regel ist die Aussagekraft von Primärdaten grösser. Sie können auch massgeschneidert für bestimmte Fragestellungen erhoben werden. Allerdings ist die Gewinnung von Primärdaten im Allgemeinen weitaus kostenintensiver als diejenige von Sekundärdaten.

Marktcharakteristika	– Marktpotenzial – Marktvolumen – Marktwachstum – Stand des Marktes im Lebenszyklus – Saisonale Gegebenheiten – Im Markt erzielbare Gewinne
Märkte, Branchen und Branchensegmente	– Identifikation der Branchen – Identifikation der Branchensegmente – Bedeutung der Branchen und Branchensegmente – Veränderungen in der Identifikation der Branchen und Branchensegmente
Kundenbedürfnisse und -verhalten	– Identifikation und Gewichtung der grundlegenden Kundenbedürfnisse – Veränderung der Kundenbedürfnisse – Informations- und Kaufverhalten der Kundinnen und Kunden – Veränderungen des Kundenverhaltens
Kundenzufriedenheit und -loyalität	– Kundenzufriedenheit bezüglich Marktleistungen, Preis, Distributionskanälen und Kommunikation – Veränderung der Kundenzufriedenheit – Ausmass der Kundenloyalität – Veränderung der Kundenloyalität
Konkurrenz	– Identifikation der wichtigen Konkurrenten – Marktposition der wichtigen Konkurrenten – Ziele, Kompetenzen und Ressourcen der wichtigen Konkurrenten – Veränderungen im Wettbewerbsverhalten
Marktposition	– Marktstellung – Marktanteile – Bekanntheitsgrad bei potenziellen und bestehenden Kunden – Image bei potenziellen und bestehenden Kunden

Abb. 11: Marktforschungsinhalte

Die Erhebung von Primärdaten kann in Form der Befragung und in Form der Beobachtung erfolgen:

- Bei der **Befragung** werden Personen direkt um Informationen zu bestimmten Sachverhalten angangen. Die Befragung eignet sich besonders für die Erhebung qualitativer Informationen. Die Art der Befragung bestimmt sich nach deren Inhalten und auch nach der Menge der zu erfassenden Informationen.
- Bei der **Beobachtung** werden Charakteristika, Tatsachen und Verhaltensweisen erhoben. Die Beobachtung erfolgt meist durch Drittpersonen, seltener in Form der Selbstbeobachtung. Eine Mischform zwischen Befragung und Beobachtung stellen Experimente und Panels dar.

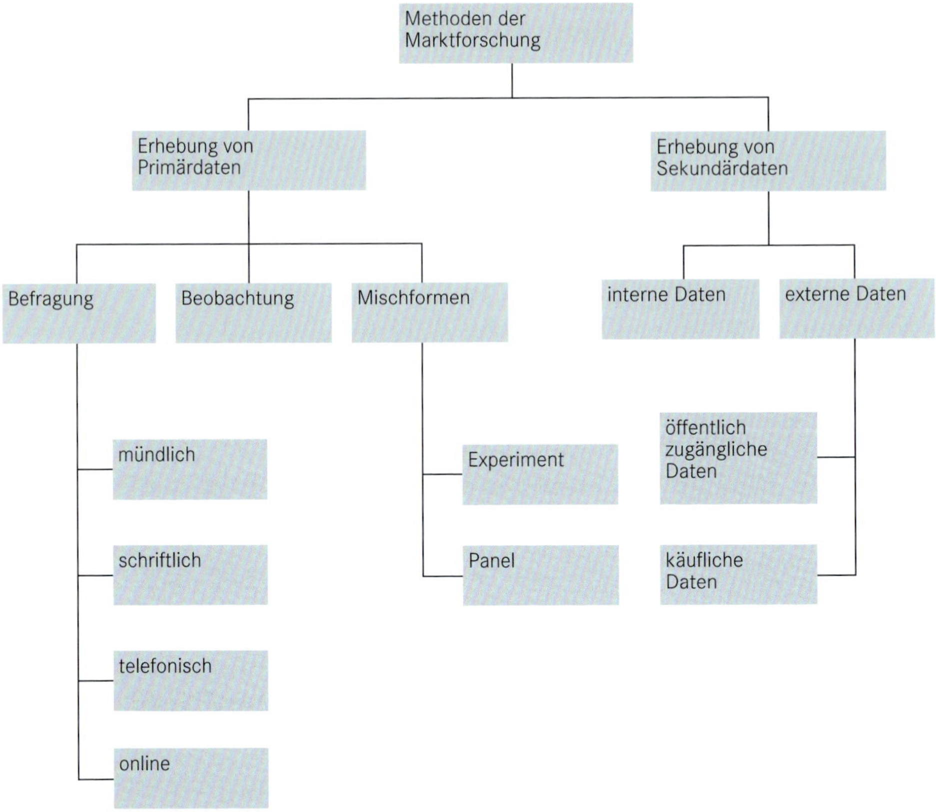

Abb. 12: Methoden der Marktforschung

- **Experimente** sind künstlich arrangierte Situationen, mittels derer Ursache/Wirkung-Zusammenhänge erkannt werden sollen. Dabei wird untersucht, wie die Veränderung einer Variablen sich auf eine andere Variable auswirkt. In vielen Fällen ist das einmalige Erheben von Daten zwar sehr nützlich, noch viel wertvoller werden die Daten, wenn sie wiederholt – regelmässig oder unregelmässig – gewonnen werden und wenn auf dieser Grundlage Entwicklungen und Veränderungen im Zeitablauf erkannt werden können. Zu diesem Zweck werden so genannte Panels eingerichtet.
- In **Panels** werden Personen zusammengefasst, die wiederholt – meist regelmässig – zu einem ganz bestimmten Themenbereich befragt oder auch beobachtet werden. Sehr bekannt ist zum Beispiel das Haushaltspanel der IHA-GfK, in dessen Rahmen regelmässig die Warenkörbe und Einkaufsgewohnheiten in der Schweiz untersucht werden.

Sekundärdaten werden aus bereits vorhandenen Informationsbeständen aufbereitet und/oder verdichtet. Sekundärdaten können aus unternehmensexternen wie -internen Quellen stammen. Bei den externen lassen sich öffentlich – meist unentgeltlich – zugängliche und gegen Entgelt erhältliche Informationen unterscheiden.

1.7.3 Neuromarketing

Wir haben uns in den vorgängigen Kapiteln bereits mit Aspekten des Konsumentenverhaltens auseinandergesetzt. Hier wollen wir kurz auf eine noch recht junge Disziplin eingehen, das Neuromarketing, bei dem psychologische und neuro-physiologische Erkenntnisse für das Marketing interpretiert werden. Danach wird davon ausgegangen, dass bis zu 95 % unserer Kaufentscheidungen von unserem so genannten Autopiloten getroffen werden, das heisst, sie wirken implizit und laufen unbewusst ab. Das führt unter anderem auch dazu, dass wir Entscheidungen am Verkaufsregal im Durchschnitt in ca. 2,3 Sekunden treffen (Scheier, Held, 2008, S. 43). Implizite Vorgänge sind jedoch nicht nur für den Erwerb von Verbrauchsgütern entscheidend, sondern durchaus auch bei komplexen Entscheidungen wie beispielsweise bei Geldanlagen oder einem Hauskauf.

Frederic Vester ist in seinem Bestseller von 1978 «Denken, Lernen, Vergessen» (Vester, 1993, S. 48) auf unser Wahrnehmungsverhalten und auf unbewusst ablaufende Automatismen eingegangen, das heisst auf die Existenz des Ultrakurzzeit-Gedächtnisses und unbewusste Reaktionsfähigkeiten. Neuromarketing versucht diese Vorgänge transparent zu machen, letztere zumeist in aufwändigen Verfahren mittels Magnetresonanztomographie. Auf diese Weise werden Gehirnregionen identifiziert, die an kognitiven oder emotionalen Prozessen beteiligt sind. Bei dieser Methode werden Probanden auf einer Liege direkt in den Kernspintomographen gefahren, wobei ihnen visuelle Reize zum Beispiel Werbebilder, Logos etc. gezeigt werden. Die Gehirnaktivierungen können bildhaft übersetzt werden und können zum Beispiel Aufschluss darüber geben, in welcher Hirnregion und bei welchen Bildern ein Denkprozess stattfindet (Häusel, 2006, S. 213).

Häusel geht von verschiedenen Emotionssystemen im Gehirn aus, die unter anderem für die Erklärung von Kaufentscheidungsprozessen eingesetzt werden:

- *Das Balance-System* mit Bedürfnissen nach Sicherheit, Risikovermeidung und Stabilität.
- *Das Dominanz-System* mit Bedürfnissen nach Selbstdurchsetzung, Konkurrenzverdrängung und Autonomie.
- *Das Stimulanz-System* mit Bedürfnissen nach der Entdeckung von Neuem und Lernen von neuen Fähigkeiten.

Er geht davon aus, dass Konsumenten und Konsumentinnen meist einen Schwerpunkt in der Ausprägung ihrer Emotionssysteme haben und dies ihr Kaufverhalten beeinflusst. Das gibt wiederum Anreize für die Verpackungsgestaltung von Produkten bis hin zur Schaffung von Einkaufserlebnissen am Point of Sale (POS) (Häusel, 2010, S. 27–28).

Scheier geht beim Kaufverhalten davon aus, dass die physischen Eigenschaften eines Produktes, also alles, was Kunden und Kundinnen über ihre Sinne aufnehmen, implizit mentale Konzepte aktivieren. Das Gehirn zerlegt also das Produkt wie auch eine dargebotene Dienstleistung in einzelne, physische und wahrnehmbare Eigenschaften, die alle mit einem anderen mentalen Konzept verbunden sein können – also eine andere Assoziation hervorrufen.

Wichtig zu wissen ist, welche Eigenschaften kaufbestimmend sind und ob und in welcher Form sie für Marketingzwecke verändert werden können, um zum Beispiel neue Kunden zu gewinnen (Scheier, Bayas-Linke & Schneider, 2010, S. 23). Welche Signale dafür ausgesendet werden müssen, versucht man mit dem Neuromarketing zu ergründen. Die Erkenntnisse des Neuromarketings können nicht alle als gesichert gelten. Es tragen viele wissenschaftliche Disziplinen zum Thema bei, deren Erkenntnisse teilweise noch zu verifizieren sind. Schwierig ist zusätzlich noch das Zusammenfügen, die Integration all dieser Erkenntnisse zu einer geschlossenen Theorie, die von praktischer Relevanz ist.

1.7.4 Unternehmensinterne Analyse

Wofür stehen die Unternehmung und ihre Marktleistungen? Was soll mit dem Angebot und dem Firmennamen assoziiert werden? Jede Unternehmung, ob klein oder gross, ob Start-up oder alteingesessen, muss sich von Zeit zu Zeit die Frage nach der Marktleistung hinter der eigentlichen Marktleistung stellen. Im Zentrum der Positionierung steht nicht die effektive Beschaffenheit einer Marktleistung, sondern die Bedeutung, die mögliche Käufer und die mögliche Käuferin ihr beimessen. In der Regel werden Positionierungen und Wettbewerbsvorteile gewählt, die den Stärken der Unternehmung entsprechen.

Oftmals klaffen Eigen- und Fremdbild auseinander. Daher ist es lohnenswert, den eigenen Blickwinkel fortwährend mit dem der Anspruchsträger zu vergleichen, um zu sehen, wo es etwas zu korrigieren, zu entwickeln oder zu verdeutlichen gilt. Im Marketing steht immer die Frage im Zentrum, inwieweit die Marktleistung marktgerecht ist und bleiben kann.

Der internen Analyse kommt damit also keine geringere Bedeutung zu als den externen Analysen, denn nur die Kombination von günstigen Marktentwicklungen einerseits und eigenen Stärken andererseits schafft die Grundlage für Vorwärtskommen und Wachstum. Es gilt Stärken und Schwächen des Marketing herauszuarbeiten, Erstere zu fördern, Letztere auszumerzen und das Marketing selbst besser zu machen. Zur Durchführung solcher Analysen bieten sich so genannte **Marketingaudits** an. Sie sind nicht zu verwechseln mit den formalisierten Audits, von denen man im Qualitätsmanagement spricht.

Marketingaudits dienen dem Aufdecken von Problemfeldern und Chancen sowie der Erstellung eines Massnahmenplans, der auf Verbesserungen der Marketingleistung abzielt. Ein Audit kann sich auf verschiedene Situationen beziehen und zum Beispiel konkret die Marketingstrategie einer Unternehmung in Bezug auf das gegenwärtige und zu erwartende Marketingumfeld überprüfen (Kotler & Bliemel, 2005, S. 1306).

Anhaltspunkte für die Durchführung eines Marketingaudits finden sich in den folgenden beispielhaften Fragestellungen (Hill & Rieser, 1990, S. 526; Kotler & Bliemel, 2005, S. 1307 ff.):

- Inwiefern treffen die Beurteilungen und Prognosen der Umwelt für die Absatzmärkte und die Branchen sowie Branchensegmente zu?
- Wie steht es insbesondere um die Fähigkeit, Kundenbedürfnisse zu definieren, zu erkennen und vorherzusehen?

- Erkennt das Marketing die Trends und Entwicklungen der Umwelt im Wesentlichen und im Detail?
- Wie ist es um das Vermögen bestellt, Marktleistungen entsprechend den Kundenbedürfnissen hinsichtlich ihrer Qualität zu umschreiben und den anderen Funktionsbereichen damit Entscheidungsgrundlagen zu liefern?
- Wie sind die Sortimentsbreite und -tiefe ausgestaltet? Entsprechen beide den Kundenbedürfnissen?
- Wie ist es um die Preisfindung bestellt? Werden die Preise entsprechend den Kundenvorstellungen festgelegt? Wird Geld durch zu niedrige Preise verschenkt? Wird die absetzbare Menge durch zu hohe Preise gesenkt?
- Werden die Distributionskanäle richtig definiert, und wird den Ansprüchen von Distributionspartnern in genügendem Ausmass nachgekommen?
- Sprechen die Kommunikationsinhalte die anvisierten Zielgruppen an? Sind sie auf diese abgestimmt?
- Ist der Marketing-Mix für die verschiedenen Marktleistungen in sich stimmig?
- Bestehen zwischen den Marketing-Mixen unserer Marktleistungen Widersprüche, die in den Augen der Kundinnen und Kunden störend oder verwirrend sind?
- Sind für alle bearbeiteten Branchen und Branchensegmente die Konkurrenten in genügendem Ausmass hinsichtlich ihrer Verhaltensweisen, Kompetenzen und Wettbewerbsvorteile oder Wettbewerbsnachteile bekannt?
- Sind die Marktgrössen für alle Branchen und Branchensegmente in genügender Qualität erhoben? Werden sie zuverlässig prognostiziert?

Die obigen Fragestellungen bilden eine Richtschnur für einen Marketingaudit. Wie eine Checkliste sollen sie Anregungen zum Nachdenken geben. Im Einzelfall können Fragen ungestellt bleiben. Es können aber auch Aspekte fehlen, die wesentlich sind. Wichtig ist eine tief gehende Analyse, die eine solide Basis für die darauf aufbauenden Entscheidungen bildet. In diesem Sinne kann nicht umsichtig genug vorgegangen werden.

1.8 Erarbeitung des Marketing-Mix

In den folgenden Kapiteln 2, 3, 4 und 5 soll auf den Marketing-Mix detailliert eingegangen werden. Ausgangspunkt dafür bilden die geschilderten externen und internen Analysen. Die Erkenntnisse daraus werden in einer SWOT-Analyse gesamthaft ausgewertet. Das Akronym SWOT steht für die englischen Begriffe «Strengths» (Stärken), «Weaknesses» (Schwächen), «Opportunities» (Chancen) und «Threats» (Risiken) (Bellone & Matla, 2018, S. 298). Auf dieser Grundlage werden Zielsetzungen formuliert, die notwendigen Ressourcen zugeordnet und die erforderlichen Prozesse gestaltet und implementiert. Die Erarbeitung des Marketing-Mix und der dazugehörigen Instrumente schliesst sich an und mündet in einen Massnahmenkatalog, in dem alle der Zielerreichung dienlichen Massnahmen enthalten sind. Den Abschluss bildet die Erfolgskontrolle, die ihrerseits wiederum den Anstoss für Verbesserungen geben kann. Dieser Prozess kann sich grundsätzlich auf allen Managementstufen abspielen. Die Inhalte unterscheiden sich allerdings von Managementstufe zu Managementstufe stark in ihrer Detaillierung (siehe Abbildung 13).

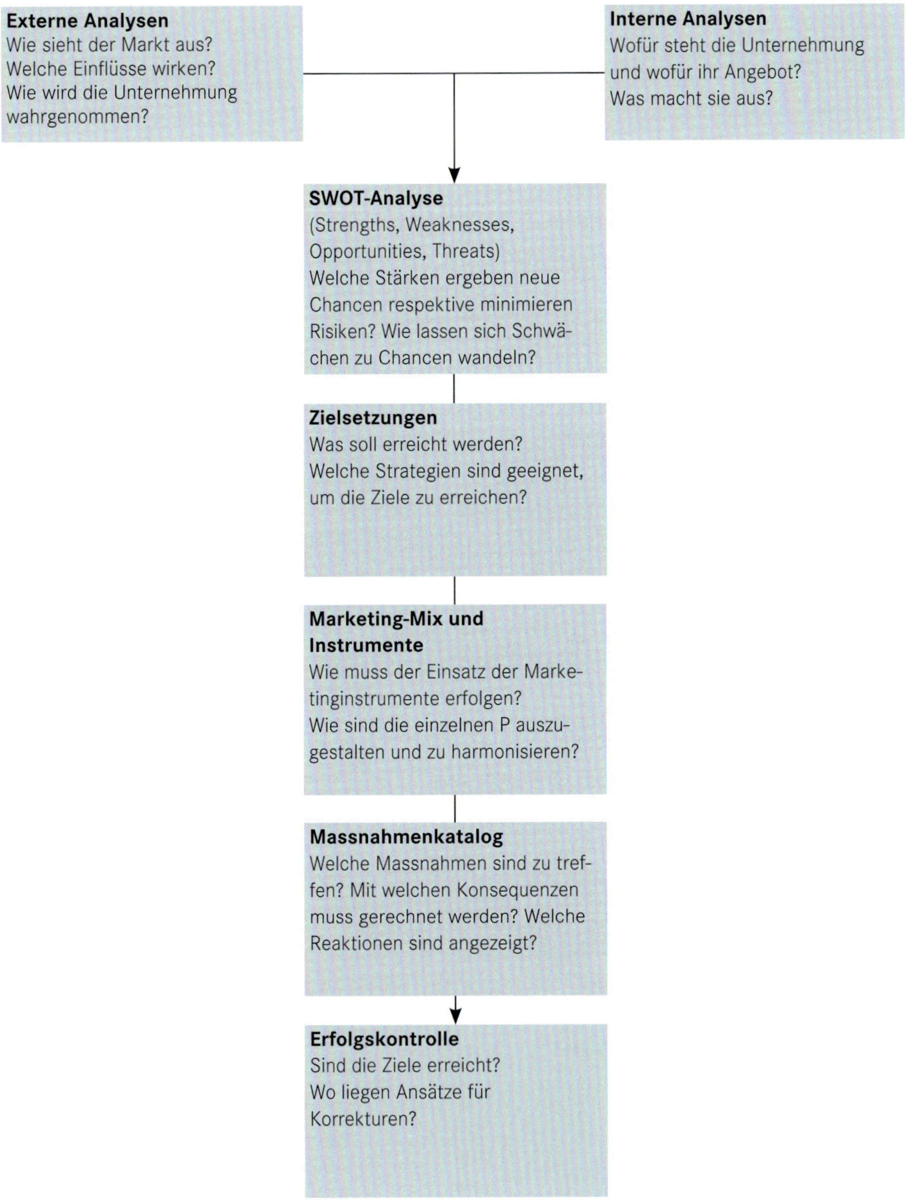

Abb. 13: Erarbeitung des Marketing-Mix

2 Produkt-Mix

Was wird von Kunden gekauft? In welcher Ausprägung sollen wir es anbieten? Das sind zwei Kernfragen des **Produkt-Mix.** Das Beispiel der deutschen Telekom zeigt, wie wichtig es ist, die Bedürfnisse des Kunden zu kennen. Telekom entwickelte in den 70er-Jahren wurfsichere Telefonapparate, die niemand haben wollte, weil zum einen das Bedürfnis nicht vorhanden war und zeitgleich asiatische Modelle auf den Markt kamen, die günstiger und schicker waren (Gündling, 1996, S. 52).

Die Gestaltung des Produkt-Mix ist eine marktbezogene Aufgabe. Wesentliche Impulse für Produktverbesserungen und Neuentwicklungen gehen vom Markt aus. Produktbezogene Massnahmen verlangen daher eine enge Zusammenarbeit zwischen der Marktleistungserstellung, der F&E-Abteilung, und den Marketing-Spezialisten. Das wird dann offensichtlich, wenn man das Produkt umfassend, also inklusive Verpackung, Service, Markenimage, Installation usw., definiert, denn wie soll der für die Technik Verantwortliche zum Beispiel wissen, ob der Kunde Ersatzteile innerhalb von Stunden oder nur innerhalb einer Woche benötigt, wenn nicht vom Marketing?

2.1 Die drei Produktebenen

Um die Ausprägung eines Produktes schematisch darzustellen, eignet sich die Analyse mittels der drei **Produktebenen**, die in Abbildung 14 dargestellt ist. So lässt sich auch ermitteln, auf welcher Ebene Veränderungs-, respektive Innovationspotenzial vorhanden ist (Bellone & Matla, 2017, S. 132).

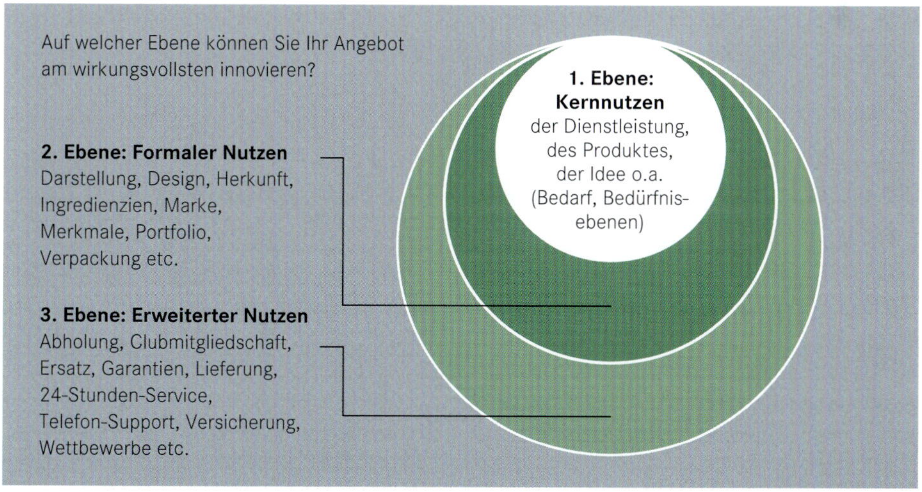

Abb. 14: Angebots-Innovations-Tool (3-Ebenen-Modell)

Das **Kernprodukt** oder der Kernnutzen eines Produktes beziehungsweise einer Dienstleistung ist gleichbedeutend mit der Beantwortung der Frage: «Was wird eigentlich gekauft?» Dies entspricht nicht etwa dem, was der Ingenieur als Produkt beschreibt, sondern dem, was der Kunde im Endeffekt kauft. Wer einen Fotoapparat erwirbt, kauft keinen mechanischen Apparat um des Apparates willen, sondern weil er Freude am Fotografieren hat, Erinnerungen festhalten und vielleicht sogar Momente «unsterblich» machen will. Die Kundin kauft im Grunde nicht einen Lippenstift, sondern Hoffnung und Schönheit! Diese weite Betrachtungsweise bedeutet aber, dass das Kundenbedürfnis auch durch Mittel befriedigt werden kann, an die man im ersten Moment gar nicht denken würde. Das eröffnet neue Marketingperspektiven: Der Marketingverantwortliche muss nicht Produkteigenschaften, sondern Kernvorteile verkaufen. In einem TV-Spot für einen Deo-Stift wird beispielsweise mit dem Attribut der Unwiderstehlichkeit geworben – der Nutzen für den Kunden ist, damit Erfolg beim anderen Geschlecht und Sicherheit durch perfekte Hygiene zu haben.

Das **formale Produkt** respektive der **formale Nutzen** umfasst die konkrete physische Einheit, die unmittelbar als Kaufobjekt erkannt wird, und die damit zusammenhängenden Eigenschaften. Beim erwähnten Deo-Stift ist es die Zusammensetzung, der Markenname, das Styling des Rollers und die Verpackung.

Das **erweiterte Produkt** mit dem **erweiterten Nutzen** meint den Spielraum, den es braucht, um dem Kunden Vorteile über das physische Produkt hinaus zu verschaffen. Dazu gehören auch Dienstleistungen und Services. Durch die grosse Austauschbarkeit von Marktleistungen wird es in Zukunft vermehrt darauf ankommen, dem Kunden einen Mehrwert zu bieten (Bellone & Matla, 2017, S. 187 f.).

2

2.1.1 Differenzierung mittels Produktebenen

Es wird deutlich, dass vor allem auf der formalen und erweiterten Ebene Veränderungen zu Gunsten des Kunden möglich sind, die letztlich auch eine Auswirkung auf die Kernvorteile haben können. Die Produktanalyse nach den drei Ebenen lässt sich ebenso auf Dienstleistungen anwenden. Eine Projektarbeit der Fachhochschule Nordwestschweiz mag dies aufzeigen:

Taxi-Unternehmen

Es galt in diesem Projekt, neue Ideen zu kreieren, um die Kapazitäten eines vorhandenen Taxi-Unternehmens besser auszuschöpfen und die Attraktivität des Angebotes zu verbessern.

Der Kernnutzen einer Taxifahrt ist in erster Linie, von A nach B zu kommen. Im formalen Produkt wurde der Wagenpark angeschaut, an dem man aus Kostengründen nichts ändern konnte. Die Ausstattung der Fahrzeuge genügte den Ansprüchen der Kunden. Bei den Chauffeuren bestand ein Schulungsbedarf bezüglich Gestaltung des Kundengesprächs.

Im erweiterten Produkt waren zusätzliche Services möglich, zum Beispiel die Einführung von Kundentreuekarten – analog dem «Meilen-Sammeln» bei den Fluggesellschaften –, die Ausführung von Kurierdienstleistungen in Zusammenarbeit mit einem Branchenpartner, die Durchführung von Stadtrundfahrten als neue Dienstleistung etc.

Auf der formalen wie auf der erweiterten Ebene lassen sich innovative Ansätze realisieren, die zu einem grösseren Erfolg der Angebote führen. Ein neues Design des Produktes oder eine veränderte Verpackung kann ebenso zu einer grösseren Attraktivität oder zu einem besseren Handling beitragen (zum Beispiel Designer-Mineralwasserflaschen oder Nassrasierer, die besser in der Hand liegen). Oder die bequeme Online-Bestellung für Rasierklingen und Pflegeprodukte im Abonnement als erweiterter Service. Damit ging zum Beispiel das kalifornische Start-up «The Dollar-Shave-Club» 2011 auf den Markt. 2016 erwarb der britisch-niederländische Konzern Unilever das Start-up für eine Milliarde US-Dollar (Handelszeitung online, 2016).

2.1.2 Markierung als Differenzierungsmöglichkeit

Der Aufbau einer **Marke**, die Markierung, ist nicht nur finanziell sehr aufwändig, er bedeutet auch eine ständige Pflege und Anpassung an neue Marktverhältnisse, ohne dabei dem Markenversprechen untreu zu werden. Der Markenaufbau kann im Rahmen einer Profilierungsstrategie geschehen, um sich ein starkes Profil gegenüber den Mitbewerbern zu sichern.

Als Marke bezeichnet man einen Namen, ein Zeichen, ein Symbol, ein Design oder eine Kombination davon zum Zwecke der Kennzeichnung und Identifizierung (Kotler & Bliemel, 2005, S. 736). Die Marke signalisiert die Herkunft eines Produktes respektive einer Dienstleistung.

Der Markeninhaber besitzt das ausschliessliche Nutzungsrecht für den Markennamen und das Markenzeichen seines Produktes. Wie schon erwähnt, muss sich eine Unternehmung zu sich selbst und zu ihren Leistungen bekennen. Beim Aufbau einer Marke muss der Markenkern definiert werden. Kroeber-Riel sagt, dass die Marke vom inneren Bild lebt. Damit ist die spontane Assoziation gemeint, die eine Marke auslöst. Eine Marke kann starke visuelle Eindrücke hinterlassen und entsprechende Emotionen wecken (Kunisch & Sattler, 2001, S. 151).

Abb. 15: Logo McDonald's (McDonald's, 2007)

Der Markenkern von McDonald's wird stark durch die visuellen Reize mit dem geschwungenen M, dem Grün und dem Gelb sowie durch wiederkehrende signalhafte Elemente in der Einrichtung geprägt (siehe Abbildung 15). Die gewünschten emotionalen Assoziationen bei dieser Marke sind am ehesten mit den Worten Kinder, Spass, Spiel und Unkompliziertheit zu beschreiben. Durch den Wechsel der Hintergrundfarbe von Rot auf Grün kommt das Engagement im Bereich der Nachhaltigkeit zum Ausdruck.

Welches sind die echten Vorteile von Marken, welche die Konsumenten veranlassen, für Markenprodukte mehr zu bezahlen?

- *Vertrauen:* Marken vermitteln durch ihre Kontinuität am Markt Vertrauen. Ist man mit einer Marke zufrieden, so stellen sich für viele Kunden ein Vertrauensverhältnis und eine Konstanz im Konsum ein.
- *Bekanntheit:* Marken erfreuen sich einer grossen Bekanntheit. Bekanntes verleiht eine gewisse Sicherheit, auf die man gerne in ungewohnter Umgebung baut.
- *Prestige:* Marken können der persönlichen Imageaufwertung dienen und damit eine Gruppen- oder Standeszugehörigkeit demonstrieren.
- *Differenzierung:* Marken können in einer Welt des Überangebotes Orientierungshilfen sein, weil sie durch ihre Bekanntheit sichere Wegmarken im Produktdschungel darstellen.
- *Identifikation:* Marken können die Persönlichkeit unterstreichen – und dies nicht nur im Sinne von Statussymbolen. Sie können einen Lebensstil, eine Einstellung markieren – wie das in der Werbung für Auto-, Zigaretten- oder Kosmetikmarken geschieht. Häufig werden sogar Slogans bekannter Markenunternehmungen übernommen, um bewusst oder unbewusst ein Lebensgefühl auszudrücken: «Weil ich es mir wert bin», «Nichts ist unmöglich!» (Seiler, 2006, S. 208 f.).

Das Verhalten der Markenunternehmungen wird heute sowohl von den Verbrauchern wie auch von einzelnen Aktivistengruppen kritisch verfolgt. Diese sind sich ihrer Rechte bewusst und wehren sich gegen unlautere Angebote, schlechten Service oder Produktversprechen, die nicht eingelöst werden. Die Möglichkeiten, Kritik zu äussern, sind durch die sozialen Medien, Blogs und Online-Foren schnell und mit grosser Breitenwirkung realisierbar. **Reputation-Management**, die Herstellung des guten Rufes, ist vielfach eine reaktive Haltung. Beispiele wären etwa Shell als Verursacher von Umweltschäden oder Nike als Förderer von Kinderarbeit. In der Zukunft wird die proaktive Darstellung von echten Werten aus Kundenoptik beziehungsweise gesellschaftlicher Sicht immer wichtiger werden (Klein, 2006, S. 375 u. 392).

2.1.3 Begriffe zu Marken

Generische Produkte oder **No-Names** sind markenlose Produkte. Im Handel werde diese Artikel auch häufig Weisse Ware genannt. Sie werden um einiges günstiger als Markenware verkauft (z. B. Hygieneartikel, Konserven). In der Pharmaindustrie sind Generika die Nachahmerprodukte bekannter Arzneimittel.

Handels- oder **Eigenmarken** sind Produkte, die nur über die entsprechende Handelskette vertrieben werden (z. B. M-Electronics, Frey-Schokolade von Migros). Ursprünglich waren Eigenmarken für Sortimente, bei denen Lücken im Markenangebot bestanden, entwickelt worden. Heute füllen immer mehr Handelsmarken die Regale – als günstige Alternative zu den Markenprodukten.

Einzel- oder **Monomarken** stehen für Produkte, die exklusiv unter diesem Namen aufgebaut wurden (Pril, Mars, Lexus). Vielfach wurden diese Produkte zum Synonym für das Produkt selbst, Beispiele sind Bostitch, Tesa-Film, Aromat. Dieser Markentyp eignet sich einerseits für Unternehmungen, die heterogene Produkte anbieten wie Henkel mit den Marken Persil, Fa und Pritt. Andererseits bietet er sich auch für Unternehmungen an, die nur in einem Markt präsent sind, wie das Beispiel Ferrero im Süsswarenmarkt zeigt mit den Marken Mon Chéri, Raffaello, Nutella, Kinder Schokolade oder TicTac. Die Gemeinsamkeit besteht hier darin, dass die Unternehmung deutlich im Hintergrund bleibt zu Gunsten einer klaren, unverwechselbaren Markenpersönlichkeit.

Dachmarken stellen genau das andere Extrem zu den Einzelmarken dar. Dachmarken sind dadurch gekennzeichnet, dass sämtliche – meist heterogenen – Produkte einer Unternehmung unter einer einheitlichen Marke angeboten werden. Die Voraussetzung für das Gelingen ist eine starke, prestigeträchtige und gesunde Originalmarke. Als typische Beispiele gelten Amazon, Allianz, Virgin und BMW. Ein potenzielles Risiko besteht hier jedoch in der Markenverwässerung, wenn sich ein Markentransfer als Flop erweist und dadurch das Image der Originalmarke beeinträchtigt wird. So war zum Beispiel der Transfer der Marke Levi's auf klassische Herrenanzüge ein Misserfolg, der nicht nur eine Imageschädigung bewirkte, sondern auch Einbussen im Jeansmarkt brachte (Kunisch & Sattler, 2001, S. 147).

Markenfamilien werden auch häufig als Produktgruppen-Marken bezeichnet. Das Prinzip besteht darin, dass innerhalb einer Unternehmung mehrere Produkte unter einer Marke geführt werden, wobei mehrere Markenfamilien nebeneinander laufen können. Beispiele bilden Nivea mit den Produktgruppen Nivea Visage, Nivea Bath Care oder Nivea Beauté und Maggi mit Maggi-Würzmischungen, Maggi Quick Lunch, Maggi-Fertiggerichten und anderem. Bei den Markenfamilien ist das Risiko der Imagebeeinträchtigung geringer als bei den Dachmarken, da die Produktgruppen oftmals komplementär miteinander verbunden sind und einen grösseren Bezug zur zentralen Imagedimension haben (Nivea steht für Pflege und Maggi für Geschmack).

Bei der **Mehrmarkenstrategie** handelt es sich um das parallele Führen mehrerer selbstständiger Marken innerhalb einer Unternehmung. Diese Strategie wird eingesetzt, um eine breitere Marktabdeckung mittels Ansprache mehrerer Branchensegmente vornehmen zu können. Unternehmungen mit einer ausgeprägten Mehrmarkenstrategie finden sich beispielsweise im Automobilbereich Volkswagen mit VW, Skoda, Seat, Audi und im Lebensmittelbereich Unilever im Margarinemarkt mit Lätta, Becel, Sanella, Rama, Du Darfst. Ein Nachteil kann hier in der Kannibalisierung liegen (unternehmensinternen Konkurrenzierung) durch Übersegmentierungen, das heisst, dass es Überschneidungen innerhalb der Branchensegmente gibt (Freter, 2004, S. 62).

Zweitmarken finden sich insbesondere bei Produkten, die weniger durch individuelle Besonderheiten auffallen (Speiseöle, Waschmittel). Neben einem hochpreisig angesiedelten Markenprodukt wird vom Hersteller ein ähnliches Produkt mit einem anderen Namen zu einem günstigeren Preis für eine Handelskette produziert.

Spezialitätenmarken werden im Zuge der Globalisierung immer wichtiger, weil sie die Herstellungsverfahren und/oder Rezepturen regionaler oder länderspezifischer Spezialitäten schützen können. Der Eintrag von Champagner ins Markenregister – als wohl bekanntestes Beispiel einer Spezialitätenmarke – bewirkte, dass keine ähnlichen Produkte diese Bezeichnung tragen dürfen. Sogar ein artfremdes Produkt wie beispielsweise Parfüm, das unter diesem Namen hätte lanciert werden sollen, musste vom Markt zurückgezogen werden. Beispiele für andere Spezialitäten sind etwa Parma Schinken, Sauternes, Feta.

Als **Co-Branding** bezeichnet man die Strategie, bei der zwei bekannte Markenunternehmen ein Produkt gemeinsam entwickeln, um dabei Synergien im Bereich der Kosten und Kundenstrukturen zu nutzen. Bekanntes Beispiel ist der Ferrari Turnschuh von Puma. Cross-Promotion hingegen bezeichnet die gemeinsame Werbung von zwei Markenherstellern. Als Beispiel sind Bauknecht und Calgon zu nennen.

Beim **Ingredient-Branding** nutzt ein Hersteller die Markenbekanntheit eines Inhaltsstoffes und wertet damit sein eigenes Angebot auf oder weist auf spezielle Eigenschaften des Eigenproduktes hin. Wenn zum Beispiel ein Pfannenhersteller den Hinweis gibt, dass seine Produkte Teflon-beschichtet sind, dann bewirkt die Markenbekanntheit von Teflon die Überzeugung beim Kunden: «Da backt nichts an!» Andere Beispiele sind Intel-Prozessoren, Gore-Tex und Lycra. Voraussetzung für den Erfolg dieser Markenstrategie ist jedoch die erfolgreiche Markierung des Vorproduktes, also eines Inhalts- oder Rohstoffes beziehungsweise der eingesetzten Komponenten (Kleinaltenkamp & Ludwig, 2001, S. 263 f.).

Lizenzmarken sind alltäglich. Die meisten Modedesigner vergeben eine Lizenz auf ihren Namen für andere Produktgruppen wie Brillen, Taschen, Schuhe, Parfüm. Der Lizenzgeber erhält für die Zurverfügungstellung des Namens eine prozentuale Gebühr vom Umsatz der verkauften Produkte. Beispiele sind Disney, Joop, Hello Kitty, Versace.

2.2 Die Sortimentsgestaltung

Die meisten Unternehmungen bieten nicht nur ein Produkt oder eine Dienstleistung an, sondern ein ganzes Sortiment. Bei der **Sortimentsgestaltung** unterscheidet man zwischen der Sortimentstiefe und der Sortimentsbreite. Ein tiefes Sortiment beinhaltet viele Varianten innerhalb einer Warengruppe oder Dienstleistung. Ein breites Sortiment hingegen bietet zahlreiche verschiedene Warengruppen oder Dienstleistungen an. Ein Fachgeschäft führt meistens ein schmales, aber tiefes Sortiment. Beim Convenience-Shop an der Tankstelle verhält es sich gerade umgekehrt. Dort findet man ein breites, jedoch flaches Sortiment.

Ein wichtiges Problem bei der Sortimentsgestaltung ist die mögliche Kannibalisierung innerhalb des Angebotes. Man meint damit die Gefahr, dass ein neues Produkt teilweise auch zu Lasten der Umsätze bestehender eigener Artikel Mehrumsätze generiert. Dies ist vor allem dann der Fall, wenn es sich um ähnliche Sortimentsbestandteile handelt. Viele Unternehmungen mit breiter Produktpalette kalkulieren bereits bei der Lancierung eines neuen Produktes einen gewissen **Kannibalisierungseffekt** ein.

Ein typisches Beispiel ist das Sortiment von BMW. Das im Jahr 1990 eingeführte neue 3er-Modell war grundsätzlich sehr erfolgreich. Gleichzeitig sank aber auch der Absatz des 5er-Modells. Da der 3er zum Beispiel beim Komfort und bei der Fahrleistung gegenüber dem Vorgängermodell ständig verbessert wurde und sich damit dem 5er annäherte, ist ein Kannibalisierungseffekt anzunehmen.

Da gerade in der Automobilbranche einzelne Produktlinien durch **Relaunches** regelmässig aufgewertet werden (z. B. Golf, VW Beetle), entsteht immer wieder das Problem der Kannibalisierung mit einem Zyklus wechselseitiger Aufwertungen, die dann im unteren Bereich Lücken entstehen lassen. Die Kannibalisierung kann aber auch als bewusst geführte Strategie eingesetzt werden, mit der ein Vorgängerprodukt eliminiert werden soll.

2.3 Die Neuentwicklung von Produkten

Als Motive für Neuentwicklungen können beispielsweise die Gewinnung von Marktanteilen und die Verdrängung von Mitbewerbern, aber auch die Stärkung des Firmenimages genannt werden. Innovationen waren immer wichtig. Aber heute in der entstehenden multipolaren, hochkompetitiven Welt sind sie wichtiger denn je. Im globalen Konkurrenzkampf geht es um das Wetteifern um Mitarbeitende, Rohstoffe, Kapital, Konsumentenmärkte und um Erfindungen (siehe Abschnitt 1.7.1).

2.3.1 Die Bedeutung des Innovationspotenzials

Das **Innovationspotenzial** und der Innovationsgrad gelten heute vielfach als Massstab für die Überlebensfähigkeit und Ertragskraft einer Unternehmung. Als Innovationspotenzial bezeichnet man den Anteil neuer Produkte am Gesamtumsatz. Der Innovationsgrad stellt den Anteil neuer Produkte zu den Absatzmengen in Beziehung (siehe Teil C3, Marktleistungsentwicklung).

Die zentralen Fragen zur Innovation lauten: Lohnt sie sich? Ist Innovation besser als Nichtinnovation? Wird mit Nichtinnovation Trägheit und Erfolglosigkeit assoziiert? Trotz zahlreicher Erfolgsgeschichten innovativer Unternehmungen lässt sich diese Frage nicht eindeutig beantworten. In Anlehnung an Preissner (1997, S. 15) seien zur Veranschaulichung folgende Beispiele erwähnt:

Henkel hatte es mit Hilfe des Waschmittels Persil Megaperls und der nachfolgenden portionierten Kapseln geschafft, den Zweikampf mit Procter & Gamble (Ariel) zweimal für eine gewisse Zeit für sich zu entscheiden. Das Profil von Persil konnte durch diese Innovationen gestärkt werden, der vorher bestehende Wettstreit mit der wechselseitigen Neueinführung modifizierter Waschmittel wurde aufgehalten. Aus Kundenoptik bieten Persil Megaperls und Kapseln einen Nutzenvorteil, der bislang von allen Wettbewerbern vernachlässigt wurde, nämlich die Bequemlichkeit der Anwendung. Megaperls und Kapseln bieten klare Anwendungsvorteile.

Das Getränk Red Bull wurde 1987 in Österreich eingeführt. Damit wurde nicht nur eine neue Produktkategorie der Energy-Drinks geschaffen, sondern auch eine Erfolgsstory in Gang gesetzt, die durch konsequente Markenführung bis heute ungebrochen ist. Der Marke Red Bull ist es gelungen, durch ein neuartiges Produkt 2018 einen Umsatz von 5,5 Milliarden Euro zu erreichen (Manager-Magazin, 2019).

Die Unternehmen Mymuesli wurde 2007 von den drei Passauer Studenten gegründet. Das Innovative an der Idee war, Premiummüslis individualisiert und online bestellen zu können. Das Konzept mit 560 Billionen Müsli-Varianten kam an und ist heute on- wie offline über eigene Stores präsent mit einem Umsatz, der für 2018 mit 61 Millionen Euro prognostiziert wurde (Blumenroth, 2020).

2

Innovationen sollten nur erfolgen, wenn die Auslöser dafür nachvollziehbar und die dafür notwendigen Voraussetzungen erfüllt sind (Bellone & Matla, 2017; Preissner, 1997, S. 17):

- *Möglichkeit des rechtlichen Schutzes* wie Patente und/oder Namen (Aspirin, Aspartam)
- *Sichtbare und nachvollziehbare Eigenständigkeit* (Nespresso)
- *Starke Unterstützung durch Kommunikationsmassnahmen* (Megaperls)
- *Grosse Marge und Unterstützung des Handels* (Ladendekorationen, Werbekostenzuschüsse)
- *Konkreter Nutzenvorteil* (Textilfaser Lycra, Mikrowelle, Smartphones)
- *Nutzung von Synergien* in der Unternehmung bezüglich Marketing, Produktion, Entwicklung (Ferrero-Süsswaren, Nivea-Kosmetik)
- *Eindeutige Ausrichtung auf eine Zielgruppe* mit hohem quantitativem und qualitativen Potenzial (Printprodukte wie «Landlust» und «Happinez», UPS, eBay)

Bei den meisten Innovationen handelt es sich jedoch eher um Produktvariationen als um Neuentwicklungen (Preissner, 1997, S. 17), so zum Beispiel:

- *Light-Produkte* (diverse Milchprodukte, Limonaden)
- *Bio-Produkte* (Milchprodukte, Back- und Teigwaren)
- *Ethno-Produkte* (Maggi-Asia-Snacks)
- *Convenience-Produkte* (Dosenbier, Flüssig-Schuhcreme, Tiefkühl-Fertigprodukte, Trink-Müslis)
- *Mini-Produkte* (Schokoladenriegel im Mini-Format, Waschmittel- und Weichspüler-Konzentrate)
- *Umweltfreundliche Produkte* (Frosch Reiniger, Haushaltspapier)
- *Fun-Produkte* (Swatch-Uhren, Toyota RAV)
- *Profi-Produkte* (Satellitennavigation, Laptop)

Ableitungen von vorhandenen Produkten sind in der Regel kostengünstiger. So kann man oft von ähnlichen Herstellungsverfahren, von der Akzeptanz sowie Bekanntheit des Produktes im Markt und davon, dass man in den Vertriebskanälen bereits gelistet ist, profitieren. Es wird bei neuen Produkten nämlich immer schwieriger, überhaupt Regalfläche im Handel zu bekommen.

2.3.2 Der Produktentwicklungsprozess

Kern der Produktgestaltung ist die **Produktentwicklung** (siehe Teil C3, Marktleistungsentwicklung). Neue oder verbesserte Produkte sind die Ertragspotenziale einer Unternehmung. Allerdings gibt es keine Garantie dafür, dass eine Innovation zum Erfolg führt. So musste zum Beispiel die amerikanische Firma Rollerblades rund zehn Jahre auf ihren Durchbruch im Markt warten. Coca-Cola ist seit Jahrzehnten Marktführer mit vergleichsweise wenigen Innovationen. Hingegen konnte sich die Mini-Disc ebenso wenig durchsetzen wie damals die Bildplatte, die den Videorecorder verdrängen wollte.

Am Anfang der Produktentwicklung steht die Ideenfindung. Oftmals nutzen Unternehmungen mit Erfolg die eigenen Quellen zur Ideenfindung, beispielsweise den Aussendienst, die Reklamationsabteilung oder allgemein alle Mitarbeitenden, die mit den Kunden und dem Handel zu tun haben. Manche Unternehmungen schreiben interne Innovationspreise aus und/oder regen explizit über Plattformen wie Denk-Werkstatt und Fragebogen zu neuen Impulsen an.

Die Informationsquellen zur Entwicklung von Produkten und Dienstleistungen sind zahlreich. So lohnt sich neben der Konkurrenz- und Medienbeobachtung und der Teilnahme an Fachmessen auch ein Blick in benachbarte oder artfremde Branchen, um Impulse zu bekommen. Die Kosmetikbranche orientiert sich beispielsweise häufig an den Trends in der Mode- und Freizeitbranche. Eine Alternative zu den eigenen Forschungsabteilungen sind auch externe Agenturen, die sich der Ideenfindung verschrieben haben.

2.3.3 Kreativitätstechniken

Kreativität ist nicht das Ergebnis eines Zufalls, sondern bedeutet intensive und zielgerichtete Arbeit. Ein gutes Arbeitsklima ist eine wichtige Voraussetzung dafür, dass die Mitarbeitenden ihre Impulse überhaupt einbringen. Diese werden durch den Einsatz so genannter Kreativitätstechniken zu verwertbaren Ideen entwickelt. Man kann dabei zwischen systematisch-logischen und intuitiv-kreativen Techniken differenzieren.

Beispiele für systematisch-logische Ansätze:

- *Morphologischer Kasten:* Ein bestehendes Problem wird in seine Teile zerlegt. Für die einzelnen Teile werden dann alternative Lösungsmöglichkeiten gesucht, um daraus ein neues Produkt zu entwickeln.
- *Relevanzbaum:* Ein Problem wird in einzelne Teile zerlegt. Für diese werden jeweils Lösungsmöglichkeiten entwickelt, welche anhand eines Kriterienkataloges bewertet und gewichtet werden, um damit die optimale Problemlösung zu finden.

Beispiele für intuitiv-kreative Ansätze:

- *Brainstorming:* Diese von Alex Osborn entwickelte Kreativitätstechnik wird im Rahmen einer Gruppendiskussion eingesetzt, die unter einem bestimmten Leitthema steht. Es sollen möglichst Personen aus unterschiedlichen Fachkreisen teilnehmen, um verschiedene Perspektiven zu beleuchten. Die Grundprinzipien sind Quantität vor Qualität und keine Kritik. Hier sind es vor allem die Fülle der Einfälle und die Spontaneität, die zu neuen Problemlösungen führen können. Eine Erweiterung des Brainstormings ist das Brainwriting. Spontane Ideen werden aufgeschrieben und an Beteiligte des Teams weitergegeben, die diese Ideen weiterentwickeln.
- *Bionik:* Prozesse und Prinzipien kann man aus der Natur adaptieren. Das interdisziplinäre Forschungsfeld der Bionik ist allerdings für kurzfristige Innovierungsprozesse nicht geeignet (Bellone & Matla, 2017, S. 241).

Die Klette

George de Mestral, Schweizer Ingenieur, war Anfang 30, als er von der Jagd im Schweizer Jura mit seinem Hund zurück kam. Beide waren übersät mit Früchten des Artium lappa – besser bekannt als Grosse Klette oder umgangssprachlich Haarballe. Dem Hund hockten die lästigen «Früchtchen» im Fell, dem Jäger klebten sie an der Hose.

Normalerweise wäre dieser Vorfall ein Ärgernis. De Mestral nutzte jedoch diesen Umstand, um die Beschaffenheit der Klette zu studieren. Unter dem Mikroskop sah er, dass die Blütenhüllblätter unzählige kleine Widerhaken aufweisen, die sich in alles krallen, was flauschig ist. Dass nach diesem Prinzip einmal Rucksäcke, Schuhe, Blutdruckmessgeräte zu- und aufgemacht werden, dass Klettverschlüsse einmal unverzichtbar sein würden für die Schiff- und Raumfahrt, konnte man in den 40er-Jahren noch nicht wissen.

Es brauchte noch knapp zehn Jahre, bis de Mestral den Bauplan der Natur kopiert und so adaptiert hatte, dass erste Verschlüsse nach diesem Vorbild auf den Markt kamen. Der Klettverschluss wurde von einer internationalen Jury zu einer der 50 bedeutendsten Erfindungen des 20. Jahrhunderts gekürt (Kühn, 2004, S. 130).

2.3.4 Die Stufen des Produktentwicklungsprozesses

Die Aufgaben des **Produktentwicklungsprozesses** bestehen darin, auf der Basis einer Produktdefinition das konkrete Produkt zu erstellen. Die Produktdefinition muss vom Marketing initiiert und beschrieben werden. Sie sollte entsprechend der Fokussierung auf die Anspruchsgruppen und Umweltsphären folgende Positionen beinhalten:

- *Produktleistung:* Welche Problemlösung bietet das Produkt? Was soll es konkret leisten? Wie schnell/effizient/energiesparend soll es sein? Wie lässt sich die Leistung messen?
- *Marktpotenzial:* Welcher Personen- oder Geschäftskundenkreis soll vorrangig angesprochen werden? Wie gross ist das Potenzial, und wie stark ist der Markt schon gesättigt?
- *Expansion:* In welchen Ländern soll das Produkt vertrieben werden?
- *Preis:* Wie hoch soll/darf der Endverbraucherpreis sein? Gibt es Preisschwellen zu beachten?

- *Vertriebskanäle:* Welche Vertriebskanäle sichern die angestrebte Marktabdeckung? Wie gross sind die Chancen, in den Handel zu kommen – und zu welchen Konditionen?
- *Restriktionen:* Welche Vorschriften sind einzuhalten? Welche Zulassungen sind erforderlich?
- *Zeit:* Wann soll das Produkt auf dem Markt eingeführt werden?

Der Produktentwicklungsprozess kann je nach Produktart zwischen wenigen Tagen und Jahrzehnten dauern, Letzteres etwa im Bereich der Medikamente. Idealerweise wird der Prozess in mehrere Zwischenstufen unterteilt, um durch Tests laufend Verbesserungen am Produkt vornehmen zu können.

Der Entwicklungsprozess hat bei jeder Produktart einen eigenständigen Ablauf. So sind zum Beispiel bei neuen Kosmetika umfangreiche und lang andauernde Tests durchzuführen. In der Bekleidungsbranche sind internationale Konferenzen über die Abstimmung der Modefarben zu berücksichtigen, andere Angebote, vor allem Dienstleistungen, werden nach wenigen Tagen oder Wochen auf den Markt gebracht.

Die Entwicklungsprozesse laufen unterschiedlich ab. Neue Produkte können im Markt getestet werden. Ansätze wie zum Beispiel Design Thinking und Scrum setzen jeweils auf den kontinuierlichen Dialog mit den potenziellen Kunden, um partielle Entwicklungsschritte auf Akzeptanz zu überprüfen (Brandes, Gemmer, Koschek & Schültken, 2014, S. 91, 87). Das prototypische Testen von Ideen und Produkten wird von interdisziplinären Teams im Unternehmen begleitet, die neben der Marktgängigkeit auch die gesetzlichen Bestimmungen, Fragen der Geheimhaltung und das Budget im Auge behalten.

2.4 Der Produktlebenszyklus

Der **Lebenszyklus** ist ein Gedankenmodell, das den Reifeprozess eines Produktes im Laufe der Zeit zeigt. Dieses Modell hilft, den Marketingauftritt den Lebensphasen des Produktes anzupassen. Zu beachten ist, dass jedes Produkt, aber auch eine Marke, eine Produktkategorie oder eine Produktform einen ganz individuellen Lebenszyklus durchläuft (siehe Abbildung 15). Allerdings geht man davon aus, dass in den letzten Jahren in vielen Branchen die Lebenszeit eines Produktes merklich gesunken ist. Laut einer Untersuchung des deutschen Fraunhofer-Institutes verkürzte sich der Lebenszyklus im Investitionsgüterbereich auf durchschnittlich 6.5 Jahre. Die Unternehmungen müssen also immer schneller neue Produkte einführen. Die Time-to-Market, die Zeitdauer von der Produktidee bis zur Markteinführung eines neuen Produktes, erhält deswegen eine herausragende Bedeutung und beeinflusst das Marketing erheblich.

Produktkategorien zeichnen sich in der Regel durch einen langen Lebenszyklus aus. Viele verharren auf unbestimmte Dauer in der Reifephase. Zu diesen Kategorien gehören zum Beispiel Flugreisen, Waschmittel oder Autos.

Produkte zeigen einen typischen Verlauf ihres Lebenszyklus (siehe Abbildung 16). Bezogen auf die oben genannten drei Beispiele aus der Produktkategorie gehören bei Flugreisen Charter- oder Linienflüge zu den Produktformen, bei den Waschmitteln sind es flüssige und pulverisierte Mittel, Kapseln oder Tabs. Bei den Autos verschiedene Antriebe wie Benzin, Hybrid und Elektro.

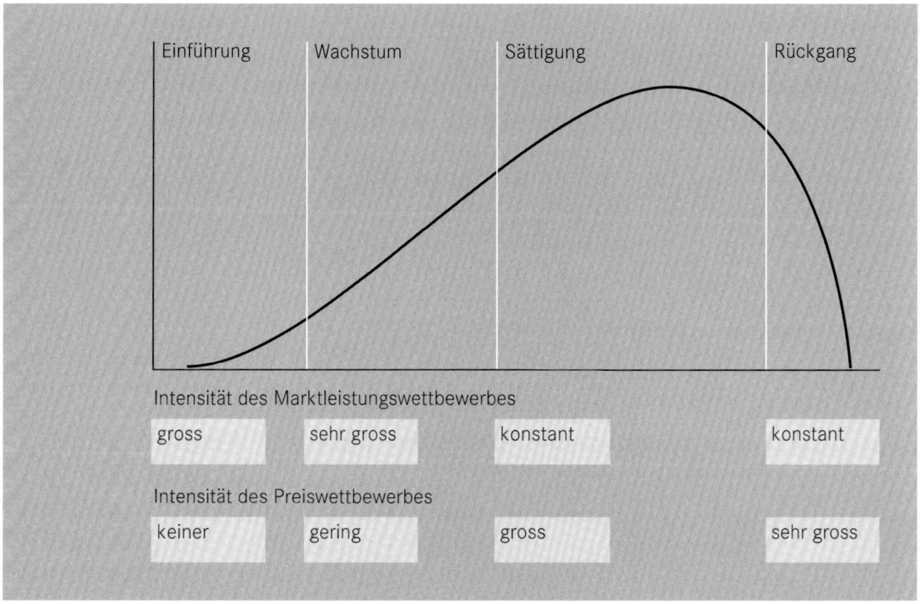

Abb. 16: Produktlebenszyklus

Marken können sowohl einen sehr kurzen als auch einen sehr langen Zyklus durchlaufen. Ist die Marke nur an ein konkretes Produkt gebunden, dann kann der Zyklus relativ begrenzt sein, sofern das Produkt keine Neuerung erfährt. Ist die Marke an ein Sortiment gebunden, dessen Produktformen stetig verjüngt oder aktualisiert werden, so ist der Lebenszyklus entsprechend lang. Ariel und Persil sind Einzelmarken bei Waschmitteln, deren Lebenszyklen durch neue Produktformen verlängert werden (Kotler & Bliemel, 2005, S. 575).

Bei der Betrachtung des **Produktlebenszyklus** wird deutlich, dass die Marketingstrategien in den einzelnen Phasen unterschiedlich sein müssen. In der Einführungsphase eines Produktes oder einer Dienstleistung fallen besonders die Marketing- und Kommunikationskosten ins Gewicht, da das Innovative oder das Modifizierte des Angebotes auch kommuniziert werden muss. In dieser Phase ist bei neuartigen Produkten, wo nur eine geringe Vergleichbarkeit auf dem Markt möglich ist, die Preissensitivität der Kunden in der Regel gering. Deshalb setzen Unternehmungen bei der Lancierung neuer Produkte häufig auf die Skimming- oder Abschöpfungsstrategie: Mit einem hohen Preis versucht man, möglichst schnell die Entwicklungs- und Lancierungskosten zu amortisieren. Dies auch im Wissen, dass es bald Nachahmer mit tieferen Preisen geben wird.

In der Wachstumsphase versuchen die Unternehmungen, durch entsprechende Massnahmen wie beispielsweise die Erschliessung neuer Vertriebswege oder Branchensegmente eine starke Marktposition zu erreichen. Die Gewinnmarge ist in dieser Phase in der Regel am höchsten, obwohl die Marktpreise infolge des zunehmenden Wettbewerbs langsam zurückgehen.

In der Reifephase gilt es zu entscheiden, ob man dem Produkt oder der Dienstleistung durch eine Auffrischung noch einmal zu einem Aufschwung verhelfen will, einen Relaunch lanciert, oder ob man das Angebot langsam auslaufen lässt (Rückgangsphase) oder durch ein neues ersetzt.

3 Preis-Mix

Welcher **Preis** passt zu meinem Angebot? Welchen Preis muss ich festlegen, um meine Kosten zu decken und darüber hinaus einen angemessenen Gewinn zu erzielen?

Sowohl die Festlegung einer generellen Preispolitik als auch die Bestimmung des Verkaufspreises im Einzelfall sind wichtige Entscheidungen des Managements. Zum einen müssen über den Umsatz die Kosten gedeckt und eine angemessene Rendite auf dem investierten Kapital erzielt werden. Zum andern entscheidet der festgelegte Preis massgeblich, ob mit einem bestimmten Produkt ein Markterfolg oder -misserfolg realisiert wird – je nach Preiselastizität der Nachfrage (siehe Kapitel 3.2).

In der Praxis wird der Preis häufig allzu stark ins Zentrum des Geschehens gerückt. Gekonnt vermittelten Fach- und Supermärkte mit ihren Slogans wie «Geiz ist geil!» (Saturn Fachmarkt) und «Ich bin doch nicht blöd» (Media Markt), dass man besonders auf die Preissensibilität der Konsumenten achtet. Allerdings bekommen die Verbraucher auch den Eindruck, sie hätten bis anhin zu viel bezahlt. Es liegt auf der Hand, dass solch tiefe Preise nur mit entsprechend hohen Absatzvolumen und teilweise auch durch Quersubventionierung erreicht werden können.

Abb. 17: Slogan auf der Homepage von Media Markt (Media Markt, 2007)

Trotz der grossen Bedeutung des Preises muss erwähnt werden, dass die Wirkung tiefer Preise in der Praxis oft überschätzt wird und dadurch andere Einflussgrössen der Preisbil-

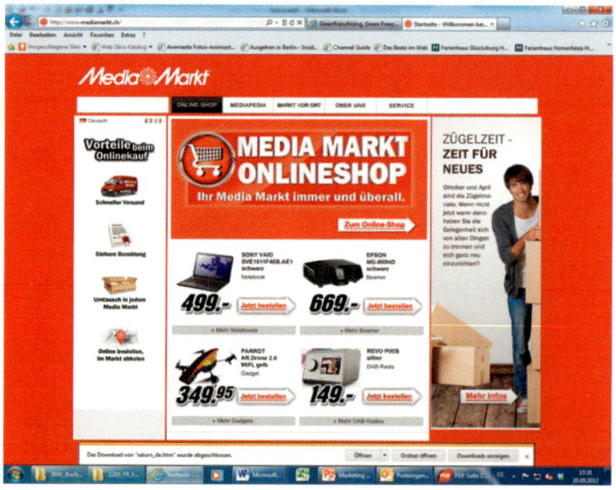

Abb.18: Aktueller Webauftritt von Media-Markt ohne Slogan, 2012

dung ungenügend berücksichtigt werden. Interessant ist, dass seit 2011 sowohl Media Markt wie Saturn in der Werbung von ihren preisaggressiven Slogans weggegangen sind und sich vermehrt über fachliche Kompetenz und Präsenz definieren.

Im Folgenden werden verschiedene Einflussfaktoren zur Preisbildung sowie ausgewählte Preisstrategien erörtert.

3.1 Einflussfaktoren der Preisbildung

Die **Preisbildung** wird nicht nur von den eigenen Zielsetzungen des Unternehmens, sondern auch vom Wettbewerbsumfeld und von der Anzahl der Marktteilnehmer, Konkurrenten und Konsumenten bestimmt (Blatter-Constantin & Gantner, 2002, S. 73) (siehe auch Abbildung 19). Es ist bekannt, dass uneingeschränkte Monopolisten, die nach Gewinnmaximierung streben, höhere Preise festlegen können, da für die Kunden keine Alternativen bestehen. Diese Situation ändert sich, sobald Mitbewerber auf dem Markt agieren und die Erlangung von Wettbewerbsvorteilen wichtig wird. Die Differenzierung von der Konkurrenz wird neben produkt- und distributionsspezifischen Massnahmen ebenso im Preisgefüge vorgenommen.

Nachfrager	**Anbieter**		
	Viele	**Wenige**	**Einer**
Viele	Polypol	Angebotsoligopol	Angebotsmonopol
Wenige	Nachfrageoligopol	Zweiteiliges Oligopol	Beschränktes Angebotsmonopol
Einer	Nachfragemonopol	Beschränktes Nachfragemonopol	Zweiseitiges Monopol

Abb. 19: Marktkonstellationen in Abhängigkeit der Anzahl Marktteilnehmer

Die **Preisfestlegung** für ein bestimmtes Produkt wird sowohl von externen als auch internen Faktoren beeinflusst (Seiler, 2006, S. 262) (siehe Abbildung 20).

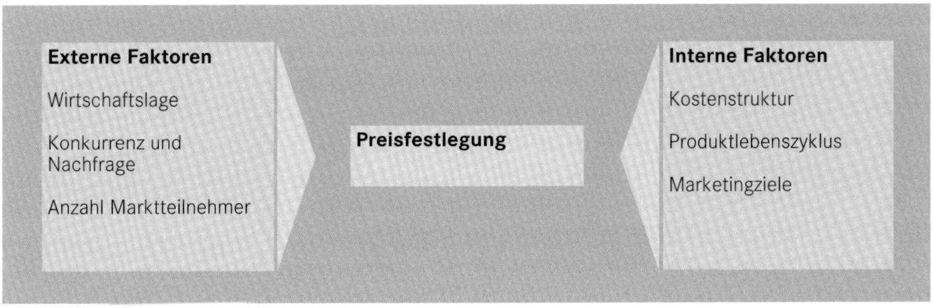

Abb. 20: Externe und interne Faktoren der Preisfestlegung

3.2 Preiselastizität der Nachfrage

Bei der Preisbestimmung geht es um folgende Fragen: Welchen Preis ist der Kunde überhaupt bereit zu bezahlen? Müssen Preisschwellen im Markt beachtet werden – also gedankliche Richtwerte beim Kunden (siehe Abschnitt 3.3.2). Welche Menge eines bestimmten Produktes kann man zusätzlich absetzen, wenn der Preis gesenkt wird? Wie wird sich umgekehrt die nachgefragte Menge verändern, wenn der Preis erhöht wird? Das Ausmass der Mengenwirkung wird mit der **Preiselastizität der Nachfrage** ausgedrückt.

Die Elastizität der Nachfrage ist die Grösse, die die Sensibilität der Kunden auf Preisveränderungen darstellt. Eine elastische Nachfrage bedeutet eine starke Reaktion der Kunden auf Preisveränderungen, eine unelastische Nachfrage umgekehrt eine schwache Reaktion. Die Nachfragekurve für Konsumgüter wie Salz, Mehl und Milch ist unelastisch, das heisst, Preisänderungen haben keine grosse Mengenwirkung zur Folge. Bei hochpreisigen Gütern wird in der Regel eine Preissenkung zu einer erhöhten Nachfrage führen, da dann zusätzlich auch eine neue, preissensiblere Zielgruppe angesprochen wird – die Nachfragekurve verläuft also elastisch.

Inwieweit eine elastische oder unelastische Nachfrage gegeben ist, hängt von diversen Faktoren ab. So kann neben der Notwendigkeit und Relevanz des Gutes auch das Ausmass der Marktsättigung eine Rolle spielen. Das Einkommensprofil der Kunden kann ebenso bedeutend sein wie das Vorhandensein von Alternativen zum Angebot. Je mehr günstigere Substitutionsprodukte in Bereichen verfügbar sind, die für den Kunden weniger markenrelevant sind, desto elastischer verläuft die Nachfrage. Diesen Effekt bekommt so mancher Markenhersteller zu spüren, der zunehmend von preisgünstigen Handelsmarken be- und verdrängt wird. David Bosshart, schweizerischer Trendforscher am Gottlieb Duttweiler Institut, spricht davon, dass sich das Verhalten der Verbraucher immer mehr polarisiert. Grundbedürfnisse werden zu möglichst niedrigen Preisen gedeckt, auf der anderen Seite stehen die Suche nach immateriellen Werten und die Lust nach Extravaganz, wofür man gerne etwas mehr ausgibt. Es kommt immer mehr auf den persönlichen Kundennutzen an, der aus dem Produkt oder der Dienstleistung resultiert. Dafür ist der Kunde auch bereit, einen höheren Preis zu zahlen.

Die Nachfrage nach einem Produkt X hängt nicht nur von seinem Preis ab. Preisänderungen bei Komplementär- und Substitionsgütern (Y) beeinflussen ebenso die Nachfrage nach Produkt X. So wird sich eine Preissenkung bei Kaffeemaschinen (Komplementärgut) positiv auf die Nachfrage nach Kaffeepads/-kapseln auswirken. Umgekehrt verhält es sich bei Substitutionsgütern. Eine erhebliche Preissenkung bei Bahntickets dürfte einen Nachfragerückgang bei anderen Mobilitätsanbietern zur Folge haben. Diese Abhängigkeit bezeichnet man als Kreuzpreiselastizität. Sie gibt an, wie stark die Nachfrage nach einem Produkt X auf eine Preisänderung des Gutes Y reagiert. Bei Substitutionsgütern ist die Kreuzpreiselastizität positiv, bei Komplementärgütern negativ.

3.3 Besonderheiten der Preisbildung

Die **Preisbildung** muss auf die gewählten Marketingziele abgestimmt sein. Dies bedeutet, dass der Spielraum betreffend den Preisen oft nur noch klein ist. Wenn beispielsweise eine Marktleaderstrategie verfolgt wird, so orientiert sich die Preisbildung viel stärker an der eigenen Kostenstruktur. Dies im Gegensatz zur Marktmitläuferstrategie: Hier hat die Konkurrenzorientierung absolute Priorität. Wenn das Ziel der Unternehmung aber in einer möglichst breiten Marktabdeckung besteht, dann bedeutet dies, dass man in unterschiedlichen Marktsegmenten die Leistungen auch unterschiedlich präsentieren will. Es wird also eine segmentspezifische Mehrmarkenstrategie verfolgt. Dabei spielt die Preisdifferenzierung eine entscheidende Rolle. Ein typisches Beispiel ist der Modedesigner, der seine Marke im klassischen Sortiment zum angestammten Preis anbietet und für eine jüngere, preissensiblere Zielgruppe eine günstigere Zweitmarke aufbaut. Mittels dieser abnehmerbezogenen Preisdifferenzierung verfolgt der Anbieter nicht nur die breite Etablierung seiner Marke, sondern ebenso den Aufbau einer Nachfolgezielkundschaft mit einer Einstiegsmarke.

3.3.1 Möglichkeiten der Preisdifferenzierung

Ein Markt setzt sich normalerweise aus Käufern zusammen, die sich in zahlreichen für das Preismanagement relevanten Kriterien wie Bewertung des Produktnutzens, Preisbereitschaft, Einkommen, Präferenzen usw. unterscheiden. Hier setzt die Idee der **Preisdifferenzierung** an: Gleiche Produkte werden zu unterschiedlichen Preisen angeboten. Damit diese Vorgehensweise nicht zu einem Verlust der Glaubwürdigkeit führt, gilt es, Kriterien zu definieren, aufgrund deren eine Differenzierung Sinn macht beziehungsweise vertretbar ist (Seiler, 2006, S. 286).

Regionale Preisdifferenzierung	Ein Produkt wird in unterschiedlichen Regionen und Ländern aufgrund unterschiedlicher Preisniveaus, Währungsschwankungen, Standortbedingungen etc. zu unterschiedlichen Preisen angeboten, zum Beispiel höhere Benzinpreise an Autobahnen, Verteuerung durch Importauflagen.
Zeitliche Preisdifferenzierung	Aufgrund saisonaler Bedingungen werden unterschiedliche Preise verlangt, zum Beispiel in der Tourismusbranche, aber auch Tag- und Nachttarife (Telefonie, Strom) oder Werktags- und Sonntagstarife.
Mengenabhängige Preisdifferenzierung	Je nach Abnahmemenge wird ein anderer Preis verlangt, zum Beispiel Mengenrabatte.
Produktabhängige Preisdifferenzierung	Entsprechend der Beschaffenheit und des Einsatzes der Produkte werden unterschiedliche Preise verlangt, zum Beispiel ist Streu- oder Futtersalz günstiger als Kochsalz, sind Nachfüllpackungen günstiger als das Basisprodukt, ist die 1. Klasse in der Bahn teurer als die 2. Klasse.

Abnehmerabhängige Preisdifferenzierung	Je nachdem, ob es sich um Firmen- oder Privatkunden handelt, können unterschiedliche Preise festgelegt werden. Ebenso kann eine Preisdifferenzierung nach Profilen der Kundengruppen erfolgen, zum Beispiel Kinder, Studierende, AHV-Bezüger.
Vertriebliche Preisdifferenzierung	Eine vertriebliche Differenzierung liegt zum Beispiel vor, wenn das gleiche Produkt im Fachhandel teurer ist als im Supermarkt. Ein anderes Beispiel ist Möbel Pfister, wo die Güter bei Selbstabholung und Barbezahlung günstiger sind.

Abb. 21: Arten von Preisdifferenzierungen

3.3.2 Emotionalität in der Preisbildung

Die Nachfrage der Kunden ist sowohl von rationalen Faktoren wie dem Preis/Leistungs-Verhältnis als auch von preispsychologischen Faktoren abhängig. So lassen sich einige **Preisschwellen** beobachten, bei deren Überschreiten die Nachfrage stark abnimmt, das heisst, die Preiselastizität stark negativ wird. Bekannte Beispiele sind in den Märkten Champagner, Lotterie und Tafelschokoladen anzutreffen, wo die Nichtbeachtung von Preisschwellen zu einer enormen Zu- respektive Abnahme der Nachfrage führt. Im Zuge der Währungsumstellung auf den Euro waren Preisschwellen ein ganz brisantes Thema. Es galt, ehemalige Preisschwellen in ein neues Währungssystem zu übertragen. Nicht selten sprach und spricht man vom Euro als «Teuro». Viele Anbieter nutzten die Währungsumstellung für eine Preiserhöhung, indem sie eine DM einem Euro gleichsetzten (effektiv 1.96).

3

3.3.3 Preispsychologie

Wenn man von der Preisbildung spricht, dann muss man auch gleichzeitig an die Wechselwirkung zwischen Preis und Qualität denken. Der Ausspruch: «Was nichts kostet, ist nichts wert» hat auch in der heutigen Zeit der Schnäppchenjäger-Kultur seine Gültigkeit behalten. Ein hoher Preis kann den Wert eines Produktes unterstreichen und es dadurch attraktiv machen. Insbesondere bei Gütern, bei denen erhebliche Qualitätsunterschiede vermutet werden, entscheiden sich die Kunden häufig für das teurere Produkt, da sie sich davon mehr Qualität versprechen. In das Gebiet der **Preispsychologie** gehören aber auch alle Preise, die knapp unter einer runden Zahl angesiedelt sind (z. B. CHF 9.95 anstelle von CHF 10.– oder Euro 19,99 anstelle von Euro 20,–). und sich «gebrochene Preise» nennen. Obwohl es sich in den meisten Fällen nur um geringste Preisabstufungen handelt, ist die psychologische Wirkung relativ gross. Entsprechende Wirkung haben auch durchgestrichene Preise oder Hinweise wie «nur noch» oder «Jetzt!». Dabei werden plakative Darstellungen mit überdimensionalen Schriftgrössen und Signalfarben verwendet. Die Darstellung lässt den gleichen Preis unterschiedlich teuer wirken. Subtile Signale wie zum Beispiel ein Glanz auf der Zahl verändern das Preisempfinden (siehe Abbildung 22).

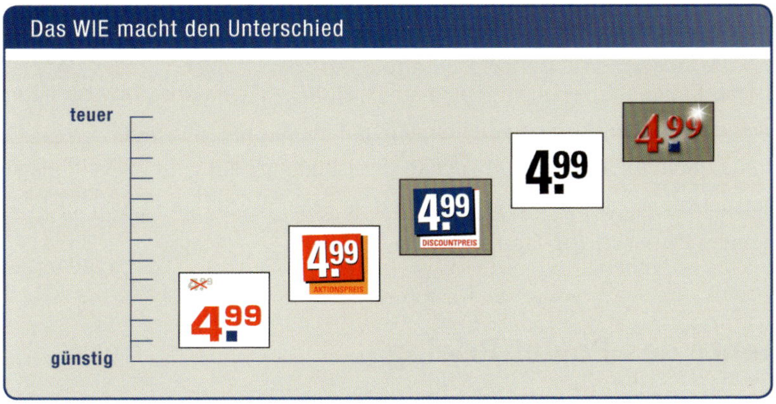

Abb. 22: Beispiele für die Preisdarstellung (Scheier, 2008)

3.4 Ansätze für die Preisbildung

Eine Vielzahl von Faktoren beeinflussen die **Preisbildung**. Sie sind in unterschiedlichem Ausmass zu berücksichtigen. In der Theorie unterscheidet man üblicherweise vier Arten der Preisbildung (Simon & Fassnacht, 2009; Seiler, 2006, S. 278):

- *Die kostenorientierte Preisbildung* ist in der Praxis weit verbreitet, da ihre Handhabung sehr einfach ist. Der Preis wird aus den Gesamtkosten und einem Gewinnzuschlag berechnet. Marktführer, welche über die günstigste Kostenstruktur verfügen, sowie die öffentliche Hand benützen vielfach diesen Ansatz. Nachteilig ist jedoch, dass bei der ausgeprägten Kostenorientierung besondere Chancen und Gefahren im Markt unberücksichtigt bleiben. Die Sichtweise der Unternehmung oder der Institution ist gänzlich nach innen – also auf den eigenen Kostenapparat – ausgerichtet. Auf Marktveränderungen, die eine Preiserhöhung zuliessen oder eine Preissenkung verlangen würden, wird in der Regel nur schwerfällig reagiert.
- *Die nachfrageorientierte Preisbildung* berücksichtigt die Preiselastizität der Nachfrage, um zum Beispiel die gewinnmaximale Preis/Mengen-Kombination oder die angestrebte Marktposition zu erreichen. Voraussetzung dafür ist aber, dass man zuverlässige Informationen über das Nachfrageverhalten der Kunden hat. Dies dürfte in der Praxis eher selten der Fall sein. Dieser Ansatz ist zweckmässig, wenn die Unternehmung eine dominante Marktposition hat. Ein Beispiel dafür wäre Microsoft.
- *Die konkurrenzorientierte Preisbildung* funktioniert dort, wo der Markt transparent ist und die Angebote möglichst homogen sind. Die Supermärkte von Denner berücksichtigen bei der Preisbildung das Verhalten der Konkurrenz. Denner ist bestrebt, immer etwas günstiger als die Konkurrenz zu sein. Die konkurrenzorientierte Preisbildung setzt natürlich voraus, dass man die eigenen Kosten im Detail kennt, um nicht plötzlich unbemerkt unter Selbstkosten zu verkaufen.

- *Die nutzenorientierte Preisbildung* ist die anspruchsvollste, aber auch nachhaltigste Form der Preisbildung. Sie stellt die Kundenbedürfnisse ins Zentrum ihrer Überlegungen. In der Praxis ist der Kundennutzen nicht immer offensichtlich und messbar. Dies bedeutet, dass man sich eingehend mit seinen Zielkunden und deren Preissensibilität auseinander setzen muss. Man findet diesen Ansatz der Preisbildung häufig im Investitionsgüter- und Dienstleistungsbereich. Diesen nutzenorientierten Ansatz wählt man auch bei den so genannten Power-Pricing-Strategien.

3.5 Elemente des Power-Pricing

Der Preis ist das finanzielle Opfer, das ein Kunde erbringen muss, um ein Produkt oder eine Dienstleistung zu erwerben. Der Kunde stellt immer einen Vergleich zwischen finanziellem Opfer und seiner Vorstellung vom Nutzen des Gutes an. In der Regel kauft ein Kunde ein Produkt nur, wenn der wahrgenommene Nutzen – bewertet in Geldeinheiten – höher ist als der Preis. Wenn er dann noch unter verschiedenen Alternativen wählen kann, bevorzugt er dasjenige Gut, welches ihm den grössten Nettonutzen bietet, das heisst, die grösste Differenz zwischen wahrgenommenem Nutzen und Preis aufweist. Man spricht daher auch vom Differenz- oder Nutzenwert.

Abbildung 23 zeigt deutlich die prominente Position des wahrgenommenen Kundennutzens für die Preisbildung. Beim **Power-Pricing** geht es darum, den aktuellen Wert des Produktes für den Kunden zu ermitteln und stetig zu überwachen. Die Analyse zur Ermittlung des Wertes beginnt mit zwei Erhebungen: der Wettbewerbsanalyse zur Identifizierung von Differenzierungsmöglichkeiten und der Kundenanalyse zur Identifizierung der Kundenwünsche und zur Segmentierung, das heisst Einteilung möglicher Zielkundengruppen. Auf dieser Informationsbasis werden die weiteren Entscheidungen hinsichtlich der Positionierung des Produktes sowie der Gestaltung des Marketing-Mix getroffen, dies jedoch immer im Vergleich zu den Wettbewerbsangeboten und zum wahrgenommenen Kundennutzen. Letzterer bezieht sich auf den Maximalpreis, den ein Kunde bereit ist zu zahlen. Liegen diese Werte vor, so können Zusammenhänge zwischen dem Preis und der Absatzmenge abgeleitet werden. Ist der Maximalpreis fixiert, geht es darum, die Absatzmenge in Abhängigkeit des Preises zu bestimmen, also die Frage zu beantworten, welche Menge der Kunde bei welchem Preis voraussichtlich beziehen wird. Das heisst, dass versucht wird, die Nachfragekurve festzulegen.

Eine wichtige Voraussetzung zur Durchsetzung des Power-Pricing ist nicht nur die genaue Kenntnis der Marktbedingungen, sondern auch das Zusammenarbeiten und Vernetzen der internen Strukturen des Unternehmens. Wenn beispielsweise die Erfahrungen aus dem Kundendienst, der Reklamationsabteilung, dem Aussendienst, dem Produktmanagement und der Marketingabteilung miteinander verknüpft werden, können die Folgen, die sich aus der Entwicklung des Preises ergeben, aus verschiedenen Sichtweisen beleuchtet werden (Simon & Dolan, 1997, S. 21).

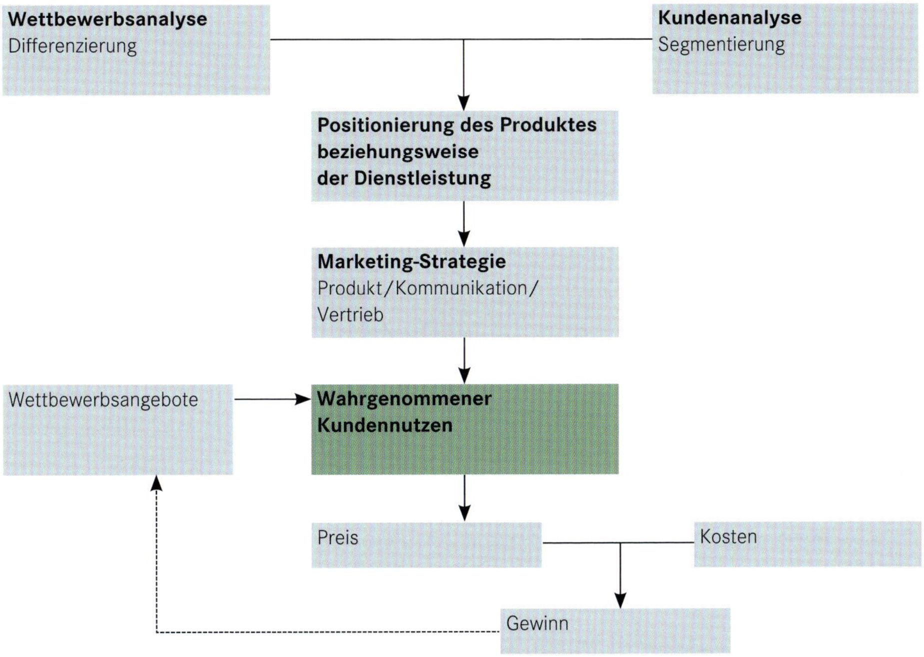

Abb. 23: Systemzusammenhang zwischen Kundenwert und Preis (Simon & Dolan, 1997, S. 19)

3.6 Sonderangebote

Sonderaktionspreise gelten bei Sonderveranstaltungen wie Ausverkauf oder Räumungsverkauf oder bei punktuellen Angeboten. **Sonderangebote** werden im Handel im Rahmen der laufenden Preisbildung auch als Nachweis der Leistungsfähigkeit eingesetzt – insbesondere die aktiven Sonderangebote. Aktive Sonderangebote werden von der Unternehmung bewusst und geplant eingesetzt, passive Sonderangebote sind hingegen Reaktionen auf Preisaktivitäten der Mitbewerber.

In Anlehnung an Liebmann und Zentes (2001, S. 517) sind Sonderangebote durch die folgenden Merkmale charakterisiert:

- relative Niedrigpreisstellung
- Kurzfristigkeit des Angebots
- Beschränkung auf Sortimentsteile

Grundsätzlich ist bei Sonderangeboten zu beachten, dass durch die Preisreduktion ein Teil der Marge verloren geht. Um diesen Verlust zu kompensieren, muss das Absatzvolumen entsprechend grösser ausfallen. Zusätzlich ist zu beachten, dass einzelne Sonderangebote sich nicht nur auf die jeweiligen Artikel, sondern über Spill-over-Effekte auch auf den Gesamtumsatz auswirken können. Meist werden beim Kauf von Sonderangeboten auch weitere Artikel gekauft. Eine Untersuchung der Hintergründe von Sonderangebotskäufen ergab, dass der Wunsch, günstig einzukaufen, neben dem Erlebnis der Schnäppchenjagd, eine zentrale Determinante darstellt. Es ist aber stets auf den Erhalt der Glaubwürdigkeit zu achten, damit die Rückkehr zum ursprünglichen Preis nachvollzogen werden kann. Zur Erhöhung der Glaubwürdigkeit setzen manche Anbieter die Sonderangebote in einen kommunikativen Zusammenhang. So gibt es zum Beispiel zum Start in die Frühlingssaison Angebote oder Sonderpreise wegen Umbaumassnahmen.

3.6.1 Dauerniedrigpreise

Infolge der zunehmenden Bedeutung der Handelsmarken und des grösseren Preisbewusstseins der Verbraucher mussten viele Unternehmungen neue Wege in der Produktion und Angebotsgestaltung finden. Procter & Gamble, eine amerikanische Unternehmung, die unter anderem bekannte Marken in den Bereichen Haushaltsreinigung, -hygiene und Kosmetik herstellt, musste sich Anfang der 90er-Jahre eine neue Strategie überlegen, um ihre Marktposition wieder zu verbessern. Das Ziel war, ein allgemein tieferes Preisniveau des eigenen Markensortimentes zu erreichen, um der zunehmenden «Aktionitis» im Handel, dem Wildwuchs bei den Händlerrabatten und der zunehmenden Bevorratung der Konsumenten entgegenzuwirken. Dafür musste aber eine dauerhafte «Günstig-Preisstruktur» entwickelt werden. Voraussetzung dazu waren Einsparungen durch Rationalisierungen in der Produktion und Stilllegung von teuren Produktionsstandorten. Parallel dazu wurde die Sortimentsbreite reduziert. Die Verkaufspreise an den Handel wurden gesenkt und leistungsabhängig gestaltet. So kam es bei einzelnen Produkten zu Preissenkungen von bis zu 20 %. Der schlagkräftige Satz war dabei: «Every day low prices».

3

Dauerniedrigpreise und Sonderangebote können sehr wohl kombiniert angewendet werden und sind an sich keine Widersprüche. Dauerniedrigpreise sind allerdings, wie der Name schon sagt, langfristig angelegt und deshalb oft auch Teil der Marketingpolitik oder -strategie. Mit Sonderangeboten wird meist auf Konkurrenzmassnahmen reagiert. Bekannte Beispiele für Niedrigpreise sind bei Migros M-Budget und bei Coop Prix Garantie, die in beiden Fällen einen festen Bestandteil des Gesamtsortimentes bilden.

Auch Wal-Mart, eine international tätige Handelskette, setzt konsequent auf Dauerniedrigpreise und bietet neben dem ständigen Niedrigpreissortiment auch noch so genannte Roll-Back-Angebote (nochmals reduzierte Angebote) an. Die Heimwerkermarktkette Hornbach hat die Dauerniedrigpreise mit einer besonders vertrauensbildenden Massnahme, der Preisgarantie, eingeführt: Kunden erhalten die Differenz zum bezahlten Preis, wenn sie das Produkt auf dem Markt günstiger angeboten sehen.

Eine Untersuchung der Motive von Käufern der Produkte mit Dauerniedrigpreisen ergab unter anderem, dass sich diese von der Schnäppchenhysterie erlöst fühlten und die Glaubwürdigkeit des Geschäftes erhöht wurde (Liebmann & Zentes, 2001, S. 519).

3.6.2 Konditionen

Die **Konditionen** sind Massnahmen, dazu gedacht, den Preis fein zu steuern. Die gewährten Konditionen sind häufig abhängig von der Intensität der Geschäftsbeziehungen und von der Erreichung vereinbarter Ziele. Grundsätzlich muss bei der Festlegung von Konditionen zwischen den Konditionen im Business-to-Business-Bereich (B-to-B) und denen im Business-to-Consumer-Bereich (B-to-C) unterschieden werden.

Die Rabattarten lassen sich in Geldrabatte sowie Waren- beziehungsweise Naturalrabatte gliedern. Besonders vielfältig ausgeprägt ist die Gruppe der *Geldrabatte*. Diese kommen in der Praxis in Form direkter Preisabschläge oder in Form von Gutscheinen vor.

- Unter *Skonto*- oder *Barzahlungsrabatt* ist ein Preisnachlass für Kunden zu verstehen, die ihre Rechnung innerhalb der Skontofrist begleichen – meist innerhalb von zehn Tagen. Skonti sind in vielen Branchen üblich und sollen die Liquidität des Anbieters verbessern und die Kosten für die Eintreibung der Forderungen senken (siehe Teil D1, Finanzmanagement).
- Zur Gruppe der Warenrabatte zählen die *Drauf*- und die *Dreingabe*. Im Fall der Draufgabe erhält der Kunde zur gewünschten und bezahlten Ware zusätzlich kostenlose Ware. Bei der Dreingabe dagegen bezahlt der Kunde nur einen Teil der Ware und erhält den Rest der Ware kostenlos. Der Kosmetikhersteller Yves Rocher setzt häufig auf Warenrabatte, indem er zwei Produkte zum Preis von einem anbietet oder Geschenke zum Kauf eines Produktes offeriert (Liebmann & Zentes, 2001, S. 519).

Abb. 24: Beispiel von Warenrabatten (Yves Rocher, 2020)

3.7 Neue Instrumente des Preismanagements

Die Digitalisierung der Angebotswelt hat auch neue Entwicklungen für das **Preismanagement** gebracht. Neben anderen Gründen wie zum Beispiel Convenience, die für einen Kauf im Internet sprechen, spielt der Preis im Internet-Shopping eine grosse Rolle. Eine Studie hat zwar gezeigt, dass der durchschnittliche Buchkäufer nur 1.2 Sites und der durchschnittliche Musikkäufer nur 1.8 Sites vergleicht, bevor er eine Entscheidung trifft. Interessanterweise sind die Buchpreise bei Amazon durchschnittlich 9 % höher als bei den günstigsten Internetanbietern. Gleichwohl gewinnt Amazon weiterhin Marktanteile. Offensichtlich ist der Preis also nicht das entscheidende Kriterium, mindestens nicht für Artikel, die ohnehin nicht im Hochpreisbereich liegen. Aber auch dies könnte sich ändern, wenn Preisvergleich-Websites wie www.toppreise.ch und www.shopwelt.de die Vergleiche noch leichter machen.

Eine neue Kraft im Preisbildungsprozess ist die Internet-Einkaufsgemeinschaft (virtuelle Allianz). Dabei finden sich Konsumenten zusammen, die alle ein bestimmtes Produkt kaufen wollen und ihre Nachfrage bündeln. Beim jeweiligen Hersteller wird dann um den Preis für eine grössere Stückzahl verhandelt, was in aller Regel zu niedrigeren Preisen als bei einem Einzelkauf führt. Ein Anbieter des so genannten Co-Shopping oder Power-Shopping ist letsbuyit, der unter anderem Produkte aus den Bereichen Consumer-Electronic und Sport präsentiert. Auch die so genannten Preisbüros wie www.preisauskunft.de, www.preisvergleich.ch, www.geizkragen.de erhöhen die Transparenz der Preise. Diese virtuellen Büros verfügen über eine Datenbank, in der die jeweils niedrigsten Preise für Produkte bestimmter Kategorien gespeichert sind. Der Konsument kann sich so informieren oder das Produkt gleich zum jeweils niedrigsten Preis über das Internet kaufen (Liebmann & Zentes, 2001, S. 520; Horx, 2000, S. 17).

Eine weitere Form der Preisbildung stellen Auktionen im Internet dar: Die Käufer bieten gegeneinander und der Käufer mit dem höchsten Preisangebot erhält den Zuschlag. Auf diese Weise werden beispielsweise Vieh, gebrauchte Ausrüstungsgüter und Fahrzeuge, Immobilien, Kunstgegenstände und Antiquitäten gehandelt. Konkrete Beispiele für solche Auktionshäuser sind zurzeit www.ebay.de oder www.ricardo.ch, eine Plattform, die es jedermann ermöglicht, einen eigenen Online-Shop einzurichten, um seine Angebote zu präsentieren.

Das Internet erhöht die Preistransparenz in bemerkenswertem Ausmass. Das betrifft Konsumenten ebenso wie Anbieter. Die Preisbildung ist damit zum Dauerthema geworden. Es gilt, die Preise ständig anzupassen, bereit zu sein, auf Konkurrenten und ihre Preisfestsetzung flexibel zu reagieren. Man spricht in diesem Zusammenhang auch vom Echtzeit-Pricing. Allerdings verliert dadurch die aggressive Preisstrategie zur Profilierung der Unternehmung mehr und mehr an Bedeutung.

4 Distributions-Mix

Wie kommt das Produkt zum Kunden? Von wo aus biete ich meine Dienstleistung an? Der **Distributions-Mix** beschäftigt sich mit der Frage, wie der Anbieter zu seinen Aufträgen und der Kunde zu seiner Ware oder Leistung kommt. Ziel ist es, für uneingeschränkte Verfügbarkeit zu sorgen. Coca-Cola kann hier als Referenz dienen. Die Distribution ist darauf ausgerichtet, das Produkt überall dort bereitzustellen, wo Durst entsteht. Dazu gehört etwa die Verfügbarkeit im Kino, bei Sehenswürdigkeiten, im Schwimmbad oder im Büro.

Je nach Branche, Produktart, Marketingstrategie und weiteren Faktoren bildet sich eine individuelle Distributionskette. Sie beginnt bei der Akquisition von Aufträgen durch Vertriebsmitarbeitende und reicht über den Auftragseingang in der Verkaufsabteilung bis zur Auslieferung der Ware an einen Händler beziehungsweise den Endkunden.

4.1 Die Wirkung der Markteinflüsse auf den Vertriebsaufbau

Grundsätzlich kann zwischen Betriebs- und Vertriebstypen unterschieden werden. Bei den Betriebstypen handelt es sich um stationäre Erscheinungsformen wie Ladengeschäfte, Fachmärkte. Nichtstationäre Formen wie Online- oder Versandhandel werden als Vertriebstypen bezeichnet. Welche Distributionsform die geeignete für die Marktleistungen einer Unternehmung ist, lässt sich wiederum mit den Umwelteinflüssen des Marktsystems ermitteln (siehe Abschnitt 1.7.1).

Erst bei der Betrachtung der Umwelteinflüsse und der verschiedenen Anspruchsgruppen im Markt wird deutlich, wie sich die Entwicklung neuer Betriebs- und Vertriebstypen erklären lässt. So hat aufgrund der rasanten Entwicklung von mobilen und internetbasierten Einkaufsmöglichkeiten auch der Schweizer Online-Handel entsprechend zugenommen. Der Umsatz im Online-Handel lag 2018 bei knapp 10 Milliarden Schweizer Franken. 70 Prozent der Waren wurden bei inländischen und 30 Prozent bei ausländischen Anbietern bestellt. Die Bereiche, die am stärksten zugelegt haben, sind Medien, Heimelektronik und Mode (blog.carpathia.ch, 2019).

Der stationäre Einzelhandel wird auf der einen Seite verstärkt ins Onlinegeschäft einsteigen; auf der anderen Seite beginnen reine Online-Händler mit der Eröffnung eigener lokaler Geschäfte. Amazon hat bereits vier physische Shoplinien: Amazon Books, Amazon 4-Stars, Amazon Go, Amazon Pop-up (amazon.com, 2020). Zalando verfügt über sieben Outlet-Stores in Deutschland.

Eine Ende 2011 durchgeführte internationale Befragung unter den führenden Einzelhandelsverbänden und Instituten aus rund 40 Ländern hat aufgezeigt, dass die Mehrheit davon ausgeht, dass der Onlinehandel den stationären Handel nie in seiner Umsatzbedeutung überholen wird (EHI Retail Institute; KPMG, 2012). Zu den wesentlichen Trends im Detailhandel zählen die Aktivitäten der Markenartikelhersteller, sich mit eigenen Shops zu präsentieren. Adidas, Hugo Boss, Maggi, WMF und viele andere haben sich mit ihren Markenshops unabhängiger vom Zwischenhandel gemacht. Dabei spielt auch das Franchising als Wachstumsstrategie eine wesentliche Rolle (siehe dazu Kapitel 4.7).

Nachfolgend wird aufgezeigt, in welcher Form sich die Einflussfaktoren des internen wie externen Umfeldes einer Unternehmung auf die vertriebliche Entwicklung auswirken:

- *Ökonomisch-konjunkturelle Faktoren*: Relevante gesamtwirtschaftliche Determinanten wie die Entwicklung des Bruttoinlandproduktes, die Kaufkraftentwicklung, die Arbeitsmarktlage bilden die Rahmenbedingungen für den Vertrieb und die Distribution.
- *Sozio-kulturelle Faktoren:* Gesellschaftliche Strömungen wie Trends, Werthaltungen und Einstellungen beeinflussen massgeblich den Vertrieb.
- *Politisch-rechtliche Faktoren:* Als politisch-rechtliche Faktoren sind beispielsweise Einfuhrregelungen, wettbewerbsrechtliche Bestimmungen, Ladenschlussregelungen und Rabattbestimmungen zu erwähnen.
- *Technologische Faktoren:* Neue Technologien wie Scanning, POS-Cash-Systeme (POS, Point-of-Sale, Verkaufsort) zum bargeldlosen Zahlungsverkehr sowie moderne Informationssysteme beeinflussen den Vertriebsaufbau, nicht nur bezüglich der notwendigen Infrastruktur von Betriebstypen. Die neuen Technologien wirken sich auch auf die Beratungs- und Serviceleistungen aus, die geboten werden müssen.
- *Branchenspezifische Faktoren:* Hier sind es vor allem die Marktteilnehmenden, die wichtige Einflussgrössen darstellen. Allen voran das Kundenumfeld und damit Einflüsse aus möglichen Veränderungen im Verhalten und in den Ansprüchen der Kunden und Kundinnen. Weiterhin zählen das Wettbewerbsumfeld und die Lieferantenstruktur zu den wichtigen Faktoren. Bei der Betrachtung des konkurrierenden Umfeldes werden zum Beispiel die Marktabdeckung und die mögliche Entwicklung neuer Mitbewerber untersucht. Die Beschaffungsbedingungen beinhalten die Struktur und die Ausgestaltung der Beziehungen zu den Lieferanten und mögliche Auswirkungen auf den gewählten Vertrieb.
- *Unternehmensinterne Faktoren:* Auch die gewählte Unternehmungspolitik und -strategie haben ihren Einfluss auf den Vertriebsaufbau. Die Vertriebsstruktur muss zur Unternehmung passen, zu den Zielsetzungen, der Marke, der Ausrichtung auf den Markt und vielem mehr.

Um die Vielfalt der Betriebs- und Vertriebstypen zu strukturieren, unterscheidet man auf der ersten Ebene zwischen direktem und indirektem Vertrieb (Liebmann & Zentes, 2001, S. 346).

4.2 Der indirekte Vertrieb

Beim **indirekten Vertrieb** sind zwischen dem Hersteller und dem Endabnehmer noch weitere Handelsstufen beteiligt. Neben den verschiedenen Formen des Zwischenhandels in stationärer Form findet man hier auch rechtlich Selbstständige, die als Einzelperson oder Agentur Waren vermitteln.

4.2.1 Erscheinungsformen

Der indirekte Vertrieb kann mehrstufig in unterschiedlichen Kombinationen erfolgen (siehe Abbildung 25 nach Preissner, 1997, S. 194; Bellone & Matla, 2017, S. 73).

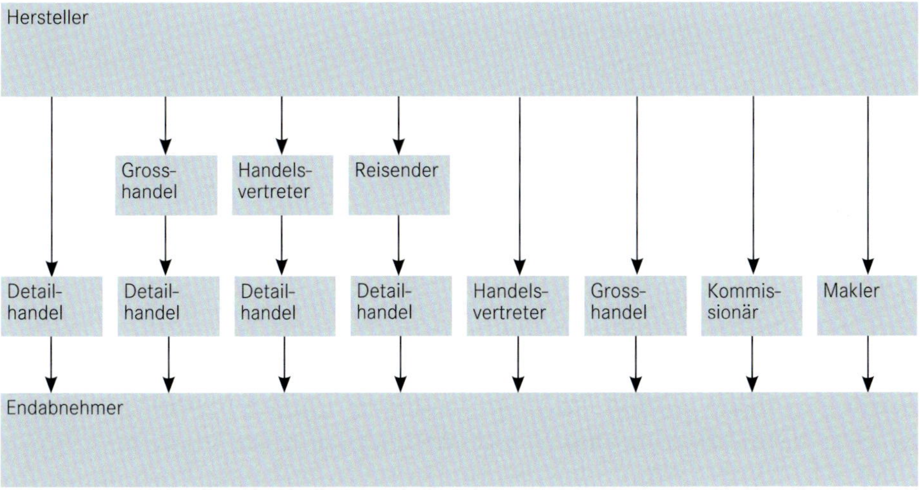

Abb. 25: Indirekter Vertrieb und seine Erscheinungsformen

Detail- oder Einzelhandel: Mit diesem Vertriebskanal ist ein schneller Vertrieb ohne grosse Reibungsverluste möglich. Er findet vor allem Anwendung bei Lebensmitteln, Non-Food-Artikeln und Fahrzeugen. Diese Vertriebsform ist auch häufig als Franchise-System vorzufinden (The Body Shop, Samina Bettenfachhandel). Dabei ist beim Franchising die Identifikation durch eine partnerschaftliche Kooperation und durch festgelegte Rahmenbedingungen mit den Handelspartnern vergleichsweise höher ist als beim unabhängigen Handel (siehe auch Kapitel 4.7).

Grosshandel an Detailhandel: Typische Beispiele dafür sind Cash-&-Carry-Grossmärkte oder Blumen-Grossmärkte, wo der Detailhandel einkauft. Dabei übernimmt der Grosshandel zunehmend unterstützende Leistungen wie Onlinetransaktionen, Bereitstellung von Marketing- und Managementinformationen u.v.m. Dies auch, um der Eliminierung von Handelsstufen entgegenzuwirken.

Handelsvertreter an Detailhandel: Handelsvertreter sind beruflich Selbstständigerwerbende. Sie sind häufig für Hersteller tätig, die über keinen eigenen Aussendienst verfügen, wenig bekannt sind, aber erklärungsbedürftige Produkte haben, Beispiele für solche Produkte sind Bauzubehör und Werkzeuge (Kotler, Armstrong, Harris & Piercy, 2019, S. 634 ff.).

Reisender an Detailhandel: Reisende sind Aussendienstmitarbeiter einer Unternehmung und arbeiten mehrheitlich auf der Basis Fixlohn plus leistungsabhängige Provision. Diese Vertriebsform ist häufig in der Pharmaindustrie und auch bei der Markenartikelindustrie zu finden.

Handelsvertreter: Der Vertrieb über Handelsvertreter oder Agenten kann vor allem in der Versicherungs-, Finanz- und Reisebranche beobachtet werden. Aber auch die so genannten Strukturvertriebe wie Avon und Tupperware werden von Handelsvertretern getragen. Handelsvertreter haben das Recht, mehrere Angebote parallel zu führen, da sie beruflich selbstständig sind und auf eigene Rechnung arbeiten. Agenten vermitteln oder tätigen Geschäfte für ihre Auftraggeber (Art. 418a ff. OR).

Grosshandel: Zulässig ist der Grosshandel als Anbieter an Endabnehmer nur für den Vertrieb an Gewerbebetriebe für deren Eigenbedarf beziehungsweise die Weiterverwendung. Als Beispiel sind Büromaterial oder Handwerkerbedarfsprodukte zu erwähnen.

Kommissionär: Der Vertrieb über Kommissionäre (Art. 425 ff. OR) ist dann sinnvoll, wenn die Absatzchancen für die Produkte noch nicht geklärt sind – also beispielsweise bei Einführung innovativer Produkte. In seltenen Fällen übernehmen auch Detailhändler Ware in Kommission. Beispiele dafür sind Zeitschriften beim Kiosk oder Secondhand-Läden (Preissner, 1997, S. 194).

Makler: Makler (Art. 412 ff. OR) sind Mittler zwischen zwei Parteien, dem Anbieter und dem Käufer. In der Immobilien- und Finanzbranche trifft man diese Vertriebsstruktur häufig an. Bei Zustandekommen eines Vertrages erhält der Makler eine Provision.

4.2.2 Intensitätsstufen beim indirekten Vertrieb

Beim indirekten Vertrieb existieren verschiedene Intensitätsstufen der Distribution. Welche **Distributionsintensität** im Einzelfall geeignet ist, ist abhängig von der gewählten Marketingstrategie, der Branche, vom Produkt- oder Dienstleistungsangebot und von der Bedürfnisstruktur der Zielkunden. Zudem muss man sich auch entscheiden, mit wie vielen Distributionspartnern man überhaupt zusammenarbeiten will, respektive was die Preiskalkulation überhaupt zulässt.

Man unterscheidet gewöhnlich drei Intensitätsstufen:

- Die *exklusive Distribution* ist die eingeschränkteste Form des indirekten Vertriebs. Hier wird einem Exklusivpartner – häufig auch Generalvertreter oder Generalimporteur genannt – das alleinige Recht für ein definiertes Absatzgebiet übertragen. Innerhalb des Absatzgebietes erhält der Partner also die geschäftliche Exklusivität, ein bestimmtes Angebot zu vertreiben. Solche Exklusivvereinbarungen sind in der Regel an Bedingungen geknüpft, da nicht gewiss ist, wie sich der Exklusivpartner entwickelt. So werden beispielsweise Mindestabnahmemengen und -umsätze oder Testphasen vereinbart. Exklusive Vereinbarungen werden beispielsweise im Automobil- und im Textilhandel getroffen.

- Bei der *selektiven Distribution* sind zwischen dem Hersteller und den Konsumenten autorisierte Händler zwischengeschaltet. Die Selektion der Zwischenhändler wird gemäss den herstellerrelevanten Bedingungen vorgenommen, um seitens des Handels eine grösstmögliche Identifikation mit den Produkten oder Serviceleistungen zu erwirken. Mit relativ geringen Überwachungskosten kann so der Hersteller kontrollieren, wie sein Produkt von den Händlern im Markt angeboten wird.
- Die *intensive Distribution* sieht vor, so viele Absatzmittler wie möglich zur Förderung des Produktes einzuschalten. Die Hersteller bringen ihre Produkte in so vielen Verkaufsstellen wie möglich unter. Die Produkte sollen für den Kunden überall leicht verfügbar sein. Diese Distributionsform ist zum Beispiel bei süssen und salzigen Snacks und Getränken üblich.

Beispiel Elmex Zahnpasta
Für die Elmex-Zahnpasta wählte man als Einstiegsstrategie die Profilierung. Die besondere Qualität der Zahnpasta wurde auch durch die Wahl der Vertriebskanäle herausgestrichen. Anfänglich wurde sie nur über Apotheken und Drogerien vertrieben. Obwohl man heute zur intensiven Distribution via Grossverteiler übergegangen ist, konnte sich das Qualitätsimage halten, das man durch den besonderen Markteinstieg erreicht hatte.

4.3 Der direkte Vertrieb

Beim **direkten Vertrieb** verkauft der Hersteller seine Produkte unmittelbar oder über unternehmenseigene Vertriebsorgane.

Ein direkter Vertriebsweg liegt gemäss Definition des Bundesverbandes für Direktvertrieb dann vor, wenn der Hersteller den Weg der Ware bis zum Konsumenten unter seiner Kontrolle behält. Direkte Vertriebswege sind grundsätzlich einstufig. Direktvertrieb ist der persönliche Verkauf von Waren und Dienstleistungen an den Verbraucher in der Wohnung oder am Arbeitsplatz, in wohnungsnaher oder wohnungsähnlicher Umgebung. Kennzeichnend für den Direktvertrieb ist immer der direkte, persönliche Kontakt zwischen Anbieter

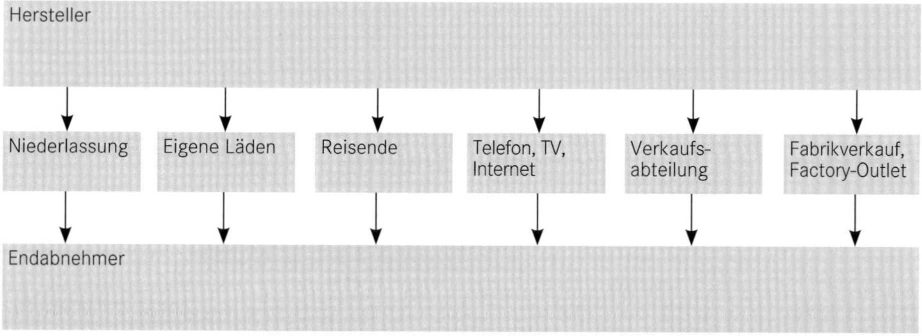

Abb. 26: Formen des direkten Vertriebs

und Kunde, der einen beidseitigen Informationsaustausch ermöglicht und mit einer intensiven Beratung des Kunden verbunden ist (Bundesverband Direktvertrieb, 2004).

Niederlassung oder Tochtergesellschaft: Diese Form ist vor allem im industriellen Bereich und im Exportgeschäft zu finden. Die Niederlassungen übernehmen sowohl Aufgaben des Verkaufs als auch der Kommunikation, analysieren den Markt und übernehmen vielfach auch den Kundendienst und den Service.

Eigene Läden/Filialen: Der Vertrieb über Filialen wird zentral gesteuert. Die Filialnetze sind weit verbreitet, häufig sind auch Mischsysteme von Franchise- und Filialbetrieben vorzufinden, das heisst, dass es sowohl eigene Verkaufsstellen wie selbstständig geführte Läden gibt (zum Beispiel Bally, Intersport).

Reisende: Beim Reisenden handelt es sich um einen Mitarbeiter einer Unternehmung, der oftmals per Kaltakquisition (d. h. direkte Ansprache des Kunden ohne vorherige Ankündigung) in die Haushalte geht oder im industriellen Bereich beispielsweise Bauteile an Handwerksbetriebe vertreibt.

Telefon, TV, Internet: Diese Formen gewinnen immer mehr an Bedeutung, da sie sich stark an die Trends Convenience und den demografischen Wandel anlehnen. Der Einkauf kann bequem von daheim oder mobil vorgenommen werden, insbesondere über das Inter-

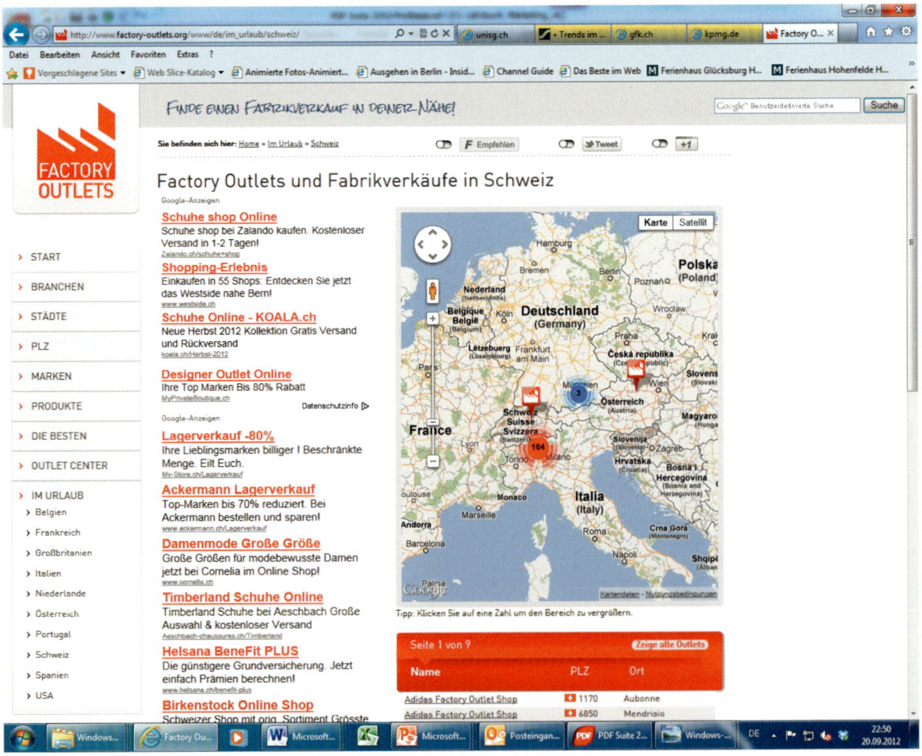

Abb. 27: Factory-Outlet-Adressen in der Schweiz (Factory-Outlets 2012)

net. Der Umsatz im Bereich Teleshopping wird häufig unterschätzt. Der Marktführer im Tele- und Internetshopping ist das US-amerikanische Unternehmen QVC mit einem globalen Umsatz von 11.3 Milliarden US-Dollar (Wilhelm, 2020). Davon wurden allein in Deutschland 943 Millionen US-Dollar getätigt (e-tailment.de, 2019).

Verkaufsabteilung oder Geschäftsleitung: Der Weg über die eigene Verkaufsabteilung ist bei Dienstleistungsverträgen oder im industriellen Bereich üblich.

Fabrikverkauf/Factory-Outlet: Smart Shopper, Personen, die weniger Geld für Markenware ausgeben wollen oder müssen, finden in den Factory-Outlets eine optimale Einkaufsstätte. Durch das Angebot von Artikeln der vergangenen Saison und den grösstmöglichen Verzicht auf zusätzliche Services können an diesen herstellereigenen Standorten attraktive Verkaufspreise kalkuliert werden (siehe Abbildung 27).

4.4 Vor- und Nachteile von direktem und indirektem Vertrieb

Vor- und Nachteile der beschriebenen Vertriebswege lassen sich in nachfolgender Abbildung 28 gut zusammenfassen.

Vertriebsweg	Vorteile	Nachteile
Direkter Vertrieb	– Unmittelbare Steuerungsmöglichkeiten des Marktgeschehens; insbesondere bleibt die Preisgestaltung beim Hersteller – Zuverlässige, unmittelbare Kundenberatung kann sichergestellt werden – Der direkte Zugang zu den Abnehmern verbessert die Informationsbasis für Marketingaktivitäten	– Aufbau, Steuerung und Kontrolle eines eigenen Vertriebssystems sind äusserst kostenintensiv und zeitaufwändig – Flächendeckende Massendistribution kaum möglich
Indirekter Vertrieb	– Der Handel eröffnet den Zugang zu einem engmaschigen und verbrauchernahen Verteilungsnetz – Geringe Kapitalbindung – Hohe Abnahmekapazitäten der Handelspartner reduzieren die Vertriebs- und Logistikkosten – Durch den Sortimentsverbund im Handel erhöht sich die Attraktivität der Produkte	– Meist stark verringerter Einfluss auf den eigenen Marktauftritt (zum Beispiel Präsentation der eigenen Produkte und Preise) – Erschwerte Informationsgewinnung über die Endverbraucher aufgrund des Verlustes der unmittelbaren Marktnähe

Abb. 28: Vor- und Nachteile von direktem und indirektem Vertrieb (Kaapke, 2004)

4.5 Neue Strömungen im Vertrieb

Gesellschaftliche und strukturelle Veränderungen erfordern neue Formen der Angebotsgestaltung. So gibt es auf der einen Seite vermehrt den Trend zur Konzentration und Spezialisierung im Angebot; auf der anderen Seite sehen manche alternativen **Vertriebskonzepte** eine Angebotserweiterung vor, die mit dem eigentlichen Kerngeschäft kaum noch etwas zu tun hat – wie es die zahlreichen Tankstellenshops zeigen. Heute werden bereits 60% des Umsatzes an der Tankstelle im Shop-Bereich erzielt und nicht mehr im Kerngeschäft Kraftstoff.

Viele Hersteller setzen heute auf die **Multichannel-Strategie**, das heisst auf verschiedene Vertriebswege, um den Markt grossflächig abzudecken. Gleichzeitig ermöglicht dieses Vorgehen aber auch, die Effizienz der einzelnen Absatzkanäle zu testen. Dabei taucht der Begriff alternative Vertriebswege immer häufiger auf. Alternativ muss nicht mit innovativ gleichgesetzt werden. Es kann sich beispielsweise um Vertriebskanäle handeln, die von einer Branche bislang vernachlässigt wurden, in anderen Branchen jedoch zu den traditionellen gehören. Ein typisches Beispiel sind die mobilen Verkaufsstände oder Home-Delivery-Services.

Welche Gründe führen zu Neuorientierungen im Handel? Analysiert man die strukturellen und gesellschaftlichen Veränderungen des Marktes, so können die nachfolgenden drei Ursachen «verändertes Kundenverhalten», «zunehmender Wettbewerb und Absatzdruck der Hersteller» und «neue Informations- und Kommunikationstechnologien» besonders hervorgehoben werden (siehe Kapitel 4.1).

4.5.1 Verändertes Kundenverhalten

Das **Kundenverhalten** ist einem steten Wandel unterworfen. Die demografischen Veränderungen wie die zunehmende Überalterung unserer Gesellschaft, neue Arbeitsmodelle (beispielsweise Home-Offices), die Zunahme der Ein-Personen-Haushalte auf der einen Seite und die zweckgebundenen Wohngemeinschaften auf der anderen Seite haben auch neue Versorgungsambitionen zur Folge. Hinzu kommt ein Wertewandel, der nicht nur das Rollenverhalten von Mann und Frau neu definiert, sondern auch andere kulturelle Güter und Traditionen in Frage stellt. Die Arbeits- und Freizeitbedingungen haben sich verändert. Der Mensch hatte noch nie so viel Freizeit wie heute. Dennoch gibt es den subjektiv empfundenen Zeitmangel, da die Optionen für die Lebensgestaltung des Individuums immer vielfältiger werden. Daraus folgt, dass sich der Kunde in seinem Verhalten «scheinbar» immer weniger konsequent zeigt. Er wechselt zwischen den Einkaufsorten entsprechend seinem Lebensrhythmus und seiner individuellen Prägung und pendelt dabei zunehmend zwischen zwei Einkaufswelten – dem Erlebnis- und dem Versorgungseinkauf. So nehmen Kunden vermehrt die bequemen, zeitsparenden Shoppingmöglichkeiten in Anspruch wie Kioske, Tankstellenshops, E-Commerce und Home Delivery – und das meist ganz mobil vom Smartphone aus. Damit lässt sich das Einkaufen quasi nebenbei erledigen. Convenience, also die

Bequemlichkeit, steht hier an erster Stelle – nicht zwingend ein niedriger Preis. Auf der anderen Seite ist der Kunde bereit, für ein Einkaufserlebnis auch längere Anfahrtswege in Kauf zu nehmen, um im Factory-Outlet-Center einen Markenartikel zu erwerben oder auf dem Wochenmarkt Frischprodukte zu einem höheren Preis einzukaufen.

So wird es in Zukunft wichtig sein, einzelne Kaufsituationen näher zu betrachten und je nach Bedarfs- oder Verbrauchsgegebenheiten zu unterscheiden und den jeweiligen Nutzen für den Konsumenten zu evaluieren (Kaapke, 2004).

4.5.2 Zunehmender Wettbewerb und Absatzdruck der Hersteller

Der **Wettbewerb** unter den Herstellern hat sich in den letzten Jahren massgeblich verschärft. Durch Fusionen und Aufkäufe auf internationaler Ebene konzentriert sich die Konkurrenz zunehmend. Gerade im Bereich der Fast-Moving-Consumer-Goods (Verbrauchsgüter) führte dies dazu, dass sich der Abstand zwischen Marktführern und Marktfolgern vergrössert hat. In einigen Märkten und Produktkategorien entwickelte sich die Konkurrenzsituation dermassen, dass zumeist die drei bis sechs grössten Anbieter den Wettbewerb untereinander bestreiten. Diese Konzentrationstendenzen verstärken den Druck auf die Hersteller, ihre Position und Absatzchancen in den nationalen Märkten weiter zu festigen.

Darüber hinaus gewinnt der Kampf um den Regalplatz im traditionellen Handel an Bedeutung. So werden die so genannten Brand-Captains (die A-Marken) sich immer mehr durchsetzen. Bereits die Herstellermarken der B- und C-Kategorie fürchten in vielen Produktkategorien um ihren gesicherten Platz im Regal des Lebensmitteleinzelhandels, zumal die Handelsmarken noch stark substituierend wirken. Unternehmungen, die nicht die ersten Plätze belegen, sind gezwungen, eine konsequente Neuorientierung des Marketing und der Distribution vorzunehmen. Damit ist nicht der punktuelle Einsatz neuer Vertriebswege gemeint, sondern die generelle Umstrukturierung des Vertriebs gemäss Angebotskategorie und Zielkundenprofil.

Vor dem Hintergrund der sich wandelnden Bedingungen im Markt- und Wettbewerbsumfeld bieten alternative Vertriebswege ein weit reichendes Potenzial, um neue und innovative Zugänge zu den Märkten zu nutzen. Löst man sich von der Vorstellung, dass für den Verkauf und Kauf von Lebensmitteln ein direkter Kontakt des Kunden mit der Ware in einer stationären Verkaufsstelle notwendig ist, bieten sich vielfache Möglichkeiten für eine neue und innovative Gestaltung des Weges der Ware zum Kunden wie ein virtueller Shop oder ein Heimlieferdienst Auch Finanzdienstleistungen werden von Fintech-Start-ups den veränderten Möglichkeiten entsprechend anders offeriert, wie es die Online-Banken N26 und Revolut zeigen (Schögel, 2001, S. 8 ff.; IHK Frankfurt am Main, 2004; Heim, 2020).

4.5.3 Neue Informations- und Kommunikationstechnologien

Neue Impulse für das Distributionsmanagement ergeben sich auch aus den Veränderungen im Bereich der **Informations- und Kommunikationstechnologien**. Dabei werden neue Technologien sowohl vom Handel, von der Dienstleistungsbranche als auch von der Industrie in die bestehenden Beziehungen eingebracht. Die Integration neuer Informationstechnologien kann Rationalisierungspotenziale erschliessen. So können durch die Abstimmung von Angebot und Nachfrage physische Lagerbestände verringert oder sogar überflüssig werden. Wal-Mart erhebt genaue Daten über den Lagerbestand und den täglichen Absatz von Tausenden von Produkten, die an die Hauptlieferanten wie Procter & Gamble weitergegeben werden. Diese errechnen daraus die Liefermengen für die einzelnen Filialen, um zeitnah und bedarfsgerecht liefern zu können. Neben effizienteren Kooperationen im Business-to-Business-Markt eröffnen sich auch neue Leistungen für den Business-to-Consumer-Markt (zum Beispiel in der Tourismus- und Finanzdienstleistungsbranche). In diesem Zusammenhang spielen neben dem Verkauf der Leistungen über Automaten vor allem auch Angebote aus dem Internet eine zentrale Rolle. Online-Banking ist beispielsweise nicht nur unter Kostengesichtspunkten interessant, sondern auch unter dem Aspekt des zusätzlichem Kundennutzens. So kann das eigene Bankkonto rund um die Uhr selbst geführt oder das Aktienportfolio nach eigenen Vorstellungen gestaltet werden (Kotler, Jain und Maesincee 2002, S. 33 ff.).

Aus Kundensicht bedeutet eine Vielfalt an Zugangs- und Kontaktmöglichkeiten zu den Anbietern eine gewisse Sicherheit. Offerieren Unternehmungen ihren Kunden viele so genannte Touch-Points, über die sie problemlos mit der Unternehmung in Kontakt treten können und die von der Unternehmung auch aktiv beworben werden, so erhöht das die Glaubwürdigkeit und das Vertrauen in das Angebot. Für die Unternehmungen bedeuten viele Touch-Points geringere Ausweichtendenzen und damit eine bessere Loyalität der Kunden.

Für das **Customer Relationship Management (CRM)** sind diese Berührungspunkte mit den Kunden von zentraler Bedeutung. **Customer Relationship Management** bedeutet echte Kundenfokussierung durch eine ganzheitliche Bearbeitung der Kundenbeziehung. Kommunikations-, Distributions-, Preis- und Produkt-Mix werden dabei nicht losgelöst voneinander betrachtet, sondern integriert an den Kundenbedürfnissen ausgerichtet. Dabei initiiert CRM einen andauernden Dialog mit den Kunden über alle Kontakt- und Zugangspunkte der Unternehmung, sei es über den stationären Verkaufskanal, über Wettbewerbe, Kundenclubs, über Communities (Gesprächsplattformen im Internet) oder andere Beziehungsmöglichkeiten. Das bedingt, ein verstärktes Augenmerk auf die Ausgestaltung der Absatzkanäle zu legen, da sie eines der zentralen Bindeglieder zwischen Unternehmung und Kunden darstellen. Beispielhaft sind hier die Loyalitätsprogramme Supercard von Coop und Cumulus-Card der Migros aufgeführt (Stolpmann, 2000, S. 65).

4.6 Neue Angebotsformen

Entsprechend den geänderten Rahmenbedingungen im Markt, wie sie teilweise bereits aufgezeigt wurden, lassen sich folgende Angebotsformen klassifizieren, die in Zukunft noch mehr an Bedeutung gewinnen:

- *Concept-Stores:* Die Idee von Concept-Stores ist die Bündelung von verschiedenen Produkten/Services zu einem Thema. Concept-Stores gehören eher zum «Slow-Retail» und kreieren eine Erlebniswelt. Sie stellen sich häufig als Mischung von Warenhaus und Boutique dar.
- *Pop-up- und Guerilla-Stores:* Damit werden temporäre Shops bezeichnet, die meist für die Lancierung einer neuen Kollektion bzw. einer neuen Idee für eine definierte Zeitspanne eröffnet werden. Oftmals verbreiten sich Informationen zu deren Kurzzeit-Eröffnungen als Geheimtipp über Social Media. Viral Marketing, also die «Online-Mund-zu-Mund-Propaganda» spielt hier eine wesentliche Rolle als Erfolgstreiber.
- *Bahnhof-Shopping:* Hier hat sich eine neue Erlebnis-, Dienstleistungs- und Handelswelt etabliert, die bereits Kultstatus entwickelt. Dazu gehört zum Beispiel der Hauptbahnhof Zürich, der 2019 zum digitalsten und persönlichsten Bahnhof der Welt gekürt wurde (Digitalswitzerland) und zudem mit besonderen Attraktionen punktet. Unter anderem mit der seit drei Jahren stattfindenden «Sandbox», einem Minilabor für Pilotprojekte von Unternehmen und Start-ups (Bellone & Matla, 2019, S. 116).
- *Urban Entertainment-Center:* Sie stellen eine Verknüpfung von Freizeitpark und Einkaufswelt dar. Meist sind Kinos, Spielhallen und Kinderspielecken integriert sowie zusätzliche Einzelhandels-/Fachgeschäfte. Mit der zunehmenden Urbanisierung wird der Bedarf an multioptionalen Angeboten in diesen Entertainment-Centern noch zunehmen, prognostiziert doch die UNO, dass bis 2030 mit 5 Milliarden Stadtbewohnern zu rechnen ist. Bereits 2008 wohnten erstmals mehr Menschen in Städten als auf dem Land (Horx, 2010, S.117).
- *Convenience-Shopping:* Hierzu zählen die Kioske, die Bahnhofshops wie Avec und Aperto und vor allem die Tankstellenshops. Einer von zehn Franken, den der Schweizer Detailhandel mit Lebensmitteln umsetzt, geht in einem Convenience Shop über den Ladentisch. Und die Tendenz ist steigend. Treiber dafür ist der Zeitdruck. (Schweizer Convenience-Studie 2009, Sabine Möller).
- *Factory-Outlet-Center (FOC) bzw. Malls:* Die Zusammenfassung von Outlets verschiedener Markenanbieter unter einem Dach wird weiter zunehmen, da hier das Prinzip des «One-Stop-Shoppings» einen optimalen Einkaufsnutzen für den Konsumenten bringt. Mit einem Halt eröffnet sich ihm eine Markenwelt zum Schnäppchenpreis (siehe Kapitel 4.3).
- *Club-/Event-/Fun-/Fan-Shopping:* Diese Vertriebsform wird zunehmen, weil immer mehr die Nähe zum Endkonsumenten gesucht wird, um mit seinen Marktleistungen wahrgenommen zu werden. So werden über Szenelokale, Freizeitparks, Wellness- und Sportanlagen beispielsweise Bekleidungs-, Kosmetik- und Merchandising-Artikel angeboten, um die Kunden in gelöster Stimmung für die Produkte zu begeistern. Es werden aber auch spezielle Kunden-Events von Herstellern inszeniert oder gesponsert, um Interesse zu erzeugen, wie Mercedes-Sport-Events, Red Bull-Flugtage und Axe (Deodorant)-Szene–Events.

- *Online-Versandhandel:* Der gesamte mit Waren über den Onlinehandel erzielte Umsatz mit Endkonsumenten (B2C) lag 2018 bei knapp 10 Milliarden Schweizer Franken (siehe Kapitel 4.1). Die Zahlen basieren auf einer Studie der Gesellschaft für Konsumforschung (GfK) und des Verbandes des Schweizerischen Versandhandels (VSV) (blog.carpathia.ch, 2019).

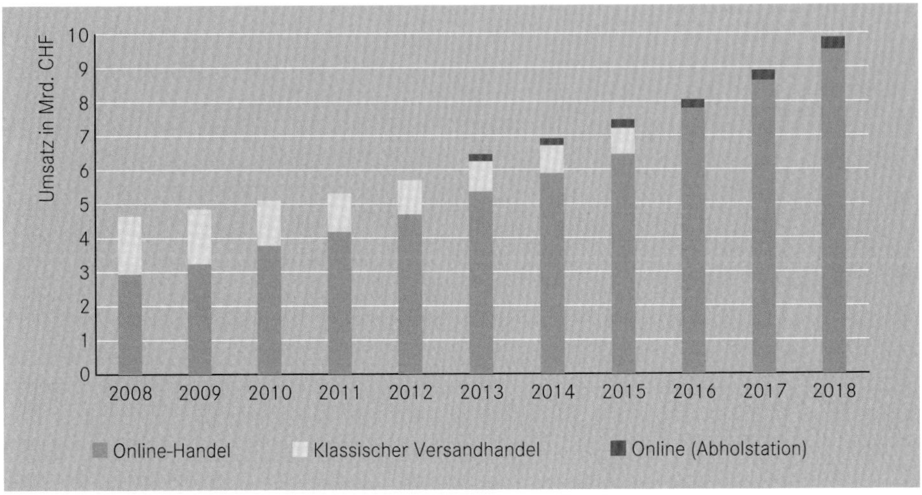

Abb. 29: Umsatzentwicklung Online-Versandhandel Schweiz 2008–2018 (Quelle: GfK und VSV)

4.7 Franchising

Franchise-Marken begegnen uns jeden Tag. Ob wir vom Bahnhof aus am Avec-Shop vorbeikommen, bei L'Occitane Naturkosmetik aus der Provence kaufen, Öl und Essig im Vom Fass-Geschäft. Ob wir mit dem E-Bike von m-way zum Kieser Training fahren, einen Kaffee im McCafé oder etwas anderes im Hardrock Café trinken. Franchising ist omnipräsent und längst nicht mehr nur in der Gastronomie, im Handel, den Dienstleistungsbereichen und dem Handwerk zuhause. Es gibt Kulturfranchising, wozu zum Beispiel das Wachsfiguren-Kabinett von Madame Tussaud und das Guggenheim Museum zählen, und es gibt Social Franchising mit diversen Non-Profit-Organisationen, die ihre anspruchsvollen Projekte weltweit multiplizieren wie Youth-to-youth.org (Initiative der Deutschen Stiftung Weltbevölkerung betreffend Aufklärung über HIV/AIDS in Entwicklungsländern) oder aflatoun.org (Initiative zur Förderung von Kindern in strukturschwachen Ländern).

Franchising boomt. So gibt es zum Beispiel in Deutschland rund 1000 Franchise-Systeme, in der Schweiz ca. 300, in China ca. 5500 und in Brasilien um die 2150 Systeme (Angaben der jeweilige Franchise-Verbände, Stand 2019). Aber worin liegen die Erfolgsfaktoren:

- *Standardisierung:* Die Franchise-Fähigkeit eines Geschäftskonzeptes wird zum Beispiel daran gemessen, ob relevante Inhalte, die den Erfolg ausmachen, standardisierbar sind, damit sie übertragen werden können

- *Markenprofilierung:* Zur Identifikation und für den gemeinschaftlichen Auftritt mit den Franchise-Nehmenden wird eine konsistente Markenpositionierung und -kultur entwickelt.
- Organisationsaufbau: Franchising verbindet die Vorteile des direkten Vertriebes (einheitlicher Marktauftritt und direkte Marktnähe) mit den Vorteilen des indirekten Vertriebs (Kooperation mit rechtlich selbstständigen Unternehmerprofilen, den Franchise-Nehmern). Die Organisationsstruktur verhilft den Franchise-Nehmenden dazu, dass sie sich um den Geschäftsinhalt kümmern können und nicht um die risikoreiche Entwicklung eines Konzeptes.
- *Dokumentation:* Franchise-Systeme dokumentieren alle Geschäftsinhalte, Abläufe und Prozesse und schaffen dadurch höchstmögliche Transparenz. Die Dokumentationen tragen wesentlich zum entstehenden Markenwert bei.
- *Kontrolle:* Die vorgenannte Transparenz ermöglicht ein schnelles Aufdecken von Schwachstellen und bietet damit den Franchise-Partnern eine effiziente Betriebs- und Projektberatung
- *Reflexion:* Franchise-Systeme sind interaktiv, das heisst, dass ein regelmässiger Austausch mit den Franchise-Partnern stattfindet und diese auch in Entwicklungsprozesse einbezogen werden.
- *Wirtschaftsinnovationen:* Franchise-Systeme haben die Weiterentwicklung institutionalisiert. In der Regel wird ein Teil der laufenden Umsatzgebühren von den Franchise-Nehmenden plus Eigenleistung der Zentrale dafür genutzt.

Für Unternehmungen und Institutionen birgt Franchising – vom allgemeinen Wachstumsstreben abgesehen – den Wunsch nach Absicherung der Wettbewerbsposition. Ein Netz gebundener Vertriebspartner gewährleistet nicht nur eine intensive Marktdurchdringung, sondern sichert zugleich die Kontinuität der Geschäftsbeziehungen. Ausserdem lässt die finanzielle Beteiligung der Franchise-Partner das System schneller wachsen, als es vergleichsweise mit eigenen Filialen möglich wäre.

In einer 2008 durchgeführten Befragung in der Schweiz, Deutschland und Österreich (Baldegger, 2008; Bellone & Matla, 2010, S. 180) liess sich bei der Frage, warum Franchising gewählt wurde, die Vielzahl möglicher Motive mittels einer Faktorenanalyse auf vier Hauptmotive zur Expansion via Franchising verdichten (siehe Abbildung 30). Ressourcenvorteile, unternehmerisches Engagement der Partner, gefolgt von starker Marktdurchdringung sowie Aufbau einer Marke waren die meistgenannten Motive. Die Leistungen von Franchisesystemen haben also Markenartikelcharakter. Dies gilt nicht nur für den Handel, sondern auch für das Dienstleistungsgewerbe (Bellone, 1999, S. 30 ff.).

Betrachtet man die Entwicklung des Franchising in der Schweiz, so kann man von einem stetigen Wachstum sprechen. Waren es Mitte der 90er-Jahre noch etwa 100 Systeme, die hierzulande präsent waren, so sind es heute – wie erwähnt – ca. 350. Die Tendenz ist weiterhin steigend, denn Franchising wird zunehmend nicht nur als Expansionsinstru-

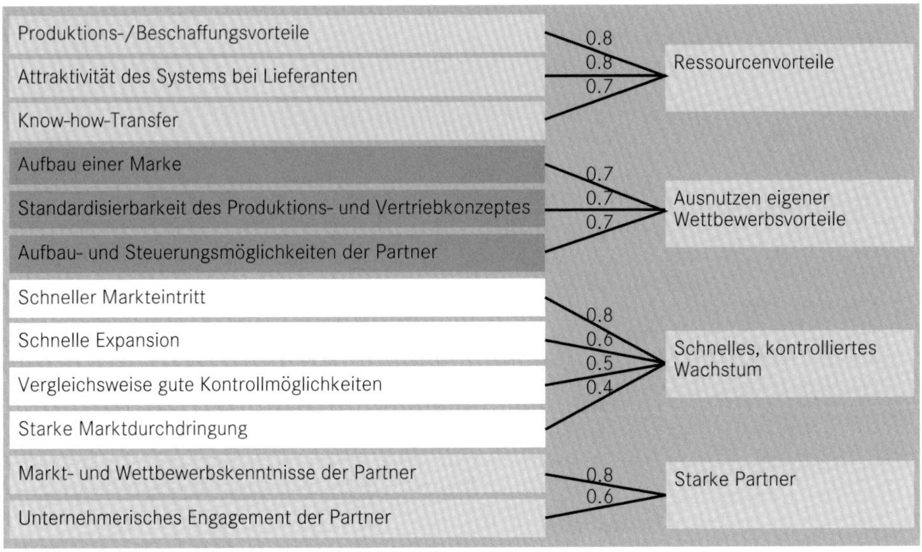

Abb. 30: Rotierte Faktorenmatrix zu den Motiven für Franchising (Baldegger, 2008)

ment genutzt, sondern vielfach auch als Möglichkeit der Umstrukturierung bestehender Filialketten und zur Privatisierung ehemaliger Staatsbetriebe wie Swiss Post International, welche mittels Franchise-Partnerschaften viele ausländische Märkte erschlossen hat. Damit reiht sich die Schweiz in den weltweit boomenden Franchise-Markt ein.

Die Zukunft des Franchising liegt im Green Franchising. Wie wir bereits im Abschnitt 1.7.1 bei den Trends festgestellt haben, ist Nachhaltigkeit – heute als Greenomics ein Megatrend – ein Thema, das den 6. Kondratieff'schen Zyklus ausmacht. Franchise-Systeme haben dabei einen ganz besonderen, einzigartigen Vorteil, der sie quasi zum Nachhaltigkeitstreiber werden lässt. Sie können nachhaltige Werte schneller, systematischer und verlustfreier multiplizieren und die Märkte damit erfolgreicher durchdringen. Aber nur dann, wenn Nachhaltigkeit auch ausdrücklich im Markenkern erfolgreich implantiert wurde.

Die Transformation des klassischen Franchising zum Green Franchising nutzt dabei die genannten Erfolgsfaktoren, ergänzt diese aber durch vier weitere:

- *Verantwortungsübernahme:* Franchise-Systeme übernehmen zunehmend ökonomische, ökologische, kulturelle und soziale Verantwortung und machen sie zum integrativen Bestandteil ihres Geschäftskonzeptes.
- *Zielformulierungen:* Qualitative und quantitative Ziele werden nachhaltig und ganzheitlich formuliert.
- *Ethische Kompetenz:* Neben Fachkompetenzen bilden die Sozialkompetenz und ethische Werte ein neues Verständnis sowohl systemintern wie -extern.
- *Gesellschaftsinnovationen:* Nicht die rein wirtschaftliche Gewinnmaximierung steht als Wachstumstreiber im Vordergrund, sondern die gesellschaftliche Situation und die Frage, wie und durch welche Innovationen die Gesellschaft verbessert werden könnte.

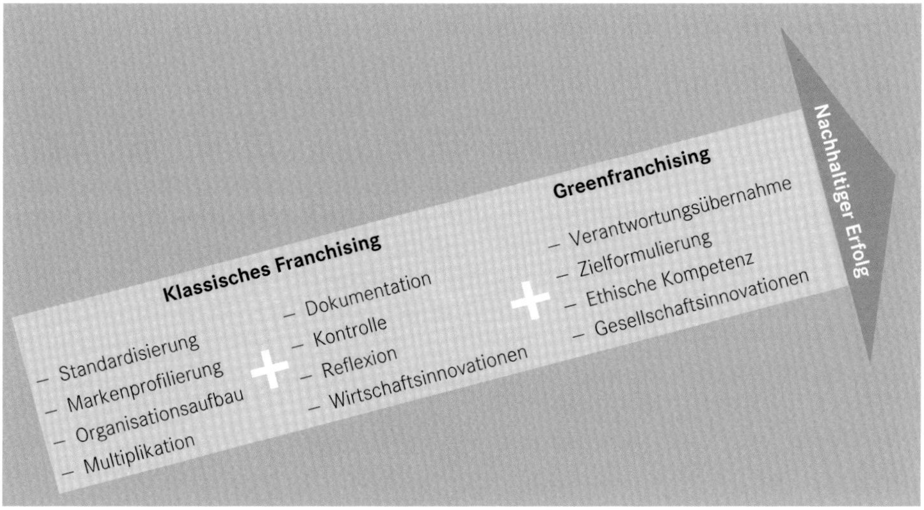

Abb. 31: Franchise-Denkwerkzeug: Die Erfolgsfaktoren

Durch die Konzentration auf Stärken beider Franchise-Partner (Franchise-Gebende und Franchise-Nehmende) und die stetige Optimierung von Geschäftsprozessen gehört Franchising zu den Vertriebsformen, die den sich ändernden Marktbedingungen gerecht werden können. Der Schlüssel zum Erfolg liegt in der Synergie – das Ganze ist mehr als die Summe seiner Teile. Das systematisch geplante und koordinierte Zusammenwirken der Partner in einem straffen und geschlossenen System bringt mehr als eine Gruppe von Einzelkämpfern (Bellone, 2003, S. 53).

5 Kommunikations-Mix

Wie macht ein Unternehmen seine Marktleistungen bekannt? Über welche Kommunikationsmassnahmen kann das Angebot optimal transportiert und verstanden werden? Ursprünglich wurde die Kommunikation als Hilfsmittel für den Verkauf eingesetzt. Erst später haben sich die Ideen des Marketing-Mix durchgesetzt.

Die wichtigsten Instrumente des integrierten **Kommunikations-Mix**, die ganzheitlich und konsistent im Sinne der Marke aufeinander abzustimmen sind, lauten: Werbung, Verkaufsförderung, Public Relations und persönlicher Verkauf sowie Sponsoring, Product-Placement, Events und Social Media (siehe Abbildung 32). Letztere gewinnen stationär und mobil, über die immer leistungsstärkeren Smartphones, zunehmende Bedeutung im gesamten integrierten Marketing.

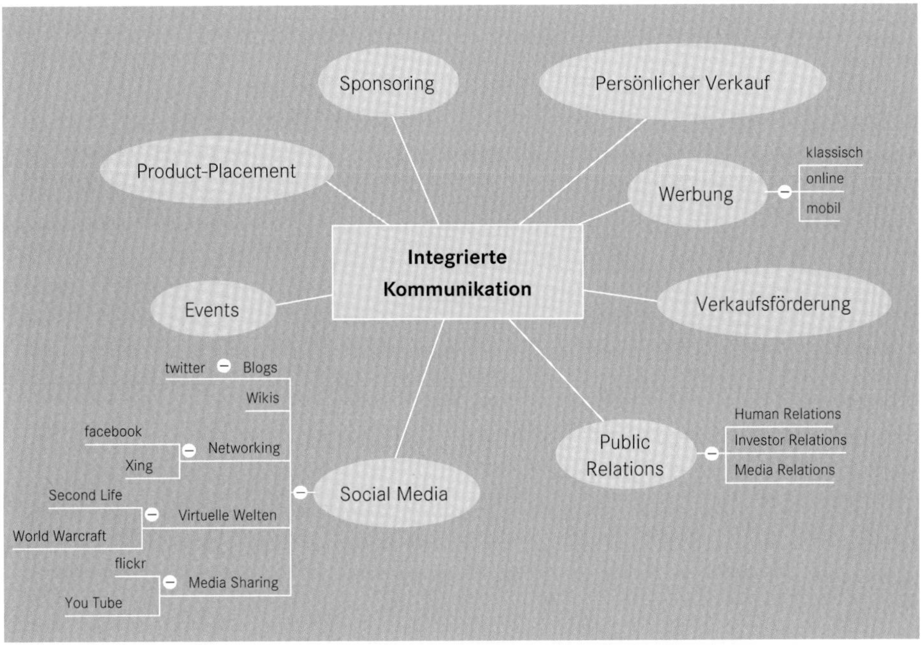

Abb. 32: Instrumente der Kommunikation

Die Kommunikationswelt entwickelt sich laufend weiter. Mit stets neuen Mitteln und Techniken wird versucht, eine Botschaft zu den potenziellen Kunden zu bringen. Kommunikation hat sehr viel mit Psychologie, Einfühlungsvermögen, Kreativität, Überzeugungskraft und Zielgruppenorientierung zu tun. Kommunikation ist nicht nur ein Instrument für gewinnorientierte Unternehmungen. Auch die Verantwortlichen von Non-Profit-Organisationen haben die Chancen der Kommunikation erkannt.

5.1 Der Kommunikationsfluss

Nach Meffert versteht man unter Kommunikation im Marketing (1980, zitiert in Freter, 2004, S. 129): Übermittlung von Informationen und Bedeutungsinhalten zum Zweck der Steuerung von Meinungen und Einstellungen, Erwartungen und Verhaltensweisen gemäss spezifischer Zielsetzungen.

Für den **Kommunikationsfluss** braucht es einen Sender, einen Empfänger sowie einen Übermittlungskanal, um die Botschaft zu übertragen. Je nach Übermittlungskanal – zum Beispiel Zeitung, Fernsehen, Internet, Smartphone oder Verkaufsperson – wird die Information chiffriert, also in eine Gestaltungs- beziehungsweise Darstellungsform gebracht. Entsprechend muss sie vom Empfänger dechiffriert werden. Die Botschaft ist so zu verpacken, dass sie bei den Empfängern die gewünschte Reaktion zeigt (Marketing.ch, 2016).

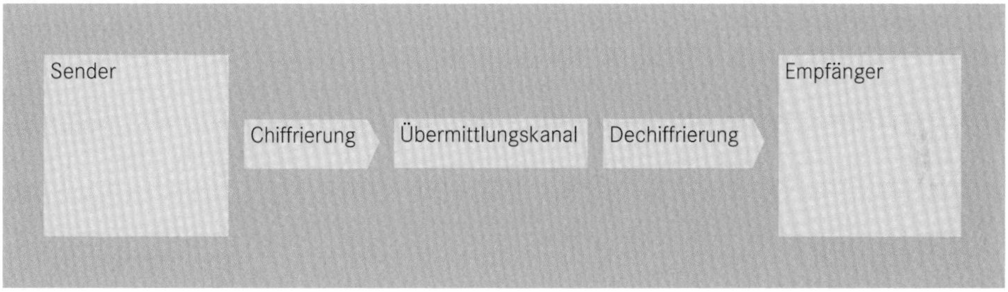

Abb. 33: Kommunikationsfluss

Kommunikation ist vielseitig, sie zeigt sich in verbalen Äusserungen und nonverbalen Elementen. Bild, Schrifttyp, Gestaltungsform und Farbgebung sind Elemente, die von den potenziellen Kunden entschlüsselt und interpretiert werden. Deshalb müssen alle Kommunikationsmassnahmen auf ihre Wirkung analysiert und auf die Zielkundengruppen abgestimmt werden. Nur so können Streuverluste gering gehalten werden (siehe Kapitel 1.6).

5.2 Die Werbung

Die **Werbung** stellt noch immer das Hauptinstrument der Kommunikation dar. Mit ihr werden jedoch verstärkt die Verkaufsförderung, das Internet, Events oder Mobile Medien konzeptionell verknüpft, um eine ganzheitliche Wirkung im Sinne der Marke zu erzielen.

Auch die Art der Werbung hat sich verändert. Hatten die Werbebotschaften zu Zeiten des Verkäufermarktes vor allem einen informativen Charakter, zielen sie mit dem Wandel zum Käufermarkt immer stärker auf psychologische Bedürfnisstrukturen ab – auch um sich von Mitbewerbern stärker abzugrenzen. Technologische Entwicklungen treiben zudem die Hirnforschung im Bereich der Werbewahrnehmung weiter an (Computertomografie – siehe

Abschnitt 1.7.3). Aber auch das Internet hat vielfältige Wirkungen. Die Verfügbarkeit und Vergleichbarkeit von Gütern über das Internet lässt Übertriebenes, Unwahres sowie nicht gesellschaftskompatibles Unternehmensverhalten zeitnah publik werden. Online-Communities reagieren. Authentizität sowie verantwortliches und nachhaltiges Handeln stehen heute vermehrt im Vordergrund.

Grundsätzlich konkurrieren heute traditionelle und innovative Werbeinstrumente miteinander. Zu den traditionellen Werbemassnahmen gehören die unpersönliche Kommunikation über die Medien und die Presse, das Internet, über Plakate, Radio und TV sowie persönliche Briefe an potenzielle Kunden.

Beispiele innovativer Werbung sind zum Beispiel das Product-Placement, das Sponsoring und das Event-Marketing. Die Bedeutung dieser Werbemassnahmen nimmt unter anderem durch den Einsatz von Social Media zu. Hier sind es vor allem Social-Media-Content-Kreateure respektive Influencer, die Produkte und Services empfehlen und bewerben. Gerade die jüngeren Zielgruppen schenken den Influencern mehr Glauben als der direkten Unternehmungskommunikation. Laut Statista.de wird das Marktvolumen im D/A/CH-Raum für **Influencer Marketing** 2020 mit 990 Millionen Euro prognostiziert (Statista.de, 2019b). Der Bezug zur Welt des Kunden ist enger. So gewährt beim Sponsoring eine Unternehmung zum Beispiel eine finanzielle Unterstützung für einen kulturellen, sozialen oder sportlichen Anlass, um die eigene Marke positiv mit dieser Veranstaltung in Verbindung zu bringen. Noch einen Schritt weiter geht man beim **Event-Marketing**, wo man zur Erreichung und Einbindung der Zielkunden einen speziellen Event kreiert. Ein anschauliches Beispiel bietet die Outdoor Unternehmung Mammut mit ihren Test-Events.

Abb. 34: Der Mammut Wäsche-Test hier als Anzeigen-Sujet

Die genannten Veränderungen in der Werbung zeigen sich auch in den Ausgaben. Seit einigen Jahren sinken die Werbeausgaben in der Schweiz – zumindest im traditionellen Bereich. So verzeichnen die Werbeumsätze im Bereich Presse 2018 einen Rückgang von 9,6 Prozent zum Vorjahr. Die Fernsehwerbung ging um ein Prozent und die Radiowerbung um 4,5 Prozent im Vergleich zu 2017 zurück.

Abbildung 35 zeigt die Netto-Werbeumsätze 2018 in der Schweiz. Aus methodischen Gründen wurden Suchmaschinenwerbung und Social Media in der Statistik nicht berücksichtigt (Stiftung für Werbestatistik Schweiz, 2019).

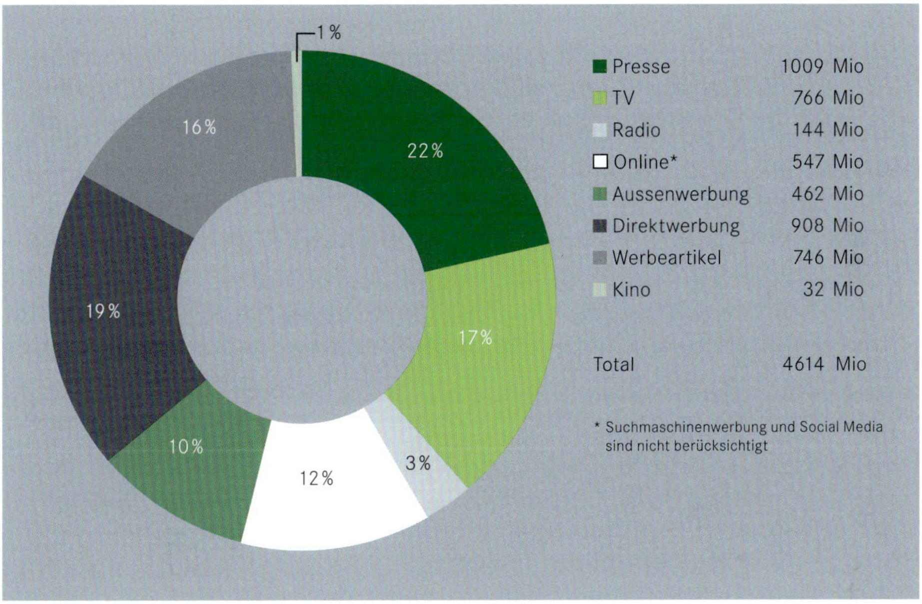

Abb. 35: Werbeaufwand Schweiz: Netto-Werbeumsätze 2018 (Quelle: Stiftung für Werbestatistik Schweiz, 2019)

5.2.1 Aufgaben der Werbung

Die Hauptaufgabe der **Werbung** ist die Kaufaktivierung. Zumindest soll die Werbung eine positive Wirkung auf die Einstellung zur angebotenen Leistung erzielen und wenn möglich den Kaufakt auslösen. Nach Kotler (Kotler, Armstrong, Harris & Piercy, 2019, S. 664) ist eine Werbung dann erfolgreich, wenn sie die vier Aktivierungsgrade der so genannten **AIDA-Regel** berücksichtigt:

Attention (Aufmerksamkeit)
Interest (Interesse)
Desire (Wunsch)
Action (Handlung)

Mit den vier Stufen der AIDA-Regel verhält es sich wie mit der Branchensegmentierung. Je zielgruppenspezifischer die Werbemassnahmen durchgeführt werden, desto eher wird die angestrebte Handlung – der Kaufakt – ausgelöst.

Die Werbung soll aber auch helfen, den Markt auszuweiten, die Kauffrequenzen zu erhöhen, die Differenzierung zur Konkurrenz deutlich zu machen, Absatzschwankungen auszugleichen, und vieles mehr.

5.2.2 Werbeplanung und -kontrolle

In Abbildung 36 sind wichtige Kernfragen zur **Werbeplanung und -kontrolle**, zur Entwicklung und Kontrolle einer Werbestrategie, aufgeführt.

Planung der Werbestrategie	Wie ist unsere Marktstrategie formuliert? Was gibt es bei der Entwicklung der Werbestrategie zu beachten?
Beschreibung der Werbestrategie	Wie sieht unser Werbeziel und unser Werbebudget aus? Was gilt es, beim Agenturbriefing zu beachten?
Formulieren der Werbestrategie	Welche Inhalte sollen in Bezug auf das Werbeziel wie kommuniziert werden?
Transferieren in ein Werbekonzept	Welche Werbemittel kommen zum Einsatz? Inwieweit sind Erfolgskontrollen durchführbar?
Realisierung des Werbekonzeptes	Wie sieht der genaue Zeit- und Budgetplan aus? Wer kontrolliert was?
Werbewirkungen	Welche Erfolgskontrollen werden in welchem Masse durchgeführt?

Abb. 36: Fragen zur Werbeplanung und -kontrolle (Blatter-Constantin & Gantner, 2002, S. 134)

Abb. 37: Rivella Gelb (Archiv Rivella)

Die **Werbestrategie** ist Teil der Marketingstrategie einer Unternehmung und muss immer im Einklang mit den quantitativen und qualitativen Zielen stehen. Soll beispielsweise ein neues Getränk lanciert werden, dessen Marke zwar bekannt, die Geschmacksrichtung aber neu ist, so wird es in der Werbestrategie vor allem um die Bekanntmachung dieses neuen Merkmals gehen. Je nach Markenkern des Produktes kann man beim Konsumenten bereits von einer Assoziation ausgehen – zum Beispiel wenn die Marke als qualitativ hoch stehendes Traditionsgetränk bereits bekannt und entsprechend etabliert ist – siehe hier das Beispiel Rivella Gelb.

5.2.3 Formulierung der Werbestrategie

In der Mehrzahl der Fälle erfolgt die **Formulierung der Werbestrategie**, genauer die Entwicklung und Schaltung von Werbekampagnen, in Zusammenarbeit mit einer Werbebeziehungsweise Media-Agentur. Hauptgründe für ein Outsourcing sind die fachliche Kompetenz und Kreativität einer Agentur sowie die häufig fehlenden zeitlichen Kapazitäten beim Auftraggeber. Da die Entwicklung und Durchführung einer Werbekampagne eine befristete Projekttätigkeit darstellt, die vorübergehend einen hohen Personalaufwand verursacht, macht die Auslagerung auch aus Kostengründen Sinn. Weiter ist zu beachten, dass die Medien den Agenturen einen Rabatt von 15 % auf den Listenpreis gewähren, sozusagen eine Art Entgelt für Beratungsleistungen, die sonst der Werbeträger selbst zu leisten hätte.

Die Basis der Zusammenarbeit beider Parteien stellt das Agenturbriefing dar. Es ist eine Zusammenfassung der wichtigsten Angebots- und Marktdaten sowie Vorgaben des Auftraggebers für die Werbekampagne.

Ein Briefing umfasst die folgenden Punkte:

- Definition und Beschreibung der Zielgruppe beziehungsweise Branchensegmente (nach den Segmentierungskriterien)
- Beschreibung der Marktsituation (Marktgrössen, Darstellung des Marktsystems mit den Einflüssen)
- Merkmale und Wettbewerbsvorteile des zu bewerbenden Angebotes (Positionierung und Differenzierung des Angebotes)
- Marktprognosen (Entwicklungstendenzen auf dem Markt)
- Marketingziele
- Vorgaben für die Kommunikation (Budget, zeitliche Planung, bisherige Massnahmen, Vorgaben entsprechend der Corporate Identity)

von Benutzern. Durch Abfragen dieser Informationen kann man erfahren, woher ein Anwender auf eine bestimmte Website gekommen ist. Diese Information ist sehr nützlich für die Überprüfung von Verlinkungen.

- *Clubs, Mitgliedschaften und Insider-Log-ins:* Diese geben dem Anwender ein Zugehörigkeitsgefühl, da eine spezielle Anmeldung mittels Passwort oder Kennzahlen erforderlich ist. Die Registrierungen ermöglichen es dem Betreiber, ein Kunden- oder Nutzerprofil zu erstellen, um daraus folgend zum Beispiel Werbemails zu versenden.
- *Remote-Links:* Bei den Remote-Links handelt es sich um Verknüpfungen mit Dateien, die sich auf anderen, externen Rechnern befinden. Mit dieser Methode können die Aufrufe anderer Seiten analysiert werden.
- *Spionagesoftware:* Eine Software, die die Aktivitäten eines Anwenders im Internet oder auf einer Website protokolliert und an einen Betreiber meldet. Dies erfolgt oft ohne Kenntnis des Benutzers und ist vornehmlich auf die Gewinnung marketingrelevanter Daten ausgerichtet. Obwohl diese Praktik in vielen Ländern illegal ist, wird sie häufig angewandt (Zingel, 2001, S. 11; Stolpmann, 2000, S. 279 ff.).

5.2.7 Gestaltungsmuster in der Werbung

Wenn auch jede Werbekampagne sehr individuell gestaltet ist, kann man in der Print- und Fernseh- beziehungsweise Kinowerbung verschiedene Gestaltungsmuster in der Werbung unterscheiden. Nachfolgend werden einige Beispiele und Einsatzmöglichkeiten für die Printwerbung vorgestellt:

- *The product is the hero:* Das Produkt steht bei diesem Gestaltungskonzept im Vordergrund. Das Bild soll die Wiedererkennung fördern. Dieses Konzept wird insbesondere bei der Lancierung von neuen Produkten und in Märkten mit sehr austauschbaren Produkten, beispielsweise bei Gütern des täglichen Bedarfs, angewendet (siehe Abbildung 38, Bäckerei Hug).

Abb. 38: Bäckerei Hug (The product is the hero)

Abb. 39: Angel (Testimonial)

- *Testimonials:* Berühmte Persönlichkeiten preisen das Produkt an und dienen damit dem Imagetransfer und einer Identifikationsmöglichkeit. Der Erfolg beziehungsweise die Eigenschaften dieser Berühmtheiten übertragen sich sinngemäss auf das Angebot und auf den Markennamen (Preissner, 1997, S. 287; Heiser, 2004, S. 58). Typische Beispiele sind Roger Federer für Jura, Leonardo DiCaprio für TAG Heuer oder Jerry Hall für Angel (siehe Abbildung 39).
- *Erotik:* Das Produkt wird in einen erotischen Zusammenhang gebracht, um mehr Aufmerksamkeit zu erregen; zum Beispiel bei Parfüms, Mode- und Sportartikeln (siehe Abbildung 40, Mey).

Abb. 40: Mey (Erotik)

Abb. 41: OAKLEY (Provokation)

- *Provokation:* Mit provokativer Werbung wird versucht, Aufmerksamkeit zu erlangen – im Bewusstsein, dass es potenzielle Zielkunden gibt, die die Darstellung ablehnen werden. Beispiele dafür sind Benetton sowie Präventionskampagnen gegen das Rauchen oder Pelztragen (siehe Abbildung 41, OAKLEY).
- *Leistungsdarstellung:* Dieses Gestaltungsmuster ist nur dann sinnvoll, wenn die Vorzüge beziehungsweise Eigenschaften auch in Bezug auf die Zielkunden fassbar sind und klar kommuniziert werden können, zum Beispiel bei Autos und Elektronik (siehe Abbildung 42, EgoKiefer). Dieses Gestaltungsmuster wird häufig im B-to-B-Bereich angewandt.

Abb. 42: EgoKiefer (Leistungsdarstellung)

Abb. 43: SKODA (Spiel mit Erkennungssymbolen)

- *Spiel mit Erkennungssymbolen:* Die Erkennungsmerkmale einer Marke, eines Slogans oder einer bekannten Darstellung werden verfremdet und als spielerisches Element in die Anzeige eingebaut (siehe Abbildung 43, SKODA).
- *Rätselmotive:* Bei diesem Gestaltungsmuster versucht man den Betrachter zu fesseln, indem man Spannung erzeugt und ein Rätsel aufgibt. Häufig wird dies auch in Form aufeinander folgender Anzeigen dargestellt, zum Beispiel bei Gebrauchsgütern und Dienstleistungen (siehe Abbildung 44).

Abb. 44: Assista TCS (Rätselmotive)

- *Response-Anzeigen:* Mit Coupons, QR-Codes oder anderweitigen Aufforderungen zu einer Reaktion soll das Interesse beim Betrachter geweckt werden. Gleichzeitig kann auch die Effektivität der Werbemassnahme gemessen werden (siehe Abbildung 45, Coop-Anzeige).
- *Übertreibungen:* Mit diesem beliebten Gestaltungsmuster kann die Aufmerksamkeit geweckt werden. Häufig geht es dabei um das Unerwartete oder Humorvolle. Dies wird oft in der Modebranche oder von Reiseagenturen angewendet (siehe Abbildung 46).

Abb. 45: Coop (Response-Anzeigen)

Abb. 46: Voltaren (Übertreibung)

- *Lebensstil:* Das angestrebte Lebensziel oder der Lebensstil der ausgewählten Zielgruppe soll in der Darstellung gezeigt werden, um eine höchstmögliche Identifikation zu erreichen. Zu erwähnen sind Dienstleistungsanbieter wie Bausparkassen, Lebensversicherungen und Luxusgüter (siehe Abbildung 47).
- *Problemsensibilisierung:* Mit der Darstellung eines Problems und dem Aufzeigen einer Lösung über den Kauf eines Produktes oder einer Dienstleistung platziert sich der Anbieter situationsgerecht und zeigt den Produktnutzen auf. Beispiele dafür sind Functional Food, Medikamente und Versicherungen (siehe Abbildung 48) (Preissner, 1997, S. 288).

Abb. 47: De Beers (Lebensstil)

Abb. 48: CSS (Problemsensibilisierung)

Auch in der Fernsehwerbung lassen sich einige Gestaltungskonzepte identifizieren:

- *Slice-of-Life:* Eine Szene aus dem beruflichen oder privaten Alltag wird genutzt, um sie im Zusammenhang mit einem Produkt oder einer Dienstleistung darzustellen. Durch die wiedererkannte Szenerie soll eine hohe Identifikation beim Publikum erreicht werden. Meist erscheinen die Produkte als Problemlöser. Beispiele dafür sind Waschmittel, Haushaltsreiniger und Hygieneartikel.
- *Presenter:* Durch den Einsatz vertrauenswürdiger Personen (Presenter) soll eine entsprechende Glaubwürdigkeit des Angebotes erreicht werden. Der Presenter unterscheidet sich vom Testimonial dergestalt, dass er für ein bestimmtes Angebot als Empfehler und Botschafter aufgebaut wird. Viele Presenter werden mit dem Produkt identifiziert wie beispielsweise Herr Kaiser für die Hamburg Mannheimer Versicherung oder der Battery-Man, der sich seit 2012 in der Schweiz für Batterierecycling einsetzt..
- *Humor:* Humor ist ein beliebtes Gestaltungsmuster für Spots. Damit soll der Spot im Gedächtnis haften bleiben. Dies wird beispielsweise in den Migros-Spots umgesetzt.
- *Musik-Klassiker:* Die Verwendung bekannter Melodien – ob aus der Klassik oder der Popmusik – soll eine positive Grundstimmung erzeugen und die eigentliche Botschaft des Spots eingängiger machen. Beispiele sind Opel mit «Wonderful World» und British Airways mit einer Arie aus «Lakmé».

5.2.8 Social Media Marketing

Im digitalen Zeitalter entwickeln sich zunehmend neue Ausdrucksformen und Werbemöglichkeiten für Unternehmen. Die Kombination von klassischem Werbeinstrumentarium und Social Media Marketing kann man dabei nach Forrester Research grundsätzlich in drei Kategorien unterteilen (Corcoran, 2016):

- *Owned Media.* Hierzu gehören alle vom Unternehmen selbst betriebenen Kommunikationsmittel. Sie umfassen klassische Massnahmen, wie zum Beispiel Hauszeitungen und Newsletter, vor allem jedoch digitale Kanäle. Von der Unternehmens-Website über YouTube-, Facebook- und Twitter-Profile bis zum Corporate Blog geht es um die Unternehmensdarstellung und den Dialog mit den Kunden. So gibt beispielsweise McDonald's seit der Einführung des «Bio-Burgers» in Deutschland über den bewusst kritisch gewählten Blog «Darf McDonald's das?» die Möglichkeit, Kommentare zur Lancierung abzugeben (McDonald's, 2016).
- *Paid Media* ist der klassische Einkaufsansatz. Er beinhaltet die vorgenannten Werbemöglichkeiten über Print, TV und Radio etc., aber auch Internetwerbung wie Banner oder Google Adwords und Suchmaschinenmarketing.
- *Earned Media* ist im Prinzip als Mund-zu-Mund-Propaganda zu bezeichnen, denn es geht für das Unternehmen darum, Empfehlungen, Likes und Shares der Nutzer im Internet und im «Real Life» auszulösen. Über PR-Arbeit, Berichte und Social-Media-Massnahmen können Unternehmen mit einem Agenda-Setting, also bewusster Themensetzung und Steuerung, bedingt Einfluss auf die Wahrnehmung der (potenziellen) Kunden nehmen. Dabei kann Earned Media zwar zur Authentizität der Unternehmensmarke und zur Vertrauensbildung beitragen, jedoch können neben wohlwollenden Kommentaren Wellen von Negativmeldungen entstehen. So hat zum Beispiel der Spot «Volvo Trucks – The Epic Split feat. Van Damme», der im November 2013 auf YouTube veröffentlicht wurde und der Veranschaulichung des Produktnutzens dient, eine virale Verbreitung mit 82786723 Clicks generiert; 482627 Likes und 8143 Dislikes (Stand 17.03.2016, YouTube). Reputationsmanagement (siehe 2.1.2 Markierung als Differenzierungsmöglichkeit) und allgemein eine aktive Beobachtung und Reaktion auf Kommentare gehören zu den Aufgaben der Unternehmenskommunikation.

5.3 Die Verkaufsförderung

Die **Verkaufsförderung** – auch Sales-Promotion genannt – wird eingesetzt, um den Verkaufsakt zu unterstützen. Wie die klassische Werbung muss auch sie produktkonform realisiert werden. Im Gegensatz zur klassischen Werbung ist die Verkaufsförderung kurzfristig angesetzt und damit auf eine spezifische Situation ausgerichtet, beispielsweise auf einen Sonderverkauf. Die Verkaufsförderung ist zwischen dem Verkauf und der Werbung einzuordnen. Einerseits unterstützt sie die Bemühungen des persönlichen Verkaufs mit stimulierenden Massnahmen, andererseits gleicht eine Verkaufsförderung in Planung und Durchführung einem werblichen Einsatz. Während der persönliche Verkauf und die Werbung mehr Routinecharakter haben, bieten Massnahmen der Verkaufsförderung oftmals auch unkonventionelle Möglichkeiten.

5.3.1 Anspruchsgruppen der Verkaufsförderung

Die Verkaufsförderung kann nach verschiedenen Kriterien gegliedert werden. Entsprechend der konkreten Zielsetzung unterscheidet man zwischen der aussendienstbezogenen, der handelsbezogenen und der endkundenbezogenen Verkaufsförderung.

Die aussendienstbezogene Verkaufsförderung dient in erster Linie dazu, den eigenen Verkaufsstab zu motivieren und zu schulen. Unter die handelsbezogene Verkaufsförderung fallen Massnahmen, die den Handel davon überzeugen sollen, sich für den Verkauf des Produktes einzusetzen. Dazu gehören Massnahmen wie Wettbewerbe und Schulungen, die die Motivation und Identifikation der Händler fördern.

Die konsum- oder endkundenbezogene Verkaufsförderung soll die Aufmerksamkeit der Kunden wecken und den Zugang zum Produkt erleichtern. Abbildung 49 beinhaltet verschiedene nach Anspruchsgruppen gegliederte Massnahmen der Verkaufsförderung (Seiler 2006, S. 397 ff.).

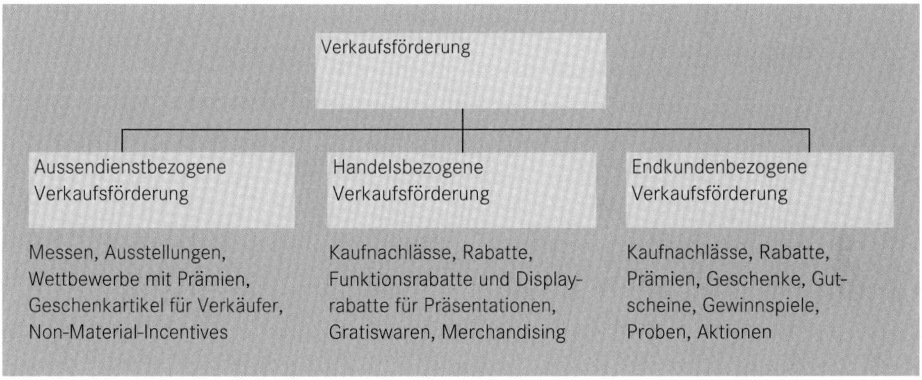

Abb. 49: Gliederung der Verkaufsförderung nach Anspruchsgruppen

5.3.2 Sonderformen der Verkaufsförderung

Wir unterscheiden drei verschiedene Sonderformen von Verkaufsförderungsmassnahmen.

- Unter **Merchandising** versteht man die Produktpflege am Verkaufspunkt, also zum Beispiel das Auffüllen des Regals, die Platzierung im Regal, die Überwachung von Verfalldaten, die Preisauszeichnung, die Nachbestellung von Produkten, den Aufbau von Sonderplatzierungen. Merchandising ist Teil der handelsbezogenen Verkaufsförderung und gibt dem Händler die Möglichkeit, ausserhalb der routinemässigen Verkaufsbemühungen ein Entgelt für die Vermietung des Regalplatzes beziehungsweise eines Teils des Verkaufsraumes zu erhalten.

- Mit so genannten kostenpflichtigen Merchandise-Artikeln versuchen viele Produktionsfirmen und Dienstleister ihr Angebot dem Konsumenten schmackhaft zu machen und den Identifikationswert zu erhöhen. T-Shirts von den weltweit vertretenen Hard Rock Cafés oder Kaffeetassen von Starbucks haben Kultcharakter entwickelt. Aus der Filmindustrie sind Merchandise-Artikel nicht mehr wegzudenken.
- Fand Verkaufsförderung bisher mittels Degustationen, Wettbewerben und Demonstrationen vor allem am Verkaufspunkt (Point of Sale, POS) statt, so verlagert sie sich heute in vielen Fällen hin zum Outdoor-Einsatz. So werden Produkt-Samplings, also Warenmuster und Give-aways, auf der Strasse verteilt, an Events oder im Rahmen von Cross-Promotions. Beispiele sind Snack-Proben über Coiffeure oder Kosmetik-Proben in Fitness-Studios. Insbesondere Anbieter aus dem Nahrungsmittel- und Hygienebereich nutzen Samplings als einen wichtigen Teil ihres Marketing-Mix. Die Vorteile von Samplings liegen auf der Hand: Das Produkt verlässt die abstrakte Welt der Werbespots und wird (be-)greifbar respektive kann gratis getestet werden.

5.4 Die Öffentlichkeitsarbeit (Public Relations)

Die **Öffentlichkeitsarbeit** (Public Relations, PR) ist im Unterschied zur Werbung nicht markt-, sondern öffentlichkeitsorientiert. **Public Relations** bedeutet dabei heute das zielgerichtete Werben um Vertrauen bei den relevanten Anspruchsgruppen. Dazu wird versucht, diese mit eigenen Themen und Inhalten, im Rahmen eines strategischen und taktischen Jahresplanes, zu konfrontieren (Agenda Setting). Hierdurch soll auch eine Meinungsführerschaft (Opinion Leading) realisiert werden. Bei den Zielgruppen erzeugt die Beschäftigung mit den Themen ein stärkeres Involvement. Dieser Ansatz geht weit über konventionelles Publizieren von Informationen und Leistungen einer Unternehmung hinaus. Das Ziel bleibt jedoch ähnlich: Bei den Adressaten soll ein bestimmtes Image zugunsten der eigenen Firma aufgebaut werden. Presseartikel, -konferenzen und Geschäftsberichte sind hierbei unterstützende Werkzeuge.

Public Relations und Werbung dienen im Wesentlichen dem gleichen Zweck, nämlich der positiven Darstellung der Unternehmung, ihrer Produkte und Leistungen. Während die Werbung direkt dem Produktverkauf dient, will Public Relations vor allem Vertrauen in und Verständnis für die Unternehmung schaffen. Sie wirkt damit indirekt verkaufsfördernd (Zingel, 2001, S. 1).

5.5 Der persönliche Verkauf

Zentraler Bestandteil der so genannten **Corporate Identity** ist das konsequent an der Identität ausgerichtete Verhalten der Mitglieder einer Unternehmung: das Corporate Behaviour. Der **persönliche Verkauf** basiert auf einer ausgefeilten Basis von Verhaltensregeln. Dies zeigt sich unter anderem darin, wie Mitarbeitende miteinander und mit Kunden umgehen, wie Konflikte gelöst werden, wie auf Probleme reagiert wird, wie viel Offenheit und Vertrauen im Umgang mit der Öffentlichkeit vorherrschen soll. Das Verhalten muss schlüssig und stimmig sein. Denn: «Das Human Capital wird in Zukunft wichtiger als das Kapital. Oder besser gesagt: erst der Mensch, dann die Strategie. Mittlerweile gilt es als gesicherte Erkenntnis, dass die Wettbewerbsvorteile der erfolgreichen Firmen zum überwiegenden Teil auf die Unterschiede in der Persönlichkeit der Entscheider und das Verhalten der Mitarbeiter und Führungskräfte zurückzuführen sind» (Geffroy, 2002, S. 195).

In der Praxis stellt das Corporate Behaviour die grösste Herausforderung für die Corporate Identity dar. Ein Design für das Geschäftspapier ist relativ schnell gefunden. Auch die Kommunikation lässt sich in überschaubarer Zeit definieren. Dies gilt nicht beim Verhalten. Dieses muss mühsam und langwierig erlernt, gelebt und ständig überprüft werden. Am wirkungsvollsten ist sicher das Vorleben von angestrebten Idealen oder Zielen durch die Führungskräfte.

6 Dienstleistungsmarketing

Die letzten Jahrzehnte waren geprägt von einer intensiven Entwicklung des Dienstleistungssektors. So hat sich der Anteil der Unternehmungen in der Schweiz im Tertiärsektor (Dienstleistungen) seit 1960, mit 39 %, zu 2017, mit 76.2 %, fast verdoppelt (Bundesamt für Statistik, 2019). Dieser Strukturwandel findet weltweit statt. Der Anteil von Dienstleistungen am globalen BIP ist zwischen 1996 und 2016 von 58 % auf 66 % gestiegen. Unternehmensnahe Dienstleistungen, wie Forschung und Entwicklung, Rechts-, Steuer- oder Wirtschaftsberatung sowie Informations- und Kommunikationsdienstleistungen, sind im internationalen Handel besonders von Bedeutung (Abel-Koch, 2018).

Diese strukturelle Transformation hatte Auswirkungen auf das Marketing, mit der Folge, dass sich in den 1970er-Jahren das Dienstleistungsmarketing als neue Teildisziplin herausbildete.

Dienstleistungen sind nach Kotler, Keller & Bliemel (2007) angebotene Tätigkeiten oder Services, die im Wesentlichen immaterieller Natur sind und keine direkten Besitz- oder Eigentumsveränderungen mit sich bringen. Dabei können Sachgüter involviert sein, sie müssen es aber nicht.

Zu Beginn waren es vor allem vor- und nachgelagerte Leistungen beim Kauf von Produkten und technischen Dienstleistungen im Produktionsbereich, die neu zu bewerten und zu vermarkten waren. Mit der Zeit bildeten sich Services als eigenständige Kernleistungen, bis hin zu integrierten Dienstleistungen, als Mehrwert heraus. Auf der 3. Nutzenebene des 3-Ebenen-Modells (Kapitel 2.1) wird dies als erweiterter Nutzen eines Angebotes formuliert und kann sich in Ausprägungen wie Garantien, 24-Stunden-Support, Tutorials und vielem mehr zeigen (Bellone & Matla, 2017, S. 187; Bellone & Matla, 2018a, S. 250–251).

6.1 Angebotshybride

Die Integration von Cafékonzepten in Buchhandlungen, Autowerkstätten und bei Coiffeuren ist verbreitet. Neu sind allerdings Konzepte, die sich näher am Konsumenten orientieren. Bislang waren solcherlei Kooperationen gedacht, um vor allem die Attraktivität der Standorte zu fördern und Wartezeiten zu überbrücken. In Zeiten, in denen digitale Portale den grösstmöglichen Nutzen für die User von der Bestellung über die Lieferung bis hin zur Retournierung von Waren versprechen, werden Mehrwerte zum Imageträger und Differenzierungsmerkmal.

Heute haben sich Kombinationen von Sachgütern und Services in sogenannten Angebotshybriden etabliert (siehe Abb. 50). Die Gründe sind in der Steigerung der Angebotsattraktivität und Differenzierung vom Wettbewerb zu finden.

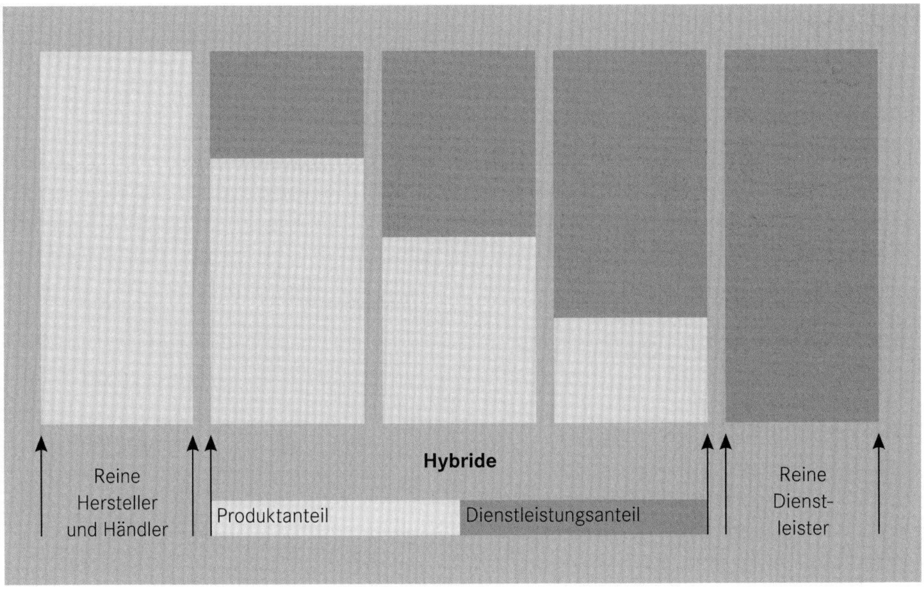

Abb. 50: Angebotshybride (Quelle: Bellone & Matla, 2018, S. 70)

Dienstleistungsunternehmungen, ob im Beratungs-, Weiterbildungs-, Gastronomie- oder Pflege-Business, bauen sich mit physischen Verkaufsprodukten zusätzliche Umsatzträger auf, die zudem die Wiedererkennung der Marke fördern und zur Identifikation beitragen. Handelsunternehmen können mit komplementären Services eine positive Customer Experience erzeugen und so die Kundenbindung stärken. Die US-amerikanische Kaufhauskette Nordstrom punktet beispielsweise mit Stylisten für die persönliche Beratung und mit Schnellservices, wenn ein ausgehfertiges Outfit und Styling auch spontan von Kunden angefragt wird (Bellone & Matla, 2018a, S. 71).

6

6.2 Besonderheiten des Dienstleistungsmarketing

Die Vermarktung von Dienstleistungen, ob als Kernleistung oder zusätzlicher Service, unterscheidet sich vom Konsum- und Investitionsgütermarketing grundsätzlich darin, dass es sich um nicht physische Wirtschaftsgüter handelt. Die **Immaterialität** erfordert entsprechenden Erklärungsbedarf und andere Ausdrucksformen, um die Leistungen nachvollziehbar zu machen. Die **Integrativität,** das heisst die direkte Interaktion mit dem Kunden, zum Beispiel beim Coiffeur, in der Pflege und in vielen anderen Dienstleistungsbranchen, erfordert Standards und Prozesse, um die Qualität zu sichern. Kommt hinzu, dass häufig auch die **Fokussierung** auf eine Hauptperson erfolgt, wie es bei Anwälten und Therapeuten beispielsweise der Fall ist. Das schränkt die Skalierbarkeit des Angebotes empfindlich ein und birgt zudem ein Klumpenrisiko für die Unternehmung, wenn Mitarbeitende wechseln.

Qualitätsschwankungen sind direkt mit den ausführenden Dienstleistern verbunden und hängen damit auch von deren Motivation und Tagesform ab. Dienstleistungen lassen sich nicht auf Vorrat herstellen. Die **fehlende Lagerfähigkeit** von Dienstleistungen erschwert so die flexible Handlungsfähigkeit bezogen auf Nachfrageschwankungen. Die **mangelnde Produktivität,** wie sie schon bei der vorgenannten Fokussierung auf bestimmte Mitarbeitende erwähnt wurde, kann die finanzielle Tragfähigkeit des Geschäftskonzeptes bedrohen (Bellone & Matla, 2018a, S. 47–49).

6.3 Das 7-P-Modell

Mit der Erweiterung des Marketing-Mix vom 4-P-Modell (Product, Price, Place, Promotion) zum 7-P-Modell und damit um Bereiche wie People, Physical Evidence und Process, wurde ein wesentlicher Schritt getan, um den Besonderheiten zu begegnen und die Erfolgsfaktoren von Serviceleistungen transparent und gestaltbar zu machen (Wilson, Zeithaml, Bitner & Gremler, 2016, S. 21)

6.3.1 People

Dem P für People als wesentliche Leistungserbringende kommt eine grosse Bedeutung zu. Die für eine Unternehmung in erster Linie erfolgsbestimmenden Menschen sind die Mitarbeitenden, inklusive Auszubildende, Praktikanten und Trainees. Damit rückt das Human Relationship Management als erfolgsbestimmender Gestaltungsbereich in den Vordergrund. Die adäquate Selektion, Führung der Mitarbeitenden, Motivationsanreize, Trainings und Entwicklungsmöglichkeiten gehören zu den Aufgaben in diesem Marketing-Mix-Bereich. Das Spektrum an Personen kann sich zudem noch um Lieferanten, Netzwerk- und Geschäftspartner erweitern, die mit der Dienstleistungsmarke respektive dem Markenimage assoziiert werden. Denn alle erzeugen direkt und indirekt einen Eindruck von der Unternehmung und den damit verbundenen Kompetenzen (Wilson, Zeithaml, Bitner & Gremler, 2016, S. 22; Bellone & Matla, 2018a, S. 41–42)

6.3.2 Physical Evidence

Das Geschäft oder Büro, die Corporate Identity (Kapitel 5.5), spezielle Gepflogenheiten und Rituale materialisieren quasi die Wertekultur der Unternehmung (Physical Evidence) und schaffen im günstigsten Fall den Rahmen und das Ambiente für die Kaufentscheidung. Multisensorisches Marketing, also das Arbeiten mit Farben, Licht, Temperatur und Geruch, beeinflusst das Wohlgefühl der Kunden und inszeniert damit ein Gesamterlebnis, das zur Differenzierung des Angebotes beitragen kann (Bellone & Matla, 2018a, S. 45)

Die Neuropsychologie spricht dabei auch vom **Framing-Effekt,** dem Referenzrahmen einer Marke. So konnte in einem Experiment der Einfluss der Hintergrundmusik in einer Weinhandlung nachgewiesen werden. Spielte zum Beispiel deutsche Musik, wurde dreimal mehr deutscher Wein verkauft. Beim Abspielen französischer Musik stieg der Umsatz französischer Weine. Und obwohl die Käufer sich bei der nachträglichen Befragung nicht an die Musik erinnern konnten, veränderte die Musik dennoch den jeweiligen Referenzrahmen und animierte die Kunden zu einem vermehrten Kauf von Wein entsprechend der musikalischen Herkunftsregion (Scheier & Held, 2008, S. 61–62).

6.3.3 Process

Prozesse bilden das dritte zusätzliche P im Dienstleistungsmarketing. Mittels Teilstandardisierung sorgen sie für mehr Dienstleistungseffizienz und Skalierung der Leistungen. Damit können die vormals genannten Herausforderungen, wie mangelnde Bevorratung und eingeschränkte Produktivität, von Services ausgeglichen werden. Ausserdem lassen sich mit definierten Abläufen Qualitätsschwankungen vorbeugen. Die Grundlage für individuell zugeschnittene Services liegt in einer gut angelegten Prozesskultur. Die US-amerikanische Fast-Food-Kette Subway ist dafür bekannt, dass sie Sandwiches vor den Augen der Kunden und nach deren Wünschen von sogenannten «Sandwich-Artists» (dein-subway.de, 2020) frisch belegen lässt. Voraussetzung für die ökonomische Effektivität vom Wareneinsatz bis zum markenkonformen Endprodukt ist eine Systematisierung aller Prozesse, inklusive automatisierter Kalkulationen und Frequenzerfassung. Franchise-Unternehmen wie Subway und andere dienstleistungsorientierte Ketten sind interessante Orientierungshilfen, wenn es um Standards und systematisierte Abläufe geht. Denn Prozesse sind dort nicht nur in der Herstellung anzutreffen, sondern auch in der Kommunikation und Interaktion mit Kunden sowie sonstigen Bezugsgruppen (Bellone & Matla 2018a, S. 44; Bellone & Matla, 2018b, S. 264).

Brandes, U., Gemmer, P., Koschek, H. & Schültken, L. (2014). *Management Y. Agile, Scrum, Design Thinking & Co. So gelingt der Wandel zur attraktiven und zukunftsfähigen Organisation.* Frankfurt: Campus.

Buck, A., Herrmann, Chr. & Lubkowitz, D. (1998). *Handbuch Trend Management.* Frankfurt: Frankfurter Allgemeine Zeitung, Verlagsbereich Buch.

Bundesamt für Statistik, (2019). *Wirtschaftsstruktur: Unternehmen.* Gefunden am 23.01.2020 unter https://www.bfs.admin.ch/bfs/de/home/statistiken/industrie-dienstleistungen/unternehmen-beschaeftigte/wirtschaftsstruktur-unternehmen.html.

Bundesverband Direktvertrieb (2012). *Was ist Direktvertrieb?* Gefunden am 12.12.2012 unter http://www.direktvertrieb.de/Definition-Direktvertrieb.71.0.html.

Busch, R., Dögl, R. & Unger, F. (2001). *Integriertes Marketing. Strategie, Organisation, Instrumente* (3. Aufl.). Wiesbaden: Gabler.

Corcoran, S. (2016). *Sean Corcoran's Blog. Defining Earned, Owned And Paid Media.* Gefunden am 11.04.2016 unter http://blogs.forrester.com/interactive_marketing/2009/12/defining-earned-ownedand-paid-media.html.

Freter, H. (2004). *Marketing. Die Einführung mit Übungen.* München: Pearson Studium.

Geffroy, E. (2002). *Machtschock!* Frankfurt: Campus.

Glauben und Kaufen (2007). *Werbebeispiele.* Gefunden am 25.02.2007 unter http://www.glauben-und-kaufen.

Go4Media (2010). *Werbefibel 2010.* Gefunden am 31.01.2010 unter http://www.go4media.ch/section924/Werbefibel.cfm.

Gündling, Chr. (1996). *Maximale Kundenorientierung.* Stuttgart: Schäffer-Poeschel.

Handelszeitung online, (2020). *Unilever ist scharf auf Rasierer-Startup.* Gefunden am 22.01.2020 unter https://www.handelszeitung.ch/unternehmen/unilever-ist-scharf-auf-rasierer-startup-1148320.

Häusel, H.-G. (2006). *Neuromarketing. Erkenntnisse der Hirnforschung für Markenführung, Werbung und Verkauf.* Planegg, München: Haufe.

Häusel, H.-G. (2010). *Emotional Boosting.* Freiburg: Haufe-Lexware GmbH.

Heim, M. (2020). *N26 startet ins Schweizer Geschäft – ohne Frankenkonto.* Gefunden am 22.01.2020 unter https://www.handelszeitung.ch/unternehmen/n26-startet-ins-schweizer-geschaft-ohne-frankenkonto.

Hill, W. & Rieser, I. (1990). *Marketing-Management.* Bern, Stuttgart: Haupt.

Homburg, Chr. (2016). *Marketingmanagement. Strategie – Instrumente – Umsetzung – Unternehmungsführung* (6. Aufl.). Wiesbaden: Springer Gabler.

Horx, M. (2011a). *Das Megatrend Prinzip. Wie die Welt von morgen entsteht.* München: Deutsche Verlags-Anstalt.

Horx, M. (2011b). *Das Buch des Wandels. Wie Menschen Zukunft gestalten.* München: Pantheon.

Huber, J. (2005). *Innovation Economy. Studie.* Kelkheim: Zukunftsinstitut GmbH.

IHK Frankfurt am Main (2004). *100 Jahre Markenverband.* Gefunden am 20.06.2004 unter http://www.frankfurt-main.ihk.de/cgi-bin/druck.pl?dir=/presse/ihk-wirtschaftsforum.

Interessengemeinschaft Elektronische Medien (2020). *digiMONITOR Studie Mediennutzung.* Gefunden am 23.01.2020 unter https://www.igem.ch/digimonitor-studie-mediennutzung/.

Kaapke, A. (2004). *Alternative Distributionsformen und Franchising (Referat).* Köln, Berlin: Institut für Handelsforschung an der Universität zu Köln.

Klein, N. (2006). *No Logo!* München: Goldmann.

Kleinaltenkamp, M. & Ludwig, W. (2001). *Ingredient Branding. Markenpolitik im Business-to-Business-Geschäft.* In: Köhler, R., Majer, W. & Wiezorek, H.: *Erfolgsfaktor Marke* (S. 141–150). München: Vahlen.

Kobjoll, K. (2000). *Der Mensch im Mittelpunkt. Die aussergewöhnliche Kunden- und Mitarbeiterorientierung des Schindlerhofs (Referat).* Zürich: SMC Schweizerischer Marketing Club.

Kompetenzzentrum (2004). *Kompetenzzentrum für das Gastgewerbe und die Hotellerie.* Gefunden am 20.06.2004 unter http://www.kompetenz-zentrum.com.

8

Kotler, Ph., Armstrong, G., Harris, L.C. & Piercy, N. (2019). *Grundlagen des Marketing* (7. Aufl.). Hallbergmoos: Pearson Deutschland.

Kotler, Ph. & Bliemel, F. (2005). *Marketing-Management.* München: Addison-Wesley.

Kotler, Ph., Jain, D. C. & Maesincee, S. (2002). *Marketing der Zukunft.* Frankfurt am Main, New York: Campus.

Kotler, Ph., Keller, K.L. & Opresnik, M.O. (2017). *Marketing-Management. Konzepte – Instrumente – Unternehmensfallstudien* (15. Aufl.). Hallbergmoos: Pearson Deutschland.

Kühn, A. (2004, Nr. 2). *Made in Switzerland. Von Marken und Machern.* Stern Spezial Biografie, S. 130.

Kühn, R. & Ruetsch-Keller, B. (1999). *Strukturvertrieb als neuer Vertriebsweg.* In: Tomczak, T., Belz, Chr., Schögel, M. & Birkofer, B.: *Alternative Vertriebswege* (S. 236–250). St. Gallen: Thexis.

Kühn, R. (1997). *Marketing – Analyse und Strategie.* Zürich: TA Media.

Kunisch, R. & Sattler, H. (2001). *Brand-Stretching. Chancen und Risiken.* In: Köhler, R., Majer, W. & Wiezorek, H.: *Erfolgsfaktor Marke* (S. 141–150). München: Vahlen.

Leitl, M. (2011). *Was ist Earned Media?* In: Harvard Business Manager, April 2011, S. 13.

Liebmann, H.-P. & Zentes, J. (2001). *Handelsmanagement.* München: Vahlen.

Love, J. F. (1996). *Die McDonald's Story.* München: Heyne Business.

Mammut (2012). *Alpine Underwear Test.* Gefunden am 18.12.2012 unter https://d1qxh2iwg385ci.cloudfront.net/images/Mammut_Poster_UnderwearTest.pdf

Manager-Magazin online (2019). *Red Bull mit Rekord-Umsatz von 5,5 Milliarden Euro.* Gefunden am 22.01.2020 unter https://www.manager-magazin.de/unternehmen/handel/red-bull-rekord-umsatz-von-5-5-milliarden-euro-a-1254264.html.

Marketing.ch (2016). *Kommunikation.* Gefunden am 11.04.2016 unter http://www.marketing.ch/Wissen/Themen/K/Kommunikation.

McDonald's (2012). *Logo.* Gefunden am 15.12.2012 unter http://www.mcdonalds.ch/de.

New Media Trend Watch (2012). *Europe. eCommerce.* Gefunden am 15.12.2012 unter http://www.newmediatrendwatch.com/regional-overview/103-europe?start=1.

Otten, D. (2008). *Die 50+ Studie. Wie die jungen Alten die Gesellschaft revolutionieren.* Reinbek: rororo.

Perreault, W. D. & McCarthy Jr., E. J. (2002). *Basic Marketing. A Global Managerial Approach* (14. Aufl.). Boston u. a.: McGraw-Hill Irwin.

Popcorn, F. (1996). *Clicking – Der neue Popcorn-Report.* München: Heyne.

Preissner, A. (1997). *Marketing-Praxis für Manager. Was Sie vom Erfolg der anderen lernen können.* Frankfurt am Main, New York: Campus.

Scheier, Chr., Bayas-Linke, D. & Schneider, J. (2010). *Codes. Die geheime Sprache der Produkte.* Freiburg: Haufe-Lexware.

Scheier, Chr. & Held, D. (2008). *Was Marken erfolgreich macht. Neuropsychologie in der Markenführung.* Planegg, München: Haufe.

Schneider, D. (2001). *Marketing 2.0.* Wiesbaden: Gabler.

Schögel, M. (2001). *Alternative Vertriebswege.* Düsseldorf: Symposion Publishing.

Seiler, A. (2006). *Marketing. BWL in der Praxis IV* (7. Aufl.) Zürich: Orell Füssli Verlag.

Simon, H. & Dolan, R. J. (1997). *Profit durch Power Pricing.* Frankfurt /New York: Campus.

Simon. H. & Fasnacht, M. (2009). *Preismanagement. Strategie. Analyse – Entscheidung – Umsetzung* (3. Aufl.). Wiesbaden: Gabler.

Statista, (2019a). *Wichtigste Länder weltweit nach installierter Photovoltaikleistung im Jahr 2018.* Gefunden am 21.01.2020 unter https://de.statista.com/statistik/daten/studie/37031/umfrage/solarenergie-weltweit-im-jahr-2009/.

Statista, (2019b). *Statistiken zum Thema Influencer Marketing.* Gefunden am 23.01.2020 unter https://de.statista.com/themen/3754/influencer-marketing/.

Statista, (2020). *Ranking der 25 auflagenstärksten Zeitschriften in Deutschland im 4. Quartal 2019.* Gefunden am 21.01.2020 unter https://de.statista.com/statistik/daten/studie/36716/umfrage/die-groessten-zeitschriften-nach-auflage/.

Stiftung Werbestatistik Schweiz (2019). *Werbeaufwand Schweiz 2018.* Zürich: Stiftung Werbestatistik Schweiz.

Stolpmann, M. (2000). *Online-Marketingmix.* Bonn: Galileo Press.

Subway.de (2020). *Unsere Sandwich Artists im Portrait.* Gefunden am 27.01.2020 unter https://www.dein-subway.de/allgemein/unsere-sandwich-artists-im-potrait/.

Swann Arons, M.(2014). *Das neue Marketing.* In: Harvard Business Manager, 09–2014.

Tomczak, T., Belz, Chr. & Schögel, M. (1999). *Alternative Vertriebswege.* Stuttgart: Schäffer-Poeschel.

Vester, F. (1993). *Denken, Lernen, Vergessen. Was geht in unserem Kopf vor, wie lernt das Gehirn, und wann lässt es uns im Stich?* (20. Aufl.). München: Deutsche Verlags-Anstalt.

vom Orde, H. & Durner, A. (2012). *Grunddaten Jugend und Medien 2016.* München: Internationales Zentralinstitut für das Jugend- und Bildungsfernsehen.

Weinberg, I. (2012). *Social Media Marketing. Strategien für Twitter, Facebook & Co.* (3. Aufl.). Köln: O'Reilly.

Wenzel, E., Dziemba, O. & Langwieser, C. (2012). *Wie wir morgen leben werden. 15 Lebensstiltrends, die unsere Zukunft prägen.* München: mi.

Wilhelm, S. (2020). *Markenliebling QVC: «Wir machen Dinge anders».* Gefunden am 22.01.2020 unter https://etailment.de/news/stories/Teleshopping-QVC-Marke-sortiment-22495.

Wilson, A., Zeithaml, V.A., Bitner, M.J. & Gremler, D.D. (2016). *Services Marketing. Integration Customer Focus across the Firm.* Maidenhead: McGraw-Hill Education.

Yves Rocher (2020). Gefunden am 23.01.2020 unter http://www.yves-rocher.ch.

Beschaffung, Marktleistungserstellung und Distribution C2

Herbert Ruile • Andreas Stettin

Weiterführende Texte, Übungsaufgaben
und Lernkontrollen finden Sie unter
www.bwl-online.ch

1 Beschaffung, Marktleistungserstellung und Distribution im Überblick

1.1 Einleitung

Mit Marktleistung sind Produkte und Dienstleistungen gemeint, die von Unternehmen entwickelt, hergestellt und für ihre Kunden verfügbar gemacht werden. Die Erstellung einer Marktleistung erfolgt in sogenannten **Wertschöpfungsketten**, meist über mehrere Unternehmen und Länder hinweg. So beginnt beispielsweise die Wertschöpfungsreise eines T-Shirts (Rivoli, 2006) bei der in Amerika gepflückten Baumwolle, die in China zu Wolle gesponnen und zu Tuch verwebt wird. Das anschliessend daraus geschnittene und vernähte T-Shirt wird wiederum nach Italien transportiert, dort gefärbt, bedruckt und über den Handel in die europäischen Verkaufsstellen gebracht. Mit steigender Sensibilisierung des Kunden hinsichtlich ökologischer Nachhaltigkeit und sozialer Gerechtigkeit genügt es für die meisten Unternehmen heute nicht mehr, nur ihre eigene Wertschöpfung transparent zu halten und zu kontrollieren, sondern die gesamte Wertschöpfungskette. Jedes Unternehmen in dieser Wertschöpfungskette trägt mit seinen speziellen Ressourcen und Fähigkeiten zur Erstellung der Marktleistung bei. Diese Wertschöpfungskette muss nun so organisiert und koordiniert sein, dass wir als Kunden die gewünschte Marktleistung zur richtigen Zeit, in der richtigen Menge, in der richtigen Qualität, zum richtigen Preis, am richtigen Ort erhalten. Eine logistische Herausforderung. Eine erfolgreiche Marktleistungserstellung konzentriert sich daher nicht nur auf die Produktion, sondern kann nur unter Berücksichtigung und Einbezug aller Partner dieser Kette gelingen, von der Rohstoffgewinnung bis zum Endverbraucher, vom Lieferanten des Lieferanten bis hin zum Kunden des Kunden. Die optimale Gestaltung dieser Kette, wir sprechen dann vom **Supply Chain Management**, verspricht eine nachhaltige Verbesserung des Unternehmenserfolgs durch höhere Flexibilität und erweiterten Kundenservice bei geringeren Kosten.

Dieses erste einführende Kapitel geht den Fragen nach, wie sich die verschiedenen Formen der Leistungserstellung unterscheiden. Es befasst sich mit den Zielen, welche die Leistungserstellung verfolgt, und analysiert den Einfluss des Produktdesigns auf die Leistungserstellung. Weiter wird beantwortet, wie Netzwerke der Leistungserstellung gestaltet, geplant und gesteuert werden können, und wie sich die Nachfrage auf die Planung und Steuerung dieser Netzwerke auswirkt. Zudem wird aufgezeigt, welche Bedeutung die Lagerbestände in der Leistungserzeugung haben.

1.2 Überblick

Marktleistung ist ein Oberbegriff für Produkte und Dienstleistungen. Insbesondere bei der Herstellung von Produkten beinhaltet die Erstellung der Marktleistung nicht nur die Produktion an sich, sondern sämtliche Funktionsbereiche entlang der firmeninternen Wertschöpfung, welche sich nach dem ursprünglichen Verständnis (Porter, 1998, S. 33ff.) aus Einkaufslogistik, Produktion, Distribution sowie Marketing und Verkauf zusammensetzen. Dabei steht in Literatur und Lehre die industrielle Fertigung aus drei Gründen im Vordergrund: zunächst weil der zweite Sektor – die Waren fertigende Industrie – in der Vergangenheit den grössten Anteil an der gesamtwirtschaftlichen Leistung hatte, dann weil die Theorie im Bereich der Produktion auf einem soliden Fundament ruht und schliesslich weil sie in ihrer Struktur und Logik auch auf die Erstellung von Dienstleistungen anwendbar ist.

Es ist praktisch unmöglich, Beschaffung, Produktion und Distribution isoliert zu betrachten. Zu stark sind die Abhängigkeiten und Verflechtungen. Das hat einen einfachen Grund. Die drei Funktionsbereiche sind durch drei «Flüsse» verbunden: (1) der Güter- oder Warenfluss, der den physischen Transport von Material entlang der Wertschöpfung beschreibt, (2) der Informationsfluss, der die Planung, Steuerung und Dokumentation der Wertschöpfung darstellt und (3) der Wertefluss, der über die Kostenrechnung dem Materialfluss die Wertschöpfung zuordnet. Diese Flüsse sind zwangsläufig in funktionsbereichsübergreifenden, hoch integrierten Prozessen strukturiert. In diesem Sinne bildet die Marktleistungserstellung auch eine quasi natürliche übergreifende Einheit (Wildemann, 1997; Palupski, 2002). Das ganzheitliche Management dieser Einheit hat in den letzten Jahren an Bedeutung zugenommen und wird oft als **Operations Management** oder **Logistikmanagement** bezeichnet (Schönsleben, 2016). Besonders augenfällig wird diese Einheit der drei Funktionsbereiche auf der Managementstufe der operativen Planung (vgl. Abbildung 1).

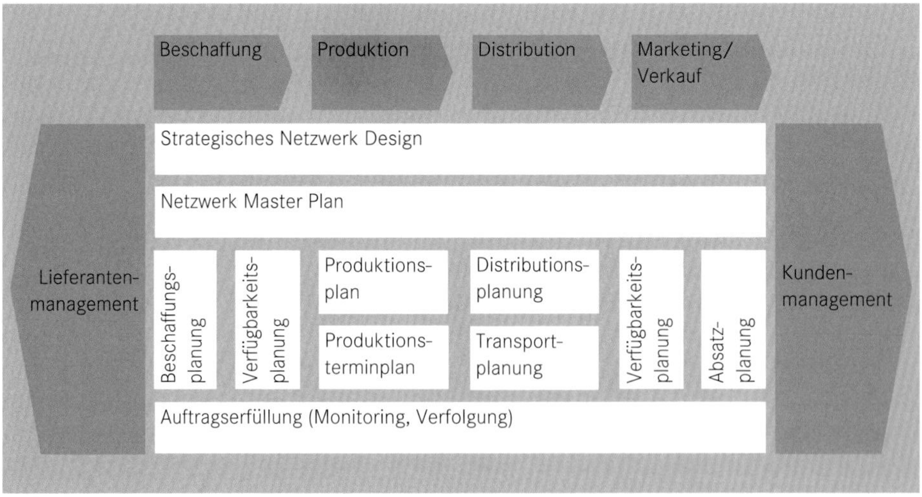

Abb. 1: Aufgaben in der operativen Planung der Leistungserstellung (Stadtler, 2005)

Die Planung der Leistungserstellung setzt immer mit der Beantwortung der Frage ein, welche Menge an Endprodukten verkauft werden soll. Der **Absatzplan**, der Element der operativen Planung im Marketing ist, enthält diese Information. Die geplante Absatzmenge muss nicht identisch mit der Menge der zu produzierenden Endprodukte sein, weil in der Verfügbarkeitsplanung Lagerbestände an Endprodukten auf- oder abgebaut werden sollen, oder weil aus der Netzwerkplanung noch offen ist, wo Produkte und Leistungen hergestellt oder beschafft werden sollen. Das **Produktionsprogramm**, also die letztendlich zu produzierende Menge, ergibt sich aus der Absatzmenge unter Berücksichtigung der geplanten Lagerbestandsveränderungen und den Auswirkungen von Make-or-Buy-Entscheidungen. Stehen das Produktionsprogramm sowie dessen operativer Terminplan fest, werden weitere Themen angegangen, die in der Wertschöpfungskette nicht losgelöst voneinander betrachtet werden können: die Planung der Materialbeschaffung, der Produktionskapazitäten sowie die Distributions- und Transportplanung. Die **Materialplanung** muss abklären, ob die für den Verkauf beziehungsweise für die Fertigung notwendigen Materialien überhaupt fristgerecht und in ausreichender Menge und Qualität beschafft werden können. Die Kapazitätsplanung prüft, ob das zur Herstellung der Produkte benötigte Personal und die benötigten Produktionsanlagen zur Verfügung stehen. Und die **Distributions- und Transportplanung** legt fest, welche Mengen zu welchem Zeitpunkt in welchen Lagern und Vertriebspunkten zur Verfügung stehen. Sie plant ebenfalls die Verpackungs- und Transportmittel sowie die optimalen Wege und Routen.

Neben dem Absatzplan als Ausgangspunkt stellen die **Produktstücklisten** die Zusammenhänge zwischen den einzelnen Planungsaufgaben her. Sie halten unter anderem fest, wie sich ein Endprodukt zusammensetzt, aus welchen Materialien es besteht und wie viel von jedem Material gebraucht wird. Ausgehend vom Produktionsprogramm und mit Hilfe von Stücklisten wird der Materialbedarf während der Planperiode festgelegt. Anschliessend wird abgeklärt, ob und wie dieser **Materialbedarf** abgedeckt werden soll. Dies wird im **Materialplan** festgehalten.

Stücklisten halten in hierarchischer Form, die an Organigramme erinnert, die Struktur eines Endprodukts fest. Diese Struktur ist im Wesentlichen mit der Struktur des Produktionsprozesses identisch. Durch die Materialbereitstellung, Vor- und Endbearbeitung, Vor- und Endmontage werden die geforderten Produkte und Leistungen erstellt. Mit jedem in der Stückliste enthaltenen Material sind Aktivitäten verbunden. In der Produktion nennt man solche Aktivitäten Operationen. **Operationspläne** geben den Produktionsprozess wieder. Sie enthalten die einzelnen Operationen, ihre zeitliche Abfolge und Dauer. Da Stücklisten strukturell identisch sind mit Operationsplänen, muss man sie nur um 90° drehen um einen Operationsplan zu erhalten (vgl. Abbildung 2).

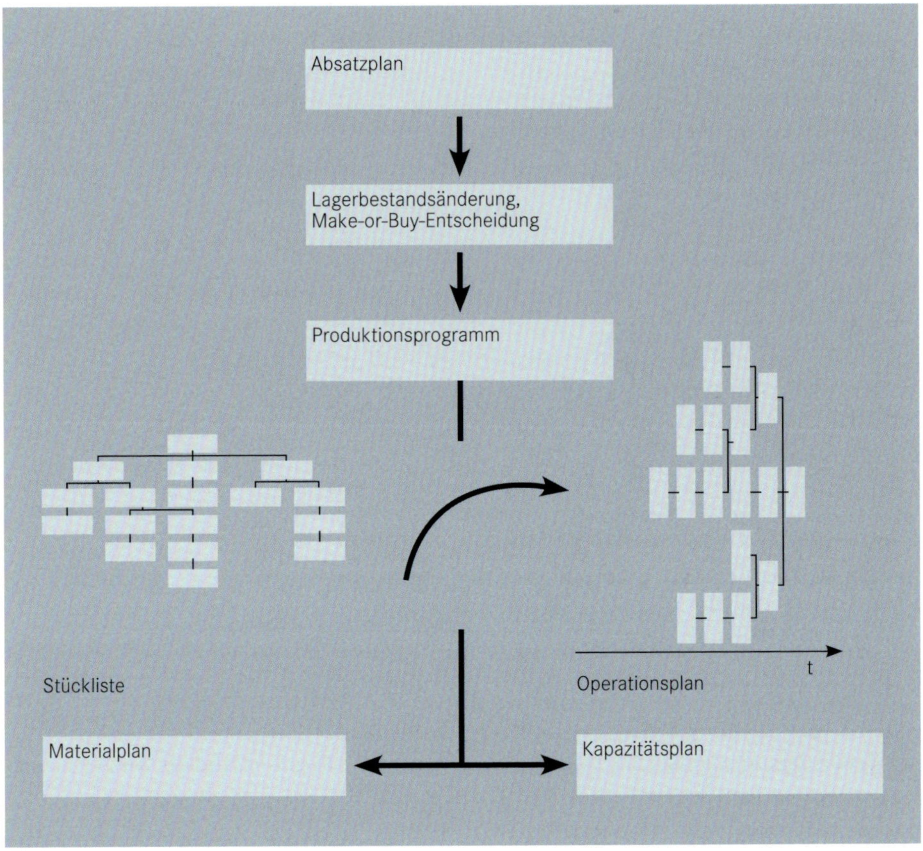

Abb. 2: Struktur der Produktionsplanung

Für die Durchführung von Operationen sind personelle und sachliche Ressourcen – Mitarbeitende und Maschinen – erforderlich. Man fasst sie für die Planung unter den Begriff Kapazitätseinheiten zusammen. Die **Kapazitätsplanung** muss für jede Kapazitätseinheit überprüfen, ob sie in genügendem Ausmass in der Planperiode zur Verfügung steht. Dies geschieht, ausgehend vom Produktionsprogramm, auf der Basis der Operationspläne. Ist der Kapazitätsbedarf bekannt, muss er mit der verfügbaren Kapazität – dem Kapazitätsangebot – abgeglichen werden. Ergeben sich Differenzen, was in der Regel zu erwarten ist, müssen Massnahmen definiert werden, die geeignet sind, Unterkapazitäten zu beseitigen, Überkapazitäten abzubauen oder die Kapazitätsnachfrage zu verändern. Da die Marktänderungen zum Teil sehr schnell erfolgen, ist dieser Kapazitätsabgleich regelmässig und funktionsübergreifend notwendig. Dies erfolgt im **Sales and Operations Planning** (Sheldon, 2006).

1.3 Das Transformationsmodell

Wirtschaftswachstum und die zunehmende Weltbevölkerung haben zur Folge, dass die verfügbaren Ressourcen der Erde immer schneller aufgebraucht werden. Verknappung der Ressourcen wird zu Preisanstiegen führen und sich entsprechend auf die Wirtschaft auswirken. Es liegt daher nahe, die Leistungserstellung hinsichtlich ihrer Ressourceneffizienz zu untersuchen. Das Prinzip der Ressourceneffizienz gilt aber nicht nur für alle natürlichen (Rohstoffe und Energie) sondern auch für die wirtschaftlichen Ressourcen (Personal, Infrastruktur, Kapital). Für die natürlichen Ressourcen wird im Allgemeinen der Begriff der Ökoeffizienz benutzt (Von Hauff, 2009, S. 77 ff.). Für die wirtschaftlichen Ressourcen kennt man zur Beurteilung der Effizienz die Definitionen Arbeitsproduktivität, Maschinenproduktivität und Kapitalrendite. Um der Problematik der Ressourceneffizienz näher zu kommen, bedienen wir uns des Transformationsmodelles und wenden es für unterschiedliche Branchen an. Betrachten wir eine Warenhauskette, die einen Teil ihrer Waren im asiatischen Markt beschafft, in grossen Containern transportiert und in einem europäischen Zentrallager einlagert. Von hier aus werden die Waren an Filialen verteilt und in Verkaufsräumen präsentiert. In diesem Moment hat der Kunde die Möglichkeit, das Produkt zu prüfen und zu vergleichen: Qualität, Quantität, Grösse, Farbe, Preis. Er wird seine Wahl treffen. Was in diesem Moment nicht vorhanden ist, kann nicht verkauft werden. Der Nachschub für die verkauften Waren wird durch regelmässige Lieferungen aus dem Zentrallager gewährleistet.

Ein anderes Beispiel ist eine Anwaltskanzlei, die Steuerberatungen anbietet. Der Kunde mit seiner individuellen Einkommenssituation besucht die Kanzlei, wo er persönlich empfangen wird und sein individuelles Anliegen mit der Anwältin besprechen kann. Die Anwältin nutzt einschlägige Literatur, Nachschlagewerke und Gesetzestexte und erarbeitet mit dem Kunden eine für ihn optimale Lösung.

Im ersten Moment entsteht der Eindruck, dass beide Unternehmungen nur wenige Gemeinsamkeiten haben. Aus der Vogelperspektive lassen sich jedoch gleichwohl wesentliche gemeinsame Elemente der Leistungserstellung erkennen:

- Beide Unternehmungen erzeugen ein verkaufsfähiges Produkt.
- Beide Unternehmungen benötigen Ressourcen und Mittel, um ihre Marktleistung zu erbringen.
- Beide Unternehmungen haben durch Wandlung der eingesetzten Ressourcen ein Endprodukt geschaffen.

Allgemein formuliert, lässt sich daher festhalten, dass alle Unternehmungen Güter und/oder Dienstleistungen erzeugen, indem sie Prozesse definieren, mit denen sie durch Transformation eingesetzter Ressourcen Endprodukte erzeugen. Dieses Modell wird deshalb als **Transformationsmodell** bezeichnet (siehe Abbildung 3).

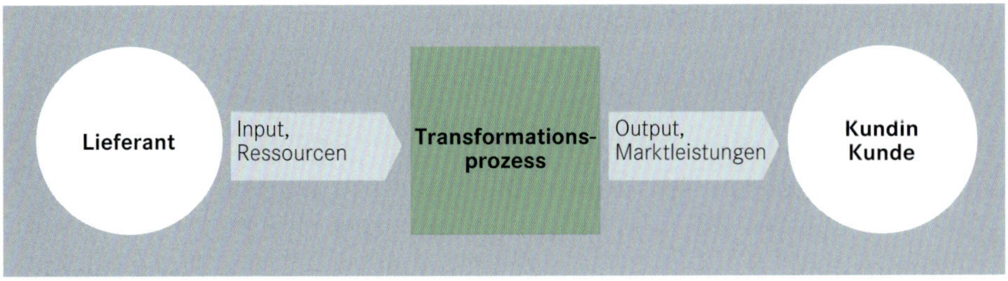

Abb. 3: Die Leistungserstellung als Transformationsprozess

Der Transformationsprozess ist zum einen sehr stark durch die Art der eingesetzten Ressourcen geprägt, zum anderen dadurch, in welcher Weise die Eigenschaften des Inputs geändert werden:

- physische Änderung durch Bearbeitung
- örtliche Änderung durch Transport
- zeitliche Änderung durch Aufbewahrung

Die für den Transformationsprozess notwendigen Ressourcen unterscheidet man in solche, die sich durch den Transformationsprozess ändern, und solche, die für den Transformationsprozess nur genutzt und nicht geändert werden. Üblicherweise sind die änderbaren Ressourcen eine Mischung aus Rohstoffen, Materialien, Energie und Wissen (Information), wobei eines dieser Elemente meist dominant ist. Ressourcen oder besser gesagt Mittel, die für den Transformationsprozess nur genutzt werden, werden in Infrastruktur- und Personalressourcen unterschieden. Zur Infrastruktur zählen Gebäude, Ausstattung, Transportmittel und Technologien. Das Ausmass, in welchem Infrastruktur und Personal für den Transformationsprozess eingesetzt werden, und die Qualität der beanspruchten Ressourcen können sich von Unternehmung zu Unternehmung unterscheiden.

Um die Leistungsfähigkeit von Transformationssystemen beschreiben und vergleichen zu können, bietet sich die Betrachtung von zeitbezogenen Output-Grössen an: Im kaufmännischen Bereich sind es Verkäufe oder Umsätze pro Quartal oder Jahr, in der Fertigung sind es Anzahl hergestellter Fertigprodukte je Tag oder Woche, in der Distribution sind es Anzahl Einlagerungen oder Lagerbezüge je Stunde oder Tag. Neben der Menge wird die Qualität der Leistungserstellung in Form der «6R» gemessen: das richtige Produkt, zum richtigen Zeitpunkt, in der richtigen Qualität, am richtigen Ort, in der richtigen Menge, zum richtigen Preis. Diese 6 R werden auch als die Oberziele der Logistik bezeichnet (Seeck, 2007, S. 16). Abweichungen verursachen eine Verminderung der Leistungsfähigkeit. Wir können daher folgende Leistungen unterscheiden:

- Leistung aus den wertschöpfenden Aktivitäten (WA), die zur unmittelbaren Leistungserfüllung dienen (z. B. Verkauf, Einkauf, Produktion, Distribution),
- Leistung von unterstützenden Aktivitäten (UA), die für den reibungslosen Betrieb des Transformationsprozesses notwendig sind, aber nicht direkt dort eingreifen (z. B. stra-

tegische Beschaffung, Personalmanagement, Technologiemanagement, Infrastrukturmanagement), und

- Leistung von nicht wertschöpfenden Aktivitäten (NWA), die für die Leistungserstellung nicht notwendig sind beziehungsweise aus ungenügender Prozessqualität entstehen (z.B. kontrollieren, puffern, prüfen, nacharbeiten, korrigieren, entsorgen)

Die Gesamtleistung (GL) des Unternehmens bestimmt sich damit als: GL = WA + NWA + UA

Als Effizienz oder Produktivität wird das Mengenverhältnis von gelieferten Waren und Leistungen zu den dafür in den Produktionsprozessen eingesetzten Ressourcen gesetzt (vgl. auch Teil A, Einführung in die Betriebswirtschaftslehre):

$$\text{Produktivität} = \frac{\text{Nutzleistung}}{\text{Ressourcenmenge}} = \frac{\text{Output}}{\text{Input}}$$

Die Optimierung des Systems erfolgt in zwei Richtungen: entweder durch die Steigerung der wertschöpfenden Tätigkeiten (Nutzleistung) oder durch Reduzierung der eingesetzten Ressourcen. Es ist naheliegend, dass das Prinzip der Ressourceneffizienz über die eigentlichen Systemgrenzen des Unternehmens hinausgeht und die Wirkung in vor- und nachgelagerten Bereichen berücksichtigt werden müssen.

1.4 Elementare Gestaltungsmerkmale der Leistungserstellung

Je genauer man den individuellen Transformationsprozess betrachtet, desto deutlicher fallen die Unterschiede der jeweiligen Leistungserstellung auf. Trotz der verallgemeinernden Darstellung im Transformationsmodell werden die Prozesse in ihrer Ausgestaltung durch vier wesentliche Kriterien beeinflusst:

- durch das *Volumen* der Leistungen
- durch die *Varianten* der Leistungen
- durch den *zeitlichen Anfall* der Leistungen
- durch die *Kundennähe* der Leistungen

Ein hohes Volumen gleicher Leistungen wie im einführenden Beispiel des Warenhauses führt dazu, dass die Prozesse häufig wiederholt werden. Diese hohe Wiederholung ermöglicht eine Spezialisierung und Standardisierung der Aufgaben. Die Prozesse können systematisiert und strukturiert werden. Schritt für Schritt wird sich der Grad der Automatisierung erhöhen, und gleichzeitig werden die Stückkosten sinken.

Der Einfluss der Variantenzahl auf die Prozessgestaltung lässt sich am Beispiel einer Taxiunternehmung und einer Busunternehmung des öffentlichen Verkehrs verdeutlichen. Obwohl beide mehr oder weniger die gleiche Dienstleistung anbieten – den Transport über relativ kurze Distanzen –, besteht doch ein wesentlicher Unterschied. Bei einer Taxifahrt hat der Kunde nahezu unendlich viele Möglichkeiten, ein- und auszusteigen. Bei einer Busunternehmung stehen hingegen nur ausgewählte Routen zu vorgegebenen Zeiten zur Verfügung. Sowohl die Anforderungen an die Ressourcen als auch die Konsequenzen für die Prozessgestaltung gehen deutlich auseinander.

Die Nachfrage kann häufig, regelmässig und vorhersehbar oder aber selten, unregelmässig und schwer vorhersehbar sein. Grippeerkrankungen sind im Winter wahrscheinlicher als im Sommer, was bei den entsprechenden Medikamenten zu saisonalen Absatzschwankungen führt. Bei schönem Wetter wird häufiger gegrillt als bei schlechtem Wetter: Grillkohle, Chips, Getränke, Eis und Fleisch erfahren kurzfristig eine höhere Nachfrage. Um diese Schwankungen in der Nachfrage decken zu können, müssen ausreichende Lagerkapazitäten und eine hohe Flexibilität der Produktion gegeben sein. All dies ist nicht notwendig, wenn die Nachfrage stabil und gleichmässig verläuft.

Ein weiteres Kriterium, das massgeblich die Gestaltung des Transformationsprozesses beeinflusst, ist die Kundennähe der Leistung. Für kundenspezifische Marktleistungen, wie einen Haarschnitt, eine ärztliche Behandlung, eine Beratung oder spezielle Investitionsgüter, sind besondere Charakteristika der eingesetzten Ressourcen, vor allem der Mitarbeitenden, notwendig: hohe Kontaktfähigkeit, breite Kompetenz und Erfahrung sowie hohe Flexibilität. Eine Spezialisierung und Standardisierung ist nur eingeschränkt möglich.

Abbildung 4 zeigt die Auswirkungen dieser Faktoren auf die Gestaltung der Leistungserstellung.

Auswirkung	**Kriterium**			**Auswirkung**
geringe Wiederholung breite Fähigkeiten geringe Systemunterstützung	niedrig	**Volumen**	hoch	hohe Wiederholung hohe Spezialisierung hohe Systemunterstützung kapitalintensiv
hohe Flexibilität hohe Komplexität Kundenorientierung	hoch	**Varianten**	niedrig	optimale Auslegung Routinetätigkeiten Standards
wechselnde Belastung Bedarfsvorwegnahme hohe Flexibilität bedarfsorientiert	instabil	**zeitlicher Anfall**	stabil	hohe Auslastung vorhersehbar Routine
kurze Reaktionszeit Wahrnehmung durch den Kunden hohe Kontaktfähigkeit hohe Variantenzahl	hoch	**Kundennähe**	gering	Standardisierung des Produkts zeitliche und örtliche Entkopplung von Produktion und Verbrauch hohe Auslastung

hohe Produktkosten — niedrige Produktkosten

Abb. 4: Auswirkungen der Gestaltungskriterien auf die Leistungserstellung

Im Allgemeinen zeigen Unternehmungen mit geringem Nachfragevolumen, hoher Variantenzahl, instabiler Nachfrage und hoher Kundennähe eine hohe Flexibilität und weisen breite Kompetenzen aus. Dadurch erreichen sie nur einen geringen Grad an Standardisierung und Automatisierung. Sie sind nicht in der Lage, tiefe Produktkosten zu erzielen. Hingegen stellt sich bei hohem Volumen eine Systematisierung und Automatisierung der Prozesse mit einem hohen Grad an Spezialisierungen ein. Ist zusätzlich die Variantenanzahl klein und die Nachfrage stabil, lassen sich die Kapazitäten optimal auslasten und durch eintretende Routine Qualitätsfehler reduzieren. Meist ist damit eine kundenanonyme Produktion verbunden, die eine Entkoppelung von Bedarf und Herstellung ermöglicht. Im Allgemeinen lassen sich dadurch niedrige Produktionskosten erzielen. Doch stellt sich die Frage, ob niedrige Produktionskosten das einzige Ziel der Leistungserstellung ist.

1.5 Ziele der Leistungserstellung

Auf unternehmungspolitischer und strategischer Ebene werden wichtige Schwerpunkte in der Zielorientierung für die Leistungserstellung gesetzt. Im Prinzip nehmen fast alle Stakeholder Einfluss auf die Gestaltung der Leistungserzeugung: die Gesellschaft mit ihrem Bedürfnis nach sicheren und unbedenklichen Arbeitsplätzen, die Kunden mit dem Anspruch an die Qualität der Produkte, die Lieferanten mit dem Bestreben nach einer engen Zusammenarbeit und die Geldgeber mit ihrer Forderung nach einer angemessenen Rendite. Darin können wir erkennen, wie die Unternehmung den Ansprüchen der Anspruchsträger gerecht werden will.

Die Ziele, die sich aus Unternehmungspolitik und strategischer Planung für die Leistungserstellung ableiten, bewegen sich üblicherweise im Spannungsfeld von:

- niedrigen Betriebs- und Herstellkosten
- hoher Qualität bei geringen Fehlerkosten
- kurzen Lieferzeiten und Pünktlichkeit
- hoher Flexibilität in Volumen und Varianten

Diese Ziele werden heute kaum mehr als Differenzierungsmerkmale zwischen Konkurrenten gesehen, sondern vielfach vorausgesetzt. Eine Verbesserung in der Qualität, in der Flexibilität oder auch in der Durchlaufzeit verursacht Aufwände und hat damit unmittelbar Konsequenzen auf die Herstellkosten, kann jedoch auch zu Wettbewerbsvorteilen führen.

Die Leistungserstellung scheint hier einem immanenten Widerspruch ausgesetzt zu sein (vgl. Abbildung 5). Zum einen wird von ihr eine hohe wirtschaftliche Nutzung der Anlagen verlangt, um damit die Herstellkosten zu minimieren. Zum anderen ist sie konfrontiert mit den stetig steigenden Anforderungen der Kunden nach kürzeren Durchlaufzeiten bei hoher Termintreue.

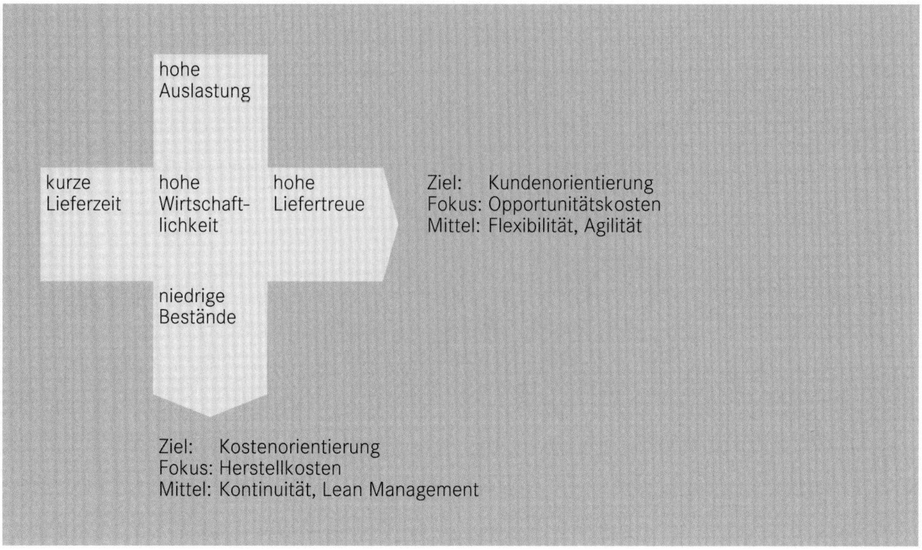

Abb. 5: Zielorientierung der Leistungserstellung

Eine starke Kundenorientierung berücksichtigt die kürzer werdenden Lieferzeiten und verspricht damit eine hohe Kundenzufriedenheit. Wird dieses Ziel nicht erreicht, entstehen oft Kosten, die schwierig zu messen sind:

- erhöhter Planungsaufwand mit geänderter Prioritätensetzung
- erhöhte Lagerhaltung im Betrieb oder beim Kunden
- verlorene Deckungsbeiträge durch nicht realisierten Umsatz
- erhöhte Verkaufs- und Marketingkosten, um Kunden wiederzugewinnen

Diese Kosten können als Opportunitätskosten betrachtet werden. Sie sind jedoch oft nur schwer zu ermitteln.

Die wesentlichen Ziele der Leistungserstellung konzentrieren sich auf die Kosten und die Qualität. Die Kosten des Produkts werden stark durch die Auslastung der Infrastruktur beeinflusst. Eine hohe Auslastung ermöglicht eine höhere Produktionsmenge. Die fixen Anlage- und Betriebskosten können dann auf höhere Produktionsmengen verteilt werden und führen zu tieferen Stückkosten. Um aber eine hohe Auslastung zu erhalten, müssen die Stillstandszeiten tief gehalten werden. Dazu muss die Unternehmung über einen genügend hohen Auftragsvorrat verfügen, mit dem sie optimal die Maschinenbelegung planen kann. Das Werkstück wartet daher meist vor der Maschine. Die Aufträge bilden eine Warteschlange. Die Höhe des Arbeitsvorrats bestimmt daher die Länge der Warteschlange und damit die Warte- und Liegezeiten der Produkte im Leistungssystem und folglich die gesamte Auftragsdurchlaufzeit. Mit einem Absenken des Arbeitsvorrates kann somit die Gesamtdurchlaufzeit gesenkt werden, jedoch mit dem Risiko der reduzierten Auslastung.

Ein Kompromiss in der Zielformulierung kann durch den Vergleich der Herstell- und der Opportunitätskosten gefunden werden. Beide Kostentypen sind vom Grad der Flexibilität abhängig: Eine höhere Flexibilität wird durch die Bereitstellung ausreichend geeigneter Ressourcen und Kapazitäten erreicht, was jedoch wieder mit höheren Kosten verbunden ist. Hingegen werden die Opportunitätskosten mit zunehmender Flexibilität sinken (vgl. Abbildung 6). Die Flexibilität wird also ein Optimum dort finden, wo die Opportunitätskosten gleich gross sind wie die Flexibilitätskosten.

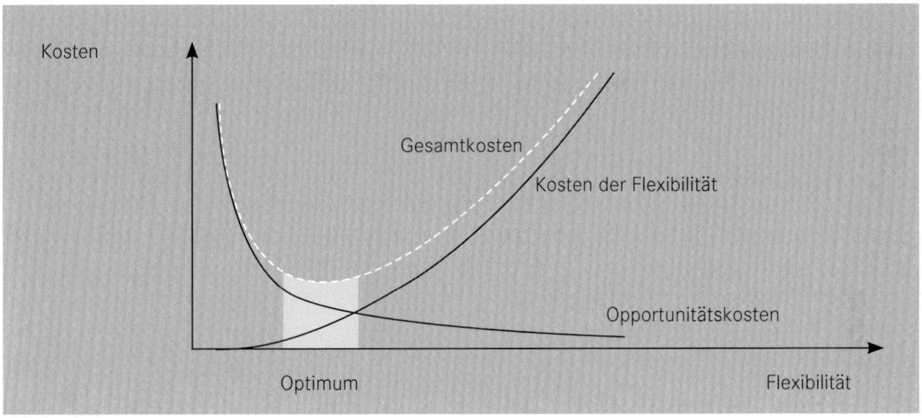

Abb. 6: Kostenoptimierung zwischen Kunden- und Betriebsorientierung

1.6 Einfluss der Produktstruktur auf die Leistungserstellung

In Abbildung 7 sind elementare Ausprägungen verschiedener **Produktstrukturen** dargestellt, die sich durch ihre konvergierende (zusammenlaufend, -fügend) beziehungsweise ihre divergierende (auseinander gehend) Form unterscheiden. Die *divergierende Form (V-Form)* repräsentiert eine Struktur, die mit nur wenigen Ausgangsstoffen zahlreiche Endprodukte hervorbringt. Stellvertretend sei hier die pharmazeutische Industrie genannt, die mit dem Einsatz weniger Wirkstoffe allein durch die Darreichungsformen in Tabletten, Kapseln, Zäpfchen, Pulvern, inhalierend und injizierend eine ungeheure Bandbreite von Arzneimitteln hervorbringt. Charakteristisch für diese Form sind Prozesse mit fixierten Losgrössen (Batch), deren Ergebnis meist Kuppelprodukte sind. **Kuppelprodukte** können nicht unabhängig voneinander erzeugt werden. Man benötigt sie für die Erstellung unterschiedlicher Endprodukte. Eine eindeutige Zuordnung von Anlagen und Produkten ist nur bedingt möglich. Eine optimale Ressourcenplanung kann nur durch die Bevorzugung der dominanten Endprodukte erfolgen. Es ist ein wesentlicher Nachteil dieser Struktur, dass bereits in einem sehr frühen Stadium der Leistungserstellung wichtige Weichen für das Endprodukt gestellt werden müssen.

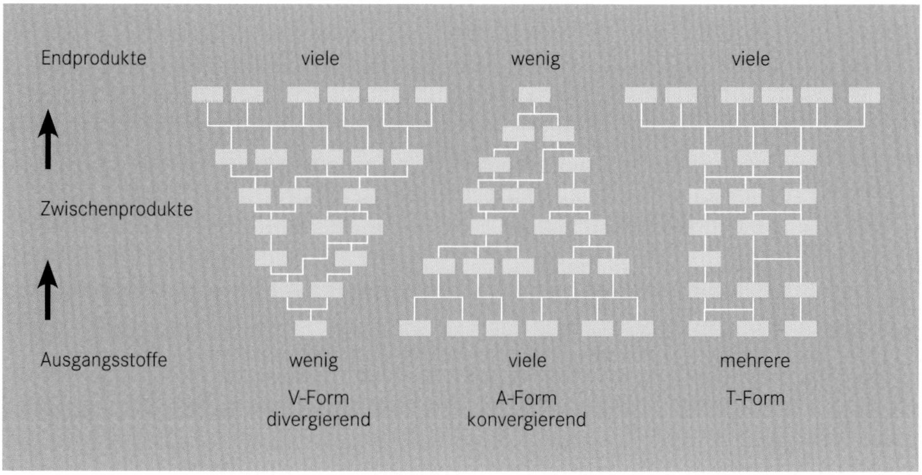

Abb. 7: Charakteristische Produktstrukturen

Die *konvergierende Form (A-Form)* hingegen verarbeitet viele Ausgangsstoffe, um wenige individuelle Produkte zu erstellen. Stellvertretend sei hier der Bereich der Investitionsgüter genannt, dem sehr kundenspezifische, komplexe Systeme und Leistungen zu Eigen sind. Allein der Bau eines Geschäftshauses benötigt neben dem Tiefbau den Hochbau, den Fassadenbau, die Wasserver- und -entsorgung, Aufzüge, Klima und Heizung, Licht, Strom und Datennetzwerke. Die Koordination der einzelnen Gewerke ist eine Meisterleistung für sich. Die Struktur ist geprägt von einem zeitlich aufeinander abgestimmten Zusammenfügen und Ergänzen. Es entstehen in der Regel keine oder nur wenige und mehrheitlich zufällige Kuppelprodukte. Die Ressourcen und Kapazitäten sind weitgehend voneinander unabhängig, das heisst entkoppelt. Die Planung erfolgt durch Rückwärtsterminierung, ausgehend vom angestrebten Endtermin des Fertigungsprozesses. Durch die reine kundenspezifische Ausrichtung des Produktes ergeben sich entweder lange Durchlaufzeiten oder aber hohe Risiken in den Vorleistungen, wenn Ausgangs- und Zwischenprodukte nicht anderweitig verwendet werden können.

Eine Abwandlung der V-Form stellt die so genannte *T-Form* dar. Sie erlaubt die Verwendung mehrerer, aber begrenzter, standardisierter Ausgangsstoffe, die durch geschicktes Zusammenfügen (Montage) eine hohe Anzahl von kundenspezifischen Endprodukten ermöglicht. Vor allem in der Finanzwelt konnte in den letzten Jahren beobachtet werden, wie durch das gestiegene Anlagerisiko bei Aktien immer mehr Produkte durch geschickte Kombination bestehender Finanzinstrumente entstanden sind. Die T-Form ermöglicht also unter Verwendung standardisierter Ausgangsprodukte eine hohe Flexibilität in den Endprodukten. Der Zeitpunkt der auftragsspezifischen Produktkonfiguration erfolgt sehr spät in der Leistungserstellung und vermeidet so die Nachteile der A- und der V-Form.

1.7 Netzwerke der Leistungserstellung

Die Auslegung des Transformationsprozesses erfolgt mit der Festlegung der **Wertschöpfungskette** und allen anderen damit verbundenen Aktivitäten bei Kunden und Lieferanten. Material, Güter, Informationen und Geld fliessen innerhalb dieser Wertschöpfungskette zwischen Kunde und Lieferant. Diese Kette kann zusätzlich ergänzt werden durch die Kunden des Kunden und die Lieferanten des Lieferanten usw. (vgl. Abbildung 8). Kunden und Lieferanten, die direkt an die Aktivitäten der Unternehmung anschliessen, bezeichnet man gemäss dem Stufenmodell als Kunden und Lieferanten der 1. Stufe (1st tier), die anschliessenden Glieder der Kette entsprechend als Kunden und Lieferanten der 2. Stufe (2nd tier), usw. Entlang dem Güterfluss vom Lieferanten zum Kunden fliessen gleichzeitig und gegenläufig Informationen und Geld. Angestossen und gesteuert wird die Kette durch Aufträge des Endkunden.

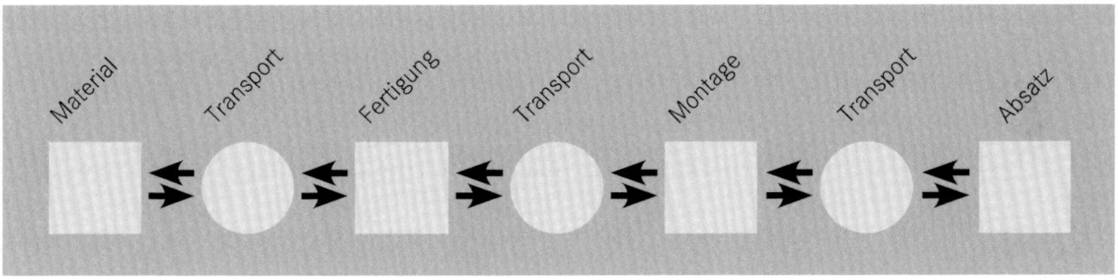

Abb. 8: Netzwerk einer mehrstufigen Leistungserstellung

Aus strategischer Sicht ist die Gestaltung der Wertschöpfungskette wichtig, da sie der Unternehmung hilft, Wettbewerbsvorteile durch eine effiziente Netzwerkgestaltung zu erkennen, wichtige Beziehungen im Netzwerk als Leistungsträger zu identifizieren und zu fördern und letztendlich langfristig die eigene Position im Netzwerk durch geschickte Integration oder Konzentration zu stärken. Daraus ergeben sich drei wesentliche strategische Aspekte der Netzwerkgestaltung:

1. Das *Mass der vertikalen Integration* der Unternehmung im Netzwerk (make or buy): Die Begründung für eine **vertikale Integration** reicht von der Steigerung der Wettbewerbsfähigkeit durch Differenzierung bis hin zur erhöhten notwendigen Kontrolle von Qualität, Durchlaufzeit und Kosten. Eine vertikale Integration verschiebt jedoch immer den Anteil von variablen zu fixen Produktionskosten, denn die Unternehmung übernimmt auch die gesamte Kapazität und damit das Risiko der Auslastung der integrierten Stufe. Weitere Folgen der vertikalen Integration sind eine eingeschränkte Flexibilität sowie zusätzlicher Aufwand für die Entwicklung und den Unterhalt der benötigten Kompetenzen.
2. Die *Wahl der Standorte:* Die geografische Positionierung der Unternehmung wird unter anderem durch den Absatz- und den Beschaffungsmarkt beeinflusst. Die Transportkosten und das Verfügbarkeitsrisiko für das Beschaffen und Verteilen der Güter spielen

ebenso eine Rolle wie die Kosten der Leistungserstellung (Bauland, Lohnniveau, Energie, Steuern usw.) und die offensichtlich benötigte Nähe zu den Kunden im Rahmen von bestimmten Dienstleistungen.

3. Die *Bestimmung der Kapazitäten* an den einzelnen Standorten: In Abhängigkeit der erwarteten Nachfragemengen und Nachfrageschwankungen können die notwendigen und ausreichenden Kapazitäten einer mittleren Leistungserstellung bestimmt werden. Die Nachfrageschwankungen können durch entsprechende Flexibilität der Leistungserstellung, beziehungsweise durch ausreichend grosse Puffer und Lager, abgedeckt werden. Bei der Bestimmung der Kapazität spielen neben dem kostensenkenden Effekt der Economies of Scale auch kostentreibende Effekte eine Rolle, die durch die Beherrschung der mit der Grösse wachsenden Komplexität verursacht werden.

1.8 Planung und Steuerung von Netzwerken

Innerhalb von Netzwerken und Lieferketten unterscheidet man zwei unterschiedliche Arten der Steuerung: die Steuerung nach dem Schiebeprinzip (push) und die Steuerung nach dem Ziehprinzip (pull). Sie stellen in der Steuerung quasi Polaritäten dar, da sie sich gegenseitig ausschliessen.

1

Das Prinzip der **Pull-Steuerung** ist in Abbildung 9 dargestellt. Dabei löst ein reeller Kundenbedarf **1** am Ende der Lieferkette die Nachlieferung **3** der Güter in der vorhergehenden Stufe aus. Dieser Auftrag **2** wird nun Stufe für Stufe in der Wertschöpfungskette weitergereicht bis ganz an den Anfang. Sämtliche Aktivitäten werden durch den Kundenbedarf am Ende der Wertschöpfungskette initiiert. Dies ermöglicht eine autonome, dezentrale Steuerung bei geringen Beständen, bedingt aber hohe Flexibilität in der Leistungserstellung und eine stabile Nachfrage.

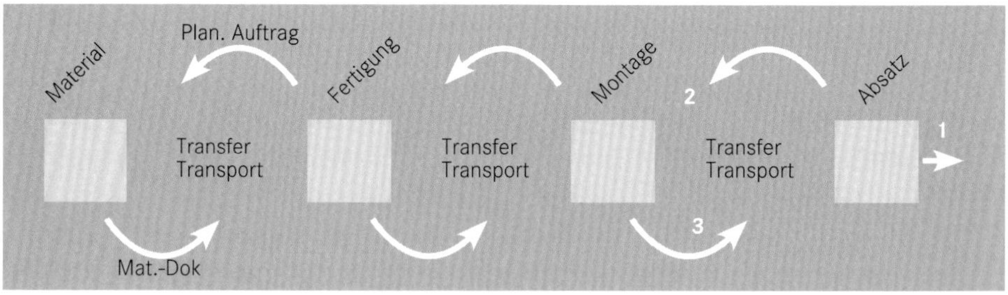

Abb. 9: Prinzip der Pullsteuerung

Die **Push-Steuerung** hingegen ist meist bedarfsunabhängig. Da der Absatz verkaufsfähiger Produkte nicht bekannt ist, werden auf Basis von Absatzprognosen Primärbedarfsplanungen erstellt. Das heisst, es wird der Bedarf an Endprodukten prognostiziert. Mit Hilfe der Produktstruktur lässt sich nun auch unter Berücksichtigung der Lagerbestände der

Bedarf an Zwischenprodukten und Ausgangsstoffen ermitteln. Die Steuerung erfolgt zentral und meist rechnergestützt, die Güter werden auf Vorrat produziert.

Zwischen der Pull- und der Push-Steuerung gibt es jedoch einen Zusammenhang. Betrachtet man die Lieferkette in Abbildung 9, kann man unschwer erkennen, dass einige Zeit benötigt wird, bis der Bedarf von rechts innerhalb der Lieferkette ganz links ankommt. Diese Zeit wird als **Gesamtdurchlaufzeit** bezeichnet. In den meisten Fällen ist der Kunde jedoch nicht bereit, so lange auf sein Produkt zu warten, bis die Aufträge komplett durchgereicht worden sind. Je nach Produkt und Kundenanforderung sind die Lieferzeiten deutlich kürzer als die Gesamtdurchlaufzeiten. Die meisten Produkte im Handel und vor allem Informationsgüter haben sogar eine Lieferzeit von null. Das heisst, die Güter müssen zum Nachfragezeitpunkt verfügbar sein. Vor allem Güter und Dienstleistungen, die nur auf Kundenwunsch erbracht werden, benötigen jedoch eine bestimmte Lieferfrist. Alle Wertschöpfungsprozesse, die innerhalb dieser Lieferfrist abzuwickeln sind, können unter einer bedarfsorientierten Steuerung erbracht werden (pull).

Je nach Lieferfrist und Umfang der Wertschöpfung lassen sich Auftragslieferung, Montageauftrag, Fertigungsauftrag, Auftragsbeschaffung oder sogar Entwicklungsaufträge unterscheiden. Man spricht dabei von **Auftragseindringtiefe** (Order-Penetration-Point). Die

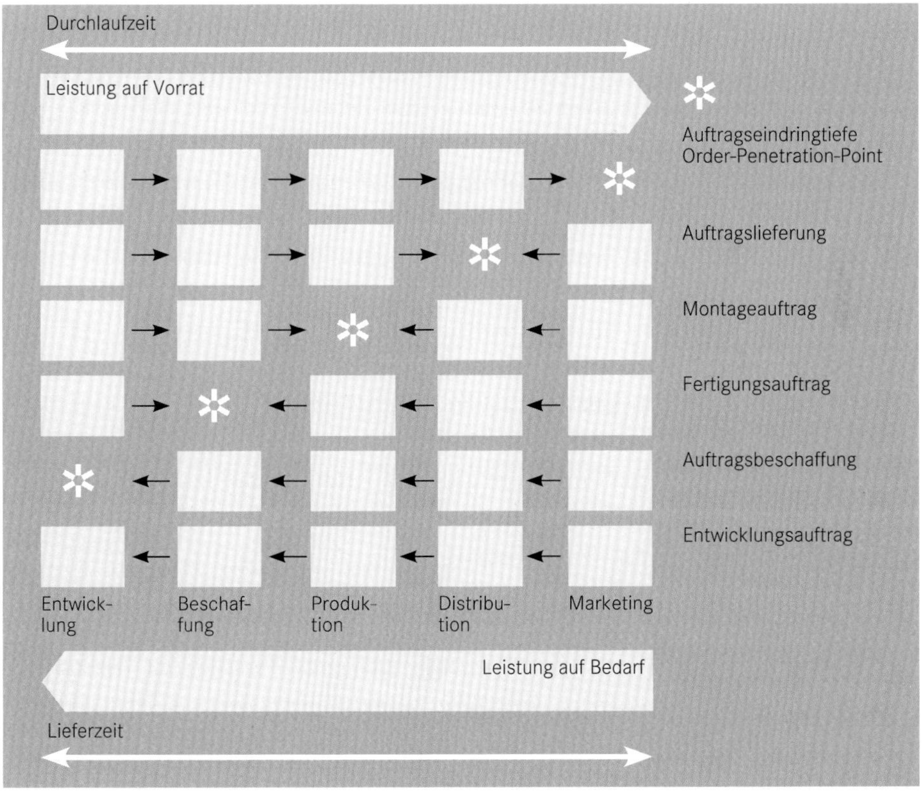

Abb. 10: Auftragseindringtiefe, Pull- und Push-Steuerung

Wertschöpfungsaktivitäten, die nicht innerhalb der Lieferfrist zu erbringen sind, und damit in der so genannten **Beschaffungslücke** liegen, müssen zwangsläufig über die Programmplanung und die Bevorratung gesteuert werden (push).

Am *Order-Penetration-Point* findet eine Entkoppelung der Push- und der Pull-Steuerung statt (vgl. Abbildung 10). Die bis dahin anonyme Leistungserstellung wird kundenspezifisch. Innerhalb der gesamten Wertschöpfungskette ist daher am Order-Penetration-Point meist eine Bevorratung der Leistung notwendig. Eine weitere Bevorratung innerhalb der verbleibenden Lieferzeit ist nicht notwendig.

1.9 Nachfrageverhalten und Prognoseverfahren

Die Nachfrage lässt sich nach ihrer Prognosegenauigkeit und nach der Abhängigkeit ihrer Entstehung klassifizieren.

Prognosegenauigkeit: Der verbrauchsorientierte (stochastische) Bedarf wird aufgrund des abgeschätzten zukünftigen Verbrauchs ermittelt. Dabei stützt man sich auf mathematische Methoden, die sich neben Verbrauchsdaten aus der Vergangenheit auch heuristischer Methoden (erfahrungsorientierte Methoden, die zum Beispiel relevante Wirtschaftsindikatoren mitberücksichtigen) bedienen, um das Risiko von Fehlprognosen zu reduzieren. Viel leichter ist die Prognose bei einem programmorientierten (deterministischen) Bedarf. Dieser kann aus einer eindeutigen Beziehung, zum Beispiel zum aktuellen Absatz oder zum Auftragsbestand, abgeleitet werden.

Abhängigkeit der Entstehung: Als unabhängiger Bedarf wird der **Primärbedarf** verstanden, der alle verkaufsfähigen Produkte und Dienstleistungen berücksichtigt. Er ist nur von externen Faktoren abhängig. Der **Sekundärbedarf** hängt über die Stückliste vom Primärbedarf ab. Er berücksichtigt damit alle Rohstoffe, Teile, Prüfteile, Systeme und dergleichen mehr. Unter **Tertiärbedarf** schliesslich wird der Bedarf an Betriebsmitteln verstanden, der bei der Verarbeitung des Sekundärbedarfes zu Endprodukten benötigt wird. Dazu gehören alle Betriebsmittel und Hilfsstoffe.

Ausgehend von der Anzahl absetzbarer Produkte, dem Bruttobedarf, kann durch Berücksichtigung der frei verfügbaren Lagerbestände ein **Nettobedarf** bestimmt werden:

Nettobedarf = Bruttobedarf – verfügbarer Lagerbestand

Die Auswahl geeigneter Prognoseverfahren hängt ganz wesentlich von der zu erwartenden Nachfragetypologie – dem Verlauf des Absatzes in Abhängigkeit von der Zeit – ab. In vielen Fällen lassen sich aus der Vergangenheit *Nachfragemuster* erkennen, von denen einige in Abbildung 11 dargestellt sind. Oft ist das Muster durch Überlagerung verschiedener Faktoren und Einflüsse jedoch nicht mehr erkennbar.

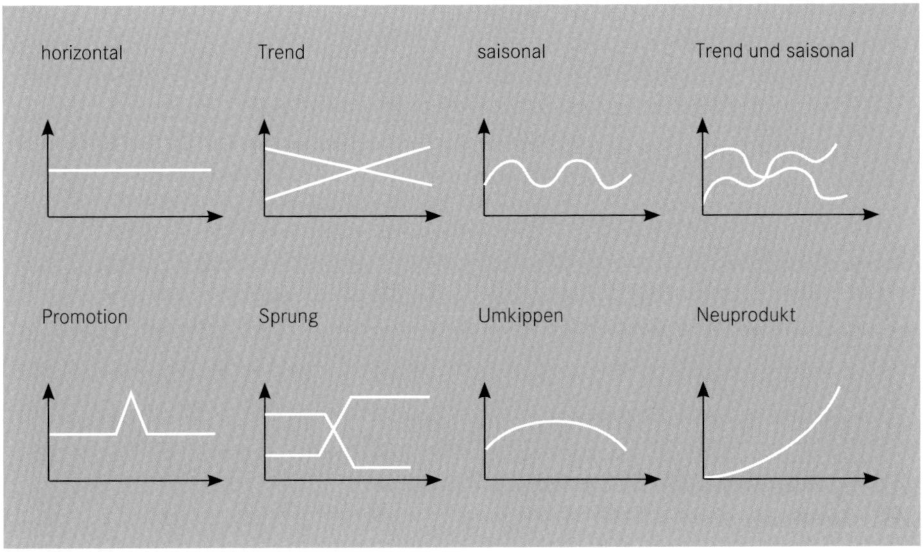

Abb. 11: Zusammenstellung verschiedener Nachfragetypologien

Im Allgemeinen werden die Produkte nach ihrer Nachfragecharakteristik in **XYZ-Kategorien** eingeteilt (vgl. Abbildung 12). Dies ermöglicht eine rasche Zuordnung und Identifizierung möglicher Verfahren.

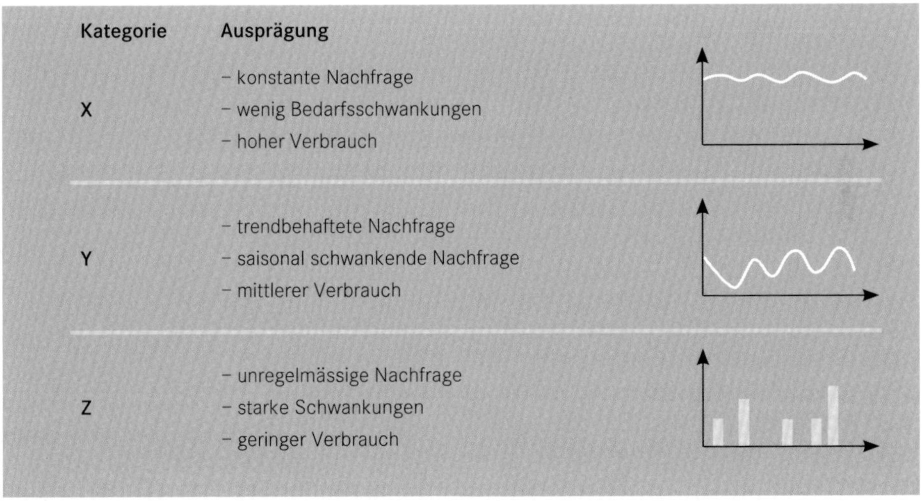

Abb. 12: XYZ-Verbrauchsklassifizierung

In der Kategorie X liegen die Produkte mit stabiler, hoher Nachfrage, die durch einfache stochastische Verfahren (Mittelwertbildung, gleitender Mittelwert oder gewogener Mittelwert) prognostiziert werden können. Schwieriger, aber immer noch methodisch erfassbar, sind Produkte aus der Kategorie Y, deren Nachfrage lediglich einem möglichen Trend folgt.

Es bieten sich hier Verfahren der Glättung und der Regression an, wenn wichtige Einflussfaktoren erkannt sind. Produkte in der Kategorie Z sind hingegen nahezu nicht prognostizierbar.

Wie bereits erwähnt, lassen sich bei den Nachfragetypologien einige wichtige Steuerungsverfahren festmachen. Abbildung 13 zeigt im Überblick Produkttypen, bei denen das Nachfrageverhalten unterschiedlich ist (XYZ) und geeignete Steuerungsverfahren.

	Nachfragearten		
	X	Y	Z
Steuerungsverfahren	produktionssynchron	Material-Resource-Planning (MRP)	Projektabwicklung
	Kanban Fliessfertigung einfache stabile Verfahren Pull-Verfahren	hohe Produktvielfalt komplexe Produkt- und Absatzabhängigkeiten	komplexes Management komplexe Koordination Push-Verfahren
	genaue Kontrolle (Sekunden, Minuten)	Kontrolle im Bereich von Stunden und Tagen	Tages- und Wochenkontrolle
	Konsumgüter Verfahrenstechnik	Variantenfertigung	Investitionsgüter
	stochastische Planungsmethoden	quasi-deterministische Planungsmethoden	deterministische Planungsmethoden

Abb. 13: Zusammenstellung von Nachfragetypologien und Steuerungsverfahren

1.10 Zusammenfassung

Zwischen dem Rohstoff und dem Erzeugnis, das der Endverbraucher erwirbt, liegt eine Wertschöpfungskette, an der in der Regel mehrere Unternehmungen beteiligt sind. Es macht daher wenig Sinn, nur eine Unternehmung, losgelöst vom Rest der Kette zu betrachten. Vielmehr sind ganze Netzwerke, bestehend aus mehreren an der Wertschöpfung beteiligten Unternehmungen, zu betrachten. Deshalb werden mit der Marktleistungserstellung – der Herstellung von Produkten und der Erbringung von Dienstleistungen – gleichzeitig auch die vorgelagerte Beschaffung und die nachgelagerte physische Distribution als Schnittstellen zwischen den Teilnehmern der Wertschöpfungskette betrachtet.

Im Transformationsmodell werden Ressourcen durch den Transformationsprozess zu Marktleistungen verarbeitet. Die Ressourcen können dabei einerseits kombiniert, andererseits in ihrer physischen, örtlichen und zeitlichen Eigenschaft verändert werden. Die Ziele der Leistungserstellung bewegen sich im Spannungsfeld von Kosten, Qualität, Zeit und Flexibilität.

Eine Lieferkette kann bedarfsabhängig über Kundenaufträge gesteuert sein (pull) oder bedarfsunabhängig aufgrund von Absatzprognosen (push). Sind die Lieferzeiten für eine

Pull-Steuerung zu lange, so entsteht eine Beschaffungslücke. Die Lieferkette ist deshalb innerhalb der Beschaffungslücke push- und ab dem Order-Penetration-Point pull-gesteuert.

Aufgrund der Prognostizierbarkeit ihrer Nachfrage werden Produkte in XYZ-Kategorien eingeteilt. Nach X-Produkten besteht eine konstante, hohe Nachfrage, während die Nachfrage nach Y-Produkten saisonal schwankt und trendbehaftet ist. Z-Produkte hingegen werden nur wenig und sehr unregelmässig verbraucht.

2 Beschaffung

2.1 Einleitung

Die Bedeutung der **Beschaffung** wird von Unternehmung zu Unternehmung unterschiedlich beurteilt und spiegelt zum einen die Situation der Unternehmung, zum anderen den Stellenwert der Beschaffung wieder. Sie stellt jedoch eine wichtige Nahtstelle der Unternehmung zu ihrer Umwelt dar. Wie eine Unternehmung nicht ohne Kunden existieren kann, kann sie auch nicht ohne die Leistungsfähigkeit ihrer Lieferanten bestehen. Drei wichtige Aspekte veranschaulichen die wachsende Bedeutung der Beschaffung:

- Mit zunehmender Konzentration auf die Kernaktivitäten wird die Leistungstiefe einer Unternehmung immer kleiner und der Leistungsumfang, der über den Beschaffungsmarkt bezogen wird, wächst. Die Bedeutung einer optimal gestalteten Lieferantenbeziehung nimmt zu.
- Vor allem Handelsunternehmungen nutzen die Beschaffung, um einen Wettbewerbsvorteil zu erreichen. Ein Beispiel dafür ist die konsequent ökologische und faire Einkaufspolitik für Obst, Kaffee, Kakao, Tee, Reis und Blumen von Max Havelaar, der zu deutlichen Steigerungen des Umsatzes und des Marktanteils führte.
- Je geringer die Gewinnmarge ist, desto höher wirkt sich eine Leistungssteigerung in der Beschaffung aus. Die günstigere Beschaffung, gemessen als Kosteneinsparung, geht direkt in das Betriebsergebnis ein.

Ausgehend von der Beschaffungspolitik verfolgen wir die einzelnen Schritte des **Beschaffungsprozesses**. Dieser beginnt mit der Erstellung der Spezifikation, führt über die Phase des Angebots zur Bestellung und schliesst mit der Lieferantenentwicklung ab (vgl. Abbildung 14).

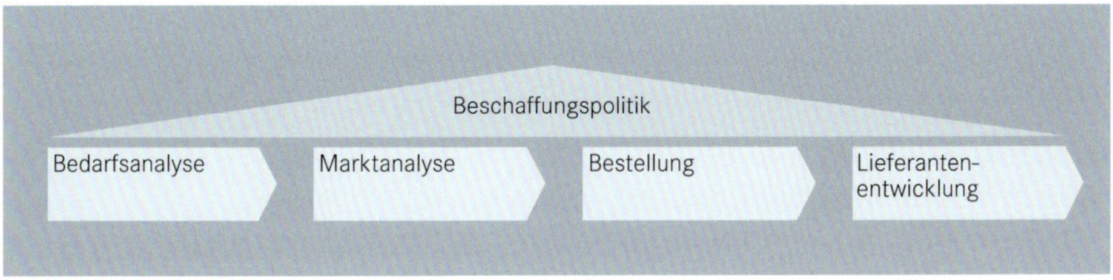

Abb. 14: Beschaffungsprozess

2.2 Beschaffungspolitik und -strategie

Die Beschaffung befasst sich mit der Gestaltung der Informations-, Güter- und Geldflüsse, die an der Nahtstelle zwischen der Unternehmung und ihren Lieferanten auftreten.

- Der *Informationsfluss* umfasst den Austausch von Informationen bei der Absatzplanung, Auftragsabwicklung und Produktentwicklung. Er beinhaltet sowohl Herkunfts- und Qualitätsnachweise wie auch Produktdokumentationen.
- Der *Güterfluss* umfasst sowohl die materiellen Güter, die für die Leistungserstellung direkt oder indirekt benötigt werden, als auch die immateriellen Güter, die die Leistungsfähigkeit der Unternehmung erhöhen (z. B. Entwicklungs- und Prozess-Know-how).
- Im Zusammenhang mit dem *Geldfluss* wird das Thema der Lieferantenkredite und der Zahlungsbedingungen betrachtet (z. B. Anzahlungen, Zahlungsziele und Absicherungen im internationalen Zahlungsverkehr).

Die Primäraufgabe der Beschaffung ist die Versorgung der Unternehmung mit den notwendigen Ressourcen. Ressourcen können direkte und indirekte Güter und Dienstleistungen sein. Unter **direkten Gütern** werden Material und Dienstleistungen verstanden, die unmittelbar mit der Leistungserstellung verbunden sind: Rohstoffe, Halbfabrikate, Fertigfabrikate, Systeme und dergleichen mehr. Sie sind Bestandteile des fertigen Produkts. **Indirekte Güter** schliessen Material und Dienstleistungen ein, die sich aus der Leistungserstellung ableiten. Dies sind beispielsweise Bürobedarf, Betriebsmittel, Strom, Investitionen oder Sicherheits- und Reinigungsdienste.

Der direkte Ressourcenbedarf wird einerseits durch Kundenaufträge, andererseits durch die operative Planung ausgelöst. Die Beschaffung selbst erzeugt keinen Bedarf an direkten Gütern, sie arbeitet ausschliesslich im Auftrag ihrer internen Kunden. Ihre primäre Aufgabe ist die anforderungsgerechte Versorgung der internen Kunden mit Material und Dienstleistungen. Daraus lassen sich vier wesentliche Teilaufgaben ableiten:

- Bezugsquellen externer Leistungen identifizieren
- Bezugsquellen externer Leistungen auswählen
- Auftragserteilung an externe Leistungsersteller
- Überwachung und Sicherstellung der externen Leistungserstellung

Als Sekundäraufgaben können alle unterstützenden Tätigkeiten für die Primäraufgaben angeführt werden. Im Wesentlichen sind dies:

- *Kostenkontrolle und Kostenreduktion:* Das Augenmerk ist auf die Gesamtkosten zu legen. Neben den Kosten für die Ressourcen (Preise), sind auch die Kosten für die Beschaffung und die Lagerhaltung zu berücksichtigen (total cost of ownership, TCO).
- *Beherrschung der Beschaffungsrisiken:* Durch die Abhängigkeit von den Beschaffungsmärkten entstehen Risiken, insbesondere bezüglich Zeit (Liefertermin und Durchlaufzeit), Qualität und Quantität sowie Kosten (Preis- und Wechselkursstabilität).

- *Beiträge zur Produkt- und Prozessinnovation:* Der Innovationsprozess lebt vom Ideenreichtum, der in der Regel mit der Anzahl der Beteiligten zunimmt. Mit zunehmender Vernetzung mit dem Beschaffungsmarkt wird es für die Beschaffung immer wichtiger, das Innovationspotenzial dieses Marktes für die Unternehmung zu nutzen.

Abbildung 15 zeigt operative Ziele der Beschaffung. Diese werden aus der Unternehmungspolitik und aus der strategischen Planung abgeleitet. Üblicherweise werden nicht alle Ziele gleich gewichtet. Je nach Unternehmungsumwelt und Unternehmung haben die einzelnen Ziele unterschiedliche Bedeutung.

Ziele	**Beispiele**
finanzielle Ziele	geringer Preis der Waren, tiefe Kosten der Beschaffung, lange Zahlungsfristen
Sicherungsziele	hohe Verfügbarkeit der Güter, Stabilität der Versorgung, Vermeidung von Kostenschwankungen (z. B. durch Wechselkurse)
politische Ziele	Etablierung von Partnerschaften, regionale Verankerung
soziale Ziele	faire Lieferantenbeziehungen, Verhinderung von Kinderarbeit
ökologische Ziele	geringe Umweltbelastung bei Herstellung, Transport, Verpackung und anderen Schutzmitteln
Beschäftigungsziele	gleichmässige Auslastung, Vermeidung von Sonderschichten
Machtziele	Erhöhung der Dominanz in den Beschaffungsmärkten, Reduktion von Abhängigkeiten

Abb. 15: Zielformulierungen in der Beschaffung

Die primären Sachziele der Beschaffung bezüglich der externen Leistungserstellung befassen sich mit der Einhaltung von:
- Terminen
- Qualität
- Kosten
- Mengen

Da sich die primären Sachziele kurzfristig widersprechen können, ergeben sich oftmals Zielkonflikte. So wird zum Beispiel oft argumentiert, dass kurze Durchlaufzeiten nur mit höheren Kosten oder Einschränkungen bei der Qualität zu erreichen seien. Dies wird vor allem durch den erhö hten Planungs- und Koordinationsaufwand begründet, den die Verkürzung der Durchlaufzeiten verursacht. Moderne Verfahren der Produktionsplanung, die auf leistungsfähigen Informatiklösungen basieren, ermöglichen jedoch, dass beide, Kosten- und Durchlaufziele, gleichzeitig erreicht werden können. Man darf dabei nicht übersehen, dass solche Lösungen oft nur durch intensive Zusammenarbeit aller beteiligten Partner und

Funktionen erreicht werden können. Wie so oft gilt auch hier, dass nur die konsequente Ausrichtung auf übergeordnete Ziele zu optimalen Ergebnissen führen kann. Für die Beschaffungsziele gilt deshalb:

- Sie dienen innerhalb der betrieblichen Zielhierarchie ausschliesslich zur Erfüllung der Unternehmensziele.
- Sie können nur aus den Vorgaben anderer Funktionsbereiche abgeleitet werden.
- Sie sind damit von der Eindeutigkeit und der Präzision der Formulierung dieser Ziele abhängig.

Davon ausgehend müssen wichtige Entscheide für die Beschaffung gefällt werden:

- Wie viele Lieferanten sind notwendig und sinnvoll?
- Welche Beschaffungsregion soll bevorzugt werden?
- Wie tief soll die Lieferantenbeziehung werden?
- Sollen Partnerschaften aufgebaut und gepflegt werden, oder soll lieber der Wettbewerb spielen?
- Welche Bedeutung hat der lokale Markt für die Unternehmung?
- Wie funktioniert die interne und externe Kommunikation?
- Welche Kommunikationsmittel werden verwendet?
- Welche Organisationsform soll gewählt werden?

Diese und ähnliche Fragen werden in einer **Beschaffungspolitik oder -strategie** festgelegt:

- *Standardisierung oder Flexibilisierung:* Die Produktstandardisierung, die zu Kosteneinsparungen und Zugewinn an Verhandlungsmacht führen kann, steht im Widerspruch zu kundenorientierten Lösungen.
- *Selber machen oder Beschaffen (make or buy):* Durch die Verlagerung interner Wertschöpfungsschritte an Lieferanten **(Outsourcing)** werden Möglichkeiten geschaffen, interne Prozesse zu vereinfachen und einen Teil der Leistungserstellung als Produkte oder Dienstleistungen günstiger von Lieferanten einzukaufen. Die geringeren Kosten sind gegen die erhöhte Abhängigkeit vom Lieferanten und den möglichen Verlust von wichtigen Kompetenzen abzuwägen. Ein Entscheid für ein **«Insourcing»** kann auch bei höheren Gestehungskosten durch ein reduziertes Versorgungsrisiko gerechtfertigt werden.
- *Global oder lokal:* Die Orientierung an globalen Beschaffungsmärkten erweitert die Basis an möglichen Lieferanten, die unter günstigeren Konditionen ihre Leistung anbieten können. Dadurch entsteht unter den Lieferanten ein intensiverer Wettbewerb, der zu Kostensenkungen führen kann. Eine lokale Beschaffung reduziert hingegen die Lieferzeiten und die Kommunikationswege. Die Leistungskontrolle und Leistungsentwicklung kann durch die geografische und kulturelle Nähe effizient entwickelt werden (JIT-Verfahren gelingen nur durch geografische Nähe).

- *Abhängigkeit oder Unabhängigkeit:* Die Konzentration des Beschaffungsvolumens auf einen **(single sourcing)** oder wenige Lieferanten erhöht die Abhängigkeit und damit das Versorgungsrisiko. Eine Erweiterung der Lieferantenbasis **(multiple sourcing)** reduziert zwar dieses Risiko, aber auch das Beschaffungsvolumen bei den jeweiligen Lieferanten. Die Vorteile von grossen Bezügen (z. B. Rabatte) gehen dadurch verloren.
- *Direkter oder indirekter Einkauf:* Das direkte Einkaufen beim Hersteller birgt Potenzial für geringere Kosten und kürzere Durchlaufzeiten, verlangt aber meist grosse Bestellmengen. Der indirekte Einkauf über den Handel ermöglicht hingegen eine geringere und bedarfsgerechte Losgrösse und damit höhere Flexibilität.
- *Grosse oder geringe Beschaffungstiefe:* Eine grosse Beschaffungstiefe ermöglicht die genauere Verfolgung des Güterflusses und die Reduktion von Risiken durch gezielte Kontrolle von Puffern und Lagern schon früh in der gesamten Lieferkette. Dem steht die Beschaffung von einbaufertigen Teilen oder Systemen gegenüber, die den Aufwand im Beschaffungsprozess deutlich senken hilft.
- *Zentralisierung oder Dezentralisierung:* Durch Zentralisierung können die Beschaffungsprozesse optimiert und die Kosten der Beschaffung gesenkt werden. Dem stehen dezentrale Lösungen gegenüber, die durch eine bessere Integration in die gesamte Wertschöpfungskette in der Regel zu Zeitersparnissen führen.

Die schriftliche Fixierung dieser Entscheide beziehungsweise der Entscheidungsprozesse helfen der Unternehmung die Grenzen und Möglichkeiten der Beschaffung festzuhalten.

2.3 Die Bedarfsanalyse

In einer ersten Phase des Beschaffungsprozesses wird der Einkäufer den Umfang der Produkte und Dienstleistungen definieren, kategorisieren und daraus Beschaffungsgruppen bilden. Produkte und Dienstleistungen können produkt- und betriebsbezogenen Kategorien zugeordnet werden.

Produktbezogene Kategorien:

- **Rohstoffe**, die als Ausgangsmaterial ohne wesentliche Änderung in die Herstellung eingehen. Es lassen sich endliche Rohstoffe wie Kohle, Eisen oder Kupfer und nachwachsende Rohstoffe wie Getreide, Wolle oder Kaffee unterscheiden.
- **Hilfsstoffe**, die nicht in das Produkt eingehen, aber während der Herstellung des Produkts im Produktionsprozess verbraucht werden, so zum Beispiel Lacke, Elektroden, Schmiermittel oder Kühlwasser.
- **Halbfabrikate**, die bereits als Teile oder Baugruppen im Endprodukt eingebaut werden und daher bereits mindestens eine Verarbeitungsstufe hinter sich haben und noch eine weitere Wertschöpfung erfahren, bevor sie in das Endprodukt eingehen.

- **Komponenten**, die keine weitere Wertschöpfung erfahren und zu einem späteren Zeitpunkt in das Endprodukt einfliessen. Es sind dies zum Beispiel Batterien, Keilriemen, Dichtungen, Schrauben, Lampen, Isolierungen und Ähnliches.
- **Handelswaren**, die ohne wesentliche Änderung wieder verkauft werden. Sie dienen zur Sortimentsergänzung und werden nicht durch die Unternehmung selbst gefertigt.

Betriebsbezogene Kategorien:

- **Investitionsgüter**, die nicht unmittelbar verbraucht werden und deren Wert über einige Jahre abgeschrieben wird. Dies können Maschinen und Anlagen sein, aber auch Werkzeuge, Modelle und Informationssysteme.
- **Betriebsstoffe**, die nicht Bestandteil des Produkts oder der Dienstleistung sind, sondern die für den Betrieb der Anlagen benötigt werden. Beispiele sind Energie, Büromaterial oder Schmiermittel, aber auch Reparaturmaterial und Instandhaltungsmaterial.
- **Dienstleistungen**, die von Dritten erbracht werden. Sie variieren von der innerbetrieblichen Verpflegung über Entwicklungs- und Beratungsaufträge bis hin zu Fertigungsaufträgen.

Je nach Beschaffungskategorie werden die Anforderungen an die Spezifikationen unterschiedlich ausfallen. Eine genaue Spezifikation kann daher nur in der Zusammenarbeit mit den internen Fachbereichen erfolgen. Neben der rein technischen Spezifikation sind meist zusätzliche **Spezifikationen** erforderlich:

- *Funktionale Spezifikation:* Sie beschreibt die Aufgabe oder Eigenschaften der Leistung, ohne festzulegen, wie die Leistung erbracht wird.
- *Technische Spezifikation:* Hierzu gehört die rein technische Beschreibung des Produkts, in Form einer Stückliste und einer technischen Zeichnung. Es werden Geometrien, Oberflächengüte, Leistungsdaten und dergleichen festgelegt.
- *Qualitätsspezifikation:* Sie beinhaltet die Festlegung der Fehlertoleranzen und der notwendigen Prüfungen und Nachweise.
- *Logistische Spezifikation:* Sie berücksichtigt Aspekte wie Verpackung, Übergang von Nutzen und Gefahr, Zoll, Anlieferzeit, Anliefersequenz, Haftung und Lagerung.
- *Unterhaltsspezifikation:* Sie befasst sich mit Standzeiten, Verfügbarkeiten, Ersatzteilen und Serviceintervallen.
- *Gesetzliche Anforderungen und Umweltbestimmungen:* Anforderungen aus den nationalen und internationalen Gesetzen und Verordnungen werden berücksichtigt, wie beispielsweise der Ursprungsnachweis, die Behandlung von Gefahrgut, die Länderzulassung und die Einfuhrkontingente.
- *Finanzielle Spezifikation:* Darin werden die Währung, der Preis, Anzahlungen, Teilzahlungen, Rückbehalte, der Zahlungszeitpunkt, mögliche Ersatzleistungen und Strafen festgehalten.

- *Zielkosten:* Oft sind bei der Auftragsvergabe die Kosten noch nicht fixiert. In diesem Fall muss ein Kostenkorridor oder ein Verfahren zur Kostenfixierung festgelegt werden.

Um die Güter und Dienstleistungen effizient und anforderungsgerecht zu beschaffen, werden diese in Klassen gebündelt. Jede Klasse besteht aus Gütern und Dienstleistungen mit gemeinsamen Eigenschaften, die beschaffungs- beziehungsweise absatzrelevant sind. Dies können verschiedene Verbrauchsklassen, Risikoklassen, Verantwortungsgruppen etc. sein. Da jeder jeweiligen Klasse eine spezifische Aufgabe, Methode und Verantwortung der Beschaffung respektive der Distribution zugrunde liegt, erfolgt über die Klassenzuordnung gleichfalls die Zuordnung von Aufgabe, Methode und Verantwortung zu den Gütern und Dienstleistungen.

In stark dezentral organisierten Unternehmungen kann der Effekt der Volumenbündelung nur schwer genutzt werden. Um den Vorteil einer dezentralen Organisation (Marktnähe, Produkt-Know-how, Schnelligkeit) mit den Vorteilen eines zentralen Einkaufs (Prozesseffizienz, Volumenbündelung, Lagerhaltung) zu verknüpfen, wird das Instrument des Materialgruppenmanagements angewendet. Das Materialgruppenmanagement hilft, die Einkaufstätigkeiten dezentraler Strukturen zu koordinieren und die verloren gegangenen Economies of Scale zurückzugewinnen.

Die Unternehmungen verwenden unterschiedliche Verfahren, um Produkte und Dienstleistungen zu identifizieren, die sich für das Materialgruppenmanagement eignen. Eine der einfachsten Methoden ist eine einfache Nutzen/Aufwand-Abklärung. Um sich in diesem Prozess auf Wesentliches zu konzentrieren, wird eine ABC-Analyse durchgeführt.

Bei der **ABC-Analyse** werden die Materialien einer Materialgruppe nach ihren Jahreskosten absteigend sortiert. Es ergibt sich daraus der in Abbildung 16 dargestellte Kurvenverlauf. Als A-Teile werden jene wenigen teuren Güter bezeichnet die 40–50 % der Jahreskosten verursachen. In den meisten Fällen sind dies weniger als 10 % der Teile. Als C-Teile werden jene 80 % der Teile bezeichnet, die mit ihrem geringen Warenwert (10–20 % der Jahreskosten) hohen Beschaffungsaufwand verursachen. B-Teile liegen dazwischen.

Material	Kosten	Jahresmenge	Jahreskosten
M 1	2.1	150	315
M 2	5.1	200	1 020
M 3	19.4	190	3 686
M 4	35.9	200	7 180
M 5	1.1	2 000	2 240
M 6	0.8	20 000	16 000
M 7	10.6	120	1 272
M 8	11.9	200	2 380
M 9	5.3	430	2 279
M10	7.3	1 320	9 636

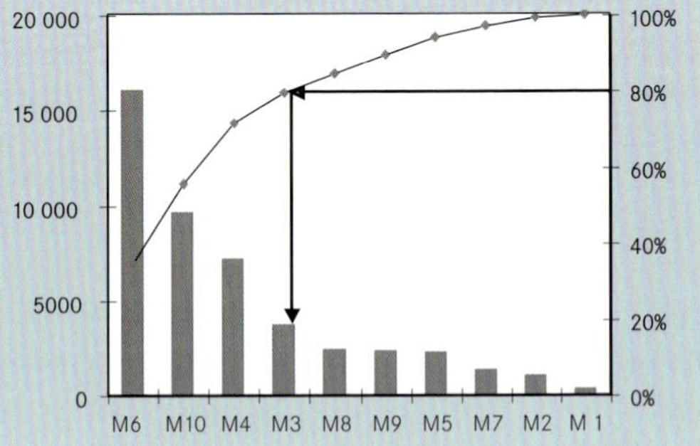

Abb. 16: ABC-Analyse für eine Materialgruppe

2.3.1 Beschaffung und Marktleistungsentwicklung

Die Zusammenarbeit zwischen den Funktionsbereichen Beschaffung und Marktleistungsentwicklung gewinnt für viele Unternehmungen an Bedeutung. Die Marktleistungsentwicklung bestimmt 70–90 % der Kosten, der Durchlaufzeiten und der Funktionalitäten der Neuprodukte (vgl. Teil C3, Marktleistungsentwicklung). Der Zugang zum Know-how der Lieferanten wird in diesem Prozess deshalb immer wichtiger, denn Kunden, Mitarbeitende und Lieferanten sind mit Abstand die wichtigsten Innovationsquellen, noch vor der eigenen Entwicklungsabteilung! Die Beschaffung kann dieses Know-how nutzbar machen, wenn sie den Kontakt zu den Lieferanten pflegt und interne Akzeptanz schafft (Boutellier & Locker, 1998, S. 109).

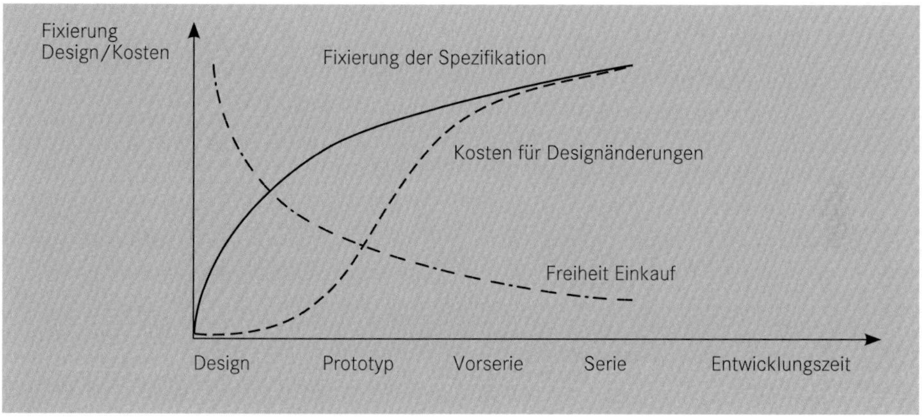

Abb. 17: Zusammenhang Entwicklungsfortschritt und Kosten für Designänderungen

Mit zunehmender Fixierung der Spezifikation nimmt die Wahlfreiheit des Einkaufs ab und die Kosten für Änderungen des Designs nehmen zu, wie dies in Abbildung 17 dargestellt ist. Aus dieser Erkenntnis lassen sich folgende Grundsätze zur Kostenoptimierung in der Beschaffung ableiten:

Frühe Einbindung in der Produktentwicklungsphase: Obwohl in der ersten Phase der Entwicklung nur vage und unpräzise Spezifikationen vorliegen, können die Mitglieder des Entwicklungsteams bereits Designkriterien mit Einkaufskriterien abstimmen. Die Beschaffung bringt hier ihr spezifisches Wissen über den Beschaffungsmarkt ein. Dies kann die verfügbaren Technologien auf dem Markt, die Kosten von Technologien, wahrscheinliche Lieferzeiten und mögliche Engpässe beinhalten. Qualifizierte Lieferanten sind in der Lage, bereits in dieser frühen Phase des Entwicklungsprozesses mitzuarbeiten.

Standardisierung, Modularisierung: Bei einer stetig steigenden Anzahl von Produkten und Produktvarianten ist mit einem exponentiellen Wachstum der Komplexität zu rechnen. Das Beherrschen dieser Komplexität erfordert hohen logistischen Aufwand und führt zu einem hohen Beschaffungsrisiko. Um dieser Entwicklung entgegenzuwirken und damit die Kosten und das Risiko zu senken, werden Produkte zunehmend standardisiert und modularisiert. Diese Standardisierung und Modularisierung erlaubt zusätzlich eine Reduzierung von Abhängigkeiten und die Nutzung mengenmässiger Vorteile.

Redesign to cost, redesign to lead time: Erfolgreiche Produkte, bei denen zu Gunsten einer schnelleren Markteinführung Kompromisse bei den Herstellkosten gemacht werden, fallen in einer späteren Lebensphase häufig durch eine ungünstige Kostenstruktur auf. Oft lässt sich diese nur durch eine Überarbeitung des Designs verändern. Durch die Verwendung alternativer oder neuer Technologien und Werkstoffe kann das Produkt eine neue Kosten- und Durchlaufzeitenbasis erlangen. Durch die ständige Marktbeobachtung ist die Beschaffung in der Lage, frühzeitig Tendenzen und Möglichkeiten hierfür aufzuzeigen.

2.3.2 Beschaffung und Marketing

Die Zusammenarbeit zwischen der Beschaffung und dem Marketing schliesst die Brücke zwischen Beschaffungs- und Absatzmarkt. Da die Erwartungen und Pläne des Marketings mit den Möglichkeiten der Beschaffung abgestimmt werden müssen, steigt mit längerem Planungshorizont die Notwendigkeit einer Zusammenarbeit im Hinblick auf eine verbesserte Prognosegenauigkeit. Das Marketing liefert wichtige Informationen bezüglich:

- Absatzmärkten, Absatzmengen und Gestaltung des Produktsortiments
- Möglicher Kunden- und Absatzeinschränkungen (z. B. Exportbeschränkungen für bestimmte Güter)
- Einschränkungen durch das Marketing (z. B. durch das Öko-Label, Zulassungsbestimmungen oder die CE-Kennzeichnungspflicht [Conformité Européenne])
- Festlegung der Handelswaren zur Produktergänzung
- Lieferfristen (wirken sich auf die Beschaffungsfristen und/oder die Höhe der Lagerbestände aus)

Dies sind wichtige Informationen für die Formulierung einer Beschaffungsstrategie.

2.3.3 Beschaffung und Produktion

Die Aufgabe der Beschaffung endet mit der Übergabe der Güter an die Produktion. Daher ergeben sich die logistischen Anforderungen meist aus den Produktionsbedürfnissen. Für einen festgelegten Produktionsplan müssen die Güter in ausreichender Menge, zur rechten Zeit, in der richtigen Qualität und am richtigen Ort angeliefert werden, um einen reibungslosen Produktionsprozess zu ermöglichen. Abbildung 18 verdeutlicht die unterschiedlichen Möglichkeiten der Güterbereitstellung.

Typ 1 ermöglicht bei hohem Abnahmevolumen und gleichmässigem Verbrauch die direkte produktionssynchrone Anlieferung. Die Prozesse des Lieferanten sind mit den Prozessen der eigenen Fertigung so weit abgestimmt, dass kein zusätzlicher Puffer benötigt wird.

Typ 2 erlaubt eine produktionssynchrone Anlieferung bei einem entkoppelten Lieferantenprozess. Auf der Lieferantenseite wird eine Bevorratung eingerichtet, um fertigungsop-

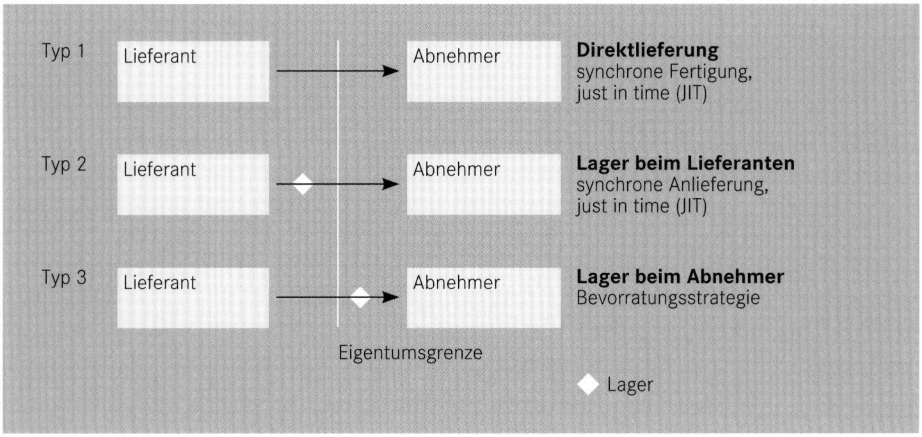

Abb. 18: Varianten der Güterbereitstellung

timale Losgrössen produzieren zu können. Der Lieferant bleibt Eigentümer des Lagers, bis die Ware geliefert werden kann. Er erhält die Möglichkeit, nicht nur die eigene Produktion autonom zu steuern, sondern auch durch die Zentralisierung des Lagers den Bestand zu optimieren.

Beim Typ 3 ist infolge einer unregelmässigen oder niedrigen Nachfragemenge eine produktionssynchrone Anlieferung nicht mehr möglich. Die Unternehmung wird daher eine Vorratsbeschaffung betreiben, aus welcher der aktuelle Bedarf für die Fertigung bereitgestellt wird. Diese Art der Güterbereitstellung wird in den überwiegenden Fällen aller Materialien zum Tragen kommen. Aus dieser Konstellation entwickelt sich nun die gesamte Materialwirtschaft der Unternehmung, auf die in Kapitel 4 eingegangen wird.

2.4 Die Marktanalyse

Sobald bekannt ist, was eingekauft werden muss, stellt sich die Frage, bei wem einkauft werden soll. Eine sorgfältige **Beschaffungsmarktanalyse** schafft die Voraussetzung, Veränderungen auf dem Markt wahrzunehmen und darauf reagieren zu können. Lieferanten, die gestern gut waren, sind morgen möglicherweise von besseren überholt. Die Dynamik auf den Beschaffungsmärkten führt zu einer zunehmenden Bedeutung des **Beschaffungsmarketings**. Warum ist eine Analyse der Beschaffungsmärkte notwendig?

- Sie ermöglicht es, die technologische Entwicklung zu verfolgen. So lässt sich die Technologie in der Leistungserstellung nutzen und im Produktdesign verwenden.
- Sie erlaubt es, auf Veränderungen auf den Beschaffungsmärkten rasch zu reagieren. Bisherige Lieferanten können verschwinden, neue können erscheinen. Solche Veränderungen haben oftmals nachhaltige Auswirkungen auf das Preisniveau.

- Sie verfolgt die Veränderungen in einem Wirtschaftsraum wie zum Beispiel die Lohnentwicklung, den Ausbildungsstand der Bevölkerung oder die allgemeine Arbeitsmotivation. Bei der Auswahl von Lieferanten für langfristige Kooperationen sind die Entwicklungen in ihren Wirtschaftsräumen von Bedeutung.
- Sie beobachtet das wirtschaftliche Umfeld. Mit zunehmender Globalisierung werden die Einflüsse der Wechselkursänderungen und Inflationsraten deutlich zunehmen. Schnelle Reaktionen oder entsprechende Absicherungen gegen solche Risiken sind notwendig.
- Sie analysiert Rohstoffpreisentwicklungen. Bei vielen Gütern ist ein wesentlicher Anteil des Preises durch die Kosten von Rohstoffen, die an Börsen gehandelt werden, bestimmt. Die Preise können deshalb stark schwanken. Eine gute Marktforschung kann helfen, Einkaufsmenge und Einkaufszeitpunkte zu optimieren.

Ziel einer Beschaffungsmarktanalyse ist es, geeignete Lieferanten zu finden, die die spezifischen Anforderungen erfüllen. Wir unterscheiden primäre und sekundäre Ansätze der Beschaffungsmarktforschung. Die primäre Beschaffungsmarktforschung stützt sich auf:
- Kontakte mit Lieferanten
- Kontakte mit Verkäufern
- Besuch von Messen und Ausstellungen
- Einkaufsreisen und Betriebsbesichtigungen
- Kontakte mit Industrie- und Handelskammern

Die sekundäre Marktforschung stützt sich dagegen auf veröffentlichte Unterlagen. Sie wird daher auch als Schreibtischanalyse (desk research) bezeichnet:
- Markt- und Börsenberichte
- Zeitschriften, Tageszeitungen, Radio und Fernsehen
- Hauszeitschriften der Lieferanten, der Konkurrenz, der Wirtschaftsverbände und der Industrie- und Handelskammern
- Kataloge, Broschüren und Prospekte
- Branchenadressbücher («wer liefert was», Gelbe Seiten), Messekataloge, Handbücher
- Internet

Im Rahmen der Lieferantenstrategie werden ausgewählte Märkte und Regionen nach Informationen abgesucht. Diese werden gesammelt, ausgewertet und interpretiert. Die Analyse gibt Anhaltspunkte über mögliche Lieferanten und über deren Marktsituation.

Die anschliessende Lieferantenevaluation wird nicht für alle Marktleistungen gleich sein. Für einfache, günstige und standardisierte Produkte wird der Aufwand für die Wahl eines Lieferanten geringer sein, als wenn es um teure und komplexe Systeme geht. Gleichwohl gibt es aufgrund der Beschaffungspolitik übergeordnete Mindestkriterien, die ein Lieferant erfüllen muss: Eine Zertifizierung nach ISO 9000 ist heute beispielsweise nahezu ein Muss. Weiteren Zertifizierungen (z. B. ISO 14000) kommt eine wachsende Bedeutung zu. Erst diese Basisqualifikation erlaubt die Einstufung als zugelassener Lieferant. Für Güter mit geringen Anforderungen mag dies oft schon genügen. Meist jedoch ergeben sich über den Basisqualifikationen noch produkt- oder leistungsspezifische Anforderungen. Diese können technologischer, organisatorischer, logistischer oder finanzieller Art sein. Eine sorgfältige Evaluierung dieser Fähigkeiten schützt vor bösen Überraschungen.

Mit dieser zweiten Evaluationsstufe hat die Beschaffung die prinzipiellen Fähigkeiten einer Lieferantenbasis sichergestellt. Erst in einem letzten Schritt können aus den qualifizierten Lieferanten bevorzugte Lieferanten bestimmt werden. Da die Beschaffung im Auftrag unterschiedlichster Funktionsbereiche arbeitet, wird dieser Prozess in der Regel in interdisziplinären Teams durchgeführt. Diese Teams bestehen meist aus Mitarbeitenden der Entwicklung, der Qualitätssicherung und der Produktion. Abbildung 19 illustriert diese Stufen der **Lieferantenqualifikation**.

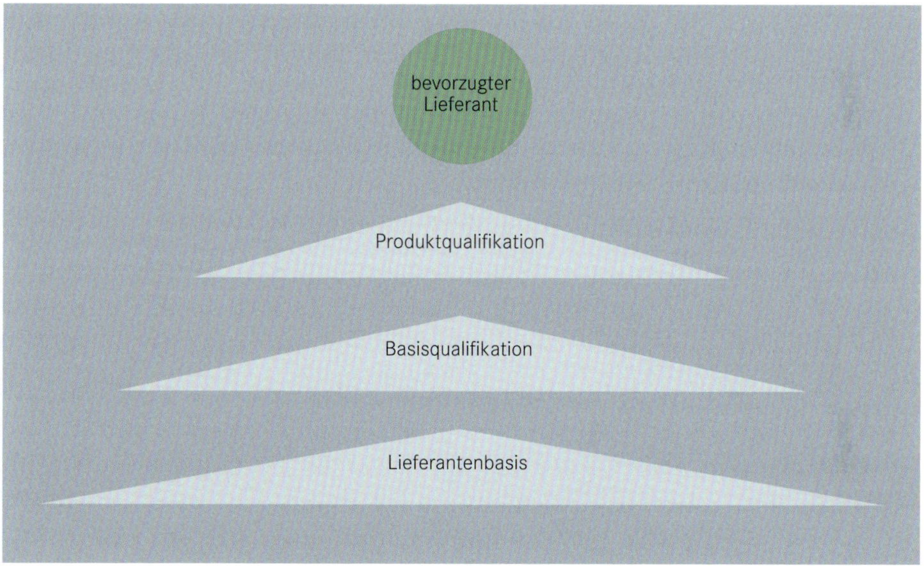

Abb. 19: Stufen der Lieferantenqualifikation

Ausgehend von unternehmungspolitischen und strategischen Zielsetzungen, müssen Kriterien festgelegt werden, welche die Auswahl des besten Lieferanten ermöglichen. Hierzu ist es notwendig, die detaillierten Fähigkeiten des Lieferanten bezüglich seiner Produkt- und Lieferqualität, der verfügbaren Kapazität, der eingesetzten Technologie und womöglich auch seiner Flexibilität zu bewerten.

Das intensivste und aufwändigste Instrument zur Beurteilung eines Lieferanten ist der Lieferantenbesuch. Durch ein Audit werden dabei die geforderten Qualifikationen überprüft. Bei der Beurteilung des Lieferanten werden verschiedene Aspekte betrachtet. Abbildung 20 zeigt diese Aspekte und die Beurteilungskriterien dazu.

Aspekt	Kriterien
Anlieferqualität	Fehlerrate, Rücklieferungen, Verpackung, Fertigungsausfälle
Zuverlässigkeit	Ausfälle in der Langzeitprüfung, im Produktionsprozess und beim Kunden
Reklamationsabwicklung	Fehleranalyseberichte, Bearbeitungszeiten, Wirksamkeit von Korrekturmassnahmen, Kulanzverhalten
Zusammenarbeit	Schnittstellen, Frühwarnsysteme, Änderungsmitteilungen, gemeinsame Verbesserungsprojekte
Lieferungen	Lieferfähigkeit, Lieferflexibilität, Liefertreue, Sicherheitslager, bedarfsgerechte Anlieferkonzepte
Logistik	Transport, Verpackung, Kennzeichnung, Entsorgung, Warenbegleitpapiere
Finanzen	Zahlungsziel, Preisstabilität, Mahnverhalten, Kulanz, Rechnungsstellung

Abb. 20: Beispiel von Leistungskriterien für Lieferanten

Die Marktanalyse und die Lieferantenbewertung ermöglichen eine solide Einschätzung der Beschaffungssituation. Werden die Produkte und Dienstleistungen in Abhängigkeit des *Beschaffungsrisikos* und des *Beschaffungsvolumens* als Beschaffungsportfolio dargestellt (vgl. Abbildung 21), so lässt sich daraus eine Beschaffungsstrategie ableiten.

Bei geringem Risiko und geringen Volumen ist die Beschaffung unkritisch. Eine einfache Evaluierung der Lieferanten ist ausreichend, um die geforderte Lieferqualität zu erhalten. Es sind genügend Anbieter auf dem Markt, um die Vorteile eines freien Wettbewerbes zu nutzen. Man wird versuchen, den Beschaffungsaufwand möglichst gering zu halten.

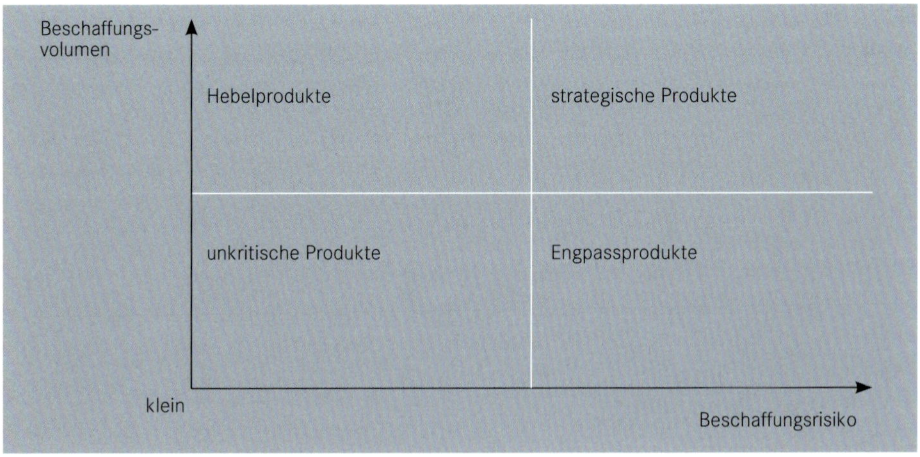

Abb. 21: Beschaffungsmatrix (Kraljic, 1983, S. 111)

Ist jedoch das Beschaffungsrisiko hoch, können diese Güter und Leistungen auch bei kleinen Beschaffungsvolumen zu Engpässen führen. Die Abhängigkeit von den Lieferanten bezüglich Kosten, Lieferterminen und Qualität steigt. Da es sich in der Regel nicht um teure Güter handelt, empfiehlt sich eine Bevorratung. Mittel- und langfristig wird man Alternativen suchen, um sich von dieser Abhängigkeit zu lösen.

Bei hohem Beschaffungsvolumen in unkritischen Märkten können die Vorteile durch Bündelung nahezu ohne Risiko abgeschöpft werden. Investitionen in die Prozesseffizienz rentieren durch das hohe Volumen. Bündelung kann jedoch zu starker Abhängigkeit führen, sodass meist ein Zweitlieferant **(dual sourcing)** benutzt wird.

Strategische Produkte können in dieser Matrix als Produkte mit hohem Risiko und hohem Volumen identifiziert werden. Nur wenige Lieferanten sind in der Lage, diese anspruchsvolle Leistung zu erbringen. Dadurch entsteht eine gegenseitige Abhängigkeit, die durch eine geeignete Kooperationsform abgesichert werden muss. Die Zusammenarbeit ist langfristig und vertrauensvoll angelegt und ermöglicht eine breite organisatorische Integration.

Entsprechend der Beschaffungsstrategie werden die Preise kurz- oder mittelfristig festgelegt. So können unkritische Produkte über kurzfristige Ausschreibungen oder Auktionen beschafft werden, hingegen wird man bei strategischen Produkten versuchen, eine degressive Kostenkurve zu vereinbaren.

2.5 Die Bestellung

Die **Bestellung** wird aufgrund einer autorisierten Bedarfsmeldung in der Unternehmung ausgeführt. Die **Bedarfsmeldung** kann durch unterschiedliche Aufträge erfolgen:
- Ein Entwicklungsauftrag beinhaltet beispielsweise Prototypen, Prüfstücke oder Entwicklungsleistung.
- Ein Kundenauftrag löst eine Neu- oder Wiederbeschaffung aus.
- Ein Fertigungsauftrag braucht zusätzliche Ressourcen, um einen kurzfristigen Engpass zu beseitigen.
- Eine Ersatzbeschaffung erfolgt durch einen Verlust, einen Verbrauch oder einen Defekt.
- Eine Ergänzungsbeschaffung wird durch eine Bestandeskontrolle im Lager ausgelöst.

Zur Festlegung der Bestellmenge stehen unterschiedliche Verfahren zur Verfügung:
- *Statische Losgrössen:* Die Losgrössen sind festgelegt durch Kundenaufträge, logistische Einheitsgrössen wie Packeinheiten oder Transportbehälter oder durch statische Optimierungsverfahren (z. B. nach Andler).
- *Periodische Losgrössen:* Die Losgrössen sind bestimmt durch den Verbrauch innerhalb einer Zeitperiode, also zum Beispiel Tagesverbrauch, Wochenverbrauch oder Monatsverbrauch.

- *Dynamische Losgrössen:* Die Losgrössen werden kontinuierlich überwacht und nach ökonomischen Optimumsüberlegungen festgelegt. Hierzu zählen das Stück/Perioden-Ausgleichsverfahren, die gleitende wirtschaftliche Losgrösse oder das Kostenausgleichsverfahren (Vahrenkamp, 2008).

Um eine ökonomisch optimierte **Losgrösse** zu bestimmen (vgl. Abbildung 22), sollten die wichtigsten Einflussgrössen auf die Losgrösse bekannt sein: der Einstandspreis der Beschaffungsgüter, die Bestellprozesskosten, die Lagerkosten, die Kosten, die durch Fehlmengen entstehen, sowie die verfügbaren liquiden Mittel.

Der Einstandspreis berücksichtigt neben dem Bruttopreis auch die Rabatte, Skonti oder Zuschläge, Verpackungs- und Transportkosten sowie Versicherung und Zoll. Sie fallen bei jeder Lieferung unterschiedlich an und sind abhängig von der Beschaffenheit, der Beförderungsart, der Transportstrecke, dem Wert, dem Gewicht oder Volumen usw. der bestellten Güter.

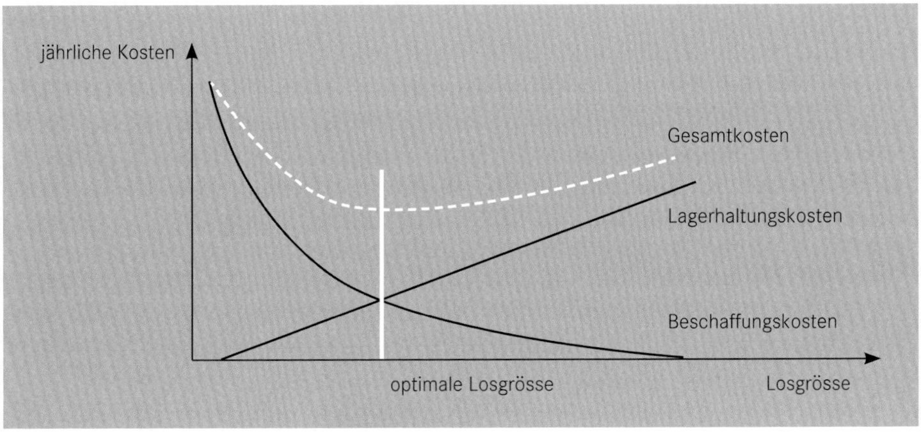

Abb. 22: Bestimmung der optimalen Losgrösse

Die Losgrössenbestimmung nach Andler berücksichtigt die jährlichen Gesamtkosten für die Beschaffung und Lagerhaltung und basiert auf den folgenden Annahmen:

- Die Einstandskosten sind proportional zum Jahresverbrauch und zum Einheitspreis und damit unabhängig von der Losgrösse.
- Die Kosten für eine Bestellung sind konstant und unabhängig von der Losgrösse. Sie beinhalten die Kosten für die Beauftragung, den Transport und die Einlagerung. Kleine Losgrössen verursachen damit viele Bestellungen und somit hohe Beschaffungskosten, grosse Lose jedoch bedingen weniger Bestellungen, was zu einem degressiven Verlauf der Beschaffungskosten führt.
- Die Kosten für die Lagerhaltung sind bei kleinen Losgrössen gering, da bedarfsgerecht bestellt und angeliefert wird. Bei grossen Losen ermöglicht der höhere Bestand eine längere Reichweite. Dies führt zu höheren Lagerhaltungskosten, die sich aus den Zins-

kosten (Kapital und Risiko) für den Bestandswert und den Lagerplatzkosten zur Unterbringung der Bestandsmenge zusammensetzen: Der höhere Bestand bindet mehr Kapital im Lager und benötigt mehr Lagerraum.

Somit ergibt sich zur Berechnung der losgrössenabhängigen Gesamtkosten folgende Formel:

$$K_{Gesamt} = M \times E + \frac{K_B}{Los} M + \frac{Los}{2} E \times L_{HS}$$

Wobei:
- M = Jahresverbrauch [Stück]
- E = Einstandspreis pro Mengeneinheit [CHF pro Stück]
- Los = Losgrösse [Stück]
- L_{HS} = Kostensatz der Lagerhaltung [in % des Einstandspreises]
- K_B = Kosten je Beschaffungsvorgang [CHF]

Die optimale Losgrösse lässt sich mittels Differenzialrechnung (dK/dLos = 0) ableiten zu:

$$Los_{opt} = \sqrt{\frac{2 \times M \times K_B}{E \times L_{HS}}}$$

Ein Beispiel: Ein Bürostuhlhersteller benötigt im Jahr 500 000 Schrauben M8, zu einem Stückpreis von 0.20 CHF. Eine grobe Prozesskostenanalyse ergab, dass die Beschaffungskosten 200 CHF je Auftrag betragen. Die Lagerhaltungskosten betragen 20 % des Warenwertes. Die optimale Losgrösse nach Andler ergibt demnach:

$$Los_{opt} = \sqrt{\frac{2 \times 500\,000 \times 200}{0.2 \times 0.2}} = 70\,710$$

Es werden folglich sieben Bestellungen im Jahr getätigt.

Je nach Umständen kann dabei der **Bestellzeitpunkt** unterschiedlich festgelegt werden:
- sofort, bei dringlichem Bedarf, kleiner Losgrösse oder auftragsspezifischer Beschaffung
- regelmässig, bei Ergänzungsbeschaffungen im Lager und ausreichendem Sicherheitsbestand
- frühest möglicher Termin mit Bedarfsvorwegnahme (prognostiziert), bei unsicherer, kurzer Lieferzeit, ohne Sicherheitsbestand
- frühest möglicher Termin mit kumuliertem Bedarf (bekannt), bei ausreichender Lieferzeit und Sicherheitsbestand

Es werden folgende Arten der **Preisfestlegung** unterschieden:
- fixe Preise, die in Preislisten oder Angeboten festgehalten sind
- Staffelpreise, die in Abhängigkeit der Bestellmenge Volumenrabatte berücksichtigen
- indizierte Preise, die nach vereinbarten Indikatoren ermittelt und regelmässig angepasst werden (Rohstoffe, Teuerungsrate, Kapitalzinsfuss usw.)

Ist die Bestellung platziert, wird der Auftrag bezüglich Termin und Qualität überwacht. Dies beginnt mit der Auftragsbestätigung und endet mit der systematischen Überprüfung überfälliger Lieferungen. Im Laufe der Auftragsabwicklung werden vom Lieferanten folgende Meldungen erwartet: die Auftragsbestätigung, bei langen Lieferzeiten der Fortschrittsbericht, der Abweichungsbericht in Termin und Qualität, die Meldung der Fertigstellung oder Abnahmebereitschaft, die Versandbereitschaftsmeldung sowie die Rechnung.

Sobald die Leistung erbracht ist, wird der Bestellprozess mit dem Wareneingang, der Wareneingangsprüfung, der Lieferantenbeurteilung und der Zahlungsfreigabe abgeschlossen.

Die Lieferantenbeurteilung ist ein wichtiges Element im Beschaffungscontrolling, da sie gleichzeitig auch den Beschaffungsprozess abschliesst. Sie ermöglicht die Beurteilung des Prozesses und ist ein wichtiges Steuerungselement für den Verbesserungsprozess.

2.6 Die Lieferantenentwicklung

Die Tendenz von Unternehmungen, mehr und mehr Leistungen von aussen zuzukaufen, führt zu einer steigenden Abhängigkeit vom Leistungsvermögen der Lieferanten. Steigen die Marktanforderungen, so muss zwangläufig auch die Leistungsfähigkeit der Lieferantenbasis erhöht werden. Sind die Lieferanten dazu nicht in der Lage, haben Unternehmungen drei Möglichkeiten:

1. Sie erbringen die Leistung durch Insourcing wieder selbst.
2. Sie suchen nach neuen und besseren Lieferanten.
3. Sie helfen den bestehenden Lieferanten, sich zu verbessern.

Gerade die letzte Variante bedeutet für eine Unternehmung ein klares strategisches Bekenntnis zur Lieferantenbeziehung.

2.6.1 Beschaffungscontrolling als Voraussetzung für effizientes Lieferantenmanagement

Bevor eine Lieferantenentwicklung angestossen wird, gilt es, die Leistungsfähigkeit des Lieferanten zu messen und sie den an ihn gestellten Anforderungen gegenüberzustellen. Erst aus diesem Vergleich kann auf ein mögliches Defizit geschlossen werden.

Die Beurteilung der Leistungsfähigkeit des Lieferanten erfolgt aufgrund der an der Beschaffungsstrategie abgeleiteten Kenngrössen. Sie soll nicht nur seine aktuelle Leistungsfähigkeit messen. Es muss auch eine Einschätzung über mögliche Fehlentwicklungen in der Zukunft erfolgen. Die konsequente Anwendung eines umfassenden Beurteilungssystems erhöht die Qualität der Lieferanten. Dazu wird ein Kennzahlensystem benötigt, das neben rein finanziellen Kriterien beispielsweise auch die Güte der Lieferantenbeziehung, die Qualität der Prozesse sowie die Qualifikation der Mitarbeitenden berücksichtigt:

- *finanzielle Kriterien:* Umsatz mit Lieferant, Kreditorenhöhe, Preisentwicklung, Kosten
- *Lieferantenbeziehung:* Kulanz, Anzahl Verbesserungsvorschläge, gemeinsame Projekte
- *Prozesse:* Lieferzeit, Zuverlässigkeit, Qualität, Flexibilität, Kosten
- *Mitarbeitende:* fachliche Kompetenz, Personalfluktuation, Schulungsmassnahmen

Oftmals werden die Ziele unabhängig voneinander entwickelt und bleiben interne Controllinginstrumente, ohne dass die Partner darüber informiert werden. Es kommt in der Praxis oft vor, dass der Lieferant über die Beschaffungsstrategie seiner Abnehmer nicht informiert ist. Eine fehlende Abstimmung der Lieferantenziele mit den Beschaffungszielen seiner Kunden kann eine logische Folge sein.

Die regelmässige Beurteilung der Lieferantenbeziehung mittels eines Kennzahlensystems ist ein wichtiges Instrument der Qualitätssicherung. Wird ein Leistungsdefizit erkannt, so müssen Korrekturmassnahmen definiert und implementiert werden. Vielfach kann man davon ausgehen, dass der Lieferant in der Lage ist, die notwendigen Massnahmen durchzuführen. Es kommt jedoch auch vor, dass die Fähigkeiten nicht oder noch nicht ausreichend vorhanden sind. Dann muss entschieden werden, ob ein Wechsel oder eine Entwicklung des Lieferanten erfolgen soll. Es geht um ein Abwägen von Kosten und Potenzial.

2.6.2 Methoden der Lieferantenentwicklung

Die Methoden der **Lieferantenentwicklung** unterscheiden sich wenig von den bekannten Qualitäts- und innerbetrieblichen Verbesserungskonzepten. Zu den wichtigsten zählen der *Deming-Kreis, Six Sigma* und *Lean Production*. Der wesentliche Unterschied besteht in der Initialisierung und Führung des Verbesserungsprojekts, da verständlicherweise zunächst eine grosse Hemmschwelle zwischen Lieferant und Kunde besteht.

Die Entwicklung eines Lieferanten macht nur dann Sinn, wenn beide Seiten an einer langfristigen Zusammenarbeit interessiert und bereit sind, für die notwendigen Massnahmen entsprechende Ressourcen bereitzustellen. Ein Projekt zur Lieferantenentwicklung setzt grosses gegenseitiges Vertrauen voraus, da in den meisten Fällen auch vertrauliche Informationen ausgetauscht werden. Der Auswahl der am Projekt beteiligten Mitarbeitenden ist eine besondere Bedeutung beizumessen. Da es in diesen Projekten um Aufwände und Nutzen geht, ist ein zentraler Punkt der Lieferantenentwicklung die Einigkeit über den Kostenträger und den Nutzniesser. Eine mögliche Lieferantenentwicklung ist in Abbildung 23 dargestellt.

Genauso wie gegenseitiges Vertrauen nicht von heute auf morgen entsteht, ist auch der Aufbau einer Lieferantenbeziehung ein langwieriger Prozess, der nicht immer erfolgreich sein wird. Sicherlich werden sich Rollen, Aufgaben, Fähigkeiten und Verantwortungen zwischen den Partnern mit der Zeit verschieben. Organisation, Prozesse und Technologien müssen aber letztlich stets auf beiden Seiten angepasst werden, damit die gemeinsamen Ziele erreicht werden können.

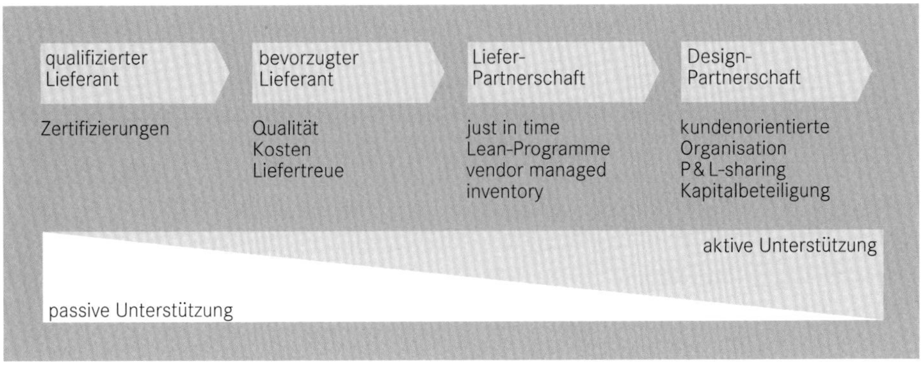

Abb. 23: Mögliche Lieferantenentwicklung

2.7 Zusammenfassung

Dieses Kapitel hat den Beschaffungsprozess betrachtet. Der Gestaltungs- und Handlungsspielraum sowie die Orientierung wurden durch die Beschaffungspolitik und die Beschaffungsstrategie festgelegt und eingeschränkt. Die Beschaffung ist durch ihre bipolare Ausprägung charakterisiert: Zum einen ist die Orientierung nach innen durch eine weitgehende Verknüpfung mit anderen Funktionsbereichen geprägt. Zum anderen trägt die Aussenorientierung mit der Gestaltung und Pflege der Lieferantenbeziehungen wesentlich und nachhaltig zum Unternehmenserfolg bei. Nur mit einem ganzheitlichen Aufgabenprofil, das sowohl Primär- als auch Sekundäraufgaben umfasst, kann die Beschaffung das Potenzial für Kostensenkungen, Durchlaufzeitenreduzierungen und Innovationssteigerungen realisieren.

3 Produktion

3.1 Einleitung

Der in einer Unternehmung ablaufende Transformationsprozess, durch den aus Einsatzgütern (Produktionsfaktoren) andere Güter oder Dienstleistungen (Endprodukte) erstellt werden, wird als **Produktion** bezeichnet (Dangelmaier, 2001, S. 3). Hin und wieder wird der Begriff Produktion auch für die Leistungserstellung in der Landwirtschaft und für die Erbringung von Dienstleistungen verwendet. Dies vor allem, weil viele Erkenntnisse aus der Produktion auch auf andere Wirtschaftssektoren übertragbar sind. In diesem Kapitel wollen wir uns jedoch auf die originäre Bedeutung im Sinne einer Herstellung physischer Güter mit technischen Hilfsmitteln konzentrieren.

An die Produktion wird folgende primäre Erwartung gestellt:
- Herstellung fehlerfreier Erzeugnisse (Qualität)
- mit dem geringst möglichen Aufwand (Kosten)
- in der richtigen Menge
- bei pünktlicher und möglichst schneller Lieferung (Zeit)

Derivative Forderungen an die Produktion sind:
- die Beherrschung immer variantenreicherer und integrierterer (mit vielen Funktionen auf kleinem Raum) Produkte durch immer ausgefeiltere Produktionsmethoden
- die Umsetzung immer kürzerer Innovationszyklen
- die Eingliederung in ein internationales Netzwerk von Zulieferern
- Beiträge zur Reduktion des Nettoumlaufvermögens (vor allem Lagerreduktion), um nicht unnötig Kapital zu binden, welches dann für Investitionen fehlt
- die Berücksichtigung ökologischer Aspekte bei Herstellung und Entsorgung
- die aktive Förderung und Nutzung des Humankapitals

Im Zuge der industriellen Revolution rückten die Fabriken ins Blickfeld des wissenschaftlichen Interesses. Der technische Fortschritt hatte die möglichen Produktionszahlen dramatisch erhöht und liess das Fehlen einer effizienten Arbeitsorganisation schmerzlich hervortreten. Erschwerend kam die grosse Zahl gering qualifizierter, vom Land in die industriellen Zentren migrierender Arbeitskräfte hinzu. Die Organisation der menschlichen Arbeit wurde zum Engpassfaktor der Produktivitätssteigerung. Frederick W. Taylor brachte zum Ende des 19. Jahrhunderts das «wissenschaftliche Experiment» in die Managementlehre ein und wurde so zum Begründer der wissenschaftlichen Betriebsführung **(Scientific Management)**. Ziel der wissenschaftlichen Betriebsführung war es, gleichzeitig Wohlstand für den Arbeitgeber und den Arbeitnehmer herbeizuführen (Copley, 2012).

Bestimmend für die Richtung, die der nach seinem Begründer genannte **Taylorismus** nahm, war Taylors Menschenbild. Er war davon überzeugt, dass Mitarbeitende aus den nachfolgenden Gründen weniger arbeiteten, als sie könnten:

- um nicht andere brotlos zu machen
- wegen falscher Anreizsysteme (Tag- und Stücklohn)
- wegen der Anwendung unwissenschaftlicher Faustregeln

Taylors System hatte eine Reihe von Eigenschaften, die auch heute noch gültig sind:

- Zeit- und Bewegungsstudien wurden zu einer Wissenschaft entwickelt, die an die Stelle der alten Faustregel-Methoden (auf Basis bisheriger Erfahrungen) tritt, zum Beispiel bei der Auswahl der optimalen Schaufel für Erdarbeiten.
- Der Betriebsleitung wurde die Verantwortung für die sorgfältige Auswahl, Anleitung und Schulung der Mitarbeitenden übertragen. Ziel ist die Schaffung eines erstklassigen Mitarbeiterpotenzials.
- Die Betriebsleitung arbeitete in bestem Einvernehmen mit den Mitarbeitenden. Die rationale Wissenschaft sollte Tyrannei der Arbeitgeber und Widerstand der Mitarbeitenden überflüssig machen.
- Die Erreichung einer vorgegebenen Tagesleistung führte zu Prämienzahlung und zur Beteiligung an Mehrerträgen aus Produktivitätssteigerungen.
- Das neue System wurde in Arbeitsanweisungs- und Zeitkarten fixiert.
- Eine Aufgabenspezialisierung, die sich auch in der Trennung von Hand- und Kopfarbeit ausdrückt, wurde durchgesetzt. So obliegt beispielsweise die Planung dem Management und die Verantwortung für die Arbeitsgestaltung spezialisierten Funktionsmeistern.

Der Taylorismus kam später in Verruf, vor allem weil er eine Tendenz zur kleinteiligen Zerlegung von Arbeitsprozessen und zur Bürokratisierung in sich trug. Dadurch erhöhte sich der Verwaltungs- und Koordinationsaufwand stark. Zudem vernachlässigte er soziale Aspekte. Akzeptanz- und Umsetzungsprobleme waren daher an der Tagesordnung.

Eine der Weiterentwicklungen des Scientific Managements in den USA war der nach dem Automobilfabrikanten Henry Ford benannte **Fordismus** (Levinson, 2002, S. 43 ff.). Zu Fords Gestaltungsprinzipien zählten:

- die Optimierung des Arbeitsflusses durch Material-Transportsysteme (Fliessband), die er sich bei Schlachthöfen abgeschaut hatte (auch heute noch ist der Vergleich mit anderen Betrieben, sinnvollerweise über die Branchengrenzen hinweg, eine beliebte Methode)
- eine Standardisierung der Teile und der Produkte (was seinen Höhepunkt beim Modell T fand und durch Fords legendäres «Angebot» unterstrichen wurde, wonach der Kunde jede Farbe wählen konnte, solange es Schwarz war)
- eine starke Mechanisierung der Produktionsprozesse
- eine Verrichtungsspezialisierung

Als Folge dieser Prinzipien wurden die Arbeitsplätze sehr monoton und ihre Attraktivität nahm stark ab. Mit schlechter werdender Motivation und steigenden Fehlzeiten der Mitarbeitenden sank schliesslich auch die Produktivität, weshalb man neue Formen der Arbeitsorganisation entwickelte. Durch Aufgabenerweiterung **(job enlargement)**, Aufgabenbereicherung **(job enrichment)** und Aufgabenwechsel **(job rotation)** sollte die Arbeit abwechslungsreicher und fordernder gestaltet werden, durch den Einbezug ergonomischer Gesichtspunkte weniger belastend. Mit der Einführung von autonomen Arbeitsgruppen kam man dem Verlangen nach Mitsprache entgegen und nutzte zugleich wichtiges Detailwissen der unmittelbar Beteiligten.

Die Ideen von Henry Ford und seinem Produktionsleiter Charles E. Sorensen haben sich bis weit ins 20. Jahrhundert hinein gehalten und sind in der westlichen Welt erst ab den 80er-Jahren durch das von Taiichi Ohno auf Anregung von Kiichiro Toyoda (Gründer und erster Präsident der Automobilfabrik Toyota) bereits 30 Jahre früher entwickelte **Toyota-Produktions-System (TPS)** (Ohno, 2013, 2016) langsam abgelöst worden. Während Ford die Massenproduktion mit ihrem Ideal hoher Losgrössen und daraus resultierender geringerer Stückkosten propagierte, hielt man im TPS die (im Zuge differenzierter Produktprogramme zwangsläufig auftretende) Überproduktion für den grössten Fehler. Der TPS-Ansatz wurde in Amerika, wo man es gewohnt war, stets aus einem gewissen Überfluss schöpfen zu können, zunächst belächelt. Aber anders als in den USA, mussten die Japaner nach dem verlorenen Weltkrieg mit einem Mangel an Produktionsfaktoren kämpfen. Häufig war eines der vielen Teile, die man für die Montage eines Autos brauchte, nicht verfügbar. Es konnte nicht fertig gestellt werden, stand herum, nahm Platz weg und band Kapital. Dass andere Fertigungsteile dafür umso reichlicher vorhanden waren, machte die Situation nur noch schlimmer, denn auch Fläche ist in Japan Mangelware und entsprechend teuer. Daher war es wichtig, immer die richtige Menge an Teilen zu produzieren oder zu beschaffen, die für den nächsten Produktionsschritt gerade benötigte wurden. Dieses System synchronisierter Produktion wird **Just-in-time (JIT)-Production** genannt und ist die wesentliche Säule des TPS (vgl. dazu Takeda, 2012). Es unterscheidet sich grundlegend von der althergebrachten Form des Produzierens auf Lager und lässt sich nur langsam unter Einbezug der Mitarbeitenden aller Ebenen und der Lieferanten entwickeln. Kennzeichnend für das TPS ist daher:

- eine hohe Mitarbeiterorientierung (höhere Kompetenz und Verantwortung, Betonung individueller Fähigkeiten und Teamwork)
- die stete Evolution und Weiterentwicklung (bekannt als kontinuierliche Verbesserung)
- die Lieferantenentwicklung
- ein hoher Grad an Transparenz mit dem Ziel, Probleme aufzuzeigen als Voraussetzung für ihre Lösung (ausgedrückt zum Beispiel in der Ordnung am Arbeitsplatz, im Produktionslayout, in der Reduktion von Lagerfläche oder in der Messung und Dokumentation des Leistungsgrades)
- die **Autonomation** (Kunstwort aus Automatisierung und autonom; im TPS wird diese spezielle Form von Automatisierung auf Japanisch *jidoka* genannt: Es wird besonders

darauf geachtet, dass Maschinen intelligent genug sind, damit sie nicht von Menschen überwacht werden müssen)

Vorrangiges Ziel des TPS war es zunächst, jede Art von Verschwendung systematisch zu eliminieren. Die Flexibilität der Produktion wurde aber bald ebenso wichtig. Die zunehmende Sättigung der Märkte führte zu einer drastisch ansteigenden Produktvielfalt mit entsprechend sinkenden Stückzahlen pro Typ sowie einer deutlichen Beschleunigung der Produktlebenszyklen. Die Hersteller mussten immer differenziertere Marktsegmente immer schneller mit neuen Produkten zum Konsum bewegen. In diesem Umfeld zeigte es sich, dass das TPS der Massenproduktion, deren Lagerrisiko die Margen drückte und deren Schwerfälligkeit bei Produktwechseln die Wahrnehmung neuer Marktchancen erschwerte, deutlich überlegen war. So kam es, dass zum Ende des 20. Jahrhunderts Ideen und Prinzipien der japanischen Produktionsweise in vielen Ansätzen (z. B. TQM, Six Sigma oder Kaizen) aufgenommen und im Westen propagiert wurden. Die fernöstliche Produktionsweise reformierte das westliche Produktionsverständnis so grundlegend, dass man von einem Paradigmawechsel sprach. Heute gilt das inzwischen sogenannte Lean Management weltweit als Standard.

Allgemein lässt sich feststellen, dass die Geschichte der wissenschaftlichen Betriebsführung eine Pendelbewegung zwischen der Betonung ökonomischer und sozialer Aspekte beschreibt, wobei im Zeitverlauf das den Theorien zugrunde liegende Menschenbild immer komplexer und die Organisationsprinzipien immer integrativer wurden.

3.2 Das Produktprogramm als Ausgangspunkt der Produktionsplanung

Bevor man mit der **Produktionsplanung** beginnen kann, muss das **Produktprogramm** definiert werden. Darunter versteht man das gesamte Spektrum der selbst erzeugten Produkte. Das Gesamtangebot der Unternehmung, das **Produktsortiment**, umfasst auch die Handelsware, die ohne nennenswerte Veredelung von Lieferanten bezogen und direkt weiter verkauft wird. Das Produktprogramm wird von der Produktpolitik oder der -strategie abgeleitet. Man unterscheidet die folgenden drei Gestaltungsmöglichkeiten:

- *Produktinnovation:* die Aufnahme und Einführung neuer Produkte
- *Produktvariation:* die Modifikation bereits im Produktprogramm enthaltener Produkte
- *Produktelimination:* die Aufgabe bisheriger Produkte

Der Verlauf der Absatzkurve in den verschiedenen Phasen des Produktlebenszyklus muss in der Produktprogrammplanung berücksichtigt werden. Die im Produktprogramm definierten Erzeugnisse sind mit den Kapazitäten der Produktion abzustimmen. Dazu müssen folgende Schritte durchgeführt werden:

- Ermittlung der benötigten Kapazitäten je Produkt
- Berechnung der Kapazitätsauslastungen aufgrund prognostizierter Absatzzahlen
- Beseitigung von Kapazitätsengpässen durch die Anpassung des Produktprogramms oder die Bereitstellung zusätzlicher Kapazitäten

In diesem Zusammenhang muss in der Produktprogrammplanung auch die Fertigungstiefe festgelegt werden. Auf Baugruppen- beziehungsweise Teileebene ist zu entscheiden, ob eine Eigen- oder Fremdfertigung vorzusehen ist. Zudem werden durch die Festlegung des Produktionsprogramms andere funktionale operative Pläne wie zum Beispiel der Beschaffungs-, der Entwicklungs- oder der Finanzplan beeinflusst.

Die Optimierungsaufgabe in der Produktprogrammplanung besteht darin,

- Produkte mit einem hohen Absatzpotenzial mit möglichst hohem Kostendeckungsgrad anzubieten und
- die geforderte, vom Kunden wahrgenommene Varietät der angebotenen Produkte mit möglichst geringer interner Variantenvielfalt abzudecken.

Die Produktprogrammplanung ist äusserst komplex und von vielen schwer abschätzbaren Faktoren abhängig. In der Praxis werden deshalb unterschiedliche Teilaufgaben davon in verschiedenen Funktionsbereichen angesiedelt: Das Marketing gestaltet federführend die Produktpolitik oder -strategie. Die interne Variantenvielfalt wird massgeblich durch die Marktleistungsentwicklung bestimmt. Über die Fertigungstiefe schliesslich wird in der Regel in der Marktleistungserstellung entschieden. Die unterschiedlichen Interessen der Funktionsbereiche erschweren es dabei, eine optimale Produktprogrammplanung zu erstellen. So tendiert beispielsweise das Marketing dazu, die Zahl der Varianten für den Kunden zu erhöhen, um mehr Produkte zu verkaufen. Damit erhöhen sich jedoch wegen steigender Komplexitätskosten (Kosten für Aktivitäten, die zusätzliche Varianten auslösen, zum Beispiel neuartige Materialien beschaffen) die Kosten pro Stück in der Leistungserstellung,

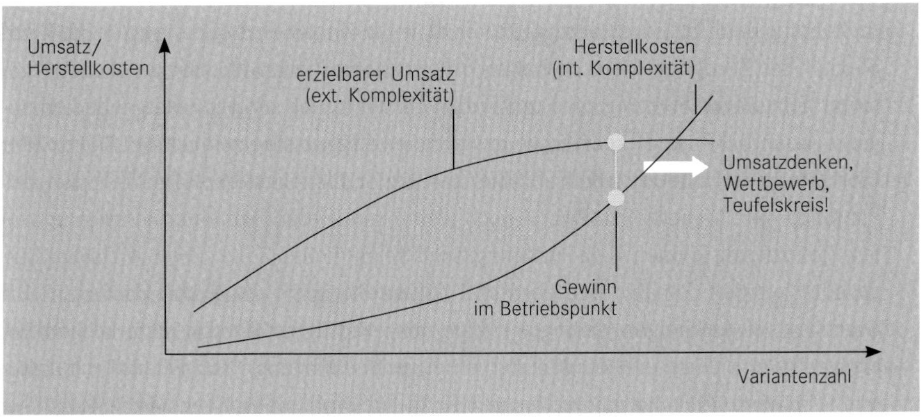

Abb. 24: Kostenproblematik bei steigender Variantenzahl

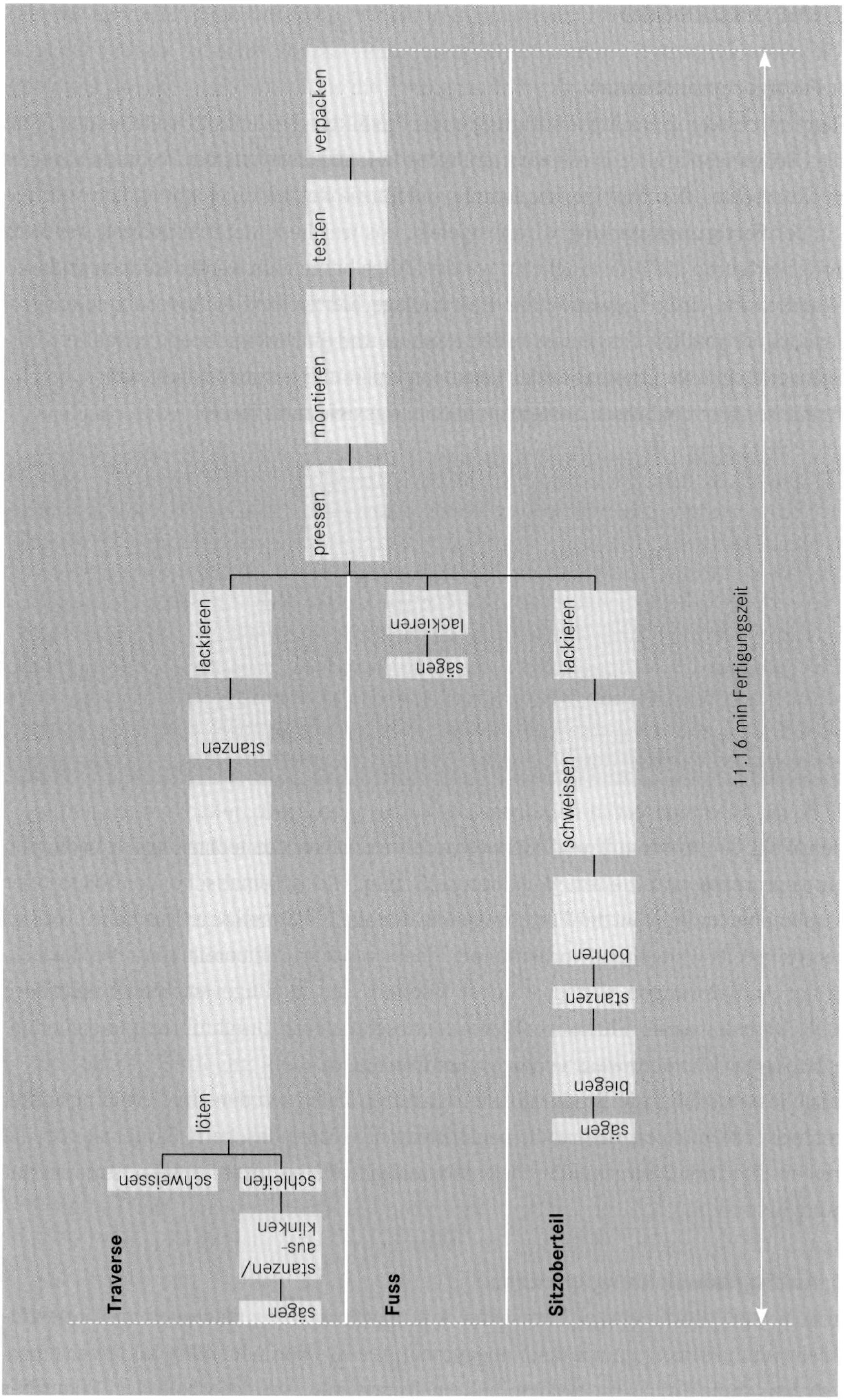

Abb. 25: Prozessplanung der Fertigung eines Stuhls

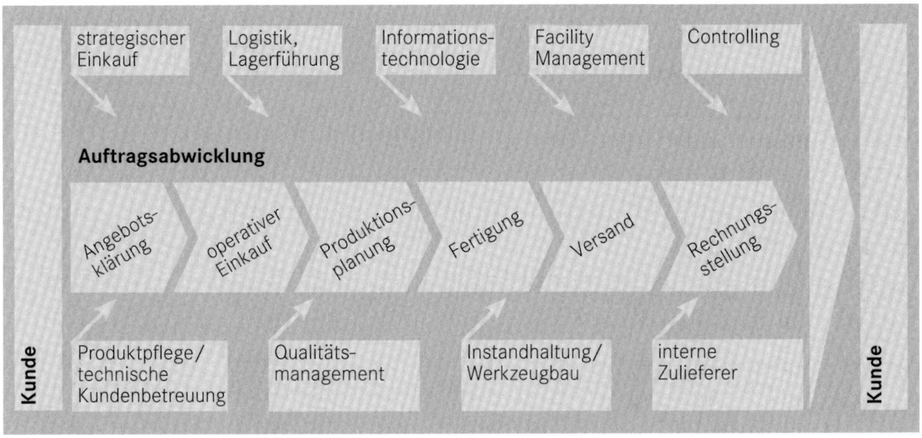

Abb. 26: Der Auftragsabwicklungsprozess und die mit ihm verbundenen Teilprozesse

schen Prüfplan für das Metallgehäuse aus dem im vorhergehenden Abschnitt genannten Beispiel des Smartphones geben.

Abbildung 26 verdeutlicht, dass die vielen indirekten Teilprozesse mit der Auftragsabwicklung abgestimmt werden müssen. Beispielsweise ist zu klären, wer wann die Fertigungsmaterialien bestellt oder Wartungsarbeiten an den Maschinen durchführt. Im Sinne des Kongruenzprinzips haben sich hier in letzter Zeit dezentrale Lösungen etabliert.

3.4 Die Organisation der Fertigung

Die grösste Herausforderung bei der optimalen Gestaltung einer Fertigungsorganisation ist die Komplexität grosser, arbeitsteiliger, umfangreich vernetzter Einheiten, wie sie bei Produktionseinheiten häufig vorkommen. Um die Komplexität von Produktionssystemen zu verringern, teilt man sie in Sub- und Teilsysteme auf, die für sich genommen einfacher zu analysieren und zu gestalten sind. Der bekannteste Systemtyp ist wohl das bereits vorgestellte wirkungsorientierte Input-Output-System (in welchem ein System einen Input erhält und alsdann einen Output generiert), mit dem man vor allem die Teilsysteme der Güter- und Geldflüsse untersucht.

Die Definition der Subsysteme wird durch Ordnungsmerkmale bestimmt, die man aus den Auftrags- und Geometriedaten, den Zeitwerten, den verwendeten Technologien oder aus Organisationsmerkmalen gewinnt. Um ein Optimum zu erreichen, sind die Subsysteme so zu definieren und ihnen Prozesse so zuzuordnen, dass die Summe der Komplexitäten – die Anzahl und Diversität der Elemente sowie deren gegenseitige Verknüpfungen – minimal ist.

Da diese systemtheoretische Forderung sehr abstrakt und der Komplexitätsgrad schwer messbar ist, beurteilt man ersatzweise die Lösungsvarianten für die Struktureinheiten nach den so genannten Effizienzkriterien:

- Koordinationseffizienz (geringe Autonomie- und Kommunikationskosten)
- Markteffizienz (Nutzung von Potenzialen [Informationsqualität, Leistungsanreize], Vermeidung von Interdependenzen)
- Ressourceneffizienz (ökonomische Nutzung von Maschinen und Anlagen sowie zentralen Know-how-Trägern)
- Prozesseffizienz (geringe Anzahl Schnittstellen, Auftragstransparenz)
- Delegationseffizienz (Nutzung des Informations- und Entscheidungspotenzials)
- Motivationseffizienz (Autonomieeffekt, Positionierungseffekt, Entbürokratisierungseffekt, Gruppierungseffekte)

Es haben sich einige Grundformen der Systembildung (auch als Fertigungssegmentierung bezeichnet) etabliert, die in Abbildung 27 dargestellt sind (Henn & Hermann, 1999).

Bei der Zusammenfassung von einzelnen Produktionsablaufschritten zu grösseren Funktionseinheiten müssen die einzelnen Prozesse optimiert werden. Das Ziel besteht darin,

- die Anzahl der Prozessschritte sowie Teilprozess- und Prozessvarianten zu minimieren,
- diese möglichst spät anzusiedeln und
- bei jedem Prozessschritt eine möglichst hohe Wertschöpfung zu erzielen.

Zur Koordination und Steuerung der Subsysteme wird diesen ein hohes Mass an Autonomie zugestanden. In diesem Sinne fördert die Fertigungssegmentierung den Grundgedanken der Gruppenarbeit. Darunter versteht man eine Form der Arbeitsorganisation, bei der einer Gruppe lediglich eine Menge an Aufträgen sowie zu erfüllende Zielstellungen vorgegeben werden. Bezüglich Arbeitsausführung (Organisation, Reihenfolge, Arbeitsplatzgestaltung usw.) liegen Verantwortung und Entscheidungskompetenz bei der Gruppe. Für die zur Erfüllung der Ziele notwendigen Nebenaufgaben ist die Gruppe zuständig.

Umfangreiche Produktionseinheiten haben mehrere Strukturebenen, in denen unabhängig von einander unterschiedliche Strukturkriterien sinnvoll sein können.

Dazu ein Beispiel: Automobilunternehmungen haben häufig getrennte Produktionen (Montagen) für verschiedene Modelle (Produktorientierung). Innerhalb der Montagestandorte werden verschiedene Baugruppen zusammengesetzt und in der Endmontage werden die Fahrzeuge fertig gestellt (Produktstrukturorientierung). Daneben existieren möglicherweise noch eigene Giessereien und Umformwerke (Betriebsmittelorientierung). Der Werkzeugbau ist in der Regel nach dem Werkstattprinzip organisiert, die Endmontage nach dem Prinzip der Fliessfertigung (Fertigungsform). Letzteres ist allerdings keine Frage der Strukturierung, sondern die Notwendigkeit, für jedes Subsystem eine geeignete Fertigungsform zu bestimmen. Insofern nimmt die Fertigungsform unter den Strukturkriterien eine Sonderstellung ein.

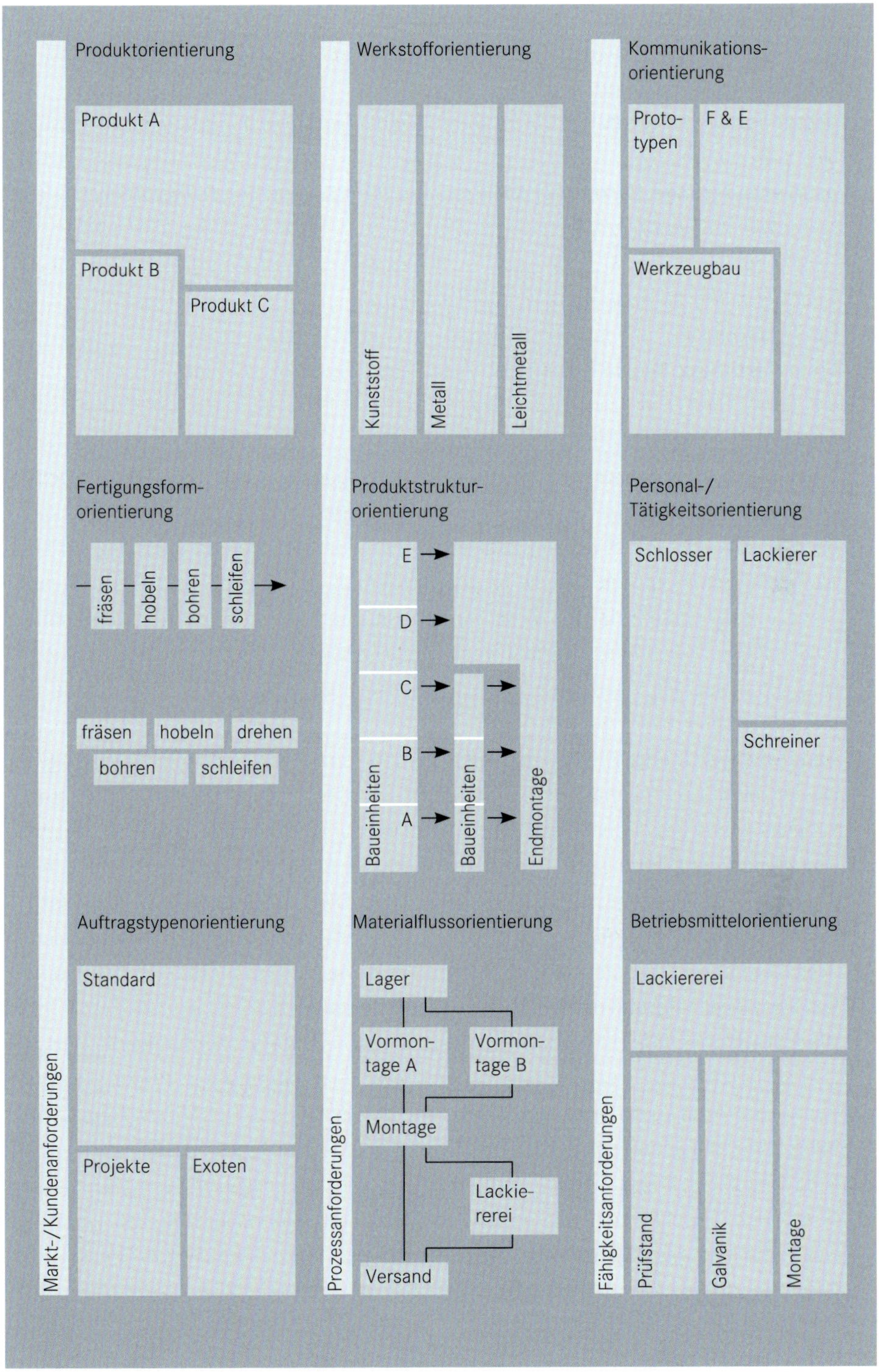

Abb. 27: Grundformen der Subsystembildung in der Fertigung

3

Bei den **Fertigungsformen** unterscheidet man:

nach der Bewegung der Produkte:
- **ortsgebundene Fertigung:** Die Produkte bleiben während der Bearbeitung an einem Ort (z. B. Schiffe).
- **ortsveränderliche Fertigung:** Die Produkte durchlaufen eine Reihe ortsfester Bearbeitungsstationen (z. B. Autos).

nach der Geometrie der Anordnung von Betriebsmitteln:
- **Punktfertigung:** Die Betriebsmittel sind an einem Ort konzentriert.
- **Linienfertigung:** Die Betriebsmittel sind in einer Reihe angeordnet.

nach der organisatorischen Struktur der Fertigung:
- **Einzelplatz- oder Werkbankfertigung:** Die Einzelplatzbearbeitung ist eine ortsgebundene Punktfertigung, bei der die Betriebsmittel ortsfest sind und nicht erzeugnisspezifisch zusammengeführt werden müssen. Die Erzeugnisse werden überwiegend komplett bearbeitet. Vorteile liegen in der Flexibilität und Übersichtlichkeit (einfache Steuerung), Nachteile in den Beschränkungen durch die verfügbaren Arbeitsmittel (kostspielige Maschinen wird man nicht mehrfach anschaffen) und die notwendigen Qualifikationen der Mitarbeitenden (jeder müsste alles können, was in der Praxis aber kaum erreicht wird).
- **Baustellenfertigung:** Die Baustellenfertigung ist eine ortsgebundene Punktfertigung, bei der Betriebsmittel und Mitarbeitende erzeugnisspezifisch an den Ort des Leistungsvollzugs gebracht werden. Dabei sind unterschiedliche Grade der Arbeitsteilung nach Objekt- und Verrichtungsgesichtspunkten denkbar. Auch hier liegen die Vorteile in der grossen Flexibilität bei Erzeugniswechseln und im Dispositionsspielraum der Mitarbeitenden. Nachteile sind ein hoher organisatorischer Aufwand für die Synchronisation der benötigten Betriebsmittel und Materialien sowie die Einschränkungen, denen die Betriebsmittel aufgrund der geforderten Mobilität unterliegen.
- **Werkstattfertigung:** Hierbei werden die Produktionsmittel verrichtungsorientiert aufgestellt. Werkstücke werden entsprechend ihrer Bearbeitungsfolge zu den einzelnen Werkstätten transportiert. Auch dieser Typ ist sehr flexibel. Die Mitarbeitenden und Betriebsmittel können spezialisiert werden, was eine schnelle Beherrschung der Aufgabe ermöglicht. Einzelne Betriebsmittel können sehr gut ausgelastet werden. Andererseits ist die Durchlaufzeit relativ lang und nur schwer abzuschätzen. Die Transportwege sind lang und bedingen flexible Fördermittel.
- **Gruppen-, Insel- oder Zellenfertigung:** Die Gruppenfertigung ist eine ortsveränderliche Fertigung, bei der die wesentlichen Betriebsmittel ortsfest und nach Objektgesichtspunkten entsprechend der Arbeitsgangfolge zu Organisationseinheiten (Gruppen) räumlich zusammengefasst und meist über automatische Transportmittel verkettet

sind. Innerhalb einer Organisationseinheit gelten für alle Teilegruppen gleichartige Abläufe, die für die in der Gruppe zusammengefassten Betriebsmittel eine effektive Kapazitätsnutzung ermöglichen. Es gelten die Vorteile der Werkstattfertigung. Durch die im Vergleich viel geringere Zahl von Fertigungszellen (-inseln, -gruppen) können aber deren Nachteile vermieden werden. Allerdings verlangt die Bildung von Teilegruppen als Begründung von Fertigungsinseln eine gewisse Wiederholhäufigkeit, die meist nur bei höheren Stückzahlen einzelner Produkte erreicht wird.

- **Fliessfertigung:** Die Fliessfertigung ist eine ortsveränderliche Fertigung, bei der die wesentlichen Betriebsmittel ortsfest sind. Die Sequenz der Fertigungsschritte ergibt sich aus der Bearbeitungslogik. Die Bearbeitungszeiten (Taktzeiten) müssen weitgehend einheitlich sein. Vorteilhaft sind die kompakte Aufstellung der Betriebsmittel mit relativ kostengünstigen Fördermitteln und guten Voraussetzungen zur Automatisierung, die kurze Durchlaufzeit der Aufträge und deren einfache Planbarkeit. Nachteilig ist die eingeschränkte Flexibilität sowie eine gewisse Monotonie und einseitige Belastung am Arbeitsplatz, die regelmässige Arbeitsplatzwechsel (job rotation) erfordert.

Nach den produzierten Stückzahlen und der Individualität der Produkte unterscheidet man die folgenden **Fertigungsarten:**

- **Einzelfertigung:** Fertigung einzelner oder weniger Werkstücke. Eine Ausrichtung der Fertigung hinsichtlich einer Wiederholung der Erzeugnisse (z. B. Automatisierung, teure Werkzeuge und Vorrichtungen) ist dabei nicht wirtschaftlich.
- **Serien- und Massenfertigung:** Ununterbrochene Fertigung grosser Mengen gleicher oder ähnlicher Erzeugnisse (Varianten) auf gleichen Maschinen in gleicher Ablauffolge,

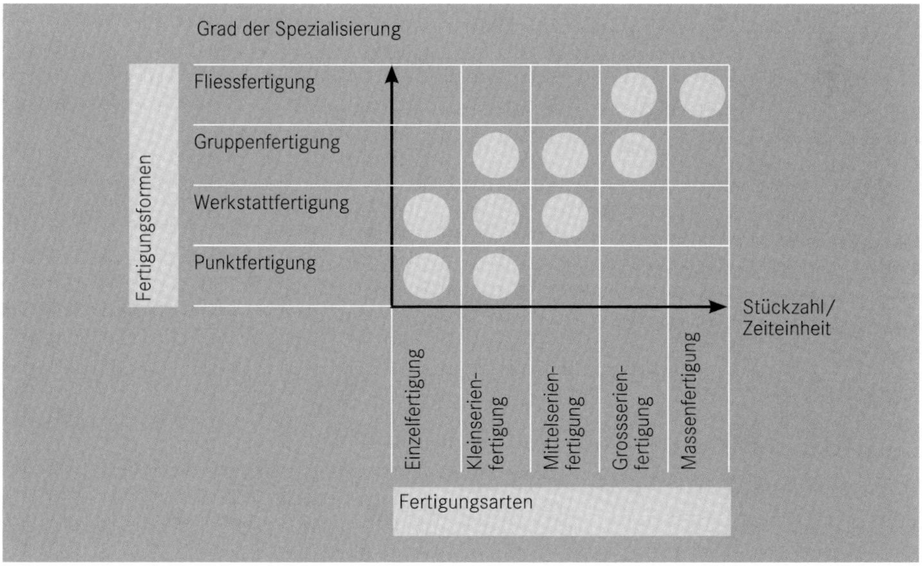

Abb. 28: Zuordnung von Fertigungsformen zu Fertigungsarten

gegebenenfalls in mehreren Fertigungslosen. Serien- und Massenfertigung werden nach der Homogenität der Ausgangsstoffe beziehungsweise der Gleichheit der Produkte noch differenziert nach:

- **Sortenfertigung:** Unterschiedliche Produkte werden in bestimmten Zyklen unter Benutzung der gleichen Produktionsanlagen hergestellt.
- **Partie- und Chargenfertigung:** Vor allem in der chemischen Industrie kommt es häufig vor, dass Produkte nicht kontinuierlich, sondern nur in diskreten Mengen (also chargenweise) hergestellt werden können. Ein Beispiel ist Wein, der nach dem Ansetzen eine gewisse Zeit im Fass reifen muss. Bei Verwendung ungleichmässiger Ausgangsmaterialien oder bei unkontrollierbaren Abweichungen in den Herstellungsprozessen unterscheiden sich die Chargen voneinander und werden daher gesondert gekennzeichnet.

Zwischen den Fertigungsformen und den zu fertigenden Stückzahlen besteht der in Abbildung 28 gezeigte Zusammenhang.

3.5 Die Betriebsmittel

Zu den **Betriebsmitteln** zählen alle Dinge, die zur Produktion notwendig sind, die aber nicht ins Endprodukt eingehen. Dazu gehören zunächst einmal die **Fertigungsmittel**, nämlich Fertigungsmaschinen mit Werkzeugen und Vorrichtungen, ausserdem die Sortier- und Vereinzelungsgeräte für die Zufuhr von angelieferten Teilen zu Produktionsprozessen, die Handhabungsgeräte, die Verkettungs- und Transportmittel, die Gebäude sowie die Hilfs- und Betriebsstoffe.

Die Beherrschung der Produktionsprozesse setzt eine genaue Kenntnis der entsprechenden Prozesse und eingesetzten Betriebsmittel voraus. Entsprechend wichtig ist die Qualifikation der Mitarbeitenden im Umgang mit den Betriebsmitteln. Die Bedienung von Fertigungsmitteln wird durch eine ergonomische Gestaltung hinsichtlich Massen und Proportionen, Bedienkräften sowie physiologischer und informationstechnischer Gesichtspunkte erleichtert.

Eine weitere wichtige Forderung ist die Flexibilität von Fertigungsmitteln. Die Anpassung von Maschinen auf die zu fertigenden Teile (z. B. die Bestückung mit den notwendigen Werkzeugen oder das Einstellen von Maschinenparametern) – bezeichnet als Rüsten – braucht eine gewisse Zeit, die der produktiv nutzbaren Zeit verloren geht und daher die verfügbare Kapazität reduziert. Je häufiger umgerüstet wird, desto weniger kann produziert werden. Mit technischen und organisatorischen Massnahmen kann die Stillstandszeit reduziert werden. Das Ideal wäre die *Ein-Stück-Fähigkeit,* also die Flexibilität, alle Teile des gesamten Produktionsspektrums in beliebiger Reihenfolge ohne Wechselpause bearbeiten zu können.

3.6 Materialfluss und Produktionslayout

Der **Materialfluss** ist nach VDI-Richtlinie 3300 (Verein Deutscher Ingenieure) definiert als «die Verkettung aller Vorgänge beim Gewinnen, Be- und Verarbeiten sowie bei der Verteilung von stofflichen Gütern innerhalb festgelegter Bereiche». Es werden vier Stufen unterschieden:

- *Materialfluss 1. Stufe:* Transporte zwischen dem Werk und seinen Lieferanten und Abnehmern
- *Materialfluss 2. Stufe:* Bewegungen innerhalb des Werksgeländes zwischen verschiedenen Betriebsbereichen
- *Materialfluss 3. Stufe:* Bewegungen zwischen den Abteilungen eines Betriebsbereiches und innerhalb der Abteilungen
- *Materialfluss 4. Stufe:* Bewegungen des Materials am Arbeitsplatz

Beim Durchlaufen des Materials durch die einzelnen Produktionseinheiten kann sich das Material in folgenden drei Zuständen befinden:

- *im Wertschöpfungsprozess,* in dem der eigentliche Transformationsvorgang und eine Wertvermehrung stattfinden
- *im Bewegungszustand,* in dem die Erzeugnisse ihren vorgeschriebenen Weg von einem Arbeitsplatz zum anderen gerade durchlaufen
- *im Wartezustand,* in dem das Material vor, nach oder zwischen zwei Operationen für eine kürzere oder längere Wartezeit abgestellt oder eingelagert wird

3

In der Praxis dominieren die Wartezustände und bestimmen mit einem Anteil von circa 90 % die Durchlaufzeit der Aufträge. (Je komplexer die Fertigungsstrukturen sind, desto länger ist die Durchlaufzeit und desto kleiner in der Regel der Anteil der wertschöpfenden Tätigkeiten. Diesen Anteil gilt es stets im Auge zu behalten und beständig zu vergrössern.)

Innerhalb der Produktion sind der Materialfluss, die Lager- und Bereitstellorganisation sowie die Kommissionierfunktionen so zu gestalten, dass:

- durch geschickte Anordnung der Struktureinheiten ein minimaler Materialfluss beziehungsweise Transportaufwand entsteht;
- ein einfacher und transparenter Auftragsdurchlauf ohne gegenläufige oder sich kreuzende Materialflüsse entsteht, der die Kommunikations- und Informationsprozesse unterstützt;
- Flexibilität gegenüber Produktionsausbau und -reduzierungen sowie Änderungen des Produktionsspektrums besteht;
- ein optimaler Flächennutzungsgrad erzielt wird.

Abbildung 29 zeigt zwei gängige grafische Verfahren der Materialflussoptimierung. Beim **Kreisdiagramm** sind die einzelnen Betriebsmittel auf einer Kreislinie angeordnet. Durch

Vertauschen der Plätze mit dem Ziel, starke Materialflüsse (siehe dicke Pfeile) nebeneinander anzuordnen, wird der Materialfluss verbessert. Je freier der Innenraum des Kreises ist, desto mehr sind die Betriebsmittel nach dem Linienprinzip angeordnet. Als weitere Darstellungsform macht das **Sankey-Diagramm** den mengenmässigen Stofffluss gut sichtbar.

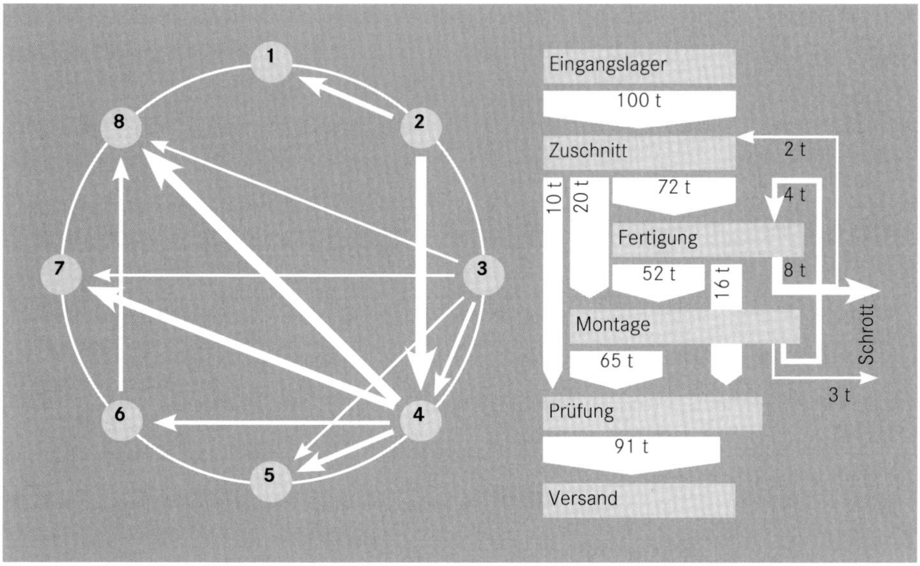

Abb. 29: Grafische Verfahren der Materialflussgestaltung: links Kreisdiagramm (die Pfeilstärke steht für die Anzahl Bewegungen), rechts Sankey-Diagramm (Angabe der Materialmengen in Tonnen)

Der für die verschiedenen Betriebsbereiche notwendige Flächenbedarf sowie die sonstigen räumlichen Anforderungen hängen im Wesentlichen von ihrer jeweiligen Nutzungsart ab:

- Die *Produktionsfläche* ist die zum Fertigen, Montieren und Handhaben der Werkstücke benötigte Fläche. Sie wird massgeblich vom Platzbedarf der Betriebsmittel und von der räumlichen Anordnung der Arbeitsplätze bestimmt (vgl. Abbildung 30).
- Die *Hilfs- und Nebenbetriebe* umfassen alle Bereiche, die der Vorbereitung und Kontrolle der Produktion oder der Sicherheit des Betriebes dienen.
- Die *Verkehrsfläche* wird zum Transport von Werkstücken und Personal genutzt. Sie resultiert aus der Grösse des Transportgutes, der Art und Grösse der Transportmittel, der Anzahl der Transportwege und dem Transportsystem.
- Für indirekte Funktionen stehen in einer Produktionseinheit die so genannten *Funktionsflächen* zur Verfügung. Dazu gehören neben Funktionen zur Prozessgestaltung und -steuerung auch Kontrollfunktionen oder Ver- und Entsorgungssysteme. Die Grösse der Funktionsflächen ist abhängig vom Aufgabenbereich dieser indirekten Funktionen.

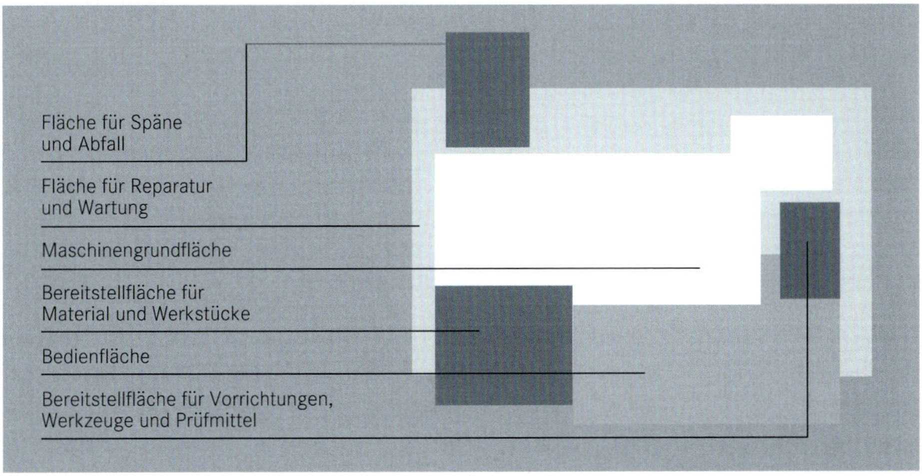

Abb. 30: Flächeneinteilung am Arbeitsplatz

In der Layoutplanung werden die Überlegungen zur Fertigungsprozess- und Organisationsgestaltung sowie zum Materialfluss mit den Infrastrukturbedingungen des Produktionsgebäudes verknüpft respektive in eine Gebäudeplanung überführt (Abbildung 31).

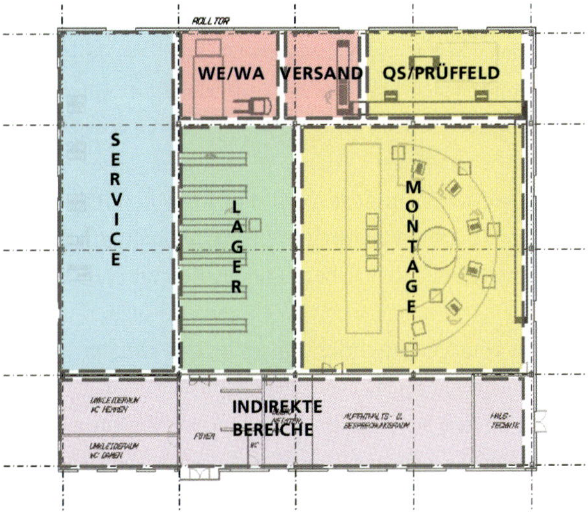

Abb. 31: Produktionslayout

3.7 Produktionsplanung und -steuerung (PPS)

Die Aufgabe der **Produktionsplanung** besteht darin, den verschiedenen Ressourcen die Produktionsaufträge so zuzuweisen, dass einerseits die zugesagten Liefertermine eingehalten werden und andererseits die Bestände möglichst klein bleiben (Schuh, 2012). Die Auslastungsgrenze ist eine kritische Restriktion. Die Auslastung darf nicht zu hoch sein. Bewertet man die Bearbeitungszeit einer Fertigungseinheit mit einem Geldwert, so erhöht sich zwar die Bruttowertschöpfung der Fertigungseinheit mit ihrer Auslastung, die wiederum mit dem Auftragsbestand steigt. Subtrahiert man aber von der Bruttowertschöpfung die Kosten des Materialbestands und des Terminverzugs, den ein hoher Auftragsbestand mit sich bringt, erhält man die Nettowertschöpfung, deren Maximalwert unterhalb der maximalen Auslastung liegt (Abbildung 32). Eine Produktion, die dauerhaft an der Kapazitätsgrenze operiert, hat den wirtschaftlich optimalen Betriebspunkt überschritten (Wiendahl, 1997, S. 269 ff.).

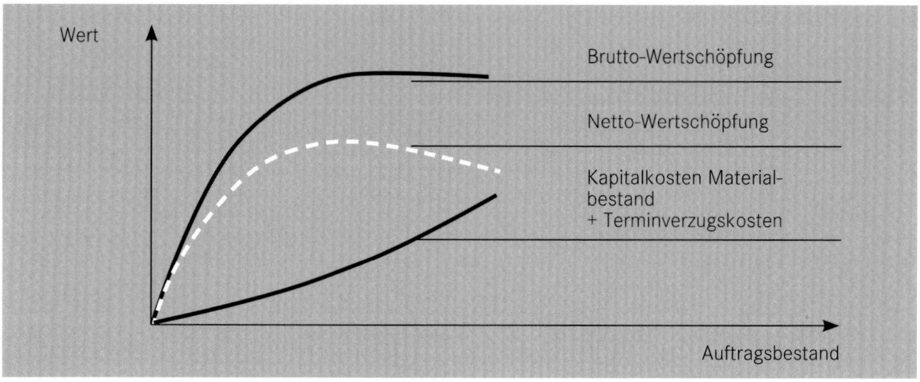

Abb. 32: Zusammenhang zwischen optimalem Betriebspunkt und Auftragsbestand

Neben vielen Unsicherheiten in der Prognose erschweren insbesondere folgende Punkte die Planung:

- Durch die Zusammenfassung von Aufträgen in Lose wird die Wirtschaftlichkeit der Fertigung des Loses erhöht. Andererseits treten dadurch Überproduktion und unnötige Kapazitätsbelastungen auf, die Folgekosten (z. B. Überstunden, Kapitalbindung) mit sich bringen.
- Rüstzeiten und -kosten sind vielfach vom Vorgängerlos abhängig, also von der Reihenfolge von Aufträgen.
- Die Senkung von Materialverlusten infolge Verschnitts an sensiblen Fertigungsschritten bedingt an anderer Stelle das Vorziehen von Aufträgen mit allen Folgen (Kapitalbindung, Rüstzeiten, Auslastung).
- Die Terminierung der vorbeugenden Instandhaltung ist ein weiteres Optimierungskriterium.
- Der individuelle Einfluss der Maschinenbediener auf die Produktivität einer Fertigungseinheit ist genauso wenig planbar wie spontane Maschinenausfälle und Störungen.
- Die Reihenfolge von Aufträgen hat einen grossen Einfluss auf die Performance der Produktion. Das Reihenfolgeproblem ist aber aufgrund der mit der Zahl der Betriebsmittel und Aufträge extrem rasch ansteigenden Variantenzahl nicht analytisch, sondern nur heuristisch über zeitaufwändige Simulationen lösbar.

- Weitere Restriktionen können durch Transport- und Lagerkapazitätsgrenzen oder die (Un-)Pünktlichkeit von Zulieferern geschaffen werden.

Zur Reduzierung der Planungskomplexität muss angestrebt werden, Aufträge so lange wie möglich in der Wertschöpfungskette kundenanonym, also standardisiert zu behandeln. Dadurch kann möglichst lange mit grossen Losen und gleichen, standardisierbaren Prozessen gearbeitet werden. Je nach Randbedingung haben sich dazu vier Auftragsstrategien herausgebildet (vgl. Abbildung 33). Es bietet sich an, diese Auftragsstrategien als Kriterium für die Subsystembildung heranzuziehen.

Abb. 33: Strategien zur Entkopplung von Aufträgen in verschiedenen Phasen der Auftragsabwicklung

Fortschritte in Soft- und Hardware haben Voraussetzungen geschaffen, die es erlauben, unter Einsatz ausgereifter Planungsalgorithmen Szenarien unter Beachtung realistischer Bedingungen und Prioritäten sowie Optimierungsstrategien für Materialbereitstellungsaktivitäten zu berechnen. Die Ausbreitung von Enterprise-Resource-Planning (ERP)- und Supply-Chain-Planning-Software sowie die schnelle Evolution des Internets zur offenen technischen Plattform für B2B-Beziehungen (Business to Business, also zwischen Unternehmungen) erleichtern die Integration verschiedenartiger Informationen aus und zwischen Unternehmungen (Kurbel, 2016).

Der gegenwärtige Stand der Technik in der Produktionsplanung ermöglicht daher eine Planungssoftware, die:

- sich der Fähigkeit zur intelligenten Vorausschau bedient, die vor nicht linearen Bedarfsstrukturen schützt;
- sich in Produktionsstellen und bei Zulieferern darüber informiert, welches Nachfragevolumen bei der Faktoreinsatzplanung erwartet wird;
- in synchronisierten Produktionsnetzen die Kanban-Losgrössen automatisch neu berechnet;
- die Anforderungen an die Belegschaft flexibler Arbeitszellen errechnet;
- Simulationen zur Ermittlung der optimalen Auftragsreihenfolge startet.

Eine solche Software, wie sie unter dem Schlagwort **Industrie 4.0** denkbar wäre, ist jedoch in der Realität der Betriebe noch alles andere als Stand der Technik.

3.8 Produktionscontrolling

Allgemein ist eine Veränderung in der Philosophie des Führens der Produktion zu beobachten. Dies trifft insbesondere auf Serienfertiger zu, denn durch die Ausnützung von Mengeneffekten, kombiniert mit dem wachsenden Bedürfnis nach Individualität und der damit steigenden Variantenvielfalt, steigt auch die Komplexität der Aufgaben. Dadurch entstehen zusehends Zielkonflikte (Zeit, Kosten, Qualität). Es steht deshalb tendenziell nicht mehr die Durchführung einzelner Aufgaben im Vordergrund, sondern vielmehr der Anspruch, Zielsetzungen so zu operationalisieren und durchgängig zu gestalten, dass diese als Führungskriterium für jeden Verantwortungsbereich eines Produktionsnetzwerkes anwendbar und umsetzbar sind. Das **Produktionscontrolling** hat nun die Aufgabe, Planungsunterstützung für alle Bereiche (Produkte, Prozesse, Beziehungen und Systemverhalten) zu liefern, die Planerfüllung zu kontrollieren, den Leistungsstand zu analysieren und Verbesserungsvorschläge zu generieren. Eine wesentliche Rolle spielt dabei die Definition von Leistungskennzahlen. Sie dienen:
- der Selbstkontrolle
- als Zahlenbasis für kontinuierliche Verbesserung
- als Basis für Leistungsvereinbarungen zwischen Organisationseinheiten (Abstimmung von Schnittstellen)
- der Unterstützung bei der Zielfindung (Quantifizierung von Zielen) und Planung für Bereichsleiter und Mitarbeitende
- der Motivation der Mitarbeitenden (Identifikation mit persönlichen Leistungen, leistungsgerechte Bezahlung)

3.9 Glossar

- **Industrie 4.0**
  Ausgangspunkt sind verschiedene Trends: Individualisierung von Massengütern, Preisverfall bei elektronischen Komponenten, Integration von Software und Kommunikationstechnologien in Maschinen und Produkten, digitale Vernetzung. Industrie 4.0 fasst diese langjährigen Trends unter einem Begriff zusammen zur «echtzeitfähigen, intelligenten Vernetzung von Menschen, Maschinen, Objekten und IKT-Systemen zum dynamischen Management von komplexen Systemen» (http://www.plattform-i40.de). Neu ist dabei die Reife der Einzeltrends, die nun erstmalig die Verknüpfung zu einer übergreifenden Vision erlauben. Oft wird damit die Erwartung verknüpft, den aktuellen Kondratieff-Zyklus gefunden zu haben.
- **Just in time (JIT)**
  Just in time bezeichnet das Prinzip, bei welchem Produktionsfaktoren beim verbrauchenden Prozess genau in der benötigten Menge und gerade zu der Zeit, zu der sie

verarbeitet werden sollen, bereitgestellt werden. Mit dieser Art von Bereitstellung wird automatisch die Verschwendung reduziert und die Effizienz erhöht. Wichtig dabei ist, nicht einfach pünktlich, sondern genau zur richtigen Zeit zu liefern. Eine enge Beziehung zwischen Kunden und Lieferanten ist Voraussetzung.

- **Kaizen, CIP, KVP**

  Kaizen stammt aus dem Japanischen: *kai = Wandel, zen = zum Besseren.* Kaizen meint kontinuierliche Verbesserung, ein stetes Voranschreiten, wenn auch in kleinen Schritten. Um dies zu erreichen, werden in Japan möglichst viele Personen in den Verbesserungsprozess einbezogen. Die gesamte Firmenkultur muss auf Kaizen ausgerichtet sein. Im deutschen Sprachraum wird dafür häufig die Abkürzung KVP (kontinuierlicher Verbesserungsprozess), im englischen CIP (continuous improvement process) verwendet.
- **Kanban**

  Ein Kanban (japanisch für Schild, Kennzeichnung, Karte) ist ein Hilfsmittel zur Bewältigung von JIT-Produktion. In seiner einfachsten Form handelt es sich dabei um ein Stück Papier, auf dem steht, wie viel von welchen Teilen in einem Behälter transportiert oder verarbeitet werden soll. Nach der JIT-Methode holt ein Prozess beim vorhergehenden Prozess die benötigten Teile ab. Der vorhergehende Prozess produziert dann genau die Zahl der entnommenen Teile nach und der nachfolgende Prozess verbraucht genau die Zahl entnommener Teile sofort. Die beiden Prozesse sind über die Informationen zum Transport und zur Entnahme/Produktion miteinander verbunden. Die Kanbans sind die entsprechenden Informationsträger. In der heutigen Zeit wird dieses Prinzip zumeist elektronisch über ein Informationssystem realisiert, denn die Zahl und Losgrösse der Kanbans unterliegt häufigen Anpassungen.
- **Kanban-Losgrösse, Anzahl Kanbans**

  Der Idealfall des Kanban-Systems ist ein stetiger Produktionsfluss mit geringsten Durchlaufzeiten und Bestandsmengen. In der Praxis wird dieses Ideal im Wesentlichen wegen der Kapazitätsverluste durch Umrüsten der Produktionsanlagen sowie wegen der Transport- und Liegezeiten, die der Bedarfserfüllung vorangehen, nicht erreicht. In Annäherung an das Ideal versucht man wenigstens, die sich im Umlauf befindliche Menge an Material durch die Zahl der Kanbans zu minimieren. Diese wird in Abhängigkeit vom Tagesbedarf, von der Durchlaufzeit, dem Fassungsvermögen der Transporteinheiten sowie eines Sicherheitszuschlags berechnet. Die Losgrösse im Kanban-System ist im Idealfall eins (beziehungsweise entsprechend der Grösse die eine Transporteinheit aufnehmen soll), in Abhängigkeit von der Produktivität und Flexibilität der Produktionsanlage in der Regel jedoch grösser.
- **MRP**

  Mit diesem Kürzel wird in der amerikanischen Literatur die rechnergestützte Produktionsplanung bezeichnet. In der Anfangszeit wurden lediglich Mengenrechnungen auf Basis angenommener Wiederbeschaffungszeiten durchgeführt und als **Material-Re-**

quirement-Planning bezeichnet (MRP I). In einer erweiterten Ausführung wird von der Absatzplanung auf Produktgruppenebene ausgegangen, und die Ergebnisse der Planung für verschiedene Produktionsstufen werden miteinander vernetzt. Anhand von Betriebsdaten wird die reale Situation mit der Planung verglichen und Letztere nach Kosten- und Erlöswirkungen optimiert. Dieser erweiterte Ansatz wird als **Material-Resource-Planning** bezeichnet (MRP II).

3.10 Zusammenfassung

Produktion ist der Transformationsprozess, durch den aus Einsatzgütern Endprodukte erstellt werden. Die Produkte sollen möglichst kostengünstig, in erwarteter Qualität, in der richtigen Menge und zur richtigen Zeit produziert werden. In der Produktprogrammplanung wird festgelegt, welche Produkte oder Bestandteile davon selbst hergestellt werden sollen. Daran werden die erforderlichen Fertigungsprozesse und die notwendigen Produktionskapazitäten entsprechend ausgerichtet. Die Organisation der Produktion verfolgt das Ziel, die aus der Erfüllung vieler Fertigungsaufträge resultierende Komplexität möglichst gut beherrschbar zu machen, um die eingangs genannten Ziele zu erfüllen. Ein Produktionscontrolling liefert hierzu Informationen über den erreichten Leistungsstand und mögliche Verbesserungspotenziale.

4 Lager und Distribution

4.1 Einleitung

Das folgende Kapitel behandelt die Phase nach der Leistungserstellung. Die Leistungserstellung erfolgt jeweils überwiegend zeitlich und räumlich getrennt und unabhängig vom Kundenwunsch. Lager und Verteilsysteme überbrücken die zeitlichen, räumlichen und mengenmässigen Disparitäten zwischen Leistungserstellung und Kundenwunsch. Lager und Distribution bilden eine wichtige Schnittstelle zum Kunden, die wesentlich zur Kundenzufriedenheit beiträgt. Eine hohe Lieferbereitschaft wird durch hohe Bestände erreicht. Jedoch binden diese Bestände Kapital und verursachen Kosten. Das Lager und die Distribution sind also wichtige Variablen, die einer Optimierung zu unterziehen sind.

4.2 Leitbild der Logistik

Lager und Distribution als Schnittstelle zum Kunden sind ein entscheidender Bestandteil der ganzen Logistikkette. Sie beeinflussen die Kundenzufriedenheit und damit den Erfolg einer Unternehmung. Der Einfluss der Logistik auf den ROI wird oftmals unterschätzt. Um den Wert der Logistik zu verdeutlichen, zeigt Abbildung 34 in Anlehnung an den Ansatz von Lambert und Burduroglu (2000, S.9) und an das Du-Pont-Kennzahlenschema (vgl. Teil D1, Finanzmanagement) wichtige Kenngrössen, die durch eine effiziente Logistik beeinflusst werden.

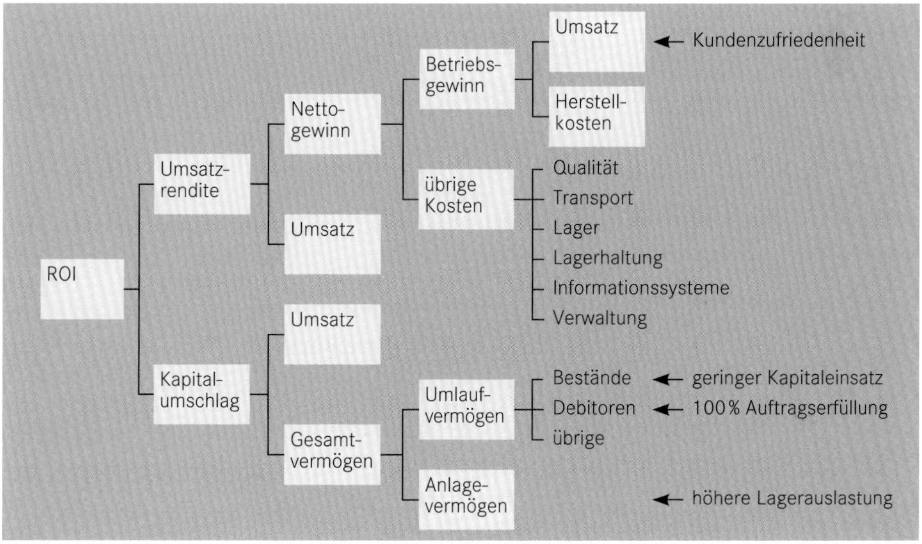

Abb. 34: Einfluss der Logistik auf den Unternehmenserfolg

Dehler und Weber (2001) konnten in einer Untersuchung zeigen: Umsatz wird nicht wegen, aber dank der Logistik gemacht. Durch eine hohe Lieferbereitschaft (richtige und vollständige Lieferung) kann nämlich die Kundenzufriedenheit erhöht werden, was mittelbar zu höheren und stabileren Umsätzen beiträgt. Vielfach werden hohe Debitorenausstände durch unvollständige, verspätete oder sogar fehlerhafte Auslieferungen verursacht. Mit einer gut funktionierenden Logistik lassen sich Reklamationen vermeiden, Kundenzufriedenheiten erhöhen und Ausstände deutlich reduzieren.

Kapital, das in Beständen gebunden ist, kann durch eine effiziente Lagerbewirtschaftung freigesetzt werden. Gleichzeitig führen die reduzierten Bestände zu weniger Lagerfläche, die durch einen optimierten Warenfluss weiter verkleinert werden kann. Investitionen ins Lager können geringer ausfallen oder unter Umständen sogar entfallen.

Mit zunehmender Bedeutung der Lieferbereitschaft und der Verteilkosten wird die **Distributionslogistik** immer wichtiger. Sie wird immer mehr als ein Marketinginstrument wahrgenommen und beinhaltet alle Tätigkeiten, die den Waren- und Güterfluss vom Hersteller zum Verbraucher optimal gestalten und betreiben:

- *Festlegung der Absatzwege:* Die direkte Lieferung vom Hersteller zum Kunden ohne Mittler wird als direkter Vertrieb bezeichnet. Beim indirekten Vertrieb treten Absatzmittler auf, die ihr Sortiment mit diesem Produkt ergänzen, mit einer breiten Kundenbasis in Kontakt stehen oder ein effizienteres Verteilnetz besitzen. Beispiele für Absatzmittler sind Einzelhandelsgeschäfte, Warenhäuser, Reisebüros oder Agenturen.
- *Wahl der Absatzorgane:* Die organisatorische Gestaltung des Vertriebs kann durch interne oder externe Ressourcen erfolgen. Externe Ressourcen sind beispielsweise Verkaufsagenturen, Kommissionäre, Makler oder der Gross- und Einzelhandel. Neben den direkten Vertriebsorganen sind auch indirekte Vertriebsorgane zu berücksichtigen, Speditionen, Lagerhäuser, Versicherungsgesellschaften sowie Kredit- und Inkassoinstitute.
- *Logistische Distribution:* Sie behandelt den physischen Warenfluss vom Hersteller zum Verbraucher und hängt direkt von der Gestaltung des Absatzweges und der Absatzorgane ab.

Der direkte Absatzweg wird oft gewählt, wenn das Produkt eine kurze Lebensdauer hat, von hohem Wert ist, kundenspezifisch ausgeführt wurde oder besonders erklärungsbedürftig ist. Die Wahl des direkten Weges hat für die physische Verteilung Folgen. Es werden weniger Lagerorte benötigt, die Transporte und der Warenumschlag reduzieren sich, durch die Kundennähe wird eine hohe Reaktionsfähigkeit auf Kundenwünsche ermöglicht. Dies erfordert gleichzeitig eine hohe Flexibilität. Es muss aber davon ausgegangen werden, dass die Transporte schwerer zu optimieren sind und häufig in Einzellieferungen erfolgen.

Im Falle des indirekten Absatzweges hat der Handel die Aufgabe, den räumlichen, zeitlichen, mengenmässigen und qualitativen Ausgleich zwischen Angebot und Nachfrage zu schaffen. Aufgabe der physischen Logistik ist es, die Kosten unter Berücksichtigung der logistischen Leistung zu optimieren. Unter logistischer Leistung versteht man Lieferservice, Lieferzeit und Lieferbereitschaft.

Es wird im Allgemeinen behauptet, dass es ein wesentliches Merkmal der Logistik ist, dass sie stets zu teuer sei. Diese Aussage ist eine Herausforderung und gleichzeitig auch eine Bestätigung. Herausforderung deswegen, weil damit richtigerweise auf die Notwendigkeit konkurrenzfähiger Logistikkosten hingewiesen wird, und Bestätigung, weil damit auch klar die Forderung nach Kostentransparenz zum Ausdruck kommt. Logistikkosten umfassen entlang des Auftragsprozesses:

- *Kosten für den Auftrag:* Auftragserfassung, Bedarfsabklärung, Lieferterminbestimmung, Auftragsbestätigung, innerbetriebliche Aufträge für die Beschaffung, Produktion, Kommissionierung, Verpackung und Spedition
- *Kosten für die Bereitstellung:* Kosten der Lagerkapazität wie Raum- und Instandhaltungskosten, Kosten der Bestände wie Zins, Schwund und Minderung, Kosten der Handhabung für Ein- und Auslagern, Qualitätssicherung und Transport sowie Verwaltungskosten für die Erfassung und Kontrolle des Warenflusses
- *Kosten für die Verpackung:* güterspezifisch (zerbrechlich, korrosiv), transportspezifisch (Luft, Wasser, Strasse, Schiene), kundenspezifisch (anonym, erkennbar, als Geschenk), ökologisch (Einweg, Mehrweg, Mehrfachnutzung, Entsorgung)
- *Kosten für den Transport:* Weg (Distanz, Route), Transportart (LKW, Schiff, Bahn, Flugzeug), Transportzeit (Tag, Nacht, Wochenende), Warenverfolgung (identifizieren, lesen, kontrollieren, registrieren)

4.3 Das Lager: Aufgaben und Anforderungen

Wie in Kapitel 1 aufgezeigt, funktioniert eine Wertschöpfungskette nicht ohne **Lager**. Doch ist die zeitliche Überbrückung nicht der einzige Grund, warum Lager eingerichtet werden. Grundsätzlich geht es aber immer um Ausgleichsfunktionen unter verschiedenen Aspekten. Abbildung 35 gibt einen Überblick auf mögliche Ausgleichsfunktionen.

Die primäre Aufgabe eines Lagers besteht im Ausgleich zwischen Nachfrage und Angebot unter den Aspekten Zeit, Menge, Qualität und Kosten. Das Lager lässt sich als ein System betrachten und der Prozess zwischen Wareneingang und Warenausgang in einzelne Aktivitäten zerlegen, wie in Abbildung 36 dargestellt.

- *Wareneingang:* Die angelieferte Ware muss auf die Bestellspezifikationen (Artikel, Menge, Lieferant, Liefertermin, Anlieferort, Qualität) überprüft werden. Wird die Lieferung akzeptiert, kann sie im Wareneingang registriert und identifiziert werden. Die Identifizierung muss eine spätere Wiedererkennung im innerbetrieblichen Warenfluss ermöglichen.
- *Einlagerung:* Aus den Produkt- und Marktanforderungen wird ein entsprechender Lagerplatz zugewiesen und die Ware dort eingelagert.

Aspekt	Lagerfunktion	Beispiel
Zeit	speichern	Zeitpunkt des Verbrauchs ist nicht identisch mit dem Zeitpunkt der Herstellung: Konfektionskleidung, Eis, Lebensmittel
Menge	sichern	Individuelle Nachfragemenge ist kleiner als die Produktionslosgrösse; stark schwankende Nachfragemengen werden durch Lager aufgefangen: CD, Bücher
Qualität	veredeln	Produkte, die durch den Lagerprozess veredelt werden: Wein, Whisky, Käse
Kosten	spekulieren	Ausgleich schwankender Preise von Rohstoffen, Beschaffung auf Vorrat durch günstige Konditionen: Heizöl, Edelmetalle
Zusammen-setzung	sortieren	Zusammensetzung der Produktion entspricht nicht der Zusammensetzung des Kundenwunsches: Warenhaus, Personal Computer

Abb. 35: Ausgleichsfunktionen des Lagers

- *Auslagerung:* Durch Kunden- oder Fertigungsaufträge angestossen, erfolgt die Entnahme der Ware aus dem Lager. Diente das Lager nur als Puffer, erfolgt nach der Entnahme gleich die Bereitstellung und Auslieferung.
- *Kommissionierung:* Die aus dem Lager entnommene Ware wird gemäss dem Kundenwunsch zusammengestellt. Das kann ein Sortiment sein, eine Liste von Ersatzteilen oder Montageteilen oder einfach nur der Einkaufszettel eines Privathaushalts.
- *Bereitstellung:* Die auftragsspezifische Ware wird so bereitgestellt, dass sie ausgeliefert werden kann. Das beinhaltet die Verpackung, das Bündeln, die Transportsicherung und die Reihenfolge.
- *Warenausgang:* Bevor die Ware das Lager verlässt, wird sie auf Vollständigkeit und Richtigkeit überprüft und registriert. Mit diesem letzten Schritt wird der Waren- und Informationsfluss innerhalb des Lagers abgeschlossen.

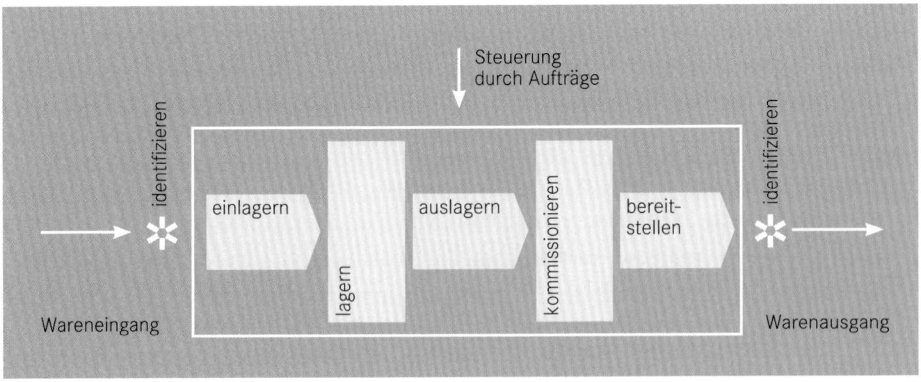

Abb. 36: Prozessaktivitäten im Lager

Für das Puffern von Waren und Gütern werden die Prozessschritte der Ein- und Auslagerung nicht benötigt. Findet zudem keine Änderung der Zusammensetzung statt, reduziert sich der Prozess auf Wareneingang, Bereitstellung und Warenausgang.

4.4 Lager und Verteilstrukturen

Nachdem die Aufgaben und die Anforderungen an das Lager geklärt sind, kann das logistische Konzept gestaltet werden. Es geht darum, dass Waren oder Güter vom Hersteller zum Kunden gelangen sollen, unter der Berücksichtigung betriebswirtschaftlicher Gesichtspunkte. Es können die in Abbildung 37 dargestellten Grundtypen der Logistik unterschieden werden:

- Die *individuelle Belieferung* wird bevorzugt, wenn es sich um ein einfaches logistisches Netz handelt.
- Die *einstufige Struktur* ermöglicht eine zentrale Sammlung und Verteilung des Warenflusses. Typischerweise finden wir diese Struktur bei Warenhausketten, die an vielen Standorten ein breites Artikelsortiment bereitstellen.
- Die *zweistufige Struktur* ermöglicht zusätzlich den günstigen Ausgleich eines Sortiments über Regionen hinweg. Mit zunehmender Nutzung kostengünstiger Standorte für die Produktion von Konsumgütern wird es immer wichtiger, den Warenausgleich zwischen den Regionen der Produktion und den Regionen des Verbrauchs zu gestalten. Die zweistufige Struktur ermöglicht daher beispielsweise das Sammeln der Produkte in der asiatischen Region vor der Verteilung in der europäischen Region.

4

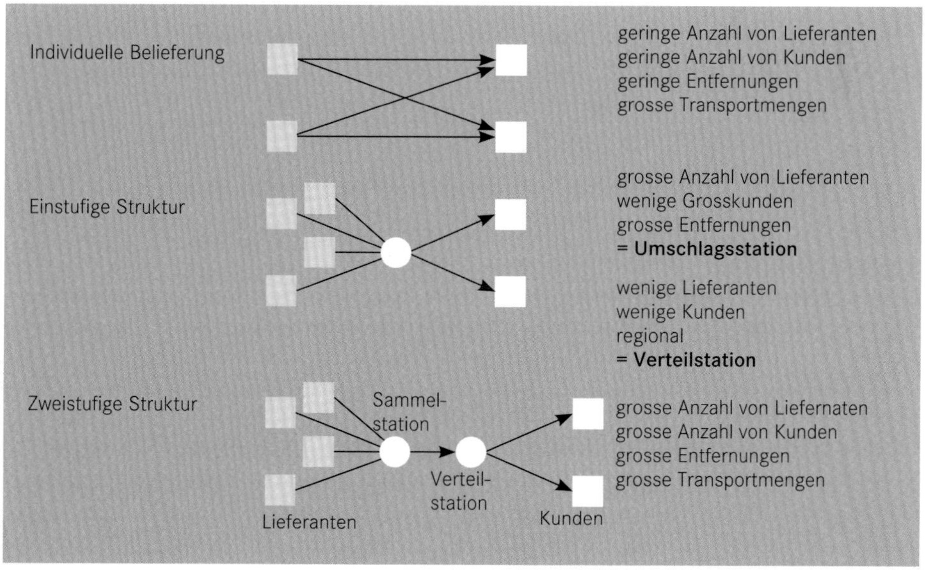

Abb. 37: Sammel- und Verteilstrukturen in einem logistischen Netzwerk

Innerhalb der oben genannten Strukturen lassen sich wichtige Funktionen der Logistik erkennen: das Sammeln, das Transportieren und das Verteilen.

Unter einer **vertikalen Lagerstruktur** versteht man die Anordnung der Lager hintereinander im Warenfluss. Zum Beispiel vom Werkslager über ein Zentrallager zum Regionallager zum Auslieferlager. Jedes Lager übernimmt dabei eine bestimmte Aufgabe, um insgesamt eine optimale Lieferbereitschaft im Warenfluss zu ermöglichen. Jedoch wird man nur in ganz wenigen Fällen eine vollständig vertikale Struktur antreffen.

Wesentlich häufiger und heftiger wird die Frage der **horizontalen Lagerstruktur** diskutiert. Es geht hierbei um die Frage des zentralen oder dezentralen Lagers. Ein zentrales Lagerkonzept ist gekennzeichnet durch ein breiteres Sortiment, wenige Standorte, längere Lieferzeiten durch längere Transportwege, spezifische Lageranforderungen sowie effizientere Lagerprozesse infolge eines höheren Automatisierungsgrades. Eine zentrale Warenhaltung ist daher besonders geeignet für teurere Produkte, bei wenigen Produktionsstandorten und einem kleinen und homogenen Kundenstamm.

Ein dezentrales Lager hingegen hat seine Vorteile in der Kundennähe, in einer hohen Verfügbarkeit und in kurzen Lieferzeiten durch kurze Lieferwege. Das Lager selbst wird daher ein schmales Sortiment aufweisen und muss keine speziellen Anforderungen erfüllen. Durch den geringen Umschlag wird sich eine hohe Automatisierung kaum auszahlen. Die Auslastung wird gering sein und daher die spezifischen Kosten sicherlich höher als in einem Zentrallager. Eine dezentrale Lagerstruktur mit mehrfacher Lagerhaltung eignet sich daher eher bei einem grossen inhomogenen Kundenstamm von Kleinkunden für Produkte mit geringem Wert.

Oft sehen wir uns gewachsenen Strukturen gegenüber, in denen ein Netzwerk regionaler Lager entstanden ist. Jedes dieser Lager hat sich vielleicht auf ein spezifisches Produktsortiment spezialisiert, das auch in den anderen Regionen benötigt wird. Es entstehen dadurch Netzwerke von Lagern einer horizontalen Struktur, die sich gegenseitig mit spezifischen Produkten bedienen. Als Alternative hieraus kann sich die **Hub-and-Spoke-Struktur** entwickeln. Die Hub-and-Spoke-Struktur ist im Wesentlichen eine vertikale Struktur, da sie ein Zentrallager als Nabe (hub) einführt, von der aus die regionalen Niederlassungen (spokes) versorgt werden. Die Vorteile einer Hub-and-Spoke-Struktur sind die einfachere Koordination und die grössere Transparenz und damit die höhere Versorgungssicherheit durch eine bessere Produktions- und Einkaufsplanung. Durch die Kombination eines Zentrallagers mit den regionalen dezentralen Lagern eröffnet sich die Möglichkeit, die Vorteile beider Lagerstrukturen zu nutzen: schnelle Reaktionszeiten einer dezentralen Struktur bei hoher Automatisierung und Effizienz eines Zentrallagers.

Im Beispiel von Abbildung 38 ist ein Netzwerk mit acht Knoten dargestellt. Daraus resultieren für jeden Knoten sieben Beziehungen, insgesamt müssen 28 Beziehungen koordiniert werden. In einer Hub-and-Spoke-Struktur kann die Anzahl der Beziehungen auf acht reduziert werden.

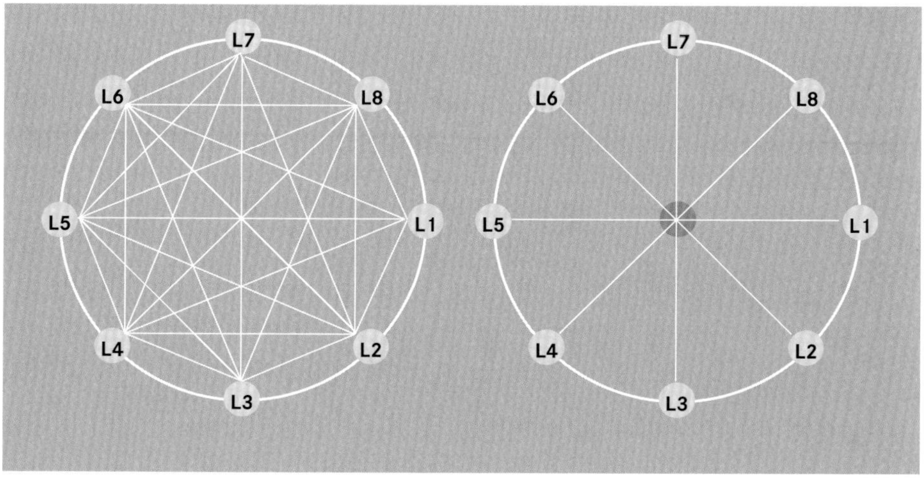

Abb. 38: Lagerstrukturen Netzwerk und Hub and Spoke

4.5 Standortwahl

Neben der grundsätzlichen Struktur des Warenflusses kommt der Wahl des Standortes durch die Investitionskosten und die Fixierung der Warenströme eine hohe Bedeutung zu. Die Eingrenzung erfolgt schrittweise:

- *Über den Wirtschaftsraum:* Die Auswahlkriterien können die Attraktivität des Marktes sein, die politische und finanzpolitische Stabilität, das Vorhandensein und die Verlässlichkeit von Gesetzen und Vorschriften.
- *Über die Wirtschaftsregion:* Entscheidende Kriterien können die Verfügbarkeit und der Ausbildungsstand von Arbeitskräften, das Lohnniveau, regionale Fördermassnahmen, die Nähe zu Kunden und Lieferanten sowie die vorhandene regionale Transportinfrastruktur (Autobahnen, Eisenbahnen, Flughäfen) und die Lebensqualität sein.
- *Über den Ort:* Ausschlaggebend sind die Verfügbarkeit von Grundstücken, die Erreichbarkeit, die steuerlichen Bedingungen und allfällige Subventionen.

Zur Bewertung der verschiedenen Standortalternativen bieten sich qualitative und quantitative Verfahren an (vgl. Teil A, Einführung in die Betriebswirtschaftslehre). Unter den qualitativen Verfahren hat sich die *Nutzwertanalyse* bewährt, die in einem einfachen Bewertungsverfahren die kritischen Auswahlkriterien gewichtet und bewertet. Meist ist die qualitative Aussage für eine endgültige Entscheidung nicht ausreichend genug und wird daher durch quantitative Verfahren ergänzt. Ein Logistikstandort kann nach seinen Betriebs- und Transportkosten optimiert werden, wobei in den meisten Fällen den Transportkosten die grössere Bedeutung zukommt. Die Transportkosten sind in erster Näherung von den verwendeten Transportmitteln und den Transportwegen abhängig. Kennt man konkret die

Auslieferstandorte oder zumindest die Fläche des Servicegebietes, lassen sich auch in Abhängigkeit des gewählten Standortes die Transportstrecken berechnen. Der optimale Standort wäre dann der mit den kürzesten Transportstrecken und den geringsten Transportkosten. Darüber hinaus lassen sich die Strecken mit dem Warenumsatz gewichten, um so den Verteilschwerpunkt zu finden.

4.6 Lagersysteme

Die Auslegung eines Lagers erfolgt nach statischen und dynamischen Gesichtspunkten und berücksichtigt Infrastruktur, Transportsystem, Leitsystem und die Organisation. Ob ein Lager gut oder schlecht dimensioniert oder organisiert ist, erkennen wir zum einen am erreichten Servicegrad oder aber durch die effektive Lageraus- beziehungsweise Überlastung. Der **Servicegrad** sagt für einen definierten Berichtszeitraum (Periode) aus, welcher Anteil der Bedarfsanforderungen sofort befriedigt werden konnte, entweder wertmässig oder bezogen auf die Anzahl der gesamten Anforderungen.

$$\text{Servicegrad (wertmässig)} = \frac{\text{Wert der befriedigten Bedarfsanforderungen}}{\text{Wert aller Bedarfsanforderungen}}$$

$$\text{Servicegrad (bezogen auf Anforderungen)} = \frac{\text{Anzahl der befriedigten Bedarfsanforderungen}}{\text{Anzahl aller Bedarfsanforderungen}}$$

Der Charakter des Lagers wird durch das Produkt selbst geprägt:

- *Beschaffenheit und Eigenschaft:* Ob flüssig oder fest, lichtempfindlich oder hitzeempfindlich, ob schwer oder leicht, ob gross oder klein, jedes Produkt hat seine spezifischen Anforderungen an die Art des Lagers. Es entstehen Tanks, Silos, Halden, Gebäude mit und ohne Ausrüstung.
- *Artikelanzahl, Lagereinheiten und Zugriffseinheiten:* Mit zunehmender Artikelzahl steigt die Komplexität und damit der Verwaltungs- und Steuerungsaufwand für das Einlagern, Suchen, Finden und Bereitstellen der Waren.
- *Sicherheitsbestand und maximaler Bestand:* Die Grösse des Lagers wird mit steigender Unsicherheit und hoher angestrebter Lieferfähigkeit zunehmen. Die Dimensionen und damit die Investitionskosten des Lagers steigen sehr schnell an, wenn seltene Bedarfsspitzen über das Lager abgedeckt werden sollen.
- *Homogenität:* Die Artikel sind sich in ihrer Beschaffenheit ähnlich und können daher unter gleichen Bedingungen gelagert werden. Es entstehen daraus Sortenlager wie Kühlhaus, Kleinteilelager oder Langgutlager.

4.6.1 Statische Auslegung

Die statische Auslegung des Lagers umfasst die Anzahl, Ausstattung, Grösse und Zugänglichkeit der Lagerplätze. Jedes Lager besteht aus einer bestimmten Anzahl von *Lagerplät-*

zen, auf denen ein oder mehrere Stellplätze für die Waren vorgesehen sind. Jeder *Stellplatz* innerhalb eines Lagerplatzes kann ein oder mehrere Ladeeinheiten aufnehmen. *Ladeeinheiten* können Einzelpackungen, Mehrfachpackungen oder Paletten von Artikeln sein. Sonderformen sind das Einzelplatzlager, in dem je Lagerplatz nur eine Ladeeinheit gelagert wird. Ein homogenes Lager sieht für alle Lagerplätze die gleiche Kapazität an Ladeeinheiten vor.

Die statische Auslegung wird beeinflusst über die Anzahl der Artikel, die geforderte Anzahl an Lagereinheiten mit ihren Abmessungen, Volumen und Gewichten sowie die Zugangshäufigkeit zum Lagerplatz. Die Anzahl der notwendigen Lagereinheiten ergibt sich aus dem mittleren und dem maximalen Bestand sowie der Verweilzeit im Lager. So sind die Lagerplätze für temporär lagerhaltige Artikel nach einer bestimmten Zeit wieder frei zur Verfügung, dagegen sind Lagerplätze für permanent gelagerte Artikel ständig belegt oder zumindest reserviert. Die Gestaltung der Lagerplätze selbst erlaubt die Nutzung mehrerer räumlicher Dimensionen: die horizontale und vertikale Ausdehnung bei fixierten Stellplätzen sowie die Beweglichkeit der Lager- oder Stellplätze bei mobilen Stellplätzen. Die Zugänglichkeit für das Ein- und Auslagern kann räumlich kombiniert oder getrennt sein.

Im Folgenden sollen einige Beispiele der **Lagerausführung** beschrieben werden:

- **Blocklager:** Ein Lager in ebener Anordnung mit unbeweglichen Stellplätzen mit meist kombinierter Ein- und Auslagerung ermöglicht eine hohe Stapeldichte. Das Blocklager wird meist als Puffer beim Verladen an Bahnhöfen oder Parken von Autos verwendet.
- **Fachregallager:** Die festen Lagerplätze werden in einer ebenen vertikalen Anordnung in Fachmodulen zu einer Regalstruktur zusammengefügt. Meistens sind die Fachregallager als Einzellager mit direktem kombiniertem Zugriff ausgeführt. Bei hohen Beständen pro Artikel kann der Lagerplatz durch Anordnung von mehreren Stellplätzen erweitert werden.
- **Kanalregallager:** Der Lagerplatz besteht aus einem Kanal, der bewegliche Stellplätze ermöglicht. Der Stellplatz wird dabei aktiv über Fördermittel oder passiv durch Rollen an der Ladeeinheit innerhalb des Kanals verschoben. Diese Form wird bevorzugt für die Bereitstellung und Sortierung der Ware verwendet.
- **Verschieberegallager:** Das Lager ähnelt im Aufbau dem Fachregallager mit der zusätzlichen Möglichkeit, die Regale zueinander verschiebbar zu gestalten. Damit entfallen Zugangsmöglichkeiten und die Raumnutzung des Lagers erhöht sich. Diese Lagerform eignet sich für Langzeitlagerung mit seltenen Zugriffen (Archive).
- **Umlauflager:** Das Lager ist mit mobilen Lagerplätzen ausgerüstet, welche horizontal (Karussell) oder vertikal (Paternoster) rotieren, meist mit einem räumlich kombinierten Zugriff auf die Stellplätze. Diese Lager werden oft bei Lagerung von Montage- und Ersatzteilen verwendet.

4.6.2 Dynamische Auslegung

Die dynamische Auslegung des Lagers berücksichtigt die Häufigkeit und Zeitdauer der Zugriffe auf das Lager. Die Anforderungen hierzu ergeben sich aus den Aufträgen für die

Einlagerung respektive die Auslagerung. Wichtige Parameter sind neben der Menge an Aufträgen pro Tag die Anzahl der Artikel, die Menge oder Teilmenge der Artikel und die Lieferzeit. Die Lieferzeit eines Lagerauftrags ergibt sich aus der Bereitstellzeit, der Zugriffszeit, der Transportzeit, der Zusammenstellzeit und den überall drohenden Wartezeiten.

Aus den Rahmenbedingungen der Aufträge lassen sich die notwendigen Durchsatzanforderungen oder die so genannten **Lagerleistungen** bestimmen: mittlere Leistungen und Spitzenleistungen für Einlagerung, Transport, Auslagerung, Bereitstellung, Kommissionierung und Versand. Aus diesen Leistungen lässt sich auf den Bedarf an lagertechnischen und personellen Ressourcen schliessen. Bei geringer Lagerleistung finden wir universelle Einsatzgeräte für den seltenen und sporadischen Einzeleinsatz. Je höher jedoch die Lagerleistung ausfällt, umso mehr können spezialisierte Lösungen helfen, das Lager zu automatisieren.

Die technische Ausstattung des Lagers umfasst neben den Lagergeräten mit ihren Lastaufnahmemitteln die Fördersysteme sowie die Materialflusssteuerung und -verwaltung. **Lagergeräte** bewegen die Ladeeinheiten vom Wareneingang zum Lagerplatz und von dort zum Warenausgang. Es kommen Hubwagen, Stapler, Kräne, Bediengeräte und Fahrzeuge zum Einsatz. Ihnen zugeordnet sind Lastaufnahmegeräte, die die Ladeeinheit aufnehmen. **Fördersysteme** ermöglichen den automatischen Transport der Waren zwischen zwei Übergabebereichen (Wareneingang, Lager, Kommissionierung, Warenausgang).

Eines der wichtigsten Themen bei der Lagerung ist die **Lagerbewirtschaftung**. Es geht hier darum, zu entscheiden, welche Menge eines Artikels vorrätig gehalten werden soll,

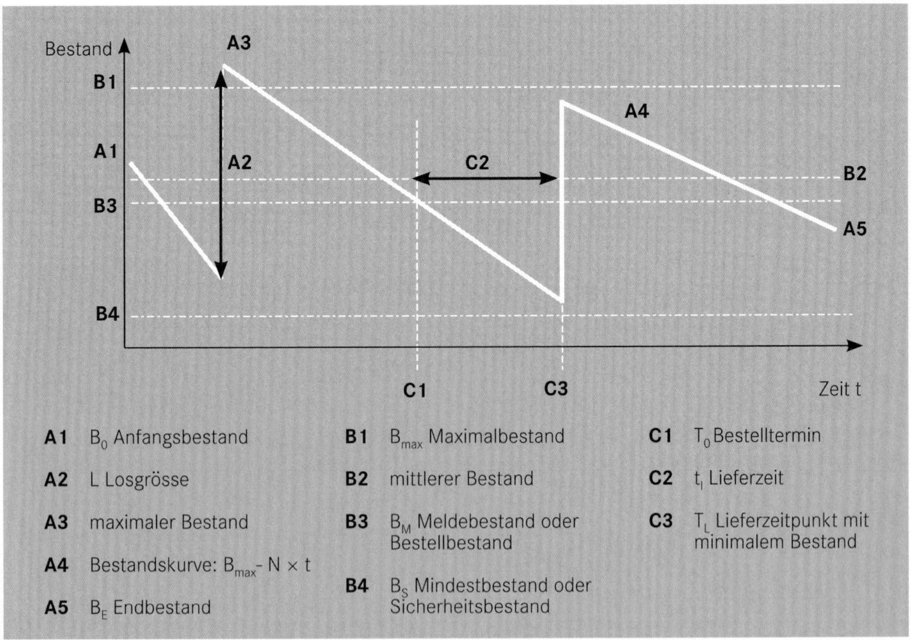

Abb. 39: Erläuterungen zur Lagerbestandskurve

wann eine Bestandsergänzung angezeigt ist und welche Menge in welcher Zeit nachgeliefert werden soll. Als bewährtes Hilfsmittel hat sich die Lagerbestandskurve gemäss Abbildung 39 erwiesen. Die **Lagerbestandskurve** zeigt über den zeitlichen Verlauf die frei verfügbaren Bestände eines Artikels im Lager.

Die Kurve beginnt mit einem Anfangsbestand und endet mit einem Endbestand. Wird Ware aus dem Lager entnommen, sinkt die Bestandskurve entsprechend ab. Bei einem Wareneingang steigt die Kurve sprunghaft um die Losgrösse bis zum maximalen Bestand an. Der festgelegte Maximalbestand kann dabei kurzfristig überschritten werden. Bei konstanter Nachfrage wird der Bestand gleichmässig sinken, und durch Verfahren der Extrapolation ist es möglich, den Zeitpunkt zu bestimmen, an dem der Artikel am Lager nicht mehr zur Verfügung steht. Möglicherweise wurde ein **eiserner Bestand** definiert, ein **Sicherheitsbestand**, auf den nur in Notfällen zurückgegriffen werden darf. Spätestens beim Zugriff auf den eisernen Bestand sollte die nächste Lieferung des Artikels erfolgen. In der Regel ist die Lieferzeit des Artikels bekannt, sodass auf der Zeitachse eine Rückrechnung vom Liefertermin auf den Bestelltermin möglich ist. Bei Letzterem hat der Bestand den Meldebestand erreicht. Der **Meldebestand** gibt also an, wann der Artikel nachbestellt werden soll. Er ergibt sich aus folgender Formel:

$$B_M = t_1 \times N + B_S$$

Hierbei ist B_M der Meldebestand, t_1 die Lieferzeit in Tagen, N der mittlere Bedarf oder Verbrauch je Tag und B_S der Sicherheitsbestand.

Ein Beispiel: Die Lebensmittelabteilung eines Warenhauses führt italienische Pasta. Der Sicherheitsbestand B_S in der Auslage soll 10 Packungen betragen, der tägliche Verbrauch steht im Mittel bei 5 Packungen, die Lieferzeit beträgt eine Woche (6 Verkaufstage). Der Meldebestand beträgt demnach $6 \times 5 + 10 = 40$ Packungen.

Der Sicherheitsbestand ist für die Dimensionierung des Lagers sehr wichtig. Er soll eine Reihe von Risiken in der Beschaffung und im Absatz decken helfen. Auf den Sicherheitsbestand wird zurückgegriffen, wenn Nachfrage und Angebot im Lager nicht übereinstimmen. Dies kann verschiedene Gründe haben:

- *Fehlerhafter aktueller Bestand:* Ursache dafür können fehlerhafte Mengenerfassungen im Wareneingang oder Ausgang, ungenaue Schwund- und Verlustraten im Lager oder Zählfehler bei der Inventur sein.
- *Verändertes Bedarfsverhalten:* Ist der Bedarf für einen Lagerartikel schwer prognostizierbar oder steigt der Bedarf unerwartet an, so muss zum Ausgleich der Fehlmengen auf den Sicherheitsbestand zurückgegriffen werden.
- *Schwankende Liefermenge:* Ungenauigkeiten in der Liefermenge können durch schwankende Qualität in der Produktion oder durch Engpässe in der Versorgung verursacht

sein. Eine Teillieferung stellt dabei einen Kompromiss zwischen Liefermenge und Lieferzeit dar.

- *Schwankende Lieferzeiten:* lange Transportwege und unvorhersehbare Ereignisse auf den Transportwegen (Unfall, Wetter, Pannen) können zu unzuverlässigen Lieferzeiten führen. Die Absatzmenge, die in dieser Verspätungszeit benötigt wird, wird aus dem Sicherheitsbestand versorgt.

Die angestrebte Höhe des Bestandes ergibt sich aus einer Optimierung zwischen den Vorsorgekosten zur Vermeidung von Fehlmengen und den Folgekosten, die durch Fehlmengen verursacht werden, oder anders ausgedrückt: zwischen den Lagerhaltungskosten und den Fehlmengenkosten. Letztere entstehen durch die Unfähigkeit zu liefern und reichen von administrativen Aufwendungen in der Planung und Steuerung über Umsatzverluste bis hin zu Kundenverlusten und Vertragsstrafen. In der Automobilbranche zum Beispiel werden Kosten für den Montagestillstand aufgrund einer Lieferunfähigkeit dem Lieferanten verrechnet. Die Höhe dieser Vertragsstrafen rechtfertigt bei den Lieferanten aussergewöhnliche Massnahmen, um eine hohe Lieferbereitschaft zu sichern.

Der Zusammenhang zwischen Bedarfsschwankung, Lieferbereitschaft und Bestandeshöhe lässt sich mit statistischen Mitteln bestimmen. Geht man bei der Nachfrage von einer Normalverteilung um einen Mittelwert aus, so ist die Standardabweichung σ (Sigma) ein Mass für die Streuung um diesen Mittelwert. Eine kleine Standardabweichung bedeutet, dass die Nachfrage nur wenig um den Mittelwert schwankt, die Nachfrage daher sehr stabil, gleichmässig und vorhersagbar verläuft (X-Artikel). Ein Bestand, der auf den Mittelwert der Nachfrage ausgelegt ist, wird demnach nur bis zur mittleren Nachfrage bedienen können, also nur die Hälfte der Nachfrage decken können. Die Lieferbereitschaft wäre nur 50 %. Alle Bedarfe, die höher als der Mittelwert liegen, können nicht aus dem Bestand bedient werden. Würde man den Bestand um den Wert einer Standardabweichung anheben, könnten knapp 84 % der Nachfragen bedient werden.

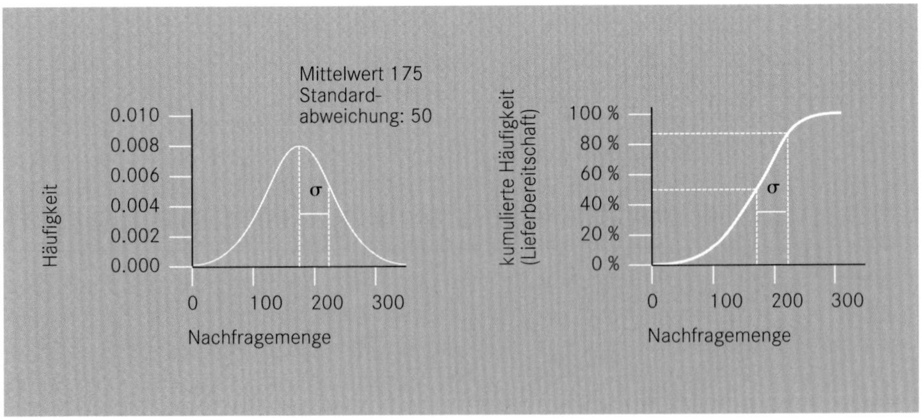

Abb. 40: Nachfrage und Lieferbereitschaft stehen in einem statistischen Zusammenhang

Ein Zahlenbeispiel aus Abbildung 40: Die mittlere Nachfrage beträgt 175 Einheiten. Die Standardabweichung σ beträgt 50 Einheiten. Ein Bestand von 175 Einheiten würde alle Nachfragen decken, die nicht grösser als 175 Einheiten sind. Statistisch gesehen sind dies jedoch nur 50 % aller Nachfragen. Erhöht man den Bestand um 50 auf 225 Einheiten, können auch überdurchschnittlich hohe Nachfragen bedient werden. Die Lieferbereitschaft steigt von 50 % auf 84 %.

Der Sicherheitsbestand, um die Nachfrageschwankung mit einer gewünschten Lieferbereitschaft abzudecken, ergibt sich als:

$$B_\sigma = z \times \sigma$$

Hierbei ist z der Zuschlagsfaktor, der als Multiplikator der Standardabweichungen zu einer bestimmten Lieferbereitschaft führt (vgl. Abbildung 41).

Lieferbereitschaft	**z**
50 %	0
95 %	1.65
98 %	2.05
99 %	2.33
99.9 %	3.09

Abb. 41: Lieferbereitschaft und Zuschlagsfaktor z zur Bestimmung des erforderlichen Sicherheitsbestandes

Das aufgezeigte Verfahren zur Berechnung des erforderlichen Sicherheitsbestandes ist ein vereinfachtes. Der vollständige Ansatz lautet:

$$B_S = z \times \sigma + \Delta t + \Delta B + \Delta L$$

Hierbei bedeutet Δt die Unsicherheit in der Lieferzeit, ΔB die Unsicherheit im Bestand und ΔL die Unsicherheit in der Liefermenge.

Nach der Bedarfskurve ist nun theoretisch der Punkt identifiziert, bei dem eine Ergänzung des Lagers erfolgen soll. Praktisch jedoch muss der Bestand überprüft werden, damit der Zeitpunkt, an dem eine Ergänzung ausgelöst werden muss, nicht übersehen wird. Daraus entwickeln sich im Wesentlichen zwei verschiedene Konzepte:

- *Kontinuierliche Überwachung:* Der Bestand wird quasi online überwacht. Sobald der Meldebestand erreicht ist, wird eine Bestellung eingeleitet. Mit diesem Verfahren lässt sich bei flexiblen Bestellzeitpunkten die Bestellmenge konstant halten. Dieses Verfahren wird **Bestellpunktverfahren** genannt und eignet sich bei hohen, aber unregelmässigen Warenumsätzen. Bei hohen Warenwerten wird man versuchen, die Bedarfsschwankung nicht im Sicherheitsbestand zu berücksichtigen, sondern durch eine zusätzliche Flexibilisierung der Bestellmenge. Es entstehen dadurch grosse Aufwendungen für die Planung und Steuerung.

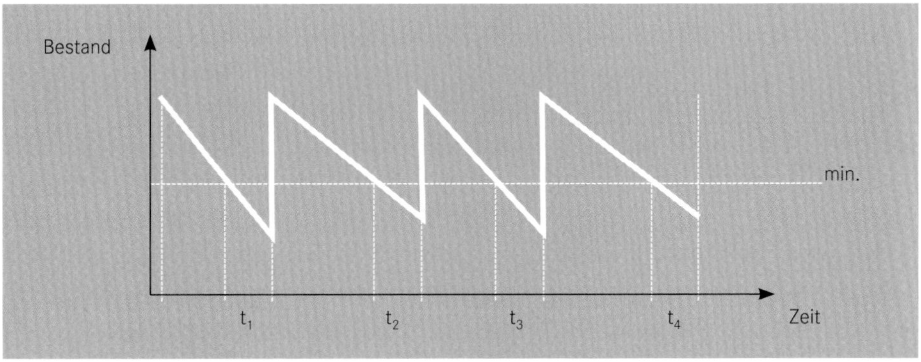

Abb. 42: Bestellpunktverfahren mit fixer Losgrösse und variablem Maximalbestand

- *Regelmässige Überwachung:* Der Lagerbestand des Artikels wird in regelmässigen Abständen (zum Beispiel wöchentlich oder monatlich) überwacht und wieder ergänzt. Dadurch werden bei festgehaltenen Terminen die Bestellmengen flexibel. Das Verfahren heisst **Bestellrhythmusverfahren** und eignet sich vor allem bei Waren mit niedrigem, aber regelmässigem Absatz, da mögliche Bedarfsschwankungen nur im Sicherheitsbestand aufgefangen werden können. Der Aufwand an die Planung und Steuerung ist deutlich geringer als bei einer kontinuierlichen Überwachung. Bei Artikeln von geringem Wert kann das Verfahren durch eine konstante Bestellmenge noch weiter vereinfacht werden. Im Gegensatz zum Bestellrhythmusverfahren erfolgt beim **Prüfrhythmusverfahren** keine unmittelbare Bestellung. Vielmehr ermöglicht eine bedarfsorientierte Anpassung des Bestellzeitpunktes eine konstante Bestellmenge. Das Prüfrhythmusverfahren stellt damit eine Mischung aus Bestellpunktverfahren und Bestellrhythmusverfahren dar.

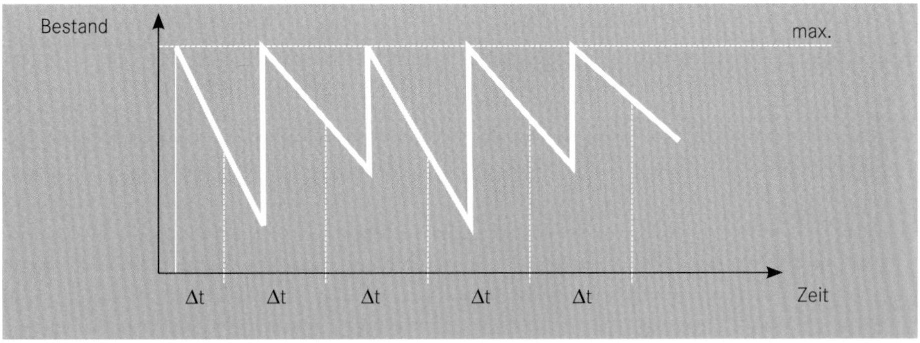

Abb. 43: Bestellrhythmusverfahren mit Maximalbestand und variabler Grösse

Abbildung 44 zeigt nun die Kombinationsmöglichkeiten von Verfahren der Bestimmung von Bestellzeiten und Bestellmengen. In Kapitel 2 wurden bereits die verschiedenen Ver-fahren zur Losgrössenbestimmung erwähnt. Damit ergibt sich für die Lagerergänzung ein Portfolio an Möglichkeiten, deren Aufwand für die Planung und Steuerung mit zunehmender Flexibilisierung von Zeit und Mengen steigt. Vorzugsweise werden wir teure und im Absatz stark schwankende Artikel mit aufwändigen und flexiblen Verfahren verwalten, günstige und in der Nachfrage stabile Produkte jedoch eher mit einfachen und starren Verfahren.

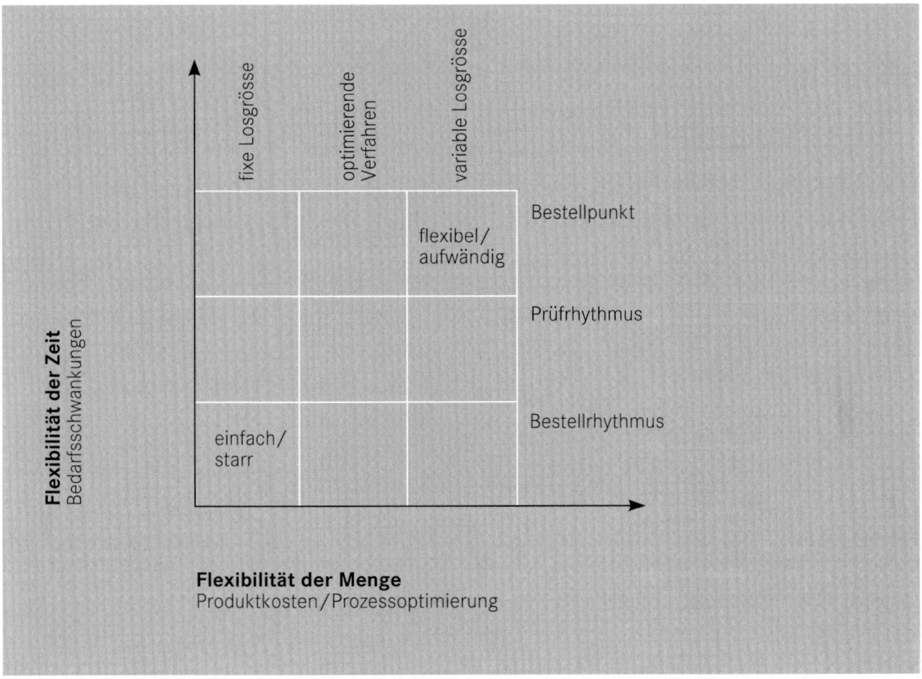

Abb. 44: Kombinationsmatrix von Losgrösse und Dispositionsverfahren

4.7 Physische Distribution

Die **physische Distribution** wird bei den wenigsten Unternehmungen als Kernaufgabe angesehen. Es wurde daher bereits früh eine Möglichkeit gesucht, die Aktivitäten an Dritte zu vergeben und als Dienstleistung einzukaufen. Heute stellt das Transportwesen mit seinen Spezialisierungen auf Wasser, Strasse, Schiene und in der Luft einen wichtigen Wirtschaftszweig dar. Der Postdienst und der Personenverkehr gehören zu den ältesten logistischen Dienstleistungen mit der Aufgabe, Güter und/oder Personen zuverlässig und sicher von einem Ort zum andern zu bringen. Vergleichen wir die Beispiele des Briefverkehrs, des Stroms, des Anlagenbauers und der Warenhäuser, so können elementare Gestaltungsmerkmale herausgefiltert werden: das Transportnetz, das Fahrzeugsystem und die Touren.

Die Gestaltung des Transportnetzes lässt sich in kontinuierliche Förderung und diskontinuierliche Förderung aufteilen. *Kontinuierliche Förderung* ist bei hohem Volumen gleich-

Mit **Cross-Docking** wird ein Warenumschlag ohne zeitliche Verzögerung realisiert. Die Ausgangstouren sind bereits im Vorfeld festgelegt und bekannt, sodass der Lieferant die Waren tourenspezifisch zusammenstellt. Im Verteilzentrum erfolgt die sofortige Zusammenführung der Lieferantenpakete zur Ausliefertour. Eine Einlagerung ist nicht notwendig.

Wenn An- und Auslieferung nicht zeitgleich stattfinden können, benötigt es ein Zwischen- oder Terminlager, in dem die Ware bis zur Auslieferung geparkt werden kann. Diese tourenspezifische Anlieferung mit Zwischenlager wird als **Transit** bezeichnet.

Ändern sich die Ausliefertouren oder ist das Volumen je Tour zu klein, können die Waren nicht mehr tourenspezifisch angeliefert werden. Das Verteilzentrum übernimmt nun die Zuordnung von Teilmengen auf die Touren **(Repartitionierung)**. Die Ware wird dabei höchstens in einen Puffer gegeben.

Wird eine längere Liegezeit erwartet, werden die Waren eingelagert und termin- und

Transportart	Vorteile	Nachteile
Strassengütertransport	Zeit- und Kostenersparnis im Nah- und Flächenverkehr, flexible Fahrplangestaltung, Eignung für spezifische Ladegüter, anpassungsfähig bei Annahmezeiten	keine zeitgenauen Fahrpläne, witterungsabhängig, Abhängigkeit von Verkehrsstörungen, begrenzte Ladefähigkeit, Ausschluss gewisser Gefahrengüter
Schienenverkehr	höhere Einzelladegewichte als beim Strassengütertransport, exakte Fahrpläne, weitgehend störungsfrei, Gefahrengüter zulässig	privates Schienennetz/private Gleisanschlüsse oder Einsatz so genannter Strassenroller erforderlich, Zusatzkosten bei der Anmietung von Spezialrollmaterial
Binnenschifffahrtsgütertransport	hohe Einzelladegewichte, grosse Laderäume, Angebot von Spezialschiffen, tiefe Transportkosten	eingeschränktes Streckennetz, erhöhte Kosten ohne eigene Angestellte durch den so genannten gebrochenen Verkehr, Abhängigkeit vom Wasserstand sowie von Eisgang und Nebel
Schifffahrtsgütertransport	hohe Einzelladegewichte, grosse Laderäume, Angebot von Spezialschiffen	Abhängigkeit von Sturm, Eisgang und Nebel, Abhängigkeit von festen Routen im Linienverkehr (anders bei Charterung von Schiffen)
Luftfrachttransport	hohe Transportgeschwindigkeit, Wegfall seetransporttauglicher Verpackung	hohe Transportkosten, witterungsabhängig
kombinierter Verkehr	Nutzung der spezifischen Vorzüge der in einer Transportkette beteiligten Verkehrsmittel	Zeitverlust durch die Umschlagvorgänge, Bindung an Fahrpläne, Wartezeiten an den Umschlagstationen

Abb. 47: Vor- und Nachteile verschiedener Transportarten

mengengerecht gemäss Nachfrage ausgefasst und den Touren zugeordnet. Ein «normaler» vollständiger Lagerbetrieb stellt sich ein. Dieses Warenflusskonzept wird als **Reassort** bezeichnet.

Mit dem anforderungsgerechten Einsatz dieser Materialflusskonzepte, auch in beliebigen Kombinationen, ist es möglich, den Verteilprozess nach Kosten und Durchlaufzeit zu optimieren.

Gerade in den Sammel- und Verteilzentren wird man oft eine Änderung der Transportmedien antreffen. Da die Anlieferung meist in grossen Mengen über weite Distanzen erfolgt, wird dem Schienenverkehr oder der Binnenschifffahrt wegen ihren hohen Kapazitäten der Vorrang gegeben. Die Unterverteilung in regionale oder lokale Verkaufsläden erfolgt in kleineren Losen, die über den Strassenverkehr effizienter zu transportieren sind. Abbildung 47 gibt einen Überblick über mögliche Transportarten und deren Vor- und Nachteile.

4.8 Zusammenfassung

Der Unternehmenserfolg wird nachhaltig durch die Leistungsfähigkeit der Distributionslogistik beeinflusst. Lieferfähigkeit und Lieferservice bei geringsten Kosten sind dabei die treibenden Elemente der Gestaltung und Optimierung von Strukturen und Prozessen. Eine systemtechnisch optimale Lösung zu finden, bleibt aufgrund der vielfältigen Einflussfaktoren von Produkt, Markt, Technologie und Organisation eine grosse Herausforderung. Ausgehend von einem Distributionsmarketing, ermöglicht eine detaillierte und umfangreiche Datenanalyse den Einstieg in die konzeptionelle Gestaltung eines Distributionsnetzwerkes mit der Auswahl von Standorten und deren Warenflusskonzepten. Es folgt eine qualitative Auslegung und Gestaltung der Einzelsysteme. Die hohe Komplexität der Aufgabenstellung führte dazu, dass logistische Systeme heute meist über Computersimulation ausgelegt und optimiert werden. Die technologische Entwicklung der Infrastruktur sowie die damit verbundene zunehmende Spezialisierung der Prozesse führten zur Notwendigkeit einer Ausbildung der Logistik als Kernkompetenz. Unter dem Primat der Konzentration auf Kernkompetenzen gehen daher heute immer mehr Unternehmungen dazu über, die Distributionslogistik an Dritte, an so genannte Logistikdienstleister, zu übergeben.

5 Literaturverzeichnis

Boutellier, R. & Locker, A. (1998). *Beschaffungslogistik. Mit bewährten Konzepten zum Erfolg.* München: Hanser.

Boutellier, R., Wagner St. & Wehrli, H. (2003). *Handbuch Beschaffung. Strategien-Methoden-Umsetzung.* München: Hanser.

Copley, F. B. (2012). *Frederick W. Taylor, Father of Scientific Management.* Lexington: ULAN Press.

Dangelmaier, W. (2001). *Fertigungsplanung. Planung von Aufbau und Ablauf der Fertigung.* Berlin: Springer.

Dehler, M. & Weber, J. (2001). *Der Einfluss der Logistik auf den Unternehmenserfolg.* WHU-Forschungspapier Nr. 79. Koblenz: Wissenschaftliche Hochschule für Unternehmensführung.

Henn, G. & Hermann, K. (1999). Strukturplanung. In W. Eversheim & G. Schuh (Hrsg.), *Betriebshütte – Produktion und Management* (7. Aufl., S. 9–92). Berlin: Springer.

Kraljic, P. (1983). *Purchasing must become supply management.* Havard Business Review, September/ October, S. 109–117.

Kurbel, K. (2016). *Enterprise Resource Planning und Supply Chain Management in der Industrie: Von MRP bis Industrie 4.0* (8. Aufl.). München: De Gruyter Oldenbourg.

Lambert, D. M. & Burduroglu, R. (2000). *Measuring and selling the value of logistic.* The International Journal of Logistic Management, 11 (1), S. 3–17.

Leu, W. (2000). *Multi Channel Supply Logistic.* Beitrag zur Ringvorlesung Logistik im praktischen Einsatz, ETH Zürich.

Levinson, W.A. (2002). *Henry Ford's Lean Vision.* New York: Productivity Press.

Ohno, T. (2016). *Toyota Production System. Beyond Large-scale Production.* London: Taylor & Francis.

Ohno, T. (2013). *Das Toyota-Produktionssystem* (3. Aufl.). Frankfurt am Main: Campus.

Palupski, R. (2002). *Management von Beschaffung, Produktion und Absatz. Leitfaden mit Praxisbeispielen* (2. Aufl.). Wiesbaden: Gabler.

Porter, M. E. (1998). *Competitive Advantage – Creating and Sustaining Superior Performance.* New York: Free Press.

Rivoli, P. (2015). *The Travels of a T-Shirt in the Global Economy. An Economist Examines the Markets, Power, and Politics of World Trade* (2nd ed.). Hoboken, NJ: John Wiley & Sons.

Schönsleben, P. (2016). *Integrales Logistikmanagement: Operations und Supply Chain Management innerhalb des Unternehmens und unternehmensübergreifend* (7. Aufl.). Berlin, Heidelberg: Springer Vieweg.

Schuh, G. (1989). *Gestaltung und Bewertung von Produktvarianten.* Düsseldorf: VDI Verlag.

Schuh, G. & Stich, V. (Hrsg.) (2006). *Produktionsplanung und -steuerung. Grundlagen, Gestaltung und Konzepte* (4. Aufl.). Berlin, Heidelberg: Springer Vieweg.

Seeck, S. (2010). *Erfolgsfaktor Logistik: Klassische Fehler erkennen und vermeiden.* Wiesbaden: Gabler.

Sheldon, D. H. (2006). *World Class Sales & Operations Planning: A Guide to Successful Implementation and Robust Execution.* Fort Lauderdale: J. Ross.

Stadtler, H. (2005). *Supply chain management and advanced planning – basics, overview and challenges. European Journal of Operations Research*, 163, S. 575–588.

Takeda, H. (2012). *Das synchrone Produktionssystem: Just-in-time für das ganze Unternehmen* (7. Aufl.). München: Vahlen.

Vahrenkamp, R. (2008). *Produktionsmanagement* (6. Aufl.). München: Oldenbourg.

Von Hauff, A. & Kleine, A. (2009). *Nachhaltige Entwicklung.* München: Oldenbourg.

Wiendahl, H.-P. (1997). *Betriebsorganisation für Ingenieure.* München: Hanser.

Wildemann, H. (1994). *Fertigungsstrategien. Reorganisationskonzepte für eine schlanke Produktion* (2. Aufl.). München: Transfer-Centrum.

Wildemann, H. (1997). *Fertigungsstrategien. Reorganisationskonzepte für eine schlanke Produktion* (3. Aufl.). München: Transfer-Centrum.

Marktleistungsentwicklung C3

Beat Birkenmeier • Harald Brodbeck

Weiterführende Texte, Übungsaufgaben
und Lernkontrollen finden Sie unter
www.bwl-online.ch

verglichen werden kann, die dafür sorgt, dass eine Unternehmung kontinuierlich diejenigen Innovationen hervorbringt, die zur Stärkung der Wettbewerbsfähigkeit wünschbar und notwendig sind. Diese Innovationsmaschine besteht aus fünf Stellschrauben (vgl. Abbildung 2), an denen gedreht werden kann, um den angestrebten Ausstoss an Innovationen zu gewährleisten und zu optimieren (Birkenmeier & Brodbeck, 2010, S. 20 ff.).

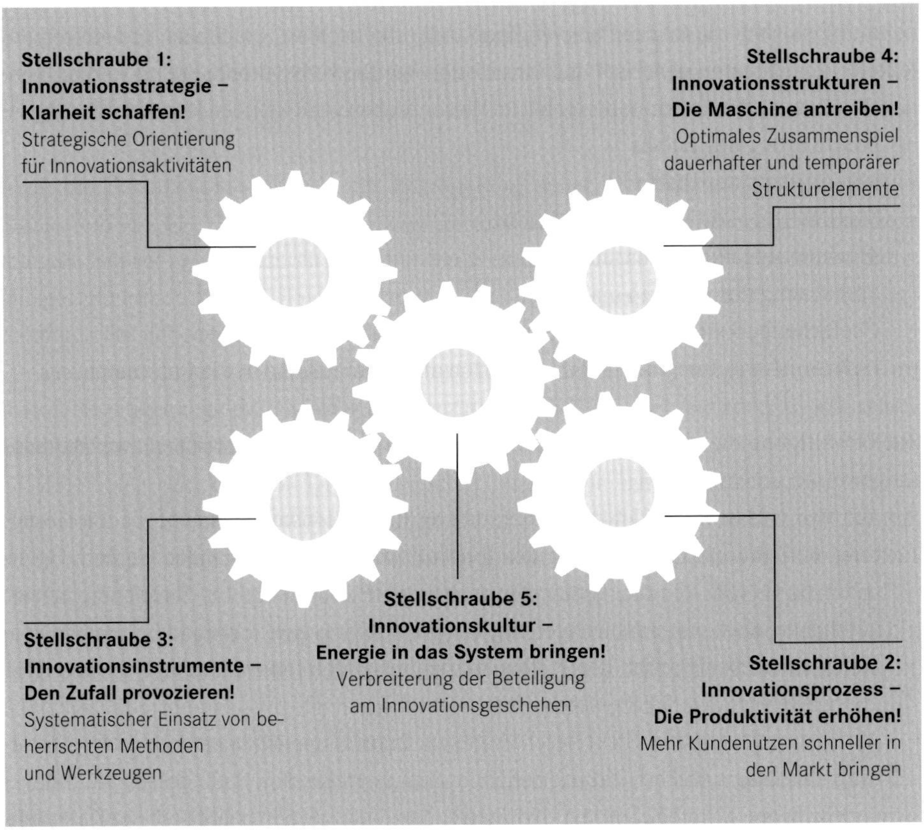

Abb. 2: Die fünf Stellschrauben des Innovationsmanagements

Trotz ihres offensichtlichen Zusammenspiels können diese Stellschrauben getrennt voneinander betrachtet und gestaltet werden. Dies ermöglicht es, Massnahmen dort zu ergreifen, wo der grösste Handlungsbedarf besteht. Im Einzelnen haben die Stellschrauben dabei folgende Aufgaben:

Stellschraube 1: Die Innovationsstrategie

Die Innovationsstrategie soll sicherstellen, dass die Innovationsaktivitäten in Einklang stehen mit der strategischen Grundausrichtung der Unternehmung. Damit wird der Rahmen für Innovationen abgesteckt und die Brücke zwischen der Geschäftsstrategie und den eigentlichen Innovationsaktivitäten geschlagen. Die Innovationsstrategie liefert damit Schwerpunkte für die Ideenfindung sowie für die Festlegung geeigneter Auswahlkriterien von Ideen und Projekten. In der Innovationsstrategie sind deshalb folgende Punkte festzuhalten (vgl. Augsten, Brodbeck & Birkenmeier, 2017, S. 9):

Begriff:	Welches Verständnis legen wir dem Innovationsbegriff zugrunde?
Bedarf:	Wie innovativ müssen wir sein? Welche Wachstums- und Ertragsziele wollen wir durch Innovationen erreichen?
Tätigkeitsfelder:	In welchen Wachstumsbereichen wollen wir innovativ tätig sein, in welchen nicht?

Stellschraube 2: Der Innovationsprozess

Der Innovationsprozess hat das Ziel, sämtliche Aktivitäten im Zusammenhang mit der Generierung von Innovationen zu steuern. Seine Hauptaufgabe besteht darin, sicherzustellen, dass regelmässig Ideen generiert, beurteilt und zu Innovationen weiter entwickelt werden. Es ist deshalb günstig, die dazu notwendigen Aktivitäten in einer wiederholbaren und logischen Folge ablaufen zu lassen. Der Innovationsprozess kann somit auch als «Gefäss» für sämtliche Innovationsaktivitäten in einer Unternehmung verstanden werden.

Stellschraube 3: Die Innovationsinstrumente

Innovationsinstrumente bieten eine geeignete Unterstützung der Konzeption und Umsetzung von Innovationsvorhaben entlang des gesamten Innovationsprozesses. Konkret geht es dabei um Methoden und Techniken, welche die Ausführung der Innovationsaktivitäten in allen Prozessphasen erleichtern sollen. Der Einsatz von Instrumenten beginnt bereits bei der Identifikation von Potenzialen für Innovationen. Ziel ist dabei unter anderem die Identifikation von Erwartungen, Bedürfnissen und Wünschen der Kunden, die als Suchfelder für innovative Lösungsansätze dienen können. Im Rahmen der Lösungssuche kann zwischen unterschiedlichen Arten der Ideengenerierung unterschieden werden. Bei der systematischen Ideengenerierung stehen Kreativitätstechniken im Mittelpunkt. Wenn es hingegen um zufällig entstandene Ideen geht, so steht die Etablierung geeigneter Kanäle wie beispielsweise Ideenmanagementsysteme im Vordergrund. Weiter spielen hier Systeme zur Beurteilung von Ideen sowie Systeme zur Beobachtung von Entwicklungen in den Bereichen Technologie und Wettbewerb im Umfeld der Unternehmung eine Rolle. Und schliesslich sind auch sämtliche Techniken im Bereich des Projektmanagements dieser Stellschraube zuzuordnen. Innovationsinstrumente dienen damit als Hilfsmittel, um die Aktivitäten entlang des Innovationsprozesses einfach und verlässlich durchzuführen.

Stellschraube 4: Die Innovationsstrukturen

Die Innovationsstrukturen sind entscheidend für die Innovationsfreundlichkeit einer Aufbauorganisation. Früher waren die Themen Innovation und Innovationsmanagement häufig an einzelne Abteilungen, typischerweise an Forschung & Entwicklung oder Marketing,

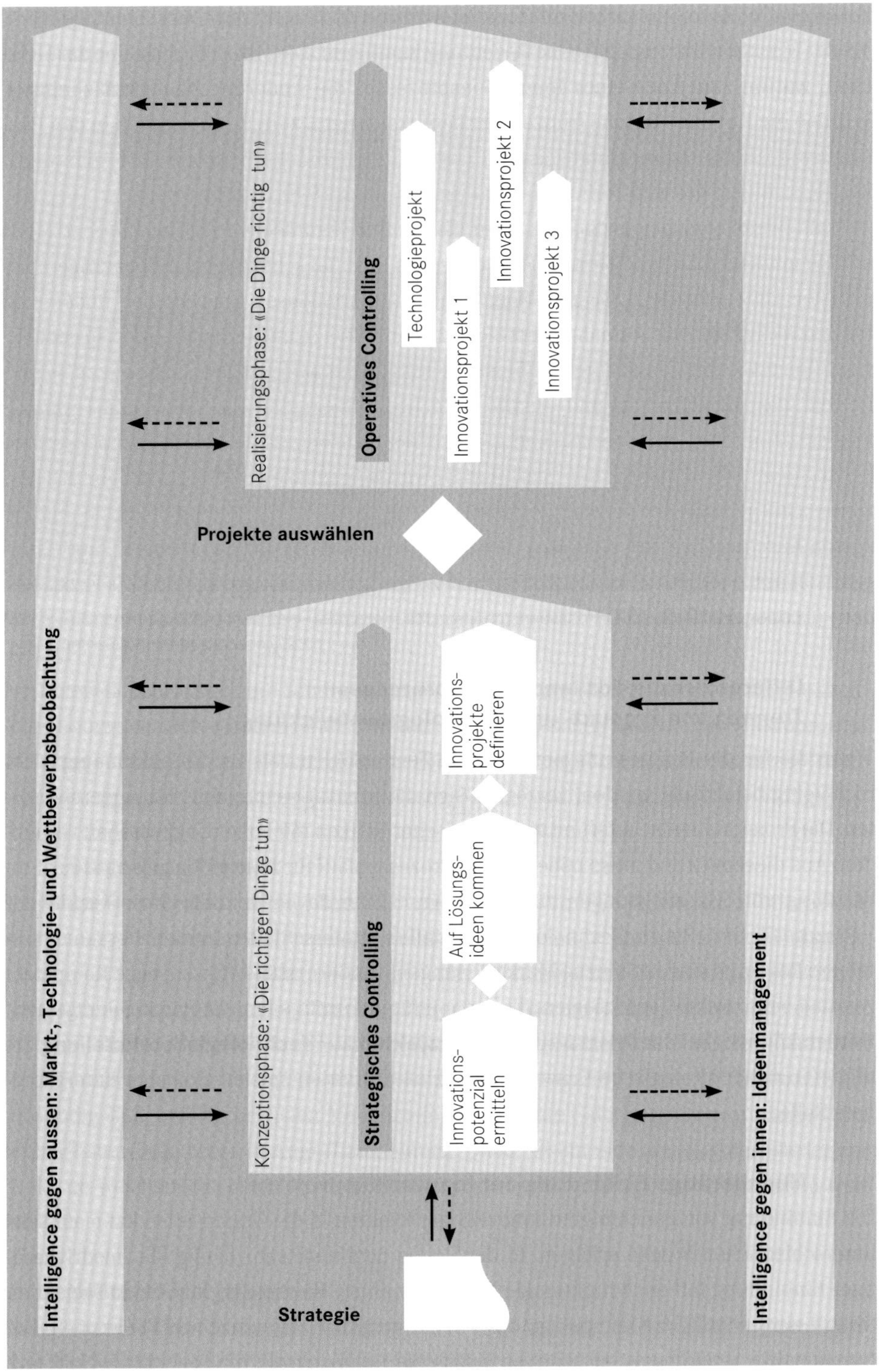

Abb. 6: Modell eines nahtlosen Innovationsprozesses

Innovative Unternehmungen binden demgegenüber Innovationsprojekte «hochkarätig» ein (d. h. über die so genannte Projekt-Matrix). Die hochkarätige Einbindung zeichnet sich durch die folgenden Merkmale aus:

- Der Projektleiter trägt die Gesamtprojektverantwortung und besitzt direkten Zugang zur Arbeit aller Projektbeteiligten.
- Die Projektmitglieder arbeiten einen bestimmten Anteil ihrer Arbeitszeit für das Projekt, obwohl sie in der Regel organisatorisch und räumlich nach wie vor in ihren Funktionsbereichen angesiedelt sind.
- Die Funktionsbereiche (Forschung und Entwicklung, Marketing etc.) haben den Charakter von Kernkompetenzzentren.
- Die Projektmitglieder übernehmen bezüglich Terminen, Kosten und Qualität Verantwortung für das Gesamtergebnis des Projekts.
- Das Projektteam ist im Rahmen des Multiprojektmanagements (lediglich) dem Lenkungsausschuss/Steuerungsgremium Innovation Rechenschaft schuldig.

Bei besonders komplexen beziehungsweise risikoreichen Vorhaben (d. h. bei radikalen Innovationsprojekten) kann sich eine vollständige Abkopplung des Innovationsprojektes von der bestehenden Organisation anbieten, das Projekt wird «autonom»:

- Mitarbeiter aus den verschiedenen Funktionsbereichen werden für die Laufzeit eines Projektes voll dem Projektleiter unterstellt.
- Es erfolgt eine räumliche Zusammenziehung aller Projektteammitglieder.
- Der Projektleiter hat die gesamte Kontrolle und Verfügungsgewalt über die von den Funktionsbereichen eingebrachten Ressourcen.

Derartige autonome Projektteams werden häufig auch als Venture-Teams, Tiger-Teams oder Innovationszellen bezeichnet.

4.2 Das Modell des nahtlosen Innovationsprozesses

Das im Folgenden vorgestellte Modell des nahtlosen Innovationsprozesses berücksichtigt die im vorhergehenden Kapitel dargestellten Kennzeichen und Erfolgserkenntnisse und dient als Bezugsrahmen für die weiteren Ausführungen.

Der Innovationsprozess wird grundsätzlich in zwei Phasen unterteilt (vgl. Abbildung 6):

Die **Konzeptionsphase** – in Literatur und Praxis häufig auch als «fuzzy front end» oder «frühe Phase» bezeichnet – steht unter dem Motto der *Effektivität* und verfolgt das Ziel, «die richtigen Dinge zu tun», das heisst, von der Vielfalt an Innovationsideen zu einer begründeten Auswahl an Innovationsprojekten zu kommen. Sie wird beendet mit der Entscheidung, ein konkretes Innovationsprojekt zu starten.

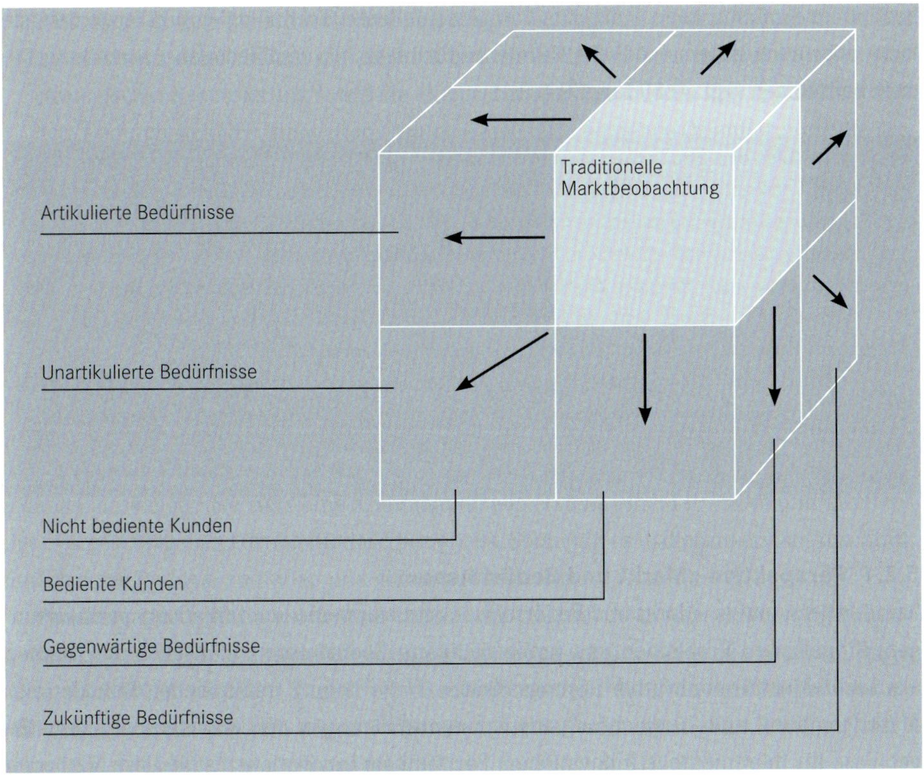

Abb. 8: Potenzial eines visionären Kundenverständnisses

Magretta (2004) berichtet von einem Ergebnis systematischer Beobachtungen: «In den 1970ern war Pepsi auf dem heimischen Markt weit hinter Coke zurückgefallen. Wild entschlossen, sich die Führung zurückzuerobern, begannen die Marktforscher von Pepsi, das Kauf- und Konsumverhalten von Softdrinkkäufern zu beobachten. In einer Studie durften 350 Familien jede Woche so viel Limonade zu einem Schnäppchenpreis einkaufen, wie sie wollten. Bei der Beobachtung des Verhaltens dieser Leute zeigte sich etwas Unerwartetes: Die Menge an Limonade, die diese Leute tranken, wurde allein von der Menge begrenzt, die sie nach Hause tragen konnten. Im Lichte dieser Erkenntnis konzentrierte Pepsi seine Bemühungen darauf, seine Flaschen so leicht und transportabel wie möglich zu machen. Pepsi ersetzte Glas durch Plastik und Sechserpackungen durch Multipacks» (S. 190 f.).

Als Instrumente für die Beobachtung bieten sich zum Beispiel Videoaufzeichnungen an, um komplette Arbeitsabläufe der Kunden zu dokumentieren (man spricht hierbei auch von Arbeitsablaufanalysen beziehungsweise Prozessapplikationsforschung). Da eine Interpretation der Beobachtungen psychologische Kenntnisse voraussetzt, sollte dieser Schritt zusammen mit qualifizierten Experten durchgeführt werden. Wenn sich eine Anwendung in der Praxis nur schwer beobachten lässt (z. B. unerwartete Ereignisse wie Unfälle), dann bietet sich der ergänzende Einsatz von Simulationen an.

Um neue, unartikulierte Kundenbedürfnisse zu finden, gehen einige Autoren gar noch einen Schritt weiter: «Echte Innovationen brauchen einen gewissen Abstand vom Kunden und Emanzipation von artikulierten Bedürfnissen. Der Minivan von Chrysler, der Walkman von Sony oder das Handy von Motorola sind Beispiele für ein solches bewusstes Ignorieren artikulierter Bedürfnisse. Nicht zu Unrecht behauptet etwa Sony von sich, über den Kunden besser Bescheid zu wissen als dieser selbst» (Stahl & v. d. Eichen, 2003, S. 21).

Zukünftige Bedürfnisse

Eine weitere Herausforderung für eine Unternehmung besteht darin, über die gegenwärtigen Bedürfnisse hinaus einen Blick in die Zukunft zu werfen. Einen zentralen Ansatz stellt dabei die *Szenariotechnik* dar (vgl. z. B. Fink & Siebe, 2016). Ein Szenario ist eine allgemein verständliche Beschreibung einer möglichen Situation in der Zukunft, die auf einem komplexen Netz von Einflussfaktoren beruht.

Siemens arbeitet beispielsweise intensiv mit den so genannten «Pictures of the Future». Die Szenariotechnik dient dabei der Entwicklung plausibler Bilder der Zukunft, aus denen mittels Retropolationen Rückschlüsse auf bislang noch unerkannte weisse Flecken (potenzielle Suchfelder) gezogen werden können. Solche Analysen haben beispielsweise bei den Verantwortlichen von Bosch-Siemens-Haushaltsgeräte zur Frage geführt, was passiert, wenn die Textilindustrie Fasern entwickelt, die nicht mehr mit Wasser gewaschen werden müssen (vgl. Katzensteiner, 2003, S. 65). Hier zeigt sich wieder die Bedeutung des Denkens in Funktionen: Die Kunden wünschen sich saubere Wäsche, nicht eine Waschmaschine im Keller.

Ein ebenfalls viel versprechender Ansatz ist die Nutzung von so genannten **Lead-Usern**. Dabei handelt es sich sowohl um bediente als auch um nicht bediente Kunden, die besonders qualifiziert und motiviert sind, bedeutende Beiträge zur Entwicklung neuer Produkte zu leisten. Sie zeichnen sich dadurch aus, dass sie künftig relevante Bedürfnisse früher als die Masse verspüren («spüren die Probleme von morgen schon heute»). In diesem Sinne sind sie Trendsetter und profitieren in starkem Masse von Innovationen, die ihre Probleme lösen beziehungsweise ihre Bedürfnisse befriedigen. Oft werden sie mangels entsprechender Angebote selbst innovativ tätig («Not macht erfinderisch») (vgl. Herstatt, 2001, S. 19 f.).

Das hierbei vorhandene Potenzial zeigt eine Befragung deutscher Chirurgen eindrucksvoll (Abbildung 9, S. 326). Für einen Hersteller ist es folglich interessant, Lead-User möglichst frühzeitig zu identifizieren, deren innovatives Potenzial für die Entwicklungsarbeit zu überprüfen und gegebenenfalls für neue Produkte und Prozesse zu nutzen.

Die mittels verschiedener Methoden ermittelten und aus den unterschiedlichsten Quellen stammenden Resultate dieser Phase werden in Form einer umfassenden Liste von Problemfeldern aus Kundensicht dokumentiert. Jedes dieser Problemfelder dient im weiteren Verlauf des Innovationsprozesses als Suchfeld zur Generierung von Lösungsideen. Zur Ergän-

5

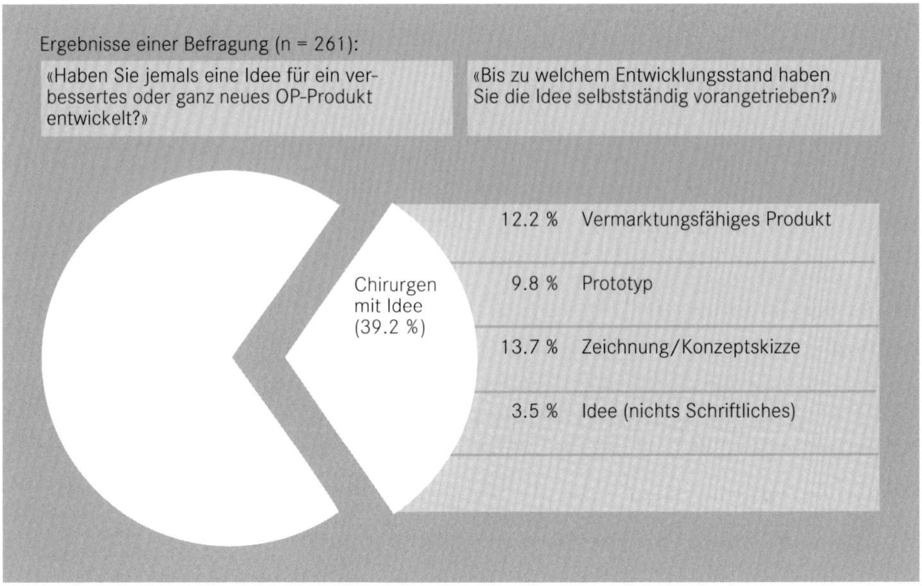

Abb. 9: Innovationsaktivitäten deutscher Chirurgen (Herstatt, 2001, S. 21)

zung dieser Listen können neben den genannten Instrumenten weitere Quellen sinnvoll genutzt werden, zum Beispiel die Erfassung von Kundenbedürfnissen mittels Quality Function Deployment (QFD, vgl. Kapitel 6.2), die strukturierte Nutzung des Know-hows von Servicemitarbeitenden, Verkäufern, Call-Center-Mitarbeitenden und Installateuren sowie die systematische Auswertung von Beschwerden.

5.2.2 Perspektive «Technologie und Kompetenzen»

Aus der Perspektive «Technologie und Kompetenzen» ist es das Ziel, geeignete Suchfelder zu identifizieren, die eine strukturierte Suche nach neuen Anwendungsfeldern für bestehende oder für neue Technologien und Kompetenzen erlauben.

Das Denken in Funktionen spielt hier ebenfalls eine entscheidende Rolle. Zum einen besteht die Chance, dass eine bestehende Technologie unterschiedliche Funktionen erfüllen kann, zum anderen hat jede identifizierte Funktion das Potenzial, unterschiedliche Kundenbedürfnisse zu befriedigen. Damit wird deutlich, dass der Einsatz einer Technologie nicht auf ein bestimmtes Anwendungsfeld beschränkt sein muss (vgl. dazu auch Abbildung 7).

Der Einsatz von Technologien und Kompetenzen in unterschiedlichen Anwendungen wird auch als **kompetenzbasierte Diversifikation** bezeichnet (vgl. zu diesem Instrument u. a. Herstatt, 2003, S. 104 ff.). Dazu werden in einem ersten Schritt die vorhandenen Technologien und Kompetenzen der Unternehmung aufgenommen und klassifiziert. In einem zweiten Schritt erfolgt die Identifikation möglicher Funktionen. Als Resultat liegt eine Liste von Funktionen vor, die mit den identifizierten Technologien und Kompetenzen der Unternehmung ganz grundsätzlich bearbeitet werden können. Dabei handelt es sich bereits um einen kreativen Schritt, der als Workshop gestaltet werden sollte. Die ausgemachten Funktionen bilden nun die Suchfelder für die sich daran anschliessende Ideenfindung.

5.3 Auf (Lösungs-)Ideen kommen

Ausgehend von unserer Definition einer Idee als Kombination aus einem Problem und einer vorgeschlagenen Lösung für dieses Problem, geht es in diesem Abschnitt nun darum, für die identifizierten Suchfelder möglichst viele Lösungsideen zu generieren, diese grob zu filtern und sich im Rahmen von raschen Erkundungen einen ersten Überblick über das Potenzial der verbliebenen Ideen zu verschaffen.

5.3.1 Ideen generieren

Die Ideengenerierung steht unter dem Motto, eine ausserordentliche Menge an Ideen hervorzubringen und sich nicht mit dem erstbesten Lösungsansatz zufrieden zu geben. Nochmals sei Albert Einstein zitiert, der diese Zielsetzung pointiert auf den Punkt bringt. Auf die Frage, was ihn von einem Durchschnittsmenschen unterscheide, antwortete er, dass ein normaler Mensch, der eine Nadel im Heuhaufen suchen soll, die Suche beenden würde, wenn er eine Nadel gefunden hat. Er hingegen würde den ganzen Haufen durchwühlen, um nach sämtlichen möglicherweise darin verborgenen Nadeln zu suchen (Michalko, 2001, S. 8).

Sommerlatte (2001) hat die Suche nach Innovationsideen mit dem Fischfang verglichen: «Das Spektrum der Quellen und Techniken zur Gewinnung von Innovationsideen ist wie ein Netz, mit dem das Unternehmen auf Fischzug geht. Der einzelne Fang kann nicht vorherbestimmt werden, insbesondere nicht der des grossen seltenen Fisches, der sich im Netz befinden kann oder nicht. Aber je umfassender und kontinuierlicher die Netze ausgeworfen werden, umso grösser ist die Wahrscheinlichkeit, dass die richtigen Innovationsideen erfasst werden» (S. 31). «Die Netze auswerfen» heisst, den in Abbildung 10 aufgezeigten Spielraum zur Generierung von Ideen so umfassend wie möglich zu nutzen. Es ist die Aufgabe einer Unternehmung, alle vier Quadranten in geeigneter Art und Weise zu gestalten.

Quelle / Vorgehen	intern	extern
Ideen entwickeln	Methoden zur Ideengenerierung	Methoden zum Einbezug Externer (z. B. Kunden)
Ideen sammeln	Ideenmanagementsysteme	Intelligence-Systeme gegen aussen

Abb. 10: Der Spielraum zur Entwicklung und Sammlung von Innovationsideen

Die folgenden Ausführungen fokussieren sich auf intern eingesetzte Methoden zur systematischen Entwicklung von Ideen. Neben der Durchführung von Innovationswettbewerben, der Lancierung von Venture-Programmen oder der Ausschreibung von Innovationspreisen handelt es sich hierbei insbesondere um den systematischen Einsatz geeigneter **Kreativitätstechniken.** Eine wesentliche Rolle für deren erfolgreiche Anwendung spielt dabei die individuelle Kreativität der beteiligten Personen.

Individuelle Kreativität

Jeder kreativen Problemlösung liegt ein einheitlicher Prozess der Ideengenerierung zugrunde (Abbildung 11, vgl. dazu z. B. Herb, Herb & Kohnhauser, 2000, S. 16 ff.; Schlicksupp, 1998, S. 38 ff.).

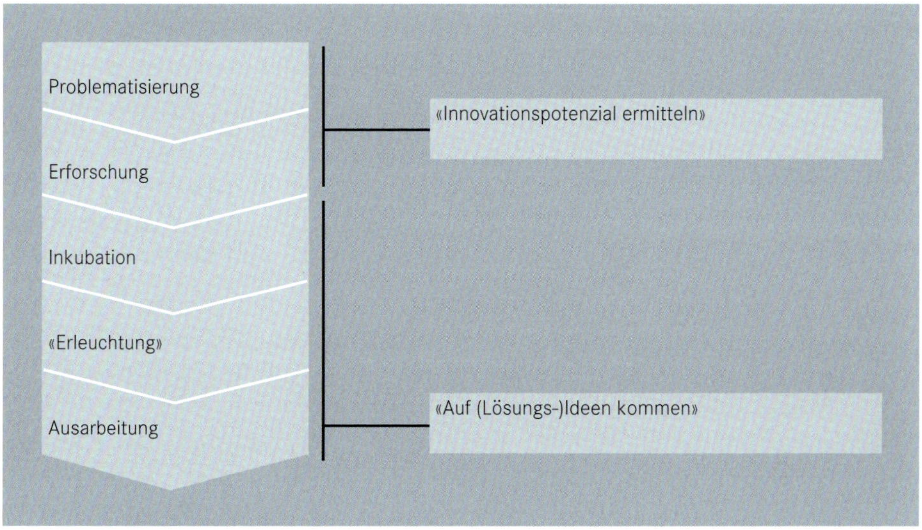

Abb. 11: Die Phasen der Ideengenerierung

Am Anfang jedes kreativen Prozesses steht die *Problematisierung*, das heisst, ein Problem muss zunächst erkannt werden. «Dies ist schwieriger, als man auf den ersten Blick annimmt. Man muss dazu fähig sein, nicht nur offensichtliche, sondern auch versteckte Probleme erkennen zu können» (Herb et al., 2000, S. 17). In der Phase der *Erforschung* geht es darum, das Problem möglichst umfassend und aus unterschiedlichen Blickwinkeln zu betrachten, sodass man Schritt für Schritt auf den Kern des Problems hingeführt wird. Es wird deutlich, dass es sich bis hier um typische Aufgaben des Ermittelns von Innovationspotenzial handelt.

In der Phase der *Inkubation* wird das Problem im Sinne eines unterbewussten Problemwälzens verarbeitet. Problembezogenes Material wird mit Erfahrungsmaterial in Verbindung gebracht, und Lösungen werden gesucht. Die Inkubationsphase findet selbst dann statt, wenn sich das Individuum bewusst mit anderen Sachverhalten auseinander setzt. Die

Erleuchtung bringt das «Aha-Erlebnis», das unvermittelte, plötzliche Bewusstwerden einer Lösungsidee, den Geistesblitz, als Ergebnis des unterbewussten Denkens. Da die gefundenen Problemlösungen meist noch nicht die endgültige Bewältigung des Problems bedeuten, folgt in der Phase der *Ausarbeitung* eine Überprüfung der Ansätze auf ihre Brauchbarkeit, ihre Realisierbarkeit und ihre Konsequenzen hin.

Der «Werkzeugkasten Kreativität»

Die im Folgenden überblickartig dargestellten Kreativitätstechniken (Abbildung 12) tragen den dargestellten Erkenntnissen der Kreativitätsforschung Rechnung. «Mit ihrem Einsatz sollen die unterschiedlichsten Denkprozesse aktiviert und ein häufiger Wechsel von Analyse und Intuition ermöglicht werden» (Kniess, 1995, S. 33). Die Vorgehensweise bei den unterschiedlichen Techniken orientiert sich dabei zumeist an den Phasen des kreativen Prozesses gemäss Abbildung 12.

Kreatives Denkprinzip	Sinnvolle Methoden
Zerlegung eines komplexen Grundproblems in seine Bestandteile	Morphologie Denken in Funktionen, Funktionsanalyse
Assoziation im Sinne eines ungehemmten Hervorbringens möglichst vieler problembezogener Ideen	Brainstorming Brainwriting Osborn-Checkliste
Analogiebildung: Suche nach ähnlichen beziehungsweise vergleichbaren Strukturen oder Mustern in anderen Erfahrungsbereichen	Synektik Reizwortanalyse Bionik TRIZ
Abstraktion: Einbezug neuartiger Gesichtspunkte (Suchrichtungen) in die Lösungssuche	Progressive Abstraktion

Abb. 12: Sinnvolle Methoden zur Ideengenerierung im Überblick

Kreativität wird im Allgemeinen mit der Konzeptionsphase des Innovationsprozesses in Verbindung gebracht. Dabei wird gelegentlich übersehen, dass bedingt durch den Charakters einer Innovation in der Regel auch in der Realisierungsphase zahlreiche Probleme zu lösen sind, das heisst, kreative Leistungen sind während des gesamten Innovationsprozesses erforderlich.

Ziel der Anwendung von Kreativitätstechniken ist die Entwicklung einer möglichst grossen Zahl von Ideen. Es ist nicht deren Aufgabe, eine Bewertung und Auswahl der Lösungsansätze vorzunehmen! Dies wird dem nun folgenden Schritt «Ideen screenen» überlassen.

5.3.2 Ideen screenen

In der Regel sind die Ressourcen nicht vorhanden, um alle Ideen zu verfolgen und zu Projekten zu entwickeln. Mit dem Schritt **Ideen screenen** wird deshalb das Ziel verfolgt, die Anzahl der weiter zu verfolgenden Ideen rasch und mit geringem Zeit- und Ressourcenaufwand zu reduzieren, ohne dass eine potenziell aussichtsreiche Idee eliminiert wird.

Abbildung 13 fasst die Schritte des mehrstufigen Screening-Prozesses zusammen. Die folgenden Grundüberlegungen sind dabei wegleitend:

- Beim Aussieben der generierten Ideen im Screening fällt die erstmalige Entscheidung, Ressourcen zu verwenden.
- Das Aussieben erfolgt «sanft»: Es wird lediglich eine Negativauswahl auf der Basis einiger weniger Ja/Nein-Kriterien vorgeschrieben.
- Das Screening wird idealerweise von einem interdisziplinären Team vorgenommen.
- Es genügt ein einziges Nein, um die Idee (vorläufig) fallen zu lassen.
- Fällt die Entscheidung positiv aus, wird die Idee mittels Voranalysen weiterverfolgt.

Ein Beispiel für einen in der Praxis verwendeten Kriterienkatalog zur Bewältigung der Grobbewertung und des Ausscheidungsverfahrens (Schritt 2) liefert Abbildung 14. Finanzielle Kriterien werden in dieser Phase in der Regel noch nicht berücksichtigt.

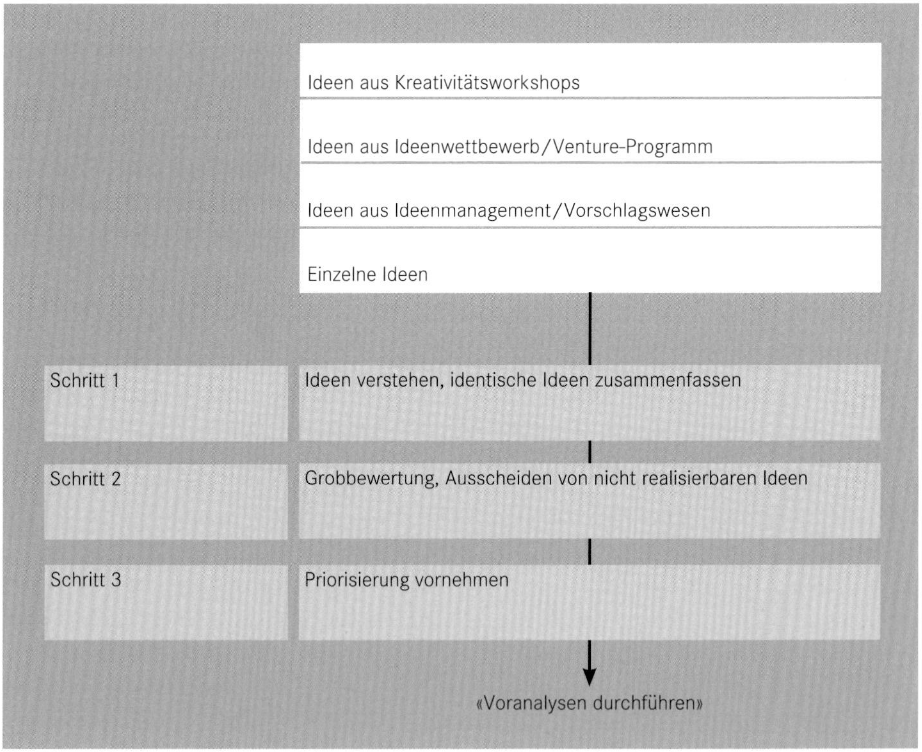

Abb. 13: Der Screening-Prozess verläuft mehrstufig

5

Kriterien	Erfüllt?
Ist die Idee zumindest ansatzweise realistisch im Hinblick auf eine Umsetzung durch unsere Unternehmung?	
Kann die Idee einen Beitrag leisten zur Realisierung überlegener Produktmerkmale (Einzigartigkeiten)?	
Passt die Idee ganz grundsätzlich zur Unternehmensphilosophie und zur strategischen Ausrichtung?	
Bietet die Idee ein attraktives Umsatzpotenzial für unsere Unternehmung?	
Liegen diverse Marketingsynergien vor? Das heisst, gibt es zumindest ansatzweise eine Übereinstimmung der Anforderungen der Idee mit ausgeprägten Kenntnissen und Fähigkeiten in der Verkaufsorganisation, Werbung und Marktforschung sowie Kundendienstkapazitäten?	
Liegen diverse technologische Synergien vor? Das heisst, gibt es zumindest ansatzweise eine Übereinstimmung der Anforderungen der Idee mit den Know-how-Stärken von Marktleistungsentwicklung und -erstellung?	
Werden sämtliche ethischen, moralischen und ökologischen Grundsätze der Unternehmung erfüllt?	

Abb. 14: Beispiel für einen Kriterienkatalog aus der Praxis

5.3.3 Voranalysen durchführen

Die nach dem Screening verbleibenden Ideen werden nun rasch und kostengünstig recherchiert. Die **Voranalysen** sollen eine Beurteilung darüber erlauben, ob die Idee es aus Marktsicht, aus technologischer Sicht, aus strategischer Sicht sowie aus wirtschaftlicher Sicht wert ist, weiterverfolgt zu werden. Der dabei zu betreibende Aufwand sollte insgesamt 10 bis 15 Personentage pro Anwendungsfeld nicht übersteigen; es geht um «Ermittlungsarbeit» und Desk-Research, nicht um professionelle Studien.

Diese Abklärungen können von einem kleinen Team von Mitarbeitenden, vorzugsweise aus den Bereichen Marketing, Produktion sowie Forschung und Entwicklung, vorgenommen werden. Ziel ist es, die Informationsbasis so zu verbessern, dass die Idee für den nächsten Meilenstein (Lösungsideen einteilen und auswählen) umfassend bewertet werden kann.

Folgende Aspekte sind zu analysieren (vgl. dazu Cooper, 2010, S. 208 ff.):

- Erste Einschätzung aus Marktsicht: Kundennutzen und mögliche Produktakzeptanz
- Marktwachstum/-potenzial/-aussichten
- Technische Anforderungen
- Machbarkeit aus Entwicklungs- und Produktionssicht

- Wettbewerber/eingesetzte Technologien
- Hindernisse durch Gesetze und Vorschriften
- Finanzieller «Vernünftigkeitscheck» (rudimentäre und schnelle Überprüfung der wirtschaftlichen Grundlagen und finanziellen Erwartungen)

5.4 Innovationsprojekte definieren

Wird auch nach den Voranalysen entschieden, dass eine Idee weiterverfolgt wird, muss nun das Geschäftskonzept im Detail ausgearbeitet und in einem Business-Plan zusammengefasst werden. In diesem Stadium entscheidet sich, ob eine Idee als Projekt Zukunft hat oder nicht. Die Analysen bauen auf denjenigen aus dem Schritt «Voranalysen durchführen» auf und detaillieren beziehungsweise ergänzen diese (vgl. zu den folgenden Ausführungen insbesondere Cooper, 2010, S. 214 ff.).

Produktdefinition: Was planen wir für wen?

In diesem Schritt ist darzustellen, für welche Zielgruppen die Ideen bestimmt sind und wie die Marktleistung genau aussehen soll (Nutzen, Eigenschaften etc.). Zu diesem Zweck müssen die Kundenwünsche, -bedürfnisse und -präferenzen in Form von persönlichen Interviews detailliert erforscht werden. Auch der Gebrauchsnutzen des Produktes muss ermittelt werden. Im Einzelnen sind festzulegen:

- Projektrahmen, Grenzen der Entwicklungsleistung: Handelt es sich um ein Einzelprodukt, eine ganze Produktfamilie oder eine Plattformentwicklung?
- Zielmarkt: Auf wen genau zielt das Produkt ab?
- Produktkonzept: Wie wird das Produkt sein, und was soll es leisten (verfasst in der Sprache des Kunden)?
- Produktvorteile: Welchen Nutzen soll das Produkt stiften, einschliesslich des Werts für den Kunden?
- Positionierungsstrategie, einschliesslich der Preisfrage.
- Produkteigenschaften, Leistungsanforderungen und die Beschreibung der technischen Eigenschaften.

Es ist darauf zu achten, dass dem zentralen Erfolgsfaktor «ein überlegenes Produkt mit klaren Unique-Selling-Propositions (USPs)» Rechnung getragen wird. Dies kann dadurch geschehen, dass neben dem physischen Produkt zusätzliche Dienstleistungen erbracht werden, die eine Differenzierung zur Konkurrenz bringen können.

Projektbegründung: Warum sollten wir in dieses Projekt investieren?

In diesem Schritt wird die Machbarkeit aus unterschiedlichsten Betrachtungsweisen beurteilt. Dabei wird insbesondere auf folgende Punkte eingegangen:

- Wettbewerbsanalyse (direkte und indirekte Konkurrenten): Stärken und Schwächen der Konkurrenzprodukte, Preise, zukünftige Entwicklungen
- Darstellung des strategischen Grundgedankens und der Wettbewerbsvorteile
- Marktanalyse: Marktgrösse, Trends, Segmentierung, Kaufverhalten und Wettbewerbssituation
- Technische Beurteilung: Festlegen der technischen Lösung im Detail, Einschätzung potenzieller Partnerunternehmungen, Entwicklung einer Strategie für mögliche Partnerschaften, Überprüfung der Herstellungs- und der Zuliefermöglichkeiten
- Wirtschaftlichkeit: Überprüfung der wirtschaftlichen und finanziellen Rahmenbedingungen sowie der Rentabilität und Risiken

Umsetzungsplanung: Wie wird vorgegangen, wer bearbeitet das Projekt?

In diesem Schritt wird der detaillierte Aktionsplan inklusive Zeitplans, Meilensteinen und notwendiger Ressourcen erarbeitet. Sodann sind Pläne zur Marketingvorbereitung, zum Herstellkonzept und zu den Zulieferquellen zu erstellen. Schliesslich ist eine Empfehlung für das konkrete weitere Vorgehen zu erarbeiten.

Ableitung des Business-Plans

Die bis hier erarbeiteten und gesammelten Informationen münden in entscheidungsrelevante Unterlagen für die Geschäftsleitung im Sinne eines Business-Plans. Markt- und Wettbewerbsdaten sowie die möglichen Auswirkungen (finanziell, personell, technologisch etc.) für die Unternehmung sind aufzubereiten und zu quantifizieren. Im Einzelnen sollte ein **Business-Plan** Aussagen zu folgenden Punkten machen (vgl. dazu auch Osterwalder & Pigneur, 2011):

- Marktanalyse (generelle Marktsituation, Definition der Marktsegmente, Analyse der Wettbewerbsvorteile, Marktanteilsziele etc.)
- Produktdefinition
- Kooperationen und Partnerschaften
- Patent- und sonstige Schutzrechtsbelange
- Konformität mit der Strategie
- Marketingplan (Länder/Regionen, Vertriebswege, Markteinführungsplan/-eintrittsstrategien, Werbung/Public Relations, Training etc.)
- Produktionskonzept
- Servicekonzept
- Spezielle Anforderungen und Einflüsse (Mitarbeiterinnen und Mitarbeiter, Ausrüstungen, Räumlichkeiten, spezielle Einflüsse auf die Organisation)
- Chancen und Risiken
- Zeitplan/Meilensteine
- Kommerzielle Daten, erste ROI-Berechnungen (angestrebte Preise, Stückzahlen, Margen, Break-even-Berechnungen etc.)

Damit ist die Basis für das Steuerungsgremium beziehungsweise den Lenkungsausschuss gelegt, um am Meilenstein «Projekte auswählen» über das weitere Vorgehen zu entscheiden.

5.5 Steuerung und Controlling der Konzeptionsphase

Das funktionale Controlling im Innovationsmanagement hat sich lange Zeit darauf fokussiert, mittels operativer Projektplanungs- und -steuerungsmethoden die zeit-, kosten- und qualitätsgerechte Abwicklung von Innovationsprojekten zu überwachen und sicherzustellen (vgl. dazu die Ausführungen in Kapitel 6.3). Diese Sichtweise greift allerdings zu kurz: «Modernes Innovationsmanagement benötigt andere Steuerungsmittel! Das **Innovationscontrolling** muss den gesamten Innovationsprozess abbilden, von den ersten Ideen bis hin zur Produkteinführung – und darüber hinaus» (Braun & Siegel, 2001, S. 273). Mit anderen Worten: Auch die Konzeptionsphase des Innovationsprozesses rückt in den Blickwinkel des Controllings.

Die Ausführungen in den vorangegangenen Kapiteln haben allerdings gezeigt, dass Innovationen in den frühen Abschnitten nur bedingt plan- und steuerbar sind: Präzise Analysen und eine detaillierte Planung von Innovationen sind nutzlos, im Falle stark zahlenorientierter Unternehmungen sogar schädlich (vgl. Boutellier, Dinger & Lee, 1999, S. 225). Ein «Diktat der Zahlen», das heisst ein starres Planungs- und Berichtssystem, darf die in dieser Phase notwendige Kreativität nicht behindern. Dies ist bei der Gestaltung eines entsprechenden Systems stets zu beachten.

Der Zielsetzung «die richtigen Dinge tun» entsprechend, stehen in der Konzeptionsphase die Aspekte eines *strategischen* Controllings im Vordergrund. Dieses bildet das Bindeglied zwischen der Innovationsstrategie und dem nahtlosen Innovationsprozess, mit dem die vorgegebenen Ziele erreicht werden sollen. Sein Fokus liegt folglich auf folgenden Tätigkeiten:

- Gestaltung der Meilensteine, das heisst Festlegung der Entscheidungskriterien, abgeleitet aus der Strategie
- Aufbau eines leistungsfähigen (Ideen- und Projekt-)Portfolio-Managements zur Unterstützung der Meilensteinentscheidungen
- Gesamtüberblick über die Innovationspipeline der Unternehmung: Haben wir genug gute neue Ideen, um den festgelegten Innovationszielen gerecht zu werden? Wie viele Machbarkeitsstudien laufen derzeit? Haben wir genügend Informationen über relevante Suchfelder für Innovationen?
- Dokumentation entstandener Innovationsideen: Wie sind diese zu bewerten? Lassen sie sich in Entwicklungsprojekte umsetzen?

Eine äusserst innovative deutsche Pharmaunternehmung legte folgende Zielparameter für ihr Innovationscontrolling fest. Diese werden vierteljährlich überprüft:
- Gesamtzahl neu entwickelter Produkte
- Gesamtzahl laufender Kooperationen mit Universitäten und Forschungsinstituten
- Gesamtzahl der Patentanwendungen
- Gesamtzahl der bewilligten Patente
- Gesamtzahl der Preise, Leistungen, Veröffentlichungen
- Gesamtzahl der Lizenzangebote von Dritten
- Gesamtzahl der laufenden Machbarkeitsstudien (neue Technologien, neue Produkte)
- Gesamtzahl der laufenden Projekte
- Gesamtzahl der Trainingstage der Mitarbeitenden
- Umsatz mit Produkten, die jünger als drei Jahre sind

Ein solches Kennzahlensystem ist nicht «von der Stange» erhältlich, sondern muss auf die individuellen Ziele und Rahmenbedingungen der Unternehmung zugeschnitten werden. Dabei sollte eine Fokussierung auf wenige, aber wesentliche Parameter erfolgen.

Das Controlling hat darüber hinaus vermehrt auch für die Gestaltung und die kontinuierliche Verbesserung des Innovationssystems einer Unternehmung Beiträge zu leisten und Impulse zu geben, indem es systematisch Verbesserungspotenziale aufdeckt und auf Handlungsbedarf hinweist. Damit kommt dem F-&-E-Controller vermehrt die Rolle eines «Innovationscoach» zu, der die erforderlichen Informations-, Wissens- und Lernprozesse koordiniert, die nötigen Veränderungen in den Abläufen herbeiführt und dabei gegebenenfalls als Moderator agiert (Bürgel, Hess & Kleinert, 2000, S. 149). Braun und Siegel (2001) bringen diese Aufgabe auf den Punkt: «Controlling im Innovationsprozess – Vom Kontrolleur zum Lotsen!» (S. 272, vgl. auch Teil D1, Finanzmanagement).

6 Die Realisierungsphase

6.1 Ziele und Aufgaben

Wenn das Projekt zur Realisierung freigegeben ist, wurde die nötige Vorarbeit der Konzeptionsphase geleistet und es kann davon ausgegangen werden, dass tatsächlich «die *richtigen* Dinge» angepackt werden. In der Realisierungsphase interessiert deshalb vor allem, dass «die Dinge *richtig*» getan werden (vgl. dazu Abbildung 7). Es geht hier also um die Frage der *Effizienz*.

Was aber heisst Effizienz in diesem Zusammenhang? Auf die Risiken, mit denen jedes Innovationsvorhaben grundsätzlich verbunden ist, wurde bereits hingewiesen. Sie treten auch – oder sogar vor allem – in der Realisierungsphase zutage und lassen sich in drei Gruppen zusammenfassen:

- *Technische Risiken:* Zu Beginn eines Innovationsvorhabens ist häufig keineswegs klar, ob für das gestellte Problem überhaupt eine qualitativ befriedigende technische Lösung gefunden werden kann. Eine besondere Form des technischen Risikos stellt das so genannte *Serendipitätsrisiko* dar. Hier bringen die Innovationsaktivitäten zwar eine grundsätzlich verwertbare technische Lösung hervor, diese entspricht aber nicht der Realisierung der gestellten Aufgabe.
- *Zeitrisiken:* Es ist nicht sicher, dass die durchzuführenden Aufgaben innerhalb der geforderten Zeit realisiert werden können. Gelangt ein Produkt zu spät auf den Markt, führt dies häufig zu Wettbewerbsnachteilen, insbesondere wenn eine Marktführer-Strategie angestrebt wird. Als Folge kann das gesamte Projekt zu einem Misserfolg werden.
- *Kostenrisiken:* Werden zusätzliche Anstrengungen nötig, um die technischen Ziele eines Projekts zu erreichen, so führt dies in der Regel zu höheren Entwicklungskosten. Neben den Kosten, die unmittelbar für das Innovationsprojekt anfallen, müssen auch die Kosten betrachtet werden, die in anderen Funktionsbereichen, wie Produktion oder Wartung, und zu einem späteren Zeitpunkt verursacht werden (z. B. höhere Herstell- oder Materialkosten als geplant). Diese sind bedeutend: Nach einer Studie von Creese und Moore (1990) werden rund 75–85 % der gesamten Kosten, die während des Produktlebenszyklus anfallen, in der Entwicklungsphase bestimmt.

Die einzelnen Risikoarten sind dabei nicht überschneidungsfrei. So besteht beispielsweise zwischen dem Zeit- und dem Kostenrisiko ein enger Zusammenhang, da eine verlängerte Projektdauer in der Regel auch höhere Gesamtkosten verursacht. Aus diesen Überlegungen wird deutlich: «Die Dinge richtig tun» heisst, dass die ausgewählten Innovationsprojekte *qualitäts-*, *zeit-*, und *kostengerecht* realisiert werden. Ein bewusster Umgang mit diesem «magischen Dreieck» ist für den Aufbau von Wettbewerbsvorteilen von zentraler Bedeutung. So hat Rommel (2006, S. 77) festgestellt, dass sich erfolgreiche Unternehmungen von weniger erfolgreichen insbesondere dadurch unterscheiden, dass sie *während des Marktleistungsentwicklungsprozesses* erhebliche Zeit-, Kosten- und Qualitätsvorteile realisieren und diese nicht in späteren Phasen «hineinproduzieren» oder «hineinprüfen» müssen (vgl. Abbildung 15).

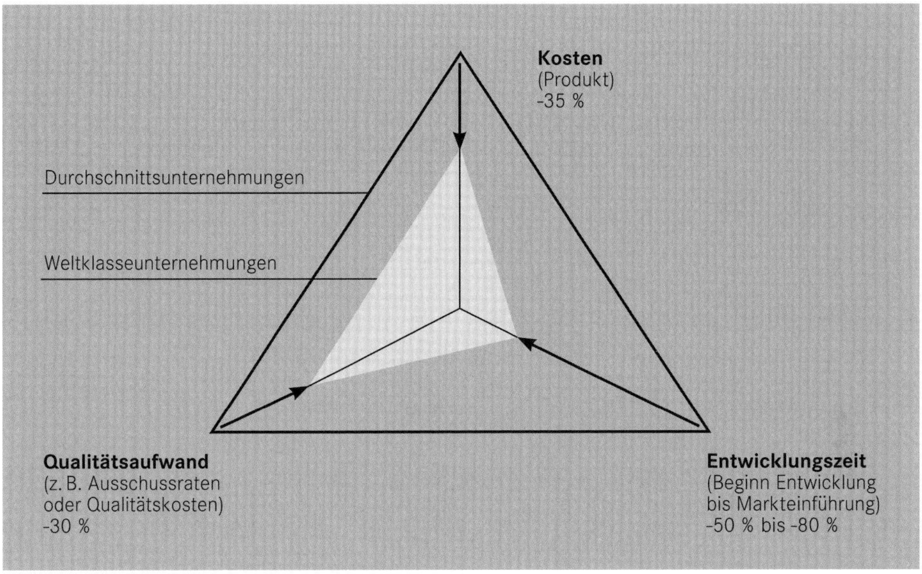

Abb. 15: Wettbewerbsvorteile durch eine überlegene Realisierungsphase (Rommel, 2006, S. 77)

Natürlich soll jedes Innovationsvorhaben letztlich in eine erfolgreiche Marktleistung münden. Auf dem Weg dahin gilt es jedoch, unterschiedliche Aufgaben in Forschung und Entwicklung zu bewältigen:

- *Grundlagenforschung* ist auf die Gewinnung neuer wissenschaftlicher oder technischer Erkenntnisse und Erfahrungen gerichtet. Dabei erfolgt in der Regel noch keine Orientierung an der unmittelbaren praktischen Anwendbarkeit. Im Vordergrund steht vielmehr die Entwicklung und Überprüfung von Theorien. Dies ist wohl auch der Hauptgrund dafür, dass Grundlagenforschung – mit Ausnahme zum Beispiel der pharmazeutischen Industrie – in Unternehmungen in der Regel nicht (mehr) anzutreffen ist. In erster Linie wird Grundlagenforschung von öffentlichen oder privaten Institutionen ohne Erwerbszweck wie zum Beispiel Hochschulen betrieben.
- *Angewandte Forschung* dient der Gewinnung und Weiterentwicklung von Wissen, welches der konkreten Lösung praktischer Probleme dienen soll. Die angewandte Forschung stützt sich dabei auf die Ergebnisse der Grundlagenforschung, auf anwendungsorientiertes Wissen und auf praktische Erfahrungen. Sie führt zu neuen Fähigkeiten mit praktischer Anwendbarkeit.
- *Produkt- und Prozessentwicklung* hat die Aufgabe, konkrete Produkte und/oder Prozesse auf der Basis neuer oder veränderter Technologien zu entwickeln oder zu verbessern.

Dabei stützt man sich auf die Ergebnisse aus der angewandten Forschung. Das Ergebnis der Produkt- und Prozessentwicklung ist beispielsweise die unmittelbare Einführung eines neuen oder verbesserten Produkts auf dem Markt oder eines neuen Prozesses in der Produktion.

Bei der Gestaltung der Realisierungsphase kommt dem Anwendungsbezug des Innovationsvorhabens eine grosse Bedeutung zu. Ein Projekt, das im Bereich der Grundlagen- oder der angewandten Forschung angesiedelt ist, kann niemals so klar definiert werden wie ein Projekt, bei dem es «lediglich» um die Entwicklung einer leicht verbesserten neuen Produktgeneration geht.

Wie in Kapitel 4.1 erläutert, empfiehlt es sich, im Sinne des Ansatzes der differenzierten Prozesse während der Realisierungsphase zwischen Projekten zur Technologiebereitstellung, radikalen Innovationsprojekten und inkrementellen Innovationsprojekten zu unterscheiden, die gleichwohl gesamthaft gesteuert und überwacht werden.

Projekte zur Technologiebereitstellung

Projekte zur Technologiebereitstellung dienen dem Aufbau einer technologischen Grundlage. Hier ist es häufig schwierig, detaillierte Marktanalysen durchzuführen und finanzielle Prognosen zu stellen, insbesondere dann, wenn sich Anwendungsmöglichkeiten erst in groben Zügen abschätzen lassen. Oft kann es Monate oder gar Jahre dauern, bis klar wird, was technisch möglich sein könnte. Aufgrund dieser vielfältigen Unsicherheiten sind Projekte zur Technologiebereitstellung mit den grössten Risiken behaftet. Es macht wenig Sinn, ehrgeizige Zeitpläne aufzustellen, bevor überhaupt klar ist, welche inhaltlichen Ziele tatsächlich erreicht werden können. Deshalb fällt die Entscheidung, ein solches Projekt fortzusetzen oder abzubrechen, in erster Linie unter strategischen Gesichtspunkten.

6

Wie gefährlich es ist, die Technologiebereitstellung nicht konsequent von anderen Innovationsprojekten zu trennen, zeigt die Einführung des Systems zur Erhebung der Maut-Gebühren für Lastwagen in Deutschland. Für die Erkennung der gebührenpflichtigen Fahrzeuge und die Verrechnung der sich daraus ergebenden Gebühren sollte eine vollkommen neuartige Technologie eingesetzt werden, die im Vergleich zu bestehenden Systemen anderer Länder erhebliche Vorteile aufweisen würde. Federführend war dabei TollCollect, ein Konsortium, dem mehrere grosse Industriekonzerne angehören. Aufgrund des vorhandenen Know-hows der beteiligten Unternehmungen ging man davon aus, diese neuartige Technologie rechtzeitig auf den angekündigten Einführungstermin zu beherrschen. Der Rest der Geschichte ist bekannt: Die neue Technologie konnte nicht zur Anwendungsreife gebracht werden. Der zum 31. August 2003 geplante Einführungstermin konnte nicht eingehalten werden. Der offizielle Start fand – in vorerst technisch reduzierter Form – am 1. Januar 2005 statt und erst seit 1. Januar 2006 läuft das System mit der vollen Funktionalität. Nebst dem Imageschaden für die beteiligten Firmen werden die Einnahmeausfälle für den Bund auf 3,5 Milliarden Euro geschätzt. An die Markteinführung eines neuen Produkts – und damit an «echte» Innovationsprojekte – sollte deshalb erst dann gedacht werden, wenn die nötigen Technologien Anwendungsreife erreicht haben.

Radikale Innovationsprojekte

Bei radikalen Innovationsprojekten sind die Entwicklungsarbeiten in der Regel sehr umfangreich und zeitintensiv. Häufig betreffen solche Projekte technisch anspruchsvolle, risikoreiche Bauteile oder Produkte, die als nächste oder übernächste Generation am Markt eingeführt werden sollen. Darüber hinaus kann es sich auch um neue Geschäftsideen oder Organisationsformen handeln, die im Detail konzeptionell entwickelt werden müssen, bevor man sie umsetzen kann. Aufgrund des damit verbundenen erhöhten Risikos empfiehlt es sich deshalb, die Entwicklungs- und Testphase bei radikalen Innovationsprojekten aufzuteilen. Die Entwicklung wird als eigenständiger Schritt ausgestaltet und, für den Fall, dass die erwünschten Ergebnisse nicht erreicht werden, mit einer Abbruchoption versehen. Erst in einem zweiten Schritt werden die Konzepte geprüft und validiert. Hier geht es einerseits um die Erbringung von Funktionsnachweisen durch den Einsatz von Prototypen und andererseits um die Überprüfung der Kundenakzeptanz. Dies kann zum Beispiel im Rahmen von Workshops oder Feldversuchen mit ausgewählten Testkunden erfolgen.

Inkrementelle Innovationsprojekte

Bei inkrementellen Innovationsprojekten sind die Entwicklungsarbeiten in der Regel weniger umfangreich, da weitgehend auf bewährten Konzepten aufgebaut wird. Um den Projektablauf nicht unnötig in die Länge zu ziehen, können hier Entwicklung, Tests und Validierung zu einem Schritt zusammengefasst werden, bevor man eine erstmalige Abbruchoption vorsieht.

An sich könnte man die Auffassung vertreten, dass ein Innovationsprojekt mit dem Ende der Entwicklungsphase abgeschlossen ist. Diese Haltung ist in der Praxis tatsächlich häufig anzutreffen und widerspiegelt sich auch in der weit verbreiteten Messgrösse Time-to-Market, mit der die Zeitspanne zwischen Entwicklungsbeginn und Markteinführung als Massstab für einen effizienten Prozess betrachtet wird. Diese Betrachtungsweise ist zwar wichtig und richtig, sie ist aber nicht abschliessend, denn eine Innovation muss von den Kunden als nützlich wahrgenommen werden, um auch wirtschaftlich erfolgreich zu sein. Ein Innovationsprojekt darf deshalb nicht vor der Markteinführung als beendet betrachtet werden, sondern muss diese Phase auch umfassen. Nur so ist es möglich, den Erfolg eines Innovationsprojektes auch tatsächlich messen zu können. Anstelle von Time-to-Market drängt sich deshalb Time-to-Money als geeignete Qualitätsmessgrösse für Innovationsprojekte auf. Damit wird gleichzeitig die Grundlage für einen umfassenden Projektrückblick gelegt. In einen solchen «Review» sollten alle, welche den Projekterfolg beeinflussten, einbezogen sein, um im Hinblick auf künftige Projekte Lehren zu ziehen und damit einen Beitrag zur kontinuierlichen Optimierung des Innovationsprozesses zu leisten.

Um die einzelnen Projekte auf Effizienz zu trimmen, stehen in der Praxis verschiedene Instrumente zur Verfügung. Im folgenden Kapitel werden einige davon näher erläutert.

6.2 Instrumente zur Unterstützung der Effizienz

Die Notwendigkeit eines effizienten Realisierungsprozesses führte schon seit längerem zur Entwicklung einer vielfältigen Auswahl von Instrumenten, die eine qualitäts-, kosten- und zeitgerechte Gestaltung von Innovationsprojekten erleichtern sollen. Abbildung 16 vermittelt einen Überblick über einige in der Praxis besonders verbreitete Instrumente, auf welche anschliessend eingegangen wird:

Bezeichnung	Grundidee
Quality-Function-Deployment (QFD)	Systematische Übertragung von Kundenanforderungen in Produktmerkmale
Failure Mode and Effect Analysis (Fehler-Möglichkeits- und Einfluss-Analyse, FMEA)	Systematische Analyse von Versagensarten und -ursachen; Einleitung von Gegenmassnahmen
Wertanalyse	Funktionswertsteigerung durch Erhöhung des Nutzens und/oder Senkung der Kosten, die bei der Funktionserfüllung anfallen
Zielkostenmanagement (Target-Costing)	Systematische Ausrichtung der Entwicklung auf die vom Markt erlaubten Kosten
Versuchsplanung (Design of Experiments; DoE)	Effektive und effiziente Planung statistischer Experimente

Abb. 16: Ausgewählte Instrumente zur Effizienzsteigerung der Realisierungsphase

6

Quality-Function-Deployment (QFD)

Quality-Function-Deployment (QFD) ist eine wichtige und in der Praxis häufig eingesetzte Methode. Es handelt sich um ein Instrument zur Unterstützung einer systematischen Kundenorientierung bei Innovationsvorhaben. Das wesentliche Hilfsmittel der QFD-Methode ist das «House of Quality» (vgl. Abbildung 17). Es besteht aus

- einer Beziehungsmatrix, die den Einfluss der Lösungen («Wie») auf die Kundenanforderungen («Was») abbildet,
- einer Korrelationsmatrix, die die gegenseitige Beeinflussung der Lösungen darstellt, sowie
- weiteren Diagrammen und Tabellen zur Integration relevanter Informationen (Specht, Beckmann & Amelingmeyer, 2002, S. 167).

Folgende Ziele können mit QFD erreicht werden:

- Ermittlung und Gewichtung von Kundenforderungen
- Benchmarking des Produkts mit Wettbewerbsprodukten aus Kundensicht

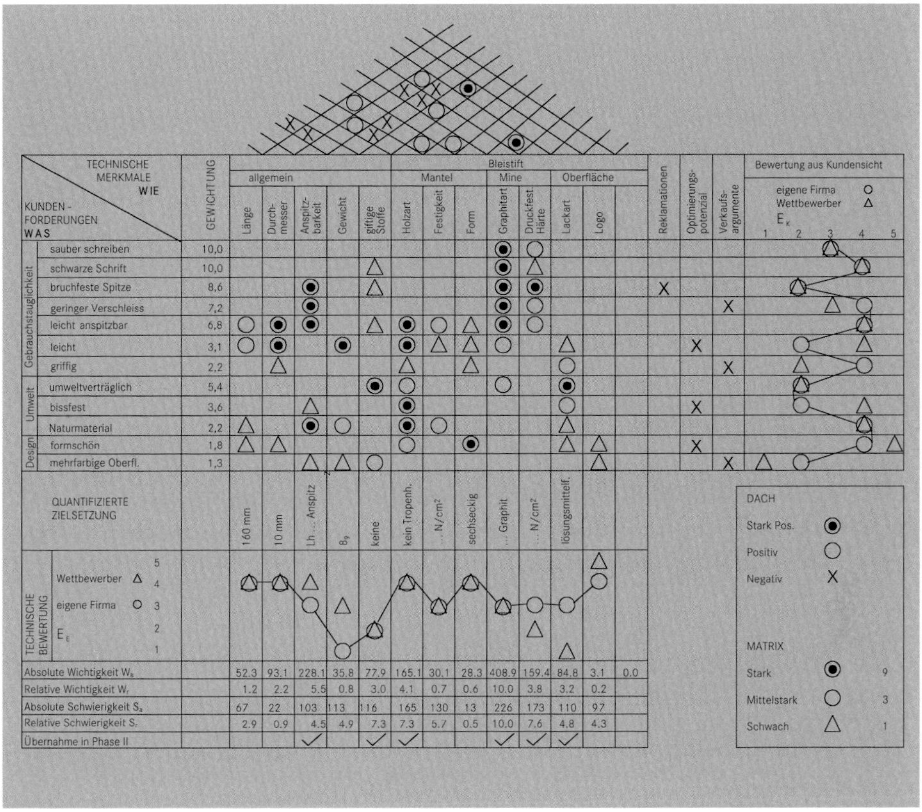

Abb. 17: Typisches Beispiel eines Quality-Function-Deployment

- Ableiten der technischen Umsetzung aus den Kundenwünschen und damit Vermeidung von unnötigen Entwicklungen (Overengineering)
- Bewertung alternativer Konzepte
- Bestimmung von Optimierungspotenzial und Beseitigung von Schwachstellen
- Ermittlung der Korrelation zwischen technischen Merkmalen
- Benchmarking der technischen Merkmale mit denen von Konkurrenzprodukten (Reverse-Engineering)

QFD kann in unterschiedlichen Phasen eingesetzt werden. Diese reichen von der Identifikation der Kundenanforderungen über die Gestaltung des Produkts mit seinen technischen Merkmalen bis hin zur Auslegung des zugehörigen Fertigungsprozesses. Der Nutzen von QFD liegt darin, dass in einer frühen Phase der Produktentwicklung auf Kundenforderungen ausgerichtete Konzepte entwickelt werden. Die Entwicklungen führen so zu einem ausgereifteren Produkt, wodurch spätere Änderungen weitgehend vermieden werden können.

Failure Mode and Effect Analysis (FMEA)

Die **Failure Mode and Effect Analysis** (Fehler-Möglichkeits- und Einfluss-Analyse, FMEA) ist ein Ansatz der präventiven Qualitätssicherung. Die FMEA wurde um 1960 im Hinblick auf das Raumfahrtprogramm der USA entwickelt und ist heute insbesondere in der Luftfahrt- und in der Automobilindustrie eine stark verbreitete Methode. Ziel der FMEA ist die systematische Analyse von Versagensarten und -ursachen sowie die Einleitung vorbeugender Gegenmassnahmen bei der Entwicklung von Produkten, Prozessen und Systemen. Die FMEA ist auf die Zuverlässigkeit in der Erfüllung von gewünschten Funktionen, das heisst auf Qualität durch präventive Massnahmen im engeren Sinn, ausgerichtet. Die Anwendung der FMEA basiert auf einem Standardformular (vgl. Abbildung 18).

Funktion	potenzielle Fehlfunktion	potenzielle Fehlerfolge	potenzieller Auslöser der Fehlfunktion	Kontrollmassnahmen	W	A	E	RPZ	Empfohlene Abstellmassnahmen	Zu erledigen durch/bis	Getroffene Abstellmassnahmen	W	A	E	RPZ

W Ausfallwahrscheinlichkeit
A Ausfalleffekt (Ausmass)
E Entdeckbarkeit des Fehlers
RPZ Risikoprioritätszahl = W x A x E

Abb. 18: Aufbau des FMEA-Standardformulars

In einem ersten Schritt wird die Funktion jedes Bauteils klar umrissen. Sodann werden alle möglichen Fehlfunktionen, die zu einem Versagen führen können, identifiziert und aufgelistet. Unter dem Begriff Versagen verstehen Specht et al. (2002, S. 172) die Situation, in welcher ein Bauteil die ihm zugedachte Funktion nicht mehr erfüllen kann. Als nächstes werden die möglichen Auslöser für die Fehlfunktionen bestimmt. Weiter werden die Auswirkungen des Versagens auf die Leistung des Gesamtsystems abgeschätzt und eine Methode zur Erkennung der jeweiligen Versagensart bestimmt. Die Versagensfälle werden mit Hilfe einer Risiko-Prioritätszahl hinsichtlich des Ausmasses der Auswirkungen und der Eintretenswahrscheinlichkeit klassifiziert. Schliesslich werden konstruktive, fertigungstechnische, prüftechnische und personelle Massnahmen für Verbesserungen festgelegt, wobei Aufwand, Intensität und Dringlichkeit der Massnahmen der jeweiligen Risikopriorität angepasst werden.

Wertanalyse

Die **Wertanalyse** zeigt das Nutzen/Kosten-Verhältnis von Funktionen auf. Dadurch kann eine gezielte Funktionswertsteigerung von Produkten, Prozessen oder Systemen durch Erhöhung des Nutzens von Funktionen und/oder durch Senkung der Kosten eingeleitet werden. Die Wertanalyse kann zur Wertgestaltung neuer Produkte und zur Wertverbesserung bestehender Produkte eingesetzt werden. In beiden Fällen werden eine analytische und eine gestalterische Phase durchlaufen. Während der analytischen Phase werden die Teilfunktionen eines Produktes beziehungsweise Prozesses identifiziert und ihr relativer Anteil am Gesamtnutzen ermittelt. Anschliessend wird der Anteil der Kosten ermittelt, den die Teilfunktion im Verhältnis zu den Gesamtkosten verursacht. Ergibt das Verhältnis zwischen anteiligem Nutzen einer Teilfunktion und deren anteiligen Kosten einen tiefen Wert, so deutet dies auf ein Verbesserungspotenzial hin. Der Nutzen der entsprechenden Teilfunktion muss gesteigert oder der Kostenanteil, den sie verursacht, gesenkt werden, damit ein ausgewogenes Nutzen/Kosten-Verhältnis erreicht wird.

Zielkostenmanagement (Target-Costing)

Ziel des **Target-Costing** ist – ausgehend vom erzielbaren Preis – die systematische Ausrichtung der Produkt- und Prozessentwicklung, einschliesslich der Produktionsvorbereitung und -kontrolle, auf die vom Markt erlaubten Kosten eines neuen Produkts. Dazu werden die marktfähigen Gesamtkosten als Zielgrösse bis in einzelne Baugruppen und Bauteile heruntergebrochen. Nach der Bestimmung der Zielkosten werden Wege zur Zielkostenerreichung festgelegt. Dabei spielt die aus der Wertanalyse bekannte Nutzen/Kosten-Relation kritischer Funktionen und Funktionsträger eine wichtige Rolle. Durch Zielkostenmanagement können bereits in der Entwicklungsphase Vorgaben für die Maximalkosten einer Funktion gemacht werden. Dies ist wichtig, weil der Grossteil der Kosten in dieser Phase festgelegt wird und der kostenplanerische Spielraum am grössten ist (vgl. Teil D1, Finanzmanagement).

Versuchsplanung (Design of Experiments, DoE)

Das Ziel der **Versuchsplanung** – im angelsächsischen Raum als Design of Experiments (DoE) bezeichnet – ist es, Experimente so zu planen und auszulegen, dass mit einem Minimum an experimentellem Aufwand ein Maximum an Information und Resultaten erzielt wird. Häufig sind technische Zusammenhänge sehr komplex, und mehrere Gestaltungsparameter (Stellschrauben, Steuergrössen) und externe Störgrössen beeinflussen gemeinsam mehrere Zielgrössen. Es ist deshalb sehr schwierig, die Wirkungszusammenhänge zu bestimmen. Traditionellerweise wurden zahlreiche Tests durchgeführt, um mit jedem Test einen Zusammenhang zu beschreiben. Mittels der Versuchsplanung soll gleichzeitig die Abhängigkeit einer oder mehrerer Zielgrössen von mehreren Einflussgrössen durch den Einsatz systematisch geplanter statistischer Versuche beschrieben werden. Dadurch kann die Anzahl der notwendigen Tests reduziert werden. Die Versuchsplanung ist damit ein Weg zur effizienten Planung, Durchführung und Auswertung von Experimenten.

Die dargestellten Instrumente setzen unterschiedliche Schwerpunkte bezüglich der Verbesserung von qualitäts-, kosten- und zeitbezogenen Kriterien, aber sie verfolgen letztlich alle dasselbe Ziel: Die Fehlerquote in der Entwicklungsphase soll auf ein Minimum reduziert werden, um damit in späteren Phasen Kosten- und Zeitnachteile infolge von nachträglichen Fehlerbehebungen vermeiden zu können. Die hohe Bedeutung dieses Ziels kann anhand der Darstellung der kostenanteiligen Fehlerquoten über die Phasen des Produktlebenszyklus verdeutlicht werden (Abbildung 19).

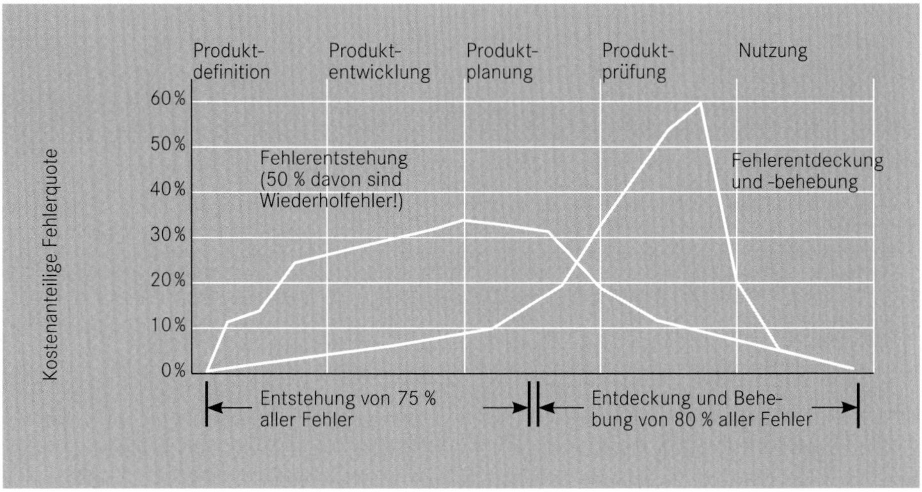

Abb. 19: Kostenanteilige Fehlerquote über den Produktlebenszyklus

6.3 Steuerung und Controlling in der Realisierungsphase

Mit der Steuerung und dem Controlling in der Realisierungsphase soll das Management bei der ergebnisorientierten Ausrichtung und Koordination der Projekte unterstützt werden. Die Prozesse in den einzelnen Projekten sollen dabei transparent gemacht und eine objektive Einschätzung des erreichten Projektfortschritts ermöglicht werden. Ursachen und Auswirkungen erkannter Abweichungen von der Projektplanung sollen analysiert und mögliche Gegenmassnahmen aufgezeigt werden. Hierzu sind geeignete qualitäts-, kosten- und zeitorientierte Instrumente zu entwickeln und zu Informations- und Koordinationssystemen zu verknüpfen (vgl. Teil D1, Finanzmanagement).

Grundlage für das Projektcontrolling bildet in jedem Fall der Projektplan. Er vermittelt einen Überblick über die geplanten Aktivitäten und die angestrebten Termine. Als sinnvoll erweist sich dabei eine Gliederung des Projektplans, die in vergleichsweise kurzen Abständen messbare Zwischenresultate vorsieht.

6.3.1 Qualitätscontrolling

Zur Messung der *qualitätsorientierten Ziele* empfehlen Specht et al. (2002, S. 471), bei Projektbeginn klare Qualitätsstandards zu definieren und diese nach Abschluss jeder Phase zu messen. Die Erfahrung zeigt jedoch, dass gerade dieser Punkt in der Praxis häufig vernachlässigt wird. Allzu häufig wird beim Erreichen von Meilensteinen lediglich die zeitliche Komponente betrachtet, ohne zu hinterfragen, ob die erzielten Ergebnisse inhaltlich tatsächlich den Erwartungen entsprechen. Als Messgrösse zur Beurteilung der inhaltlichen Qualität von Projekten hat sich zum Beispiel die *First-Pass-Yield-Analyse* (FPY-Analyse) bewährt. Im Rahmen eines Multi-Projekt-Controllings gibt sie Auskunft darüber, wie hoch der Anteil der inhaltlich auf Anhieb erreichten Meilensteine an der Gesamtheit aller Meilensteine ist.

6.3.2 Zeitcontrolling

Zur Beurteilung *zeitorientierter Ziele* empfehlen unter anderen Brockhoff und Urban (1988, S. 26) die *Meilenstein-Trendanalyse.* Sie dient der Terminprognose und Terminverfolgung. Die erwarteten Termine, wann die Meilensteine erreicht werden, werden in einem Trendchart grafisch dargestellt (vgl. Abbildung 20). Das Diagramm wird durch zwei Terminachsen gleichen Massstabs gebildet. Die horizontale Achse repräsentiert den Berichtszeitpunkt, die vertikale den voraussichtlichen Meilensteintermin. Die zu überwachenden Meilensteine und Termine werden durch ein eigenes Symbol gekennzeichnet.

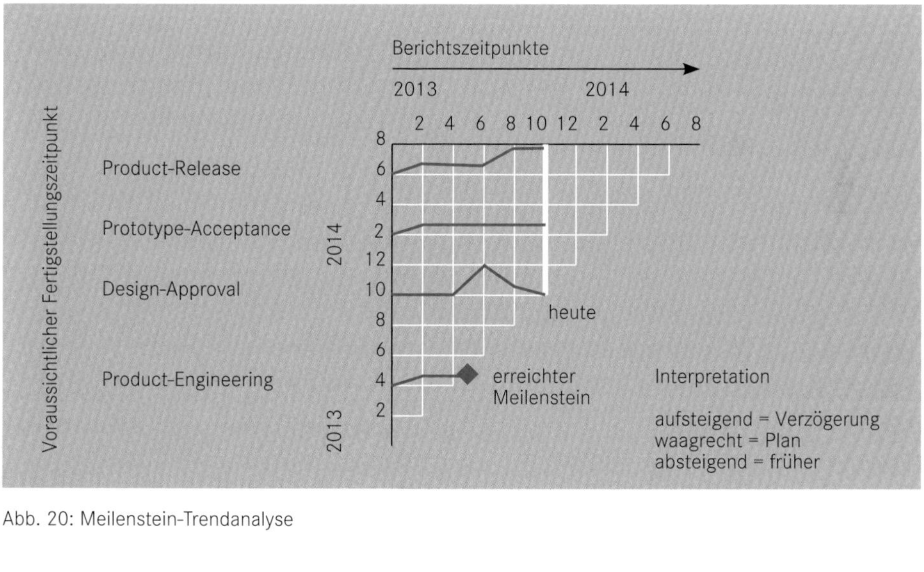

Abb. 20: Meilenstein-Trendanalyse

In Abhängigkeit von der Projektlaufzeit werden in regelmässigen Abständen die voraussichtlichen Termine für das Erreichen der definierten Meilensteine ermittelt, in das Trendchart eingetragen und mit dem Wert der vorangegangenen Schätzung verbunden. Aus dem sich ergebenden Linienzug lässt sich so ein Termintrend ableiten: Steigt die Linie, so wird erwartet, dass der Meilenstein später erreicht, wird als geplant; verläuft die Linie waagrecht, so wird der Meilenstein wie geplant erreicht, und ist sie abfallend, besteht sogar ein Vorsprung gegenüber dem ursprünglichen Zeitplan. Das Meilensteinereignis ist erreicht, sobald die Linie die Diagonale trifft. Die Meilenstein-Trendanalyse ist einfach zu verstehen und kann mit geringem Aufwand in kurzer Zeit durchgeführt werden. Sie findet in der Praxis deshalb hohe Akzeptanz.

6.3.3 Kostencontrolling

Die *Analyse des Kostenverlaufs* rundet eine verlässliche Projektkontrolle ab. Basierend auf dem Aktivitätenplan werden zunächst die geplanten Kosten für die einzelnen Entwicklungsphasen ermittelt und deren kumulierter Verlauf in einer Soll-Kurve über die Projektlaufzeit dargestellt. Bei jedem Meilensteinereignis können sodann die bislang tatsächlich angefallenen Kosten ermittelt und den Soll-Werten gegenübergestellt werden (Soll/Ist-Analyse).

Die Resultate der Controllingaktivitäten sollten in regelmässigen Abständen zusammengefasst und in ein Berichtssystem integriert werden. Je nach Bedarf kann ein solches System unterschiedlich ausgestaltet werden. Neben der Frage, wer an wen berichtet, ergeben sich Unterschiede dabei insbesondere bezüglich des zu berichtenden Inhalts, des Berichtsrhythmus und der Berichtsform (E-Mail, schriftlicher Bericht, mündlich etc.).

Grundsätzlich bleibt jedoch festzuhalten: «Eine offene und innovationsfreundliche Unternehmenskultur, klare Zielsetzungen, ein Entscheidungsgremium mit Durchgriff sowie fachlich und sozial kompetente Projektleiter mit hohen Verfügungsrechten können oft mehr zum Gelingen eines Projektes beitragen als ein ausgeklügeltes System von Kennzahlen mit Softwaredurchdringung in der Projektplanung und -kontrolle» (Boutellier et al., 1999, S. 229).

7 Zusammenfassung

Grundsätzlich ist es die Aufgabe des Innovationsmanagements, die Innovationsaktivitäten in einer Unternehmung so zu steuern, dass die notwendigen und erwünschten – radikalen und inkrementellen – Innovationen generiert und langfristige Wettbewerbsvorteile erzielt werden können. Es werden zwei Betrachtungsweisen unterschieden:

- Aus der *prozessualen* Sichtweise heraus soll Innovationsmanagement als die Gestaltung, Lenkung und Entwicklung des Innovations*prozesses* verstanden werden. Dies führt zur Umsetzung neuer, nützlicher Ideen von ihrer Entstehung bis zur erfolgreichen praktischen Anwendung.
- Aus *systemtheoretischer* Sicht beschäftigt sich Innovationsmanagement mit der Gestaltung, Lenkung und Entwicklung des Innovations*systems*, innerhalb dessen die Innovationsprozesse ablaufen. Diese Aktivitäten sollen die Innovationsfähigkeit der Unternehmung sichern beziehungsweise stärken. Dazu gehören die Entwicklung abgestimmter Innovationsstrategien, die Durchsetzung innovationsfördernder Strukturen sowie die Schaffung einer geeigneten Unternehmenskultur.

Der vorliegende Beitrag fokussiert auf die prozessuale Sicht. Die diesbezüglichen Erkenntnisse über ein schlagkräftiges Innovationsmanagement lassen sich folgendermassen zusammenfassen:

- Als funktionsübergreifender, aggregierter Leistungsprozess steuert der nahtlose Innovationsprozess sämtliche Innovationsaktivitäten. In diesem Rahmen laufen Innovationsprojekte ab.
- Bei der Gestaltung des Prozesses werden die empirisch ermittelten Erfolgsfaktoren berücksichtigt.
- Teilprozesse mit dem höchsten Komplexitäts- und Neuigkeitsgrad werden in Form von Projekten bearbeitet. Alle anderen Teilprozesse werden routinisiert.
- Die Arbeit in den Teilprozessen und in den Projekten läuft soweit wie möglich in bereichsübergreifenden Teams.
- Dem Start eines Innovationsprojektes ist eine Konzeptionsphase vorangestellt, die sicherstellen muss, dass «die richtigen Dinge getan werden». Resultat der Konzeptionsphase sind sorgfältig ausgearbeitete Vorschläge für Innovationsprojekte.
- Im Rahmen der Konzeptionsphase besteht der erste Schritt darin, geeignete Suchfelder zu definieren. Auf dieser Basis erfolgt die Generierung innovativer Lösungsideen, deren schrittweise Beurteilung und Analyse sowie deren Beschreibung in Form eines Projektvorschlags.
- Projektvorschläge werden nach Risikogesichtspunkten beurteilt und differenziert. Die Einteilung in eine bestimmte Kategorie hat eine unterschiedliche Projektorganisation (Verantwortlichkeiten und Abläufe) zur Folge.

- Die Verantwortung für den geeigneten Projekt-Mix im Sinne eines Multiprojektmanagements liegt bei einem interdisziplinär besetzten und hochkarätigen Steuerungsgremium beziehungsweise Lenkungsausschuss.
- In der Realisierungsphase steht die Effizienz im Vordergrund, das heisst, die gewählten Projekte sind zeit-, kosten- und qualitätsgerecht zu realisieren («die Dinge richtig tun»).
- Das Steuerungsgremium dient als Konfliktregulierungsinstanz während der Projektbearbeitung.
- Sämtliche Projekte werden mit einem systematischen Projektmanagement bearbeitet. Die Verantwortung für die Durchführung der Projekte liegt bei einem Projektleiter.
- Die Einbindung der Projekte in die Unternehmung erfolgt über die Matrixorganisation. Es gelten die Regeln einer «hochkarätigen Einbindung». Bei grossen und speziell komplexen Projekten kann eine weiter gehende organisatorische Verselbstständigung («autonom») zugelassen werden.

8 Literaturverzeichnis

Augsten, T., Brodbeck, H. & Birkenmeier, B. (2017). *Strategie und Innovation. Die entscheidenden Stellschrauben im Unternehmen wirksam nutzen.* Wiesbaden: Springer Gabler.

Baker, N. R., Winkofsky, E. P., Langmeyer, L. & Sweeney, D. J. (1980). *Idea Generation.* In: Dean B. V. & Goldhar, J. (Hrsg.), *Management of Research and Innovation* (S. 33–51). Amsterdam, New York: Oxfort.

Baschera, P. (1998). *Innovationsmanagement 1.* Unterlagen zur Vorlesung, gehalten an der ETH Zürich.

Birkenmeier, B. & Brodbeck, H. (2010). *Wunderwaffe Innovation – Was Unternehmen unschlagbar macht – ein Ratgeber für Praktiker.* Zürich: Orell Füssli Verlag.

Bleicher, K. (2004). *Das Konzept Integriertes Management* (7. Aufl.). Frankfurt am Main, New York: Campus.

Boutellier, R., Dinger, H. & Lee, H. (1999). *Zu detailliertes Projektcontrolling schadet.* In: Boutellier, R., Völker, R. & Voit, E. (Hrsg.), *Innovationscontrolling* (S. 223–230). München, Wien: Carl Hanser Verlag.

Braun, M. & Siegel, T. (2001). *Controlling im Innovationsprozess – vom Kontrolleur zum Lotsen.* In: Braun, M., Feige, A., Sommerlatte, T. & Little A. D. (Hrsg.), *Business Innovation* (S. 272–288). Frankfurt am Main: FAZ Institut.

Brockhoff, K. & Urban, C. (1988). *Die Beeinflussung der Entwicklungsdauer.* In: Brockhoff, K., Picot, A. & Urban, C. (Hrsg.), *Zeitmanagement in Forschung und Entwicklung, Zeitschrift für betriebswirtschaftliche Forschung, 5* (1988, Sonderheft 23), S. 20–28.

Brodbeck, H., Birkenmeier, B., Savioz, P. & Lichtenthaler, E. (2002). *Wie man ein «Innovations-Champion» wird.* new management, Nr. 5/2002, S. 56–64.

Bürgel, H. D., Hess, S. & Kleinert, S. (2000). *Modernes F&E-Controlling.* In: Gassmann, O., Kobe, C. & Voit, E. (Hrsg.), *High-Risk-Projekte* (S. 135–167). Berlin: Springer.

Cooper, R. (2010). *Top oder Flop in der Produktentwicklung.* Weinheim: Wiley-VCH.

Creese, R. C. & Moore, T. (1990). *Cost Modeling for Concurrent Engineering.* Cost Engineering, 32 (6/1990), S. 23–27.

Fink, A. & Siebe, A. (2016). *Szenario-Management. Von strategischem Vorausdenken zu zukunftsrobusten Entscheidungen.* Frankfurt am Main, New York: Campus.

Hauschildt, J., & Salomo, S. (2007). *Innovationsmanagement* (4. Aufl.). München: Vahlen.

Herb, R., Herb, T. & Kohnhauser, V. (2000). *TRIZ – Der systematische Weg zur Innovation.* Landsberg am Lerch: Verlag Moderne Industrie.

Herstatt, C. (2001). *Suchfelder für Innovationen mit Marktforschung erschliessen.* io management, Nr. 9/ 2001, S. 16–25.

Herstatt, C. (2003). *Innovation durch kompetenzbasierte Diversifikation.* In: Herstatt, C. & Verworn, B. (Hrsg.), *Management der frühen Innovationsphasen* (S. 103–116). Wiesbaden: Gabler.

Katzensteiner, T. (2003). *Blick in die Glaskugel.* WirtschaftsWoche, Nr. 27/2003, S. 60–65.

Kniess, M. (1995). *Kreatives Arbeiten – Methoden und Übungen zur Kreativitätssteigerung.* München: Verlag C. H. Beck.

Lüthje, C. (2003). *Methoden zur Sicherstellung von Kundenorientierung in den frühen Phasen des Innovationsprozesses.* In: Herstatt, C. & Verworn, B. (Hrsg.), *Management der frühen Innovationsphasen* (S. 36–52). Wiesbaden: Gabler.

Magretta, J. (2004). *Basic Management.* München: Deutscher Taschenbuch Verlag.

Marlow, G. (2001). *Wenn die pfiffigen Ideen ausbleiben – den innovativen Geist entfesseln.* In: Braun, M., Feige, A., Sommerlatte, T. & Little, A. D. (Hrsg.), *Business Innovation* (S. 140–152). Frankfurt am Main: FAZ Institut.

Michalko, M. (2001). *Erfolgsgeheimnis Kreativität.* Landberg am Lerch: mvg-Verlag.

Osterwalder, A. & Pignuer, A. (2011). *Business Model Generation. Ein Handbuch für Visionäre, Spielveränderer und Herausforderer.* Frankfurt am Main: Campus.

Rommel, G. et al. (2006). *Einfach überlegen – das Unternehmenskonzept, das die Schlanken schlank und die Schnellen schnell macht.* München: Redline.

Schlicksupp, H. (1998). *Ideenfindung.* Würzburg: Vogel Verlag.

Sommerlatte, T. (2001). *Strategie, Innovation, Kosteneffizienz.* Düsseldorf: Symposium Publishing.

Sommerlatte, T. & Grimm, U. (2003). *Kreativität besser managen.* Harvard Business Review, Februar 2003, S. 49–55.

Specht, G., Beckmann, C. & Amelingmeyer, J. (2002). *F&E-Management* (2. Aufl.). Stuttgart: Schäffer-Poeschel.

Stahl, H. & v. d. Eichen, S. (2003). *Vorsicht, «Innovationsmanagement».* new management, Nr. 5/2003, S. 14–22.

Zahn, E. & Weidler, A. (1995). *Verwertung technologischer Fähigkeiten. Integriertes Innovationsmanagement.* In Zahn, E. (Hrsg.), *Handbuch Technologie-Management* (S. 351–376). Stuttgart: Schäffer-Poeschel.

8

Finanzmanagement D1

Matthias Blattner • Walter Hugentobler •
Ivan Köhle • Fabian Schmid

Weiterführende Texte, Übungsaufgaben
und Lernkontrollen finden Sie unter
www.bwl-online.ch

1 Rechnungswesen und Controlling

1.1 Begriff und Aufgaben des Rechnungswesens

Die Funktion des **Rechnungswesens** ist es, die finanziellen Vorgänge innerhalb einer Unternehmung und die Interaktionen zwischen ihr und ihrer Umwelt wertmässig zu erfassen und abzubilden sowie den wirtschaftlichen Zustand der Unternehmung wiederzugeben. Das Rechnungswesen kann, wie in Abbildung 1 dargestellt, in verschiedene Bereiche aufgeteilt werden:

Finanzielles Rechnungswesen	**Betriebliches Rechnungswesen**		**Bilanz- und Erfolgsanalyse**
Buchhaltung	Kostenrechnung	Planungsrechnung	
Vergangenheitsrechnung, die als Grundlage der externen Rechnungslegung dient	Vergangenheitsrechnung, welche die betriebliche Leistung erfasst und ihr die relevanten Kosten gegenüberstellt	Interne, zukunftsgerichtete Rechnung, welche die angestrebte betriebliche Leistung und den Unternehmenserfolg für zukünftige Perioden ermittelt	Systematische Auswertung der Daten des Rechnungswesens, mit dem Ziel, Soll/Ist-Abweichungen zu erkennen und damit die Grundlage für Korrekturmassnahmen zu erarbeiten

Abb. 1: Das Rechnungswesen im Überblick (in Anlehnung an Boemle, 2008, S. 37)

Während die traditionelle Buchhaltung und die internen Rechnungen auf Papier in der zweiten Hälfte des 20. Jahrhunderts durch erste, oft unternehmungsspezifische Informatiklösungen abgelöst wurden, stehen heute oft umfassende Standardlösungen – sogenannte **Enterprise-Resource-Planning (ERP)-Systeme** – im Einsatz. Diese hoch integrierten Systeme bilden die zentrale Grundlage für moderne *Management-Informationssysteme (MIS)*. Die Bestandteile des Rechnungswesens sind dabei nur noch ein – wenn auch wichtiger – Teilbereich dieser Informationssysteme. Daneben spielen integrierte Produktionsplanungs- und -steuerungssysteme (PPS), Warenbewirtschaftungssysteme und weitere Module eine immer wichtigere Rolle. Die einzelnen Teilsysteme des ERP sind über Schnittstellen so miteinander verbunden, dass Daten untereinander ausgetauscht werden können. So beziehen die Kosten- und die Planungsrechnung Ist- und Planbetriebsdaten direkt aus dem PPS, welches dabei die Aufgaben der Betriebsdatenerfassung (BDE) wahrnimmt. Dadurch wird das Rechnungswesen integrierter Bestandteil der anderen operativen Informationssysteme.

Das Rechnungswesen nimmt unterschiedlichste Aufgaben innerhalb der Unternehmung wahr. Die wichtigsten davon sind (Meyer, 2012, S. 3 ff.):

- *Rechenschaftsablage:* Das Rechnungswesen gibt Auskunft über die Vermögens-, Finanz- und Ertragslage der Unternehmung. Es dient als Instrument der Rechenschaftsablage gegenüber den verschiedenen Anspruchsgruppen.
- *Planungsfunktion:* Das Rechnungswesen kann strategische und operative Pläne hinsichtlich ihrer finanziellen Konsequenzen bewerten und die Auswirkungen unterschiedlicher Szenarien ermitteln.
- *Entscheidungs- und Steuerungsfunktion:* Das Rechnungswesen liefert systematisch geordnete Ist-Daten aus der Vergangenheitsrechnung und Plan-Daten aus den Planungsrechnungen. Diese Daten dienen der Unternehmungsleitung als Entscheidungsgrundlage.
- *Kontrollfunktion:* Das Rechnungswesen ermöglicht es, Ist-Daten mit Plan-Daten zu vergleichen und so die Erreichung von Zielen zu überprüfen. Es schafft damit die Möglichkeit, rechtzeitig auf Abweichungen zwischen Plan und Ist zu reagieren und Korrekturmassnahmen einzuleiten.
- *Gläubigerschutz:* Das Rechnungswesen ist an gesetzliche Normen gebunden, welche den Schutz der Fremdkapitalgeber zum Ziel haben.
- *Memorandum und Rechtshilfe:* Das Rechnungswesen dient als Dokumentationsinstrument, da Belege und Verträge aufbewahrt werden müssen und so vergangene Geschäftsvorgänge jederzeit nachvollziehbar sind. Bei Rechtsstreitigkeiten kann das Rechnungswesen wertvolle Informationen für die Beweisführung liefern.
- *Steuerbasis:* Das Rechnungswesen stellt die Grundlage zur Veranlagung der verschiedenen Steuern bereit. Dabei sind in der Buchhaltung erfasste Geschäftsfälle steuerlich massgeblich.
- *Information der Öffentlichkeit:* Das Rechnungswesen stellt die Daten für Geschäftsberichte bereit, die insbesondere Kapitalgebern und Geschäftspartnern zugänglich gemacht werden. Diese Berichte können auch als Kommunikationsinstrument zur Information weiterer Anspruchsgruppen sowie der Öffentlichkeit zum Einsatz kommen.

1.2 Finanzielles Rechnungswesen

1.2.1 Einführung

Das **finanzielle Rechnungswesen** – die **Buchhaltung** (financial accounting) – erfasst die Vorgänge der Unternehmung nach gesetzlichen Kriterien oder nach den Normen von anerkannten Rechnungslegungsstandards. Es bildet die Vermögens- und Finanz- sowie die Ertragslage, ausgewählte Mittelflüsse sowie – je nach Bedarf – weitere Sachverhalte in der Unternehmung ab. Adressaten des finanziellen Rechnungswesens sind neben internen Stellen externe Anspruchsgruppen, vor allem Kapitalgeber, der Staat (Steuerbehörde) und in beschränktem Umfang die Mitarbeitenden, Geschäftspartner, Konkurrenten und die Öffentlichkeit.

1.2.2 Die Bilanz

Die **Bilanz** (balance sheet) ist eine Bestandesaufnahme der Vermögens- und Finanzlage der Unternehmung zu einem bestimmten Zeitpunkt.

Aktiven und Passiven

Wie aus oben stehender Definition der Bilanz hervorgeht, wird bei der Bilanz zwischen der Vermögens- und der Finanzlage unterschieden. Als *Vermögen* werden in diesem Zusammenhang Güter oder Rechte bezeichnet, welche die Unternehmung besitzt und nutzen kann, ohne dass sie dafür weitere Leistungen erbringen muss. Das Vermögen wird in der Bilanz als **Aktiven** (assets) bezeichnet. Das *Kapital,* das einer Unternehmung zur Verfügung steht, wird in der Bilanz als **Passiven** (liabilities and equity) bezeichnet. Vereinfacht ausgedrückt zeigen die Passiven also auf, wer der Unternehmung wie viel Kapital zur Verfügung gestellt hat – die Mittelherkunft. Die Aktiven auf der anderen Seite geben Auskunft über die Mittelverwendung, also darüber, wie das Kapital eingesetzt worden ist. Da das gesamte zur Verfügung gestellte Kapital auch in irgendeiner Weise verwendet wird, muss die Summe aller Aktiven jederzeit gleich gross sein wie die Summe aller Passiven.

Die Aktiven werden unterteilt in Umlauf- und Anlagevermögen. Beim **Umlaufvermögen** (current assets) handelt es sich um Aktiven, welche kurzfristig verbraucht oder wieder in liquide Mittel umgewandelt werden. Als kurzfristig wird in der Regel ein Zeitraum von bis zu einem Jahr betrachtet. Wird das kurzfristige Fremdkapital – welches ja bald zurückbezahlt werden muss – vom Umlaufvermögen abgezogen, so spricht man vom **Nettoumlaufvermögen** (NUV, net working capital, NWC). Als **Anlagevermögen** (fixed assets) werden jene Aktiven bezeichnet, in welche die Unternehmung mit der Absicht einer langfristigen Nutzung investiert hat, die also nicht bereits innerhalb eines Jahres wieder veräussert oder vollständig verbraucht werden sollen.

Wie die Aktiven werden auch die Passiven nach der Dauer der Kapitalbindung gegliedert. Es wird zuerst das rückzahlbare Fremdkapital vor dem nicht rückzahlbaren Eigenkapital aufgeführt. **Fremdkapital** (liabilities) wird der Unternehmung für eine bestimmte (oder in seltenen Fällen unbestimmte) Dauer zur Verfügung gestellt. Der Fremdkapitalgeber ist Gläubiger der Unternehmung und hat Anrecht auf die Rückzahlung des Kapitals. Das **Eigenkapital** (shareholders' equity) hingegen steht der Unternehmung in der Regel auf unbestimmte Dauer zur Verfügung. Der Eigenkapitalgeber ist (Mit-)Eigentümer der Gesellschaft und hat kein Recht auf die Rückzahlung des Kapitals. Beim Fremdkapital wird zwischen kurzfristigem (short-term) und langfristigem (long-term) Fremdkapital unterschieden, wobei auch bei den Passiven Fälligkeiten bis zwölf Monate als kurzfristig eingestuft werden.

Darstellung und Gliederung der Bilanz

Die Bilanz kann grundsätzlich auf zwei verschiedene Arten dargestellt werden: in Kontenform oder in Staffelform. In der *Kontenform* (Abbildung 2) stehen sich, getrennt durch ein

Kontenkreuz, Aktiven auf der linken und Passiven auf der rechten Seite gegenüber. In der *Staffelform* (Abbildung 3) hingegen werden zuerst alle Aktiven aufgelistet, danach folgen die Passiven. In der Schweiz werden die Aktiven in der Regel nach der Dauer geordnet, innert welcher sie unter normalen Umständen in flüssige Mittel umgewandelt werden können **(Liquiditätsprinzip)**, und zwar in aufsteigender Reihenfolge. Die erste Position in den Aktiven sind deshalb die flüssigen Mittel selbst. Die Passiven sind nach der Frist gegliedert, innert welcher die einzelnen Positionen fällig werden **(Fälligkeitsprinzip)**, ebenfalls in aufsteigender Reihenfolge, beginnend also mit dem kurzfristigen Fremdkapital. Im übrigen europäischen und im angelsächsischen Raum ist die Gliederung der Aktiven und Passiven gerade umgekehrt. Die Aktiven mit einer langen Kapitalbindungsdauer werden zuerst aufgeführt, auf das Anlagevermögen folgt an zweiter Stelle das Umlaufvermögen. Bei den Passiven steht das Eigenkapital ganz oben, gefolgt vom langfristigen und vom kurzfristigen Fremdkapital.

Das Obligationenrecht schreibt für die Bilanz von Unternehmungen mit Pflicht zur Buchführung in Art. 959a OR eine Mindestgliederung vor. Diese hat einen sehr geringen Detaillierungsgrad. In den meisten Fällen wird es aus betriebswirtschaftlicher Sicht sinnvoll sein, eine detailliertere Gliederung vorzunehmen. Sie muss jeweils an die Bedürfnisse der betreffenden Unternehmung angepasst werden. Die Beispiele in Abbildung 2 und Abbildung 3 sind stark vereinfacht. Nachfolgend werden die einzelnen Positionen kurz erklärt.

Aktiven

Flüssige Mittel (cash and cash equivalents): Unter den flüssigen Mitteln werden Zahlungsmittel aufgeführt, über welche die Unternehmung sofort oder innerhalb sehr kurzer Frist verfügen kann, also Bargeld und Guthaben auf Post- und Bankkontokorrent-Konten. Kurzfristige Termingelder oder an der Börse kotierte Wertschriften, die nicht als langfristige Finanzanlage gehalten werden, können ebenfalls zu den flüssigen Mitteln gezählt werden.

Forderungen aus Lieferungen und Leistungen (trade receivables) sowie **Delkredere** (provision for doubtful debts): Dies sind Forderungen gegenüber Kunden, die aus dem betrieblichen Umsatz entstanden und noch nicht bezahlt worden sind. Das Delkredere ist eine Wertberichtigung auf diesen Forderungen, da davon ausgegangen werden muss, dass nicht alle Kunden ihren Verpflichtungen nachkommen werden. Forderungen aus Lieferungen und Leistungen werden meistens als **Debitoren** bezeichnet.

Übrige kurzfristige Forderungen (other current receivables): Unter dieser Position werden Forderungen bilanziert, die nicht direkt aus der betrieblichen Umsatztätigkeit entstanden sind, beispielsweise Lohnvorschüsse an Mitarbeitende oder Anzahlungen an Lieferanten.

Aktive Rechnungsabgrenzung: Aktive Abgrenzungsposten sind Aufwandpositionen, die in der laufenden Periode verbucht worden sind, jedoch in eine spätere Periode gehören (transitorische Aktiven, prepaid expenses), oder Erträge der aktuellen Periode, die erst in

Bilanz per 31.12.20_1			in kCHF		
Aktiven			**Passiven**		
Flüssige Mittel	10		Kontokorrentkredite	100	
Forderungen aus Lieferungen und Leistungen (Debitoren)	280		Verbindlichkeiten aus Lieferungen und Leistungen (Kreditoren)	160	
Delkredere	-30		Übrige kurzfristige Verbindlichkeiten	30	
Übrige kurzfristige Forderungen	40		Kurzfristige Rückstellungen	20	
Aktive Rechnungsabgrenzung	20		Passive Rechnungsabgrenzung	30	
Vorräte	180		Kurzfristiges Fremdkapital		340
Umlaufvermögen		500			
			Langfristige Darlehen	490	
Finanzanlagen	140		Langfristige Rückstellungen	120	
Beteiligungen	180		Langfristiges Fremdkapital		610
Sachanlagen	750				
Immaterielle Anlagen	80		Aktienkapital	400	
Anlagevermögen		1 150	Reserven	260	
			Bilanzgewinn	40	
			Eigenkapital		700
		1 650			1 650

Abb. 2: Bilanz in Kontenform

einer späteren Periode verbucht werden können (antizipative Aktiven, accrued income). Um die Auswirkung auf den Erfolg zeitlich zu verschieben, werden sie deshalb in der Bilanz aktiviert. Als Beispiel kann ein Servicevertrag genannt werden, der für die Folgeperiode abgeschlossen wurde und für den bereits im Voraus bezahlt worden ist.

Vorräte (inventories): Darunter fallen alle Material- und Warenvorräte der Unternehmung. Diese werden in der Regel aufgeteilt in Rohmaterial (raw material), Ware in Arbeit (work in progress), Halbfabrikate (semi-finished goods), Fertigfabrikate (finished goods) und Handelswaren (merchandise).

Finanzanlagen (financial assets): Unter dieser Position werden beispielsweise Darlehen aufgeführt, welche die Unternehmung langfristig an Dritte gewährt hat.

Beteiligungen (investments in other companies): Unter Beteiligungen versteht man Investitionen in andere Unternehmen, welche einen massgeblichen Einfluss vermitteln und mit langfristigem Zeithorizont getätigt werden.

Sachanlagen (tangible assets): Darunter fällt das Anlagevermögen, welches für die betriebliche Umsatztätigkeit genutzt wird, also die gesamte Betriebs- und Geschäftseinrichtung, Produktionsanlagen, Gebäude oder Grundstücke (property, plant and equipment).

Immaterielle Anlagen (intangible assets): Unter dieser Position werden immaterielle Güter ausgewiesen, welche die Unternehmung in Zukunft nutzen darf. Es wird zwischen

Bilanz per 31.12.20_1		in kCHF
Flüssige Mittel	10	
Forderungen aus Lieferungen und Leistungen (Debitoren)	280	
Delkredere	-30	
Übrige kurzfristige Forderungen	40	
Aktive Rechnungsabgrenzung	20	
Vorräte	180	
Umlaufvermögen		500
Finanzanlagen	140	
Beteiligungen	180	
Sachanlagen	750	
Immaterielle Anlagen	80	
Anlagevermögen		1 150
Total Aktiven		1 650
Kontokorrentkredite	100	
Verbindlichkeiten aus Lieferungen und Leistungen (Kreditoren)	160	
Übrige kurzfristige Verbindlichkeiten	30	
Kurzfristige Rückstellungen	20	
Passive Rechnungsabgrenzung	30	
Kurzfristiges Fremdkapital		340
Langfristige Darlehen	490	
Langfristige Rückstellungen	120	
Langfristiges Fremdkapital		610
Aktienkapital	400	
Reserven	260	
Bilanzgewinn	40	
Eigenkapital		700
Total Passiven		1 650

Abb. 3: Bilanz in Staffelform

erworbenen (derivativen) und selbst erarbeiteten (originären) immateriellen Anlagen unterschieden. Erstere (zum Beispiel Patente, Lizenzen, Goodwill) dürfen zu Anschaffungskosten aktiviert werden, letztere nur unter bestimmten Voraussetzungen, welche von den Rechnungslegungsstandards vorgegeben werden.

Passiven

Kontokorrentkredite (bank current accounts): Dies sind kurzfristige Bankkredite. Sie dienen der kurzfristigen Vorfinanzierung der laufenden Verpflichtungen und ermöglichen die termingerechte Abwicklung des Zahlungsverkehrs.

Verbindlichkeiten aus Lieferungen und Leistungen (trade payables): Unter dieser Position werden noch nicht bezahlte Verpflichtungen gegenüber Lieferanten aufgeführt. Schulden aus Lieferungen und Leistungen werden meistens als **Kreditoren** bezeichnet.

Übrige kurzfristige Verbindlichkeiten (other current payables): Darunter werden Verpflichtungen verstanden, die nicht in direktem Zusammenhang mit dem Kauf von Gütern und Dienstleistungen für die Leistungserstellung stehen, zum Beispiel Steuerschulden oder Anzahlungen von Kunden.

Passive Rechnungsabgrenzung: Passive Abgrenzungsposten sind Aufwandspositionen, welche die laufende Periode betreffen, jedoch erst in der Folgeperiode belastet werden (antizipative Passiven, accrued expenses), oder Erträge, die bereits verbucht, aber noch nicht vollständig realisiert worden sind (transitorische Passiven, deferred income). Um die Auswirkung auf den Erfolg zeitlich zu verschieben, werden sie deshalb in der Bilanz passiviert. Als Beispiel kann der Hypothekarzins genannt werden, der für die laufende Periode erst in der Folgeperiode belastet wird.

Langfristige Darlehen (long-term loans): Diese Darlehen werden für längere Zeit gewährt. Höhe und Zeitpunkt der Amortisationen werden in der Regel im Voraus festgelegt. Langfristige Darlehen werden neben den Banken oft auch von Aktionären oder von anderen der Unternehmung nahe stehenden Personen oder Institutionen gewährt.

Rückstellungen (provisions): Rückstellungen werden für Verpflichtungen gebildet, deren Eintreten noch nicht sicher ist und/oder deren Höhe noch nicht bekannt ist. Als Beispiel kann hier eine Rückstellung für erwartete Garantiefälle genannt werden oder eine Rückstellung im Zusammenhang mit einer Rechtsstreitigkeit. In beiden Fällen ist noch nicht klar, ob die Verpflichtung überhaupt eintritt, und wie hoch sie gegebenenfalls sein wird. Es wird zwischen kurzfristigen (current) und langfristigen (non-current) Rückstellungen unterschieden.

Aktienkapital (share capital): Das Aktienkapital ist das Grundkapital der Aktiengesellschaft (vgl. Abschnitt 2.4.2), welches von den Aktionären gezeichnet worden ist. Dabei wird nur der Nominalwert des Aktienkapitals unter dieser Position geführt. Darüber hinaus einbezahltes Kapital wird den Reserven zugewiesen.

Reserven (reserves): Unterschieden wird zwischen gesetzlichen, statutarischen und freien Reserven, wobei es in jeder Kategorie wieder Unterkategorien geben kann. Reserven werden entweder aus nicht ausgeschütteten Gewinnen (retained earnings) oder aus Kapitaleinzahlungen (Agio, paid-in capital) gebildet. Die Äufnung gesetzlicher Reserven ist im Obligationenrecht für die Aktiengesellschaft, die Gesellschaft mit beschränkter Haftung und für die Genossenschaft geregelt (Art. 671 ff. OR, Art. 860 ff. OR). Statutarische Reserven müssen Gesellschaften bilden, deren Statuten dies vorsehen. Sie sind also unternehmensspezifisch. Freie Reserven können in wirtschaftlich guten Zeiten gebildet und von der Generalversammlung per Beschluss jederzeit wieder aufgelöst werden. Ein Spezialfall sind die stillen Reserven. Diese sind aus der Bilanz nicht ersichtlich (vgl. Abschnitt 2.3.1).

Bilanzgewinn (profit available for distribution): Der Bilanzgewinn setzt sich aus dem Gewinnvortrag (accumulated profit) und dem Jahresgewinn (current year's profit) zusammen. Der **Gewinnvortrag** ist der Rest des Vorjahresgewinnes, der weder an die Aktionäre ausgeschüttet noch den Reserven zugewiesen worden ist. Der **Jahresgewinn** ist das Ergebnis der Erfolgsrechnung der laufenden Periode. Anstelle eines Bilanzgewinns, Gewinnvortrags oder Jahresgewinns kann es sich natürlich auch um einen Bilanzverlust, einen Verlustvortrag oder einen Jahresverlust handeln.

1.2.3 Die Erfolgsrechnung

Die **Erfolgsrechnung** (profit and loss account, income statement) gibt die Ertragslage einer Unternehmung über einen bestimmten Zeitraum wieder.

Aufwand und Ertrag

In der Erfolgsrechnung wird zwischen Aufwand und Ertrag unterschieden. Beim **Aufwand** (expenses) handelt es sich um einen Wertverzehr von Bilanzpositionen, beim **Ertrag** (revenues) um einen Wertzuwachs. Werden Löhne an die Mitarbeitenden bezahlt, so nehmen die flüssigen Mittel ab – ihr Wert vermindert sich. Werden Maschinen abgeschrieben, so vermindert sich das Anlagevermögen, und bezahlen Kunden ihre Rechnungen auf das Bankkonto der Unternehmung, so nehmen die flüssigen Mittel zu – ihr Wert wächst. Die Differenz zwischen Aufwand und Ertrag ist der **Erfolg** (profit or loss) oder das Periodenergebnis (result) der Unternehmung. Ist der Ertrag grösser als der Aufwand, so hat die Unternehmung einen **Gewinn** (profit, earnings) erwirtschaftet, andernfalls einen **Verlust** (loss).

Da es sich bei erfolgswirksamen Vorgängen um Geschäftsfälle handelt, die den Wert einer Aktivposition erhöhen oder vermindern oder die Schulden vergrössern oder verkleinern, schafft oder vernichtet die Unternehmung damit Wert. Diese Wertveränderungen vergrössern oder verkleinern das Eigenkapital der Unternehmung. Werden durch eine erfolgswirksame Buchung also die Aktiven oder das Fremdkapital verändert, verändert sich in gleichem Umfang auch das Eigenkapital, und zwar die Position Jahresgewinn. Der Jahresgewinn der Bilanz und der Jahresgewinn der Erfolgsrechnung sind deshalb immer gleich gross. Die Erfolgsrechnung kann darum als Hilfsrechnung zum Jahresergebnis in der Bilanz betrachtet werden.

Anstatt die erfolgswirksame Buchung einfach nur im Konto Jahresgewinn zu erfassen, wird sie in der Erfolgsrechnung in einem Aufwands- oder Ertragskonto erfasst. So kann genauer analysiert werden, um welchen Sachverhalt es sich dabei gehandelt hat, um was für eine Art von Aufwand oder Ertrag. Der Erfolg wird einmal als Veränderung des Eigenkapitals und einmal als Ergebnis der Erfolgsrechnung ausgewiesen, deshalb spricht man vom **doppelten Erfolgsnachweis**.

Darstellung und Gliederung der Erfolgsrechnung

Wie die Bilanz kann auch die Erfolgsrechnung in *Konten-* (Abbildung 4) oder *Staffelform* (Abbildung 5) dargestellt werden. In der Kontenform steht den Erträgen auf der rechten Seite der Aufwand auf der linken Seite gegenüber. In der Staffelform werden die Stufen der Erfolgsrechnung und innerhalb der einzelnen Stufen die Ertrags- und Aufwandpositionen untereinander ausgewiesen. Die Differenz zwischen Aufwand und Ertrag ist das Ergebnis, also der Gewinn oder der Verlust. Die Erfolgsrechnung ist *mehrstufig* aufgebaut, damit ein aussagekräftigeres Bild über die Ertragslage der Unternehmung entsteht. Nach Abzug aller betrieblichen Aufwände von den Erträgen resultiert das betriebliche Ergebnis vor Zinsen, Steuern und Abschreibungen (EBITDA, Earnings Before Interest, Taxes, Depreciation and Amortization. Achtung: Der englische Begriff Amortization entspricht nicht dem Begriff

Erfolgsrechnung 1.1.–31.12.20_1					**in kCHF**
Aufwand			Ertrag		
Materialaufwand	400		Ertrag aus Lieferungen und Leistungen	810	
Personalaufwand	150		Übriger betrieblicher Ertrag	50	
Übriger Betriebsaufwand	100		Bestandesänderungen	40	
Betriebliches Ergebnis vor Abschreibungen, Zinsen und Steuern	250				
		900			900
Abschreibungen	120		Betriebliches Ergebnis vor Abschreibungen, Zinsen und Steuern (EBITDA)	250	
Betriebliches Ergebnis vor Zinsen und Steuern	130				
		250			250
Zinsaufwand	60		Betriebliches Ergebnis vor Zinsen und Steuern	130	
Betriebliches Ergebnis vor Steuern (EBT)	90		Zinsertrag	20	
		150			150
Betriebsfremder Aufwand	20		Betriebliches Ergebnis vor Steuern (EBT)	90	
Ausserordentlicher Aufwand	60		Betriebsfremder Ertrag	50	
Jahresgewinn vor Steuern	70		Ausserordentlicher Ertrag	10	
		150			150
Steueraufwand	20		Jahresgewinn vor Steuern	70	
Jahresgewinn	50				
		70			70

Abb. 4: Erfolgsrechnung in Kontenform

Erfolgsrechnung 1.1.–31.12. 20_1		in kCHF
Erlöse aus Lieferungen und Leistungen	810	
Übriger betrieblicher Ertrag	50	
Bestandesänderungen	40	
Materialaufwand	– 400	
Personalaufwand	– 150	
Übriger Betriebsaufwand	– 100	
Betriebliches Ergebnis vor Abschreibungen, Zinsen und Steuern (EBIT)		250
Abschreibungen	– 120	
Ordentlicher Unternehmensgewinn vor Zinsen und Steuern		130
Zinsertrag	20	
Zinsaufwand	– 60	
Betriebliches Ergebnis vor Steuern (EBT)		90
Betriebsfremder Ertrag	50	
Betriebsfremder Aufwand	– 20	
Ausserordentlicher Ertrag	10	
Ausserordentlicher Aufwand	– 60	
Jahresgewinn vor Steuern		70
Steueraufwand	– 20	
Jahresgewinn		50

Abb. 5: Erfolgsrechnung in Staffelform

Amortisation im deutschen Sprachgebrauch, sondern es sind die Abschreibungen auf immaterielle Vermögenswerte gemeint). Werden zudem die Abschreibungen (Abschreibungen von Sachanlagen und immateriellen Anlagen) in Abzug gebracht, spricht man vom betrieblichen Ergebnis vor Zinsen und Steuern (EBIT, Earnings Before Interest and Taxes). Die betriebsfremden und ausserordentlichen Positionen sowie die Finanzierungs- und Steuereffekte werden separat ausgewiesen. Diese Aufteilung erleichtert den Vergleich mit anderen Unternehmen.

Auch die Beispiele in Abbildung 4 und Abbildung 5 sind wenig detailliert. Während Art. 959b OR die Mindestgliederung für die Erfolgsrechnung vorgibt, ist in der Praxis in den meisten Fällen aus betriebswirtschaftlicher Sicht jedoch ein höherer Detaillierungsgrad erforderlich. Wie bei der Bilanz gilt auch bei der Erfolgsrechnung, dass diese an die Gegebenheiten der jeweiligen Unternehmung angepasst werden muss.

In der Erfolgsrechnung sind die Aufwände und Erträge der Unternehmung nach Arten gegliedert. Die einzelnen Positionen sagen also aus, um welche Art von Aufwand oder Ertrag es sich handelt. Dabei sagt die Aufwands- oder Ertragsart alleine noch nichts darüber aus, auf welcher Stufe der Erfolgsrechnung eine Position anzusiedeln ist. So kann es zum Beispiel sowohl betriebliche als auch betriebsfremde und ausserordentliche Abschreibungen geben. Nachfolgend werden die einzelnen Stufen der Erfolgsrechnung kurz erklärt.

Der EBIT berücksichtigt lediglich Aufwand und Ertrag, welcher im Zusammenhang mit der betrieblichen Leistungserbringung entstanden ist, also aus der operativen Tätigkeit der Unternehmung. Er wird deshalb auch als **operatives Ergebnis** bezeichnet. Dieses gibt Auskunft über die wirtschaftliche Leistungsfähigkeit der Unternehmung an sich. Betriebsfremde und ausserordentliche Positionen sowie Finanzierungs- und Steuereffekte bleiben im operativen Ergebnis unberücksichtigt.

Das **betriebsfremde Ergebnis** ist das Resultat des nichtbetrieblichen Aufwands und Ertrags. Als betriebsfremd werden Aktivitäten eingestuft, welche nicht zum wirtschaftlichen Hauptzweck der Unternehmung zählen. Als Beispiel kann hier die Vermietung eines Teils der Betriebsliegenschaft an Dritte genannt werden. Das betriebliche Ergebnis vor Steuern (EBT) und die betriebsfremden Aufwände und Erträge sowie die ausserordenlichen Erträge und Aufwände ergeben den Jahresgewinn vor Steuern.

Ausserordentliche Erträge und **Aufwände** sind einmalige Vorfälle, mit denen unter normalen Umständen nicht zu rechnen ist. Als ausserordentlich ist beispielsweise der Aufwand einzustufen, der als Folge eines Brandes einer Fabrikhalle entsteht. Es gilt zu beachten, dass unter den strengen internationalen Rechnungslegungsstandards (z. B. IFRS oder US-GAAP) kaum mehr Vorkommnisse als ausserordentlich eingestuft werden. Das ausserordentliche und das ordentliche Ergebnis ergeben zusammen das Periodenergebnis der Unternehmung. Die Unterscheidung von betrieblichen/betriebsfremden und ordentlichen/ausserordentlichen Ereignissen ist anhand von Beispielen in Abbildung 6 erklärt.

	betrieblich	**betriebsfremd**
ordentlich	Verbrauch von Material für die Produktion	Unterhaltsaufwand für eine betriebsfremde Liegenschaft
ausserordentlich	Abschreibung einer ausländischen Betriebsstätte, die durch kriegerische Ereignisse zerstört worden ist	Abschreibung eines wertvollen Gemäldes, das aus der Empfangshalle gestohlen worden ist

Abb. 6: Unterscheidung betriebliche/betriebsfremde und ordentliche/ausserordentliche Geschäftsfälle

Wie bereits erwähnt, werden Finanzierungs- und Steuereffekte separat ausgewiesen. Dies vereinfacht den Vergleich der Ergebnisse verschiedener Unternehmungen, denn Finanzierungs- und Steuereffekte hängen weniger mit der wirtschaftlichen Leistungsfähigkeit der Unternehmung als vielmehr mit ihrer Finanzpolitik und ihrem Standort zusammen. Der **Gewinn vor Zinsen und Steuern** wird oft als **EBIT** (Earnings before Interest and Taxes) bezeichnet, der **Gewinn vor Steuern** als **EBT** (Earnings before Taxes).

Die bisher dargestellten Formen der Erfolgsrechnungen sind nach dem **Gesamtkostenverfahren** (**Produktionserfolgsrechnung**, total expenditure format) erstellt worden. Sie zeigen die gesamten Aufwendungen der Unternehmung und stellen ihnen den mit den *hergestellten Produkten* erzielten Ertrag gegenüber. Diese Darstellung ist also *outputorientiert*, indem auf der Ertragsseite nicht nur die verkauften Produkte ausgewiesen werden, sondern auch die Veränderung des Fertigfabrikatelagers. Eine andere Darstellungsweise ist das **Umsatzkostenverfahren** (**Absatzerfolgsrechnung**,cost of sales format). Es stellt dem Ertrag

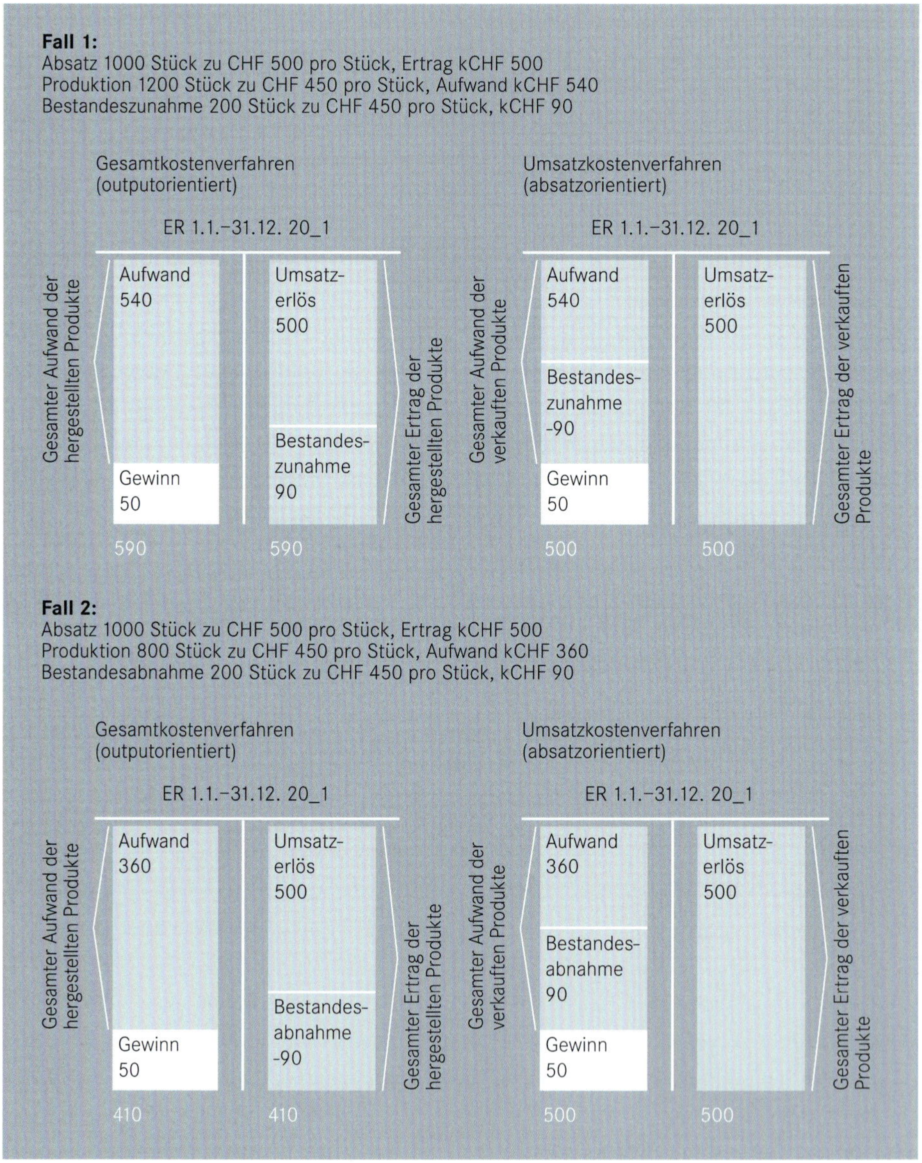

Abb. 7: Vergleich Gesamtkosten- und Umsatzkostenverfahren

der verkauften Produkte die Aufwände gegenüber, die durch die *verkauften Produkte* verursacht worden sind. Dazu wird der Aufwand um die Bestandesänderung des Fertigfabrikatelagers korrigiert. Das Umsatzkostenverfahren ist also nicht output-, sondern *absatzorientiert*. Abbildung 7 veranschaulicht die Unterschiede zwischen diesen beiden Verfahren. Das Umsatzkostenverfahren ist vor allem im angelsächsischen Raum sehr stark verbreitet.

Die beiden Verfahren unterscheiden sich in der Definition der Gesamtkosten und des Gesamtertrages. Dazu kommt ein weiterer wesentlicher Unterschied: Die Absatzerfolgsrechnung ist *funktions- und nicht artenorientiert*. Sie weist nicht die Aufwände pro Aufwandart aus, sondern pro Funktion, also zum Beispiel Herstellkosten (cost of sales), Vertriebsaufwand (selling expenses) oder Administrationsaufwand (administration expenses). Da bei der Absatzerfolgsrechnung einzelne Aufwandarten, die dem Bilanzleser wichtige Informationen liefern können, nicht ersichtlich sind (z. B. Personalaufwand und Abschreibungen), müssen diese im Anhang zur Jahresrechnung separat ausgewiesen werden. Auch hier gibt das Obligationenrecht in Art. 959b Abs. 3f. Mindestanforderungen vor. Abbildung 8 zeigt beispielhaft den Aufbau der Absatzerfolgsrechnung.

Erfolgsrechnung 1.1.–31.12. 20_1			**in kCHF**
	Nettoerlöse aus Lieferungen und Leistungen	810	
	Herstellkosten der verkauften Produkte	– 580	
Bruttogewinn			230
	Vertriebsaufwand	–60	
	Verwaltungsaufwand	– 40	
Betriebliches Ergebnis vor Zinsen und Steuern (EBIT)			130
	Zinsertrag	20	
	Zinsaufwand	– 60	
Betriebliches Ergebnis vor Steuern (EBT)			90
	Betriebsfremder Ertrag	50	
	Betriebsfremder Aufwand	– 20	
	Zinsertrag	10	
	Zinsaufwand	– 60	
Jahresgewinn vor Steuern			70
	Steueraufwand	– 20	
Jahresgewinn			50

Abb. 8: Absatzerfolgsrechnung in Staffelform

1.2.4 Buchführung

Die Aufgabe der **Buchführung** ist die Erfassung aller Vorgänge, die finanzielle Auswirkungen auf die Unternehmung haben. Sie bildet die Geschehnisse ab und stellt deren Folgen dar – die Vermögens- und Finanzlage mit der Bilanz, die Ertragslage mit der Erfolgsrechnung und weitere Auswertungen je nach Informationsbedarf.

Damit die Zunahmen und Abnahmen der einzelnen Positionen übersichtlich nachgeführt werden können, wird für jede Bilanz- und Erfolgsrechnungsposition ein Konto geführt. Dazu wird jedes Konto in Form eines «*T*» als **Kontenkreuz** dargestellt, hat also zwei Seiten, eine für Zu- und eine für Abnahmen. Die linke Seite wird als **Soll** bezeichnet, die rechte Seite als **Haben**. Wie bereits erwähnt, hat in der doppelten Buchhaltung jeder Vorgang eine Auswirkung auf zwei Konten, auf einem Konto im Soll, auf dem anderen im Haben. Damit diese Systematik funktioniert, gelten folgende Buchungsregeln, die in Abbildung 9 zur Veranschaulichung bereits grafisch dargestellt wurden:

- *Aktivkonten:* Zunahmen werden im Soll gebucht, Abnahmen im Haben
- *Passivkonten:* Zunahmen werden im Haben gebucht, Abnahmen im Soll
- *Aufwandskonten:* Zunahmen werden im Soll gebucht, Abnahmen im Haben
- *Ertragskonten:* Zunahmen werden im Haben gebucht, Abnahmen im Soll

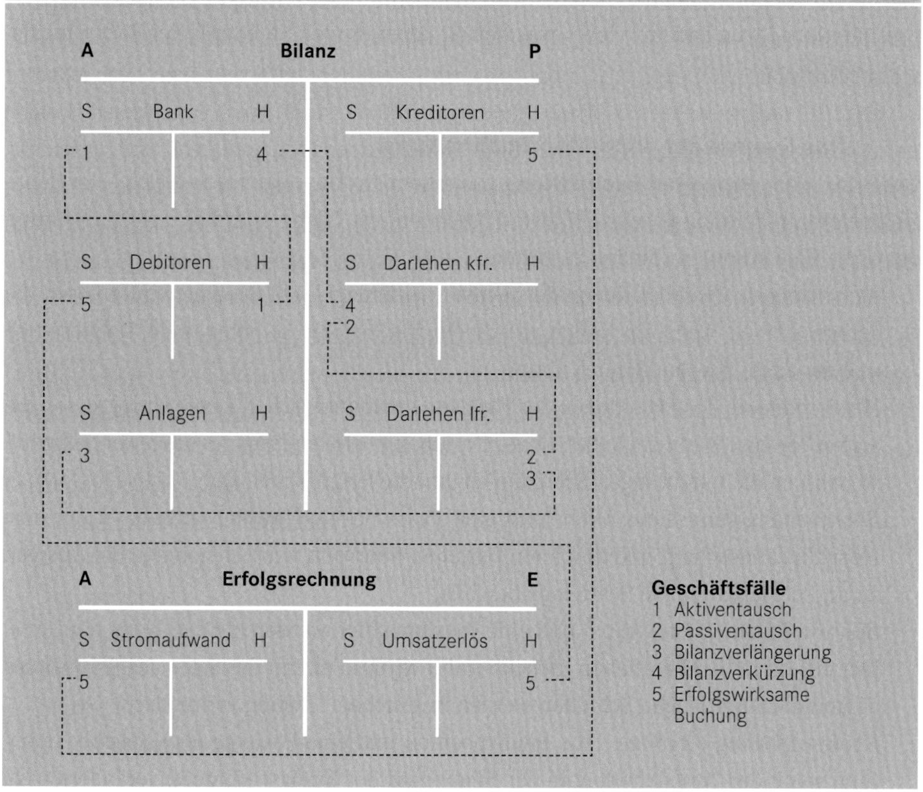

Abb. 9: Grafische Darstellung der Buchungsregeln und -vorgänge

Für eine Buchung braucht es demnach immer die Angabe von zwei Konten. Zuerst wird jenes genannt, welches im Soll, und dann jenes, welches im Haben bebucht wird. Diese Angaben, zusammen mit dem Buchungsbetrag, werden als **Buchungssatz** bezeichnet. Bezahlt ein Kunde eine Rechnung von 500 Franken auf das Bankkonto, so lautet der Buchungssatz: Bank an Debitoren 500 (wobei «an» oft durch «/» ersetzt wird). Erhalten wir eine Stromrechnung über 150 Franken, so lautet der Buchungssatz entsprechend: Stromaufwand/Kreditoren 150.

Das Konto

Wie bereits erwähnt, wird für jede Position der Bilanz und der Erfolgsrechnung ein **Konto** geführt, in welches Buchungen eingetragen werden. Das Konto gibt Auskunft darüber, wie sich eine bestimmte Position verändert hat, und zeigt als Summe aller Soll- und Haben-Einträge den **Saldo** der entsprechenden Position, entweder als Soll-Überschuss (Soll-Saldo) oder als Haben-Überschuss (Haben-Saldo).

Nun gibt es aber Positionen, zu welchen genauere Informationen benötigt werden als nur deren Saldo. Beispiele sind die Debitoren- und die Kreditorenbuchhaltung, bei welchen pro Kunde oder Lieferant ein separates Unterkonto geführt wird oder die Anlagenbuchhaltung mit einem separaten Unterkonto pro Anlage. Diese einzelnen Unterkonten werden in sogenannten **Nebenbüchern** (sub-ledgers) geführt und werden deshalb auch Nebenbuchkonten genannt, im Gegensatz zu den Hauptbuchkonten, deren Salden direkt in die Bilanz oder Erfolgsrechnung eingehen. Die Salden der Nebenbuchkonten werden für den Ab-

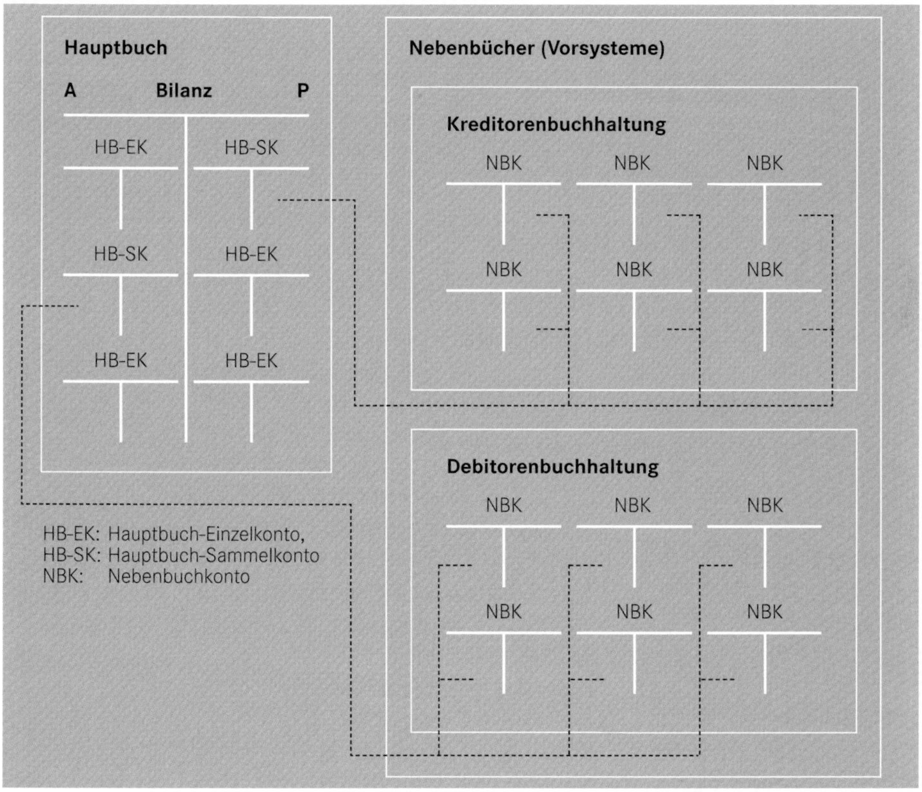

Abb. 10: Zusammenspiel von Hauptbuch und Nebenbüchern

schluss aufsummiert und gesamthaft in ein Hauptbuchkonto übertragen, dessen Saldo dann in die Bilanz oder die Erfolgsrechnung einfliesst. Man spricht deshalb von einem Hauptbuch-Sammelkonto – im Gegensatz zu den Hauptbuch-Einzelkonten, welche direkt bebucht werden. Da in den Nebenbüchern Daten aufbereitet werden, die später in das **Hauptbuch** (general ledger) einfliessen, spricht man auch von Vorsystemen. Das Zusammenspiel von Hauptbuch und Nebenbüchern ist in Abbildung 10 festgehalten.

Die Abbildung komplizierter Vorgänge innerhalb der Unternehmung, die Ansprüche an Informations- und Auswertungsmöglichkeiten, aber auch die Ansprüche an die Ordnungsmässigkeit der Buchführung machen es nötig, die Konten systematisch zu ordnen. Diesem Zweck dienen **Kontenrahmen** (standard chart of accounts), welche die einzelnen Konten in verschiedene Klassen einteilen und eine Nummerierungslogik vorgeben. Mit der vorgegebenen Systematik eines bestimmten Kontenrahmens baut sich die Unternehmung nach ihren Bedürfnissen ihren eigenen **Kontenplan** (chart of accounts) auf, das Verzeichnis aller Konten, welche geführt werden. Für kleine und mittlere Unternehmen (KMUs) hat veb.ch beispielsweise den Schweizer Kontenrahmen KMU publiziert. Dieser differenziert zwischen den in Abbildung 11 aufgeführten Klassen.

Kontenrahmen KMU	
1	Aktiven
2	Passiven
3	Betrieblicher Ertrag aus Lieferungen und Leistungen
4	Aufwand für Material, Handelswaren, Dienstleistungen und Energie
5	Personalaufwand
6	Übriger betrieblicher Aufwand, Abschreibungen und Wertberichtigungen sowie Finanzergebnis
7	Betrieblicher Nebenerfolg
8	Betriebsfremder, ausserordentlicher, einmaliger oder periodenfremder Aufwand und Ertrag
9	Abschluss

Abb. 11: Klassen des Schweizer Kontenrahmen KMU von veb.ch

Die Buchführung

Unter der **Buchführung** versteht man im Wesentlichen das Bebuchen und Führen der Konten und das Erstellen der Abschlüsse. Zu Beginn der Periode werden zuerst die einzelnen Aktiv- und Passivkonten eröffnet. Dabei werden die Salden aus der Eröffnungsbilanz übernommen – bei den Aktivkonten im Soll, bei den Passivkonten im Haben. Die Eröffnungsbilanz zeigt die Vermögens- und Finanzsituation der Unternehmung zum Periodenbeginn. Die Konten der Erfolgsrechnung müssen nicht eröffnet werden, da diese zu Beginn der Periode jeweils wieder bei null beginnen.

Nun kann mit der Verbuchung der einzelnen Geschäftsfälle begonnen werden. Dabei muss für jeden Geschäftsfall ein Beleg vorhanden sein, der den Hintergrund zur Buchung dokumentiert. Der Beleg wird mit dem Buchungssatz versehen, visiert und im **Journal** eingetragen. Dieses ist eine chronologische Auflistung sämtlicher Buchungsfälle und führt pro Position das Datum, die Soll- und die Haben-Position, den Buchungsbetrag, einen Kurztext und die Belegnummer auf. Die einzelnen Buchungen werden dann in den Konten der Haupt- und Nebenbücher eingetragen. Sind am Schluss der Periode alle relevanten Geschäftsfälle verbucht, können die Salden der Bilanz- und Erfolgsrechnungskonten ermittelt und die Schlussbilanz erstellt werden.

Der Jahresabschluss

Damit ein korrekter **Jahresabschluss** erstellt werden kann, müssen alle Positionen der Bilanz und Erfolgsrechnung noch einmal kritisch geprüft werden. Insbesondere muss kontrolliert werden, ob alle in die Berichtsperiode fallenden Geschäftsfälle verbucht und periodenfremde Buchungen sauber abgegrenzt sind. Ein weiterer wichtiger Punkt ist die korrekte Bewertung der Aktiven und Passiven.

Zuerst müssen alle Aktiven und Passiven erfasst sein. Zu diesem Zweck wird eine Inventur durchgeführt und ein Inventar erstellt. Als **Inventur** bezeichnet man den Vorgang, bei welchem die Bestände der Aktiv- und Passivkonten aufgenommen (gezählt, nachgewiesen) werden. Das **Inventar** ist das Ergebnis der Inventur in Form einer systematischen Aufstellung dieser Bestände. Ist sichergestellt, dass alle Vermögensteile und alle Passiven erfasst worden sind, gilt es, diese korrekt zu bewerten. Dies ist kein einfaches Unterfangen, denn die Anwendung verschiedener Bewertungsansätze (vgl. Abbildung 12) kann zu unterschiedlichen Werten für ein und dieselbe Bilanzposition führen.

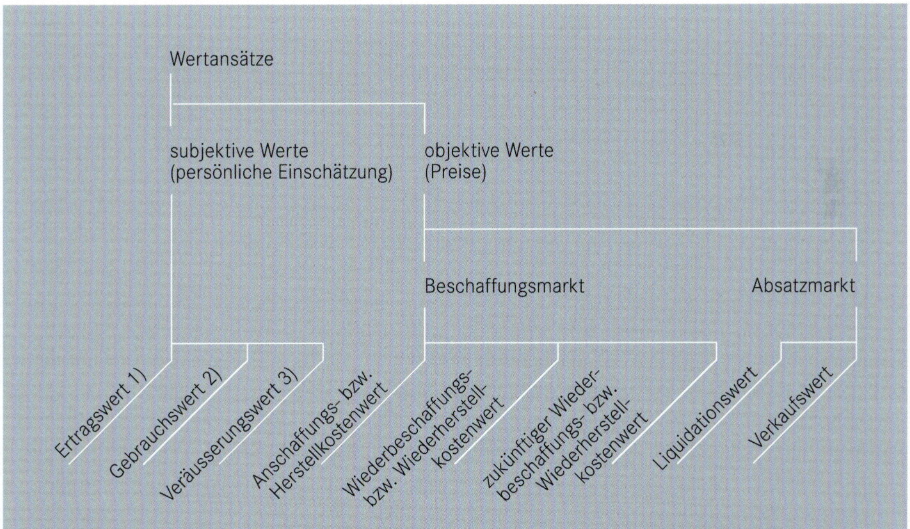

1) Der Ertragswert repräsentiert den Barwert des zukünftigen Nutzens (Einnahmen minus Ausgaben).
2) Der Gebrauchswert entspricht dem Nutzenzugang eines Objekts beim Gebrauch. Er ist zu berechnen als Barwert der einzelnen zukünftigen Nutzungen.
3) Der Veräusserungswert ist hier als subjektiv gewählter Ansatz aufzufassen, der dem voraussichtlichen Marktpreis (z. B. Kurswert) entsprechen kann.

Abb. 12: Übersicht zu den Wertansätzen (Meyer, 2000, S. 73)

Art. 960 ff. OR nennt **Bewertungsvorschriften** für die Unternehmungen, welche zur Buchführung verpflichtet sind. So darf zum Beispiel das Anlagevermögen nur zum Anschaffungswert oder zu den Herstellkosten, abzüglich der notwendigen Abschreibungen, bilanziert werden. Vorräte (Rohstoffe, Eigenfabrikate, Handelswaren) dürfen ebenfalls höchstens zu Herstellungs- oder Anschaffungskosten bewertet werden, oder zum Marktwert, wenn dieser am Bilanzierungsdatum tiefer ist (**Niederstwertprinzip**, lower of cost or market principle). Im Zusammenhang mit Bewertungsfragen ist die Beachtung der Grundsätze der Fortführung, der Vorsicht und der Stetigkeit (siehe oben) besonders wichtig.

Aufgrund des im Steuerrecht geltenden **Massgeblichkeitsprinzips** ist die handelsrechtskonforme Bilanz auch massgebend für die Steuerbehörde. Aus Gründen der Praktikabilität gibt es Richtlinien der Steuerverwaltung zur Bewertung von Aktiven und Passiven, zum Beispiel durch Vorgabe von steuerlich maximal zulässigen Abschreibungssätzen. Drängen sich nun aufgrund der handelsrechtlichen Vorschriften bei einzelnen Vermögenspositionen tiefere Bewertungen auf, so müssen diese tieferen Werte auch von den Steuerbehörden akzeptiert werden – trotz eventuell anders lautender Richtlinien.

Obwohl das Obligationenrecht verlangt, dass die Bücher so geführt werden müssen, dass sie einen zuverlässigen Einblick in die wirtschaftliche Lage der Unternehmung ermöglichen, lässt es die Bildung stiller Reserven implizit zu (Art. 960a Abs. 4 OR und Art. 960e Abs. 4 OR). Daraus wird deutlich, dass das Obligationenrecht das Vorsichtsprinzip stärker gewichtet als das Prinzip der Bilanzwahrheit.

Stille Reserven entstehen dadurch, dass die Aktiven zu niedrig oder die Passiven zu hoch bewertet werden und die Vermögenslage dadurch zu schlecht dargestellt wird. Dem stehen die Bestimmungen weit verbreiteter und strengerer internationaler Rechnungslegungsrichtlinen gegenüber, welche zum Ziel haben, das tatsächliche Bild der Vermögenslage einer Unternehmung abzubilden (**true and fair view**). Dabei ist die willkürliche Bildung stiller Reserven verboten. Zu den wichtigsten internationalen Standards zählen die *IFRS* (International Financial Reporting Standards) und die *US GAAP* (US Generally Accepted Accounting Principles). Mit *Swiss GAAP FER* (Fachempfehlungen zur Rechnungslegung) besteht in der Schweiz zudem ein Regelwerk, welches über die gesetzlichen Bestimmungen des Obligationenrechts hinausgeht, jedoch nicht so streng reglementiert ist wie die genannten internationalen Normen.

Im Zusammenhang mit der Bewertung der Aktiven sind die unterschiedlichen Abschreibungsverfahren beim Anlagevermögen und die verschiedenen Bewertungsverfahren bei den Vorräten von grosser Bedeutung. Im Folgenden wird deshalb auf diese beiden Punkte näher eingegangen.

Wie bereits erwähnt, repräsentieren die Aktiven einen Nutzen, welcher der Unternehmung in Zukunft zufällt. Anlagegüter geben ihren Nutzen dabei über eine längere Zeitdauer ab – sie werden im Verlaufe dieser Zeit verbraucht. Dadurch wird ihr Wert vermindert, bis das Aktivum am Ende der Nutzungsdauer wertlos ist. Dieser Wertverminderung wird durch eine **Abschreibung**, welche in der Erfolgsrechnung als Aufwand verbucht wird,

Rechnung getragen. Dabei können verschiedene Verfahren zur Anwendung kommen. Die wichtigsten sind:

- *Lineare Abschreibung:* Das Aktivum wird jährlich um den gleichen Betrag abgeschrieben, sodass es am Ende der Nutzungsdauer einen Wert von null hat.
- *Degressive Abschreibung* (Abschreibung vom Buchwert): Das Aktivum wird jährlich um einen bestimmten gleich bleibenden Prozentsatz vom jeweiligen aktuellen Buchwert abgeschrieben. Durch diese Methode kann keine vollständige Abschreibung erreicht werden. Der Restwert wird deshalb am Ende der Nutzungsdauer auf null abgeschrieben.
- *Leistungsabhängige Abschreibung:* Die Abschreibung wird aufgrund der erbrachten Leistung, verglichen zur Gesamtleistung, berechnet. Eine Maschine, die während ihrer Nutzungsdauer eine Million Stück eines Fabrikats herstellen wird und 100 000 Franken gekostet hat, wird pro hergestelltes Stück um 0.10 Franken abgeschrieben.

Abbildung 13 zeigt die Entwicklung der Buchwerte einer Anlage bei verschiedenen Abschreibungsmethoden. Natürlich sollte die jeweils gewählte Abschreibungsmethode auch möglichst genau den effektiven Nutzenabgang des Anlagegutes widerspiegeln.

Beispiel

Anschaffungswert:	CHF 100 000	Linear:	jährlich 10 % vom Anschaffungswert
Nutzungsdauer:	10 Jahre	Vom Buchwert:	jährlich 25 % vom Restwert

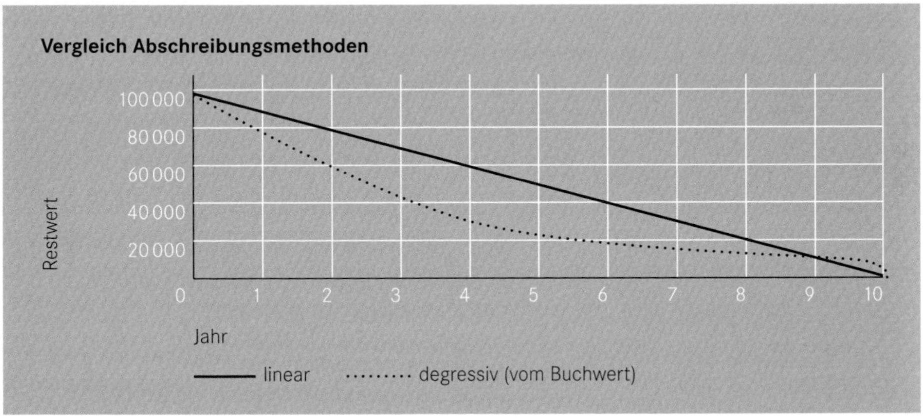

Abb. 13: Unterschiedliche Abschreibungsmethoden im Vergleich

Die Vorräte müssen zu Einstandspreisen (Anschaffungs- oder Herstellkosten) bewertet werden. Eine Wertberichtigung auf dem Warenlager wird dann nötig, wenn der Marktwert (Wiederbeschaffungswert) unter den Einstandspreis fällt. In diesem Fall wird der Marktwert als Bewertungsgrundlage herangezogen **(Niederstwertprinzip)**. Da die Lagerbestände in der Regel stark schwanken, viele Zu- und Abgänge stattfinden und sich die

Einstandspreise laufend ändern, haben sich zur Bewertung der Vorräte unterschiedliche Verfahren bewährt.

- **FIFO** (first in first out): Es wird angenommen, dass jeweils die ältesten Bestände zuerst verbraucht werden. Dies führt dazu, dass der Wert der Vorräte möglichst nahe beim aktuellen Einstandspreis liegt.
- **LIFO** (last in first out): Es wird davon ausgegangen, dass jeweils die neuesten Bestände verbraucht werden. Bei steigenden Einstandspreisen führt dies dazu, dass die Vorräte eher zu tieferen Werten als den aktuellen Einstandspreisen bewertet sind.
- **HIFO** (highest in first out): Bei diesem System werden jeweils die höchstbewerteten Vorräte als erste ausgebucht. Das Lager ist deshalb eher unter den aktuellen Einstandspreisen bewertet.
- **LOFO** (lowest in first out): Bei diesem Bewertungssystem werden jeweils die tiefstbewerteten Vorräte als erste ausgebucht. Das Lager ist deshalb eher über den aktuellen Einstandspreisen bewertet.
- **Durchschnittswert:** Die Bestände werden zum Durchschnittswert der Einstandspreise bewertet. Verbräuche werden zu diesem Durchschnittswert ausgebucht.

Abbildung 14 vergleicht die FIFO- mit der Durchschnittswert-Methode.

Datum	Text	Menge		FIFO-		Durchschnittswert		
		Position Stück	Bestand Stück	Wert Position	Wert Bestand	Wert Position	Wert Bestand	Durch-schnitt
3.7.20_1	Wareneingang zu 15.00	1 000	1 000	15 000	15 000	15 000	15 000	15.00
8.7.20_1	Wareneingang zu 16.00	300	1 300	4 800	19 800	4 800	19 800	15.23
9.7.20_1	Warenbezug	– 500	800	−7 500	12 300	-7 615	12 185	15.23
12.7.20_1	Wareneingang zu 15.50	200	1 000	3 100	15 400	3 100	15 285	15.28
15.7.20_1	Warenbezug	-700	300	– 10 700	4 700	-10 700	4 585	15.28

Warenbezüge unter FIFO:
Am 9.7.20_1 werden 500 Stück des Eingangs vom 3.7.20_1 bezogen (15.00 pro Stück).
Am 15.7.20_1 werden die restlichen 500 Stück des Eingangs vom 3.7.20_1 bezogen (15.00 pro Stück) plus weitere 200 Stück des Eingangs vom 8.7.20_1 (16.00 pro Stück).

Abb. 14: Vergleich Bewertung nach FIFO und Durchschnittswert

Hat sich eine Unternehmung einmal für eine Methode der Bewertung der Vorräte und des Anlagevermögens entschieden, so muss diese grundsätzlich beibehalten werden (Prinzip der Stetigkeit). Ein Methodenwechsel ist zwar möglich, muss jedoch im Anhang der Jahresrechnung unter Angabe der Gründe und der Auswirkungen ausgewiesen werden.

1.2.5 Die Mittelflussrechnung

Die **Mittelflussrechnung** gibt Aufschluss über die Veränderung einer Bestandesgrösse (Fonds) innerhalb eines bestimmten Zeitraums und über die Gründe, die zu dieser Veränderung geführt haben.

Der Fonds

Die Betrachtungsgrösse der Mittelflussrechnung wird als **Fonds** (fund) bezeichnet. Es handelt sich dabei um eine oder mehrere Positionen der Bilanz, deren Veränderung und Schlussbestand – ausgehend vom Bestand zu Beginn der Periode – nachgewiesen wird. Relevant sind dabei alle Vorgänge (Buchungen), welche mindestens eine Grösse des Fonds betreffen. Buchungen, welche keine Position des Fonds verändern, werden als *nicht fondswirksam* oder *fondsneutral* bezeichnet.

Die grösste Bedeutung in der Praxis hat der Fonds *Flüssige Mittel*, allenfalls erweitert um liquiditätsähnliche Positionen (z. B. Wertschriften) oder kurzfristiges Fremdkapital. Die Mittelflussrechnung mit dem Fonds Flüssige Mittel wird auch als **Geldflussrechnung** bezeichnet (cash flow statement), da sie die Veränderung der Geldmittel aufzeigt, die der Unternehmung zur Verfügung stehen. Während das Nettoumlaufvermögen als Fonds für die Mittelflussrechnung in der Praxis kaum mehr Bedeutung hat, kann jedoch der Fonds, bestehend aus flüssigen Mitteln, Debitoren und Kreditoren (Liquidität II), zu Analysezwecken durchaus seine Berechtigung haben, denn dadurch kann verhindert werden, dass der Cashflow durch das Zurückhalten oder Vorziehen der Zahlungen an die Lieferanten künstlich erhöht oder reduziert werden kann.

Die Geldflussrechnung streicht heraus, wie wichtig die Liquidität für jede Unternehmung ist. Sie gibt Auskunft darüber, wieweit eine Unternehmung Investitionen finanzieren, Schulden zurückzahlen und Gewinne ausschütten kann (Boemle & Stolz, 2010, S. 176). Zudem lassen die Ermittlung der Bestände und deren Bewertung keinen Ermessensspielraum. Ganz anders beim Fonds Nettoumlaufvermögen (NUV, net working capital, NWC): Der Aufbau des Warenlagers – oft Zeichen einer Verschlechterung der wirtschaftlichen Lage – erhöht das Nettoumlaufvermögen und wirkt sich, oberflächlich betrachtet, positiv auf das Bild aus, welches die Mittelflussrechnung vermittelt. Zudem kann der Fonds durch die Spielräume bei der Bewertung der Debitoren (Delkredere) und der Vorräte beeinflusst werden.

Das Obligationenrecht verlangt für grössere Unternehmen im Sinne des Gesetzes das Erstellen einer Geldflussrechnung, welche «... die Veränderung der flüssigen Mittel aus der Geschäftstätigkeit, der Investitionstätigkeit und der Finanzierungstätigkeit je gesondert ...» darstellt (Art. 961b OR). Zudem schreiben auch IFRS, US GAAP und Swiss GAAP FER die Erstellung einer Geldflussrechnung vor und definieren Regeln, wie diese auszugestalten ist.

Der Cashflow

Der Begriff **Cashflow** stiftet immer wieder Verwirrung, denn er wird im deutschen Sprachgebrauch mit unterschiedlichen Bedeutungen verwendet. Wörtlich übersetzt bedeutet Cashflow Geldfluss. Er drückt daher im angelsächsischen Raum die Veränderung der flüssigen Mittel aus. Im deutschsprachigen Raum wird zum einen das Resultat der Geldflussrechnung als Cashflow bezeichnet, zum anderen die Mittelflüsse aus der operativen Tätigkeit, die sich auf das Nettoumlaufvermögen (NUV) auswirken. Dieser letztere «Praktiker-Cashflow-Begriff» (Boemle & Stolz, 2010, S. 172) wird vereinfacht als Gewinn vor Abschreibungen und Veränderung langfristiger Rückstellungen berechnet.

Um Missverständnisse zu vermeiden, wird in diesem Kapitel der Ausdruck Cashflow im Sinne des Geldflusses einzig für das Resultat der Mittelflussrechnung mit dem Fonds Flüssige Mittel (Geldflussrechnung) verwendet. Das Ergebnis einer Mittelflussrechnung, der ein anderer Fonds zugrunde liegt, bezeichnen wir hingegen als Fondsveränderung. Den oben erwähnten «Praktiker-Cashflow-Begriff» nennen wir Cashflow NUV, obwohl man diese Bezeichnung in der Praxis nur selten antrifft.

Erstellen einer Geldflussrechnung

Die **Geldflussrechnung** weist die Mittelherkunft und die Mittelverwendung für den Fonds Flüssige Mittel aus, aufgeteilt auf die drei Bereiche *betriebliche Tätigkeit, Investition und Finanzierung*. Das Resultat ist ein betrieblicher/operativer, ein investiver und ein finanzieller Cashflow, die zusammen die Veränderung der flüssigen Mittel in der Betrachtungsperiode ergeben. Die folgenden Abschnitte befassen sich mit der Ermittlung dieser drei Grössen. Abbildung 15 zeigt den Zusammenhang zwischen der Erfolgsrechnung, der Bilanz und der Geldflussrechnung.

Der **operative Cashflow** (cash flow from operating activities) kann entweder *direkt* ermittelt, oder aber *indirekt* aus dem Gewinn abgeleitet werden. Zur Herleitung des Cashflows müssen wir uns in beiden Fällen über den Unterschied zwischen Cashflow und Gewinn bewusst werden. In Abschnitt 1.2.3 haben wir festgehalten, dass die Erfolgsrechnung Wertvermehrungen oder Wertverminderungen der Bilanzpositionen innerhalb einer Periode festhält.

Aber nicht jeder erfolgswirksame Geschäftsfall ist auch liquiditätswirksam und somit fondswirksam für die Geldflussrechnung. Es gilt deshalb, zwischen den beiden Begriffspaaren *Aufwand und Ertrag* sowie *Auszahlung und Einzahlung* zu unterscheiden. Obwohl es sich beispielsweise bei den Abschreibungen um einen Aufwand handelt, stellen diese keine Auszahlung dar, denn es fliessen keine liquiden Mittel. Abschreibungen sind also liquiditätsunwirksamer Aufwand. Zur Ermittlung des operativen Cashflows können nun entweder alle liquiditätswirksamen Aufwände (Auszahlungen) von den liquiditätswirksamen Erträgen (Einzahlungen) subtrahiert werden (direkte Berechnung), oder man addiert zum Gewinn oder Verlust alle nicht liquiditätswirksamen Aufwände und subtrahiert alle nicht liquiditätswirksamen Erträge (indirekte Berechnung). Das Resultat ist beide Male das

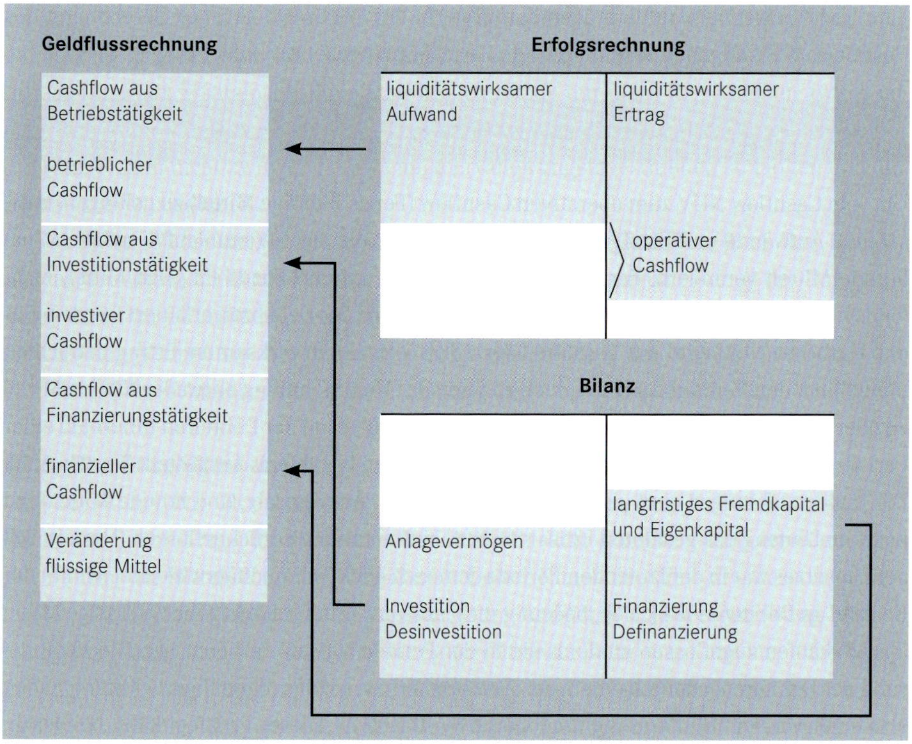

Abb. 15: Zusammenhang zwischen Erfolgsrechnung, Bilanz und Geldflussrechnung

gleiche, wie dies Abbildung 16 zeigt. In der Praxis wird in der Regel die indirekte Methode angewendet, da sie wesentlich einfacher ist.

In der Praxis wird sehr häufig in einem ersten Schritt der **Cashflow NUV** indirekt ermittelt. Es werden dabei nur liquiditätsunwirksame Aufwände und Erträge berücksichtigt,

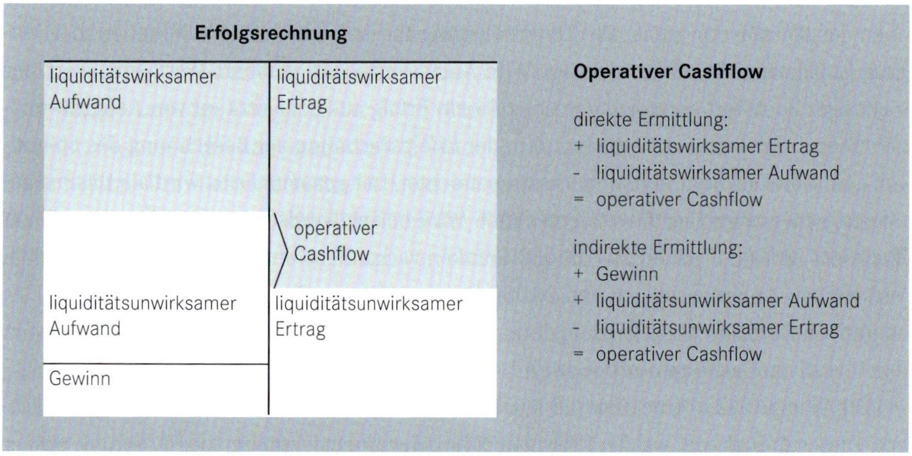

Abb. 16: Ermittlung des operativen Cashflows auf direkte und indirekte Weise

Geldflussrechnung 20_1		
Nettoumsatz	800	
Abnahme Debitoren	10	
Zahlungen von Kunden		810
Warenaufwand	-330	
Zunahme Warenlager	-10	
Wareneinkauf	-340	
Abnahme Kreditoren	-35	
Zahlungen an Warenlieferanten		-375
Zahlungen an Personal		-240
Übriger Betriebsaufwand	-120	
Zuweisung Garantierückstellung	10	
Zahlungen für übrigen Betriebsaufwand		-110
Zahlungen für Zinsen		-10
Cashflow aus Betriebstätigkeit		**75**
Verkauf Produktionsanlage		50
Kauf neue Produktionsanlage		-120
Cashflow aus Investitionstätigkeit		**-70**
Free Cashflow		**5**
Rückzahlung Darlehen		-140
Aktienkapital	100	
Agio	40	
Kapitalerhöhung		140
Ausschüttung Dividende		-15
Cashflow aus Finanzierungstätigkeit		**-15**
Cashflow (Veränderung flüssige Mittel)		**-10**

Ergänzende Angaben

- Der gesamte Personalaufwand ist liquiditätswirksam.
- Die Erhöhung der Garantierückstellung ist im übrigen Betriebsaufwand enthalten. Der Rest des übrigen Betriebsaufwands ist liquiditätswirksam.
- Es befinden sich keine Halb- und Fertigfabrikate am Lager (nur Rohstoffe).
- Die Abschreibungen für die Fahrzeuge betragen 10.
- Die Abschreibungen für die Produktionsanlagen betragen 70.

Eröffnungsbilanz per 1.1. 20_1

Flüssige Mittel	50		Kreditoren	110	
Debitoren	120		Langfristige Darlehen	330	
Warenlager	70		Garantierückstellung	30	
Umlaufvermögen		240	Fremdkapital		470
Fahrzeuge	40		Aktienkapital	100	
Produktionsanlagen	350		Reserven	30	
Anlagevermögen		390	Bilanzgewinn	30	
			Eigenkapital		160
Aktiven		630	Passiven		630

Schlussbilanz per 31.12. 20_1

Flüssige Mittel	40		Kreditoren	75	
Debitoren	110		Langfristige Darlehen	190	
Warenlager	80		Garantierückstellung	40	
Umlaufvermögen		230	Fremdkapital		305
Fahrzeuge	30		Aktienkapital	200	
Produktionsanlagen	360		Reserven	80	
Anlagevermögen		390	Bilanzgewinn	35	
			Eigenkapital		315
Aktiven		620	Passiven		620

Erfolgsrechnung 20_1

Warenaufwand	330	Nettoumsatz	800
Personalaufwand	240	Gewinn aus Anlagenverkauf	10
Abschreibungen	80		
Übriger Betriebsaufwand	120		
Zinsen	10		
Reingewinn	30		
	810		810

- Eine alte Produktionsanlage mit Buchwert von 40 wurde für 50 verkauft.
- Eine neue Produktionsanlage wurde für 120 angeschafft.
- Es mussten langfristige Darlehen von 140 zurückbezahlt werden. Die fehlenden Mittel wurden durch eine Kapitalerhöhung beschafft. Es wurden Aktien von nominal 100 zu einem Preis von 140 ausgegeben und voll einbezahlt.
- Vom Bilanzgewinn wurden 15 als Dividende für das Vorjahr ausgeschüttet und 10 den Reserven zugewiesen.

Abb. 17: Herleitung einer Geldflussrechnung

über die Auftragslage, über die Forschungs- und Entwicklungstätigkeit, über die Durchführung einer Risikobeurteilung, über ausserordentliche Ereignisse und über die Zukunftsaussichten der Unternehmung (Art. 961c OR).

Der Geschäftsbericht ist ein klassisches Kommunikationsinstrument der Unternehmung, mit welchem sie ihre Investoren und die Akteure auf den Finanzmärkten anspricht. Die Gestaltung der Beziehungen zu den Kapitalgebern wird unter dem Begriff der Investor Relations zusammengefasst (Volkart, 2018, S. 58). Ein transparenter, informativer und gut verständlicher Geschäftsbericht gehört zu einer guten **Corporate Governance**. Darunter versteht man «die Gesamtheit der auf das Unternehmensinteresse ausgerichteten Grundsätze, die [...] auf der obersten Unternehmensebene Transparenz und ein ausgewogenes Verhältnis von Führung und Kontrolle anstreben» (Economiesuisse, 2016, S. 6). Börsenkotierte Unternehmen publizieren ihre Geschäftsberichte heutzutage in der Regel auf ihren Unternehmenswebseiten.

1.3 Betriebliches Rechnungswesen

1.3.1 Einführung

1

Das **betriebliche Rechnungswesen** – Kosten- und Leistungsrechnung oder oft nur **Kostenrechnung** oder **Betriebsbuchhaltung** (management accounting, cost accounting) genannt – ist ein Führungsinstrument, welches die Innensicht der Unternehmung abbildet. Die Kostenrechnung baut zwar auf den Daten der Finanzbuchhaltung auf, versucht aber deren Verzerrungen, die durch gesetzliche Bestimmungen oder finanzpolitische Entscheide entstehen, auszuräumen. Sie erfasst aus einer möglichst objektiven Sicht die betriebliche Leistung der Unternehmung und stellt ihr die relevanten Kosten gegenüber. Im Gegensatz zur Finanzbuchhaltung ist in der Betriebsbuchhaltung Kontinuität nicht wichtig, eher sogar unerwünscht, denn sie soll so gut wie möglich mit dem Wandel der Realität Schritt halten. Das Management hat mit der Kostenrechnung ein Hilfsmittel zur Hand, welches das betriebliche Geschehen transparent abbildet und eine wertorientierte Unternehmungsführung ermöglicht. Ihr Ziel ist es nicht, die finanzielle Situation der Unternehmung wiederzugeben. Vielmehr dient sie dem Management als *Informationssystem, Kontrollinstrument und Entscheidungshilfe.* Zudem wird die Kostenrechnung zur Bewertung der eigenen Halb- und Fertigfabrikate in der Finanzbuchhaltung herangezogen.

1.3.2 Die Kostenartenrechnung

Unter **Kosten** versteht man den mit Geld bewerteten Verbrauch von Ressourcen. Wie es der Name bereits sagt, gliedert die **Kostenartenrechnung** die Kosten nach der Art der Entstehung, gleich wie die Aufwandsarten in der Erfolgsrechnung. Die Erfolgsrechnung ist denn auch die Grundlage für die Kostenartenrechnung. Da der Aufwand jedoch nicht immer mit den Kosten identisch ist, müssen als Überleitung von der Erfolgs- in die Kostenartenrechnung **sachliche Abgrenzungen** vorgenommen werden. Denn nicht jeder Aufwand entsteht aus dem betrieblichen Verbrauch von Ressourcen, so wie nicht jeder Verbrauch von Ressourcen einen entsprechenden Aufwand zur Folge hat. Dies zeigt Abbildung 18.

Aufwand der Finanzbuchhaltung		**Kosten der Betriebsbuchhaltung**
ausserordentlicher und nichtbetrieblicher Aufwand Aufwand, dem keine Kosten gegenüberstehen		
Aufwand in anderer Höhe als die Kosten	≠	Anderskosten Kosten in anderer Höhe als der Aufwand
Zweckaufwand Aufwand entspricht den Kosten	=	Grundkosten Kosten entsprechen dem Aufwand
Sinngemäss gelten die hier verwendeten Aufwands- und Kostenbegriffe auch für Ertrag und Leistungen.		Zusatzkosten Kosten, denen kein Aufwand gegenübersteht

Abb. 18: Überleitung vom Aufwand zu den Kosten durch sachliche Abgrenzung

Der Unterschied zwischen Aufwand und Kosten oder Ertrag und Leistungen kann an einem einfachen Beispiel veranschaulicht werden: Bezieht der Eigentümer einer Unternehmung keinen oder nur einen sehr tiefen Lohn, so wird der Erfolgsrechnung gar kein oder nur ein tiefer Aufwand belastet. Da es sich aber bei der Arbeitsleistung des Unternehmers um einen Verbrauch von Ressourcen handelt, muss sein (fiktiver) Lohn in der Kostenrechnung erfasst werden. Durch eine sachliche Abgrenzung werden in der Kostenartenrechnung höhere Personalkosten ausgewiesen als beim Personalaufwand in der Erfolgsrechnung. Gerade umgekehrt ist es mit nichtbetrieblichen oder ausserordentlichen Positionen der Erfolgsrechnung, welche durch sachliche Abgrenzungen eliminiert werden, da die Kostenrechnung ausschliesslich die ordentliche betriebliche Sicht der Unternehmung darstellt.

Die Kosten lassen sich neben der Art der Entstehung auch nach anderen Kriterien gliedern, beispielsweise nach der Zurechnung in Einzelkosten und Gemeinkosten, nach dem Verhalten in fixe und variable Kosten oder nach dem Ursprung in primäre und sekundäre Kosten:

- **Einzelkosten** (**direkte Kosten**) können direkt einem Kostenträger zugewiesen werden.
- **Gemeinkosten** (**indirekte Kosten**) können nicht direkt einem Kostenträger zugewiesen werden. Sie werden deshalb gesammelt und später über eine Umlage oder über einen Schlüssel auf verschiedene Kostenobjekte (z. B. Kostenträger oder Kostenstelle) verteilt.

- **Variable Kosten** sind direkt abhängig von der Ausbringungsmenge.
- **Fixe Kosten** entstehen unabhängig von der Ausbringungsmenge.
- **Primäre Kosten** sind originäre Kosten, die durch den Verbrauch von Ressourcen entstanden sind. Sie haben deshalb einen Einfluss auf die Gesamtkosten der Unternehmung.
- **Sekundäre Kosten** sind Kosten, die von einem Kostenobjekt an ein anderes verrechnet werden. Da ein Kostenobjekt be- und ein anderes entlastet wird, verändern sich die Gesamtkosten der Unternehmung dadurch nicht.

1.3.3 Die Kostenstellenrechnung

Kostenstellen (KST, cost centers, CC) repräsentieren eine organisatorische Stelle innerhalb der Unternehmung. In der Regel fallen in jeder Unternehmung auch Kosten an, die nicht direkt einem Kostenträger zugewiesen werden können, sogenannte Kostenträger-Gemeinkosten. Meistens lässt sich aber die organisatorische Stelle innerhalb der Unternehmung – beispielsweise eine Abteilung – feststellen, welche die Kosten verursacht.

Gesichtspunkt	Bezeichnung	Erklärung
betrieblich	Fertigungsstelle	arbeitet unmittelbar am Produkt
	Fertigungshilfsstelle	erbringt Leistungen für die Fertigungsstellen, arbeitet nicht unmittelbar am Produkt
	Materialstelle	verwaltet das Material und wickelt den Materialfluss ab
	Verwaltungsstelle	erbringt administrative Leistungen aller Art
	Vertriebsstelle	umfasst die mit dem Absatz zusammenhängenden Funktionen
	Allgemeine (Hilfs-)Stelle	erbringt Leistungen für andere Kostenstellen
	Forschung und Entwicklung	befasst sich mit Forschungs- und Entwicklungsaufgaben im weitesten Sinne
	Entsorgung/Recycling	befasst sich mit der Wiederaufbereitung und der Entsorgung von Abfällen
produktionstechnisch	Hauptkostenstelle	ist an der Verarbeitung von Produkten beteiligt und zwingend eine Fertigungsstelle
	Nebenkostenstelle	ist an der Verarbeitung von absatzfähigen Nebenprodukten oder der Abfallverwertung beteiligt
	Hilfskostenstelle	erbringt unterstützende Leistungen und ist nicht oder nur indirekt an der Produktion beteiligt
rechentechnisch	Vorkostenstelle	erbringt Leistungen für andere Kostenstellen und arbeitet nicht direkt an Produkten
	Endkostenstelle	erbringt Leistungen, die direkt auf die Kostenträger übertragen werden können

Abb. 19: Unterscheidung der Kostenstellen nach unterschiedlichen Gesichtspunkten

Kostenstellen können nach betrieblichen Funktionen, nach produktionstechnischen Funktionen oder nach rechentechnischen Gesichtspunkten unterschieden werden (Coenenberg, 2012, S. 120). Abbildung 19 zeigt diese Einteilung auf.

Die auf den Kostenstellen aufgelaufenen Kosten können entweder durch Leistungsverrechnung oder mittels Umlageverfahren auf die Kostenträger oder auf andere Kostenstellen übertragen werden. Die Grundlagen für die Leistungsverrechnung oder die Kostenumlage müssen durch die Betriebsdatenerfassung (BDE) bereitgestellt werden. In modernen integrierten Informationssystemen holt sich die Betriebsbuchhaltung die entsprechenden Informationen über eine Schnittstelle aus der Produktionsplanung und -steuerung (PPS).

Leistungsverrechnung

Messbare Leistungen (z. B. Anzahl Stunden oder Anzahl Vorgänge), die eine Kostenstelle für ein anderes Kostenobjekt (z. B. eine andere Kostenstelle oder einen Kostenträger) erbringt, können *verursachergerecht* weiterverrechnet werden. Jede erbrachte Leistungseinheit ist mit einem Preis bewertet. Der erbringenden Kostenstelle wird die Leistungsverrechnung gutgeschrieben, dem beziehenden Kostenobjekt wird sie belastet. Die **Leistungsverrechnung** dient der erbringenden Kostenstelle dazu, ihre Kosten zu decken. In der Regel ist der Betrag der Leistungen, die sie verrechnet, jedoch grösser oder kleiner als die effektiven Kosten, die aufgelaufen sind. Den Saldo bezeichnet man als **Deckungsdifferenz**. Sind die effektiven Kosten höher als die Summe der verrechneten Leistungen, so handelt es sich um eine **Unterdeckung**, andernfalls um eine **Überdeckung**. Die Deckungsdifferenz wird mittels Umlageverfahren auf andere Kostenobjekte übertragen. Abbildung 20 verdeutlicht das Prinzip der Leistungsverrechnung.

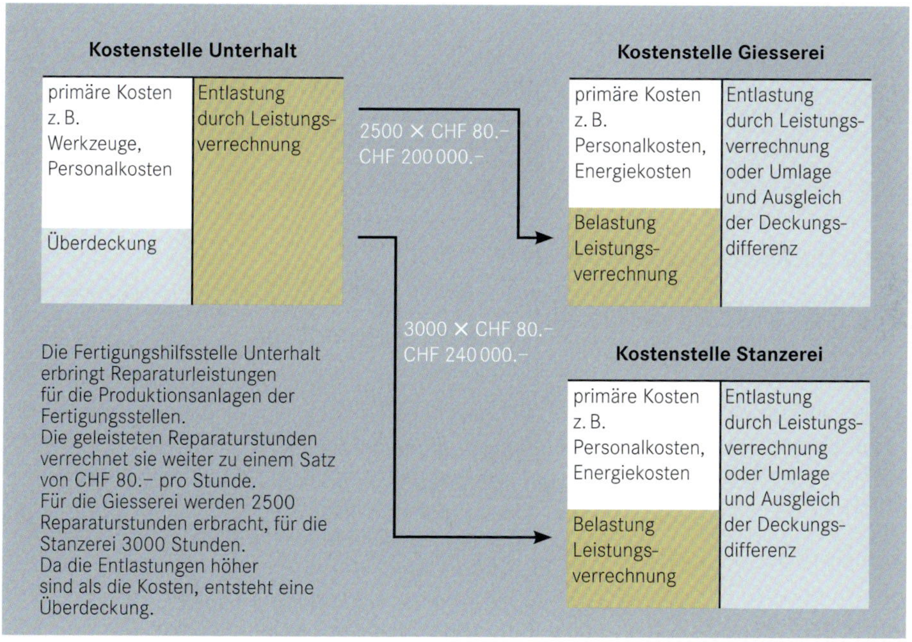

Abb. 20: Prinzip der Leistungsverrechnung

Kostenumlage

Werden die Kosten einer Kostenstelle nicht durch Leistungsverrechnung anderen Kostenobjekten belastet, so muss die Kostenstelle durch **Umlagen** entlastet werden. Ein **Umlageschlüssel** bestimmt, welches Kostenobjekt welchen Anteil an den Kosten zu tragen hat. Dabei stellt sich immer die Frage, welche Schlüsselgrössen angewendet werden sollen, damit die Kosten möglichst verursachergerecht weitergereicht werden. Es wird zwischen einfachen Mengen- und Wertschlüsseln und kombinierten Schlüsseln unterschieden. Beispiele dafür sind in Abbildung 21 dargestellt.

Einfache Schlüssel		**Kombinierte Schlüssel**
Mengenschlüssel	**Wertschlüssel**	
beanspruchte Quadratmeter	kalkulatorische Miete	Fläche × Qualitätsfaktor
Anzahl Maschinenstunden	investiertes Kapital	Maschinenstunden × Belastungsfaktor
gefahrene Kilometer	Wert der Fracht	Tonnen-Kilometer
Anzahl verkaufter Produkte	Erlös	verkaufte Produkte × Betreuungsfaktor
mengenmässiger Materialverbrauch	wertmässiger Materialverbrauch	Materialverbrauch × Umschlagshäufigkeit
Anzahl hergestellter Produkte	Wert der hergestellten Produkte	hergestellte Produkte × Fertigungskomplexitätsfaktor
Anzahl geleisteter Einzellohnstunden	Einzellohnstunden in CHF	Einzellohnstunden × Qualifikationsfaktor

Abb. 21: Beispiele für Umlageschlüssel (in Anlehnung an Nadig, 2000, S. 182)

1

1.3.4 Die Kostenträgerrechnung

In der Regel werden die Marktleistungen einer Unternehmung in der Betriebsbuchhaltung als **Kostenträger** (cost unit) geführt. Die **Kostenträgerrechnung** weist aus, welche Marktleistungen oder Marktleistungsgruppen welche Kosten verursacht haben und stellt ihnen die entsprechenden Erlöse gegenüber. Sie kann aber auch nach Kunden, Kundengruppen, Mitarbeitenden, geografischen oder anderen Kriterien gegliedert sein und ermöglicht es, die Wirtschaftlichkeit der erbrachten Leistungen zu analysieren. Neben den Einzelkosten, die direkt den Kostenträgern zugewiesen werden, weist die Kostenträgerrechnung auch die Gemeinkosten aus, welche als sekundäre Kosten aus der Kostenstellenrechnung belastet worden sind. Da die Kostenstellen in der Regel nach Funktionen gegliedert sind, handelt es sich bei den Sekundärkosten, die sie weiterverrechnen, um Funktionskosten. Die Kostenträgerrechnung ist deshalb eine *Erfolgsrechnung nach Funktionen* (siehe Abbildung 22).
Die Kostenträgerrechnung weist den Erfolg pro Kostenträger aus. Die Summe aller Erfolgsrechnungen pro Kostenträger ergibt die **Betriebserfolgsrechnung** für die gesamte Unternehmung. Wird der Betriebserfolg der Kostenrechnung um die sachlichen Abgrenzungen bereinigt, so resultiert der Reingewinn der Finanzbuchhaltung. Eine Kostenträgerrechnung

pro Stück, pro Produktionseinheit oder pro Verkaufseinheit wird auch **Kalkulation** genannt.

	Kostenträgerrechnung
	Einzelkosten (z. B. Rohmaterial)
+	Kosten der Fertigungsstellen (Gemeinkosten)
	Herstellkosten der Produktion
+/−	Bestandesänderung Fertigfabrikate
	Herstellkosten der verkauften Produkte
+	Kosten der Verwaltungs- und Vertriebskostenstellen (Gemeinkosten)
	Selbstkosten der verkauften Produkte
−	Verkaufserlös
	Betriebserfolg

Abb. 22: Kostenträgerrechnung als Erfolgsrechnung nach Funktionen

1.3.5 Die Betriebsabrechnung

Die Zusammenhänge zwischen Erfolgsrechnung der Finanzbuchhaltung, Kostenarten-, Kostenstellen- und Kostenträgerrechnung können am einfachsten anhand der **Betriebsabrechnung** dargestellt werden. Traditionellerweise wird zu diesem Zweck ein **Betriebsabrechnungsbogen** (**BAB**) erstellt, welcher die ganze Betriebsabrechnung im Überblick auf einem Blatt darstellt. Abbildung 23zeigt schematisch einen BAB. Es werden zuerst die

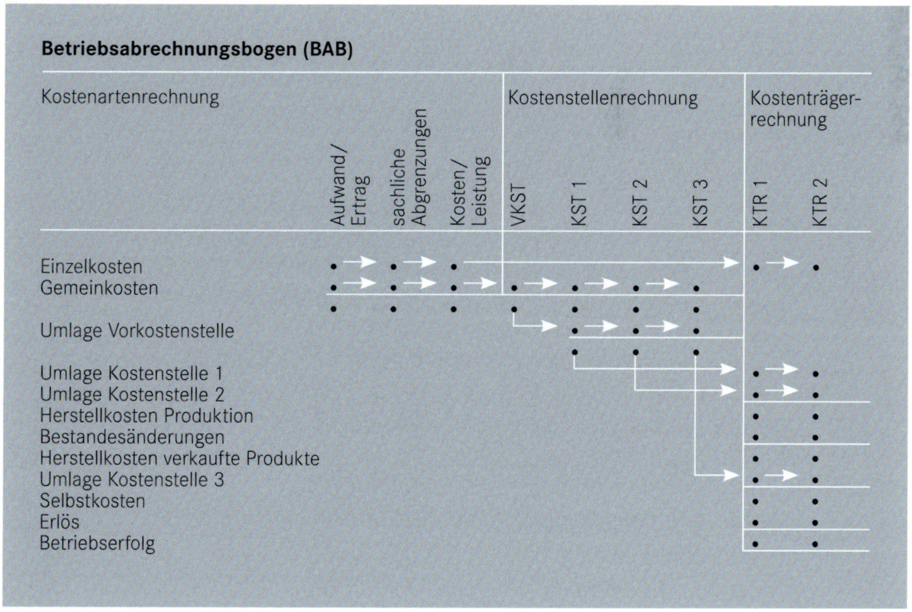

Abb. 23: Schematische Darstellung eines Betriebsabrechnungsbogens (BAB)

Positionen der Erfolgsrechnung unter Berücksichtigung sachlicher Abgrenzungen in die Kostenartenrechnung übertragen. Von da aus werden Einzelkosten auf die Kostenträger (KTR) und Gemeinkosten auf die Kostenstellen übertragen. Nach einer allfälligen Verbuchung von Leistungsverrechnungen werden die Kosten der Vorkostenstellen (VKST) auf die Endkostenstellen (KST) umgelegt und die Kosten der Endkostenstellen schliesslich auf die Kostenträger. Bei Kosten, die den Kostenobjekten direkt aus der Kostenartenrechnung belastet werden, handelt es sich um primäre, bei allen übrigen um sekundäre Kosten.

Die Darstellungsform der Betriebsabrechnung im BAB ist vor allem für kleinere und mittlere Unternehmungen geeignet. In grösseren Verhältnissen stösst man sehr bald an die Grenzen der Übersichtlichkeit. Heutige Rechnungswesensysteme verbinden Finanz- und Betriebsbuchhaltung und gestatten beim Buchen die Erfassung von Kostenrechnungsdaten (Kostenstelle, Kostenträger usw.). Auch sachliche Abgrenzungen, Leistungsverrechnungen und Umlagen können direkt im System vorgenommen werden. Dieses erstellt dann auch Kostenstellen- und Kostenträgerrechnungen sowie Kalkulationen.

1.3.6 Die Kostenrechnung als Grundlage strategischer Entscheidungen

Die Kostenrechnung entwickelt sich in die Richtung eines strategischen Management-Accountings. Markt- und Wettbewerbsorientierung gewinnen an Bedeutung, zu Lasten von vergangenheitsbasierten Rechnungen. In der Kalkulation orientiert man sich an Zukunftsprognosen über die Kostenentwicklung und an Vergleichen mit der Leistung der besten Konkurrenten. Als strategische Entscheidungsgrundlage haben sich verschiedene Ausprägungen der Kostenrechnung entwickelt.

Voll- und Teilkostenrechnung/Deckungsbeitragsrechnung

Die bekanntesten und in der Praxis am weitesten verbreiteten Systeme der Betriebsabrechnung sind die Voll- und die Teilkostenrechnung. Wie es der Name schon sagt, werden bei der **Vollkostenrechnung** sämtliche Kosten direkt oder über die Kostenstellen den Kostenträgern belastet. Als Ergebnis der Kostenträgerrechnung resultiert der *Kostenträgererfolg.*

Die Kostenumlage führt zu Verzerrungen und kann durch den Einbezug der Fixkosten, insbesondere bei unsicherer Produktionsauslastung, zu falschen Entscheidungen mit unwirtschaftlichen Folgen führen. Diesem Problem versucht die **Teilkostenrechnung** entgegenzuwirken, indem den Kostenträgern nur ein Teil der Kosten belastet werden. Dies können die variablen Kosten **(Grenzkostenrechnung)** oder die direkten Kosten (**Einzelkostenrechnung**, direct costing) sein. Als Ergebnis verbleibt in der Kostenträgerrechnung nicht ein Gewinn oder Verlust, sondern ein **Deckungsbeitrag**. Damit ist dieser definiert als Differenz zwischen dem Erlös und den jeweils berücksichtigten Kosten. Der Deckungsbeitrag wird durch den Abzug einzelner Blöcke der nicht berücksichtigten Kosten in der mehrstufigen **Deckungsbeitragsrechnung** so lange vermindert, bis schliesslich nach Abzug aller Kosten der Betriebserfolg resultiert (vgl. Abbildung 24).

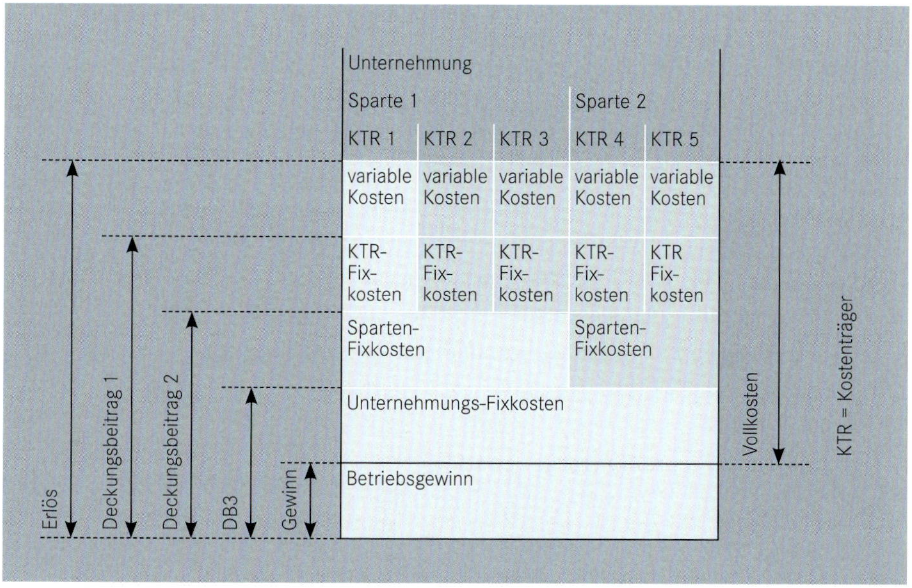

Abb. 24: Mehrstufige Deckungsbeitragsrechnung auf Grenzkostenbasis

Die Grenzkostenrechnung dient der Ermittlung der kurzfristigen Preisuntergrenze und als Entscheidungsgrundlage für die Bestimmung des optimalen Produkt- und Absatzprogramms sowie für Make-or-Buy-Entscheidungen. Das Produktionsprogramm soll so gestaltet werden, dass ein möglichst hoher Deckungsbeitrag erzielt wird. Die Deckungsbeitragsrechnung hat in den vergangenen Jahren ständig an Bedeutung gewonnen. Ein Nachteil dieser Methode ist jedoch das sogenannte «Deckungsbeitrags-Denken» – es darf nicht das langfristige Ziel sein, nur einen Deckungsbeitrag zu erzielen, denn ein Deckungsbeitrag ist noch kein Gewinn. Vermag der Deckungsbeitrag die nicht berücksichtigten Kosten nicht zu decken, so verbleiben unter dem Strich rote Zahlen. Kurzfristig kann es je nach Situation trotzdem sinnvoll sein, bloss einen Deckungsbeitrag zu erwirtschaften, der zwar nicht die gesamten, aber zumindest einen Teil der verbleibenden Kosten deckt.

Prozesskostenrechnung und Activity Based Costing (ABC)

Bei der **Prozesskostenrechnung** und dem **Activity Based Costing** (ABC) handelt es sich um Ansätze aus Deutschland und den USA aus den späten 1980er- und frühen 1990er-Jahren. Sie wollen der typischen Kostenstruktur moderner Unternehmungen besser Rechnung tragen als herkömmliche Kostenrechnungssysteme. Denn durch die schnelle technologische Entwicklung und die zunehmende Automatisierung hat der Anteil der indirekten Kosten an den Gesamtkosten stark zugenommen (z. B. Entwicklungs-, Marketing- oder Qualitätskosten). Dadurch werden die direkt den Kostenträgern zuweisbaren Kosten immer kleiner. Hinzu kommt, dass die Prozessorientierung bei vielen Unternehmungen stark in den Vordergrund getreten ist (Kaplan & Cooper, 1999, S. 21 f.).

Die Grundidee von Prozesskostenrechnung und Activity Based Costing besteht darin, dass einzelne Prozesse die Kosten verursachen. Es werden die Kosten einzelner Aktivitäten ermittelt und daraus die Kosten eines Prozesses oder Teilprozesses berechnet. Diese Prozesse oder Teilprozesse werden als **Kostentreiber** bezeichnet. Die Kosten jedes Prozesses, der von einem Kostenträger beansprucht worden ist, werden diesem Kostenträger auch belastet. Dies führt zu einer Verbesserung des Verursacherprinzips und stärkt innerhalb der Unternehmung das Bewusstsein für die überlegte Inanspruchnahme innerbetrieblicher Leistungen. Das Problem der Fixkostenverteilung kann mit der Prozesskostenrechnung und dem Activity Based Costing jedoch auch nicht aus der Welt geschafft werden. Es besteht aber die Möglichkeit, Prozesskostenrechnung und Activity Based Costing als Teilkostenrechnung auszugestalten.

Zielkostenrechnung (target costing)

Target-Costing ist mehr ein strategisches Controllinginstrument als ein System der Kostenrechnung. Es hat seinen Ursprung in den 1960er-Jahren in Japan und basiert, genau gegenläufig zu herkömmlichen Kalkulationssystemen, auf der abbauenden Kalkulation. Target-Costing orientiert sich an der Erkenntnis, dass nicht der Produzent durch seine Kalkulation den Preis eines Gutes festlegen kann, sondern dass der Preis vom Markt bestimmt wird. Durch Marktforschung wird abgeklärt, welche Produkte am Markt verlangt werden und wie viel die Konsumenten bereit sind, dafür zu bezahlen. Nach Abzug der Gewinnmarge vom Marktpreis stehen die Zielkosten fest, zu denen das Produkt hergestellt werden muss. Anschliessend werden die Selbstkosten mittels einer Plankalkulation errechnet. Diese liegen in der Regel über den Zielkosten. Es wird anschliessend eine **Funktionsanalyse** erstellt, die den prozentualen Nutzen jeder Teilfunktion des Produkts am Gesamtnutzen des Produkts ermittelt. Sind die prozentualen Kosten der Teilfunktion, gemessen an den gesamten Zielkosten, grösser als ihr anteiliger Nutzen, so müssen sie gesenkt werden – und umgekehrt: Liegen die anteiligen Kosten einer Teilfunktion tiefer als ihr anteiliger Nutzen, so soll die Teilfunktion qualitativ verbessert werden. Ziel ist es, ein ausgewogenes Kosten/Nutzen-Verhältnis für alle Teilfunktionen des Produkts zu erreichen.

1.4 Bilanz- und Erfolgsanalyse

1.4.1 Zweck der Bilanz- und Erfolgsanalyse

«Die **Bilanz- und Erfolgsanalyse** will aus Bilanz, Erfolgsrechnung und Anhang sowie allfälligen zusätzlichen Aufstellungen (Geldflussrechnung, Konzernrechnung usw.) aus dem Rechnungswesen *Erkenntnisse zur Beurteilung des Unternehmens* gewinnen» (Helbling, 1997, S. 15). Damit dies überhaupt möglich ist, muss die grosse Menge an Daten, die das Rechnungswesen bereithält, zu aussagekräftigen Informationen verdichtet werden. Das Ziel besteht darin, die finanzielle Situation zu beurteilen, und zwar im Vergleich zu:

- der Vergangenheit (Zeitreihenanalyse)
- einem oder mehreren ausgewählten Konkurrenten oder zur Konkurrenz im Allgemeinen (Konkurrenz-/Branchenvergleich, Benchmarking)
- den eigenen Zielen (Soll/Ist-Vergleich)
- Richtwerten/Faustregeln

Sinnvoll kann dabei auch eine Kombination verschiedener Vergleichsarten sein, beispielsweise ein Vergleich mit ausgewählten Konkurrenten über eine bestimmte Zeitspanne.

Investoren verwenden die Resultate einer Bilanz- und Erfolgsanalyse vor allem zum Vergleich verschiedener Investitionsmöglichkeiten. Sie leiten daraus auch Forderungen an das Management der Unternehmung ab. Für die Unternehmungsführung selbst ist das Resultat der Bilanz- und Erfolgsanalyse eine Standortbestimmung. Die Erkenntnisse daraus sollen als Grundlage für die Unternehmungsführung herangezogen werden, insbesondere:

- bei der Budgetierung und der operativen Planung im Allgemeinen
- bei der Zielfindung und der Messung der Zielerfüllung
- als Frühwarnindikator bei einer unerwünschten Entwicklung des Geschäftsgangs

Neben den Investoren und dem Management kann es auch für andere Gruppen – vor allem für Wirtschaftsprüfer, Steuerbehörden oder Finanzanalysten – interessant sein, eine Bilanz- und Erfolgsanalyse durchzuführen, um die Qualität des Managements und die Plausibilität der finanziellen Berichterstattung zu beurteilen, Stärken und Schwächen der Unternehmung auszumachen und aus der Vergangenheit Trends für die Zukunft herauszulesen.

1.4.2 Vorgehen und Probleme

Vor der Durchführung einer Bilanz- und Erfolgsanalyse ist es nützlich, sich erst einmal einen groben Überblick über den zu analysierenden Abschluss und die finanzielle Situation der Unternehmung zu verschaffen. Die Analyse beginnt oftmals mit einem groben Vorjahresvergleich. Higgins (2019, S. 17) spricht dabei vom «two-finger approach», bei dem man in der Jahresrechnung die Zahlenkolonnen des Vorjahres und des aktuellen Geschäftsjahres hinunterfährt, die Zahlen miteinander vergleicht, die auffälligsten Veränderungen registriert und damit einen ersten Eindruck über die Entwicklungen im vergangenen Geschäftsjahr gewinnt. Danach kann es sinnvoll sein, eine **Prozentbilanz** zu erstellen, die nicht mehr die Werte der einzelnen Bilanz- und Erfolgsrechnungspositionen ausweist, sondern deren prozentualen Anteil an der Bilanzsumme beziehungsweise am Umsatz. Dies ist vor allem dann hilfreich, wenn mehrere Unternehmungen miteinander verglichen werden. Alsdann kann man beginnen, erste Kennzahlen zu berechnen. Als systematisches Vorgehen hat sich dabei bewährt, *vom Groben ins Detail* (top-down) zu verfahren, also zuerst die grundlegenden Zusammenhänge zu erfassen und dann da, wo es besonders interessant erscheint, genauere Analysen vorzunehmen und den Zahlen näher auf den Grund zu gehen. Dabei stellen sich vor allem drei Probleme:

- die Wahl aussagekräftiger Kennzahlen
- die Qualität und Verfügbarkeit der benötigten Analysedaten
- die richtige Interpretation der Ergebnisse der Analyse

Beim ersten und beim letzten Punkt handelt es sich um methodische Probleme, denen mit genügend Erfahrung beigekommen werden kann. Wir gehen deshalb an dieser Stelle auf die grösste Schwierigkeit ein, die es bei der Bilanz- und Erfolgsanalyse so gut wie möglich zu meistern gilt: die Qualität und Verfügbarkeit der benötigten Analysedaten.

«Garbage in – garbage out» gilt auch in der Bilanz- und Erfolgsanalyse. Vor allem für Aussenstehende ist es oft sehr schwierig, meistens sogar unmöglich, an vollständige und objektive Finanzzahlen zu kommen. Gerade für Unternehmungen, welche nicht einen internationalen Rechnungslegungsstandard anwenden, bestehen sehr viele Freiheiten bei der Gestaltung des Abschlusses und der Ermittlung des Resultats. Die Bildung oder Auflösung *stiller Reserven* verfälscht das Ergebnis, den Wert von Aktiven und/oder Fremdkapital und den Wert des Eigenkapitals. Aber auch Jahresrechnungen, welche nach internationalen Standards erstellt worden sind, sind nur bedingt vergleichbar. Es besteht immer ein gewisser Spielraum für das sogenannte **Window-Dressing**, also den Abschluss so zu gestalten, dass er eher den Erwartungen der Investoren und der Finanzmärkte entspricht.

Abgesehen von den erwähnten Bewertungsproblemen wird die Bilanz- und Erfolgsanalyse oftmals dadurch erschwert, dass Bilanz und Erfolgsrechnung nichtbetriebliche Positionen aufweisen, welche die Beurteilung der betrieblichen Finanzlage und Wirtschaftlichkeit der Unternehmung verfälschen und den Vergleich mit anderen Unternehmungen stark erschweren. Zudem ist es möglich, dass einzelne Positionen der Jahresrechnung rechtlich und wirtschaftlich eine unterschiedliche Bedeutung haben. Während ein Aktionärsdarlehen beispielsweise rechtlich klar dem Fremdkapital zuzuweisen ist, hat es betriebswirtschaftlich gesehen vielleicht eher den Charakter von Eigenkapital. Weiter wirken sich strategische und politische Entscheide auf die Jahresrechnung aus. So macht zum Beispiel eine Vermögensanalyse bei einer Unternehmung, die ihre Infrastruktur geleast hat und deren Wert nicht in der Bilanz ausweist, wenig Sinn. Gerade in diesem Fall hält jedoch der Anhang der Jahresrechnung diesbezüglich wertvolle Informationen bereit.

Vor der Analyse muss die Zahlenbasis so weit aufbereitet werden, dass sie vergleichbar wird, sowohl mit Abschlüssen derselben Unternehmung aus vergangenen Jahren als auch mit den Abschlüssen anderer Unternehmungen. Zu diesem Zweck müssen stille Reserven so weit als möglich aufgerechnet und Aktiven und Passiven entsprechend neu bewertet werden. Die Abschlüsse müssen gleich strukturiert und gegliedert sein. Zudem macht es Sinn, nichtbetriebliche Aktiven und Passiven aus der Bilanz zu entfernen und ausserordentliche, periodenfremde und nichtbetriebliche Positionen der Erfolgsrechnung zu eliminieren.

Auch wenn die Werte durch die Bereinigung der Datenbasis objektiv und vergleichbar werden, muss man sich der Möglichkeiten und Grenzen einer **Kennzahlenanalyse** bewusst sein. Es handelt sich immer um eine Momentaufnahme oder um die Betrachtung einer einzelnen Periode. Zudem bezieht sie sich nur auf finanzielle Daten einer Unternehmung und lässt andere Faktoren wie beispielsweise die Qualität des Managements und der Mitarbeitenden ausser Acht, denn in vielen Unternehmungen kehren die wertvollsten «Aktiven» abends zu ihren Familien zurück (Higgins, 2019, S. 25). Eine Kennzahl kann losgelöst von anderen Faktoren kaum als gut oder schlecht beurteilt werden. Dazu müssen auch das Umfeld, die Eigenheiten und die Ziele der Unternehmung bekannt sein. Besondere Vorsicht ist geboten, wenn Branchenmittelwerte als anzustrebende Zielwerte betrachtet werden. Wer sagt denn, dass am Schluss nicht die gesamte Branche ein Problem hat und die Ziele eben gerade deshalb ungenügend sind?

Es wird hier deshalb darauf verzichtet, Richtwerte für die Beurteilung von Kennzahlen zu nennen. Das Bundesamt für Statistik veröffentlicht jedoch in regelmässigen Abständen Publikationen mit aktuellen Kennzahlen für die Gesamtwirtschaft und für einzelne Branchen. Diese können als Anhaltspunkte bei der Auswertung einer Bilanz- und Erfolgsanalyse dienen.

1.4.3 Kennzahlen und Kennzahlensysteme

Kennzahlen kommen überall zum Einsatz, nicht nur im Zusammenhang mit der Bilanz- und Erfolgsanalyse. Sie geben Auskunft über Leistungsmerkmale technischer Geräte (z. B. Seiten pro Minute bei Druckern, Treibstoffverbrauch bei Motorfahrzeugen), über Zustände (z. B. relative Luftfeuchtigkeit, Schadstoffbelastung der Luft) und vieles mehr. Generell ausgedrückt handelt es sich bei einer Kennzahl um eine aussagekräftige, markante Grösse oder um das Resultat einer Berechnung, die verschiedene Grössen in ein Verhältnis zueinander setzt.

Vor allem dann, wenn Kennzahlen das Verhältnis zwischen zwei Grössen ausdrücken, machen sie Sachverhalte verschiedener Grössenordnungen miteinander vergleichbar. Im Hintergrund steht dabei jedoch immer die Annahme der Proportionalität – wächst die Grösse x um den Faktor zwei, so wird dasselbe auch von der Grösse y angenommen. Beim Vergleich des Kapitalumschlags von Unternehmungen der gleichen Branche wird also beispielsweise davon ausgegangen, dass eine Unternehmung mit doppelt so hohem Umsatz auch doppelt so viele Aktiven hat. Dies muss jedoch nicht der Fall sein, denn in der Regel können Ressourcen in grösseren Unternehmungen effizienter eingesetzt werden (**economies of scale**).

Kennzahlen werden oft aufgrund von *Durchschnittswerten* berechnet. Dabei können diese Durchschnittswerte unterschiedlich genau ermittelt werden. Für einfachere Berechnungen wird in der Regel das arithmetische Mittel zwischen Anfangs- und Schlusswert der Periode herangezogen. Es gibt jedoch Fälle, in denen Durchschnittswerte genauer berechnet werden müssen, beispielsweise auf Quartals-, Monats- oder sogar Tagesbasis. Dies ist dann der Fall, wenn die entsprechende Grösse sehr stark in ihrer Höhe schwankt oder der Anfangs- und der Schlusswert nicht repräsentativ sind. Veranschaulicht werden kann diese Problematik am Beispiel eines Skiherstellers, der im Verlauf des Jahres sein Lager aufbaut und vor der Wintersportsaison alles an den Detailhandel ausliefert. Da der Lagerbestand am Jahresanfang/-ende jeweils sehr tief ist, ist hier eine Berechnung des durchschnittlichen Lagerbestandes aufgrund von Quartals- oder Monatswerten sinnvoller.

Die Bilanz- und Erfolgsanalyse kann in verschiedene Bereiche unterteilt werden. Dies hilft, bei der Analyse systematisch vorzugehen und einen Top-down-Ansatz zu verfolgen:

- Analyse der Bilanzstruktur
- Analyse der Liquiditätssituation
- Analyse der Ertragslage
- Analyse des Marktwerts

Analyse der Bilanzstruktur

Bei der Analyse der Bilanzstruktur unterscheidet man zwischen der *vertikalen* und der *horizontalen* **Bilanzanalyse**. Bei der vertikalen Bilanzanalyse werden die Struktur der Aktiven und die Struktur der Passiven beurteilt, während die horizontale Bilanzanalyse die Verhältnisse zwischen einzelnen Aktivpositionen und einzelnen Passivpositionen betrachtet (vgl. Abbildung 25).

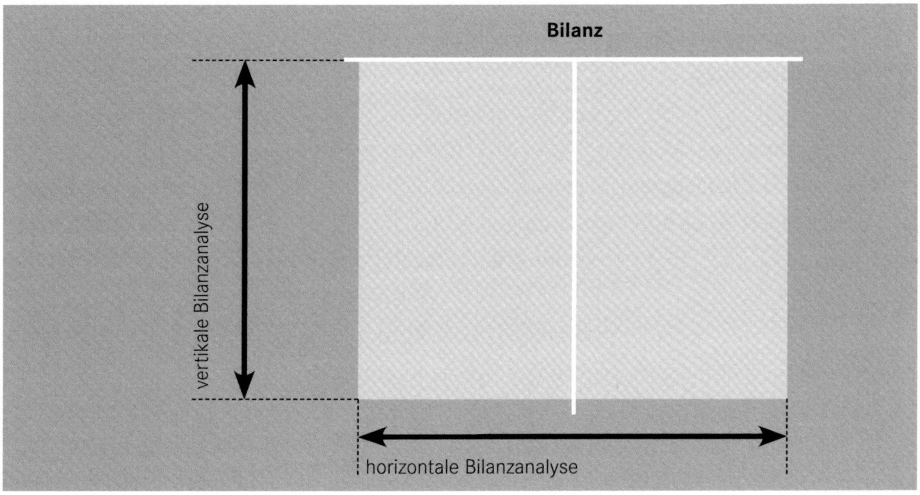

Abb. 25: Horizontale und vertikale Bilanzanalyse

Bei der Kapitalstruktur interessiert vor allem, zu welchen Anteilen die Unternehmung eigen- und fremdfinanziert ist (**Eigen-** und **Fremdfinanzierungsgrad**). Das **Finanzierungsverhältnis (financial leverage)** gibt Aufschluss über die Rendite-Risiko-Situation der Unternehmung (vgl. Abschnitt 2.5.1).

$$\text{Eigenfinanzierungsgrad (equity-to-asset ratio)} = \frac{\text{Eigenkapital}}{\text{Gesamtkapital}} \times 100$$

$$\text{Fremdfinanzierungsgrad (debt-to-asset ratio)} = \frac{\text{Fremdkapital}}{\text{Gesamtkapital}} \times 100$$

$$\text{Finanzierungsverhältnis (financial leverage)} = \frac{\text{Fremdkapital}}{\text{Eigenkapital}}$$

Bei der **Vermögensanalyse** interessieren zuerst einmal die Anteile des Umlauf- und des Anlagevermögens an der gesamten Bilanzsumme. Eine hohe **Intensität des Anlagevermögens** – bei Industrieunternehmungen oft unumgänglich – bedeutet ein höheres Risiko, da das Anlagevermögen hohe Fixkosten verursacht (Abschreibungen, Kapitalkosten) und zumindest kurzfristig nicht leicht veräussert werden kann. Dies wird vor allem dann zum Problem, wenn eine Unternehmung ihre Kapazitäten nicht voll auslasten kann.

Ist die Grobstruktur der Aktiven analysiert, so können detailliertere Auswertungen zu den einzelnen Positionen gemacht werden. Dabei sind insbesondere die Bestandteile des Nettoumlaufvermögens interessant. Über den **Debitoren-**, den **Kreditoren-** und den **Lagerumschlag** können die **Debitoren-** und die **Kreditorenfrist** sowie die **Lagerdauer** berechnet werden. Diese Kennzahlen geben Auskunft darüber, wie lange das Kapital im betrieblichen Umsatzzyklus gebunden ist. Während eine möglichst kurze Debitorenfrist und eine möglichst lange Kreditorenfrist anzustreben sind, ist die Frage nach der optimalen Lagerdauer nicht so einfach zu beantworten. Es muss ein Kompromiss zwischen einer tiefen Kapitalbindung (kleines Lager, kurze Lagerdauer) und einer hohen Lieferbereitschaft (grosses Lager, lange Lagerdauer) gefunden werden (vgl. Teil C2, Beschaffung, Marktleistungserstellung und Distribution).

$$\text{Intensität des Umlaufvermögens} = \frac{\text{Umlaufvermögen}}{\text{Gesamtvermögen}} \times 100$$

$$\text{Intensität des Anlagevermögens} = \frac{\text{Anlagevermögen}}{\text{Gesamtvermögen}} \times 100$$

$$\text{Investitionsverhältnis} = \frac{\text{Umlaufvermögen}}{\text{Anlagevermögen}}$$

$$\text{Debitorenumschlag} = \frac{\text{Umsatz}}{\varnothing\ \text{Debitorenbestand}}$$

Beim Umsatz dürfen nur Verkäufe auf Kredit berücksichtigt werden, da nur diese in den Debitorenbestand einfliessen.

$$\text{Kreditorenumschlag} = \frac{\text{Wareneinkäufe}}{\varnothing\ \text{Kreditorenbestand}}$$

Die Wareneinkäufe unterscheiden sich vom Warenaufwand dadurch, dass sie den Wert aller eingekauften Waren wiedergeben und nicht den Wert aller verbrauchten Waren. Es gilt also: Wareneinkäufe = Warenaufwand ± Bestandesänderung der eingekauften Waren. Zur Berechnung des Kreditorenumschlags dürfen bei den Wareneinkäufen nur Einkäufe auf Kredit berücksichtigt werden, da nur diese in den Kreditorenbestand einfliessen.

$$\text{Lagerumschlag Rohmaterial (inventory turnover)} = \frac{\text{Warenaufwand}}{\varnothing\ \text{Lagerbestand Rohmaterial}}$$

$$\text{Lagerumschlag Fertigfabrikate (inventory turnover)} = \frac{\text{Umsatz zu Einstandspreisen}}{\varnothing\ \text{Lagerbestand Fertigfabrikate}}$$

$$\text{Debitorenfrist (collection period)} = \frac{\text{365 Tage}}{\text{Debitorenumschlag}}$$

$$\text{Kreditorenfrist (payables period)} = \frac{\text{365 Tage}}{\text{Kreditorenumschlag}}$$

$$\text{Lagerdauer} = \frac{\text{365 Tage}}{\text{Lagerumschlag}}$$

Die Debitorenfrist gibt an, nach wie vielen Tagen die Kunden im Durchschnitt ihre Rechnung bezahlen. Die Kreditorenfrist sagt aus, nach wie vielen Tagen die Unternehmung im Durchschnitt ihre Rechnungen bezahlt, und die Lagerdauer zeigt auf, wie viele Tage die Lagerbestände durchschnittlich am Lager liegen, bevor sie verbraucht oder ausgeliefert werden, oder, anders gesagt, wie lange die Lagerbestände ausreichen, um die Produktion mit Rohstoffen und die Kunden mit Fertigfabrikaten zu versorgen.

In der horizontalen Bilanzanalyse werden vor allem sogenannte **Deckungsverhältnisse** berechnet, welche angeben, ob beispielsweise die **goldene Bilanzregel** eingehalten worden ist. Diese besagt, dass Anlagevermögen, welches langfristig Kapital bindet, auch langfristig finanziert werden soll (mit langfristigem Fremd- oder Eigenkapital). Daraus folgt umgekehrt, dass das kurzfristige Fremdkapital nur zur Finanzierung von Umlaufvermögen eingesetzt werden darf. Die Einhaltung der goldenen Bilanzregel wird mit den **Anlagedeckungsgraden** gemessen. Der Anlagedeckungsgrad II, welcher das Eigen- und das langfristige Fremdkapital mit einschliesst, sollte also 100 % übersteigen.

1

Die goldene Bilanzregel wird durch die **goldene Finanzierungsregel** noch konkretisiert. Sie fordert den Grundsatz der **Fristenkongruenz** zwischen Aktiven und Fremdkapital. Die einzelnen Positionen der Aktiven müssen also mindestens in der Zeitspanne in liquide Mittel zurückgeführt werden können, in der die Bestandteile des Fremdkapitals zur Rückzahlung fällig werden. Das Einhalten der goldenen Finanzierungsregel garantiert jedoch noch nicht eine jederzeit ausreichende Liquidität, denn meistens müssen die aus dem Umlaufvermögen zurückfliessenden liquiden Mittel (z. B. Debitoren) wieder in neues Umlaufvermögen (z. B. Warenlager, neue Debitoren) investiert werden und können nicht zur Rückzahlung kurzfristiger Verpflichtungen eingesetzt werden.

$$\text{Anlagedeckungsgrad I} = \frac{\text{Eigenkapital}}{\text{Anlagevermögen}} \times 100$$

$$\text{Anlagedeckungsgrad II} = \frac{\text{Eigenkapital + langfristiges Fremdkapital}}{\text{Anlagevermögen}} \times 100$$

Analyse der Liquiditätssituation

In der Praxis wird die Liquiditätssituation oft aufgrund der Bilanz mit den Kennzahlen **Liquiditätsgrad I, II und III** beurteilt. Diese sagen aus, inwieweit die Unternehmung in der Lage ist, ihren kurzfristigen Verbindlichkeiten nachzukommen. Dabei kommt dem Liquiditätsgrad II die grösste Aussagekraft zu. Die berücksichtigten Aktiven können in der Regel innert kürzerer Frist in liquide Mittel umgewandelt und dadurch zur Rückzahlung des kurzfristigen Fremdkapitals verwendet werden. Der Liquiditätsgrad II sollte deshalb 100 % übersteigen. Der Liquiditätsgrad III hingegen beinhaltet auch die Lagerbestände, bei denen es unsicher ist, ob diese innert nützlicher Frist wirklich zu Geld gemacht werden können, vor allem dann, wenn die Unternehmung Absatzschwierigkeiten oder viele Ladenhüter in den Beständen hat.

$$\text{Liquiditätsgrad I (cash ratio)} = \frac{\text{flüssige Mittel}}{\text{kurzfristige Verbindlichkeiten}} \times 100$$

$$\text{Liquiditätsgrad II (quick ratio, acid test)} = \frac{\text{flüssige Mittel + kurzfristige Forderungen}}{\text{kurzfristige Verbindlichkeiten}} \times 100$$

$$\text{Liquiditätsgrad III (current ratio)} = \frac{\text{Umlaufvermögen}}{\text{kurzfristige Verbindlichkeiten}} \times 100$$

Bei diesen Kennzahlen ist zu erwähnen, dass sie nur bedingt aussagekräftig sind. Die Werte sind statisch, sie beziehen sich auf einen bestimmten Zeitpunkt. Die Erfahrung zeigt aber, dass sich die Liquiditätssituation innerhalb einer Periode stark ändern kann.

Analyse der Ertragslage

Die Analyse der Ertragslage beleuchtet die wirtschaftliche Leistungsfähigkeit der Unternehmung. Im Zentrum stehen die Kennzahlen Brutto- und Nettomarge, verschiedene Arten der Rentabilität sowie Cashflow-Kennzahlen. Subtrahiert man vom Umsatz die Herstellkosten (Produktionsbetrieb) respektive den Warenaufwand (Handelsbetrieb) der verkauften Produkte, so erhält man als Resultat den **Bruttogewinn**. Zieht man vom Bruttogewinn alle übrigen Kosten ab, so resultiert das Unternehmensergebnis als Reingewinn oder als Reinverlust. Den prozentualen Anteil des Bruttogewinns am Umsatz bezeichnet man als **Bruttomarge**, den prozentualen Anteil des Unternehmensergebnisses am Umsatz als **Nettomarge** oder **Umsatzrendite**. In Handelsbetrieben wird die Bruttomarge auch als **Bruttogewinnquote** oder als **Handelsmarge** bezeichnet.

Weiter kann analysiert werden, wie effizient die Unternehmung mit den ihr zur Verfügung gestellten Ressourcen umgeht, einerseits ausgedrückt durch die Rentabilität (**Eigenkapital**- und **Gesamtkapitalrentabilität**) und andererseits im Verhältnis zum Umsatz (**Kapitalumschlag**, Umsatz pro Mitarbeiter, pro Verkaufsstelle, pro Quadratmeter Verkaufsfläche usw.). Zudem wird auch erhoben, wie gut die Unternehmung ihren finanziellen Verpflichtungen nachkommen kann. Dies wird durch den **Zinsdeckungsfaktor** ausgedrückt. Er ist ein guter Indikator für das Risiko, welches die Anleger eingehen. Ist der Faktor tief, so ist die Unternehmung selbst bei kleineren Gewinneinbrüchen schon bald nicht mehr in der Lage, die Fremdkapitalkosten aus dem laufenden Ergebnis zu decken. Als Variante kann für die Berechnung des Zinsdeckungsfaktors anstelle des Gewinns auch der operative Cashflow herangezogen werden.

$$\text{Bruttomarge (gross margin)} = \frac{\text{Bruttogewinn}}{\text{Umsatz}} \times 100$$

$$\text{Nettomarge (Umsatzrendite, net margin)} = \frac{\text{Reingewinn}}{\text{Umsatz}} \times 100$$

$$\text{Zinsdeckungsfaktor (times interest earned)} = \frac{\text{Gewinn vor Zinsen und Steuern}}{\text{Fremdkapitalzinsen}}$$

$$\text{Kapitalumschlag (asset turnover)} = \frac{\text{Umsatz}}{\varnothing \text{ Gesamtkapital}} = \frac{\text{Umsatz}}{\varnothing \text{ Aktiven}}$$

Bei den Rentabilitätsberechnungen ist darauf zu achten, dass diejenigen Gewinn- und Kapitalgrössen einander gegenübergestellt werden, die einander entsprechen. Es ist die Gewinngrösse einzusetzen, die bereitsteht, um die Kosten für das entsprechende Kapital zu decken. Beim Eigenkapital ist dies der Reingewinn, beim Gesamtkapital der Reingewinn plus die Fremdkapitalzinsen.

$$\text{Eigenkapitalrendite (return on equity, ROE)} = \frac{\text{Reingewinn}}{\varnothing \text{ Eigenkapital}} \times 100$$

$$\text{Gesamtkapitalrendite (return on investment, ROI)} = \frac{\text{Reingewinn} + \text{Fremdkapitalzinsen}}{\varnothing \text{ Eigenkapital} + \varnothing \text{ Fremdkapital}} \times 100$$

Um die Eigenkapitalrendite genauer zu analysieren, kann die Formel um einige Einflussfaktoren erweitert werden. Dabei wird ersichtlich, welche Grössen sich hauptsächlich auf die Eigenkapitalrendite auswirken.

$$\text{Eigenkapitalrendite} = \frac{\text{Reingewinn}}{\text{Umsatz}} \times \frac{\text{Umsatz}}{\varnothing \text{ Gesamtkapital}} \times \frac{\varnothing \text{ Gesamtkapital}}{\varnothing \text{ Eigenkapital}} \times 100$$

Eigenkapitalrendite = Umsatzrendite × Kapitalumschlag × Finanzierungshebel

Bezüglich Cashflow interessiert in der Erfolgsanalyse vor allem, wieweit die Unternehmung in der Lage ist, liquide Mittel zu generieren und sich selbst zu finanzieren, und in welchem Umfang sie ihren Finanzverpflichtungen nachkommen und aus eigener Kraft ihr Fremdkapital zurückzahlen kann. Dabei ist der Cashflow als operativer Cashflow zu verstehen.

Die **Cashflow-Marge**, berechnet als Cashflow im Verhältnis zum Umsatz, zeigt auf, welcher Anteil des Umsatzes als liquide Mittel in der Unternehmung verbleibt. Diese liquiden Mittel stehen zur Finanzierung von Investitionen oder zur Rückzahlung von Kapital zur Verfügung. In welchem Umfang die Investitionen mit dem operativen Cashflow finanziert werden können, zeigt das **Cashflow-Investitionsverhältnis**. Je nachdem, ob dies auf die nachhaltige Geschäftsentwicklung oder auch auf das Unternehmenswachstum bezogen werden soll, muss der Cashflow zu den Ersatz- oder zu den Gesamtinvestitionen inklusive Erweiterungsinvestitionen ins Verhältnis gesetzt werden. Ein Cashflow-Investitionsverhältnis von weniger als 1 bedeutet, dass die Unternehmung ihre Investitionen nicht vollständig aus dem operativen Cashflow des laufenden Jahres finanzieren konnte.

$$\text{Cashflowmarge (cash flow margin)} = \frac{\text{operativer Cashflow}}{\text{Umsatz}} \times 100$$

$$\text{Cashflow-Investitionsverhältnis} = \frac{\text{operativer Cashflow}}{\text{Investitionen}}$$

Fremdkapitalgeber interessiert vor allem, wie gut die Unternehmung in der Lage ist, ihren finanziellen Verpflichtungen nachzukommen. Der **Verschuldungs-** oder **Tilgungsfaktor** sagt aus, wie viele Jahre eine Unternehmung benötigt, um mit dem erwirtschafteten Cashflow ihr Fremdkapital zurückzuzahlen. Dabei wird davon ausgegangen, dass sich die Höhe des Cashflows über die Zeit nicht verändert und dass der gesamte Cashflow zur Amortisation des Fremdkapitals eingesetzt wird. Als Fremdkapital wird normalerweise die Effektivverschuldung eingesetzt, welche sich als Fremdkapital abzüglich liquider Mittel und kurzfristiger Forderungen berechnet. Die Formel zur Berechnung des Verschuldungsfaktors beinhaltet einen Hebel, da bei einer Verschlechterung des Geschäftsgangs in der Regel die Verschuldung steigt (grösserer Zähler) und der Cashflow sinkt (kleinerer Nenner) und sich dadurch negative Entwicklungen besonders deutlich aufzeigen.

$$\text{Verschuldungsfaktor} = \frac{\text{Effektivverschuldung}}{\text{operativer Cashflow}}$$

Kann eine Unternehmung keinen positiven Cashflow mehr erarbeiten, so zeigt die **Cash-Burn-Rate**, wie lange es dauert, bis die vorhandenen liquiden Mittel aufgebraucht sind und die Unternehmung zahlungsunfähig ist.

$$\text{Cash-Burn-Rate} = \frac{\text{flüssige Mittel}}{\text{Cashdrain}}$$

Analyse des Marktwerts

In den oben aufgeführten Formeln wird als Eigenkapital immer der Wert eingesetzt, der aus der Finanzbuchhaltung hervorgeht: der **Buchwert des Eigenkapitals**. In der Regel ist aber ein Investor bereit, für einen Anteil am Eigenkapital mehr als den Buchwert zu bezahlen. Der **Marktwert** – bei börsenkotierten Gesellschaften die Börsenkapitalisierung als Anzahl Aktien multipliziert mit dem Aktienkurs – ist also in der Regel höher als der Buchwert des Eigenkapitals. Der Grund dafür kann einerseits sein, dass der Buchwert des Eigenkapitals zu tief ausgewiesen wird, weil stille Reserven gebildet worden sind. Andererseits ist der Unterschied aber hauptsächlich darauf zurückzuführen, dass die Finanzbuchhaltung vergangenheitsorientiert ist, während die Investoren sich bei ihren Überlegungen vor allem auf die Einschätzung der Zukunft abstützen. Bei der Bilanz- und Erfolgsanalyse müssen wir uns deshalb immer bewusst sein, dass der Anleger nicht den Buchwert des Eigenkapitals investiert, sondern dessen Marktwert. Der Marktwert ist für ihn dann auch die Grundlage für die Rentabilitätsanalyse. Zudem stellt sich für ihn immer die Frage, welchen Gewinn die Unternehmung einerseits erwirtschaftet und welchen Anteil davon er andererseits als Dividende erhält.

$$\text{Gewinn pro Aktie (earnings per share)} = \frac{\text{Reingewinn}}{\varnothing\ \text{Anzahl ausstehender Aktien}}$$

$$\text{Gewinnrendite (earnings yield)} = \frac{\text{Reingewinn pro ausstehende Aktie}}{\text{Aktienkurs}} \times 100$$

$$\text{Kurs/Gewinn-Verhältnis (KGV, price-to-earnings ratio, P/E)} = \frac{\text{Aktienkurs}}{\text{Reingewinn pro ausstehende Aktie}}$$

$$\text{Ausschüttungsquote (payout ratio)} = \frac{\text{ausgeschütteter Gewinn}}{\text{Reingewinn}} \times 100 = \frac{\text{gesamte Dividende}}{\text{Reingewinn}} \times 100$$

$$\text{Dividendenrendite (dividend yield)} = \frac{\text{Dividende pro Aktie}}{\text{Aktienkurs}} \times 100$$

$$\text{Marktwert/Buchwert-Verhältnis (market-value-to-book-value ratio)} = \frac{\text{Marktwert des Eigenkapitals}}{\text{Buchwert des Eigenkapitals}}$$

Vor allem das **Kurs/Gewinn-Verhältnis** (**KGV**), die **Dividendenrendite** und das **Marktwert/Buchwert-Verhältnis** dienen im Vergleich mit den entsprechenden Kennzahlen anderer Gesellschaften als Indikator dafür, ob ein Titel eher über- oder unterbewertet ist. Man nennt diese Art Kennzahlen auch **Multiplikatoren** oder **Market-Multiples,** da sie den Marktwert einer Unternehmung als Mehrfaches einer anderen Grösse ausdrücken (z. B. des Buchwerts des Eigenkapitals oder des Umsatzes).

ROI-Baum (Du-Pont-Schema)

Wie wir bereits festgestellt haben, können die Formeln zur Berechnung von Kennzahlen erweitert werden, indem man einzelne Elemente hinzufügt oder Teile der Formel in ihre Bestandteile aufspaltet. Aus der Formel zur Berechnung einer Kennzahl kann so ein ganzes System abhängiger Kennzahlen abgeleitet werden. Dies ermöglicht eine detaillierte Analyse von Ursache und Wirkung, was die Suche nach Schwächen und die Simulation von Szenarien vereinfacht.

Eines der bekanntesten **Kennzahlensysteme** ist der **ROI-Baum** (Abbildung 26), auch **Du-Pont-Schema** genannt, welcher bereits zu Beginn des 20. Jahrhunderts vom amerikanischen Chemiekonzern Du Pont de Nemours & Co. entwickelt worden ist und heute in unterschiedlichen Ausprägungen zur Anwendung kommt.

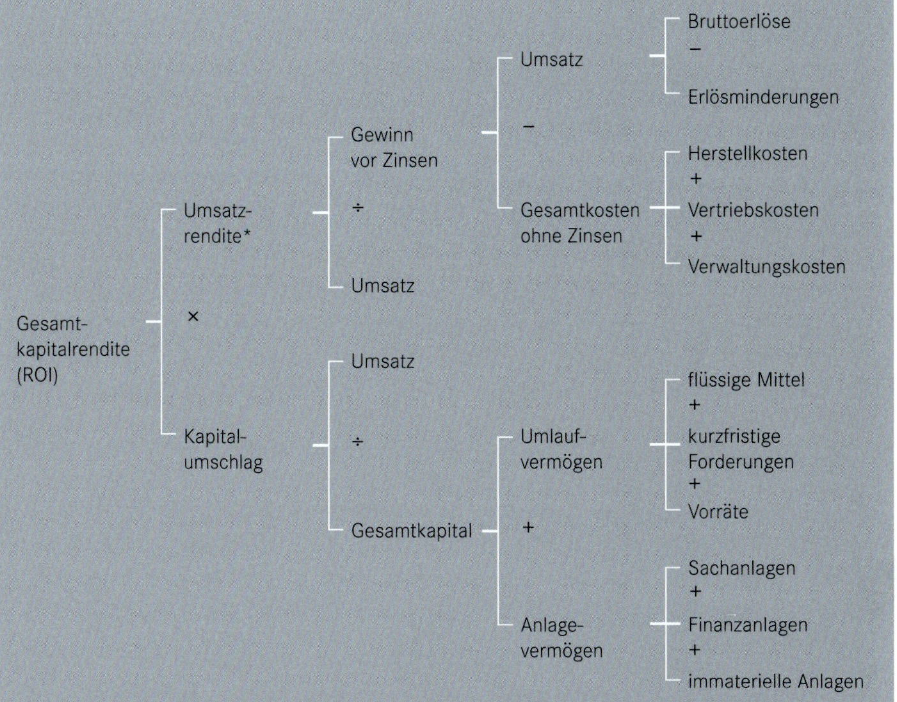

* Die Umsatzrendite wird in diesem Fall auf der Basis des Gewinns vor Fremdkapitalzinsen (earnings before interest, EBI) berechnet, damit die Überleitung zur Gesamtkapitalrendite möglich ist.

$$\text{Umsatzrendite (EBI-Marge)} = \frac{\text{Reingewinn + Zinsen}}{\text{Umsatz}} \times 100$$

Abb. 26: ROI-Baum (Du-Pont-Kennzahlenschema)

1.5 Controlling

1.5.1 Entstehung des Controllings

Der Begriff **Controlling** stiftet oft Verwirrung. Dies ist nicht weiter verwunderlich, denn einerseits ist Controlling zu einem Modebegriff geworden, der in unterschiedlichsten Zusammenhängen verwendet wird, anderseits hat sich die Controllingfunktion in verschiedenen Wirtschaftsräumen auch unterschiedlich entwickelt, und man fasst deshalb auch nicht überall die gleichen Aufgaben darunter zusammen.

Unter Controller wird im englischen Sprachgebrauch der Airtraffic Controller verstanden, der Fluglotse, der die Flugzeuge sicher weg vom Boden, durch den Luftraum und wieder auf die Erde führt – von ihrer Ausgangsposition zu ihrem Ziel. Der Controller einer Unternehmung heisst im angelsächsischen Raum *Financial Controller*, *Financial Analyst* oder *Business Analyst.* Das Beispiel des Airtraffic Controllers wird jedoch in vielen Büchern bildlich auf den Controller in der Unternehmung übertragen: Er hat den Kurs der Unternehmung fest im Griff, kennt die Position, versorgt die Unternehmungsleitung mit den relevanten Daten, stellt Kursabweichungen fest und schlägt Korrekturmassnahmen vor. Er ist aber nicht der Pilot, sondern unterstützt diesen nur dabei, die Unternehmung sicher ans gewünschte Ziel zu bringen. Der Financial Controller kann also als «Zielfindungs- und Zielerreichungsbegleiter» (Deyhle, Steigmeier et al., 1993, S. 19) oder als Moderator bezeichnet werden, aber sicher nicht als blosser Kontrolleur.

Blickt man auf die Entwicklung des Controllings zurück, so weichen die Anfänge weit vom oben dargestellten Bild ab. Horváth (2020, S. 15 ff.) hat die Geschichte, die an den mittelalterlichen europäischen Königshöfen begonnen hat, übersichtlich zusammengetragen. Damals waren «Controller» vor allem dafür zuständig, ein- und ausgehende Güter zu erfassen. Der Einzug des modernen Controllers in die Wirtschaft begann in den USA im ausgehenden 19. und zu Beginn des frühen 20. Jahrhunderts. Während der Controller sich damals noch mit einfacheren finanzwirtschaftlichen Aufgaben wie zum Beispiel der Verwaltung von Geldmitteln oder der Überwachung von Ein- und Auszahlungen befasste, hat sich sein Tätigkeitsgebiet im Verlauf des 20. Jahrhunderts zuerst auf die gesamte Finanzbuchhaltung und später darüber hinaus ausgedehnt.

Kontinentaleuropäische Unternehmungen führten die Stelle des Controllers erst in der zweiten Hälfte des 20. Jahrhunderts ein. Der Controller war vor allem Betriebsbuchhalter und zuständig für Betriebsabrechnung und Kalkulationen und nahm eher Aufgaben der Führungsunterstützung wahr. Dem angelsächsischen Controller kam schon früh die Rolle des Leiters des gesamten Rechnungswesens mit Führungsfunktionen zu. Mit der Ausbreitung multinationaler Konzerne haben sich diese beiden Controller-Bilder angenähert.

1.5.2 Aufgaben und Hilfsmittel des Controllers

Trotz all der oben erwähnten Unterschiede im internationalen Vergleich kann der Aufgabenbereich des Controllings auf einen gemeinsamen Nenner gebracht werden. Er umfasst:

- *Koordination:* Koordination der Prozesse und Stellen innerhalb des Führungssystems und Abstimmung der Ziele der einzelnen Teilsysteme auf die Unternehmungsziele
- *Information:* Information der Unternehmungsführung über den Geschäftsverlauf, seine Entwicklungstendenzen und Abweichungen von den Plänen sowie Versorgung von Entscheidungsträgern mit den für sie relevanten Informationen
- *Planung:* Unterstützung der Unternehmungsführung bei der Unternehmungsentwicklung und bei der Definition operativer Ziele sowie Koordination der gesamten Planungsabläufe
- *Beratung:* Betriebswirtschaftliche Beratung der Unternehmungsführung und Vorbereitung von Managemententscheiden

Das Controlling ist darauf ausgerichtet, den Unternehmungswert zu steigern. Sein Ziel ist es, alle Personen aller hierarchischen Stufen innerhalb der Unternehmung dazu zu bringen, am selben Strick zu ziehen und die für die Unternehmung besten Entscheidungen zu treffen. Controlling ist deshalb zukunftsorientiert, «... denn für die Vergangenheit gibt es nichts mehr zu entscheiden ...» (Rieder, 1997, S. 48). Diese Auffassung wird durch das Controllerleitbild der IGC International Group of Controlling (2019) verdeutlicht:

«Controller leisten als Partner des Managements einen wesentlichen Beitrag zum nachhaltigen Erfolg der Organisation:

- Controller gestalten und begleiten den Management-Prozess der Zielfindung, Planung und Steuerung, sodass jeder Entscheidungsträger zielorientiert handelt.
- Controller sorgen für die bewusste Beschäftigung mit der Zukunft und ermöglichen dadurch, Chancen wahrzunehmen und mit Risiken umzugehen.
- Controller integrieren die Ziele und Pläne aller Beteiligten zu einem abgestimmten Ganzen.
- Controller entwickeln und pflegen die Controlling-Systeme. Sie sichern die Datenqualität und sorgen für entscheidungsrelevante Informationen.
- Controller sind als betriebswirtschaftliches Gewissen dem Wohl der Organisation als Ganzes verpflichtet.»

Der Controller grenzt sich gegenüber dem Manager, dem Treasurer und der internen Revision in seiner Tätigkeit ab:

- Er unterscheidet sich vom Manager dadurch, dass er keine Führungsverantwortung trägt. Während der Manager führt, unterstützt ihn der Controller dabei (vgl. Abbildung 27).
- Er hat zwar eine zentrale Stellung in der Finanzplanung, die Liquiditätssicherung liegt jedoch in der Verantwortung des Treasurys und nicht des Controllings.
- Im Unterschied zur internen Revision, welche vor allem vergangenheitsbezogen Management und Controlling beurteilt, richtet sich der Controller an der Zukunft aus.

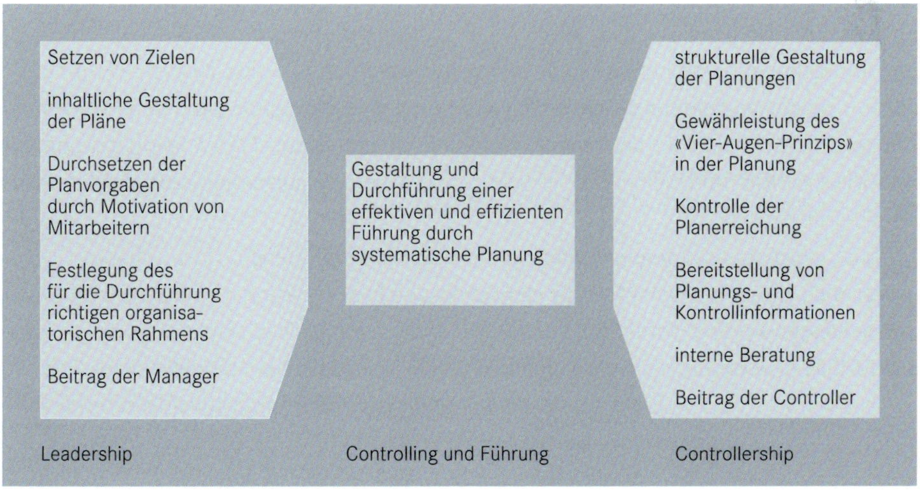

Abb. 27: Aufgabenteilung zwischen Management und Controlling (Weber, 1997, S. 72)

Das Controlling kann in eine strategische und eine operative Perspektive aufgeteilt werden. Strategisches Controlling ist langfristig und befasst sich mit der *Effektivität,* also damit, dass die Unternehmung die richtigen Dinge tut (do the right things). Das operative Controlling betrachtet einen kurz- bis mittelfristigen Zeitraum und befasst sich mit Fragen der *Effizienz,* also damit, dass die Dinge auch richtig getan werden (do things right).

Koordination

Durch seine Koordinationsfunktion soll das Controlling erreichen, dass alle Aktivitäten und Entscheidungen konsequent auf die Erfüllung der Unternehmungsziele ausgerichtet sind und so den Unternehmungswert steigern. Die Probleme, die sich dabei stellen, können personeller oder sachlicher Art sein. *Personeller Koordinationsbedarf* entsteht da, wo die Ziele von Entscheidungsträgern nicht mit den Zielen der Unternehmung übereinstimmen **(Principal-Agent-Problematik)**. Es müssen deshalb Anreize geschaffen werden, die das Verhalten der Entscheidungsträger im Sinne der Unternehmung steuern. *Sachliche Koordinationsprobleme* entstehen da, wo knappe Ressourcen verteilt werden müssen. Die Aufgabe des Controllers besteht darin, die Ressourcen dorthin zu leiten, wo sie am effizientesten eingesetzt werden. Dabei ist aber auch immer die Risikosituation zu beurteilen – ebenfalls ein sachliches Koordinationsproblem –, denn durch die Konzentration von Ressourcen können Klumpenrisiken entstehen, welche sich negativ auf den Unternehmungswert auswirken.

Information

Die Unternehmensleitung muss zeitgerecht auf die relevanten Informationen zurückgreifen können. Nur so ist es möglich, rechtzeitig auf Abweichungen vom geplanten Kurs zu reagieren und die richtigen Entscheidungen zu treffen. Dazu muss das Controlling ein übergeordnetes Informationssystem unterhalten, welches Daten aus allen Funktionsbereichen verknüpft und in der gewünschten Form an das Management weitergibt. Moderne Business-Intelligence-Systeme ermöglichen es, grosse Datenmengen effizient auszuwerten, und unterstützen so die Entscheidungsfindung (Weber und Schäffer, 2016, S. 99 ff.). Oft ist dabei – wieder in Anlehnung an den Piloten und seinen Navigator – die Rede von einem **Cockpit**. Wichtig ist dabei, dass sowohl das Informationssystem als auch der Reportingprozess wirtschaftlich und die Berichte empfängerorientiert sind, insbesondere bezüglich ihres Detaillierungsgrads.

Das Informationssystem soll auch als Frühwarnsystem dienen. Dazu müssen Gegenwartsdaten, die auf relevante Trends oder Tendenzen in der Zukunft hinweisen, identifiziert und gemessen werden. Verändern sich die Werte dieser kritischen Erfolgsfaktoren, so müssen möglicherweise Korrekturmassnahmen eingeleitet oder die entsprechenden Ziele angepasst werden. Natürlich gilt es nicht nur, zukünftige Gefahren frühzeitig zu erkennen, sondern auch zukünftige Chancen.

Planung

Bei der Planung ist die Unterscheidung zwischen operativem und strategischem Controlling besonders wichtig. Die **strategische Planung** befasst sich mit der grundsätzlichen Marschrichtung der Unternehmung. Sie legt fest, wo die Unternehmung zu einem bestimmten Zeitpunkt stehen will und wie sie dahin kommt. Dazu müssen Elemente der Unternehmungsumwelt und die Unternehmung selbst genau analysiert werden. In der Folge werden aus diesen Analysen Chancen und Gefahren abgeleitet. Man muss festlegen, welche Kundenbedürfnisse mit welchen Marktleistungen befriedigt werden sollen. Auf der Suche nach den geeigneten Marktleistungen spielen die finanziellen Daten der Betriebsbuchhaltung eine wichtige Rolle. Insbesondere die Deckungsbeitragsrechnung (vgl. Abschnitt 1.3.6) und die Break-even-Analyse sind von Bedeutung.

Bei der **Break-even-Analyse** werden die Kosten einer Marktleistung den entsprechenden Erlösen in Abhängigkeit von der Ausbringungsmenge gegenübergestellt. Den Punkt, an dem Kosten und Erlös gleich gross sind, nennt man Break-even-Punkt oder **Nutzschwelle** (vgl. Abbildung 28). Der Break-even-Punkt besagt, ab welcher Produktionsmenge mit einer Marktleistung Gewinn erzielt wird, natürlich unter der Annahme, dass die hergestellten Produkte auch verkauft werden können, und zwar zum geplanten Preis. In ähnlicher Weise können auch die Kosten verschiedener Produkte oder Produktionsverfahren einander gegenübergestellt werden. Dabei wird ersichtlich, welches Produkt oder welches Verfahren bei einer bestimmten Ausbringungsmenge am kostengünstigsten ist.

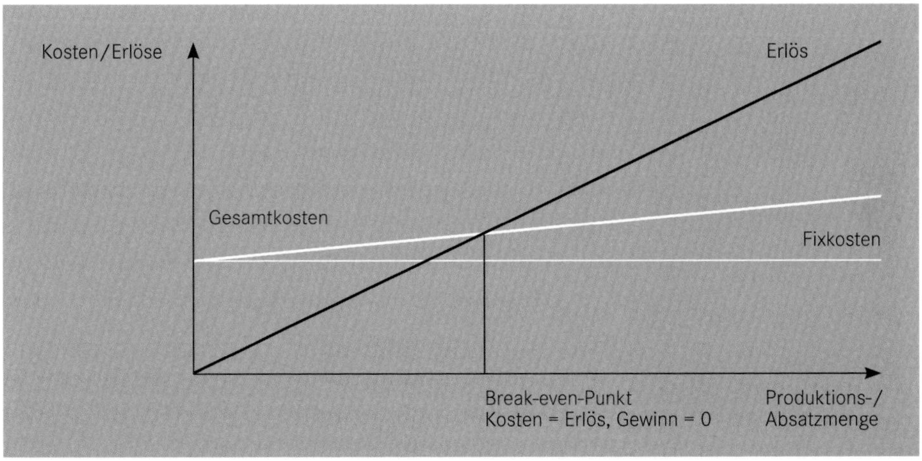

Abb. 28: Break-even-Analyse

Ein Controllinginstrument der strategischen Planung ist die **Balanced Scorecard** (BSC). Die BSC betrachtet in ihrer Grundform die Unternehmung und ihre Umwelt aus vier verschiedenen Perspektiven:

- finanzielle Perspektive
- Kundenperspektive
- interne Perspektive (Geschäftsprozesse)
- Innovations- und Lernperspektive (Potenziale)

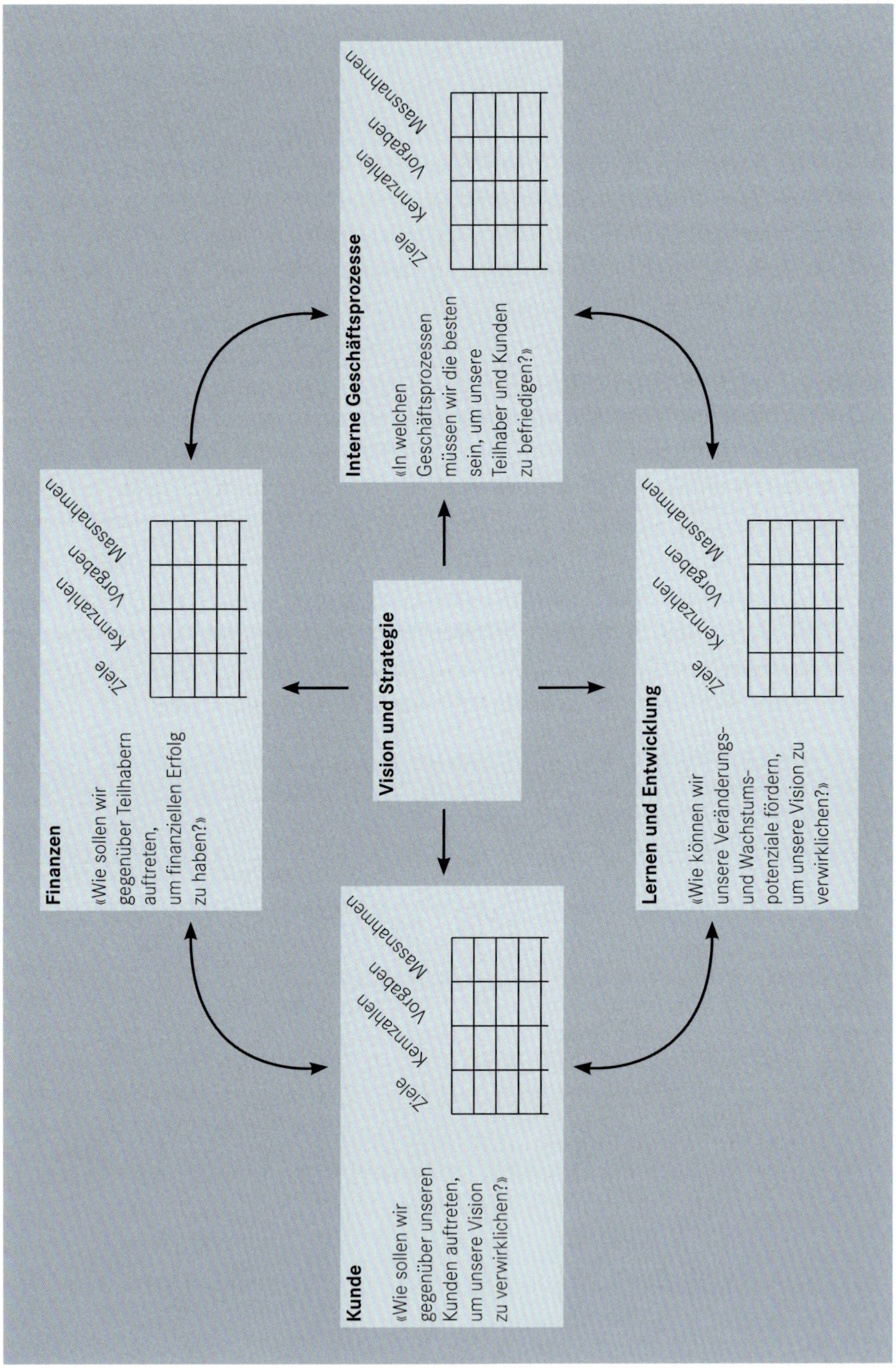

Abb. 29: Balanced Scorecard als Abbild der Strategie (Kaplan & Norton, 1997, S. 9)

Bereiche, die für die Unternehmung von besonderer Bedeutung sind, können als zusätzliche Perspektiven berücksichtigt werden (z. B. Qualität oder Ökologie). In die Balanced Scorecard werden für jede Perspektive Ziele zu Erfolgsfaktoren aus der strategischen Planung eingetragen. Es wird festgehalten, anhand welcher Kennzahlen die Zielerreichung gemessen werden soll, und eine Vorgabe als Zielwert definiert. Zudem werden Massnahmen für die Zielerreichung festgelegt (vgl. Abbildung 29). Dies kann an einem Beispiel veranschaulicht werden: Wenn ein Erfolgsfaktor in der Perspektive Lernen und Entwicklung die Mitarbeiterqualifikation und das Ziel die Verbesserung der Mitarbeiterqualifikation ist, so kann als mögliche Kennzahl zur Messung der Zielerreichung der Anteil der Mitarbeitenden, die innerhalb eines Jahres an einer Aus- oder Weiterbildungsveranstaltung teilgenommen haben, definiert werden. Als Vorgabe kann ein Zielwert von 60 % gemacht und als Massnahme die Erstellung eines Ausbildungsplans festgelegt werden.

Die BSC umfasst idealerweise total etwa 15 bis 25 finanzielle und nichtfinanzielle Kennzahlen. Abbildung 30 zeigt für die vier Perspektiven der BSC typische Erfolgsfaktoren,

Perspektive	Erfolgsfaktor (Ziel)	Messgrösse (Kennzahl)
Finanzielle Perspektive	Rentabilität Unternehmungswert Effizienter Kapitaleinsatz	EK-Rendite, GK-Rendite Aktienkurs Kapitalumschlag
Kundenperspektive	Kundenzufriedenheit Marktanteil Image als führende Marke Image als führend in Technologie Kundenbindung	Anteil Wiederholungskäufer an der gesamten Kundschaft Marktanteil Bekanntheitsgrad der Marke Anteil des Umsatzes neuer Produkte am Gesamtumsatz Anteil des Umsatzes von Stammkunden am Gesamtumsatz
Interne Perspektive (Geschäftsprozesse)	Kurze Durchlaufzeiten Qualität Effiziente Innovationsprozesse	(Verbesserung der) Durchlaufzeit Anteil fehlerhafter Produkte an allen hergestellten Produkten, Anzahl Reklamationen pro Periode (Verbesserung der) time to market
Innovations- und Lernperspektive (Potenziale)	Mitarbeitertreue Mitarbeiterzufriedenheit Qualifikation der Mitarbeitenden Potenzial der Mitarbeitenden nutzen Verfügbarkeit von Informationen	Mitarbeiterfluktuation Mitarbeiterfluktuation, Zufriedenheitsindex aus Mitarbeiterumfrage Anteil der Mitarbeitenden, die pro Periode eine Schulungsveranstaltung besucht haben Anzahl umgesetzte Verbesserungen aus dem Mitarbeiter-Vorschlagswesen pro Periode Zeitdauer pro Periode, während der ein Zugriff auf zentrale Server nicht möglich ist

Abb. 30: Typische Erfolgsfaktoren in einer Balanced Scorecard

die sich aus der strategischen Planung ableiten, und mögliche Messgrössen (Kennzahlen) dazu auf.

Die BSC dient aber nicht nur dazu, Strategie und Erfolgsfaktoren abzubilden. Sie zeigt auch Ursache/Wirkungen-Beziehungen auf und soll so Zusammenhänge verdeutlichen. Dies wird in Abbildung 31 anhand eines einfachen Beispiels dargestellt. Dabei beeinflusst die Innovations- und Lernperspektive die interne Perspektive, welche sich ihrerseits wiederum auf die Kundenperspektive auswirkt. Am Schluss schlägt sich die ganze Ursache/Wirkungen-Kette als Unternehmenserfolg in den finanziellen Kennzahlen nieder. Das System der BSC ist in letzter Konsequenz also immer auf den finanziellen Erfolg gerichtet. Eine Unternehmung mag in den übrigen drei Bereichen der BSC noch so hervorragende Leistungen erbringen, wenn die finanziellen Ergebnisse nicht stimmen, hat sie ihre Ziele verfehlt – die Steigerung des Unternehmungswerts.

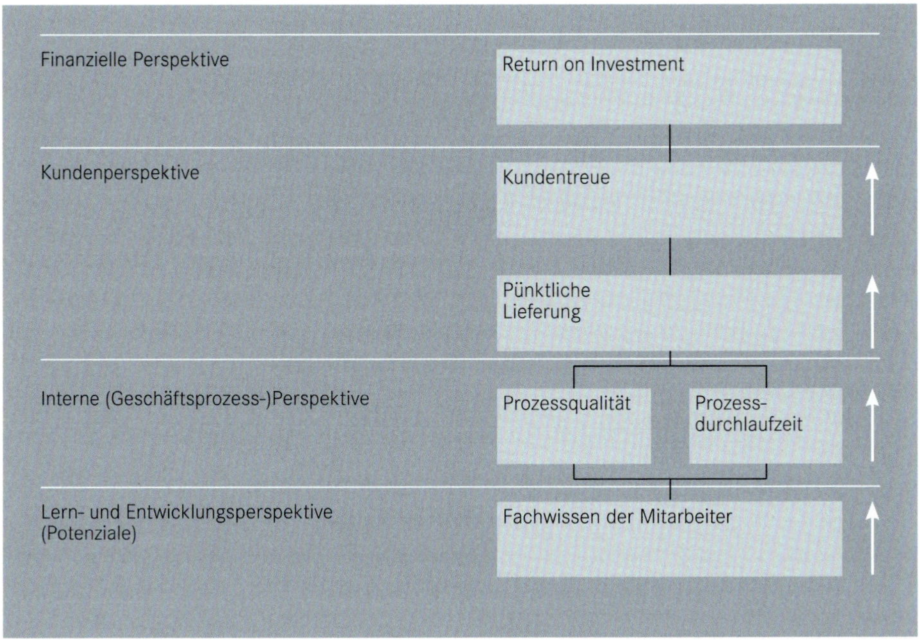

Abb. 31: Ursache/Wirkungen-Kette in der BSC (Kaplan & Norton, 1997, S. 29)

Die Balanced Scorecard in grafischer Form ist hervorragend als Kommunikationsmittel geeignet. Strategien werden übersichtlich dargestellt und Zusammenhänge aufgezeigt. Dies kann die Mitarbeitenden wiederum dazu motivieren, das gewünschte Verhalten an den Tag zu legen. Denn so verstehen sie, was wichtig ist und wie sie einen Beitrag zum Erfolg der Unternehmung leisten können.

Während bei der strategischen Planung grundsätzlich alles hinterfragt werden kann und nichts als gegeben gilt, setzt die operative Planung «nur noch» die Vorgaben der strategischen Planung in konkrete kurz- und mittelfristige Pläne um. Zur Überprüfung der aktuellen Situation erstellt das Controlling Berichte, wertet diese aus, erstellt Prognosen für die nähere Zukunft (forecasts) und leitet daraus die erwarteten Abweichungen zu den Zielen für die Zukunft ab. Ebenso erarbeitet der Controller Massnahmen, die ergriffen werden müssen, damit die Ziele doch noch erreicht werden. Die wichtigsten Hilfsmittel sind dabei **Soll/Ist-** und **Abweichungsanalysen**. Die aktuellen Ist-Daten werden mit den budgetierten Soll-Daten verglichen. Es wird analysiert, wo und in welchem Umfang diese beiden Datensets voneinander abweichen und – was noch viel wichtiger ist – weshalb sie dies tun. Nur durch das Erkennen der Abweichungsursachen können wirksame Korrekturmassnahmen eingeleitet werden.

Natürlich können Abweichungen nur so detailliert analysiert werden, wie es die Datengrundlage zulässt. Es ist deshalb von grosser Bedeutung, dass bei der Planung die Soll- und Budgetwerte detailliert festgehalten werden. Ist beispielsweise ein bestimmter Umsatz budgetiert, ohne dass ersichtlich ist, wie sich dieser zusammensetzt, so kann höchstens festgestellt werden, in welcher Höhe der Ist-Umsatz insgesamt vom Soll-Umsatz abweicht. Ist bei der Budgetierung jedoch festgelegt worden, an welche Kunden welche Marktleistungen zu welchen Preisen verkauft werden sollen, so kann genau analysiert werden, weshalb der Ist-Umsatz vom Soll-Umsatz abweicht: Konnten die geplanten Verkaufspreise nicht erzielt werden? Ist ein Kunde abgesprungen oder neu akquiriert worden? Hat sich ein Absatzmarkt anders entwickelt als erwartet? Erbringt ein Verkäufer nicht die erwartete Leistung? Die Resultate dieser Analysen können dann zu gezielten Korrekturmassnahmen führen.

Beratung

Die betriebswirtschaftliche Beratung ist eine Aufgabe, die sich über alle Tätigkeiten des Controllers erstreckt. Koordination, Information und Planung setzen breites betriebswirtschaftliches Wissen und die Kenntnis betriebswirtschaftlicher Zusammenhänge und Regelkreise voraus. Bei all diesen Tätigkeiten wirkt der Controller als Berater mit, indem er komplexe Zusammenhänge analysiert, wirksame Massnahmen zur Steigerung des Unternehmungswertes ausarbeitet und die Geschäftsleitung in ihren Entscheidungen unterstützend begleitet. Der Controller wird damit zum **Business Partner** des Managements.

1.5.3 Zukunft des Controllings

Jede Unternehmung bewegt sich in einer komplexen, sich schnell verändernden Umwelt. Sie muss sich deshalb gut organisieren und rasch anpassen können. Dies wird auch in Zukunft so sein. Mit zunehmender Globalisierung, schärferem Wettbewerb und knapper werdenden Ressourcen wird die Bedeutung des Controllings weiter steigen. Umso mehr muss sich der Controller wandeln: weg vom vergangenheitsbezogenen Betriebsbuchhalter und Berichterstatter, hin zum zukunftsorientierten Berater. Er muss agieren statt reagieren, muss beraten statt kontrollieren.

Mit der zunehmenden Komplexität wächst auch der Koordinationsbedarf innerhalb der Unternehmung. Dies wird dazu führen, dass in jeder organisatorischen Einheit und auf jevon Erfahrungswerten aus der Vergangenheit ausgegangen. Diese Methode unterstellt, dass sich das Nettoumlaufvermögen gleichmässig mit dem Umsatz entwickelt, dass zwischen den Grössen also eine direkte lineare Beziehung besteht. Dieser Ansatz führt zu Ergebnissen, die allenfalls als Näherungswerte für eine erste Grobplanung taugen, den Ansprüchen eines definitiven und detaillierten Finanzplans genügen sie aber sicherlich nicht.

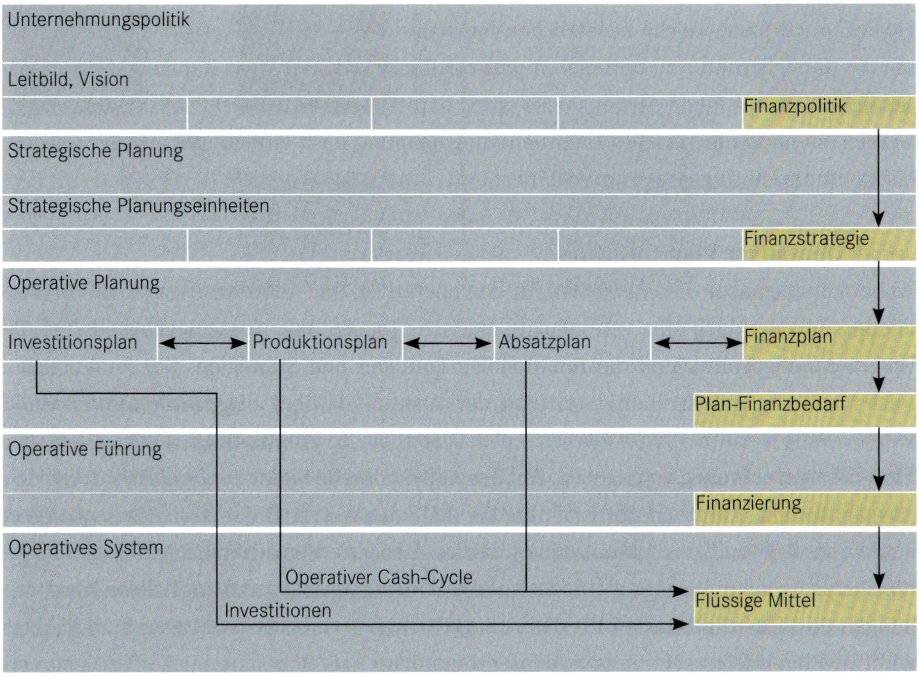

Abb. 34: Entstehung des Finanzbedarfs

Wesentlich verlässlichere Resultate liefert ein Verfahren, bei welchem aufgrund bekannter Kennzahlen die Grössen des Nettoumlaufvermögens einzeln berechnet werden (T-Account-Methode, vgl. Abschnitt 4.3.5). Mit dem geplanten Umsatz und der Debitorenfrist kann beispielsweise der erwartete durchschnittliche Debitorenbestand retrograd ermittelt werden. Dasselbe gilt für das Fertigfabrikatelager, für welches der Lagerumschlag und die Herstellkosten der abgesetzten Produkte bekannt sein müssen. Die übrigen Bestandesgrössen des Nettoumlaufvermögens werden auf analoge Weise berechnet. Bei den Kennzahlen, welche als Grundlage dienen (vgl. Formeln und Erläuterungen im Abschnitt 1.4.3), kann es sich um Ist-Werte aus der Vergangenheit oder aber um Plan-Werte handeln. Durch die letztere Methode können erwartete Veränderungen gezielt in den Berechnungen berücksichtigt werden (z. B. eine kürzere Debitorenfrist durch geplante Verbesserungen im Mahnwesen und in der Debitorenbewirtschaftung). Die Ermittlung des Plan-Nettoumlaufvermögens nach dieser Methode ist in Abbildung 35 beispielhaft dargestellt.

NUV-Position	Bekannte Grösse (Planwert)				NUV
Debitoren	Umsatz (auf Kredit) Debitorenfrist	4000 45	kCHF Tage	$\frac{4000 \times 45}{360}$	500 kCHF
Rohmaterial	Rohmaterialverbrauch Lagerumschlag	900 9	kCHF	$\frac{900}{9}$	100 kCHF
Ware in Arbeit	Herstellkosten Durchschnittlicher Wert* Produktionszeit	2400 1650 11	kCHF kCHF Tage	$\frac{1650 \times 11}{360}$	50 kCHF
Fertigfabrikate	Umsatz zu Herstellkosten Lagerumschlag	2400 6	kCHF	$\frac{2400}{6}$	400 kCHF
Kreditoren	Einkauf auf Kredit Kreditorenfrist	1500 36	kCHF Tage	$\frac{1500 \times 36}{360}$	–150 kCHF
Total Nettoumlaufvermögen (ohne liquide Mittel)					900 kCHF

*Durchschnittlicher Wert der Ware in Arbeit:

Das Rohmaterial (kCHF 900) fliesst zu Beginn der Produktion in die Ware in Arbeit, ist also während der gesamten Produktionszeit gebunden. Die übrigen Herstellkosten (kCHF 1500) fliessen gleichmässig über die gesamte Produktionszeit verteilt in die Ware in Arbeit. Es ist also durchschnittlich nur die Hälfte davon (kCHF 750) gebunden. ➔ kCHF 900 + kCHF 750 = kCHF 1650.

Abb. 35: Ermittlung des geplanten Nettoumlaufvermögens aufgrund bereits bekannter Kennzahlen

Investiver Plan-Cashflow

Die Planung des investiven Cashflows basiert ebenfalls auf dem *Absatzplan* des Marketings. Mit diesem wird im Funktionsbereich Marktleistungserstellung ein *Produktionsplan* erstellt. Anhand dieses Produktionsplans können die *Kapazitäts-* und die *Materialplanung* erstellt werden. Erstere zeigt, ob die vorhandenen Produktionskapazitäten ausreichend sind, um den geplanten Absatz zu befriedigen. Ist dies nicht der Fall, so müssen entweder eine schlechtere Lieferbereitschaft und längere Bestellzeiten in Kauf genommen oder zusätzliche Produktionsanlagen erworben werden. Solche Zusatzinvestitionen fliessen in den *Investitionsplan* des Funktionsbereichs Infrastrukturmanagement ein. Neben Neu- und Erweiterungsinvestitionen berücksichtigt der Investitionsplan auch Ersatzinvestitionen und die Veräusserung von Produktionsanlagen. Das Resultat des Investitionsplans ist der investive Plan-Cashflow.

Finanzbedarf und finanzieller Plan-Cashflow

Nachdem mit den Planwerten aus dem operativen und dem investiven Cashflow die Ermittlung des Finanzbedarfs möglich ist, kann der Finanzierungsteil des Finanzplans erstellt werden. Dazu werden zuerst die bereits feststehenden Finanzierungstransaktionen aufgelistet. In der Regel handelt es sich dabei um fällig werdende Kredite und Anleihen. Als nächster Schritt werden zusätzliche Transaktionen geplant, damit als Resultat die gewünschte Veränderung der liquiden Mittel verbleibt. Wie bereits erwähnt, hat der Finanzplan einen mittel- bis langfristigen Horizont. Dabei erfolgt die mittelfristige Planung oft für kürzere Perioden als die längerfristige. Abbildung 36 zeigt beispielhaft einen Finanzplan.

Jahr	**20_1**	**20_1**	**20_1**	**20_1**	**20_2**	**20_3**	**20_4**
Monat	März	Juni	Sept.	Dez.	Dez.	Dez.	Dez.
Reingewinn	**110**	**200**	**290**	**390**	**400**	**430**	**540**
+ Abschreibungen	175	350	525	700	710	730	930
+/− Veränderung Rückstellungen	0	0	0	200	20	30	50
+/− Übrige nicht liquiditätswirksame Erfolgspositionen	20	0	−20	−30	0	0	0
+/− Veränderung NUV*	−200	−50	50	−100	100	−150	−450
Operativer Cashflow brutto	**105**	**500**	**845**	**1160**	**1230**	**1040**	**1070**
− Gewinnausschüttung**	0	0	0	−250	−250	−250	−300
Operativer Cashflow netto	**105**	**500**	**845**	**910**	**980**	**790**	**770**
Operativer Cashflow netto	**105**	**500**	**845**	**910**	**980**	**790**	**770**
− Investitionen in Anlagevermögen	0	−500	−500	−800	−550	−2650	−250
+ Veräusserung von Anlagevermögen	0	0	0	0	50	250	0
Free Cashflow/Finanzierungslücke	**105**	**0**	**345**	**110**	**480**	**−1610**	**520**
Free Cashflow/Finanzierungslücke	**105**	**0**	**345**	**110**	**480**	**−1610**	**520**
+ Kapitalerhöhung	0	0	0	0	0	800	0
− Kapitalrückzahlung	0	0	0	0	0	0	0
+ Aufnahme Anleihe	0	0	0	0	0	750	0
− Rückzahlung Anleihe	0	0	0	0	0	0	0
+ Aufnahme Kredite	0	150	150	300	100	550	0
− Rückzahlung Kredite	0	−200	−400	−400	−600	−300	−450
Veränderung flüssige Mittel	**105**	**−50**	**95**	**10**	**−20**	**190**	**70**

* Ohne liquide Mittel, denn diese sind der Fonds des Finanzplans.
** Die Gewinnausschüttung kann auch als Definanzierung betrachtet und im finanziellen Cashflow ausgewiesen werden.

Abb. 36: Finanzplan

Der Liquiditätsplan

Im Gegensatz zum Finanzplan ist der **Liquiditätsplan** ein kurzfristiges Planungsinstrument. Er ist deshalb auch in kürzere Perioden aufgeteilt. Mit dem Liquiditätsplan soll sichergestellt werden, dass die gesamte Unternehmung jederzeit mit genügend flüssigen Mitteln versorgt ist. Er soll aufzeigen, wo kurzfristige Schwankungen gegenüber dem geplanten Normalverlauf der Mittelflüsse entstehen, und die Planung von Überbrückungsmassnahmen ermöglichen. Startpunkt des Liquiditätsplans ist der Anfangsbestand an liquiden Mitteln, wobei zu diesem Zweck auch die kurzfristigen Bankkredite als negative flüssige Mittel mit eingerechnet werden. Nach Verrechnung aller Liquiditätszu- und -abflüsse in der Betrachtungsperiode resultiert der geplante Bestand an flüssigen Mitteln zum Periodenende. Werden zu diesem Bestand die gesamten kurzfristigen Kreditlimiten dazugezählt, so ergeben sich die *verfügbaren liquiden Mittel* am Ende des Betrachtungszeitraums.

Als Grundlage für den Liquiditätsplan dienen die für die jeweiligen Perioden erwarteten Zahlungsflüsse aufgrund bereits bekannter Ist-Daten. Aus dem Debitoren- und dem Auftragsbestand können die erwarteten Zahlungseingänge ermittelt werden. Die Zahlungsausgänge werden in der Regel nach Aufwandsarten geplant, wobei natürlich nur liquiditätswirksame Positionen berücksichtigt werden. Sind bereits Kreditorenrechnungen vorhanden, so sind die ausgehenden Beträge und die Fälligkeitsdaten bekannt. Wiederkehrende und konstante Zahlungen wie Löhne, Energie, Zinsen oder Mieten können bezüglich ihrer Höhe und ihres Zahlungstermins relativ genau vorhergesagt werden. Schwieriger ist dies bei den produktionsmengenabhängigen Zahlungen, die unregelmässig und in unterschiedlicher Höhe anfallen, beispielsweise Ausgaben für Material. Diese zukünftigen Zahlungsausgänge können einerseits über bereits platzierte Bestellungen bei den Lieferanten abgeschätzt werden, andererseits kann die kurzfristige Planung der Produktion über den zukünftigen Materialeinkauf Aufschluss geben.

Woche	33	34	35	36	37–40	41–44	45–48
Anfangsbestand liquide Mittel	**–300**	**380**	**120**	**–240**	**–220**	**–410**	**–260**
+ operative Zahlungseingänge	**680**	**550**	**570**	**760**	**2000**	**2350**	**2800**
Kunden	680	550	570	760	2000	2350	2800
Zinsen	0	0	0	0	0	0	0
– operative Zahlungsausgänge	**0**	**–510**	**–780**	**–740**	**–2190**	**–2150**	**–2310**
Lieferanten Rohmaterial	0	–440	0	–510	–1100	–1050	–1230
Löhne	0	0	–730	0	–730	–730	–730
Mietzins	0	0	0	–170	–170	–170	–170
Übriger Betriebsaufwand	0	–70	0	–60	–140	–150	–130
Steuern	0	0	0	0	0	0	0
Zinsen	0	0	–50	0	–50	–50	–50
Dividenden	0	0	0	0	0	0	0
Total operative Zahlungsflüsse	**680**	**40**	**–210**	**20**	**–190**	**200**	**490**
+/– Investitionstransaktionen	0	0	–150	0	0	–50	0
+/– Finanzierungstransaktionen	0	–300	0	0	0	0	–300
Veränderung liquide Mittel	**680**	**–260**	**–360**	**20**	**–190**	**150**	**190**
Endbestand liquide Mittel	**380**	**120**	**–240**	**–220**	**–410**	**–260**	**–70**
+ Kontokorrentlimiten	500	500	500	500	500	500	500
Verfügbare liquide Mittel	**880**	**620**	**260**	**280**	**90**	**240**	**430**

Abb. 37: Beispiel Liquiditätsplan

Neben den laufenden Zahlungsströmen aus dem operativen Tagesgeschäft sind natürlich auch ausserordentliche Ein- und Auszahlungen aus dem Investitions- und Finanzierungsbereich zu berücksichtigen. Ein Beispiel eines Liquiditätsplans ist in Abbildung 37 dargestellt.

2.3 Innenfinanzierung

Die **Innenfinanzierung** ist für die Unternehmung die wichtigste Finanzierungsform. Durch sie sollen das Kapital und die finanziellen Mittel aufgebracht werden, die für den normalen betrieblichen Umsatzprozess benötigt werden. Es handelt sich dabei um die aus operativer Tätigkeit selbst erarbeiteten und in der Unternehmung zurückbehaltenen Mittel. Innenfinanzierung besteht also nicht aus einzelnen Finanzierungstransaktionen, sondern ist ein *Ergebnis der laufenden unternehmerischen Tätigkeit.* Der Finanzierungsbedarf, der nicht durch die Innenfinanzierung abgedeckt wird, muss der Unternehmung von aussen zugeführt werden. Idealerweise sollte dies – neben dem «Startkapital» bei der Gründung – höchstens ein Teil des wachstumsbedingten Finanzierungsbedarfs sein.

Bei der Innenfinanzierung im engeren Sinn können drei Komponenten unterschieden werden, die zum Finanzierungseffekt beitragen: die Selbstfinanzierung, die Finanzierung aus Rückstellungen und die Finanzierung aus Abschreibungen. Während die ersten beiden Komponenten das Kapital der Unternehmung beeinflussen, handelt es sich bei der Finanzierung aus Abschreibungen um eine Form der Verflüssigungsfinanzierung; durch den Verkauf von Produkten fliessen der Unternehmung über den Umsatz flüssige Mittel zu. Die Innenfinanzierung im weiteren Sinn verfolgt eine Cash-orientierte Betrachtungsweise. Sie berücksichtigt alle nicht liquiditätswirksamen Aufwände und Erträge und weist somit den operativen Cashflow für den Fonds Flüssige Mittel als Innenfinanzierung aus (vgl. Abbildung 38). Auf lange Sicht sind die Innenfinanzierungen im engeren und weiteren Sinn gleich (so wie auch die Summe aller Gewinne und die Summe aller operativen Cashflows für den Fonds Flüssige Mittel auf lange Sicht gleich sind). Im Folgenden werden die drei Arten der Innenfinanzierung im engeren Sinn näher betrachtet.

Unternehmensgewinn – Dividendenausschüttung
= Selbstfinanzierung (Finanzierungswirkung des Gewinns) + Finanzierungswirkung der Rückstellungen + Finanzierungswirkung der Abschreibungen
= Innenfinanzierung im engeren Sinn +/– übrige nicht liquiditätswirksame Aufwände und Erträge
= Innenfinanzierung im weiteren Sinn Operativer Cashflow (Fonds flüssige Mittel)

Abb. 38: Innenfinanzierung im engeren und weiteren Sinn

2.3.1 Selbstfinanzierung

Finanzierungswirkung des Gewinns

Wenn eine Unternehmung einen Teil ihrer Gewinne nicht ausschüttet, spricht man von **Selbstfinanzierung**. Dabei werden **Reserven** gebildet und die Eigenkapitalbasis vergrössert. Voraussetzung dafür ist jedoch, dass die Unternehmung einen Gewinn erwirtschaftet.

Die Selbstfinanzierung kann offen oder verdeckt erfolgen. Offen heisst, dass die zurückbehaltenen Gewinne im Eigenkapital als Reserven oder Bilanzgewinn ersichtlich sind. Bei der verdeckten Selbstfinanzierung wird durch die Bildung **stiller Reserven** nicht sichtbares, verdecktes Eigenkapital geschaffen. Die Gesellschaft kann dadurch Forderungen nach hohen Gewinnausschüttungen entgegensteuern, da gar nicht erst der ganze betriebswirtschaftliche Gewinn ausgewiesen wird. Sind die stillen Reserven steuerlich akzeptiert, kann die Unternehmung zudem die steuerliche Belastung bis zum Zeitpunkt der Auflösung der stillen Reserven hinausschieben, da sie einen kleineren Gewinn und ein tieferes Eigenkapital ausweist. Die Bedeutung des verdeckten Eigenkapitals nimmt mit den Bestrebungen nach einer «true and fair view» im Rechnungsabschluss jedoch zusehends ab. Die anerkannten internationalen Rechnungslegungsrichtlinien lassen keine stillen Reserven zu.

Die Selbstfinanzierung vergrössert das Haftungskapital der Unternehmung (vgl. Teil A, Einführung in die Betriebswirtschaftslehre), was ihr auch erlaubt, bei Bedarf zusätzliches Fremdkapital aufzunehmen. Zudem wird die Liquidität geschont, da nicht der gesamte Gewinn an die Aktionäre ausgeschüttet wird. Damit sind die finanziellen Grundlagen für ein kontinuierliches Wachstum der Unternehmung gegeben. Dies ist umso wichtiger, als der schnelle technische Fortschritt immer grössere Investitionen in das Anlagevermögen bedingt und die Produktinnovation zusehends kostenintensiver wird. Kann eine Unternehmung mit dieser Entwicklung nicht Schritt halten, so verliert sie schnell an Wettbewerbsfähigkeit. Wie wichtig die Selbstfinanzierung ist, ist auch daraus ersichtlich, dass der Gesetzgeber die Äufnung von Reserven aus dem Bilanzgewinn vorschreibt (Art. 671 OR).

Da bei der Selbstfinanzierung kein Investor Kapital in die Unternehmung einschiesst, entstehen auch keine neuen Ansprüche auf Einflussnahme und Entschädigung. Unternehmung und Unternehmungsleitung können so ihre Unabhängigkeit von den Kapitalgebern vergrössern. Dies ist für die optimale Entwicklung der Gesellschaft jedoch nicht in jedem Fall von Vorteil, denn steht der Unternehmungsleitung zusätzliches Kapital für Investitionen einfach so zur Verfügung, nimmt die Gefahr zu, dass dieses für Projekte eingesetzt wird, die nicht rentabel genug oder zu risikoreich sind. Müsste das Kapital stattdessen von aussen beschafft werden, so würden die Kapitalgeber wohl sehr kritisch prüfen, ob die geplante Verwendung in ihrem Interesse liegt.

Die Selbstfinanzierung bringt weitere Vorteile: In einem schwierigen wirtschaftlichen Umfeld ist es oft nicht möglich, auf den Kapitalmärkten neues Kapital zu attraktiven Konditionen zu beschaffen. Da die Selbstfinanzierung nicht über die Kapitalmärkte stattfindet, ist sie davon weniger betroffen. Für private Investoren ist auch die steuerliche Seite der Selbstfinanzierung interessant. Werden Unternehmensgewinne an die Eigentümer ausgeschüttet, so fällt darauf die Einkommenssteuer an. Bleibt das Kapital in der Unternehmung, so kann sich dies positiv auf den Unternehmenswert und den Aktienkurs auswirken; die wirtschaftliche Doppelbelastung für Privatpersonen entfällt (vgl. Teil A, Einführung in die Betriebswirtschaftslehre). Der Aktionär kann jedoch erst ein Einkommen realisieren, wenn er seine Anteile verkauft.

Dividendenpolitik

Mit der **Dividende** wird der Investor für das Kapital entschädigt, das er der Gesellschaft zur Verfügung stellt, und für das Risiko, das er damit eingeht. Sie ist grundsätzlich *gewinnabhängig* und wird als Geldbetrag oder in Prozenten vom Nominalwert der Aktie angegeben. Damit eine Dividende ausgeschüttet werden kann, muss ein Bilanzgewinn oder anderes frei verfügbares Eigenkapital in Form von Reserven vorhanden sein (Art. 675 OR). Da Dividenden in der Regel bar entrichtet werden, muss die Unternehmung auch über die nötigen Liquiditätsreserven verfügen. Übermässige Gewinnentnahmen können deshalb zu Liquiditätsproblemen führen und die Finanzierung des Wachstums der Gesellschaft beeinträchtigen. Für die Unternehmung besteht auch die Möglichkeit, anstelle einer Dividendenausschüttung eine Nennwertreduktion durchzuführen (vgl. Abschnitt 2.4.2). Diese unterliegt formell zwar strengeren Anforderungen, hat für den Aktionär jedoch den Vorteil, dass die wirtschaftliche Doppelbelastung entfällt, da Nennwertreduktionen bei Privatpersonen nicht der Einkommenssteuer unterliegen.

2

Die **Dividendenpolitik** ist ein finanzpolitisches Instrument der Gesellschaft. Die Aktionäre bestimmen, welcher Teil der selbst erwirtschafteten Mittel an die Eigentümer ausgeschüttet wird und wie viel als Selbstfinanzierung in der Unternehmung verbleiben soll. Der ausgeschüttete Anteil des Unternehmensgewinns im Verhältnis zum gesamten Gewinn wird als **Payout Ratio** bezeichnet. Die gleiche Kennzahl für den Anteil des einbehaltenen Gewinns ist die **Retention Ratio**. Payout und Retention Ratio ergeben zusammen 100 %.

$$\text{Ausschüttungsquote (payout ratio)} = \frac{\text{ausgeschütteter Gewinn}}{\text{Reingewinn}} \times 100$$

$$\text{Thesaurierungsquote (retention ratio)} = \frac{\text{einbehaltener Gewinn}}{\text{Reingewinn}} \times 100$$

Der Interessenkonflikt zwischen den Aktionären, die eine möglichst hohe Dividende anstreben, und der Unternehmungsleitung, welche die Gewinne zur Stärkung des Eigenkapitals in der Gesellschaft behalten will, ist weniger gross, als dies auf den ersten Blick erscheinen mag: Wie oben bereits erwähnt, vergrössern nicht ausgeschüttete Gewinne das Eigenkapital der Unternehmung, haben tendenziell eine positive Auswirkung auf den Kurswert der Aktien und führen zur Vermeidung der wirtschaftlichen Doppelbelastung für Privatpersonen. Ein Interessenkonflikt kann jedoch da bestehen, wo Aktionäre auf ein Einkommen aus ihrer Beteiligung angewiesen sind und ihre Anteile nicht verkaufen können oder wollen. Zu Problemen kann dies vor allem bei KMUs führen, für deren Titel kein Markt besteht oder deren

Hauptaktionär die Kontrolle über die Gesellschaft nicht verlieren will. Ein weiteres Motiv für die Forderung der Aktionäre nach einer hohen Payout Ratio kann auch darin liegen, dass für die Unternehmung keine genügend rentablen Investitionsmöglichkeiten bestehen oder dem Management nicht zugetraut wird, diese wahrzunehmen.

Obwohl das Gesetz der Generalversammlung die Kompetenz einräumt, über die **Gewinnverwendung** zu entscheiden (Art. 698 Abs. 2 Ziff. 4 OR), zeigt die Praxis, dass dieser Entscheid faktisch vom Verwaltungsrat vorweggenommen wird. Es passiert äusserst selten, dass der Vorschlag des Verwaltungsrats von der Generalversammlung nicht vorbehaltlos gutgeheissen wird. Zudem kann durch die Bildung stiller Reserven der Gewinn – und damit der zur Ausschüttung verfügbare Betrag – bis zu einem gewissen Grad gesteuert werden.

Traditionell verfolgen schweizerische Unternehmungen eher eine Politik der *konstanten (oder konstant steigenden) Dividenden.* Dabei bleibt der Dividendensatz – losgelöst von der kurzfristigen Ertragslage der Gesellschaft – über eine möglichst lange Zeit unverändert oder steigt leicht an. Diese Politik belohnt den langfristigen Investor und macht die Titel der Gesellschaft für kurzfristige Anleger mit spekulativen Absichten weniger attraktiv. Obwohl die Höhe der Dividende, wie bereits aufgezeigt, für den Aktionär eher von geringer Bedeutung sein müsste, hat sie bei Gesellschaften mit stabilen Dividenden eine nicht zu unterschätzende Signalwirkung an den Kapitalmärkten. So wird eine Dividendenerhöhung als optimistische Zukunftseinschätzung der Unternehmungsleitung gedeutet. Eine Gesellschaft wird sich deshalb davor hüten, kurzfristig eine höhere Dividende auszuschütten, die in den Folgejahren nicht mehr beibehalten werden kann. Eine baldige Reduktion der Dividende würde ihrem Ansehen an den Finanzmärkten zu stark schaden. Will eine Gesellschaft den Ausschüttungsbetrag erhöhen, ohne den Dividendensatz anzupassen, so erreicht sie dies über eine Kapitalerhöhung aus Eigenkapital (Gratisaktien, vgl. Abschnitt 2.4.2). Sie vergrössert damit den Nominalwert des Gesellschaftskapitals, ohne dass ihr dabei zusätzliche Mittel zufliessen und ohne dass dabei die Stimmrechtsverhältnisse verändert werden.

Der Politik der stabilen Dividende steht diejenige der *gewinnabhängigen Dividende* gegenüber. Wie der Ausdruck bereits vermuten lässt, wird bei Letzterer die Höhe der Dividende vom Gewinn der Unternehmung abhängig gemacht. Sie kann demnach von Jahr zu Jahr stark variieren. Damit wird der Risikocharakter der Beteiligungspapiere betont, denn der Anleger kann nicht mit einer gleich bleibenden jährlichen Ausschüttung rechnen. Die Politik der gewinnabhängigen Dividende, lange Zeit vor allem im angelsächsischen Raum populär, gewinnt auch bei uns zusehends an Bedeutung.

Die Höhe der ausgeschütteten Dividende kann aber auch durch die Überlegung geprägt sein, dass dem Anleger eine angemessene **Dividendenrendite** zukommen soll. Als Anhaltspunkte können dazu das allgemeine Zinsniveau, die aktuelle Kapitalmarktlage oder ein Konkurrenzvergleich dienen. Als Dividendenrendite bezeichnet man den ausgeschütteten Betrag im Verhältnis zum investierten Kapital (= Kurswert der Aktie).

$$\text{Dividendenrendite (dividend yield)} = \frac{\text{Dividende}}{\text{Kurswert der Aktie}} \times 100$$

In besonderen Fällen kann es Sinn machen, dass die Gesellschaft zusätzlich zur regulären Dividende eine einmalige **Sonderdividende** ausschüttet. Dies ist dann denkbar, wenn die Unternehmung mehr Eigenkapital hat, als sie benötigt, und sich ihr momentan keine genügend attraktive Investitionsmöglichkeiten bieten. Das überschüssige Kapital liegt dann in der Unternehmung brach und kann vom Investor anderweitig rentabler angelegt werden. Zudem kann dadurch die Gefahr, von einer anderen Gesellschaft übernommen zu werden, vermindert werden, da Gesellschaften mit sehr guter Liquidität beliebte Übernahmekandidaten sind. Die zur Ausschüttung benötigten liquiden Mittel müssen selbstverständlich verfügbar sein.

In der Schweiz wird die Dividende in der Regel bar ausbezahlt. Weniger üblich ist die **Stockdividende**, bei der die Gesellschaft Reserven in Aktienkapital umwandelt und die neuen Aktien als Dividende abgibt. Der Vorteil der Stockdividende ist, dass sie die Liquidität nicht belastet. Da sie steuerlich als normale Gewinnausschüttung betrachtet wird, unterliegt sie beim Aktionär, genauso wie die **Bardividende**, der Einkommenssteuer. Die Gesellschaft muss deshalb zusätzlich die Verrechnungssteuer an die Steuerverwaltung überweisen, wobei der Wert der ausgegebenen Aktien der Nettodividende von 65 % entspricht. Die Stockdividende ist deshalb nicht mehr vollständig liquiditatsneutral. Als Alternative kann die Gesellschaft die Verrechnungssteuer vorgängig von den Aktionären einfordern (in diesem Fall entspricht der Wert der ausgegebenen neuen Aktien der Bruttodividende von 100 %) und dann an die Steuerverwaltung weiterleiten. Dieses umständliche Verfahren hat dazu beigetragen, dass in der Schweiz Stockdividenden selten zur Anwendung kommen.

2

In den USA ist die Stockdividende eine weit verbreitete Entschädigungsform. Vor allem in der Börsenhausse der 1990er-Jahre waren die Aktionäre viel mehr an neuen Aktien interessiert, deren Kurse nicht selten zweistellige Wachstumsraten aufwiesen, als an einer mageren Bardividende. Nachdem die Börsenblase geplatzt war und viele «Wachstumstitel» massiv an Wert eingebüsst hatten, liess sich eine Tendenz weg von der Stock-, hin zur Bardividende feststellen. Die Investoren zogen den Spatz in der Hand – eine realisierte Bardividende – der Taube auf dem Dach – einem ungewissen zukünftigen Kursgewinn – wieder vor.

Eine weitere Dividendenform ist die **Naturaldividende**, bei der die Gesellschaft dem Aktionär ihre Produkte anstelle einer Barzahlung ausschüttet. Naturaldividenden kommen in der Schweiz vor allem bei Bergbahnen und anderen Transportunternehmungen vor. Titel mit Naturaldividenden sind deshalb oft auch Liebhaberaktien. Natürlich ist auch eine Kombination der verschiedenen Dividendenformen denkbar.

Nachhaltiges Wachstum

Wie bereits erwähnt, ist die Selbstfinanzierung die wichtigste Finanzierungsform, um die Mittel für ein kontinuierliches Wachstum der Gesellschaft aufzubringen. Wie schnell eine Unternehmung nur durch Selbstfinanzierung wachsen kann, besagt die **interne Wachstumsrate** (internal growth rate, IGR):

$$\text{Interne Wachstumsrate (internal growth rate, IGR)} = \frac{\text{einbehaltener Gewinn}}{\text{Gesamtkapital zu Periodenbeginn}} \times 100$$

Die interne Wachstumsrate geht davon aus, dass ausser der Selbstfinanzierung kein weiteres Kapital in die Unternehmung fliesst. Mit dem wachsenden Eigenkapital vergrössert sich jedoch das Verschuldungspotenzial; zusätzliche Kreditfinanzierung wird möglich. Schöpft die Unternehmung diese Möglichkeiten aus, so stehen die Mittel für ein grösseres Wachstum bereit als aus der Selbstfinanzierung alleine. Dies berücksichtigt die **nachhaltige Wachstumsrate** (Sustainable Growth Rate, SGR):

$$\text{Nachhaltige Wachstumsrate (Sustainable Growth Rate, SGR)} = \frac{\text{einbehaltener Gewinn}}{\text{Eigenkapital zu Periodenbeginn}} \times 100$$

Higgins (2012, S. 124 ff.) hat den Hintergrund und die Überlegungen zu dieser Formel relativ einfach dargestellt: Unternehmenswachstum wird als Umsatzwachstum definiert. Es gelten weiter die Annahmen, dass die Unternehmung eine stabile Dividendenpolitik betreibt, ein gleich bleibendes Finanzierungsverhältnis anstrebt und mit steigendem Umsatz auch die Aktiven in gleichem Ausmass wachsen müssen (das heisst, Produktionsanlagen, Lagerbestände, Debitorenausstände usw. wachsen proportional zum Umsatz). Aus diesen Restriktionen kann abgeleitet werden, dass die Zunahme des Eigenkapitals das Wachstum der gesamten Bilanzsumme bestimmt und dieses wiederum das mögliche Umsatzwachstum limitiert. Werden die genannten Einflussfaktoren in die Formel für das nachhaltige Wachstum einbezogen, so kann diese folgendermassen dargestellt werden:

$$\text{SGR} = \frac{\text{Gewinn}}{\text{Umsatz}} \times \frac{\text{einbehaltener Gewinn}}{\text{Gewinn}} \times \frac{\text{Umsatz}}{\text{Aktiven}} \times \frac{\text{Aktiven}}{\text{Eigenkapital zu Periodenbeginn}} \times 100$$

$$\text{SGR} = \text{Umsatzmarge} \times \text{Thesaurierungsquote} \times \text{Kapitalumschlag} \times \text{Finanzierungshebel}$$

Während es sich bei der Umsatzmarge und beim Kapitalumschlag um Leistungskennzahlen der Unternehmung handelt, widerspiegeln die Thesaurierungsquote und der Finanzierungshebel (vgl. Abschnitt 2.5.1) einen Teil der Finanzpolitik. Entspricht das angestrebte Wachstum nicht der nachhaltigen Wachstumsrate, so muss mindestens eine dieser Kennzahlen verändert werden. Am einfachsten geht dies über die **Thesaurierungsquote**, denn diese kann von den Gesellschaftern im Rahmen der gesetzlichen Bestimmungen selber bestimmt werden. Auch über die Anpassung des Eigenfinanzierungsgrades kann relativ einfach Einfluss auf das nachhaltig finanzierbare Wachstum genommen werden. Aus unternehmerischer Sicht erstrebenswert ist jedoch vor allem die Verbesserung der Leistungskennzahlen, um ein grösseres Wachstum zu ermöglichen. Durch Kostensenkungen kann die Umsatzmarge, durch effizienteren Einsatz des Vermögens und konsequentere Bewirtschaftung der Aktiven der Kapitalumschlag erhöht werden. Diese Massnahmen verbessern die betriebswirtschaftliche Ausgangslage der Unternehmung und wirken sich direkt auf die

Selbstfinanzierung aus, ohne damit den finanzpolitischen Spielraum der Gesellschaft einzuschränken.

Man muss sich im Klaren sein, dass der nachhaltigen Wachstumsrate vereinfachende Annahmen zugrunde liegen. Sie kann relativ einfach die Grössenordnung des alleine durch Selbstfinanzierung möglichen nachhaltigen Wachstums aufzeigen und so als Anhaltspunkt für eine langfristige strategische Planung dienen. Eine zuverlässige Aussage darüber, inwieweit der Finanzbedarf kurz- und mittelfristig durch Selbstfinanzierung gedeckt werden kann, ist jedoch nur durch einen detaillierten und fundierten Finanzplan möglich.

2.3.2 Finanzierung aus Rückstellungen

Bei der **Finanzierung aus Rückstellungen** wird auf die gleiche Weise Fremdkapital gebildet, wie dies bei der Selbstfinanzierung im Eigenkapital geschieht: Es wird über die Erfolgsrechnung in der Bilanz eine Passivposition aufgebaut. Bei der **Rückstellung** handelt es sich um eine zukünftige Verpflichtung, deren Höhe und/oder Fälligkeit noch nicht bekannt ist. Tritt die Forderung später aber ein, so wird sie in der Regel bei Fälligkeit liquiditätswirksam. Dadurch, dass Rückstellungen zu Lasten der Erfolgsrechnung gebildet werden, schmälern sie den Gewinn und somit den für Dividendenausschüttungen zur Verfügung stehenden Betrag. Die Bildung von Rückstellungen zwingt die Gesellschaft dazu, später benötigtes Kapital durch Innenfinanzierung aufzubauen, und hindert sie dadurch daran, später benötigte Liquidität an die Eigentümer auszuschütten.

Im Gegensatz zur offenen Selbstfinanzierung, die aus versteuertem Gewinn erfolgt, ist die Finanzierung aus Rückstellungen steuerfrei, weil das Kapital über die Erfolgsrechnung gebildet wird. Da bei der Bildung von Rückstellungen oft ein grosser Ermessensspielraum bezüglich deren Höhe besteht, stellen sich auch immer wieder Fragen im Zusammenhang mit stillen Reserven. Diese können entweder bewusst, durch eine zu pessimistische Einschätzung der Umstände, entstehen oder aber ungewollt dadurch, dass die effektive Verpflichtung tiefer ist, als dies im Zeitpunkt der Bildung der Rückstellung anzunehmen war. Obwohl in diesem Fall stille Reserven als Fremdkapital ausgewiesen werden, handelt es sich um verdecktes Eigenkapital und beim Finanzierungsvorgang um verdeckte Selbstfinanzierung.

Bei der Finanzierung aus Rückstellungen gilt es zu beachten, dass es sich nur um eine *zeitlich beschränkte Finanzierungsmassnahme* handelt. Sobald der Sachverhalt, für welchen die Rückstellung gebildet wurde, abgeschlossen ist, muss die Rückstellung aufgelöst werden. Wird sie nicht aufgelöst, handelt es sich um stille Reserven und somit um verdeckte Selbstfinanzierung.

2.3.3 Finanzierung aus Abschreibungen

Die **Abschreibungen** stellen den Wertverlust des Anlagevermögens dar, der durch dessen Nutzung verursacht worden ist. Es handelt sich dabei um betrieblichen Aufwand, dem jedoch in der Erfolgsrechnung keine Auszahlung gegenübersteht. Mit dem Verkauf der Produkte fliessen der Unternehmung liquide Mittel zu, darunter auch der in den Kosten einkalkulierte

Abschreibungsteil. Man spricht dabei vom **Kapitalfreisetzungseffekt**. Diese finanziellen Mittel stehen der Unternehmung später zur Verfügung, um Ersatzinvestitionen zu tätigen. Bis es jedoch so weit ist, können sie anderweitig eingesetzt werden, zum Beispiel um Kredite zurückzuzahlen oder um zusätzliche Investitionen zu tätigen.

Aus finanzwirtschaftlicher Sicht wird durch die Abschreibungen der Gewinn, und somit der zur Ausschüttung an die Eigentümer bereitstehende Betrag, verkleinert und die Gesellschaft dadurch zur Innenfinanzierung gezwungen. Während Selbstfinanzierung nur möglich ist, wenn die Unternehmung einen Gewinn erwirtschaftet, ist für die **Finanzierung aus Abschreibungen** ein Gewinn nicht nötig. Die Produkte müssen lediglich zu Preisen abgesetzt werden, welche die gesamten Kosten inklusive Abschreibungen decken.

Jahr	Anzahl Maschinen			Kapazität	Liquide Mittel			Reinvestition	
	alt	neu	total	Stück	Abschreibung	Vortrag	Total verfügbar	Anzahl Maschinen	Betrag
1	0	10	10	200 000	20 000	0	20 000	2	20 000
2	10	2	12	240 000	24 000	0	24 000	2	20 000
3	12	2	14	280 000	28 000	4 000	32 000	3	30 000
4	14	3	17	340 000	34 000	2 000	36 000	3	30 000
5	17	3	20	400 000	40 000	6 000	46 000	4	40 000
6	10	4	14	280 000	28 000	6 000	34 000	3	30 000
7	12	3	15	300 000	30 000	4 000	34 000	3	30 000
8	13	3	16	320 000	32 000	4 000	36 000	3	30 000
9	13	3	16	320 000	32 000	6 000	38 000	3	30 000
10	13	3	16	320 000	32 000	8 000	40 000	4	40 000
11	12	4	16	320 000	32 000	0	32 000	3	30 000
12	13	3	16	320 000	32 000	2 000	34 000	3	30 000
13	13	3	16	320 000	32 000	4 000	36 000	3	30 000
14	13	3	16	320 000	32 000	6 000	38 000	3	30 000
15	13	3	16	320 000	32 000	8 000	40 000	4	40 000

Abb. 39: Kapazitätserweiterungseffekt

Werden die Mittel aus der Finanzierung aus Abschreibungen in zusätzliches Anlagevermögen investiert, so kann die Unternehmung ihre Produktionskapazität ausweiten, ohne dass sie dazu zusätzliches Kapital von aussen beschaffen muss. Man spricht dabei vom **Kapazitätserweiterungseffekt** oder, nach dessen Begründern benannt, vom **Lohmann-Ruchti-Effekt**. Ein Beispiel, wie durch den Lohmann-Ruchti-Effekt die Produktionskapazität erweitert werden kann, ist in Abbildung 39 dargestellt. Das Beispiel startet mit zehn Maschinen, von denen jede eine Kapazität von 20 000 Stück pro Jahr hat. Die Abschreibungsdauer beträgt fünf Jahre, eine neue Maschine kostet 10 000 Franken.

Wie das Beispiel in Abbildung 39 zeigt, konnte die Produktionskapazität durch laufende Reinvestition der Mittel aus Abschreibungen von 200 000 Stück pro Jahr längerfristig auf

320 000 Stück pro Jahr erhöht werden, also um zusätzliche 60 %. Zwischenzeitlich ist die Kapazität sogar bis auf 400 000 Stück pro Jahr, also um ganze 100 %, angestiegen. Wie stark sich der Kapazitätserweiterungseffekt auswirken kann, hängt davon ab, wie viel Kapital in den Anlagen im Verhältnis zum Anschaffungswert durchschnittlich gebunden ist. Dieses Verhältnis hängt in erster Linie von der Abschreibungsdauer der Anlage ab. Sie bestimmt, wie lange das durch die Abschreibungen zurückfliessende Kapital verfügbar ist und in zusätzliches Anlagevermögen investiert werden kann, welches seinerseits dann wiederum zusätzliche Mittel generiert. Die Formel zur Berechnung des **Kapazitätserweiterungsfaktors** kann wie folgt hergeleitet werden:

$$\text{Durchschnittliche Kapitalbindung } K = \frac{K_1 + K_n}{2} = \frac{a \times n + a}{2} = \frac{a \times (n + 1)}{2}$$

$$\text{Kapazitätserweiterungsfaktor} = \frac{K_1}{K} = \frac{a \times n}{\frac{a \times (n + 1)}{2}} = \frac{2 \times n}{n + 1}$$

Wobei:

	K	= durchschnittliche Kapitalbindung
	K_1	= Kapitalbindung erste Periode
	K_n	= Kapitalbindung letzte Periode
	a	= jährlicher Abschreibungsbetrag (lineare Abschreibung)
	n	= Abschreibungsdauer in Jahren

Diese Formel geht von einer linearen Abschreibung aus. Wird eine degressive Abschreibungsvariante gewählt, so fliessen der Unternehmung zu Beginn mehr Mittel aus Abschreibungen zu, was den Erweiterungseffekt verstärkt. Wenn wir jedoch davon ausgehen, dass die Verkaufspreise nicht von den Kosten abhängig gemacht werden können, sondern vom Markt vorgegeben werden, hat die Abschreibungsvariante keinen Einfluss auf die gesamte Innenfinanzierung (vor Gewinnausschüttung). Sie beeinflusst zwar die Finanzierung aus Abschreibungen, verändert aber in gleichem Umfang den Gewinn und damit die Selbstfinanzierung (vor Gewinnausschüttung), denn der Gesamtbetrag der Mittel, welcher der Unternehmung aus ihrer Geschäftstätigkeit zufliesst, verändert sich dadurch bei gegebenen Verkaufspreisen nicht.

Für unser Beispiel in Abbildung 39 errechnet sich ein Kapazitätserweiterungsfaktor von 1.67. Die Kapazität konnte jedoch nur um 60 % und nicht, wie berechnet, um 67 % ausgeweitet werden. Dies zeigt, dass gewisse Voraussetzungen gegeben sein müssen, damit der Kapazitätserweiterungseffekt optimal ausgenutzt werden kann.

In unserem Beispiel konnten die durch die Abschreibungen zurückfliessenden Mittel nicht immer vollständig investiert werden, da die Kapazität nicht in beliebig kleinen Schritten erweitert werden kann, sondern nur um jeweils 20 000 Stück pro Jahr oder ein Mehrfaches davon. Dadurch liegt ein Teil der Mittel für einige Zeit brach.

Daneben gibt es aber noch andere Faktoren, die das Ausmass der möglichen Kapazitätserweiterung einschränken können. Werden beispielsweise die Produkte nicht kostendeckend oder überhaupt nicht verkauft, so fliessen die Abschreibungen der Unternehmung auch nicht als flüssige Mittel zu. Die Finanzierungswirkung der Abschreibungen fällt in diesem Fall aus. Hinzu kommt, dass sich mit steigender Produktion in der Regel auch das Umlaufvermögen vergrössert. Können die dazu benötigten Mittel nicht anderweitig, zum Beispiel durch Selbst- oder Aussenfinanzierung, aufgebracht werden, fehlen sie für die Kapazitätserweiterung.

2.4 Aussenfinanzierung

Bei der **Aussenfinanzierung** fliessen der Unternehmung Mittel von Kapitalgebern zu. Dabei kann es sich um **Fremdkapital** oder um **Eigenkapital** handeln. Die wichtigsten Unterschiede zwischen diesen beiden Kapitalarten sind in Abbildung 40 dargestellt. Auch die Vermögensverflüssigung kann der Aussenfinanzierung zugeordnet werden. Da es sich dabei aber um Desinvestitionsvorgänge handelt, fliesst der Unternehmung kein Kapital zu. Sie beschafft sich dadurch lediglich finanzielle Mittel. Die Aussenfinanzierung deckt jenen Teil des Finanzierungsbedarfs ab, den die Unternehmung nicht aus eigener Kraft (durch Innenfinanzierung) beisteuern kann.

Kriterium	Fremdkapital	Eigenkapital
Stellung des Kapitalgebers	Gläubiger	(Mit-)Eigentümer
Entschädigung	fixer oder variabler Zins	Erfolgsbeteiligung
Rückzahlung	ja	grundsätzlich nein, unter erschwerten Bedingungen teilweise jedoch möglich
Mitbestimmungsrechte der Kapitalgeber	nein	ja
Anspruch der Kapitalgeber auf Liquidationserlös	nein	ja
Haftung	haftet nicht für die Verpflichtungen der Gesellschaft	haftet für die Verpflichtungen der Gesellschaft
steuerliche Behandlung der Kapitalkosten bei der Gesellschaft	Zins als Aufwand abzugsfähig	Gewinn zu versteuern

Abb. 40: Unterschiede zwischen Fremd- und Eigenkapital

2.4.1 Kreditfinanzierung

Mit der **Kreditfinanzierung** erhält die Unternehmung *Fremdkapital.* Sie muss dem Kapitalgeber dafür einen Zins vergüten und muss das Kapital zu einem späteren Zeitpunkt wieder zurückzahlen. Diese Zins- und Tilgungszahlungen belasten die Liquidität der Unternehmung. Der Kapitalgeber ist in der Stellung eines Gläubigers und hat im Normalfall keine Mitspracherechte. Er ist deshalb auch weniger daran interessiert, wie sich die Unternehmung entwickelt, solange die Zins- und Amortisationszahlungen auch in Zukunft fristgerecht geleistet werden können.

Die wichtigsten Kapitalgeber in der Kreditfinanzierung sind die Banken. Sie bieten eine breite Palette von Finanzierungsinstrumenten an. Dadurch wird die Kreditfinanzierung sehr flexibel und kann weitgehend auf die Bedürfnisse der Unternehmung abgestimmt werden. Man unterscheidet dabei zwischen kurz-, mittel- und langfristiger Finanzierung. Als kurzfristig gelten Kredite mit einer Laufzeit von bis zu zwölf Monaten. Der Übergang von der mittel- zur langfristigen Finanzierung liegt bei einer Laufzeit von etwa drei bis fünf Jahren, ist jedoch eher fliessend und nicht klar definierbar. Wir verzichten daher auf diese Unterteilung und fassen die beiden Kategorien zusammen.

Abbildung 41 zeigt eine schematische Darstellung der wichtigsten Arten der Kreditfinanzierung, auf die in diesem Kapitel eingegangen wird.

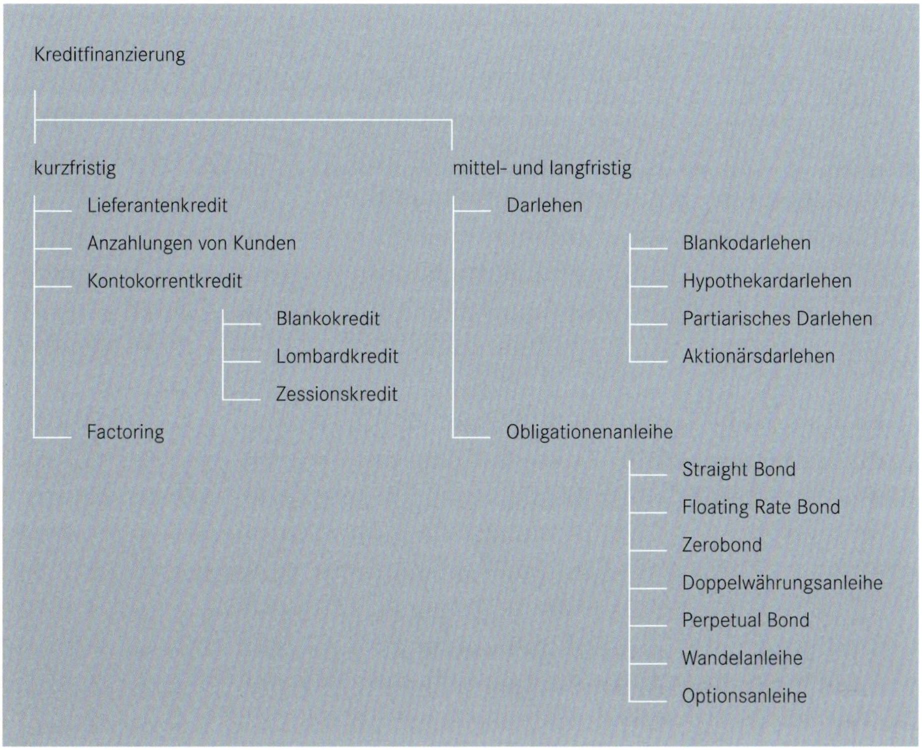

Abb. 41: Übersicht Kreditfinanzierung

Kurzfristige Kreditfinanzierung

Lieferantenkredit

Im Geschäftsverkehr ist es üblich, dass Lieferanten ihren Kunden eine Zahlungsfrist einräumen. Diese beträgt in Zentraleuropa im Normalfall 30 bis 60 Tage, kann sich aber auch auf eine längere oder kürzere Dauer erstrecken. Der Abnehmer muss seine Waren- und Dienstleistungsbezüge erst am Ende dieser Zeitspanne bezahlen, der Lieferant gewährt ihm so lange also einen Kredit.

Der **Lieferantenkredit** scheint auf den ersten Blick eine attraktive Finanzierungsquelle zu sein, da dem Kreditgeber kein Zins bezahlt werden muss. Dieser Eindruck täuscht jedoch, denn oft ist in den Preisen der Lieferanten ein kalkulatorischer Zins berücksichtigt. Dieser kommt durch den Skonto zum Ausdruck, den viele Lieferanten ihren Kunden anbieten. Beim **Skonto** handelt es sich um einen Abzug von etwa 1–3 % vom Rechnungsbetrag, den der Kunde in Abzug bringen kann, wenn er die Rechnung innerhalb einer kürzeren Frist, oftmals zehn Tage, begleicht. Über den Skonto kann der Rechnungssteller deshalb bis zu einem bestimmten Grad steuern, wie schnell die Umsätze als liquide Mittel in die Unternehmung fliessen. Die Kosten (Zinssatz) des Lieferantenkredits bei Gewährung eines Skontos berechnen sich nach folgender Formel:

$$\text{Zinssatz} = \left(\frac{1}{1 - \text{Skontosatz}}\right) \times \left(\frac{\text{Skontosatz} \times 360}{\text{Zahlungsfrist} - \text{Skontofrist}}\right) \times 100$$

Gewährt ein Lieferant seinem Kunden eine Zahlungsfrist von 45 Tagen mit einem Skontoabzug von 2.5 % innerhalb der ersten zehn Tage, so beläuft sich der Jahreszins des Lieferantenkredits auf über 26 %! In diesem Beispiel beträgt der Preis der bezogenen Güter und Dienstleistungen 97.5 % des Rechnungsbetrages und der Skonto (Zins) 2.5 %. Wird die Schuld zusammen mit dem Zins als 100 % angegeben, so spricht man von **Diskontierung**. Den Zinsanteil nennt man in diesem Fall **Diskont**. Da der Skontosatz in Prozenten der Summe aus Schuld und Zins angegeben wird, ist er effektiv tiefer als der Zinssatz, welcher in Prozenten der Schuld berechnet wird. In diesem Beispiel beträgt der Kredit 97.5 % des gesamten Rechnungsbetrages, der Skonto 2.5 %, der Zins folglich 2.56 % (2.5 ÷ 97.5).

Offensichtlich ist der Lieferantenkredit ein sehr teurer Kredit. Trotzdem wird er von vielen Unternehmungen in Anspruch genommen. Dies hat verschiedene Gründe. Es ist viel einfacher, einen Lieferantenkredit zu bekommen als einen Bankkredit, zumal es Usanz ist, eine Zahlungsfrist zu gewähren. Darüber hinaus bezahlen vor allem Unternehmungen in einer angespannten finanziellen Situation ihre Rechnungen oft verspätet. Da sich die Kreditkosten dadurch nicht erhöhen, wird der Lieferantenkredit relativ schnell günstiger. Oftmals scheuen sich die Lieferanten nämlich des grossen administrativen Aufwands wegen oder aus Angst um die Kundenbeziehung nämlich davor, Verzugszinsen zu erheben.

Obwohl der nicht ausgenützte Skonto aus der hier dargestellten Sichtweise klar als Finanzaufwand verbucht werden müsste, wird in der Praxis in der Regel der ausgenützte

Grossunternehmungen ihre Darlehen vor allem bei Banken aufnehmen, kommen für kleinere Unternehmungen auch die Eigentümer selbst oder deren Verwandte und Bekannte als Darlehensgeber in Frage. Die gesetzlichen Bestimmungen über den Darlehensvertrag (Art. 312 ff. OR) lassen den Parteien weit gehende Freiheiten bei der Ausgestaltung des Vertragsverhältnisses. Die Konditionen können deshalb gut den Bedürfnissen von Gläubiger und Schuldner angepasst werden.

Grundsätzlich kann ein Darlehen auf unbestimmte Zeit gewährt werden, wobei beide Parteien ein Kündigungsrecht haben. Oft wird aber bereits im Voraus eine Laufzeit zwischen wenigen Monaten und mehreren Jahren vereinbart. Bei Darlehen mit festem Verfall wird in der Regel ein Amortisationsplan erstellt, welcher die schrittweise Rückzahlung des Darlehens über die ganze Laufzeit verbindlich festlegt. Der Zins ist entweder für die ganze Dauer fix oder wird periodisch aufgrund bestimmter Kriterien angepasst. Je nach Laufzeit werden die Zinsen ein- oder mehrmals jährlich oder erst bei Verfall des Darlehens fällig. Anders als beim Kontokorrentkredit, werden die Darlehenszinsen nicht dem Darlehen belastet, sondern getrennt beglichen. Zusätzlich zum Zins kann der Darlehensvertrag eine gewinnabhängige Entschädigung vorsehen. Erhält der Darlehensgeber überhaupt keinen festen Zins, sondern nur einen Anteil am Gewinn, so spricht man von einem **partiarischen Darlehen**. In diesem Fall wird er bei schlechtem Geschäftsgang für sein Kapital möglicherweise überhaupt nicht entschädigt. Ist der Gläubiger hingegen nicht nur am Gewinn, sondern auch am Verlust der Unternehmung beteiligt, so liegt eine **stille Gesellschaft** (rechtlich einfache Gesellschaft) vor.

Kreditgeber sind oftmals nicht bereit, ungesicherte Darlehen (**Blankodarlehen**) zu gewähren. Als Sicherheit kommen vor allem leicht verwertbare Aktiven, wie zum Beispiel Wertschriften, in Frage. Eine spezielle Form des gesicherten Darlehens ist das **Hypothekardarlehen**, bei welchem die Schuld durch das Pfandrecht an einem Grundstück (direkte Hypothek) oder einem Grundpfandtitel (indirekte Hypothek) gedeckt ist. Wie bei allen anderen Pfändern hat der Darlehensgeber auch hier keinen Anspruch auf das Pfand selbst, sondern lediglich auf den Erlös aus der Verwertung des Pfandes.

Fragen, vor allem steuerrechtlicher Art, wirft das **Aktionärsdarlehen** immer wieder auf. Gewährt ein Aktionär oder eine ihm nahe stehende Person der Unternehmung ein Darlehen, so wird dies von den Steuerbehörden möglicherweise als **verdecktes Eigenkapital** angesehen. Eine solche Erwägung wird dann in Betracht gezogen, wenn die Unternehmung bereits sehr stark fremdfinanziert ist und nicht nachweisen kann, dass sie das Darlehen auch von einem Dritten zu gleichen Bedingungen bekommen hätte. Als Folge würden die Zinsen nicht mehr als geschäftsmässig begründeter Aufwand, sondern als **verdeckte Gewinnausschüttung** betrachtet. Sie würden deshalb dem steuerpflichtigen Unternehmensgewinn zugerechnet. Auch das Darlehen selbst würde nicht mehr als Fremdkapital akzeptiert, sondern als verdecktes Eigenkapital dem übrigen Eigenkapital zugewiesen. Dies ist jedoch eine rein steuerrechtliche Betrachtung. Im handelsrechtlichen Abschluss würden die Zinsen weiterhin als Aufwand und das Darlehen als Fremdkapital geführt.

Obligationenanleihen

Obligationenanleihen sind Grossdarlehen von oft mehreren hundert Millionen Franken. Sie werden in Teilschuldverschreibungen, sogenannte **Obligationen (Bonds)**, aufgeteilt und öffentlich oder privat platziert. Öffentlich platzierte Anleihen sind an der Börse kotiert. Der Börsenkurs wird in Prozenten vom Nennwert angegeben. Die Aufteilung auf kleinere Teilschulden ermöglicht es einem breiten Anlegerkreis, in Obligationen zu investieren. Der Nennwert der einzelnen Obligationen beträgt normalerweise wenige tausend Franken, und die Laufzeit einer Anleihe liegt in der Regel zwischen fünf und zehn Jahren, kann aber auch wesentlich länger sein. Den Extremfall stellen die **ewigen Anleihen (Perpetual Bonds)** dar. Diese haben keinen festen Verfall, können aber unter bestimmten Voraussetzungen von beiden Parteien gekündigt werden.

Der Grundtyp der Obligation **(Straight Bond)** hat einen festen Zins, der regelmässig (z. B. jährlich oder halbjährlich) fällig ist, und wird am Ende der Laufzeit zum Nennwert zurückbezahlt. Die Ausgabe kann zum Nennwert (zu **pari**), über oder unter dem Nennwert (über oder unter pari) erfolgen. Ist die Liberierung über pari, so spricht man bei der Differenz zwischen Nennwert und Ausgabepreis vom **Agio**, bei Emissionen unter pari von einem **Disagio**. Mit einem vom Nennwert abweichenden Ausgabepreis kann die Rendite der Obligation beeinflusst werden. Bei vielen Anleihen hat der Schuldner das Recht, die Anleihe vor Verfall teilweise oder ganz zu künden. Er bezahlt in diesem Fall meist ein kleines Agio. Ist der Börsenkurs tiefer als der Rückzahlungskurs der Obligation, so kann der Schuldner die Titel auch über die Börse zum aktuellen Kurs zurückkaufen und buchhalterisch wie die Amortisation der Schuld behandeln. Eine Differenz zwischen Nennwert und Rückkaufspreis wird in diesem Fall als ausserordentlicher Gewinn oder Verlust verbucht.

Eine gebräuchliche Weise zur Berechnung der Rendite einer Obligation ist die Rendite auf Verfall gemäss folgender Formel:

$$\text{Rendite auf Verfall (yield to maturity)} = \frac{\text{Zinssatz} + \dfrac{\text{Rückzahlungskurs - aktueller Kurs}}{\text{Restlaufzeit in Jahren}}}{\dfrac{\text{aktueller Kurs + Rückzahlungskurs}}{2}} \times 100$$

Neben dem Straight Bond gibt es eine Reihe von verschiedenen Varianten der Obligation. Der **Floating Rate Bond** (Floater) hat einen variablen Zinssatz, der periodisch aufgrund von bestimmten Kriterien (z. B. Leitzins einer Notenbank) angepasst wird. Dabei kann auch ein Mindest- und/oder Höchstzinssatz definiert sein. Die **Null-Prozent-Anleihe (Zerobond)** ist eine Obligation, die nicht verzinst, dafür stark unter pari ausgegeben wird. Die Rendite ist in diesem Fall der Kursgewinn bis zum Verfall, denn der Zerobond wird zum Nennwert zurückbezahlt. Die **Doppelwährungsanleihe** wird in einer anderen Währung emittiert, als sie zurückgezahlt wird. Sie macht Sinn, wenn der Schuldner eine Anleihe in einem fremden Währungsraum ausgibt, jedoch das Kursrisiko zum Rückzahlungszeitpunkt nicht tragen will.

Mit der **Wandelanleihe (Convertible Bond)** gibt der Schuldner dem Gläubiger die Gelegenheit, die Obligation während einer bestimmten Frist in eine bestimmte Anzahl Beteiligungspapiere umzutauschen. Je nach Wandelpreis muss er dabei möglicherweise noch einen Aufpreis bezahlen oder bekommt einen Teil des Nennwerts rückvergütet. Bei dieser Transaktion wird *Fremdkapital in Eigenkapital umgewandelt*, der Gläubiger wird zum Miteigentümer. Der Zinssatz der Wandelanleihe liegt in der Regel unter dem marktgängigen Zins für Anleihen, dafür ist das Kurspotenzial grösser, da der Wert der Obligation indirekt vom Kurs des Beteiligungspapiers abhängig ist. Normalerweise liegt der Wandelpreis bei der Emission der Anleihe höher als der aktuelle Kurswert des Beteiligungspapiers. Deshalb fliessen der Unternehmung mehr Mittel zu, als wenn sie zum gleichen Zeitpunkt eine Kapitalerhöhung machen würde. Je nachdem, wie hoch der Wandelpreis angelegt wird, kann die Unternehmung überdies bis zu einem gewissen Grad steuern, wie schnell die Obligationen gewandelt werden. Für den Anleger wäre es günstiger, die Beteiligungspapiere zum Emissionszeitpunkt direkt an der Börse zu kaufen. Mit der Wandelanleihe hat er jedoch eine garantierte Verzinsung seines Kapitals und kann die Obligation später wandeln, wenn sich herausgestellt hat, dass der Kurs des Beteiligungspapiers wirklich gestiegen ist. Den Preis, den der Anleger über die Wandelobligation mehr bezahlt als bei einem direkten Kauf der Beteiligungspapiere an der Börse, nennt man **Wandelprämie**. Sie wird folgendermassen berechnet:

$$\text{Wandelprämie} = \frac{\text{Kurswert der Wandelobligation} + \text{Barzahlung}}{\text{Anzahl Beteiligungspapiere} \times \text{Kurs des Beteiligungspapiers}} \times 100 - 100$$

Abbildung 42 zeigt ein Beispiel zu Wandelobligation und Wandelprämie.

Eine Wandelobligation zu Nominal CHF 5000 kann gewandelt werden in 10 Aktien bei einer zusätzlichen Zahlung von CHF 200 in bar.

Nominalwert der Obligation	5000
Kurs der Obligation	105 %
Kurswert der Obligation	5250
Wandelverhältnis	1:10
Anzahl Aktien pro Obligation	10
Kurswert der Aktie	520
Barzahlung	200

$$\text{Wandelprämie} = \frac{5250 + 200}{10 \times 520} \times 100 - 100 = 4.8\ \%$$

Der Kauf einer Wandelobligation mit sofortiger Wandelung in Aktien kommt also 4.8 % teurer als der direkte Kauf der Aktien über die Börse. Sollte der Kurs der Aktie jedoch einbrechen, kann der Käufer der Wandelobligation auf die Wandelung verzichten und sich den Nominalwert der Obligation bei Verfall auszahlen lassen. Zudem erhält er bis zum Verfall den Zins der Obligation.

Abb. 42: Wandelobligation und Wandelprämie

Um ein ähnliches Konstrukt wie bei der Wandelanleihe handelt es sich bei der **Optionsanleihe (Bond with Warrants)**. Zusätzlich zu einer ganz normalen Obligation erhält der Gläubiger **Optionsscheine**. Diese berechtigen während einer bestimmten Frist (Laufzeit) zum Bezug einer bestimmten Anzahl Beteiligungspapiere (Ratio) zu einem bestimmten Kurs (Ausübungspreis, Strike). Der Hauptunterschied zur Wandelanleihe ist, dass die Obligation bei der Ausübung der Optionen nicht untergeht, denn die Optionsscheine sind losgelöst von der Obligation eigenständige Wertpapiere. Für die Optionsanleihe gibt es deshalb drei Kurse: einen für die Obligation mit Optionsscheinen («cum»), einen für die Obligation ohne Optionsscheine («ex») und einen für die Optionsscheine alleine. Auch der Zinssatz der Optionsanleihe liegt normalerweise unter dem marktgängigen Zins für Obligationen, dafür hat der Anleger mit den Optionsscheinen ein höheres Gewinnpotenzial, da ihr Wert direkt vom Kurs des Beteiligungspapiers abhängt. Zum Zeitpunkt der Emission ist der Ausübungspreis der Optionen jedoch in der Regel höher als der Kurswert des Beteiligungspapiers. Um wie viel teurer die Ausübung der Optionen ist als der direkte Kauf des Beteiligungspapiers über die Börse, sagt die **Optionsprämie** aus. Die Formel dafür lautet:

$$\text{Optionsprämie} = \frac{(\text{Anzahl Optionsscheine} \times \text{Kurswert eines Optionsscheines}) + \text{Ausübungspreis}}{\text{Kurs des Beteiligungspapiers}} \times 100 - 100$$

Abbildung 43 zeigt ein Beispiel zur Optionsprämie.

Jede Obligation im Nennwert von CHF 5000 ist mit 10 Optionsscheinen ausgestattet, wobei jeweils zwei Optionsscheine zum Kauf einer Aktie zu CHF 1040 berechtigen.	
Kurswert eines Optionsscheins	53
Ausübungspreis (Strike)	1040
Anzahl Optionsscheine pro Aktie	2
Kurswert der Aktie	1070
$\text{Optionsprämie} = \frac{2 \times 53 + 1040}{1\,070} \times 100 - 100 = 7.1\,\%$	
Der Kauf von Optionsscheinen mit sofortiger Ausübung kommt also 7.1 % teurer als der direkte Kauf der Aktien über die Börse. Sollte der Kurs der Aktie jedoch einbrechen, kann der Käufer der Optionsscheine auf die Ausübung der Optionen verzichten und verliert nur den Kurswert der Optionsscheine. Steigt der Kurs der Aktien an, so kann der Käufer der Optionsscheine die Aktien zum günstigeren Ausübungspreis kaufen oder die Optionsscheine, die dadurch ebenfalls an Wert gewonnen haben, mit Gewinn verkaufen.	

Abb. 43: Beispiel Optionsprämie

Sowohl bei der Wandel- als auch bei der Optionsanleihe müssen der Unternehmung Beteiligungspapiere für jene Schuldner zur Verfügung stehen, die ihre Obligation wandeln oder ihre Option ausüben. Dieses Kapital wird über eine *bedingte Kapitalerhöhung* bereitgestellt (vgl. Abschnitt 2.4.2). Bei einer Kapitalerhöhung haben jedoch die bisherigen Aktionäre grundsätzlich ein Anrecht auf die neu ausgegebenen Beteiligungspapiere. Da dies in diesem Fall nicht möglich ist, steht ihnen ein gesetzliches Vorwegzeichnungsrecht auf die Anleihe zu (Art. 653c OR).

Erhöht die Gesellschaft ihr Grundkapital und gibt neue Beteiligungspapiere unter deren Kurswert aus, so sinkt der Kurswert dieser Beteiligungspapiere. Dies schmälert die Gewinnchancen der Options- und Wandelobligationäre. Deshalb muss im Fall einer Kapitalerhöhung der Wandel- oder Ausübungspreis an die neuen Verhältnisse angepasst werden. Dieser sogenannte **Verwässerungsschutz** ist in Art. 653d Abs. 2 OR festgehalten.

Finanzierungsinstrumente, welche sowohl Eigen- als auch Fremdkapitalelemente beinhalten, werden als **mezzanine oder hybride Finanzierungsinstrumente** bezeichnet. Es handelt sich dabei in der Regel um Instrumente der Fremdfinanzierung, die Risikoelemente des Eigenkapitals aufweisen und eine spätere Beteiligung des Kapitalgebers ermöglichen. Wandel- und Optionsanleihe sind die geläufigsten Beispiele dafür.

Kreditvergabe durch Banken

Für kleinere und mittlere Unternehmungen kommen als mittel- und langfristige Kreditgeber neben den Eigentümern meist nur Banken in Frage. Fortbestand und Wachstumsmöglichkeiten der KMUs sind deshalb oft wesentlich von der Bereitschaft der Banken abhängig, Kredite zu gewähren. Zudem haben die Konditionen von Bankkrediten einen grossen Einfluss auf die Eigenkapitalrendite der Unternehmung, denn die Fremdkapitalzinsen verringern direkt den Gewinn. Es wäre aber falsch, die Banken deshalb für die schlechte wirtschaftliche Lage einer Unternehmung verantwortlich zu machen, weil ein Kredit nur zu ungünstigen Konditionen oder überhaupt nicht gewährt wird. Denn ob und zu welchen Konditionen ein Bankkredit gewährt wird, hängt grösstenteils von Faktoren ab, welche die Kredit suchende Gesellschaft selber beeinflussen kann.

Bei der Festlegung der Kreditkonditionen verfolgen die Banken einen risikoorientierten Ansatz. Neben den Refinanzierungs- und den Betriebskosten der Bank hat die Form der Sicherstellung einen Einfluss auf die Höhe des Zinssatzes. Je nach Sicherstellung muss bei einem notleidenden Kredit mehr oder weniger abgeschrieben werden. Diese Abschreibung wird als Verlustquote bezeichnet. Neuere Ansätze berücksichtigen aber nicht nur, wie gross der erwartete Ausfall ist, wenn ein Kredit notleidend wird, sondern auch, mit welcher Wahrscheinlichkeit ein Schuldner seinen Verpflichtungen nicht nachkommen kann. Man spricht dabei von der Ausfallwahrscheinlichkeit, welche die Bonität des Kunden widerspiegelt.

Grundlage für die Kreditkonditionen ist also die **Bonität** des Kreditantragstellers. Bestandteil der Bonität sind die **Kreditwürdigkeit** des Kunden – der Wille, den Kredit zurückzuzahlen – und die **Kreditfähigkeit** des Kunden – die wirtschaftliche Fähigkeit, den Kredit zurückzuzahlen. Dabei kann das **Kundenrating** als Mass für die Bonität und letztlich für die Ausfallwahrscheinlichkeit des Kunden herangezogen werden (vgl. Abschnitt 5.3.1). Bei Kunden mit gleichem Rating schätzt die Bank die Ausfallwahrscheinlichkeit als gleich hoch ein. Damit die Konditionen möglichst gut dem Risiko des Kreditnehmers angepasst werden können, müssen die Ratingklassen fein genug gegliedert sein. Mit dem Rating und der Verlustquote kann die Bank für jede ausstehende Position den erwarteten Verlust berechnen:

erwarteter Verlust = Ausfallwahrscheinlichkeit × Verlustquote × Kredithöhe

Der erwartete Verlust wird durch einen Risikozuschlag auf dem Zinssatz gedeckt. Kann ein Kreditnehmer keine oder nur ungenügende Sicherheiten aufbringen und verfügt über ein niedriges Rating, so wird er einen höheren Risikozuschlag zahlen als ein Kunde mit erstklassigen Sicherheiten und gutem Rating, denn der erwartete Verlust beim ersten Kunden ist grösser als beim zweiten. Zusätzlich zu den erwarteten Verlusten können aber auch unerwartete Verluste entstehen, wenn beispielsweise das Rating des Kreditnehmers oder die Verlustquote falsch eingeschätzt worden sind. Da diese Verluste nicht im Zinssatz berücksichtigt worden sind, müssen sie über das Eigenkapital getragen werden. Die Bank muss deshalb abhängig vom Risiko jede Kreditposition mit einem bestimmten Anteil Eigenkapital decken. Die Kosten für dieses Eigenkapital rechnet sie ebenfalls in den Zinssatz ein. Dieser kann deshalb in die in Abbildung 44 dargestellten Komponenten unterteilt werden.

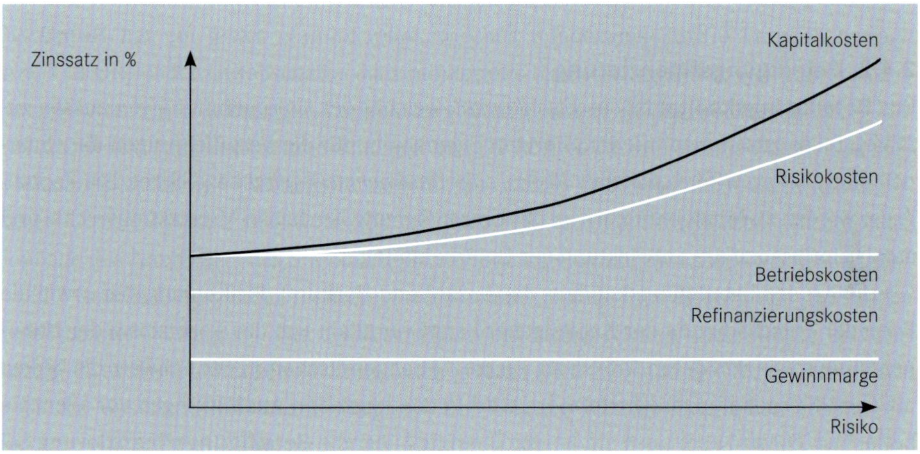

Abb. 44: Bestimmung des Zinssatzes in Abhängigkeit vom Risiko

Damit die Banken zu einem Kundenrating kommen, verwenden sie quantitative (finanzielle) und qualitative (nichtfinanzielle) Beurteilungskriterien. Quantitative Kriterien können als Zeitreihe, im Branchen- oder Konkurrenzvergleich oder im Vergleich mit allgemeinen Richt-/Zielwerten beurteilt werden. Mögliche Kriterien sind:

- Profitabilität, Produktivität, Ertragslage
- Bilanzkennzahlen (Liquidität, Anlagedeckung, Finanzierung)
- Cashflow

Geschäftsführung wird durch alle Gesellschafter gemeinsam ausgeübt. Die Statuten können die Geschäftsführung jedoch abweichend regeln (Art. 809 Abs. 1 OR). Aus dem frei verfügbaren Eigenkapital darf den Gesellschaftern eine Dividende ausgeschüttet werden, welche im Verhältnis zum Nennwert der Stammanteile festzusetzen ist (Art. 798 Abs. 3 OR). Eine Verzinsung der Stammeinlage ist nicht erlaubt (Art. 798a Abs. 1 OR).

Aktiengesellschaft

Grundkapital

Das Beteiligungskapital der **Aktiengesellschaft** weist gemäss Boemle und Stolz (2010, S. 292) drei wesentliche Merkmale auf: festes Grundkapital, Mobilisierung der Beteiligung und Trennung von Unternehmer- und Kapitalgeberfunktion.

Das **Grundkapital** der Aktiengesellschaft setzt sich aus dem **Aktienkapital** und, falls vorhanden, dem **Partizipationskapital** zusammen. Seine Höhe ist in den Statuten festgehalten (Art. 626 Ziff. 3 OR), und es ist durch die Kapitalgeber nicht kündbar (Art. 680 Abs. 2 OR). Eine Kapitalherabsetzung ist jedoch unter bestimmten Voraussetzungen möglich. Das Aktienkapital beträgt mindestens 100 000 Franken (Art. 621 OR), wovon 20 % einbezahlt sein müssen, mindestens jedoch 50 000 Franken (Art. 632 OR). Den Rest kann die Gesellschaft bei Bedarf einfordern. Die Verzinsung des Grundkapitals ist unzulässig (Art. 675 Abs. 1 OR). Es wird entweder bar oder durch eine Sacheinlage liberiert. Neben der Prüfung durch die Revisionsstelle und einem öffentlich beurkundeten Sacheinlagevertrag untersteht die Sacheinlage weiteren strengen gesetzlichen Bestimmungen (Art. 634 OR).

Das Beteiligungskapital ist in Anteile – Aktien und eventuell Partizipationsscheine – aufgeteilt. Diese Anteile sind Wertpapiere, die relativ einfach auf Dritte übertragen werden können. Dadurch kann das für die Gesellschaft langfristige Beteiligungskapital für den Anleger kurzfristigen Charakter bekommen, denn er kann seine Beteiligung verkaufen und so die Investition zu Bargeld machen. Da ein Anteil in der Regel nur einen kleinen Bruchteil des gesamten Beteiligungskapitals der Gesellschaft repräsentiert, ist sein Wert im Vergleich zum Gesamtwert der Unternehmung relativ niedrig. Dies ermöglicht es einem breiten Anlegerkreis, in Beteiligungspapiere zu investieren. Eine grosse Anzahl potenzieller Investoren und eine genügend grosse Anzahl gleicher Beteiligungspapiere ermöglichen den organisierten Handel an der Börse, was die Mobilität des investierten Kapitals vergrössert.

Dadurch, dass der Teilhaber der Aktiengesellschaft nicht automatisch auch ein Recht auf die Geschäftsführung hat, wird die Kapitalgeber- von der Unternehmerfunktion getrennt. Vor allem bei den grossen börsenkotierten Gesellschaften ist eine Beteiligung für die meisten Kapitalgeber als rein finanzielles Engagement zu betrachten. Sie sind nicht daran interessiert, unternehmerische Verantwortung zu übernehmen. Dies wird durch den oftmals kurzfristigen Charakter von Investitionen in börsenkotierte Beteiligungspapiere unterstrichen.

Aktie

Die **Aktie** ist ein Wertpapier, das einen Anteil am Aktienkapital verkörpert. Sie hat einen festen Nennwert von mindestens einem Rappen (Art. 622 Abs. 4 OR). Der Aktionär ist verpflichtet, den Ausgabepreis der Aktie einzuzahlen oder, im Fall von nicht voll einbezahltem Aktienkapital, nachzuzahlen, wenn die Gesellschaft ihn dazu auffordert. Als Entschädigung hat er Anrecht auf einen Anteil am Gewinn der Unternehmung und auf einen Anteil am Liquidationserlös im Falle einer Auflösung der Gesellschaft (Art. 660 OR). Dazu kommt ein Bezugsrecht für neue Aktien, wenn eine Kapitalerhöhung durchgeführt wird (Art. 652b Abs. 1 OR). Zusätzlich zu diesen sogenannten **Vermögensrechten** hat der Aktionär **Mitgliedschafts- und Kontrollrechte**. Die wichtigsten davon sind die Teilnahme und das Stimmrecht an der Generalversammlung, das Recht auf Auskunft über Geschäftsangelegenheiten und Einblick in die Bücher der Gesellschaft und das Recht auf die Einleitung einer Sonderprüfung (Art. 689 ff. OR).

Rechtlich wird zwischen Inhaber und Namenaktien unterschieden. Die **Inhaberaktie** kann durch blosse Übergabe rechtmässig auf eine andere Person übertragen werden. Wer eine Inhaberaktie besitzt, kann damit die mit ihr verbundenen Rechte geltend machen. Er muss sich dazu aber als Aktionär bei der Gesellschaft registrieren lassen, sofern die Gesellschaft nicht an der Börse kotiert ist (Art. 697i Abs. 1 OR). Inhaberaktien dürfen erst ausgegeben werden, wenn sie voll liberiert (einbezahlt) sind. Die **Namenaktie** ist rechtlich ein Orderpapier. Dieses kann nur mittels Indossament auf eine andere Person übertragen werden. Die Namenaktionäre werden im Aktienbuch der Gesellschaft eingetragen (Art. 686 Abs. 1 OR). Aktien können auch in Form von Globalurkunden oder als Wertrechte ausgegeben werden. Während es sich bei Globalurkunden (Art. 973b OR) um Wertpapiere handelt, die eine Anzahl gleicher Aktien repräsentieren, werden Wertrechte (Art. 973c OR) vom Emittenten lediglich in einem Buch geführt; Wertpapiere werden dabei keine ausgegeben. Durch die Sammelverwahrung einer Anzahl gleicher Aktien, die Verwahrung einer Globalurkunde oder die Eintragung von Wertrechten bei einer Verwahrungsstelle können Aktien als Bucheffekten auf Effektenkonten geführt werden. Die Übertragung von Aktien wird dadurch vereinfacht, indem Aktienbestände zwischen Effektenkonten umgebucht werden können, ohne dass die einzelnen Titel vorhanden sein und physisch transferiert werden müssen.

Eine besondere Form der Namenaktie ist die **vinkulierte Namenaktie** (Art. 685a ff. OR). Vinkulierte Namenaktien können nicht frei übertragen werden. Die Statuten nennen in diesem Fall die Gründe, aus welchen eine Person als Aktionär abgelehnt werden kann. Mit diesen Bestimmungen kann die Gesellschaft beeinflussen, wie sich der Aktionärskreis zusammensetzt. Die einzige Vinkulierung, die bei börsenkotierten Gesellschaften zulässig ist, ist eine prozentuale Beteiligungslimite, die kein Aktionär überschreiten darf.

Laut Gesetz ist das Stimmrecht der Aktionäre im Verhältnis zum Nennwert, den sie mit ihren Aktien vertreten, verteilt (Art. 692 Abs. 1 OR). In den Statuten kann jedoch festgehalten werden, dass jede Aktie, unabhängig von ihrem Nennwert, eine Stimme hat

(Art. 693 Abs. 1 OR). Dies führt dazu, dass Aktien mit tieferem Nennwert, sogenannte **Stimmrechtsaktien**, über mehr Stimmrecht pro Kapitaleinheit verfügen als normale Aktien. Bei Stimmrechtsaktien muss es sich um voll einbezahlte Namenaktien handeln, deren Nennwert nicht weniger als ein Zehntel des Nennwerts der normalen Aktien betragen darf (Art. 693 Abs. 2 OR). Diese Regelung macht es immerhin möglich, dass Aktionäre mit Stimmrechtsaktien mit gleichem Kapitaleinsatz zehn Mal mehr Stimmen haben als Aktionäre mit normalen Aktien. Stimmrechtsaktien existieren oft in Familiengesellschaften, welche sich fremden Kapitalgebern öffnen wollen, ohne dabei die Stimmenmehrheit abgeben zu müssen. Sie verlieren jedoch an Bedeutung. Stimmrechtsaktien, bei denen bestimmte Aktien mit einem mehrfachen Stimmrecht ausgestattet sind, sind nach schweizerischem Recht nicht zulässig.

Eine weitere Aktienklasse sind die **Vorzugs- oder Prioritätsaktien** (Art. 654 ff. OR). Diese sichern dem Aktionär gewisse Rechte zu, welche den übrigen Aktien vorenthalten bleiben, zum Beispiel eine Mindestdividende oder eine Vorzugsdividende. Prioritätsaktien werden in der Regel dann ausgegeben, wenn eine Unternehmung in einer schlechten finanziellen Verfassung ist und die Kapitalgeber nur bereit sind, neue Aktien zu zeichnen, wenn ihnen dafür bestimmte Vorrechte eingeräumt werden. Die normalen Aktien, welche dem Aktionär keine zusätzlichen Rechte einräumen, werden **Stammaktien** genannt.

Generell ist ein Trend weg von verschiedenen Aktienklassen mit verschiedenen Nennwerten hin zur **Einheitsaktie** bei der alle Aktien bei gleichem Nennwert dem Aktionär gleiche Rechte verleihen, zu beobachten. Ein weiterer Trend der letzten Jahre ist die Verlagerung von Inhaberaktien zu Namenaktien.

Partizipationsschein

Der **Partizipationsschein** (PS) ist grösstenteils mit der Aktie vergleichbar. Auch er kann als Inhaber- oder Namenpartizipationsschein ausgegeben werden. Er verleiht dem Teilhaber jedoch nur Vermögens-, aber keine Mitgliedschafts- und Kontrollrechte (Art. 656a Abs. 1 OR). Der Partizipationsschein hat ursprünglich dazu gedient, Eigenkapital aufzunehmen, ohne die Einflussverhältnisse des bisherigen Aktionärskreises zu verändern. Das Partizipationskapital darf das Doppelte des Aktienskapitals nicht übersteigen (Art. 656b Abs. 1 OR). Mit der Tendenz hin zur Einheitsaktie haben viele Gesellschaften ihre ausstehenden Partizipationsscheine in Stammaktien umgewandelt.

Genussschein

Der **Genussschein** (GS) ist ein Beteiligungspapier ohne Nennwert (Art. 657 Abs. 3 OR). Wie die Partizipationsscheine verleihen Genussscheine ihren Besitzern nur Vermögensrechte (Art. 657 Abs. 2 OR). Sie werden meistens als Entschädigung für Leistungen ausgegeben, deren Abgeltung die finanzielle Lage der Unternehmung zu jenem Zeitpunkt nicht zulässt, zum Beispiel an Gründungsmitglieder für Vorarbeiten und höhere Risikobereitschaft oder im Falle einer Sanierung an Gläubiger für einen Forderungsverzicht. Diese erhalten damit Anrecht auf einen Anteil am zukünftigen Gewinn der Unternehmung, falls die Sanierung erfolgreich ist.

Kapitalerhöhung

Vor allem Unternehmungen, die sich in einer starken Wachstumsphase befinden, können ihren Kapitalbedarf in der Regel nur teilweise aus den selbst erarbeiteten Mitteln abdecken. Oft ist zudem eine zusätzliche Kreditfinanzierung nicht möglich oder finanzpolitisch nicht wünschenswert. In diesem Fall bleibt zur Mittelbeschaffung der Weg über die **Kapitalerhöhung**. Die Unternehmung erhält mit einer breiteren Eigenkapitalbasis auch wieder neuen Spielraum für die Kreditfinanzierung.

Ein weiterer Grund für eine Kapitalerhöhung kann die **Kurspflege** sein. Aktien mit einem hohen Kurswert sind an der Börse schwieriger handelbar als Aktien mit tiefem Kurs. Werden bei einer Kapitalerhöhung neue Aktien zu einem Emissionspreis ausgegeben, der weit unter dem aktuellen Kurswert liegt, so sinkt der Kurs stark. Die Kapitalerhöhung kann auch dividendenpolitische Gründe haben. Nach einer Kapitalerhöhung ist es der Unternehmung möglich, bei gleich bleibender prozentualer Dividende einen grösseren Teil des Jahresgewinnes an die Aktionäre auszuschütten.

Über die Durchführung einer Kapitalerhöhung entscheidet die Generalversammlung (Art. 650 Abs. 1 OR). Die neuen Aktien dürfen erst ausgegeben werden, wenn der Beschluss in den Statuten und das neue Kapital im Handelsregister eingetragen sind (Art. 652h OR). Neben der **ordentlichen Kapitalerhöhung** kennt das Gesetz die genehmigte und die bedingte Kapitalerhöhung.

Bei der **genehmigten Kapitalerhöhung** gibt die Generalversammlung dem Verwaltungsrat die Kompetenz, innerhalb einer Zeitspanne von höchstens zwei Jahren eine Kapitalerhöhung durchzuführen (Art. 651 Abs. 1 OR). Der Beschluss dazu wird in die Statuten aufgenommen. Die Generalversammlung bestimmt den Umfang der Kapitalerhöhung. Dieser darf die Hälfte des bereits existierenden Aktienkapitals nicht übersteigen (Art. 651 Abs. 2 OR). Der Verwaltungsrat bekommt dadurch eine grössere Flexibilität und kann schneller reagieren, falls eine Kapitalerhöhung erforderlich ist.

Auch für die **bedingte Kapitalerhöhung** braucht es einen Beschluss der Generalversammlung. Dieser wird in den Statuten der Gesellschaft eingetragen (Art. 653 OR). Das Kapital darf dabei nicht um mehr als die Hälfte des bereits vorhandenen Gesellschaftskapitals erhöht werden (Art. 653a Abs. 1 OR). Wie es der Name bereits sagt, findet die bedingte Kapitalerhöhung nur unter bestimmten Voraussetzungen statt. Sie kommt zum Beispiel bei der Ausgabe von Wandel- und Optionsobligationen, Mitarbeiteraktien und Optionen zur Anwendung, weil in diesen Fällen noch nicht bekannt ist, wie viel Kapital effektiv gezeichnet wird.

Damit die Aktionäre bei einer Kapitalerhöhung ihre prozentuale Beteiligung an der Unternehmung behalten können, steht ihnen ein **Bezugsrecht** auf die neuen Aktien zu (Art. 652b Abs. 1 OR). Das **Bezugsverhältnis** gibt an, wie das Verhältnis zwischen altem und neuem Kapital ist. Wird das Kapital um ein Drittel erhöht, so berechtigt der Besitz von drei alten Aktien zum Bezug einer neuen. Das Bezugsverhältnis ist demnach 3:1, vorausgesetzt, neue und alte Aktien haben denselben Nennwert.

Das Bezugsrecht ist in der Regel handelbar, bei börsenkotierten Gesellschaften oft sogar über die Börse. Die Generalversammlung darf das Bezugsrecht nur aus wichtigen Gründen einschränken oder aufheben, zum Beispiel um bei der Übernahme einer anderen Gesellschaft deren Aktionäre mit Aktien zu bezahlen oder um den Aktionärskreis zu erweitern (Art. 652b Abs. 2 OR). Letzteres kann von Bedeutung sein, wenn die Gesellschaft ein Mitarbeiter-Beteiligungsprogramm oder den Gang an die Börse plant oder bereits an der Börse ist und ihre Aktien zusätzlich an ausländischen Börsen kotieren möchte.

Die Bestimmung des optimalen **Emissionspreises** ist ein heikles Unterfangen. Oft besteht ein Interessenkonflikt zwischen Aktiengesellschaft und Aktionär. Während Erstere an einem möglichst hohen Emissionspreis interessiert ist, welcher der Unternehmung viel neues Kapital einbringt, will Letzterer mit möglichst tiefem Kapitaleinsatz an der Kapitalerhöhung teilnehmen. Eine Emission unter pari ist gesetzlich nicht erlaubt, der Mindestemissionspreis ist demnach der Nennwert (Art. 624 OR). In der Regel werden die Aktien bei einer Kapitalerhöhung jedoch mit einem **Agio** ausgegeben. Dieses wird meistens den Reserven zugewiesen, es darf aber auch für Abschreibungen oder Wohlfahrtszwecke verwendet werden (Art. 671 Abs. 2 Ziff. 1 OR). Auf die Höhe des Ausgabepreises haben verschiedene Faktoren einen Einfluss. Für börsenkotierte Gesellschaften ist die allgemeine *Stimmung an den Finanzmärkten* wohl am wichtigsten. Bei steigenden Aktienmärkten lässt sich eher ein höherer Emissionspreis durchsetzen, weil die Anleger dann weniger Angst haben, bald einen Kursverlust hinnehmen zu müssen. Ein weiteres Kriterium ist der *Bilanzwert* der Aktien. Dieser sagt aus, wie viel Eigenkapital auf jede ausstehende Aktie entfällt. Werden neue Aktien zum Bilanzwert ausgegeben, so wird für jede neu emittierte Aktie ein gleicher Anteil an die offenen Reserven bezahlt, wie bereits vor der Kapitalerhöhung vorhanden war. Das Verhältnis zwischen Aktienkapital und Reserven verändert sich in diesem Fall nicht. Auch Renditeüberlegungen haben einen Einfluss auf die Höhe des Emissionspreises. Die Aktionäre sollten auf dem Kapital, das sie einsetzen, eine angemessene *Dividendenrendite* erzielen (vgl. Abschnitt 1.4.3 und 2.3.1). Bei Titeln mit hohem Kursgewinnpotenzial ist dieses Kriterium jedoch nachrangig.

Zusätzlich zu den bereits genannten Kriterien spielt auch der *Kurswert* der Aktie eine wichtige Rolle bei der Festlegung des Emissionspreises. Wir gehen in diesem Abschnitt davon aus, dass der Wert der Unternehmung dem Kurswert aller Aktien zusammen entspricht (Börsenkapitalisierung). Durch die Kapitalerhöhung vergrössert sich der Unternehmenswert um die Höhe des neu ausgegebenen Kapitals zum Emissionspreis. Liegt dieser unter dem Kurswert der alten Aktien, so verringert sich durch die Kapitalerhöhung der Unternehmenswert pro Aktie. Man spricht in diesem Fall von einer **Kapitalverwässerung**, die sich negativ auf den Börsenkurs auswirkt. Aufgrund dieser Überlegungen können wir den theoretischen Börsenkurs nach der Kapitalerhöhung mit folgender Formel berechnen:

$$\text{Kurs nach Kapitalerhöhung } K_n = \frac{\text{Wert aller alten Aktien + Kapital aus Kapitalerhöhung}}{\text{Anzahl Aktien nach Kapitalerhöhung}}$$

$$K_n = \frac{K_a \times a + K_e \times n}{a + n}$$

Wobei:

K_a = Kurs vor Kapitalerhöhung	K_e = Emissionspreis neue Aktien
a = Anzahl alte Aktien	n = Anzahl neue Aktien
B = Wert Bezugsrecht	K_n = Kurs nach Kapitalerhöhung

Eine Kapitalverwässerung kann vermieden werden, indem die neuen Aktien zum Kurswert der alten Aktien ausgegeben werden. In der Schweiz liegt der Emissionspreis oft jedoch zwischen 60 und 80 % des aktuellen Kurswerts (Volkart & Wagner, 2018, S. 666 f.).

Liegt der Emissionspreis unter dem aktuellen Börsenkurs, so können mit dem Bezugsrecht Aktien zu einem tieferen Preis gezeichnet werden, als deren Wert an der Börse in Zukunft ist. Ein Investor, der neue Aktien zeichnen will, ist demnach bereit, höchstens so viel für ein Bezugsrecht zu bezahlen, dass der Emissionspreis und die Bezugsrechte zusammen dem Kurs der Aktie nach der Kapitalerhöhung entsprechen. Ist die Zeichnung über die Bezugsrechte teurer als der erwartete Kurs nach der Kapitalerhöhung, so wartet er ab und kauft die Titel nach der Kapitalerhöhung an der Börse. Dies ist die Sichtweise des Käufers von Bezugsrechten.

Der Verkäufer von Bezugsrechten macht sich andere Überlegungen. Er wird für die erwartete Kurseinbusse durch das Bezugsrecht entschädigt. Bietet man ihm weniger als den Kursrückgang, so zeichnet er die Aktien lieber selber und verkauft sie nach der Kapitalerhöhung. Die Vorstellungen von Käufer und Verkäufer treffen sich also bei dem Preis, der dem erwarteten Kursrückgang der Aktien entspricht und bei welchem der Kauf von neuen Aktien über die Bezugsrechte gleich teuer kommt wie der Kauf von Aktien nach der Kapitalerhöhung. Es gilt deshalb:

$$K_e + B \times \frac{a}{n} = K_a - B = K_n$$

Nach dem Bezugsrecht aufgelöst, erhalten wir folgende Formeln:

$$\text{Wert Bezugsrecht } B = \frac{(K_a - K_e) \times n}{a + n} = \frac{K_a - K_e}{\frac{a}{n} + 1}$$

Ob der Aktionär nun sein Bezugsrecht ausübt oder verkauft, rein rechnerisch erleidet er durch die Kapitalerhöhung keine finanzielle Einbusse, wie der Emissionspreis auch immer festgelegt sein mag. Dies ist in den Beispielen in Abbildung 45 dargestellt.

Alte Aktien:	1000000 zu 100 Nennwert
Neue Aktien:	200000 zu 100 Nennwert
Bezugsverhältnis:	$\frac{1\,000\,000}{200\,000} = 5:1$
Börsenkurs:	651
Emissionspreis:	450
Kurs nach Kapitalerhöhung:	$\frac{1\,000\,000 \times 651 + 200\,000 \times 450}{1\,000\,000 + 200\,000} = 617.50$
Wert Bezugsrecht:	$\frac{651 - 450}{\frac{1\,000\,000}{200\,000} + 1} = 33.50$

Möglichkeiten für einen Aktionär mit 5 Aktien		
Bezugsrechte verkaufen:		
	3 255.00	5 x 651 aus Aktien vor Kapitalerhöhung
	-167.50	5 x -33.50 aus Verkauf der Bezugsrechte
	3 087.50	Gebundenes Kapital nach Kapitalerhöhung
	617.50	Gebundenes Kapital pro Aktie nach Kapitalerhöhung
Bezugsrechte ausüben:		
	3 255.00	5 x 651 aus Aktien vor Kapitalerhöhung
	450.00	1 x 450 zusätzlicher Kapitaleinsatz für neue Aktie
	3 705.00	Gebundenes Kapital nach Kapitalerhöhung
	617.50	Gebundenes Kapital pro Aktie nach Kapitalerhöhung

Abb. 45: Kapitalerhöhung und Bezugsrechte

Möchte die Unternehmung eine Kapitalerhöhung durchführen, ohne dass sie auf zusätzliches Kapital angewiesen ist, können die neuen Aktien aus den Reserven liberiert werden. Dabei handelt es sich um eine Verschiebung innerhalb des Eigenkapitals, welche dessen Höhe nicht verändert. Zur Liberierung von Eigenkapital dürfen jedoch keine gesetzlichen, sondern nur frei verfügbare Reserven und der Bilanzgewinn verwendet werden (Art. 652d Abs. 1 OR). Bei dieser *«Kapitalerhöhung aus Eigenkapital»* (Boemle & Stolz, 2010, S. 370) wird zwar von **Gratisaktien** gesprochen, der Aktionär bekommt jedoch im Prinzip nichts geschenkt. Obwohl er nach der Kapitalerhöhung mehr Aktien besitzt, hat seine Beteiligung immer noch den gleichen Wert wie zuvor. Mit der Kapitalerhöhung aus Eigenkapital hat die Gesellschaft die Möglichkeit, dem Aktionär einen Teil der Reserven auszuschütten, ohne dass dabei liquide Mittel abfliessen. Der Aktionär kann die Gratisaktien jedoch verkaufen und dadurch zu Bargeld kommen. Da es sich bei der Kapitalerhöhung aus Eigenkapital um eine Ausschüttung von Reserven handelt, kommen die entsprechenden steuerrechtlichen Bestimmungen zur Anwendung, wodurch gegebenenfalls Einkommens- und Verrechnungssteuer fällig werden.

Die Ausgabe von Gratisaktien kann auch der Bereinigung der Eigenkapitalstruktur dienen. Durch die Umwandlung von Reserven in Aktienkapital können Unternehmungen mit sehr hohen Reserven das Verhältnis zwischen Aktienkapital und Reserven in eine vernünftige Relation bringen. Zudem schützt die Gesellschaft ihr Eigenkapital vor dem Zugriff der Aktionäre, wenn sie ausschüttungsfähige Reserven in nicht ausschüttungsfähiges Aktienkapital umwandelt.

Aktiensplit

Beim **Aktiensplit** wird bei gleich bleibendem Kapital der Nennwert jeder einzelnen Aktie auf mehrere neue Aktien aufgeteilt. Da das Kapital nicht verändert wird, ist der Split kein eigentlicher Finanzierungsvorgang. Auch die Beteiligungsverhältnisse bleiben unverändert. Dadurch, dass nach dem Split mehr gleiche Titel mit tieferem Kurswert im Umlauf sind, dient er vor allem dazu, die Liquidität (Handelbarkeit) der Titel an der Börse zu verbessern.

Kapitalherabsetzung

Da das Kapital der Aktiengesellschaft den Gläubigern gegenüber als Sicherungskapital dient, ist eine **Kapitalherabsetzung** nur unter bestimmten Bedingungen möglich. Zuerst braucht es einen Beschluss der Generalversammlung, welcher in den Statuten eingetragen wird (Art. 732 Abs. 1 OR). Dazu muss die Revisionsstelle einen Bericht vorlegen, der bestätigt, dass auch nach der Kapitalherabsetzung alle Forderungen der Gläubiger gedeckt sind (Art. 732 Abs. 2 OR). Bevor das Kapital herabgesetzt werden darf, hat jeder Gläubiger die Möglichkeit, seine Forderung durch die Gesellschaft sichern oder begleichen zu lassen (Art. 733 OR). Erst danach kann die Herabsetzung im Handelsregister eingetragen und vollzogen werden. Wird durch die Kapitalherabsetzung nur ein Verlustvortrag eliminiert, entfällt das Recht der Gläubiger auf Sicherung oder Rückzahlung ihrer Forderungen (Art. 735 OR), denn das Haftungskapital wird dadurch nicht verkleinert. Es handelt sich in diesem Fall lediglich um einen buchhalterischen Vorgang, bei welchem einzelne Positionen des Eigenkapitals gegeneinander verrechnet werden. Fällt das Aktienkapital durch die Kapitalherabsetzung unter 100 000 Franken, so muss gleichzeitig eine Kapitalerhöhung durchgeführt werden, die das Aktienkapital der Gesellschaft wieder auf das gesetzliche Mindestkapital erhöht (Art. 732 Abs. 5 OR). Dies ist oft bei Sanierungen der Fall (vgl. Abschnitt 2.4.5).

Eine Kapitalherabsetzung kann auf verschiedene Arten vorgenommen werden:

- Bei der *Nennwertreduktion (Herabstempelung)* wird der Nennwert aller Aktien um den gleichen Anteil verkleinert. Alle Aktionäre werden gleich behandelt, die Beteiligungsverhältnisse und die Anzahl Aktien bleiben unverändert.
- Bei der *Zusammenlegung* wird eine bestimmte Anzahl Aktien zu einer neuen, kleineren Anzahl Aktien zusammengelegt (z. B. zwei Aktien mit einem Nennwert von je 100 zu einer Aktie mit Nennwert 100). Alle Aktionäre werden gleich behandelt, die Beteiligungsverhältnisse bleiben unverändert, die Anzahl Aktien wird reduziert.

– Beim *Rückkauf* (oder der freiwilligen unentgeltlichen Ablieferung) von Aktien nimmt die Gesellschaft ausstehende Aktien zurück und vernichtet diese. Die Beteiligungsverhältnisse und die Anzahl Aktien verändern sich.

Bei der Nennwertreduktion und bei der Zusammenlegung von Aktien wird dem Aktionär ein Teil des Nennwerts zurückbezahlt. Es handelt sich dabei nicht um eine Gewinnausschüttung und hat deshalb auch keine steuerlichen Folgen. Die Nennwertreduktion ist aus diesem Grund als Ersatz für eine steuerbare Dividende beliebt. Beim Rückkauf von Aktien wird der den Nominalwert der Aktie übersteigende Betrag als Gewinnausschüttung betrachtet. Dieser Anteil unterliegt beim Aktionär der Einkommenssteuer, und die Gesellschaft muss zur Sicherung dieser Steuerschuld die Verrechnungssteuer abliefern. Anstelle des Rückkaufs der eigenen Aktien über die Börse kann die Gesellschaft auch Put-Optionen an die Aktionäre ausgeben (vgl. Abschnitt 5.7.3).

Kapitalherabsetzungen werden oft mit dem Ziel der **Gewinnverdichtung** durchgeführt. Durch das tiefere Eigenkapital wird der Financial Leverage grösser (vgl. Abschnitt 2.5.1) und bei gleich bleibendem Gewinn erhöht sich die Eigenkapitalrendite und dadurch der Unternehmenswert. Dies kann jedoch später in wirtschaftlich schwierigen Zeiten zu Problemen führen: dann nämlich, wenn die Unternehmung zusätzliches Kapital benötigt. Oft ist, bedingt durch das tiefe Eigenkapital, eine zusätzliche Verschuldung nicht möglich, sodass als letzte Möglichkeit zur Kapitalbeschaffung nur noch eine Kapitalerhöhung bleibt. Das Kapital, das zuvor an die Aktionäre zurückbezahlt worden ist, muss also mühsam auf dem Kapitalmarkt wieder beschafft werden. Dies ist oft nur zu ungünstigen Konditionen möglich, vor allem dann, wenn die Gesellschaft sich in einer schwierigen wirtschaftlichen Lage befindet und das konjunkturelle Umfeld schlecht ist. Die Herabsetzung des Eigenkapitals mit dem Ziel der Gewinnverdichtung kann also zu einem teuren Abenteuer für Gesellschaft und Aktionäre werden.

2.4.3 Vermögensverflüssigung

Bei der **Vermögensverflüssigung** handelt es sich um einen Aktiventausch – sie hat keinen Einfluss auf das Kapital der Gesellschaft. Dabei veräussert die Gesellschaft Teile ihres Anlagevermögens (Desinvestition) und erhält dafür finanzielle Mittel oder andere leicht veräusserbare Aktiven (z. B. Aktien des Käufers). Es handelt sich also um die Beschaffung finanzieller Mittel *ohne Zufluss neuen Kapitals.* Dabei kann unterschieden werden, ob der Finanzierungs- oder der Desinvestitionsgedanke im Vordergrund steht. Im ersten Fall ist die Unternehmung in finanziellen Schwierigkeiten und will oder kann keine finanziellen Mittel über den Kapitalmarkt beschaffen. Sie veräussert ihr Anlagevermögen aus der Not. Im zweiten Fall verkauft die Gesellschaft Aktiven, ohne dass sie auf zusätzliche finanzielle Mittel angewiesen ist. Dies kann auf strategischen Überlegungen beruhen (ein Unternehmensteil passt nicht mehr ins Portfolio der Unternehmung), oder es kann operative Gründe haben (eine alte Maschine wird nicht mehr gebraucht). Handelt die Unternehmung nicht aus finanzieller Not, so kann sie die Mittel aus der Vermögensverflüssigung dazu verwenden, neue Investitionen zu tätigen oder Kapital zurückzuzahlen.

2.4.4 Leasing

Beim **Leasing** überlässt der Leasinggeber (Lessor) dem Leasingnehmer (Lessee) gegen Entgelt einen Gegenstand zum Gebrauch. Dabei kauft der Leasinggeber den Leasinggegenstand in der Regel beim Hersteller und verleast ihn an den Leasingnehmer. In seltenen Fällen ist der Hersteller des Leasinggegenstandes identisch mit dem Leasinggeber. Als Zwischenform kann die Konstellation gewertet werden, bei der der Leasinggeber eine speziell zu Zwecken des Leasings eingerichtete Finanzgesellschaft innerhalb des Konzerns des Herstellers des Leasinggegenstandes ist. Je nach Ausgestaltung des Leasingvertrages kann zwischen Operating Leasing und Financial Leasing unterschieden werden.

Für den Leasingnehmer ist ein offensichtlicher Vorteil des Leasings, dass er den geleasten Gegenstand nicht finanzieren muss. Er kann die Leasingraten aus den laufenden Einnahmen begleichen. Dieses Prinzip wird *«pay as you earn»* genannt. Hinzu kommt, dass die Kosten über die Laufzeit des Leasingvertrages fixiert sind, was die Kalkulation erleichtert und vor unangenehmen Überraschungen bei steigenden Zinsen schützt. Weiter können sich Lessor und Lessee auf ihr Geschäft konzentrieren: der Lessee auf die Herstellung seiner Produkte, der Lessor auf die Finanzierung und Verleasung von Anlagegütern – und allenfalls auch noch auf deren Wartung und Unterhalt. Als grösste Gefahr des Leasings für den Leasingnehmer kann genannt werden, dass dieser die Leasingraten auch dann bezahlen muss, wenn er die dazu benötigten Einnahmen nicht generieren kann. Zwar müssen auch bei der Fremdfinanzierung Zinsen bezahlt und das Kapital amortisiert werden; beim Leasing fällt dies aber stärker ins Gewicht, da der Leasinggegenstand als vollständig fremdfinanziert betrachtet werden muss. Von der Art des Leasinggeschäfts her unterscheidet man zwischen Operating Leasing und Financial Leasing.

Das **Operating Leasing** kann am ehesten mit der *Miete* verglichen werden. Es handelt sich in der Regel um kurz- oder mittelfristige Verträge mit Kündigungsmöglichkeit. Zudem übernimmt der Leasinggeber in der Regel weit gehende Wartungs- und Unterhaltsleistungen. Operating Leasing ist vor allem da angebracht, wo Unternehmungen mit ihrer Ausrüstung immer auf dem neusten technischen Stand sein müssen und deshalb ihre Anlagen nach kurzer Zeit durch modernere ersetzen wollen. Die Raten des Operating Leasings werden buchhalterisch wie Mietzinsen behandelt.

Das **Financial Leasing** ist am ehesten mit dem *Abzahlungskauf* zu vergleichen. Der Leasingnehmer geht einen langfristigen Vertrag ein, der normalerweise nicht kündbar ist.

Nach Swiss GAAP sind Leasingverträge als Financial Leasing einzustufen, wenn sie eines der folgenden Kriterien erfüllen:

- Der Barwert der Leasingraten zuzüglich allfällige Restzahlungen entspricht etwa dem Anschaffungswert des Leasinggutes.

che sowohl Fremd- als auch Eigenkapitalcharakteristiken aufweisen. Als Beispiel seien hier Kredite genannt, die zu einem späteren Zeitpunkt in Eigenkapital umgewandelt werden können. Solange der Kapitalgeber sein Wandelrecht nicht ausübt, hat er Anrecht auf einen festen Zins und auf die Rückzahlung des Kredits. Im Falle eines Konkurses ist er gegenüber den Eigenkapitalgebern privilegiert. Hat die Gesellschaft wirtschaftlich Erfolg, so kann er das Fremd- in Eigenkapital wandeln und so von der Wertsteigerung seiner Beteiligung profitieren. Zudem hat er als Eigenkapitalgeber die Möglichkeit, Einfluss auf die Geschäftsführung auszuüben.

Going Public/Initial Public Offering (IPO)

Unter dem **Going Public** oder dem **Initial Public Offering (IPO)** wird der Börsengang einer Aktiengesellschaft verstanden, die zuvor im Besitz eines kleinen Aktionärskreises war. Das IPO kann verschiedene Motive haben: Strebt eine Gesellschaft einen Wachstumssprung an, so ist dies oft mit grossen Investitionen verbunden. Sind die bisherigen Eigentümer nicht in der Lage, das dafür notwendige Kapital aufzubringen, oder wollen sie das zusätzliche Risiko nicht selber tragen, so öffnet sich die Gesellschaft über die Börse einem grösseren Investorenkreis. Zudem erhöht der Börsengang den Bekanntheitsgrad einer Unternehmung und stärkt das Vertrauen der Öffentlichkeit. Dies kann sich positiv auf das Verschuldungspotenzial und die Konditionen für Fremdkapital auswirken – vor allem bei der Fremdfinanzierung über den Kapitalmarkt. Ein weiterer Grund für ein IPO kann der Rückzug der bisherigen Gesellschafter aus der Unternehmung sein. Finden sie keine Nachfolger, welche die Beteiligung übernehmen wollen, so bietet sich ein Börsengang an.

Ein Going Public steht jedoch nicht jeder Gesellschaft offen. Neben quantitativen Kriterien – die Schweizer Börse (SIX Swiss Exchange) verlangt unter anderem, dass mindestens 20 % der Anteile an der Börse gehandelt werden und dass diese eine Mindestkapitalisierung von 25 Millionen Franken haben – sind für ein erfolgreiches IPO auch qualitative Kriterien zu erfüllen. Die Investoren stellen hohe Anforderungen an die Unternehmungsführung, die Unternehmungspolitik, die Finanzlage und Ertragskraft der Gesellschaft (Boemle & Stolz, 2010, S. 419 f.). Zudem müssen sich die oberste Leitung und allfällige Mehrheitsaktionäre damit abfinden, dass sie die Öffentlichkeit nach einem Börsengang offen und umfänglich über die wichtigsten Belange der Unternehmung informieren müssen. Da die reglementarischen Vorschriften für börsenkotierte Gesellschaften in den letzten Jahren deutlich verschärft worden sind, rechtfertigt sich ein Börsengang immer weniger für kleinere und mittlere Gesellschaften. Die administrativen Kosten übersteigen vielfach die in diesem Abschnitt genannten Nutzen des Börsengangs.

Going Private

Mit dem **Going Private** wird das Going Public rückgängig gemacht, indem ein oder mehrere Eigentümer die Aktien über die Börse zurückkaufen und die Titel dekotieren lassen. Die Gründe für ein Going Private können beispielsweise sein:

- Eine kotierte Gesellschaft wird von einem Konzern übernommen und als Tochtergesellschaft in die Konzernstruktur integriert. Dies kann mit einem Angebot an die Aktionäre verbunden sein, ihre Aktien gegen Aktien der übernehmenden Holdinggesellschaft einzutauschen.
- Die Unternehmungsleitung führt ein Management-Buy-out durch.
- Die bestehenden Hauptaktionäre wollen den Druck der Finanzöffentlichkeit und der Minderheitsaktionäre nach kurzfristig guten Resultaten mindern und die vollständige Kontrolle über die Gesellschaft wieder zurückgewinnen.
- Die bestehenden Hauptaktionäre haben den Nutzen einer Kotierung überschätzt und stufen den Aufwand für die Erfüllung der mit der Kotierung verbundenen Vorschriften als zu gross ein.

Fusionen und Akquisitionen

Unter einer **Fusion (Merger)** versteht man den Zusammenschluss zweier oder mehr Unternehmungen zu einer Gesellschaft. Das Bundesgesetz über Fusion, Spaltung, Umwandlung und Vermögensübertragung (Fusionsgesetz, FusG) unterscheidet in Art. 3 zwei Arten der Fusion:

- **Übernahme (Absorptionsfusion):** Eine Gesellschaft übernimmt die andere, die übernommene Gesellschaft geht dabei unter.
- **Zusammenschluss (Kombinationsfusion):** Die fusionierenden Gesellschaften bilden eine neue Gesellschaft und gehen dabei unter.

Fusionen können unter Gesellschaften gleicher oder unterschiedlicher Rechtsform stattfinden. Näheres dazu sagt Art. 4 FusG. Die Leitungen der beteiligten Gesellschaften erstellen einen Fusionsvertrag und einen Fusionsbericht (Art. 12 ff. FusG). Der Fusionsbeschluss muss von den Gesellschaftern der fusionierenden Unternehmungen gefällt und öffentlich beurkundet werden (Art. 18 ff. FusG). Für kleinere und mittlere Unternehmungen gelten teilweise vereinfachte Bestimmungen.

Es werden im Folgenden hauptsächlich Fälle betrachtet, in denen aus der Fusion eine Kapitalgesellschaft hervorgeht. Dabei haben alle Gesellschafter ein Anrecht auf angemessene Anteils- und Mitgliedschaftsrechte nach der Fusion (Art. 7 Abs. 1 FusG). Das bedeutet, dass bei einer Absorptionsfusion die übernehmende Gesellschaft eine Kapitalerhöhung durchführen muss, um die Gesellschafter der untergehenden Gesellschaft zu entschädigen. Dazu wird berechnet, wie viele Anteile der untergehenden Gesellschaft einem Anteil der übernehmenden Gesellschaft nach der Fusion entsprechen. Um kleinere Wertdifferenzen auszugleichen, darf zusätzlich zu den neuen Anteilscheinen eine Entschädigung von höchstens 10 % des Wertes der neuen Anteile an die Gesellschafter bezahlt werden (Art. 7 Abs. 2 FusG). Der Fusionsvertrag kann auch vorsehen, dass sich die Gesellschafter der untergehenden Unternehmung nicht an der übernehmenden Gesellschaft beteiligen, dafür jedoch eine angemessene Abfindung erhalten oder dass ihnen ein Wahlrecht zwischen Abfindung und Beteiligung an der neuen Gesellschaft eingeräumt wird (Art. 8 FusG).

Bei der **Akquisition** (acquisition) kauft eine Unternehmung eine andere Gesellschaft ganz oder teilweise. Im Gegensatz zur Fusion geht bei der Akquisition keine der Gesellschaften unter. Welchen Einfluss ein bestimmtes Beteiligungsverhältnis bringt, haben Boemle und Stolz (2002) auf den Punkt gebracht: «[...] eine Beteiligung von rund 10 % erwirbt man, um zu hören, von 34 %, um zu verhindern, von 51 %, um mitzubestimmen, von 68 %, um zu beherrschen, und von 100 %, um niemanden fragen zu müssen [...]» (S. 541).

Schliessen fusionierende Unternehmungen die Barabfindung ihrer Gesellschafter aus, so ist die Fusion nicht mit einem Abfluss liquider Mittel verbunden. Bei einer Akquisition hingegen wird eine Beteiligung gekauft. Fehlen die Mittel zur Abgeltung der bisherigen Eigentümer, so bietet sich ein Aktientausch an. Die akquirierende Gesellschaft führt dabei eine Kapitalerhöhung mit dem Ziel durch, den Eigentümern der anderen Gesellschaft die neuen Aktien zum Tausch gegen ihre Beteiligung anzubieten.

Bei der Planung einer Fusion oder einer Akquisition wird in der Regel eine sogenannte **Due Diligence** durchgeführt. Es handelt sich dabei um eine sorgfältige Prüfung der beteiligten Parteien mit dem Ziel, Sachverhalte aufzudecken, die sich auf die Bewertung der involvierten Gesellschaften oder auf den Erfolg der Transaktion auswirken können. Solche Risiken können entweder die involvierten Gesellschaften mitbringen – beispielsweise mögliche Haftpflichtfälle – oder sie können durch die Transaktion selbst entstehen, wenn sich zum Beispiel durch eine Fusion wettbewerbsrechtliche Folgen abzeichnen, welche die angestrebten Vorteile der Transaktion wieder zunichte machen. Die Ergebnisse einer Due Diligence können die Ausgestaltung einer geplanten Transaktion – vor allem den Transaktionspreis – massgeblich beeinflussen und sogar dazu führen, dass die Transaktion nicht zustande kommt.

Ziel einer Fusion oder Akquisition ist in der Regel, die Wettbewerbsfähigkeit der beteiligten Gesellschaften zu stärken. Dies kann durch die Ausnutzung von Synergien, die Senkung von Kosten, den Zutritt zu den Märkten der Partner oder den Transfer von Know-how zwischen den Partnern erreicht werden. Ob sich die erhofften Vorteile aus einer Fusion oder Akquisition auch wirklich ergeben, stellt sich dabei erst im Nachhinein heraus. Es besteht die Gefahr, dass die Nutzen überschätzt und die Kosten der Transaktion unterschätzt werden. Insbesondere kann das Aufeinanderprallen zweier unterschiedlicher Unternehmungskulturen den Erfolg einer Fusion oder Akquisition massgeblich beeinträchtigen.

Spaltung und Vermögensübertragung

Art. 29 FusG kennt folgende zwei Formen der **Spaltung**:

- **Aufspaltung:** Die aufgespaltete Gesellschaft geht unter, ihr gesamtes Vermögen wird aufgeteilt und auf andere Gesellschaften übertragen. Die Eigentümer der aufgespalteten Gesellschaft werden Gesellschafter der übernehmenden Gesellschaften.
- **Abspaltung:** Teile des Vermögens einer Gesellschaft werden auf eine oder mehrere andere Gesellschaften übertragen. Die Gesellschafter der übertragenden Gesellschaft werden an der übernehmenden Gesellschaft beteiligt.

Wie bei der Fusion bedarf es zur Ab- oder Aufspaltung eines Spaltungsvertrags, eines Spaltungsberichts und eines Spaltungsbeschlusses der Gesellschafter der beteiligten Parteien. Handelt es sich bei den übernehmenden Unternehmungen um bestehende Gesellschaften, so müssen diese eine Kapitalerhöhung durchführen, um die bisherigen Eigentümer der übertragenden Unternehmung als neue Gesellschafter aufnehmen zu können.

Es ist jedoch auch möglich, Aktiven und/oder Passiven an eine andere Gesellschaft zu übertragen, ohne dass die Gesellschafter der übertragenden Unternehmung an der übernehmenden Gesellschaft beteiligt werden. In diesem Fall erhält die übertragende Gesellschaft von der übernehmenden eine Entschädigung. Als Grundlage für eine solche **Vermögensübertragung** dient ein Übertragungsvertrag (Art. 71 FusG).

Wird ein ganzer Unternehmungsteil von einer Gesellschaft abgetrennt (Abspaltung oder Vermögensübertragung), so spricht man von einem **Spin-off**. Grundsätzlich können für einen Spin-off zwei Gründe genannt werden:

- Die übertragende Gesellschaft benötigt finanzielle Mittel und überträgt deshalb einen Vermögensteil an eine andere Gesellschaft (nur Vermögensübertragung).
- Die übertragende Gesellschaft gibt einen Unternehmungsteil, der nicht mehr zu ihrer strategischen Ausrichtung passt oder nicht rentabel genug ist, an eine andere Gesellschaft ab (Vermögensübertragung oder Abspaltung).

Im zweiten Fall kann mit der Vermögensübertragung an eine neu gegründete Gesellschaft ein Management-Buy-out der Leitung des abgegebenen Unternehmungsteils verbunden sein. Als Grund für eine Aufspaltung kann die Aufteilung sehr unterschiedlicher Aktivitäten einer Gesellschaft, zum Beispiel Immobilienverwaltung und Produktion, auf verschiedene neu gegründete Unternehmungen genannt werden.

Umwandlung der Rechtsform

Eine Gesellschaft kann ihre Rechtsform ändern, ohne dass sie dazu liquidiert und als neue Gesellschaft gegründet werden muss. Welche Formen der **Umwandlung** zulässig sind, regelt Art. 54 FusG. Bei der Umwandlung kommen zwar die gesetzlichen Bestimmungen über die Gründung einer Gesellschaft zur Anwendung; der grosse Vorteil ist jedoch, dass bestehende Rechtsbeziehungen durch die Umwandlung nicht untergehen. Zur Umwandlung erstellt die Leitung der Gesellschaft einen Umwandlungsplan und einen Umwandlungsbericht. Die Umwandlung wird anschliessend durch die Gesellschafter beschlossen.

Finanzierungsseitig kann die Umwandlung insofern Folgen haben, als die gesetzlichen Vorschriften über das Mindestkapital der neuen Rechtsform eingehalten werden müssen. Soll durch eine Umwandlung beispielsweise eine Aktiengesellschaft entstehen, so muss ein Eigenkapital von mindestens 100 000 Franken vorhanden sein. Ist dies nicht der Fall, müssen die fehlenden Eigenmittel vorgängig beschafft werden.

Sanierung

Bei einer **Sanierung** (financial restructuring) werden in einer finanziell angeschlagenen Unternehmung die nötigen Massnahmen ergriffen, damit sie ihre wirtschaftlichen Aktivitäten auf langfristige Sicht weiterführen kann. Art. 725 Abs. 1 OR verlangt eine Sanierung, wenn die Hälfte des Aktienkapitals und der gesetzlichen Reserven nicht mehr gedeckt ist. Meistens wird eine Sanierung jedoch nicht mangels Eigenkapital, sondern wegen Illiquidität nötig. Dabei sind Finanzierungsmassnahmen nur ein Aspekt der Sanierung. Sie sollen die finanzielle Lage der Gesellschaft verbessern, damit diese weiterhin ihrer Geschäftstätigkeit nachgehen kann. Damit die Unternehmung in Zukunft wirtschaftlich erfolgreich ist, sind zusätzlich oft einschneidende operationelle Veränderungen nötig: Kosteneinsparungsprogramme, ein neues Management oder die Trimmung der Unternehmung durch die Veräusserung oder Stilllegung nicht benötigter oder unrentabler Geschäftsteile.

Folgende Finanzierungsmassnahmen sind zur Sanierung denkbar:

- *Buchhalterische Massnahmen:* Darunter fallen die Auflösung stiller Reserven, die Aufwertung von Anlagevermögen (Art. 670 Abs. 1 OR) oder die Beseitigung eines Verlustvortrags durch die Verrechnung mit Reserven (Art. 671 Abs. 3 OR). Durch diese Massnahmen kommt die Unternehmung jedoch nicht zu neuen finanziellen Mitteln.
- *Stillhalteabkommen:* Die Kreditgeber verzichten vorläufig auf Amortisationszahlungen und auf die Kündigung der Kredite. Die Liquidität der Gesellschaft wird dadurch geschont.
- *Nachlassvertrag und Forderungsverzicht:* Die Gläubiger verzichten auf einen Teil ihrer Forderungen. Ein Nachlassvertrag kann entweder gerichtlich oder aussergerichtlich zustande kommen. Es werden weniger liquide Mittel zur Bezahlung der Forderungen benötigt.
- *Umwandlung von Fremd- in Eigenkapital:* Die Gesellschaft führt eine Kapitalerhöhung durch. Die neuen Aktien werden an die Gläubiger ausgegeben und mit deren Forderungen verrechnet. Es werden keine liquiden Mittel benötigt, um die Schulden zu begleichen.
- *Kapitalherabsetzung:* Art. 735 OR erlaubt, das Kapital herabzusetzen um einen Verlustvortrag zu eliminieren. Da der Unternehmung dadurch noch keine neuen finanziellen Mittel zufliessen, ist eine Kapitalherabsetzung oftmals an eine gleichzeitige Kapitalerhöhung geknüpft, an der sich neben den Aktionären möglicherweise auch Gläubiger der Gesellschaft beteiligen.

In der Praxis führt in der Regel eine Kombination der erwähnten Massnahmen zur Sanierung einer Gesellschaft.

Konkurs und Liquidation

Unter der **Liquidation** (liquidation) versteht man die Auflösung einer Unternehmung, ohne dass diese in einer anderen Form weitergeführt wird. Dies kann entweder durch Konkurs, durch Beschluss der Gesellschafter – wenn die Gesellschaft beispielsweise ihren Zweck erfüllt hat oder langfristig nicht mehr überlebensfähig ist – oder durch einen anderen im

Gesetz vorgesehenen Grund geschehen. Beim **Konkurs** (bankruptcy) müssen die Gläubiger in der Regel auf einen Teil ihrer Forderungen verzichten. Die Eigentümer gehen dabei leer aus. Wird eine Gesellschaft jedoch liquidiert, ohne dass sie überschuldet ist, so verbleibt nach der Rückzahlung des Fremdkapitals ein Liquidationsüberschuss. Dieser steht den Eigentümern der Gesellschaft zu.

2.5 Optimale Finanzierung

Steht der Finanzbedarf einer Unternehmmung fest und sind die verschiedenen Finanzierungsmöglichkeiten bekannt, muss die Unternehmungsleitung entscheiden, auf welche Weise sie der Gesellschaft die benötigten Mittel zuführen will. Beim Abwägen verschiedener Finanzierungsmassnahmen bewegt sich die Unternehmung in einem Spannungssechseck mit mehreren Zielkonflikten (Boemle & Stolz, 2010, S. 121). Dies ist in Abbildung 46 dargestellt. Eine optimale Finanzierung, welche für alle Gesellschaften gleichermassen gilt, gibt es kaum. Die Finanzierungsmassnahmen müssen vielmehr auf die Ziele und das Profil der jeweiligen Unternehmung und deren Gesellschafter abgestimmt werden.

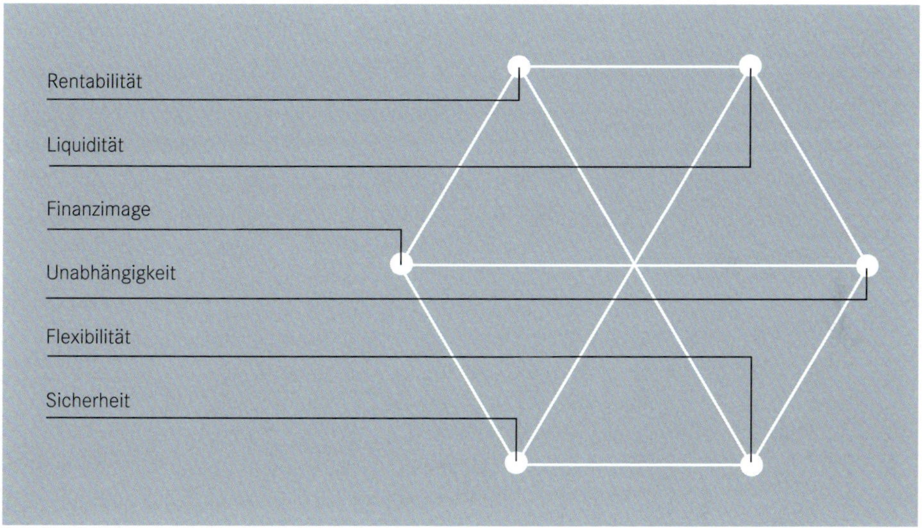

Abb. 46: Spannungssechseck der Finanzierung (in Anlehnung an Boemle & Stolz, 2010, S. 121)

2.5.1 Rentabilität

Rentabilität und Leverage-Effekt

Als **Rentabilität** bezeichnet man das wirtschaftliche Ergebnis in Prozenten des eingesetzten Kapitals. Bei einer Unternehmung muss dabei zwischen der Fremdkapitalrendite und der Eigenkapitalrendite unterschieden werden: zwischen den Zinsen, welche an die Fremdkapitalgeber gehen, und den Gewinnen, welche den Eigentümern zukommen. Diese beiden Renditekomponenten stehen in Summe zur Verfügung, um alle Kapitalgeber zu entschädigen, und ergeben zusammen die Gesamtkapitalrendite.

$$\text{Eigenkapitalrendite } r_{EK} = \frac{G}{EK} \times 100 \qquad \text{Fremdkapitalrendite } r_{FK} = \frac{Z}{FK} \times 100$$

$$\text{Gesamtkapitalrendite } r_{GK} = \frac{G + Z}{EK + FK} \times 100 = \frac{G + Z}{GK} \times 100$$

$$\text{Gesamtkapitalrendite } r_{GK} = \left(\frac{G}{EK} \times \frac{EK}{GK} + \frac{Z}{FK} \times \frac{FK}{GK} \right) \times 100 = \left(r_{EK} \times \frac{EK}{GK} + r_{FK} \times \frac{FK}{GK} \right) \times 100$$

Wobei:				
	EK	= Eigenkapital	FK	= Fremdkapital
	GK	= Gesamtkapital	r_{GK}	= Gesamtkapitalrendite
	G	= Gewinn	Z	= Fremdkapitalzinsen (Betrag)
	r_{EK}	= Eigenkapitalrendite	r_{FK}	= Fremdkapitalrendite

Für Eigen-, Fremd- und Gesamtkapital ist das durchschnittliche Kapital einzusetzen:
(Kapital am Periodenbeginn + Kapital am Periodenende) ÷ 2.

Aus der letzten Formel ist ersichtlich, dass es sich bei der Gesamtkapitalrendite um einen gewichteten Durchschnitt aus Eigenkapitalrendite und Fremdkapitalrendite handelt. Jede dieser beiden Komponenten hat demnach so grossen Einfluss auf die Gesamtkapitalrendite, wie sie anteilmässig Kapital vertritt. Ist eine Komponente gleich gross wie die Gesamtkapitalrendite, so muss auch die andere Komponente gleich gross sein. Ist die eine Komponente kleiner als die Gesamtkapitalrendite, so ist die andere Komponente folglich grösser als die Gesamtkapitalrendite. In den folgenden Überlegungen analysieren wir die Auswirkungen dieses Zusammenhangs näher:

$$r_{GK} = r_{EK} \times \frac{EK}{GK} + r_{FK} \times \frac{FK}{GK}$$

$$r_{GK} \times GK = r_{EK} \times EK + r_{FK} \times FK$$

$$r_{EK} \times EK = r_{GK} \times GK - r_{FK} \times FK$$

$$r_{EK} = \frac{r_{GK} \times GK - r_{FK} \times FK}{EK}$$

$$r_{EK} = \frac{r_{GK} \times (EK + FK) - r_{FK} \times FK}{EK} = \frac{r_{GK} \times EK + r_{GK} \times FK - r_{FK} \times FK}{EK}$$

$$r_{EK} = \frac{r_{GK} \times EK}{EK} + \frac{r_{GK} \times FK - r_{FK} \times FK}{EK} = r_{GK} + \frac{FK\,(r_{GK} - r_{FK})}{EK}$$

$$\text{Eigenkapitalrendite } r_{EK} = r_{GK} + \frac{FK}{EK} \times (r_{GK} - r_{FK})$$

Im Folgenden wird davon ausgegangen, dass eine Unternehmung mit einem gegebenen Gesamtkapital unabhängig von der Unternehmensfinanzierung einen bestimmten Gewinn vor Zinsen erwirtschaftet, dass also die Gesamtkapitalrendite gegeben ist. Eine weitere Annahme ist, dass der Fremdkapitalzinssatz vom Kreditgeber vorgegeben wird und tiefer ist als die Gesamtkapitalrendite. Folglich muss die Eigenkapitalrendite höher sein als die Gesamtkapitalrendite. Die einzige Variable, die damit Einfluss auf die Höhe der Eigenkapitalrendite hat, ist das Finanzierungsverhältnis, also das Verhältnis zwischen Fremd- und Eigenkapital. Bei der näheren Analyse des Einflusses des Finanzierungsverhältnisses auf die Eigenkapitalrendite kann festgestellt werden, dass die Eigenkapitalrendite mit abnehmendem Eigenkapitaleinsatz – und damit zunehmendem Fremdkapitaleinsatz – immer höher wird. Solange also der Fremdkapitalzinssatz unter der Rendite des Gesamtkapitals liegt, kann durch eine zunehmende Fremdfinanzierung die Eigenkapitalrendite erhöht werden. Diese Hebelwirkung wird als **Leverage-Effekt** oder als **Financial Leverage** bezeichnet. Entsprechend nennt man Kennzahlen, welche Auskunft über die Finanzierungsstruktur einer Unternehmung geben (z. B. das Finanzierungsverhältnis als Eigenkapital im Verhältnis zum Fremdkapital oder das Eigenkapital im Verhältnis zum Gesamtkapital) **Leverage Ratios**. Abbildung 47 stellt diesen Sachverhalt grafisch und Abbildung 48 anhand eines Zahlenbeispiels dar.

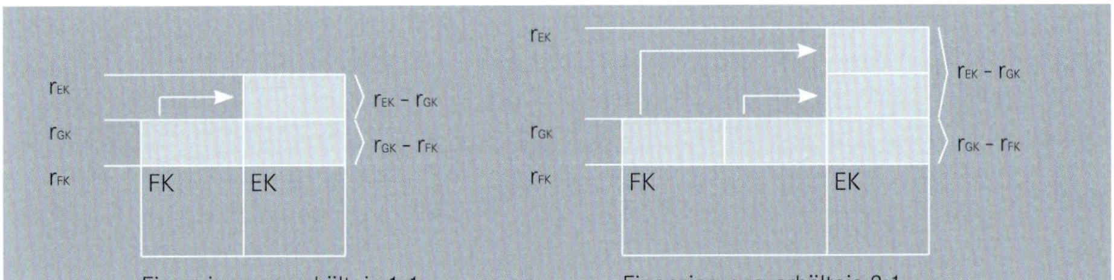

Abb. 47: Zusammenhang Finanzierungsverhältnis und Eigen-, Fremd- und Gesamtkapitalrendite

Gesamtkapital	600		
Gewinn vor Zinsen	42		
Gesamtkapitalrendite	7 %		
Fremdkapitalzinssatz	4 %		
Fremdfinanzierungsgrad	25 %	50 %	67 %
Finanzierungsverhältnis (FK:EK)	1:3	1:1	2:1
Fremdkapital	150	300	400
Eigenkapital	450	300	200
Gewinn vor Zinsen	42	42	42
Zinsaufwand	-6	-12	-16
Reingewinn	36	30	26
Eigenkapitalrendite	8 %	10 %	13 %

Abb. 48: Leverage-Effekt

Es muss beachtet werden, dass der Leverage-Effekt auch in die umgekehrte Richtung wirkt, nämlich sobald der Fremdkapitalzinssatz höher ist als die Gesamtkapitalrendite. Bei sinkender Gesamtrentabilität oder steigendem Fremdkapitalzinssatz kann aus einem positiven ein negativ wirkender Hebel werden. Ein grösserer Financial Leverage ist deshalb nicht in jeder Situation von Vorteil. Ein tiefer Eigenfinanzierungsgrad zahlt sich aus Rentabilitätsüberlegungen erst dann aus, wenn die Gesamtkapitalrendite grösser ist als der Fremdkapitalzinssatz. Ab welchem Gewinn vor Zinsen ein grösserer Financial Leverage eine höhere Eigenkapitalrentabilität bringt, kann also einfach beantwortet werden: ab dem Gewinn vor Zinsen, bei dem die Gesamtkapitalrendite dem Fremdkapitalzinssatz entspricht, also Gesamtkapital multipliziert mit Fremdkapitalzinssatz. Abbildung 49 zeigt diesen Sachverhalt grafisch anhand einer **Break-even-Analyse** auf. Dazu werden die Angaben des Beispiels aus Abbildung 48 verwendet. Gleichzeitig ist ersichtlich, dass der Hebel negativ wirkt, wenn die Gesamtkapitalrendite unter den Fremdkapitalzinssatz sinkt, zum Beispiel im Fall eines Gewinneinbruchs oder einer Zinserhöhung.

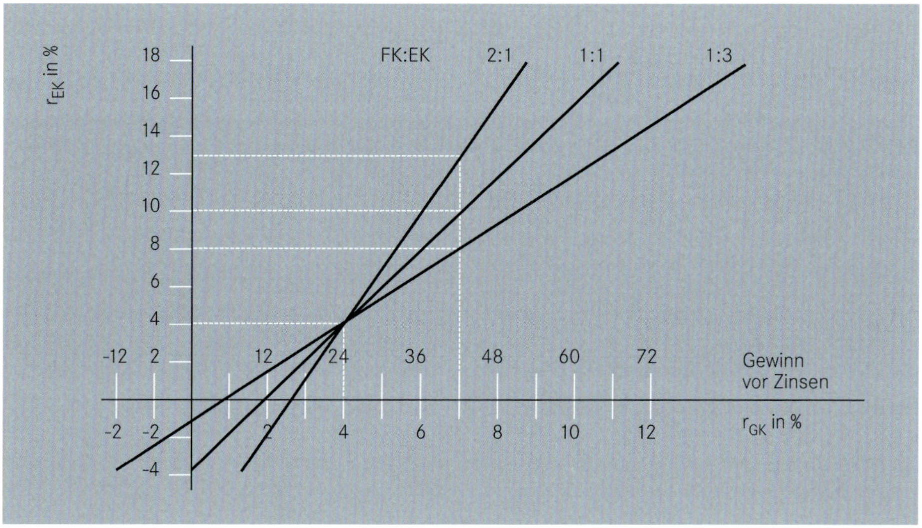

Abb. 49: Financial Leverage – grafische Darstellung einer Break-even-Analyse

Bis jetzt haben wir die **Gewinnsteuern** ausser Acht gelassen. Diese beeinflussen jedoch die Rentabilität einer Unternehmung. Die folgenden Überlegungen gehen davon aus, dass die Gesamtkapitalrendite die betriebliche Rentabilität der Unternehmung widerspiegelt, denn die Aufteilung in Eigen- und Fremdkapitalrendite sind reine Finanzierungseffekte und haben nichts mit der eigentlichen betrieblichen Leistung der Unternehmung zu tun. Der Gewinn vor Zinsen und Steuern (EBIT) wird deshalb auch als Betriebsgewinn bezeichnet. Zieht man also die Finanzierungskosten der Unternehmung nicht in Betracht, dann müsste der Betriebsgewinn versteuert werden. Nach Abzug des Steuerbetrags verbleibt ein Gewinn vor Zinsen nach Steuern (EBT). Der so berechnete Steuerbetrag ist jedoch höher als der

Steuerbetrag, den die Unternehmung effektiv zu bezahlen hat, denn steuerlich gelten die Zinsen als Aufwand und verringern deshalb den Unternehmungsgewinn und damit den Betrag der Gewinnsteuern. Die Unternehmung bezahlt einerseits also Zinsen, andererseits spart sie dadurch Steuern. So betrachtet erhält sie auf den Fremdkapitalzinsen eine Art «Steuerrabatt» (**Tax Shield**). Dieser kann mathematisch direkt mit dem Zinssatz verrechnet werden, indem der Zinssatz um den Steuersatz gekürzt wird. Bei einem Zinssatz von 5 % und einem Gewinnsteuersatz von 30 % beträgt der steuerbereinigte Zinssatz demnach nur noch 3.5 % (5 % × (1 − 0.3)). Dies kann nun in der Formel zur Berechnung der Eigenkapitalrendite berücksichtigt werden. Es gilt zu beachten, dass in diesem Fall die Gesamtkapitalrendite, die auf Basis des Gewinns vor Zinsen nach Steuern berechnet worden ist, in die Formel eingesetzt werden muss:

$$\text{Eigenkapitalrendite } r_{EK} = r_{GK} + \frac{FK}{EK} \times (r_{GK} - r_{FK} \times (1 - s))$$

Kapitalkosten und Unternehmenswert

Während wir uns bislang mit der buchhalterischen Rendite beschäftigt haben, gehen wir nun der Frage nach, wie hoch die **Kapitalkosten** sind, und wie sich diese auf den Wert der Unternehmung auswirken. Die Kapitalkosten werden als die vom Kapitalgeber geforderte risikogerechte Rendite definiert. Zur Ermittlung der Kapitalkosten können die Überlegungen des **Capital Asset Pricing Models** (CAPM) herangezogen werden. Dem CAPM folgend setzen sich die Kapitalkosten aus einem risikolosen Zinssatz und einer Risikoprämie zusammen (vgl. Abschnitt 4.2.4 und Abschnitt 5.4).

Die Rendite berechnet sich als Gewinn im Verhältnis zum eingesetzten Kapital. Bezogen auf das Eigenkapital entspricht bei einer Unternehmung das eingesetzte Kapital ihrem Marktwert. Bei kotierten Aktiengesellschaften beispielsweise ist der Marktwert des Eigenkapitals der Kurswert aller ausstehenden Aktien zusammen. Ausgehend von der eingangs erwähnten Renditeformel berechnet sich die Höhe des investierten Eigenkapitals als Gewinn dividiert durch Eigenkapital-Renditesatz. Erwirtschaftet eine Unternehmung einen höheren Gewinn als die Eigenkapitalkosten (geforderte Rendite der Investoren gemäss CAPM), so erhöht sich dadurch der Unternehmenswert. Weiter ist der Unternehmenswert bei einem gegebenen Gewinn umso höher, je tiefer der Kapitalkostensatz, respektive die geforderte Rendite ist. Folglich kann eine Erhöhung des Unternehmenswerts nicht nur durch die Steigerung des Gewinns, sondern auch durch die Minimierung der Kapitalkosten erreicht werden, weshalb eine kostenoptimale Kapitalstruktur anzustreben ist.

Wie wir bei den vorangehenden Ausführungen zum Leverage-Effekt gesehen haben, müssten die Kapitalkosten mit zunehmender Fremdfinanzierung sinken. Gemäss dem Theorem von Modigliani und Miller (1958, S. 261 ff.) aus den späten 1950er-Jahren gibt es jedoch keine kostenoptimale Kapitalstruktur. Sie wiesen nach, dass die positiven Auswirkungen der Fremdfinanzierung auf die Kapitalkosten wieder dadurch kompensiert werden, dass mit zunehmender Fremdfinanzierung auch das Risiko für den Investor und damit die Eigenkapitalkosten zunehmen. Die Gesamtkapitalkosten bleiben dadurch immer gleich hoch und der Unternehmenswert verändert sich in der Folge bei gegebenem Gewinn nicht. Das **Modigliani-Miller-Theorem** vernachlässigt jedoch wichtige Einflussfaktoren wie zum Beispiel die Steuern oder die Abhängigkeit der Fremdkapitalkosten von der Kapitalstruktur und es geht von einem vollkommenen Markt und Wettbewerb aus. Kurz: Es kann nicht auf die reale Wirtschaft übertragen werden.

Bezieht man den Einfluss der Steuern in die Überlegungen von Modigliani und Miller mit ein, so wirkt sich Fremdfinanzierung positiv auf die Kapitalkosten aus, da die steuerliche Belastung der Unternehmung gesenkt werden kann **(Tax Shield).** Andererseits erhöht Fremdfinanzierung jedoch auch das Risiko, und zwar nicht nur für die Eigen-, sondern auch für die Fremdkapitalgeber, wodurch wiederum die Kapitalkosten steigen, nicht nur für Eigen-, sondern auf für Fremdkapital. Folglich macht eine Steigerung des Financial Leverage aus Rentabilitätsüberlegungen nur soweit Sinn, als die positiven Auswirkungen der sinkenden Steuerbelastung nicht vollständig durch die zusätzlichen Risikokosten kompensiert werden. Abbildung 50 stellt die Abhängigkeit der Kapitalkosten von der Kapitalstruktur mit diesen unterschiedlichen Annahmen grafisch dar. Das Minimum der Kurve der Gesamtkapitalkosten stellt die kostenoptimale Kapitalstruktur dar.

2

2.5.2 Liquidität

Eines der obersten Ziele jeder Unternehmung muss es sein, ihre Zahlungsbereitschaft jederzeit zu sichern. Kann sie ihren finanziellen Verpflichtungen nicht mehr nachkommen, so kann dies schnell zum Konkurs führen. **Illiquidität** kann auf unterschiedliche Ursachen zurückzuführen sein. Wichtig ist, dass die Unternehmung so finanziert ist, dass auch unerwartete Ereignisse nicht zu Liquiditätsproblemen führen. Der einfachste Weg, Zahlungsunfähigkeit zu vermeiden, ist ein hoher Bestand an liquiden Mitteln. Dies verschlechtert jedoch die Rentabilität der Unternehmung, da es sich bei flüssigen Mitteln um Kapital handelt, welches kaum Erträge abwirft. Eine weit bessere Alternative ist eine Kreditlimite, welche nicht ausgeschöpft wird und bei Bedarf in Anspruch genommen werden kann.

Unter keinen Umständen sollte der Verschuldungsgrad so weit erhöht werden, dass kein zusätzliches Fremdkapital zur Beschaffung von **Liquidität** mehr aufgenommen werden kann. Zudem wirkt sich ein hoher Financial Leverage alleine schon negativ auf die Liquidität aus. Während Eigenkapitalgeber nur ein Anrecht auf Entschädigung haben, wenn die Unternehmung Gewinne erzielt, müssen Zinsen auch in wirtschaftlich schlechten Zeiten unabhängig von der Ertragslage vergütet werden. Dasselbe gilt auch für die vertraglich vereinbarten Amortisationen von Krediten. Erfolgt eine Zinserhöhung, so wird die Liquidität zusätzlich belastet.

Ein weiterer Punkt, der im Zusammenhang mit der optimalen Finanzierung betrachtet werden muss, ist die Dauer der Kapitalbindung. Anlagevermögen, welches nicht einfach

$$\text{Rendite Kapitalkosten} = \frac{\text{Gewinn}}{\text{investiertes Kapital (Unternehmenswert)}}$$

$$\text{Investiertes Kapital (Unternehmenswert)} = \frac{\text{Gewinn}}{\text{Rendite (Kapitalkosten)}}$$

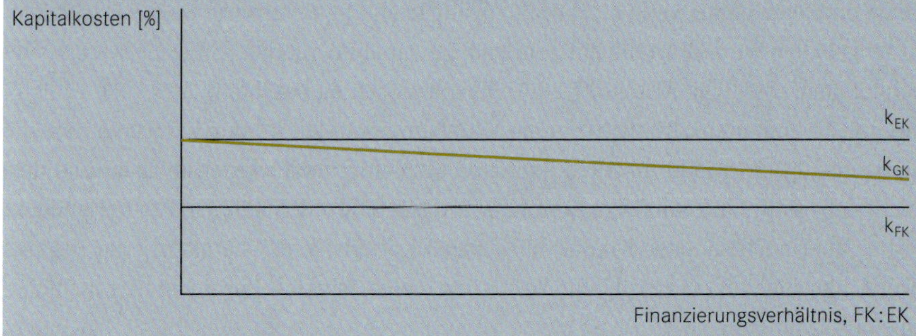

Leverage-Effekt: Mit zunehmender Fremdfinanzierung sinken die Kapitalkosten.

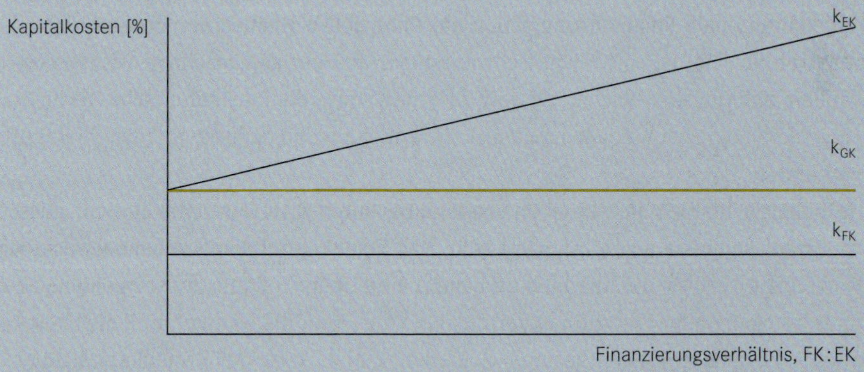

Modigliani-Miller-Theorem: Die Kapitalstruktur hat keinen Einfluss auf die Kapitalkosten, da mit zunehmender Fremdfinanzierung das Risiko für die Eigenkapitalgeber steigt und die Kosten für das Eigenkapital zunehmen.

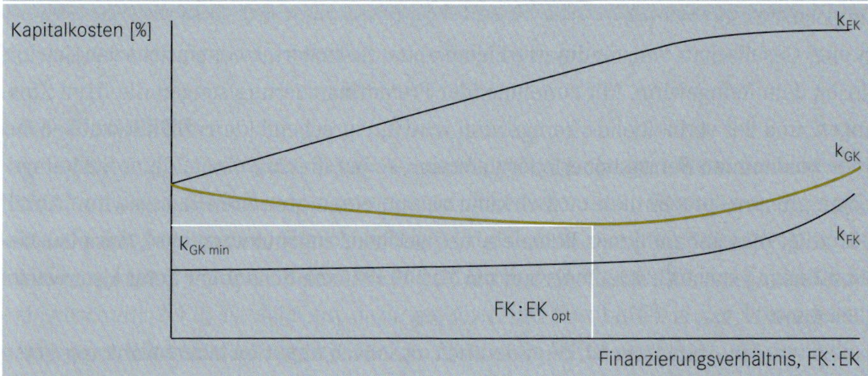

Kostenoptimales Finanzierungsverhältnis unter Berücksichtigung der Steuern und der risikogerechten Kapitalkosten der Eigen- und der Fremdkapitalgeber.

Abb. 50: Kapitalstruktur und Kapitalkosten

Die Finanzierung kann in Innen- und Aussenfinanzierung unterteilt werden. Bei der Aussenfinanzierung fliessen der Unternehmung Mittel von Kapitalgebern zu – Eigenkapital von den Eigentümern, Fremdkapital von den Kreditgebern. Durch die Innenfinanzierung finanziert sich die Unternehmung selber, ohne dass ihr dabei Mittel von Investoren zufliessen. Dies tut sie, indem sie Gewinne erwirtschaftet und diese in der Unternehmung zurückbehält (Eigenkapital) oder indem sie zu Lasten der Erfolgsrechnung Positionen des Fremdkapitals aufbaut (z. B. Rückstellungen). Eine besondere Stellung nimmt die Verflüssigungsfinanzierung ein. Hier unterscheidet man zwischen der Vermögensverflüssigung – dem Verkauf von Anlagevermögen – und der Finanzierung aus Abschreibungen.

Ist der Finanzbedarf ermittelt und sind die möglichen Finanzierungsquellen bekannt, so muss entschieden werden, welche konkreten Finanzierungsmassnahmen umgesetzt werden. Die Unternehmung bewegt sich dabei in einem Spannungssechseck aus Rentabilität, Liquidität, Sicherheit, Flexibilität, Unabhängigkeit und Finanzimage. Es gilt, die prioritären Ziele aus dem Finanzkonzept abzuleiten und danach die einzelnen Gesichtspunkte der optimalen Finanzierung möglichst ausgewogen aufeinander abzustimmen.

3 Investition

3.1 Grundlagen

3.1.1 Begriffe

Eine **Investition** kann als Umwandlung von Zahlungsmitteln in andere Vermögenswerte materieller oder immaterieller Art definiert werden. Das können beispielsweise Einrichtungen (Anlage- oder Sachinvestitionen), Rohstoffe (Lagerinvestitionen), Beteiligungen (Finanzinvestitionen) oder Patente (immaterielle Investitionen) sein. Man bezeichnet diese Vorgänge allerdings nur dann als Investition, wenn dadurch Kapital längerfristig gebunden wird. Diese Definition entspricht dem vermögensorientierten Investitionsbegriff. Heutzutage wird eher ein zahlungsstromorientierter Investitionsbegriff verwendet. Unter diesem Gesichtspunkt wird eine Investition als Zahlungsstrom verstanden, der in der Regel am Anfang vor allem Auszahlungen beinhaltet und später (wenn möglich höhere) Einzahlungen erwarten lässt. Die Zahlungsströme fallen also unregelmässig verteilt über die ganze Nutzungsdauer an. In diesem Kapitel werden die Begriffe Einzahlungen und Einnahmen sowie Auszahlungen und Ausgaben synonym verwendet: Sie stellen liquiditätswirksame Vorgänge dar.

Investitionen lassen sich nach verschiedenen Kriterien gliedern. Besonders häufig genannte Begriffe sind:

Gründungsinvestition	Investitionen im Zusammenhang mit der Gründung einer Unternehmung oder der Errichtung einer neuen Betriebsstätte
Erweiterungsinvestition	Investitionen zur Erhöhung der Kapazität (z. B. Produktionskapazität)
Rationalisierungsinvestition	Investitionen zur Erhöhung von Produktivität und Wirtschaftlichkeit
Ersatzinvestition	Investitionen zum Ersatz bestehender Anlagen durch gleichartige mit in der Regel etwa derselben Kapazität

Abb. 52: Arten von Investitionen

Zu unterscheiden ist zwischen der **Nettoinvestition** (I_N), sie entspricht zum Beispiel dem Anschaffungspreis der zu beschaffenden Maschine, und der **Bruttoinvestition** (I_B), sie entspricht dem notwendigen Kapitaleinsatz im Zeitpunkt t_0.

Bei der Bruttoinvestition werden sämtliche bis zum Zeitpunkt der Inbetriebnahme der Investition anfallenden Kosten zusammengefasst. Ebenfalls einzubeziehen sind die durch die Investition eventuell bedingten Sekundärinvestitionen (= alle unabdingbar mit der eigentlichen Investition verbundenen Folgeinvestitionen). Eventuell notwendige Erhöhungen des Umlaufvermögens sind ebenfalls Bestandteil der Bruttoinvestition.

Die **Bruttoinvestition** (I_B) setzt sich aus folgenden Elementen zusammen:

Nettoinvestition I_N (= Nettokosten des Investitionsprojektes)
+ Projektierungskosten
+ Umschulungs- und Ausbildungskosten
+ Einbau- und Installationskosten
+ Wartungskosten bis zur Inbetriebnahme
+ Kosten für ev. Sekundärinvestitionen
+ ev. notwendige Erhöhung des Nettoumlaufvermögens
= **Bruttoinvestition** I_B (= Kapitaleinsatz im Zeitpunkt der Inbetriebnahme)

Abb. 53: Elemente der Bruttoinvestition

Der in der Investitionsrechnung verwendete Zinssatz i basiert auf dem Kapitalmarktzinsfuss für sichere langfristige Anlagen. Dazu kommt ein Zuschlag für das allgemeine Marktrisiko sowie objekt- bzw. branchenspezifische Zu- oder Abschläge. Verschiedene Investitionsalternativen müssen auch bezüglich ihres Risikos beurteilt werden. Risikoreichere Investitionen sollten eine entsprechend höhere Anlagerendite abwerfen als weniger risikobehaftete Projekte. Bei gleicher Renditeerwartung sind Projekte mit geringerem Risiko vorzuziehen (vgl. Abschnitt 4.2.4).

3.1.2 Der Investitionsentscheid

Bei einem **Investitionsentscheid** geht es entweder um die Wahl zwischen Investitionsalternativen oder um den Entscheid, ob investiert werden soll oder nicht. Entscheide werden getroffen, indem man den Erfüllungsgrad vorgegebener Kriterien beurteilt. Dies geschieht in der Praxis in der Regel mit Hilfe einer Nutzwertanalyse (vgl. Abschnitt 3.4.1): Die Investitionsrechnung ist ein wichtiges Hilfsmittel zur Beurteilung quantitativ messbarer Kriterien. Sie zeigt auf, welchen quantitativen Beitrag ein Investitionsprojekt zum zukünftigen Unternehmenserfolg leisten wird. Die Resultate einer Investitionsrechnung fliessen bei den entsprechenden quantitativen Kriterien in die Nutzwertanalyse ein.

Investitionsentscheide können unter den drei folgenden Aspekten betrachtet werden:

Aspekte des Investitionsentscheides
- prozessualer Aspekt
- instrumentaler Aspekt
- organisatorischer Aspekt

Abb. 54: Aspekte eines Investitionsentscheides

Während beim prozessualen Aspekt die konkrete Gestaltung des Investitionsprozesses in einer Unternehmung festgelegt werden muss, geht es beim instrumentalen Aspekt um die Auswahl der anzuwendenden Investitionsrechnungsverfahren. Kompetenzfragen, zum Beispiel wer welche Investitionsentscheide trifft, gehören schliesslich zum organisatorischen Aspekt.

3.1.3 Der Investitionsprozess

Der **Investitionsprozess** (vgl. Abbildung 55) lässt sich in fünf Phasen gliedern. Nach der Anregung (1) zu einer Investition müssen die Ziele festgelegt, eventuelle Restriktionen ermittelt und die verschiedenen Investitionsalternativen mittels Investitionsrechnungen beurteilt werden (2). Im Sinne einer Gesamtbeurteilung wird der eigentliche Investitionsentscheid gefällt (3), und alle notwendigen Massnahmen werden eingeleitet, damit das Investitionsvorhaben realisiert werden kann (4). Schliesslich muss auch der Investitionsentscheid einer Evaluation unterzogen werden, um festzustellen, ob die definierten Ziele erreicht werden konnten (5).

Anregung (1)	**Investitionsanregung** aus den einzelnen Abteilungen oder vom Management
Investitionsplanung (2)	**Investitionsziele** bestimmen, das heisst Entscheidungskriterien und deren Gewichtung
	Beurteilung der Investitionsanregung oder der Investitionsalternativen mit einer Investitionsrechnung und eventuell einer Nutzwertanlyse
	Restriktionen ermitteln (Abstimmungsprozess): Sind die für die Realisierung der möglichen Investitionen notwendigen Ressourcen vorhanden? Entspricht das Investitionsvorhaben der Unternehmungspolitik und -strategie?
Entscheidung (3)	**Investitionsentscheid:** Gesamtbeurteilung aufgrund quantifizierbarer und nicht quantifizierbarer Informationen
Umsetzung (4)	**Umsetzung** des Investitionsentscheides
Kontrolle (5)	**Kontrolle:** Soll / Ist-Vergleiche anstellen, Probleme erkennen und nach Möglichkeit durch Folgeentscheide beseitigen

Abb. 55: Phasen des Investitionsprozesses

3.1.4 Investitionspolitik und -strategie

Die **Investitionspolitik** als Teil der Finanzpolitik eines Unternehmens ist durch die Werthaltung des Managements geprägt. Sie ist ein Element der Unternehmungspolitik (vgl. Teil B, Integrales Management) und legt wichtige allgemeine Grundsätze im Zusammenhang mit der Auswahl von Investitionen fest. In der **Investitionsstrategie** werden in einer gegenüber der Investitionspolitik konkreteren Form wesentliche Rahmenbedingungen definiert, welche bei den Entscheidungen über einzelne Investitionsprojekte berücksichtigt werden müssen. So können beispielsweise – in Abstimmung mit anderen funktionalen Strategien – Aktivitätsfelder festgelegt werden, in die mittelfristig besonders viel investiert werden soll. Umgekehrt können Bereiche genannt werden, in denen man sich aus wirtschaftlichen oder anderen,

Das Management trifft die folgenden Annahmen:				
Jahr	**Anlage «Adventure»**		**Anlage «Magic World»**	
	Geschätzte Besucherzahlen p. a.	Eintrittspreis (Mischpreis Erwachsene/ Kinder)	Geschätzte Besucherzahlen p. a.	Eintrittspreis (Mischpreis Erwachsene/Kinder)
1. Jahr	40 000	4	50 000	7
2. Jahr	45 000	4	55 000	7
3. Jahr	50 000	4	60 000	7
4. Jahr	55 000	5	65 000	10
5. Jahr	60 000	5	70 000	10
6. Jahr	60 000	5		
7. Jahr	60 000	5		
Die Annahmen des Managements beruhen vor allem auf Marktanalysen und Beobachtungen bei Konkurrenzanlagen.				

Abb. 58: Investitionsrechnung

Die verschiedenen Verfahren der Investitionsrechnung werden nun anhand dieses Beispieles erklärt und verglichen.

3.2.2 Statische Verfahren der Investitionsrechnung

Kostenvergleichsrechnung

Bei der **Kostenvergleichsrechnung** ermittelt man die durchschnittlichen Kosten pro Jahr der zur Auswahl stehenden Investitionsprojekte und stellt sie einander gegenüber. Gewählt wird diejenige Investition, bei der die jährlichen Durchschnittskosten am tiefsten sind.

Da die Erlöse unberücksichtigt bleiben, ist die Kostenvergleichsrechnung nur dann sinnvoll, wenn der Nutzen (Erlös) der zu vergleichenden Investitionsalternativen mehr oder weniger identisch ist oder wenn keine Erlöse anfallen, also beispielsweise bei der Anschaffung einer neuen Klimaanlage.

Die Kosten können in der Investitionsrechnung wie folgt gegliedert werden:

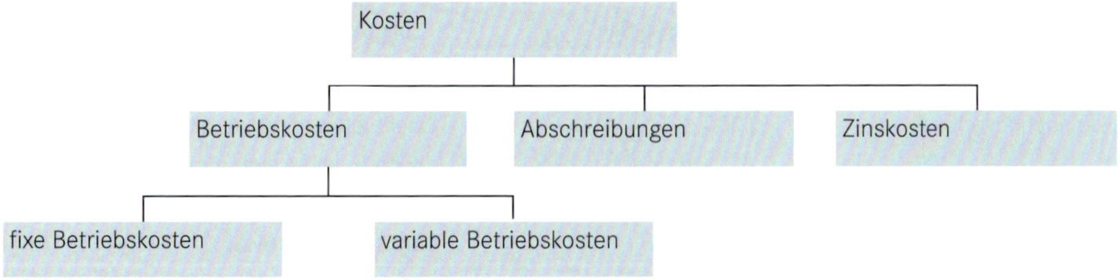

Abb. 59: Kostenarten bei der Kostenvergleichsrechnung

Berücksichtigt werden nur jene Kosten, die durch das jeweilige Investitionsprojekt verursacht werden.

Betriebskosten (K_B): Sämtliche im Zusammenhang mit dem Investitionsprojekt anfallenden fixen und variablen Kosten (z. B. Material-, Lohn-, Raum-, Unterhalts- und Energiekosten). Unberücksichtigt bleiben hier die Abschreibungen und die Zinskosten.

Abschreibungen (K_A): Die jährlichen Abschreibungen ergeben sich aus dem Quotienten von Bruttoinvestition und Nutzungsdauer. Ein allfälliger Liquidationserlös ist von der Bruttoinvestition in Abzug zu bringen:

$$\text{Abschreibung } (K_A) = \frac{I_B - I_n}{n} = \frac{\text{Bruttoinvestition} - \text{Liquidationserlös}}{\text{Nutzungsdauer}}$$

Zinskosten (K_Z): Zu berechnen sind die Zinskosten auf dem durchschnittlich gebundenen Kapital. Das im Zeitpunkt t_0 investierte Kapital reduziert sich in jeder Periode im Umfang der Abschreibungsrückflüsse. Der zu erwartende Liquidationserlös wird nicht abgeschrieben (siehe auch Abschreibungen).

Liquidationserlös (L_N): Der Liquidationserlös setzt sich zusammen aus dem eigentlichen Liquidationswert (= Schrottwert der Investition) und den eventuell zusätzlich im Zeitpunkt t_n zurück fliessenden Geldbeträgen (z. B. Rückfluss aus vorübergehend notwendiger Erhöhung des Nettoumlaufvermögens). Die durchschnittliche Kapitalbindung kann aufgrund der Zahlen im Beispiel wie folgt ermittelt werden:

$$\varnothing \text{ Kap} = L_n + \frac{I_B - L_n}{2} = \frac{2L_n + I_B - L_n}{2} = \frac{I_B + L_n}{2}$$

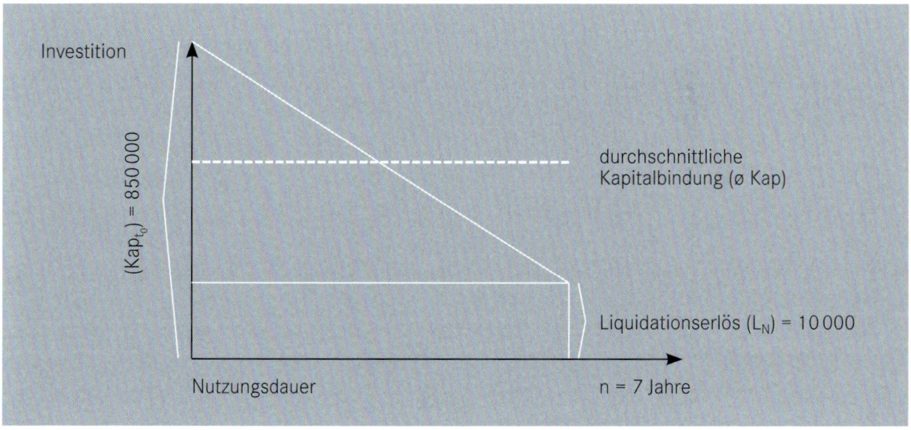

Abb. 60: Darstellung der durchschnittlichen Kapitalbindung (Ø Kap) am Beispiel «Adventure»

Zur Berechnung der durchschnittlichen jährlichen Zinskosten muss das durchschnittliche Kapital noch mit dem Zinssatz «i» multipliziert werden. Bei Annahme eines Zinssatzes von 10 % erhalten wir die nachfolgenden Zinskosten:

$$K_Z = \frac{(I_B + L_n) \times i}{2} = \frac{(850\,000 + 10\,000) \times 0.1}{2} = 43\,000$$

Die Gesamtkosten eines Investitionsprojektes setzen sich demzufolge wie folgt zusammen:

$$K_{TOT} = K_B + K_A + K_Z = K_B + \frac{I_B - L_n}{n} + \frac{(I_B + L_n) \times i}{2}$$

Einführungsbeispiel

Die durchschnittlichen Gesamtkosten pro Jahr betragen für die Anlage

$$\text{Adventure: } K_{TOT} = \frac{420\,000}{7} + \frac{850\,000 - 10\,000}{7} + \frac{(850\,000 + 10\,000) \times 0.1}{2} = 223\,000$$

$$\text{Magic World: } K_{TOT} = \frac{690\,000}{5} + \frac{1\,700\,000 - 800\,000}{5} + \frac{(1\,700\,000 + 800\,000) \times 0.1}{2} = 443\,000$$

Da der Nutzen der beiden Investitionsalternativen «Adventure» und «Magic World» sehr unterschiedlich ist, kann die Kostenvergleichsrechnung in diesem Beispiel nicht als Entscheidungshilfe dienen.

Abb. 61: Vergleich durchschnittliche Gesamtkosten

In der Praxis liegt häufig die Situation vor, dass zwei Maschinen mit unterschiedlichen fixen und variablen Kosten dasselbe Produkt herstellen können. Unter diesem Blickwinkel ist es für den Entscheidungsträger von Interesse zu wissen, bei welcher Ausbringungsmenge x zwei Investitionsalternativen gleich hohe Kosten aufweisen. Dieser als kritische Menge (x_{krit}) bezeichnete Output kann mit Hilfe der **Break-even-Analyse** ermittelt werden.

Die Break-even-Analyse sei an einem konkreten (vom Einführungsbeispiel unabhängigen) Beispiel veranschaulicht. Eine Unternehmung erwägt die Anschaffung einer neuen Stanzmaschine. Es stehen zwei Typen zur Auswahl:

	Maschine Typ M1	**Maschine Typ M2**
Fixe Kosten p. a. (fixe Betriebskosten, Abschreibungen, Zinskosten) [K_{fix}]	15 000	10 000
Variable Betriebskosten pro Stück [K_{Bvar} /Stück]	3	5.50

Bei welcher Ausbringungsmenge x_{krit} sind die jährlichen Gesamtkosten der Maschine Typ M1 und Typ M2 gleich hoch?

K_{TOT}	=	K_{fix}	+	x	×	K_{Bvar} je Stück
K_{TOT} M1	=	15 000	+	x	×	3
K_{TOT} M2	=	10 000	+	x	×	5.50

Bei Auflösung der Gleichung nach x ergibt sich eine Ausbringungsmenge x_{krit} von 2000 Stück. Werden mehr als 2000 Stück produziert, so erscheint Maschine Typ M1 vorteilhaft.

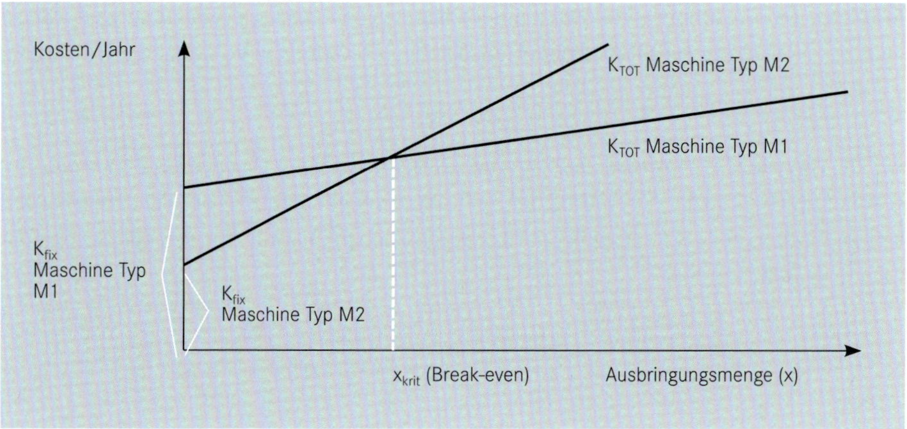

Abb. 62: Break-even-Analyse

Gewinnvergleichsrechnung

Die **Gewinnvergleichsrechnung** bezieht die Erlöse mit in die Rechnung ein und stellt die zu erwartenden Jahresgewinne der verschiedenen Investitionsvarianten einander gegenüber. Gewählt wird diejenige Investition, die den grössten Jahresgewinn aufweist. In der Praxis wird diese Methode häufig bei der Prüfung von Ersatz- oder Erweiterungsinvestitionen angewendet. Der durchschnittliche Gewinn ergibt sich aus der Differenz des durchschnittlichen jährlichen Erlöses und der durchschnittlichen jährlichen Gesamtkosten:

$G = Erl - K_{TOT}$ [Gewinn = Erlös − Gesamtkosten]

Einführungsbeispiel

Der durchschnittliche Gewinn pro Jahr beträgt für die Anlage

Adventure: $G = \frac{1\,715\,000}{7} - 223\,000 = 22\,000$

Magic World: $G = \frac{2\,505\,000}{5} - 443\,000 = 58\,000$

Aufgrund der Gewinnvergleichsrechnung ist «Magic World» auszuwählen. Sie verspricht einen Gewinn, der mehr als doppelt so hoch ist wie derjenige der Anlage «Adventure».

Abb. 63: Gewinnvergleich

Renditerechnung

Um die beiden Anlagen in wirtschaftlicher Hinsicht jedoch sinnvoll vergleichen zu können, müssen die Gewinne der beiden Anlagen zum jeweils notwendigen Kapitaleinsatz in Beziehung gebracht werden. Die durchschnittliche Kapitalbindung bei der Anlage «Magic World» ist nämlich fast drei Mal höher als bei der Anlage «Adventure».

Erfordern die Investitionsalternativen unterschiedlich hohe Kapitaleinsätze, so ist es zweckmässig, einen **Rentabilitätsvergleich** anzustellen. Bevorzugt wird diejenige Investition, welche die höchste Rendite aufweist.

Für die Zwecke einer Investitionsrechnung ist es sinnvoll, den sogenannten Return on Investment (ROI), also die Gesamtkapitalrendite, zu berechnen. Die Art der Finanzierung soll keinen Einfluss auf die Rentabilität der Investition haben. Deshalb müssen die Zinsen zum Gewinn addiert werden.

$$\text{ROI} = \frac{(G + K_Z)}{\varnothing \text{ Kap}} \times 100 \qquad \left[\text{ROI} = \text{Projektrentabilität} = \frac{(\text{Gewinn} + \text{Zinsen})}{\text{durchschn. gebundenes Kapital}} \times 100\right]$$

Einführungsbeispiel

Die Projektrentabilität (vor Zinsen) beträgt für die Anlage

$$\text{Adventure:} \quad \text{Rentabilität (ROI)} = \frac{(22\,000 + 43\,000) \times 100}{\frac{850\,000 + 10\,000}{2}} = 15.1\ \%$$

$$\text{Magic World:} \quad \text{Rentabilität (ROI)} = \frac{(58\,000 + 125\,000) \times 100}{\frac{1\,700\,000 + 800\,000}{2}} = 14.6\ \%$$

Die Resultate zeigen, dass die Rentabilität der Anlage «Adventure» leicht über derjenigen von «Magic World» liegt. Aufgrund der Renditerechnung würde man also – dies im Gegensatz zum Ergebnis der Gewinnvergleichsrechnung – die Anlage «Adventure» auswählen.

Abb. 64: Rentabilitätsvergleich

Statische Payback-Methode (Amortisationsrechnung)

Bei der **statischen Payback-Methode** berechnet man die Zeitdauer, die erforderlich ist, bis sich eine Investition mit den durchschnittlich erzielten Cashflows oder liquiditätswirksamen Kostenersparnissen zurückzahlt. Als Berechnungsgrundlage dient der Cashflow vor Zinsen. Die errechnete Zeitspanne nennt man Paybackdauer, Wiedergewinnungszeit oder Amortisationsdauer. Bevorzugt wird diejenige Investition, welche die kürzeste Amortisationsdauer aufweist.

$$\text{Paybackdauer (pb)} = \frac{\text{Kap}_{t_0}}{G + K_A + K_Z} \quad \text{oder} \quad \frac{\text{Kap}_{t_0}}{\text{Erl} - K_B} \quad \text{oder} \quad \frac{\text{Kap}_{t_0}}{\text{Kostenersparnis}}$$

Die Amortisationsdauer ist auch ein Mass für das Risiko. Dieses ist umso kleiner, je rascher die investierten Mittel wieder zurückfliessen. Ebenso können die Planwerte (Einnahmen und Ausgaben) für einen kürzeren Zeithorizont mit grösserer Zuverlässigkeit geschätzt werden. Ist die Amortisationsdauer kürzer als die Nutzungsdauer, so ist die Investition grundsätzlich rentabel.

Beim Vergleich von Investitionen mit unterschiedlicher Nutzungsdauer macht es Sinn, die Amortisationszeit auch ins Verhältnis zur Nutzungsdauer zu setzen. Diesen Quotienten bezeichnet man als **Rückflusszahl**. Je höher die Rückflusszahl, desto kleiner ist das Risiko, dass sich die Investition in der Nutzungsdauer nicht zurückzahlt.

$$\text{Rückflusszahl} = \frac{n}{pb} \qquad \left[\frac{\text{Nutzungsdauer}}{\text{Amortisationsdauer}}\right]$$

Einführungsbeispiel

Amortisationsdauer und Rückflusszahl betragen bei den Anlagen

Adventure: $pb = \frac{850000}{185000} = 4.59$ Jahre; $\text{Rückflusszahl} = \frac{7}{4.59} = 1.53$

Magic World: $pb = \frac{1700000}{363000} = 4.68$ Jahre; $\text{Rückflusszahl} = \frac{5}{4.68} = 1.07$

Die Anlage «Magic World» weist sowohl eine kürzere Amortisationsdauer als auch eine markant höhere Rückflusszahl auf. Die «gute» Rückflusszahl von «Magic World» rührt daher, dass der Hersteller die Anlage bereits nach 5 Jahren zu einem relativ hohen Preis zurücknimmt.

Abb. 65: Paybackdauer (Amortisationsdauer) und Rückflusszahl im Vergleich

Allgemein ist zu bemerken, dass diejenige Investition, welche eine tiefere Rückflusszahl aufweist, auch ein höheres Risiko beinhaltet. Können beispielsweise bei einer Investition mit einer tiefen Rückflusszahl die prognostizierten Rückflüsse nicht realisiert werden, so bleibt praktisch keine Zeit mehr für eine Kompensation in der Zukunft. Umgekehrt könnten bei einer Investition mit einer hohen Rückflusszahl schlechte Ergebnisse in der Anfangsphase gegen das Ende der Nutzungsdauer allenfalls kompensiert werden.

Zusammenfassung und Beurteilung der statischen Verfahren

Der grosse Vorteil der statischen Methoden der Investitionsrechnung liegt in der Verständlichkeit und Einfachheit. Zudem können die benötigten Daten weitgehend der Buchhaltung entnommen werden – sieht man von der Berücksichtigung stiller Reserven ab. Hingegen stellt die Durchschnittsbildung in der Regel eine grobe Vereinfachung dar. Ausserdem bleibt die effektive Nutzungsdauer bei den statischen Verfahren unberücksichtigt.

Statische Verfahren der Investitionsrechnung eignen sich deshalb vor allem für kleinere Investitionen sowie allgemein für Investitionsprojekte, die nicht durch stark schwankende Zahlungsströme im Zeitablauf gekennzeichnet sind.

Einführungsbeispiel

Berechnung NPV der Anlage «Adventure»

Text	E-A (t)	Diskontierungsfaktor p = 10 %	E-A (t_0)
Bruttoinvestition (I_B)	-850 000	1.000	-850 000
CF Jahr 1	100 000	0.909	90 900
CF Jahr 2	120 000	0.826	99 120
CF Jahr 3	140 000	0.751	105 140
CF Jahr 4	215 000	0.683	146 845
CF Jahr 5	240 000	0.621	149 040
CF Jahr 6	240 000	0.564	135 360
CF Jahr 7 inkl. L	250 000	0.513	128 250
NPV (bei p = 10 %)			**4 655**

Berechnung NPV der Anlage «Magic World»

Text	E-A (t)	Diskontierungsfaktor p =10 %	E-A (t_0)
Bruttoinvestition (I_B)	-1 700 000	1.000	-1 700 000
CF Jahr 1	220 000	0.909	199 980
CF Jahr 2	251 000	0.826	207 326
CF Jahr 3	282 000	0.751	211 782
CF Jahr 4	508 000	0.683	346 964
CF Jahr 5 inkl. L	1 354 000	0.621	840 834
NPV (bei p = 10 %)			**106 886**

Abb. 68: Net Present Value im Vergleich

Der NPV bei der Anlage «Magic World» ist markant höher als derjenige bei «Adventure», das heisst «Magic World» ist aus dem Blickwinkel des NPV attraktiver. Neben der geforderten Mindestrendite von 10 % resultiert ein «Zusatzgewinn» von 106 886 Franken. Dies steht im Gegensatz zu den Resultaten der Renditerechnung. Dort war die Rendite der Anlage «Adventure» leicht höher als diejenige von «Magic World». Damit wird deutlich, dass sich die Ergebnisse bei Anwendung dynamischer Verfahren, das heisst bei Berücksichtigung des zeitlichen Anfalls der Cashflows, ändern können, da die statischen Methoden auf Durchschnittswerten basieren.

Annuitätenrechnung

Die Annuitätenmethode ist eine Abwandlung der NPV-Methode und ist das (dynamische) Pendant zum statischen Gewinnvergleich. Der Kapitaleinsatz wird mittels der Zinseszinsrechnung in Renten, d.h. Annuitäten, umgeformt und den durchschnittlichen jährlichen Cashflows bzw. Kostenersparnissen gegenübergestellt.

Unter einer **Annuität** versteht man einen gleich bleibenden jährlichen Betrag, der sich aus einem Kapitalanteil und der geforderten Kapitalverzinsung zusammensetzt. Mit Hilfe der Rentenbarwertfaktoren (Zinstabelle B, siehe Abb. 67) lassen sich die Annuitäten einfach ermitteln. Die Entscheidungsfindung erfolgt in zwei Schritten. Zuerst wird die Annuität aus dem Kapitaleinsatz ermittelt. Anschliessend wird die Annuität dem durchschnittlichen Cashflow gegenüber gestellt. Ist der Cashflow höher als die Annuität, so decken die Cashflows die Abschreibungen und Zinseszinsen – und es resultiert zusätzlich ein Überschuss.

Die Annuitätenmethode soll nun am konkreten Beispiel der Anlage «Adventure» demonstriert werden. Die Lösung erfolgt in 3 Schritten:

Einführungsbeispiel

1. Schritt: Ermittlung der Annuität (= Soll-Cashflow)

$$\text{Annuität} = \frac{\text{Kapitaleinsatz } t_0}{\text{Rentenbarwertfaktor}} = \frac{850\,000}{4.868} = 174\,610$$

2. Schritt: Berechnung des durchschnittlichen Cashflows

Um den durchschnittlichen Cashflow zu berechnen, darf man natürlich die einzelnen Cashflows nicht einfach durch die Anzahl Nutzungsjahre dividieren. Der zeitliche Anfall der einzelnen Cashflows muss in die Berechnung einfliessen. Man muss deshalb zuerst den Barwert der Cashflows berechnen und diesen Barwert anschliessend wieder «verrenten», d.h. gleichmässig auf die Nutzungsjahre verteilen – unter Berücksichtigung von Zins und Zinseszinsen.

CF Jahr 1	100 000	0.909	90 900
CF Jahr 2	120 000	0.826	99 120
CF Jahr 3	140 000	0.751	105 140
CF Jahr 4	215 000	0.683	146 845
CF Jahr 5	240 000	0.621	149 040
CF Jahr 6	240 000	0.564	135 360
CF Jahr 7 inkl. L	250 000	0.513	128 250
Total Cashflows (Barwert)	1 305 000		854 655
Rentenbarwertfaktor (7 Jahre, 10 %)			4.868
Durchschnittlicher Cashflow			175 566

3. Schritt: Gegenüberstellung von Annuität und Cashflow

Jährlicher (durchschnittlicher) Cashflow	175 566
./. Annuität	174 610
= Überschuss	**956**

Dieser Überschuss zeigt, dass die jährlichen Cashflows die Abschreibungen und Zinseszinsen von 10% zu decken vermögen. Die Investition entspricht den Anforderungen.

Für die Anlage «Magic World» ergeben sich folgende Resultate:

Jährlicher (durchschnittlicher) Cashflow	476 625
./. Annuität	448 430
= Überschuss	**28 195**

Abb. 69: Annuität und Cashflow im Vergleich

Internal-Rate-of-Return-Methode (IRR-Methode)

Die **Internal-Rate-of-Return-Methode,** abgekürzt IRR-Methode, wird auch als Methode des internen Ertragssatzes bezeichnet und ist mit der NPV-Methode verwandt. Der interne Ertragssatz ist derjenige Zinsfuss, bei welchem die diskontierten Cashflows gerade dem Kapitaleinsatz im Zeitunkt t_0 entsprechen, respektive einen NPV von Null ergeben. Der Zinssatz stellt somit die effektive Verzinsung einer Investition dar. Mit der Methode des internen Ertragssatzes wird die Renditerechnung dynamisiert.

Ausgehend von der Formel zur Berechnung des NPV kann die Formel zur Berechnung des internen Ertragssatzes (IRR) wie folgt hergeleitet werden:

$$NPV = \sum_{t=1}^{n} \frac{CF_t}{(1+i)^t} + \frac{L_n}{(1+i)^n} - I_B$$

$$IRR: \sum_{t=1}^{n} \frac{CF_t}{(1+i)^t} + \frac{L_n}{(1+i)^n} - I_B = 0$$

$$IRR: I_B = \sum_{t=1}^{n} \frac{CF_t}{(1+i)^t} + \frac{L_n}{(1+i)^n}$$

Zur Ermittlung des IRR muss die obige Gleichung nach i aufgelöst werden. Dabei ergeben sich erhebliche mathematische Lösungsschwierigkeiten. Es drängen sich deshalb manuelle Näherungslösungen oder die Inanspruchnahme geeigneter Software (z. B. Tabellenkalkulationsprogramme) bzw. die Verwendung von Taschenrechnern mit entsprechenden finanzmathematischen Funktionen auf.

Ohne spezielle Hilfsmittel kann am Beispiel der Anlage «Magic World» wie folgt vorgegangen werden:

Einführungsbeispiel

1. Schritt: Ermittlung des ungefähren durchschnittlichen jährlichen Cashflows

Man kann den durchschnittlichen jährlichen Cashflow ermitteln, indem man zuerst den Barwert der Cashflows berechnet und diesen wieder «verrentet». Diese Vorgehensweise wurde bereits bei der Annuitätenmethode dargestellt.

$$\text{Berechnung Ø Cashflow} = \frac{\text{BW}}{\text{RBWF}} = \frac{1\,806\,886}{3.791} = 476\,625$$

$$\text{Berechnung des Annuitätsfaktors} = \frac{I_B}{\text{Ø CF *}} = \frac{1\,700\,000}{476\,625} = 3.567$$

Die Bruttoinvestitionssumme entspricht also dem 3.567fachen des jährlichen durchschnittlichen Cashflows. Nun kann mit Hilfe der Abzinsungstabelle B der ungefähre Zinssatz p ermittelt werden. Bei einer Nutzungsdauer von fünf Jahren und einem Annuitätsfaktor von 3.567 beträgt der ungefähre Zins zwischen 11 % und 13 %.

2. Schritt: Trial-and-Error-Methode

In einem weiteren Schritt wird der approximativ ermittelte Zinssatz p am effektiven Zahlenbeispiel eingesetzt und der NPV berechnet. Ist der so berechnete NPV>0, so wird der Zinssatz so lange erhöht, bis sich ein NPV von Null ergibt. Ist der NPV<0, so wird der Zinssatz entsprechend reduziert. In der Praxis verändert man in der Regel in der zweiten Berechnung den Zinssatz so, dass der ursprünglich positive NPV in der zweiten Rechnung negativ wird oder umgekehrt. Der letzte Schritt erfolgt dann mit einer linearen Interpolation (siehe 3. Schritt).

Berechnung (Zinssatz = 11 %)

Text	**E-A$_{(t)}$**	**Diskontierungsfaktor** p = 11 %	**E-A(t$_0$)**
Bruttoinvestition I_B	−1 700 000	1.000	−1 700 000
CF Jahr 1	220 000	0.901	198 220
CF Jahr 2	251 000	0.812	203 812
CF Jahr 3	282 000	0.731	206 142
CF Jahr 4	508 000	0.659	334 772
CF Jahr 5 inkl. L	1354 000	0.593	802 922
NPV (bei p = 11 %)			**45 868**
Berechnung (Zinssatz = 12 %)			

Text	$E\text{-}A_{(t)}$	Diskontierungsfaktor p = 12 %	$E\text{-}A(t_0)$
Bruttoinvestition IB	−1 700 000	1.000	−1 700 000
CF Jahr 1	220 000	0.893	196 460
CF Jahr 2	251 000	0.797	200 047
CF Jahr 3	282 000	0.712	200 784
CF Jahr 4	508 000	0.636	323 088
CF Jahr 5 inkl. L	1 354 000	0.567	767 718
NPV (bei p = 12 %)			**−11 903**

3. Schritt: Lineare Interpolation

In einer Tabelle können wir die errechneten NPV-Werte und die angewendeten Zinssätze einsetzen und mit einem einfachen Dreisatz einen relativ genauen IRR ermitteln.

	Zinssatz	NPV	NPV
	11 %	+45 868	45 868
	? %		0
	12 %	−11 903	
Differenz	**1 %**	**57 771**	**45 868**

Bei einer Differenz des NPV von 57 771 nimmt der Zinssatz p um 1 % auf 12 % zu. Um wie viel nimmt der Zinssatz p bei einer NPV-Differenz von bloss 45 868 zu? Das Resultat kann durch einen einfachen Dreisatz ermittelt werden:

$\frac{1 \times 45\,868}{57\,771} = 0.794$ Das etwas genauere Resultat lautet also **11.79 %** (11 % + 0.79 %).

Bei der Anlage «Adventure» kommt man mit der Trial-and-Error-Methode auf einen Zinssatz von **10.15 %.** Dieses manuelle Vorgehen ist natürlich relativ zeitaufwändig, kommt aber dem genau ermittelten IRR in der Regel ziemlich nahe.

Viel einfacher ist die Berechnung des exakten IRR mit Hilfe der IKV-Tabellenfunktion in Excel:

Interner Ertragssatz = IKV (markierte Cashflows inkl. I_B; ungefährer Zinssatz i)

Beispiel: IKV (B2:B9; 0.12)

Der ungefähre Zinssatz i kann gemäss weiter oben beschriebenem Vorgehen ermittelt werden. Beim Markieren der Cashflows muss darauf geachtet werden, dass auch die mit einem Minuszeichen eingegebene Bruttoinvestition im Zeitpunkt t_0 berücksichtigt wird.

Der mit Hilfe der IKV-Tabellenfunktion ermittelte IRR beträgt für die Anlage «Adventure» 10.15 % und für die Anlage «Magic World» 11.80 %.

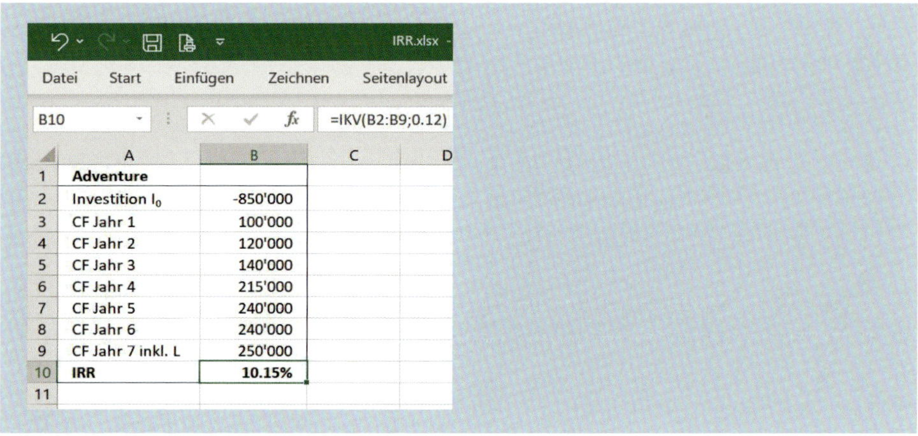

	A	B	C	D
1	**Adventure**			
2	Investition I_0	-850'000		
3	CF Jahr 1	100'000		
4	CF Jahr 2	120'000		
5	CF Jahr 3	140'000		
6	CF Jahr 4	215'000		
7	CF Jahr 5	240'000		
8	CF Jahr 6	240'000		
9	CF Jahr 7 inkl. L	250'000		
10	**IRR**	**10.15%**		
11				

Abb. 70: Berechnung IRR mit IKV-Tabellenfunktion in Excel

Die Ergebnisse der IRR-Methode unterstützen die Erkenntnisse aus der NPV-Methode: Die Anlage «Magic World» weist gegenüber der Anlage «Adventure» eine höhere Rendite auf. Es gibt beim Vergleich von Investitionsalternativen mit unterschiedlicher Nutzungsdauer aber auch Fälle, bei denen sich die Ergebnisse der IRR-Methode und der NPV-Methode widersprechen. Die Ursache liegt in den unterschiedlichen Prämissen über die Reinvestitionsmöglichkeiten der zurückgeflossenen Gelder beim Investitionsprojekt mit der kürzeren Laufzeit (vgl. auch Staehelin et al., 2016, S. 270 ff.; Volkart, 1998, S. 28 ff.). In Abschnitt 3.4.3 wird auf den Umgang mit dieser Problematik noch detailliert eingegangen.

Dynamisierte Payback-Methode

Die **dynamisierte Payback-Methode** ist mit der NPV-Methode verwandt. Die dynamische Amortisationszeit gibt an, nach wie vielen Jahren ein NPV von Null erzielt wird, das heisst wie lange es dauert, bis die Investition ihren Kapitaleinsatz sowie Zins und Zinseszinsen erwirtschaftet hat. Die Cashflows, respektive die Kostenersparnisse, werden auf den Zeitpunkt t_0 abgezinst. Bei der dynamisierten Payback-Methode werden also die abgezinsten Barwerte als Rückflüsse eingesetzt. Aus diesem Grund ist die dynamische Paybackdauer länger als die statisch ermittelte Amortisationszeit.

Einführungsbeispiel

Anlage «Adventure»

Jahr	Cashflow/ Investition	Diskontierungs-faktor	Barwert	NPV
Jahr 0	−850 000	1.000	−850 000	**−850 000**
CF Jahr 1	100 000	0.909	90 900	**−759 100**
CF Jahr 2	120 000	0.826	99 120	**−659 980**
CF Jahr 3	140 000	0.751	105 140	**−554 840**
CF Jahr 4	215 000	0.683	146 845	**−407 995**
CF Jahr 5	240 000	0.621	149 040	**−258 955**
CF Jahr 6	240 000	0.564	135 360	**−123 595**
CF Jahr 7 inkl. L	250 000	0.513	128 250	**4 655**

In einer Tabelle können wir die errechneten NPV-Werte und die entsprechenden Laufzeiten einsetzen und mit einem einfachen Dreisatz eine relativ genaue dynamische Paybackdauer ermiteln.

Paybackdauer	NPV	NPV
6 Jahre	-123 595	-123 595
? Jahre		0
7 Jahre	+4 655	
Differenz	128 250	123 595

Bei einer Differenz des NPV von 128 250 nimmt die Paybackdauer um 1 Jahr zu. Um wie viel nimmt die Paybackdauer bei einer NPV-Differenz von bloss 123 595 zu? Das Resultat kann durch einen einfachen Dreisatz ermittelt werden:

$$\frac{1 \times 123\,595}{128\,250} = 0{,}96 \text{ Jahre}$$

Das relativ genaue Resultat für die Paybackauer (linear interpoliert) lautet also 6 Jahre + 0,96 Jahre = **6,96 Jahre**. Die Rückflusszahl beträgt = 1,01. Mit diesen Ergebnissen wird deutlich, dass der Rückfluss des investierten Kapitals unter Berücksichtigung der Zinsen erst unmittelbar vor Ablauf der Nutzungsdauer abgeschlossen ist, respektive der NPV mit 4655 sehr bescheiden ausfällt.

Anlage «Magic World»

Jahr	Cashflow/ Investition	Diskontierungs-faktor	Barwert	NPV
Jahr 0	−1 700 000	1.000	−1 700 000	**−1 700 000**
CF Jahr 1	220 000	0.909	199 980	**−1 500 020**
CF Jahr 2	251 000	0.826	207 326	**−1 292 694**
CF Jahr 3	282 000	0.751	211 782	**−1 080 912**
CF Jahr 4	508 000	0.683	346 964	**−733 948**
CF Jahr 5 inkl. L	1 354 000	0.621	840 834	**106 886**

Analog zur Vorgehensweise bei der Anlage «Adventure» können wir die errechneten NPV-Werte und die entsprechenden Laufzeiten in einer Tabelle einsetzen und mit einem einfachen Dreisatz eine relativ genaue dynamische Paybackdauer ermitteln.

Paybackdauer	NPV	NPV
4 Jahre	-733 948	-733 948
? Jahre		0
5 Jahre	+106 886	
Differenz	840 834	733 948

Bei einer Differenz des NPV von 840 834 nimmt die Paybackdauer um 1 Jahr zu. Um wie viel nimmt die Paybackdauer bei einer NPV-Differenz von bloss 733 948 zu? Das Resultat kann durch einen einfachen Dreisatz ermittelt werden:

$$\frac{1 \times 733\,948}{840\,834} = 0{,}87 \text{ Jahre}$$

Das relativ genaue Resultat für die Paybackdauer (linear interpoliert) lautet also 4 Jahre + 0,87 Jahre = **4,87 Jahre.** Die Rückflusszahl beträgt 1,03. Der Rückfluss des investierten Kapitals erfolgt also auch bei der Anlage «Magic World» erst kurz vor Erreichen der Nutzungsdauer. Der NPV bei der Anlage «Magic Word» (=106 886) ist aber markant höher als bei der Anlage «Adventure» (=4655). Der Grund liegt beim relativ hohen Rücknahmepreis des Lieferanten nach Ablauf von 5 Jahren.

Abb. 71: Berechnung dynamisierte Paybackdauer

Die dynamische Paybackdauer ist bei der Anlage «Magic World» rund zwei Jahre kürzer als diejenige bei der Anlage «Adventure». Da das investierte Kapital bei der Anlage «Magic World» rascher zurückfliesst, ist das Risiko entsprechend kleiner.

Die Summe aller auf t_0 diskontierten Rückflüsse (inkl. Kapitaleinsatz als Minus-Position eingesetzt) ergibt dann wieder den Net Present Value (NPV)

3.3 Zusammenfassung und Beurteilung der dynamischen Verfahren der Investitionsrechnung

Zusammenfassend können die verschiedenen Methoden der Investitionsrechnung wie folgt beurteilt werden:

- Dynamische Verfahren der Investitionsrechnung sind grundsätzlich aussagekräftiger als statische Verfahren.
- Bei den statischen Verfahren liefert die Renditerechnung in Kombination mit der Gewinnvergleichsrechnung die zuverlässigsten Resultate. Die absoluten Gewinnchancen und die prognostizierten Rentabilitäten sind miteinander zu vergleichen. Das Ausmass der Verfügbarkeit von Kapital ist in die Überlegung einzubeziehen.

- Ergeben sich bei der NPV- beziehungsweise der IRR-Methode verschiedene Ergebnisse, so ist bei unbeschränkt verfügbarem Kapital der NPV-Methode der Vorzug zu geben.
- Da aus der Paybackdauer alleine keine Aussage zur Rentabilität möglich ist, haben die Methoden der Amortisationsrechnung eher ergänzenden Informationscharakter. Die Ergebnisse sind aber umso wichtiger, je knapper die liquiden Mittel sind und je höher das Risiko der Investition eingestuft wird. Die dynamisierte Payback-Methode ist genauer als die statische Amortisationsrechnung, da sie den zeitlichen Anfall der Rückflüsse sowie Zins und Zinseszinsen berücksichtigt. Zudem resultiert bei der dynamisierten Payback-Rechnung als Resultat der kumulativen Rückflüsse und nach Abzug der Bruttoinvestition der NPV.

Verfahren	**Adventure**	**Magic World**	**Bemerkungen**
NPV-Methode	4655	106 886	Der NPV ist bei «Magic World» markant höher.
Annuitäten-methode	956	28 195	Der Überschuss bei der «Magic World» ist deutlich höher.
IRR-Methode	10.15 %	11.80 %	Der IRR ist bei «Magic World» höher.
Dynamisierte Payback-Methode Rückflusszahl	6,96 Jahre 1.01	4,87 Jahre 1.03	Die Payback-Dauer ist bei «Magic World» kürzer. Berechnet man hingegen auch noch die Rückflusszahl, so ist diese bei beiden Investitionsalternativen etwa gleich gross. Die Ergebnisse der dynamisierten Payback-Methode weichen hingegen stark von den Resultaten der statischen Berechnung ab.

Abb. 72: Beurteilung der dynamischen Verfahren (Beispiel)

Die Geschäftsleitung des Freizeitparks hat wichtige Entscheidungsgrundlagen erhalten, gibt sich aber mit den berechneten Zahlen (vgl. Abbildung 72) allein noch nicht zufrieden, um die Investitionsentscheidung zu treffen. Einerseits stellt sich die Frage, welche weiteren Aspekte evtl. berücksichtigt werden müssen. Darunter fallen beispielsweise Faktoren wie: Gibt es weitere, nicht quantifizierbare Aspekte, die die Entscheidungsfindung beeinflussen? Müssen wir von einer inflationären Entwicklung ausgehen? Unterscheiden sich die Investitionsalternativen durch unterschiedliche steuerliche Belastungen oder beinhalten sie unterschiedlich hohe Risiken? Andererseits gibt es bei der Entscheidungsfindung gewisse Sonderprobleme. Die wichtigsten werden in Kapitel 3.4 beschrieben.

3.4 Sonderprobleme bei Investitionsrechnungen

3.4.1 Beschränkte Budgets

Gerade die dynamischen Verfahren gehen davon aus, dass die Finanzierung von Investitionsprojekten mit genügender Rendite kein Problem darstellt, da sich auf dem Kapitalmarkt immer eine Gegenpartei findet, die bereit ist, gegen eine risikogerechte Verzinsung Geld auszuleihen. In der Praxis ist das häufig aber nicht der Fall: Unternehmen werden von Eigenkapital- und Fremdkapitalgebern eine Obergrenze der Kreditfähigkeit zugesprochen. Wenn diese Obergrenze erreicht ist, wird sich keine Gegenpartei mehr finden, auch wenn eine risikogerechte Verzinsung versprochen wird.

In einer solchen Situation müssen die finanzierbaren Handlungsoptionen zusammengestellt werden, und die Unternehmung muss sich für die Kombination von Investitionen entscheiden, welche insgesamt den höchsten NPV abwirft. Beispiel:

Eine Unternehmung hat ein Maximalbudget für Investitionen von 500 000. Folgende Investitionsmöglichkeiten, die alle einen positiven NPV versprechen und in beliebigen Kombinationen durchführbar wären, sind bekannt:

Option	Investitionsbedarf	NPV
A	200 000	15 000
B	350 000	20 000
C	100 000	20 000
D	300 000	15 000

Abb. 73: Beispiel Investitionsrechnung mit Budgetrestriktion

Würde keine Budgetrestriktion bestehen, wäre das Unternehmen gut beraten, alle Optionen zu realisieren, da jede einen positiven NPV bringt.

Mit nur 500 000 sind aber lediglich folgende Kombinationen realisierbar: A+C oder A+D oder B+C oder C+D. Falls in A und C investiert wird, erzielt das Unternehmen einen Gesamt-NPV von 35 000, mit der Investition in A und D realisiert man 30 000. Aus B und C resultieren 40 000 und eine Investition in C+D bringt 35 000.

In dieser Situation wird das Unternehmen 450 000 in B und C investieren und die restlichen 50 000 gar nicht, statt 500 000 in A und D zu stecken und dafür nur 30 000 NPV zu erhalten.

Diese Methode führt rasch zu klaren Entscheiden, hat aber einen Nachteil: Sie geht davon aus, dass alle Handlungsoptionen bekannt sind. Manager neigen instinktiv dazu, bei beschränkten Budgets einen Teil des Budgets für «Unvorhergesehenes» zu reservieren. So wäre es ja denkbar, dass in wenigen Tagen eine Option E auftaucht, die eine Investition von 100 000 benötigt und einen NPV von 15 000 bringt. In dem Fall wäre es besser gewesen, in A und C zu investieren, die finanzielle Handlungsfreiheit zu wahren und die Option E dann auch noch zu realisieren (totaler NPV von A+C+E: 50 000).

Rentenbarwertfaktoren			
Jahre	**9 %**	**10 %**	**11 %**
1	0.917	0.909	0.901
2	1.759	1.736	1.713
3	2.531	2.487	2.444
4	3.240	3.170	3.102
5	3.890	3.791	3.696
6	4.486	4.355	4.231
7	5.033	4.868	4.712
8	5.535	5.335	5.146
9	5.995	5.759	5.537
10	6.418	6.145	5.889

Abb. 76: Rentenbarwertfaktoren

Projekt Alpha

$$\frac{\text{NPV}}{\text{RBWF}} = \frac{3461}{3.17} = 1092 \text{ (NPV auf «Jahresbasis»)}$$

Projekt Beta

$$\frac{\text{NPV}}{\text{RBWF}} = \frac{3924}{4.868} = 806 \text{ (NPV auf «Jahresbasis»)}$$

Fazit: Das Projekt Alpha mit der kürzeren Laufzeit schneidet besser ab.

3.4.3 Auswahl von Projekten: NPV oder IRR als Entscheidungsgrundlage?

In Anlehnung an Freiburghaus (2016), publiziert auf www.bwl-online.ch, zeigt das folgende Zahlenbeispiel, weshalb sich der IRR nicht dafür eignet, Projektranglisten zu erstellen (ökonomisch bestes, zweitbestes etc. Projekt). Zudem wird veranschaulicht, dass es Fälle gibt, bei denen gar kein vernünftiger IRR berechnet werden kann.

Als Schlussfolgerung ergibt sich, dass Investitionsentscheide besser auf den NPV und nicht auf den IRR abgestützt werden sollten. Sowohl der NPV wie auch der IRR verlangen zwar dieselben Daten – der NPV rangiert aber zuverlässiger und kann auch immer berechnet werden.

Ein konkretes Beispiel: Das Unternehmen Swiss Logistical Services (SLS) arbeitet vorwiegend mit der öffentlichen Hand zusammen. Die SLS plant, baut und betreibt bei öffentlichen Infrastrukturvorhaben die notwendige temporäre Infrastruktur: Zufahrtswege, Arbeiterunterkünfte, temporäre Energie- und Wasserversorgungen etc. Wenn notwendig, baut sie diese Infrastruktur nach Ende des Infrastrukturvorhabens auch wieder zurück. In der

Regel sieht das Geschäftsmodell so aus, dass die SLS alle Investitionen und Betriebskosten selbst zahlt. Als Gegenleistung mietet die Bauherrschaft die Infrastruktur von der SLS für die Dauer des Vorhabens.

Die SLS wird mit Aufträgen geradezu überrollt. Aktuell prüft die SLS drei Projekte. Infolge der beschränkten Ressourcen kann die SLS aber nur eines der drei Projekte annehmen. Es gilt deshalb zu prüfen, welches Projekt aus ökonomischer Sicht für SLS das beste ist.

Die drei Projekte können stichwortartig wie folgt umschrieben werden:

Projekt 1 (Variante 1)

Bei diesem Projekt würde die Bauherrschaft, ein Kanton, die meisten Arbeiten selbst übernehmen. Die SLS müsste lediglich Stromgeneratoren und ein kleines Elektrizitätsnetz aufstellen und betreiben. Für die SLS würden Investitionskosten von CHF 75 000 im Jahr 0 anfallen. Der Kanton würde dafür während 5 Jahren eine fixe Entschädigung von jährlich CHF 25 000 bezahlen und die Infrastruktur nach Projektabschluss übernehmen – wie bei einem Leasingvertrag.

Projekt 2 (Variante 2)

Das zweite Projekt ist komplexer. Hier müssten in zwei Phasen Arbeiterunterkünfte für je CHF 150 000 erstellt werden: die erste Unterkunft gleich zu Beginn (Jahr 0) und dann eine zusätzliche Unterkunft im Jahr 2. Die Bauherrschaft, drei Gemeinden, würden die Unterkünfte während 5 Jahren mieten und nach Abschluss des Projektes dann zu einem im Voraus abgemachten Preis von total CHF 100 000 übernehmen. Damit die Gemeinden eine einfachere Budgetplanung machen können, würden sich die Parteien auf jährliche in der Höhe konstante Mietkosten von CHF 65 000 einigen.

Projekt 3 (Variante 3)

Beim dritten Projekt geht es um die Sanierung einer Staumauer. Dieses Projekt erfordert grosse Bauvorhaben, darunter zwei Seilbahnen. Auch hier ist ein Kanton die Bauherrschaft und auch hier wird die Infrastruktur zu einem fixen Preis gemietet. Allerdings ist die SLS verpflichtet, die Seilbahnen und Strassen nach der Sanierung wieder zurückzubauen, da es sich um ein ökologisch schützenswertes Gebiet handelt und vermieden werden soll, dass diese Infrastruktur später für touristische Zwecke eingesetzt werden kann. Die sehr aufwendigen Rückbaukosten Ende Jahr 5 werden mit CHF 910 000 veranschlagt. Die Investitionen bei Beginn der Sanierung (Jahr 0) belaufen sich auf CHF 400 000. Der Bauherr entschädigt die SLS mit einer jährlichen Miete von CHF 260 000 während 5 Jahren.

Für diese drei Projekte resultieren folgende Projektcashflows:

Projektcashflowtabellen							
		0	**1**	**2**	**3**	**4**	**5**
Variante 1	operativer Cash Flow		25000	25000	25000	25000	25000
	Investition, Unterhalt, Entsorgung	-75000					
	Projektcashflow	**-75000**	**25000**	**25000**	**25000**	**25000**	**25000**
Variante 2	operativer Cash Flow	0	65000	65000	65000	65000	65000
	Investition, Unterhalt, Entsorgung	-150000		-150000			100000
	Projektcashflow	**-150000**	**65000**	**-85000**	**65000**	**65000**	**165000**
Variante 3	operativer Cash Flow	0	260000	260000	260000	260000	260000
	Investition, Unterhalt, Entsorgung	-400000					-910000
	Projektcashflow	**-400000**	**260000**	**260000**	**260000**	**260000**	**-650000**

Abb. 77: Projektcashflow

Die IRR können zum Beispiel mit Hilfe der IKV-Funktion im Excel leicht berechnet werden:

Variante 1 IRR	19.86%
Variante 2 IRR	15.80%
Variante 3 IRR	1.74%

Abb. 78: Internal-Rate-of-Return

Würde man ausschliesslich den IRR als Entscheidungskriterium wählen, so müsste die SLS dem Projekt gemäss Variante 1 den Zuschlag geben. Variante 1 weist mit Abstand den höchsten IRR aus.

Die SLS rechnet mit Kapitalkosten in der Grössenordnung von 10–15%. Es spricht immer noch alles für Variante 1: Der IRR von fast 20% liegt weit über dem Kapitalkostenband von 10–15%. Mit etwas Glück verdient SLS sogar bei Variante 2 noch etwas, hingegen ist Variante 3 klar wertvernichtend.

Im Sinne einer Kontrollrechnung werden für diese drei Projekte auch noch die NPV berechnet, basierend auf dem Kapitalkostenband von 10–15%:

	10%	15%
Variante 1 NPV	19770	8804
Variante 2 NPV	34526	4186
Variante 3 NPV	20566	19129

Abb. 79: Net-Present-Value

Alle Projekte weisen sowohl bei 10 % wie auch bei 15 % einen positiven NPV aus, das heisst, alle Projekte sind ökonomisch sinnvoll. Aber die Projektreihenfolge ist bei Betrachtung des NPV völlig anders. Bei Kapitalkosten von 10 % obsiegt klar das Projekt 2, gefolgt von Projekt 3, welches das Projekt 1 zumindest hauchdünn schlägt.

Mit 15 % gerechnet gewinnt sogar das Projekt 3 deutlich vor Projekt 1 und der abgeschlagenen Variante 2, die vorher noch klar auf dem ersten Platz lag. Es sieht sogar so aus, als wäre die Variante 3 eigentlich die attraktivste. Da die Kapitalkosten nicht genau bekannt sind, geht man bei Variante 3 das kleinste Risiko ein. Sie generiert für die SLS fast unabhängig vom Kapitalkostensatz immer etwa CHF 20 000 Mehrwert, während die Variante 3 und die Variante 1 sehr viel riskanter sind. Der tatsächliche Mehrwert kann bei Variante 2 irgendwo zwischen ca. CHF 4000 und CHF 35 000 liegen, bei Variante 1 zwischen ca. CHF 9000 und CHF 20 000.

Es drängt sich eine grundsätzliche Frage auf. Bedeutet eine höhere Rendite immer auch ein besseres Geschäft? Oder anders ausgedrückt, ist ein Projekt, das einen höheren IRR hat als ein anderes, auch zwingend ein ökonomisch besseres Projekt?

Ja, aber nur, wenn der Kapitaleinsatz auch vergleichbar ist. Falls beispielsweise die Wahl besteht, CHF 100.00 zu investieren und CHF 110.00 zurückzuerhalten (Rendite 10 %) oder CHF 1.00 zu investieren und CHF 2.00 zurückzuerhalten (Rendite 100 %) – welches Geschäft ist besser? Offensichtlich das mit der 10 %igen Rendite, da dort ein Gewinn von CHF 10.00 entsteht, im zweiten Fall nur einer von CHF 1.00. Im Fall der Projektvarianten 1–3 sind aber die Kapitaleinsätze stark unterschiedlich, weshalb ein Vergleich der Renditen bei der Erstellung einer Rangliste nicht wirklich hilfreich ist.

Renditen eignen sich grundsätzlich nicht, um Projekte zu rangieren. Sie sind tauglich, um ökonomisch Sinnvolle von Sinnlosen zu unterscheiden. So zeigt der IRR von Variante 1 gut, dass diese Variante wertstiftend ist (IRR ca. 20 % und damit deutlich über den zu erwartenden Kapitalkosten von maximal 15 %). Auch bei Variante 2 resultiert ein recht klares Signal: Mit einem IRR von ca. 16 % liegt auch diese Variante im ökonomisch sinnvollen Bereich. Beide Projekte können in Betracht gezogen werden. Der Unterschied der IRR sagt aber nicht zwingend etwas darüber aus, welches dieser beiden Projekte für die SLS ökonomisch attraktiver ist. Wie die Kontrollrechnung mit dem NPV gezeigt hat, ist je nach Annahme über den Kapitalkostensatz Variante 1 oder Variante 2 die attraktivere. Daraus folgt: Unterscheiden sich zwei Projekte stark im Kapitaleinsatz, so darf der IRR nicht für die Erstellung einer Rangliste verwendet werden.

Wenn bei einem Projektvergleich der NPV und der IRR unterschiedliche Signale aussenden, empfiehlt es sich, die NPV der verschiedenen Varianten für verschiedene Kapitalkostensätze (Diskontierungssätze) zu berechnen:

Wären die Kapitalkosten bei Variante 1 = 0 %, so wäre der NPV bei etwa CHF 50 000. Mit steigenden Kapitalkosten sinkt der NPV und kippt dann bei ca. 20 % ins Negative. Das bedeutet, dass für alle Kapitalkosten unterhalb von ca. 20 % das Projekt wertschöpfend ist. Es gibt einen spezifischen Kapitalkostensatz, bei dem der NPV genau 0 beträgt. Das ist, nach

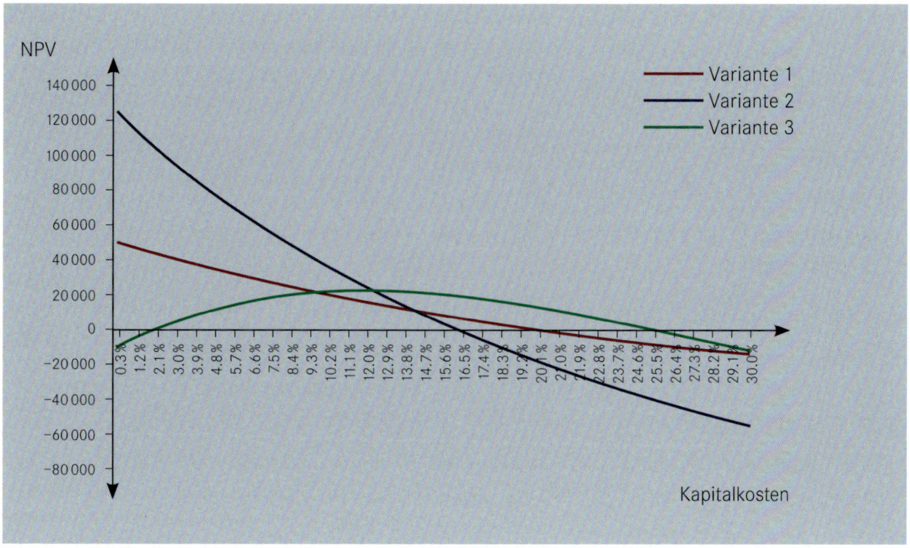

Abb. 80: NPV-Entwicklungen

3

Definition, der IRR. Ein IRR von 19.86 % bedeutet bekanntlich, dass das Projekt eine Rendite von 19.86 % abwirft oder, in anderen Worten, dass es bei einem Kapitalkostensatz von 19.86 % keine Rolle spielt, ob das Projekt durchgeführt wird oder ob das Geld mit gleichem Risiko zu 19.86 % auf dem Kapitalmarkt angelegt wird.

Bei 0 % Kapitalkosten sähe das anders aus: Dort wäre die Anlage auf dem Kapitalmarkt ein Fehler, da man mit dem Projekt einen NPV, einem Mehrertrag gegenüber dem Kapitalmarkt von ca. CHF 50 000 erzielen könnte. Falls der Kapitalmarkt für ein Risiko, wie es Variante 1 darstellt, aber bereit ist, mehr als 20 % (anstatt 0 %) zu bezahlen, dann sollte man das Geld auf dem Kapitalmarkt anlegen, statt in das Projekt zu investieren.

Die Situation in der Variante 2 sieht ähnlich aus: Falls die Kapitalkosten 0 betragen würden, so würde eine Investition in Variante 2 einen Mehrertrag gegenüber dem Kapitalmarkt von ca. CHF 120 000 einspielen. Mit steigendem Kapitalkostensatz schmilzt aber der Vorteil des Projekts gegenüber einer Anlage auf dem Kapitalmarkt rasch weg und bei Kapitalkostensätzen über 16 % lohnt sich die Variante 2 nicht mehr. Bereits bei 13.6 % fällt Variante 2 unter Variante 1. Das bedeutet, dass die Variante 2 bei Kapitalkosten von 0 bis ca. 13.6 % besser ist als Variante 1, anschliessend kehrt sich die Rangfolge um.

Die Entwicklung des NPV bei Variante 3 verläuft anders. Bei Kapitalkosten von 0 % ist der NPV sogar negativ (ca. –CHF 10 000). Er steigt dann langsam an, erreicht bei ca. 12 % ein Maximum und sinkt dann wieder ab, bevor er bei ca. 25.5 % wieder negativ wird. Bis ca. 8 % ist die Variante 3 die schlechteste, überholt dann zuerst die Variante 1 und bei ca. 12 % auch die Variante 2 und bleibt für alle Kapitalkostensätze oberhalb von 13 %–ca. 30 % die beste. Die Ursache für dieses Auf und Ab findet sich in der Projektcashflowtabelle. Bei sehr kleinen Kapitalkostensätzen ist der Gegenwartswert der Schlussinvestition (Rückbau) von

-CHF 910 000 fast gleich dem Zukunftswert (also in der Grössenordnung von bis zu CHF 900 000) und zieht deshalb den NPV nach unten.

Steigen die Kapitalkostensätze an, so sinkt der Barwert der Rückbaukosten betragsmässig schnell – es überwiegen nun die Werte der laufenden Einnahmen in der Gesamtsumme. Bei noch höheren Kapitalkosten sinken dann auch die Barwerte der späteren Einnahmen, während die Anfangsinvestition im Jahr 0, die ja nicht diskontiert werden muss, gleich bleibt. Sie dominiert zunehmend das Resultat und zieht es schliesslich wieder in den negativen Bereich hinunter. In ihrem Bogenflug schneidet Variante 3 die Nulllinie zweimal, am Anfang bei 1.74 % und gegen Schluss der Darstellung bei ca. 25.5 %. Die Variante 3 hat demnach eigentlich zwei IRR. Aber das macht ökonomisch gar keinen Sinn. Für Projekt 3 kann deshalb kein eindeutiger IRR definiert werden.

Betrachtet man die Höhe der NPV im Kapitalkostenband von 10–15 %, so wird ersichtlich, dass alle drei Projekte einen positiven NPV ausweisen. Jedes Projekt liefert gegenüber einer Anlage auf dem Finanzmarkt einen klaren Mehrwert.

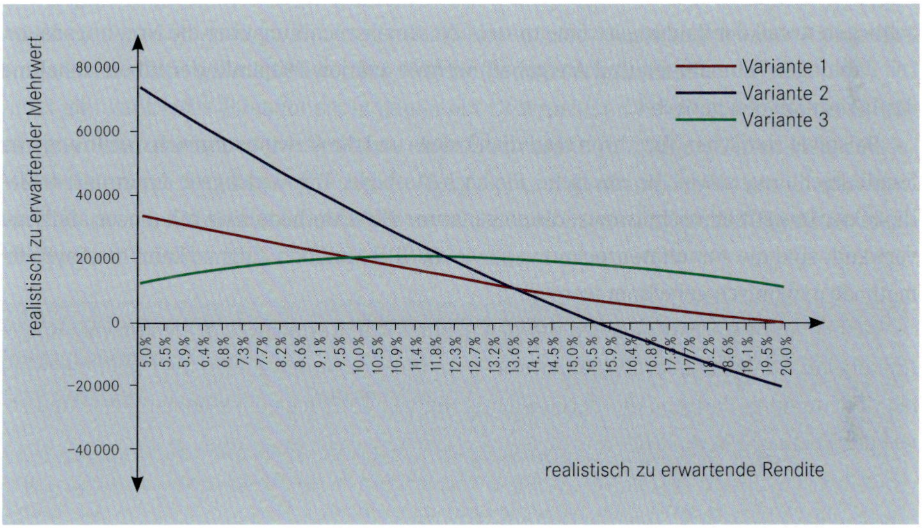

Abb. 81: Projektvergleich

Variante 1 (rot) liefert zwar Mehrwert, es gibt aber immer mindestens eine andere Variante, die besser ist. Letztlich ist deshalb zwischen Variante 2 und Variante 3 zu entscheiden.

Die beiden NPV-Kurven schneiden sich bei ca. 12 %. Deshalb kommt man zu folgendem finalen Resultat: Liegen die Kapitalkosten zwischen 10 % und etwa 12 %, ist Variante 2 die beste. Rechnet man aber über die nächsten fünf Jahre mit eher steigenden Zinsen, so sollte man sich für Variante 3 entscheiden, da diese zwischen ca. 12 % und 15 % besser ist als die Variante 2.

	Bewertungsmethode						
Entity-Basis	Substanzwert-methode (brutto) 4.3.1.	Ertragswert-methode (Entity) 4.3.2.	Mittelwert-methode (Entity) 4.3.3.	Übergewinn-methode (Entity) 4.3.6.	Economic Value Added (EVA-Methode, Entity) 4.3.7.	Discounted - Cashflow-Methode DCF-Methode (Entity) 4.3.5.	Entity-Multiples z. B. EBIT, EBITDA, Umsatz 4.3.8.
Equity-Basis	Substanzwert-methode (netto) 4.3.1.	Ertragswert-methode (Equity) 4.3.2.	Mittelwert-methode (Equity) 4.3.3.	Übergewinn-methode (Equity) 4.3.6.			Equity-Multiples, z. B. Price/Earnings Ratio, Price/Book Ratio 4.3.8.
Bewertungsgrundlage	Substanz	Gewinn	Kombination Substanz/Gewinn			Free Cashflow	Schlüsselgrösse aus Bilanz oder Erfolgs-rechnung
Kurzbeschreibung	Der Substanzwert entspricht der Summe der zu Re-produktionswer-ten bewerteten Vermögenswerte.	Der Ertragswert ergibt sich als Summe der auf den Bewertungs-zeitpunkt (t_0) diskontierten Ertragsüber-schüsse bzw. Gewinne.	Die Mittelwertmethode erfreut sich in der Schweizer Be-wertungspraxis nach wie vor einer grossen Beliebtheit und stellt eine Kombination aus Substanz- und Ertragswert-methode dar. Beim Übergewinnverfahren entspricht der Unternehmens-wert der Summe aus dem Substanzwert und den Barwer-ten der Übergewinne. Die Unternehmensbewertung auf Basis der EVA-Methode ist eine Verbindung der Übergewinnmethode und des DCF-Verfahrens. Der Unternehmenswert ergibt sich als Summe von Bruttosubstanzwert und den auf den Bewertungszeit-punkt (t_0) diskontierten und in ihrer Höhe variierenden Übergewinnen.			Der Unternehmens-wert auf Basis der DCF-Methode ergibt sich als Summe der auf den Bewertungs-zeitpunkt (t_0) diskon-tierten und in ihrer Höhe variierenden Free Cashflows.	Man nutzt Kennzahlen (so genannte Multiples) von börsenkotierten, vergleichbaren Unter-nehmen und wendet diese auf Schlüssel-grössen (z. B. EBITDA, EBIT) der zu bewerten-den Unternehmung an.

Abb. 86: Methoden zur Unternehmensbewertung im Überblick

stufe). Durch Abzug des (verzinslichen) Fremdkapitals gelangt man vom Entity- zum Equity-Wert. Abbildung 86 zeigt diesen Unterschied auf und gibt einen Grobabriss über die einzelnen Bewertungsmethoden.

4.3.1 Substanzwertmethode

Bei der **Substanzwertmethode** wird der Gesamtwert des bilanzierten Vermögens (Umlauf- und Anlagevermögen) berechnet. Dabei wird das materielle (betriebliche) Anlagevermögen zum Reproduktionskostenwert (vgl. Abschnitt 4.2.1) bewertet. Immaterielle Vermögenswerte (Patente, Lizenzen, derivativer Goodwill) werden nur dann in die Berechnung des Substanzwertes einbezogen, wenn diese unabhängig vom Unternehmen einen realisierbaren Wert darstellen und aktiviert sind.

Stille Reserven werden aufgedeckt und die daraus anfallende Steuerlast als **latente Steuern** passiviert bzw. berücksichtigt. Der anzuwendende Steuersatz wird in der Praxis häufig mit 50 % des effektiven Steuersatzes angesetzt, da der Käufer die stillen Reserven aufgrund des Obligationenrechts nicht auflösen muss bzw. eine allfällige Auflösung zeitlich staffeln kann. Die Steuerlast fällt somit irgendwann in der Zukunft an, so dass der Barwert dieser latenten Schuld per Bewertungsstichtag kleiner ist.

Nicht betriebsnotwendige Vermögensteile werden in der Regel gesondert bewertet. Diese Vermögenswerte werden im Rahmen der Substanzwertmethode ausgeschieden und am Ende - sofern diese Vermögenswerte überhaupt übertragen werden sollen - bei den einzelnen Bewertungsverfahren wieder mit dem Verkehrswert (Marktwert) zum betrieblichen Unternehmenswert hinzugeschlagen.

Subtrahiert man vom Substanzwert das Fremdkapital, so erhält man den **Nettosubstanzwert**. Der Substanzwert ohne Abzug von Fremdkapital wird als **Bruttosubstanzwert** bezeichnet.

Das nachfolgende Beispiel zeigt anhand konkreter Zahlen die Ermittlung des Substanzwertes. Gegeben ist die folgende Bilanz per Ende Jahr 1 (Buch- bzw. Steuerwerte):

Bilanz (Buch- bzw. Steuerwerte) per 31.12._1					
Liquide Mittel	60		Kreditoren	30	
Debitoren	40		Langfristige Darlehen	70	
Vorräte	40				
Umlaufvermögen		140	Fremdkapital		100
Betriebsnotwendige Anlagen	60		Aktienkapital	100	
Nicht betriebsnotwendige Anlagen	30		Reserven	30	
Anlagevermögen		90	Eigenkapital		130
Aktiven		230	Passiven		230

Ergänzende Angaben

- Der Reproduktionskostenwert der betrieblichen Anlagen beträgt 100.
- Ein Drittel der liquiden Mittel und die nicht betriebsnotwendigen Anlagen sind aus betrieblicher Sicht nicht notwendig. Der bilanzierte Wert der nicht betriebsnotwendigen Anlagen entspricht dem Verkehrswert.
- Der Gewinnsteuersatz beträgt 20 %. Man einigt sich darauf, die latenten Steuern zu einem reduzierten Satz von 10 % zu berücksichtigen.
- Als Grundlage für die Substanzwertermittlung wird eine Bilanz mit betriebsnotwendigen Werten unter Berücksichtigung der stillen Reserven und der latenten Steuern erstellt.

Bilanz (unter Berücksichtigung der stillen Reserven, der latenten Steuern und der betriebsnotwendigen Werte) per 31.12._1

Liquide Mittel	40		Kreditoren	30	
Debitoren	40		Latente Steuern	4	
Vorräte	40		Langfristige Darlehen	70	
Umlaufvermögen		120	Fremdkapital		104
Betriebsnotwendige Anlagen	100		Aktienkapital	100	
Anlagevermögen		100	Reserven	16	
			Bereinigtes, betriebliches Eigenkapital		116
Aktiven		220	Passiven		220

Der betriebliche **Bruttosubstanzwert** beträgt 220 (Bilanzsumme); der betriebliche **Nettosubstanzwert** 116 (Eigenkapital).

Die Veränderung der Reserven kann wie folgt berechnet werden:

Reserven (Ausgangslage)	30
+ stille Reserven	40
- latente Steuern (10 %) auf stillen Reserven (40), im Fremdkapital ausgewiesen	-4
- nicht betriebsnotwendige Anlagen	-30
- nicht betriebsnotwendige liquide Mittel (1/3 der liquiden Mittel)	-20
Total Reserven	**16**

Abb. 87: Herleitung Brutto- und Nettosubstanzwert

4.3.2 Ertragswertmethode

Ertragswerte können grundsätzlich erfolgs- oder zahlungsstromorientiert bestimmt werden. Im ersten Fall geht man von zukünftigen Gewinnen, im zweiten Fall von zukünftigen Einzahlungsüberschüssen, in der Regel von Free Cashflows, aus.

Bei der Berechnung des Ertragswertes ist zwischen dem Equity- und dem Entity-Ansatz zu unterscheiden. Beim **Equity-Ansatz** wird der Marktwert des Eigenkapitals (= Nettoertragswert) *unmittelbar* bestimmt, indem die prognostizierten Gewinne oder Cashflows an die Eigenkapitalgeber mit dem Eigenkapitalkostensatz (r_{EK}) auf den Bewertungszeitpunkt (t_0) diskontiert werden. Der Unternehmenswert entspricht also der Summe aller Barwerte der zukünftigen Gewinne resp. Cashflows:

$$\text{Nettoertragswert (Equity-Ansatz)} = \frac{\text{Gewinn} \times 100}{k_{EK}}$$

Der sogenannte **Entity-Ansatz** zeichnet sich durch eine zweistufige Vorgehensweise aus. In einem ersten Schritt wird der Marktwert des Gesamtkapitals (=**Bruttoertragswert**) ermittelt. Im zweiten Schritt berechnet man den Marktwert des Eigenkapitals (=**Nettoertragswert**), indem vom Bruttoertragswert der Wert des (verzinslichen) Fremdkapitals abgezogen wird. Beim Entity-Ansatz werden Gewinne resp. Cashflows diskontiert, die sowohl den Eigen- als auch den Fremdkapitalgebern zur Verfügung stehen. Man geht deshalb bei der Berechnung von Gewinnen vor Zinsen resp. Cashflows vor Zinsen aus. Diese werden mit dem WACC kapitalisiert:

$$\text{Nettoertragswert (Entity-Ansatz)} = \frac{(\text{Gewinn} + \text{Zinsen}) \times 100}{\text{WACC}} - \text{Fremdkapital}$$

Den beiden Ertragswertformeln liegt die Annahme einer unbegrenzten Lebensdauer der Unternehmung zugrunde. Der Ertragswert wird auf Basis zukünftiger, nachhaltiger und konstanter Gewinne ermittelt. Die Berechnung von Ertragswert und Goodwill sei am konkreten Beispiel der Star AG nochmals erläutert:

	Jahr 1	**Jahr 2**	**Jahr 3**	**Jahr 4**	**Jahr 5**	**Folgejahre**
Fremdkapital (verzinslich)	100	100	100	100	100	100
Eigenkapital (Buchwert)	70	70	70	70	70	70
Gewinn vor Zinsen	25	25	25	25	25	25
– Zinsen	-6	-6	-6	-6	-6	-6
Gewinn nach Zinsen	19	19	19	19	19	19

Ergänzende Angaben

- geforderte Eigenkapitalrendite (k_{EK}) = 12 %
- Fremdkapitalzinssatz (k_{FK}) = 6 %

Abb. 88: Ertragswert mittels Entity-Ansatz

Ertragswert, Goodwill und WACC berechnen sich wie folgt:

$$\text{Nettoertragswert (Equity-Ansatz)} = \frac{\text{Gewinn} \times 100}{k_{EK}} = \frac{19 \times 100}{12} = 158.3$$

Goodwill = 158.3 – 70 = 88.3

$$\text{WACC} = k_{EK} \times \frac{EK}{EK+FK} + k_{FK} \times \frac{FK}{EK+FK} = 12 \times \frac{70}{170} + 6 \times \frac{100}{170} = 8.47\,\%$$

$$\text{Nettoertragswert (Entity-Ansatz)} = \frac{(\text{Gewinn+Zinsen}) \times 100}{\text{WACC}} = \frac{25 \times 100}{8.47} - 100 = 195.16$$

Bei den Berechnungen fällt auf, dass die beiden Nettoertragswerte nicht zum gleichen Ergebnis führen. Es muss also ein Berechnungsfehler vorliegen, denn der Unternehmenswert darf nicht abhängig von der gewählten Methode (Equity- oder Entity-Verfahren) sein.

Bei der Berechnung des WACC wurden die Eigen- und Fremdkapitalkostensätze mit den Buchwerten von Eigen- und Fremdkapital gewichtet. Korrekt aber wäre die Gewichtung zu **Marktwerten** (Ertragswerten).

Der Marktwert des Eigenkapitals beträgt 158.3 (Nettoertragswert, Equity-Ansatz), derjenige des Fremdkapitals 100. (In der Praxis wird typischerweise unterstellt, dass der Marktwert des Fremdkapitals dem Buchwert der Finanzverbindlichkeiten entspricht.) Daraus ergibt sich ein Gesamtkapital zu Marktwerten von 258.3. Der WACC zu Marktwerten beträgt deshalb:

$$\text{WACC} = 12 \times \frac{158.3}{258.3} + 6 \times \frac{100}{258.3} = 9.677\%$$

Der mit dem WACC zu Marktwerten neu ermittelte Nettoertragswert (Entity-Ansatz) stimmt nun mit der Equity-Berechnung überein:

$$\text{Nettoertragswert (Entity-Ansatz)} = \frac{25 \times 100}{9.677} - 100 = 158.3$$

4

4.3.3 Mittelwertverfahren

Das sogenannte **Mittelwert-** bzw. **Praktikerverfahren** stellt eine Kombination von Ertrags- und Substanzwertverfahren dar. In der Schweizer Bewertungspraxis ist es üblich, den Ertragswert doppelt und den Substanzwert einfach zu gewichten. Dies entspricht auch der Handhabung der Steuerverwaltung bei der Bewertung von Wertpapieren ohne Kurswert für die Vermögenssteuer. Da die Gewichtungsfaktoren auf keiner theoretischen Grundlage beruhen, wären grundsätzlich jedoch auch andere Gewichtungen denkbar.

$$\text{Mittelwert} = \frac{2 \times \text{Ertragswert} + 1 \times \text{Substanzwert}}{3}$$

Bei der Ermittlung von Unternehmenswerten nach dem Mittelwertverfahren müssen Substanzwert und Ertragswert nach dem gleichen Prinzip berechnet werden, also beispielsweise:

$$\text{Nettounternehmenswert} = \frac{1 \times \text{Nettosubstanzwert} + 2 \times \text{Nettoertragswert}}{3}$$

$$\text{Nettounternehmenswert} = \frac{1 \times \text{Bruttosubstanzwert} + 2 \times \text{Bruttoertragswert}}{3} - \text{Fremdkapital (verzinslich)}$$

Grundsätzlich stellt der Liquidationswert die Wertuntergrenze einer Unternehmung dar. Liegt der Ertragswert unter dem – auf Basis von Liquidationswerten ermittelten – Substanzwert, macht die Anwendung der Praktikermethode wenig Sinn. In einem solchen Fall sollte sich der Unternehmenswert lediglich aus dem Liquidationswert ergeben (Lütolf, Rupp & Birrer, 2018, S. 124).

Die Beliebtheit dieser Unternehmenswertermittlung hat verschiedene Gründe: Obwohl es theoretisch unbestritten ist, dass nur zukünftige Ereignisse den Unternehmenswert bestimmen, treten bei der Ermittlung des Ertragswertes nicht zu unterschätzende Probleme auf. Zum einen ist es schwierig, nachhaltige zukünftige Gewinne für die gesamte Lebensdauer einer Unternehmung zu prognostizieren. Die Unsicherheit zukünftiger Ereignisse ist gross. Zum andern wird der Ertragswert auch massgeblich durch die Höhe des Kapitalisierungssatzes bestimmt, der sich bekanntlich aus einem risikolosen Zinssatz und entsprechenden Risikozuschlägen zusammensetzt. Bei der Festlegung der verschiedenen Risikozuschläge besteht relativ grosser Ermessensspielraum. All diese Gründe bewirken, dass der Ertragswert – je nach getätigten Annahmen – eine relativ grosse Bandbreite aufweisen kann. Deshalb wird der Unternehmenswert in der Praxis, insbesondere im KMU-Umfeld, häufig durch ein Mittelwertverfahren – also eine Kombination von Ertrags- und Substanzwert – ermittelt.

Dies sei an einem Beispiel veranschaulicht. Ein Unternehmen rechnet mit einem zukünftigen nachhaltigen Reingewinn bei unbegrenzter Lebensdauer von CHF 90 000 p.a. Der Kapitalisierungssatz (Eigenkapitalkostensatz) wird auf 6 % geschätzt. Der Nettoertragswert errechnet sich unter diesen Annahmen wie folgt:

$$\text{Nettoertragswert} = \frac{\text{Gewinn} \times 100}{k_{EK}} = \frac{90\,000 \times 100}{6} = 1\,500\,000$$

Ein Kaufinteressent prognostiziert für das Unternehmen einen etwas tieferen Gewinn und schätzt das Risiko gleichzeitig höher ein. Die nachfolgende Tabelle zeigt auf, wie sich der Ertragswert verändert, wenn der zukünftige nachhaltige Gewinn zwischen CHF 70 000 und 90 000 variiert und der Kapitalisierungssatz in Varianten zwischen 6 und 8 % festgelegt wird.

Gewinn	**k_{EK} = 6 %**	**k_{EK} = 6.5 %**	**k_{EK} = 7 %**	**k_{EK} = 7.5 %**	**k_{EK} = 8 %**
90 000	**1 500 000**	1 384 615	1 285 714	1 200 000	1 125 000
85 000	1 416 667	1 307 692	1 214 286	1 133 333	1 062 500
80 000	1 333 333	1 230 769	1 142 857	1 066 667	1 000 000
75 000	1 250 000	1 153 846	1 071 429	1 000 000	937 500
70 000	1 166 667	1 076 923	1 000 000	933 333	**875 000**

Abb. 89: Nettoertragswert in Abhängigkeit von Gewinn und Kapitalkostensatz

Aus den Tabellenwerten wird ersichtlich, dass der Ertragswert unter den neuen Annahmen um über 40 % tiefer ausfallen kann. Wenn man bedenkt, dass der Gewinn auf unbegrenzte Zeit prognostiziert werden muss – und das Risiko langfristig nur schwer abschätzbar ist –, so liegen die unterschiedlichen Einschätzungen bezüglich Gewinnerwartung und Risiko gar nicht so weit auseinander, die Auswirkungen auf den Ertragswert hingegen sind erheblich. Die hohe Volatilität des Ertragswertes mag mit ein Grund sein, dass man oftmals den Substanzwert zur Berechnung eines Unternehmenswertes mit einbezieht.

Schmalenbach (1966, S. 67 f.) weist darauf hin, dass bei steigender Differenz zwischen Substanz- und Ertragswert die Gefahr grösser wird, dass Konkurrenzunternehmungen angelockt werden. Eine grosse Differenz zwischen Ertrags- und Substanzwert deutet darauf hin, dass bei der betreffenden Branche die Ertragslage gut und entsprechend attraktiv für Markteinsteiger ist. Deshalb muss der Ertragswert um das sogenannte «Konkurrenzrisiko» korrigiert (verkleinert) werden. Dies kann beispielsweise durch die Anwendung der Formel für die Berechnung eines Mittelwertes erfolgen, sodass der Unternehmenswert zwischen Ertrags- und Substanzwert zu liegen kommt.

4.3.4 Berücksichtigung der Steuern bei der Unternehmensbewertung

Der Einfluss der **Gewinnsteuern** auf den Unternehmenswert wird am konkreten Zahlenbeispiel der Star AG (siehe Abschnitt 4.3.2) erläutert:

	Jahr 1	**Jahr 2**	**Jahr 3**	**Jahr 4**	**Jahr 5**	**Folgejahre**
Fremdkapital (verzinslich)	100	100	100	100	100	100
Eigenkapital (Buchwert)	70	70	70	70	70	70
Gewinn vor Zinsen, vor Steuern (EBIT)	25	25	25	25	25	25
– Zinsen	-6	-6	-6	-6	-6	-6
= Gewinn nach Zinsen vor Steuern (EBT)	19	19	19	19	19	19
– Steuern	-5.7	-5.7	-5.7	-5.7	-5.7	-5.7
= Gewinn nach Zinsen nach Steuern	13.3	13.3	13.3	13.3	13.3	13.3
+ Zinsen	6	6	6	6	6	6
= Gewinn vor Zinsen nach Steuern (EBI)	19.3	19.3	19.3	19.3	19.3	19.3

Ergänzende Angaben
- Geforderte Eigenkapitalrendite (Eigenkapitalkostensatz) 12 %
- Fremdkapitalkostensatz 6 %
- Gewinnsteuersatz 30 %

Abb. 90: Überleitung vom EBIT zum EBI

Der Nettoertragswert (Equity-Ansatz) lässt sich mit diesen Angaben wie folgt berechnen:

$$\text{Nettoertragswert (Equity-Ansatz)} = \frac{\text{Gewinn} \times 100}{k_{EK}} = \frac{13.3 \times 100}{12} = 110.8$$

Möchte man den Ertragswert mittels Entity-Ansatz bestimmen, so gibt es grundsätzlich drei Möglichkeiten, die Steuern zu berücksichtigen. Entweder man berücksichtigt sie in der Herleitung der Gewinnbasis (Zähler), im Kapitalkostensatz (Nenner) oder man berechnet den steuerbedingten Mehrwert der Fremdfinanzierung als separaten Wertbestandteil.

Im ersten Fall werden die Steuern auf dem Gewinn nach Zinsen vor Steuern (EBT) berechnet, die steuerliche Abzugsfähigkeit der Zinsen also bei der Bestimmung der nachhaltigen Gewinngrösse berücksichtigt. Da der Wert der Gesamtunternehmung (Fremd- und Eigenkapitalgeber) gesucht ist, werden die Zinsen anschliessend wieder zum Reingewinn addiert. Dies ergibt den EBI. Zur Kapitalisierung ist der Kapitalkostensatz (WACC) ohne Steueradjustierung des Fremdkapitalkostensatzes heranzuziehen. Dieser wird in der Literatur auch als Kosten der Aktiven («Cost of Assets», k_A) bezeichnet.

Dies führt zu folgendem Kapitalkostensatz bzw. Nettoertragswert (Entity-Ansatz):

$$k_A = k_{EK} \times (EK/EK + FK) + k_{FK} \times (FK/EK + FK) = 12 \times \frac{110.8}{210.8} + 6 \times \frac{100}{210.8} = 9.154\%$$

$$\text{Nettoertragswert (Entity-Ansatz)} = \frac{EBI \times 100}{k_A} - FK = \frac{19.3 \times 100}{9.154} - 100 = 110.8$$

Bei der zweiten Variante geht man bei der Herleitung der Gewinngrösse vorerst von einer 100%igen Finanzierung mit Eigenkapital aus und berechnet die Steuern vom gesamten Gewinn vor Zinsen, also vom **EBIT**. Der Gewinn nach Steuern bei einer (hypothetisch angenommenen) 100%igen Finanzierung mit Eigenkapital wird als **NOPAT** (Net Operating Profit after Taxes) bezeichnet. Bei dieser Vorgehensweise fällt der Steuerbetrag zu hoch aus, weil die Fremdkapitalzinsen den Gewinn und damit die Steuerberechnungsbasis verkleinern.

Dieser «Fehler» wird dadurch kompensiert, dass man bei der Berechnung des gewichteten Kapitalkostensatzes (WACC) nicht den gesamten Fremdkapitalzinssatz nimmt, sondern von diesem den Steuersatz subtrahiert. Ein Fremdkapitalkostensatz von z.B. 6% wird bei einem Steuersatz von 30% nur mit 4.2% (6% × 0.7) in die Berechnung eingehen. Der Fremdkapitalzinsaufwand belastet die Erfolgsrechnung nicht mit dem vollen Betrag, da sich durch diesen Aufwand gleichzeitig der Gewinn verkleinert und damit entsprechend Steuern gespart werden.

Der WACC fällt durch diese Korrektur tiefer aus und wird in der Fachliteratur auch als **$WACC_s$** bezeichnet. Ein tieferer $WACC_S$ führt bei der Kapitalisierung zu einem höheren Bruttoertragswert. Dadurch wird der zu hohe Steuerabzug im ersten Schritt (Herleitung der Gewinnbasis bzw. des Zählers) in den Kapitalkosten (WACCs) kompensiert.

Bei Anwendung des $WACC_s$ und der Berechnung der Steuern vom EBIT resultiert der gleiche Nettoertragswert wie bei der exakten Ermittlung der Steuern in der Herleitung der Gewinngrösse:

$$k_{EK} \times (EK/EK + FK) + k_{FK} \times (1-s) \times (FK/EK + FK) = 12 \times \frac{110.8}{210.8} + 6\,(1-0.3) \times \frac{100}{210.8} = 8.3\%$$

$$\text{Nettoertragswert (Entity-Ansatz)} = \frac{\text{EBIT} \times (1-s) \times 100}{\text{WACC}_S} - \text{FK} = \frac{25 \times (1-0.3) \times 100}{8.3} - 100 = 110.8$$

Eine dritte Variante berechnet den durch die Fremdfinanzierung entstehenden Mehrwert (Steuerersparnis, «Tax Shield») gesondert. Dabei geht man zuerst wieder von einer 100 %igen Finanzierung mit Eigenkapital aus und berechnet die Gewinnsteuern vom EBIT. Der WACC geht aber ohne Korrektur beim Fremdkapitalzinssatz in die Berechnung ein, was also den Kosten der Aktiven (k_A) entspricht.

Beim **Tax Shield** wird in einem zweiten Schritt die durch den effektiven Fremdkapitalzinsaufwand bewirkte Steuerersparnis kapitalisiert und zum unverschuldeten Unternehmenswert addiert. Dies ergibt wieder den gleichen Brutto- bzw. Nettoertragswert wie bei den vorangehenden beiden Varianten:

$$\text{Bruttoertragswert unverschuldet} \quad \frac{\text{EBIT} \times (1-s) \times 100}{k_A} = \frac{25 \times (1-0.3) \times 100}{9.154} = 191.1$$

$$\text{Wert «Tax Shield»} \quad \frac{(\text{FK} \times i \times s) \times 100}{k_A} = \frac{(100 \times 0.06 \times 0.3) \times 100}{9.154} = 19.7$$

Bruttoertragswert inkl. Wert «Tax Shield»	210.8
./. Fremdkapital (verzinslich)	-100.0
Nettoertragswert inkl. Wert «Tax Shield»	110.8

Wie die vorangehenden Beispiele gezeigt haben, müssen bei korrekter Anwendung alle drei Methoden zum selben Ergebnis führen. In der Praxis hat sich Ansatz 2 (Berechnung der Steuern vom EBIT und Berücksichtigung der Steuerersparnis im WACC_S) weitestgehend durchgesetzt. Diese Variante hat den Vorteil, dass man sich bei der Prognose der zukünftigen Gewinne bzw. Cashflows noch keine Gedanken zur Finanzierung machen muss.

4.3.5 Discounted Cashflow (DCF)-Methode

Im Zuge der starken Verbreitung der Konzepte zur wertorientierten Unternehmungsführung gewann auch die so genannte **Discounted Cashflow-Methode**, kurz **DCF-Methode**, stark an Bedeutung. Sie hat sich mittlerweile auch in der Schweiz als «Best Practice»-Ansatz durchgesetzt (Hörler, Hauser & Gehrig, 2018, S. 39). Der Expertenverband für Wirtschaftsprüfung, Steuern und Treuhand, EXPERTsuisse (2018), hat sich in der jüngst erschienenen «Fachmitteilung zur Bewertung von KMU» ebenfalls für die DCF-Methode ausgesprochen. Bei der DCF-Methode berechnet man den Unternehmenswert, indem die zukünftigen Free Cashflows auf den Bewertungszeitpunkt diskontiert werden. Die Diskontierung erfolgt zum steueradjustierten Gesamtkapitalkostensatz (WACC_S) der Unternehmung. Dieser ist – wie in Abschnitt 4.2.4 bzw. 4.3.4 beschrieben – ein gewogenes Mittel der Renditeforderungen der Eigen- und Fremdkapitalgeber. Als Gewichtungsfaktoren dienen die Anteile des Fremd- und Eigenkapitals zu Marktwerten.

Die konkrete Vorgehensweise der Unternehmensbewertung nach der DCF-Methode sei anhand des nachfolgenden Beispiels (CompuTrading) erklärt:

Die CompuTrading, eine kleinere, nicht kotierte Schweizer EDV-Handelsunternehmung, soll per 31.12.201x bewertet werden. Es liegen folgende Angaben vor (in TCHF):

Bilanz per 31.12.201x

Umlaufvermögen	1500	Kreditoren	400
Anlagevermögen	300	Langfr. Rückstellungen	300
		Langfr. Darlehen (verzinslich)	400
		Eigenkapital	700
Total Aktiven	1800	Total Passiven	1800

Erfolgsrechnung Jahr 0

Umsatz	3600
./. Warenaufwand	-1980
./. Personalaufwand	-1000
./. Übriger Betriebsaufwand	-400
EBITDA	220
./. Abschreibungen	-150
EBIT	70
./. Zinsaufwand	-16
EBT	54
./. Steuern (25%)	-14
Reingewinn	40

Prognoseannahmen

- Die Umsätze werden wie folgt prognostiziert:
  Jahr 1: 3900 | Jahr 2: 4200 | Jahr 3: 4500 | Jahr 4: 4800 | Jahr 5: 5000 | Folgejahre: 5000
- Die Bruttogewinnmarge bleibt konstant.
- Der Personalaufwand nimmt im Jahr 3 um 200 zu, da zusätzliche Mitarbeitende eingestellt werden. In den Jahren 4 und 5 beträgt die Steigerung jährlich +100. In den Folgejahren entspricht der Personalaufwand dem Jahr 5.
- Der übrige Betriebsaufwand nimmt während den expliziten Prognosejahren jährlich um 20 zu. In den Folgejahren bleibt dieser konstant bei 500.
- Die Abschreibungen betragen jeweils 20% des Anlagevermögens zu Jahresbeginn.
- Es werden wie folgt Investitionen ins Anlagevermögen geplant:
  Jahr 1: 200 | Jahr 2: 150 | Jahr 3: 150 | Jahr 4: 102 | Jahr 5: 56 | Folgejahre: So viel wie abgeschrieben wird.
- Das Nettoumlaufvermögen beträgt jeweils 30% des Umsatzes.
- Die langfristigen Rückstellungen bleiben unverändert.
- Der Steuersatz verändert sich nicht.

Abb. 91: Ausgangslage der CompuTrading

Die DCF-Methode kann in fünf Schritte gegliedert werden:

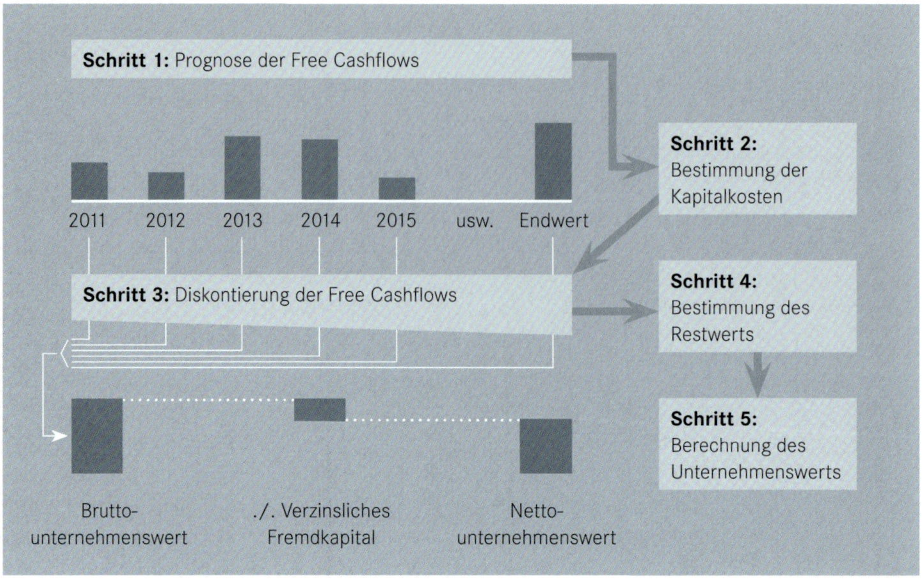

Abb. 92: DCF-Methode im Überblick

Schritt 1: Prognose der Free Cashflows

Die Free Cashflows (Entity) werden in der Regel aus der Plan-Bilanz und Plan-Erfolgsrechnung abgeleitet:

	EBIT
–	Steuern (als Prozentsatz des EBIT)
=	NOPAT
+	Abschreibungen
–/+	Erhöhung(-)/Reduktion(+) operatives Nettoumlaufvermögen
–/+	Investitionen(-)/Desinvestitionen(+) Anlagevermögen
+/–	Zunahme(+)/Abnahme(-) langfristiges unverzinsliches Fremdkapital (z. B. Rückstellungen)
=	**Free Cashflow (Entity)**

Abb. 93: Herleitung Free Cashflow

Der Aufstellung liegt die Annahme zugrunde, dass das Unternehmen zu 100 % mit Eigenkapital finanziert ist. Die Steuern werden vom EBIT berechnet – im Gegenzug erfolgt die Diskontierung der Free Cashflows mit dem steueradjustierten $WACC_S$ (vgl. Abschnitt 4.3.4).

Bevor die zukünftigen Free Cashflows überhaupt prognostiziert werden können, sind insbesondere bei KMU in der Regel zuerst die Jahresabschlüsse der letzten 1–5 Jahre zu bereinigen. Dabei sind vor allem die stillen Reserven (inkl. Veränderung) zu neutralisieren und die nicht-betrieblichen Werte zu eliminieren. Bei KMU ebenfalls von grosser Bedeutung dürfte die Festlegung eines angemessenen, marktüblichen Lohns für die Eigentümerschaft sein. Im Rahmen der DCF-Bewertung interessieren die Free Cashflows vor Zinsen (Entity), also diejenigen Cashflows, welche sowohl den Fremd- wie auch den Eigenkapitalgebern zustehen.

In einem weiteren Schritt müssen die Plan-Bilanzen und Plan-Erfolgsrechnungen prognostiziert werden. Dafür gibt es grundsätzlich zwei Möglichkeiten:

- **Percentage of Sales Methode:** Der Umsatz wird prognostiziert und die anderen Positionen der Bilanz und Erfolgsrechnung werden prozentual davon abgeleitet (z. B. Warenaufwand, Debitoren).
- **T-Account-Methode:** Die einzelnen Posten der Bilanz und Erfolgsrechnung werden separat prognostiziert und nicht direkt vom Umsatz abgeleitet (z. B. Abschreibungen, Steuern).

Aufgrund der Prognoseannahmen ergeben sich bei der CompuTrading nun folgende zukünftige Free Cashflows:

Text	Jahr 1	Jahr 2	Jahr 3	Jahr 4	Jahr 5	Folgej.
Anlagevermögen Jahresbeginn	300	440	502	552	544	491
./. Abschreibungen (20 %)	-60	-88	-100	-110	-109	-98
+ Investitionen Anlagevermögen	200	150	150	102	56	98
Anlagevermögen Jahresende	440	502	552	544	491	491
Nettoumlaufvermögen Jahresbeginn	1100	1170	1260	1350	1440	1500
Umsatz	3900	4200	4500	4800	5000	5000
Nettoumlaufvermögen Jahresende (30 % vom Umsatz)	1170	1260	1350	1440	1500	1500
Veränderung gegenüber Vorjahr	70	90	90	90	60	0
Text	**Jahr 1**	**Jahr 2**	**Jahr 3**	**Jahr 4**	**Jahr 5**	**Folgej.**
Umsatz	3900	4200	4500	4800	5000	5000
./. Warenaufwand	-2145	-2310	-2475	-2640	-2750	-2750
./. Personalaufwand	-1000	-1000	-1200	-1300	-1400	-1400
./. Übriger Betriebsaufwand	-420	-440	-460	-480	-500	-500
= EBITDA	335	450	365	380	350	350
./. Abschreibungen	-60	-88	-100	-110	-109	-98
= EBIT	275	362	265	270	241	252
./. Steuern	-69	-91	-66	-68	-60	-63
= NOPAT	206	271	199	202	181	189
+ Abschreibungen	60	88	100	110	109	98
./. Investitionen NUV	-70	-90	-90	-90	-60	0
./. Investitionen AV	-200	-150	-150	-102	-56	-98
= Free Cashflow (Entity)	**-4**	**119**	**59**	**120**	**174**	**189**

Abb. 94: Prognose der Free Cashflows der CompuTrading

Schritt 2: Bestimmung der Kapitalkosten

Nachdem die Free Cashflows bestimmt sind, müssen diese mit einem risikogerechten **Kapitalkostensatz** auf den Bewertungsstichtag diskontiert werden. Bei der DCF-Bewertung auf Entity-Basis wird das Unternehmen als Ganzes bewertet. Folglich muss sich der Diskontsatz auf das gesamte zur Verfügung gestellte Kapital (Fremd- und Eigenkapital) beziehen. Da die Steuern vom EBIT berechnet wurden, muss für die Diskontierung der $WACC_S$ verwendet werden (vgl. Abschnitt 4.3.4). Im Folgenden werden verschiedene Methoden gezeigt, wie die Eigen- und Fremdkapitalkosten in der Praxis hergeleitet werden können.

Zur Herleitung der Eigenkapitalkosten dominieren in der Praxis zwei Methoden:

- **Einfaches Zuschlagsverfahren** bzw. **einfacher Risikokomponenten-Ansatz**
- **Capital Asset Pricing Model** (CAPM, siehe Abschnitt 5.5)

Beim einfachen Zuschlagsverfahren werden ausgehend vom risikolosen Zinssatz subjektiv geschätzte Risikozuschläge addiert. Dabei erfolgt in der Regel ein Zuschlag für das allgemeine Unternehmensrisiko, spezifische Zuschläge (z.B. in Abhängigkeit der Branche oder der Kapitalstruktur) sowie ein Zuschlag für klein kapitalisierte Unternehmen (Lütolf, Rupp & Birrer, 2018, S. 143 f.; Hauser & Turnes, 2017, S. 58 f.). Die Eigenkapitalkosten lassen sich mit diesem Ansatz beispielhaft wie folgt herleiten:

Risikoloser Zinssatz (risikolose Staatsanleihe)	ca. 0–1%
+ Allgemeines Marktrisiko (Risikozuschlag des Marktes für Aktien im Allgemeinen)	ca. 6–7%
+ Zuschlag für allgemeines Unternehmungsrisiko (Branche, Kostenstruktur, Kapitalstruktur etc.)	ca. 0–7%
+ Grössenzuschlag («Small Cap»-Prämie)	ca. 2–5%
= Eigenkapitalkosten (respektive geforderte Eigenkapitalrendite)	**ca. 8–20%**

Abb. 95: Eigenkapitalkosten gemäss einfachem Zuschlagsverfahren

Die grösste Kritik beim einfachen Zuschlagsverfahren besteht darin, dass sich die Risikozuschläge zum Teil überlappen und nicht objektiv geschätzt werden können. Deshalb erfreut sich das auf Marktdaten basierende Capital Asset Pricing Model (CAPM) auch bei der Bewertung von KMU zunehmender Beliebtheit.

Beim CAPM setzen sich die Eigenkapitalkosten ebenfalls aus einem risikolosen Zinssatz und einer Risikoprämie zusammen. Im Unterschied zum einfachen Zuschlagsverfahren wird die Risikoprämie aber nicht subjektiv geschätzt, sondern entspricht der mittels unternehmensindividuellem Beta-Faktor multiplizierten Marktrisikoprämie (zur Bestimmung bzw. Herleitung der einzelnen Parameter siehe nachfolgende Ausführungen oder Abschnitt 5.3.2):

Eigenkapitalkostensatz $(k_{EK}) = rf + \beta(r_m - r_f)$

r_f = Risikoloser Zinssatz — r_m = Rendite des Marktportfolios

$(r_m - r_f)$ = Marktrisikoprämie — β = Beta

Abb. 96: Herleitung Eigenkapitalkosten gemäss CAPM

Der **risikolose Zinssatz** stellt den Ausgangspunkt zur Berechnung der Eigenkapitalkosten dar und entspricht grundsätzlich der Rendite einer risikolosen Staatsanleihe. Da bei der Unternehmensbewertung in der Regel von einer unendlichen Lebensdauer ausgegangen wird, sollte auch ein risikoloser Zinssatz mit einer möglichst langen Laufzeit gewählt werden. In der Schweiz sind dies Bundesobligationen mit einer Laufzeit von 10 bis 30 Jahren. Aktuell (Stand 07.02.2020) ist die Rendite von Obligationen der Eidgenossenschaft für alle Laufzeiten negativ. Es stellt sich im Rahmen der Bewertung daher die Frage, ob es Sinn macht, bis in alle Ewigkeit von einem negativen Zinsniveau auszugehen, da die Inflation irgendwann wieder anziehen wird. Alternativ könnte zum Beispiel auch ein durchschnittlicher Zinssatz der letzten 10 Jahre beigezogen werden. Abbildung 97 stellt die Entwicklung des risikolosen Zinssatzes über die letzten 10 Jahre dar:

Abb. 97: Entwicklung der Rendite 30-jähriger Bundesobligationen in der Schweiz (Quelle: SNB)

Insgesamt dürften risikolose Zinssätze zwischen 0 und 2% angemessen sein.

Die **Marktrisikoprämie** entspricht der Differenz zwischen der erwarteten Marktrendite und dem risikolosen Zinssatz. Für Schweizer Unternehmen stützt man sich zur Bestimmung der Marktrendite typischerweise auf den breitesten Aktienindex, den Swiss Performance Index (SPI).

Mit der Pictet-Studie besteht eine jährlich aufdatierte Basis für den Markt Schweiz, welche zeigt, dass über einen langen Zeitraum (seit 1926) Aktienrenditen von durchschnittlich 7 bis 8% pro Jahr erzielt werden konnten. Nimmt man dies auch als Annahme für die zukünftige Marktrendite und zieht davon den entsprechenden risikolosen Zinssatz ab, ergibt sich eine Marktrisikoprämie von 6 bis 8% (vgl. Abbildung 98).

Wie der Abbildung 98 entnommen werden kann, hat sich die Marktrisikoprämie im Zuge der Tiefzinspolitik kontinuierlich erhöht. Geht man nun also von einem aktuellen Zinsniveau von um die 0% aus, so dürfte eine Marktrisikoprämie von rund 8% angemessen sein. Stützt man sich hingegen auf ein historisches Zinsniveau von 1–2%, so wäre eine leicht tiefere Marktrisikoprämie von 6–7% zu wählen. Erwartet man für die Schweiz auch zukünftig eine Marktrendite von 7–8%, so muss die Summe aus risikolosem Zinssatz und Marktrisikoprämie auch in diesem Korridor liegen.

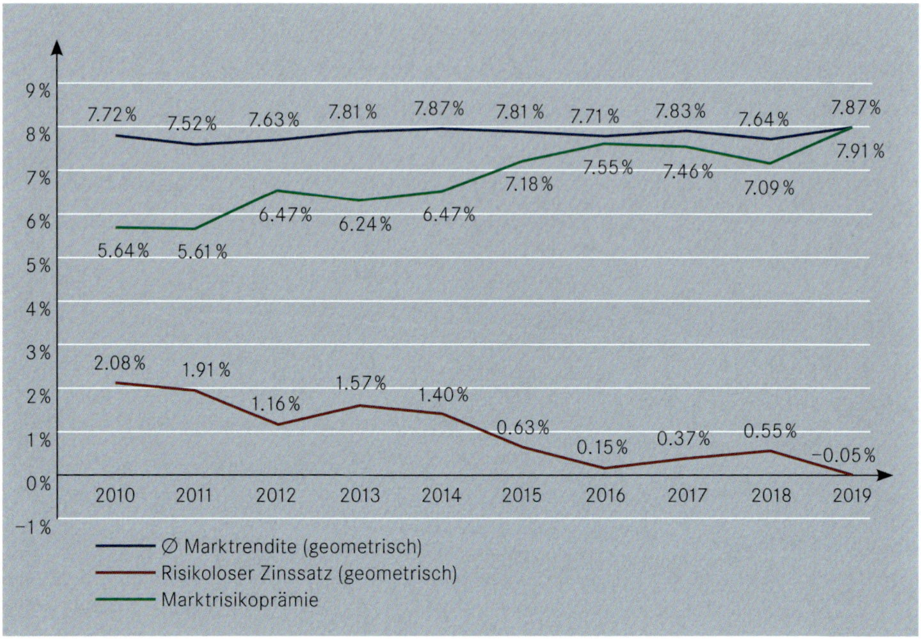

Abb. 98: Marktrendite, risikoloser Zinssatz und Marktrisikoprämie in der Schweiz (Quelle: SNB, Pictet & Cie)

4

Die dritte Grösse, die zur Bestimmung der Eigenkapitalkosten gemäss CAPM benötigt wird, ist der **Beta-Faktor** (siehe auch Abschnitt 5.5). Während der risikolose Zinssatz und die Marktrisikoprämie grundsätzlich für alle Unternehmen in der Schweiz gleich sein sollten, ist der Beta-Faktor unternehmensspezifisch. Er bringt zum Ausdruck, wie stark eine Unternehmung dem allgemeinen Marktrisiko ausgesetzt ist, also Konjunkturschwankungen unterliegt (Schmid & Hüttche, 2019a, S. 272).

Um die Abhängigkeit einer Unternehmung vom Gesamtmarkt zu bestimmen, stützt man sich in der Regel auf Aktienrenditen und setzt diese in Verbindung zur Marktrendite. Da für KMU jedoch keine Aktienrenditen vorliegen, muss der Beta-Faktor alternativ geschätzt werden. Eine Variante ist, auf ein branchenübliches Beta abzustützen. Die Compu-Trading ist im Bereich EDV-Handel tätig. Stützt man sich z.B. auf die jährlich aktualisierte und breit gefasste Auswertung von Damodaran, ergibt sich für die Branche «Computers/Peripherals» ein Beta-Faktor von 1.44.

Industrie	**Beta**	**Verhältnis Fremdkapital/Eigenkapital (zu Marktwerten)**
Cable TV	1.19	200.64 %
Chemical (Basic)	0.92	47.61 %
Chemical (Diversified)	1.79	37.61 %
Chemical (Specialty)	1.22	22.00 %
Coal & Related Energy	1.10	21.98 %
Computer Services	1.05	16.99 %
Computers/Peripherals	**1.44**	**22.44 %**
Construction Supplies	1.20	49.71 %

Abb. 99: Branchen-Beta und Kapitalstruktur (Quelle: http://www.stern.nyu.edu/~adamodar/pc/datasets/betaEurope.xls, Stand 07.02.2020)

Alternativ könnte man anstelle eines durchschnittlichen Branchen-Betas auch Betas von ausgewählten Vergleichsunternehmen derselben Branche, eine sogenannte «Peer Group», heranziehen, um das Beta des zu bewertenden Unternehmens CompuTrading zu approximieren. Idealerweise sollten die Vergleichsunternehmen bezüglich Geschäftsmodell, Kostenstruktur, Kapitalstruktur, Grösse etc. grosse Ähnlichkeiten aufweisen.

Börsenkotierte Schweizer Vergleichsunternehmen («Peer Group») aus dem Bereich «IT»:

Unternehmen	**Beta**
ALSO Holding AG	0.59
Cicor Technologies Ltd	0.98
Crealogix Holding AG	0.64
Kudelski SA	0.88
LEM Holding SA	0.62
Logitech International SA	1.15
SAP SE	1.38
Temenos AG	0.89
Durchschnitt	**0.81**

Abb. 100: Beta ausgewählter Schweizer Vergleichsunternehmen (Quelle: Yahoo Finance, Stand 07.02.2020)

Die «Peer Group»-Analyse zeigt, wie stark sich die individuellen Beta-Faktoren zum Teil unterscheiden, obwohl es sich um Unternehmen aus der gleichen Industrie handelt. Erschwerend kommt hinzu, dass in der Schweiz nur ca. 200 Unternehmen börsenkotiert sind und daher oftmals nur sehr wenige oder gar keine direkt vergleichbaren Unternehmen gefunden werden. Als Ausweg bietet sich an, die Suche auf andere Länder auszuweiten oder eben durchschnittliche Branchen-Betas beizuziehen.

Wenn man sich auf Betas von Vergleichsunternehmen oder der Branche abstützt, ist es wichtig, dass die Kapitalstruktur (zu Marktwerten) ebenfalls zu derjenigen des Bewertungsobjekts passt. Weist das zu bewertende KMU eine deutlich andere Kapitalstruktur auf als die börsenkotierten Vergleichsunternehmen, so ist das Beta um das Kapitalstrukturrisiko anzupassen, das Beta also entsprechend zu «unlevern» bzw. «relevern» (siehe z.B. Lütolf, Rupp & Birrer, 2018, S. 134 ff. oder Hüttche & Meier-Mazzucato, 2018, S. 119 ff.).

In zahlreichen Studien hat sich gezeigt, dass kleinere Unternehmen höhere Renditen abwerfen als aus Sicht des Risikos (Beta) vergleichbare grössere Unternehmen. Begründet wird dies damit, dass kleinere Unternehmen einem grösseren Risiko ausgesetzt sind (z.B. Geschäftsmodell weniger gut diversifiziert) und ihre Aktien nur eingeschränkt handelbar sind (= Illiquiditätsrisiko). Im Rahmen der Bewertung von KMU wird dieses grössenabhängige Risiko typischerweise als Zuschlag («Small Cap»-Prämie) auf den Eigenkapitalkosten berücksichtigt. In Anlehnung an eine Studie von PwC und aktuelle empirische Untersuchungen scheinen «Small Cap»-Prämien für KMU von 3 bis 5% vertretbar (Cheridito & Schneller, 2008, S. 417; Duff & Phelps, 2019; Schmid & Hüttche, 2019a, S. 274). Abbildung 101 zeigt die je nach Marktkapitalisierung (Grösse) beobachtbare «Small Cap»-Prämie.

Dezil	Marktkapitalisierung der kleinsten Unternehmung (in Mio. USD)	Marktkapitalisierung der grössten Unternehmung (in Mio. USD)	Small Cap-Prämie (Überrendite, welche nicht durch das Beta bzw. das CAPM erklärbar ist)
1	29 429	1 073 391	-0.30%
2	13 513	29 023	0.52%
3	7 276	13 456	0.81%
4	4 504	7 254	0.85%
5	2 996	4 504	1.28%
6	1 962	2 992	1.50%
7	1 293	1 960	1.58%
8	730	1 292	1.80%
9	325	728	2.46%
10	2	322	5.22%
Mid Cap (3–5)	2 996	13 456	0.89%
Low Cap (6–8)	730	2 992	1.58%
Micro Cap (9–10)	2	728	3.39%

Abb. 101: Marktkapitalisierung und Small Cap-Prämie

Beim Übungsbeispiel CompuTrading soll eine Small-Cap-Prämie von 4% berücksichtigt werden. Für das Beta wird der Branchendurchschnitt der «Computers/Peripherals-Industrie» in Höhe von 1.44 genommen (siehe Abbildung 99). Als risikolosen Zinssatz werden 1% verwendet und als Marktrisikoprämie 7%. Damit lassen sich die **Eigenkapitalkosten** gemäss CAPM nun wie folgt herleiten:

Risikoloser Zinssatz		1.00 %
+ (Beta x Marktrisikoprämie)	(1.44 × 7%)	10.08 %
+ «Small Cap»-Prämie		4.00 %
= Eigenkapitalkosten (k_{EK})		15.08 %

Abb. 102: Eigenkapitalkosten der CompuTrading gemäss CAPM

In einem nächsten Schritt gilt es nun, die **Fremdkapitalkosten** der CompuTrading herzuleiten. Diese können auf zwei Arten ermittelt werden:

- Man setzt den effektiven Zinsaufwand in Beziehung zum verzinslichen Fremdkapital:

$$\text{Fremdkapitalkostensatz } (k_{FK}) = \frac{\text{Zinsaufwand}}{\text{Verzinsliches Fremdkapital}} = \frac{16}{400} = 4\,\%$$

- Mittels synthetischem Rating (Verfügt ein Unternehmen über kein eigenes Rating, so kann dieses über das sogenannte Zinsaufwandverhältnis hergeleitet werden.):

$$\text{Zinsaufwandverhältnis} = \frac{\text{EBIT}}{\text{Zinsaufwand}} = \frac{70}{16} = 4.375$$

Mit Hilfe des Zinsaufwandverhältnisses kann der Credit Spread aus einer Tabelle abgelesen werden:

Zinsaufwandverhältnis			
von	**bis**	**Rating**	**Spread**
12.50	...	Aaa/AAA	0.63 %
9.50	12.49	Aa2/AA	0.78 %
7.50	9.49	A1/A+	0.98 %
6.00	7.49	A2/A	1.08 %
4.50	5.99	A3/A-	1.22 %
4.00	**4.49**	**Baa2/BBB**	**1.56 %**
3.50	3.99	Ba1/BB+	2.00 %
3.00	3.49	Ba2/BB	2.40 %
2.50	2.99	B1/B+	3.51 %
2.00	2.49	B2/B	4.21 %
1.50	1.99	B3/B-	5.15 %
1.25	1.49	Caa/CCC	8.20 %
0.80	1.24	Ca2/CC	8.64 %
0.50	0.79	C2/C	11.34 %
...	0.49	D2/D	15.12 %

Abb. 103: Synthetisches Rating und Credit Spread (Quelle: http://www.stern.nyu.edu/~adamodar/pc/ratings.xls, Stand 07.02.2020)

Bei einem Zinsaufwandverhältnis von 4.375 ergibt sich ein Rating Baa2/BBB mit einem Credit Spread von 1.56 %. Unter Annahme eines risikolosen Zinssatzes von 0 % ergeben sich aufgrund des synthetischen Ratings somit folgende Fremdkapitalkosten:

Risikoloser Zinssatz	0.00 %
+ Credit Spread	1.56 %
= Fremdkapitalkosten (k_{FK})	**1.56 %**

Abb. 104: Fremdkapitalkosten der CompuTrading gemäss synthetischem Rating

Die Fremdkapitalkosten könnten auch mit einem tatsächlichen Rating ermittelt werden. Dieses Vorgehen findet man in der Praxis aber selten, da nur wenige Unternehmen über ein eigenes Kreditrating verfügen. Es bestehen jedoch für die meisten Kreditnehmer von Schweizer Banken so genannte bankinterne Ratings, die den Kreditnehmern in der Regel auch mitgeteilt werden.

Für die $WACC_S$-Berechnung der CompuTrading wird der Fremdkapitalkostensatz mittels synthetischem Rating verwendet. Als Gewichtungsfaktoren dienen die Anteile des Fremd- und Eigenkapitals zu **Marktwerten**. Da die CompuTrading nicht börsenkotiert ist und der Marktwert des Eigenkapitals somit nicht verfügbar ist, wird im vorliegenden Fall die durchschnittliche Kapitalstruktur der Branche als Zielkapitalstruktur des KMUs beigezogen. Alternativ könnte man auch einfach mal eine beliebige Kapitalstruktur unterstellen, den Unternehmenswert berechnen und dann die Kapitalstruktur so lange iterieren, bis das Verhältnis von Fremdkapital (Finanzverbindlichkeiten) zu Bruttounternehmenswert der bei den Kapitalkosten angenommenen Kapitalstruktur entspricht (Schmid, 2019, S. 27 f.). Händisch mühsam, lässt sich dies mittels einer Bewertungsapplikation oder einem Tabellenkalkulationsprogramm (Excel) relativ einfach und rasch bewerkstelligen.

Das Fremdkapital in der «Computers/Peripherals»-Branche beträgt gemäss Abb. 98 im Durchschnitt 22.44 % des Eigenkapitals zu Marktwerten. Gesucht ist aber die Eigenkapital- beziehungsweise die Fremdkapitalquote. Das FK/EK-Verhältnis lässt sich leicht umrechnen:

$$\text{Eigenkapitalquote} = \frac{EK}{EK + FK} = \frac{\frac{EK}{EK}}{\frac{EK}{EK} + \frac{FK}{EK}} = \frac{1}{1 + \frac{FK}{EK}} = \frac{1}{1 + 0.2244} = 81.67\%.$$

Somit beträgt die Fremdkapitalquote zu Marktwerten 18.33 % (als Differenz zu 100 %). Jetzt stehen alle Informationen für die Berechnung des steueradjustierten $WACC_S$ zur Verfügung:

$$WACC_S = k_{EK} \times \frac{EK}{EK + FK} + k_{FK} \times (1 - s) \times \frac{FK}{EK + FK}$$

$$WACC_S = 15.08\% \times 0.8167 + 1.56\% \times (1 - 0.25) \times 0.1833 = \mathbf{12.53\%}$$

Abb. 105: Steueradjustierter Gesamtkapitalkostensatz ($WACC_S$) der CompuTrading

Schritt 3: Diskontierung der Free Cashflows Detailplanungszeitraum (Jahre $t_1 - t_5$)

Mit diesem Schritt wird der Barwert der Free Cashflows des Detailplanungszeitraums ermittelt (siehe auch Abschnitt 3.2.3, Aufzinsung/Abzinsung). Im Fall CompuTrading handelt es sich um einen expliziten Planungshorizont von 5 Jahren:

	Jahr 1	Jahr 2	Jahr 3	Jahr 4	Jahr 5
Free Cashflow	-4	119	59	120	174
Barwert ($WACC_s$ = 12.53 %)	-3.6	94.0	41.4	74.8	96.4
Barwert FCF_{1-5} total	303.1				

Abb. 106: Barwerte der Free Cashflows des Detailplanungszeitraums der CompuTrading

Schritt 4: Bestimmung des Restwerts

Eine schwierige Aufgabe ist die Ergebnisschätzung für die in ferner Zukunft (im vorliegenden Beispiel für die Jahre t_6 bis ∞) liegenden Zeitperioden. Der Restwert, auch Residualwert oder Terminal Value genannt, macht oft einen beträchtlichen Teil des gesamten Unternehmenswerts aus. Es ist deshalb absolut zentral, ökonomisch sinnvolle Annahmen zu treffen.

In der Regel geht man für die Berechnung des Restwertes davon aus, dass sich die Unternehmung in einem eingeschwungenen Zustand befindet (sogenannter «Steady State») und kein oder nur ein geringes Wachstum bis in alle Ewigkeit erzielt werden kann. Dies hat zur Folge, dass sich Abschreibungen und Investitionen in etwa entsprechen sollten und sich das Nettoumlaufvermögen nicht mehr gross verändern sollte. Unter diesen speziellen Voraussetzungen (Abschreibungen = Investitionen und Veränderung NUV = 0) entsprechen die zukünftigen Free Cashflows den zukünftigen Betriebsgewinnen nach Steuern (NOPAT).

Bei der wohl am häufigsten eingesetzten Methode zur Bestimmung des Restwertes nimmt man an, dass die Free Cashflows nach der expliziten Prognoseperiode die Form einer ewigen Rente annehmen. Der Restwert t_5 (oder allgemein T) entspricht dem Quotienten aus dem gleichbleibenden Free Cashflow je Periode und dem steueradjustierten $WACC_s$.

Das Resultat entspricht dem Residualwert sämtlicher zukünftiger Free Cashflows bezogen auf das Ende des Detailplanungszeitraums (t_5 oder allgemein Ende T). Jetzt muss dieser Residualwert noch auf den Bewertungsstichtag (t_0) diskontiert werden. Dazu wählt man ein analoges Vorgehen wie bei den Detailplanungsjahren ($t_1 - t_5$). Beide Teilschritte zusammen können in einer Formel wie folgt dargestellt werden:

$$\text{Restwert } (t_0) = \frac{\text{Free Cashflow T+1}}{WACC_s} \times \frac{1}{(1+WACC_s)^T}$$

Geht man hingegen davon aus, dass das Unternehmen nach dem Detailplanungszeitraum ein langfristiges Gleichgewicht erreicht hat, in dem alle Erträge, Kosten und Investitionen mit der gleichen Rate wachsen (z. B. in Höhe der Inflation oder des BIP-Wachstums) und die Margen folglich konstant bleiben, so muss die Formel durch die Wachstumsrate (g) ergänzt werden:

$$\text{Restwert } (t_0) = \frac{\text{Free Cashflow T} \times (1+g)}{WACC_s - g} \times \frac{1}{(1+WACC_s)^T}$$

Bei Annahme eines konstanten (ewigen) Wachstums muss auch die Frage geklärt werden, in welchem Umfang sich das Nettoumlaufvermögen verändert und welcher Teil des operativen Cashflows jeweils in Form von Neuinvestitionen reinvestiert werden muss. Das Ausmass des jährlich möglichen Wachstums wird auch von der Höhe der erwarteten Inflationsrate beeinflusst. Das Werttreiber- bzw. Wertfaktorenmodell bringt diese Grössen ins Gleichgewicht und leitet den normalisierten Free Cashflow modellhaft her (siehe z.B. Loderer & Wälchli, 2010, S. 279 ff. oder Hüttche & Meier-Mazzucato, 2018, S. 101 ff.).

Bei der CompuTrading gehen wir von einem konstanten (ewigen) Free Cashflow (Entity) auf Basis des letzten Detailplanungsjahres von 189 aus (siehe Schritt 1). Der Restwert errechnet sich wie folgt:

$$\text{Restwert } (t_0) = \frac{189}{0.1253} \times \frac{1}{(1+0.1253)^5} = \mathbf{835.9}$$

Abb. 107: Restwert der CompuTrading ohne Wachstum

Ginge man von einem ewigen jährlichen Wachstum der Free Cashflows von 2% aus, so würde folgender Restwert resultieren::

$$\text{Restwert } (t_0) = \frac{189 \times (1+0.02)}{0.1253-0.02} \times \frac{1}{(1+0.1253)^5} = \mathbf{1014.6}$$

Abb. 108: Restwert der CompuTrading mit ewigem Wachstum

Damit wird deutlich, welch grossen Einfluss ein angenommenes jährliches Cashflow-Wachstum auf den Restwert hat. In unserem Beispiel würde der Restwert bei einem ewigen Wachstum von 2% um rund 21% höher ausfallen. Im vorliegenden Fall der CompuTrading schwankt der prognostizierte Free Cashflow über den Detailplanungszeitraum relativ stark. Man könnte sich daher allenfalls überlegen, den Restwert nicht auf Basis des letzten Detailplanjahres zu schätzen, sondern beispielsweise als Durchschnitt der Detailplanjahre.

Schritt 5: Berechnung des Unternehmenswerts

Die Barwerte der Free Cashflows des Detailplanungszeitraums ($t_1 - t_5$) sowie der Barwert der Free Cashflows des Restwerts ($t_6 - \infty$) ergeben als Summe den **Bruttounternehmenswert**. Durch Subtraktion des verzinslichen Fremdkapitals erhält man den **Nettounternehmenswert.** Allfällig ausgeschiedene nicht-betriebsnotwendige Vermögenswerte (z.B. überschüssige flüssige Mittel, Liegenschaften) wären zusätzlich zum betrieblichen Unternehmenswert hinzuzuschlagen.:

Barwert Free Cashflows Detailplanungszeitraum (t_1-t_5)	303.1
+ Barwert Restwert (t_6 bis ∞) ohne Wachstum	835.9
= Bruttounternehmenswert	1139
./. Verzinsliches Fremdkapital	-400
= Nettounternehmenswert	739

Abb. 109: Brutto- und Nettounternehmenswert der CompuTrading

Obwohl die DCF-Methode theoretisch korrekt ist, beinhaltet sie doch einige praktische Herausforderungen: In den meisten Fällen können zwar aufgrund der Plan-Bilanzen und Plan-Erfolgsrechnungen die Free Cashflows für den Detailplanungszeitraum plausibel hergeleitet werden. Hingegen kann es – vor allem bei KMUs – sehr schwierig sein, die Free Cashflows für die langfristige Zukunft abzuschätzen, d.h. in unserem Musterbeispiel ab dem Jahr t_6 bis ∞. Der Restwert macht aber in der Regel einen wesentlichen Teil des gesamten Unternehmenswerts aus, nicht selten zwischen 60 und 80%. In unserem Beispiel beträgt der Restwert ca. 73% des Bruttounternehmenswerts.

Bei kleineren Unternehmungen stellt sich grundsätzlich die Frage, ob bei der Ermittlung des Unternehmenswerts von einer unendlichen Lebensdauer der Unternehmung ausgegangen werden kann. Alternativ könnte man aufgrund der konkreten Verhältnisse eine begrenzte Lebensdauer annehmen und als Gegenwert für den Verkauf der Vermögenswerte am Ende der Laufzeit einen angemessenen Liquidationswert berücksichtigen.

Bei nicht an der Börse kotierten Unternehmungen kann auch die Herleitung der Renditeerwartung der Eigenkapitalgeber problematisch sein, da möglicherweise keine geeigneten Vergleichsunternehmen zu finden sind. Die Anwendung des $WACC_S$ als Diskontierungssatz setzt zudem eine konstante Kapitalstruktur voraus, was in der Praxis doch eher selten der Fall sein dürfte. Diese Nachteile treffen jedoch nicht nur auf die DCF-Methode zu, sondern auf alle zukunftsorientierten Verfahren, also auch auf die Ertragswertmethode.

4.3.6 Übergewinnmethode

Die **Übergewinnmethode** basiert auf dem Gedanken, dass Unternehmen langfristig nur eine Normalverzinsung des eingesetzten Kapitals erwirtschaften können. Als Normalverzinsung wird die Renditeerwartung der Investoren herangezogen (vgl. auch Abschnitt 4.2.4

oder Abschnitt 4.3.5, Schritt 2). Darüber hinausgehende Mehrgewinne (Übergewinne) beruhen auf überdurchschnittlichen unternehmerischen Fähigkeiten, einer guten Konjunkturlage oder etwa einer Monopol- oder Nischenstellung und sind somit in der Regel zeitlich begrenzt (Ernst, Schneider & Thielen, 2018, S. 6).

Der Übergewinn – also die Differenz zwischen der effektiven Rentabilität und der Normalverzinsung, multipliziert mit dem Substanzwert – stellt nichts anderes als den Goodwill, also die positive Differenz zwischen Ertragswert und Substanzwert dar.

Beim Übergewinnverfahren wird oft angenommen, dass diese Übergewinne nur während einer bestimmten Zeitperiode anfallen und demzufolge auch nur für diese Zeitspanne in den Berechnungen berücksichtigt werden. Dieser Gedanke macht vor allem beim **personenbezogenen Goodwill** Sinn, da zum Beispiel nach dem Ausscheiden des «alten Managements» die Auswirkungen ihrer erfolgreichen Tätigkeit mit der Zeit verblassen und ein neues Management seine Fähigkeiten unter Beweis stellen muss. Auch ein **sachbezogener Goodwill** wirkt nicht unbeschränkt. Die Umwelt einer Unternehmung ändert sich in der heutigen Zeit rasch, sodass sich das Unternehmen permanent den neuen Verhältnissen anpassen muss. Die noch vor kurzem im sachbezogenen Goodwill gesehenen Erfolgsfaktoren müssen neu definiert und erarbeitet werden. Das Übergewinnverfahren wird wegen der beschränkten Berücksichtigung des Goodwills auch als **Methode der verkürzten Goodwillrentendauer** bezeichnet.

Beim Übergewinnverfahren unterscheidet man in der Regel zwischen folgenden Varianten:

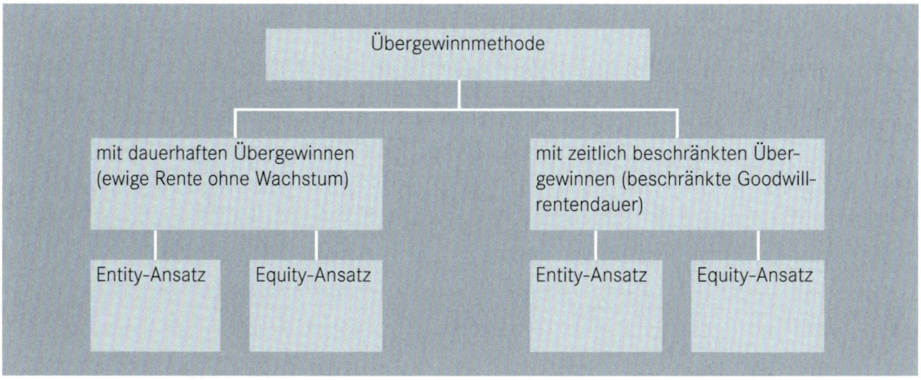

Abb. 110: Arten von Übergewinnverfahren

Die Übergewinne, welche die Normalverzinsung übersteigen, werden zum Teil auch mit einem höheren Zinssatz ($i_{ÜG}$) als dem der Normalverzinsung kapitalisiert. In der Praxis wird dabei ein Risikozuschlag von ca. 25–50 % gewählt (Ernst, Schneider & Thielen, 2018, S. 6). Die Ermittlung der Unternehmenswerte nach den verschiedenen Varianten der Übergewinnmethode sei an einem konkreten Zahlenbeispiel dargestellt:

Bilanz per 31.12._1			
Umlaufvermögen	150 200	Fremdkapital	180
Anlagevermögen		Eigenkapital	170
Total Aktiven	350	Total Passiven	350

Erfolgsrechnung			
Betriebsaufwand	97	Umsatz	130
Zinsen	9		
Gewinn	24		
	130		130

Eigenkapitalkosten (k_{EK})	12 %
Fremdkapitalkosten (k_{FK})	5 %
WACC zu Marktwerten	8.68 %

Abb. 111: Zahlenbeispiel Berechnung Unternehmenswert mittels Übergewinnmethode

Die Berechnung des Brutto- und Nettounternehmenswertes (Entity-Ansatz) mit der Übergewinnmethode (Annahme: dauerhafte Übergewinne) geschieht wie folgt:

Normalgewinn = WACC × Substanzwert brutto

Übergewinn = Gewinn vor Zinsen (EBI) − (WACC × Substanzwert brutto)

$$\text{Nettounternehmenswert} = \text{SW brutto} + \frac{\text{EBI} - (\text{WACC} \times \text{SW brutto})}{\text{WACC}} - \text{Fremdkapital}$$

In den Zahlen des Beispiels:		
Nachhaltiger Gewinn vor Zinsen (EBI)		33
− Normaler Gewinn vor Zinsen (8.68 % WACC von 350 Gesamtkapital)		-30.38
Übergewinn		2.62
Ewig kapitalisierter Übergewinn	$\frac{2.62 \times 100}{8.68}$ =	30
+ Bruttosubstanzwert		350
Bruttounternehmenswert		**380**
− Fremdkapital		-180
Nettounternehmenswert		200

Abb. 112: Herleitung Nettounternehmenswert (Entity-Ansatz, dauerhafter Übergewinn)

Die Berechnung des Nettounternehmenswertes (Equity-Ansatz) mit der Methode des Übergewinnverfahrens (Annahme: dauerhafte Übergewinne) geschieht wie folgt:

$$\text{Normalgewinn} = k_{EK} \times \text{Substanzwert netto}$$

$$\text{Übergewinn} = \text{Gewinn} - (k_{EK} \times \text{Substanzwert netto})$$

$$\text{Nettounternehmenswert} = \text{SW netto} + \frac{\text{Gewinn} - (k_{EK} \times \text{Substanzwert netto})}{k_{EK}}$$

In den Zahlen des Beispiels:	
Nachhaltiger Gewinn	24
– Normaler Gewinn	-20.4
(12 % Eigenkapitalkosten von 170 Eigenkapital)	
Übergewinn	3.6
Ewig kapitalisierter Übergewinn $\frac{3.6 \times 100}{12}$ =	30
+ Nettosubstanzwert	170
Nettounternehmenswert	**200**

Abb. 113: Herleitung Nettounternehmenswert (Equity-Ansatz, dauerhafter Übergewinn)

Die Berechnung des Nettounternehmenswertes (Equity-Ansatz) mit der Methode des Übergewinnverfahrens (Annahme: 5 Jahre Übergewinn) geschieht wie folgt:

Nettounternehmenswert = Substanzwert netto + Übergewinn × Rentenbarwertfaktor	
Nachhaltiger Gewinn	24
– Normaler Gewinn	-20.4
(12 % Eigenkapitalkosten von 170 Eigenkapital)	
Übergewinn	3.6
Rentenbarwertfaktor 5 Jahre bei 12 % = 3.605	
Über 5 Jahre diskontierter Übergewinn (3.6 × 3.605)	13
+ Nettosubstanzwert Eigenkapital	170
Nettounternehmenswert	**183**

Abb. 114: Herleitung Nettounternehmenswert (Equity-Ansatz, 5 Jahre Übergewinn)

Das Übergewinnverfahren wird heute zwar nur noch selten angewendet. Man darf aber dessen Vorteile – vor allem für die Bewertung von Klein- und Mittelbetrieben – nicht unterschätzen. Es ist relativ einfach anzuwenden, und mit der Begrenzung der Goodwillrentendauer wird der Schnelllebigkeit vieler Erfolgsfaktoren, die Bestandteile des Goodwills sind, Rechnung getragen.

4.3.7 Economic Value Added (EVA)-Methode

Das Konzept der **EVA-Methode** (**Economic Value Added**) wurde 1991 von der New Yorker Unternehmensberatungsgesellschaft Stern Stewart & Co. zur Führung und Bewertung von Unternehmungen entwickelt und publiziert. Gemäss Volkart und Wagner (2018, S. 316 ff.) verbindet dieser Ansatz der Unternehmensbewertung die Idee des Übergewinnverfahrens mit der DCF-Methode.

Anstatt dem Present Value aller Free Cashflows (DCF-Methode) wird bei der EVA-Methode der Present Value aller Übergewinne, zuzüglich des «heute» investierten Kapitals (Invested Capital, entspricht in etwa dem Bruttosubstanzwert) bestimmt.

Die Übergewinne werden (im Gegensatz zum traditionellen Übergewinnverfahren) nicht mehr pauschal, sondern mittels differenzierter Szenarien für die ersten fünf bis zehn Jahre detailliert geplant (Volkart und Wagner, 2018, S. 316). Dabei spricht man nicht mehr von «Übergewinn», sondern vom **Economic Profit** resp. Economic Value Added (EVA) oder auch **Residual Income**. Der EVA-Ansatz erfolgt auf Entity-Basis.

Das EVA-Modell gibt also Aufschluss über die Fähigkeit einer Unternehmung, eine Rendite auf dem investierten Kapital zu schaffen, die höher liegt als der gewichtete Kapitalkostensatz ($WACC_s$). Der Economic Value Added (EVA) ist also die Differenz zwischen dem Betriebsergebnis nach Steuern (NOPAT) und den gewichteten Kapitalkosten ($WACC_s$). Die Ermittlung des Economic Value Added kann anhand einer vereinfachten Erfolgsrechnung veranschaulicht werden:

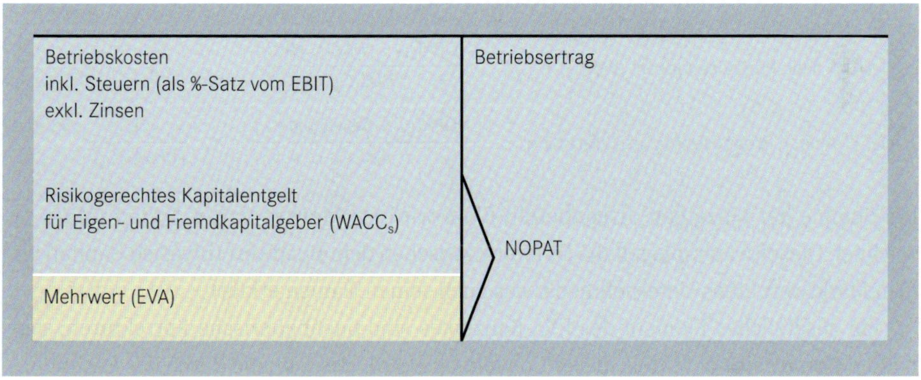

Abb. 115: Berechnung des Economic Value Added (EVA)

Die Formel für die Berechnung des Economic Value Added für ein einzelnes Geschäftsjahr kann wie folgt dargestellt werden:

$$EVA_t = NOPAT_t - (WACC_s \times IC_{t-1})$$

wobei:	NOPAT	= Net Operating Profit after Taxes
	$WACC_s$	= Weighted Average Cost of Capital (steueradjustiert)
	IC	= Invested Capital (nach Conversions)

Der Unternehmenswert EVA ergibt sich als Summe des **Invested Capital** (IC) und dem Barwert aller zukünftigen Economic Value Added und kann als Formel wie folgt dargestellt werden:

4. Betriebskapital (Invested Capital)

Der Wert des investierten Betriebskapitals (Invested Capital) beträgt im Zeitpunkt t_0 = 100.

5. Investitionen in Sachanlagen

Der Anfangsbestand der Sachanlagen im Jahr 1 beträgt 120. Die Sachanlagen werden jeweils mit 25 % vom jeweiligen Anfangsbestand abgeschrieben. Es sind folgende Investitionen in Sachanlagen geplant:

1. Jahr	20
2. Jahr	30
3. Jahr	10
4. Jahr	20
5. Jahr	44
ab 6. Jahr	28

6. Kapitalkosten

Die Berechnungen sollen mit einem $WACC_s$ von 12 % durchgeführt werden. In einem ersten Schritt wird der Bruttounternehmenswert (Entity) nach der EVA-Methode berechnet und anschliessend wird – aufgrund der gleichen Zahlengrundlagen – der Bruttounternehmenswert (Entity) nach der DCF-Methode ermittelt.

7. Steuern

25 % Gewinnsteuern vom EBIT

A Berechnung Bruttounternehmenswert (Entity) nach der EVA-Methode

Operativer Cashflow

Jahr	1	2	3	4	5	6 ff.
Honorarertrag (liquiditätswirksam)	200	260	300	340	380	400
- Liquiditätswirksame Betriebskosten	-130	-160	-190	-230	-250	-280
= Operativer Cashflow	70	100	110	110	130	120

Entwicklungsaufwand

Jahr	1	2	3	4	5	6 ff.
Aktivierbarer Entwicklungsaufwand	33	24	21	0	0	0
Abschreibungen Entwicklungsaufwand	11	19	26	15	7	0

Sachanlagen

Jahr	1	2	3	4	5	6 ff.
Anfangsbestand	120	110	112.5	94.4	90.8	112.1
- Abschreibung auf Sachanlagen (25 %)	-30	-27.5	-28.1	-23.6	-22.7	-28.0
+ Investitionen in Sachanlagen	20	30.0	10.0	20.0	44.0	28.0
Endbestand	110	112.5	94.4	90.8	112.1	112.1

Veränderung Invested Capital (IC)

Jahr	1	2	3	4	5	6 ff.
IC zu Jahresbeginn	100	112	119.5	96.4	77.8	92.1
- Abschreibungen auf Sachanlagen	-30	-27.5	-28.1	-23.6	-22.7	-28.0
+ Investitionen in Sachanlagen	20	30.0	10.0	20.0	44.0	28.0
+ Aktivierter Entwicklungsaufwand	33	24.0	21.0	0.0	0.0	0.0

- Abschreibungen Entwicklungsaufwand	-11	-19.0	-26.0	-15.0	-7.0	0.0
IC per Jahresende	112	119.5	96.4	77.8	92.1	92.1
Berechnung Kapitalkosten						
Jahr	1	2	3	4	5	6 ff.
IC zu Jahresbeginn	100	112	119.5	96.4	77.8	92.1
Kapitalkosten ($WACC_s$ = 12 %)	12	13.4	14.3	11.6	9.3	11.1
Berechnung EVA						
Jahr	1	2	3	4	5	6 ff.
Operativer Cashflow	70.0	100.0	110.0	110.0	130.0	120.0
+ Aktivierter Entwicklungsaufwand	33.0	24.0	21.0	0.0	0.0	0.0
- Abschreibungen Entwicklungsaufwand	-11.0	-19.0	-26.0	-15.0	-7.0	0.0
- Abschreibungen auf Sachanlagen	-30.0	-27.5	-28.1	-23.6	-22.7	-28.0
= EBIT	62.0	77.5	76.9	71.4	100.3	92.0
- 25 % Steuern	-15.5	-19.4	-19.2	-17.9	-25.1	-23.0
= NOPAT	46.5	58.1	57.7	53.5	75.2	69.0
- Kapitalkosten ($WACC_s$ = 12 %)	-12.0	-13.4	-14.3	-11.6	-9.3	-11.1
= EVA	34.5	44.7	43.4	41.9	65.9	57.9
Diskontierungsfaktoren	0.893	0.797	0.712	0.636	0.567	0.12
= RV (diskontiert auf t_5)						482.5
= EVA, RV (diskontiert auf t_0)	30.8	35.6	30.9	26.6	37.4	273.8
Unternehmensbewertung EVA			Betrag	%		
Investiertes Kapital im Betrachtungszeitpunkt (t_0)			100	19 %		
Barwert der EVA-Werte ($t_1 - t_5$)			161	30 %		
Barwert EVA-Residualwert ($t_6 - \infty$)			274	51 %		
Bruttounternehmenswert EVA (Entity)			535			100 %
B Berechnung Bruttounternehmenswert (Entity) nach der DCF-Methode						
Jahr	1	2	3	4	5	6 ff.
Operativer Cashflow	70.0	100.0	110.0	110.0	130.0	120.0
- 25 % Steuern (vom EBIT)	-15.5	-19.4	-19.2	-17.9	-25.1	-23.0
- Investitionen in Sachanlagen	-20.0	-30.0	-10.0	-20.0	-44.0	-28.0
= Free Cashflow	34.5	50.6	80.8	72.1	60.9	69.0
Diskontierungsfaktoren	0.893	0.797	0.712	0.636	0.567	0.12
Barwert Free Cashflow ($WACC_s$ = 12 %)	30.8	40.3	57.5	45.9	34.5	
Residualwert Free Cashflow 6 ff. (t_5)						575
Barwert der Free Cashflows ($t_1 - t_5$)	209	39 %				
Barwert des Residualwertes der Jahre 6 ff.	326	61 %				
Bruttounternehmenswert DCF (Entity)	535	100 %				

Abb. 116: Herleitung Unternehmenswert nach EVA- und DCF-Methode

Wie das Berechnungsbeispiel zeigt, führen die EVA- und die DCF-Methode zum gleichen Unternehmenswert. In der Praxis wird bei der Bewertung von Unternehmen weitestgehend auf die DCF-Methode abgestützt. Die EVA-Methode dient eher als Steuerungsinstrument zur wertorientierten Unternehmensführung (Hörler, Hauser & Gehrig, 2019, S. 40; Hauser & Turnes, 2017, S. 115 ff.).

4.3.8 Multiplikatoren

Multiplikatoren (**Multiples**) sind ein in der Praxis weit verbreitetes Instrument der Unternehmensbewertung, das dazu benutzt wird, den am Markt für ein Unternehmen potenziell realisierbaren Kaufpreis einzuschätzen. Dabei werden entweder Marktkapitalisierungen vergleichbarer börsenkotierter Unternehmungen («Traded Multiples») oder Preise durchgeführter Transaktionen («Transaction Multiples») als Vergleichsmassstab zugrunde gelegt (Freiburg & Timmreck, 2004, S. 381).

Die marktorientierte Bewertung stellt somit eine relative Bewertung dar, bei welcher der Marktwert eines Vergleichsobjekts als Bewertungsmassstab dient. Grundidee hierbei ist, dass der Wert eines Unternehmens, für das kein Marktpreis zu beobachten ist, von vergleichbaren Unternehmen, deren Marktpreis verfügbar ist, ableitbar ist.

Bei der marktorientierten Bewertung wird unterstellt, dass das Verhältnis des Marktpreises und einer bestimmten Unternehmenskennzahl bzw. Schlüsselgrösse, beispielsweise Umsatz oder Gewinn, bei vergleichbaren Unternehmen ähnlich ist. Es wird daher eine durchschnittliche Verhältniskennzahl, ein sogenannter Multiplikator, auf Basis der Vergleichsunternehmen gebildet. Dieser gibt das Vielfache an, das durchschnittlich auf der Basis der Kennzahl für das Unternehmen oder einen Unternehmensanteil bezahlt wurde. Durch Multiplikation dieser Verhältniszahl mit der entsprechenden Schlüsselgrösse des zu bewertenden Unternehmens ergibt sich nach der marktorientierten Bewertung der Unternehmenswert. Abbildung 117 fasst die Funktionsweise der Multiples-Bewertung zusammen (Schmid & Hüttche, 2019b, S. 979).

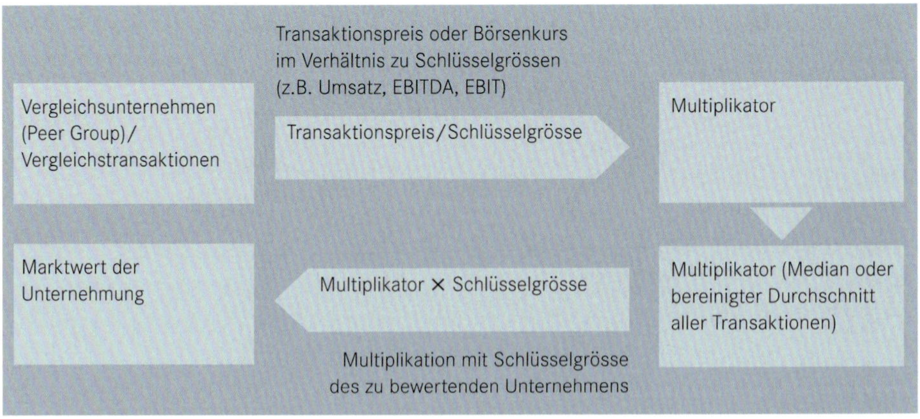

Abb. 117: Funktionsweise der Multiples-Bewertung

Wurde beispielsweise im Durchschnitt das Sechsfache des Gewinns für ein Unternehmen bezahlt, kann diese Wertrelation auf ein zu bewertendes Unternehmen übertragen werden. Wenn dieses einen Gewinn in Höhe von CHF 2 Millionen erwirtschaftet hat, ergibt sich entsprechend ein Unternehmenswert von 6 × CHF 2 Millionen = CHF 12 Millionen.

Bei der marktorientierten Bewertung mit Multiplikatoren können zwei unterschiedliche Ausprägungen unterschieden werden. So kann die Bewertung entweder auf Basis von **Branchen-Multiplikatoren** oder anhand von **Peer Group-Multiplikatoren** erfolgen. Bei Branchen-Multiplikatoren wird auf einen Durchschnittswert der gesamten Branche zurückgegriffen, während bei Peer Group-Multiplikatoren eine Gruppe von Vergleichsunternehmen gezielt ausgewählt wird und anhand dieser Peer-Group eine individuelle Berechnung der Multiplikatoren erfolgt. Die Auswahl der Vergleichsunternehmen erfolgt dabei grundsätzlich anhand der gleichen Kriterien wie bei der Beta-Ableitung, also Branche, Geschäftsmodell, Kostenstruktur, Kapitalstruktur etc.

Wie bei den anderen Bewertungsmethoden unterscheidet man auch beim Multiples-Verfahren zwischen Entity- und Equity-Ansatz. Ersterer schätzt den Wert des gesamten Unternehmens und geht daher auch von einer Schlüsselgrösse vor Finanzierung (d. h. Umsatz, EBITDA, EBIT) aus. Für Equity-Multiples verwendet man Schlüsselgrössen nach Finanzierung (d. h. Gewinn oder Buchwert des Eigenkapitals). Zieht man das (verzinsliche) Fremdkapital von dem mittels Entity-Multiples ermittelten Bruttounternehmenswert (Enterprise Value) ab, resultiert der Nettounternehmenswert.

Gemäss Umfrage von Hörler, Hauser und Gehrig (2019, S. 41 f.) werden heute oft folgende Kennzahlen für die Berechnung von Multiples verwendet:

Entity-Multiples (Multiplikatoren zur Bewertung des Gesamtkapitals)	**Equity-Multiples** (Multiplikatoren zur Bewertung des Eigenkapitals)
– EV/Sales (auch Enterprise Value/Umsatz) – EV/EBITDA (auch Enterprise Value/EBITDA) – EV/EBIT (auch Enterprise Value/EBIT)	– Price/Earnings Ratio (P/E, auch Kurs-Gewinn-Verhältnis, KGV) – Price/Book Ratio (P/B, auch Kurs-Buchwert-Verhältnis, KBV)

Abb. 118: Entity- und Equity-Multiples

Die Berechnung des Unternehmenswertes mit Hilfe von Peer Group-Multiples wird am konkreten Zahlenbeispiel der Supersoft nochmals erklärt:

> Auf der Basis einer Peer Group soll das junge Software-Unternehmen «Supersoft» bewertet werden. Dazu wurde eine Peer Group aus vier Unternehmen identifiziert und der Enterprise Value sowie der Umsatz und der EBIT der Vergleichsunternehmen eruiert.
> Unter dem Enterprise Value (EV) versteht man den Bruttounternehmenswert als Summe aus Marktwert Eigenkapital und Marktwert Fremdkapital abzüglich überschüssiger flüssiger Mittel.

Vergleichsunternehmen	Enterprise Value	Umsatz	EBIT
Nr. 1	12 000 000	14 000 000	1 000 000
Nr. 2	8 000 000	9 000 000	500 000
Nr. 3	11 000 000	13 000 000	1 600 000
Nr. 4	5 000 000	7 000 000	700 000

Supersoft erwirtschaftete im Vorjahr einen Umsatz in Höhe von CHF 2 000 000 und einen EBIT in Höhe von CHF 100 000. Das (verzinsliche) Fremdkapital der Supersoft beträgt CHF 500 000. Berechnen Sie auf Basis dieser Daten den Marktwert des Gesamt- und Eigenkapitals von Supersoft. Es sind keine überschüssigen flüssigen Mittel vorhanden.

1. Berechnung des durchschnittlichen Umsatz- und EBIT-Multiplikators

$$\text{Ø Umsatz-Multiple} = \frac{\sum_{V=1}^{4} \frac{EV}{\text{Umsatz}}}{4} = \frac{\frac{12}{14} + \frac{8}{9} + \frac{11}{13} + \frac{5}{7}}{4} = 0.83$$

$$\text{Ø EBIT-Multiple} = \frac{\sum_{V=1}^{4} \frac{EV}{\text{EBIT}}}{4} = \frac{\frac{12}{1} + \frac{8}{0.5} + \frac{11}{1.6} + \frac{5}{0.7}}{4} = 10.5$$

2. Ermittlung des Marktwerts des Gesamtkapitals (Enterpris Value) von Supersoft

mittels Umsatz-Multiplikator:

0.83 x CHF 2 000 000 = CHF 1 660 000

mittels EBIT-Multiplikator:

10.5 x CHF 100 000 = CHF 1 050 000

3. Ermittlung des Marktwerts des Eigenkapitals von Supersoft

Marktwert Eigenkapital = Marktwert Gesamtkapital (Enterprise Value) – verzinsliches Fremdkapital

mittels Umsatz-Multiplikator:

CHF 1 660 000 – CHF 500 000 = CHF 1 160 000

mittels EBIT-Multiplikator:

CHF 1 050 000 – CHF 500 000 = CHF 550 000

Die beiden Unternehmenswerte auf Basis des Umsatz- resp. EBIT-Multiplikators weichen in der Höhe stark voneinander ab. Der Grund liegt darin, dass das zu bewertende Unternehmen eine deutlich andere Kostenstruktur und somit eine andere EBIT-Marge aufweist als die beigezogenen Vergleichsunternehmen. Dies macht deutlich, welche Bedeutung der Auswahl der Vergleichsunternehmen zukommt.

Abb. 119: Berechnung Unternehmenswert mittels Peer Group-Multiples

Die zentrale Annahme der Multiplikatorbewertung besteht also darin, dass ähnliche Unternehmen ähnlich bewertet werden (= «Law of one Price»). Die Anwendung von Multiplikatorverfahren basiert in Anlehnung an Freiburg und Timmreck (2004, S. 387) im Wesentlichen auf drei für den Erfolg dieser Bewertungsmethode kritischen Entscheidungen: Erstens in der Wahl einer geeigneten Bezugsgrösse (z. B. Gewinn, EBIT, Umsatz) für den Multiplikator, zweitens der Auswahl vergleichbarer Unternehmen und drittens in der Wahl eines geeigneten Aggregationsverfahrens, um die Vielzahl der Multiplikatoren der Vergleichsunternehmen auf einen Multiplikator für das Zielunternehmen zu reduzieren. Medianwerte sind in der Regel besser geeignet als der arithmetische Mittelwert, da Ausreisser dadurch weniger stark ins Gewicht fallen. Bezüglich der Wahl der Schlüsselgrössen dürften EBITDA und EBIT den anderen Multiples in den meisten Fällen überlegen sein, da sie die Kostenstruktur der Unternehmen explizit berücksichtigen, aber nicht durch die Kapitalstruktur (Finanzierung) oder ausserordentliche Effekte verzerrt sind (siehe Schmid & Hüttche, 2019b, S. 979 für eine Übersicht der Vor- und Nachteile der einzelnen Multiples).

Mit Multiples erscheint eine Unternehmensbewertung im Handumdrehen möglich. Die einfache Verständlichkeit, die Möglichkeit einer Bewertung ohne allzu detaillierte Planungsrechnungen sowie ein gewisses Mass an Objektivität sprechen für die Methode (Hörler, Hauser & Gehrig, 2019, S. 39). Doch in der Einfachheit liegt auch die Tücke. Schnell werden «Äpfel» wie «Birnen» bewertet (Hüttche & Schmid, 2019b, S. 978). Da Unternehmen in der Regel nie eins zu eins vergleichbar sind und anhand einer einzigen Schlüsselgrösse wohl nur selten zuverlässig auf den Unternehmenswert geschlossen werden kann, dient diese Methode wohl eher zu Plausibilisierungszwecken in Ergänzung zu anderen Methoden wie beispielsweise der DCF-Methode.

4.4 Zusammenfassung

Die betriebswirtschaftlich korrekte Methode zur Berechnung des Unternehmenswertes müsste eigentlich auf der «Stufe Investor» erfolgen: Zukünftige Ausschüttungen an den Investor – vor allem Dividenden – würden ebenso wie Kapitalrückzahlungen inklusive Erlöse aus dem Verkauf von Bezugsrechten, Veräusserungs- und Liquidationserlösen auf den Bewertungszeitpunkt t_0 diskontiert. Mit umgekehrten Vorzeichen würden auch zukünftige Kapitaleinzahlungen (Kapitalerhöhungen) des Investors berücksichtigt. Die Ermittlung eines Unternehmenswertes auf der «Stufe Investor» gestaltet sich in der Praxis aber äusserst schwierig. Deshalb erfolgen Unternehmensbewertungen in der Regel auf der «Stufe Unternehmung».

Kleinere Unternehmungen werden auch heute noch relativ häufig auf Basis von erfolgsorientierten Ertragswerten bewertet. Nicht selten wird ein so genanntes Mittelwertverfahren gewählt, das sogenannte Praktikerverfahren, bei welchem auch noch der Substanzwert in die Berechnung einfliesst.

Im Zentrum der Bewertungslehre steht aber heute zweifellos das DCF-Verfahren. Es findet sowohl bei grossen wie auch bei mittleren Unternehmungen verbreitet Anwendung. Nicht selten wird die Plausibilität der Ergebnisse einer DCF-Bewertung mit dem Multiplikatorenansatz überprüft. Die in den 90er Jahren entwickelte EVA-Methode führt bei korrekter Durchführung zum selben Ergebnis wie die DCF-Methode. Interessant sind beim EVA-Ansatz vor allem die Zwischenresultate, welche zeigen, ob das Management Werte geschaffen oder vernichtet hat.

5 Rendite, Risiko und Kapitalmarkt

5.1 Einführung und Überblick

Die Kapitalmärkte sind nicht nur für Publikumsgesellschaften allgegenwärtig. Auch KMUs stehen unter ihrem Einfluss. Sei es, dass sie Fremdwährungen per Kassa oder auf Termin kaufen oder verkaufen, von der kreditgebenden Bank ein bankinternes Rating erhalten, das sich an die Kapitalmarkt-Ratings anlehnt, oder dass die Hypothek auf der Geschäftsliegenschaft auf der Basis von Geldmarktsätzen gewährt wird. Die Theorie der Kapitalmärkte bzw. der Finance ist nicht mehr wegzudenken und sowohl für Unternehmen wie auch für Privatpersonen relevant. Nebst den bereits erläuterten Berührungspunkten bildet sie die Grundlage der Kapitalkostenbestimmung (z.B. CAPM), ermöglicht die Bewertung von Finanzinstrumenten (Aktien, Obligationen etc.) und gibt wertvolle Hinweise, wie Portfolios bestehend aus verschiedenen Anlageklassen gebildet werden sollen. Im Folgenden werden deshalb einige elementare Modelle und Theorien, Kennzahlen und Erkenntnisse aus dem Bereich der Kapitalmärkte dargestellt. Wichtige Fakten zu Rendite und Risiko werden festgehalten sowie die Zusammenhänge zwischen Rendite und Risiko aufgezeigt. Dabei wird insbesondere auch dargelegt, wie sich Risiken durch Kombination verschiedener Anlagen reduzieren bzw. diversifizieren lassen.

Einen ersten Überblick über die Rendite und das Risiko von Schweizer Kapitalanlagen gibt Abbildung 120.

	Aktien	Obligationen	Aktien	Obligationen
	Nominal		Real	
Rendite (Durchschnittliche Wertzunahme*)	9.73%	4.33%	7.65%	2.38%
Risiko (Streuung**)	20.19%	3.67%	19.92%	5.10%
Grösster Wertverlust (im Jahr)	-34.05% (2008)	-3.99% (1989)	-37.83% (1974)	-10.93% (1973)
Beste Performance (im Jahr)	61.36% (1985)	16.58% (1975)	56.58% (1985)	14.87% (1976)
Korrelation	22.66%		24.65%	

* Arithmetischer Mittelwert ** Standardabweichung

Abb. 120: Renditen und Risiko kotierter Schweizer Aktien und Obligationen seit 1926 (Quelle: Banque Pictet & Cie, Genf)

5.2 Rendite von Kapitalanlagen

Renditen bilden die Grundlage finanzwirtschaftlicher Entscheidungen. Die korrekte Berechnung von Renditen ist für die Bestimmung der realisierten Performance von Kapitalanlagen sowie das damit verbundene zukünftige Ertragspotenzial daher absolut zentral (Zimmermann, 2012, S. 55). Zudem fliesst sie als Komponente in die Risikomessung mit ein.

Unter einer **Rendite** versteht man die gesamte prozentuale Entwicklung einer Anlage, das heisst Wert- bzw. Kursveränderungen (Gewinne, Verluste) sowie allfällige Ausschüttungen (Dividenden, Zinsen etc.).

Es existieren verschiedene Renditemasse: Einfache Rendite (diskret oder stetig), geometrische Durchschnittsrendite, arithmetische Durchschnittsrendite oder erwartete Rendite.

Grundlage der einzelnen Renditemasse bildet die **einfache Rendite**. Sie misst die Performance während einer Periode, in der Regel ein Jahr, und kann wie folgt dargestellt werden:

$$R_t = \frac{P_t + D_t - P_{t-1}}{P_{t-1}} \times 100$$

wobei:

R_t = Rendite in Periode t

P_t = Preis am Ende der Periode

D_t = Kapitalerträge (z. B. Dividenden, Coupons) während der Periode

P_{t-1} = Preis am Anfang der Periode

Sobald über einen längeren Zeitraum als eine Periode eine Rendite bestimmt werden soll, ist die Frage zu klären, wie die Durchschnittsbildung erfolgen soll bzw. wie mit dem Zinseszins umzugehen ist. Dies soll anhand eines konkreten Zahlenbeispiels erläutert werden.

Von der Emmi AG liegen folgende Aktienkurse und Dividendenzahlungen vor:

Datum	Aktienkurs (in CHF)	Dividende (in CHF)
31.12.2015	450.25	3.80
31.12.2016	616.50	4.90
31.12.2017	701.50	5.90
31.12.2018	681.50	10.00
31.12.2019	842.50	9.00

Abb. 121: Aktienkursentwicklung und Dividendenzahlungen der Emmi AG

Die einfachen Renditen der Emmi fallen für die einzelnen Jahre wie folgt aus:

$$R_{2016} = \frac{616.50 + 4.90 - 450.25}{450.25} \times 100 = 38.01\,\%$$

$$R_{2017} = \frac{701.50 + 5.90 - 616.50}{616.50} \times 100 = 14.74\,\%$$

$$R_{2018} = \frac{681.50 + 10.00 - 701.50}{701.50} \times 100 = -1.43\,\%$$

$$R_{2019} = \frac{842.50 + 9.00 - 681.50}{681.50} \times 100 = 24.94\,\%$$

Interessant ist nun die Frage, wie hoch die durchschnittliche Rendite über diesen 4-jährigen Zeitraum ausgefallen ist. Geht man davon aus, dass das Geld permanent investiert war, ein Investor die Aktie also am 31.12.2015 gekauft und am 31.12.2019 verkauft hat, so ist die **geometrische Durchschnittsrendite** das richtige Renditemass. Dieses Mass berücksichtigt die zeitlichen Wertveränderungen einer Vermögensposition und bezieht sich deshalb auf einen bestimmten historischen Zeitpfad der Renditerealisierungen (Zimmermann, 2012, S. 61). Sie entspricht der konstanten, jährlichen Verzinsung eines bestimmten, anfänglichen Kapitals. Formelhaft kann dies wie folgt dargestellt werden:

$$\bar{R}_g = \sqrt[n]{(1+R_1)\times(1+R_2)\times\ldots\times(1+R_n)} - 1\times 100$$ wobei:

$\bar{R}_g$ = Geometrische Durchschnittsrendite

$R_{1,2,n}$ = Einfache Rendite der entsprechenden Periode

n = Anzahl Beobachtungen

Wendet man diese Formel auf die Emmi an, so resultiert folgende geometrische Durchschnittsrendite:

$$\bar{R}_g = \sqrt[4]{(1+0.3801)\times(1+0.1474)\times(1+(-0.0143))\times(1+0.2494)} - 1\times 100 = 18.18\,\%$$

Etwas einfacher und rascher wäre die Rechnung, wenn die Emmi keine Dividenden ausgeschüttet hätte. Dann könnte die geometrische Durchschnittsrendite nämlich wie folgt aus dem Anfangs- und Endbestand des Aktienkurses ermittelt werden:

$$\bar{R}_g = \sqrt[n]{\frac{K_n}{K_0}} - 1\times 100$$ wobei:

$\bar{R}_g$ = Geometrische Durchschnittsrendite

K_n = Kapital (Aktienkurs) am Ende des Betrachtungszeitraums

K_0 = Kapital (Aktienkurs) zu Beginn des Betrachtungszeitraums

n = Anzahl Jahre

Die Emmi wiese danach – unter Vernachlässigung der Dividenden – folgende geometrische Durchschnittsrendite auf:

$$\bar{R}_g = \sqrt[4]{\frac{842.50}{450.25}} - 1\times 100 = 16.96\,\%$$

Während die geometrische Durchschnittsrendite das richtige Renditemass darstellt, um die historische, durchschnittliche Rendite zu bestimmen, kann es für andere Fragestellungen zutreffender sein, den Vermögenswert, auf welchen sich die Renditen beziehen, konstant zu halten (Zimmermann, 2012, S. 59 ff.). Dies führt uns zur **arithmetischen Durchschnittsrendite**, welche die einzelnen Jahresrenditen addiert und durch die Anzahl Jahre teilt, den Zinseszinseffekt also ignoriert:

$$\bar{R}_a = \frac{R_1 + R_2 + ... + R_n}{n}$$

wobei:

$\bar{R}_a$ = Arithmetische Durchschnittsrendite

$R_{1,2,n}$ = Einfache Rendite der entsprechenden Periode

n = Anzahl Beobachtungen

Die Emmi weist folgende arithmetische Durchschnittsrendite auf:

$$\bar{R}_a = \frac{38.01\,\% + 14.74\,\% + (-1.43\,\%) + 24.94\,\%}{4} = 19.07\,\%$$

Faktisch wird bei der arithmetischen Durchschnittsrendite jeder einzelnen Rendite die genau gleiche Wahrscheinlichkeit zugeordnet, in unserem Fall also je ¼. Diese Berechnung kann dann sinnvoll erscheinen, wenn auf Basis historischer Renditen die kurzfristige zukünftige Rendite prognostiziert werden soll und davon ausgegangen wird, dass jede vergangene Renditerealisierung gleich wahrscheinlich ist.

Die Banque Pictet & Cie weist in ihrer Auswertung (vgl. Abbildung 120) denn auch darauf hin, dass es sich bei der ausgewiesenen arithmetischen Durchschnittsrendite um eine Performanceeigenschaft aus kurzfristiger zukünftiger Optik handelt. Ist man hingegen an der effektiv erzielten, historischen Durchschnittsrendite interessiert (= geometrische Durchschnittsrendite), so resultiert eine durchschnittliche Rendite von 7.87 % für Aktien und 4.26 % für Obligationen über den Zeitraum von 1926 bis 2019. Dieses Beispiel zeigt, wie stark die verschiedenen Renditemasse voneinander abweichen können und wie wichtig es daher ist, das für die jeweilige Situation adäquate Mass beizuziehen.

5.3 Risiko von Kapitalanlagen

Neben der Rendite interessiert vor allem auch das mit einer Kapitalanlage bzw. einer Investition verbundene **Risiko**. Rendite und Risiko gehören untrennbar zusammen. Eine Unternehmung bzw. ein rationaler Investor wird eine Investition nur dann vornehmen, wenn man für das eingegangene Risiko entsprechend entschädigt wird. Je höher das Risiko, desto höher sollte die Entschädigung (die Rendite) sein. Im Folgenden werden drei in der Praxis weit verbreitete Risikomasse vorgestellt: die Varianz, die Standardabweichung und die Normalverteilung.

Risiko wird im Finanzbereich ganz allgemein als Abweichung der Rendite einer Kapitalanlage von ihrem Mittelwert bzw. Erwartungswert verstanden. Im Vergleich zum Alltag, wo Risiko häufig negativ besetzt ist und einseitig als Verlustgefahr interpretiert wird, beinhaltet der Risikobegriff in der Finance auch positive Abweichungen vom Mittelwert, ist also symmetrisch.

5.3.1 Varianz

Die **Varianz** ist ein statistisches Streuungsmass und berechnet sich als durchschnittliche quadrierte Abweichung der Rendite von ihrem Mittelwert. Sie gewichtet positive und negative Abweichungen gleich stark und ist daher ein symmetrisches Risikomass. Bei vergangenheitsorientierter Betrachtung (Ex-post) werden die quadrierten Abweichungen der einzelnen Renditen vom Mittelwert summiert und durch die Anzahl der Beobachtungen (aufgrund der in der Regel kleinen Stichproben um die um 1 reduzierte Anzahl) geteilt (Volkart und Wagner, 2018, S. 204 f.):

$$\sigma^2\,(\text{Ex}-\text{post}) = \frac{1}{n-1}\sum_{i=1}^{n}(R_i-\bar{R})^2$$

wobei:

σ^2 = Varianz (Ex-post)
n = Anzahl Beobachtungen
R_i = Rendite der jeweiligen Periode
R = Mittelwert der Renditen (arithmetische Durchschnittsrendite)

Zieht man wiederum die Aktiendaten bzw. -renditen von Emmi bei, so lässt sich die Varianz wie folgt bestimmen:

$$\sigma^2\,(\text{Ex}-\text{post}) = \frac{1}{4-1}\left[(38.01-19.07)^2+(14.74-19.07)^2+((-1.43)-19.07)^2+(24.94-19.07)^2\right] = 277.39\,\%^2$$

Bei zukunftsorientierter Betrachtung (Ex-ante) werden die Werte der verschiedenen Szenarien zur Ermittlung der Abweichungen vom Erwartungswert verwendet, wobei deren Quadrate mit den zugehörigen Wahrscheinlichkeiten zu gewichten sind. Die Summe der gewichteten Abweichungsquadrate ergibt dann die Varianz (Volkart und Wagner, 2018, S. 204 f.):

$$\sigma^2\,(\text{Ex}-\text{ante}) = \sum_{i=1}^{n} p_i \times (R_i - E(R))^2$$

wobei:

σ^2 = Varianz (Ex-ante)
n = Anzahl Beobachtungen
p_i = Wahrscheinlichkeit des jeweiligen Szenarios
R_i = Angenommene Rendite des jeweiligen Szenarios
$E(R)$ = Erwartete Rendite

Würde man beispielsweise die in den vergangenen vier Jahren erzielten Renditen der Emmi heranziehen und für die Zukunft annehmen, dass jede Rendite gleich wahrscheinlich ist, so würde folgende Ex-ante-Varianz resultieren:

$$\sigma^2\,(\text{Ex}-\text{ante}) = 0.25\times(38.01-19.07)^2+0.25\times(14.74-19.07)^2+0.25\times((-1.43)-19.07)^2+0.25\times(24.94-19.07)^2$$
$$= 208.04\,\%^2$$

5.3.2 Standardabweichung

Die **Standardabweichung** wird als Quadratwurzel der Varianz berechnet und ist damit ebenfalls ein symmetrisches Mass für die Streuung der Renditen. Im Vergleich zur Varianz, die gewissermassen eine quadrierte Prozentzahl darstellt, hat die Standardabweichung den Vorteil, dass sie direkt in Prozent angegeben ist und somit im Zusammenhang mit der Rendite einfacher zu interpretieren bzw. zu vergleichen ist. Die Standardabweichung wird auch als **Volatilität** oder **Sigma** bezeichnet.

Ausgehend von den beiden Varianz-Formeln (Ex-post und Ex-ante), lässt sich die Standardabweichung wie folgt bestimmen:

$$\sigma^2\,(\text{Ex}-\text{post}) = \sqrt{\frac{1}{n-1}\sum_{i=1}^{n}(R_i-\bar{R})^2} = \sqrt{\sigma^2}$$

$$\sigma^2\,(\text{Ex}-\text{ante}) = \sqrt{\sum_{i=1}^{n}p_i\times(R_i-E(R))^2} = \sqrt{\sigma^2}$$

Angewandt auf die Emmi, führt dies zu folgenden Standardabweichungen:

$$\sigma^2\,(\text{Ex}-\text{post}) = \sqrt{277.39} = 16.66\,\%$$

$$\sigma^2\,(\text{Ex}-\text{ante}) = \sqrt{208.04} = 14.42\,\%$$

5.3.3 Normalverteilung

Die Standardabweichung basiert auf dem Modell der **Normalverteilung**, nach ihrem Erfinder, Carl Friedrich Gauss, auch als **Gauss-Verteilung** oder **Gauss'sche Glockenkurve** benannt. Er hat entdeckt, dass viele natürliche, soziale, technische oder wirtschaftliche Phänomene näherungsweise normalverteilt sind (Lüscher-Marty, 2017a, S. 42). Abbildung 122 stellt eine solche Normalverteilung dar.

Die Abbildung lässt folgende Merkmale der Normalverteilung erkennen (Lüscher-Marty, 2017b, S. 34):

1. Ereignisse bzw. Renditen im Bereich des Mittelwerts (bzw. Erwartungswert) sind am häufigsten (wahrscheinlichsten). Je mehr ein Ereignis vom Mittelwert abweicht, desto unwahrscheinlicher wird es.
2. Ereignisse bzw. Renditen verteilen sich symmetrisch um ihren Mittelwert, das heisst, positive und negative Abweichungen sind genau gleich wahrscheinlich.

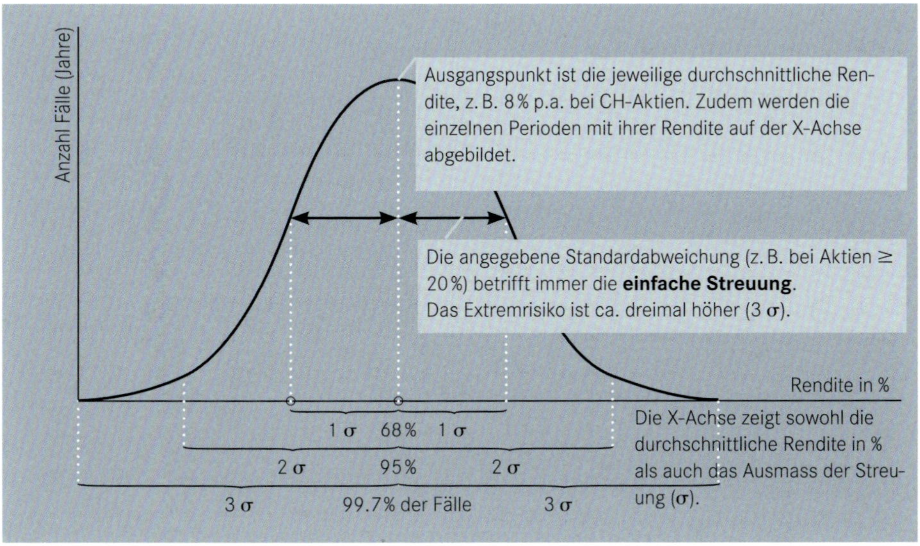

Abb. 122: Kurve der Normalverteilung (Gauss'sche Glockenkurve)

3. In rund zwei Drittel aller Fälle (68 %) sollte das beobachtete Ereignis bzw. die beobachtete Rendite +/- 1 Standardabweichung um den Mittelwert liegen, in rund 95 % der Fälle bei +/- 2 Standardabweichungen und bei 99.7 % der Fälle bei +/- 3 Standardabweichungen.

Die Breite der Normalverteilung wird durch die Standardabweichung (Volatilität) beschrieben. Je höher die Volatilität, desto wahrscheinlicher werden grosse Abweichungen vom Mittelwert. Durch Kenntnis von Mittelwert und Standardabweichung lässt sich mittels der Normalverteilung die Wahrscheinlichkeit einer bestimmten Renditerealisierung bestimmen, also zum Beispiel wie hoch die Wahrscheinlichkeit ist, dass eine negative Rendite eintritt (Zimmermann, 2012, S. 86 f.).

Abbildung 123 stellt die – auf Basis der Datenreihe von Banque Pictet & Cie – am Schweizer Aktienmarkt beobachteten Jahresrenditen seit 1926 in Form eines Histogramms dar (Lüscher-Marty, 2017b, S. 34 f.).

Die grauen Säulen stehen für die historische relative Häufigkeit der Renditen. Die Jahreszahl besagt, dass im entsprechenden Jahr die auf der X-Achse ersichtliche Rendite erzielt wurde. Die rote Kurve gibt die theoretisch zu erwartende Normalverteilung an. Es wird ersichtlich, dass gewisse Renditeklassen untervertreten (z.B. +35 %) und andere Renditeklassen übervertreten sind (z.B. +5 %, -35 %). Ebenfalls fällt auf, dass vor allem in den Rändern der Verteilung zum Teil grössere Abweichungen bestehen. Das bedeutet, dass das effektive Risiko an den Aktienmärkten mit einer Normalverteilung tendenziell unterschätzt wird. Man spricht in diesem Zusammenhang auch von sogenannten «**Fat Tails**» bzw. dem «Fat Tail»-Risiko (Lütolf, Rupp & Birrer, 2018, S. 118). Im Falle einer positiven Abweichung vom

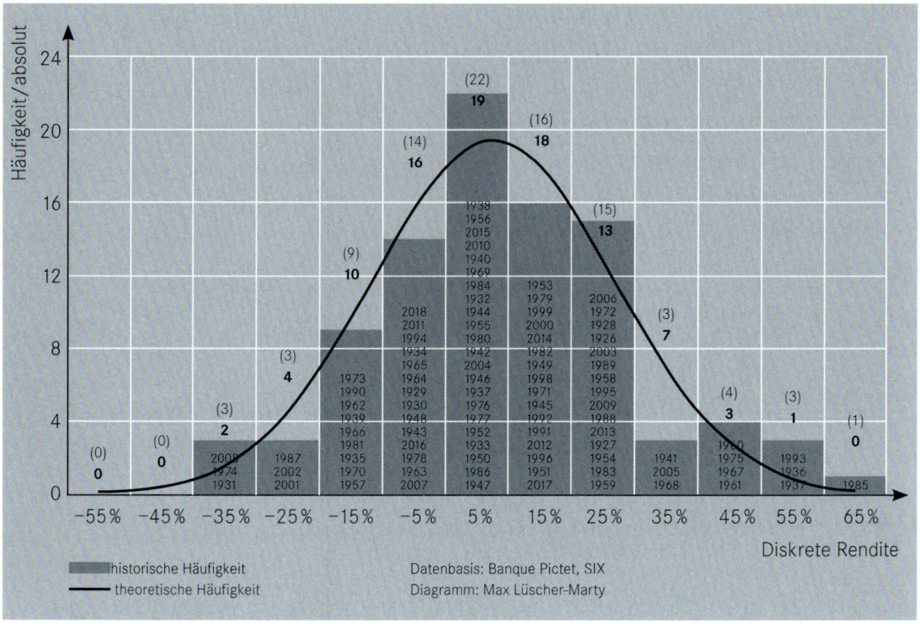

Abb. 123: Verteilung Schweizer Aktienrenditen seit 1926

Mittelwert ist das aus Sicht eines Aktionärs im Grundsatz nicht weiter schlimm, im negativen Fall kann es hingegen schmerzhaft sein. Insgesamt lässt sich aber doch schlussfolgern, dass Aktienrenditen näherungsweise normalverteilt sind und symmetrische Risikomasse somit grundsätzlich vertretbar sind.

5.4 Portfoliotheorie

Nachdem bekannt ist, wie sich die Rendite und das Risiko einer Kapitalanlage bestimmen lassen, stellt sich als nächstes die Frage, wie ein Vermögen optimal auf verschiedene Anlagen (z.B. Aktien) aufgeteilt werden soll. Ziel ist es, bei gegebenem Risiko die maximale Rendite zu erzielen oder eine bestimmte Rendite mit geringst möglichem Risiko zu erreichen. Die **moderne Portfoliotheorie**, welche in den fünfziger Jahren von Harry Markowitz entwickelt wurde, untersucht die Wirkung der Wertpapier-Streuung, sprich der **Diversifikation**, auf Rendite und Risiko.

Im Allgemeinen kann gezeigt werden, dass die Bildung von Portfolios, das heisst, das gleichzeitige Halten von mehreren Wertpapieren, zu einer Reduktion des Risikos führt. Dieser Grundsatz scheint auch ohne Kenntnisse der Portfoliotheorie intuitiv einleuchtend, da sich Schwankungen der Einzelpositionen im Portfolio teilweise kompensieren, so dass das Portfolio als Ganzes geringeren Schwankungen unterworfen ist. Hauptbeitrag der Portfoliotheorie ist die Identifikation sogenannt effizienter Portfolios, die den übrigen Anlagekombinationen in Bezug auf Rendite und Risiko überlegen sind (Zimmermann, 2012, S. 165).

5.4.1 Portfolio aus zwei riskanten Anlagen

Anhand der beiden Aktien ABB und Bell soll die Funktionsweise der Portfoliotheorie aufgezeigt werden. Für die beiden Aktien konnten in den letzten 5 Jahren folgende Aktienrenditen (einfache Renditen) beobachtet werden:

Jahr	ABB	Bell
2015	-11.64%	41.14%
2016	23.72%	31.49%
2017	25.14%	-0.51%
2018	-25.42%	-27.12%
2019	29.25%	-12.30%
Ø Rendite (**arithmetisch**)	8.21%	6.54%
Risiko (Standardabweichung, Ex-post)	24.97%	28.97%

Abb. 124: Jährliche Aktienrendite von ABB und Bell über die letzten 5 Jahre

Auf den ersten Blick scheint die ABB-Aktie deutlich attraktiver. Einerseits hat sie in den letzten 5 Jahren eine höhere Rendite abgeworfen und gleichzeitig weist sie ein tieferes Risiko auf als die Bell-Aktie. Betrachtet man die Renditen in den einzelnen Jahren hingegen etwas genauer, so fällt auf, dass es mehrere Jahre gibt (2015, 2017 und 2019), in denen die eine Aktie an Wert zugelegt hat, während die andere Aktie im Wert gefallen ist. Dies deutet tendenziell darauf hin, dass zwischen den beiden Aktien ein negativer oder zumindest kein stark positiver Zusammenhang besteht und sich somit durch geschickte Kombination dieser beiden Anlagen wohl ein Teil des Risikos diversifizieren lässt. Dieser Zusammenhang lässt sich mittels Kovarianz bzw. Korrelationskoeffizient quantifizieren.

5.4.1.1 Kovarianz und Korrelation

Die **Kovarianz** ist ein Mass für den linearen Zusammenhang zweier Renditen. Ist das Vorzeichen positiv, haben beide Zahlenreihen die gleiche Richtungstendenz. Ein negativer Wert weist auf eine gegenläufige Entwicklung hin. Die Kovarianz multipliziert die Abweichungen der Aktie A mit den Abweichungen der Aktie B pro Zeitperiode und teilt die Summe durch die um eins reduzierte Anzahl der Beobachtungen:

$$\sigma_{AB}\,(\text{Ex}-\text{post}) = \frac{1}{n-1}\sum_{i=1}^{n}(A_i - \bar{A}) \times (A_i - \bar{B})$$

wobei:

σ_{AB} = Kovarianz zwischen Aktie A und Aktie B

n = Anzahl Beobachtungen

A_i = Rendite der Aktie A in der entsprechenden Periode

$\bar{A}$ = Durchschnittliche Rendite der Aktie A (arithmetische Durchschnittsrendite)

Personalmanagement D2

Martina Zölch • Anita Graf • Erhard Lüthi
Guy Ochsenbein • Nathalie Amstutz

Weiterführende Texte, Übungsaufgaben
und Lernkontrollen finden Sie unter
www.bwl-online.ch

1 Management von Personalressourcen

Arbeit als Ressource kann nicht wie die übrigen betriebswirtschaftlichen Ressourcen mehr oder weniger unabhängig vom Ressourcenlieferanten (Personal) bereitgehalten und nach Bedarf in den Leistungsprozess integriert werden. Da Arbeit in Quantität und Qualität von einer Vielzahl situativer Faktoren abhängt, wird sie erst im betrieblichen Leistungsprozess real. Personalmanagement bedeutet, mit Eigenheiten der Arbeit umzugehen, das Personal als Lieferant der Ressource in der von der Strategie verlangten Menge und Qualität zu gewinnen und den optimalen Personaleinsatz im Leistungsprozess zu gewährleisten. Hierbei lässt sich Personalmanagement aus zwei Perspektiven beschreiben:

Personalmanagement als betriebliche Funktion: Personalmanagement kann, analog dem Marketing, der Produktion, den Finanzen usw. als betriebliche Funktion verstanden werden. Es entspricht dann dem, was wir in der Literatur unter den Begriffen als (klassisch) Personalwirtschaft oder Personalwesen und als (modern) Personalmanagement oder Human Resources Management (HRM) bezeichnen. *Personalmanagement beinhaltet alle Aufgaben und Funktionen der Personalarbeit, die Gestaltung und Implementierung der damit verbundenen Funktionen und die dazugehörige Organisation.* Mit den heutigen Begriffen geht in der Regel auch ein weitläufigeres Verständnis einher – sie umfassen in einer ganzheitlichen Sicht alle betrieblichen Prozesse, die sich auf das Management der menschlichen Leistungsträger und -erbringer beziehen.

Personalmanagement als Institution: Hier liegt der Fokus auf der Personalabteilung (Human Resources oder Human Relationsabteilung) als organisatorischer Bereich, der zentrale Aufgaben zur Steuerung und Umsetzung der betrieblichen Funktion «Personalmanagement» wahrnimmt.

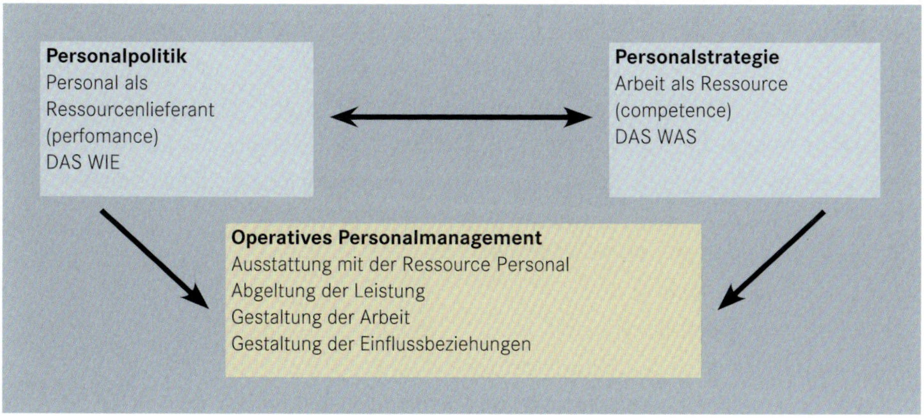

Abb. 1: Zusammenhang zwischen Personalpolitik, - strategie und operativem Personalmanagement

Die Aufgabenfelder des Personalmanagements als betriebliche Funktion sind vielfältig. Die einzelnen Aufgaben werden arbeitsteilig zwischen der Personalabteilung als Institution und der Linie wahrgenommen. Die operative Arbeit beruht auf strategischen und politischen Statements, die explizit (ausformuliert) oder implizit (gelebt) vorliegen. Die Personalstrategie umfasst grundsätzliche Verhaltensweisen im Bereich der Personalfunktion zur Sicherung der künftigen Wertschöpfung. Sie bezieht sich auf die von den Mitarbeitenden gelieferte Ressource Arbeit. Die Personalpolitik definiert die Art und die Inhalte der Beziehungen der Mitarbeitenden mit ihrer Unternehmung; sie bestimmt, wie das Personal eingesetzt wird. Personalstrategie und -politik werden von der Unternehmensleitung festgelegt (vgl. Abbildung 1).

1.1 Personalpolitik

Die verschiedenen Anspruchsgruppen beteiligen sich mit ihren Ressourcen nur so lange an einer Unternehmung wie ihre Ansprüche befriedigt werden, resp. wie sie keine andere Möglichkeit sehen, ihre Ansprüche in einer anderen Unternehmung besser zu befriedigen. Neben den Kapitalgebern, den Kunden, dem Staat und der Öffentlichkeit stehen die Mitarbeitenden als zentrale Anspruchsgruppe wie auch als partnerschaftlicher Ressourcenlieferant der Unternehmung im Fokus.

Die Mitarbeitenden haben Einfluss auf die Entstehung der Wertschöpfung wie auch auf die Verteilung der geschaffenen Werte. Im Vergleich zu früheren Sichtweisen, wo Mitarbeitende vom Personalwesen beschafft, verwaltet und einsatzbereit gemacht wurden, ist das Personal heute nicht mehr ein austauschbares Betriebsmittel. Das Personal hat Verhandlungsgewicht und kann sowohl seine monetären als auch seine nicht monetären Anliegen deutlich besser durchsetzen. Mit anderen Worten: Dem Personal kommt im Unternehmen nicht nur eine konsekutive sondern eine konstitutive Bedeutung zu. Es ist nicht nur eine kostenwirksame Ressource, sondern eine Vielzahl von entwicklungsfähigen Subjekten, die letztlich die Existenz der Unternehmung begründen. Das Personal als zentrale Anspruchsgruppe ist für die Erstellung und Verteilung von (materiellen und immateriellen) Werten mitverantwortlich. Strategien werden demnach nicht mehr nur im Hinblick auf einen Wert (z. B. Gewinnmaximierung) sondern auf eine Vielzahl von Werten hin formuliert. Auf diese Weise sind personalpolitische Belange integrale Bestandteile von Unternehmenspolitiken.

Unter **Personalpolitik** verstehen wir die permanente Gestaltung und Pflege der Beziehungsordnung zwischen den Mitarbeitenden als Individuen und als Gruppe mit ihren Ansprüchen einerseits und der Unternehmung als Institution und dem Arbeitsumfeld andererseits. Zwischen Personalpolitik und der Unternehmenskultur besteht eine starke inhaltliche Überlappung. Die Personalpolitik kann als jener Teil der Unternehmenskultur verstanden werden, in dem die Werte, Überzeugungen und Grundsätze zur Gestaltung der

Beziehungen innerhalb der konkreten Unternehmung verankert sind. Diese Grundsätze dienen als Orientierungshilfe für die täglichen Entscheidungen im Personalbereich.

Die Personalpolitik als gelebte Ordnung beinhaltet einen kontinuierlichen Aushandlungsprozess zwischen allen Anspruchsgruppen im Unternehmen. Ziel hiervon ist, dass gültige Regeln für die Arbeitspraxis, die mehreren Ansprüchen entsprechen, gemeinsam vereinbart werden. Konkret zeigt sich diese Ordnung an der Art und Weise wie Mitarbeitende gesucht, ausgewählt, gefördert, eingesetzt, abgegolten, geführt und freigestellt werden.

Beim Aushandeln der Ansprüche zwischen dem Unternehmen und den Mitarbeitenden als zentrale Anspruchsgruppe geht es vor allem um Fragen der Lohnpolitik, der Erfolgsbeteiligung, der Sozialpolitik, der Arbeitsgestaltung (u.a. der Arbeitszeitregelung) und der betrieblichen Mitbestimmung. Die Vertretenden des Unternehmens sind im Aushandlungsprozess darum besorgt, den Ausgleich gegenüber allen andern Anspruchsgruppen (z. B. den Kapitalgebern) zu gewährleisten. Ebenso achten sie darauf, dass die monetären und nicht monetären Ansprüche der Mitarbeitenden die von ihnen geschaffenen Werte und die Wertschöpfung nicht übersteigen. Die Anspruchsgruppe der Mitarbeitenden orientiert sich im Aushandlungsprozess primär an der Norm der Verteilungsgerechtigkeit: Monetäre und nicht monetäre Belohnungen und Bestrafungen (im weitesten Sinne) sollen zwischen und vor allem auch innerhalb der eigenen Anspruchsgruppe im Verhältnis zum erbrachten Einsatz gerecht erfolgen.

Personalpolitische Aushandlungsprozesse können institutionalisiert oder nicht institutionalisiert erfolgen:

- Im institutionalisierten Prozess auf überbetrieblicher Ebene handeln die Vertreter der Interessenverbände der Arbeitnehmer (Gewerkschaften und andere Verbände des Personals) mit Vertretern der Arbeitgeber allgemeingültige Ansprüche aus. Dieselben Institutionen beeinflussen ebenfalls den politischen Prozess, durch den die Öffentlichkeit ihre Ansprüche gegenüber dem Unternehmen geltend machen kann. Im innerbetrieblichen Prozess werden Ansprüche zwischen Unternehmensleitung und Vertretenden des Personals ausgehandelt. In Unternemungen mit mehr als 50 Arbeitnehmenden haben diese, gestützt auf das Mitwirkungsgesetz, ein Recht auf die Bildung einer betrieblichen Arbeitnehmendenvertretung.
- Nicht institutionalisierte Aushandlungsprozesse finden auf jeder Ebene im Unternehmen statt: Mitarbeitende machen gegenüber dem Unternehmen auf individueller Basis Ansprüche geltend und beschränken sich dabei keineswegs nur auf monetäre Forderungen. Zudem finden Aushandlungsprozesse zwischen Mitarbeitendenkategorien (z. B. Kader und Mitarbeitende) und verschiedenen Abteilungen (z. B. Forschung & Entwicklung, Produktion, Verkauf und Administration) statt, die zum Gegenstand haben, wem welcher Anteil am betrieblichen Erfolg zugeschrieben wird.

1.2 Personalstrategie

Während in der Personalpolitik festgelegt wird, wie der Ressourcenlieferant einzusetzen ist, bestimmt die Strategie, was mit der Ressource Arbeit erreicht werden soll.

Die **Personalstrategie** regelt langfristig und gesamthaft die Steuerung sämtlicher Aufgabenbereiche des Personalmanagements. Sie zielt prinzipiell auf Effektivität und Effizienz im Leistungsvollzug ab und trägt so zur Sicherung der künftigen Wertschöpfung des Unternehmens bei.

In der Theorie und in der Praxis lassen sich aufgrund des Abhängigkeitsverhältnisses zwischen der Unternehmens- und der Personalstrategie *drei verschiedene Konzepte einer Personalstrategie* ausmachen:

Personalstrategie als Umsetzung der Unternehmensstrategie

Die Personalstrategie hat in Bezug auf die Unternehmensstrategie eine derivate (aus anderen Grössen abgeleitete) Funktion, die wesentlichen Determinanten des Geschäftserfolges liegen nicht beim Personal. Der strategische Erfolg wird von den Marktbedingungen abgeleitet. Die Unternehmensstrategie hat gegenüber der Personalstrategie inhaltliche und zeitliche Priorität. Dieses Konzept findet sich im so genannten Michigan-Ansatz (Devanna, Fombrum &Tichy, 1984) und – wenngleich in abgeschwächter Form durch mehr eigenbestimmte Personalaufgaben – im Harvard-Ansatz (Beer et al., 1985). Die strategische Aufgabe des Personalmanagements besteht in beiden Ansätzen primär darin, dem Unternehmen das für die Erreichung der aus der Marktsituation abgeleiteten Ziele benötigte Personal zum richtigen Zeitpunkt, in der richtigen Quantität und Qualität bereitzustellen.

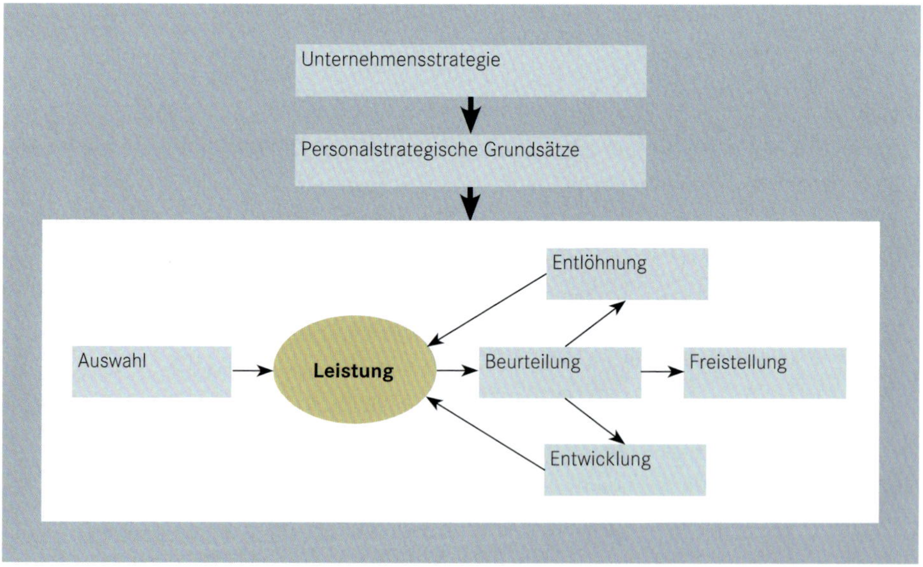

Abb. 2: Der Michigan-Ansatz des Personalmanagements (Devanna, Fombrum & Tichy, 1984, S. 41)

Im Michigan-Ansatz umfasst das Personalmanagement vier aus der Unternehmensstrategie abgeleitete Teilfunktionen (vgl. Abbildung 2). In allen drei Funktionen werden aufeinander bezogene strategische und operative Entscheidungen getroffen, wobei der strategischen Ebene Priorität eingeräumt wird.

Beispiele zu strategischen Fragestellungen in den einzelnen Funktionen sind:

- *Auswahl:* Wird mehr Gewicht auf unmittelbar in hohe Leistung umsetzbare Erfahrung neuer Mitarbeitender gelegt oder auf noch zu entwickelndes Potenzial?
- *Leistung/Performance:* Wird Arbeit als Herausforderung gestaltet (Arbeitserfolg wird von Qualifikation und Einsatz der Mitarbeitenden bestimmt) oder wird Arbeit optimiert und vereinfacht, so dass die Mitarbeitenden über keine besonderen Qualifikationen verfügen müssen?
- *Leistungsbeurteilung:* Wird ausschliesslich das Leistungsergebnis beurteilt oder auch die Art und Weise, wie dieses erreicht wurde?
- *Entlöhnung:* Welche Qualitäten der Mitarbeitenden, der Arbeitsleistung und der Arbeitsbedingungen werden wie hoch abgegolten? Werden die Mitarbeitenden am Erfolg resp. Misserfolg der Unternehmung beteiligt?
- *Entwicklung:* Welchen Stellenwert (im finanziellen und unternehmenskulturellen Sinne) haben Aus- und Weiterbildung der Mitarbeitenden? Wird Laufbahnpolitik betrieben?
- *Freistellung:* Nach welchen Kriterien werden Mitarbeitende entlassen?

Im Wesentlichen wird das Personal jedoch als Kostenfaktor betrachtet, welches der jeweiligen Ertragslage anzupassen ist. Es wird weitgehend ausgeblendet, dass das Personal auch ein (Human) Kapital darstellt, in welches erhebliche Mittel investiert werden (z. B. für Einarbeitung, Ausbildung). Die aus der einseitig marktorientierten Unternehmensstrategie abgeleitete Personalstrategie gilt in der Theorie als überholt, da sie von der Annahme ausgeht, dass es jederzeit möglich ist, das erforderliche Personal zu beschaffen oder gegebenenfalls freizusetzen. Trotzdem lebt dieses Grundverständnis in vielen Forschungsansätzen weiter, die sich mit dem Aufbau und der Verbindung von HR- und Geschäftsstrategien befassen (vgl. Bruederlin, 2020). Ebenso ist es in der Praxis insbesondere dort handlungsleitend, wo Unternehmen ein uniformes und wenig qualifiziertes Personal benötigen. Letztendlich verhalten sich auch Unternehmen so, die infolge von Veränderungen auf dem Absatzmarkt vorschnell Personal abbauen. Dabei wird meist zu wenig untersucht, welche alternativen Strategien mit dem gegebenen Personal realisierbar wären (vgl. Kapitel 7).

Die Personalstrategie bestimmt die Unternehmensstrategie

Aus der Erkenntnis heraus, dass viele Unternehmensstrategien an fehlendem oder ungeeignetem Personal gescheitert sind, wird der strategische Denkprozess umgekehrt und dem Personal eine originäre strategische Funktion zugeordnet: Die Unternehmensstrategie leitet sich aus dem vorhandenen und beschaffbaren Humanpotenzial ab. Der sogenannte Ressourcenansatz (Prahalad & Hamel, 1996; Rühli, 1994) unterscheidet sich von der marktorientierten Sicht dadurch, dass nicht mehr der Bedarf an Ressourcen von der Positionierung im Markt abgeleitet wird, sondern dass primär Ressourcenpotenziale aufgebaut werden, die nachgelagert eine günstige Positionierung im Markt erlauben. Dieser auch als **Kernkompetenzmanagement** bezeichnete Ansatz geht richtigerweise davon aus, dass die in der Unternehmung beschäftigten Personen eine eigenständige, nicht beliebig beschaffbare Ressource darstellen. Gerade zusammen mit den organisatorischen Ressourcen kann es Unternehmungen gelingen, sich in den Attributen «wertvoll», «selten», «nicht imitierbar» und «nicht substituierbar» durch klare Vorteile gegenüber der Konkurrenz abzuheben (vgl. Truss, 2012). Der Ansatz ist trotzdem in der Praxis nur selten vorzufinden, weil er in seiner Extremform die Aussensicht der Unternehmung vernachlässigt. Er kann jedoch dort angebracht sein, wo ein Unternehmen aufgrund der veränderten Marktlage die Produktepalette markant verändern muss und die vorhandenen Personalressourcen zum Ausgangspunkt für die Gestaltung einer neuen Produktepalette nimmt. Generell besteht das klare Verdienst des Ressourcenansatzes wie auch jenes des Marktansatzes darin, dass beide eine konsequente Verbindung von Unternehmensstrategie und HR-Strategie vornehmen. Gemäss Truss (2012) wurde damit die Abkehr vom rein administrativen Verwalten der Mitarbeitenden initiiert.

1

Die Personalstrategie als integraler Teil der Unternehmungsstrategie

In diesem Ansatz, der von Krüger & Homp (1997) als Konzept des marktorientierten Kernkompetenzmanagements bezeichnet wird, erfolgt ein aufeinander abgestimmtes Einbeziehen des Personals und seiner Ressourcen sowie die Berücksichtigung der Marktsituation bei der Ausgestaltung der Unternehmensstrategie. Je turbulenter die Entwicklung der unternehmungsrelevanten Umwelt ist, desto eher kann jeder unternehmerische Bereich (Absatz, Produktion, Finanzen, Personal) jederzeit zum kritischen Faktor für das Überleben des Unternehmens werden (vgl. Rose, 2006). Anstösse zur Gestaltung bzw. Änderung der Unternehmungsstrategie sollen von finanziellen, marktorientierten und personellen Überlegungen ausgehen; Marktorientierung, Finanzorientierung und Personalorientierung (allgemein Ressourcenorientierung) sind damit gleichermassen kritische Erfolgsfaktoren der Strategieentwicklung. Sie bestimmen die Effektivität des Unternehmens und tragen zur Sicherung bzw. Vergrösserung der künftigen Wertschöpfung bei.

Indem die Perspektive des Personalmanagements in den betrieblichen Entscheidungsprozessen einfliesst, werden Prozesse bei anderen Funktionen ausgelöst. Es kann von einem strategischen Personalmanagement im engeren Sinne gesprochen werden. Denn das Personalmanagement ist nicht mehr ausschliesslich Vollzugsinstrument einer übergeordneten Gesamtstrategie, welche vorgegebene Anforderungen an Dimensionierung, Beschaffung, Entwicklung und Einsatz des betrieblichen Leistungspotenzials sicherstellt. Strategische Überlegungen im Personalmanagement beeinflussen die operative Umsetzung in der Personalarbeit und umgekehrt. Dabei entstehen neue Handlungsspielräume, die von der Qualität der Personalarbeit selbst und den Restriktionen und Möglichkeiten des vorhandenen und nutzbaren Ressourcenpotenzials abhängen. Die Strategieformulierung folgt dann der Maxime «strategy follows qualification».

1.3 Personalplanung

Die **Personalplanung** ist ein integrativer Teil der strategischen Unternehmensplanung und erfolgt in allen Arbeitsfeldern des Personalmanagements (vgl. Berthel & Becker, 2017). Sie soll gewährleisten, dass die benötigte Anzahl an Mitarbeitenden mit den erforderlichen Qualitäten, zum richtigen Zeitpunkt, möglichst kostengünstig zur Verfügung steht. Sie ist einerseits das Ergebnis der Teilplanungen in anderen Unternehmensbereichen und hat somit derivaten Charakter. Andererseits hat sie aber auch originären Charakter, indem sie auf die Planung der anderen Bereiche gestaltend einwirkt.

Im engeren Sinne wird unter **Personalplanung** die Ermittlung des gegenwärtigen und zukünftigen Personalsollbestandes verstanden; sie ist damit Personalbedarfsplanung in quantitativer, qualitativer und zeitlicher Hinsicht.

In der *quantitativen Bedarfsplanung* wird die Personalmenge ermittelt, die vorhanden sein muss, um das gegenwärtige und geplante Leistungsvolumen zu erfüllen. Grundlage sind die konkrete Arbeitsmenge (gemessen in Arbeitszeit) oder die Arbeitspotenziale (bei ungewissen Arbeitsmengen). Dabei kommen auf statistischen Erfahrungswerten beruhende vergangenheitsbezogene Methoden (z. B. betriebliche Kennzahlen, Trendexplorationen, Regressions- und Korrelationsrechungen) und zukunftsorientierte Methoden (z. B. Expertenbefragungen, Szenariotechniken) zum Einsatz.

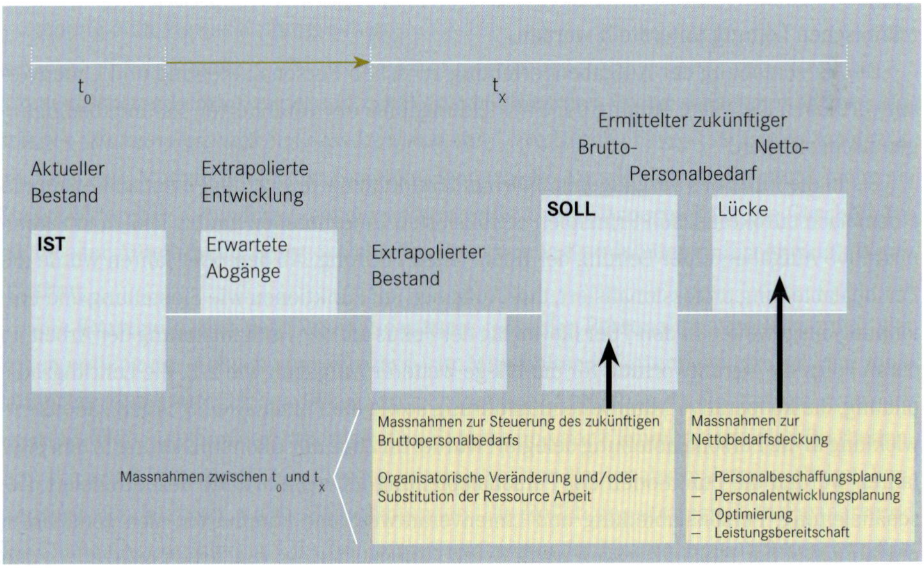

Abb. 3: Konzept der Personalbedarfsplanung

führung der neuen Mitarbeitenden sowie die Probezeit sind noch Bestandteil der Personalgewinnung. Erst wenn die Probezeit bestanden resp. die Integration des/der Mitarbeitenden erfolgreich abgeschlossen ist, ist der Prozess der Personalgewinnung beendet (vgl. Kapitel 2.7).

An den einzelnen Prozessschritten sind neben den Bewerbenden sowohl das Personalmanagement als auch die betroffenen Linienvorgesetzten beteiligt. Ein vorrangiger Stellenwert kommt den Linienvorgesetzten bei der Anforderungsanalyse, der Personalauswahl sowie bei der Einarbeitung der Mitarbeitenden zu.

Der Prozess der Personalgewinnung ist komplex, zeitkritisch und teuer. Er muss deshalb effizient gestaltet werden, um die Rekrutierungskosten in Grenzen zu halten und lange Vakanzen sowie ein vorzeitiges Abspringen von Bewerbenden zu verhindern. Gleichzeitig sind die Prozessschritte auf qualitativ hohem Niveau durchzuführen, um Fehlbesetzungen zu vermeiden, die sowohl mit hohen Kosten verbunden sind als auch zu Imageschäden für das Unternehmen sowie zu Nachteilen für die Mitarbeitenden führen können.

2.3 Personalmarketing und Personalsuche

Bei der Personalsuche wird auf unterschiedlichen Kommunikationskanälen versucht, potenziell geeignete Bewerbende auf die Unternehmung respektive die ausgeschriebenen Stellen aufmerksam zu machen, Bewerbungsmotivation auszulösen und geeignete Kandidaten für die zu besetzenden Stellen zu gewinnen. Unternehmen können hierzu das Instrument des Personalmarketings nutzen.

Unter **Personalmarketing** sind alle Aktivitäten zu verstehen, die darauf abzielen, die Nachfrage nach Arbeitsplätzen zu beeinflussen und ein Unternehmen attraktiv sowohl für potenzielle Mitarbeitende auf dem externen Arbeitsmarkt als auch für die eigenen Mitarbeitenden zu machen.

Aktivitäten des Personalmarketings beziehen sich somit sowohl auf die Gestaltung und das Angebot attraktiver Arbeitsbedingungen und Karrieremöglichkeiten als auch auf die Kommunikation dieser Attraktivitätspotenziale. Wesentliche Voraussetzung hierfür ist, die eigenen Stärken als Arbeitgeber zu kennen und als Arbeitgebermarke (Employer Brand) an die für das Unternehmen relevanten Zielgruppen zu kommunizieren.

Personalmarketing gezielt einzusetzen setzt voraus, zu wissen, wie viele Arbeitskräfte auf den relevanten Arbeitsmärkten zur Verfügung stehen, welche Bedürfnisse und Vorlieben die relevanten Zielgruppen haben, und über welche Inhalte und welche Kanäle diese am besten anzusprechen sind. Abhängig davon, ob Top-Kader, Fachkräfte oder Auszubildende gesucht werden, sind die Personalmarketing- und Suchstrategien spezifisch anzupassen. So wurde beispielsweise Hochschulabsolvierenden von Seiten der Unternehmen durch sogenannte Hochschulrekrutierungsprogramme in den letzten Jahren verstärkte Aufmerksamkeit gewidmet. In Abbildung 7 sind unterschiedliche Massnahmen von Hochschulrekrutierungsprogrammen nach Art ihrer Reichweite sowie der Intensität der Aktivitäten dargestellt.

	Geringe Reichweite	Mittlere Reichweite	Hohe Reichweite
Hohe Intensität	– Unterstützung bei Diplomarbeiten und Dissertationen – Angebot von Praktika und Förderung von studiumsbegleitenden Jobs – Aktive Kooperation mit Instituten an Hochschulen	– Teilnahme an Hochschulmessen – Vorträge durch Mitarbeitende in Seminaren – Präsenz an Hochschultagen – Exkursionen mit Fachgesprächen – Durchführung von ACs für Hochschulabsolvierende	
Mittlere Intensität	– Studierendenwettbewerbe – Preise für Diplomarbeiten	– Betriebsbesichtigungen – Infoveranstaltungen, Events in Unternehmen – Lehraufträge von Mitarbeitenden – Kontakte zu studentischen Organisationen – Firmenpräsentationen	– Vorträge von Mitarbeitenden in Vorlesungen und Seminaren
Geringe Intensität	– Forschungsunterstützung der Lehrstühle (Professoren/Professorinnen als Meinungsführende)	– Kooperation mit Hochschulen – Mitarbeit in Hochschulgremien – Sponsoring von Events an Hochschulen – Stipendien – Schenkungen (z. B. an Bibliotheken)	– Personalimagewerbung – Plakate am schwarzen Brett – Imagebroschüren – Präsenz auf Online-Stellenbörsen – Artikel/Inserate in Hochschul- und Karrierezeitschriften – Ausrichtung des Internetauftritts auf studentische Zielgruppe

Abb. 7: Massnahmen aus Hochschulrekrutierungsprogrammen (in Anlehnung an Zaugg, 1996, S. 183; Simon, et al., 1995, S. 185)

Ein bevorzugtes Medium der Stellenausschreibung ist inzwischen das Internet. Über Job-Portale können sowohl Unternehmen als auch Stellensuchende die gesuchten resp. angebotenen Profile inserieren. Zudem gewinnen Webauftritte an Bedeutung, in denen sich ein Unternehmen oft mit Multimedia-Einsatz wie Videos über den Betrieb oder mit Interviews mit ausgewählten Mitarbeitenden präsentiert. Dennoch verzichten viele Unternehmen auch aus Imagezwecken nicht auf Inserate in Printmedien. Weiter können die regionalen Arbeitsvermittlungszentren (RAV) sowie Personal- und Absolventenmessen von Nutzen sein. An Bedeutung gewinnen auch Aktionen wie «Mitarbeitende suchen Mitarbeitende», im Rahmen derer Mitarbeitende selbst als Rekrutierer tätig werden, oftmals unter Vergabe einer Prämie bei erfolgreicher Vermittlung. Häufig werden für die Rekrutierung insbesondere von qualifizierten Fach- und Führungskräften Personalberatungsfirmen beauftragt, die auf die Suche in bestimmten Branchen, für spezifische Berufsgruppen oder auf Kader-Funktionen spezialisiert sind. Neben der Suche gestalten diese in enger Abstimmung mit einem Unternehmen meist auch den Prozess der Personalauswahl.

2.4 Anforderungsanalyse

Jedem Auswahlprozess sollte eine Anforderungsanalyse und daraus abgeleitet ein Anforderungsprofil der zu besetzenden Stelle zugrunde liegen.

Mit einer *Anforderungsanalyse* werden die tätigkeitsspezifischen und tätigkeitsübergreifenden Anforderungen einer Stelle bestimmt, um eine möglichst optimale Passung von Person und Tätigkeit zu erreichen.

Die genaue Kenntnis des Anforderungsprofils einer Stelle erlaubt es, ein klares Bild von den Anforderungen zu bekommen, auf die sich die Bewertungskriterien in den Personalauswahlverfahren beziehen. Der Auswahlprozess kann so tätigkeits- respektive anforderungsnah gestaltet und die Auswahl oder Ablehnung eines Kandidaten beziehungsweise einer Kandidatin anforderungsbezogen begründet werden. Dies trägt massgeblich zur Akzeptanz des Auswahlprozesses bei den Bewerbenden bei.

Die Anforderungen einer Stelle können auf drei Ebenen bestimmt werden (vgl. Schuler & Höft, 2014, S. 77):

- *Aufgaben- und Ergebnisebene:* Welche Ziele und Ergebnisse müssen in welcher Qualität erreicht werden? Welche Qualifikationsabschlüsse, Zertifikate, Examina etc. sind hierfür erforderlich?
- *Verhaltensebene:* Welches Verhalten muss für eine erfolgreiche Ausführung der Tätigkeit gezeigt werden?
- *Eigenschaftsebene:* Welche persönlichen Eigenschaften und Interessen stellen eine erfolgreiche Ausführung sowie eine soziale und kulturelle Passung mit dem Team und der Unternehmenskultur sicher?

Informationsquellen für die Erstellung eines Anforderungsprofils sind vorhandene Stellen- und Tätigkeitsbeschreibungen, die Befragung von Personen mit Arbeitsplatzkenntnissen der zu besetzenden Stelle, Ergebnisse von Beobachtungen am Arbeitsplatz sowie Arbeitsanalysen, mit denen systematisch untersucht wird, in welchen Arbeitsvorgängen und mit welchen Arbeitsmitteln, die vorgegebenen Aufgaben zu lösen sind. Zum Einsatz kommen auch szenariobasierte Techniken, mit Hilfe derer zukünftige Anforderungen abgeleitet werden können. Eine weitere Methode ist die der **Analyse «Kritischer Ereignisse»** (critical incident technique - CIT). Bei dieser Methode werden diejenigen leistungskritischen Tätigkeitsanteile identifiziert, die auf der Stelle von besonderer Bedeutung sind. In der Art und Weise, wie diese Tätigkeitsanteile bewältigt werden, unterscheiden sich – so die Annahme – erfolgreiche von weniger erfolgreichen Stelleninhabern. Auf Basis solcher kritischen Ereignisse werden in einem zweiten Schritt Anforderungen auf Ebene des Verhaltens abgeleitet. Kritische Ereignisse können zudem als anforderungsbezogene Grundlage für situative Fragen in Interviews, Arbeitsproben und Übungen im Assessment Center herangezogen werden (vgl. Schuler, 2018, S. 168ff.).

Anforderungsprofil	**Geforderte Ausprägung von 1 (gering) bis 5 (stark)**				
Fachkompetenzen					
Hochschulabschluss (oec.)	☐	☐	☐	☐	☒
Statistikkenntnisse	☐	☐	☒	☐	☐
Englisch verhandlungssicher	☐	☐	☐	☒	☐
...	☐	☐	☐	☐	☐
Methodenkompetenzen					
Moderationsfertigkeiten	☐	☐	☒	☐	☐
Präsentationstechniken	☐	☐	☐	☒	☐
...	☐	☐	☐	☐	☐
Sozial-kommunikative Kompetenzen					
konfliktfähig	☐	☐	☒	☐	☐
Einfühlungsvermögen	☐	☐	☒	☐	☐
...					
Personale Kompetenzen					
belastbar	☐	☐	☐	☒	☐
extrovertiert	☐	☐	☐	☒	☐
...	☐	☐	☐	☐	☐

Abb. 8: Ausschnitt eines Anforderungsprofils

Die ermittelten Arbeitsanforderungen müssen schliesslich in ein Anforderungsprofil übersetzt werden, dem Kompetenzbereiche zu Grunde liegen (vgl. Abbildung 8). Relativ verbreitet ist hierbei die Unterscheidung in Fach-, Methoden- und sozial-kommunikative Kompetenzen sowie personale Kompetenzen, die gegebenenfalls noch um Führungskompetenzen ergänzt werden (vgl. Kapitel 5.3). Im Rahmen eines strategisch ausgerichteten Kompetenz-Managements werden diese aus der Unternehmensstrategie abgeleitet oder zumindest mit dieser abgeglichen.

2.5 Prozess der Personalauswahl

Bei der eigentlichen Personalauswahl durchlaufen die vielversprechendsten Kandidatinnen und Kandidaten ein Auswahlverfahren, das im Minimum aus der Prüfung der Bewerbungsunterlagen sowie einem Bewerbungsinterview besteht, jedoch um weitere Verfahren wie Tests, Arbeitsproben, Referenzen etc. ergänzt werden kann. Mit dem Einsatz von **Personalauswahlverfahren** werden unterschiedliche Ziele verfolgt. Zum einen wird die Passung der Bewerbenden mit ihren Kompetenzen, Fähigkeiten und Bedürfnissen mit dem Anforderungsprofil der Stelle sowie der Team- und der Unternehmenskultur abgeglichen. Zum anderen soll der berufliche Erfolg der Bewerbenden prognostiziert und unter den guten die beste Person ausgewählt werden. Beim Einsatz von Personalauswahlverfahren ist auf Wirtschaftlichkeit und Praktikabilität zu achten. So sollten Kosten und Zeitaufwand für den Einsatz eines Verfahrens in einem angemessenen Verhältnis zum Nutzen stehen. Zudem sollte das Verfahren nachvollziehbar und in der Anwendung durch Personal und Linie handhabbar sein.

Schliesslich sollte die **soziale Validität** des Auswahlprozesses gewährleistet sein (vgl. Schuler, 2014, S. 370 f.). Hierunter ist das Ausmass der sozialen Akzeptanz eines Auswahlverfahrens durch die Beteiligten zu verstehen. Massgebliche Einflussgrössen auf die soziale Validität sind

2

- ausreichende Informationen über die Tätigkeitsanforderungen, Merkmale des Unternehmens sowie das Auswahlverfahren,
- Kontroll- und Einflussmöglichkeiten für die Bewerbenden im Auswahlprozess,
- die Transparenz der Auswahlsituation hinsichtlich der Rolle der Beteiligten, der Bedeutung der Instrumente, der Auswahlkriterien und der Bewertung sowie
- eine angemessene und anforderungsbezogene Kommunikation des Auswahlentscheids.

Positive Bewerbererfahrung (Candidate Experience), zu der neben Transparenz auch Geschwindigkeit und Wertschätzung gehören, ist eine wesentliche Voraussetzung, talentierte Kandidaten für sich zu gewinnen (Trost, 2012, S. 146).

2.6 Instrumente der Personalauswahl

Um die Eignung von Bewerbungskandidatinnen und -kandidaten zu ermitteln, bieten sich grundsätzlich drei *diagnostische Zugänge* an, denen die verschiedenen Instrumente der Personalauswahl zugeordnet werden können (vgl. Schuler & Höft, 2014, S. 86 sowie Abbildung 9).

Biographiebezogene Verfahren wie die Analyse von Arbeitszeugnissen kommen bei der Personalauswahl am häufigsten zum Einsatz und bilden meist einen festen Bestandteil jedes Auswahlverfahrens. Ziel dieser Verfahren ist es, aus vergangenen Leistungen, Erfahrungen und Verhaltensweisen auf zukünftige Leistungen respektive auf zukünftiges Verhalten zu schliessen.

Biographiebezogene Verfahren	**Simulationsbezogene Verfahren**	**Eigenschaftsbezogene Verfahren**
– Arbeitszeugnisse	– Situative Fragen	– Intelligenztests
– Arbeitserfahrung	– Rollenspiele	– Leistungstests
– Noten	– Präsentationen	– Kognitive Fähigkeitstests
– Referenzauskünfte	– Gruppendiskussionen	– Fachkenntnistests
– Biografischer Fragebogen	– Case Studies	– Berufliche Interessentests
	– Arbeitsproben	– Persönlichkeitstests

Abb. 9: Überblick über Auswahlverfahren mit Bezug zum jeweiligen diagnostischen Zugang

Simulationsbezogene Verfahren wie beispielsweise eine Arbeitsprobe sind auf die Gegenwart bezogen und in der Durchführung anspruchsvoller und aufwändiger und kommen entsprechend weniger zur Anwendung. Die Bewerbenden werden im Auswahlverfahren mit einer für die zu besetzende Stelle erfolgskritischen Arbeitssituation resp. Aufgabenstellung konfrontiert. Von dem bei der Bewältigung dieser Aufgaben gezeigten Verhalten wird auf das zukünftige Verhalten geschlossen. Häufig kommen diese Verfahren im Rahmen eines Assessment-Centers zum Einsatz. Da sie anforderungsbezogen sind, können sie beruflichen Erfolg gut prognostizieren und haben zudem eine hohe Akzeptanz bei den Bewerbungskandidaten.

Eigenschaftsbezogene Verfahren, die in der Regel in Form von Tests eingesetzt werden, haben in den letzten Jahren im Rahmen der Personalauswahl an Bedeutung gewonnen. Mit ihnen wird von nachweislich für den beruflichen Erfolg relevanten Eigenschaften auf die zukünftige Leistung sowie das Verhalten geschlossen. Meist handelt es sich um standardisierte Fragebögen, deren Auswertung durch geschulte Experten erfolgt. Sie werden in der Regel als Ergänzung zu anderen Verfahren eingesetzt.

Es empfiehlt sich, die unterschiedlichen diagnostischen Zugänge im Auswahlprozess zu kombinieren, da diese jeweils unterschiedliche Erkenntnisse liefern und so die jeweiligen «Blinden Flecke» der Verfahren kompensiert werden können.

Die Qualität von Personalauswahlverfahren bemisst sich daran, ob sie

a) *zuverlässig (reliabel)* sind, d.h. bei wiederholtem Einsatz beim gleichen Bewerbungskandidaten zu denselben Ergebnissen kommen;
b) *objektiv* sind, d.h. frei von subjektiven Einflüssen und damit zu den gleichen Ergebnissen führen, egal wer das Instrument einsetzt;
c) *valide* sind, d.h. dass ein Instrument die richtigen Hinweise gibt, um die geeignete Person auszuwählen. Von besonderer Bedeutung ist die *prognostische* Validität, die Auskunft darüber gibt, wie gut ein Auswahlverfahren den beruflichen Erfolg eines Bewerbenden auf der zu besetzenden Stelle vorhersagen kann.

Eine hohe **prognostische Validität** haben beispielsweise Arbeitsproben, strukturierte Interviews oder kognitive Fähigkeitstests. Über eine mittlere Validität verfügen unstrukturierte Interviews, Persönlichkeitstests sowie Referenzen. Eine geringe Validität weisen Bewerbungsunterlagen auf (vgl. Schuler, 2014, S. 337).

Das **Bewerbungsinterview** ist das am häufigsten angewendete Verfahren der Personalauswahl, da es unserem Bedürfnis nach persönlichem Kontakt entspricht sowie die Interaktion zwischen den beteiligten Personen ermöglicht. Professionell geführte Bewerbungsinterviews sind *strukturiert*. Ihr Ablauf ist festgelegt. Sie beinhalten standardisierte Fragen, die einen hohen Anforderungsbezug haben und damit dem Bewerbenden realistische Informationen über Tätigkeit, Stelle und Unternehmen bieten. Ein strukturierter Ablauf gibt jedem Kandidaten die gleiche Chance, hilft Wahrnehmungs- und Beurteilungsfehler zu vermeiden (vgl. Kapitel 5.6) und zeigt sich in einer höheren prognostischen Validität sowie in einer hohen Akzeptanz durch die Bewerbenden.

Ein Beispiel für ein strukturiertes Interview ist das «**Multimodale Interview**», das sowohl biografische, situative (simulationsbasierte) als auch eigenschaftsbasierte Fragen berücksichtigt (vgl. Schuler, 2018, S. 226ff. sowie Abbildung 10).

Aufbau und Charakteristika des Multimodalen Interviews	
1. Gesprächsbeginn	
2. Selbstvorstellung des/der Bewerbenden	– Integration von biographie-, simulations- und eigenschaftsbezogener Perspektive – Starker Anforderungsbezug – Strukturierter Gesamtablauf – Verwendung geprüfter und verhaltensverankerter Beurteilungsskalen – Höhere prognostische Validität als unstrukturierte Interviews – Hohe soziale Validität
3. Freie Fragen	
4. Berufswahl oder Handlungswissen	
5. Biographiebezogene Fragen	
6. Realistische Tätigkeitsinformation	
7. Situative Fragen	
8. Gesprächsabschluss	

Abb. 10: Aufbau und Charakteristika des Multimodalen Interviews (vgl. Schuler, 2018, S. 230ff.)

2.7 Einarbeitung neuer Mitarbeitender

Mit der Einarbeitung des neuen Mitarbeitenden wird schliesslich die letzte Phase des Personalgewinnungsprozesses eingeleitet. Für die Leistungsbereitschaft und -fähigkeit sowie die Bindung der Mitarbeitenden an das Unternehmen ist diese Phase, die mit der Probezeit zusammenfällt, von entscheidender Bedeutung. Denn Frühfluktuationen verursachen beträchtliche Kosten. Wesentliche Ziele der **Mitarbeitendeneinführung** sind die *fachliche Einarbeitung* sowie die *soziale und die kulturelle Integration* des/der Mitarbeitenden. Auf Seiten der Mitarbeitenden impliziert dies einen Sozialisationsprozess, im Rahmen dessen er/sie die Werte, Normen und Regeln einer Organisation sowie die des Teams übernimmt und verinnerlicht, so dass er/sie diese als selbstverständlich annimmt (vgl. Gmür & Thommen, 2014, S. 297 ff.). Drei Phasen können bei der Integration eines neuen Mitarbeitenden in ein Unternehmen unterschieden werden (vgl. Abbildung 11):

	(zukünftige/r) Mitarbeitende/r	**Unterstützung durch das Unternehmen**
Phase vor dem Eintritt	Aufbau von Erwartungen auf Basis von Informationen über das Unternehmen durch das Unternehmensimage, im Rahmen des Auswahlprozesses, durch persönliche Kontakte zu Unternehmensangehörigen etc.	Auswahlgespräch: realistische Informationen über Tätigkeit, Stelle und Unternehmenskultur Einführungsbroschüren/-mappen Schnuppertage Checklisten für Vorgesetzte
Eintrittsphase	Auseinandersetzung mit den neuen Anforderungen, schrittweise Übernahme von Rollen und Aufgaben; Überprüfung bestehender Erwartungen an das Unternehmen, die Stelle, das Team, die Führung	Begrüssungsprogramm Einarbeitungsplan Götti-/Paten-/Mentoringprogramme Einführungsveranstaltungen Qualifizierungsmassnahmen
Integrationsphase	«Wandel vom Neu- zum Vollmitglied in der Organisation»; Angleichung der Erwartungen an die Gegebenheiten; Übernahme von Werten, Normen und Regeln; Abschluss des «Psychologischen Vertrags» (vgl. Kapitel 3.5)	Rotationsprogramme Orientierungs- und Feedbackgespräche Probezeitbeurteilung

Abb. 11: Phasen der Einarbeitung und Integration neuer Mitarbeitender

Einführungsprogramme sollen sicherstellen, dass der betriebliche Sozialisationsprozess optimal gelingt. Entscheidende Voraussetzung für eine erfolgreiche Integration sind eine professionelle Planung der Einführung, ein gutes Einfühlungsvermögen, d. h. die Fähigkeit sich in die Perspektive des/der Neuen hineinzuversetzen, realistische Erwartungen sowie verbindliche Ziele für den Einführungsprozess, die regelmässig kontrolliert werden sollten. Nicht unterschätzt werden darf hierbei die Rolle des/der Vorgesetzten als zentraler Bezugsperson und die des Arbeitsteams für eine erfolgreiche soziale Integration des/der neuen Mitarbeitenden.

3 Personaleinsatz

3.1 Aufgaben des Personaleinsatzes

Die grundlegenden Aufgaben des *Personaleinsatzes* bestehen in der Zuordnung der in der Unternehmung verfügbaren Mitarbeitenden zu den Aufgaben (beziehungsweise Arbeitsplätzen) in Bezug auf Quantität, Qualität, Einsatzzeit und Einsatzort. Ziel ist es, mit dem eignungsgerechten Einsatz der Mitarbeitenden, der optimalen Ausnutzung der Ressourcen und unter Einhaltung der Unternehmensziele in der verfügbaren Zeit alle Aufgaben effizient zu erfüllen (Zölch, Oertig & Calabrò, 2020).

Motivation, Qualifikationen sowie die psychischen und körperlichen Leistungsvoraussetzungen der Beschäftigten müssen auf Aufgaben und Rahmenbedingungen treffen, in denen sie ihre Wirkung entfalten können. Die verfolgten Personaleinsatzstrategien entscheiden einerseits über einen effizienten, effektiven und flexiblen Einsatz der Mitarbeitenden und andererseits auch massgeblich über weitere Folgeeffekte wie Arbeitszufriedenheit und Motivation, Absentismus und Fluktuation, Belastung, Über- resp. Unterforderung sowie die Qualität der Arbeit und die Bindung an das Unternehmen.

Restrukturierung der Organisation, technologische Entwicklungen und die Digitalisierung, Veränderungen in der Produktpalette, neue Managementsysteme und eine Globalisierung der Unternehmen lassen neue Arbeitsplätze entstehen, verändern alte Arbeitsplätze oder machen diese gar überflüssig. Entsprechend den veränderten Anforderungen ist qualifiziertes Personal dann nicht mehr (in ausreichender Menge) verfügbar oder vorhandene Qualifikationen können nicht mehr adäquat eingesetzt werden oder die Personalressourcen werden nicht mehr in gleichem Umfang oder in anderer Qualität benötigt. Ein strategisch ausgerichtetes Personalmanagement orientiert sich folglich nicht nur an einer auf die Ist-Situation ausgerichteten wirtschaftlichen Rentabilität und eignungsgemässen Passung des Personaleinsatzes, sondern berücksichtigt auch zukünftige Unternehmensziele respektive -entwicklungen. Der Personaleinsatz entscheidet zudem über Fragen und Anforderungen der betrieblichen Gesundheitsförderung und er hat massgeblichen Einfluss auf die Bindung des/der Mitarbeitenden an das Unternehmen.

3.2 Flexibilisierung der Organisationsstrukturen

Die *traditionelle Arbeitsorganisation* beruht auf einer weitgehenden (funktionalen) Arbeitsteilung und Spezialisierung, der Trennung von Kopf- und Handarbeit sowie einer tief gegliederten Führungshierarchie mit ausgeprägten Kontrollmechanismen. Die so umrissene Arbeitsorganisation hat sich so lange als sinnvoll erwiesen, wie Aufgaben, Rahmenbedingungen, Märkte und Marktleistungen konstant geblieben sind und gut kontrolliert werden konnten.

Die Orientierung hin zu Kundenmärkten mit Variantenvielfalt und reduzierten Lieferzeiten, unternehmensspezifischen Problemlösungen sowie die zunehmende Komplexität von Aufgaben und Projekten, die nicht mehr beliebig teilbar sind, erforderte eine Flexibilisierung der Organisationsstrukturen, um schneller auf die dynamisierten Kundenmärkte reagieren zu können. Doch vielfach haben erst technologische Entwicklungen wie integrierte Informationssysteme oder flexible Fertigungssysteme die Flexibilisierung von Organisationsstrukturen und Arbeitsabläufen ermöglicht. Restrukturierungsmassnahmen, die auf Prozessorientierung, Abflachung von Hierarchien, Dezentralisierung und funktionale Integration setzen, führen zu einer Veränderung der Aufgabenprofile auf Ebene des Individuums und der Gruppe. Erreicht wird damit, die Arbeitsteilung in mehr oder weniger grossem Ausmass rückgängig zu machen und somit die Flexibilität des Personaleinsatzes zu erhöhen.

Für die *Personaleinsatzplanung* bedeutet dies, dass mitdenkende Mitarbeitende gefordert sind, die den Blick für den Gesamtzusammenhang mitbringen, Verantwortung übernehmen, anpassungs- und umstellungsfähig sowie bereit sind, sich zu qualifizieren. Indem anspruchsvollere und entwicklungsförderliche Arbeitsaufgaben geschaffen werden, kann damit gleichzeitig – je nach Art der Aufgabengestaltung – eine qualifikationsförderliche Arbeitsorganisation erreicht werden. Auf Ebene des Individuums und der Gruppe können die folgenden Ansätze unterschieden werden (vgl. Ulich, 2011, S. 195ff.):

- **Aufgabenerweiterung (Job-Enlargement):** Unter dem Motto «more of the same» werden gleichartige – vor allem ausführende – Aufgaben an einem Arbeitsplatz zu zeitlich umfangreicheren Arbeitszyklen zusammengelegt, wodurch die starke Arbeitsteilung zum Teil zurückgenommen wird und das Tätigkeitsprofil abwechslungsreicher gestaltet werden kann.
- **Aufgabenanreicherung (Job-Enrichment):** Es erfolgt eine vertikale Erweiterung der Aufgabenbereiche, indem planende, entscheidende und kontrollierende Aufgaben integriert werden. Damit werden die Komplexität und die Ganzheitlichkeit der Aufgaben an einem Arbeitsplatz erhöht sowie der Entscheidungs- und Kontrollspielraum erweitert. Vorgesetzte können entlastet werden. Es ergeben sich damit jedoch erhöhte Anforderungen an die Qualifikation des Personals.
- **Arbeitsplatzwechsel (Job-Rotation):** Der festgelegte oder frei abstimmbare Wechsel des Einsatzes an unterschiedlichen Arbeitsplätzen verlangt unterschiedliche Leistungsbeiträge zu erbringen. Hierdurch wird das individuelle Qualifikationsprofil verbreitert und die Flexibilität des Personaleinsatzes erhöht. Einseitiger Belastung und Monotonie kann so vorgebeugt, die Mitverantwortung gestärkt und soziale Isolation vermindert werden.
- **Teilautonome Arbeitsgruppen:** Vorbereitende, dispositive und kontrollierende Aufgaben werden nicht einem Individuum, sondern einer Arbeitsgruppe resp. einem Team, übertragen. Dieses übernimmt die Verantwortung für eine zusammenhängende Aufgabenerfüllung (Planung, Ausführung und Kontrolle) sowie die interne Koordination der Arbeitsaufträge und des Personaleinsatzes, wozu auch der Arbeitsplatzwechsel gehö-

ren kann. Darüber hinaus können weitere Aufgaben in der Selbstverantwortung der Arbeitsgruppen liegen, über welche die Gruppenmitglieder mehr oder weniger autonom entscheiden. Hierzu gehören beispielsweise die Arbeitsplatzgestaltung, die Personalauswahl, die Wahl der Gruppenleitung, Qualifizierungsmassnahmen für die Gruppenmitglieder sowie die Arbeitszeit- und Ferienplanung. Aufgaben, die in die gemeinsame Verantwortung der Gruppe fallen, werden als so genannte *Gruppenkernaufgaben* bezeichnet. Teilautonome Arbeitsgruppen fördern soziale Interaktion, Eigeninitiative und gemeinsame Verantwortung. Sie setzen in der Regel eine Mehrfachqualifizierung der Mitarbeitenden sowie eine partizipative und delegative Führungskultur voraus (vgl. Ulich, 2011, S. 221 ff.).

3.3 Flexibilisierung der Arbeitszeit

Zu den Aufgabenbereichen des Personaleinsatzmanagements gehört es auch, die *Arbeitszeit* der Mitarbeitenden unter Einhaltung der gesetzlichen und gesamtarbeitsvertraglichen Bestimmungen zu gestalten. Neben Arbeitsbeginn und -ende betrifft dies den Umfang der Arbeitszeit, die Lage der Arbeitszeit sowie die Pausenregelungen. Die Interessen des Unternehmens orientieren sich dabei an der Geringhaltung der Arbeitskosten pro Produkt oder Dienstleistung, einer hinreichenden Menge an Arbeitszeit, um die nachgefragten Produkte oder Dienstleistungen herzustellen, der maximalen Auslastung der Infrastruktur (z. B. Gebäude und technische Anlagen), einer maximalen Verfügbarkeit für die Kunden, der Minimierung unproduktiver Zeiten sowie einer einfachen und leicht durchschaubaren Arbeitszeitadministration.

Interessen auf Seiten der Mitarbeitenden bestehen unter anderem darin, ein für die verausgabte Arbeitszeit angemessenes Einkommen zu erhalten, gesundheitlichen Beeinträchtigungen vorzubeugen, eine Teilhabe am sozialen Leben ausserhalb der Arbeit sicherzustellen, Beruf und Familie zu vereinbaren und bei der Ausgestaltung der Arbeitszeit mitwirken zu können.

Bei der **Arbeitszeitgestaltung** ist sowohl die *chronometrische Dimension (Umfang)* als auch die *chronologische Dimension (Lage)* der Arbeitszeit zu berücksichtigen. Arbeitszeitmodelle können darüber hinaus in Bezug auf das Ausmass an Autonomie und Mitbestimmung bei der Arbeitszeitgestaltung sowie hinsichtlich der Intensität der Nutzung der Arbeitszeit beschrieben werden (vgl. Abbildung 12).

Sowohl in Bezug auf die Chronometrie als auch in Bezug auf die Chronologie werden Flexibilisierungsstrategien hinsichtlich der Arbeitszeit verfolgt, mit dem Ziel die Betriebszeiten des Arbeitsplatzes und die Arbeitszeiten der Beschäftigten zu entkoppeln, um den dynamisierten Kundenmärkten gerecht zu werden. In den beiden letzten Jahrzehnten konnte in den europäischen Ländern eine zunehmende Auflösung von Standardarbeitszeitmodellen festgestellt werden. Die chronometrische Flexibilisierung umfasst Abweichungen von einer gesetzlich oder betrieblich vereinbarten (durchschnittlichen) Arbeitszeitmenge nach oben oder unten. Die chronologische Flexibilisierung zielt auf eine Abweichung der Lage der Arbeitszeit von einer standardisierten gleichmässigen Verteilung auf die Wochentage. Die Möglichkeiten einer zeitlichen Flexibilisierung werden durch gesetzlich vereinbarte Höchstarbeitszeiten sowie Gesetzesbestimmungen zur Nacht- und Wochenendarbeit beschränkt.

	Tag	**Woche**	**Jahr**	**Leben**
Dauer	Normalarbeitstag Teilzeitarbeit Überstunden, Kurzarbeit	Länge der Wochenarbeitszeit	Ferien	Pensionierungsgrenze
Lage	Schicht- und Nachtarbeit	Sonntagsarbeit Wochenendarbeit	Saisonarbeit	Lebensarbeitszeit
Autonomie/ Mitbestimmung bei flexiblen Modellen	Gleitende Arbeitszeit, Teilzeitarbeit etc.	Bandbreitenmodell	Jahresarbeitszeit Sabbaticals	Gleitender Einstieg ins Erwerbsleben Gleitende Pensionierung
Nutzung der Intensität der Arbeitszeit	Pausenregelung			

Abb. 12: Beschreibungsdimensionen von Arbeitszeit (Baillod, 1986, S. 22)

Die Flexibilisierung der Arbeitszeiten stellt besondere Herausforderungen in Bezug auf die Vereinbarkeit von Beruf, Familie und anderen Lebensbereichen. Zum einen ermöglicht sie durch das Angebot von **Teilzeitmodellen** den Mitarbeitenden beispielsweise unterschiedliche Lebensinteressen in den jeweiligen Lebensphasen zu vereinbaren, was sich wiederum positiv auf die Bindung an ein Unternehmen auswirken kann. Zum anderen kann die Flexibilisierung der Arbeitszeit wie beispielsweise bei **Schichtarbeit**, die Vereinbarkeit von unterschiedlichen Lebensbereichen auch erschweren. Neben sozialer Isolation und familiären Problemen als mögliche Folge, kann diese auch negative Auswirkungen auf die Gesundheit haben. Häufig berichtete Folgen sind Schlafstörungen, Appetitlosigkeit, Magen- und Darmstörungen, innere Unruhe und Nervosität sowie vorzeitige Ermüdbarkeit. Präventive respektive kompensatorische Massnahmen bestehen unter anderem in der Begrenzung aufeinanderfolgender Nachtschichten, einer Vorwärtsrotation von Früh-, Spät- und Nachtschichten, geblockten Wochenendfreizeiten, Ausstiegsmöglichkeiten aus Gesundheits- oder Altersgründen aus dem Schichtsystem sowie in der Partizipation der Mitarbeitenden bei der Schichtplangestaltung (vgl. Ulich, 2011, S. 532).

4 Personalentwicklung

4.1 Begriff und Ziele der Personalentwicklung

Im Zentrum der **Personalentwicklung** (PE) steht die Förderung beruflich relevanter Kompetenzen (Wissen, Fertigkeiten, Fähigkeiten), Qualifikationen (z. B. Fachausweise, Zertifizierungen) und Einstellungen. In der Literatur finden sich zahlreiche Definitionen, die jeweils unterschiedliche Aspekte der Personalentwicklung betrachten.

> Personalentwicklung «dient der Vermittlung jener Qualifikationen und Kompetenzen, die zur optimalen Verrichtung der derzeitigen und zukünftigen Aufgaben erforderlich und beruflich, persönlich sowie sozial förderlich sind» (Bröckermann, 2016, S. 16f.).
> Personalentwicklung «umfasst alle Maßnahmen der Bildung, der Förderung und der Organisationsentwicklung, die von einer Person oder Organisation zur Erreichung spezieller Zwecke zielgerichtet, systematisch und methodisch geplant, realisiert und evaluiert werden» (Becker, 2013, S. 5).

4

Wesentlich ist, dass die Personalentwicklung auf sämtliche Mitarbeitende eines Unternehmens während der gesamten Dauer ihrer Betriebszugehörigkeit ausgerichtet ist, d. h. unabhängig von deren Alter, der Dauer der Betriebszugehörigkeit, dem Geschlecht, dem Führungspotenzial, der Hierarchiestufe etc. So geht es beispielsweise darum, jüngere Mitarbeitende konsequent zu fördern und an das Unternehmen zu binden (= Retention), Mitarbeitende im mittleren Alterssegment leistungsfähig und motiviert zu halten und ältere Mitarbeitende gezielt zu entwickeln, so dass sie bis zur Pensionierung (und darüber hinaus) die notwendigen Fähigkeiten zur Ausübung ihrer Funktion besitzen, gesund bleiben und Freude an der Arbeit haben (Graf, 2011, S. 93 f.).

Dabei werden auf Ebene des Unternehmens, der Vorgesetzten und der Mitarbeitenden jeweils unterschiedliche Ziele verfolgt (vgl. Abbildung 14).

Die Ziele und Inhalte der Personalentwicklung sollten unternehmensstrategisch begründet sein, d. h. auf Kompetenzen fokussieren, die der Verwirklichung strategischer Unternehmensziele dienen *(= strategieorientierte Personalentwicklung)*. Die *PE-Bedarfsanalyse* stellt das Bindeglied zwischen Strategie und Personalentwicklung dar (vgl. Solga, Ryschka & Mattenklott, 2011, S. 19). Hier werden einerseits die individuellen Entwicklungsbedürfnisse der Mitarbeitenden erhoben (z. B. Qualifikationslücken, Karrierevorstellungen). Andererseits wird der betriebliche Entwicklungsbedarf ermittelt (z. B. benötigte Kompetenzen für die Erreichung der Strategie, benötigtes Produktewissen im Kundenkontakt, Verbesserung der Zusammenarbeit der Unternehmensbereiche).

Ziele auf Ebene Unternehmen	
– Sichern der strategisch relevanten Kompetenzen der Mitarbeitenden bis zu deren Pensionierung (fachlich-methodische, sozial-kommunikative, aktivitäts- und umsetzungsbezogene sowie personale Kompetenzen) – Langfristiger Erhalt der Arbeitsmarktfähigkeit der Mitarbeitenden, z. B. frühzeitige Anpassung der Kompetenzen an sich verändernde Rahmenbedingungen – Sichern des kurz- und langfristig notwendigen Bestands an Fach- und Führungskräften	– Erkennen und Fördern von Talenten (für die Fach-, Führungs- und Projektlaufbahn) – Gezielte Vorbereitung auf die Übernahme neuer Funktionen, z. B. Führungsfunktion – Erweitern bestehender Kompetenzen bzw. Fördern neuer Kompetenzen als Grundlage einer grösseren Flexibilität und Anpassungsfähigkeit im Personaleinsatz – Fördern der Zusammenarbeit im Unternehmen
Ziele auf Ebene Vorgesetzte	
– Vermitteln der im Team/im Organisationsbereich benötigten Kompetenzen – Fördern des beruflichen/laufbahnbezogenen Fortkommens der Mitarbeitenden – Verbessern des Leistungsverhaltens durch die systematische Förderung der beruflichen Handlungskompetenz – Verbessern des Sozialverhaltens, z. B. Zusammenarbeit im Team	– Verbessern der Chance zur Selbstverwirklichung durch die Übertragung anspruchsvoller Aufgaben (Entwicklung on-the-job) – Fördern der Motivation der Mitarbeitenden durch die Förderung von Kompetenzen und Entwicklungschancen – Erhöhen der Bereitschaft, Änderungen zu verstehen oder herbeizuführen
Ziele auf Ebene Mitarbeitende	
– Erwerb der für die Ausübung einer Funktion benötigen Kompetenzen und Qualifikationen – Langfristiges Sichern der Arbeitsmarktfähigkeit, frühzeitiges Entwickeln relevanter Kompetenzen im Hinblick auf sich verändernde Anforderungen, Minderung der Risiken, die sich aus dem wirtschaftlichen und technologischen Wandel ergeben – Schaffen einer soliden Grundlage für das berufliche bzw. laufbahnbezogene Weiterkommen (Laufbahnplanung) – Übernahme grösserer Verantwortungsbereiche, Erschliessen neuer beruflicher Herausforderungen	– Erschliessen/Vervollkommnen ungenutzter Potenziale – Grössere Chancen der Selbstverwirklichung am Arbeitsplatz – Persönlichkeitsentwicklung und -bildung – Fördern von Arbeitsplatzsicherheit und Arbeitszufriedenheit – Sichern der erreichten Stellung in Beruf und Gesellschaft – Sichern eines ausreichenden Einkommens

Abb. 14: Ziele der Personalentwicklung auf Ebene Unternehmen, Vorgesetzten und Mitarbeitenden

Personalentwicklung wird nur dann erfolgreich sein, wenn bei allen Beteiligten (Mitarbeitende, Vorgesetzte, Personalentwicklungsabteilung, Personalabteilung, Geschäftsleitung) Klarheit über die zu erreichenden Ziele besteht. Eine wesentliche Aufgabe der Verantwortlichen besteht darin, unterschiedliche Interessenslagen auszugleichen: Persönliche Entwicklungs- und Laufbahn-/Karriereziele müssen mit den strategischen Zielen des Unternehmens abgestimmt werden.

4.2 Elemente der Personalentwicklung

Eine moderne Personalentwicklung umfasst drei Grundelemente (vgl. Abbildung 15): Stellenbezogene und laufbahnbezogene Entwicklung von Mitarbeitenden bzw. Führungskräften **(Entwicklung von Individuen),** Entwicklung von Teams **(Teamentwicklung)** und Entwicklung von Organisationseinheiten bzw. der Organisation als Gesamtes **(Organisationsentwicklung).** Immer wichtiger wird der Bezug zu **Wissensmanagement**, welches als Klammerfunktion alle Elemente der Personalentwicklung beeinflusst. Wissensmanagement beschreibt die integrierte Steuerung des Erwerbs, der Verarbeitung und der Sicherung von strategisch relevantem Wissen einer Organisation.

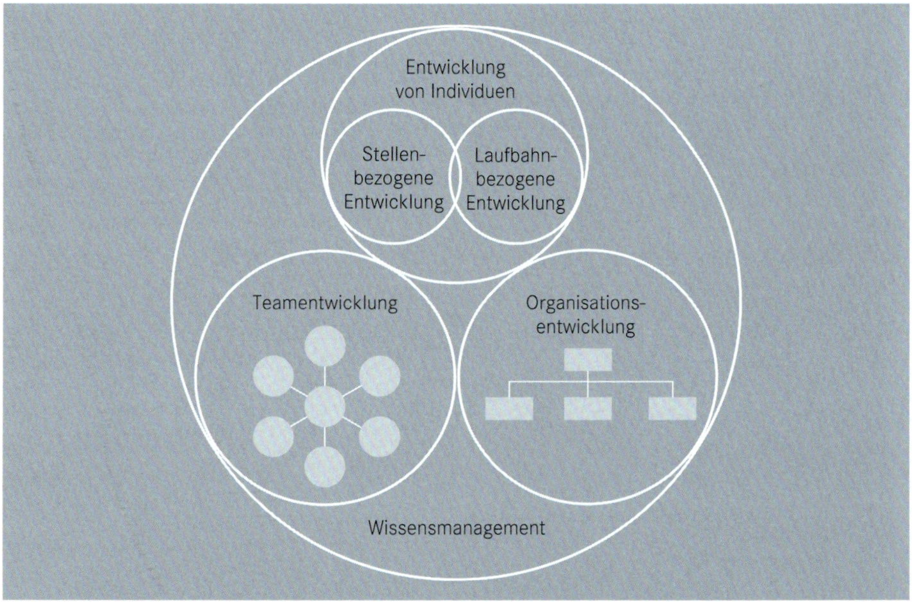

Abb. 15: Elemente der Personalentwicklung

4.3 Stellenbezogene und laufbahnbezogene Personalentwicklung

Die *stellenbezogene Personalentwicklung* stellt die Entwicklung von Mitarbeitenden im Rahmen der Aufgabenerfüllung ins Zentrum. Es geht insbesondere um die Förderung und den Erhalt der für die Ausübung der Funktion notwendigen Kompetenzen (Wissen, Fertigkeiten, Fähigkeiten). In der Praxis werden die Kompetenzen oft im Rahmen der Personalbeurteilung überprüft. Wichtig ist zu beachten, dass Veränderungen in der Aufgabenerfüllung durch wirtschaftliche und technologische Entwicklungen (z. B. Einführung neuer Computerprogramme, Veränderung von Berufsbildern) berücksichtigt und entsprechende Massnahmen für den langfristigen Erhalt der Leistungsfähigkeit frühzeitig ergriffen werden.

Bei der *laufbahnbezogenen Personalentwicklung* geht es um die Entwicklung von Mitarbeitenden im Hinblick auf die Übernahme neuer Aufgaben und Positionen. Hier steht die Laufbahn im Vordergrund. In Unternehmen werden in der Regel drei verschiedene Karrierewege unterschieden: Führungslaufbahn, Fach-/Spezialistenlaufbahn und Projektlaufbahn. Diese Laufbahnwege eröffnen unterschiedliche Möglichkeiten der beruflichen Entwicklung. Wesentlich ist, dass die Laufbahnwege gleichwertig und transparent sind. Personalführung und Personalentwicklung müssen sicherstellen, dass Wechsel zwischen den verschiedenen Laufbahnen möglich sind. Die Praxis zeigt jedoch, dass Fach- und Projektlaufbahnen häufig im mittleren Management enden. Laufbahnen in das oberste Management sind meist nur auf dem Weg der Führungskarriere möglich.

4.4 Teamentwicklung

Der Erfolg eines Teams ist davon abhängig, wie die Gruppe ihre eigene Dynamik erkennt, gestaltet und zu nutzen weiss. In Anlehnung an das erstmals von Tuckman (1965, S. 384 ff.) präsentierte Vierphasenmodell der Gruppenentwicklung wird die *Teamentwicklung* auch heute noch in vier Phasen gegliedert:

- *Startphase – Beschnuppern und Kennenlernen.* Diese Phase ist geprägt durch Unsicherheit der einzelnen Teammitglieder und formelle Höflichkeit. Ziel ist es, ein Wir-Gefühl zu entwickeln.
- *Konfrontationsphase – das Team zusammenschweissen.* In dieser Phase treffen die unterschiedlichen Persönlichkeiten und Wertvorstellungen sowie unterschiedliche Ansichten bezüglich Teamarbeit und deren Gestaltung aufeinander.
- *Organisationsphase – überprüfbare Spielregeln aufstellen.* Effizientes Arbeiten braucht überprüfbare Spielregeln. Nach Abbau der emotionalen Spannungen stehen sachliche Aspekte im Vordergrund. Nun gilt es, die Bereitschaft des Teams zur gemeinsamen Arbeit zu nutzen.
- *Realisierungsphase – der konstruktive Problemlösungsprozess beginnt.* In dieser Phase zeigt sich, inwieweit die Teamarbeit in die Realität umgesetzt wird. Jedes Teammitglied ist gefordert, sich an die vereinbarten Spielregeln zu halten. Die Mitglieder müssen sich aufeinander verlassen können. Die Bedeutung von Information und Kommunikation untereinander – unter der Berücksichtigung der miteinander getroffenen Vereinbarungen – sind jedem Teammitglied bewusst, und werden entsprechend gelebt.

Es gibt zahlreiche Teamentwicklungsmassnahmen und -instrumente, mit denen die Leistungsfähigkeit und -bereitschaft eines Teams gefördert werden kann, z. B. Arbeit mit Teamrollen, Belastungs- und Ressourcenanalyse im Team, Bearbeiten und Lösen von Konflikten, Verbessern der Zusammenarbeit, Klärung von Verantwortungsbereichen, Entwickeln einer gemeinsamen Teamvision.

4.5 Organisationsentwicklung

Organisationsentwicklung kann als übergreifendes, ganzheitliches Konzept des geplanten und systematischen organisatorischen Wandels verstanden werden. Es geht um die ganzheitliche, langfristig angelegte Veränderung von Strukturen, Prozessen, Personen und Beziehungen (vgl. Becker, 2013, S. 744 ff.).

Die Notwendigkeit von Organisationsentwicklung ergibt sich insbesondere aus dem dynamischen Wandel im Wirtschafts- und Technologiebereich, der immer beschleunigter und komplexer abläuft. In der Organisationsentwicklung wird die Chance gesehen, das Steuerungspotenzial und die Flexibilität der Organisation im Hinblick auf die Anpassung an systemexterne Veränderungen zu sichern und zu erhöhen sowie innerbetriebliche Umstrukturierungen/Reorganisationen zielgerichtet zu unterstützen. Es geht darum, geeignete Massnahmen zur Gestaltung, Erhaltung und Erneuerung von Organisationen zu definieren. Dabei werden die Anliegen der Mitarbeitenden und der Organisation flexibel in den Gestaltungsprozess mit einbezogen. Die Entwicklung von Menschen und Organisationen bedingen einander. Sie sind sich gegenseitig entweder hilfreich oder hinderlich. Die Aufgabe der Organisationsentwicklung besteht darin, Organisationsmitglieder in die Lage zu versetzen, dass sie ihre Probleme selbst erkennen, Beziehungen experimentell erproben und organisationale Bedingungen schaffen, die ihren Bedürfnissen sowie den Leistungserfordernissen der Organisation angemessen sind (vgl. ebd. S. 719 ff.).

4.6 Personalentwicklungsmassnahmen

Die PE-Massnahmen können nach der räumlichen Nähe bzw. Distanz zum Arbeitsplatz unterschieden werden. *Personalentwicklung on-the-job* findet direkt am Arbeitsplatz statt (z. B. Modell-Lernen, systematisches Anlernen, Job Enrichment) bzw. hat einen direkten Bezug zur Tätigkeit (z. B. Coaching bezogen auf anspruchsvolle Führungssituationen). Die Entwicklung/Qualifizierung erfolgt somit im Rahmen der Aufgabenerfüllung. *Personalentwicklung off-the-job* findet in räumlicher Distanz zum Arbeitsplatz statt (z. B. Besuch eines Fachkurses oder Führungsseminars).

Die PE-Massnahmen können danach unterschieden werden, ob sie informationsbezogen, bildungsbezogen oder stellenbezogen ausgerichtet sind. Bei der *informationsbezoge-*

nen Personalentwicklung steht die Beschaffung von Informationen im Vordergrund (z. B. Kompetenzbeurteilung, Potenzialanalyse). Diese Informationen bilden die Grundlage, um geeignete bildungs- und stellenbezogene PE-Massnahmen zu bestimmen. *Bildungsbezogene PE-Massnahmen* umfassen sämtliche Aktivitäten in Bezug auf Ausbildung, Weiterbildung und Umschulung. *Stellenbezogene PE-Massnahmen* zielen darauf ab, Mitarbeitende durch die Veränderung von Stellen bzw. Aufgabenbereichen zu fördern und zu entwickeln. Abbildung 16 zeigt im Überblick mögliche PE-Massnahmen auf.

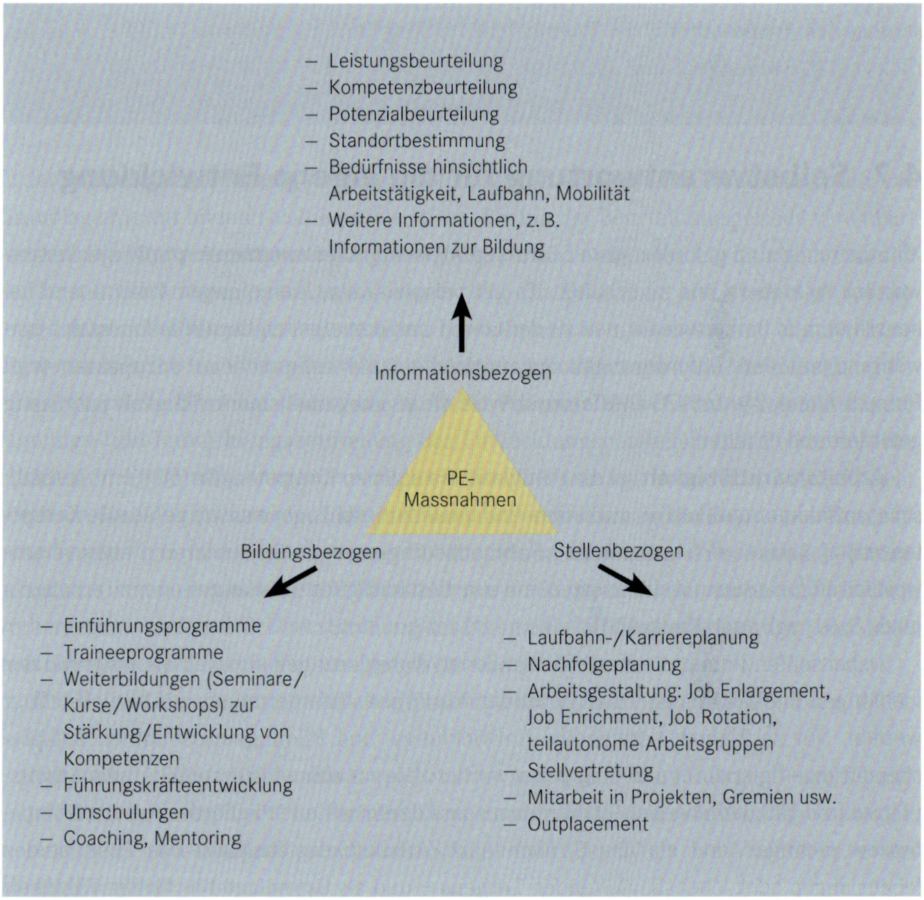

Abb. 16: Übersicht über ausgewählte PE-Massnahmen

Bei der Auswahl der PE-Massnahmen gilt es zu beachten, dass diese individuell auf die Bedürfnisse der jeweiligen Mitarbeitenden und Organisationsbereiche abgestimmt sind (d. h. weg vom «Giesskannen-Prinzip»). So berücksichtigt beispielsweise die lebenszyklusorientierte Personalentwicklung, in welcher Phase des individuellen Lebenszyklus sich Mitarbeitende befinden. Je nach Phase sind andere PE-Massnahmen effektiv (vgl. Graf, 2011, S. 93 f.).

Abbildung 21 zeigt im Überblick mögliche Beobachtungs- und Beurteilungsfehler auf. Zur Vermeidung von Fehlerquellen im Beobachtungsprozess ist wichtig, dass die Vorgesetzten oder Beobachtungspersonen entsprechend sensibilisiert und geschult werden.

Fehlerart	Inhalt
Halo-Effekt	Ein Merkmal überstrahlt alle anderen Merkmale.
Primacy-Effekt	Die am Anfang einer Beurteilungsperiode erhaltenen Informationen haben eine grössere Wirkung als später erhaltene und werden somit unbewusst übergewichtet.
Recency-Effekt	Der Effekt des letzten Eindrucks beeinflusst massgeblich die Urteilsbildung.
Kleber-Effekt	Längere Zeit nicht beförderte Mitarbeitende werden unbewusst unterschätzt und entsprechend schlecht bewertet.
Hierarchieeffekt	Beurteilende bewerten Mitarbeitende besser, die höher als andere in der Hierarchie angesiedelt sind.
Ähnlichkeitseffekt	Je ähnlicher sich die beobachtende Person und die zu beobachtende Person sind, desto positiver fällt das Urteil aus.
Tendenz zur Mitte	Die beobachtende Person differenziert kaum und bewertet bevorzugt im Skalen-Mittel.
Vorurteile/ Stereotype	Die Beurteilung wird beeinflusst durch nicht hinlänglich abgesicherte Verallgemeinerungen von grosser zeitlicher Stabilität gegenüber Personen oder Personengruppen aufgrund bestimmter Merkmale wie Alter, kultureller Hintergrund, Geschlecht.

Abb. 21: Beobachtungs- und Beurteilungsfehler (in Anlehnung an Becker, 2013, S. 522)

6 Personalentlöhnung

Die aktive Beschäftigung mit Fragen der Personalentlöhnung wird für Unternehmen in Zeiten des demografischen Wandels und der damit verbundenen zunehmenden Knappheit von Fach- und Führungskräften vermehrt an Bedeutung gewinnen. Um die besten Talente zu gewinnen und zu halten, benötigen Unternehmen Personalentlöhnungssysteme, die sowohl für das Management wie auch für die Mitarbeitenden attraktiv und wettbewerbsfähig sind. Im heutigen verstärkt international orientierten Kontext ist das Thema im Rahmen eines integrierten Total-Rewards-Managements (WorldatWork, 2007, S. 6) zu betrachten (vgl. Abbildung 22). Diese Betrachtungsweise schliesst nebst den monetären Aspekte auch die nichtmonetären Aspekte wie Ausbildungs- und Entwicklungsmöglichkeiten, Work-Life-Balance, etc. mit ein.

Durch die unterschiedliche Ausgestaltung der einzelnen Elemente des Total-Rewards-Systems können sich Unternehmen gezielt von ihren Wettbewerbern differenzieren. Speziell global agierende Unternehmen können damit auch ihre Attraktivität auf dem Arbeitsmarkt erhöhen.

Abb. 22: Total-Rewards-Management (eigene Darstellung in Anlehnung an WorldatWork, 2007, S. 6)

In den folgenden Ausführungen wird das Schwergewicht auf die finanziellen Aspekte des Total-Rewards-Managements gelegt[1].

1 Zur Bedeutung nicht-finanzieller Elemente vgl. auch die Kapitel 3.5 sowie 6.2.3.

6.1 Lohnpolitik

Unter dem Begriff «Lohnpolitik» versteht man die Ziele, Entscheidungen und konkreten Massnahmen zur Lohngestaltung in einem Unternehmen. Sie ist ein zentraler Teil der Personal- und damit der Unternehmenspolitik. Dabei verfolgt die Lohnpolitik folgende Ziele:
- Gute Mitarbeitende halten und gewinnen
- Lohnkostenoptimierung
- Leistungsanreiz für die Mitarbeitenden
- Steigerung der Identifikation mit dem Unternehmen
- Lohngerechtigkeit

Eine gezielte Lohnpolitik kann nicht ohne Berücksichtigung der internen und externen Einflussfaktoren erfolgen. So sind unter anderem Grösse, Struktur und Ertragslage des Unternehmens, Wirtschaftslage, Situation auf dem Arbeitsmarkt, Branche, etc. in die Diskussion mit einzubeziehen.

Exkurs – Lohngerechtigkeit

Ein Schlüsselfaktor für die Akzeptanz eines Gehaltssystems ist die Wahrnehmung einer fairen bzw. gerechten Entschädigung für die geleistete Arbeit. In der Praxis stehen folgende Gerechtigkeitskriterien im Vordergrund:
- *Anforderungsgerechtigkeit:* Das Entgelt soll der physischen und psychischen Anforderung an eine Person entsprechen. Grundlage dafür ist die Arbeitsbewertung (vgl. Abschnitt 6.2.1).
- *Leistungsgerechtigkeit:* Es steht die vom Mitarbeitenden erbrachte Leistung im Vordergrund. Die Vergütungshöhe entspricht dem relativen Leistungsbeitrag des einzelnen Arbeitnehmenden während einer bestimmten Periode.
- *Marktgerechtigkeit:* Der Vergleich der Löhne mit anderen vergleichbaren Unternehmen bildet die Basis der Marktgerechtigkeit. Als Instrument dient der überbetriebliche Salärvergleich.
- *Sozialgerechtigkeit:* Sie berücksichtigt soziale und sozialpolitische Anliegen. Themen wie Altersvorsorge, Lohnzahlung bei Krankheit und Unfall, Kinder- und Familienzulagen und der Anspruch auf «gleichen Lohn für gleichwertige Arbeit» sind hier entscheidende Kriterien.
- *Unternehmenserfolgsgerechtigkeit:* Bei diesem Kriterium steht die Mitverantwortung und Partizipation für den Erfolg des Unternehmens im Vordergrund. Der Beitrag wird anhand von betrieblichen Erfolgsgrössen gemessen. Es steht also nicht die einzelne Arbeitsleistung im Vordergrund, sondern das Unternehmensergebnis, welches quantitativ (Gewinn, Umsatz, etc.) wie auch qualitativ (Kundenzufriedenheit, Image, etc.) gemessen werden kann. Das Ziel ist, ein ausgewogenes Verhältnis zwischen dem Erfolg des Unternehmens und dem Lohn der Mitarbeitenden zu erreichen.

Für den nachhaltigen Erfolg eines Lohnsystems ist einerseits das Vertrauen der Mitarbeitenden in die Systematik der Lohnfindung und andererseits die persönliche Wahrnehmung der eigenen Leistung und die dafür erhaltene Belohnung beziehungsweise dessen Vergleich mit den Belohnungen von Kolleginnen und Kollegen in vergleichbaren Arbeitssituationen entscheidend.

Die Motivation wie auch die Arbeitszufriedenheit und die persönlichen Verhaltensweisen werden massgeblich durch das eigene Gerechtigkeitsempfinden beeinflusst.

6.2 Modularer Aufbau des Lohnsystems

Aus den Anforderungen der Lohngerechtigkeit ergibt sich das Konzept des modularen Aufbaus eines Lohnsystems:

- Fixe Vergütung
  - Funktionslohn
  - Individueller Anteil
- Variabler Lohnbestandteil
- Zusatz- und Nebenleistungen

6.2.1 Fixe Vergütung

Die fixe Vergütung setzt sich aus dem Funktionslohn und dem individuellen Anteil zusammen. Basis für die Bestimmung der fixen Vergütung bildet der eigentliche **Funktionslohn**. Dieser basiert auf den Anforderungen und Beanspruchungen, welche die Funktion an die Mitarbeitenden stellt. Bei der Festlegung des Funktionslohnes werden die persönlichen Leistungen und vorhandenen Qualifikationen der Mitarbeitenden nicht berücksichtigt. Wichtig: Es wird alleine die Funktion und nicht der Mitarbeitende betrachtet.

Die **Bestimmung des Funktionslohns** erfolgt über die eigentliche Funktionsbewertung. Verfahren zur Funktionsbewertung können grundsätzlich in zwei Hauptgruppen unterteilt werden: summarische und analytische Verfahren.

Beim **summarischen Verfahren** erfolgt die Bewertung der Funktion in ihrer Gesamtheit. Die Anforderungen an die Position werden in einer ganzheitlichen Einschätzung bestimmt.

Innerhalb des summarischen Verfahrens werden zwei Methoden unterschieden:

- *Rangfolgeverfahren (Ranking Method)*
  Beginnend mit der Auflistung aller im Unternehmen vorkommenden Funktionen werden diese in Bezug auf die Gesamtanforderungen miteinander verglichen und eine Reihung nach dem Schwierigkeitsgrad der Beschäftigung erstellt.
  Die *Vorteile* dieses Bewertungsprinzips liegen in seiner Einfachheit, es ist dadurch kostengünstig und für alle leicht verständlich. Die dementsprechenden *Nachteile* sind jedoch, dass gerade die Bewertung der Stellen sehr subjektiv sein kann. Die bewertenden

Personen bestimmen nur durch ihre individuelle Einschätzung, welche Stellen welchen Schwierigkeitsgrad enthalten. Das wird insbesondere dann schwierig, wenn pro Stelle viele Faktoren gleichzeitig berücksichtigt werden müssen. Es geht auch nicht hervor, auf welche Kriterien in der Bewertung speziellen Wert gelegt wurde.

- *Katalog- oder Lohngruppenverfahren (Classification Method)*
  Dieses Verfahren verwendet festgelegte Lohngruppen, die genauer beschrieben werden und die unterschiedlichen Schwierigkeitsgrade der Arbeiten zum Ausdruck bringen sollen. Die Bewertung selber erfolgt anschliessend in der Zuordnung der Funktionen auf die entsprechenden Lohngruppen.
  Die *Vorteile* hier sind wieder dieselben wie beim Rangfolgeverfahren: Es ist einfach anzuwenden, günstig in der Durchführung, und leicht verständlich. *Nachteile* ergeben sich daraus, dass die Lohndefinitionen mit der Zeit veralten können und dadurch nicht mehr zutreffend sind. Ungenauigkeiten in der Zuordnung ergeben sich auch, wenn die Definitionen nicht eindeutig und die Stellen nur schwer zuzuordnen sind. Das kann letztlich zu heftigen Diskussionen mit den betroffenen Stelleninhabern über die richtige Zuordnung führen.

Bei der **analytischen Funktionsbewertung** ist die Vorgehensweise detaillierter und komplexer.

- Im *Rangreihenverfahren (Factor Comparison Method)* werden die verschiedenen Beurteilungsmerkmale einzeln betrachtet und in eine entsprechende Rangreihenfolge gebracht. Die Merkmale können ihrer Bedeutung entsprechend gewichtet werden. Durch die Kombination der Gewichte mit den Rängen ergeben sich Einzelwerte, welche aufsummiert den Arbeitswert der Funktion ergeben.
  Die *Vorteile* des Rangreihenverfahrens entstehen durch die Aufspaltung in verschiedene Anforderungskriterien und durch die Möglichkeit, diese zu gewichten. Dies kann die Genauigkeit und die Objektivität der Bewertung erhöhen. Die Gewichtungsmethode kann aber auch ein *Nachteil* sein, da immer noch nach Belieben vorgegangen werden kann. Dazu kommt, dass durch die höhere Genauigkeit des Verfahrens ein grösserer Aufwand entsteht, der schliesslich zu höheren Kosten führt.
- Beim *Stufenwertverfahren (Point Factor Method)* gelangen Beurteilungskriterien zur Anwendung, welche auf betriebs- bzw. tätigkeitsspezifischen Merkmalen beruhen. Das Verfahren legt zusätzlich je definiertem Kriterium eine feste Anzahl von entsprechenden Ausprägungsstufen fest (vgl. Abbildung 23). Bei der Auswahl der Kriterien sind besonders diejenigen zu beachten, die einen substanziellen Wertbeitrag zur Umsetzung der Strategie und der Ziele des Unternehmens leisten (Milkovich & Newman, 2008, S. 126).

	Kriterium	Bewertungsstufen			
		1	2	3	4
Qualifikation	*QA-Ausbildung*	Keine Berufsvorbildung erforderlich; einfache Kenntnisse; angelernt	Eingehende Anweisungen/ Anlernen erforderlich; fachliche Grundkenntnisse/ Grundfertigkeiten	Abgeschlossene Berufsausbildung erforderlich (2 Jahre); einfache Fachkenntnisse	Abgeschlossene Berufsausbildung erforderlich (3 Jahre); Fachkenntnisse
	QE-Erfahrung	Berufserfahrung von wenigen Wochen erforderlich	....	....	....

Abb. 23: Beispiel Kriterium «Ausbildung/Erfahrung» (eigene Darstellung in Anlehnung an SMS Consulting)

Weitere Beurteilungskriterien können die Managementanforderungen, die Komplexität der Aufgabe, die Handlungsfreiheit, etc. sein.

Zusätzlich kann die Bedeutung des Beurteilungsmerkmals durch eine gesonderte Gewichtung festgelegt werden. Ein *Nachteil* ist, dass subjektive Einschätzungen über die Bedeutung der einzelnen Anforderungen immer noch einen großen Einfluss auf die Höhe des Gewichtungsprozentsatzes nehmen können. Ein weiterer Nachteil liegt in seinem aufwändigeren Aufbau, was zu Unübersichtlichkeit und höheren Kosten führen kann. Der *Vorteil* ist hier allerdings, dass dieses Verfahren als das Objektivste im Vergleich zu den anderen gilt (Olfert, 2005, S. 318).

Die Anwendung der verschiedenen Funktionsbewertungsverfahren hängt stark von der Art und Grösse des Unternehmens ab. Für kleinere Unternehmen oder Unternehmen mit einer homogenen Mitarbeitenden-Struktur ist der Einsatz der summarischen Verfahren oft schon genügend. Mit der Zunahme der Anzahl Mitarbeitenden und der Heterogenität der in der Unternehmung vorhandenen Funktionen werden die analytischen Verfahren bevorzugt.

Die analytische Funktionsbewertung wird im Vergleich mit den summarischen auch als systematischere Vorgehensweise beurteilt. Speziell das Stufenwertverfahren lässt eine für das Gesamtunternehmen einheitliche und für die Mitarbeitenden transparente Beurteilung der verschiedenen Funktionen zu.

Ein weiteres Element der fixen Vergütung bildet der *individuelle Anteil.* Die Kriterien für die Bestimmung des individuellen Anteils sind in der Regel die Erfahrungs- und Dienstalterszuschläge. Vermehrt werden heute auch individuelle Lohnerhöhungen aufgrund von Leistungsbeurteilungen vorgenommen und in der fixen Vergütung berücksichtigt.

6.2.2 Variabler Vergütungsanteil

Der Funktionslohn wird in vielen Unternehmen um eine variable Komponente ergänzt. Die Gründe zur Einführung eines variablen Vergütungssystems sind vielfältig:

- Führungsinstrumente wie z. B. die Zielvereinbarung sollen auch finanziell wirksam werden
- Gesteigerte Identifikation mit den Unternehmenszielen
- Leistungsträger sollen belohnt werden – erhöhte Attraktivität des Unternehmens für leistungsorientierte Mitarbeitende
- Stärkung der Eigenverantwortung der Mitarbeitenden
- Fixkostenlastige Vergütungssysteme sollen flexibilisiert werden

Die Einführung einer variablen Vergütungskomponente bringt aber auch Gefahren mit sich. So können sich die Mitarbeitenden zu stark auf kurzfristige Ziele fokussieren, die Art und Weise der Zielerreichung wird vernachlässigt (z. B. Verstoss gegen die Corporate Governance Richtlinien), die individuelle Zielerreichung geht dem Unternehmensinteresse vor und der erhöhte Leistungsdruck kann zu physischen und psychischen Problemen führen. Vor diesem Hintergrund sind die im folgenden Abschnitt aufgeführten Gestaltungsdimensionen sorgfältig aufeinander abzustimmen.

Der variable Vergütungsanteil hängt im Gegensatz zum Funktionslohn von der unmittelbar messbaren individuellen Leistung, von der Beurteilung der Leistung, der Team- bzw. Bereichsleistung und/oder dem Unternehmenserfolg ab. Die Auszahlung der variablen Vergütung erfolgt somit nur, wenn bestimmte Verhaltensweisen gezeigt und/oder bestimmte Ergebnisse erbracht werden. Im Rahmen der Gestaltungsdimensionen der variablen Lohnbestandteile sind folgende Grundfragen zu klären (vgl. Abbildung 24):

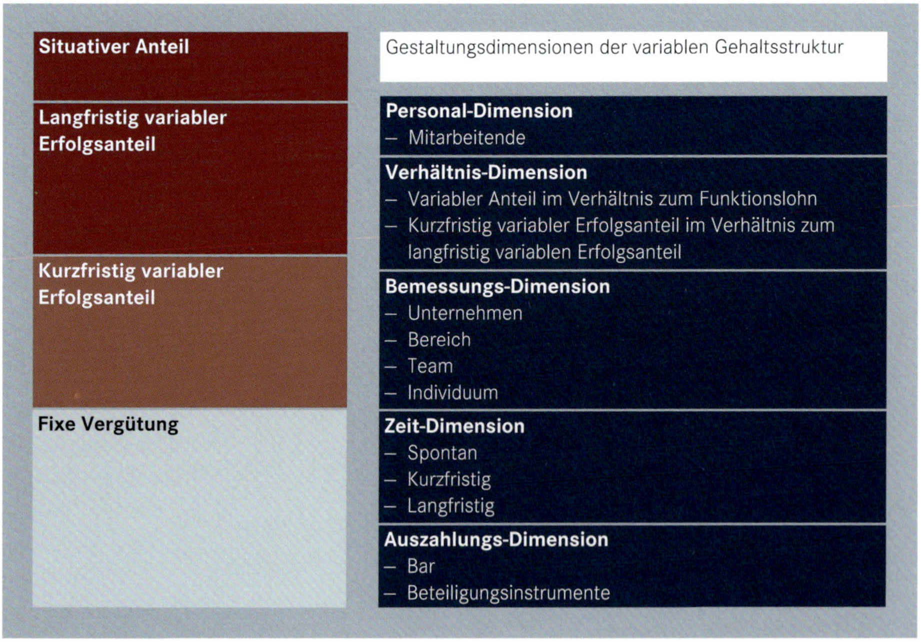

Abb. 24: Gestaltungsdimensionen der variablen Gehaltsstruktur

- Welche Mitarbeitenden erhalten einen variablen Lohnanteil? *(Personal-Dimension)*
- In welchem Verhältnis soll der variable Anteil zum Funktionslohn stehen und in welchem Verhältnis wird der kurzfristige variable Anteil zum langfristigen gesetzt? *(Verhältnis-Dimension)*
- Ebenen und Anzahl der an die variable Vergütung gekoppelten Bemessungsgrössen *(Bemessungs-Dimension)*
- In welchem Zeitraum soll der variable Anteil ausbezahlt werden? *(Zeit-Dimension)*
- In welcher Form soll der variable Anteil ausbezahlt werden? *(Auszahlungs-Dimension)*
- Welche Mitarbeitenden erhalten einen variablen Lohnanteil? *(Personal-Dimension)*

a) *Verhältnis-Dimension*
Ein erster Schritt in der Gestaltung der variablen Vergütung ist die Frage nach dem Verhältnis zwischen dem variablen Erfolgsanteil (Zielgrösse) und dem Funktionslohn. Der Anteil der variablen Vergütung hängt in der Praxis in der Regel von den entsprechenden Funktionsstufen der Mitarbeitenden ab. Das bedeutet, dass sich der relative Anteil der variablen Vergütung mit steigender Funktionsstufe vergrössert.

b) *Bemessungs-Dimension*
Grundlage zur Ermittlung der Höhe der variablen Vergütung sind die Ergebnisse der Erfolgsmessung. Wie einleitend erwähnt, können dabei verschiedene Bemessungsgrössen herangezogen werden:
   - Unternehmensziele
   - Bereichsziele
   - Teamziele
   - Individuelle Ziele

Bei verschiedenen Bemessungsgrössen muss das Unternehmen festlegen, wie diese miteinander verknüpft und gewichtet werden. Eine erste Möglichkeit bildet die sogenannte *additive Verknüpfung*. Im unten aufgeführten Beispiel werden für die Bemessungsperiode drei Ziele definiert und entsprechend gewichtet: das Unternehmens-, das Bereichs- und das individuelle Leistungsziel. Am Ende der Periode werden die erreichten Ergebnisse bewertet, die entsprechenden Bonusanteile berechnet und miteinander *addiert* (vgl. Abbildung 25).

Additive Verknüpfung				
Bemessungsdimension	**Gewichtung**	**Erreichungsgrad**	**Zielbonus**	**Bonus**
Unternehmensziel	30 %	110 %	3 000	3 300
Bereichsziel	30 %	80 %	3 000	2 400
Individualziel	40 %	100 %	4 000	4 000
			10 000	**9 700**

Abb. 25: Additive Verknüpfung der Bemessungsgrössen

Naguib, T., Pärli, K., Copur, E. & Studer, M. (2014). *Diskriminierungsrecht. Handbuch für Jurist_innen, Berater_innen und Diversity-Expert_innen.* Bern: Stämpfli.

Olfert, K. (2005). *Personalwirtschaft* (11. Aufl.). Ludwigshafen (Rhein): Friedrich Kiehl Verlag GmbH.

Prahalad, C.K. & Hamel, G. (1996). *Competing for the Future.* Boston: Harvard Business Press.

Rose, P.M. (2006). *Marktorientiertes Kernkompetenzmanagement.* In: Zerres, C. & Zerres, M. P. (Hrsg.), *Handbuch Marketing Controlling* (S. 54–74). Berlin: Springer.

Rousseau, D. M. (1989). *Psychological and implied contracts in organizations.* In: *Employee Responsibilities and Rights Journal,* 2, 121–139.

Rühli, E. (1994). *Die Resourced-based View of Strategy.* In: Gomez, P. et al. (Hrsg.), *Unternehmerischer Wandel.* Wiesbaden: Gabler.

Rump, J. & Eilers, S. (2011). *Employability – Die Grundlagen.* In: Rump, J. & Sattelberger, T. (Hrsg.), *Employability Management 2.0.* (S. 73–166). Sternenfels: Verlag Wissenschaft und Praxis.

Schrank, V. (2015). *Das Ulrich-HR-Modell in Deutschland. Kritische Betrachtung und empirische Untersuchung.* Wiesbaden: Springer Gabler.

Schuler, H. (2014). *Psychologische Personalauswahl: Eignungsdiagnostik für Personalentscheidungen und Berufsberatung* (4. Aufl.). Göttingen: Hogrefe.

Schuler, H. (2018). *Das Einstellungsinterview* (2. überarb. Aufl.). Göttingen: Hogrefe.

Schuler, H. & Höft, S. (2014). *Personalmarketing und Personalauswahl.* In: H. Schuler (Hrsg.), *Lehrbuch Organisationspsychologie* (5. Aufl.). S. 55–126. Bern: Huber.

Schwarb, T. (2001). *Personalaustritte.* In: Ochsenbein, G. & Pekruhl, U. (Hrsg.), *Erfolgsfaktor Human Resource Management,* Teil 4, Kapitel 5. Zürich: WEKA Verlag.

Semmer, N.K. & Meier, L. I. (2019). *Bedeutung und Wirkung von Arbeit.* In: Schuler, H. & Moser, K. (Hrsg.), *Lehrbuch Organisationspsychologie* (6. Aufl.). S. 473–510. Göttingen: Hogrefe.

Simon, H., Wiltinger, K., Sebastian, K.-H. & Tacke, G. (1995). *Effektives Personalmarketing. Strategien, Instrumente, Fallstudien.* Wiesbaden: Gabler.

Solga, M., Ryschka, J. & Mattenklott, A. (2011). *Personalentwicklung: Gegenstand, Prozessmodell, Erfolgsfaktoren.* In: J. Ryschka, J., Solga, M. & Mattenklott, A. (Hrsg.), *Praxishandbuch Personalentwicklung. Instrumente, Konzepte, Beispiele* (3. Aufl.). S. 13–34. Wiesbaden: Gabler.

Stock-Homburg, R. (2013). *Personalmanagement. Theorien – Konzepte – Instrumente* (3. Aufl.). Wiesbaden: Gabler.

Trost, A. (2012). *Talent Relationship Management. Personalgewinnung in Zeiten des Fachkräftemangels.* Berlin: Springer.

Truss, C., Mankin, D. & Kelliher, C. (2012). *Strategic Human Resource Management.* Oxford University Press.

Tuckmann, B. (1965). *Development Sequence in Small Groups.* Psychological Bulletin, 63, 384–399.

Ulich, E. (2011). *Arbeitspsychologie* (7. Aufl). Stuttgart: Schäffer-Poeschel.

Ulich, E. & Wülser, M. (2015). *Gesundheitsmanagement in Unternehmen. Arbeitspsychologische Perspektive* (6. Aufl.). Wiesbaden: Gabler.

Ulrich, D. (1996). *Human Resource Champions.* Boston: Harvard Business Press.

Ulrich, D. (1999). *Strategisches Human Resouce Management.* Berlin: Hanser.

WorldatWork (2007). *Handbook of Compensation, Benefits & Total Rewards.* Hoboken: John Wiley & Sons, Inc.

Wunderer, R. & Dick, P. (2007). *Personalmanagement Quo vadis? Analyse und Prognosen zu Entwicklungstrends* (3. Aufl). Neuwied: Luchterhand.

Zaugg, R.J. (1996). *Integrierte Personalbedarfsdeckung. Ausgewählte Gestaltungsempfehlungen zur Gewinnung ganzheitlicher Personalpotenziale.* Bern: Haupt.

Zölch, M., Oertig, M. & Calabrò, V. (2020). *Flexible Workforce. Fit für die Herausforderungen der modernen Arbeitswelt?* (2. Aufl.). Bern: Haupt.

Zölch, M. & Mücke, A. (2018). *Personalmanagement demografiegerecht gestalten.* Stuttgart: Kohlhammer.

Wissensmanagement D3

Knut Hinkelmann

Weiterführende Texte, Übungsaufgaben
und Lernkontrollen finden Sie unter
www.bwl-online.ch

1 Wissen

Neben **Informationen** spielt **Wissen** eine zentrale Rolle bei der Bewältigung von Aufgaben in der Unternehmung. Im philosophischen Sinn ist Wissen im Unterschied zu Vermutung und Meinung eine begründete oder begründbare beziehungsweise überprüfbare Erkenntnis. Davon unterschieden wird das Alltagswissen, das Orientierungen liefert für Handlungs- und Sachzusammenhänge. Wissen umfasst:

- Fakten, z.B. den Umsatz eines Unternehmens, den Preis eines Produktes, der Zinssatz eines Kredites, das Verfalldatum eines Lebensmittels, die Entfernung zwischen München und Zürich.
- Wissen über Zusammenhänge, z.B. dass die Kundenzufriedenheit einen Einfluss auf den Umsatz eines Unternehmens hat.
- Handlungswissen, z.B. wie sich die Zinsen aus dem Zinssatz und der Kreditsumme berechnen oder nach welchen Kriterien eine Bank entscheidet, ob sie einem Kunden bzw. einer Kunden einen Kredit gewährt.

In der Wissensmanagement-Literatur wird Wissen teilweise als höchster Reifegrad in der Hierarchie von Daten, Information und Wissen betrachtet (vgl. die Wissenstreppe von North, 2011, S. 331; Maier & Lehner, 1995, S. 165). Peter Drucker (1988) schrieb: «Information is data endowed with relevance and purpose.» Zwar ist die Relevanz von Information ein wichtiges Kriterium im Informationsmanagement, sie eignet sich aber nur bedingt als Definitionsmerkmal, da es sich bei dem gleichen Objekt je nach Situation und Betrachter einmal um Information und einmal um Daten handeln kann. Laut North et al. (2011) entsteht Information aus Daten durch ihre Bedeutung. Das ist eine Sichtweise, die man ähnlich aus der Informationsverarbeitung kennt. Daten sind eine Folge von Signalen oder Symbolen, zum Beispiel eine Folge von 0 und 1 oder eine Folge von Buchstaben und Zeichen. Daten selbst haben keine Bedeutung. Sie können mit Hilfe einer Interpretation in Information umgewandelt werden (vgl. Abbildung 1). Zum Beispiel ist die Zeichenfolge «12/10/2016» anscheinend ein Datum, bei dem es sich nach europäischer Lesart um den 12. Oktober 2016 oder nach amerikanischer Lesart um den 10. Dezember 2016 handeln. Die Zeichenfolge «Angel» hat unterschiedliche Bedeutung, je nachdem ob man sie als englisches oder deutsches Wort interpretiert. Die Art der Interpretation muss also bekannt sein, um aus Daten Information zu machen.

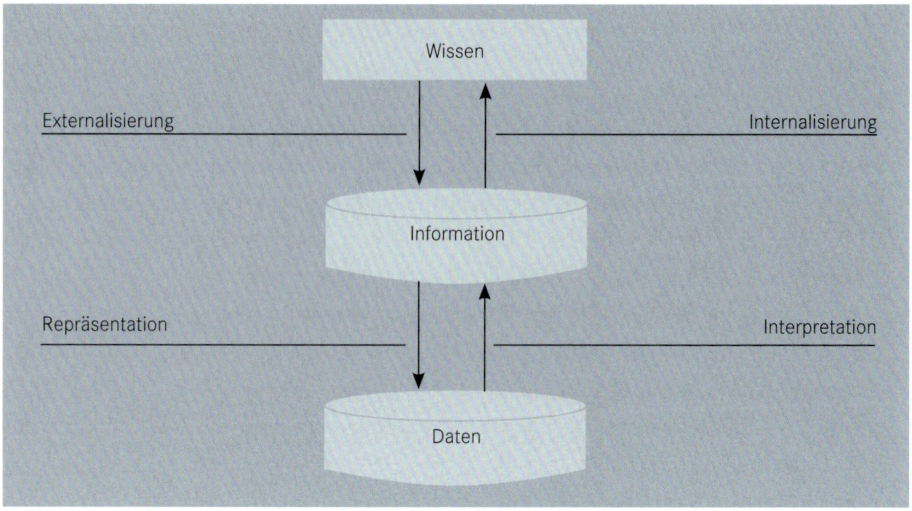

Abb. 1: Daten – Information – Wissen

Wissen entsteht aus Information durch Vernetzung. Für das Wissensmanagement entscheidend ist die Unterscheidung von implizitem und explizitem Wissen (vgl. Abbildung 2). Wissen im Kopf des Menschen wird als implizites Wissen bezeichnet. Implizites Wissen kann teilweise explizit gemacht werden, indem man zum Beispiel Wissen aufschreibt oder kommuniziert. Es gibt jedoch implizites Wissen, das nicht oder nur unvollkommen explizit gemacht werden kann, weil es dem Wissensträger gar nicht bewusst ist. Dieses Wissen bezeichnet man als unbewusstes Wissen oder englisch als «tacit knowledge» (Polanyi, 1966). Dazu gehören unter anderem Fertigkeiten, die auf Erfahrungen basieren oder langes Üben erfordern.

Explizites Wissen ist äquivalent zu Information und kann als Daten etwa im Computer oder in Dokumenten repräsentiert werden. Beim expliziten Wissen unterscheidet man zwischen dokumentiertem und formalem Wissen. Aus dieser Unterscheidung ergeben sich auch zwei Arten der Verwendung von Informationssystemen im Wissensmanagement:

- Viele betrachten Informationssysteme als Wissensbasis, mit deren Hilfe Information dokumentiert, gespeichert, organisiert und verfügbar gemacht werden kann. Die Anwendung des Wissens erfolgt durch den Menschen. Die Menschen sind die Akteure.
- Andererseits kann man Informationssysteme selbst als Akteure sehen, die Wissen direkt anwenden. Computerprogramme enthalten formalisiertes Wissen. Ein Fakturierungssystem zum Beispiel addiert die Preise der Rechnungspositionen und rechnet die Mehrwertsteuer aus. Es gibt aber auch komplexere Systeme. Man denke an Roboter oder entscheidungsunterstützende Systeme, die die Kreditwürdigkeit von Bankkunden beurteilen.

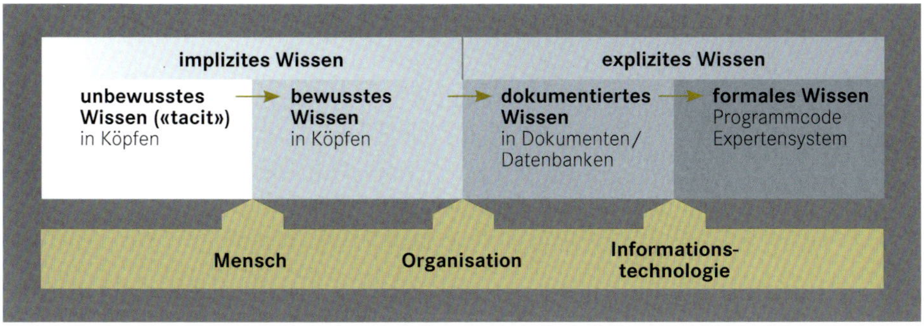

Abb. 2: Implizites und explizites Wissen

2 Aufgaben im Wissensmanagement

Unter **Wissensmanagement** werden alle Massnahmen zusammengefasst, welche das Ziel haben, das in der Unternehmung explizit und implizit vorhandene Wissen effektiver und effizienter zu nutzen. In Anlehnung an die Bausteine des Wissensmanagements von Probst, Raub und Romhardt (2013) kann man die folgenden Wissensmanagementaufgaben unterscheiden (vgl. Abbildung 3):

- *Wissensnutzung* meint den produktiven Einsatz organisationalen Wissens zum Nutzen der Unternehmung. Unter organisationalem Wissen versteht man die Menge an Wissen, die einer Unternehmung an individuellem und kollektivem Wissen zur Bewältigung der Aufgaben zur Verfügung steht. Der produktive Einsatz des Wissens ist letztlich Ziel und Zweck des Wissensmanagements. Dazu müssen die Personen nicht nur über das relevante Wissen verfügen, sondern auch bereit sein, es anzuwenden.
- *Wissensidentifikation* verschafft Transparenz über intern und extern vorhandenes implizites und explizites Wissen. Sie ist Voraussetzung für eine effektive Wissensnutzung.
- *Wissens(ver)teilung* macht isoliert vorhandene Informationen oder Erfahrungen für die gesamte Organisation nutzbar. Dabei ist eine Überflutung mit Wissen und Informationen zu vermeiden. Je nach Bedeutung des Wissens wird man zwischen Push- und Pull-Verfahren wählen. Bei Push wird Wissen gezielt an potenzielle Nutzer verteilt. Bei Pull geht die Initiative vom Wissensnutzer aus, um relevantes Wissen zu finden.
- *Wissensbewahrung* verhindert den Wissensverlust, der in einer Unternehmung zum Beispiel durch Mitarbeiterfluktuation entsteht. Zur Wissensbewahrung gehört die Selektion von bewahrungswürdigem Wissen, die adäquate Speicherung sowie die regelmässige Aktualisierung. Die Methoden zur Wissensbewahrung unterscheiden sich ja nach Art des Wissens (vgl. Abbildung 2). Explizites Wissen wird in Informationssystemen gespeichert. Bewusstes implizites Wissen kann man explizit machen und somit unabhängig von einzelnen Personen bewahren. Dokumentation von unbewusstem Wissen («tacit knowledge») ist jedoch nicht möglich. Dies zu versuchen, ist ein häufiger Fehler im Wissensmanagement. Man kann dieses Wissen für das Unternehmen bewahren, indem man es auf mehrere Personen verteilt (Personifizierung, vgl. Kapitel 3). Wenn ein Wissensträger das Unternehmen verlässt oder nicht verfügbar ist, ist das Wissen trotzdem noch vorhanden. Wissensteilung ist also eine Form der Wissensbewahrung für implizites Wissen.
- *Wissensentwicklung* umfasst die Erlangung neuer Fähigkeiten, neuer Marktleistungen, besserer Ideen und leistungsfähigerer Prozesse. Marktleistungsentwicklung, Marktforschung, Innovationsmanagement sind klassische Bereiche der Wissensentwicklung. Hinzu kommen aber auch Erfahrungen aus der täglichen Arbeit, die etwa durch Verbesserungsprogramme nutzbar gemacht werden können.

- *Wissenserwerb* meint, dass Unternehmungen nicht immer in der Lage sind, sämtliches für den Erfolg notwendige Wissen aus eigener Kraft zu entwickeln. Für den Erwerb von externem Wissen können mehrere Beschaffungsformen unterschieden werden. Eine einfache Form ist die Nutzung externer Wissensquellen oder der Erwerb von Wissensprodukten wie beispielsweise Patenten oder Studien. Implizites Wissen kann über die Rekrutierung oder temporäre Anstellung von Wissensträgern erworben werden. Durch die Übernahme innovativer Firmen werden mit den Wissensträgern, den Mitarbeitenden, auch Kompetenzen, Kenntnisse über Prozesse und Märkte erworben.

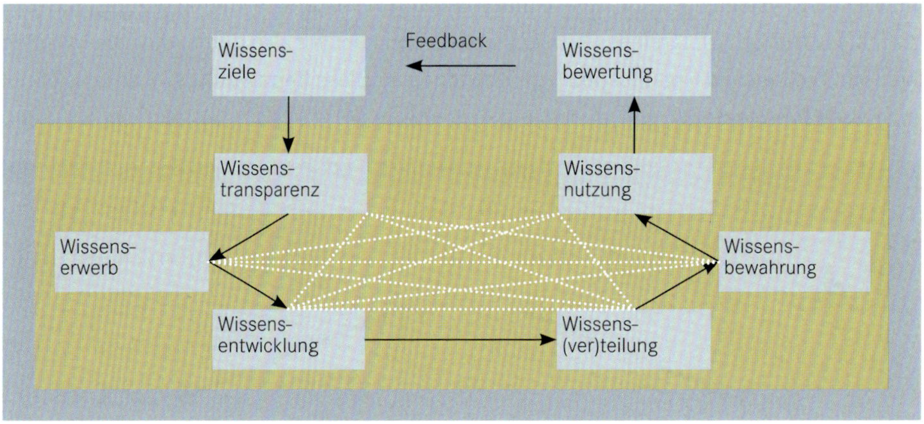

Abb. 3: Bausteine des Wissensmanagements

6 Literaturverzeichnis

Abecker, A., Hinkelmann, K., Maus, H. & Müller, H. J. (Hrsg.) (2002). *Geschäftsprozessorientiertes Wissensmanagement – Effektive Wissensnutzung bei der Planung und Umsetzung von Geschäftsprozessen.* Heidelberg: Springer-Verlag.

Heisig, P. (2002). *GPO-WM: Methode und Werkzeuge zum geschäftsprozessorientierten Wissensmanagement.* In: Abecker, A. Hinkelmann, K., Maus, H. & Müller, H. J. (Hrsg.), *Geschäftsprozessorientiertes Wissensmanagement.* S. 47–64. Heidelberg: Springer.

Hinkelmann, K. (2016). *Business Process Flexibility and Decision-aware Modeling. The Knowledge Work Designer.* In: Karagiannis, D., Mayr, H. C. & Mylopoulos, J. (Eds.), *Domain-Specific Conceptual Modeling.* P.P. 397–414. Cham: Springer.

Hinkelmann, K., Karagiannis, D. & Telesko, R. (2002). *PROMOTE – Methodologie und Werkzeug zum geschäftsprozessorientierten Wissensmanagement.* In: Abecker, A., Hinkelmann, K., Maus, H. & Müller, H. J. (Hrsg.), *Geschäftsprozessorientiertes Wissensmanagement.* S. 65–90. Heidelberg: Springer.

Krickl, O. (1995). *Wissensmanagement im IT-Bereich.* In: Lehner, F., Hildebrand, K. & Maier, R. (Hrsg.). *Wirtschaftsinformatik. Theoretische Grundlagen.* S. 531–566. München, Wien: Hanser.

North, K., Romhardt, K. & Probst, G. (2011). *Wissensorientierte Unternehmungsführung – Wertschöpfung durch Wissen* (5. Aufl.). Wiesbaden: Gabler.

OMG. (2011). *Business Process Model and Notation (BPMN) Version 2.0.* Needham, MA: Object Management Group OMG. Gefunden am 15.02.2020 unter http://www.omg.org/spec/BPMN/2.0/PDF/.

OMG (2016). *Case Management Model and Notation (CMMN) Version 1.1.* Needham, MA: Object Management Group OMG. Gefunden am 15.02.2020 unter http://www.omg.org/spec/CMMN/1.1/PDF.

Polanyi, M. (1966). *The Tacit Dimension.* New York: The Free Press.

Probst, G., Raub, St. & Romhardt, K. (2013). *Wissen managen. Wie Unternehmen ihre wertvollste Ressource optimal nutzen* (7. Aufl.). Wiesbaden: Gabler.

Romhardt, K. (2002). *Wissensgemeinschaften – Orte lebendigen Wissensmanagements.* Zürich: Versus.

Seifried, P. & Eppler, M. J. (2000). *Evaluation führender Knowledge Management Suites.* St. Gallen: Netacademy Press.

Energiemanagement D4

Ivan Raffainer

Weiterführende Texte, Übungsaufgaben und Lernkontrollen finden Sie unter www.bwl-online.ch

1 Einführu

Auf Energie, ob als Bes
gieträger wie Strom, He
men sind darauf angew
günstigen Preis verfüg
nicht mehr als 3% des
dass mit Energie sorglo
Faktoren abhängig und
in den nächsten Jahren
len Energieträger ist ei
mer aufwändiger und e
ten und Risiken der En
allem umweltrelevante
Umsetzung der versch
kraftwerke) wie auch ge
fänglich im jeweiligen E
und führt zu einer stei
Energiekosten niedersc

Unternehmungen n
ment begegnen, dessen
tig zu beschaffen und E
management bedeutet,
systematisch zu steiger
eine Rolle spielen. Vier

- *Energiemanagement*
  source Energie. Das
  den Verbrauch steti
  Energieeinsparunge
  tische Vorgehenswe
  optimiert werden.
- *Energieeinkauf und*
  kann das Energiema
- *Infrastruktur:* Nur w
  lich angelieferten Fo
  miert und zum Teil i
  dampf oder Warmwa
  geringem Masse lau
  zessen meistens ein

3. Vom Energiebeauftragten oder Abteilungsleiter festgelegte Richtlinien vorhanden und angewendet, aber nicht offiziell im Unternehmen eingeführt.
4. Ungeschriebene Richtlinien.
5. Keine explizite Energiepolitik und keine expliziten Energierichtlinien vorhanden.

Richtlinien	Strukturen	Ressourcen	
Verbindliche Energierichtlinie und Umsetzungspläne; Bekenntnis und aktive Einbindung des Führungskreises	Energiemanagement komplett in Managementstrukturen und -systemen integriert	Vollzeitbeschäftigte und Budget für Energiemanagement mit Energieverbrauch verknüpft	**Endzustand**
Festgelegte Energierichtlinien, überprüft durch das mittlere Management	Managementstruktur existiert, aber keine direkte Berichterstattung an den Führungskreis	Verantwortlichkeit und Budget für Energiemanagement ist nicht mit Energieverbrauch verknüpft	**Fortschrittlich**
Technisches Personal hat seine eigenen Richtlinien	Informale und ungeplante Aktivitäten	Informale Verantwortlichkeit für Energiemanagement und kein spezifisches Budget	**Minimalanforderung**

Abb. 3: Beispiel für eine Matrix zur Bewertung des Energiemanagements

Als zu bewertende Gebiete kann man neben der Energiepolitik auch Gebiete wie Organisation, Motivation, Informationssysteme, Marketing oder Investitionen verwenden. Wie schon bei der Energiepolitik erwähnt wurde, soll die Bewertungsmatrix den Ansprüchen der Unternehmung angepasst sein. Die Bewertung des Energiemanagements mittels dieser Matrix erfolgt durch Befragungen von Mitarbeitern auf allen Unternehmensstufen.

5

5.2 Aufwand

Je nach Umfang und Zielsetzungen der Energiemanagement-Strategie muss ein Energiemanager eingesetzt werden, um die neu entstandenen Aufgaben zu übernehmen. Der Aufwand zur Erfassung der relevanten Daten (d.h. zusätzliche Messeinrichtungen zur Erfassung des Energieverbrauchs und Datensicherung) muss anfangs in grossem Umfang und später wiederkehrend in kleinerem Umfang getätigt werden. Ebenfalls erhöht sich der allgemeine **Aufwand** dadurch, dass die nötigen Dokumente gepflegt und periodisch angepasst werden wie auch durch die regelmässigen Audits und Überprüfungen. Die grössten Kosten verursachen jedoch die Projekte zur Umsetzung der Einspar- und Verbesserungsmöglichkeiten. Ausbildungs- und Motivationsveranstaltungen führen auch zu indirekten Kosten, wenn die involvierten Mitarbeiter den geleisteten Aufwand ohne Entlastung ihrer eigenen Kostenstelle erbringen müssen.

6 Zusammenfassung

Ein Unternehmen führt ein Energiemanagement ein, um die Energiekosten zu minimieren und die Energieeffizienz zu steigern. Behörden wie auch das öffentliche Interesse können ebenfalls eine Einführung eines Energiemanagements verlangen. Ausgehend von einem grundsätzlichen Bekenntnis der Unternehmensführung, der sogenannten Energiepolitik, werden über eine Analyse der aktuellen Situation und eventuell unter Verwendung eines Energieaudits, die relevanten Energieaspekte festgestellt, die aktuelle Situation dargestellt und Einsparpotenziale aufgezeigt. Mithilfe von eigenem Fachpersonals und externen Dienstleistern werden Verbesserungsvorschläge erarbeitet und in einem Energiemanagementsystem umgesetzt. Ein Energie*informations*system liefert die notwendigen Werkzeuge, um den aktuellen Energieverbrauch im Vergleich zu den Produktionsdaten darzustellen, die historischen Daten zur Erfolgskontrolle bereitzustellen und die Vorhersage des Energieverbrauchs zu ermöglichen. Das Energie*management*system ermöglicht die Steuerung und Kontrolle der verschiedenen Aktivitäten, damit der Erfolg nicht nur nachhaltig, sondern auch nachvollziehbar ist. Energiemanagementsysteme sind normierte Managementsysteme. Sie lassen sich durch Anpassung und Erweiterung in ein bestehendes Managementsystem (Umwelt, Qualität) integrieren. Der Aufwand beinhaltet die Kosten und den Aufwand für Messungen und entsprechende Auswertung. Für eine erfolgreiche Einführung eines Energiemanagements muss die Unternehmenskultur stimmen, Mitarbeiter, externe Dienstleister und eventuell auch Behörden müssen involviert werden.

7 Literaturverzeichnis

Boeck, H. (1999). *Effizientes betriebliches Energiemanagement. Analyse und Strategien.* VDI Berichte Nr. 1462. Düsseldorf.

Fischhuber, S. (1998). *Entwicklung und Einsatz eines Energie-Management-Systems für einen Industriekonzern.* Dissertation, Siegen.

Girbig, P., Graser, Chr., Janson-Mundel, O., Schuberth, J. & Seifert, E. K. (2016). *Energiemanagement gemäss DIN EN ISO 50001. Systematische Wege zu mehr Energieeffizienz.* Berlin: Beuth.

Hubbuch, M. & Jäschke Brülhart, St. (2014). *Energiemanagement.* Zürich: vdf Hochschulverlag.

Kaiser, S. & Starzer, O. (1999). *Handbuch für betriebliches Energiemanagement.* Wien: Arbeitsgemeinschaft.

Kals, J. (2010). *Betriebliches Energiemanagement. Eine Einführung.* Stuttgart: Kohlhammer.

Overath, J. (1999). *Energiediagnose und Benchmarking bei Mannesmann.* VDI Berichte Nr. 1462. Düsseldorf.

Schmid, C. (2004). *Energieeffizienz in Unternehmen.* Dissertation der ETH Zürich. Zürich.

Wanke, A. & Trenz, S. (2001). *Energiemanagement für mittelständische Unternehmen.* Köln: Deutscher Wirtschaftsdienst.

Wosnitza, F. (2012). *Energieeffizienz und Energiemanagement. Ein Überblick heutiger Möglichkeiten und Notwendigkeiten.* Wiesbaden: Springer Spektrum.

Infrastrukturmanagement D5

Karl Schaufelbühl

Weiterführende Texte, Übungsaufgaben
und Lernkontrollen finden Sie unter
www.bwl-online.ch

Nachhaltigkeitsmanagement E1

Christian Buser • Daniel Jakobi

Weiterführende Texte, Übungsaufgaben und Lernkontrollen finden Sie unter www.bwl-online.ch

1987 veröffentlichte die Weltkommission für Umwelt und Entwicklung (World Commission on Environment and Development, WCED) einen Bericht mit dem Titel «Our Common Future» (United Nations, 1987). Dieser Bericht, welcher nach der damaligen norwegischen Ministerpräsidentin Gro Harlem Brundtland auch als «**Brundtland Bericht**» bezeichnet wird (Gro Harlem Brundtland war 1987 Vorsitzende der Kommission) versucht den Begriff «Nachhaltige Entwicklung» als Prozess und Verantwortung gegenüber zukünftigen Generationen zu definieren:

1. «Dauerhafte Entwicklung ist Entwicklung, die die Bedürfnisse der Gegenwart befriedigt, ohne zu riskieren, dass künftige Generationen ihre eigenen Bedürfnisse nicht befriedigen können» (United Nations, 1987, S.51).
2. «Im Wesentlichen ist dauerhafte Entwicklung ein Wandlungsprozess, in dem die Nutzung von Ressourcen, das Ziel von Investitionen, die Richtung technologischer Entwicklung und institutioneller Wandel miteinander harmonieren und das derzeitige und künftige Potenzial vergrössern, menschliche Bedürfnisse und Wünsche zu erfüllen» (United Nations, 1987, S.57).

Dies verdeutlicht, dass das Thema Nachhaltigkeit keine Erfindung der heutigen Zeit ist, sondern schon seit jeher existiert. Neu sind vielmehr die Definitionsversuche, um das Thema global vergleich- und messbar zu machen. Anlässlich des UNO-Weltgipfel für nachhaltige Entwicklung im September 2015 wurden hierzu die Sustainable Development Goals (SDGs) der Vereinten Nationen (UNO) verabschiedet. Es handelt sich hierbei um Nachhaltigkeitsziele in 17 verschiedenen Themenbereichen, als Antwort und Handlungsempfehlungen, um aktuelle Herausforderungen wie Klimawandel und Energiewende, Armut und Migration, Biodiversität und Artensterben im politischen, unternehmerischen und privaten Handeln gezielt berücksichtigen zu können.

Abb. 1: Sustainable Development Goals der Vereinten Nationen (United Nations, 2020)

1.2 Definitionen

Dieses Kapitel vermittelt eine Übersicht über verschiedene Definitionen zum Thema Nachhaltigkeit. Verbindendes Element aller Definitionen ist die «Nachhaltige Entwicklung» im Sinne der Schaffung sowie der Erhaltung eines Systems, welches gewinnbringendes Wirtschaften über Generationen hinaus ermöglicht. Unter Gewinn wird analog zum Normativen Management die Beschreibung des Gewinns unter Nebenbedingungen verstanden (Dubs, 2010, S. 65).

Nachhaltigkeit

Der Begriff **Nachhaltigkeit (Sustainability)** ist die am weitesten gefasste Definition für «Nachhaltige Entwicklung». Ausgehend vom Umweltschutzgedanken und der Entwicklung des 3-Säulen-Modells zielt Nachhaltigkeit gemäss Spindler (2012, S. 13) auf alle Bereiche der Gesellschaft und zukünftige Generationen ab. Das 3-Säulen-Modell konkretisiert Nachhaltigkeit bezüglich der Bereiche Gesellschaft, Wirtschaft und Umwelt. Damit werden beispielsweise Rentabilität (Wirtschaft), Wachstum und Entwicklung (Gesellschaft) und Nutzung (Umwelt) um strategische Stossrichtungen wie beständige Rentabilität, kontinuierliches Wachstum und schonende, bestenfalls regenerierbare Ressourcennutzung erweitert. Die Handlungsfelder der Nachhaltigen Entwicklung nach dem 3-Säulen-Modell lassen sich wie in Abbildung 2 dargestellt zusätzlich um die zeitliche und geografische Dimension erweitern. Nord und Süd/Ost bezeichnen die Herausforderungen zwischen den Industriestaaten und den Entwicklungsländern. Auch die 17 Themenbereiche der SDGs lassen sich diesbezüglich ins 3-Säulen-Modell einordnen.

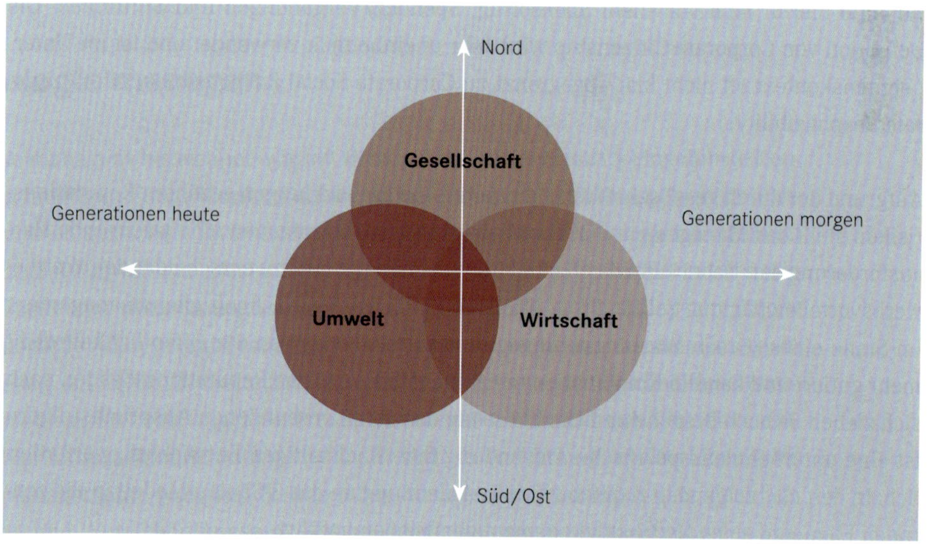

Abb. 2: Handlungsfelder der Nachhaltigen Entwicklung (Quelle: Raiffeisen, 2020)

Analog der Entwicklung der Unternehmenskultur, welche grundsätzlich nur Top-Down implementiert werden kann, ist auch die Durchschlagskraft und Effizienz des Nachhaltigkeitsmanagements grösser, je höher es im Unternehmen verankert ist. Es bedarf des uneingeschränkten Commitments des Topmanagements, um wirkungsvoll umgesetzt werden zu können. Eine Massnahme, um der Wichtigkeit Ausdruck zu verleihen, ist beispielsweise, den einzelnen Budgetverantwortlichen ein Teilbudget für Nachhaltigkeit zu übertragen und dieses in Zielvereinbarungen und Leistungsbeurteilungsprozessen zu berücksichtigen.

5.2 Nutzen und Kosten eines Nachhaltigkeitsmanagements

Wie in den vorhergehenden Kapiteln dargestellt, ist das Nachhaltigkeitsmanagement ein Instrument, welches eine gesamte Unternehmung durchdringt und sich in sämtlichen Prozessen, Produkten und Interaktionen mit den Anspruchsträgern niederschlägt. Es ist daher eine logische Konsequenz, dass die Frage nach dem Nutzen aber auch nach den Kosten eines Nachhaltigkeitsmanagements zu stellen ist. Hierbei gilt es zwischen dem unternehmensspezifischen sowie dem allgemeinem Nutzen zu unterscheiden. Der unternehmensspezifische Nutzen ist je nach unternehmenspolitischer und strategischer Ausrichtung des Nachhaltigkeitssystems und des Unternehmens unterschiedlich und wird im Folgenden nicht näher dargestellt. Der generelle Nutzen ist jener, welchen jede Unternehmung, die ein Nachhaltigkeits-System unterhält, unabhängig von Systemausprägung und Geschäftsfeld realisieren kann. Zusätzlich kann der generelle Nutzen noch nach dessen interner sowie dessen externer Wirkung unterschieden werden (vgl. Abbildung 10). Bei den internen Wirkungen fällt der gesamte Nutzen innerhalb der jeweiligen Unternehmung an. Bei den externen Wirkungen hingegen erfährt die Unternehmung den Nutzen daraus im Rahmen der Interaktionen mit den Umweltsphären und Anspruchsträgern. Der Nutzen im Rahmen des Umweltmanagements bzw. dessen interne Wirkung ist hierbei unmittelbarer zu messen als beispielsweise die Wirkung aus dem sozialen und gesellschaftlichen Engagement einer Unternehmung. Ein integriertes und systematisches Nachhaltigkeitsmanagement schafft für das jeweilige Unternehmen Differenzierungsvorteile, reduziert Risiken, ermöglicht die Entwicklung neuer Geschäftsfelder und sichert so langfristig den wirtschaftlichen Erfolg.

Die Kosten eines Nachhaltigkeitsmanagements können je nach Unternehmung stark variieren. So kann sich ein Dienstleistungsunternehmen lediglich auf seine «immateriellen» Prozesse fokussieren, während sich ein produzierendes Unternehmen nebst den «immateriellen» Prozessen auch auf die Produktionsprozesse und das eigentliche Produkt fokussieren muss. Gemeinsam sind jedoch die typischen Kostentreiber eines Nachhaltigkeitsmanagements:

- Sensibilisierung und Befähigung: Es braucht grosse Anstrengungen innerhalb einer Unternehmung, die Mitarbeitenden für die Themen eines Nachhaltigkeitsmanagements

Interne Wirkung		Externe Wirkung	
Kostenminimierung		*Verbesserung der Wettbewerbsfähigkeit*	
– Reduktion der Umweltabgaben	U	– Imagegewinn in der Öffentlichkeit	S/G
– Erhöhung der Produktion durch ressourcenoptimierte Betriebs- und Produktionsabläufe	U	– Erschliessung neuer Märkte	U/G/S
– Reduktion von Energieverbrauch, CO_2-Ausstoss, Abfallmengen und weiterer Emissionen	U	– Verbesserung der Marktposition sowie Schaffung und Stärkung von USPs	U/G/S
– Einsparung von Rohstoffen und Erhöhung der Energieeffizienz	U		
Verbesserung von Prozessstrukturen		*Verbesserung der Verhandlungspositionen*	
– Verringerung des Arbeitsaufwandes bei bestehenden Umweltmassnahmen durch systematische Dokumentation und Kontrolle	U/G/S	– Erleichterung des Umgangs mit verschiedenen Anspruchsgruppen	U/S/G
		– Verbesserung der Konditionen bei Banken und Versicherungen	U/S
– Mitarbeitermotivation und -qualifikation	U		
Risikominderung		*Risikominderung*	
– Erkennen von Schwachstellen	U/G	– Verbesserung der Kreditwürdigkeit	U/S
– Früherkennung, Risikovorsorge und Haftungsvermeidung	U	– Vereinfachung von Genehmigungs-verfahren	U
– Sicherung der Rechtskonformität	U/S/G		

Instrument / Massnahmen aus den Bereichen:
U = Umwelt S = Soziales Engagement
G = Gesellschaftliches Engagement/Positionierung

Abb. 10: Interne und externe Wirkungen eines Nachhaltigkeitsmanagements

zu sensibilisieren und diese zu befähigen, im Sinne der Unternehmung nachhaltig zu agieren. Mittel hierzu sind Schaffung von Anreiz und Motivation (Haltung zum nachhaltigen Handeln), Aufbau von Erfahrung und Wissen (Bereitschaft zum nachhaltigen Handeln) sowie eine umfangreiche Kommunikation und Übergabe von Kompetenzen (nachhaltiges Handeln). Insbesondere der letzte Punkt bedingt auch, dass in der gesamten Unternehmung finanzielle Ressourcen für Nachhaltigkeits-Aktivitäten freigegeben werden und nicht nur bei einer explizit beauftragten Fach-/Stabsstelle.

- Validierung: Will eine Unternehmung ihr Nachhaltigkeitsmanagement glaubhaft am Markt darstellen, so ist es von Vorteil, einzelne Bereiche wie etwa das Umweltmanagement zertifizieren zu lassen (z. B. ISO 14000). Die entsprechende Systemeinführung wie auch die darauf folgende Zertifizierung verursachen externe Supportkosten wie auch internen Ressourcenaufwand.
- Gewinn unter Nebenbedingungen: Dubs (2010, S. 3) postuliert im Rahmen des Normativen Managements das Prinzip des **Gewinns unter Nebenbedingungen**. Unternehmensleitungen sollen nicht mehr nur auf die wirtschaftliche Umwelt, sondern auch auf

die technologische, gesellschaftliche und ökologische Umwelt fokussieren. Ein exemplarisches Beispiel ist das Migros-Kulturprozent: Seit 1957 verpflichten sich der Migros-Genossenschafts-Bund und die einzelnen Migros-Genossenschaften zu einem jährlichen Beitrag an das Migros-Kulturprozent. Dieser wird auf Grundlage des Umsatzes berechnet und auch bei rückläufigem Geschäftsgang im Detailhandel ausgerichtet. Das Kulturprozent ist ein freiwilliges Engagement der Migros in den Bereichen Kultur, Gesellschaft, Bildung, Freizeit und Wirtschaft und soll einer breiten Bevölkerung Zugang zu kulturellen und sozialen Leistungen ermöglichen. Kostentreibend kann zudem auch der Anspruch nach umweltverträglicher Produktion und ebensolchen Produkten sein, was zu höheren Produktionskosten und letztlich zu tieferen Margen führt.

6 Zukünftige Herausforderungen im Nachhaltigkeitsmanagement

Im Kontext des Nachhaltigkeitsmanagements stellt sich latent folgende Frage: Sind Unternehmen und deren Managements von altruistischen Überlegungen getrieben oder wiegen sie nüchtern potenzielle wirtschaftliche Schäden von «we don't care» gegen die Kosten von «we do care» auf? Es steht hierbei die Frage im Vordergrund, ob es sich beim Nachhaltigkeitsmanagement einer Unternehmung lediglich um ein grünes und soziales Deckmäntelchen, um ein Marketinginstrument handelt oder aber ob ihm die ehrliche Erkenntnis zugrunde liegt, dass nachhaltiges Wirtschaften langfristig auch wirtschaftlich erfolgreicher ist. Der Erfolg fokussiert hierbei nicht nur auf die eigene Unternehmung, sondern im Allgemeinen auf den gesamtwirtschaftlichen Kontext. Die grosse Herausforderung im Management besteht daher darin, letztere Denkhaltung in der eigenen Organisation zu festigen und glaubwürdig nach aussen zu vertreten. In einer Zeit, in welcher der Begriff der Nachhaltigkeit fast schon inflationär verwendet wird, existiert die unmittelbare Gefahr, dass sich dieser totläuft und zum Marketing-Slogan verkommt. Nur wenn es gelingt, die dahinter stehenden Konzepte transparent und glaubwürdig zu kommunizieren und letztlich auch konsequent danach zu handeln, wird eine integrierte Nachhaltigkeitsstrategie wirkungsvoll umsetzbar. Steht ein Management jedoch unter dem einseitigen und kurzfristigen Renditedruck von Investoren und Anlegern, wird es für ein Nachhaltigkeitsmanagement kaum honoriert. Daraus ergibt sich die zusätzliche Herausforderung, das Konzept des «Gewinn unter Nebenbedingungen» in der Wirtschaft zu etablieren und dieses so auszugestalten, dass es von allen Anspruchsträgern akzeptiert und getragen wird.

Auch die Politik übt zunehmend Druck auf Unternehmen aus, ihre Nachhaltigkeitsleistungen zu verbessern. Neben Anreizsystemen und Lenkungsabgaben zwingen Regulatorien und länderübergreifende Aktionspläne Unternehmen, sich der Nachhaltigkeitsthematik verstärkt anzunehmen und ihr Wirtschaften entlang von erklärten Zielen auszurichten. Ein Beispiel ist der EU-Aktionsplan zu Sustainable Finance (Economiesuisse, 2019, S. 9). Der im März 2018 von der europäischen Union verabschiedete Aktionsplan für nachhaltige Finanzen hat drei Stossrichtungen:

- Förderung von Transparenz und Langfristigkeit in der Wirtschaft
- Bewältigung finanzieller Risiken, die sich aus dem Klimawandel, der Umweltzerstörung und aus sozialen Fragen ergeben
- Umlenken von Investitionen auf nachhaltige Kapitalströme, um ein nachhaltiges und integratives Wachstum zu ermöglichen

7 Zusammenfassung

Die sich zunehmend akzentuierenden gesellschaftlichen Bedürfnisse und Forderungen nach Vertrauen, Glaubwürdigkeit, Verlässlichkeit und Fair-Business in Bezug auf unternehmerische Tätigkeiten führen dazu, dass nachhaltiges Handeln verstärkt in den Fokus von Unternehmen gelangt. Haben frühere Unternehmensstrategien lediglich die ökonomische und technologische Umwelt abgedeckt, so fokussieren heutige Unternehmensstrategien auch auf ökologische, soziale und gesellschaftliche Aspekte. Oftmals besteht hier jedoch eine Trennung zwischen der traditionellen Unternehmensstrategie sowie den Insellösungen zu den ökologischen und den sozialen Aspekten. Die Implementierung eines systematischen Nachhaltigkeitsmanagements ermöglicht die Integration aller Aspekte in einem integrierten Managementsystem. Basis hierzu ist die Nachhaltigkeitsstrategie. Diese wird getragen durch Berichterstattungen, um Transparenz und Messbarkeit über das eigene unternehmerische Handeln zu erlangen. Unterstützung hierzu bieten etwa die Global Reporting Initiative und das Carbon Disclosure Project. Bei der Implementierung des Nachhaltigkeitsmanagements in das Geschäftsmodell einer Unternehmung sind dessen fünf Elemente Design, Interdependenzen, Ertragsmechanik, notwendige Ressourcen und Nutzenversprechen betreffend deren Ausgestaltung sowie Relevanz im Sinne der Nachhaltigkeit zu prüfen. Nebst der Ausgestaltung des Geschäftsmodells muss sich eine Unternehmensleitung auch die Frage der organisatorischen Positionierung des Nachhaltigkeitsmanagements stellen. Je nach Positionierung durchdringt das Nachhaltigkeitsdenken eine Unternehmung stärker oder weniger stark. Ebenso variieren die adressierten Themen und Schwerpunkte eines Nachhaltigkeitsmanagements. Welche Positionierung letztlich gewählt wird, hängt davon ab, in welcher Lebenszyklusphase sich eine Unternehmung befindet und welche Ziele und Nutzen sie mit einem Nachhaltigkeitsmanagement erreichen will. Im Rahmen von Lenkungsprozessen hat sich eine Organisation folgende Fragen zu stellen: Was soll mit einem Nachhaltigkeitsmanagement erreicht werden? Welche Ressourcen sollen hierzu eingesetzt werden? Mit welchen Prozessen sollen die Ziele erreicht werden?

Nebst dem Nutzen, hauptsächlich in Form eines Chancen- und Risikomanagements, bringt ein Nachhaltigkeitsmanagement auch Kosten mit sich. Diese haben zum Nutzen so im Verhältnis zu stehen, dass eine Unternehmung bereit ist, ein Nachhaltigkeitsmanagement langfristig aufrechtzuerhalten und konsequent in der gesamten Organisation umzusetzen. In Abbildung 11 ist die Entwicklung der früheren Managementansätze zum heutigen Nachhaltigkeitsmanagement dargestellt.

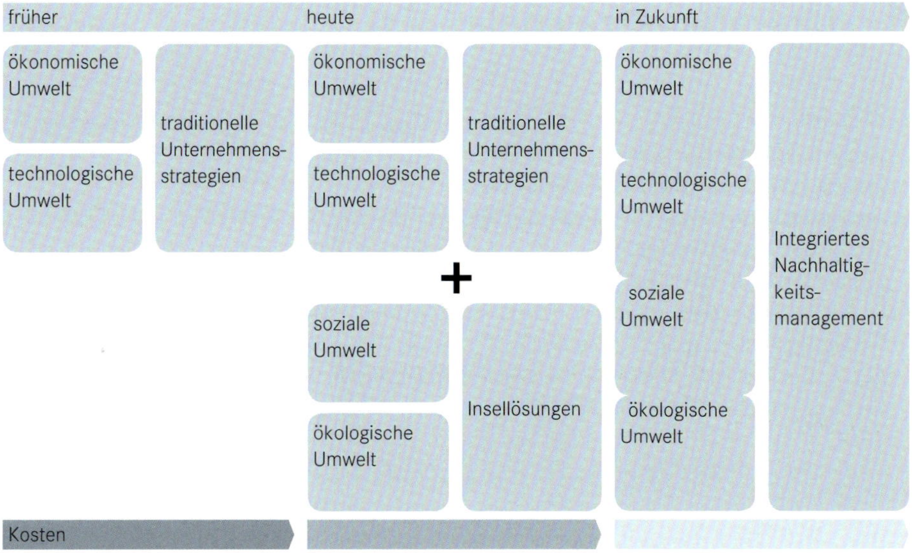

Abb. 11: Die Unternehmung auf dem Weg zum integrierten Nachhaltigkeitsmanagement (in Anlehnung an Dubs, 2012, S. 13)

8 Literaturverzeichnis

AccountAbility & World Business Council for Sustainable Development. (2004). *Strategic Challenges for Business.* Conches-Geneva: Autor.

Aristoteles. (1994). *Politik.* Reinbek: Rowohlt Verlag.

Bundesamt für Umwelt BAFU (2020). *Sustainable Development Goals (SDGs) für eine nachhaltige wirtschaftliche, soziale und ökologische Entwicklung.* Gefunden am 24.03.2020 unter https://www.bafu.admin.ch/bafu/de/home/themen/internationales/dossiers/sdg-nachhaltige-entwicklung.html.

Dubs, R. (2012). *Normatives Management: Ein Beitrag zu einer nachhaltigen Unternehmensführung und -aufsicht* (2.Aufl.). Bern: Haupt.

Dyllick, T. & Hamschmidt, J. (2000). *Wirksamkeit und Leistung von Umweltmanagementsystemen. Eine Untersuchung von ISO 14001-zertifizierten Unternehmen in der Schweiz.* Zürich: vdf, Hochschulverlag an der ETH.

Economiesuisse (2020). *EU-Aktionsplan zu Sustainable Finance.* Gefunden am 27. Jan. 2020 unter https://www.economiesuisse.ch/de/dossier-politik/eu-aktionsplan-zu-sustainable-finance.

Keynes, J. M. (1924). *A Tract on Monetary Reform.* London: Macmillan.

Müller-Stewens, G. & Lechner, Ch. (2016). *Strategisches Management: Wie strategische Initiativen zum Wandel führen* (5. Aufl.). Stuttgart: Schäffer-Poeschel.

Pümpin, C. (1992). *Strategische Erfolgspositionen: Methodik der dynamischen strategischen Unternehmensführung.* Bern: Haupt.

Porter, M. (1995). *Wettbewerbsstrategien: Methoden zur Analyse von Branchen und Konkurrenten.* Frankfurt/Main: Campus-Verlag.

Raiffeisen (2020). *CSR-Management.* Gefunden am 27. Jan.2020 unter https://www.raiffeisen.ch/rch/de/ueber-uns/unser-engagement/nachhaltigkeit/nachhaltigkeit-csr-management.html

Raiffeisen Gruppe, Huber, H. (2019). *Geschäftsbericht 2018. Nachhaltigkeit.* Gefunden am 15.01.2020 unter https://report.raiffeisen.ch/18/nachhaltigkeit/.

SBB (2019). *SBB Geschäfts-und Nachhaltigkeitsbericht 2018.* Bern: SBB.

SBB (2020). *Nachhaltigkeitsstrategie.* Gefunden am 27.01.2020 unter https://company.sbb.ch/de/ueber-die-sbb/verantwortung/nachhaltigkeit-bei-der-sbb.html.

Spindler, E. A. (2013). *History of Sustainability.* In I. Jenkins & R. Schröder (Hrsg.), *Sustainability in Tourism.* Wiesbaden: Gabler Verlag.

United Nations (1987). *Report of the World Commission on Environment and Development: Our Common Future.* New York: Autor.

Von Carlowitz, H. C. (1713). *Sylvicultura Oeconomica.* Gefunden am 23.3.2016 unter http://digital.slub-dresden.de/werkansicht/dlf/85039/127/

Zürcher Kantonalbank (2019). *Nachhaltigkeitspolitik.* Gefunden am 25.01.2020 unter https://www.zkb.ch/media/dok/corporate/nachhaltigkeit/nachhaltigkeitspolitik.pdf.

Risikomanagement E2

Jürg Liechti

Weiterführende Texte, Übungsaufgaben und Lernkontrollen finden Sie unter www.bwl-online.ch

1 Einführung

Die Entwicklung des Risikomanagements ist geschichtlich gesehen in sehr verschiedenen Ansätzen erfolgt: Versicherungsmathematisches, technisches oder betriebswirtschaftliches Risikomanagement haben in der Vergangenheit oft kaum korrespondiert. Es ist ein Anspruch dieses Kapitels, das Risikomanagement in einem umfassenden Ansatz zu präsentieren, mit dessen Hilfe dieselben Begriffe und Instrumente in den verschiedenen Anwendungsgebieten genutzt werden können. Dabei stützen wir uns auf moderne Definitionen der Grundbegriffe gemäss ISO Guide 73 (International Organization for Standardization) und Risikomanagement-Normen wie zum Beispiel ISO 31000.

In einem ersten Schritt werden die Grundbegriffe des Risikomanagements definiert und erläutert. Danach wird auf das Risikomanagement als Querschnittprozess und seine Einbindung in prozessorientierte Managementsysteme eingegangen. Anschliessend werden einige der gebräuchlichsten Instrumente und Methoden des Risikomanagements präsentiert, bevor dann speziell auf die Anwendung des Risikomanagements im Prozess der strategischen Planung eingegangen wird.

2 Grundlagen, Begriffe, Definitionen

Gefahr, Szenario, Risiko

In der Umgangssprache wird der Begriff Risiko meist unpräzis verwendet. Er bedeutet dort so etwas wie Gefahr oder Wagnis. Versicherungsleute sprechen auch von Risiken, wenn sie bestimmte Typen von Schadenereignissen meinen. In Übereinstimmung mit den gängigen Normen (z. B. ISO/IEC Guide 73, ISO 31000, ON 49000-Serie und andere) werden hier die Begriffe Gefahr, Szenario und Risiko wie folgt definiert:

Als **Gefahr** wird ganz allgemein eine potenzielle Bedrohung bezeichnet, die dazu führen kann, dass ein Ziel nicht erreicht wird, ein System seine Funktion nicht erfüllt oder ein Schaden entsteht. Das positive Analogon zur Gefahr ist die Chance. Der Risikobegriff gilt gleichermassen für Gefahren und Chancen.

Eine **Gefährdung** ist eine genauer umschriebene Schadensquelle beziehungsweise Bedrohungsursache.

Ein **Szenario** ist ein konkreter Ereignisablauf, der aufzeigt, wie sich eine Gefahr realisiert. Ein Szenario ist mit einem Drehbuch vergleichbar. Es beinhaltet eine Gefährdung, ein gefährdetes Objekt, welches den Schaden erleidet, einen so genannten Trigger als Auslöser des schädigenden Ereignisses und einen Ablauf der Ereignisse, der eine von verschiedenen möglichen Auswirkungen zeigt.

Das **Risiko** ist das Mass für die Grösse einer Gefahr – aber auch einer Chance. Die Grösse einer Gefahr lässt sich durch die Wahrscheinlichkeit, mit welcher das unerwünschte Ereignis eintritt, und durch das Ausmass des Schadens, der durch das unerwünschte Ereignis hervorgerufen wird, gut charakterisieren. Das Risiko ist definiert als Kombination von Wahrscheinlichkeit und Ausmass der Gefahr, im gebräuchlichsten Fall als das Produkt dieser zwei Faktoren.

$$R = W \times A$$

Risiko = Wahrscheinlichkeit des Schadenereignisses × Ausmass des Schadens

Diese Formel gilt nicht absolut. Sie hat ihren Anwendungsbereich bei mittleren Schadensausmassen. Für Bagatellschäden, die man ohne Weiteres hinzunehmen bereit ist, wie auch für Grosskatastrophen, die unter keinen Umständen passieren dürfen, ist die Formel nicht anwendbar.

Die Begriffe können anhand des folgenden Beispiels illustriert werden: Arbeitsunfälle stellen eine *Gefahr* dar, sowohl für Leib und Leben der betroffenen Arbeitskräfte als auch für die Produktivität und damit für die Rendite der Unternehmung. Am Boden eines Arbeitsraumes befindet sich eine Öllache. Diese Öllache stellt eine *Gefährdung* betreffend Unfall für die Arbeitskräfte dar. *Szenario:* Ein Mitarbeiter *(gefährdetes Objekt)*

betritt den Raum mit der Öllache *(Gefährdung)*. Er sieht sie nicht, tritt hinein und rutscht aus *(Trigger)*. Er stürzt und fällt so, dass er sich den Arm bricht *(Ablauf mit einer der möglichen Auswirkungen)*.
Wenn man die möglichen Szenarien detailliert untersucht, die Verkehrsdichte in dem Arbeitsraum und die Grösse und Position der Lache genau analysiert, so ist eine Aussage über das Risiko für Arbeitsunfall für diesen Zustand des Arbeitsraums möglich. Man ermittelt zum Beispiel ein *Risiko* von einer mittelschwer verletzten Person pro Monat, oder wenn man den Schaden monetarisiert, von etwa 30 000 CHF pro Jahr.

Das Risiko kann qualitativ oder quantitativ angegeben werden. Auch Mischformen (halbquantitativ) sind möglich. Eine qualitative Angabe erreicht man dadurch, dass man Eintretenswahrscheinlichkeit und Schadensausmass in Klassen einteilt – wie in Abbildung 1 dargestellt. Für eine quantitative Angabe braucht man hingegen Schadenindikatoren.

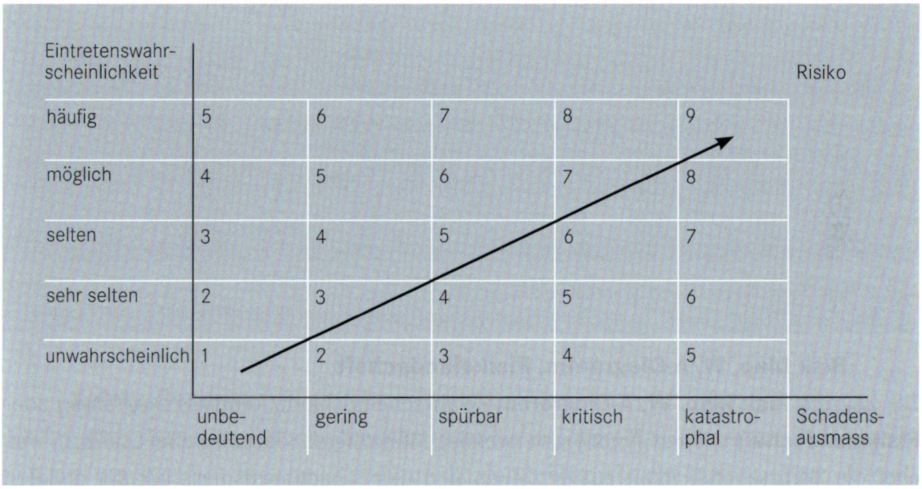

Abb. 1: Risikoklassen

Schadenindikatoren

Das Schadensausmass eines Ereignisses kann auf verschiedene Art und Weise gemessen beziehungsweise dimensioniert werden. Die dazu verwendeten Messgrössen nennt man **Schadenindikatoren.** Der gebräuchlichste Schadenindikator ist die Geldeinheit. Je nach Art des Schadens ist eine Monetarisierung aber nicht immer angebracht oder zweckmässig. Beispiele von weiteren, oft angetroffenen Schadenindikatoren sind: Anzahl Todesopfer oder Verletzte (bei Ereignissen mit Personenschäden), Quadratmeter zerstörte beziehungsweise unnutzbar gemachte Fläche (Boden oder Gewässer, bei Ereignissen mit ökologischen Schäden), Imageverlust der Unternehmung (bei Ereignissen mit immateriellen Schäden). Abbildung 2 zeigt einige Schadenindikatoren auf und illustriert sie mit möglichen Messskalen.

Mit Hilfe von Schadenindikatoren (Ausmass) und der Anzahl erwarteter Ereignisse innerhalb einer bestimmten Zeitspanne (Wahrscheinlichkeit) kann das Risiko quantifiziert werden, zum Beispiel als CHF pro Monat oder Anzahl Tote pro Jahr.

X und Y bedeutet, dass die beiden Szenarien vollständig miteinander gekoppelt sind. Wenn X eintritt, dann tritt auch Y ein. Die Korrelation ist negativ, wenn das Eintreten des einen Szenarios das andere Szenario eher behindert. Eine Korrelation von minus 1 zwischen zwei Szenarien X und Y bedeutet also, dass Y sicher nicht eintritt, wenn X eingetreten ist.

Unter **Risikoaggregation** versteht man das Zusammenwirken mehrerer Einzelrisiken zu einem Gesamtrisiko. Sie hängt von der Korrelation der Einzelrisiken ab.

Fall 1: unabhängige Szenarien: **Korrelation (X,Y) = 0**	Die Wahrscheinlichkeit, dass beide Szenarien zusammen eintreten, ist gleich dem Produkt der Einzelwahrscheinlichkeiten. Der Schaden ist gleich der Summe der Einzelschäden: **R (X und Y) = W(X) × W(Y) × [A(X) + A(Y)]** Illustrationsbeispiel: Einbruchdiebstahl und Erdbeben
Fall 2: vollständig korrelierende Szenarien: **Korrelation (X,Y) = 1**	Die Wahrscheinlichkeit, dass beide Szenarien zusammen eintreten, ist gleich gross wie jene, dass X alleine auftritt, da Y dann sicher auch auftritt. Der Schaden ist gleich der Summe der Einzelschäden: **R (X und Y) = W(X) × [A(X) + A(Y)]** Illustrationsbeispiel: Brand und Produktionsausfall
Fall 3: vollständig negativ korrelierende Szenarien: **Korrelation (X,Y) = -1**	Die Wahrscheinlichkeit, dass beide Szenarien zusammen eintreten, ist null, da Y dann sicher nicht auftritt, wenn X aufgetreten ist. **R (X und Y) = W(X und Y) = 0** Illustrationsbeispiel: Produktionsausfall und Produktion von Fehlchargen

2

Begriffe zum Risikomanagement

Der **Risikoeigner** ist der Entscheidungsträger in einer Organisation beziehungsweise in einem Produkt- oder Projektmanagement, der die Verantwortung für das Ergebnis trägt, das von einer bestimmten Gefahr beeinflusst wird. Der Risikoeigner muss das Risiko beeinflussen können.

Der **Risikotransfer** ist das Übertragen der Konsequenzen aus dem Eintreten bestimmter Szenarien an eine andere Partei. Das Übernehmen bestimmter Schadensrisiken gegen Entgelt ist das Kerngeschäft der Versicherungen.

Die **Risikobeurteilung** ist ein Oberbegriff für **Risikoanalyse** und **Risikobewertung.** Die Risikoanalyse besteht aus Gefahrenerkennung und Risikoeinschätzung. Die **Gefahrenerkennung** ist die Identifikation der Gefahrenquellen, die **Risikoeinschätzung** ist das Parametrisieren/Messen der Höhe der Risiken mit qualitativen oder quantitativen Methoden. Die Risikobewertung beinhaltet den Vergleich der eingeschätzten Risiken mit den Schutzzielen oder anderen Vorgaben und, darauf abgestützt, den Entscheid, ob ein Handlungsbedarf für risikoverändernde Massnahmen besteht oder nicht.

3 Risikomanagement als Prozess

Risikomanagement lässt sich als Prozess verstehen, der vier Schritte umfasst:

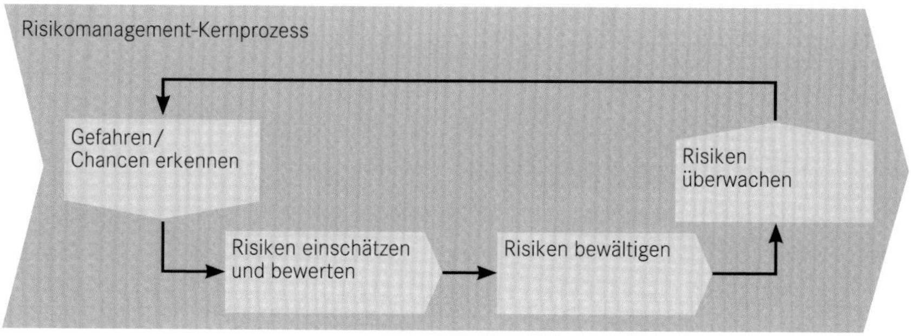

Abb. 6: Kernprozess des Risikomanagements

Erstens müssen die relevanten, also die das System/die Organisation ernsthaft bedrohenden Gefahren erkannt werden. Nur was man erkennt, kann man bearbeiten.

Zweitens werden die wesentlichen Szenarien, die zur Realisierung der Gefahren führen, identifiziert. Ihre Eintretenswahrscheinlichkeit und das Ausmass ihrer Wirkung werden abgeschätzt und daraus das Risiko berechnet. Dieses Risiko wird mit den bestehenden Schutzzielen verglichen und als tragbar oder nicht tragbar bewertet.

Drittens werden Massnahmen getroffen, um die nicht tragbaren Risiken zu vermindern. Dabei kommen verschiedene Taktiken zum Einsatz: Der Ansatz der Massnahmen kann bei den Ursachen der Szenarien liegen (Verringern der Eintretenswahrscheinlichkeit) oder bei den Folgen (Verringern des Schadensausmasses), oder das Risiko kann an einen Dritten zur Tragung transferiert werden (Versicherung). Die Massnahmen können technisch oder organisatorisch, präventiv oder auf die Intervention bezogen sein.

Viertens wird sichergestellt, dass bewältigte Risiken unter Kontrolle bleiben und dass die Risikosituation des Gesamtsystems periodisch überprüft und neu beurteilt wird.

Dieses vierstufige Verfahren ist im Prozessablauf-Schema in Abbildung 7 noch einmal etwas detaillierter dargestellt; die Schlüsselwörter und Handlungsoptionen des Risikomanagement-Prozesses sind in Abbildung 8 illustriert.

ISO 31000 führt zwei weitere Schritte als Teil des Risikomanagementprozesses auf, die den Kernprozess ergänzen, nämlich das Festlegen des Bezugsrahmens (vgl. «Vorbereitung» in Abbildung 7) sowie die Risikokommunikation, die parallel zum Kernprozess läuft.

Der Risikomanagement-Prozess kann in einem prozessorientierten Managementsystem als Querschnittprozess in der oben dargestellten Weise beschrieben und eingeordnet werden. Im Kontext eines prozessorientierten Managementsystems wird der Risikomanagement-Prozess auf andere Prozesse angewendet, zum Beispiel auf den Management-Prozess, auf den Prozess der Marktleistungserstellung oder auf die Versorgungsprozesse. Die

4 Instrumente zur Risikoerkennung, -einschätzung und -bewertung

4.1 Gefahrenlisten

Eine **Gefahrenliste** ist ein Hilfsmittel zur Risikoerkennung. In der Gefahrenliste werden die aus Erfahrung bekannten Gefahren zu einem bestimmten Risikothema aufgelistet. Bei einer neuerlichen Anwendung des Risikomanagement-Prozesses zum selben Thema kann die Gefahrenliste als Ideen-Datenbank dienen und dazu beitragen, dass keine wesentlichen Gefahren unbeachtet bleiben. Gefahrenlisten existieren zu allen denkbaren Risikothemen. Sie werden vorzugsweise in einer Baum- oder MindMap-Struktur aufgezeichnet, weil diese Struktur dafür geeignet ist, von Oberbegriffen zu Subbegriffen fortzuschreiten. Dies entspricht der systematischen Gefahrensuche: Für jede neu gefundene Gefahr sucht man wieder Untergefahren und schreitet dabei vom Allgemeinen ins zunehmend Konkrete.

Abbildung 9 zeigt eine Gefahrenliste für allgemeine Unternehmensbedrohungen, wobei der Ast Kunden und Produkte im Detail ausgeführt ist. In der Hauptstruktur der Gefahrenliste erkennt man das Balanced-Scorecard-Modell für das Unternehmenscontrolling wieder (Brühwiler, 2011, S. 95 ff., vgl. auch Teil D1, Finanzmanagement). Dies ist bewusst so gewählt. Die Gefahrensuche für allgemeine Unternehmensgefahren soll den für die Unternehmung bedeutungsvollsten Zuständen folgen (die deswegen auf Unternehmensführungsebene mit Kennzahlen verfolgt werden).

Die Gefahrenerkennung für neue Systeme, für welche keine Gefahrenliste existiert, wird häufig mittels Brainstorming durchgeführt. Dabei sollten Fachleute für das untersuchte System mitwirken, aber auch Aussenstehende, bei denen die Gefahr der Betriebsblindheit nicht besteht.

4.2 Die Stakeholderanalyse

Die **Stakeholderanalyse** ist eine spezielle Art von Gefahren- und Chancenliste, die sich an den Ansprüchen und Interessen der Stakeholder (= Anspruchsgruppen bzw. interessierte Kreise) orientiert. Die Stakeholderanalyse ist eine Forderung der Managementsystem-Normen ISO 9001:2015 beziehungsweise ISO 14001:2015. Gleichzeitig ist sie ein Hilfsmittel, um für das Unternehmen relevante Chancen und Risiken zu erkennen. Abbildung 10 zeigt den Aufbau einer Stakeholderanalyse schematisch und mit einer Beispielspalte.

Spaltenweise werden die relevanten Stakeholder identifiziert. Dabei ist an alle Anspruchsgruppen zu denken, welche a) besondere Erwartungen an die Organisation oder b) besondere Einflussmöglichkeiten auf die Organisation haben. Dazu gehören normalerweise die Kunden, Lieferanten, Mitarbeitenden, Aktionäre, bestimmte Verbände, Interessenvertretungen, NGOs, Behörden etc. In zwei Tabellenbereichen werden sodann für jeden identifizierten Stakeholder dessen Interesse und dessen Einflussmöglichkeiten notiert und daraus Chancen und Gefahren für die Organisation hergeleitet. Im letzten Bereich werden Verhaltensmöglichkeiten gegenüber diesem Stakeholder abgeleitet. Diese Verhaltensmöglichkeiten sind Risikobewältigungs-Massnahmen im Sinne des Abschnitts 3 dieses Kapitels. Damit soll der Stakeholder so beeinflusst werden, dass die ermittelten Chancen genutzt und die Gefahren abgewendet werden können.

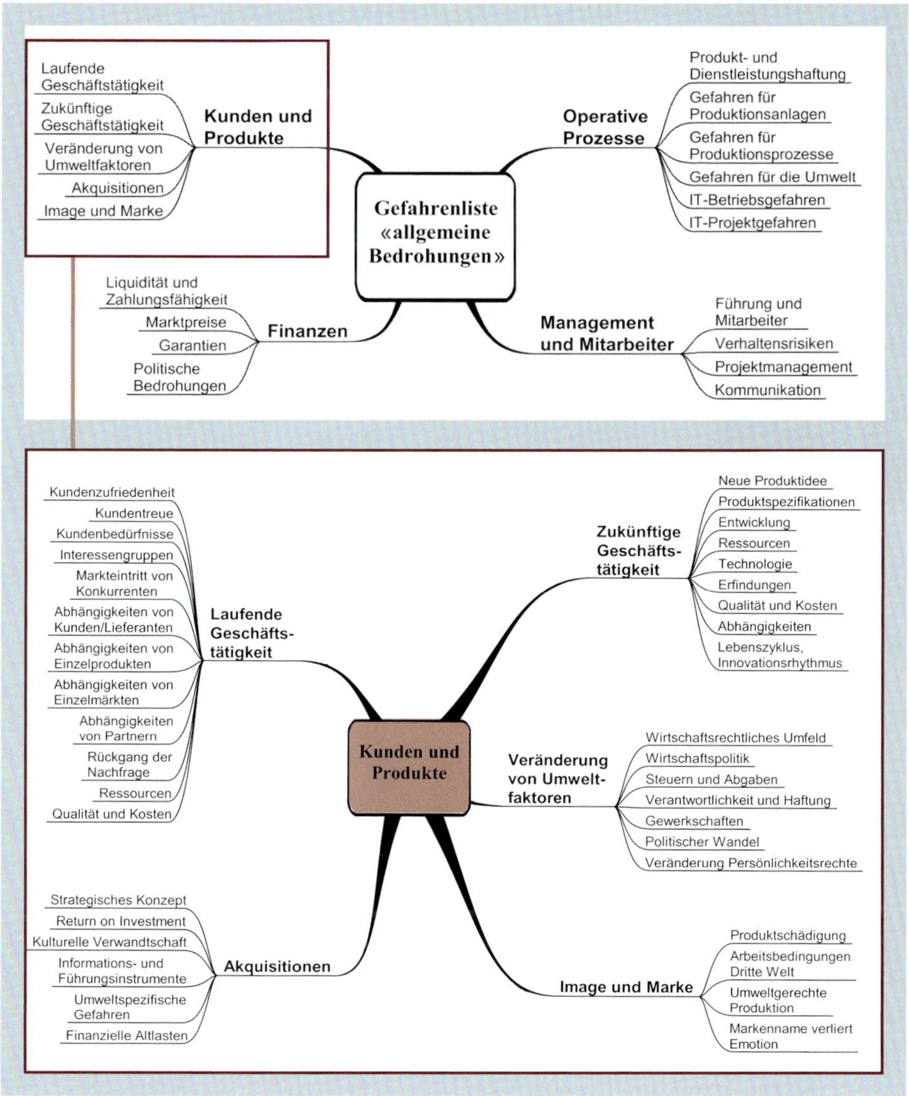

Abb. 9: Gefahrenliste (mit Detail eines Asts)

Stakeholder	Gruppe	NGOs	weitere Stakeholder
	Spezielle, einzelne Organisationen	Umwelt (WWF, Pronatura, Greenpeace, ...)	
Interesse des Stakeholders am Unternehmen	Art des Interesses, Erwartung ans Unternehmen	Umweltfreundliche Produktion, Gesetzeseinhaltung, Änderungen Produktedesign hinsichtlich Umwelt-Footprint	
	Grad (g/m/k)	mittel	
	Welche Chance/Gefahr ist damit verbunden?	Image, Empfehlungen, eventuell Aufträge	
Einfluss-möglichkeit des Stakeholders auf das Unternehmen	Art der Einflussmöglichkeiten	Empfehlungen, Boykottaufrufe, Umwelt-Produktratings	
	Grad (g/m/k)	klein	
	Welche Chance/Gefahr ist damit verbunden?	Umsatzsteigerung bzw. -rückgang	
Aktion / Verhalten gegenüber dem Stakeholder	Aktivitäten, Kommunikation, Prozesse etc.	Beziehungspflege: jährlicher Austausch, kontinuierliche Verbesserung Produktedesign	
	proaktiv/reaktiv	proaktiv	
	Wie wird das nachgewiesen?	Sitzungs- oder Gesprächsprotokoll	

Abb. 10: Stakeholderanalyse

4.3 Die Ausfalleffektanalyse (FMEA)

Die Ausfalleffektanalyse, auch Fehler-Möglichkeits- und Einfluss-Analyse (**FMEA**, Failure Mode and Effect Analysis) genannt, ist eine verbreitete Methodik, um in komplexen Systemen beziehungsweise Systementwürfen Schwachstellen der Funktionalität und damit zusammenhängende Gefahren zu erkennen. Die Methode wird vorwiegend beim Design von Maschinen angewendet, ist aber für jedes beliebige System geeignet (vgl. Teil C3, Marktleistungsentwicklung).

Abbildung 11 zeigt die Anwendung der FMEA zur Gefahrenerkennung im Rahmen einer Risikoanalyse an einem einfachen Beispiel. Der erste Teil der Figur (oben links) zeigt das untersuchte System im Überblick mit seinen Elementen. Im zweiten Teil (unten) werden in der FMEA mögliche Schwachstellen und Gefahren jeder Funktion aufgelistet und beurteilt und im dritten Teil (oben rechts) die Gefahrenauslese in einem W/A-Diagramm wiedergegeben. In gewissen FMEAs wird nebst Ausfallwahrscheinlichkeit und resultierendem Effekt auch die Entdeckbarkeit des Ausfalls in die Bewertung der Risiken als Faktor mit einbezogen. Daraus berechnet sich die Risikoprioritätszahl (RPZ) als Produkt von Ausfallwahrscheinlichkeit, Ausfalleffekt (Ausmass) und Entdeckbarkeit. Eine bestimmte Limite für die Risikoprioritätszahl ist dann das Kriterium für einen Handlungsbedarf.

Risikoprioritätszahl (RPZ) = W × A × E

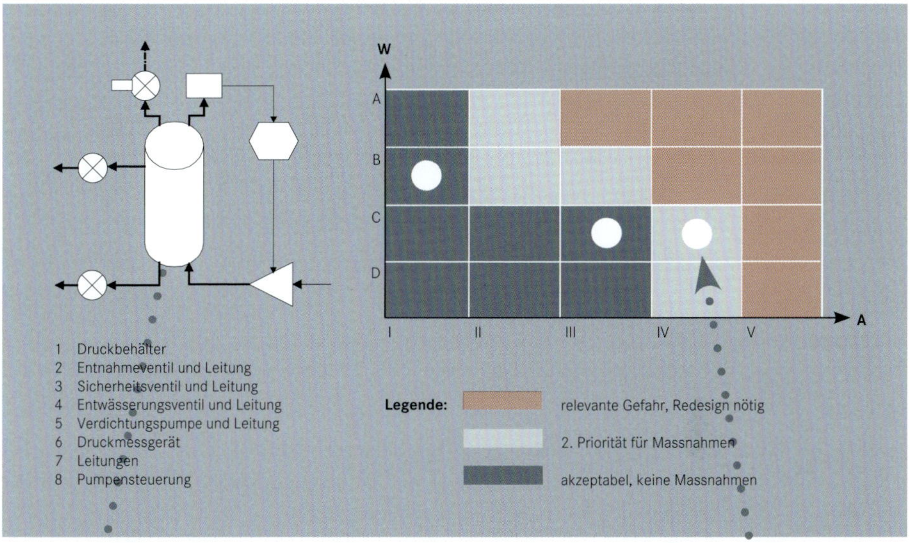

System:	Druckluftsystem	Baueinheit	Druckbehälter (1)
Ausgangszustand	**Ausgangszustand**	**Umgebungsbedingungen**	**Unterlagen**
ungestörter Normalbetrieb; druckführend	Arbeitsdruck = 18 bar zulässiger Betriebsdruck = 20 bar	Raumtemp. 10–30 °C Luftfeuchtigkeit < 80 % staubfreie Atmosphäre	Zeichnung Systemspezifikation

Komponente		Ausfall			Effekt				Wertung	
Nr.	**Funktion**	**Ausfallart**	**Schadensbild Ursachen**	**Ausfallerkennung**	**vorhandene Gegenmassnahmen**	**Beschreibung**	**Unterlagen**	**Konsequenz**	**W**	**A**
1.1	Druckluft speichern	kleines Leck	Behälteranschluss undicht	Schalthäufigkeit des Verdichters erhöht, Geräuscherkennung bei Begehung	Nachspeisung aus Verdichter	Druckabfall wird durch Betrieb des Verdichters kompensiert		Wartungsfall, Abschaltung des Systems bei Reparatur	B	I
1.2	Druckluft speichern	grosses Leck	Riss einer Schweissnaht	Anzeige an der Drucküberwachung	keine	schneller Druckabfall		Systemausfall für min. 1 Tag	C	III
1.3	Druckluft speichern	Bruch	Materialfehler oder äussere Einwirkung	Anzeige an der Drucküberwachung	keine	schneller Druckabfall. Folgeschäden an Einrichtungen in der Umgebung des Behälters		Systemausfall für min. 1 Woche Gefahrenzustand in Umgebung	C	IV
etc.										

Abb. 11: FMEA eines Produkts (Ausschnitt, Druckluftsystem)

Kontrolle 2.134E-03
Tote 3.806E-08
Notfallsituation 0.0021336
2.129E-05
0.9990 NEIN
2.131E-11
0.0010 NEIN
6.746E-09
0.40 NEIN
0.0100 NEIN
0.80 NEIN
1.012E-08
0.60 JA
0.99 NEIN
0.0010 JA
4.216E-09
0.20 JA
3.833E-11
0.30 NEIN
0.9990 JA
0.9990 NEIN
0.60 NEIN
8.943E-11
0.70 JA
0.01 JA
8.517E-11
0.40 JA
2.110E-03
0.9999 NEIN
2.110E-11
0.0001 NEIN
0.9900 JA
2.089E-08
0.20 NEIN
0.50 NEIN
8.355E-08
0.80 JA
0.99 NEIN
0.0001 JA
1.044E-07
0.50 JA
6.330E-11
0.10 NEIN
0.9999 JA
0.30 NEIN
5.697E-10
0.90 JA
0.01 JA
1.477E-09
0.70 JA
1.920E-10
0.0100 NEIN
0.9000 NEIN
1.901E-08
0.9900 JA
2.134E-11
0.0100 NEIN
0.0100 NEIN
1.506E-09
0.80 NEIN
0.90 NEIN
3.764E-10
0.20 JA
0.99 NEIN
0.1000 JA
2.091E-10
0.10 JA
1.183E-11
0.70 NEIN
0.9900 JA
0.80 NEIN
5.069E-12
0.30 JA
0.01 JA
0.0010 JA
4.225E-12
0.20 JA
2.091E-09
0.0010 NEIN
0.9900 NEIN
2.089E-06
0.9990 JA
2.112E-10
0.0100 NEIN
0.9900 JA
6.211E-09
0.60 NEIN
0.50 NEIN
4.140E-09
0.40 JA
0.99 NEIN
0.0100 JA
1.035E-08
0.50 JA
4.182E-11
0.50 NEIN
0.9900 JA
0.40 NEIN
4.182E-11
0.50 JA
0.01 JA
1.255E-10
0.60 JA
zeitgerechte Hilfe von aussen (Notarzt)
optimales und ausreichendes Rettungsverhalten des Guides
optimales Verhalten des Verletzten
Lage erlaubt (rechtzeitige) Rettung
Verletzung potentiell lebensgefährlich oder MB bewusstlos
Schutzausrüstung technisch i.O. und angewendet (v.a. Helm)
Sturz aus grosser Fallhöhe (>10m)

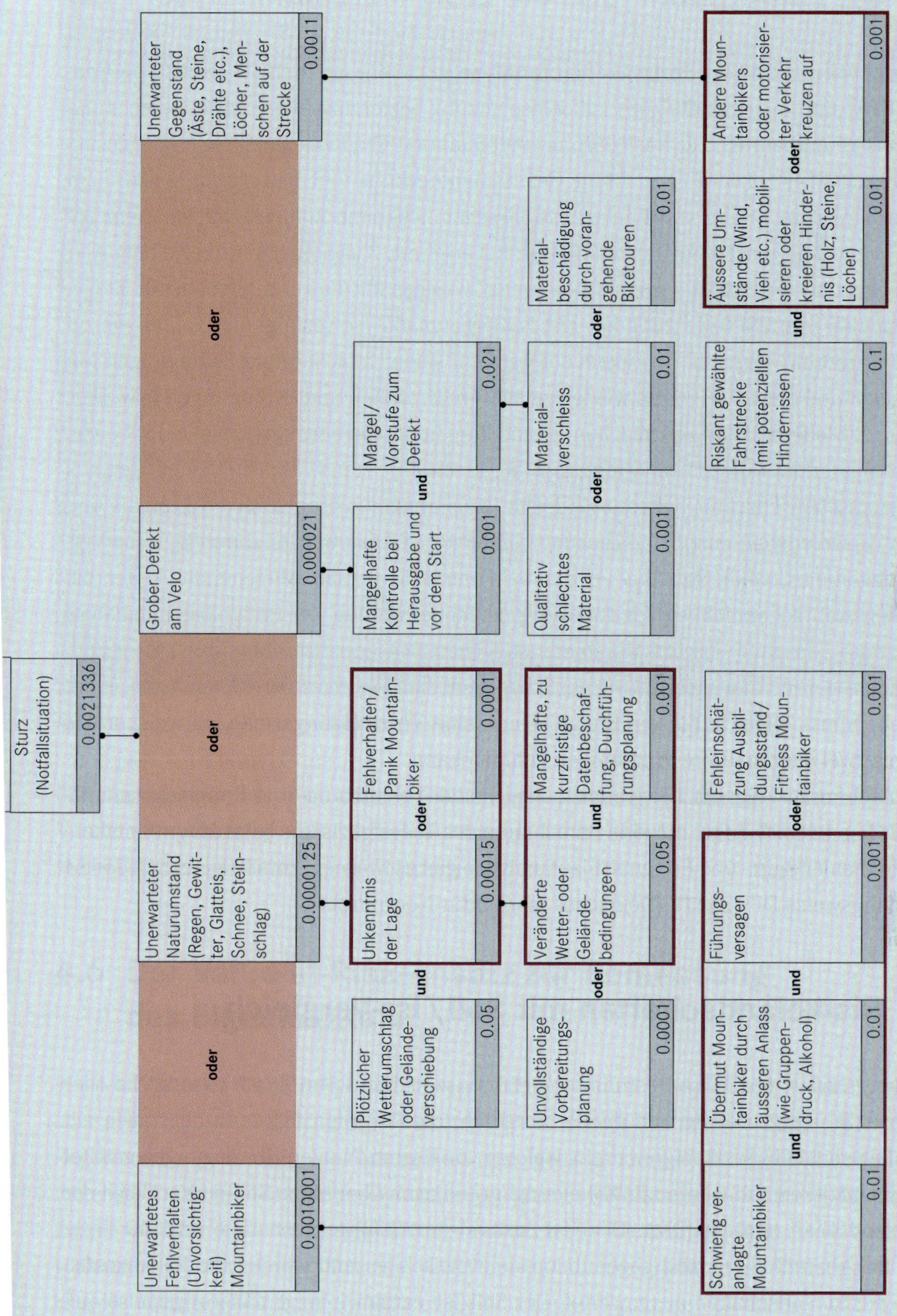

Abb. 12: Beispiel einer Fehlerbaum- und Ereignisablaufanalyse (Stiftung Safety in Adventures, 2002, internes Dokument)

(z. B. Banken) bei einer Kreditvergabe genau darauf achten (müssen), ob eine risikogerechte Deckung mit Eigenkapital besteht.

Traurig, aber illustrativ ist in diesem Zusammenhang natürlich das Versagen des Risikomanagements bei den Banken selber, zum Beispiel anlässlich der Finanzkrise 2008. Den sehr grossen Verlustrisiken, beispielsweise im Investment-Banking, stand damals keine genügende Eigenkapitalbasis gegenüber. Der Gesetzgeber versucht seither, eine risikogerechte Abdeckung mit Eigenkapital auf dem Weg der Gesetzgebung zu erzwingen.

4.7 Die Monte-Carlo-Simulation als Instrument zur Risikoaggregation und -darstellung

Eine Risikolandschaft wie in Abbildung 13 dargestellt mit den 5–10 wichtigsten Unternehmensrisiken erlaubt eine sehr rasche Aussage über das ungefähre Gesamtrisiko der Unternehmung und über den Handlungsbedarf zur Bewältigung einzelner herausstechender Szenarien. Die Risikolandschaft (auch Riskportfolio genannt) ist hingegen weniger geeignet, um Wirkungen der Risiken auf das Geschäftsergebnis leicht fassbar darzustellen. Dafür gibt es zwei Gründe:

Erstens wird der Punkt, der die Gefahr im Riskportfolio repräsentiert, der wirklichen Situation nicht gerecht, da die Gefahr durch eine ganze Verteilung von Szenarien dargestellt werden müsste, was aber im W/A-Diagramm nicht praktisch ist. Abbildung 14 zeigt dies am Beispiel «Unfall» auf.

4

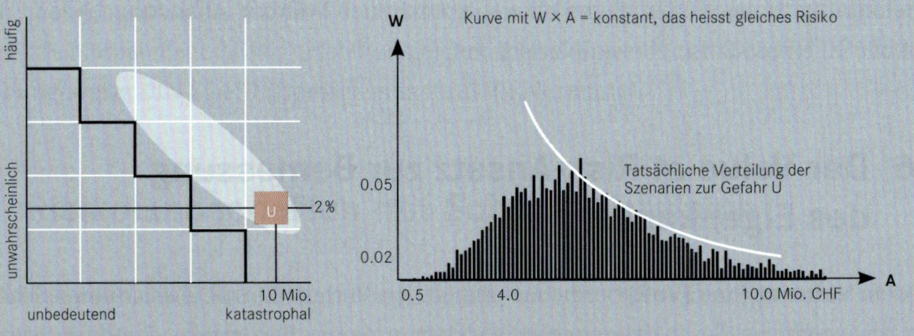

Idealisierte Darstellung:
Gefahr U als ein Szenario im Riskportfolio. Das Szenario könnte auch an einem anderen Ort der schraffierten Wolke positioniert werden.

Dahinter liegende Wahrheit:
Die möglichen Szenarien der Gefahr U bilden eine Verteilung im W/A-Raum. Zwischen einem worst case und einer Bagatelle ist für gewisse Unfallgefahren alles möglich.

Abb. 14: Beispiel der Szenarioverteilung einer Gefahr

Zweitens ist die Aggregation, das heisst das Zusammenwirken der verschiedenen Gefahren aus dem W/A-Diagramm nicht klar ersichtlich. Viel aussagekräftiger aus der Sicht der

Geschäftsleitung wäre eine Darstellung, welche direkt die Auswirkung der Risiken auf das Geschäftsergebnis zeigt.

Eine solche Darstellung bietet die **Monte-Carlo-Simulation** der Risiken. Monte Carlo-Simulation bedeutet ein Durchrechnen von vielen virtuellen Geschäftsjahren, wobei die Gefahrenszenarien zufällig, entsprechend ihrer Wahrscheinlichkeits-Ausmass-Verteilung, in einem Geschäftsjahr «dazugewürfelt» werden. Dank der computerisierten Simulation einer grossen Anzahl von Geschäftsjahren entsteht daraus ein sehr illustrativer Überblick über das zu erwartende Ergebnis des Geschäftsjahres, wenn bestimmte Risiken mitwirken.

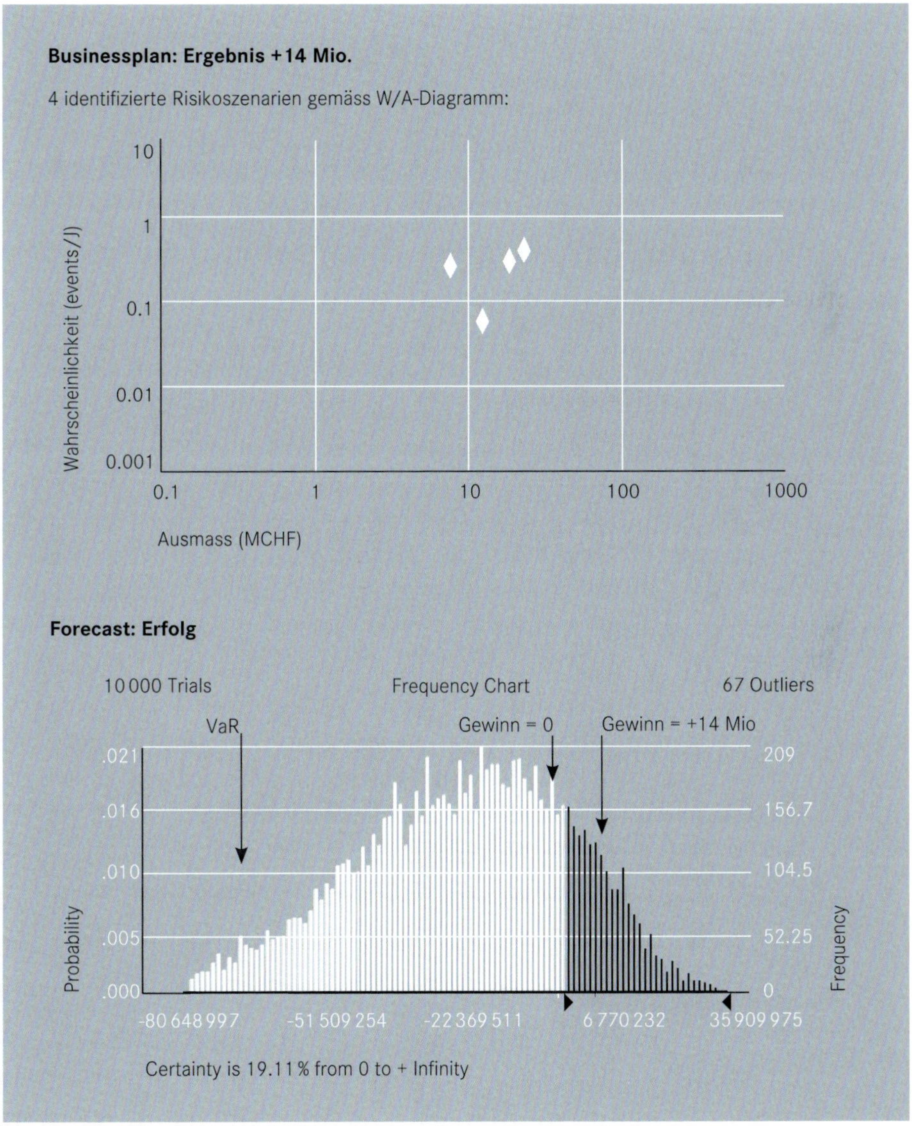

Abb. 15: Monte-Carlo-Simulation der Auswirkung eines Riskportfolios auf das Geschäftsergebnis

In Abbildung 15 ist eine solche Simulation dargestellt. Eine Unternehmung mit einem Businessplan, der im Prinzip korrekt gerechnete 14 Mio. CHF Gewinn ausweist, ortet vier grössere Risiken (Investitions-, Markt- und Währungsrisiken), welche den Erfolg gemäss Businessplan beeinträchtigen können. Die Risiken sind in einem Riskportfolio ersichtlich. Ihr rechnerischer Wert im Portfolio beträgt 16 Mio. CHF, bezogen auf die Periode des Businessplans. Werden die vier Risiken mit ihren realistischen Szenarioverteilungen in die Monte-Carlo-Simulation eingegeben, so ergibt sich als Resultat die Verteilung für den zu erwartenden Erfolg. Es zeigt sich, dass der Wert des Businessplans (+14 Mio.) ein weit über dem Durchschnitt liegendes Glücksresultat darstellt. Der wahrscheinlichste Wert liegt bei -20 Mio. Der Value at Risk für dieses Geschäft/diese Konstellation liegt bei etwa 60 Mio.!

Um Monte-Carlo-Simulationen zu rechnen, stehen verschiedene Softwares zur Verfügung, darunter auch auf Standardapplikationen (z. B. Excel) basierende.

4.8 Einfluss der Risiken in der Unternehmenswertanalyse

Ein weitum akzeptiertes Verfahren zur Berechnung des Unternehmenswertes ist die Methode der **diskontierten Cashflows** (vgl. Teil D1, Finanzmanagement). Dabei werden die zukünftigen Cashflows auf den heutigen Zeitpunkt diskontiert und so der Unternehmenswert bestimmt. Massgeblich für den Wert der diskontierten Cashflows ist die Höhe des angewendeten Abzinsungsfaktors. Dieser Faktor besteht aus mehreren Komponenten, darunter einer, welche die Höhe des Risikos repräsentiert. Je grösser nun dieser Risikozuschlag ist, desto grösser wird der Abzinsungsfaktor und desto geringer wird der Wert der diskontierten Cashflows bei gleich bleibendem Unternehmensergebnis. Eine Verminderung der Risiken kann also den Unternehmenswert steigern, selbst wenn sie unter dem Strich – auf das Geschäftsergebnis bezogen – nichts bringt (wenn beispielsweise die Kosten der Risikominderung gleich hoch sind wie die beseitigten Risikokosten)! Es genügt, dass die Risikominderung das Ergebnis sicherer macht, denn dadurch wird ein tieferer Diskontierungssatz anwendbar. Abbildung 16 stellt diesen Effekt grafisch dar.

Die in Kapitel 4 präsentierten Instrumente für das Risikomanagement zeigen auf, wie der Geschäftsgang und der Unternehmenswert durch Risikomanagement beeinflusst werden können. Die Einflüsse können über ganz verschiedene Wirkungsketten erfolgen:

Über die Erfolgsrechnung

Wenn die Risiken der relevanten Gefahrenszenarien verkleinert werden, sinken die Kosten. Wenn der Aufwand, um die Risiken zu senken, die Kosteneinsparung nicht übersteigt, so verbessert sich das Ergebnis. Dabei ist freilich zu berücksichtigen, dass die Kostensenkung statistisch ist und sich eventuell erst im Schnitt über mehrere Jahre effektiv nachweisen lässt, da Risikokosten eben nicht sicher, sondern mit gewissen Wahrscheinlichkeiten behaftet sind.

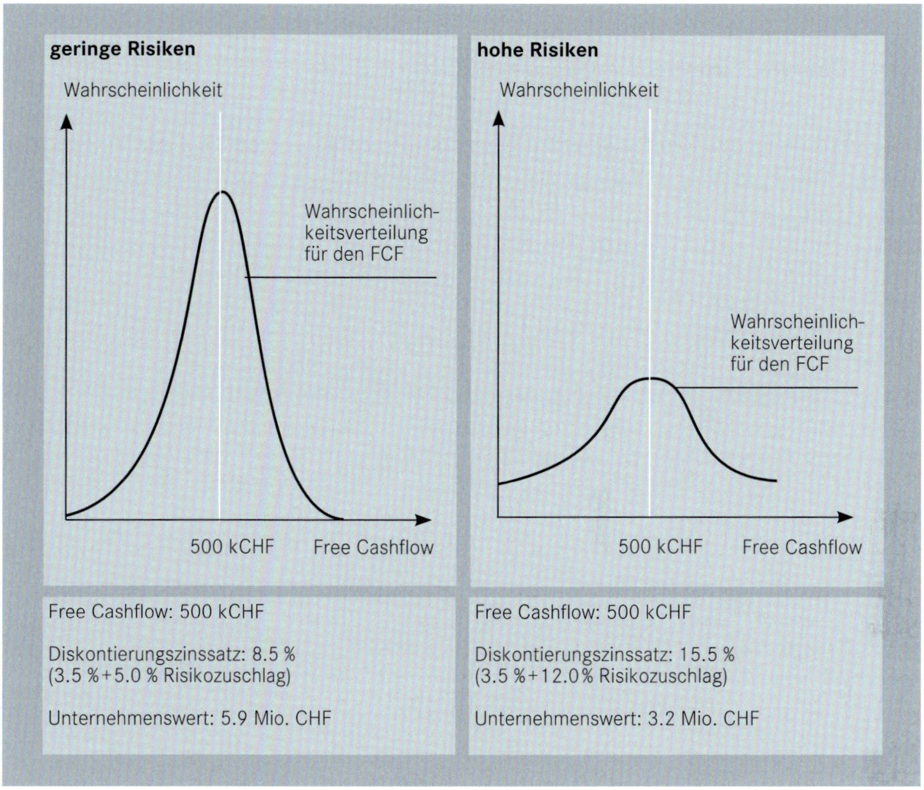

Abb. 16: Einfluss der Risikosituation auf den Unternehmenswert

Über den Eigenkapitalbedarf (beziehungsweise über die Kreditwürdigkeit)
Die Risiken der relevanten Gefahrenszenarien beeinflussen die Gewinn- und Verlustpotenziale einer Unternehmung und damit den Value at Risk (VaR). Die Tatsache, dass Eigenkapital im Umfange des VaR vorhanden sein muss, damit die Unternehmung als nachhaltig überlebensfähig eingestuft werden kann, hat verschiedene Konsequenzen:

- Die Finanzierung der Unternehmung wird mit zunehmenden Risiken schwieriger, da zum einen mehr Eigenkapital vorhanden sein muss und da zum anderen auch die Aufnahme von Fremdkapital voraussetzt, dass eine risikogerechte Eigenkapitaldecke vorhanden ist.
- Für eine Unternehmung mit einer bestimmten Rendite wächst mit zunehmenden Risiken die durch die obige Forderung erzwungene Eigenkapitalquote. Damit sinkt die Eigenkapitalrendite, da Fremdkapital in aller Regel zu günstigeren Konditionen erhältlich ist als Eigenkapital. Für eine Unternehmung wird es also mit zunehmenden Risiken zunehmend schwierig, die erwartete Eigenkapitalrendite zu erwirtschaften.

- Wenn bei einer gegebenen Eigenkapitaldecke die Risiken der Unternehmung steigen, dann kann die Kreditwürdigkeit der Unternehmung verloren gehen, selbst wenn sich ihre Resultate nicht verschlechtern.

Über die Unternehmensbewertung

Wenn sich bei einer Unternehmung die Risiken vergrössern, so sinkt der Unternehmenswert, selbst wenn die Rendite konstant gehalten werden kann, weil nach der Methode der diskontierten Cashflows mit einem höheren Diskontierungssatz gerechnet werden muss (vgl. Abbildung 16).

5 Risikomanagement in der Strategieentwicklung

Beim strategischen Planungsprozess der Unternehmung werden aus einer Umwelt- und einer Unternehmungsanalyse Chancen und Gefahren abgeleitet und daraus die Ziele und die Strategie der Unternehmung ermittelt. Danach kann ein Businessplan für die Unternehmung erstellt werden. Bei diesen Prozessen muss auch immer das Risikomanagement als Querschnittfunktion mit einbezogen werden. Nur so können die teilweise sehr unsicheren Annahmen abgesichert werden.

Das Risikomanagement setzt beim Businessplan an (vgl. Abbildung 18), indem gefragt wird, was das Erreichen eines strategischen Ziels verhindern oder stark erschweren könnte. Für solche Gefahren werden die für den Businessplan getroffenen Annahmen hinterfragt und variiert. Plausible und von den Auswirkungen her relevante Variationen werden als Szenarien formuliert, und ihr Risiko wird abgeschätzt. Das sich ergebende Riskportfolio wird bewertet. Die Risikokosten werden im Ist- wie auch in einem allfälligen Soll-Zustand in den Businessplan aufgenommen und dieser damit neu bewertet. Wenn man die Wahrscheinlichkeitsverteilungen der verschiedenen möglichen Variationen gut kennt, kann man auch den ganzen Businessplan einer Monte-Carlo-Simulation unterziehen. Die Bewertung des Businessplans wird dann sehr anschaulich, sowohl im Ist- wie in einem allfälligen verbesserten Soll-Zustand.

Dieses Vorgehen kann an einem Beispiel veranschaulicht werden: Das Management einer Unternehmung beschliesst nach ausführlicher Unternehmungs- und Umweltanalyse, sich strategisch neu auszurichten und mit einem neuen Produkt in einen neuen Markt vorzudringen. Als Ziele werden der Umsatz und der Nettogewinn nach sechs Jahren festgelegt. Zudem werden die Ressourcen bestimmt, mit welchen diese Ziele erreicht werden sollen – eine neue Produktionsstätte im Zielmarkt und Mittel für die intensive Marktbearbeitung. Aus diesen Vorgaben wird ein Businessplan erstellt. Im Zuge des Risikomanagements werden nun die Annahmen aus dem Businessplan hinterfragt und es wird systematisch nach Gefahren gesucht. Daraus können die vier wichtigsten Szenarien aus der Sicht des Risikomanagements abgeleitet werden. Als Folge davon können Risikominderungsmassnahmen erarbeitet werden, welche das erwartete wirtschaftliche Ergebnis markant verbessern. Dieses Vorgehen ist in Abbildung 17 dargestellt.

Angaben aus dem Businessplan für die ersten sechs Jahre

Investitionssumme in kCHF	155 400
Markterschliessungskosten in kCHF	25 000
Nachfrage in Stück pro Jahr	60 000
Marktpreis in CHF pro Stück	625
Umsatz in 6 Jahren in kCHF	194 400
Cashflow in kCHF	14 400

Systematische Gefahrensuche

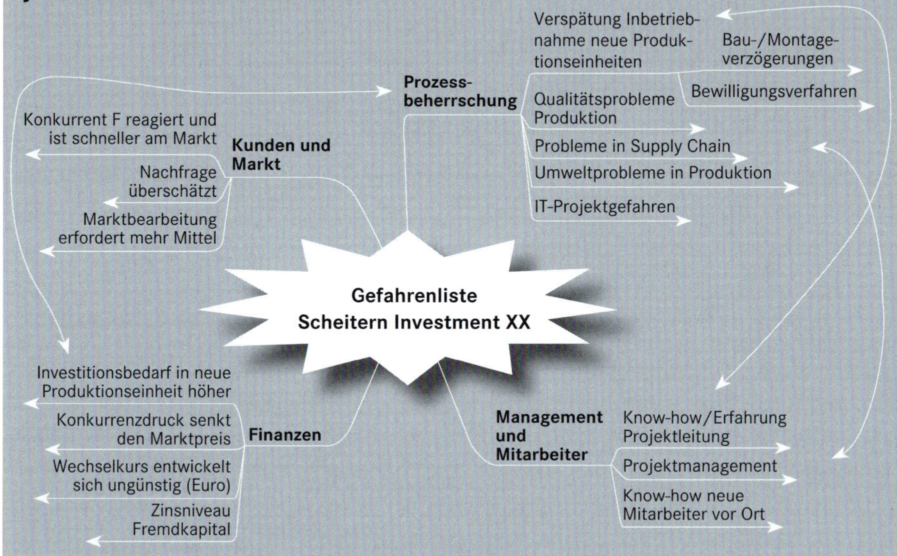

Die vier wichtigsten Szenarien aus der Sicht des Risikomanagements

Nr.	Beschrieb	Auswirkung	Wahrscheinlichkeit	Risikokosten
1	Investitionsbedarf bis 20 % höher	28 000	0.30	8 400
2	Bauverzögerung um 6 Monate	20 250	0.25	5 063
3	Nachfrage bis 20 % tiefer	8 100	0.20	1 620
4	Konkurrenzdruck senkt Marktpreis bis 30 %	12 150	0.08	972
	Kumulierte Risikokosten in kCHF			16 055

Risikominderungsmassnahmen

a) Investitionskostensenkung um 20 Mio. CHF
b) Stabilisierung der geplanten Bauzeit

Abb. 17: Beispiel zum Risikomanagement in der Strategieentwicklung

Simulation

vor Risikominderungsmassnahmen

Forecast: Erfolg

10 000 Trials Frequency Chart 67 Outliers

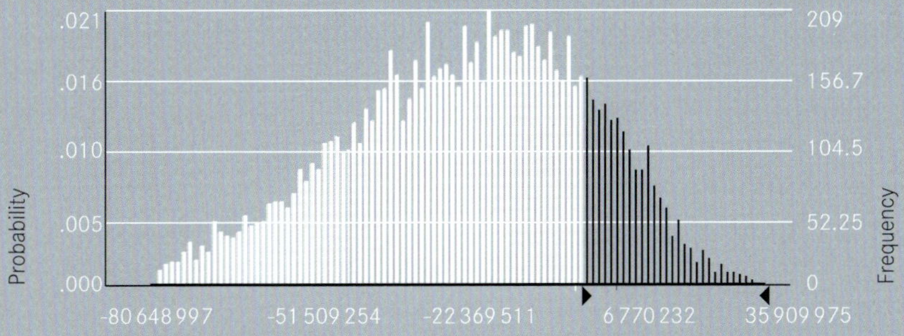

Certainty is 19.11 % from 0 to + Infinity

positives Resultat in 19 % aller Fälle, wahrscheinlichster Wert -21 Mio. CHF

nach Risikominderungsmassnahmen

Forecast: Erfolg

10 000 Trials Frequency Chart 119 Outliers

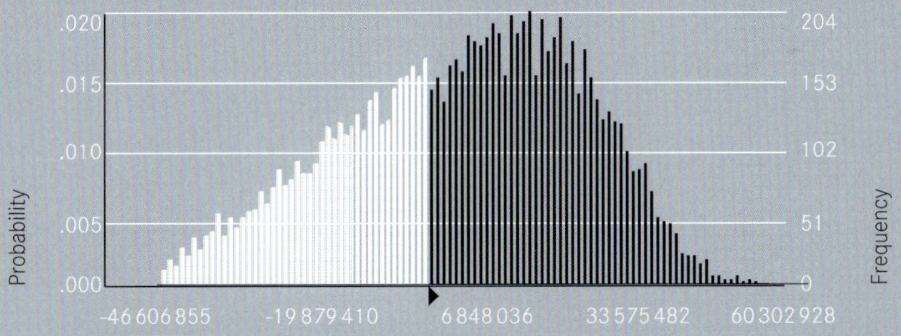

Certainty is 61.78 % from 0 to + Infinity

positives Resultat in 62 % aller Fälle, wahrscheinlichster Wert +8 Mio. CHF

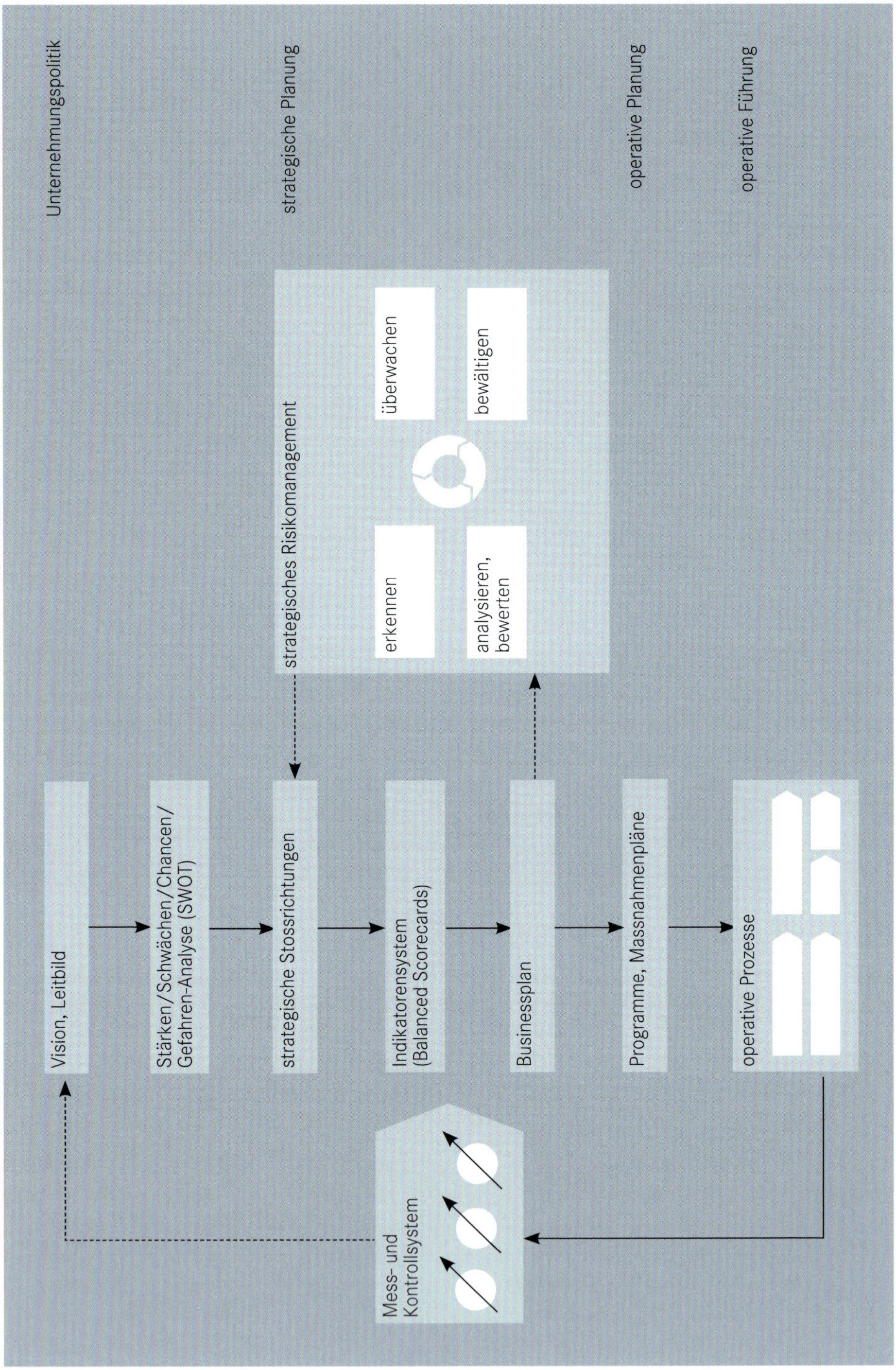

Abb. 18: Einbindung des Risikomanagements in die Strategieentwicklung

6 Zusammenfassung

Risikomanagement ist:

- ein Prozess, der die Gefahren, welche die Zielerreichung oder gar den Bestand der Unternehmung gefährden, erkennt, einschätzt, bewertet, bewältigt und überwacht.
- ein Instrument der Unternehmensführung zur Optimierung des Unternehmenswerts und zur strategischen Frühwarnung.
- universell einsetzbar, unabhängig vom Gefahrenumfeld (kommerziell, technisch, security etc.).

Risikomanagement sollte als Querschnittfunktion in alle Funktionen eingebunden sein, bei denen das Erkennen und Bewältigen von Risiken das Ergebnis massgeblich beeinflusst. Beispiele hierfür sind Entwicklungen in der Unternehmungsumwelt und in Branchen, wo das Abschätzen von Risiken bedeutsam ist. Auch möglicher Risiken, die Wertschöpfungsprozessen innewohnen, muss man sich bewusst sein.

7 Literaturverzeichnis

Austrian Standards Institute (2014). *ONR 49000:2014, ON Regeln Risikomanagement für Organisationen und Systeme.* Wien: Autor.

Brühwiler, B. (2011). *Riskmanagement als Führungsaufgabe* (3. Aufl.). Bern, Stuttgart & Wien: Haupt.

Bundesamt für Umwelt BAFU (Hrsg.) 2018: *Beurteilungskriterien zur Störfallverordnung* (StFV).

Bundesamt für Umwelt BAFU (Hrsg.) 2018: *Handbuch zur Störfallverordnung* (StFV).

International Standardization Organization [ISO]. *Standard ISO 9001:2015.*

International Standardization Organization [ISO]. *Standard ISO 31000:2018.*

International Standardization Organization [ISO]. *ISO Guide 73:2009, Risk Management Vocabulary.*

Qualitätsmanagement E3

Georg Kassowitz

Weiterführende Texte, Übungsaufgaben und Lernkontrollen finden Sie unter www.bwl-online.ch

1 Einführung

> «Support of top management is not sufficient. It is not enough that top management commit themselves for life to quality and productivity. They must know what it is that they are committed to – that is, what they must do. These obligations can not be delegated. Support is not enough: action is required.»
>
> W. E. Deming

Es gibt eine Unzahl von Definitionen des Begriffs **Qualität**, die je nach Branche, Managementansatz, Anwendungsgebiet oder Marktleistung variieren:

- Als Qualität ist der «Grad, in dem ein Satz inhärenter Merkmale eines Objekts Anforderungen erfüllt», definiert (DIN EN ISO 9000:2015-11).
- «Qualität einer Einheit ist ihre Beschaffenheit, gemessen an den Bedürfnissen der relevanten Anspruchsgruppe» (Seghezzi, Fahrni & Friedli, 2013, S. 35). Die Einheit, deren Qualität infrage steht, kann eine Marktleistung, ein Prozess, eine Organisation, eine Institution und vieles mehr sein.
- «Dienstleistungsqualität ist die Fähigkeit eines Anbieters, die Beschaffenheit einer primär intangiblen und der Kundenbeteiligung bedürfenden Leistung aufgrund von Kundenerwartungen auf einem bestimmten Anforderungsniveau zu erstellen. Sie bestimmt sich aus der Summe der Eigenschaften bzw.
- Merkmale von Dienstleistungen, mit denen bestimmte Anforderungen erfüllt werden» (Bruhn, 2016, S. 24).
- «Unter Kundenorientierung kann die Ausrichtung sämtlicher Tätigkeiten und Abläufe [...] eines Unternehmens auf die Wünsche, Anforderungen und Erwartungen seiner Kunden verstanden werden. Grundlage ist die Einbeziehung einer kunden- bzw. anwenderbezogenen Sichtweise [...], wobei Qualität dann als Erfüllung von Anforderungen aufgefasst wird» (Kamiske & Brauer, 2011, S. 119).

Festzuhalten ist, dass der Kunde bestimmt, was Qualität ist. In diesem Sinne muss hier von hoher Qualität gesprochen werden, wenn der Kundenwunsch erfüllt ist. Hohe Qualität darf nicht mit hochwertig gleichgesetzt werden. Wünscht sich der Kunde Schrott, dann ist dieser Schrott zwar minderwertig, aber von hoher Qualität. Grundsätzlich gilt Hermann Tietz' berühmtes Zitat: «Qualität bedeutet, dass der Kunde und nicht die Ware zurückkommt.»

Für die Erbringer einer Marktleistung muss die vom Kunden, dem Leistungsempfänger, erwartete oder erhoffte Qualität definiert werden. Der Leistungserbringer muss dabei bewusst oder intuitiv festlegen, wie er den Ansprüchen zu genügen oder diese sogar zu übertreffen vermag. Dabei kann es sich um eine Gratwanderung zwischen einer maximalen Befriedigung des Kundenbedürfnisses und einem angestrebten hohen Gewinn handeln.

Qualitätsmanagement umfasst die Bestrebungen von Leistungserbringern, für die Empfängergruppe ein Ergebnis ansprechender oder gar überragender Qualität bereitzustellen (Bruhn, 2016, S. 67ff.). Die Leistenden sind bestrebt, ihre Abnehmer davon zu überzeugen, dass der geforderte Preis eines Produktes oder einer Dienstleistung im Verhältnis zum wahrgenommenen Wert angemessen ist. Werden die Anforderungen oder Erwartungen dabei erfüllt, ist die Zufriedenheit der Kunden gewährleistet.

Die Vorgaben hinsichtlich Qualität müssen vom Topmanagement kommen, das heisst, die Qualitätsphilosophie und -haltung muss grundlegend in der Unternehmung verankert und akzeptiert sein. Die Einhaltung dieses Top-down-Prinzips wird in zahlreichen Konzepten beschrieben und im Allgemeinen als Voraussetzung für eine umfassende und breit abgestützte Akzeptanz der Forderungen nach Qualität anerkannt (Brunner & Wagner, 2016, S. 9). Die oben zitierte Aussage von Deming, wonach die Unterstützung allein noch nicht ausreicht, sondern entsprechendes Handeln erkennbar sein muss, zielt auf die Vorbildfunktion des Topmanagements. Diese kann die oberste Leitung nicht delegieren. Das bedeutet auch, dass das operative Qualitätsmanagement einer Unternehmung nicht nur ganz nahe an der Geschäftsleitung angesiedelt sein muss, sondern als **Querschnittfunktion** eine entsprechende Vorbildrolle wahrnimmt und in jedem Fall die angemessene Unterstützung des Topmanagements erhält.

1.1 Qualität als ureigenstes Interesse der Leistungserbringer

Optimale Qualität zu liefern, um das Kundenbedürfnis möglichst vollkommen zu befriedigen, geht Hand in Hand mit dem Bemühen, interne Verschwendung zu vermeiden und damit den haushälterischen Umgang mit kostbaren Ressourcen sicherzustellen. Nachhaltigkeit ist ein Prinzip, das aktuell enorm an Bedeutung gewinnt. Soll sie nicht ein Schlagwort bleiben, müssen die Bestrebungen der Unternehmen dahin gehen, Aspekte nicht nur der ökonomischen, sondern auch der ökologischen und sozialen Nachhaltigkeit langfristig zu berücksichtigen. Externalisierte Kosten der eigenen Unternehmungstätigkeit bedeuten immer eine Belastung oder Ausbeutung Dritter, was dem Nachhaltigkeitsgebot entgegensteht.

Im heutigen Arbeitsalltag wird der früher als eher unwesentlich betrachtete Anspruch, den **Kundenanforderungen** gerecht zu werden, als unverzichtbare Basisanforderung angesehen. Oft bestehen mittlerweile gesetzliche Vorgaben, die Qualitätsanforderungen einfordern. In den meisten Fällen darf deren Erfüllung grundsätzlich angenommen werden. Dennoch erübrigt sich eine periodische Kontrolle nicht. Eine festgestellte Abweichung wird als Schlecht-Erfüllung taxiert und von zuständigen Stellen sanktioniert oder von Kunden als Nichterfüllung von Qualitätsansprüchen gewertet.

Als relevante Kriterien oder Qualitätsdimensionen werden von verschiedenen Wissenschaftlern folgende Punkte genannt (Bruhn 2016, S. 101):

1. materielles Umfeld («Tangibles»),
2. Zuverlässigkeit («Reliability»),
3. Entgegenkommen («Responsiveness»),
4. Kompetenz («Competence»),
5. Zuvorkommenheit («Courtesy»),
6. Vertrauenswürdigkeit («Credibility»),
7. Sicherheit («Security»),
8. Erreichbarkeit («Access»),
9. Kommunikation («Communication»),
10. Kundenverständnis («Understanding, Knowing Customers»).

1.2 Ansätze und Methoden des Qualitätsmanagements

Die verschiedenen Ansätze und Methoden des Qualitätsmanagements sind in der gängigen Literatur umfassend ausformuliert. Ganze Handbücher und Nachschlagewerke unterschiedlichster Autoren vermitteln Kenntnisse zu bewährten und neuartigen Ansätzen, Methoden und Instrumenten des Qualitätsmanagements. Oft zitierte Standardwerke wie das «Handbuch QM-Methoden» (Kamiske, 2015) oder das «Handbuch Qualitätsmanagement» von Masing (Pfeifer & Schmitt, 2014) seien als Beispiele genannt.

Für die Unternehmung ergeben sich in der internen Betrachtung schwerpunktmässig zwei Kategorien von Tätigkeitsfeldern:

- **Prozessgestaltung** geht von einem Idealzustand, einer in absehbarer Zeit umsetzbaren Soll-Situation aus.
- Für die **Prozessoptimierung** steht ein breites Spektrum an Methoden, beispielsweise aus dem **Lean Management**, zur Verfügung.

1.3 Unterschiedliche Aspekte des Qualitätsmanagements

Früher oft isoliert verwendete Begriffe wie Qualitätssicherung und Qualitätsförderung sind einer ganzheitlichen Sicht gewichen: Man spricht von **Total Quality Management (TQM)**, einem Ansatz, der sich auf das 1951 bei der Toyota Motor Co. eingeführte neuartige Produktionskonzept zurückführen lässt. Das aktuelle Qualitätsverständnis ist nicht mehr allein auf Produkte bezogen (Bruhn, 2016 S. 58). TQM basiert auf drei festen Pfeilern:

- auf der Kundenbedürfnisbefriedigung: **«Customer First»**;
- auf **Kaizen**, dem Prinzip der kontinuierlichen Verbesserung, und auf

Toyota Global (o. J.). *Total Quality Management (TQM): Changes and Innovations.* Gefunden am 13.02.2020 unter https://www.toyota-global.com/company/history_of_toyota/75years/data/company_information/management_and_finances/management/tqm/change.html.

Womack, J. P. & Jones, D. T. (2013). *Lean Thinking. Ballast abwerfen, Unternehmensgewinn steigern* (3. Aufl.). Frankfurt am Main, New York: Campus.

Ziegenbein, K. (2012). *Controlling* (10. Aufl.). Herne: Kiehl.

6

Technologiemanagement E4

Hugo P. Tschirky • Beat Birkenmeier

Weiterführende Texte, Übungsaufgaben und Lernkontrollen finden Sie unter www.bwl-online.ch

1 Der omnipräsente technologische Wandel

Es bedarf keiner Kristallkugel, den beschleunigten Vormarsch von Technologien in allen Lebens- und Gesellschaftsbereichen vorauszusagen. Schon seit jeher ist der *technische Fortschritt* untrennbar mit der Entwicklung der Zivilisation verbunden. Selbst die frühe Menschheitsgeschichte ist im Wesentlichen eine **Technikgeschichte**. Seien es die als Geröllgeräte umschriebenen Werkzeuge von ersten Hominiden aus der ostafrikanischen Olduvay-Schlucht (Tattersall, 1997), die von den Ägyptern verwendeten Handgeräte für den Bau der Pyramiden (Troitzsch, 1982) oder die im alten China für den Kriegseinsatz entwickelten Technologien (Wiege des Wissens, 1994) – stets wurden beobachtbare Naturgegebenheiten genutzt, um mit materiellen und immateriellen Mitteln bestimmte Wirkungen zu erzeugen (vgl. Abbildung 1). Und schon immer war damit das Bestreben verbunden, die Produktivität der eingesetzten Mittel zu steigern und ihre Wirkungen zu verstärken.

Abb. 1: Frühe Technologien: v.l.n.r. Handaxt der Hominiden, Werkzeuge für den Pyramidenbau, Distanzmesswagen (mit Differentialgetriebe) der chinesischen Armee

Gegenüber früher erscheint uns heute der technologische Wandel allerdings als völlig neue und schwierig wahrzunehmende Realität. Wir erfassen ihn stroboskopartig als rasche Folge von neuen Technologien und technologischen Veränderungen und deren Umsetzung in oft unerwartet innovative Marktleistungen.

Die Entwicklung der Mikroelektronik und Mikrobiologie und ihre Anwendung in der Computer- und Raumfahrtindustrie sowie in der Medizin sind anschauliche Beispiele:

Abb. 2: Beispiele des aktuellen technologischen Wandels: v.l.n.r. Schlüsselgen des Auges der Drosophila melanogaster, Abakus aus C60-Molekülen, Airbus A-380

1995 wurde jenes «eyeless» genannte Schlüsselgen, welches den Bau des Auges steuert, entdeckt. Mit dessen Hilfe ist es gelungen, Fliegen zu züchten, die an den Beinen oder den

Flügeln zusätzliche augenartige, lichtempfindliche Organe besitzen (vgl. Abbildung 2, links). Mit Hilfe der Nanotechnologie ist man seit einigen Jahren in der Lage, Atome an der Oberfläche eines Stoffes einzeln zu identifizieren und einzelne Atome in ihren Positionen zu verändern (vgl. Abbildung 2, Mitte). Am 27. April 2005 setzte der neue Airbus A-380 mit einem Gewicht von über 500 Tonnen zu seinem Erstflug an (vgl. Abbildung 2, rechts). Damit fand ein Forschungs- und Entwicklungsprojekt von extremer Komplexität nach über 13 Jahren und mit einem Aufwand von über 12 Mrd. Euro einen erfolgreichen Abschluss.

Der **technologische Wandel** beschränkt sich nicht auf den Industriesektor, sondern erfasst ebenfalls und beschleunigt den Dienstleistungssektor. Durch die intensive Nutzung von Informationstechnologien – sowohl für die effizientere Gestaltung von Arbeitsprozessen als auch für die Entwicklung neuer Finanzprodukte – sind Banken und Versicherungsgesellschaften zu ausgesprochen technologieintensiven Unternehmungen geworden. Dienstleistungsunternehmungen sind heute gefordert, ihren Entscheidungen ein technologisches Grundverständnis zu Grunde zu legen, welches früher allein für Industrieunternehmen typisch war.

Ein weiteres grundlegendes Merkmal des technologischen Wandels ist der veränderte **Produktlebenszyklus** (vgl. Abbildung 3). Es lassen sich der Entstehungszyklus, der im Kern die Entwicklung des Produktes umfasst, und der Marktzyklus unterscheiden, welche beide jeweils branchenspezifische Werte aufweisen: Während der Entstehungszyklus für Pharmaprodukte 10–12 Jahre und der Marktzyklus 10–15 Jahre beträgt, liegen die entsprechenden Werte für Produkte der Elektronikindustrie typischerweise bei 2–4 und 3–4 Jahren. Diese Werte kommen infolge des technologischen Wandels von zwei Seiten unter Druck. Als Folge der wachsenden Innovationsvielfalt besteht die Tendenz zu kürzeren Marktzyklen. Auf der anderen Seite erfordert die steigende Technologiekomplexität längere Entwicklungszeiten. Damit ist die Gefahr eines verspäteten Markteintritts verbunden, was zu verlorenen Umsätzen führen kann. Ein Anliegen eines aktiven Technologiemanagements ist es, trotz wachsender Technologiekomplexität einen rechtzeitigen Markteintritt sicherzustellen.

Der technologische Wandel betrifft sämtliche Lebensbereiche, was diesem in der Gesellschaft grosse Aufmerksamkeit zuteil werden lässt. Tatsache ist, dass Technologien nicht nur Probleme lösen, sondern auch auslösen. Trotz des erreichten Höchststands an technischem Wissen ist die Anwendung dieses Wissens noch immer mit Risiken und nicht gewollten Auswirkungen behaftet. Fehlschläge sind oft die Folge des Nichtbeherrschens von Technologien, wie es das Eisenbahnunglück in Eschede vom 3. Juni 1998, das Auseinanderbrechen der Raumfähre Columbia am 1. Februar 2003 oder das Fukushima-Unglück vom 11. März 2011 waren.

Eine weitere Ursache für negative Wertungen sind Technologiefolgen, welche zwar absehbar sind, jedoch nicht vermieden werden. Dies gilt für zahlreiche technologiebedingte Beeinträchtigungen in ökologischer Hinsicht. Aber auch die Zusammenhänge zwischen dem technologischen Fortschritt und der Beschäftigung heizen die öffentlichen Diskussionen an.

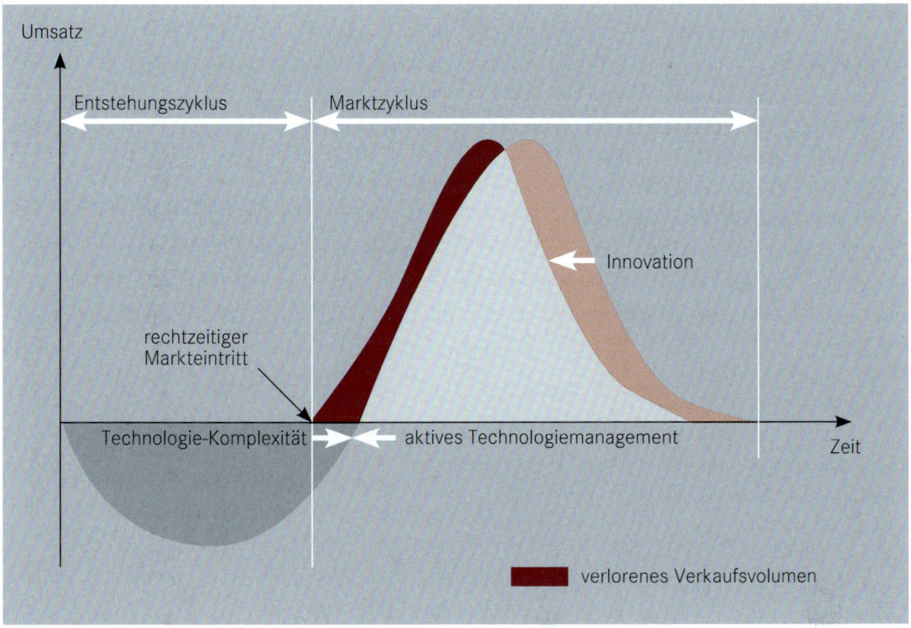

Abb. 3: Kritische Veränderung des Produktlebenszyklus im Zuge des beschleunigten Technologiewandels

All dies ruft nach einem bewussten und verantwortungsvollen Technologiemanagement. Es muss die Effizienz der Technologieentwicklung gewährleisten und die Wettbewerbswirksamkeit des Technologieeinsatzes steigern. Und es muss die Effektivität und die Sinnhaftigkeit des Technologieeinsatzes in qualitativer Hinsicht verbessern.

2 Was sind Technologien?

2.1 Technologie und Technik

Technologien sind die Grundeinheiten des **Technologiemanagements**, auf deren Entwicklung und Wirkung Einfluss genommen wird. Streng genommen bedeutet Technologie die «Wissenschaft von der Technik» (Ropohl, 1979, S. 32). In seiner heutigen Verwendung beinhaltet der Begriff gewöhnlich eine Umschreibung von natur-, sozial- und ingenieurwissenschaftlichem Wissen, welches einerseits – als Produkttechnologie – zur Lösung praktischer Probleme im Funktionsbereich Marktleistungsentwicklung, der oft auch als F&E (Forschung und Entwicklung) bezeichnet wird, eingesetzt wird und andererseits – als Prozesstechnologie – wo die Entwicklung der Produkt- und Prozesstechnologien vorangetrieben wird. Produkttechnologien und Prozesstechnologien müssen als unauflösliche Gesamtheit betrachtet werden und in jedem Fall fugenlos zusammenpassen.

Technologie kann im obigen Sinn auch als Anwendungswissen verstanden werden (Zahn, 1995, S. 4). Es ist wichtig, beim technologischen **Wissen** zwischen explizitem und implizitem Wissen zu unterscheiden (vgl. Weggemann, 1999, S. 43; Nonaka & Takeuchi, 2012, S. 17). Explizites Wissen lässt sich formal artikulieren zum Beispiel in sprachlicher Form, durch mathematische Symbole oder als technische Daten. Implizites Wissen ist personengebunden, in eines Menschen Kopf gespeichert.

2

Technologisches Wissen lässt sich auch in individuelle und kollektive Wissensbestände unterteilen. Als Träger technologischen Wissens lassen sich nach Ewald (1989, S. 40) personale Träger (Naturwissenschaftler, Entwicklungsingenieure, Patentanwälte), informationelle Träger (Patent- und Lizenzschriften, Konstruktionszeichnungen, Datenbanken, Versuchsberichte) sowie materielle Träger (Versuchseinrichtungen, Pilotanlagen, Prototypen) unterscheiden.

Die Erarbeitung von technologischem Wissen gründet auf **Theorien**, welche Aussagensysteme darstellen, «die empirisch gehaltvoll, informativ, allgemein und erklärungskräftig» (Ropohl, 1979, S. 87) sind und damit Unbekanntes auf Bekanntes zurückführen. Der Begriff **Technik** bezieht sich auf Artefakte – nach Duden «das durch menschliches Können Geschaffene» – und manifestiert sich damit in «konkreten Anwendungen von Technologie» (Zahn, 1995, S. 4).

Zur Präzisierung des Zusammenhangs zwischen Theorie, Technologie und Technologiemanagement verwendet Zahn unterschiedliche Wissenskategorien (Zahn, 1995, S. 5): Das in Technologien enthaltene Könnenwissen ist zu unterscheiden vom Kennenwissen, welches als Erklärungswissen in Theorien enthalten ist. Zudem ist die Technologieentwicklung von Wollenwissen geleitet, welches zum Beispiel in Technologiepolitiken oder -strategien zum Ausdruck kommt. Vor diesem Hintergrund werden für die anschliessenden Überlegungen die folgenden Begriffe verwendet (vgl. Abbildung 4):

- **Theorien** sind allgemein gültige Aussagensysteme, die unbekannte Phänomene auf bekannte zurückführen und damit Zusammenhänge zwischen Ursachen und Wirkungen aus retrospektiver und prospektiver Sicht erklärbar machen.
- **Wissen** bezeichnet die Gesamtheit der Kenntnisse und Fähigkeiten, die Individuen zur Lösung von Problemen einsetzen.
- **Technologien** umfassen spezifisches individuelles und kollektives Wissen in expliziter und impliziter Form zur produkt- und prozessorientierten Nutzung von natur-, sozial- und ingenieurwissenschaftlichen Erkenntnissen.
- **Technik** schliesslich bezeichnet den Prozess der Technologiennutzung sowie dessen materielle und immaterielle Erzeugnisse.

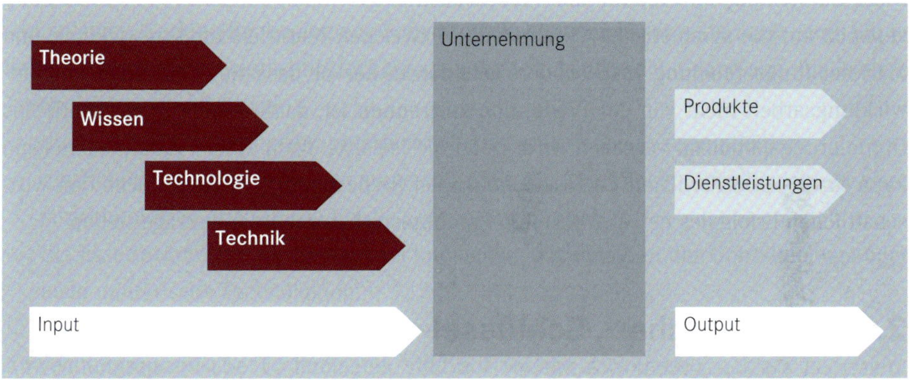

Abb. 4: Zusammenhang von Theorie, Wissen, Technologie und Technik

2.2 Produkt- und Prozesstechnologien

Im Rahmen des Technologiemanagements begegnet man dem Technologiebegriff in zwei grundsätzlich unterschiedlichen Formen: Von **Produkttechnologie** ist die Rede, wenn der Fokus auf das Zustandekommen einer Technologiewirkung gelegt wird. Im Vorfeld der eigentlichen Entwicklungsarbeit werden mittels Marktuntersuchungen Kundenbedürfnisse erhoben. Diese werden in zu entwickelnde Funktionen des künftigen Produkts übersetzt. Anschliessend folgt die eigentliche F&E-Arbeit, die **Technologiewahl** oder **Technologieneuentwicklung**. Die Arbeiten sind dann abgeschlossen, wenn für sämtliche Produktfunktionen die einzusetzenden Produkttechnologien feststehen und diese in ihrem Zusammenwirken geprüft sind.

Eine andere Technologiesicht ergibt sich aus dem Blickwinkel der Produktion. Zur physischen Realisierung eines Produktes sind oftmals eine Reihe von Produktionsprozesstechnologien erforderlich, welche die Produktion direkt betreffen. Wieder andere **Prozesstechnologien** bestimmen die Markteinführung und den Markterfolg von Produkten mit. Als Beispiele sind zu nennen:

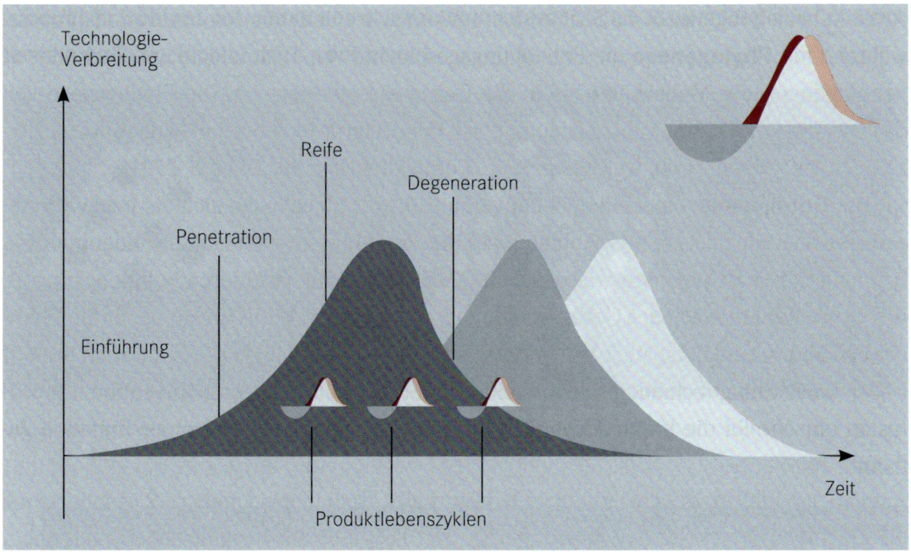

Abb. 7: Technologielebenszyklus

Mit **Technologieentwicklungsprozess** wird jener Prozess bezeichnet, der entlang der sogenannten S-Kurve verläuft (Gausemeier, Ebbesmeyer & Kallmeyer, 2001, S: 49; Foster, 1986, S. 31). Es handelt sich hierbei um eine Aufzeichnung der Zunahme einer Technologieleistung in Abhängigkeit der Zeit beziehungsweise der für die Technologieentwicklung eingesetzten, kumulierten Ressourcen.

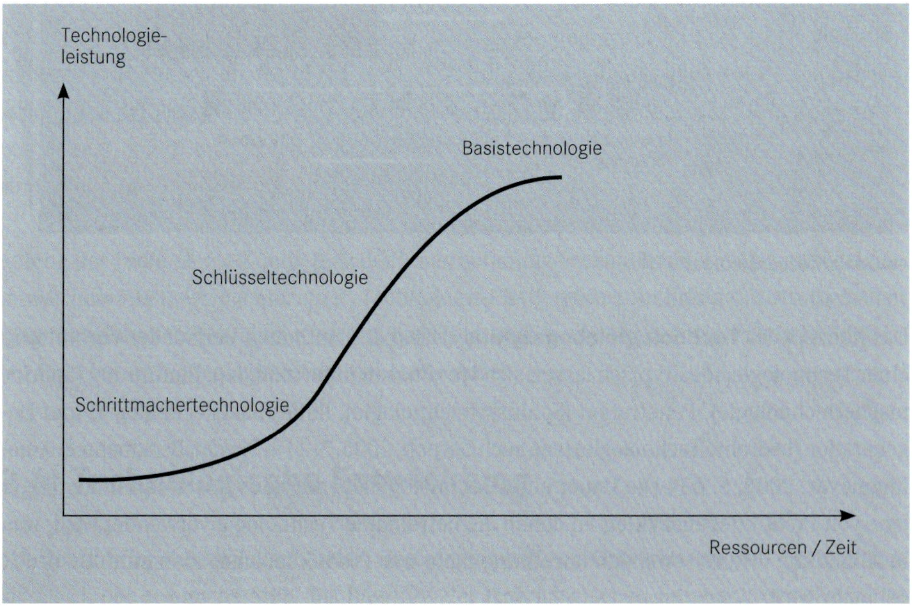

Abb. 8: Technologieentwicklungsprozess (S-Kurve)

Dieses Modell veranschaulicht die Beobachtung, dass die Leistungssteigerung über die Zeit im Allgemeinen nicht linear mit dem Einsatz von eingesetzten F&E-Ressourcen erfolgt und dass die erreichbare Technologieleistung sich schliesslich asymptotisch einem Grenzwert nähert (vgl. Abbildung 8). Diese Darstellung der Technologieentwicklung über die Zeit ermöglicht eine Differenzierung nach unterschiedlichen Technologiestadien. Eine als attraktiv beurteilte Technologie, zum Beispiel Spracherkennung, ist anfänglich eine Schrittmachertechnologie, deren Leistungsfortschritte sich, gemessen etwa an der Anzahl der erkannten Worte, nur in kleinen Schritten realisieren lassen. Im Stadium der Schlüsseltechnologie folgen sich die Leistungsschritte wesentlich rascher, während sie sich im Stadium der Basistechnologie wieder deutlich verlangsamen.

S-Kurven-Darstellungen von sich substituierenden Technologien zeigen das Dilemma des «Management of Discontinuities» (Foster, 1986, S. 101). In der dargestellten Situation (vgl. Abbildung 9) besteht das marktbedingte Bedürfnis, das Leistungsniveau L_0 der gegenwärtig verwendeten Technologie 1 auf das Niveau L_1 anzuheben (Entscheidungsalternative 1). Dazu wäre ein abzuschätzender Aufwand von A_1 erforderlich. Demgegenüber ist eine Technologie 2 in Entwicklung, welche vermutlich in absehbarer Zeit die Technologie 1 substituieren wird. Die Technologie 2 hat gegenwärtig das Leistungsniveau L_2 (Entscheidungsalternative 2). Um mit Technologie 2 das anvisierte Leistungsniveau L_1 zu erreichen, wäre ein zusätzlicher Aufwand von A_2 zu erbringen.

Es ist nun aber abzuwägen, ob der gegenüber A_1 wesentlich höhere Aufwand A_2 zu rechtfertigen ist. Dabei gilt es unter anderem zu berücksichtigen, dass Technologie 2 zwar das Potenzial einer Leistungssteigerung bis L_3 beinhaltet, ein Technologiewechsel jedoch

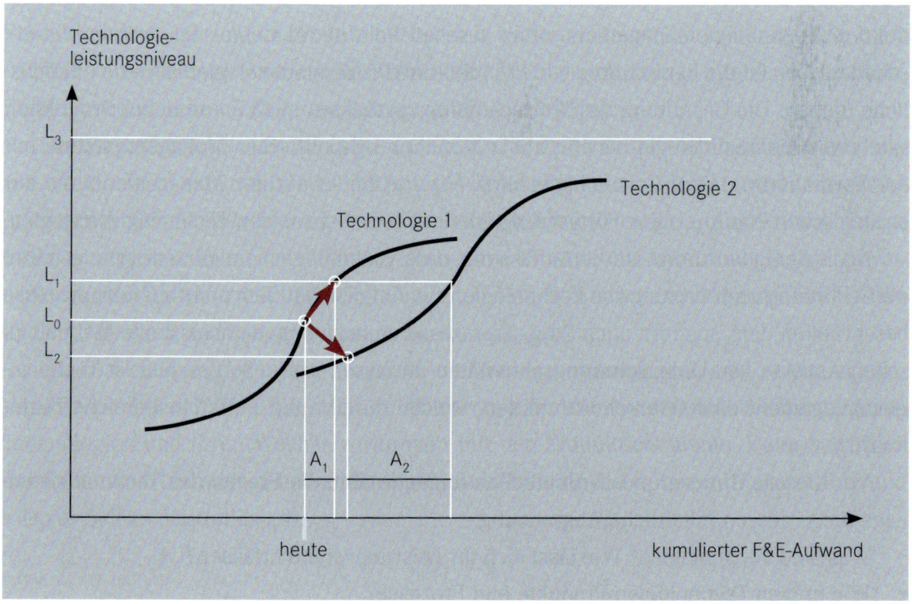

Abb. 9: Strategische Entscheidungssituation: «Managing Discontinuities» (nach Foster, 1986, S. 102)

4 Technologie- und Innovationsmanagement

Das Technologiemanagement ist mit dem Innovationsmanagement symbiotisch verbunden. **Technologiemanagement** befasst sich generell mit dem geführten Umgang mit den Technologien der Unternehmung, was immer mit der Entwicklung von neuen Produkten, Dienstleistungen und Prozessen verbunden ist. Im Unterschied dazu beinhaltet **Innovationsmanagement** die Einflussnahme auf organisationale und geschäftsbezogene Erneuerungen und die Schaffung von neuen Marktleistungen (vgl. Zahn, 1995, S. 359).

Abb. 11: Funktionsbereiche in der Unternehmung mit Technologiemanagement und Marktleistungsentwicklung

Der unmittelbare Zusammenhang zwischen Technologie- und Innovationsmanagement zeigt sich am besten, wenn man auf die funktionale Betrachtung – konkret auf die **Funktionsbereiche** – zurückgreift (vgl. Abbildung 11).

Das Technologiemanagement, insbesondere mit der Marktleistungsentwicklung (F&E), befasst sich mit der bestehenden Technologienutzung in den marktleistungsbezogenen Funktionen. Dies betrifft die Produkttechnologien der angebotenen Produkte ebenso wie die in der Marktleistungserstellung (Produktion), in Beschaffung und Distribution verwendeten Prozesstechnologien. Innovationsmanagement dagegen befasst sich einerseits mit neuen Marktleistungen und neuen Wegen der Wertschöpfung und andererseits mit neuen infrastrukturellen Lösungen.

In beiden Fällen werden bekannte Technologien für neue Lösungen oder neue Technologien zur Lösung bekannter oder noch nicht bekannter Anwendungsprobleme verwendet.

Die gemeinsame Grundlage des Technologie- und des Innovationsmanagements sind eine integrierte Unternehmungspolitik, eine integrierte strategische Planung und die von den Organisationsmitgliedern gelebte Unternehmenskultur.

Die Intensität der Beziehung von Technologie- und Innovationsmanagement variiert je nach der Art der Innovation (Abbildung 12): Sie ist mittel bis hoch bei inkrementellen und vor allem bei radikalen Produkt- und Dienstleistungsinnovationen. Beispiele dafür sind iPod, pharmazeutische Produkte, Hybrid-Antriebe, elektronische Speichermedien, chirurgische Eingriffe über Internet-Verbindungen, das Nespresso-System. Bei organisationalen Innovationen kann sie sich über die ganze Bandbreite von niedrig bis hoch erstrecken. Beispiele sind hier das Toyota-Produktionssystem oder das Simultaneous-Engineering. Ähnliches gilt für Geschäftsinnovationen, für die Formulierung von Wettbewerbsstrategien. Hier ist die Technologieintensität selbst bei erfolgreichen Erneuerungen oft nicht entscheidend, sondern die Kreativität der Lösung. Als Beispiel seien EasyJet und Starbucks genannt.

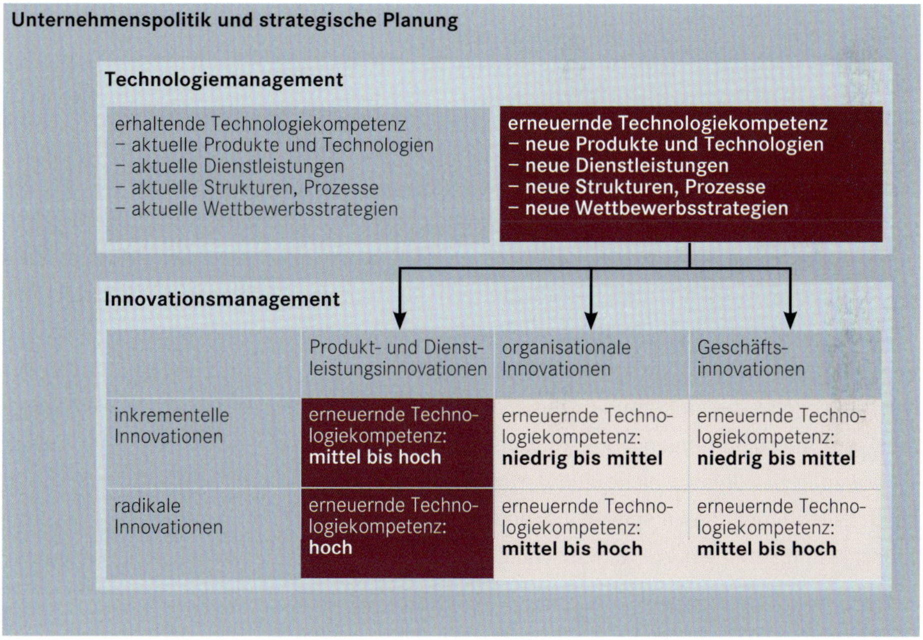

Abb. 12: Unterschiedliche Intensität der Wechselwirkung zwischen Technologie- und Innovationsmanagement

5 Aufgaben und Methoden

5.1 Normative Ebene

Unternehmungsleitbilder und **funktionale Politiken** sind Elemente des normativen Managements und repräsentieren «das oberste Glied einer Kette von Normen und Vorstellungen, welche Handlungsvollzüge immer detaillierter bestimmen» (Brauchlin, 1984, S. 313).

Die Leitvorstellung, die es im Unternehmensleitbild und in der **Technologiepolitik** zu verankern gilt, lässt sich mit Blick auf das Technologiemanagement durch die folgenden Fragen fassen:

- Welche Bedeutung haben für uns Erkenntnisse der Natur- und Ingenieurwissenschaften?
- Welches sind die Technologiefelder, die uns Wettbewerbsvorteile verschaffen?
- Welches ist unsere Patentpolitik?
- Welche Ansprüche stellen wir an unsere Innovationsfähigkeit?
- Wie stellen wir uns zu Technologieallianzen?
- Welche Grundsätze gelten für Kooperationen ganz allgemein?
- Welches ist unser Risikoverhalten beim Einsatz von neuen Technologien?

Auf der normativen Ebene ist nicht nur wichtig, dass langfristig entschieden wird. Ebenso bedeutungsvoll ist, wer entscheidet. Damit sind die obersten Entscheidungsträger der Unternehmung angesprochen. Die Tragweite von Technologieentscheidungen erfordert, dass das Technologiewissen in den Entscheidungsfindungsprozess einbezogen wird. Denn die Technologieprägung ist zu bedeutend, als dass das Management bei Technologieentscheidungen ausschliesslich auf beigezogenes Expertenwissen und damit auf Meinungen aus zweiter Hand abstellen kann. Für die obersten Entscheidungsgremien von technologieintensiven Unternehmungen – Verwaltungsrat, Geschäftsleitung – ist deshalb eine Zusammensetzung zu wählen, welche eine Vertretung der technologischen Fachkompetenz sicherstellt. Es fehlt nicht an Beispielen, bei denen das Fehlen dieser Kompetenz in den obersten Entscheidungsgremien zu Fehlentscheidungen mit erheblichen finanziellen Konsequenzen führte. Ein oft beschrittener Weg, dieser Gefahr zu entgehen, ist die Etablierung eines **Chief Technology Officers** (CTO). Es handelt sich dabei in der Regel um eine Stelle auf Stufe Geschäftsleitung mit typischerweise folgenden Aufgabeninhalten:

- Integration der bestehenden Technologiestrategien in die aktuellen strategischen Planungseinheiten,
- Identifikation und Erschliessung von high-risk/high-return-Technologien mit dem Potenzial, neue strategische Planungseinheiten aufzubauen oder bestehende voranzubringen,
- Sicherstellung der Entwicklung von Kerntechnologien, die für bestehende und neue strategische Planungseinheiten eindeutige Wettbewerbsvorteile mit sich bringen,
- Beurteilung der Risiken und Chancen von «technological discontinuities»,

- Errichtung und Führung eines leistungsfähigen Technology Intelligence Systems, einer technologischen Frühaufklärung.

Nach einer neueren Studie des MIT kennen japanische Firmen zu über 90 % die Stelle eines CTO. In Europa sind es 35 % und den Vereinigten Staaten unter 10 % der Unternehmungen. Zusätzlich zur Funktion des CTO wurde in vereinzelten Firmen auf höchster Managementebene ein **Technology Committee** eingerichtet mit der Aufgabe, die langfristige Beurteilung der Chancen und Risiken des technologischen Wandels aus der Sicht der Unternehmung laufend vorzunehmen. Beispiele dafür sind Hewlett Packard und Procter & Gamble. Bei Hewlett Packard ging man mit der Nominierung eines externen Beratungsgremiums des Verwaltungsrates noch einen Schritt weiter.

Klare Zielsetzungen sind im Technologiemanagement eine Erfolgsvoraussetzung. Eine weitere, nicht weniger wichtige ist die Schaffung und Erhaltung einer innovationsfördernden **Unternehmungskultur** (Chesbrough, 2006). Eine solche muss gleichsam alles durchdringend sein und hat Schwerpunkte

- in der Personalführung, die ein entsprechendes Organisationsklima schafft (Neef-Cramer & Mentzel, 2000),
- in der Organisation, welche geeignete Lenkungs- und Prozessstrukturen (Higgins & Wiese, 1996; Högl, 2005; Nebe, 2000) und Zusammenarbeitsformen – zum Beispiel Innovation Communities, denen die Förderung von Innovationen obliegt und die sich aus Mitarbeitenden unterschiedlichster Funktionsbereiche zusammensetzen (Gerybadze, 2003, S. 147) – gestaltet,
- in der Unterstützung mittels geeigneter Techniken und Methoden (vgl. dazu Dold & Gentsch, 2000).

Bestimmte Werthaltungen, das Setzen verbindlicher Normen und ihre Kommunikation durch das Management sind ein entscheidender erster Schritt auf der normativen Ebene hin zu einer Neugestaltung der Unternehmungskultur, in welcher das Technologiemanagement den ihm gebührenden Platz einnimmt. Auf der strategischen Ebene ist die Technologiepolitik durch die Schaffung der zielführenden Innovations- und Lernpotenziale umzusetzen und in einer Technologiestrategie festzuhalten. Schliesslich gilt es, im operativen Management die für die praktische Umsetzung erforderlichen Voraussetzungen zu schaffen. Dies betrifft auch die organisatorischen Strukturen, welche – trotz der Verschiedenheit der Subkulturen zum Beispiel von Marktleistungsentwicklung und Marketing – einen intensiven Informationsaustausch erlauben müssen. Es sind jene Führungsinstrumente zu implementieren, welche die optimale Balance zwischen Autonomie und Integration der organisatorischen Einheiten sicherstellen.

6 Zusammenfassung

Technologiemanagement gewinnt in einer Welt, in welcher der Erfolg von Unternehmungen von Wissen, Kompetenzen und Technologien abhängig ist, zunehmend an Bedeutung. Es ist daher nur konsequent, sich des Managements von Technologie anzunehmen. Technologiemanagement ist nie Selbstzweck. Ausgangspunkt für sämtliche Überlegungen ist letztlich das Kundenbedürfnis, das es mittels des Einsatzes von Technologien zu befriedigen gilt.

Technologien entwickeln sich einem Lebenszyklus folgend. In der Einführungsphase werden Technologien – Produkt- und Prozesstechnologien – von Grund auf neu entwickelt. Unsicherheiten und Risiken im Umgang mit solchen Schrittmachertechnologien sind überaus gross. Beide nehmen in der anschliessenden Penetrationsphase ab. Technologien nennt man in dieser Phase Schlüsseltechnologien, weil sie den Zugang zu zahlreichen Anwendungen ermöglichen. In der Reifephase stagniert die Entwicklung der Technologie, sie degeneriert gleichsam zum Allgemeingut, zur Basistechnologie, die von vielen beherrscht wird. In der letzten, der Degenerationsphase wird die Anwendung der Technologie in dem Sinne obsolet, als ihre Substitution ansteht.

Der Lebenszyklus von Technologien bildet das Rückgrat des Technologiemanagements. Es stellen sich in unterschiedlicher Intensität und Dringlichkeit die Probleme des Umstiegs auf neue Technologien, der permanenten technologischen Frühaufklärung, die Fragen nach einem Make-or-Buy und Keep-or-Sell von Technologien, nach dem optimalen Zeitpunkt und den Bedingungen, unter denen jeweils das eine oder andere angezeigt ist.

Technologiemanagement ist als integriertes Element einer umfassend verstandenen Unternehmungsführung zu verstehen. Es hat sich über alle Managementstufen – Unternehmungspolitik, strategische Planung, operative Planung und Führung – zu erstrecken, und seine Zielsetzungen sind mit denjenigen der übrigen Funktionsbereiche abzustimmen. Nur dann kann von gutem Technologiemanagement gesprochen werden.

7 Literaturverzeichnis

Allen, Th. J. (1986). *Managing the Flow of Technology. Technology Transfer and Dissemination of Technology Information within the R&D Organization* (3rd edition). Cambridge MA: MIT Press.

Bleicher, K. (2011). *Das Konzept Integriertes Management. Visionen – Missionen – Programme* (8. Aufl.). Frankfurt am Main, New York: Campus.

Brühwiler, B. (2003). *Risk Management als Führungsaufgabe.* Bern: Haupt.

Bürgel, H. D., Reger, G. & Ackel-Zakour, R. (2005). *Technologie-Früherkennung in multinationalen Unternehmen. Ergebnisse einer empirischen Untersuchung.* In: Möhrle, M. G. & Isenmann, R., *Technologie-Roadmapping. Zukunftsstrategien für Technologieunternehmen* (2. Aufl.) (S. 27–53). Berlin, Heidelberg, New York: Springer.

Chesbrough, H.W. (2006). *The Era of Open Innovation.* In: Davenport, Th., Leibold, M. & Voelpel, S. (Hrsg.). *Strategic Management in the Innovation Economy. Strategy Approaches and Tools for Dynamic Innovation Capabilities.* (S. 111–166). Erlangen: Publicis.

Davenport, Th. & Harris, J.G. (2007). *Competing on Analytics. The New Science of Winning.* Boston, Mass.: Harvard Business School Press.

Dold, E. & Gentsch, P. (2000) (Hrsg.). *Innovationsmanagement. Handbuch für mittelständische Betriebe.* Neuwied: Luchterhand.

Ewald, A. (1989). *Organisation des Strategischen Technologie-Managements.* Berlin: Erich Schmidt.

Foster, R. N. (1986). *Innovation. The Attacker's Advantage.* New York: Summit Books.

Gausemeier, J., Ebbesmeyer, P. & Kallmeyer, F. (2001). *Produktinnovation. Strategische Planung und Entwicklung der Produkte von morgen.* München, Wien: Hanser.

Gerpott, T.J. (2005). *Strategisches Technologie- und Innovationsmanagement* (2. Aufl.). Stuttgart: Schäffer-Poeschel.

Gerybadze, A. (2003). *Gruppendynamik und Verstehen in Innovation Communities.* In: Herstatt, C. & Verworn, B. (Hrsg.). *Management der frühen Innovationsphasen. Grundlagen – Methoden – Neue Ansätze.* (S. 143–160). Wiesbaden: Gabler.

Gerybadze, A. (2004). *Technologie- und Innovationsmanagement. Strategie, Organisation und Implementierung.* München: Vahlen.

Hamel, G. & Prahalad, C. K. (1995). *Wettlauf um die Zukunft. Wie Sie mit bahnbrechenden Strategien die Kontrolle über Ihre Branche gewinnen und die Märkte von morgen schaffen.* Wien: Ueberreuter.

Higgins, J. M. & Wiese, G. G. (1998). *Innovationsmanagement. Kreativitätstechniken für den unternehmerischen Erfolg.* Berlin, Heidelberg, New York: Springer.

Högl, M. (2005). *Führung von Innovationsteams.* In: Albers, S. & Gassmann, O. (Hrsg.). *Handbuch Technologie- und Innovationsmanagement. Strategie – Umsetzung – Controlling* (S. 511–525). Wiesbaden: Gabler.

Lichtenthaler, E. (2005). *Methoden der Technologiefrüherkennung und Kriterien zu ihrer Auswahl.* In: Möhrle, M. G. & Isenmann, R. (Hrsg.). *Technologie-Roadmapping. Zukunftsstrategien für Technologieunternehmen* (2. Aufl.) (S. 55–80). Berlin, Heidelberg, New York: Springer.

Michaeli, R. (2006). *Competitive Intelligence. Strategische Wettbewerbsvorteile erzielen durch systematische Konkurrenz-, Markt- und Technologieanalysen.* Berlin, Heidelberg: Springer.

Nebe, R. (2000). *Gestaltungsmöglichkeiten einer innovationsfreundlichen Organisationsstruktur.* In: Dold, E. & Gentsch, P. (Hrsg.). *Innovationsmanagement. Handbuch für mittelständische Betriebe.* (S. 1–26). Neuwied: Luchterhand.

7

Neef-Cramer, R. & Mentzel, W. (2000). *Innovationsorientierte Personalentwicklung.* In: Dold, E. & Gentsch, P. (Hrsg.), *Innovationsmanagement. Handbuch für mittelständische Betriebe.* (S. 27–49). Neuwied: Luchterhand.

Nonaka, I. & Takeuchi, H. (2012). *Die Organisation des Wissens. Wie japanische Unternehmen eine brachliegende Ressource nutzbar machen* (2. Aufl.). Frankfurt am Main, New York: Campus.

Pümpin, C. & Wunderlin, Chr. (2005). *Unternehmensentwicklung. Corporate Life Cycles. Metamorphose statt Kollaps.* Bern: Haupt.

Ropohl, Günter (1979). *Eine Systemtheorie der Technik. Zur Grundlegung der Allgemeinen Technologie.* München, Wien: Hanser.

Specht, D. & Behrens, St. (2005). *Integration der Technologieplanung in die strategische Geschäftsfeldplanung mit Hilfe von Roadmaps.* In: Möhrle, M. G. & Isenmann, R. (Hrsg.). *Technologie-Roadmapping. Zukunftsstrategien für Technologieunternehmen* (2.Aufl.) (S. 343–352). Berlin, Heidelberg, New York: Springer.

Specht, G., Beckmann, Chr. & Amelingmeyer, J. (2002). *F&E-Management. Kompetenz im Innovationsmanagement* (2. Aufl.). Stuttgart: Schäffer-Poeschel.

Stuckenschneider, H. & Schwair, Th. (2011). *Strategisches Innovationsmanangement bei Siemens.* In: Albers, S. & Gassmann, O. (Hrsg.). *Handbuch Technologie- und Innovationsmanagement. Strategie – Umsetzung – Controlling* (2. Aufl.) (S. 763–780). Wiesbaden: Gabler.

Tattersall, Ian (1997). *The World from Beginnings to 4000 BCE.* Oxford: Oxford University Press.

Troitzsch, U. & Wohlauf, G. (Hrsg.) (1995). *Technik-Geschichte. Historische Beiträge und neuere Ansätze.* Remseck: Unipart.

Ulrich, H. (2001). *Systemorientiertes Management. Das Werk von Hans Ulrich.* Herausgegeben von der Stiftung zur Förderung der Systemorientierten Managementlehre St. Gallen, Schweiz. Bern, Stuttgart, Wien: Haupt.

Ulrich, H. & Probst, G. J. B. (1995). *Anleitung zum ganzheitlichen Denken und Handeln. Ein Brevier für Führungskräfte* (4. Aufl.) Bern, Stuttgart: Haupt.

Weggemann, M. (1999). *Wissensmanagement. Der Umgang mit der wichtigsten Unternehmensressource.* Bonn: MITP-Verlag.

Wiege des Wissens e.V. (1994). *China – Wiege des Wissens. 7000 Jahre Geschichte und Erfindungen.* Berlin: Schiller.

Zahn, E. & Greschner, J. (1996). *Strategische Erneuerung durch organisationales Lernen.* In: Bullinger, H.-J. (Hrsg.). *Lernende Organisationen. Konzepte, Methoden und Erfahrungsberichte* (S. 41–74). Stuttgart: Schäffer-Poeschel.

Zahn, E. (Hrsg.)(1995). *Handbuch Technologie-Management.* Stuttgart: Schäffer-Poeschel.

Digitalisierung E5

Karl Schaufelbühl

Weiterführende Texte, Übungsaufgaben
und Lernkontrollen finden Sie unter
www.bwl-online.ch

1 Einführung

> «Dieses Buch [...] möchte zeigen, dass das Heil niemals in der Technik selbst liegt, wie viele Geeks im Silicon Valley glauben, sondern in der Art und Weise, wie wir mit ihr umgehen, ihre Möglichkeiten nutzen und ihre Gefahren rechtzeitig in die Schranken weisen.»
>
> Richard David Precht (2018, S. 11)

Digitalisierung bedeutete ursprünglich und grundsätzlich «die binäre Repräsentation von Texten, Bildern, Tönen, Filmen sowie Eigenschaften physischer Objekte in Form von aneinandergereihten Sequenzen aus 1 und 0, die von heutigen Computern mit extrem hoher Geschwindigkeit – Milliarden von Befehlen pro Sekunde – verarbeitet werden können» (Hippmann, Klingner & Leis, 2018, S. 9). So gesehen begann Digitalisierung im Jahr 1938, als Konrad Zuse die Z1, einen elektrisch angetriebenen Rechner, baute, der binäre Zahlen – ziemlich unzuverlässig – verarbeitete (Zuse, 2019). Seither hat sich die Technologie rasant entwickelt, dem berühmten Moore'schen Gesetz folgend, wonach sich die Komplexität integrierter Schaltkreise – je nach Auslegung – alle 12, 18 oder 24 Monate verdoppelt (Krcmar, 2015, S. 325). Wie auch immer es darum wirklich bestellt ist, die Rechenleistungen haben sich bemerkenswert erhöht und die Basis für das geschaffen, was wir heute unter Digitalisierung verstehen und womit Themen wie Künstliche Intelligenz, Industrie 4.0, Robotik, Big Data, Blockchain, Internet der Dinge usw. assoziiert werden. Mit dem Beginn des 21. Jahrhunderts erleben wir eine Entwicklung, die Namen trägt wie «digitale Revolution», «digitale Disruption», «digitale Geschäftsmodelle». Hinzu kommt manches, an das, oft um es zeitgemäss erscheinen zu lassen, «4.0» angehängt wird, zum Beispiel Marketing 4.0, Gesundheit 4.0, Hochschule 4.0 (Bendel, 2019; Wolff & Göbel, 2018).

Es gibt zahlreiche Versuche, Digitalisierung zu definieren. Viele sind so allgemein gehalten oder inhaltlich so «prall gefüllt», dass es ihnen an Aussagekraft mangelt. Ein Bespiel: «Für traditionelle Firmen wird digitale Disruption ohne Transformation nicht nachhaltig sein. Ja, Sie müssen radikal mit den Regeln Ihrer Branche brechen, schnell sein, Neues wagen – aber parallel dazu müssen Sie auch die Fundamente Ihres Unternehmens für die Digitalisierung fit machen. Das wiederum ist ein Change-Prozess, der Mut, Zeit, langen Atem und akribische Planung und Kontrolle braucht. Kurz: Die Digitalisierung fordert von traditionellen Firmen eine hybride Strategie, die Kombination scheinbar gegensätzlicher Tugenden: von kalifornischem Start-up und deutschem Ingenieurs-Geist» (Meyer, 2017, S. 18). So wenig konkret diese Definition auch erscheinen mag: Sie zeigt überaus Wichtiges auf. Zwei Dinge sind zueinander passend zu gestalten: Informationstechnologie und Unternehmungsführung oder die Gestaltung des Geschäfts.

Zu Beginn der Digitalisierung unterstützte die Informationstechnologie hochstrukturierte repetitive Aufgaben, zum Beispiel in der Finanzbuchhaltung. Primäres Ziel war es,

Kosten zu senken. Verbesserungen der Informationstechnologie führten dazu, die Effizienz unterstützter Prozesse zu erhöhen, sie zu automatisieren und die Informationsversorgung sicherzustellen. Auf der nächsten Entwicklungsstufe stellte sich die Frage, ob sich mittels des Einsatzes von Informationssystemen Wettbewerbsvorteile erzielen liessen. Unter dem Titel «Digitalisierung» wird heute nach Möglichkeiten gesucht, völlig neue, zum Teil disruptive Geschäftsmodelle zu kreieren. Darauf wird noch eingegangen werden (vgl. dazu: Hanschke, 2009, S. 12, und Abbildung 1).

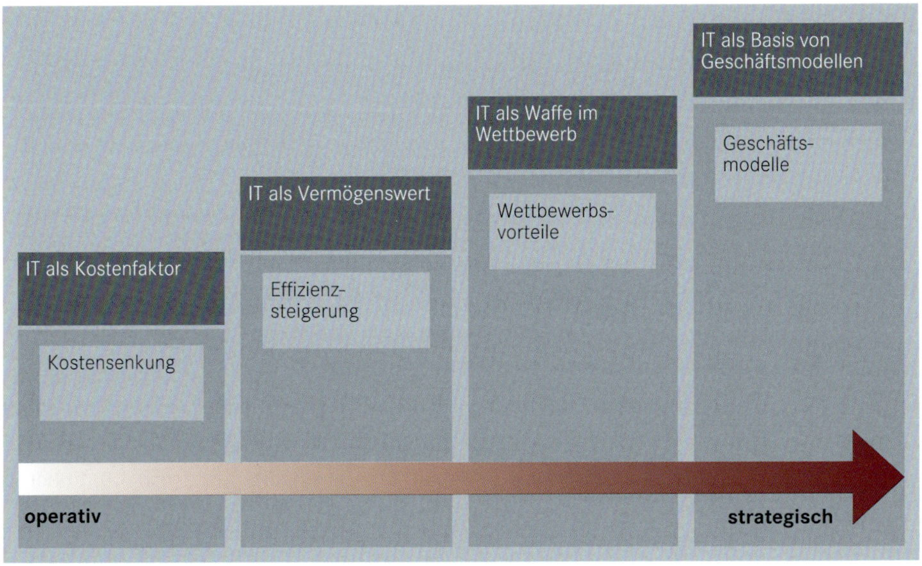

Abb. 1: Entwicklung der Informationstechnologie in Unternehmungen

Unternehmungsintern nimmt die **Digitalisierung** ihren Anfang, wie erwähnt, in der Finanzbuchhaltung. Das ist wenig erstaunlich, denn das Führen der Buchhaltung ist ein hochstrukturierter Prozess, bei dem klar feststeht, wie die Daten zu verarbeiten, welche Algorithmen anzuwenden sind, um daraus die gewünschten Informationen zu gewinnen.

Es folgen die Prozesse der Produktion, der Logistik, die durch den Einsatz von IT-Systemen – genauen Produktionsplanungs- und -steuerungssystemen – schneller, sicherer und besser lenkbar wurden. Schliesslich werden Prozesse in weiteren Funktionsbereichen digitalisiert. Es entstehen ERP-Systeme (Enterprise Resource Planning-Systeme), mit denen für die Wertschöpfung wesentliche Daten verwaltet und verarbeitet werden. Die Prozesse der Funktionsbereiche werden in dem Sinne integriert, dass ein umfassender und durchgängiger Informationsfluss resultiert, welcher den Austausch von Informationen innerhalb und zwischen den Funktionsbereichen sicherstellt und damit die Zusammenarbeit fördert und intensiviert (Urbach & Ahlemann, 2016, S. 22; Abbildung 2, Holtschke, Heier & Hummel, 2009, S. 4).

Abb. 2: Unternehmungsinterne Entwicklung der Digitalisierung

Was wir heute **Digitalisierung** nennen, ist die Fortsetzung dessen, was lange Zeit als Informationsmanagement bezeichnet wurde. **Informationsmanagement** kennt mehrere Ansätze, denen gemein ist, dass Information als Wertschöpfungsfaktor angesehen wird, mit dem die Unternehmung zu versorgen ist. Das heisst konkret: Informationen sollen in der richtigen Qualität, in der richtigen Quantität, zur richtigen Zeit, am richtigen Ort, zu den richtigen Kosten zur Verfügung stehen (Krcmar, 2015, S. 117).

Diese Aufgabe hat die Digitalisierung als Funktionsbereich, als typische Querschnittfunktion, nach wie vor zu erfüllen. Sie durchdringt sämtliche Funktionsbereiche und vernetzt zudem die Unternehmung mit ihrer Umwelt, mit Kunden, Lieferanten und allen anderen Anspruchsträgern. In der Folge soll der Begriff Informationsmanagement durch den der Digitalisierung ersetzt werden, weil dieser auch Technologien einschliesst, die es in der Vergangenheit so nicht gab. Das bedeutet keineswegs, dass viele Erkenntnisse, die unter dem Titel «Informationsmanagement» erarbeitet wurden, obsolet sind.

Basis jeder Digitalisierung sind IT-Systeme, welche Wertschöpfungs- und Managementprozesse unterstützen. Die Grundlage der Digitalisierung bilden die rasanten Entwicklungen der Informationstechnologie, die neue Anwendungsbereiche erschliessen, was beispielhaft im Folgenden zum Ausdruck kommt: «Die aktuellen Fragestellungen für Unternehmen rund um Digitalisierung sind die Veränderungen der Vertriebsstrukturen […], die Etablierung der Smartphones als Informations- und Kommunikationszentrale für Kunden und Mitarbeiter, die gemeinschaftliche Nutzung von digitalen Ressourcen durch Cloud Computing und nicht zuletzt Sammlung, Umgang und Verarbeitung der digitalen Informationen […]. Diese vier Kernthemen beeinflussen momentan stark die Unternehmensorganisation und die Geschäftsentwicklung andererseits. Die wichtigsten Treiber für Innovationen und Veränderungen in der Geschäftswelt liegen damit in der Digitalisierung» (Hamidian & Kraijo, 2013, S. 11f.).

2 Grundlegendes

2.1 Zweck der Digitalisierung

Ganz allgemein ausgedrückt hat Digitalisierung **Informationsbedürfnisse** zu befriedigen. Bei diesen unterscheidet man zwischen

- **Informationsbedarf**, das ist die objektiv notwendige Menge an Information, die verfügbar sein muss, um eine Aufgabe überhaupt wahrnehmen zu können, und
- **Informationsnachfrage,** welche diejenige Menge an Information darstellt, die Mitarbeitende sich wünschen, obwohl sie objektiv nicht benötigt werden (Krcmar, 2015, S. 117).

Der **Zweck der Digitalisierung** ist es, Informationsbedürfnisse abzudecken, das heisst, ihnen ein entsprechendes Informationsangebot gegenüberzustellen. Das Informationsangebot muss also im Idealfall Informationsbedarf und -nachfrage vollständig abdecken (vgl. Abbildung 3 und Krcmar, 2015, S. 121).

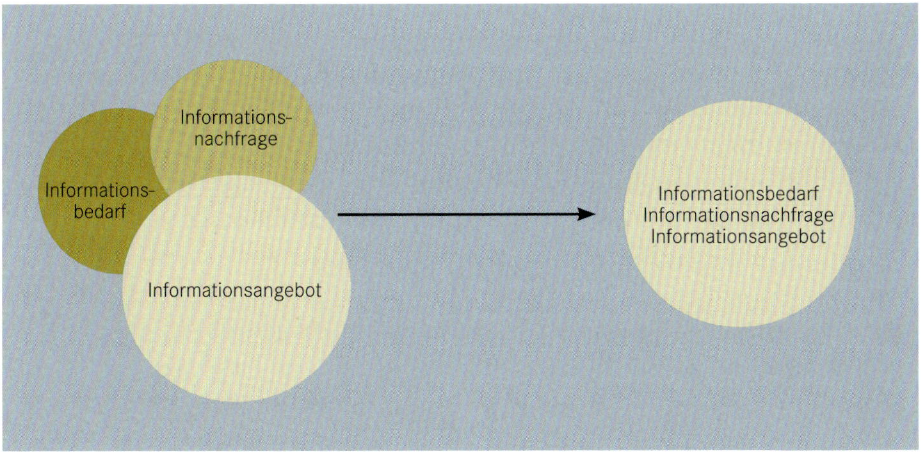

Abb. 3: Informationsbedarf, -nachfrage und -angebot

Im Falle von repetitiven Aufgaben ist dies insofern einfach, als sie hoch strukturiert sind und damit auch der abzudeckende Informationsbedarf eindeutig bestimmt werden kann. Der Informationsbedarf ist stets vollständig abzudecken, weil andernfalls Aufgaben nur teilweise oder gar nicht erfüllt werden können.

Bei der Informationsnachfrage, die nur subjektiv als erforderlich erachtet wird, muss die Sachlage genauer geprüft werden. Grundsätzlich spricht vieles dafür, die Informationsnachfrage mit Blick auf Arbeitszufriedenheit und Motivation abzudecken. Entgegen stehen dem eventuell Datenschutz und Kosten. Diese Grössen müssen gegeneinander abgewogen werden, weshalb auch nur im Einzelfall entschieden werden kann. Es muss zudem festgehalten werden, dass die Befriedigung der Informationsnachfrage den Effekt haben kann, dass der Informationsempfänger lernt, seine Informationsbedürfnisse genau zu definieren. Diese Chance sollte genutzt werden.

Je höher die Managementstufe, desto grösser wird der Anteil innovativer Aufgaben, deren Inhalte schwer zu definieren sind, bei denen der Prozess offen und das Ausmass der Strukturierung gering ist. Deshalb kann nicht eindeutig entschieden werden, ob Informationsbedarf oder -nachfrage vorliegt. Je höher in den Managementstufen aufgestiegen wird, umso obsoleter wird die Unterscheidung zwischen Informationsbedarf und -nachfrage. Deshalb müssen geäusserte Informationsbedürfnisse auf den hohen Managementstufen immer befriedigt werden (vgl. Teil B, Integrales Management, Kapitel 5.4).

2.2 Zeichen, Daten und Informationen

Der Rohstoff, den die Digitalisierung verarbeitet, sind **Daten**. «Daten sind ein geordneter Zusammenschluss (durch Code oder Syntax) von Zeichen (Symbole, Buchstaben, Ziffern etc.). Ein Datum [...] ist noch nicht interpretiert, z. B. ist die Zahl 13 ohne zugeordnete Bedeutung wenig aussagekräftig. Erst durch Hinzufügen einer Bedeutung (Semantik), z. B. ‹Die Zahl 13 ist eine Glückszahl›, werden Daten zu **Information**» (Becker, Haberfellner, Pasternack & Grünwald, 2013, S. 20). Syntaktik umfasst die Regeln einer Sprache, nach denen sich aus der Abfolge von Zeichen ein sinnvolles Wort ergibt. So werden aus Zeichen Wörter, die zusammengefügt Daten darstellen. Bekommen Daten eine Bedeutung, werden aus Daten Informationen. «Information is data endowed with relevance and purpose.» (Drucker, 1988, S. 3)

Information ist also für den Empfänger immer von Bedeutung. Ist dies nicht der Fall, spricht man von Daten, die er gar nicht braucht, denen er keinen Nutzen beimisst.

2.3 IT-Systeme

2.3.1 Bausteine von IT-Systemen

Mit der Unterscheidung von Zeichen, Daten und Informationen lässt sich das grundsätzliche Funktionieren von IT-Systemen anschaulich aufzeigen. **IT-Systeme** verarbeiten Daten so, dass als Output Informationen ausgegeben werden. Wäre dies nicht der Fall, produzierten sie Unbrauchbares.

Wie geschieht das? Der Input an **Daten**, die wiederum aus Zeichen – Buchstaben, Zahlen, Symbolen, letztlich Bits – gebildet werden, ist zunächst ohne jeden Sinngehalt. Erst die Verarbeitung mittels **Hardware** und **Software** lässt aus Daten Information werden. Zu Beginn der Digitalisierung wurde dies als elektronische Datenverarbeitung (EDV) bezeichnet, ein treffender Ausdruck, der aber heute nicht mehr gebräuchlich ist und als veraltet gilt.

Zusammenfassend lässt sich festhalten, dass Daten, Hard- und Software die **Bausteine** der gesamten Digitalisierung bilden. Nur ist sich der Benutzer dessen selten bewusst, da er von der Basis der IT-Systeme viel zu weit entfernt ist. Hardware ist zur Commodity geworden, die wie ein Küchenmixer einfach zu funktionieren hat. Software, das sind Apps, die man irgendwo beschafft, meist ohne eine Vorstellung zu haben, wie sie entwickelt wurden (vgl. auch Becker, Haberfellner, Pasternack & Grünwald, 2013, S. 18).

2.3.2 Operative Informationssysteme und Managementinformationssysteme

Das Management-Modell des **Integralen Managements** unterscheidet zwischen Managementsystem und Wertschöpfungssystem (vgl. Teil B, Integrales Management, Kapitel 6.5 und 6.6). Das Managementsystem lenkt das Wertschöpfungssystem, ersteres ist lenkend, letzteres operativ. Informationssysteme unterstützen die Management- und Wertschöpfungsprozesse in der Unternehmung. Es ist offenkundig, dass ihre Struktur analog gestaltet sein muss.

Die Gesamtheit aller Informationssysteme in der Unternehmung fassen wir unter der Bezeichnung **Unternehmungsinformationssystem** zusammen. Dieses besteht aus zwei Elementen.

Da sind einerseits die **operativen Informationssysteme**, welche die Managementstufe der operativen Führung und die Abwicklung von Wertschöpfungsprozessen unterstützen. Operative Informationssysteme erstrecken sich bis auf die Managementstufe der operativen Planung. Sie decken somit auch die Funktionalität der operativen Planung ab. Das erstaunt nicht, da auf dieser Managementstufe repetitive Aufgaben vorherrschen.

Zu den operativen Systemen kommen die **Managementinformationssysteme** hinzu, die Informationsbedürfnisse der Führungskräfte aller Managementstufen abdecken. Management mit seinen Funktionen «Entscheiden», «Umsetzen» und «Kontrollieren» ist in seinem Kern nichts anderes als Informations- und Wissensverarbeitung. Soll-Werte werden vom Managementsystem auf allen Managementstufen generiert, Ist-Werte werden aufgenommen und verarbeitet (vgl. Abbildung 4).

Operative Informationssysteme und Managementinformationssysteme sind strikt zu trennen, weil sie unterschiedliche Zwecksetzungen haben. Operative Informationssysteme lenken und unterstützen die Wertschöpfungsprozesse. Das bedeutet, die Mutation von Daten in diesen Systemen startet Prozesse, beeinflusst ihren Verlauf oder beendet sie. Deshalb sollten Daten der operativen Systeme nicht für Simulationen verwendet werden, mit denen typischerweise Fragen vom Typ «Was wäre, wenn» beantwortet werden. Ein Beispiel dazu: Was geschieht, wenn ein Grossauftrag eingeht? Reichen die Kapazitäten? Ist das Material verfügbar? Wie hoch sind die Kosten? Diese Fragen könnten mit der Auswertung operativer Daten beantwortet werden. Danach, wenn der Auftrag nicht eingeht, müssen die Daten wieder auf ihren ursprünglichen Stand gebracht werden. Erfolgt das nicht oder nicht vollständig, kann dies katastrophale Auswirkungen auf Wertschöpfungs-

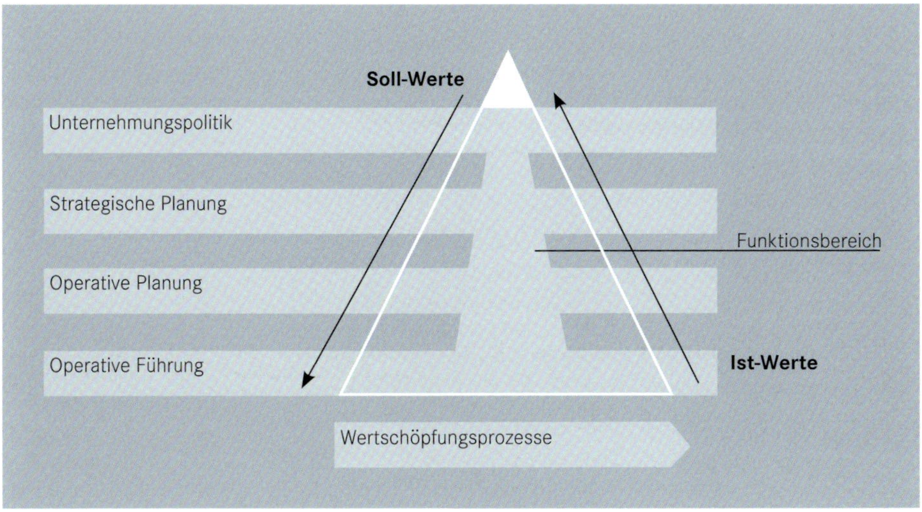

Abb. 4: Managementinformationssystem

prozesse haben. Zum Beispiel könnte die Abwicklung des nicht eingegangenen Auftrages gestartet werden.

Bei Managementinformationssystemen bilden diese «Was wäre, wenn»-Fragen einen Schwerpunkt. Managementinformationssysteme benötigen eine Datenbasis, mit der man ungestraft spielen, Simulationen durchführen kann, ohne Wertschöpfungsprozesse zu beeinflussen. Managementinformationssysteme stützen sich auf sogenannte **Data-Warehouses**, die von den operativen Datenbeständen, dem **Operational-Data-Warehouse**, getrennt angelegt werden; die Trennung ist nicht nur eine logische, sondern meist auch eine physische. Es werden also zwei Datenbestände geführt. Das Data-Warehouse stellt eine Kopie des Operational-Data-Warehouses dar. Es fliessen daraus keine Daten in die operativen Informationssysteme zurück. In diese gehen nur die von den Managementinformationssystemen generierten Soll-Werte ein (Abts & Mülder, 2017, S. 271; Gabriel, 2020; vgl. Abbildung 5).

An ein Unternehmungsinformationssystem und seine beiden Elemente – operative Informationssysteme und Managementinformationssysteme – sind fünf grundlegende Anforderungen zu stellen, die als Qualitätsmerkmale gelten:

- *Flexibilität* ist eine zentrale Anforderung. Flexibilität bedeutet, dass Informationssysteme geänderten Benutzeranforderungen angepasst werden können. Das kann nicht endlos weit getrieben werden. Eine Grenze ist dann erreicht, wenn sich ein System zu sehr von dem ursprünglichen Systemkonzept entfernt hat und wenn die Anpassungskosten die Kosten einer Neubeschaffung übersteigen. Es gilt für Informatiksysteme die Faustregel, dass Hardware eine Nutzungsdauer von drei bis sieben Jahren, Software eine bis zu zehn Jahre und Datenmodelle eine von gegen zwanzig Jahre haben. Das sind Durchschnittswerte, von denen der Einzelfall stark abweichen kann.

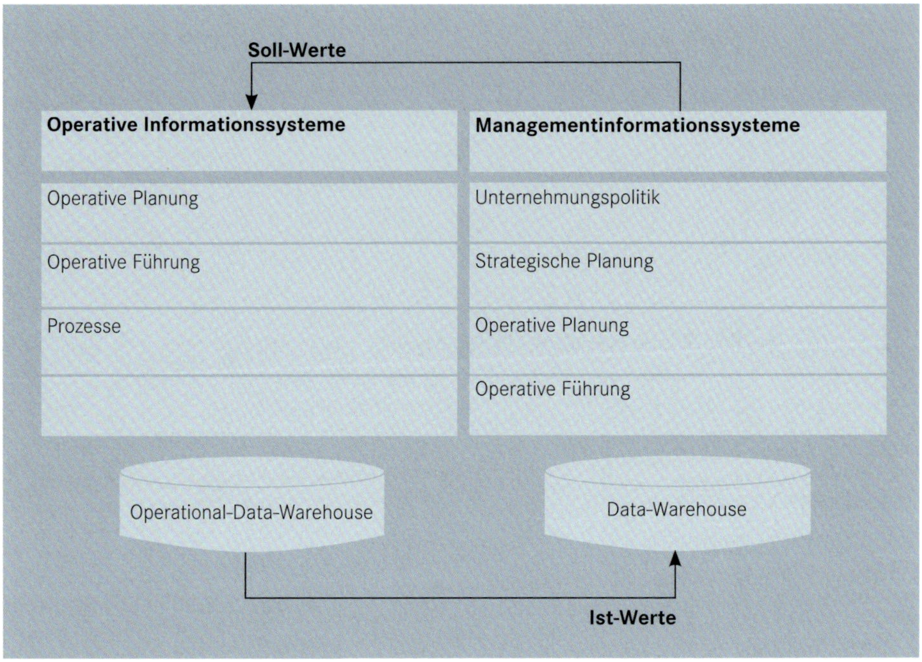

Abb. 5: Operative und Managementinformationssysteme

2

- *Kommunikationsoffenheit* (freier Datenfluss) bedeutet, dass die einzelnen Informationssysteme untereinander Daten, Informationen und Wissen austauschen können.
- *Konsistenz der Information* ist die Forderung nach einer eindeutigen Definition der Datenelemente. So sollte zum Beispiel der Nettoumsatz immer nach der gleichen Formel berechnet werden. Ist dies nicht der Fall, das heisst, werden unter der gleichen Bezeichnung andere Zahlen geliefert, wird das zu Zweifeln an der Glaubwürdigkeit des ganzen Systems führen.
- Die Forderung nach *Wirtschaftlichkeit* von Informationssystemen versteht sich eigentlich von selbst. Es gibt keine vernünftigen Begründungen, ausgerechnet im Falle von IT-Systemen keine Investitionsrechnungen durchzuführen. Die dabei auftretenden Schwierigkeiten dürfen kein Hindernis darstellen (vgl. dazu Krcmar, 2015, S. 473).
- Wesentlich ist auch die *Sicherheit* von Informationssystemen. Sie umfasst zum einen die Verfügbarkeit der Informationssysteme, die umso wichtiger ist, je mehr die Informationssysteme die unentbehrliche Basis für die Abwicklung von Prozessen sind. Sie umfasst zum anderen den Datenschutz. Darunter werden der Schutz vor Datenmissbrauch und das Recht auf informationelle Selbstbestimmung, also das Recht, über Preisgabe und Verwendung personenbezogener Daten selbst zu entscheiden, verstanden (Hanschke, 2020, S. 1).

3 Digitalisierungsmanagement

Im Folgenden wird auf den Zielbildungsprozess im **Digitalisierungsmanagement** eingegangen. Wir werden zeigen, wie aus Vorgaben der Unternehmungsführung oder Vorgaben des Business Zielsetzungen für die Digitalisierung gewonnen werden. Wir nehmen dabei Bezug auf Inhalte von Teil F1, Management, inbesondere auf die strategische Planung, verzichten aber auf Hinweise im Fliesstext.

3.1 Aktuelle Themenstellungen

Wir haben es bereits erwähnt: Wenn es um Digitalisierung geht, stehen nicht mehr Fragen zur Hardware im Vordergrund, sondern betriebswirtschaftliche Fragestellungen: Wie können mittels Informationstechnologie Prozesse bis hin zu Geschäftsmodellen zeitgemäss und erfolgversprechend gestaltet werden? Entsprechend hat sich auch die Rolle des «IT-Chefs» vom CIO (Chief Information Officer) zum CDO (Chief Digital Officer) gewandelt und die des Maschinisten zum Gestalter, der massgeblich das Business mitbestimmt (Brenner & Witte, 2007, S. 21).

So sind es nach wie vor vier **Themenstellungen**, welche die Digitalisierung prägen:

- Die klassische Aufgabe, die auch historisch als Erste angegangen wurde, liegt in der Unterstützung von Wertschöpfungsprozessen und deren Lenkung. Ziel ist es, Informationssysteme zu schaffen, welche den Informationsstrom zwischen Wertschöpfungsaktivitäten sicherstellen, einen Informationsstrom, der es ermöglicht, Güter- und Geldströme zu kontrollieren.
- Das Abdecken der Informationsbedürfnisse von Führungskräften durch Managementinformationssysteme wurde vor rund vierzig Jahren erstmals in Angriff genommen. Man hing damals – heute seltsam anmutend – Ideen wie der Automatisierung von Managemententscheidungen an, scheiterte aber daran. Als Klassiker der Fachliteratur gilt Scott (1985), der Grundlegendes von bleibendem Wert geschaffen hat.
- Viele Unternehmungen und Institutionen verfügen über sehr gute Anwendungssysteme, die Prozesse bestimmter Funktionsbereiche unterstützen. Doch stehen viele von ihnen vor dem Problem, die bestehenden Systeme zu integrieren und einen umfassenden Informationsfluss in der Unternehmung sicherzustellen. Diese interne Integration stellt eine dringend anzugehende Aufgabe dar (vgl. Krcmar, 2015, S. 38; eine umfassende Darstellung findet sich bei Hanschke, 2016). Zur internen Integration tritt die externe. Hier ist noch vieles zu leisten. Die Geld-, vor allem die Warenströme werden von Informationsflüssen begleitet, die meist papiergestützt sind. Dass Letzteres nicht viel Sinn macht, ist offensichtlich, zumal die Integration von Informationsströmen nicht nur ein Rationalisierungspotenzial erster Güte darstellt, sondern darüber hinaus die an Medienbrüchen zwangsläufig anfallenden Fehler zu vermindern hilft. Es gilt, die Glie-

der von Wertschöpfungsketten informationell zu integrieren, den Informationsstrom zwischen ihnen zu digitalisieren. Das zeigt sich anschaulich in der Industrie und den Revolutionen, die sie durchlief, vom mechanischen Webstuhl (1784) über das Fliessband (1870) und die speicherprogrammierbare Steuerung (SPS, 1969) bis zur heutigen 4. industriellen Revolution (Hanschke, 2018, S. 105; Kreutzer, 2017, S. 35).
- Das vierte Thema, das bereits seit einiger Zeit in der Literatur ausgebreitet wird, ist der Einsatz von Information und Informationssystemen als Waffe im Wettbewerb. Ansätze, das Problem zu lösen, gibt es viele. Es wird deshalb ein Schwerpunkt des vorliegenden Kapitels sein (Synnott, 1987; McFarlan, 1996; vgl. neuere Publikationen: Hanschke, 2016; Wintersteiger & Tiemeyer, 2017).

3.2 Zielbildung im Funktionsbereich Digitalisierung

Die **Zielbildung** im Funktionsbereich Digitalisierung erstreckt sich über alle Managementstufen:
- Die **Digitalisierungspolitik** stellt die unternehmungspolitische Zielsetzung für die Digitalisierung dar. Sie hat für den gesamten Funktionsbereich Gültigkeit.
- Der **Digitalisierungsstrategie** obliegt die Aufgabe, die von den strategischen Planungseinheiten herkommenden Zielsetzungen im Funktionsbereich Digitalisierung umzusetzen. Sie bewegt sich zudem innerhalb der von der Digitalisierungspolitik gesetzten Leitplanken.
- Die operative Planung in der Digitalisierung besteht aus zwei Elementen. Da sind zum einen die laufend wahrzunehmenden Aufgaben, die in regelmässigem Rhythmus geplant werden. Ihre Planung obliegt der **Digitalisierungsplanung**. Sie erstreckt sich auf den Produktionsbereich im Informationsmanagement, also auf die permanente Versorgung der Unternehmung mit Information. Die **Digitalisierungsprojektplanung** zum anderen bezieht sich auf den Entwicklungsbereich, wo neue IT-Systeme beschafft beziehungsweise entwickelt oder wesentliche Anpassungen an bestehenden Systemen vorgenommen werden. Derartige einmalige Aufgabenstellungen werden in der Regel in Projektform abgewickelt. Sie müssen natürlich auch geplant werden. Dies wird von der Planung der laufenden Aufgaben abgekoppelt, weil Projekte nicht im gleichen zeitlichen Rhythmus abgewickelt werden.
- Die **operative Führung in der Digitalisierung** lenkt alle in diesem Funktionsbereich ablaufenden Wertschöpfungsprozesse, seien es laufend wahrzunehmende oder Projektaufgaben.

Die Zielbildung in der Digitalisierung setzt mit Aussagen im Unternehmungsleitbild ein. Darin kann zum Beispiel etwas zum Stellenwert geäussert werden, den man dem Einsatz von Informationstechnologie beimisst. Das ist oftmals angebracht, weil viele Wertschöpfungsprozesse ohne funktionierende IT-Systeme gar nicht mehr abgewickelt werden können. Aussagen im Leitbild zur Digitalisierung sind sehr abstrakter Natur und müssen im Weiteren konkretisiert werden. Zum ersten Mal geschieht dies auf der Managementstufe der Unternehmungspolitik im Rahmen der Digitalisierungspolitik. Sie setzt die Leitplanken für alles Folgende. Natürlich muss die Digitalisierungspolitik mit den übrigen funktionalen Politiken abgestimmt sein. Auf der Managementstufe der strategischen Planung werden in einem ersten Schritt die Ziele der strategischen Planungseinheiten festgelegt. Für jede von ihnen werden unterschiedliche Vorgaben – zu erwähnen ist insbesondere die Wettbewerbsstrategie – formuliert, die in die funktionalen Strategien und damit auch in die Digitalisierungsstrategie eingehen. So kann es sein, dass die Wettbewerbsstrategie einer strategischen Planungseinheit bestimmte Informationssysteme mit bestimmten Eigenschaften fordert. An der Digitalisierungsstrategie ist es, diese Vorgaben aufzunehmen, sie aufeinander abzustimmen und damit ihren Beitrag zur Erreichung der Zielsetzungen der strategischen Planungseinheiten zu leisten. Auch die Digitalisierungsstrategie bedarf der Abstimmung mit den anderen funktionalen Strategien. Auf den nachgeordneten Managementstufen bleibt die funktionale Ausrichtung bestehen. Dies gilt für die Digitalisierungsplanung und die operative Führung in der Digitalisierung (vgl. Abbildung 6; vgl. auch Holtschke, Heier & Hummel, 2009, S. 80; Wintersteiger & Tiemeyer, 2017, S. 55).

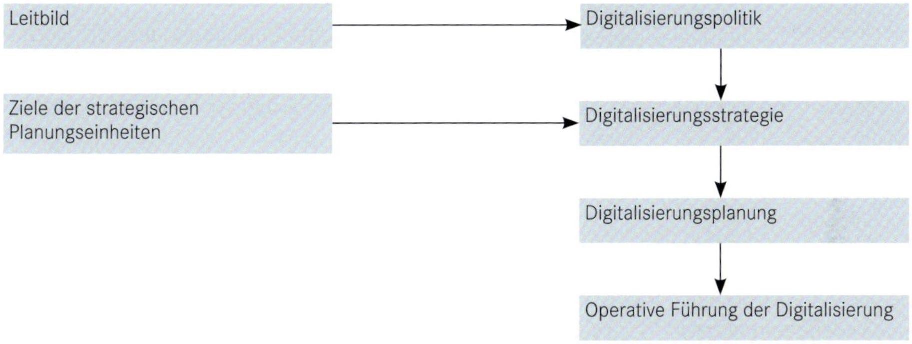

Abb. 6: Zielbildung im Funktionsbereich Digitalisierung

3.3 Digitalisierungspolitik

Die **Digitalisierungspolitik** ist für den Funktionsbereich Digitalisierung die oberste, originäre, langfristig bis auf Widerruf gültige Zielsetzung, die aus keinen unternehmungsinternen Zielen ableitbar ist. In ihren Rahmen muss sich deshalb alles Weitere einordnen. Wie alle anderen unternehmungspolitischen Zielsetzungen wird auch die Digitalisierungspolitik aus zwei Quellen gewonnen. Die erste bildet eine Umweltanalyse, die sich schwerpunktmässig mit den Gegebenheiten und Entwicklungen der Informations- und Kommunikationstechnologie zu befassen hat. Sie wird ergänzt durch die Analyse der Digitalisierung.

Hier gilt es, deren Stärken und Schwächen aufzudecken. Die Durchführung der Umweltanalyse lässt sich in folgende Themenschwerpunkte gliedern:

- Unter dem Begriff der **Datenorganisation** sollen alle Verfahren und Mittel der Strukturierung, der Speicherung und des Wiederauffindens von Daten verstanden werden (Abts & Mülder, 2017, S. 159).
- Die Informationsverarbeitung bildet in einem Informationssystem das Bindeglied zwischen Input und Output. Sie ist der eigentliche Kern eines Informationssystems und umfasst Arbeitsanweisungen, Befehle, mit deren Hilfe der Input in einen gewünschten Output transformiert wird. In der Informatik spricht man in diesem Zusammenhang von **Software** (Abts & Mülder, 2017, S. 193).
- Bei der **Verteilung von Informationssystemen** geht es in einem ersten Schritt darum, festzulegen, in wessen Verantwortungsbereich welche Systemelemente liegen sollen. Dies ist eine organisatorische Frage. Das Ergebnis ist die logische Verteilung. Zu verteilen gibt es in der Informatik Daten, Software und Hardware. Die physische Verteilung, die technische Umsetzung, ergibt sich aus der logischen. Beide müssen allerdings strukturell nicht übereinstimmen. So kann es durchaus sein, dass zum Beispiel für die Datenbestände eines Anwendungssystems mehrere Stellen zuständig sind und dass diese logisch verteilt oder dezentral angelegt sind. Die technische Lösung hingegen besteht aus einer einzigen Datenbank, ist also zentralisiert. Wichtig ist hier, dass der Vorrang bei der logischen Verteilung liegt. Die technische Umsetzung, also die Gestaltung von **Netzwerken**, muss dem Systembenutzer so erscheinen, wie sie organisatorisch vorgegeben ist (Abts & Mülder, 2017, S. 89; Hengstberger & Tiemeyer, 2016b, S. 265).
- Mit **Informationstechnologie**, im engeren Sinne **Hardware**, sind alle technischen Einrichtungen zur Eingabe, Verarbeitung, Speicherung, Übertragung und Ausgabe von Daten gemeint. Obwohl hier von Informationstechnologie die Rede ist, soll die Wahl der Mittel grundsätzlich offen sein, denn manchmal sind auch einfachste Mittel geeignet, vor allem in wirtschaftlicher Hinsicht. Ein Überblick über aktuelle Informationstechnologie findet sich bei Hengstberger und Tiemeyer (2016a, S. 229).

Die obige Gliederung mag die Umweltanalyse erleichtern. Sie ist darüber hinaus für die Digitalisierung von so grundlegender Bedeutung, dass sie auch im Folgenden beibehalten und wiederholt zum Zuge kommen wird.

Der Zweck der Analyse des Funktionsbereichs «Digitalisierung» liegt im Aufdecken von dessen Stärken und Schwächen. Die Analyse kann prinzipiell nach der oben verwendeten Gliederung durchgeführt werden. Zusätzlich sollten die einzelnen Anwendungsgebiete, die eingesetzten Informationssysteme und ganz generell die Leistungsfähigkeit des Informationsmanagements unter die Lupe genommen werden.

Aufbauend auf den oben geschilderten Analysen, lassen sich mögliche Fragestellungen aufwerfen, deren Beantwortung Bestandteil des **Unternehmungsleitbildes** sein kann:

- Welches ist die grundsätzliche Haltung, die die Unternehmung gegenüber der Digitalisierung einnimmt? Welchen Stellenwert misst sie ihr bei?
- Welches sind Ziele oder Schranken, denen sich die Anwendung von Informationstechnologie unterordnen muss?
- Welche ethisch-moralischen Grundsätze sind bei der Anwendung von Informationstechnologie zu beachten?

Die Digitalisierungspolitik kann nach zu erreichenden Zielen, einzusetzenden Ressourcen und zu beachtenden Prozessen gegliedert werden. Die genannten Vorgaben sind – wie alle unternehmungspolitischen Entscheide – langfristig und auf unbestimmte Zeit gültig. Sie sollen auch zu einer Rationalisierung der Zielbildung führen, indem Grundsatzentscheide verbindlich auf höchster Managementstufe getroffen werden und nicht bei jeder Gelegenheit das Rad neu erfunden werden muss.

Die Ziele sollen zusätzlich wesentliche Vorgaben enthalten, wie zum Beispiel:

- Struktur des Managementsystems im Funktionsbereich «Digitalisierung»,
- Standards für die IT-Systementwicklung,
- Vorgaben für die Organisation des Digitalisierungsbereichs,
- IT-Systemverfügbarkeit,
- Datensicherheit und Datenschutz.

Bei der Bestimmung der Ressourcen und der einzusetzenden Informationstechnologie ist auf unternehmungspolitischer Ebene Zurückhaltung angebracht, weil vieles erst in Kenntnis der Anforderungen und Zielvorgaben der strategischen Planungseinheiten festgelegt werden kann und die Digitalisierungsstrategie nicht präjudiziert werden soll.

Zu empfehlen ist in jedem Fall die Festlegung der bei der Informationssystementwicklung oder -beschaffung einzuhaltenden Prozesse auf unternehmungspolitischer Stufe, da diese Vorgaben unabhängig von strategischen und operativen Zielen gemacht werden können. Grundlegende Ziele betreffend Datenorganisation, Informationsverarbeitung, Verteilung der IT-Systeme und Einsatz von Informationstechnologie kommen ergänzend hinzu.

3.4 Digitalisierungsstrategie

3.4.1 Funktion der Informationsstrategie

In die **Digitalisierungsstrategie** gehen zwei Inputs ein: die Ziele der Digitalisierungspolitik, zu denen sie nicht im Widerspruch stehen darf, und die Vorgaben der strategischen Planungseinheiten.

Letztere lassen sich auf zwei Elemente reduzieren:

- Im ersten Schritt geht es darum, **funktionale Anforderungen** an Informationssysteme aus betriebswirtschaftlicher Sicht zu fixieren. Damit wird festgelegt, was die Informationssysteme leisten müssen. Als funktionale Anforderungen an ein Buchhaltungssystem können zum Beispiel Mandantenfähigkeit, die Möglichkeit der Budgeterstellung und das Vorhandensein von Schnittstellen zu anderen operativen Informationssystemen genannt werden. Funktionale Anforderungen sind Leistungsmerkmale. Ausgangspunkt für deren Festlegung sind die für die strategischen Planungseinheiten gestalteten Prozesse, wie sie durch die Wertschöpfungsstrategie, durch die Prozesslandschaft, beschrieben werden (Krcmar, 2015, S. 31).

- In einem zweiten Schritt sind die **Informationsbedürfnisse** jeder strategischen Planungseinheit zu bestimmen.

Jede strategische Planungseinheit stellt in der Regel unterschiedliche Anforderungen an bestimmte Informationssysteme – zum Beispiel an das Verkaufsinformationssystem – und will unterschiedliche Informationsbedürfnisse abgedeckt haben. Die Digitalisierungsstrategie muss dafür sorgen, dass all dies möglichst weitgehend verwirklicht wird. Die **Funktion der Digitalisierungsstrategie** ist die Integration dieser Anforderungen und das Sicherstellen der Abdeckung der Informationsbedürfnisse. Dabei wird in zwei Schritten vorgegangen.

Der erste Schritt ist die sogenannte **horizontale Integration**. Dabei geht es darum, alle funktionalen Anforderungen an ein bestimmtes Informationssystem – sei es ein operatives oder ein Element der Managementinformationssysteme – zu sammeln und ein Informationssystem zu entwerfen, das im Idealfall all diese Anforderungen erfüllt. Gesucht wird die eierlegende Wollmilchsau. Es kann sein, dass dies nicht immer gelingt, weil einander ausschliessende Anforderungen an ein und dasselbe System gestellt werden. Die Folge ist, dass zwei oder sogar mehrere unterschiedliche Informationssysteme für den gleichen Funktionsbereich oder Prozess eingesetzt werden müssen. Das Ergebnis der horizontalen Integration sind Entwürfe der einzelnen operativen Informationssysteme und der Managementinformationssysteme.

Ein Beispiel mag dies erläutern. Eine Unternehmung stellt Büromöbel und Teigwaren her. Es ist denkbar, dass sich kein Anwendungssystem finden lässt, das die Produktion beider Produktgruppen unterstützt, weil die Prozesse einfach zu unterschiedlich sind. Es werden dann zwei Systeme mit unterschiedlichen Leistungsmerkmalen benötigt. Hingegen wird mit Sicherheit ein Finanzbuchhaltungssystem die funktionalen Anforderungen aller strategischen Planungseinheiten abdecken können.

Im zweiten Schritt, im Rahmen der **vertikalen Integration**, wird das Unternehmungsinformationssystem entworfen. Die vertikale Integration stellt somit die Kommunikationsoffenheit zwischen den Elementen des Unternehmungsinformationssystems sicher, sie schafft einen umfassenden Informationsfluss in der gesamten Unternehmung (Schaufelbühl, 1987, S. 254; vgl. Abbildung 7).

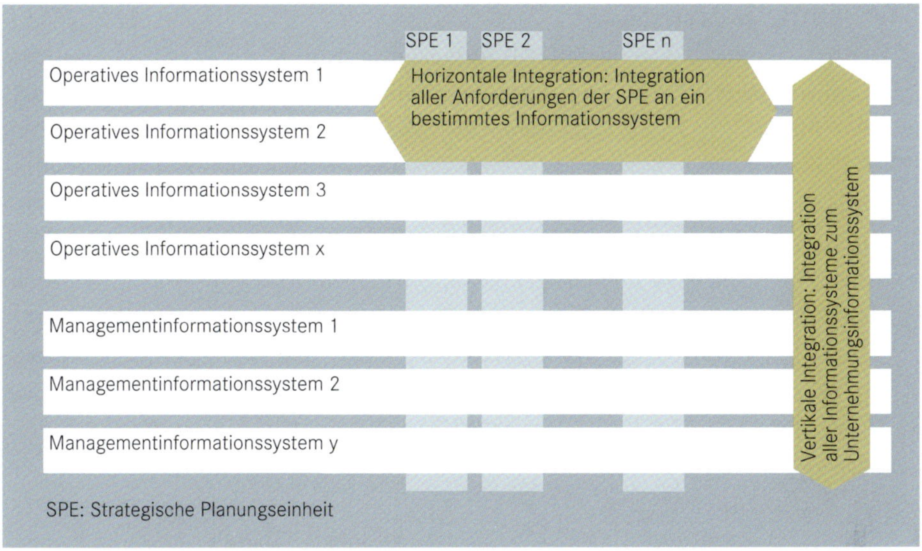

Abb. 7: Funktion der Digitalisierungsstrategie

3.4.2 Vorgaben der strategischen Planungseinheiten

Die Inhalte der Digitalisierungsstrategie werden aus den Zielen oder **Vorgaben der strategischen Planungseinheiten** abgeleitet. Es sind deren fünf:

- die Wettbewerbsstrategie, welche die Summe aller Massnahmen darstellt, die getroffen werden, um die Wettbewerbsposition zu verändern;
- die Grundstrategie, die fixiert, wo der Wettbewerbsvorteil prinzipiell gesucht wird, bei der Marktleistung (Marktleistungsdifferenzierung) oder beim Preis (Preisdifferenzierung);
- die Normstrategie, in welcher festgelegt wird, ob in eine strategische Planungseinheit investiert, ob vorhandenes Potenzial bloss genutzt oder ob desinvestiert wird;
- die Wertschöpfungsstrategie, welche die Prozesslandschaft definiert und damit die Erreichung der Ziele der strategischen Planungseinheiten sicherstellt;
- die kritischen Erfolgsfaktoren, die anzeigen, wenn Wichtiges aus dem Ruder läuft oder sich Chancen eröffnen.

Für jede strategische Planungseinheit werden die obigen Vorgaben festgelegt. An der Digitalisierungsstrategie ist es nun, aus all diesen Vorgaben die funktionalen Anforderungen an einzelne Informationssysteme und die zu befriedigenden Informationsbedürfnisse herauszufiltern. Natürlich bedarf die Digitalisierungsstrategie der Abstimmung mit den anderen funktionalen Strategien. Es ist möglich, dass etwa im Rahmen einer Beschaffungsstrategie Anforderungen an ein Verkaufssystem formuliert werden. Solches muss natürlich auch in die Digitalisierungsstrategie aufgenommen werden.

Wettbewerbsstrategie

- Die Wettbewerbsstrategie umfasst alle Massnahmen, die geeignet sind, die Wettbewerbsposition einer strategischen Planungseinheit zu verbessern. Hier stellt sich die Frage, ob es Informationssysteme gibt, deren Realisierung der strategischen Planungseinheit Wettbewerbsvorteile bringen kann. Der Suche danach kann Porters Modell der Branchenstruktur zugrunde gelegt werden (Porter & Millar, 1986, S. 94). Sie erstreckt sich auf die unten angeführten Bereiche (McFarlan, 1996, S. 87):
- Gibt es IT-Systeme, die Kundinnen und Kunden binden? Als Beispiele kann man Informationssysteme nennen, die Rabatte, Vergünstigungen verwalten, der Kundschaft frühzeitige Informationen liefern, so die Premium Card von Orell Füssli, die Projekt-Welt-Karte von Hornbach, Miles&More der Swiss. Hinter solchen Kundenkarten stehen hoch entwickelte Informationssysteme, die zwei Ziele verfolgen: den Kundennutzen zu steigern oder das Angebot zu verbessern und interne Prozesse den Kundenbedürfnissen gemäss zu gestalten.
- Gibt es IT-Systeme, die wichtige Lieferanten binden können? Solches kann durch Informationssysteme geschehen, bei denen der Lieferant die Lagerbestände des Kunden einsehen und im Bedarfsfall ohne dessen Zutun die Bestände auffüllen kann (vgl. als Beispiel Bossard Holding AG, 2020). Zu beachten ist, dass Kunden- wie auch Lieferantenbindungen beide Partner binden. Sie müssen für beide Vorteile bringen. Zu bedenken ist auch, dass das Lösen von Bindungen hohe Kosten verursachen kann.
- Gibt es IT-Systeme, die Brancheneintrittsbarrieren errichten oder erhöhen? Solche sind gegeben, wenn IT-Systeme erforderlich sind, um in der Branche erfolgreich zu sein. Je höher entwickelt die Systeme sind, umso höher werden die Brancheneintrittsbarrieren sein.
- Man kann die Frage zwar stellen, wird aber wahrscheinlich keine Antwort darauf finden: Gibt es IT-Systeme, die eine Substitution der eigenen Marktleistung verhindern können? Ein derartiges Informationssystem müsste verhindern, dass eine bessere Lösung für Kundenprobleme, die meist auf einer neuen Technologie beruht, in der Branche lanciert wird.

Zusammenfassend kann festgehalten werden, dass bei der Formulierung der Wettbewerbsstrategie die Frage gestellt werden muss: Gibt es Informationssysteme, welche der strategischen Planungseinheit Wettbewerbsvorteile bringen? Wenn ja, welchen funktionalen Anforderungen müssen sie genügen und welche Informationsbedürfnisse müssen sie befriedigen? Damit sind wir bei den Vorgaben an die Digitalisierungsstrategie.

Die oben gestellten Fragen nach Wettbewerbsvorteilen lenken den Blick nach aussen in die Branchen, in denen eine Unternehmung tätig ist. Natürlich können Wettbewerbsvorteile auch dadurch realisiert werden, dass Prozesse flexibler oder effizienter gestaltet werden, dass sie sich schneller, sicherer und kostengünstiger abwickeln lassen und dass die Informationsversorgung des Managements mit internen und externen Informationen verbessert wird, was die Managementqualität steigert. All dies lässt sich mit geeigneten operativen und Managementinformationssystemen verwirklichen.

Grundstrategie

Die **Grundstrategie** besagt, auf welche Art eine strategische Planungseinheit Wettbewerbsvorteile erreichen soll. Dies kann grundsätzlich auf zwei Arten erfolgen. Entweder sie bietet die bessere Marktleistung an oder sie bietet eine Marktleistung zu einem tieferen Preis als die Wettbewerber an. Im ersten Fall spricht man von Marktleistungsdifferenzierung, im zweiten von Preisdifferenzierung.

Bei der Verfolgung der Grundstrategie der **Marktleistungsdifferenzierung** liegt das Schwergewicht auf der Qualität der Marktleistung. Hier stehen innovative Aufgaben im Vordergrund, welche auf die Steigerung des Kundennutzens gerichtet sind. Gefragt sind aus diesem Grund flexible Prozesse und Informationssysteme. Diese sollen dazu beitragen, die Innovationskraft – besonders in den marktleistungsbezogenen Funktionsbereichen – zu erhöhen. Es kommt hinzu, dass im Falle der Marktleistungsdifferenzierung die Aussenorientierung gross sein muss, weil man sich ständig nach geänderten Kundenbedürfnissen zu richten hat. Entsprechend müssen die IT-Systeme in der Lage sein, aktuelle externe Informationen rechtzeitig zu liefern.

Das Gegenteil ist im Fall der **Preisdifferenzierung** angesagt. Grosse Effizienz – nicht Flexibilität – ist hier das A und O. Das gilt für Prozesse wie auch für die sie unterstützenden Informationssysteme. IT-Systeme sollen zum sicheren und zuverlässigen Ablauf von Prozessen beitragen, sollen gewährleisten, dass nur die vorgesehenen Aktivitäten wahrgenommen werden, sollen Systembenutzerinnen und -benutzer auf das Notwendige beschränken.

Es kann festgehalten werden, dass die Grundstrategie das Ausmass der Strukturierung, die Flexibilität oder Effizienz der einzelnen IT-Systeme bestimmt. Bei der Marktleistungsdifferenzierung ist die Strukturierung gering, bei der Preisdifferenzierung hoch. Einen Marktleistungsdifferenzierer mit hocheffizienten Informationssystemen auszustatten und ihn in ein enges Korsett zu zwängen, ist genauso falsch, wie wenn ein Preisdifferenzierer mit flexiblen Systemen ausgestattet wird, deren reichhaltige Funktionalität er gar nicht brauchen und nutzen kann.

Normstrategie

Gehen wir davon aus, dass jede strategische Planungseinheit funktionale Anforderungen an bestimmte Informationssysteme und abzudeckende Informationsbedürfnisse nennt, so kann die Realisierung dieser Vorgaben Investitionen beträchtlichen Ausmasses nach sich ziehen. Um die knappen Ressourcen richtig zu allozieren, müssen Prioritäten gesetzt werden.

Die Kenntnis der **Normstrategie** soll verhindern, dass Ressourcen für strategische Planungseinheiten verschwendet werden, auf welche die Normstrategie der Desinvestition oder des Nutzens angewendet wird. Es werden diejenigen strategischen Planungseinheiten bevorzugt, bei denen durch die Realisierung der funktionalen Anforderungen und durch die Abdeckung von Informationsbedürfnissen Wettbewerbsvorteile zu erwarten sind. Für diese gilt eine hohe Priorität.

Wir können zusammenfassen, dass die Kenntnis der Normstrategie für die Formulierung der Digitalisierungsstrategie unabdingbar ist,

- um Fehlinvestitionen in strategische Planungseinheiten, auf welche die Normstrategien des Nutzens oder der Desinvestition angewendet werden, zu verhindern,
- um Prioritäten für die Erfüllung funktionaler Anforderungen und die Abdeckung von Informationsbedürfnissen der strategischen Planungseinheiten zu setzen.

Wertschöpfungsstrategie

Sind die Wettbewerbs-, die Grund- und die Normstrategien für jede strategische Planungseinheit fixiert, stellt sich die Frage nach dem «Wie». Wie soll alles umgesetzt werden? Das ist zunächst einmal die Frage nach den abzuwickelnden Prozessen. Die **Wertschöpfungsstrategie** gibt darauf Antwort, indem sie vorgibt, wie in einem ersten Schritt für jede strategische Planungseinheit die für die Erreichung der gesteckten Ziele notwendigen Prozessstrukturen zu gestalten sind. Die im Rahmen der Prozesse wahrzunehmenden Aktivitäten müssen im zweiten Schritt organisatorischen Stellen zugeordnet werden. Diese wiederum sind in Lenkungsstrukturen einzubinden, welche die Koordination der Aktivitäten sicherstellen. Die Koordination mehrerer Stellen wird von übergeordneten Stellen wahrgenommen.

Sind die Prozessstrukturen und die Lenkungsstrukturen festgelegt, so lassen sich die IT-Systeme gestalten, welche Prozesse und Lenkungsstrukturen unterstützen. Aus den Prozessstrukturen lassen sich die funktionalen Anforderungen an die operativen IT-Systeme und die abzudeckenden Informationsbedürfnisse ableiten. In den Lenkungsstrukturen ist das Management der Unternehmung eingebunden. Sie sind die Quelle der funktionalen Anforderungen an die Managementinformationssysteme und die damit zu befriedigenden Informationsbedürfnisse (vgl. Abbildung 8).

Mit dem geschilderten Ansatz, aus der Vorgabe der Wertschöpfungsstrategie funktionale Anforderungen an Informationssysteme und abzudeckende Informationsbedürfnisse zu gewinnen, folgen wir einem allgemein anerkannten Konzept, nach dem sich das Unternehmungsinformationssystem aus den organisatorischen Strukturen – den Prozess- und Lenkungsstrukturen – und diese aus den Zielen der strategischen Planungseinheiten herleiten lassen.

Mit der Wertschöpfungsstrategie werden einerseits die Prozessstrukturen und mit ihnen die funktionalen Anforderungen an operative Informationssysteme wie auch die durch sie abzudeckenden Informationsbedürfnisse festgelegt. Gleiches leistet die Wertschöpfungsstrategie für die Managementinformationssysteme, wobei hier die Informationsbedürfnisse im Zentrum stehen. Das Ganze geschieht also in einem Dreisprung: Ziele – Organisationsstrukturen – IT-Systeme (Krcmar, 2015, S. 31; Österle, 1995, S. 14).

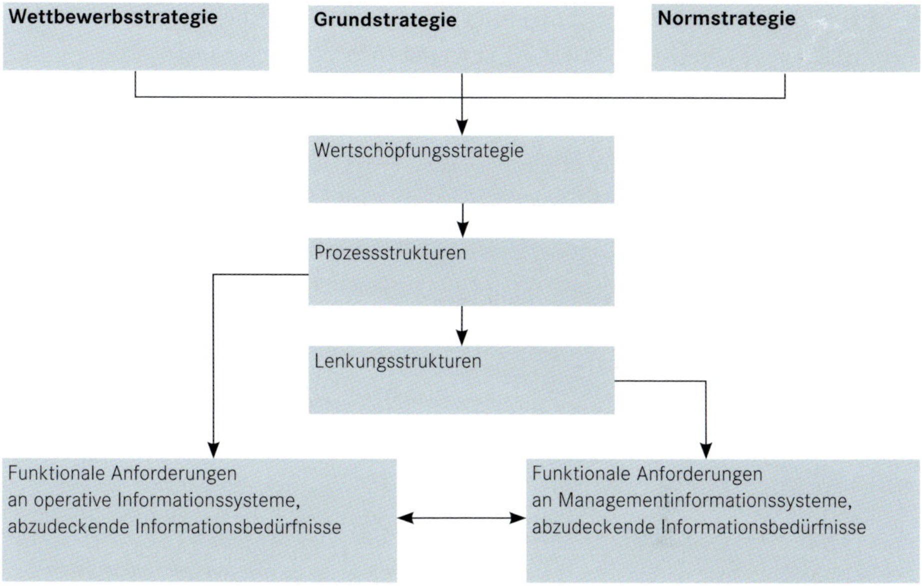

Abb. 8: Quellen funktionaler Anforderungen an IT-Systeme

Aus der **Prozesslandschaft**, welche die Prozesse in Führungs-, Kern und Supportprozesse gliedert, können zudem Prioritäten für die Realisierung von IT-Systemen abgeleitet werden. Da Kernprozesse stets in engem Zusammenhang mit der Befriedigung von Kundenbedürfnissen stehen, wird den sie unterstützenden IT-Systemen hohe Priorität eingeräumt.

Kritische Erfolgsfaktoren

Kritische Erfolgsfaktoren sind ein wesentliches Element des strategischen Controllings. Sie sind zuverlässige Indikatoren dafür, ob das Geschäft und die Unternehmung sich auf Kurs befinden, ob Chancen und Gefahren in Umwelt oder Unternehmung winken beziehungsweise drohen und ob korrigierende Massnahmen seitens des Managements notwendig sind (Rockart & DeLong, 1988, S. 203).

Kritische Erfolgsfaktoren müssen permanent überwacht werden. Sie entsprechen kritischen Informationsbedürfnissen des Managements und stellen Informationsbedarf dar, der unter allen Umständen zu befriedigen ist, weil andernfalls das Management seine Aufgaben nicht wahrnehmen kann.

Zusammenfassung

Funktionale Anforderungen und Informationsbedürfnisse sind die beiden Vorgaben, die jede strategische Planungseinheit für die inhaltliche Festlegung der Digitalisierungsstrategie liefern muss (vgl. Abbildung 9). An der Digitalisierungsstrategie liegt es dann, diese Anforderungen zu integrieren, konkret ein Unternehmungsinformationssystem zu gestalten, das allen Anforderungen weitestgehend gerecht wird. Mögliche Inhalte einer Digitalisierungsstrategie und deren Umsetzung beschreiben Wintersteiger und Tiemeyer (2017, S. 55). Eine umfassende Darstellung der Vorgehensweise findet sich bei Hanschke (2016).

Vorgaben der strategischen Planungseinheiten	Inhaltliche Umsetzung in der Informationsstrategie
Wettbewerbsstrategie	Gibt es Informationssysteme, welche geeignet sind, Wettbewerbsvorteile zu generieren, zu halten und/oder zu steigern, und welches sind die zu erfüllenden funktionalen Anforderungen, die zu befriedigenden Informationsbedürfnisse?
Grundstrategie	In welchem Ausmass können die Informationssysteme strukturiert werden?
Normstrategie	Kann in Informationssysteme für bestimmte strategische Planungseinheiten investiert werden und, wenn ja, mit welchen Prioritäten?
Wertschöpfungsstrategie	Welches sind die funktionalen Anforderungen an Informationssysteme? Welche Informationsbedürfnisse sind abzudecken?
Kritische Erfolgsfaktoren	Welches sind abzudeckende kritische Informationsbedürfnisse?

Abb. 9: Vorgaben der strategischen Planungseinheiten an die Informationsstrategie

3

3.5 Operatives Management der Digitalisierung

Die Digitalisierungsstrategie bedarf der Umsetzung. Hier setzt das **operative Management der Digitalisierung** ein.

3.5.1 Digitalisierungsplanung

Dies geschieht zuerst auf der Managementstufe «operative Planung» mit der **Digitalisierungsplanung**. Dabei handelt es sich um die Planung – meist eine mehrjährige mit einem Planhorizont von drei Jahren – des laufenden Betriebes. Es zeigen sich die gleichen Probleme wie bei der Produktion von Produkten. Das Produkt der Digitalisierung ist Information. Um diese zu liefern, braucht es als Material Daten, für deren Verarbeitung Hardware und Software, welche aus den Daten Informationen machen. Geht man vom Endprodukt aus, so stellen sich konkret die folgenden Fragen:

- Welche Informationen sind zu erstellen, welche Informationsbedürfnisse abzudecken?
- Welche Daten sind dafür erforderlich?
- Wie müssen diese Daten verarbeitet werden?
- Wie viel Kapazität, sprich Hardware, wird dafür benötigt (Wintersteiger & Tiemeyer, 2017, S. 77)?

All dies verursacht Kosten, die in das Budget der Digitalisierung und schlussendlich in das Budget der Unternehmung eingehen.

3.5.2 Digitalisierungsprojektplanung

Es gibt verschiedene Gründe, weshalb bestehende IT-Systeme angepasst werden müssen: Änderungen von Informationsbedürfnissen, Branchenstrukturen, Geschäftsmodellen, Strategien, Organisationsstrukturen, auch veraltete Informationstechnologie usw. Wenn solche Änderungen ein bestimmtes Ausmass erreichen, sei es betreffend Arbeitsaufwand oder Kosten, ist es sinnvoll, dies in Projektform abzuwickeln.

Die **Digitalisierungsprojektplanung** steht am Beginn eines Digitalisierungsprojektes. Ein solches Projekt wird einem **Phasenkonzept** folgend abgewickelt, das immer auf der Vorgehensweise des Systems Engineering basiert, also auf dem Prinzip «vom Groben zum Detail», dem Top-down-Ansatz. Das bedeutet, dass am Anfang eines Projektes – im Rahmen der Vorstudie – grundsätzliche Entscheide getroffen werden, die in den anschliessenden Phasen «Haupt»-, «Detailstudien», «Systembau», «Systemeinführung» zunehmend verfeinert werden (Haberfellner, de Weck, Fricke & Vössner, 2018, S. 54). Ob ein Entwicklungs- oder ein Beschaffungsprojekt ansteht, ändert grundsätzlich nichts an der Vorgehensweise (vgl. dazu auch Becker, Haberfellner, Pasternack & Grünwald, 2013, S. 56 und S. 64; einen überzeugenden Überblick zu Digitalisierungsprojekten geben Grupp, 2003, und Tiemeyer, 2018).

Der **operativen Führung der Digitalisierung** obliegt es, die aufgestellten Pläne zu realisieren. Das ist ein nicht zu unterschätzendes Unterfangen, das viel an Umsicht, Übersicht, Organisations- und Prozesskompetenz verlangt.

3.6 Lenkungsgrössen der Digitalisierung

Bei der Lenkung des Funktionsbereichs **Digitalisierung** ist immer davon auszugehen, dass das Business Vorrang vor der Informationstechnologie hat – wobei Letztere durchaus Einfluss auf das Business haben kann, weil die Informationstechnologie möglicherweise neue Ansätze bietet, Kundenbedürfnisse abzudecken.

Die grundlegenden Ziele der Digitalisierung werden in der Digitalisierungspolitik festgeschrieben. Sie setzt für den gesamten Funktionsbereich die Leitplanken, die auf den untergeordneten Managementstufen der Konkretisierung bedürfen.

Ausgangspunkt für die **Lenkung der Digitalisierung** sind die zu befriedigenden Kundenbedürfnisse. Wie diese abgedeckt werden, wird auf der Managementstufe «Strategische Planung» in Form von Strategien festgehalten. Dies geschieht für jede strategische Planungseinheit, wie es oben ausgeführt wurde. Daraus leitet sich die Digitalisierungsstrategie ab. Aus den Zielsetzungen der strategischen Planungseinheiten ergeben sich die Prozess- und Lenkungsstrukturen, in dieser Reihenfolge. Die Digitalisierungsplanung setzt die

Digitalisierungsstrategie um, erstellt also Pläne, wie diese zu realisieren ist. Das geschieht im operativen Management der Digitalisierung, wo es darum geht, die Bausteine der Digitalisierung – Daten, Software und Hardware – zu gestalten und zu managen (Wintersteiger & Tiemeyer, 2017, S. 74; Gälweiler, 2005, S. 23, und Abbildung 10).

Die Lenkungsgrössen der Digitalisierung muss man im Griff haben. An den Orientierungsgrössen erkennt man, wie es um die Lenkungsgrössen und damit letztlich um den ganzen Funktionsbereich bestellt ist. Zum Beispiel ist die Qualität der IT-Systeme und IT-Prozesse gegeben, wenn die Wertschöpfungsprozesse in der Digitalisierung und die Unternehmensprozesse die gesetzten Ziele erreichen. Analog wird bei der Beurteilung der übrigen Lenkungsgrössen vorgegangen.

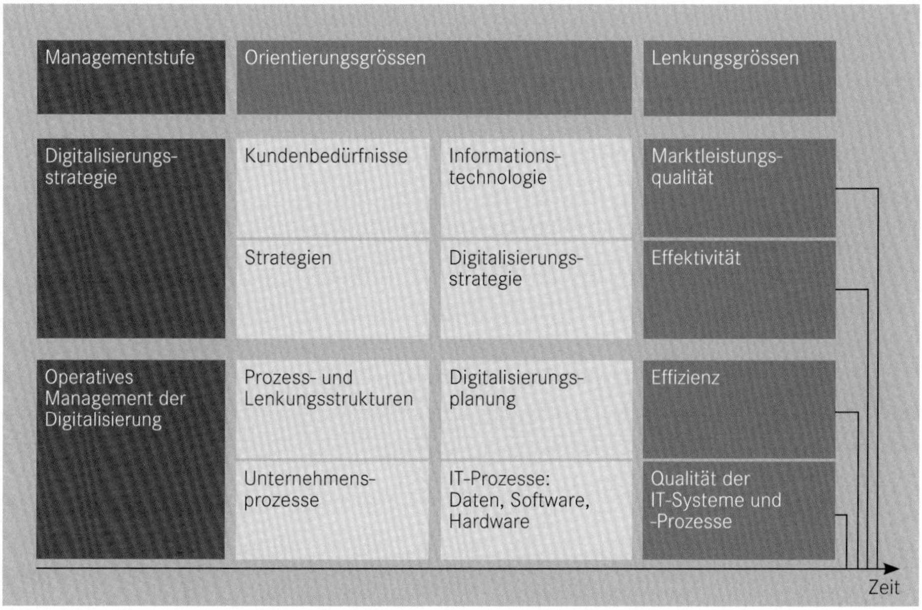

Abb. 10: Lenkungsgrössen der Digitalisierung

Die jeweils übergeordneten Lenkungsgrössen steuern die nachgeordneten. Die Qualität der IT-Systeme und -Prozesse ergibt sich aus der Effizienz und der Effektivität der Digitalisierung und letztere daraus, in welchem Masse die Marktleistungsqualität den Kundenbedürfnissen entspricht. Zu beachten ist: Je weiter in den Managementstufen aufgestiegen wird, umso langfristiger wirken die Lenkungsgrössen und umso länger dauert es, sie anzupassen.

4 Digitale Transformation

4.1 Einführende Beispiele

Am 31. Dezember 2019 warnte die kanadische Firma Bluedot vor dem Ausbruch des neuartigen Coronavirus. Die Centers for Disease Control and Prevention (USA) taten Gleiches am 6. Januar 2020, die WHO am 9. Januar 2020. Bluedot ist in der Seuchenfrüherkennung tätig. Die Firma setzt dabei Künstliche Intelligenz ein: ein Algorithmus durchsucht das Internet nach regionalen Nachrichten in 65 Sprachen, nach Datenbanken, Meldungen zu Tier- und Pflanzenerkrankungen, offiziellen Gesundheitswarnungen, Foren und Blogs, um Auffälliges zu finden. Die vom Algorithmus erkannten Muster werden von Wissenschaftlern überprüft. Sind sie verifiziert, werden zuständige Behörden gewarnt. Bluedot trifft auch Vorhersagen zur Ausbreitung eines Virus auf Grundlage von Flugplänen und Passagierzahlen. Bis heute lag Bluedot immer richtig (t3n, 2020).

Clearview AI Inc. ist ein amerikanisches Start-up, das aus dem Internet drei Milliarden Fotos von Personen mit Angabe von Kontaktdaten aus öffentlich zugänglichen Bereichen des Internets gesammelt und in einer Datenbank abgespeichert hat. Es entwickelte mithilfe Künstlicher Intelligenz eine Gesichtserkennungstechnologie, die binnen Sekunden das eingegebene Bild einer Person analysiert, mit den vorhandenen Daten abgleicht und die Daten von Personen ausgibt, welche diese Person sein könnten. Das System wird nach Angaben der Firma nur Strafverfolgungsbehörden zur Verfügung stehen. Man stelle sich das Potenzial von Gesichtserkennungssystemen kombiniert mit Videoüberwachung im öffentlichen Raum vor (Beuth & Horchert, 2020, S. 43; Clearview, 2020).

Der smarte Kühlschrank kann mehr als kühlen. Kameras erfassen seinen Inhalt und senden die Bilder ans Smartphone, sodass man nachsehen kann, was noch drinnen ist. Er kann darüber hinaus anzeigen, was auszugehen droht, kann fehlende Waren bestellen, kann Rezepte vorschlagen, für welche die Zutaten verfügbar sind. Er erkennt, wann das Ablaufdatum erreicht ist, und zeigt es an. Er kann, sollte man gerade an einem Supermarkt vorbeikommen, einen zum Einkaufen schicken (Smart-Wohnen.de, 2020).

Go gilt als eines der anspruchsvollsten Strategiespiele, bei dem Glück keine Rolle spielt. Es basiert auf einer überschaubaren Anzahl von Regeln. Auf dem grossen Spielfeld – 19 * 19 Linien – können die Spieler ihre Steine frei platzieren. Es soll $2 * 10^{170}$ mögliche Stellungen geben. Im Google-Forschungslabor DeepMind wurde AlphaGo entwickelt, ein lernfähiges Programm Künstlicher Intelligenz. Es analysierte unzählige Stellungen und fand in der riesigen Datenmenge Muster, die zum Erfolg führen, auch indem es gegen sich selbst spielte. Schlussendlich gelang es AlphaGo, Lee Sedol, den 2016 stärksten Go-Spieler, 4:1 zu schlagen, was zuvor niemand für möglich gehalten hätte (McAfee & Brynjolfsson, 2018, S. 8).

Kaeser Kompressoren SE stellt Druckluftkompressoren her, die der Wartung bedürfen. Diese bezahlt der Kunde nicht, statt dessen verrechnet Kaeser die bezogene Menge Druckluft (Perfomanded Based Contracting). Von den installierten Maschinen liegt ein digitaler Zwilling vor, ein informationelles Modell. Dieses liefert alle Daten über gelieferte Druckluft, Zustand des Kompressors und laufende Prozesse. Diese Daten, übers Internet übertragen, ermöglichen es Kaeser, notwendige Wartungen und Instandsetzungen gezielt vorzunehmen. Der Kunde muss sich nicht darum kümmern. Kaeser erwächst aus diesen Dienstleistungen ein bemerkenswerter Wettbewerbsvorteil (Sachnow, Winkler, Hoberg & Krcmar, 2018, S. 99).

Mit hochauflösenden 3D-Scans von Rembrandt-Originalen wurden Farben und Pinselstriche erfasst und in einem System der Künstlichen Intelligenz zu Mustern verarbeitet. Diese dienten als Vorlage, ein neues Rembrandt-Gemälde mit einem 3D-Drucker zu erstellen: weisser Mann mit Bart, schwarz gekleidet mit weissem Kragen. Das Bild sieht aus wie ein echter Rembrandt. Ist es einer? (ING, 2020)

Mit Schindler Ahead präsentiert die Schindler Aufzüge AG ein Konzept, das aus Aufzügen und Fahrtreppen eine Kommunikationsplattform macht, die mit Passagieren, Betreibern und Technikern interagiert. Passagiere werden auf Projektionsflächen mit Informationen versorgt. Sensoren überwachen Nutzung und Zustand von Aufzügen und Fahrtreppen. Die weltweit erfassten Daten gehen in eine cloudbasierte Analytik ein. Notwendige Massnahmen werden angestossen, Ersatzteile bereitgestellt, Techniker beauftragt und Betreiber informiert, Zuverlässigkeit und Sicherheit werden gesteigert. Aufzug und Fahrtreppe werden zum integrierten Element eines intelligenten Gebäudes (Schindler Aufzüge AG, 2020).

4.2 Schlüsseltechnologien der Digitalisierung

Die obigen Beispiele decken ganz verschiedene Gebiete der Digitalisierung ab. Sie alle aber haben etwas gemeinsam: **Schlüsseltechnologien**. Als solche bezeichnet man Technologien, die ihr Entwicklungsstadium hinter sich haben und von denen feststeht, dass sie zu konkreten Innovationen führen. Einen guten einführenden Überblick bietet Specht (2019).

Bei der Digitalisierung läuft man oft Gefahr, in einer anfänglichen Begeisterung die Möglichkeiten neuer Technologien zu überschätzen, auch wenn nicht absehbar ist, ob sie sich durchsetzen werden. Dieser Phase der überzogenen Erwartungen folgt das Tal der Enttäuschung, dem sich – eventuell – der Pfad der Erleuchtung anschliesst, der zum produktiven Gebrauch der Technologie führt (Hype-Zyklus, 2020).

Im Folgenden seien die aus der Perspektive der Unternehmungsführung wichtigsten Technologien beschrieben, von denen man weiss, dass sie sich bewähren oder bewähren werden. Es wird hier nicht möglich sein, Technologien der Digitalisierung im Detail darzustellen. Erstens führte das zu weit, zweitens werden derartige Darlegungen schon in naher Zukunft überholt sein.

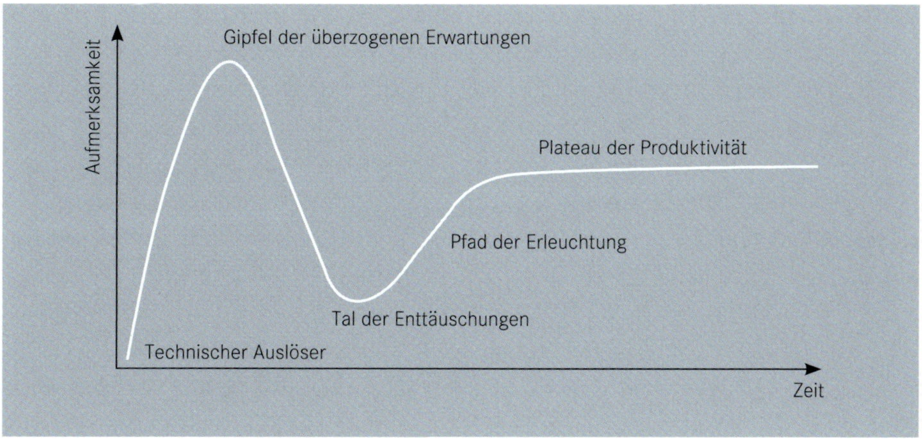

Abb. 11: Hype-Zyklus

4.2.1 Internet und Internet of Things

> «In diesem Jahrtausend wird es zwei Arten von Geschäften geben: Die im Internet und die, die es nicht gibt.»
>
> Bill Gates

Die Erfindung des Buchdrucks ermöglichte die Verbreitung von Wissen und Information in bis dahin nicht gekanntem Ausmass. Beides wurde der breiten Bevölkerung zugänglich. Gleiches geschah mit der Einführung des WWW. Der Unterschied ist, dass die zugängliche Informationsmenge explodiert und alles viel schneller geht. Zudem können Menschen mit dem Internet zweiseitig und grenzenlos kommunizieren. Das Internet ist uns heute so selbstverständlich, wie es früher das Telefon war. Wir nutzen es, um Informationen zu suchen, Waren zu bestellen, Kontakte zu pflegen, Finanzgeschäfte abzuwickeln, Partner zu suchen, Marktleistungen und ihre Preise zu vergleichen, Buchungen vorzunehmen, an Auktionen teilzunehmen, uns rund um die Welt zu vernetzen – und vieles, vieles mehr.

Digitalisierung verändert nicht nur das Privatleben. Sie verändert Branchen, macht sie gar überflüssig. Die Suche im Netz bringt Kunden und Lieferanten zusammen, die einander sonst nie gefunden hätten. Am Beispiel des Handels kann dies anschaulich dargestellt werden. Der Handel lebt davon – nicht nur, aber grundsätzlich –, dass Kunde und Lieferant einander nicht kennen. Finden sie sich im Netz, kann dies den Handel nutzlos machen. Auch virtuelle Marktplätze können ihn ersetzen. Ganze Branchen sind durch das Netz bedroht oder verändern sich strukturell. Entfernung und Tageszeit spielen keine Rolle. Preise sind variabel, können der Marktsituation rasch angepasst werden. Der Kunde hat fast vollständige Transparenz, was den Wettbewerb verschärft. Umgekehrt sammeln Anbieter Informationen über den Kunden, können ihr Angebot seinen individuellen Bedürfnissen anpassen; sie lassen Kunden die Marktleistung selbst gestalten und stellen diese wunschgemäss her.

Das **Internet of Things** ist ohne smarte Objekte – Gegenstände, Prozesse, Marktleistungen – undenkbar. Diese verfügen über Sensoren, die über ihre Umwelt und ihren eigenen Zustand Daten erfassen und darüber hinaus noch mit anderen smarten Objekten kommunizieren können. Grundlegend dafür ist, dass die Objekte permanent durch einen «Digital Twin», einen digitalen Zwilling, virtuell möglichst vollständig abgebildet werden (Cearley & Burke, 2018, S. 16). Ein Beispiel: Vom Gebäude wird ein digitales Modell mit ständiger Verbindung zum realen Bauwerk und zum Internet erstellt. Das Modell hält Strukturen und den aktuellen Zustand des Gebäudes fest. Dies erlaubt intelligente Haussteuerung, regelt je nach Wetterlage die Heizung, steuert Jalousien, schaltet Waschmaschine und andere Geräte ein und aus, optimiert so den Stromverbrauch, ermöglicht die Steuerung von Geräten übers Smartphone, überwacht das Gebäude und löst Alarme aus (Wahbeh, 2019). Schlussendlich wird das ins «Internet of Everything» münden, wo alles mit allem vernetzt ist. So wird geschätzt, dass 2025 das Internet der Dinge 75 Milliarden smarte Objekte umfassen wird (Specht, 2019, S. 175).

All dies wird nur funktionieren, wenn grosse Datenmengen erfasst und verarbeitet werden können, was leistungsfähige Apps und Hardware und vor allem ein schnelles Internet erfordert, das alles mit allem vernetzt. Es entsteht ein digitales Ökosystem.

4.2.2 Big Data

> «Daten sind das Öl des 21. Jahrhunderts, und Datenanalyse der Verbrennungsmotor.»
>
> Peter Sondergaard

Big Data «bezeichnet Datenmengen, welche beispielsweise zu gross, zu komplex, zu schnelllebig oder zu schwach strukturiert sind, um sie mit manuellen und herkömmlichen Methoden der Datenverarbeitung auszuwerten» (Big Data, 2020). Daraus geht hervor, dass mit dem Begriff Big Data nicht nur Massen von Daten gemeint sind. Es braucht darüber hinaus noch Technologien, die diese Daten auswerten, um aus ihnen die gesuchten Informationen zu extrahieren. Was heisst in diesem Fall «Big»? Es geht um die drei Vs:

1. Velocity: Die Daten müssen schnell und laufend aus allen zugänglichen Kanälen – von Social Media bis hin zu Überwachungskameras – gesammelt werden, das gibt einem Zeit für Auswertungen und stellt Aktualität sicher.
2. Volume: Informationen, die aus grossen Datenmengen gewonnen werden, sind tendenziell die besseren und führen in der Regel zu guten Entscheidungen und neuem Wissen.
3. Variety: Die Massendaten fallen in aller Regel völlig ungeordnet an, was nach Struktur verlangt. Dafür gibt es geeignete Apps (Baron, 2013, S. 23).

Wie immer muss zuerst ein Ziel festgelegt werden: zu lösende Probleme, zu generierende Erkenntnisse oder zu klärende Fragen. Ist die Frage nach dem «Was» beantwortet, kommt gleich die nach dem «Wie», nach dem abzuwickelnden Prozess, und dem «Womit», den einzusetzenden Ressourcen (Baron, 2013, S. 7, S. 35, 107).

Ziel ist es immer, Zusammenhänge oder Muster zu erkennen. Dazu werden statistische Verfahren und Machine Learning verwendet. Zum Beispiel läuft in der Medizin immer derselbe Prozess ab. Am Anfang steht die Untersuchung, welcher die Diagnose und die Therapie folgen. Dies wird mit den entsprechenden Patientendaten verbunden. Diese Daten fallen in grossen Mengen an. Zudem legen viele Menschen Gesundheitsdaten wie Puls, Schlaf, Ernährung usw. auf ihrem Smartphone ab. Mit all diesen Daten lassen sich klar formulierte Fragen beantworten. Wie viele Gemeinsamkeiten weisen Patienten mit derselben Krankheit auf? Was hat diese verursacht? Welche Therapien waren erfolgreich? Man gewinnt dadurch keine absolute Gewissheit, aber mit hoher Wahrscheinlichkeit gute Resultate, die umso besser werden, je mehr Daten vorliegen (Baron, 2013, S. 7; netdoktor.ch, 2020).

Am Beispiel erkennt man, dass die gewonnenen Informationen typischerweise nicht zwingend, sondern bloss mit einer bestimmten Wahrscheinlichkeit zutreffend sind. Je grösser die Datenmenge ist, umso höher wird die Wahrscheinlichkeit. Dies liegt daran, dass man nicht auf Stichproben angewiesen ist, sondern die Grundgesamtheit analysiert. Man sucht dabei nicht nach Kausalitäten, sondern Korrelationen, die Beziehungen aufzeigen, Muster offenlegen und letztlich Prognosen erlauben.

Aus Sicht der Unternehmungsführung steht immer die zu beantwortende Frage im Zentrum, zum Beispiel:

Versicherungsbranche	Was weist auf einen Versicherungsbetrug hin?
Stationärer oder Onlinehandel	Was könnte ein Kunde noch kaufen, der einen bestimmten Artikel gekauft hat?
Bonitätsprüfung	Welche Merkmale zeichnen eine Person mit hoher Kreditwürdigkeit aus?
Verbrechensbekämpfung	Welche Straftaten werden unter welchen Bedingungen, zu welchen Zeiten, an welchen Orten, von welchen Tätern begangen?
Tourismus	Wie wirkt sich das Wetter auf das Verhalten von Touristen aus?
Transportbranche	Wo kommt es unter welchen Umständen zu Staus? Wie lassen sie sich umfahren?

Wie Erkenntnisse aus grossen Datenmengen gewonnen und welche Ressourcen dafür eingesetzt werden, damit beschäftigt sich die Datenwissenschaft (Data Science), die hier nicht erläutert wird. Einen Einblick gibt Christl (2014).

4.2.3 Künstliche Intelligenz

> «Wir stehen an einer Schwelle zu einer neuen, mutigen Welt. Die Entwicklung Künstlicher Intelligenz könnte entweder das schlimmste oder das beste Ereignis in der Geschichte unserer Zivilisation sein. Wir wissen nicht, ob wir von der KI unendlich unterstützt oder vielleicht ignoriert oder möglicherweise sogar zerstört werden.»
>
> Stephen Hawking

Das Wort «Intelligenz» kommt vom lateinischen «intellegere», was einsehen, verstehen, erkennen bedeutet, beziehungsweise von «inter» (zwischen) und «legere» (lesen, wählen), also wählen zwischen, auswählen (Intelligenz, 2020). Um wählen zu können, müssen die Alternativen bekannt sein. Die entsprechenden Informationen müssen verfügbar sein, diese werden durch Lernen erworben. Kinder lernen Sprachen, indem sie zuhören, die Bedeutung von Wörtern erfassen, das Gehörte in einen Kontext einordnen und im Sprachzentrum ihres Gehirns, einem neuronalen Netz, abspeichern. Unser Gehirn umfasst rund 100 Milliarden Nervenzellen (Neuronen), die miteinander kommunizieren und laufend neue Verbindungen aufbauen, Muster abspeichern und so lernen. Dieser permanent ablaufende Prozess ermöglicht es, sich Neuem anzupassen und sich darin zurechtzufinden.

Künstliche neuronale Netze sind im Grundsatz dem menschlichen Gehirn nachgebaut und bilden die Basis für **Künstliche Intelligenz** und **Maschinelles Lernen**. Zunächst standen dem Maschinellen Lernen Hürden entgegen, die heute als beseitigt gelten können:

- «Daten bzw. Big Data – etwa zum Training von Künstlichen Neuronalen Netzen – sind heute in einer nie gekannten Menge verfügbar und ihre Menge steigt ständig.
- Rechenleistung und Speicherplatz sind so kostengünstig wie nie zuvor und können von Cloud-Anbietern wie Amazon, Google und Microsoft usw. problemlos bezogen werden.
- Die Performance von Deep-Learning-Algorithmen hat sich in den vergangenen Jahren verbessert.
- Inzwischen existieren viele kostenlos verfügbare (Open-Source-)Toolkits und Bibliotheken zur Entwicklung von KI-Anwendungen.» (Buxmann & Schmidt, 2019a, S. 7)

Die Grundlage Künstlicher Intelligenz bildet **Maschinelles Lernen**. Dieses funktioniert so, dass Daten analysiert und Muster erkannt werden, welche die Grundlage für Entscheidungen oder Prognosen bilden. Man unterscheidet drei Arten Maschinellen Lernens (Buxmann & Schmidt, 2019a, S. 9; Kreutzer & Sirrenberg, 2019, S. 7; McAfee & Brynjolfsson, 2018, S. 81):

- *Beaufsichtigtes Lernen* (Supervised Learning) beruht darauf, dass bestimmten Objekten (möglichst viele) Eigenschaften (Labels) zugeordnet werden, anhand derer man sie erkennt. Ein Beispiel: Das System soll lernen, Personen- von Lastwagen zu unterscheiden.

Der Algorithmus wird dahingehend trainiert, dass er mithilfe statistischer Methoden den Zusammenhang zwischen Eigenschaften und Objekt herstellen kann:

Grösse	Lautstärke	Geschwindigkeit	Verbrauch	Mitfahrer	Objekt
gross	laut	langsam	viel	bis zu zwei	Lastwagen
klein	leise	schnell	wenig	bis zu fünf	Personenwagen

- Beim *Nicht-überwachten Lernen* (Unsupervised Learning) verfügt das System nicht über vordefinierte Zielwerte, es soll Ähnlichkeiten, ein Muster oder eine Struktur in einer Fülle von Daten selbst erkennen. Der Anwender kennt diese nicht, und es können für ihn überraschende Ergebnisse entstehen. Es könnte sich zum Beispiel bei den Nutzern von Jobportalen herausstellen, dass solche, die nachts nach Stellen suchen, häufig zu spät zur Arbeit erscheinen.
- Beim *Verstärkenden Lernen* (Reinforced Learning) muss eine zu lösende Problemstellung bekannt sein. Der Lösungsweg ist allerdings unbekannt. Eingesetzt wird der Trial-und-Error-Ansatz. Es wird so lange nach einer Lösung gesucht, bis sie gefunden ist. Auf dem Weg dahin bedarf es der Rückmeldung, ob ein durchgeführter Versuch zum Erfolg oder zum Misserfolg führte. Daraus lernt das System, die richtigen Entscheide zu treffen (vgl. dazu Abschnitt 4.1 Einführende Beispiele, Go-Spiel).

«KI-Anwendungen weisen Grundfähigkeiten der Wahrnehmung sowie des Verstehens, Lernens und Handelns auf.» (Kreutzer & Sirrenberg, 2019, S. 9) Wichtig an dieser Aussage ist das Wort Grundfähigkeiten, was impliziert, dass Künstlicher Intelligenz Grenzen gesetzt sind. Sie kann grosse Datenmengen verarbeiten, darin Muster erkennen und selbstständig Entscheidungen treffen oder Prognosen stellen. Sie ist darin meist schneller und billiger als Menschen. Die Anwendungsgebiete Künstlicher Intelligenz sind begrenzt: autonome Roboter in Warenlagern, Diagnostik in der Medizin, Finanzberatung, Gesichtserkennung, Navigationssysteme, Schachspiel, Übersetzungen, Verbrauchsoptimierung von bestimmten Ressourcen, Zustandsanalyse von Maschinen. Ein Zitat hält das treffend fest. Es stammt von Yann LeCun, der für Facebook zum Thema Künstliche Intelligenz forscht: «Auf eine sehr begrenzte Art sind diese Systeme ‹intelligenter› als Menschen. Ihr Können beschränkt sich allerdings auf einen sehr eng definierten Bereich und ihre Autonomie ist sehr gering. Sie können nicht wirklich mehr als die Aufgabe ausführen, für die sie entwickelt wurden» (Job Wizards, 2020).

Zusammenfassend lässt sich festhalten, dass Künstliche Intelligenz zwei Fundamente hat: grosse Datenmengen und Maschinelles Lernen. Als Technologie steht sie irgendwo am Anfang ihrer Entwicklung. Sie wird aber rasant Fortschritte machen. Die Anwendungsgebiete werden sich erweitern. Die Datenmengen werden massiv anwachsen, weil durch das Schaffen digitaler Zwillinge reale Welt und Cyberspace zusammenwachsen und interagieren. Grundstein hierfür sind schnelles Internet und Internet of Things. Es wird geschätzt, dass sich die weltweite Datenmenge zwischen 2016 und 2025 von 16.1 auf 163 Zettabytes (1021 Bytes oder eine Milliarde Terabytes) verzehnfachen wird (Specht, 2019, S. 181). Ebenso werden sich die Applikationen verbessern und die Rechenleistungen zunehmen (vgl. dazu auch Fraunhofer-Allianz Big Data, o. J. [2017]).

4.2.4 Informationstechnologien

In den vorangegangenen Kapiteln wurde auf Schlüsseltechnologien der Digitalisierung eingegangen: Internet und Internet of Things, Big Data sowie Künstliche Intelligenz. Dazu kommen noch Technologien wie 3D-Druck, Augmented Reality, Blockchain, Robotik, Cloud Computing, Virtual Reality und weitere (Specht, 2019, S. 175). Diese seien hier nicht näher erläutert, weil sie auf den genannten Schlüsseltechnologien aufbauen und ohne diese nicht denkbar sind.

Digitalisierungstechnologien werden die Welt – im wahrsten Sinne des Wortes – durchdringen, sie vernetzen, nicht nur Menschen, sondern auch Objekte. Vieles wird sehr nützlich sein, und vieles wird Gefahren in sich bergen, derer man sich bewusst sein muss und denen hoffentlich entgegengewirkt werden kann (vgl. dazu auch Harari, 2018).

5 Konsequenzen für die Unternehmungsführung

> «Bei der Gestaltung der Zukunft geht es nicht um die Entscheidung, was morgen zu tun ist, sondern darum, was heute zu tun ist, damit es ein Morgen gibt.»
>
> Peter F. Drucker

Es wurde bereits erwähnt, dass **Informationstechnologie** als Waffe im Wettbewerb eingesetzt werden kann und welche Fragen in diesem Zusammenhang zu beantworten sind (vgl. Abschnitt 3.4 Digitalisierungsstrategie). Daran ändert sich auch in Zeiten der Digitalisierung nichts. Es wird allerdings dringlich, die richtigen Antworten zu finden.

Die Boston Consulting Group nennt fünf Elemente, die den Wettbewerb in den 2020er-Jahren prägen werden (vgl. dazu Kimura, Reeves & Whitaker, 2019):

- Lernen, sich Wissen anzueignen, ist ein wesentliches Element, um im Wettbewerb zu bestehen. Nicht nur Marktleistungen müssen laufend verbessert und Prozesse effizienter gestaltet werden. Die Unternehmung muss lernen zu lernen. Hierbei unterstützen Informationstechnologien wie Künstliche Intelligenz, Big Data, Sensoren, die Informationen über bestimmte Objekte liefern, und digitale Plattformen, welche die Zusammenarbeit fördern. Dies hilft, sich der dynamischen Umwelt anzupassen und Unsicherheiten zu begegnen. Erfolgreiche Unternehmungen müssen vieles lernen, und dies schneller als die Konkurrenz.
- Wettbewerb spielt sich nicht mehr in fest gefügten Branchen und Wertschöpfungsketten ab. Dank Informationstechnologien sinken Kommunikations- und Transaktionskosten, was neue Korporationen ermöglicht. Um das autonome Fahren voranzubringen, arbeitet BMW unter anderem mit Intel, Mobileye, HERE (im Besitz der BMW Group, der Daimler AG und der Audi AG) zusammen. Das Beispiel zeigt, dass Branchengrenzen sich auflösen, sich zuvor undenkbare Partnerschaften bilden, die allerdings ständig und beschleunigt wechseln. Internet, Kommunikationsplattformen und vernetzte IT-Systeme sind der Unterbau dafür.
- Hybride Welten entstehen, reale und digitale Welt wachsen zusammen. So hat Amazon als kleiner Online-Buchhändler begonnen. Der Einsatz von mächtigen ERP-Systemen ermöglicht die ständige Erweiterung des Sortiments, die IT-Kompetenz das Einrichten von Handelsplattformen, Cloud Computing, Webservices, Streamingdiensten. Der erste Schritt aus der digitalen in die reale Welt war der Erwerb von Whole Foods, einer Biosupermarktkette. Ihm folgte die Eröffnung von Detailhandelsgeschäften. Den umgekehrten Weg schlagen Hersteller von Landmaschinen ein. Die Maschinen sind miteinander vernetzt, Drohnen identifizieren Unkraut, steuern Roboter, die es in den Boden drücken, autonom fahrende Traktoren ziehen Sämaschinen, die optimal

das Saatgut ausbringen. Auch hier: Die Grenzen zwischen realer und digitaler Welt verschwimmen.
- Leicht einzusehen: Derartigen Gegebenheiten kann man erfolgreich nur mit grosser Innovationskraft begegnen. Dafür braucht es anregende Information, Fantasie und unterstützend Künstliche Intelligenz, die Muster erkennen lässt und neue Dimensionen des Denkens eröffnet.
- Der technologische Wandel, vor allem die Digitalisierung, ist Ursache von Unsicherheit in Gesellschaft, Politik und Wirtschaft. Hinzu kommen ökologische Herausforderungen. Manche Geschehnisse treffen Unternehmungen unerwartet und unvorbereitet. Dies lässt sich vermeiden. Widerstandsfähigkeit und -kraft sind dann vonnöten und im Voraus zu fördern. Anpassungsfähige Strukturen sind zu schaffen.

Die Kompetenzen von Unternehmungen dürfen sich nicht auf herkömmliche Ansätze, die eigene Existenz zu sichern und Wettbewerbsfähigkeit zu erreichen, beschränken. Diese sind auszubauen, zu ergänzen. Dazu kann, wie oben gezeigt, die Digitalisierung einen wertvollen Beitrag leisten.

Im Folgenden seien wesentliche Konsequenzen der fortschreitenden Digitalisierung für die Unternehmungsführung aufgezeigt. Dabei wird nicht der Anspruch auf Vollständigkeit erhoben, es soll bloss ein Einblick in die Thematik geboten werden.

5.1 Geschäftsmodelle

> «Man sollte nur in Firmen investieren, die auch ein absoluter Vollidiot leiten kann, denn eines Tages wird genau das passieren!»
>
> Warren Buffet

«Ein Geschäftsmodell beschreibt das Grundprinzip, nach dem eine Organisation Werte schafft, vermittelt und erfasst» (Osterwalder & Pigneur, 2011, S. 18). Diese Definition ist deshalb so treffend, weil darin enthalten ist, dass eine Unternehmung Werte für Anspruchsträger, nämlich nicht nur, aber primär für den Kunden schaffen muss. Ein digitales Geschäftsmodell enthält wesentliche digitale Elemente, ohne die das Geschäftsmodell nicht realisierbar ist (vgl. Abbildung 12, in Anlehnung an Appelfeller & Feldmann, 2018, S. 175).

Ein digital erweitertes Geschäftsmodell schafft Mehrwert, indem
- der Kunde seine Marktleistung selbst konfiguriert und seinen Wünschen gemäss gestaltet. Das beginnt beim Automobil und endet bei der Pizza. Voraussetzung dafür ist die Ein-Stück-Fähigkeit in der Produktion;
- die Marktleistung durch digitale Komponenten ausgebaut wird. So ergänzt Nike seine Laufschuhe mit der Nike Run Club App, die Daten über zurückgelegte Strecken, Tempo, Herzfrequenz usw. erfasst.

Abb. 12: Analoge und digitale Geschäftsmodelle

Für digitale Geschäftsmodelle gibt es mittlerweile viele Beispiele wie Amazon, Apple, Facebook. Sie sammeln massenhaft Daten, um ihre Kunden besser zu verstehen oder um sie für ihr eigenes Geschäft zu nutzen, so wie Google für die eigenen Kunden bei Suchen im Netz die exakt dazu passende Werbung anzeigt. Plattformbasierte Geschäftsmodelle vernetzen Anbieter mit Nachfragern: Uber-Taxifahrer mit Kunden, Airbnb-Mieter mit Vermietern, eBay-Verkäufer mit Käufern. Plattformen können im B2C-Geschäft ein eigenständiger Distributionskanal sein. Die wenigsten Plattformen bieten eigene Marktleistungen an, vielmehr nutzen Anbieter sie als Marktplatz. So werden Preis- und Angebotstransparenz geschaffen. Dies tun auch Plattformen, die Informationen zugänglich machen, viele ermöglichen Preisvergleiche. Im B2B-Bereich sind Plattformen vielfach erst am Entstehen. Sie erfüllen aber grundsätzlich die gleichen Funktionen. Indem sie Partner zusammenbringen, die in der Wertschöpfungskette nicht aufeinander folgende Glieder besetzen, kann es sein, dass sie Glieder von Wertschöpfungsketten überflüssig machen. Letztlich können Plattformen auch genutzt werden, um Probleme zu lösen, Wissen anzuhäufen, indem Interessierte sich zusammenfinden und zusammenarbeiten (einen guten Einblick bieten Schögel, Herhausen, Schumacher & Gotsch, o. J.).

Im Obigen sind Arten digitaler Geschäftsmodelle und Beispiele behandelt. Mehr ist auch nicht möglich, denn es gibt kein Rezept, das zu funktionierenden neuen, gar disruptiven Geschäftsmodellen führen würde. Dafür bedarf es der Fantasie, der Kreativität und der zündenden Ideen.

5.2 Industrie 4.0

> «Die Fabrik der Zukunft wird zwei Angestellte haben, einen Menschen und einen Hund. Der Mensch ist dazu da, den Hund zu füttern. Der Hund, um den Menschen davon abzuhalten, die Geräte anzufassen.»
>
> Warren G. Bennis

Das obige Zitat unterstellt, dass in der Marktleistungserstellung, der Produktion, mehr oder weniger alles roboterisiert vonstatten geht. Das wird in manchen Fällen aus vielerlei Gründen nicht möglich sein. Man denke hier an Dienstleistungen in der Gastronomie oder im Gesundheitswesen. Ein Zitat von Peter Glaser, Ehrenmitglied des Chaos Computer Clubs, lautet: «Alles, was digitalisierbar ist, wird digitalisiert werden. Alles.» Die Industrie ist hier keine Ausnahme. Im Gegenteil, sie nimmt in manchen Bereichen eine Spitzenposition ein.

Optimierung ist in der Industrie seit ihrem Beginn ein Thema. So prägt der Lean-Gedanke nach wie vor das Denken in der Produktion, greift aber über diese hinaus und umfasst letztlich alle Funktionsbereiche. Ziel ist es, alle Wertschöpfungsprozesse in der Unternehmung integral und optimal zu gestalten.

Industrie 4.0 nimmt diesen Gedanken auf, erweitert ihn aber auf die ganze Wertschöpfungskette. Organisationsprinzip ist die Vernetzung sämtlicher Ressourcen in allen Gliedern der Wertschöpfungskette. Maschinen, Anlagen und Mitarbeitende tauschen miteinander Informationen aus und ermöglichen es, flexibel auf Gegebenheiten zu reagieren. Damit dies funktioniert, müssen zwei grundlegende Voraussetzungen erfüllt sein:

- Der Informationsaustausch ist nur möglich, wenn Maschinen, Anlagen und Mitarbeitende durch das Internet oder das Internet of Things miteinander verbunden sind.
- Die erforderlichen Daten müssen erhoben sein, erfasst von Sensoren, eingehend in cyber-physische Systeme, die mechanische oder elektronische Elemente über Netzwerke miteinander verbinden (Bauernhansl, 2014; Otto, Ten Hompel & Wrobel, 2018).

Ziel ist es, Effizienz zu steigern, mögliche Kostensenkungen zu realisieren (Bauernhansl, 2014, S. 31):

Kosten	**Effekte**	**Potenziale**
Bestandskosten	Reduktion von Beständen	-30% bis -40%
Fertigungskosten	Verbesserung der Anlageneffizienz verbesserter Personaleinsatz	-10% bis -20%
Logistikkosten	erhöhter Automatisierungsgrad	-10% bis -20%
Komplexitätskosten	Vergrösserung der Kontrollspannen Reduktion des Trouble Shootings	-60% bis -70%
Qualitätskosten	echtzeitnahe Qualitätskontrolle	-10% bis -20%
Instandhaltungskosten	reduzierter Ersatzteilbestand zustandsorientierte Wartung	-20% bis -30%

Auffallend ist die starke Senkung der Komplexitätskosten. Dies ist nicht damit begründet, dass die Komplexität abnimmt, sondern damit, dass in indirekten Bereichen die Produktivität durch Verminderung von Verschwendung erhöht wird. Die Kontrollspannen, also die Anzahl unterstellter Mitarbeitender, kann vergrössert werden, da die Gruppen selbstorganisierend strukturiert sind und deshalb weniger der Führung bedürfen und vieles «vor Ort» geregelt wird.

Zweifellos fallen in einem System der Industrie 4.0 gewaltige Mengen an Daten an. Damit rücken die Schlüsseltechnologien Big Data und Künstliche Intelligenz in den Vordergrund. Mit der Auswertung der Datenmengen können Muster erkannt werden, die zusätzlich helfen, Flexibilität und Effizienz zu steigern.

In der unten stehenden Abbildung ist Industrie 4.0 zusammengefasst dargestellt. Die digitale Unternehmung ist als cyber-physisches System zu verstehen, in dem reale und digitale Welt verschmelzen. Es sei darauf hingewiesen, dass die einzelne Unternehmung in mindestens einem Glied der Wertschöpfungskette tätig ist. Die Sicht der Industrie 4.0 erstreckt sich immer auf die gesamte Wertschöpfungskette, die es zu optimieren gilt, was durch das Zusammenwirken aller Beteiligten, durch den durchgängigen Austausch von Informationen, geschieht (vgl. hier und zu Abbildung 13 Büttner & Brück, 2014, S. 125).

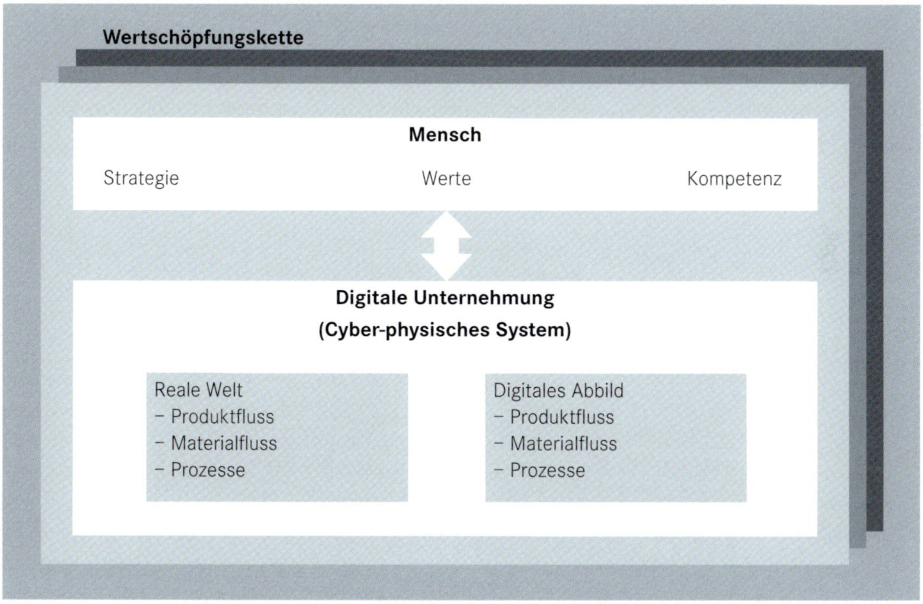

Abb. 13: Digitale Unternehmung

5.3 Künstliche Intelligenz

> «Der Mensch ist immer noch der aussergewöhnlichste Computer von allen.»
> John F. Kennedy

Zweifellos kann **Künstliche Intelligenz** genutzt werden, um die Produktivität von Unternehmungen zu steigern, indem Algorithmen Routineaufgaben übernehmen und zudem laufend lernen, sie effizienter zu erledigen. Durch die Anwendung von Systemen Künstlicher Intelligenz können zunehmend kognitive Aufgaben vor allem im Dienstleistungsbereich automatisiert werden, zum Beispiel die Anlageberatung, die medizinische Diagnose – eng begrenzt auf spezielle Gebiete – oder Kundendienste, wo Chatbots einfache Auskünfte erteilen. Die Künstliche Intelligenz wird manche Entscheidungen des Managements verbessern, indem sie erforderliches Wissen bereitstellt und zutreffende Prognosen stellt (Buxmann & Schmidt, 2019b, S. 25).

Es wurde schon einiges an praktischer Nutzung Künstlicher Intelligenz im Zusammenhang mit Unternehmungsführung dargelegt, sodass hier auf weitere Beispiele verzichtet werden kann; mehr Beispiele finden sich bei Buxmann & Schmidt (2019) sowie Kreutzer & Sirrenberg (2019). So soll im Folgenden nur eine Übersicht gegeben werden.

Dem Thema Künstliche Intelligenz widmet Deloitte (2017; 2018) periodisch Studien, welche die Anwendung Künstlicher Intelligenz in der Praxis zum Gegenstand haben. Eine Studie beantwortet die Frage, wie viel Investitionen in ausgewählten Branchen in Künstliche Intelligenz getätigt werden und welches deren Return on Investment ist. Das Ergebnis zeigt Abbildung 14 (Deloitte, 2018, S. 6).

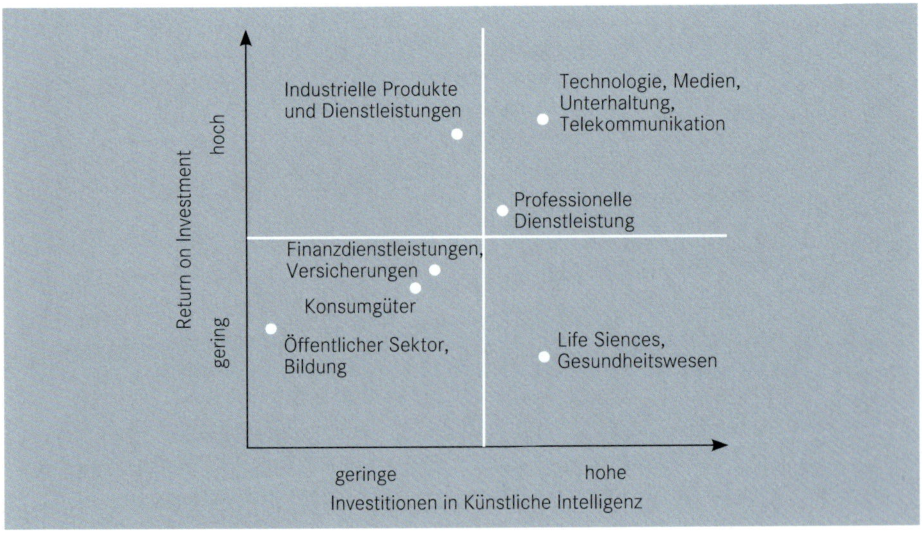

Abb. 14: Investitionen in Künstliche Intelligenz und ihr Return on Investment nach Branchen

Die andere Studie von Deloitte (2017) fördert auch zutage, dass mit der Anwendung Künstlicher Intelligenz insbesondere die Verbesserung bestehender Produkte, die Optimierung von Prozessen und die Steigerung der Entscheidungsqualität gesucht wird. Vergleicht man die untersuchten Ergebnisse aus den Jahren 2017 und 2018, fällt auf, dass man sich vermehrt der Lösung interner Probleme zuwendet und die Entwicklung und Nutzung von Systemen der Künstlichen Intelligenz zurückstellt. Das hängt vermutlich damit zusammen, dass zuerst die operative Basis in Ordnung gebracht wird, bevor man zu neuen Ufern aufbricht. Das leuchtet ein, denn jedes System Künstlicher Intelligenz benötigt eine einwandfreie Datenbasis (vgl. hierzu Abbildung 15, Deloitte, 2018, S. 7).

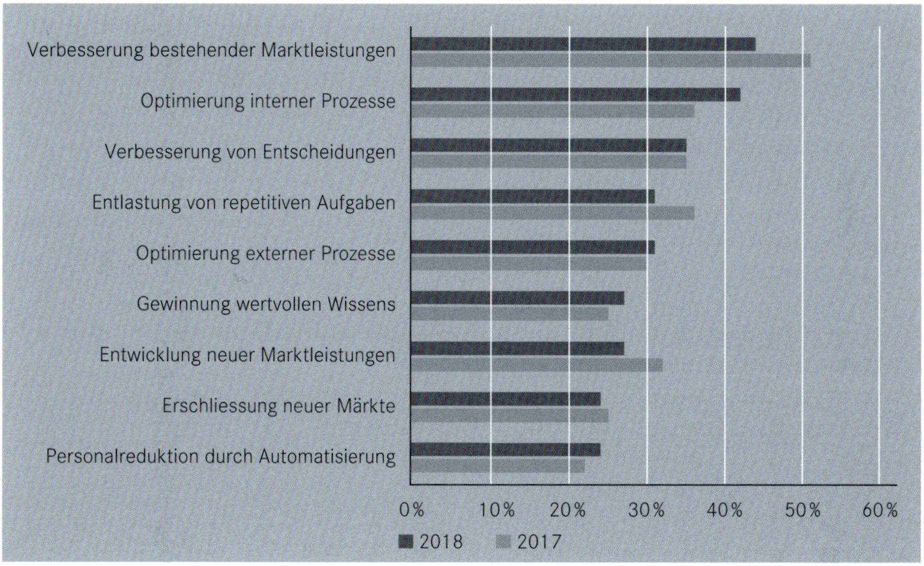

Abb. 15: Investitionsbereiche Künstlicher Intelligenz

Aufschlussreich ist ebenso ein anderes Ergebnis der Deloitte-Studie von 2017. Welches sind die Herausforderungen, die eine Unternehmung hindern, Systeme der Künstliche Intelligenz zu entwickeln oder einzusetzen? Die Antworten können Abbildung 16 entnommen werden (vgl. hier und zu Abbildung 16 Deloitte, 2017, S. 12).

Viele Unternehmungen sind allerdings für das angebrochene Zeitalter nicht reif. Sie sind in hohem Masse damit beschäftigt, ihre bestehenden IT-Systeme auf einen zeitgemässen Stand zu bringen.

Oft leidet die Praxis unter einem Mangel an «Managerial Wisdom» (Iansiti & Lakhani, 2020, S. 215) und vernachlässigt es, die Fülle von Daten, Analysewerkzeugen und Künstliche Intelligenz zu nutzen. Das mag daran liegen, dass oftmals Informationstechnologie vom Management stiefmütterlich behandelt wird und die Digitalisierung der Unternehmung nicht mit der notwendigen Kraft vorangetrieben wird. Iansiti & Lakhani (2020, S. 21) nennen vier Ansätze, dies anzugehen:

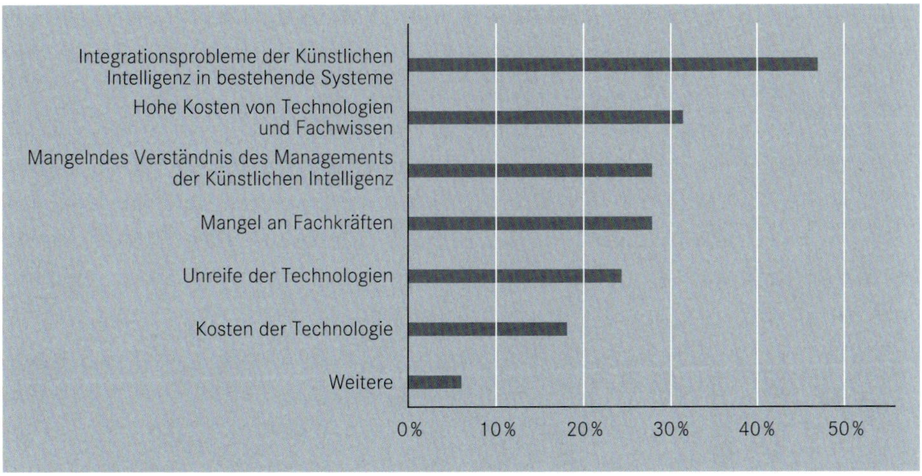

Abb. 16: Hindernisse für Entwicklung und Einsatz Künstlicher Intelligenz

1. Vom obersten Management muss die Initiative ausgehen, Geschäftsmodelle, organisatorische Strukturen und sich selbst zu erneuern. Das notwendige Wissen und die notwendige Technologie sind verfügbar.
2. Kluges Unternehmertum nutzt die Chancen Künstlicher Intelligenz für nachhaltige Innovationen und stellt sich den Herausforderungen.
3. Zu berücksichtigen ist die zunehmende Regulierung, die darauf gerichtet ist, den Gefahren der Digitalisierung zu begegnen. Erwähnt seien beispielhaft Datenschutz und Cybersicherheit. Aber auch die Gefahr der Monopolisierung durch die grossen Tech-Firmen besteht. Von den, gemessen an der Marktkapitalisierung, grössten zehn Unternehmungen sind sieben Tech-Firmen.
4. Es bilden sich immer mehr «communities», in denen sich Interessierte zusammenfinden, um gemeinsam Probleme zu lösen oder Neues zu entwickeln. Klassisches Beispiel ist der Open-Source-Ansatz, der auch bei der Entwicklung von Systemen der Künstlichen Intelligenz Anwendung findet. Entsprechende Systeme sind dann weltweit frei einsetzbar, was die Kosten massiv senkt.

Das Management ist also gefordert, sein Denken und Handeln gründlich zu überprüfen und neuen Gegebenheiten anzupassen. Nicht die Informationstechnologie muss der Unternehmung angeglichen werden. Zwischen Management und Informationstechnologie ist der richtige Fit herzustellen.

Wem das oben Ausgeführte euphorisch erscheint, der mag darin Trost finden, dass Künstliche Intelligenz zwar sehr vieles verspricht, es aber kurzfristig nicht halten wird. Wir stehen am Anfang einer Entwicklung, die sich beschleunigen wird. Es gilt, Chancen zu nutzen und Gefahren entgegenzutreten. Ein weitgehend nüchternes Bild zeichnen in ihrem lesenswerten Werk Marcus & Davis (2019).

6 Zusammenfassung

> «Wenn Sie einen Scheissprozess digitalisieren, haben Sie einen scheiss digitalen Prozess.»
>
> Thorsten Dirks

Das obige Zitat mag nicht ganz salonfähig sein. Es beinhaltet aber eine unumstössliche Wahrheit. Heute geht es im Rahmen der Digitalisierung nicht mehr darum, Bestehendes, vor allem Prozesse, mit IT-Systemen sicherer, schneller und effizienter zu machen. Es geht darum, die Potenziale der Digitalisierung zu nutzen, um neue Geschäftsmodelle, Marktleistungen und völlig neu strukturierte Prozesse zu entwickeln. Die Informationstechnologie kann das Fundament für Innovationen bilden.

All dies ändert nichts am Zielbildungsprozess im Funktionsbereich Digitalisierung. Er setzt ein mit der Digitalisierungspolitik, welche die grundsätzlichen, langfristig und für die gesamte Digitalisierung gültigen Zielsetzungen enthält. Die Digitalisierungsstrategie speist sich aus zwei Quellen: Zum ersten ist da die Digitalisierungspolitik, welche als funktionale Politik die Leitplanken für den gesamten Funktionsbereich setzt. Hinzu kommen die Zielsetzungen der strategischen Planungseinheiten, welche die Digitalisierungsstrategie umsetzt und konkretisiert. Im operativen Management der Digitalisierung werden die Zielsetzungen weiter verfeinert, bis schlussendlich die Soll-Werte so fein sind, dass mit ihnen der Wertschöpfungsprozess in der Digitalisierung gelenkt werden kann.

Die Digitalisierung beruht nach wie vor auf drei Fundamenten: Hardware, Software und Daten. Dabei ist es müssig, entscheiden zu wollen, welches Element das wichtigste ist. Fehlt eines, ist das Ganze hinfällig.

Hinzu kommen drei Schlüsseltechnologien:

- Internet und Internet of Things,
- Big Data,
- Künstliche Intelligenz.

Diese Schlüsseltechnologien spielen immer zusammen, gehen in die verschiedenen Anwendungen der Digitalisierung ein. Mustererkennung ohne Big Data und Künstliche Intelligenz ist ein Ding der Unmöglichkeit. Die Integration ganzer Wertschöpfungsketten, die Bildung von Wertschöpfungsnetzen sind ohne Internet und Internet of Things nicht denkbar.

Die folgende Abbildung zeigt im Überblick, was Digitalisierung heute ausmacht, wie die **digitale Unternehmung** grundsätzlich gestaltet ist. Unternehmungsintern wird, wo immer es geht, digitalisiert. Das gilt auch unternehmungsextern, nämlich für die Wertschöpfungskette oder die Wertschöpfungsketten, in denen die Unternehmung tätig ist (vgl. dazu Appelfeller & Feldmann, 2018, S. 4, und Abbildung 17).

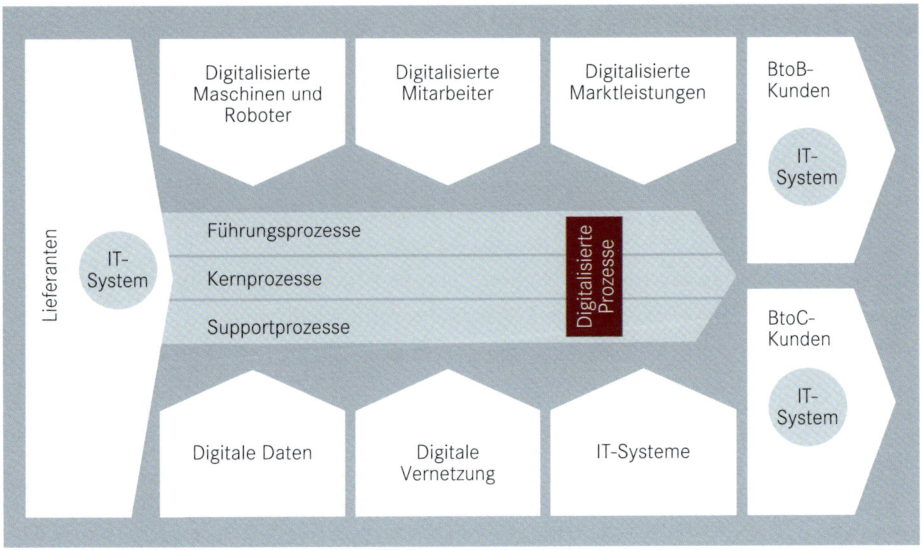

Abb. 17: Digitale Unternehmung

6

7 Literaturverzeichnis

Abts, D. & Mülder, W. (2017). *Grundkurs Wirtschaftsinformatik. Eine kompakte und praxisorientierte Einführung* (9. Aufl.). Wiesbaden: Springer Vieweg.

Alpar, P., Alt, R., Bensberg, F. & Weimann, P. (2019). *Anwendungsorientierte Wirtschaftsinformatik. Strategische Planung, Entwicklung und Nutzung von Informationssystemen* (9. Aufl.). Wiesbaden: Springer Vieweg.

Appelfeller, W. & Feldmann, C. (2018). *Die digitale Transformation des Unternehmens. Systematischer Leitfaden mit zehn Elementen zur Strukturierung und Reifegradmessung.* Berlin: Springer Gabler.

Baron, P. (2013). *Big Data für IT-Entscheider. Riesige Datenmengen und moderne Technologien gewinnbringend nutzen.* München: Hanser.

Bauernhansl, T. (2014). *Die Vierte Industrielle Revolution. Der Weg in ein wertschaffendes Produktionsparadigma.* In: Bauernhansl, T., ten Hompel, M. & Vogel-Heuser, B. (Hrsg.), *Industrie 4.0 in Produktion, Automatisierung und Logistik. Anwendung, Technologien, Migration* (S. 3–35). Wiesbaden: Springer Vieweg.

Becker, M., Haberfellner, R., Pasternak, R. & Grünwald, S. (2013). *IT-Wissen für Anwender. Das Informatik-Handbuch für die Praxis* (14. Aufl.). Zürich: Orell Füssli.

Bendel, O. (2019). *Digitalisierung.* In: *Gabler Wirtschaftslexikon* (online). Gefunden am 06.12.2019 unter https://wirtschaftslexikon.gabler.de/definition/digitalisierung-54195/version-277247.

Beuth, P. & Horchert, J. (2020). *Anonym? War gestern!. Der Spiegel,* 25.01.2020, S. 43.

Big Data (2020). In: *Wikipedia, Die freie Enzyklopädie.* Gefunden am 08.02.2020 unter https://de.wikipedia.org/wiki/Big_Data.

Bossard Holding AG (2020). *Produktion mit Smart Factory Logistics.* Gefunden am 09.01.2020 unter https://www.bossard.com/de/smart-factory-logistics/.

Brenner, W. & Witte, C. (2007). *Erfolgsrezepte für CIOs. Was gute Informationsmanager ausmacht.* München: Hanser.

Büttner, K.-H. & Brück, U. (2014). *Use Case Industrie 4.0-Fertigung im Siemens Elektronikwerk Amberg.* In: Bauernhansl, T., ten Hompel, M. & Vogel-Heuser, B. (Hrsg.), *Industrie 4.0 in Produktion, Automatisierung und Logistik. Anwendung, Technologien, Migration* (S. 121–144). Wiesbaden: Springer Vieweg.

Buxmann, P. & Schmidt, H. (Hrsg.) (2019). *Künstliche Intelligenz. Mit Algorithmen zum wirtschaftlichen Erfolg.* Berlin: Springer Gabler.

Buxmann, P. & Schmidt, H. (2019a). *Grundlagen der Künstlichen Intelligenz und des Maschinellen Lernens.* In: Buxmann, P. & Schmidt, H. (Hrsg.), *Künstliche Intelligenz. Mit Algorithmen zum wirtschaftliche Erfolg* (S. 3–19). Berlin: Springer Gabler.

Buxmann, P. & Schmidt, H. (2019b). *Ökonomische Effekte der Künstlichen Intelligenz.* In: Buxmann, P. & Schmidt, H. (Hrsg.), *Künstliche Intelligenz. Mit Algorithmen zum wirtschaftlichen Erfolg* (S. 21–37). Berlin: Springer Gabler.

Cearley, D. & Burke, B. (2018). *Top 10 Strategic Technology Trends for 2019.* Stanford, CT: Gartner, Inc.

Christl, W. (2014). *Erfassung, Verknüpfung und Verwertung persönlicher Daten im Zeitalter von Big Data. Internationale Trends, Risiken und Herausforderungen anhand ausgewählter Problemfelder und Beispiele.* Wien: Österreichische Bundesarbeitskammer.

Clearview (2020). *Technology to help solve the hardest crimes.* Gefunden am 27.01.2020 unter https://clearview.ai/.

Deloitte (2017). *Bullish on the Business Value of Cognitive and Artificial Intelligence. Leaders in cognitive and AI weigh in on what's working and what's next.* Sapporo: Deloitte Touche Tohmatsu LLC.

Deloitte (2018). *State of AI in the Enterprise, 2nd ed. Early adopters combine bullish enthusiasm with strategic investments.* Sapporo: Deloitte Touche Tohmatsu LLC.

Drucker, P. F. (1988). *The Coming of the New Organization. Harvard Business Review,* January 1988, S. 1–15.

Fraunhofer-Allianz Big Data (Hrsg.) (o. J. [2017]). *Zukunftsmarkt Künstliche Intelligenz. Potenziale und Anwendungen.* Gefunden am 07.02.2020 unter https://www.bigdata.fraunhofer.de/content/dam/bigdata/de/documents/Publikationen/KI-Potenzialanalyse_2017.pdf.

Gabriel, R. (2020). *Managementinformationssystem.* Gefunden am 04.01.2020 unter https://www.enzyklopaedie-der-wirtschaftsinformatik.de/wi-enzyklopaedie/lexikon/uebergreifendes/Kontext-und-Grundlagen/Informationssystem/Managementinformationssystem.

Gälweiler, A. (2005). *Strategische Unternehmensführung* (3. Aufl.). Frankfurt am Main: Campus.

Grupp, B. (2003). *Der professionelle IT-Projektleiter* (2. Aufl.). Landsberg: Mitp-Verlag.

Haberfellner, R., de Weck, O., Fricke, E. & Vössner, S. (2018). *Systems Engineering. Grundlagen und Anwendung* (14. Aufl.). Zürich: Orell Füssli.

Hamidian, K. & Kraijo, C. (2013). *DigITalisierung – Status quo.* In: Keuper, F., Hamidian, K., Verwaayen, E., Kalinowski, T. & Kraijo, C. (Hrsg.), *Digitalisierung und Innovation. Planung – Entstehung – Entwicklungsperspektiven* (S. 3–24). Berlin: Springer Gabler.

Hanschke, I. (2009). *Strategisches Management der IT-Landschaft. Ein praktischer Leitfaden für das Enterprise Architecture Management.* München: Hanser.

Hanschke, I. (2016). *Enterprise Architecture Management. Ein praktischer Leitfaden für die Einführung von EAM.* München: Hanser.

Hanschke, I. (2018). *Digitalisierung und Industrie 4.0. Systematisch und lean die digitale Transformation meistern.* München: Hanser.

Hanschke, I. (2020). *Informationssicherheit und Datenschutz. Integriertes Managementinstrumentarium systematisch aufbauen und verankern.* München: Hanser.

Hanschke, I., Giesinger, G. & Goetze, D. (2013). *Business-Analyse. Geschäftsanforderungen verstehen und in IT-Lösungen umsetzen.* München: Hanser.

Harari, Y. N. (2018). *21 Lektionen für das 21. Jahrhundert.* München: C. H. Beck.

Hengstberger, W. & Tiemeyer, E. (2016a). *IT-Infrastrukturmanagement. Desktop-, Server- und Storage-Systeme managen.* In: Tiemeyer, E. (Hrsg.), *Handbuch IT-Systemmanagement. Handlungsfelder, Prozesse, Managementsysteme, Good-Practices* (S. 229–264). München: Hanser.

Hengstberger, W. & Tiemeyer, E. (2016b). *IT-Netzwerkmanagement. Computernetze, Handlungsfelder, Tools.* In: Tiemeyer, E. (Hrsg.), *Handbuch IT-Systemmanagement. Handlungsfelder, Prozesse, Managementsysteme, Good-Practices* (S. 265–288). München: Hanser.

Hippmann, S., Klingner, R. & Leis, M. (2018). *Digitalisierung – Anwendungsfelder und Forschungsziele.* In: Neugebauer, R. (Hrsg.), *Digitalisierung. Schlüsseltechnologien für Wirtschaft und Gesellschaft* (S. 9–18). Berlin, Wiesbaden: Springer Vieweg.

Hofmann, J. & Schmidt, W. (2010). *Masterkurs IT-Management. Grundlagen, Umsetzung und erfolgreiche Praxis für Studenten und Praktiker.* Wiesbaden: Vieweg + Teubner.

Holtschke, B., Heier, H. & Hummel, T. (2009). *Quo vadis CIO?* Berlin, Heidelberg: Springer.

Hype-Zyklus (2020). In: *Wikipedia, Die freie Enzyklopädie.* Gefunden am 05.02.2020 unter https://de.wikipedia.org/w/index.php?title=Hype-Zyklus&oldid=195669602.

Iansiti, M. & Lakhani, K. R. (2020). *Competing in the Age of AI. Strategy and Leadership. When Algorithms and Networks Run the World.* Boston: Harvard Business Review Press.

ING (2020). *The Next Rembrandt. Can the Great Master Be Brought Back to Create one more Painting?* Gefunden am 27.01.2020 unter https://www.nextrembrandt.com/.

Intelligenz (2020). In: *Wikipedia, Die freie Enzyklopädie.* Gefunden am 10.02.2020 unter https://de.wikipedia.org/wiki/Intelligenz.

Job Wizards (2020). *KI: Wie künstliche Intelligenz unsere Arbeitswelt erobert.* Gefunden am 15.04.2020 unter https://job-wizards.com/de/ki-wie-kuenstliche-intelligenz-unsere-arbeitswelt-erobert/.

Kimura, R., Reeves, M. & Whitaker, K. (2019). *Winning the '20s. The New Logic of Competition.* Boston: Boston Consulting Group Inc.

Krcmar, H. (2015). *Informationsmanagement* (6. Aufl.). Berlin, Heidelberg: Springer Gabler.

Kreutzer, R. T. (2017). *Treiber und Hintergründe der digitalen Transformation.* In: Schallmo, D., Rusnjak, A., Anzengruber, J., Werani, T. & Jünger, M. (Hrsg.), *Digitale Transformation von Geschäftsmodellen. Grundlagen, Instrumente und Best Practice* (S. 33–58). Wiesbaden: Springer Gabler.

Kreutzer, R. T. & Sirrenberg, M. (Hrsg.) (2019). *Künstliche Intelligenz verstehen. Grundlagen – Use Cases – KI-Journey.* Wiesbaden: Springer Gabler.

Marcus, G. & Davis, E. (2019). *Rebooting AI. Building Artificial Intelligence We Can Trust.* New York: Pantheon Books.

McAfee, A. & Brynjolfsson, E. (2018). *Machine Platform Crowd. Wie wir das Beste aus unserer digitalen Zukunft machen.* Kulmbach: Plassen Verlag.

McFarlan, F. W. (1996). *Informationstechnologie – ein Trumpf im Wettbewerb.* In: Montgomery, C. A. & Porter, M. E. (Hrsg.), *Strategie. Die brillanten Beiträge der weltbesten Strategie-Experten* (S. 85–98). Wien: Ueberreuter.

Meyer, J.-U. (2017). *Digitale Disruption. Die nächste Stufe der Innovation* (2. Aufl.). Göttingen: BusinessVillage.

netdoktor.ch (2020). *Big Data. Wie Datensätze die Medizin verändern.* Gefunden am 08.02.2020 unter https://www.netdoktor.ch/magazin/big-data-in-der-medizin-6943657.

Österle, H. (1995). *Business Engineering. Prozess- und Systementwicklung. Bd. 1: Entwurfstechniken.* Heidelberg: Springer.

Osterwalder, A. & Pigneur, Y. (2011). *Business Model Generation. Ein Handbuch für Visionäre, Spielveränderer und Herausforderer.* Frankfurt am Main: Campus.

Otto, B., ten Hompel, M. & Wrobel, S. (2018). *Industrial Data Space. Referenzarchitektur für die Digitalisierung der Wirtschaft.* In: Neugebauer, R. (Hrsg.), *Digitalisierung. Schlüsseltechnologien für Wirtschaft & Gesellschaft* (S. 113–133). Berlin: Springer Vieweg.

Porter, M. E. & Millar, V. E. (1986). *Wettbewerbsvorteile durch Information. Harvard Manager,* 1, S. 26–35.

Precht, R. D. (2018). *Jäger, Hirten, Kritiker. Eine Utopie für die digitale Gesellschaft* (6. Aufl.). München: Goldmann Verlag.

Rockart, J.F. & DeLong, D.W. (1988). *Executive Support Systems. The Emergence of Top Management Computer Use.* Homewood, IL: Dow Jones-Irwin.

Sachnow, T., Winkler, D., Hoberg, P. & Krcmar, H. (2018). *Digitale Transformation bei der Kaeser SE.* In: Oswald, G. & Krcmar, H. (Hrsg.), *Digitale Transformation. Fallbeispiele und Branchenanalysen* (S. 99–120). Wiesbaden: Springer Gabler.

Schaufelbühl, K. (1987). *Entwicklungsstrategie für Informationssysteme.* Dissertation, Universität St. Gallen, Nr. 1029. St. Gallen: D-Druck-Spescha.

Schindler Aufzüge AG (2020). *Showtime im Aufzug.* Gefunden am 27.01.2020 unter https://www.schindler.com/ch/internet/de/mobilitaetsloesungen/produkte/schindler-ahead.html

Schögel, M., Herhausen, D., Schumacher, M. & Gotsch, M. (o. J. [2019]). *Digital Marketing & Sales Monitor – Status Quo der Plattformökonomie in der Schweiz.* Gefunden am 22.02.2020 unter https://accarda.com/wp-content/uploads/2019/05/20181109_HSG-Monitor_Plattformoekonomie_Teil_I.pdf.

Scott, G. M. (1985). *Principles of Management Information Systems.* New York u. a.: McGraw-Hill.

Smart-Wohnen.de (2020). *Diese Kühlschränke denken mit.* Gefunden am 27.01.2020 unter https://www.smart-wohnen.de/haus-garten/artikel/diese-kuehlschraenke-denken-mit/.

Specht, P. (2019). *Die 50 wichtigsten Themen der Digitalisierung. Künstliche Intelligenz, Blockchain, Robotik, Virtual Reality und vieles mehr verständlich erklärt* (4. Aufl.). München: Redline Verlag.

Synnott, W. R. (1987). *The Information Weapon. Winning Customers and Markets with Technology.* New York u. a.: John Wiley & Sons.

t3n (2020). *Wenn China die Fallzahlen schönt: KI warnte als erstes vor dem Wuhan-Virus.* Gefunden am 02.02.2020 unter https://t3n.de/news/china-fallzahlen-schoent-ki-1246084/.

Tiemeyer, E. (2018). *Handbuch IT-Projektmanagement. Vorgehensmodelle, Managementinstrumente, Good Practices* (3. Aufl.). München: Hanser.

Urbach, N. & Ahlemann, F. (2016). *IT-Management im Zeitalter der Digitalisierung. Auf dem Weg zur IT-Organisation der Zukunft.* Berlin, Heidelberg: Springer Gabler.

Wahbew, W. (2019). *Projektinitiative Digital Twin Campus Muttenz – eine Innovationsplattform für die Lehre und Forschung.* Muttenz: Institut Digitales Bauen FHNW.

Wintersteiger, W. & Tiemeyer, E. (2017). *Strategisches IT-Management. IT-Strategien entwickeln und umsetzen.* In: Tiemeyer, E. (Hrsg.), *Handbuch IT-Management. Konzepte, Methoden, Lösungen und Arbeitshilfen für die Praxis* (6. Aufl.) (S. 55–95). München: Hanser.

Wolff, D. & Göbel, R. (Hrsg.) (2018). *Digitalisierung. Segen oder Fluch. Wie die Digitalisierung unsere Lebens- und Arbeitswelt verändert.* Berlin: Springer.

Zuse, Konrad (2019). In: *Wikipedia, Die freie Enzyklopädie.* Gefunden am 05.12.2019 unter https://de.wikipedia.org/wiki/Konrad_Zuse.

Management – normativ und strategisch F1

Karl Schaufelbühl

Weiterführende Texte, Übungsaufgaben
und Lernkontrollen finden Sie unter
www.bwl-online.ch

1 Management – ein schillernder Begriff

> A manager is a human being who has refined the brain's ability to recognize patterns, and to compare the key characteristics of such patterns, in the context of extremely complicated systems compromising men, materials, machinery, and money.
>
> Stafford Beer

Management lässt sich unter drei Aspekten betrachten. Der institutionelle Managementbegriff beschreibt Management als die Gesamtheit aller Instanzen, aller vorgesetzten Stellen, innerhalb einer Organisation. Damit lässt sich die Vorstellung einer hierarchischen Gliederung des Managements in normatives, strategisches und operatives Management verbinden. Die funktionale Betrachtungsweise, als zweiter Aspekt, stellt die Aufgaben des Managements in den Vordergrund. Management wird unterteilt in die Funktionen Entscheiden, Umsetzen und Kontrollieren, eine Gliederung, die sich beliebig verfeinern lässt. Mit der Wahrnehmung dieser Funktionen gestaltet und lenkt Management zielorientierte soziotechnische Systeme. So gesehen ist alles Führen Management und die Menschen, die sich dieser Aufgabe in einer Unternehmung stellen, sind Managerinnen und Manager. Damit ist denn auch der dritte, der personelle Aspekt des Managements angesprochen. Er umfasst die Personen, welche die Funktion des Managements wahrnehmen (Bleicher, 1994, S. 33). Menschen sind also die Träger des Managements.

Mit Malik einem systemisch-evolutionären Ansatz folgend, kann Management wie folgt definiert werden:
«Management ...
- ist Gestaltung und Lenkung ganzer Institutionen in ihrer Umwelt,
- ist Führung vieler,
- ist Aufgabe vieler,
- ist indirektes Einwirken,
- ist auf Steuerbarkeit [in unserer Terminologie Lenkbarkeit] ausgerichtet,
- hat nie ausreichend Information,
- hat das Ziel der Maximierung der Lebensfähigkeit» (2009, S. 95).

Wir werden diese Definition im Folgenden etwas erweitern. Wir definieren Management als die Gestaltung und Lenkung zielorientierter soziotechnischer Systeme. Zu diesen zählen selbstverständlich Unternehmungen, von denen wir im Folgenden immer sprechen werden, wissend, dass andere Institutionen oder Organisationen gleichfalls Objekt des Managements sind.

Wir haben dargelegt, dass es der Zweck der Unternehmung ist, Anspruchsträgern Werte zu schaffen. Das geschieht, indem Wertschöpfungsfaktoren oder Ressourcen in Werte transformiert werden. Ressourcen werden von unternehmungsexternen Beschaffungsmärkten bezogen, Werte für unternehmungsexterne Anspruchsträger erzeugt. Beide liegen ausserhalb der Unternehmung. Daraus ergibt sich mit aller Deutlichkeit, dass Management aussenorientiert handeln muss, dass Unternehmungen von aussen nach innen geführt werden, dass letztlich Management die Transformation von Ressourcen in Werte ist (Malik, 2013, S. 43).

Das Hauptproblem des Managements besteht darin, die Unternehmung ihrer Umwelt anzupassen. Das gilt natürlich auch für Prozesse, die laufend in Übereinstimmung mit Umweltgegebenheiten gebracht werden müssen.

Management befasst sich vorwiegend mit der Gestaltung der Zukunft. Auch unter diesem Aspekt ist die Anpassung der Unternehmung an ihre Umwelt das Hauptthema. Derartige Anpassungen brauchen Zeit. Es ist daher notwendig, die Entwicklung der Umwelt vorherzusagen. Von diesen Prognosen ausgehend werden Ziele gesetzt, Prozesse gestaltet und Ressourcen zugeordnet. Wie weit die Prognosen in die Zukunft reichen müssen, ist von der Reaktionszeit abhängig, die benötigt wird, die Anpassungen vorzunehmen.

Jede Prognose ist mit Unsicherheit behaftet, da nie ausreichend Information vorhanden ist, die Zukunft vollständig und zutreffend zu beschreiben. Die Unternehmung als Ganzes muss sich durch Flexibilität und Anpassungsfähigkeit auszeichnen, sich auf Unvorhergesehenes einstellen können. Das Management muss demzufolge flexible und anpassungsfähige Systeme und Prozesse schaffen, die ein langfristiges Überleben sicherstellen, den ständigen Wandel erlauben, letztlich die Unternehmung befähigen, mit der jeweils anfallenden Komplexität umgehen zu können. Dieses Verständnis von Management ist vor allem auf den höheren Managementstufen der Unternehmungspolitik und der strategischen Planung gefordert.

Betrachten wir Management aus institutioneller Sicht, so fällt dem normativen Management die Aufgabe zu, die Unternehmungspolitik zu erarbeiten. Das strategische Management befasst sich mit der strategischen Planung, das operative Management mit der operativen Planung und der operativen Führung. Damit ist der Zusammenhang zwischen der institutionellen Betrachtung und den Managementstufen hergestellt.

Im Folgenden werden wir das Managementsystem der Unternehmung im Detail beleuchten. Wir werden uns gleichsam die Managementstufen hinabhangeln, beginnend mit der Unternehmungspolitik und endend mit der operativen Führung. Das Schwergewicht wird dabei auf den beiden obersten Managementstufen der Unternehmungspolitik und der strategischen Planung liegen. Operative Planung und operative Führung sowie die in den Funktionsbereichen ablaufenden Wertschöpfungsprozesse, die dort anfallenden Aufgaben, sind Gegenstand der Kapitel zu den übrigen Funktionsbereichen.

2 Unternehmungspolitik

2.1 Begriffsdefinition

«Die **Unternehmungspolitik** umfasst die obersten Zielsetzungen der Unternehmung. Sie sind langfristig und auf unbestimmte Zeit gültig. Sie sind in dem Sinne originär, als sie nicht aus anderen internen Zielen abgeleitet werden können. Sie sind allgemein gehalten, stellen vielfach keine eigentlichen Ziele dar, sondern Entscheidungsregeln, die in der konkreten Situation anzuwenden sind. Unternehmungspolitische Entscheide konzentrieren sich immer auf das Wesentliche. Sie müssen wahr sein, sie müssen den tatsächlichen Willen des Topmanagements darstellen und dürfen nicht zu Zwecken der Kommunikation oder Imagepflege missbraucht werden. Unternehmungspolitische Entscheide müssen realisierbar sein. Auch wenn sie zum Teil Visionen wiedergeben, dürfen diese nicht als utopisch und von vornherein als unerreichbar erscheinen. Zu guter Letzt muss die Unternehmungspolitik als Ganzes konsistent, ein in sich geschlossenes widerspruchsfreies Zielsystem sein» (Ulrich, 2000, S. 201; vgl. dazu auch Teil B, Abschnitt 6.4.1 Unternehmungspolitik).

Die obigen Anforderungen legen den Schluss nahe, dass eine Unternehmungspolitik nur hehre Ziele von ausserordentlicher Wichtigkeit enthalten sollte. Dies trifft nicht ganz zu. Unternehmungspolitische Ziele können auch sehr konkret sein. Es macht durchaus Sinn, handfeste Vorgaben zu formulieren. Ziele, die für die gesamte Unternehmung Gültigkeit haben sollen, gehören auf die Managementstufe der Unternehmungspolitik. Damit wird ein Rationalisierungseffekt erreicht. Entscheidungsprozesse müssen nicht wiederholt auf nachgeordneten Managementstufen ablaufen, wenn sich ein ganz bestimmtes Problem stellt. Ein solches ist dann eben bereits geregelt. So kann zum Beispiel in einer Finanzpolitik bestimmt sein, dass Leasing als Mittel der Finanzierung nicht in Frage kommt. Dies hat zur Konsequenz, dass über Leasing im Weiteren nicht mehr nachgedacht werden muss. Es stellt schlicht keine Alternative mehr dar.

Das Zielsystem der Unternehmungspolitik besteht aus drei Elementen:

- Vision
- Unternehmungsleitbild
- funktionale Politiken

Auf sie treffen alle oben angeführten Charakteristika unternehmungspolitischer Entscheide zu.

Die Ausgestaltung der Unternehmungspolitik als Zielsystem ist Aufgabe des normativen Managements. Die Bezeichnung normatives Management ist angebracht, weil hier ganz grundsätzliche Fragen der Lebens- und Entwicklungsfähigkeit der Unternehmung beantwortet werden, weil hier die Grundlagen für die Befriedigung der Ansprüche der Anspruchsträger gelegt werden und weil das normative Management den Mitarbeitenden nicht zuletzt Sinn und Identität vermittelt (Bleicher, 1994, S. 44; Gomez, Lambertz & Meynhardt, 2019, S. 97; Ulrich, 2000, S. 188).

2.2 Ausgangspunkte für die Formulierung der Unternehmungspolitik

Unternehmungspolitische Ziele sind – wie oben angemerkt – originär. Sie lassen sich nicht aus anderen internen Zielsetzungen herleiten. Ausgangspunkte für die Formulierung einer Unternehmungspolitik sind die Analysen der Unternehmungsumwelt und der Unternehmung selbst. Hinzu kommt oft noch eine Analyse der Wertvorstellungen des Topmanagements (Ulrich, 2000, S. 228).

2.2.1 Umweltanalyse

Das Modell der Unternehmungsumwelt (vgl. Teil B) anwendend, lässt sich eine **Umweltanalyse** unter drei Gesichtspunkten durchführen (vgl. Abbildung 1):

- Die Betrachtung der *Beschaffungs- und Absatzmärkte,* sinnvollerweise ausgeweitet auf die Wertschöpfungsketten, in welche die Unternehmung eingebettet ist, lässt die Unternehmung als einen integrierten Bestandteil ihrer Umwelt erscheinen, aus der sie Inputs aufnimmt und an die sie Outputs abgibt. Es werden die Verflechtungen mit der Unternehmungsumwelt, gekennzeichnet durch Güter-, Geld- und Informationsströme, deutlich.
- Die *Umweltsphären* – die ethische, die ökologische, die soziale, rechtliche und politische, die wirtschaftliche sowie die technologische – eröffnen einen thematischen Zugang zum Umweltgeschehen.
- Bei den *Anspruchsträgern* oder *Stakeholdern* sind deren Ansprüche festzustellen.

Die Umweltanalysen beziehen sich auf die Gegenwart und die Zukunft. Die Fragestellung lautet immer: Wie ist die Unternehmungsumwelt heute beschaffen und wie wird sie sich entwickeln? Wie weit diese Prognose getrieben werden muss, ist primär von der Unternehmungstätigkeit und von der für Anpassungen notwendigen Reaktionszeit abhängig.

Der Detaillierungsgrad der Umweltanalyse ist je nachdem, welche Ziele nachfolgend formuliert werden sollen, unterschiedlich. Im Falle des Leitbildes wird er gröber sein als bei einer funktionalen Politik. Beim Leitbild wird grundsätzlich die gesamte Unternehmungsumwelt in die Analyse mit einbezogen, bei einer funktionalen Politik der jeweils relevante Ausschnitt aus der Umwelt. Bei der Formulierung der Personalpolitik wird man sich bei der Analyse auf den Arbeitsmarkt beschränken, bei der Finanzpolitik auf die Finanzmärkte, beim Marketing auf die Absatzmärkte. Die zunehmende Verfeinerung der Analysen lässt sich leicht erklären. Auf den tieferen Managementstufen werden die Zielsetzungen detaillierter und konkreter. Genauso verhält es sich mit den anzustellenden Analysen.

In der Literatur finden sich viele Checklisten zur Analyse der Unternehmungsumwelt. Erwähnt seien hier Ossola-Haring (2004), Lombriser und Abplanalp (2015, S. 102), Macharzina (2010, S. 18), Grünig & Kühn (2018, S. 111) und Welge und Al-Laham (2003, S. 187). Eine ergiebige Quelle hierfür stellt auch das Internet dar. Welches auch immer die Quelle ist, es ist in jedem Fall zu hinterfragen, ob eine Checkliste für die eigenen Zwecke geeignet ist.

<table>
<tr><th colspan="7">Umweltanalyse</th></tr>
<tr><td rowspan="2">Märkte: Welches sind die wesentlichen Sachverhalte, welche die Güter-, Geld- und Informationsströme der Unternehmung tangieren? Wie stellen sie sich heute dar?
Wie werden sie sich in Zukunft entwickeln?</td><td colspan="6">Märkte</td></tr>
<tr><td colspan="3">Beschaffungsmärkte:
Arbeitsmarkt, Energiemärkte, Finanzmarkt, Immobilienmarkt, Wissens- und Informationsmärkte, Infrastrukturmärkte, Rohstoff- und Materialmärkte</td><td colspan="3">Absatzmärkte:
Endverbraucherinnen und -verbraucher, Absatzmittler (Grosshändler, Detailhändler), interne und externe Beeinflusser</td></tr>
<tr><td rowspan="2">Umweltsphären: Welche Themen sind für die Unternehmung in Gegenwart und Zukunft von Bedeutung?</td><td colspan="6">Umweltsphären</td></tr>
<tr><td>ethische</td><td>ökologische</td><td colspan="2">soziale, rechtliche und politische</td><td>wirtschaftliche</td><td>technologische</td></tr>
<tr><td rowspan="4">Anspruchsträger: Welches sind die relevanten Ansprüche der Anspruchsträger gegenwärtig und wie werden sie sich entwickeln?</td><td colspan="6">Anspruchsträger</td></tr>
<tr><td colspan="3">Kundinnen und Kunden</td><td colspan="3">Konkurrenten</td></tr>
<tr><td colspan="3">Staat</td><td colspan="3">Individuen und Institutionen</td></tr>
<tr><td colspan="2">Mitarbeitende</td><td colspan="2">Lieferanten</td><td colspan="2">Kapitalgeber</td></tr>
</table>

Abb. 1: Umweltanalyse

2.2.2 Unternehmungsanalyse

Die **Unternehmungsanalyse** zeigt die Stärken und Schwächen im Ist-Zustand der einzelnen Funktionsbereiche. Stärken und Schwächen können sich auf drei Fragestellungen beziehen:

- Welche *Ziele* werden verfolgt und in welchem Ausmass werden sie erreicht?
- Welches sind die zur Zielerreichung *eingesetzten Ressourcen*, unterschieden nach deren Art und dem Ausmass, in dem sie zum Einsatz gelangen?
- Welche *Prozesse* laufen ab, damit die gesetzten Ziele erreicht werden? Sind die Prozessstrukturen zielführend? Wie flexibel oder effizient sind sie ausgestaltet?

Daraus ergibt sich eine Matrix, welche der Unternehmungsanalyse zugrunde gelegt werden kann. Sie ist in der Abbildung 2 dargestellt (vgl. dazu auch Ulrich, 2000, S. 234). Zu jedem Funktionsbereich sind Beurteilungskriterien zu definieren, die in den drei Dimensionen Zielerreichung, Ressourceneinsatz und Prozesse beurteilt werden. Empfehlenswert ist es, die Ergebnisse der Unternehmungsanalyse in Form von Stärken-Schwächen-Profilen festzuhalten.

Funktionsbereiche	Zielerreichung	Ressourceneinsatz	ablaufende Prozesse
Führungsfunktionen			
Management	-3 -2 -1 1 2 3	-3 -2 -1 1 2 3	-3 -2 -1 1 2 3
Organisation	-3 -2 -1 1 2 3	-3 -2 -1 1 2 3	-3 -2 -1 1 2 3
Personalführung	-3 -2 -1 1 2 3	-3 -2 -1 1 2 3	-3 -2 -1 1 2 3
Kommunikation	-3 -2 -1 1 2 3	-3 -2 -1 1 2 3	-3 -2 -1 1 2 3
Marktleistungsbezogene Funktionen			
Marktleistungsentwicklung	-3 -2 -1 1 2 3	-3 -2 -1 1 2 3	-3 -2 -1 1 2 3
Marktleistungserstellung	-3 -2 -1 1 2 3	-3 -2 -1 1 2 3	-3 -2 -1 1 2 3
Marketing	-3 -2 -1 1 2 3	-3 -2 -1 1 2 3	-3 -2 -1 1 2 3
Beschaffung	-3 -2 -1 1 2 3	-3 -2 -1 1 2 3	-3 -2 -1 1 2 3
Distribution	-3 -2 -1 1 2 3	-3 -2 -1 1 2 3	-3 -2 -1 1 2 3
Versorgungsfunktionen			
Energiemanagement	-3 -2 -1 1 2 3	-3 -2 -1 1 2 3	-3 -2 -1 1 2 3
Finanzmanagement	-3 -2 -1 1 2 3	-3 -2 -1 1 2 3	-3 -2 -1 1 2 3
Wissensmanagement	-3 -2 -1 1 2 3	-3 -2 -1 1 2 3	-3 -2 -1 1 2 3
Infrastrukturmanagement	-3 -2 -1 1 2 3	-3 -2 -1 1 2 3	-3 -2 -1 1 2 3
Personalmanagement	-3 -2 -1 1 2 3	-3 -2 -1 1 2 3	-3 -2 -1 1 2 3
Querschnittfunktionen			
Nachhaltigkeitsmanagement	-3 -2 -1 1 2 3	-3 -2 -1 1 2 3	-3 -2 -1 1 2 3
Risikomanagement	-3 -2 -1 1 2 3	-3 -2 -1 1 2 3	-3 -2 -1 1 2 3
Qualitätsmanagement	-3 -2 -1 1 2 3	-3 -2 -1 1 2 3	-3 -2 -1 1 2 3
Technologiemanagement	-3 -2 -1 1 2 3	-3 -2 -1 1 2 3	-3 -2 -1 1 2 3
Digitalisierung	-3 -2 -1 1 2 3	-3 -2 -1 1 2 3	-3 -2 -1 1 2 3

Abb. 2: Unternehmungsanalyse: Stärken-Schwächen-Profil

2.2.3 Wertvorstellungen des Topmanagements

Es ist oft nützlich, wenn zur Analyse der Unternehmungsumwelt und der Unternehmung noch die Klärung der **Wertvorstellungen des Topmanagements** hinzutritt. Schliesslich ist es dieser Personenkreis, welcher die Unternehmungspolitik erarbeitet. Wenn innerhalb des Führungsgremiums die Wertvorstellungen und Grundeinstellungen zu unternehmerischen Fragen geteilt werden, bildet dies eine solide Basis für die Erarbeitung einer Unternehmungspolitik.

Faktor	Ausprägungen				
ausschüttbarer Gewinn	minimal	bescheiden	abhängig vom Ergebnis		maximal
			gering mittel	hoch	
reinvestierbarer Gewinn	null	abhängig vom Ergebnis			maximal
		gering	mittel	hoch	
Risikoneigung	grösst-mögliche Sicherheit	kalkulierte Risiken			höchstes Risiko
		gering	mittel	hoch	
Umsatzwachstum	null	stabil, konstant	angemessenes Wachstum		maximal
			klein mittel	gross	
Marktleistungsqualität	unbedeutend	angemessene Qualität			maximal
		gering	mittel	hoch	
geografische Reichweite	lokal	regional	national	international	global
Eigentumsverhältnisse	Einzelbesitz	Familienbesitz	kleiner Eigentümerkreis	Publikumsgesellschaft	
Innovationsneigung	sehr gering	angemessene Innovationstätigkeit			sehr hoch
		gering	mittel	hoch	
Verhältnis zum Staat	negativ, abwehrend	politische Abstinenz	politische Neutralität	politische Aktivität	unterstützend
gesellschaftliches Engagement	keines	nur, wenn im eigenen Interesse	von Fall zu Fall		generell gross, so weit wie möglich
			wenn Opfer gering	wenn mit eigener Überzeugung übereinstimmend	
Berücksichtigung von Zielen der Mitarbeitenden	keine	nur wenn leistungsfördernd	auch wenn mit Opfern verbunden		maximal
Führungsstil	autoritär	kooperativ, partizipativ			demokratisch
		beschränkt	weitgehend		

Abb. 3: Wertvorstellungen des Topmanagements

Welches die Wertvorstellungen des Topmanagements sind, lässt sich in einem morphologischen Kasten festhalten. Er ist in Abbildung 3 dargestellt (vgl. dazu Ulrich, 2000, S. 228). In ihm werden einzelne Faktoren mit den zugehörigen möglichen Ausprägungen aufgeführt. So kann zum Beispiel die Risikoneigung von «grösstmöglicher Sicherheit» bis «höchstes Risiko» reichen. Welche Ausprägung gewählt wird, muss im Einzelfall entschieden werden. Da es sich um Wertvorstellungen handelt, kann die getroffene Wahl weder wissenschaftlich noch objektiv begründet werden.

2.2.4 Schlussfolgerungen: Chancen und Gefahren

In einem letzten Schritt wird die Frage gestellt und beantwortet, ob bestimmte Analyseergebnisse für die Unternehmung eine Chance oder eine Gefahr darstellen. Dieses kann nur im Anschluss an die Analysen von Unternehmungsumwelt und Unternehmung geschehen. Erst aus deren Gegenüberstellung können Schlüsse gezogen werden. Ein bestimmter Sachverhalt ist immer nur für eine bestimmte Unternehmung eine Chance oder eine Gefahr. Steigende Ölpreise sind zum Beispiel für eine Tankstelle schlecht, für ein Solarkraftwerk aber gut.

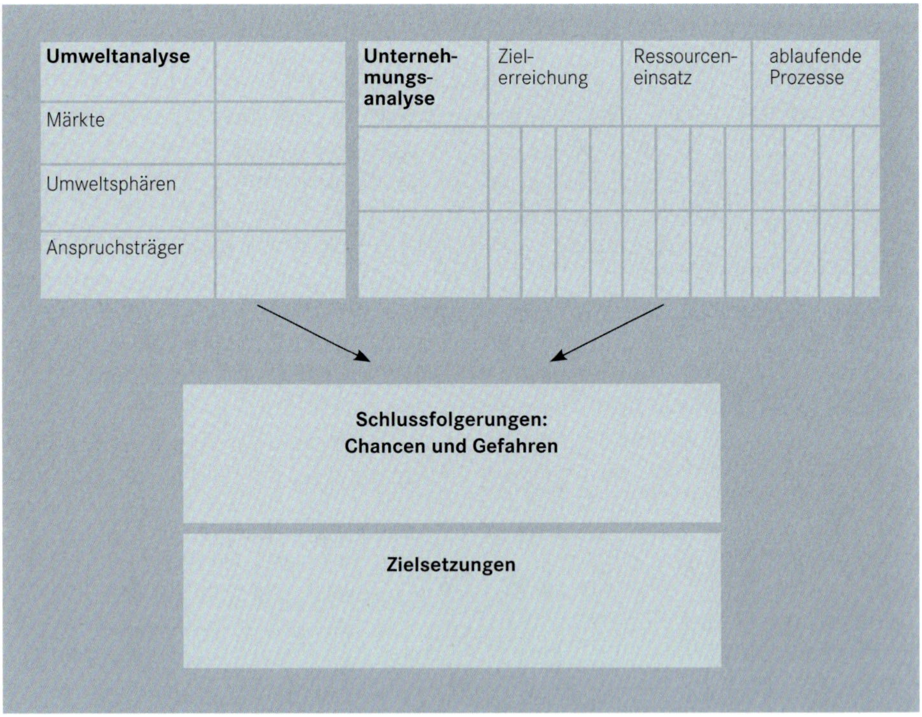

Abb. 4: Umwelt- und Unternehmungsanalyse, Schlussfolgerungen, Zielsetzungen

Hervorzuheben sind im Rahmen einer solchen **Chancen/Gefahren-Beurteilung** besonders diejenigen Fälle, in denen eine für die Unternehmung positive Umweltentwicklung auf eine ausgeprägte Stärke trifft. Daraus ergeben sich aussergewöhnliche Chancen. Grosse Gefahren drohen, wenn eine ungünstige Umweltentwicklung und eine grosse Schwäche der Unternehmung zusammentreffen (Macharzina & Wolf, 2010, S. 318; Welge & Al-Laham, 2003, S. 291).

Aus all den durchgeführten Analysen und auch aus der Chancen/Gefahren-Beurteilung lassen sich die bestehenden, für den Erfolg beziehungsweise Misserfolg ausschlaggebenden **Kernprobleme der Unternehmung** ableiten. Dabei handelt es sich um wenige, dafür umso wichtigere, vielleicht sogar existenzgefährdende Problembereiche, bei denen hoher Handlungsbedarf besteht.

Unternehmungspolitische Ziele sind allgemein und wenig konkret. Deshalb sind die Analysen auch nicht detailliert durchzuführen. Gleiches gilt für die Schlussfolgerungen (vgl. Abbildung 4).

2.3 Inhalte der Unternehmungspolitik

> Werte halten ein Unternehmen zusammen und geben ihm Spannkraft. Sie sind Ausdruck seiner «Persönlichkeit», von der seine Attraktivität für Mitarbeiter, Kunden und alle anderen abhängt, die über das Wohlergehen der Firma mit entscheiden. Die Veröffentlichung der Grundwerte ist eine gute Idee, aber wirklich zählt nur, diese tagaus, tagein zu leben!
>
> Francis J. Gouillart, James N. Kelly

Es wurde bereits in Teil B, Kapitel 6 erwähnt: Eine Unternehmungspolitik setzt sich aus der Vision, dem Unternehmungsleitbild und den funktionalen Politiken zusammen. Sie werden im Folgenden beschrieben.

2.3.1 Vision

Auf der Basis der Analysen der Unternehmungsumwelt, der Unternehmung und der Wertvorstellungen des Topmanagements wird als erstes eine Vision formuliert. Natürlich kann zuerst die Vision da gewesen sein und erst danach wurden die notwendigen Analysen durchgeführt. Letztlich ist dies aber nicht von Bedeutung. Am Ende muss alles zusammenpassen.

«Eine **Vision** ist etwas, das eine Organisation in ihrem geschäftlichen Tun, in dem, wofür sie da ist, von allen anderen unterscheidet und sie einzigartig macht. Sie kann unglaublich starke Kräfte mobilisieren, alle Beteiligten hinter einem Ziel versammeln und das Unternehmen nach aussen abgrenzen» (Nagel & Wimmer, 2014, S. 34). Eine Vision ist eine sehr allgemeine und alles einschliessende Zielsetzung. Sie beschreibt eine gewünschte Zukunft, ein zukünftig zu erreichendes Ziel, ohne die hierfür notwendigen Ressourcen oder die zu gestaltenden Prozesse zu spezifizieren. Eine Vision muss inspirierend wirken. Sie muss eine Sogwirkung erzeugen, Kräfte bündeln, Gemeinschaft und Identität unter den Mitarbeitenden erzeugen. Sie muss Orientierung schaffen, ähnlich einem Leitstern eine Richtung weisen, eindeutig und unmissverständlich. Natürlich muss eine Vision ehrgeizig und anspornend, nicht aber realitätsfern und illusorisch sein (Baldegger, 2007, S. 176; Coenenberg, Salfeld & Schultze, 2015, S. 16; Müller-Stewens & Lechner, 2016, S. 221).

Von Oetinger (2000) sieht als Themen für eine Vision:
- «Steigerung des Firmenwertes,
- Anspruch auf Weltkompetenz,
- Wille zum Siegen,
- Verklammerung der Geschäfte durch Kernfähigkeiten,
- Entdecken neuer Ufer» (S. 240).

Es muss nicht immer gleich Weltkompetenz sein, aber Kompetenz auf jeden Fall. Quelle für den unternehmerischen Erfolg sind in der Regel die Kernkompetenzen, die für das Image der Unternehmung prägend sind, die ihr die grundlegenden Konkurrenzvorteile verschaffen und die für das gleichzeitige Betreiben mehrerer Geschäfte die gemeinsame Grundlage sicherstellen. Dies verhindert eine Verzettelung und führt zur erforderlichen Fokussierung auf das, was die Unternehmung wirklich beherrscht.

Visionen zielen typischerweise auf etwas, das für das Führen der Unternehmung von herausragender Bedeutung ist. Coenenberg, Salfeld & Schultz (2015, S. 23) unterscheiden fünf Kategorien von Visionen, die sie nach deren Bezugspunkt bilden, und nennen dazu auch noch bekannte Beispiele (siehe Abbildung 5).

Perspektive	**Bezugspunkt**	**Beispiel**
Aussenperspektive	andere Unternehmungen	«Crush Adidas» (Nike)
		«Become the Harvard of the West» (Stanford University)
	Marktverhältnisse	«Become a USD 125 billion company by the year 2000» (Wal-Mart)
		«Become the dominant player in commercial aircraft» (Boeing)
	Kunden	«Democratize the automobile» (Ford)
Innenperspektive	bestehende Geschäfte	«Attain six-sigma quality» (Motorola)
	zukünftige Geschäfte	«Transform the company ... into the best diversified high-technology company in the world» (Rockwell)

Abb. 5: Visionen und ihre Bezugspunkte

Weil das Wesen von Visionen anschaulich nur durch Beispiele erfasst werden kann, seien noch einige in Abbildung 6 aufgeführt:

Unternehmung	**Vision**
Pfizer	«Unser Ziel ist es, als vertrauenswürdiger und zuverlässiger Partner wahrgenommen zu werden, der innovative Arzneimittel und Lösungen für Patienten bereitstellt, um die Gesundheit der Gesellschaft zu verbessern, in der wir leben und arbeiten.» (Pfizer AG, 2020)
Illy	«Wir setzen Massstäbe für hervorragende Qualität und die Verbreitung der Kaffeekultur. Als innovatives Unternehmen bieten wir weltweit die besten Produkte an. So können wir wachsen und Marktführer im Premiumsegment werden.» (Illy, 2020)
Brau Union Österreich	«Brau Union Österreich – Immer die beste Marke. Überall. Zum Wohl» (Brau Union Österreich AG, 2020).
Tetra Pak	«Lebensmittelversorgung und -sicherheit weltweit» (Tetra Pak (Schweiz) AG, 2020).
IKEA	«Unsere grosse Leidenschaft ist das Leben zu Hause. Unsere Kultur ist auf Begeisterung, Gemeinschaft und einer ‹Wir-erledigen-das-Haltung› aufgebaut. Wir sind Optimisten und suchen stets nach neuen, besseren Arbeitsweisen, angefangen damit, wie wir einen Schaukelstuhl entwickeln, der in ein flaches Paket passt, bis hin zu LED-Lampen, die für alle erschwinglich sind. Unsere Vision ist es, den vielen Menschen einen besseren Alltag zu schaffen – für die Kunden, aber auch für unsere Mitarbeiter und die Menschen, die bei unseren Lieferanten arbeiten» (IKEA AG, 2020).
Fielmann	«‹Der Kunde bist Du› ist unser Leitsatz. Im Kunden sehen wir uns selbst. Wir bemühen uns, seine Wünsche und Sehnsüchte zu erfüllen. Wir beraten ihn so, wie wir selbst beraten werden möchten: fair, freundlich, kompetent» (Fielmann AG, 2020).
Hochschule für Wirtschaft FHNW	«Wir bilden innovative und verantwortungsbewusste Führungskräfte für eine vernetzte und dynamische Welt aus» (Hochschule für Wirtschaft FHNW, 2020).
Oxfam Deutschland	«Oxfams Vision ist eine gerechte Welt ohne Armut. Eine Welt, in der Menschen nicht auf Kosten nachfolgender Generationen leben. Eine Welt, in der sie Entscheidungen beeinflussen können. Eine Welt, in der sie sicher leben können und in der alle Menschen als Gleiche behandelt werden» (Oxfam Deutschland, 2020).

Abb. 6: Beispiele von Visionen

Damit eine Vision dazu beiträgt, einer Unternehmung die Richtung zu weisen, ihr Orientierung zu geben und eine Gemeinschaft zu schaffen, muss sie entsprechend kommuniziert werden, und zwar permanent. Der dafür gewählte Rahmen sollte der Bedeutung der Vision entsprechen. Das gesamte Management muss zeigen, dass es hinter der Vision steht, es muss diese in den unternehmerischen Alltag hineintragen und muss der Vision nachleben. Nur so kann sie kultur-, sinn- und identitätsstiftend wirken.

2.3.2 Unternehmungsleitbild

Das **Unternehmungsleitbild** ist die erste Konkretisierung der Vision. «Es ist die allgemeine Umschreibung des zukünftigen Unternehmens, insbesondere der grundlegenden Prinzipien, an denen die Geschäftstätigkeit auszurichten ist» (Hauser & Brauchlin, 2004, S. 75).

Nach Bleicher (1994) sind die Funktionen eines Leitbildes in folgenden Punkten zu sehen:

- «Entwurf eines Zukunfts‹fit› von Umwelt- und Unternehmungsentwicklung,
- Orientierungs- und Stabilisierungsfunktion,
- Beitrag zur Sinnfindung,
- Verhaltensentwicklung,
- Motivation und Kohäsion,
- Erleichterung der Koordination,
- Imagebildung,
- unternehmungskulturelle Transformationsfunktion» (S. 505).

Daraus, insbesondere aus der Imagebildung, ist klar ersichtlich, dass ein Leitbild nicht nur das oberste Zielsystem der Unternehmung vorstellt, sondern auch ein Mittel der internen und externen Kommunikation ist. Dementsprechend sollte ein Leitbild keine Unwahrheiten enthalten. Es kann hingegen durchaus Ziele zum Inhalt haben, die noch nicht erreicht sind. Ein Unternehmungsleitbild sollte in Anbetracht dieser Kommunikationsfunktion sehr sorgfältig formuliert sein. Es ist auch hinsichtlich seiner Aktualität periodisch auf die Stimmigkeit seiner Inhalte zu überprüfen. Das heisst keinesfalls, dass bei jeder Überprüfung auch Änderungen vorgenommen werden müssen. Das muss erst geschehen, wenn sich in Unternehmungsumwelt und Unternehmung Grundsätzliches gewandelt hat.

Wie an die Unternehmungspolitik insgesamt sind auch an das Leitbild folgende Anforderungen zu stellen:

- *Allgemeingültigkeit* heisst, dass keine Einzelfälle geregelt werden sollen, sondern Belange der Gesamtunternehmung.
- *Wesentlichkeit* bedeutet die Beschränkung auf das Wichtige.
- *Langfristige Gültigkeit* sollte immer gegeben sein.
- *Vollständigkeit* sollte in dem Sinne vorliegen, als wesentliche Ziele, aber auch die zugehörigen Ressourcen und Prozesse umschrieben werden. Die letzten beiden Punkte gelten für ein Leitbild nur bedingt, mit Sicherheit aber für funktionale Politiken.
- *Wahrheit* heisst, dass die formulierten Ziele den Absichten und Ansichten des Managements entsprechen müssen.
- *Realisierbarkeit* soll gegeben sein, obwohl die Ziele des Leitbildes vielleicht in ferner Zukunft liegen und nur mit Anstrengung erreicht werden können.
- *Konsistenz* ist die Forderung nach widerspruchsfreien – abgestimmten – Zielen im Unternehmungsleitbild.
- *Klarheit* muss vorliegen hinsichtlich der Inhalte des Leitbildes. Es muss von allen –

externen wie internen Betroffenen oder Interessierten – richtig verstanden werden (Ulrich, 2000, S. 201).

Mögliche Inhalte eines Unternehmungsleitbildes können die unten stehenden Punkte sein:

- Das Unternehmungsleitbild soll die Zwecksetzung der Unternehmung, die Befriedigung der Ansprüche der Anspruchsträger widerspiegeln. In erster Linie gehört dazu eine grundsätzliche Umschreibung des Kundenbedürfnisses und der Marktleistungen, mit welchen die Kundenbedürfnisse abgedeckt werden sollen. Die wesentlichen Charakteristika der Marktleistungen oder die an sie gestellten grundsätzlichen Anforderungen – Qualität, Preis, Distributionskanal, anzubietende Menge und Neuheitskadenz – ergänzen diesen Punkt, der in keinem Leitbild fehlen darf. Er sollte deshalb auch an erster Stelle angeführt werden, denn er stellt jene Zielsetzung dar, aus der sich die übrigen Zielsetzungen ableiten.
- Die Umschreibung der Kundenbedürfnisse und Marktleistungen wird vervollständigt durch Angaben zu den Absatz- und Beschaffungsmärkten. Hierunter fällt auch eine Stellungnahme zur Marktstellung, die erreicht werden soll.
- Die Nennung der Kernkompetenzen muss in einem zeitgemässen Leitbild ihren Platz finden, stellen sie doch die Basis der gesamten unternehmerischen Tätigkeit dar.
- An die Kapitalgeber kann im Leitbild eine Aussage betreffend Gewinnerzielung und Gewinnverwendung gerichtet sein.
- Unternehmungen, bei denen solches Sinn macht, können ihre grundsätzliche Haltung zum Staat zum Ausdruck bringen. Eng damit verbunden ist auch ein Bekenntnis zum eigenen wirtschaftlichen Handlungsprinzip, also zur Frage, wie mit dem Produktivitäts- und Wirtschaftlichkeitsprinzip umgegangen wird.
- In einem umfassend verstandenen Leitbild sollte auch definiert sein, wie mit Risiken grundsätzlich umgegangen werden soll, welches die grundsätzlichen Strukturen im Risikomanagement sein sollen.
- In einem Leitbild kann Stellung zu ethischen und ökologischen Fragestellungen bezogen werden. Solches setzt Massstäbe, die das gesamte Unternehmungsgeschehen durchdringen. Zusammen mit Fragestellungen der Eingliederung der Unternehmung in ihr soziales Umfeld bilden sie einen Themenkreis, der unter der Bezeichnung Corporate Citizenship bekannt ist (Ringelstetter & Schuster, 2003, S. 169).
- Auf der sozialen Ebene sind Darlegungen zum grundsätzlichen gesellschaftlichen Engagement der Unternehmung und zur Haltung gegenüber Anliegen der Mitarbeitenden – persönliche Entwicklung, Entlöhnung, Mitbestimmung, Sozialleistungen – und zum Führungsstil angebracht.
- In einem engen Zusammenhang dazu stehen die organisatorischen Strukturen, seien es Prozess- oder Lenkungsstrukturen. Ein Unternehmungsleitbild kann auch zu diesen Grundsätzliches enthalten.
- Darlegungen dazu, welches die technologische Leitlinie der Unternehmung sein soll,

welche Stellung sie hinsichtlich der Marktleistungs- und Prozesstechnologien anstrebt, können Inhalt eines Leitbildes sein. Dazu kann eine Beschreibung der zu beachtenden Grundsätze des Innovationsmanagements treten.

- Wenn deren Bedeutung für die Unternehmung gross ist, sind Angaben zur Qualität der Infrastruktur, zu ihrer Beschaffung, zu ihrem Unterhalt und zu ihrer Liquidation angebracht.
- Der grundsätzliche Umgang mit Informations- und Kommunikationstechnologie darf in den meisten Leitbildern wegen ihrer herausragenden Bedeutung heute nicht mehr fehlen.
- Es steht einem Leitbild – zumindest demjenigen einer grösseren Unternehmung – mit Sicherheit gut an, wenn es die Grundsätze der Unternehmensaufsicht, der Corporate Governance, umschreibt. Die Unternehmensaufsicht soll sicherstellen, dass das Management der Unternehmung effektiv und effizient arbeitet, und den Aufsichtsorganen ein System zur Verfügung stellen, welches eben dieses gewährleistet (Malik, 1999, S. 21, 2013, S. 153).

Die oben angeführten Punkte umschreiben ganz bewusst mögliche Inhalte eines Unternehmungsleitbildes. Dabei liegt die Betonung auf dem Wort «mögliche». Was für alle Checklisten gilt, ist auch hier zu beachten. Checklisten sollen zum Nachdenken anregen. Sie sind nie vollständig. Sie beinhalten immer Punkte, die im Einzelfall überflüssig sind. In Abbildung 7 ist in Anlehnung an Ulrich (2000, S. 279) eine derartige Checkliste zum Leitbild festgehalten:

1. Welche Kundenbedürfnisse befriedigen wir mit unseren Marktleistungen?
2. Welches sind die grundlegenden Anforderungen, denen unsere Marktleistungen zu genügen haben?
3. Auf welchen Absatzmärkten, in welchen Branchen sind wir tätig?
4. Welches sind die Kernkompetenzen, die für unseren unternehmerischen Erfolg ausschlaggebend sind?
5. Welches soll unsere Marktstellung sein?
6. Welches ist unser grundsätzliches Verhalten gegenüber Marktpartnern – Kundinnen und Kunden, Absatzmittlern und Konkurrenten?
7. Welches sind die Beschaffungsmärkte, auf denen wir grundsätzlich unsere Wertschöpfungsfaktoren beschaffen?
8. Welches ist unsere grundsätzliche Haltung gegenüber Lieferanten?
9. Welches ist unsere Zielvorstellung betreffend Gewinnerzielung und Gewinnverwendung?
10. Welches ist unsere prinzipielle Haltung zu Anliegen der Kapitalgeber?
11. Welches ist unsere grundsätzliche Einstellung gegenüber dem Staat?
12. Welchem wirtschaftlichen Handlungsprinzip folgen wir prinzipiell?
13. Welches ist unsere grundsätzliche Haltung gegenüber Risiken?
14. Welches sind die ethischen und ökologischen Normen, die unser Handeln bestimmen?

15.	Welches ist unsere grundsätzliche Einstellung zu gesellschaftlichen Anliegen?
16.	Welches ist unsere Haltung zu Anliegen der Mitarbeitenden?
17.	Welchen Führungsstil pflegen wir grundsätzlich in der gesamten Unternehmung?
18.	Welche Grundsätze gelten bei der Ausgestaltung unserer Organisationsstrukturen?
19.	Welche grundsätzlichen Vorstellungen haben wir hinsichtlich Marktleistungs- und Prozesstechnologien?
20.	Welches sind die Grundsätze, die unseren Umgang mit Innovationen und unser Innovationsmanagement prägen?
21.	Welche Leitlinien bestimmen die Ausgestaltung unserer Infrastruktur, unserer Immobilien und Mobilien?
22.	Welchen Stellenwert messen wir der Anwendung von Informations- und Kommunikationstechnologie zu?
23.	Welche Grundsätze prägen unser System der Unternehmensaufsicht?

Abb. 7: Checkliste zum Unternehmungsleitbild

2.3.3 Funktionale Politiken

Wir haben **funktionale Politiken** in Teil B Kapitel 6 definiert als unternehmungspolitische Zielsetzungen, die sich auf einen bestimmten Funktionsbereich beziehen. Sie stellen damit spezifische Vorgaben dar, welche für den gesamten Funktionsbereich über alle Managementstufen hinweg Gültigkeit haben, also für die funktionalen Strategien als Element der strategischen Planung genauso wie für die funktionalen Pläne der operativen Planung und die funktionalen Soll-Werte der operativen Führung. Funktionale Politiken konzentrieren sich – als Teil der Unternehmenspolitik – auf das Wesentliche, sind langfristig und auf unbestimmte Zeit gültig. Sie sind in der Regel ziemlich abstrakt gehalten, bedürfen somit auf den nachfolgenden Managementstufen der Detaillierung und Konkretisierung.

Funktionale Politiken sind die unternehmungspolitische Vorgabe für die einzelnen Funktionsbereiche, für funktionale Strategien, Pläne und Soll-Werte (vgl. Abbildung 8). Sie bilden ein integriertes – im Idealfall widerspruchsfreies und geschlossenes – Zielsystem. Die Gesamtheit der funktionalen Politiken bildet auch eine Zielvorgabe für die strategischen Planungseinheiten. Deren Ziele dürfen nicht im Widerspruch zu funktionalen Politiken stehen.

Funktionale Politiken müssen die zu erreichenden Ziele, die einzusetzenden Ressourcen und die auszuführenden Prozesse beschreiben. In einzelnen Fällen kann auf die Vorgabe von Ressourcen und/oder Prozessen verzichtet und deren Bestimmung den nachgeordneten Managementstufen überlassen werden. Die Festlegung der Ziele kann jedoch nicht abgetreten werden.

Aus dem Obigen ergibt sich für die Fixierung funktionaler Politiken ein Raster, den wir schon im Rahmen der Unternehmungsanalyse angewandt haben. Er ist in Abbildung 9 enthalten. Das Übereinstimmen der beiden Raster erleichtert das Erkennen von Problemen, die immer dann gegeben sind, wenn Ist- und Soll-Werte auseinander klaffen. Die Diskrepanz kann in den Dimensionen Ziele, Ressourcen und/oder Prozesse liegen.

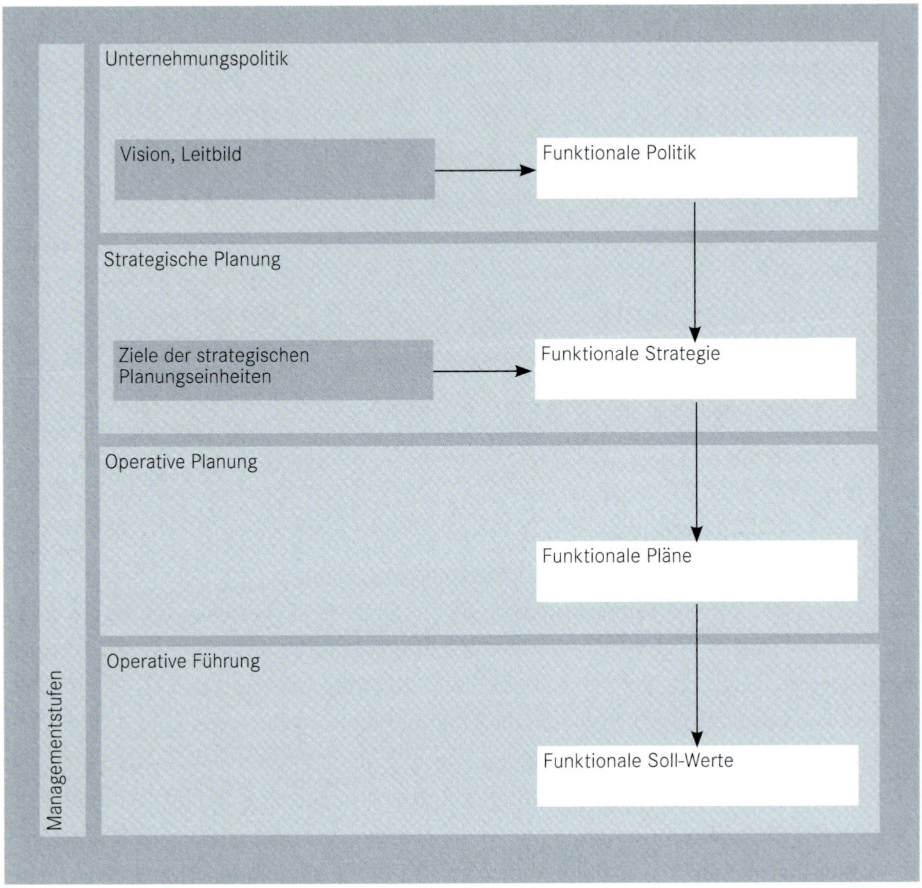

Abb. 8: Zielbildung in den Funktionsbereichen

Beim Unternehmungsleitbild konnten wir dessen mögliche Inhalte in einer Checkliste umreissen. Das ist bei funktionalen Politiken weitaus schwieriger, weil deren Festlegung nicht unabhängig von der Definition der strategischen Planungseinheiten erfolgen kann. Je ähnlicher diese einander sind, umso mehr Ziele lassen sich auf der übergeordneten Managementstufe der Unternehmungspolitik für sie gemeinsam festlegen. Je unterschiedlicher sie sind, umso weniger ist dies möglich. Wenn eine Unternehmung Personenwagen und Lastwagen als strategische Planungseinheiten definiert, wird es auf unternehmungspolitischer Stufe vieles geben, was für beide Planungseinheiten gemeinsam vorgegeben werden kann. Wenn die Planungseinheiten Backwaren und Uhren sind, wird sich hingegen wenig Gemeinsames finden lassen.

Für marktleistungsferne Funktionsbereiche, die in keinem engen Zusammenhang mit Marktleistungen stehen, kann im Rahmen der jeweiligen funktionalen Politik vieles formuliert werden, was keine Vorgabe für strategische Planungseinheiten darstellt. Für marktleistungsnahe Funktionsbereiche, vor allem die marktleistungsbezogenen, gilt das Gegen-

Funktionsbereiche	Zu erreichende Ziele	Einzusetzende Ressourcen	Auszuführende Prozesse
Führungsfunktionen ...			
Marktleistungsbezogene Funktionen ...			
Versorgungsfunktionen ...			
Querschnittfunktionen ...			

Abb. 9: Raster für die Fixierung funktionaler Politiken

teil. So steht zum Beispiel die Energiepolitik meist in einer schwachen inhaltlichen Interdependenz mit strategischen Planungseinheiten, während dies auf die Marketing-, Beschaffungs- oder Distributionspolitik in der Regel nicht zutrifft.

Es sei abschliessend noch festgehalten, dass im Einzelfall überprüft werden muss, ob die Ausarbeitung einer funktionalen Politik für einen bestimmten Funktionsbereich, die ja auch einiges an Aufwand mit sich bringt, gerechtfertigt ist. Die Frage kann nur vor dem Hintergrund der Bedeutung des Funktionsbereiches für die Unternehmungstätigkeit als Ganzes beantwortet werden. Das Kriterium der Firmengrösse ist dabei nicht hilfreich. So ist die Erarbeitung einer Energiepolitik für eine noch so grosse Unternehmungsberatungsfirma in der Regel nicht notwendig, weil man davon ausgehen kann, dass Strom als hauptsächlicher Energieträger verfügbar ist. Für einen Aluminiumproduzenten als sehr grossen Stromverbraucher stellt sich dies ganz anders dar. Er wird gut daran tun, energiepolitische Grundsätze aufzustellen. Wie gezeigt, muss im Einzelfall über die Notwendigkeit der Erarbeitung einer bestimmten funktionalen Politik entschieden werden.

Für alle Unternehmungen, unabhängig von Grösse und Branchenzugehörigkeit, wird es in der Regel sinnvoll sein, funktionale Politiken für die Funktionsbereiche Marketing, Marktleistungserstellung, Finanz-, Personalmanagement und Personalführung zu erarbeiten. Klarheit sollte auch über die Grundsätze der Führung der Unternehmung, über Führungssysteme und -prozesse herrschen, festgehalten in einer Managementpolitik.

2.4 Zusammenfassung

Wir können das Thema **Unternehmungspolitik** in folgenden Punkten zusammenfassen:

- Der Formulierung einer Unternehmungspolitik gehen die Analysen der Unternehmungsumwelt, der Unternehmung und der Wertvorstellungen des Topmanagements voraus. Externe Analysen befassen sich immer mit der Gegenwart und der Zukunft, interne schildern immer den Ist-Zustand des Objektes der Analyse.
- Die Analysen werden in unterschiedlichem Feinheitsgrad vorgenommen. Bei der Fixierung einer Vision und eines Unternehmungsleitbildes wird dies gröber ausfallen als bei den funktionalen Politiken, bei denen sich die Analysen auf den für sie relevanten Umweltausschnitt und den entsprechenden Funktionsbereich fokussieren.
- Die Unternehmungspolitik umfasst drei Elemente: die Vision, das Unternehmungsleitbild und die funktionalen Politiken.
- Die Vision gleicht dem Fixstern, welcher der ganzen Unternehmung den Weg weist. Sie beinhaltet, prägnant gefasst, alles, was für die Unternehmung Kultur, Sinn und Identität stiften soll.
- Das Unternehmungsleitbild enthält Ziele sehr allgemeiner Art, die zwar schon eine konkrete Richtung weisen – aber nicht mehr. Selten wird auf einzusetzende Ressourcen und zu beachtende Prozesse eingegangen.
- Funktionale Politiken sind unternehmungspolitische Ziele für die jeweiligen Funktionsbereiche. Sie können recht detailliert ausfallen, gelten im jeweiligen Funktionsbereich unternehmungsweit und enthalten ausschliesslich Grundsätzliches.
- Die Unternehmungspolitik bildet mit ihren drei Elementen ein in sich geschlossenes und abgestimmtes Zielsystem. Sie darf keine Widersprüche enthalten, weder zwischen den Elementen noch in diesen selbst.
- Die Unternehmungspolitik muss periodisch daraufhin überprüft werden, ob sie noch den Realitäten entspricht, diesen gerecht wird und ob die gesetzten Ziele inhaltlich noch richtig sind. Eine periodische Überprüfung heisst nicht automatisch, dass Änderungen vorgenommen werden. Solche sind erst erforderlich, wenn sich in der Unternehmungsumwelt oder in der Unternehmung selbst wirklich Wesentliches gewandelt hat oder noch wandeln wird.

3 Strategische Planung

> Die effektive Entwicklung von Strategien verbindet das Handeln mit dem Denken [...]. Wir denken, um handeln zu können, sicher, aber wir handeln auch, um denken zu können. Wir probieren verschiedene Wege aus, und diejenigen, die sich nach und nach als gangbar erweisen, verschmelzen zu Mustern, die schliesslich zu Strategien werden.
>
> Henry Mintzberg, Joseph Lampel

3.1 Grundlegendes

So vielfältig und verwirrend die Literatur zum strategischen Management manchmal auch erscheint, es gibt zwei Sachverhalte, die aller ernst zu nehmenden Literatur gemeinsam sind. Wir wollen es die Bezugspunkte und die Ebenen des strategischen Managements nennen.

Die **Bezugspunkte des strategischen Managements** ergeben sich aus seiner Aufgabe, einen Fit zwischen Unternehmungsumwelt und Unternehmung herzustellen. Diese Aufgabe ist nicht nur dem normativen Management gestellt. Im Falle des strategischen Managements lautet die Problemstellung konkret: Welche Kundenbedürfnisse sollen mit welchen Marktleistungen befriedigt werden? Notwendig sind damit eine Aussen- und eine Innenorientierung, die Sicht nach aussen richtet sich auf die Branche, die nach innen auf das strategische Geschäftsfeld. Zusammen bilden diese beiden die strategische Planungseinheit. In den Anfängen des strategischen Managements bezeichnete man dies als Produkt/Markt-Kombination, ein Begriff der zu kurz greift, weil strategisches Management sich in der Regel nicht mit Marktsegmenten und Marktleistungen, sondern mit deren Aggregaten befasst.

Strategische Planungseinheiten beruhen auf der Fähigkeit, bestimmte Kundenbedürfnisse zu befriedigen, bestimmte Kundenprobleme lösen zu können. Dazu braucht es Kernkompetenzen. Kundenbedürfnisse sind der externe, Kernkompetenzen der interne Aspekt, auch hier Aussen- und Innenorientierung. Es bleibt anzumerken, dass die Aussenorientierung im strategischen Management die Innenorientierung dominiert, was als kennzeichnendes Merkmal zeitgemässen Strategieverständnisses gilt (Hungenberg, 2014, S. 454). Kundenbedürfnisse und die zugehörigen Kernkompetenzen bilden eine Einheit, die wir als strategische Kompetenzeinheit bezeichnen wollen.

Die Bezugspunkte des strategischen Managements bilden somit zum ersten die strategischen Planungseinheiten, bestehend aus Branchen und strategischen Geschäftsfeldern, und zum zweiten strategische Kompetenzeinheiten, einschliessend Kundenbedürfnisse und Kernkompetenzen. Wir werden auf beide im Rahmen der Segmentierung im Detail noch eingehen.

Es sind drei **Ebenen des strategischen Managements,** die es zu unterscheiden gilt (Hinterhuber, 2004a, S. 38; Rühli, 2000, S. 73; Steinle, 2003, S. 302):

- Da ist zum ersten die Ebene der Gesamtunternehmung. Hier werden die Lenkungs- und Koordinationsaufgaben wahrgenommen, welche zu lösende Kundenbedürfnisse und Kernkompetenzen, Branchen und strategische Geschäftsfelder betreffen. Etwas verkürzt heisst das: Hier werden die bestehenden und zukünftigen Geschäfte der Unternehmung – im Amerikanischen bezeichnet man dies als «Businesses» – festgelegt, ihre Ziele und Prozesse aufeinander abgestimmt und ihnen Ressourcen zugeteilt.
- Die zweite Ebene stellen die Bezugspunkte – strategische Planungseinheit und strategische Kompetenzeinheit selbst – dar.
- Die dritte Ebene bilden die Funktionsbereiche. Sind Ziele, Ressourcen und Prozesse für die strategischen Planungseinheiten festgelegt, gilt es, diese umzusetzen. Die Funktionsbereiche müssen ihre Beiträge zur Erreichung der Ziele formulieren. Sie fassen diese in die Form funktionaler Strategien. Kaplan und Norton bezeichnen exakt dieses als die interne Perspektive, als Geschäftsprozesse, durch die Werte generiert werden, durch die letztlich die Ziele der strategischen Planungseinheiten erreicht werden (2004, S. 38).

3

Wir haben es bisher unterlassen, Strategie als Begriff zu definieren. Führt man sich die einschlägige Literatur vor Augen, wird man sich bald der Hoffnungslosigkeit des Unterfangens, eine weitgehend einheitliche Definition zu finden, bewusst. Eine Übersicht bieten Mintzberg, Ahlstrand und Lampel (2002) in einem Werk mit dem bezeichnenden Titel «Strategy Safari. Eine Reise durch die Wildnis des strategischen Managements».

Wir können **Strategie** als ein wesentliches Kernelement des Managements verstehen, welches das Fundament für die langfristige Existenz der Unternehmung legt, Kundenbedürfnisse erkennt und ihre Befriedigung sicherstellt, vorhandene Kompetenzen und Ressourcen möglichst optimal einsetzt und die Entwicklung der Unternehmung und ihrer Geschäfte vorantreibt.

Viel anschaulicher als eine weitere Definition anzufügen ist es, zu umschreiben, was strategisches Denken insgesamt ausmacht und welche Elemente zu einer Strategie gehören: «Wissen, was man will. Wissen, was man nicht will. Etwas Neues schaffen. Externe Chancen und interne Kompetenzen integrieren. Durchhalten. Strategie ist allumfassend» (Simon, 2004a, S. 22).

Anschaulich definiert auch Drucker Strategie: «Strategische Planung bereitet das Unternehmen von heute auf die Zukunft vor. Sie stellt folgende Fragen: Was sollte unser Unternehmen sein? Was müssen wir heute tun, um uns auf die Zukunft vorzubereiten? Strategische Planung verlangt das Eingehen von Risiken. Sie erfordert ein systematisches Abstreifen des Gestern. Sie erfordert, dass notwendige Massnahmen zum Erreichen der erwünschten Zukunft klar definiert und die Aufgaben klar verteilt werden. Das Ziel der strategischen Planung ist sofortiges Handeln» (2009, S. 194).

3.2 Segmentierung

3.2.1 Branchen, strategische Geschäftsfelder und strategische Planungseinheiten

Es kann sein, dass eine Unternehmung in unterschiedlichen Branchen tätig ist, und ganz unterschiedliche Marktleistungen oder Gruppen von Marktleistungen anbietet. Das bezeichnen wir als strategische Geschäftsfelder. Die Branche als externes und das strategische Geschäftsfeld als internes Element sind unauflöslich miteinander verknüpft. Diese Verknüpfung nennen wir strategische Planungseinheit. Sie ist letztlich die Antwort auf die Frage, welche Kundenbedürfnisse mit welchen Marktleistungen befriedigt werden sollen. Wir wenden uns zunächst dem Branchenbegriff zu.

Unter einer **Branche** versteht man üblicherweise grosse Gebilde wie Banken, Bauwirtschaft, Maschinenindustrie etc. Von dieser Vorstellung müssen wir uns hier lösen. Eine Branche ist immer identisch mit dem Glied einer bestimmten Wertschopfungskette. Sie umfasst alle bestehenden Anbieter oder Konkurrenten, die Marktleistungen erstellen, «die sich gegenseitig nahezu ersetzen können» (Porter, 2008, S. 37). Wichtig ist hier das Wörtchen «nahezu». Es deutet darauf hin, dass die Anbieter sich voneinander differenzieren, das heisst, dass sie auf unterschiedliche Art und Weise das gleiche Kundenbedürfnis befriedigen. Die Differenzierung bringt ihnen Wettbewerbsvorteile, Anders- oder gar Einzigartigkeit.

Eine Branche richtet ihre Anstrengungen auf Kundinnen und Kunden. Diese sollten exakt umschrieben werden, mit ihren Bedürfnissen, Problemen und Merkmalen. Je besser man die Kunden kennt, um so besser kann die Marktleistung für sie gestaltet werden. Unternehmungen versuchen stets, Kundinnen und Kunden grösseren Nutzen zu stiften als die Konkurrenten. Das trägt ihnen Wettbewerbsvorteile ein, verbessert die eigene Wettbewerbsposition. Die Branche muss also unter dem Aspekt des Wettbewerbs unter den bestehenden Konkurrenten betrachtet werden.

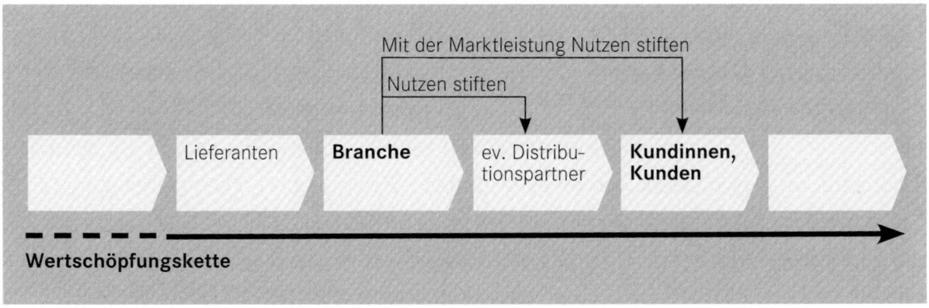

Abb. 10: Branche als Glied einer Wertschöpfungskette

Kundinnen und Kunden können ihrerseits Branchen darstellen, Zum Beispiel liefert eine Sägerei einem Schreiner Hölzer, der diese zu Möbeln verarbeitet und seiner Kundschaft anbietet. Die Branche gestaltet ihre Marktleistungen immer für ihre Kunden – die Sägerei für die Schreinerei, die Schreinerei für den Möbelkäuferin. Je genauer man die Kunden beschreiben kann, um so besser kann man ihnen Nutzen stiften.

Eine Branche und damit das Glied einer Wertschöpfungskette lässt sich aus zwei Blickwinkeln betrachten. Die Wettbewerbssicht gilt der eigenen, der anbietenden Branche, die Kundensicht ist auf die Bedürfnisse, Probleme und Merkmale der Kundinnen und Kunden gerichtet. Die Kundenorientierung sollte stärker als die Wettbewerbsorientierung sein. Gelingt es nämlich, den Kunden grösseren Nutzen zu stiften, als dies die Konkurrenz tut, so ergeben sich daraus zwangsläufig Wettbewerbsvorteile.

Je genauer die Kundensicht ist, umso besser lässt sich in der Folge eine Strategie entwickeln, welche die Kundenbedürfnisse optimal befriedigt. Relativ einfach ist dies bei Marktleistungen, die für eine ganz bestimmte Kundschaft gedacht sind, wie zum Beispiel Zirkuszelte, Passagierflugzeuge oder Luxuslimousinen. Ganz besonders schwierig wird es, wenn die Branche Güter des täglichen Bedarfs vermarktet. Welches ist das Bedürfnis oder das Problem von Menschen, die Kaugummi kauen, wodurch zeichnen sie sich aus und lassen sie sich von anderen unterscheiden? Hier scheitert der Versuch, klare Abgrenzungskriterien zu finden und auf ihrer Grundlage die Kunden exakt zu definieren. Wir sehen also, dass bei spezialisierten Marktleistungen, oft sind das Investitionsgüter, die Kunden ziemlich genau beschrieben werden können. Das Gegenteil trifft bei Alltagsgütern zu.

Es kann notwendig und ratsam sein, die Branche in Branchensegmente aufzuteilen. Meist geht das nicht ohne eine Spezialisierung der Marktleistung. So könnte die Branche, welche das Bedürfnis nach Kaugummi befriedigt, in spezialisierte Segmente geteilt werden wie Kaugummi für Raucher, Kaugummi zur Zahnpflege etc. Branchensegmente sind demnach «abgegrenzte Gruppen von Kunden mit spezifischen Problemen und Bedürfnissen, die ein Unternehmen oder eine Institution differenziert, selektiv und rentabel bearbeiten will» (Belz, 1999, S.121). Wir nähern uns hier der Grenze zwischen strategischem Management und Marketing, einer Grenze, die recht fliessend ist.

Die Unternehmungstätigkeit wird nach Marktleistungen oder Marktleistungsgruppen in **strategische Geschäftsfelder** eingeteilt. Dies tut man natürlich nur dann, wenn sich die Marktleistungen deutlich unterscheiden, und zwar nach dem Kundenbedürfnis, das sie befriedigen. Eine Unternehmung, deren Marktleistungen Schreibwaren und Küchenmöbel sind, wird gut tun, diese beiden Marktleistungen als strategische Geschäftsfelder zu betrachten. Es kann durchaus sein, dass ein strategisches Geschäftsfeld aus mehreren Produkten besteht, zum Bespiel könnten sich Schreibwaren aus Bleistiften, Kugelschreibern und Füllfederhaltern zusammensetzen.

Wir können somit festhalten, dass die **externe Segmentierung** die Definition von Branchen und die **interne Segmentierung** die Festlegung von strategischen Geschäftsfeldern zum Resultat haben.

Wir konnten im Weiteren unschwer feststellen, dass beides nicht losgelöst voneinander geschehen kann. Branche und strategisches Geschäftsfeld bilden eine unauflösliche Einheit. Wir bezeichnen sie als **strategische Planungseinheit.** Damit sind wir wieder bei unserer Ausgangsfrage angelangt: Welches Kundenbedürfnis soll mit welcher Marktleistung befriedigt werden. Oder zutreffender gefasst: Mit welchem strategischen Geschäftsfeld wollen wir in welcher Branche tätig sein? Die strategische Planungseinheit ist es, um die das Denken kreist, wenn das Fundament für den Unternehmungserfolg gelegt wird (vgl. zum Konstrukt der strategischen Planungseinheit Ansoff, 1984, S. 37; Grünig & Kühn, 2018, S. 71; Müller-Stewens & Lechner, 2016, S. 139, S. 169; Probst & Wiedemann, 2013).

Ob die Bildung strategischer Planungseinheiten sinnvoll vorgenommen wurde, lässt sich anhand von sieben Fragestellungen überprüfen (Schwaninger, 1989, S. 319; Stöger, 2017, S. 49):

- Befriedigt jede strategische Planungseinheit ein eigenständiges und dauerhaftes Kundenbedürfnis?
- Muss für jede strategische Planungseinheit eine eigenständige Strategie verfolgt werden, die grundlegend anders ist als diejenige der übrigen strategischen Planungseinheiten?
- Kann jede strategische Planungseinheit unabhängig von den übrigen strategischen Planungseinheiten an die von ihr angesprochenen Kundenbedürfnisse angepasst und weiterentwickelt werden?
- Sind für jede strategische Planungseinheit die Voraussetzungen für finanziellen Erfolg gegeben?
- Wäre jede strategische Planungseinheit, auf sich allein gestellt, überlebensfähig?
- Können die Verantwortlichkeiten für das Management jeder strategischen Planungseinheit bestimmten organisatorischen Einheiten zugeordnet werden?
- Können den strategischen Planungseinheiten die erzielten Erträge und Aufwände, Erlöse und Kosten zugerechnet werden?

Diese Fragen betonen nochmals den Sinn der Segmentierung. Es sollen möglichst unabhängige strategische Planungseinheiten definiert werden. Damit ist die notwendige Freiheit gegeben, die Zielsetzungen jeder strategischen Planungseinheit unabhängig von den anderen festzulegen. Es muss im Extremfall die Möglichkeit bestehen, sich neue strategische Planungseinheiten zuzulegen oder bestehende aufzugeben, ohne dass die übrigen davon berührt werden.

Es sei abschliessend betont, dass die Definition strategischer Planungseinheiten von kaum zu überschätzender Bedeutung ist. Hier werden Strukturen geschaffen, die für alles Weitere grundlegend und wegweisend sind. Liegt man dabei falsch, ist alles Folgende vergebene Liebesmüh.

3.2.2 Kundenbedürfnisse, Kernkompetenzen und strategische Kompetenzeinheiten

Beim Management strategischer Planungseinheiten geht es um deren Wettbewerbsvorteile. Alle Anstrengungen konzentrieren sich auf die Qualität der Marktleistungen und/oder das Senken von Preisen, um den Kunden ein optimales Preis/Leistungs-Verhältnis zu bieten. Strategische Planungseinheiten haben eine Grundlage. Es sind dies die strategischen Kompetenzeinheiten, deren internes Element die Kernkompetenzen darstellen, die entwickelt und gepflegt werden, um gewisse Kundenbedürfnisse abzudecken. Eine **Kernkompetenz** ist durch die folgenden Eigenschaften gekennzeichnet (Hamel & Prahalad, 1995, S. 309):

- Kundennutzen: Die Kernkompetenz leistet einen ganz wesentlichen Beitrag dazu, den Kunden einen Nutzen zu stiften. Meist sind es nicht einzelne Kernkompetenzen, die dies tun, sondern eine Kombination davon. Ob sich der Kunde bewusst ist, welche Kernkompetenzkombination ihm Nutzen stiftet, ist völlig unerheblich. Er muss den Nutzen, nicht die Kompetenz wahrnehmen.
- Differenzierung von der Konkurrenz: Kernkompetenzen sind Fähigkeiten, die Einzigartigkeit verleihen, den Unterschied zur Konkurrenz ausmachen. Das heisst nicht, dass eine Unternehmung als einzige darüber verfügen muss. Oft sind bestimmte Kernkompetenzen ganzen Branchen gemeinsam, was nur logisch ist, wenn sich die Branche aus Konkurrenten bildet, die ein bestimmtes Kundenproblem lösen. Nun gibt es sicherlich Unterschiede in der Beherrschung der Kernkompetenzen. Dies führt dann zu Wettbewerbsvorteilen oder -nachteilen. In vielen Fällen muss man bestimmte Kernkompetenzen besitzen, um in einer Branche erfolgreich bestehen zu können. Sie sind quasi die Zutrittsbedingung. Kernkompetenzen sind die Quelle von Wettbewerbsvorteilen. Sie tragen zu einer guten Qualität der Marktleistungen bei oder senken Kosten und bringen dadurch einen Kostenvorteil.
- Ausbaufähigkeit: Kernkompetenzen sind zwar Fähigkeiten, bestimmten Kundennutzen zu stiften. Sie dürfen aber nicht so eng betrachtet werden. Man muss sie als Potenziale sehen, neue und vielleicht ganz anders geartete Kundenbedürfnisse abzudecken. Kernkompetenzen sollten in diesem Sinne ausbaufähig sein. Manchmal kann eine vom Bisherigen abweichende Kombination bereits vorhandener Kompetenzen die Grundlage neuer Marktleistungen darstellen.

Eine Kernkompetenz ist völlig wertlos, wenn damit nicht ein Kundenbedürfnis befriedigt wird. **Kundenbedürfnis** und die zugehörige Kernkompetenz bilden eine unauflösliche Einheit. Wir nennen sie **strategische Kompetenzeinheit.**

Der Wettbewerb zwischen Unternehmungen nimmt seinen Anfang bei den strategischen Kompetenzeinheiten. Hamel und Prahalad überschreiben ihn mit dem Begriff der intellektuellen Führung (1995, S. 84, S. 123). Dies ist eine sehr zutreffende Bezeichnung, geht es doch darum, sich intellektuell mit Zukunftsfragen zu beschäftigen. Drei entscheidende Fragen sind zu stellen. Erstens: Welche Kundenbedürfnisse wollen wir in fünf, zehn oder fünfzehn Jahren befriedigen? Zweitens: Welche neuen Kompetenzen müssen wir uns dazu aneignen oder welche neuen Kombinationen von Kernkompetenzen müssen wir schaffen, um die Kundenbedürfnisse abzudecken? Drittens: Wie müssen wir unsere Distribution einrichten, um den Kunden anzusprechen und zu beliefern? Die Antworten auf diese

Fragen gestalten dieZukunft, und zwar langfristig. Sie sind die Quelle zukünftiger Wettbewerbsvorteile. Sie legen das Fundament für Unternehmungserfolg (vgl. auch Pümpin & Ammann, 2005, S. 24).

«Es gibt drei Arten von Unternehmen: solche, die versuchen, die Kunden dorthin zu führen, wo diese nicht hin wollen ...; solche, die den Kunden zuhören und auf die geäusserten Bedürfnisse reagieren...; solche, die ihre Kunden dorthin führen, wohin diese wollen, ohne allerdings schon zu wissen, dass sie dorthin wollen. Unternehmen, welche die Zukunft erschaffen, stellen ihre Kunden nicht nur zufrieden. Sie verblüffen sie ständig» (Hamel & Prahalad, 1995, S. 163).

Es ist keine Frage, welche der drei Arten von Unternehmungen die erfolgreichste ist. Die Aussage zeigt aber auch eine Schwierigkeit. Zukünftige Kundenbedürfnisse vorherzusagen ist immer mit dem Risiko behaftet, dass die Prognose nicht eintrifft. Auch hier gilt jedoch, dass vielfach unter Unsicherheit entschieden werden muss. Wer hätte vor nur 20 Jahren geahnt, dass Smartphones eine derartige Verbreitung finden. Wer hätte zudem geglaubt, dass sie nicht nur zum Telefonieren, sondern auch als Organizer, als Fotoapparate, als Navigationssysteme, als Spielkonsole, als Radio, als Fernseher und für vieles mehr gebraucht würden. Die Kunden bestimmt nicht. Gleichwohl haben sich erfolgreiche Anbieter darauf vorbereitet.

In einem **Kernkompetenzportfolio** werden die Stärke der bestehenden Kundenbedürfnisse und die vorhandenen oder noch zu erwerbenden Kernkompetenzen einander gegenübergestellt. Daraus lassen sich Kompetenzentwicklungsstrategien ableiten (Hinterhuber, 2004a, S. 127; Hungenberg, 2014, S. 454).

Je nach der Lage einer strategischen Kompetenzeinheit im Kernkompetenzportfolio ergeben sich andere Kompetenzentwicklungsstrategien (vgl. Abbildung 11). Anzumerken bleibt, dass Kernkompetenzen für diejenigen Kompetenzeinheiten, welche durch schwache Kundenbedürfnisse gekennzeichnet sind, bestenfalls noch genutzt werden sollen, solange dies möglich ist.

Es liegt auf der Hand, dass die Ausgestaltung strategischer Kompetenzeinheiten nur sehr grob erfolgt. Der lange Vorausblick verschafft lange Reaktionszeiten. Es ist gar nicht notwendig, Einzelheiten festzulegen. Es ist notwendig, die grossen Entwicklungslinien aufzuzeigen und diese zum gegebenen Zeitpunkt zu verfeinern.

Anhand des Kernkompetenzportfolios ist er schon erkennbar, der Zyklus des Kernkompetenzmanagements. Er vollzieht sich in fünf Phasen (Krüger & Homp, 1997, S. 92):

- *Identifikation:* Es ist nicht die Kernkompetenz, die am Anfang steht. Zuerst wird das Kundenbedürfnis erkannt, woran sich die Frage anschliesst, welche Kernkompetenzen zu dessen Befriedigung erforderlich sind. Die Antwort darauf ist die Identifikation der Kernkompetenzen.
- *Entwicklung:* In einer zweiten Phase werden die Kernkompetenzen entwickelt. Es werden Projekte gestartet, konkrete Massnahmen ergriffen.
- Integration: Vorhandene Kernkompetenzen müssen in die Unternehmung integriert

Konkurrenten in der Branche versuchen, sich durch die Eigenschaften der Marktleistung zu differenzieren. Früher oder später – bei einfachen Marktleistungen früher, bei komplizierteren später – wird dieser **Marktleistungswettbewerb** in den **Preiswettbewerb** übergehen, weil die Marktleistungen aller Konkurrenten ein in etwa gleich hohes Qualitätsniveau erreicht haben und sich sehr ähnlich sind. Hier gilt es, bei gleicher Marktleistungsqualität den Kundinnen und Kunden einen tieferen Preis zu bieten (Moore, 2006, S. 13, S. 61; Venzin, Rasner, & Mahnke, 2010, S. 83).

Der Lebenszyklus einer Branche ist auch durch eine typische Abfolge von unterschiedlichen **Marktformen** gekennzeichnet. Diese zu kennen ist für die Erarbeitung der Ziele einer strategischen Planungseinheit von herausragender Bedeutung, weil mit der Marktform auch die Marktmacht der Konkurrenten angesprochen ist (vgl. Abbildung 15).

Eine Branche wird immer von einer einzelnen oder einigen ganz wenigen Unternehmungen begründet. Diese erkennen als erste ein vorhandenes Kundenbedürfnis und stellen diesem eine Marktleistung entgegen. Sie nehmen auch die damit verbundenen grossen Risiken auf sich. Unter diesem Aspekt betrachtet, ist dieses **Monopol** oder Quasimonopol nicht etwas Erstrebenswertes. Auch deshalb schon nicht, weil, sobald sichtbar wird, dass die Branche sich weiterentwickelt, dass das Kundenbedürfnis tatsächlich besteht und der Übergang von der Einführungs- in die Wachstumsphase bevorsteht, neue Konkurrenten in die Branche eindringen. In der Regel sind dies ein paar wenige, so genannte frühe Imitatoren. Man spricht in dieser Phase von einem **Oligopol.** Von aussen betrachtet, erscheint ein Oligopol immer als eine eher ruhige Veranstaltung. Geht man aber davon aus, dass die Konkurrenten in etwa gleich gross sind und über die gleiche Marktmacht verfügen, so ist es weiter nicht erstaunlich, wenn sie gewissen Branchenusanzen gehorchen. Begeht aber einer der Konkurrenten einen schweren Fehler, so wird er von den übrigen verdrängt. Die Wettbewerbsintensität ist also in einem Oligopol keineswegs gering. Hingegen ist die Form des Wettbewerbs eine gepflegte, weil man sich kennt und Spielregeln beachtet. In der Wachstumsphase dringen neue Konkurrenten in die Branche ein. Sie werden vom bemerkenswerten Wachstum der Branche dazu verleitet. In der Folge ergibt sich ein **Polypol,** eine Marktform, die für alle Beteiligten unangenehm ist, weil viele Konkurrenten mit sehr unterschiedlichem und auch unbekanntem Verhalten in der Branche tätig sind. Das macht das Ganze unbeherrschbar und bringt viel Unvorhergesehenes mit sich. Konkurrenten, die spät in eine Branche eindringen, haben einen grundsätzlichen Nachteil gegenüber denen, die bereits in der Branche seit Längerem aktiv sind. Sie sind neu. Sie kennen weder die Kunden noch die Branchenstruktur, noch beherrschen sie ihre Prozesse. Ihre Marktleistungen sind zudem unausgereift. Ihnen geht die Erfahrung ab. Ihnen fehlt das notwendige Wissen. Bei denen, die zuletzt in eine Branche eindringen, sind diese Nachteile am grössten. Es ist deshalb zu erwarten, dass sie – freiwillig oder unfreiwillig – aus der Branche ausscheiden. Das bestehende Polypol bildet sich zu einem Oligopol zurück, aus den vielen Konkurrenten werden wieder wenig. Mit ziemlicher Wahrscheinlichkeit sind es die gleichen, die schon das erste

Oligopol gebildet haben. Wir können also festhalten: Dem anfänglichen Monopol folgt ein Oligopol, diesem ein Polypol, diesem wiederum ein Oligopol. Im Lebenszyklus kommt dieses letzte Oligopol in die Sättigungs- und Rückgangsphase zu liegen. Dies mag auf den ersten Blick wenig interessant erscheinen. In Tat und Wahrheit verdient man hier aber am leichtesten sein Geld. Man kennt seine Kunden, die Marktleistungen sind ausgereift, man beherrscht seine Prozesse, und die Konkurrenten respektieren einander (Freiling & Reckenfelderbäumer, 2010, S. 193; Homburg & Krohmer, 2003, S. 363, vgl. Abbildung 15).

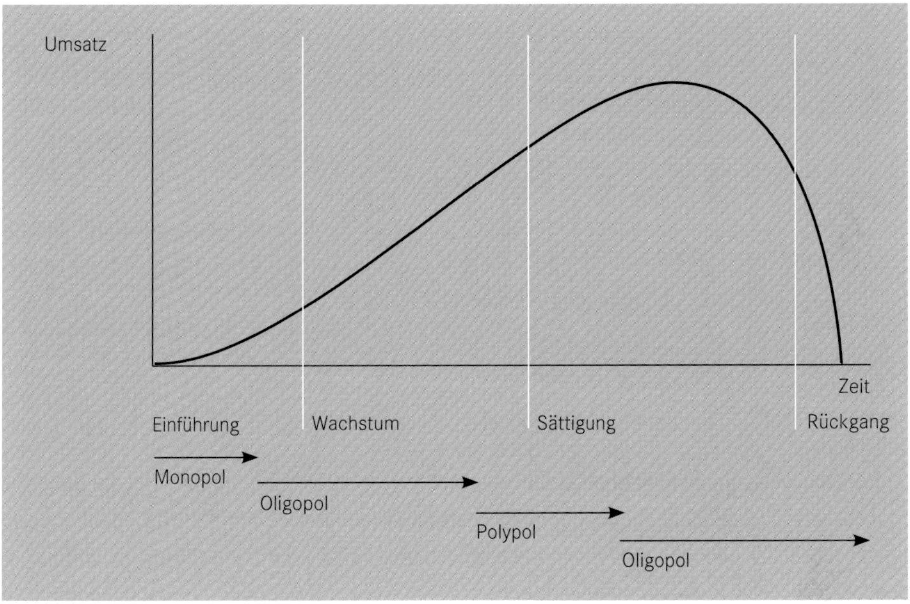

Abb. 15: Lebenszyklus und Marktformen

Wir können festhalten, dass es für den Lebenszyklus einer Branche einen idealtypischen Umsatz- und Gewinnverlauf gibt, dass an seinem Anfang die Marktleistung der dominierende primäre Wettbewerbsfaktor ist und diese in den späteren Phasen vom Preis abgelöst wird. Dem Marktleistungswettbewerb folgt der Preiswettbewerb. Es gibt im Weiteren eine typische Abfolge von Marktformen während des Lebenszyklus einer Branche. Es bleibt uns zu erklären, warum sich das Polypol der mittleren Phasen des Lebenszyklus in ein Oligopol wandelt. Die Ursache dafür ist der Erfahrungskurveneffekt.

3.3.2 Erfahrungskurve

«Die in der Wertschöpfung eines Produktes enthaltenen Kosten scheinen um 20–30 % abzufallen mit jeder Verdoppelung der kumulierten Produkterfahrung im Industriezweig als Ganzes wie auch beim einzelnen Anbieter» (Henderson, 1984, S. 19). Diese empirisch belegte Gesetzmässigkeit besagt – etwas einfacher formuliert –, dass mit zunehmender Erfahrung, gemessen in Verdoppelungen der erzeugten kumulierten Mengen einer Marktleistung, die Wertschöpfungskosten um 20 bis 30 % abnehmen. Dies gilt für den einzelnen Konkurrenten (Anbieter) wie auch für die gesamte Branche.

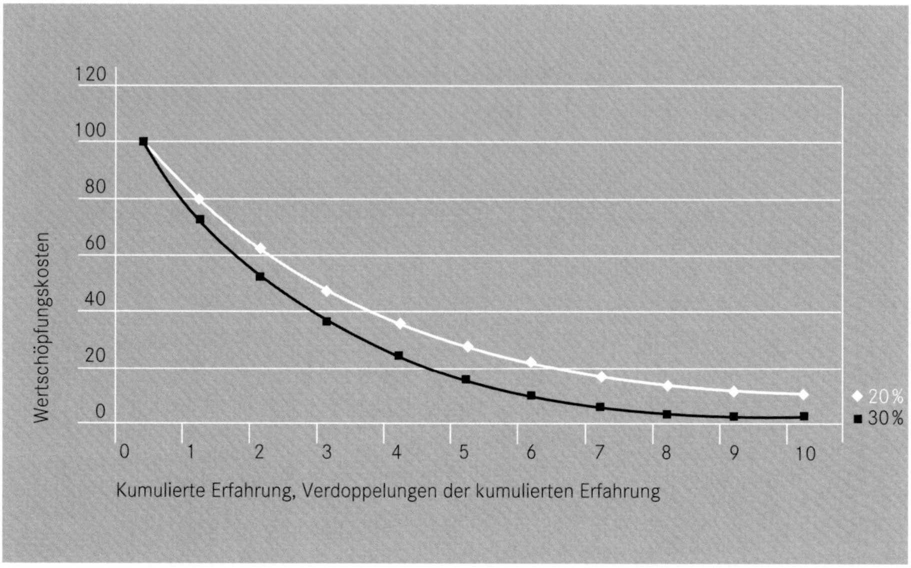

Abb. 16: Erfahrungskurve

Abbildung 16 stellt die **Erfahrungskurve** grafisch dar. Bei der erstmaligen Herstellung der Marktleistung liegen die Wertschöpfungskosten bei 100. Bei der ersten Verdoppelung der kumulierten Menge 80, wenn die Wertschöpfungskosten um 20 % sinken, beziehungsweise bei 70, wenn sie um 30 % sinken. Beträgt die Ausgangsmenge 20 Stück, so liegt die erste Verdoppelung der kumulierten Menge bei 40, die zweite bei 80, die dritte bei 160 (Gälweiler, 1974, S. 241).

Wertschöpfungskosten sind diejenigen Kosten, die durch unternehmungsintern wahrgenommene Wertschöpfungsaktivitäten verursacht werden. Alle durch die Beschaffung von Wertschöpfungsfaktoren verursachten Kosten gelten hingegen nicht als Wertschöpfungskosten (vgl. Abbildung 17).

Der **Erfahrungskurveneffekt,** das Potenzial zur Kostensenkung, bezieht sich nur auf die Wertschöpfungskosten, «bezieht sich auf die in einem Produkt enthaltenen Kosten der Wertschöpfung» (Gälweiler, 1974, S. 247). Dies findet seine Begründung in den Ursachen des Erfahrungskurveneffektes. Es sind deren vier (Henderson, 2000a, S. 557):

1. *Lernen:* Menschen lernen eine Tätigkeit, die sie wiederholt ausführen, immer besser zu verrichten. Hierbei handelt es sich um den Lernkurveneffekt.
2. *Spezialisierung:* Mit der hergestellten Menge nimmt die Arbeitsteilung zu. Der Arbeitsumfang pro Mitarbeitenden wird kleiner, die Wiederholungen der Arbeitsausübung pro Zeit nehmen zu. Dieser Spezialisierungseffekt beschleunigt den Lernprozess.

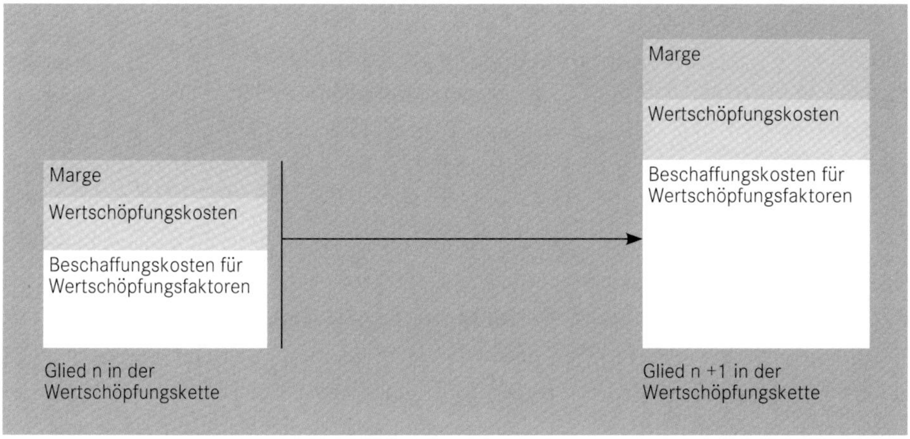

Abb. 17: Wertschöpfungskosten

3. *Investitionen:* «Investitionen führen zu Kostensenkungen. Ohne Investitionen gibt es keine Kapazitätserweiterungen bzw. keine Kosteneinsparungen bei konstanter Kapazität. Ein bedeutender Teil der Kostensenkungen bei Erfahrungskurven ergibt sich aus Investitionserträgen» (Henderson, 2000a, S. 558). Investitionen sind also notwendige Voraussetzung für das Ausnutzen des Erfahrungskurveneffektes.
4. *Betriebsgrössenersparnisse:* Mit zunehmender Produktionsmenge können die fixen Kosten auf mehr Mengeneinheiten verteilt werden. Die fixen Kosten pro Mengeneinheit sinken.

An seinen Ursachen ist erkennbar, dass der Erfahrungskurveneffekt nur für Wertschöpfungskosten Gültigkeit haben kann. Lernen, Spezialisierung, Investieren und das Realisieren von Betriebsgrössenersparnissen kann nur die intern wahrgenommenen Tätigkeiten, die eigenen Wertschöpfungsaktivitäten betreffen. Im Weiteren wird offenbar, dass die Erfahrungskurve keine Rutschbahn ist, auf der man ohne Anstrengung hinunterrutschend die Wertschöpfungskosten senken kann. Wer zum Beispiel nicht lernt, wird seine Wertschöpfungskosten nicht mindern.

Es lässt sich feststellen, dass diejenigen Anbieter, die später als andere in eine Branche eindringen, einen Erfahrungs- und damit auch einen Kostennachteil haben. Sie werden deshalb relativ leicht zu Opfern von Preissenkungen, müssen die Branche wieder verlassen, wenn das Preisniveau in der Branche gesenkt wird und sie dadurch Verluste erleiden. Dies ist der Regelfall. Im Ausnahmefall kann es einem Anbieter, der später in eine Branche eindringt, gelingen, seinen Kostennachteil wettzumachen. Voraussetzung ist allerdings, dass er alles schneller macht als die bestehenden Konkurrenten. Er muss schneller lernen, schneller spezialisieren, schneller investieren und schneller Betriebsgrössenersparnisse realisieren. Dies kann nur gelingen, wenn er grosse Potenziale, vor allem die notwendigen Finanzen mitbringt.

Mit dem Erfahrungskurveneffekt ist ein Grund genannt, warum das in der Wachstumsphase des Lebenszyklus einer Branche entstehende Polypol sich in ein Oligopol zurückbildet. Die später in die Branche eingedrungenen Konkurrenten scheiden aufgrund ihres Kostennachteils im Falle von Preissenkungen aus. Die Lehre lautet demnach: Man komme nie zu spät in eine Branche, es sei denn, man verfüge über die notwendigen Ressourcen.

Weitere Gründe, die den Wechsel vom Polypol zum Oligopol herbeiführen und beschleunigen können, sind die durch das Eindringen neuer potenzieller Konkurrenten in die Branche entstehenden Überkapazitäten und der Umstand, dass die Marktleistungen einen Entwicklungsstand erreicht haben, der ihrer qualitativen Verbesserung Grenzen setzt. Damit bleibt für die Anbieter bloss noch die Möglichkeit, sich über den Preis von den Konkurrenten zu differenzieren, was den Druck auf die Anbieter mit Kostennachteilen zusätzlich verstärkt.

3.3.3 Branchenattraktivität und Wettbewerbsvorteile

Jede Unternehmung hat eine Vorstellung davon, wie ihre Zukunft gestaltet sein soll. Eine solche besteht auch hinsichtlich der zukünftigen Entwicklung des Umsatzes. Wenn sich das Wachstum einer strategischen Planungseinheit verlangsamt, öffnet sich die so genannte **strategische Lücke.** Sie stellt die «Differenz zwischen der Fortschreibung des Status quo und der erwünschten Zukunft» dar (Grossklaus, 2008, S. 24; Nagel & Wimmer, 2014, S. 122; Scheuss, 2016, S. 107). Wird nichts dagegen unternommen, nimmt der Umsatz ab (vgl. Abbildung 18).

3

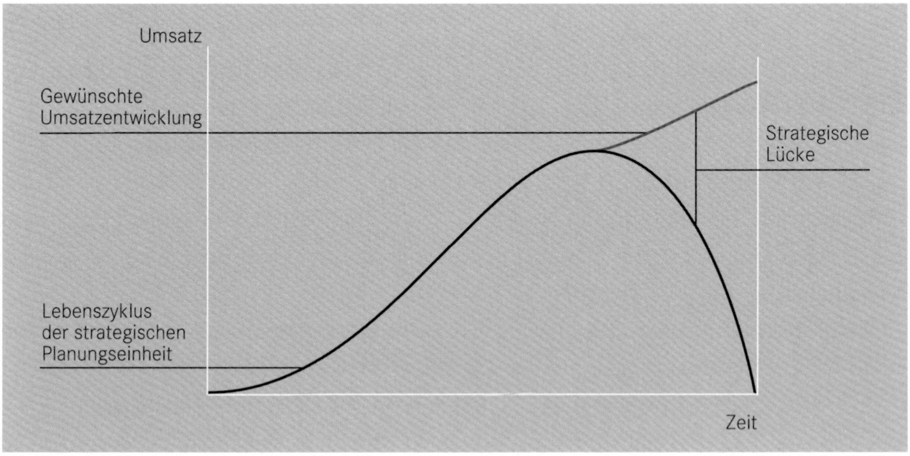

Abb.18: Strategische Lücke

Es gibt zwei grundsätzliche Möglichkeiten, die strategische Lücke zu schliessen. Zum ersten kann ein **Relaunch** versucht werden. Dabei handelt es sich um eine echte Verbesserung der Qualität der Marktleistung, um eine nachhaltige Innovation, die dazu führt, dass das Umsatzwachstum wieder zunimmt und der Lebenszyklus verlängert wird. In der Regel genügen geringfügige Anpassungen der Marktleistungen nicht, um einen Relaunch herbeizuführen (Michel, 2009, S. 116; Olbrich, 2006, S. 118; Pepels, 2013).

Die zweite Möglichkeit, die strategische Lücke zu schliessen, ist, rechtzeitig eine neue strategische Planungseinheit zu lancieren, welche die strategische Lücke umsatzmässig zu schliessen vermag. Noch besser ist es, wenn die Unternehmung über mehrere strategische Planungseinheiten in unterschiedlichen Phasen des Lebenszyklus verfügt und damit mehrere Eisen im Feuer hat. Es wird also strategische Planungseinheiten in allen Phasen des Lebenszyklus geben. Damit stellt sich ein neues Problem: Wie sollen knappe Ressourcen auf die strategischen Planungseinheiten verteilt werden? Welche sollen gefördert, welche sollen zurückgefahren werden? Jede strategische Planungseinheit muss auf ihre Erfolgs- und Zukunftsaussichten hin analysiert werden.

Eine strategische Planungseinheit setzt sich aus einer Branche als externem Element und aus einem strategischen Geschäftsfeld als internem Element zusammen. Beide müssen so ausgestaltet sein, dass sie optimal zueinander passen. Beide gilt es zu analysieren.

In einem ersten Schritt soll die Branche analysiert werden. Wir haben eine Branche definiert als Gruppe von Konkurrenten, die ein bestimmtes Kundenbedürfnis abdecken. Nach Porter (2008, S. 37) machen fünf Kräfte die **Branchenstruktur** aus. Da ist zunächst die Branche selbst, in der sich der Wettbewerb unter den bestehenden Konkurrenten abspielt. Kunden nehmen die Marktleistungen der Branche ab. Ihnen gilt es, möglichst grossen Nutzen zu stiften, und daraus die Überlegenheit gegenüber der Konkurrenz entstehen zu lassen. Lieferanten versorgen die Branche mit Wertschöpfungsfaktoren. Dazu kommen potenzielle neue Konkurrenten, die gewillt sind, in die Branche einzudringen, wenn ihnen dies vorteilhaft erscheint. Im Weiteren können Konkurrenten mit Ersatzmarktleistungen auftreten. Ersatzmarktleistungen können die von der Branche angebotenen Marktleistungen substituieren. Ersatzmarktleistungen befriedigen ein Kundenbedürfnis auf völlig neue Weise.

Es lassen sich demnach drei Arten von **Konkurrenten** unterscheiden, die eines gemeinsam haben: Sie befriedigen exakt das gleiche Kundenbedürfnis. Bestehende Konkurrenten tun dies bereits auf die mehr oder weniger gleiche Art und Weise. Sie unterscheiden sich in ihren Marktleistungen nicht grundsätzlich, sondern bloss durch bestimmte Qualitäten ihrer Marktleistungen. Dadurch differenzieren sie sich voneinander und positionieren sich so auf ihre Art in den Augen der Kunden. Potenzielle neue Konkurrenten würden, wären sie in der Branche, das Kundenbedürfnis gleich befriedigen wie die bestehenden Konkurrenten. Konkurrenten mit Ersatzmarktleistungen tun dies mit neuen und völlig anderen Marktleistungen, welche die existierenden Marktleistungen verdrängen. Ein Beispiel: Analoge Fotoapparate mit konventionellem Film befriedigen das Bedürfnis, etwas bildlich fest zu halten. Bestehende Konkurrenten und potenzielle neue Konkurrenten setzen diese Technologie ein. Konkurrenten mit Ersatzmarktleistungen treten mit Digitalkameras auf und stiften damit den gleichen Kundennutzen mit einer gänzlich anderen Technologie. Das Resultat ist, dass analoge Kameras durch Digitalkameras substituiert werden.

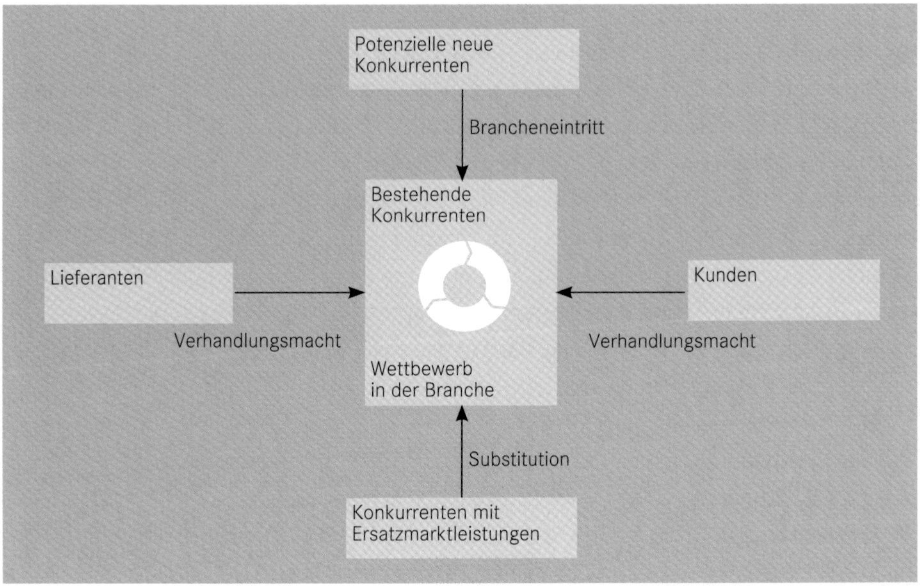

Abb.19: Branchenstruktur und Triebkräfte des Branchenwettbewerbs

In einer Branche wirken also fünf Kräfte (Porter, 2008, S. 36; Porter, 2010, S. 28; Michaeli, 2006, S. 318; vgl. Abbildung 19):

- Innerhalb der Branche herrscht *Wettbewerb* unter den bestehenden Konkurrenten. Hier ist die Wettbewerbsintensität der bestimmende Faktor.
- Die Kunden versuchen ihre Interessen durchzusetzen. Sie möchten eine Marktleistung möglichst hoher Qualität zu einem möglichst tiefen Preis. In welchem Umfang sie ihre Interessen durchsetzen können, ist von ihrer *Verhandlungsmacht* abhängig.
- Auch Lieferanten möchten ihre Vorstellungen durchsetzen, auch sie können dies mit zunehmender *Verhandlungsmacht* besser.
- Potenzielle neue Konkurrenten versuchen *den Brancheneintritt,* wenn ihnen die Branche attraktiv erscheint.
- Konkurrenten mit Ersatzmarktleistungen werden mit diesen in der Branche auftreten, wenn sie eine *Substitution* der bestehenden Kundenproblemlösung für möglich erachten.

Mit Hilfe dieses Modells der Branchenstruktur und der Triebkräfte des Branchenwettbewerbs lässt sich in einer ersten Näherung die Frage beantworten, wann eine Branche attraktiv ist. Eine Branche ist attraktiv, wenn die Wettbewerbsintensität in der Branche gering ist, wenn die Verhandlungsmacht von Kunden und Lieferanten klein ist. Sie ist im Weiteren attraktiv, wenn es potenzielle neue Konkurrenten erst gar nicht gibt und – wenn es sie gibt – ihnen unüberwindliche Brancheneintrittsbarrieren entgegenstehen. Und nicht zuletzt ist eine Branche attraktiv, wenn es Konkurrenten mit Ersatzmarktleistungen gar nicht gibt, wenn die Gefahr einer Substitution nicht gegeben ist. Auf eine in einem solchen

Ausmass attraktive Branche würden sich potenzielle neue Konkurrenten geradezu stürzen. Gelingt ihnen der Brancheneintritt, erhöht sich dadurch die Wettbewerbsintensität, und die Branchenattraktivität nimmt ab. Man erkennt die negative Rückkoppelung.

Die wichtigsten **Bestimmungsgrössen** der Branchenattraktivität definieren sich wie folgt (Lombriser & Abplanalp, 2015, S. 105; Müller-Stewens & Lechner, 2016, S. 169; Porter, 2008, S. 35; Porter, 2010, S. 32):

Bestimmungsgrössen der **Wettbewerbsintensität:** Die Wettbewerbsintensität ist gering und die Branchenattraktivität hoch, wenn

- hohes Branchenwachstum vorliegt, weil die Konkurrenten wachsen können, ohne einander Marktanteile streitig zu machen,
- Fix- oder Lagerkosten tief und bestehende Konkurrenten nicht gezwungen sind, möglichst grosse Mengen herzustellen, was zu Preissenkungen führen kann, und sie bestehende Lager nicht zu tiefen Preisen verkaufen müssen,
- Überkapazitäten nicht vorhanden sind,
- die Produktunterschiede und die Markenidentität gross sind, weil dies die Kunden bindet, da sie einen bestimmten Anbieter dauerhaft bevorzugen,
- die Umstellungskosten, die den Kunden im Falle eines Lieferantenwechsels entstehen, hoch sind,
- Konzentration und Gleichgewicht der bestehenden Konkurrenten in der Branche gegeben sind,
- die Informationslage für die Kunden komplex ist und sie deshalb bei einem einmal gewählten Angebot bleiben,
- die Heterogenität bestehender Konkurrenten hinsichtlich ihrer Zielsetzungen, Kulturen und Verhaltensweisen möglichst klein ist, weil sie dann möglicherweise Branchenusanzen entwickeln und respektieren,
- die Branchenaustrittsbarrieren tief sind und Konkurrenten, denen es in der Branche nicht gut geht, diese ohne grosse Folgen verlassen können.

Verhandlungsmacht *der Kunden:* Sie ist klein, wenn

- keine Kundenkonzentration vorliegt, und zwar in dem Sinne, dass sich die Kunden gegen die Anbieter verbünden.
- die Umstellungskosten der Kunden hoch und die Umstellungskosten der Anbieter tief sind,
- der Informationsstand der Kunden ein geringer ist und die Kunden die Branche nicht durchschauen,
- die Fähigkeit der Kunden zur Rückwärtsintegration klein und die Fähigkeit der Branche zur Vorwärtsintegration gross ist,
- es keine Ersatzmarktleistungen gibt,
- das Durchhaltevermögen der Kunden klein ist.

Zu guter Letzt ist die Verhandlungsmacht des Kunden gross, wenn er einen grossen Anteil am Gesamtumsatz des Anbieters hat.

Preisempfindlichkeit *der Kunden:* Die Verhandlungsmacht der Kunden wird in dem Sinne von ihrer Preisempfindlichkeit beeinflusst, als preisempfindliche Kunden – mit oder ohne Erfolg – sich um Verhandlungsmacht bemühen werden. Die Preisempfindlichkeit von Kunden ist gering, wenn

- die Kosten der Kunden für bezogene Marktleistungen im Verhältnis zu den eigenen Umsätzen tief sind,
- die Produktunterschiede und die Markenidentität gross sind,
- der Einfluss der gelieferten Produkte auf die Qualität der Marktleistungen der Kunden erheblich ist,
- die Gewinne der Kunden gross sind.

Potenzielle neue Konkurrenten, **Brancheneintrittsbarrieren:** Brancheneintrittsbarrieren sind hoch, wenn

- die bestehenden Konkurrenten in der Branche bedeutende Betriebsgrössenersparnisse realisiert haben. Diese grossen Produktionsmengen wirken abschreckend.
- Produktunterschiede und Markenidentität gross und Kunden dadurch gebunden sind,
- die Umstellungskosten der Kunden hoch sind,
- der Kapitalbedarf sowie der Bedarf an sonstigen Wertschöpfungsfaktoren und Kompetenzen gross sind,
- der Zugang zu Distributionskanälen verschlossen werden kann,
- die staatliche Politik protektionistisch ist und dadurch die Branche vor potenziellen neuen Konkurrenten geschützt ist,
- die zu erwartenden Vergeltungsmassnahmen abschreckend sind.

Verhandlungsmacht *der Lieferanten:* Sie ist klein, wenn

- die gelieferten Marktleistungen wenig differenziert sind,
- die Umstellungskosten der Lieferanten gross, diejenigen der Branche klein sind,
- es viele Ersatzmarktleistungen für die gelieferten Güter gibt,
- die Lieferanten sich nicht gegen die Branche verbünden und nicht zusammenspannen,
- das Auftragsvolumen für die Lieferanten bedeutend ist,
- der Einfluss der gelieferten Güter auf die Qualität der Marktleistung der Abnehmer gering ist,
- die Fähigkeit des Lieferanten zur Vorwärtsintegration klein ist,
- die Fähigkeit der Branche zur Rückwärtsintegration gross ist.

Konkurrenten mit **Ersatzmarktleistungen:** Die Substitutionsgefahr ist gering, wenn
- das Preis/Leistungs-Verhältnis der Ersatzmarktleistungen im Vergleich zu den bestehenden Marktleistungen schlecht ist,
- die Umstellungskosten der Kunden hoch sind,
- die Substitutionsneigung der Kunden gering ist.

Die aufgeführten Bestimmungsgrössen können Denkanstösse für die Erarbeitung von Beurteilungskriterien für die Branchenattraktivität geben. Grundsätzlich sind die Kriterien zur Beurteilung der Branchenattraktivität im Einzelfall zu bestimmen. Wie bei jeder Umweltvariablen wird auch die Branchenattraktivität für die Gegenwart analysiert und ihre zukünftige Entwicklung prognostiziert.

Auf einen bedeutenden Zusammenhang sei hier noch hingewiesen. Es sind dies die **Kundenbindung** und die Lieferantenbindung. Gelingt es, Kunden an sich zu binden, nimmt die Verhandlungsmacht der Kunden ab und wird es für die bestehenden Konkurrenten schwieriger, Kunden abspenstig zu machen. Kommt hinzu, dass potenzielle neue Konkurrenten nach einem Brancheneintritt nicht an die Kunden herankommen, eben weil sie gebunden sind. Es ist verlockend, nach Möglichkeit alle Kunden an sich zu binden. Zu beachten ist allerdings auch, dass Kundenbindung Kosten verursachen kann, die nicht höher sein dürfen, als die aus der Kundenbindung gezogenen Vorteile. Die gleichen Folgen wie die Kundenbindung hat es, wenn es gelingt, den Distributionskanal zu den Kunden zu verschliessen. In die Branche eingedrungene Konkurrenten haben dann keinen Zugang mehr zu den Kunden (Tomczak, Reinecke & Reinecke, 2009, S. 107).

Bei der **Lieferantenbindung** ist die Sache einfacher. Zu binden sind die Lieferanten der bedeutenden Wertschöpfungsfaktoren und Lieferanten, welche Eigenschaften aufweisen, die dem Kunden wesentliche Vorteile bringen, wie zum Beispiel Zuverlässigkeit, konstante Qualität der Marktleistungen und optimales Preis/Leistungs-Verhältnis. Bei allen anderen ist es sinnvoll, wenn sie nicht gebunden sind und sie gegeneinander ausgespielt werden können.

Die Analyse der Branchenattraktivität stellt die Aussensicht auf die strategische Planungseinheit dar. Die Analyse des Ist-Zustandes der **Wettbewerbsvorteile** betrifft das strategische Geschäftsfeld und somit die Innensicht auf die strategische Planungseinheit.

Geht man davon aus, dass Erfolg immer dann gegeben ist, wenn die Unternehmung sich durch irgendetwas von ihren Konkurrenten differenziert, wenn bestimmte Eigenschaften ihrer Marktleistung einzigartig sind oder wenn sie ihre Marktleistungen in der gleichen Qualität, aber zu einem tieferen Preis ihren Kunden anbieten kann, dann ist offensichtlich, dass Wettbewerbsvorteile nur im konkreten Einzelfall beurteilt werden können (Krauthammer & Hinterhuber, 2002, S. 103).

Für die Analyse von Wettbewerbsvorteilen, oder anders gesagt, für die Analyse der **Wettbewerbsposition** müssen für jedes strategische Geschäftsfeld individuell Beurteilungskriterien erarbeitet werden, um den Ist-Zustand zu erheben. Das Suchfeld werden in erster Priorität die primären Wettbewerbsvorteile, die Marktleistung und der Preis, darstellen. Hinzu kommen Kompetenzen und Potenziale, die dem strategischen Geschäftsfeld zum Vorteil gereichen können (vgl. auch D'Aveni, 1995; Michaeli, 2006, S. 294; Treacy & Wiersema, 1995).

Sowohl die Branchenattraktivität wie auch die Wettbewerbsvorteile lassen sich grafisch festhalten. Abbildung 20 zeigt eine mögliche Form:

Branchenattraktivität:										
Kriterium und Begründung	**Gegenwart**					**Zukunft**				
Kriterium 1	1	2	3	4	5	1	2	3	4	5
	1	2	3	4	5	1	2	3	4	5
Kriterium n	1	2	3	4	5	1	2	3	4	5
Wettbewerbsposition	**Ist-Zustand**									
Kriterium 1	1	2	3	4	5					
	1	2	3	4	5					
Kriterium m	1	2	3	4	5					

Abb. 20: Analyse von Branchenattraktivität und Wettbewerbsvorteilen

3

3.3.4 Portfolioanalyse

Der **Portfolioanalyse** sei hier ein eigener Abschnitt gewidmet, obwohl dagegen eingewendet werden kann, dass sie nur ein grafisches Hilfsmittel darstellt. Es kommt ihr aber eine besondere Bedeutung zu, weil mit ihr strategische Entscheide transparent gemacht werden können (Hartmann, Herrmann & Schleppegrell, 2007, S. 54; Simon & von der Gathen, 2010, S. 33).

Es gibt im Wesentlichen zwei gebräuchliche Formen der Portfolioanalyse. Die eine stammt von der Boston Consulting Group und stellt das reale Marktwachstum dem relativen Marktanteil gegenüber (Henderson, 2000b, S. 146). Die andere, von General Electric und McKinsey entwickelt, entspricht genau den bisherigen Ausführungen und wird im Folgenden beschrieben werden. Sie hält die Branchenattraktivität und die Wettbewerbsposition oder das Ausmass der Wettbewerbsvorteile fest und ist damit exakter und auf individuelle Verhältnisse besser anpassbar (Olbrich, 2006, S. 81).

Mittels der Portfolioanalyse wird für jede strategische Planungseinheit die Branchenattraktivität und die Wettbewerbsposition ermittelt. Das ergibt einen bestimmten Punkt im Portfolio, auf dem die strategische Planungseinheit liegt. In der Regel wird um diesen Punkt ein Kreis gezogen, dessen Grösse den Umsatz der strategischen Planungseinheit repräsentiert. Innerhalb des Kreises kann noch ein Kreissegment eingetragen werden, das für den Gewinn, den Marktanteil oder eine ähnliche Grösse steht.

Jede strategische Planungseinheit wird im Portfolio eingezeichnet. Die Ist-Position ergibt sich aus der gegenwärtigen Branchenattraktivität und der Ist-Wettbewerbsposition, die Soll-Position aus der vorhergesagten zukünftigen Branchenattraktivität und der Soll-Wettbewerbsposition. Wie die Bezeichnung erkennen lässt, werden mit der Bestimmung der Soll-Position Ziele gesetzt, Ziele betreffend die Veränderung der Wettbewerbsposition. In der Regel geht es um einen Ausbau der Wettbewerbsvorteile.

Die Portfolioanalyse (vgl. Abbildung 21) macht die Beurteilung der gegenwärtigen und der erwarteten Branchenattraktivität einerseits und der Wettbewerbsposition andrerseits einsichtig. Üblicherweise teilt man das Portfolio in vier Quadranten. Eine strategische Planungseinheit beginnt ihren Gang durchs Portfolio als «Fragezeichen», in einer Branche von grosser Attraktivität, aber mit schwacher Wettbewerbsposition. Es ist nahe liegend, dass hier versucht wird, die Wettbewerbsposition zu verbessern. Gelingt es, wird aus dem Fragezeichen ein «Star». Da die Branchenattraktivität im Laufe der Zeit zwangsläufig abnimmt, wird aus dem Star eine «Cash Cow», und aus dieser schliesslich ein «Dog».

Genau genommen beschränkt sich die Analyse auf die Eruierung der gegenwärtigen und zukünftigen Branchenattraktivität und die Bestimmung der Ist-Wettbewerbsposition. Die Fixierung der Soll-Wettbewerbsposition stellt bereits eine Zielbestimmung dar, die darin liegt, dass die Wettbewerbsposition verändert, meist verbessert wird. Damit geht die Portfolioanalyse über die reine Analyse hinaus und umfasst zusätzlich noch Zielsetzungen der einzelnen strategischen Planungseinheiten.

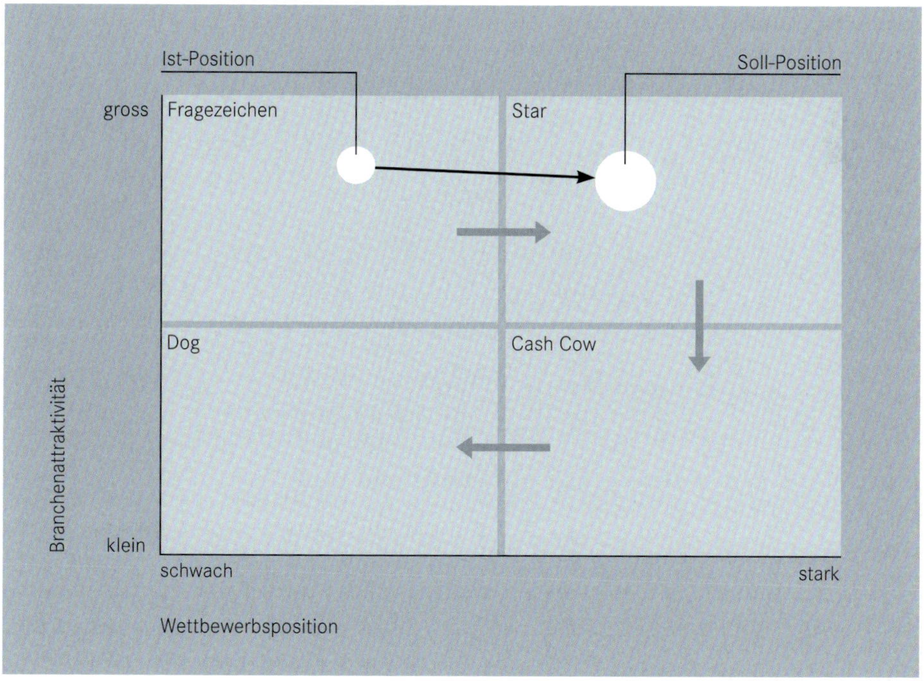

Abb. 21: Portfolioanalyse

3.4 Ziele der strategischen Planungseinheiten

Unsere Ausgangsfrage im Zusammenhang mit dem Vorhandensein mehrerer strategischer Planungseinheiten lautete: Wie sollen die knappen Ressourcen den einzelnen strategischen Planungseinheiten zugeordnet werden? Die Antwort ist, dass strategische Planungseinheiten mit hoher Branchenattraktivität zu bevorzugen sind. Die Frage nach der Ressourcenallokation wird mit der Normstrategie, diejenige nach der Veränderung der Wettbewerbsposition mit der Wettbewerbsstrategie beantwortet. Beide sind untrennbar miteinander verbunden.

3.4.1 Wettbewerbsstrategie und Normstrategie

Die **Normstrategie** kann drei Ausprägungen annehmen: Investieren, Nutzen und Desinvestieren. Investiert wird nur unter zwei Voraussetzungen, die beide erfüllt sein müssen. Zum ersten muss die Branchenattraktivität hoch sein. Zum zweiten muss die begründete Aussicht bestehen, dass die Wettbewerbsposition durch den Ressourceneinsatz zumindest gehalten oder verbessert werden kann.

Die Analyse der Wettbewerbsvorteile zeigt die Stärken und Schwächen eines strategischen Geschäftsfeldes auf. Ist die Branchenattraktivität hoch, kann die Wettbewerbsposition grundsätzlich verbessert werden. Ansatzpunkte, wie dies zu geschehen hat, liefern die Kriterien, die zur Analyse der Wettbewerbsposition dienen.

Wettbewerbsposition	Ist- und Soll-Zustand				
Marktleistungsqualität	1	2	3	4	5
		Ist			Soll
Kundendienst	1	2	3	4	5
	Ist		Soll		
Markenimage	1	2	3	4	5
		Ist			Soll

Abb. 22: Analyse der Ist- und Festlegung der Soll-Wettbewerbsposition

In dem in Abbildung 22 enthaltenen Beispiel stellt sich konkret das Problem, wie die Marktleistungsqualität, der Kundendienst und das Markenimage verbessert werden sollen. Gesucht sind konkrete Massnahmen wie etwa der Einsatz neuer Materialien oder hoch stehender Rohmaterialien zur Steigerung der Marktleistungsqualität. Im Falle des Kundendienstes könnten neue Mitarbeitende eingestellt und alle Kundendienstmitarbeitenden besser geschult werden. Das Markenimage könnte durch eine Werbekampagne angehoben werden.

Es sind also handfeste, vor allem umsetzbare Massnahmen – **Wettbewerbsmassnahmen** – gesucht, die geeignet sind, den Ist-Zustand der Wettbewerbsvorteile in den Soll-Zustand zu überführen. Die Gesamtheit all dieser Massnahmen bildet die **Wettbewerbsstrategie.** Natürlich muss sie auch mit Blick auf mögliche Reaktionen der Konkurrenz erarbeitet werden. Denn jede getroffene Massnahme kann bei den bestehenden Konkurrenten Gegenmassnahmen auslösen. Die Kenntnis der Branchenstruktur und der Triebkräfte des Branchenwettbewerbs bildet für die Abschätzung möglicher Gegenmassnahmen die Grundlage (vgl. Abschnitt 3.3.3).

Wettbewerbsmassnahmen können offensiven Charakter haben. Sie sind darauf gerichtet, die eigene Wettbewerbsposition zu verbessern, was immer zu Lasten und zum Nachteil der bestehenden Konkurrenten geschieht. Das kann auf mehr oder weniger aggressive Art geschehen, wobei ein aggressives Vorgehen in der Regel auch eine starke Reaktion der Konkurrenz provoziert. Wettbewerbsmassnahmen können auch der Verteidigung erreichter Positionen dienen oder darauf angelegt sein, Konkurrenten von bestimmten Massnahmen abzuschrecken (Porter, 2008, S. 133; Friedrich, Malik, Seiwert, 2010, S. 59; Krauthammer & Hinterhuber, 2005, S. 111).

Kommen wir zurück auf die Bestimmung der **Normstrategie** (vgl. Abbildung 23). Die Normstrategie des Investierens kann grundsätzlich nur bei hoher Branchenattraktivität angewendet werden. Im Portfolio liegen entsprechende strategische Planungseinheiten in den Quadranten Fragezeichen und Star.

3

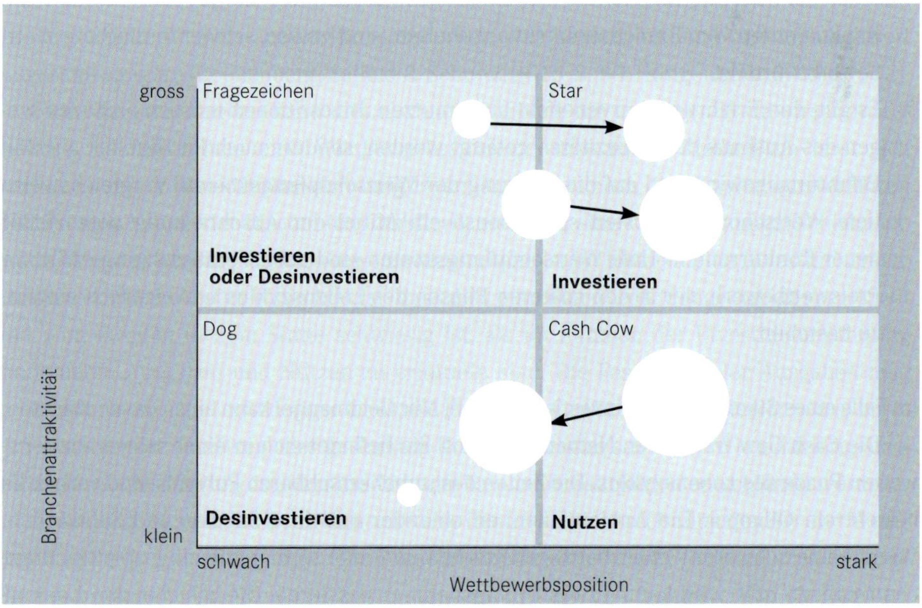

Abb. 23: Portfolioanalyse und Normstrategie

werbsmassnahme über mehrere Zeitperioden erstrecken – in der Investitionsrechnung spräche man von Nutzungsdauer – und auch in unterschiedlichen Zeitperioden Wirkung zeitigen, sind die Werte – wie bei der Investitionsrechnung – zu diskontieren. So werden die finanziellen Auswirkungen der einzelnen Wettbewerbsmassnahmen miteinander vergleichbar. Zudem lassen sich die Werte aller Wettbewerbsmassnahmen einer Periode aufaddieren. Damit ist man auf der Ebene der strategischen Planungseinheit angelangt und kann die finanziellen Auswirkungen aller Wettbewerbsmassnahmen aller strategischen Planungseinheiten miteinander vergleichen (Hinterhuber, 2004a, S. 195).

	Periode 1	**...**	**Periode$_n$**
Betrachtungsweise der Investitionsrechnung für ein bestimmtes Investitionsvorhaben	Einnahmen – Investitionen – laufende Ausgaben Cashflow	Einnahmen – Investitionen – laufende Ausgaben Cashflow	Einnahmen – laufende Ausgaben Cashflow
	Periode 1	**...**	**Periode$_n$**
Betrachtungsweise für eine Wettbewerbsmassnahme einer strategischen Planungseinheit	Zusätzlicher Umsatz – Investitionen – laufende Ausgaben zusätzlicher Cashflow	Zusätzlicher Umsatz – Investitionen – laufende Ausgaben zusätzlicher Cashflow	Zusätzlicher Umsatz – laufende Ausgaben zusätzlicher Cashflow

Abb. 24: Beurteilung von Wettbewerbsmassnahmen

Es ist bei einem solchen Ansatz auch möglich, Alternativen zu ermitteln und sie miteinander zu vergleichen. Was geschieht, wenn bei der strategischen Planungseinheit x eine Wettbewerbsmassnahme nicht durchgeführt wird und die so freigesetzten Ressourcen der strategischen Planungseinheit y zufliessen? Man erkennt daran, wie eng Wettbewerbsstrategie und Normstrategie miteinander verflochten sind. Und man erkennt auch, dass die Ressourcenzuteilung auf die verschiedenen strategischen Planungseinheiten nur aus der Sicht der Gesamtunternehmung vorgenommen werden darf, auf einer Ebene, auf der eine Gesamtoptimierung möglich ist (Müller-Stewens & Lechner, 2016, S. 269).

Eines soll hier nochmals betont werden. Jede Wettbewerbsmassnahme und erst recht jede Wettbewerbsstrategie ist mit Risiken belastet. Überaus wesentlich sind die Reaktionen der bestehenden Konkurrenten und die tatsächliche Entwicklung der Branche, die ja nicht unbedingt mit der vorhergesagten übereinstimmen muss.

3.4.2 Grundstrategie

Mit der integralen Beurteilung der Wettbewerbsstrategien und der Normstrategien sind zwei bedeutende Zielsetzungen, die für jede strategische Planungseinheit zu formulieren sind, gesetzt. Es fehlt noch eine, nämlich die grundsätzliche Ausrichtung der strategischen Planungseinheit. Es ist dies die **Grundstrategie**. Man unterscheidet zwischen zwei Typen von Grundstrategien: Differenzierungsstrategien und Konzentrationsstrategien. Beide können zwei Ausprägungen haben, je nachdem, auf welchen primären Wettbewerbsfaktor das Schwergewicht gelegt wird, auf die Marktleistung oder auf den Preis. Damit ergeben sich vier mögliche Grundstrategien. Sie sind in Abbildung 25 festgehalten.

Typen von Grundstrategien	Primäre Wettbewerbsfaktoren: Marktleistung	Primäre Wettbewerbsfaktoren: Preis
Differenzierungsstrategien in der Branche	Marktleistungs-differenzierung	Preisdifferenzierung
Konzentrationsstrategien in der Nische	Marktleistungs-spezialisierung	Preisspezialisierung

Abb. 25: Grundstrategien

Bei den Differenzierungsstrategien ist die strategische Planungseinheit dem Wettbewerb in einer Branche voll ausgesetzt. Die Konzentrationsstrategien hingegen zeichnen sich dadurch aus, dass es durch eine weitgehende Spezialisierung gelungen ist, eine Nische zu schaffen oder in eine solche einzudringen. Der wirkliche Unterschied zwischen Branche und Nische liegt nicht in der Grösse, sondern in der Wettbewerbsintensität. Die Folge der Spezialisierung, des Aufsuchens einer Nische, ist, dass man von Konkurrenten weitgehend unbehelligt bleibt. Die Spezialisierung führt dazu, dass die Konkurrenten nicht in die Nische folgen können oder es nicht wollen. So betrachtet, ist das Schaffen einer Nische eine eigentliche Flucht vor dem Wettbewerb (Friedrich, Malik, Seiwert, 2010, S. 83).

Die einzelnen Grundstrategien sind (Porter, 2010, S. 37, Porter, 2008, S. 71):

- **Marktleistungsdifferenzierung:** Hier geht das Bemühen immer dahin, sich letztlich durch bestimmte Eigenheiten der Marktleistung von den Konkurrenten abzuheben. Bei sämtlichen Markenartikeln wird die Grundstrategie der Marktleistungsdifferenzierung angewandt. Es ist immer eine bestimmte hohe Qualität, welche den Markenartikel ausmacht. Man kann getrost behaupten, dass die Marktleistungsdifferenzierung und Markierung in der Regel identisch sind (Esch, 2017;Treacy & Wiersema, 1995, S. 94). Marktleistungsdifferenzierung bedingt immer auch ganz spezielle Wertschöpfungsprozesse, die zu den gewünschten, möglichst einzigartigen Eigenschaften der Marktleistung führen. Einzigartige Marktleistungen rufen nach einzigartigen Prozessen (Porter, 2010, S. 167).
- **Preisdifferenzierung:** Das Ziel sind hier möglichst tiefe Kosten. Beim Bemühen darum darf aber die Marktleistungsqualität nicht aus den Augen verloren werden. Eine hervor-

ragende Kostenposition stellt selbst dann noch Erträge sicher, wenn unterlegene Konkurrenten keine Gewinne mehr machen. Sie ermöglicht es, bei gleicher Marktleistungsqualität Preise zu senken und Konkurrenten aus dem Feld zu schlagen, weil den Kunden ein besseres Preis/Leistungs-Verhältnis geboten wird. Die Kostenposition ist immer dann von entscheidender Bedeutung, wenn die Marktleistungsqualität nicht mehr gesteigert werden kann und der Preiswettbewerb eintritt. Beispiele für Marktleistungen, bei denen die Grundstrategie der Kostenführerschaft verfolgt wird, gibt es zahllose. Typischerweise kann sie selbst niemand benennen, weil es sich bei ihnen um No Names, Handelsmarken etc. handelt. Die Anbieter hingegen sind bekannt dafür, dass sie preisgünstige Marktleistungen erbringen, man denke an Aldi oder Migros und Coop mit ihren speziellen Produktlinien sowie an easyJet. Bei der Anwendung der Preisdifferenzierung müssen die Wertschöpfungsprozesse in dem Sinne einzigartig sein, als sie zu minimalen Kosten abgewickelt werden können. Die Kostentreiber, die Kostenverursacher, müssen genau bekannt sein und man muss sie fest im Griff haben (Porter, 2008, S. 72; Porter, 2010, S. 97; Treacy & Wiersema, 1995, S. 58).

- **Marktleistungsspezialisierung:** Hier kapriziert man sich geradezu auf ein sehr eng umschriebenes Ziel, auf eine ganz bestimmte Marktleistungseigenschaft, eine ganz bestimmte Kundengruppe, einen ganz bestimmten Distributionskanal etc. Natürlich muss die Spezialisierung auf Gegenliebe bei den Kunden stossen. Sie birgt auch eine existenzbedrohende Gefahr in sich, nämlich dann, wenn der Spezialisierungsgrund dahinfällt. Hervorragende Beispiele für die Marktleistungsspezialisierung findet man bei Simon (2012).
- **Preisspezialisierung:** Die Preisspezialisierung treibt das Bemühen um tiefe Kosten auf die Spitze. Sie tut dies in einem Masse, dass die Marktleistungsqualität in den Hintergrund tritt und nur noch von untergeordneter Bedeutung ist. Ein überaus bekanntes und gleichzeitig auch sehr illustratives Beispiel sind Brockenhäuser. Hier einige willkürlich gewählte Aussagen zu einem Brockenhaus, die einen Eindruck vermitteln und aufzeigen, was für eine Preisspezialisierung typisch ist: «Etwas unübersichtlich eingerichtet, aber gute Auswahl, wenn teilweise auch eher teuer ... Schön ausgestellt, gute Qualität. Personal soso lala. Eher etwas unfreundlich und launisch ... Gepflegt eingerichtetes Brockenhaus, vor allem im Antik-Bereich hübsch dekoriert – erinnert fast ein bisschen an ein Antiquitätengeschäft – das tun leider auch die Preise! ... Unfreundlich, muffig, sehr teuer, viel unbrauchbares und defektes Zeug, unordentlich» (HIOB International, 2005; Simon & Fassnacht, 2016, S. 33).

Wie wesentlich die bewusste Entscheidung für eine Grundstrategie ist, wird offenbar, wenn man sich die jeweils notwendigen Kompetenzen und Ressourcen sowie die organisatorischen Anforderungen vor Augen führt. Die Unterschiede sind augenfällig (Porter, 2008, S. 77, vgl. Abbildung 26).

Grundstrategien der Marktleistungsdifferenzierung und -spezialisierung	
erforderliche Kompetenzen und Ressourcen	*organisatorische Anforderungen*
Marketing	starke Koordination der Prozesse in Marktleistungsentwicklung und Marketing
Marktleistungsentwicklung	Basis des Anreizsystems: subjektive, qualitative Kriterien
Kreativität	Annehmlichkeiten für hoch qualifizierte und kreative Mitarbeitende
Technologiemanagement, Grundlagenforschung, gutes Image hinsichtlich Marktleistungsqualität und Innovationskraft	
lange Branchentradition	
enge Zusammenarbeit mit Distributionspartnern	
Grundstrategien der Preisdifferenzierung und -spezialisierung	
erforderliche Kompetenzen und Ressourcen	*organisatorische Anforderungen*
hohe Investitionen und gutes Finanzierungspotenzial	intensive Kostenkontrolle
ständige Prozessinnovation	häufige und detaillierte Kostenreports
Marktleistungen, die mit Blick auf kostengünstige Herstellung entwickelt sind	klar gegliederte Organisationsstruktur und eindeutige Verantwortlichkeiten
Kostengünstiges Distributionssystem	Basis des Anreizsystems: strikte Erfüllung quantitativer Vorgaben

Abb. 26: Kompetenzen und Ressourcen, organisatorische Anforderungen nach Grundstrategien

3.4.3 Integration der Ziele strategischer Planungseinheiten

Wettbewerbstrategie, Normstrategie und Grundstrategie sind die drei Elemente, die zusammen ein Zielsystem bilden, das für jede strategische Planungseinheit zu erstellen ist. Es ist offensichtlich, dass zwischen diesen Elementen Interdependenzen bestehen, dass es zwischen ihnen wirklich nicht die geringsten Widersprüche geben darf. Aus diesem Grund ist auch der Zielbildungsprozess kein linearer. Es wird in seinem Verlaufe immer wieder Rückkoppelungen geben. Man wird wiederholt Entscheide hinterfragen und sie eventuell auch umstossen. Einzig wichtig ist aber, dass mit Abschluss des Prozesses ein konsistentes Zielsystem gegeben ist. Das kann nur erreicht werden, wenn die Integration der Ziele der strategischen Planungseinheiten aus der übergeordneten Sicht der Unternehmung wahrgenommen wird. Hauptkriterien, dies zu leisten können sein: die Widerspruchsfreiheit der Ziele der einzelnen strategischen Planungseinheiten; ihr Zusammenpassen; die Richtigkeit der gesetzten Ziele, in dem Sinne, dass sie logisch und plausibel erscheinen; die tatsächliche Realisierbarkeit der Ziele; die mit dem Verfolgen der Ziele verbundenen Risiken; der Beitrag der gesetzten Ziele, den Unternehmenswert zu steigern (Müller-Stewens & Brauer, 2009, S. 271).

Die Zielsysteme aller strategischen Planungseinheiten einer Unternehmung sollten in ihrer Gesamtheit die folgenden Merkmale aufweisen (Hinterhuber, 2004a, S. 187):

- Das Zielsystem muss sich durch Klarheit, Nachvollziehbarkeit und Transparenz auszeichnen.
- Das Zielsystem sollte hinsichtlich der Umsatz-, Investitions-, Ausgaben- und Cashflow-Entwicklung in dem Sinne ausgewogen sein, als es als Ganzes ein Optimum darstellt.
- Das Zielsystem muss auch die in den Funktionsbereichen vorhandenen Ressourcen und Prozesse berücksichtigen. Die Umsetzung des Zielsystems mittels der funktionalen Strategien muss prinzipiell möglich sein.
- Es sollten Synergien zwischen den einzelnen strategischen Planungseinheiten gefunden und genutzt werden, ohne dass die Unabhängigkeit der strategischen Planungseinheiten dadurch in Frage gestellt wird. Synergien können sich vor allem aus gemeinsam genutzten Ressourcen und Prozessen ergeben.
- Positionierung und Differenzierung der verschiedenen strategischen Planungseinheiten sollten nicht in vollständigem Widerspruch zueinander stehen. Die Unternehmung erschiene in diesem Fall in einem diffusen Licht, hätte ein undeutliches Image.
- Das Zielsystem sollte Alternativpläne umfassen, die bei Eintritt bestimmter im Voraus bedachter Szenarien und Entwicklungen in Kraft gesetzt werden können.

3.5 Wertschöpfungsstrategie

Mit der Formulierung der Wettbewerbsstrategie, der Normstrategie und der Grundstrategie sind für die strategischen Planungseinheiten die Ziele formuliert und die Ressourcen zugeteilt. Es bleibt die Frage zu beantworten, wie dies alles bewerkstelligt werden soll. Es ist dies die Frage nach der Ausgestaltung der Wertschöpfungsprozesse. Die Antwort darauf gibt die für jede strategische Planungseinheit zu erarbeitende **Wertschöpfungsstrategie.**

Wir haben es bereits erwähnt, dass die Wettbewerbsstrategie den Zweck hat, einzigartige Wettbewerbsvorteile anzupeilen, und dass dies auch einzigartige **Wertschöpfungsprozesse** bedingt. Es geht demnach darum, zu bestimmen, welches die **Kernprozesse** sind, die für die Realisierung der Wettbewerbsstrategie von herausragender Bedeutung sind. Die Grundstrategie fixiert, durch welchen primären Wettbewerbsfaktor – Marktleistung oder Preis – sich eine strategische Planungseinheit differenziert oder auf welchen sie sich spezialisiert. Differenzierte Marktleistungen verlangen differenzierte Prozesse, spezialisierte Marktleistungen spezialisierte Prozesse. Die Wettbewerbsstrategie enthält Massnahmen, die der prozessuralen Umsetzung bedürfen. Beides – ganzheitlich betrachtet – sind Grundlagen für die Formulierung der Wertschöpfungsstrategie. Ausgangspunkt für deren Bestimmung sind die Funktionsbereiche der Unternehmung (vgl. Abbildung 27), die Frage, in welchen Funktionsbereichen – meist sind es mehrere – die Kernprozesse angesiedelt sind (Hanschke & Lorenz, 2012; Kaplan & Norton, 2004, S. 38; Porter, 2010, S. 64).

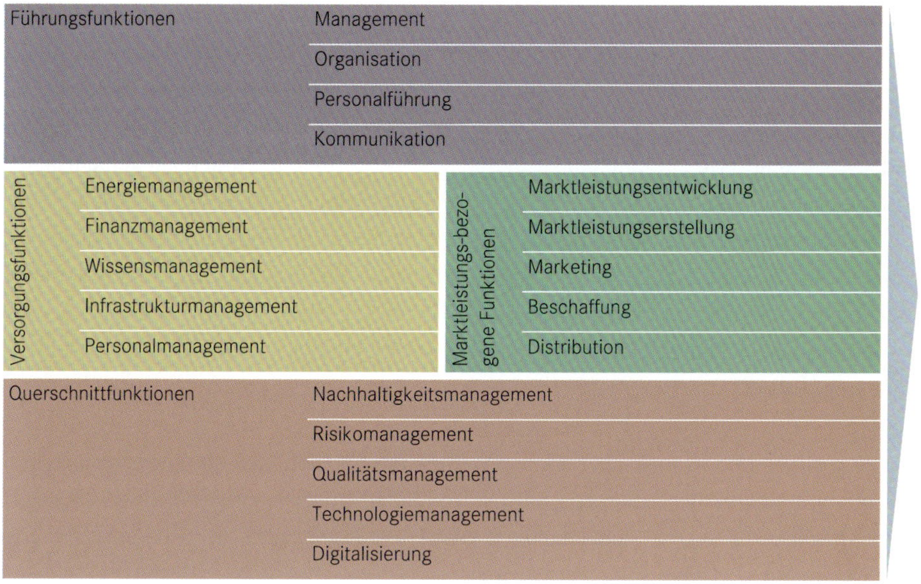

Abb. 27: Funktionsbereiche

Es versteht sich, dass Kernprozesse und Kernkompetenzen untrennbar miteinander verbunden sind. Kernkompetenzen machen das Abwickeln der Kernprozesse erst möglich, sind dafür die unabdingbare Voraussetzung. So betrachtet sind Kernprozesse eine Konkretisierung, eine verfeinerte Ausgestaltung der Kernkompetenzen (Baldegger, 2007, S. 370; Schmelzer & Sesselmann, 2020; Stöger, 2018).

Es ist davon auszugehen, dass jede strategische Planungseinheit ein anderes Kundenbedürfnis befriedigt. Daraus folgt, dass für jede strategische Planungseinheit andere Kernprozesse zur Abdeckung des Kundenbedürfnisses notwendig und somit auch die Supportprozesse unterschiedlich sind. Für jede strategische Planungseinheit ist eine eigene **Prozesslandschaft** zu gestalten. Wie diese zu strukturieren ist, lässt sich nur im Einzelfall festlegen. Das Vorgehen, das **Wertschöpfungssystem** der Unternehmung und damit Kern- und Supportprozesse zu entwickeln, vollzieht sich in folgenden Schritten (vgl. dazu auch Teil B, Abschnitt 6.3.2):

- Jede strategische Planungseinheit bestimmt ihre Wettbewerbs-, Norm- und Grundstrategie.
- Daraus wird die Wertschöpfungsstrategie, werden die Kernprozesse für jede strategische Planungseinheit abgeleitet. Das sind in einem ersten Schritt Konzepte von Prozessen, wie sie für die strategische Planungseinheit zielführend sind.
- Diese Konzepte sind Vorgaben für die Gestaltung des gesamten Wertschöpfungssystems der Unternehmung. Bei dessen Strukturierung geht es darum, Synergien zu erkennen und auch zu nutzen, also Aktivitäten zusammenzufassen, Doppelspurigkeiten zu vermeiden.

- Im nächsten Schritt werden die Stellen – im organisatorischen Sinne – und die einzelnen Aktivitäten, die sie wahrnehmen sollen, definiert.
- Diese Stellen müssen in der Ausübung ihrer Aktivitäten koordiniert werden. Das geschieht am besten dadurch, dass sie nach einem bestimmten Zentralisationskriterium zu organisatorischen Einheiten zusammengefasst werden und ihnen ein gemeinsamer Vorgesetzter, eine gemeinsame Vorgesetzte übergeordnet wird.
- Diese unterste Ebene der Organisationshierarchie bedarf ihrerseits in der Ausübung ihrer Führungsfunktionen der Koordination, also werden auch hier organisatorische Einheiten gebildet und ihnen eine Instanz vorgesetzt. Dieser Prozess setzt sich bis zur höchsten Managementinstanz fort – bis die gesamte Lenkungsstruktur der Unternehmung vollendet ist (Hungenberg, 2014, S. 328; Lombriser & Abplanalp, 2015, S. 84).

Aus den Zielen der strategischen Planungseinheiten ergeben sich die Prozesse, aus den Prozessen die Lenkungsstrukturen. «Structure follows process, process follows strategy» ist die angepasste Version von Chandlers (1962) Forderung nach der Übereinstimmung von Strategien und Organisationsstrukturen.

3

3.6 Kritische Erfolgsfaktoren

Kritische Erfolgsfaktoren «sind die wenigen Schlüsselbereiche, in denen nichts schief gehen darf, wenn das Geschäft blühen soll. Wenn sich die in diesen Bereichen erzielten Resultate jedoch nicht in einem akzeptablen Rahmen bewegen, werden die Geschäftsergebnisse für den fraglichen Zeitraum hinter den Erwartungen zurückbleiben» (Rockart, o.J., S. 14). Kritische Erfolgsfaktoren sollen folglich Alarm auslösen, wenn etwas Wichtiges schief läuft.

Diese Definition bedarf in zweifacher Hinsicht der Ergänzung. Kritische Erfolgsfaktoren sollen zum ersten rechtzeitig Alarm auslösen. Es soll Zeit für eine angemessene Reaktion zur Verfügung stehen. Zum zweiten sollen sie nicht nur Missstände oder Fehlentwicklungen anzeigen, sie sollen darüber hinaus auf Chancen und sich bietende Möglichkeiten hinweisen. Damit ist der Ansatz Ansoffs der «weak signals» angesprochen (1984, S. 352), die im strategischen Management von hervorragender Bedeutung sind. Oft sind vorliegende Informationen diffus und damit wenig geeignet, irgendwelche Reaktionen auszulösen. Es wird deshalb in der Regel zugewartet, bis ein klareres Bild entsteht. Eben dieses Zuwarten kann dazu führen, dass dann zu wenig Reaktionszeit verbleibt, etwas zu unternehmen. Eine weitere Schwierigkeit liegt darin, dass «weak signals» auf völlig Neues hinweisen können, was ausserhalb des bisher Üblichen liegt. Oft werden sie deshalb nicht wahrgenommen oder es wird ihre Bedeutung verkannt. Weil schwache Signale mit grosser Unsicherheit behaftet sind, fällt es vielen Managerinnen und Managern schwer, darauf angemessen einzugehen. Sie verpassen aus diesem Grund vielleicht die ganz grossen Chancen, welche die Kreativen und strategisch Denkenden unter ihnen ergreifen.

In der ursprünglichen Sichtweise bilden kritische Erfolgsfaktoren den Einstieg ins strategische Controlling. Diesem obliegt es, die entscheidungsrelevanten Informationen zu liefern. Das sind zunächst solche, welche Soll-Ist-Abweichungen anzeigen. Es sind zudem solche, die Alarm schlagen, wenn getroffene Annahmen nicht eintreffen werden oder nicht eingetroffen sind. Das nennt sich Prämissencontrolling und ist von fast gleicher Relevanz wie das klassische Controlling.

Das strategische Controlling wie auch die Definition kritischer Erfolgsfaktoren umfassen zwar das traditionelle Rechnungswesen, gehen aber weiter als dieses. Sie sind zukunftsgerichtet, bilden strategisch relevante Grössen wie Kunden, Prozesse, organisatorische Strukturen, Finanzen und nicht zuletzt auch die Lern- und Entwicklungsfähigkeit der Unternehmung ab, ein Bezugsrahmen, als Balanced Scorecard bekannt, welcher mittlerweile zu einem ganzheitlichen System der Strategieumsetzung angewachsen ist (vgl. Kaplan & Norton, 1997, 2001, 2004, 2006, 2009). Abbildung 28 verdeutlicht den Unterschied zwischen strategischem und operativem Controlling (in Anlehnung an Baum, Coenenberg & Günther, 2013, S. 14).

	Operatives Controlling	**Strategisches Controlling**
Bezugspunkte	Funktionsbereiche, Prozesse, Aktivitäten, organisatorische Einheiten	Unternehmungsumwelt, Unternehmung, strategische Kompetenzeinheiten, strategische Planungseinheiten
Zielgrössen	Erfolg und Liquidität	Existenzsicherung, Kernkompetenzen, strategische Planungseinheiten
Zeitbezug	Gegenwart und nahe Zukunft	nahe und ferne Zukunft
Fragestellung	«Die Dinge richtig tun»	«Die richtigen Dinge tun»
vorherrschende Orientierung	unternehmungsintern	unternehmungsextern
Sicherheit der Information	weitgehend sichere Informationen	unsichere und vage Informationen
Art der Information	quantitativ, monetär	meist qualitativ
Aufgabenart	repetitiv	innovativ

Abb. 28: Strategisches und operatives Controlling

Kritische Erfolgsfaktoren müssen für jede strategische Planungseinheit definiert werden, weil jede ihre Eigenheiten aufweist und deshalb nicht alle über den gleichen Kamm geschert werden können.

3.7 Funktionale Strategien

Ist die strategische Planung der Planungseinheiten abgeschlossen, setzt eine erste Umsetzung der gesetzten Ziele ein. Es ist an den **funktionalen Strategien,** die Vorgaben der strategischen Planungseinheit aufzunehmen und ihren Beitrag zu deren Verwirklichung zu formulieren. Das ist notwendig, weil die Vorgaben der strategischen Planungseinheiten nicht als Soll-Werte für Funktionsbereiche und Wertschöpfungsprozesse brauchbar sind. Sie beziehen sich auf gedankliche Konstrukte, die auf der operativen Ebene so nicht real existieren.

Die funktionalen Strategien haben eine zweifache Aufgabe zu bewältigen (Dietl, 2018; Venzin, Rasner & Mahnke, 2010, S. 211; Welge & Al-Laham, 2003, S. 408):

- Sie detaillieren die Vorgaben der strategischen Planungseinheiten.
- Sie erarbeiten ein in sich geschlossenes Zielsystem für einen bestimmten Funktionsbereich auf der Managementstufe der strategischen Planung. Dieses Zielsystem bedarf der zweifachen Integration, wie wir sie vom Managementsystem der Unternehmung her schon kennen (vgl. Teil B, Kapitel 6.5), das heisst, es darf innerhalb des Funktionsbereichs über alle Managementstufen hinweg keine Widersprüche geben und die einzelne funktionale Strategie muss mit den übrigen abgestimmt sein.

Es ist praktisch ausgeschlossen, generelle inhaltliche Angaben für funktionale Strategien zu machen. Der erste Grund dafür ist, dass schon nicht im Allgemeinen, sondern nur im Einzelfall entschieden werden kann, welche Zielsetzungen auf die Managementstufe der Unternehmungspolitik und welche auf die Managementstufe der strategischen Planung gehören. Kommt hinzu, dass die Vorgaben der strategischen Planungseinheiten von erfolgreichen Unternehmungen sich zwangsläufig unterscheiden müssen. Bei Hinterhuber (2004b) finden sich beispielhaft Themen, geordnet nach Funktionsbereichen, die der unternehmungspolitischen oder strategischen Managementstufe zugeordnet werden können.

Was wir bei funktionalen Politiken schon festgestellt haben, gilt auch hier. Es müssen nicht für alle Funktionsbereiche funktionale Strategien erarbeitet werden, weil nicht allen Funktionsbereichen in einer bestimmten Unternehmung mit bestimmten strategischen Planungseinheiten ein dermassen grosses Gewicht zukommt.

3.8 Blaue Ozeane

Bis hierher wurde ein Ansatz der strategischen Planung dargestellt, wie er dem aktuellen Wissensstand entspricht und mit der einen oder anderen Anpassung in der Praxis angewandt wird. Es gibt sie immer wieder, die Versuche, strategische Planung zu revolutionieren und Bestehendes fundamental infrage zu stellen. Ein Beispiel dafür ist das Werk «The End of Competitive Advantage» (McGrath, 2013), das revolutionär fordert, das Bemühen um nachhaltige Wettbewerbsvorteile aufzugeben. Stattdessen sollen Chancen schnell ergriffen, neue Märkte erschlossen und Ersatzmarktleistungen, Substitutionstechnologien, entwickelt werden. Daran ist ausser einigen Begrifflichkeiten nichts neu. Die perfekte Abdeckung des Kundenbedürfnisses ist immer noch das Ziel.

Einen fruchtbaren und allgemein anerkannten Ansatz bieten Kim und Mauborgne in ihrem Werk «Der **blaue Ozean** als Strategie» (2016). Der Ansatz zielt darauf ab, vollkommen neue Märkte zu erschliessen,
- wo das Abwägen zwischen Marktleistungsdifferenzierung und Preisdifferenzierung keine entscheidende Rolle spielt (Porter, 1997, S. 42; Kim & Mauborgne, 2018, S. 11) und
- wo die Nutzeninnovation dazu führt, dass der Konkurrenz ausgewichen und der angestammten Branche entflohen wird, dass eine neue Nachfrage geschaffen wird, die bis anhin kein Konkurrent befriedigt hat (Kim & Mauborgne, 2016, S. 2).

Einen solchen Markt bezeichnen Kim und Mauborgne (2016, S. 3) als blauen Ozean, im Gegensatz zu roten Ozeanen. «In den roten Ozeanen sind die Grenzen der einzelnen Branchen genau definiert und werden akzeptiert; die Regeln für den Wettbewerb sind bekannt. Die Unternehmungen versuchen hier, ihre Konkurrenten zu übertreffen, um sich einen grösseren Anteil an der vorhandenen Nachfrage zu sichern. Je enger es in diesem Markt wird, desto stärker sinken die Gewinn- und Wachstumschancen. Die Produkte werden zur Massenware, der Konkurrenzkampf wird immer härter. Die blauen Ozeane dagegen werden durch bisher noch nicht erschlossene Märkte, die Erzeugung von Nachfrage und die Aussicht auf höchst profitables Wachstum definiert. Auch wenn manche weit ausserhalb der bisherigen Branchengrenzen erschlossen werden, entstehen die meisten aus roten Ozeanen heraus, durch eine Ausdehnung der existierenden Branchengrenzen [...] In den blauen Ozeanen spielt der Wettbewerb keine Rolle, da die Spielregeln erst noch festgelegt werden müssen» (Kim & Mauborgne, 2016, S. 4).

Die Möglichkeit, einen blauen Ozean zu schaffen, zu finden, ist nicht immer gegeben. Man sollte sich aber vier Fragen stellen, die eventuell zu einer Nutzeninnovation führen. Sie betreffen die Faktoren, die den Kundennutzen bestimmen (Kim & Mauborgne, 2016, S. 23; 2018, S179):
- Eliminierung: Welche Faktoren können vernachlässigt werden, die die Branche als selbstverständlich zu erfüllen betrachtet?
- Reduzierung: Welche Faktoren können bis weit unter den Standard der Branche reduziert werden? Was kann im Vergleich zu den bestehenden Konkurrenten vernachlässigt werden, weil es unter den neuen Umständen dem Kunden keinen oder geringen Nutzen stiftet?
- Steigerung: Welche Faktoren können weit über den Branchenschnitt gesteigert werden, um den Kundennutzen zu vergrössern?
- Kreierung: Welche Faktoren, die bis anhin kein Konkurrent geboten hat, können neu geschaffen werden, um den Kundennutzen nachhaltig zu erhöhen?

Kim und Mauborgne (2016; 2018) zeigen anhand vieler Beispiele, wie das Infragestellen vermeintlicher Wahrheiten zu überraschenden und innovativen Ansätzen führt, wie Kundenbedürfnisse perfekt abgedeckt werden können, wie man sich ruinösem Wettbewerb entziehen und sich einen blauen Ozean schaffen kann.

In Abbildung 29 ist die nordamerikanische Zirkusbranche mit den Nutzenkurven grosser und kleiner Zirkusse dargestellt, die sich strukturell nicht unterscheiden, von denen sich hingegen die Kurve des Cirque du Soleil bei den einzelnen Wettbewerbsfaktoren deutlich abhebt (Kim & Mauborgne, 2016, S. 39).

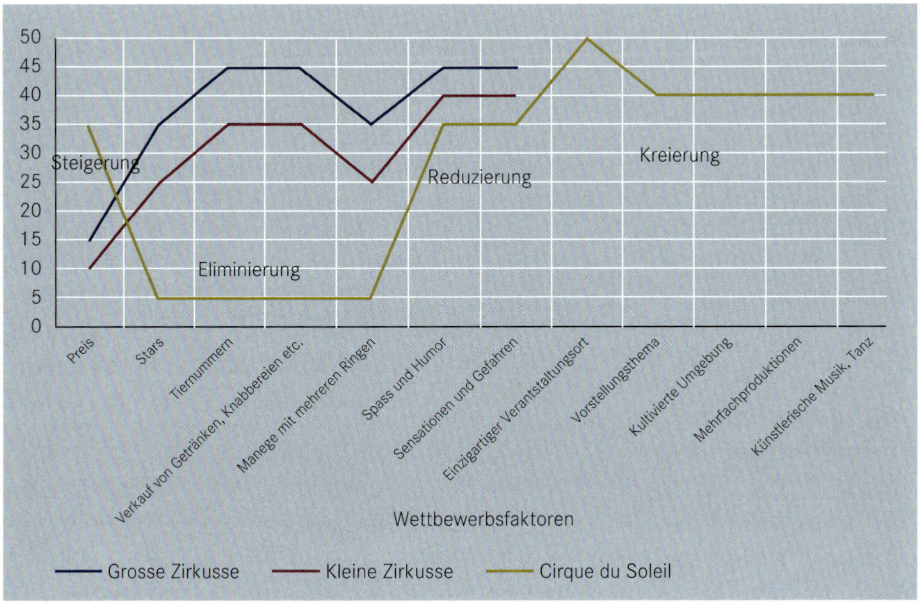

Abb. 29: Strategische Kontur des Cirque du Soleil

Es kann sein, dass auf die oben vier gestellten Fragen keine erfolgsversprechenden Antworten gefunden werden. Gleichwohl sollte die Suche nach dem blauen Ozean nicht aufgegeben werden, denn auch Rahmenbedingungen können sich ändern.

3.9 Zusammenfassung

Das Thema strategische Planung können wir in folgenden Punkten zusammenfassen:

- Strategisches Management formuliert Ziele für strategische Planungseinheiten und in Form funktionaler Strategien für einzelne Funktionsbereiche.
- Strategische Planung hat zwei Bezugspunkte, die beide der Tatsache entspringen, dass Unternehmungselemente auf Umweltelemente abgestimmt werden müssen. Den ersten Bezugspunkt bilden strategische Geschäftsfelder und Branchen, deren Kombination als

strategische Planungseinheiten bezeichnet wird. Den zweiten stellen die strategischen Kompetenzeinheiten dar, die sich aus der Kombination von Kundenbedürfnissen und Kernkompetenzen zusammensetzen.

- Strategische Kompetenzeinheiten sind die Vorstufe strategischer Planungseinheiten. Ihnen obliegt es, erkannten Kundenbedürfnissen Kernkompetenzen gegenüberzustellen. Das Problem lautet hier: Welche Kundenbedürfnisse sollen befriedigt werden und welche Kernkompetenzen sind hierfür notwendig?
- Für jede strategische Planungseinheit wird eine Reihe von Analysen durchgeführt. Eine erste ist der Lebenszyklus, welcher die Umsatzentwicklung in Abhängigkeit der Zeit darstellt. Am Anfang des Lebenszyklus einer Branche steht die Marktleistung als primärer Wettbewerbsfaktor im Vordergrund. Ist die Marktleistung ausgereift, wird der Preis zum bestimmenden primären Wettbewerbsfaktor. Die Formen des Anbietermarktes wechseln im Lebenszyklus. Am Beginn steht ein Monopol, gebildet von der Unternehmung, welche die Branche begründet. Ihm folgt ein Oligopol, bestehend aus den frühen Imitatoren, welche die Attraktivität der Branche erkannt haben. Da die Branche, wenn auch verlangsamt, immer noch wächst, dringen immer mehr Konkurrenten in die Branche ein. Es entsteht ein Polypol. Wegen des Erfahrungskurveneffektes scheiden viele Anbieter aus der Branche aus. Damit stellt sich wiederum ein Oligopol ein.
- Die Erfahrungskurve beschreibt die Gesetzmässigkeit, dass mit zunehmender Erfahrung die Wertschöpfungskosten gesenkt werden können. Konkurrenten mit viel Erfahrung haben gegenüber solchen mit wenig Erfahrung einen Kostenvorteil, den sie in Form von Preissenkungen ausspielen können.
- Die Branche lässt sich als ein Kräftefeld von fünf Elementen beschreiben, die zusammen die Attraktivität der Branche bestimmen. Da ist zunächst die Branche selbst und die in ihr tätigen Konkurrenten. Sie ist dann attraktiv, wenn sie wächst, wenn die Wettbewerbsintensität gering und die Ertragskraft gross ist. Im Hinblick auf eine hohe Branchenattraktivität sollte die Verhandlungsmacht von Kunden und Lieferanten minim sein, potenzielle neue Konkurrenten und solche mit Ersatzprodukten sollte es erst gar nicht geben.
- Die Wettbewerbsvorteile einer strategischen Planungseinheit sollten nach Möglichkeit einzigartig sein. In einem ersten Schritt werden sie auf ihren Ist-Zustand hin, die Ist-Wettbewerbsposition, untersucht.
- In der Portfolioanalyse werden Branchenattraktivität und Wettbewerbsvorteile einander gegenübergestellt. Ein erstes Resultat ist die Ist-Wettbewerbsposition. Sollte sich dabei ergeben, dass die Branchenattraktivität hoch ist und berechtigte Aussicht besteht, sich Wettbewerbsvorteile zu erarbeiten, kann die Normstrategie der Investition auf die strategische Planungseinheit appliziert werden. Wenn die Branchenattraktivität klein ist, die Wettbewerbsvorteile aber gross sind, wird die Normstrategie des Nutzens angewendet. Das heisst, es wird zugewartet, bis der Moment der Desinvestition gekommen ist. Dieser ist immer dann gegeben, wenn die Ressourcen, die eine derartige strategische Planungseinheit bindet, anderweitig rentabler eingesetzt werden können.

- Die Portfolioanalyse ist nicht auf die Analyse allein beschränkt. Sie zeigt auch die Soll-Wettbewerbsposition. Die Diskrepanz zwischen der Ist- und der Soll-Wettbewerbsposition beseitigt die Wettbewerbsstrategie. Sie umfasst ganz konkrete Massnahmen, welche die Wettbewerbsposition verändern. Meistens geht es um das Verbessern oder Halten der Wettbewerbsposition. Eine Verschlechterung ist zwar denkbar, aber in der Regel kein Thema.
- Die Grundstrategie bildet zusammen mit der Wettbewerbsstrategie und der Normstrategie das Zielbündel für jede strategische Planungseinheit. Sie legt fest, ob eine Marktleistungs- oder eine Preisdifferenzierung als Differenzierungsstrategie zu verfolgen sei. Auch im Falle einer Konzentrationsstrategie auf eine Nische ist zu entscheiden, ob das Schwergewicht auf der Marktleistung oder auf dem Preis liegen soll.
- Die Wertschöpfungsstrategie legt zunächst fest, welche Prozesse abgewickelt werden müssen, um die Ziele der strategischen Planungseinheiten zu erreichen. Es geht um die Gestaltung der Prozesslandschaft für jede strategische Planungseinheit. Dabei steht die Bestimmung der Kernprozesse, welche direkt der Befriedigung des Kundenbedürfnisses dienen, im Zentrum. Nicht-Kernprozesse werden als Supportprozesse eingestuft. Stehen die Prozesslandschaften fest, ist es an der Organisationsstrategie, das Wertschöpfungssystem zu gestalten.
- Kritische Erfolgsfaktoren sollen sicherstellen, dass die Umsetzung der Ziele der strategischen Planungseinheiten gewährleistet ist. Es sind meist ein paar wenige Sachverhalte, die wie geplant ablaufen müssen, damit man annehmen darf, dass es der Rest auch tut.
- All die Vorgaben, welche für jede strategische Planungseinheit formuliert werden, bedürfen der Abstimmung aus übergeordneter Sicht. Das gilt für die Ressourcenzuteilung im Rahmen der Festsetzung der Normstrategie, das gilt für die Wettbewerbs- und die Normstrategien.
- Ist diese Abstimmung geschehen, ist die Erarbeitung funktionaler Strategien angesagt. Sie bilden die Schnittstelle zwischen den strategischen Planungseinheiten und den Funktionsbereichen. Sie haben ihren funktionalen Beitrag zur Zielerreichung der strategischen Planungseinheiten zu leisten.

4 Operatives Management

Das **operative Management** hat zum Zweck, die Vorgaben der strategischen Planung umzusetzen. Es muss diese Vorgaben so weit verfeinern, dass damit Wertschöpfungsprozesse gelenkt werden können. Grundlage dafür ist das Geschäftsprozessmanagement, das letztlich die im Wertschöpfungssystem ablaufenden Prozesse gestaltet (vgl. dazu Welge & Al-Laham, 2003, S. 555).

Strategisches Management muss klare und konsistente Ziele generieren. Es muss vor allem festlegen, wie Wettbewerbsvorteile erarbeitet werden sollen, worin die Differenzierung von der Konkurrenz liegen soll – das leistet die Wettbewerbsstrategie. Die Differenzierung stellt die dem operativen Management gesetzten Leitplanken dar. Ein Weiteres kommt hinzu: Es müssen mit der Wertschöpfungsstrategie die Strukturen eines Wertschöpfungssystems geschaffen werden, das in der Lage ist, sich innerhalb dieser Leitplanken an Änderungen anzupassen, das aber gleichzeitig vom Erfolgspfad nicht abkommt, die grundlegende Art und Weise der Differenzierung nicht aus den Augen verliert, das Geschäftsmodell konsequent und beständig reproduziert und vervielfältigt und damit Wachstum schafft. Es muss die Basis für Wiederholbarkeit gelegt werden. Sich Wiederholendes verliert an Komplexität, wird beherrschbar. Das genau ist es, was operatives Management bewirken soll. Es sollen Strukturen und Prozesse geschaffen werden, die höchst effizient und störungsfrei ablaufen - ein beherrschtes und anpassungsfähiges Wertschöpfungssystem (vgl. dazu Zook & Allen, 2012, S. 18).

Operatives Management umfasst die Managementstufen operative Planung und operative Führung. Letztere soll hier nicht weiter behandelt werden, weil dies in den Kapiteln zu den einzelnen Funktionsbereichen beschrieben wird.

An dieser Stelle sei der Unterschied zwischen strategischem und operativem Management erläutert. Wir stützen uns dabei auf ein Konzept von Gälweiler, das hier angepasst wiedergegeben ist (2005, S. 34, vgl. Abbildung 30).

Zu unterscheiden sind verschiedene Lenkungs- und Orientierungsgrössen. Letztere geben darüber Auskunft, wie es um die Lenkungsgrössen bestellt ist. Eine der ganz wesentlichen Aufgaben des operativen Managements ist die Sicherstellung der Liquidität. Es orientiert sich dabei an den Einnahmen und den Ausgaben. Die Liquidität ist mit hoher Wahrscheinlichkeit gewährleistet, wenn ein positiver Erfolg im buchhalterischen Sinne gegeben ist. Natürlich kann man zu Liquidität auch auf anderen Wegen kommen. Das sind aber die Ausnahmen. Erfolg seinerseits ist abhängig von Erträgen und Aufwänden. So betrachtet, lässt sich festhalten, dass der Erfolg die Liquidität vorsteuert, dass im Normalfall Liquidität ohne Erfolg nicht möglich ist.

Der buchhalterische Erfolg kann nur eintreten, wenn strategische Planungseinheiten – jetzt befinden wir uns im strategischen Management – gute Resultate erzielen. Diese sind

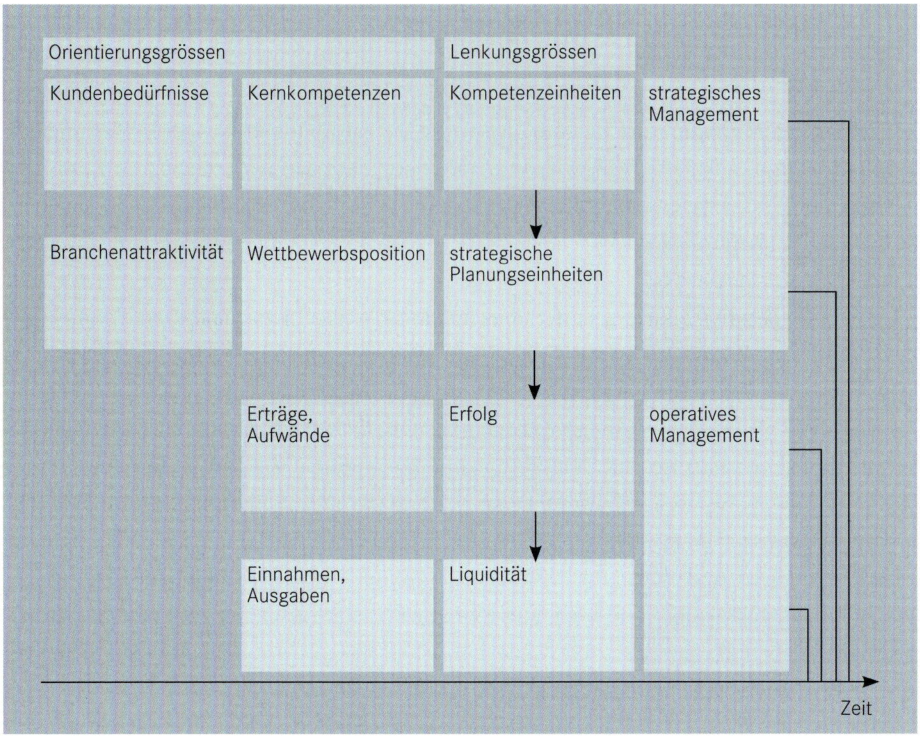

Abb. 30: Operatives und strategisches Management

4

mit grosser Wahrscheinlichkeit gegeben, je attraktiver die Branche und je besser die Wettbewerbsposition des strategischen Geschäftsfeldes sind. Kompetenzeinheiten legen das Fundament für strategische Planungseinheiten. Sie tun dies umso eher, je besser bestehende Kernkompetenzen Kundenbedürfnisse abdecken.

Man kann festhalten: Kompetenzeinheiten steuern strategische Planungseinheiten vor, diese den buchhalterischen Erfolg und dieser wiederum die Liquidität. In dieser Reihenfolge verkleinert sich auch der zeitliche Horizont. Liquidität ist die kurzfristigste, Kompetenzeinheiten sind die langfristigste Lenkungsgrösse. Mit Blick auf die Existenzsicherung der Unternehmung heisst dies, dass strategisches Management der operativen Umsetzung bedarf, dass Erfolg und Liquidität ihre Wurzeln im strategischen Management haben. Strategisches und operatives Management bilden eine unauflösliche Einheit.

Illiquidität kann über die beschriebene Kausalkette ihre Ursache darin haben, dass Kernkompetenzen Kundenbedürfnisse nur schlecht abdecken. Die Möglichkeit, an den Kompetenzeinheiten etwas zu ändern oder gar neue aufzubauen, ist aber nicht gegeben, weil die Zeit dazu fehlt, weil das Problem der Illiquidität schnell gelöst werden muss. Unter diesen Umständen gibt es nur noch zwei Möglichkeiten. Die Einnahmen müssen erhöht, die Ausgaben müssen gesenkt werden. Die Einnahmen, sprich die Umsätze, zu erhöhen, ist mit untauglichen Marktleistungen ausgeschlossen. Es bleibt, die Ausgaben zu senken und Zeit zu gewinnen, um im Anschluss Restrukturierungen und endlich eine strategische Neupositionierung vorzunehmen.

Kennzeichnend für das strategische Management ist seine Aussenorientierung. Es richtet sein Augenmerk auch auf die externen Grössen Kundenbedürfnisse und Branchenattraktivität. Externe Orientierungsgrössen sucht man beim operativen Management hingegen vergebens. Es ist vorwiegend innenorientiert (Fink & Siebe, 2011, S. 10; Malik, 2013, S. 129).

So auch die **operative Planung.** Sie erstellt Pläne für jeden Funktionsbereich als Vorgabe für die operative Führung. In der Regel reicht sie in einem normalen Umfeld drei Jahre in die Zukunft, umfasst also drei Planperioden, wobei wir hier unterstellen, dass ein Jahr der Länge einer Planperiode entspricht. Das muss aber nicht immer zutreffen.

Die operative Planung setzt immer mit der Marketingplanung ein. Hier werden schwergewichtig Umsätze geplant, also Preise und Mengen der zu verkaufenden Marktleistungen festgelegt. Die Umsätze – genauer Preise und Mengen – sind die Vorgaben, auf welche die übrigen Funktionsbereiche bei der Erstellung ihrer operativen Pläne angewiesen sind. Ihren Abschluss findet die Erstellung operativer Pläne mit dem Finanzplan. Auch das ist zwingend, weil alle geplanten Aktivitäten monetäre Auswirkungen haben. In welcher Reihenfolge die übrigen funktionalen Pläne erstellt werden, sollte im Einzelfall bestimmt werden (Hahn & Hungenberg, 2014; Rachlin, 2001).

Die operative Planung ist die Vorgabe an die operative Führung. Es sollte aber nicht vergessen werden, dass operative Pläne auch unter Unsicherheiten entstehen, dass ihnen Annahmen, nicht felsenfeste Tatsachen zugrunde liegen. Es ist daher durchaus möglich, dass Pläne obsolet werden. Ein sklavisches Einhalten von operativen Plänen ist deshalb nicht sinnvoll, weil es einen der Chance beraubt, die Wertschöpfungsprozesse auf der Managementstufe der operativen Führung fein auszusteuern. So gesehen, sind operative Pläne Leitplanken, wenn auch relativ eng gesetzte. Sie sollten Freiräume bewusst offen halten. Entscheidungen sollten aufgeschoben werden, bis sie tatsächlich anstehen. Sie können dann mit grösserer, nicht mit absoluter Sicherheit getroffen werden.

Es sei hier abschliessend nochmals festgehalten, dass strategisches Management das Fundament bildet, auf dem operatives Management gründet. Beide bedingen einander gegenseitig. Letztlich muss es in der Kasse klingeln, muss die Liquidität sichergestellt sein, damit die Existenz der Unternehmung gesichert ist.

5 Literaturverzeichnis

Agarwal, R. & Weill, P. (2012). *The Benefits of Combining Date with Empathy.* In: MIT Sloan Management Review, Fall 2012, S. 35–41.

Ansoff, H. I. (1984). *Implanting Strategic Management.* London: Prentice Hall International.

Baldegger, R. J. (2007). *Management: Strategie – Struktur – Kultur.* Fribourg, Bern, New York: Growth Publisher.

Barton, D. & Court, D. (2012). *Keine Angst vor Analytik.* In: Harvard Business Manager, November 2012, S. 44–51.

Baum, H.-G., Coenenberg, A. G. & Günther, Th. (2013). *Strategisches Controlling* (5. Aufl.). Stuttgart: Schaeffer-Poeschel.

Belz, Chr. (1999). *Verkaufskompetenz: Chancen in umkämpften Märkten, Konzepte und Innovationen, Kunden und Leistungskriterien, Organisation und Führung* (2. Aufl.). Wien: Ueberreuter.

Bleicher, K. (1994). *Normatives Management: Politik, Verfassung und Philosophie des Unternehmens.* Frankfurt am Main: Campus.

Brau Union Österreich AG (2020). *Unsere Vision.* Gefunden am 05.04.2020 unter https://www.brauunion.at/unternehmen/vision/.

Chandler Jr., A. D. (1962). *Strategy and Structure: Chapters in the History of the American Industrial Enterprise.* Cambridge, Mass., London: M.I.T. Press.

Coenenberg, A.G., Salfeld, R. & Schultze, W. (2015). *Wertorientierte Unternehmensführung: Vom Strategieentwurf zur Implementierung* (3. Aufl.). Stuttgart: Schaeffer-Poeschel.

D'Aveni, R.A. (1995). *Hyperwettbewerb: Strategien für die neue Dynamik der Märkte.* Frankfurt am Main, New York: Campus.

Davenport, Th. H. & Harris, J.G. (2017). *Competing on Analytics: The New Science of Winning.* Boston: Harvard Business School Press.

Davenport, Th. H. (2014). *big data @ work: Chancen erkennen, Risiken verstehen.* München: Vahlen.

Dietl, W. (2018). *Strategieentwicklung für Unternehmensfunktionen. Operative Bereiche und Funktionen strategisch ausrichten.* Stuttgart: Schäffer-Poeschel.

Drucker, P.F. (2009). *Management: Band 1.* Frankfurt am Main: Campus.

Esch, F.-R. (2017). *Strategie und Technik der Markenführung* (9. Aufl.). München: Vahlen.

Fielmann AG (2020). *Der Leitsatz.* Gefunden am 05.04.2020 unter https://corporate.fielmann.com/de/ueber-fielmann/selbstverstaendnis/leitsatz/.

Fink, A. & Siebe, A. (2006). *Handbuch Zukunftsmanagement. Werkzeuge der strategischen Planung und Früherkennung* (2. Aufl.). Frankfurt am Main, New York: Campus.

Freiling, J. & Reckenfelderbäumer, M. (2010). *Markt und Unternehmung: Eine marktorientierte Einführung in die Betriebswirtschaftslehre* (3. Aufl.). Wiesbaden: Gabler.

Friedrich, K., Malik, F. & Seiwert, L. (2010). *Das grosse 1x1 der Erfolgsstrategie: EKS – Erfolg durch Spezialisierung* (14. Aufl.). Offenbach: Gabal.

Gälweiler, A. (1974). *Unternehmensplanung: Grundlagen und Praxis.* Frankfurt am Main, New York: Campus.

Gälweiler, A. (2005). *Strategische Unternehmungsführung.* Frankfurt am Main, New York: Campus.

Gomez, P., Lambertz, M. & Meynhardt, T. (2019). *Verantwortungsvoll führen in einer komplexen Welt. Denkmuster – Werkzeuge – Praxisbeispiele.* Bern: Haupt.

Grossklaus, R.H.G. (2008). *Neue Produkte einführen: Von der Idee zum Markterfolg.* Wiesbaden: Gabler.

Grünig, R. & Kühn, R. (2018). *Strategieprozess: Analysen, Optionen, Projekte* (2. Aufl.). Bern: Haupt.

Hahn, D. & Hungenberg, H. (2014). *PuK – Wertorientierte Controllingkonzepte: Planung und Kontrolle – Planungs- und Kontrollsysteme – Planungs- und Kontrollrechnung* (6. Aufl.). Wiesbaden: Gabler.

Hamel, G. & Prahalad, C. K. (1995). *Wettlauf um die Zukunft: Wie Sie mit bahnbrechenden Strategien die Kontrolle über Ihre Branche gewinnen und die Märkte von morgen schaffen.* Wien: Ueberreuter.

Hanschke, I. & Lorenz, R. (2012). *Strategisches Prozessmanagement einfach und effektiv: Ein praktischer Leitfaden.* München: Hanser.

Hartmann, A., Herrmann, D. & Schleppegrell, J. (2007). *Strategisch richtig entscheiden: Überzeugen mit visualisierten Entscheidungsparametern.* Zürich: Orell Füssli Verlag.

Hauser, P. & Brauchlin, E. (2004). *Integriertes Management in der Praxis: Die Umsetzung des St. Galler Erfolgskonzeptes.* Frankfurt am Main: Campus.

Henderson, B. D. (1984). *Die Erfahrungskurve in der Unternehmungsstrategie.* Frankfurt am Main, New York: Campus.

Henderson, B. D. (2000a). *Die Erfahrungskurve – Warum ist sie gültig?* In: von Oetinger, B. (Hrsg.), *Das Boston Consulting Group Strategie-Buch: Die wichtigsten Managementkonzepte für den Praktiker* (7. Aufl., S. 557–560). Düsseldorf: Econ.

Henderson, B. D. (2000b). *Das Portfolio.* In: von Oetinger, B. (Hrsg.), *Das Boston Consulting Group Strategie-Buch: Die wichtigsten Managementkonzepte für den Praktiker* (7. Aufl., S. 346–351). Düsseldorf: Econ.

Herrmann, C. (2010). *Ganzheitliches Life Cycle Management: Nachhaltigkeit und Lebenszyklusorientierung in Unternehmen.* Heidelberg, Dordrecht, London, New York: Springer.

Hinterhuber, H. H. (2004a). *Strategische Unternehmungsführung: I. Strategisches Denken: Vision, Unternehmungspolitik, Strategie* (7. Aufl.). Berlin, New York: de Gruyter.

Hinterhuber, H. H. (2004b). *Strategische Unternehmungsführung: II. Strategisches Handeln: Direktiven, Organisation, Umsetzung. Unternehmungskultur. Strategische Führungskompetenz* (7. Aufl.). Berlin, New York: de Gruyter.

HIOB International (2005). *Aus zweiter Hand.* Gefunden am 16.02.2005 unter http://www.auszweiterhand.ch/index.php?pid=brokis.

Hochschule für Wirtschaft FHNW (2020). *Mission, Werte.* Gefunden am 05.04.2020 unter https://www.fhnw.ch/de/die-fhnw/hochschulen/hsw/mission-werte.

Homburg, Chr. & Krohmer, H. (2003). *Marketingmanagement: Strategie – Instrumente – Umsetzung – Unternehmungsführung.* Wiesbaden: Gabler.

Hungenberg, H. (2014). *Strategisches Management in Unternehmen: Ziele – Prozesse – Verfahren* (8. Aufl.). Wiesbaden: Springer Gabler.

IKEA AG (2020). *Die Vision & Geschäftsidee.* Gefunden am 05.04.2020 unter https://www.ikea.com/ch/de/this-is-ikea/about-ikea/vision-business-ideas-pub9cd02291.

Illycaffè S.pA. (2020). *Illy: Das Unternehmen.* Gefunden am 05.04.2020 unter https://www.illy.com/de-de/company/unternehmen/das-unternehmen.

Kaplan, R. S. & Norton, D. P. (1997). *Balanced Scorecard: Strategien erfolgreich umsetzen.* Stuttgart: Schäffer-Poeschel.

Kaplan, R. S. & Norton, D. P. (2001). *Die strategiefokussierte Organisation: Führen mit der Balanced Scorecard.* Stuttgart: Schäffer-Poeschel.

Kaplan, R. S. & Norton, D. P. (2004). *Strategy Maps: Der Weg von immateriellen Werten zum materiellen Erfolg.* Stuttgart: Schäffer-Poeschel.

Kaplan, R. S. & Norton, D. P. (2006). *Alignment: Mit der Balanced Scorecard Synergien schaffen.* Stuttgart: Schäffer-Poeschel.

Kaplan, R. S. & Norton, D. P. (2009). *Der effektive Strategieprozess: Erfolgsreich mit dem 6-Phasen-System.* Frankfurt am Main, New York: Campus.

Kim, W. C. & Mauborgne, R. (2016). *Der blaue Ozean als Strategie: Wie man neue Märkte schafft, wo es keine Konkurrenz gibt* (2. Aufl.). München: Hanser.

Kim, W. C. & Mauborgne, R. (2018). *Blue Ocean Shift. Jenseits des Wettbewerbs – Bewährte Schritte, die Mut erzeugen und neues Wachstum schaffen.* München: Vahlen.

Kotler, Ph., Keller, K.L. & Opresnik, M.O. (2015). *Marketing-Management: Konzepte – Instrumente – Unternehmensfallstudien* (14. Aufl.). Hallbergmoss: Pearson.

Krauthammer, E. & Hinterhuber, H. H. (2005). *Wettbewerbsvorteil Einzigartigkeit.* Berlin: Erich Schmidt.

Krüger, W. & Homp, Chr. (1997). *Kernkompetenz-Management: Steigerung von Flexibilität und Schlagkraft im Wettbewerb.* Wiesbaden: Gabler.

Lombriser, R. & Abplanalp, P. A. (2015). *Strategisches Management: Visionen entwickeln, Erfolgspotenziale aufbauen, Strategien umsetzen* (6. Aufl.). Zürich: Versus.

Macharzina, K. & Wolf, J. (2010). *Unternehmensführung: Das internationale Managementwissen: Konzepte – Methoden – Praxis* (7. Aufl.). Wiesbaden: Gabler.

Malik, F. (1999). *Wirksame Unternehmensaufsicht: Corporate Governance in Umbruchzeiten* (2. Aufl.). Frankfurt am Main: Frankfurter Allgemeine Zeitung.

Malik, F. (2009). *Systemisches Management, Evolution, Selbstorganisation: Grundprobleme, Funktionsmechanismen und Lösungsansätze für komplexe Systeme.* Bern, Stuttgart, Wien: Haupt.

Malik, F. (2013). *Strategie. Navigieren in der Komplexität der Neuen Welt* (2. Aufl.). Frankfurt am Main, New York: Campus.

Malik, F. (2013). *Management: Das A und O des Handwerks. Band 1* (2. Aufl.). Frankfurt am Main: Campus.

McGrath, R. G. (2013). *The End of Competitive Advantage. How to Keep Your Strategy Moving as Fast as Your Business.* Boston MA: Harvard Business Review Press.

Michaeli, R. (2006). *Competitive Intelligence: Strategische Wettbewerbsvorteile erzielen durch systematische Konkurrenz-, Markt- und Technologieanalysen.* Berlin, Heidelberg, New York: Springer.

Michel, St. (2009). *Marketingkonzept: Grundlagen mit zahlreichen Beispielen, Repetitionsfragen mit Lösungen und Glossar* (2. Aufl.). Zürich: Compendio.

Mintzberg, H., Ahlstrand, B. & Lampel, J. (2002). *Strategy Safari: Eine Reise durch die Wildnis des strategischen Managements.* Wien: Ueberreuter.

Moore, G. A. (2006). *Dealing with Darwin: How Great Companies Innovate at Every Phase of their Evolution.* Chichester: Capstone.

Müller, A. W. & Müller-Stewens, G. (2009). *Strategic Foresight: Trend- und Zukunftsforschung in Unternehmen – Instrumente, Prozesse, Fallstudien.* Stuttgart: Schäffer-Poeschel.

Müller-Stewens, G. & Brauer, M. (2009). *Corporate Strategy & Governance: Wege zur nachhaltigen Wertsteigerung im diversifizierten Unternehmen.* Stuttgart: Schäffer-Poeschel.

Müller-Stewens, G. & Lechner, Chr. (2016). *Strategisches Management: Wie Strategien zum Wandel führen* (5. Aufl.). Stuttgart: Schäffer-Poeschel.

Nagel, R. & Wimmer, R. (2014). *Systemische Strategieentwicklung: Modelle und Instrumente für Berater und Entscheider* (6. Aufl.). Stuttgart: Schäffer-Poeschel.

Olbrich, R. (2006). *Marketing: Eine Einführung in die marktorientierte Unternehmensführung* (2. Aufl.). Berlin, Heidelberg, New York: Springer.

Ossola-Haring, C. (Hrsg.) (2004). *Die 499 besten Checklisten für Ihr Unternehmen: Umfassend. Detailliert. Sofort einsetzbar. Praxiserprobt* (4. Aufl.). Frankfurt am Main: Redline Wirtschaft.

Oxfam Deutschland (2020). *Unsere Vision.* Gefunden am 05.04.2020 unter https://www.oxfam.de/suche?s=Vision.

Pepels, W. (Hrsg.) (2013). *Praxishandbuch Relaunch. Potenziale vorhandener Marken richtig ausschöpfen.* Düsseldorf: Symposium Publishing.

Pfizer AG (2020). *Vision & Mission in der Schweiz.* Gefunden am 05.04.2020 unter https://www.pfizer.ch/de/aboutpfizer/uberpfizer.

Porter, M. E. (1997). *Nur Strategie sichert auf Dauer hohe Erträge.* In: Harvard Business Manager, Nr. 3/1997, S. 42–58.

Porter, M. E. (2008). *Wettbewerbsstrategie: Methoden zur Analyse von Branchen und Konkurrenten* (11. Aufl.). Frankfurt am Main, New York: Campus.

Porter, M. E. (2010). *Wettbewerbsvorteile: Spitzenleistungen erreichen und behaupten* (7. Aufl.). Frankfurt am Main, New York: Campus.

Probst, G. & Wiedemann, Chr. (2013). *Strategie-Leitfaden für die Praxis* (2. Aufl.). Wiesbaden: Springer Gabler.

Pümpin, C. & Amann, W. (2005). *SEP Strategische Erfolgspositionen: Kernkompetenzen aufbauen und umsetzen.* Bern, Stuttgart, Wien: Haupt.

Rachlin, R. (2001). *Praxisbuch Budgetplanung: Grundlagen und Instrumente für erfolgreiches Finanzmanagement.* Frankfurt am Main, New York: Campus.

Ringelstetter, M. & Schuster, M. (2003). *Corporate Citizenship – Eine aktuelle Mode der strategischen Unternehmensführung.* In: Ringelstetter, M. J., Henzler, H. A. & Mirow, M. (Hrsg.), *Perspektiven der Strategischen Unternehmensführung: Theorien – Konzepte – Anwendungen* (S. 169–198). Wiesbaden: Gabler.

Rockart, J. F. (o. J.). *Topmanager sollten ihren Datenbedarf selbst definieren.* Harvard Manager. Informations- und Datentechnik. Band 1. S. 9–22.

Rühli, E. (2000). *Strategie ist tot: Es lebe das Neue Strategische Management.* In: Hinterhuber, H. H., Friedrich, St. A., Al-Ani, A. & Handlbauer, G. (Hrsg.), *Das Neue Strategische Management. Perspektiven und Elemente einer zeitgemässen Unternehmensführung* (2. Aufl., S. 73–80). Wiesbaden: Gabler.

Scheuss, R. (2016). *Handbuch der Strategien: 240 Konzepte der weltbesten Vordenker* (3. Aufl.). Frankfurt am Main, New York: Campus.

Schmelzer, H. J. & Sesselmann, W. (2010). *Geschäftsprozessmanagement in der Praxis. Kunden zufrieden stellen – Produktivität steigern – Wert erhöhen* (9. Aufl.). München: Hanser.

Schwaninger, M. (1989). *Integrale Unternehmensplanung.* Frankfurt am Main, New York: Campus.

Simon, H. & von der Gathen, A. (2010). *Das grosse Handbuch der Strategieinstrumente: Werkzeuge für eine erfolgreiche Unternehmensführung.* Frankfurt am Main: Campus.

Simon, H. & Fassnacht, M. (2016). *Preismanagement: Strategie – Analyse – Entscheidung – Umsetzung* (4. Aufl.). Wiesbaden: Springer Gabler.

Simon, H. (2012). *Hidden Champions – Aufbruch nach Globalia. Die Erfolgsstrategien unbekannter Weltmarktführer.* Frankfurt am Main, New York: Campus.

Steinle, C. (2005). *Ganzheitliches Management: Eine mehrdimensionale Sichtweise integrierter Unternehmungsführung.* Wiesbaden: Gabler.

Stöger, R. (2018). *Prozessmanagement: Kundennutzen, Produktivität, Agilität* (4. Aufl.). Stuttgart: Schäffer-Poeschel.

Stöger, R. (2017). *Strategieentwicklung für die Praxis: Navigieren, verändern und umsetzen* (3. Aufl.). Stuttgart: Schäffer-Poeschel.

Tetra Pak (Schweiz) AG, (2020). *Vision und Mission.* Gefunden am 05.04.2020 unter https://www.tetrapak.com/de/about/vision-and-mission.

Treacy, M. & Wiersema, F. (1995). *Marktführerschaft: Wege zur Spitze.* Frankfurt am Main, New York: Campus.

Ulrich, H. (2000). *Unternehmungspolitik.* In: Ulrich, H., *Gesammelte Schriften 2. Das St. Galler Management-Modell* (S. 171–460). Bern: Haupt.

Venzin, M., Rasner, C. & Mahnke, V. (2003). *Der Strategieprozess: Praxisbuch zur Umsetzung im Unternehmen.* Frankfurt am Main: Campus.

Von Oetinger, B. (2000). *Vision: Fernbild einer neuen Logik.* In: von Oetinger, B. (Hrsg.), *Das Boston Consulting Group Strategie-Buch: Die wichtigsten Managementkonzepte für den Praktiker* (7. Aufl., S. 126–253). Düsseldorf: Econ.

Welge, M. K. & Al-Laham, A. (2003). *Strategisches Management: Grundlagen – Prozess – Implementierung* (4. Aufl.). Wiesbaden: Gabler.

Zook, Chr. & Allen, J. (2012). *Repeatability: Build Enduring Business for a World of Constant Change.* Boston, Mass.: Harvard Business Review Press.

Organisation F2

Dieter Hartfelder • Georg Kassowitz

Weiterführende Texte, Übungsaufgaben
und Lernkontrollen finden Sie unter
www.bwl-online.ch

1 Aufbauorganisation – Einführung

> Zweck und Ziel der Organisation ist es, die Stärken der Menschen produktiv zu machen und ihre Schwächen unwesentlich.
>
> Peter F. Drucker

Der Text zur Organisation stellt in einem ersten Teil die Grundlagen der Aufbauorganisation, der Gestaltung von Lenkungsstrukturen, vor und ist im Zusammenhang mit den in Kapitel 6 ff. nachfolgenden Texten über Prozessorganisation zu sehen. Ziel des ersten Teils ist es, die wichtigsten Aspekte der Organisationsgestaltung aus der Perspektive des Managements und insbesondere aus der des diesem Band zugrunde liegenden Managementmodells darzustellen. Dieser Rahmen bedingt eine starke Beschränkung und bewusste Fokussierung auf einzelne, wichtig erscheinende Aspekte, während andere, ebenso wichtige und interessante Aspekte der Organisationsthematik notwendigerweise ausgeklammert bleiben müssen. Beispielsweise wird auf Ausführungen zur Organisationstheorie vollständig verzichtet (vgl. dazu etwa Walter-Busch, 1996; Kieser & Ebers, 2014; Kühl, 2011). Auch die Problematik von Konzern- und Holdingstrukturen werden ausgeklammert.

Die Ausführungen zur Aufbauorganisation sind wie folgt gegliedert:

- In Kapitel 2 werden grundlegende Fragen geklärt und das Thema Organisation in den Kontext Management gestellt,
- In Kapitel 3 werden die prinzipiellen Möglichkeiten der Gestaltung von Lenkungsstrukturen einer Aufbauorganisation systematisch dargestellt,
- In Kapitel 4 werden die Veränderungsmöglichkeiten von Organisationen und Ansätze einer organisations- und kulturbewussten Reorganisationsmethodik beschrieben,
- In Kapitel 5 werden neue Organisationskonzepte vorgestellt und ihre Realisierungschancen diskutiert.

2 Grundfragen

Der folgende Abschnitt klärt zunächst den **Organisationsbegriff.** Im Weiteren werden Funktionen und Ziele organisatorischer Gestaltung diskutiert. In diesem Zusammenhang werden auch die vielfältigen Beziehungen zwischen Organisation und Management skizziert.

2.1 Der Organisationsbegriff

Der Begriff Organisation ist beinahe allgegenwärtig, lässt sich aber dennoch oder vielleicht auch gerade deswegen nicht ohne weiteres fassen. Entsprechend seiner zentralen Bedeutung für moderne Gesellschaften beschäftigen sich unterschiedliche Sozialwissenschaften mit dem Phänomen der Organisation, so etwa die Soziologie (Organisationssoziologie), die Psychologie (Organisationspsychologie), die Betriebswirtschaft (betriebswirtschaftliche Organisationslehre), die Managementlehre und die Arbeitswissenschaft – um nur die wichtigsten zu nennen. Dabei werden in den einzelnen Disziplinen durchaus unterschiedliche Perspektiven und Fragestellungen verfolgt und teilweise auch verschiedene Begrifflichkeiten verwendet.

Selbst wenn man sich auf die Betriebswirtschafts- und Managementlehre beschränkt, lassen sich zumindest der institutionelle, der instrumentelle und der funktionale Organisationsbegriff unterscheiden, welche jeweils ganz unterschiedliche Aspekte in den Blickpunkt rücken.

- Der **institutionelle Organisationsbegriff** beschreibt Organisationen als organisierte soziale Systeme, als Institutionen: Ein Unternehmen *ist* – ähnlich wie ein Spital oder eine Hochschule – eine Organisation.
- Der **instrumentelle Organisationsbegriff** beschreibt die Organisation als Gesamtheit der Beziehungs- und Prozessstrukturen, die zur Erreichung der Ziele eines sozialen Systems geschaffen worden sind: Ein Unternehmen *hat* eine Organisation. Dabei ist daran zu denken, dass Unternehmen, wie andere Organisationstypen auch, nicht nur eine formale Organisationsstruktur, sondern immer auch eine informale Struktur haben. Die informale Struktur bildet sich entlang der formalen Regelungen und weist häufig auf Defizite der formalen Struktur hin.
- Der **funktionale Organisationsbegriff,** manchmal auch als tätigkeitsorientierter Organisationsbegriff bezeichnet, rückt die Tätigkeit des Organisierens in den Vordergrund. Er beschreibt die Summe der Massnahmen, welche ein soziales System strukturieren. Durch den Prozess des Organisierens entsteht Ordnung in einem sozialen System: Ein Unternehmen *wird* organisiert.

Die Managementliteratur verwendet alle drei Organisationsbegriffe parallel, wenn auch je nach Fragestellung und Autor mit anderen Schwerpunkten. Das dürfte darin begründet sein, dass die Autoren sowohl von unterschiedlichen theoretischen Grundpositionen ausgehen als auch unterschiedliche Aspekte des Organisationsbegriffs in den Vordergrund rücken. Bei solchen Voraussetzungen ist selbstverständlich keine einheitliche Definition und Verwendung des Organisationsbegriffs zu erwarten.

Für die weitere Argumentation soll hier in Anlehnung an Schmidt eine sehr einfache Definition von Organisation verwendet werden: «Organisation ist die dauerhaft gültige Ordnung (Regelung) von zielorientierten sozio-technischen Systemen» (Schmidt, 2011, S. 14).

Diese Definition hat neben ihrer Einfachheit und Klarheit zudem den Vorteil, dass sie eine Abgrenzung zu den verwandten Begriffen Disposition und Improvisation ermöglicht: Der Begriff Disposition bezeichnet Einzelfallregelungen, während Improvisation vorläufig gültige Regelungen bezeichnet.

2.2 Die Funktionen der Organisation

Ulrich und Krieg (1974) haben die Funktion von Organisation wie folgt umschrieben: «Das Organisieren ist darauf gerichtet, Vorstellungen über zu lösende Aufgaben und zu vollziehende Arbeitsprozesse in realen Strukturen zu institutionalisieren. Ergebnis dieser Gestaltungstätigkeit ist die Unternehmensorganisation, welche eine geordnete arbeitsteilige Zusammenarbeit aller Mitarbeiter ermöglicht und in den relativ dauerhaften Gebilde- und Prozessstrukturen Ausdruck findet» (S. 37).

Die Erwartungen, die Führungskräfte, Mitarbeiter, aber auch die anderen internen und externen Anspruchsgruppen des Unternehmens an die Organisationsstruktur eines Unternehmens richten, sind hoch, wie schon das einleitende Zitat von P. Drucker zeigt. Generell formuliert, soll die Organisation die Zielerreichung des jeweiligen Systems fördern und damit helfen, sein langfristiges Überleben zu sichern. Organisation ist also nicht Selbstzweck, sondern soll einen Beitrag zum Erreichen der eigentlichen Systemziele leisten. Diese abstrakte Formulierung von Erwartungen, welche an eine Organisationsstruktur gerichtet werden, lassen sich durchaus noch konkretisieren. Bea und Göbel (2019, S. 40 f.) nennen als spezielle Aufgaben der Organisation:

« – Schaffung einer Unternehmungskultur durch Bildung, Verteilung und Koordination von Sachaufgaben,
- Sicherung der Entwicklungsfähigkeit der Unternehmung,
- Motivierung, Steuerung und Disziplinierung der Mitarbeiter,
- Verteilung, Legitimation und Sicherung der Macht,
- Bestimmung der Grenzen des Unternehmens,
- Kanalisierung der Selbstorganisation.»

Auch wenn diese Auflistung spezieller Aufgaben der Organisation wohl kaum den Anspruch auf Vollständigkeit erhebt, zeigt sie doch, dass an Organisationen und die Tätigkeit des Organisierens hohe und teilweise unrealistische Erwartungen gerichtet werden.

Zum besseren Verständnis sollen im nächsten Abschnitt die Ziele organisatorischer Gestaltung etwas genauer betrachtet werden.

2.3 Ziele organisatorischer Gestaltung

Das **Ziel jeder organisatorischen Gestaltung** kann als Beitrag zur Erreichung der Ziele und Erfüllung der Zwecke des sozialen Systems umschrieben werden. Das primäre Kriterium für die Beurteilung jeder Organisation ist demnach, ob sie einen ausreichenden Beitrag zur Ziel- und Zweckerreichung des jeweiligen Systems leistet. Diese sehr allgemeine Formulierung lässt sich nun in zwei Richtungen konkretisieren, das heisst, es lassen sich zwei Zielbereiche unterscheiden. Es sind dies die Sachziele, auch als aufgabenbezogene Ziele bezeichnet, und die sozialen, mitarbeiterbezogenen Ziele (Hill, Fehlbaum & Ulrich, 1994, S. 141; Ulrich & Fluri, 1995, S. 163).

Bei den **aufgabenbezogenen Zielen** steht neben der grundsätzlichen Frage der Zielerreichung die Frage nach der Produktivität, also die Frage nach dem Verhältnis von Output und Input, das notwendig ist, um die Ziele zu erreichen, zur Diskussion. Dabei kann und muss zwischen zwei Formen von Produktivität oder Effizienz unterschieden werden:

- Unter weitgehend stabilen Bedingungen ist eine Form der Produktivität anzustreben, die sich an im Wesentlichen immer gleich ablaufenden Systemprozessen orientiert. Man könnte hier auch von Produktivität im engeren Sinn sprechen.
- Unter ständig wechselnden Bedingungen ist dagegen eine Form der Produktivität anzustreben, die sich vor allem durch ihre Anpassungsfähigkeit an veränderte Gegebenheiten auszeichnet und die entsprechend auch als Flexibilität bezeichnet werden könnte.

Zwischen den beiden Formen der Produktivität besteht ein Zielkonflikt, dessen Lösung für die konkrete Gestaltung organisatorischer Strukturen von entscheidender Bedeutung ist. Es muss ein dynamisch ausbalanciertes Gleichgewicht zwischen Effizienz und Flexibilität, Beherrschbarkeit und Anpassungsfähigkeit gefunden werden.

Die **mitarbeiterbezogenen Ziele** beziehen sich auf die Befriedigung von Bedürfnissen der Mitarbeiter, konkret auf deren Arbeitszufriedenheit. Die Arbeitszufriedenheit der Mitarbeiter hängt wesentlich von zwei durch die organisatorische Gestaltung beeinflussbaren Faktoren ab: vom Sicherheitsgefühl und von der Selbstständigkeit, welche das jeweilige Arbeitsumfeld den Mitarbeitern bietet. Sicherheit erfahren die Mitarbeiter beispielsweise durch klar formulierte Erwartungen und eine genaue Umschreibung der zu erfüllenden Aufgaben und Prozesse. Selbstständigkeit ist dann gegeben, wenn die Systemmitglieder nach ihrem freien Ermessen über ihr Arbeitsverhalten im System entscheiden können.

Zwischen Sicherheit und Selbstständigkeit als organisatorischen Zielen herrscht eine tendenziell konkurrierende Beziehung.

Weiter ist zu bedenken, dass die Mitarbeiterziele zwar einen eigenständigen Zielbereich bilden, deren Erfüllung aber auch zur Erreichung der Ziele der Unternehmung beiträgt. Mit der organisatorischen Gestaltung sozialer Systeme werden also unterschiedliche, teilweise sogar widersprüchliche Zielvorstellungen verfolgt. Bei der Gestaltung von Organisationsstrukturen sind diese Zielabhängigkeiten und Zielwidersprüche zu berücksichtigen und auszubalancieren.

3 Die Gestaltung von Organisationsstrukturen

Im folgenden Abschnitt werden die grundsätzlichen Möglichkeiten zur Gestaltung von Organisationsstrukturen aufgezeigt. Der Abschnitt gliedert sich in drei Teile. Im ersten werden die Grundbausteine von Organisationen vorgestellt, im zweiten werden die grundsätzlichen Möglichkeiten zur Gestaltung der Primärstruktur von Organisationen aufgezeigt, im dritten werden diese durch Hinweise zur Gestaltung von Sekundärstrukturen ergänzt.

3.1 Formale Elemente von Organisationen

Einen guten Zugang zum Verständnis von Organisationsstrukturen bietet das von Hill, Fehlbaum und Ulrich (1994, S. 122) entwickelte Konzept der **formalen Elemente.** Formale Elemente sind die Grundbausteine einer Organisationsstruktur. Die Gebilde- und Prozessstrukturen einer Organisation werden aus diesen Grundbausteinen aufgebaut. Formale Elemente werden diese Grundbausteine deshalb genannt, weil sie von der Organisationsleitung in unpersönlichen Regeln festgelegt und in Kraft gesetzt werden. Die wichtigsten dieser formalen Elemente, die hier angesprochen werden sollen, sind:

- Aufgaben,
- Kompetenzen und Verantwortung,
- Stellen.

Mit Hilfe dieser formalen Elemente werden die Erwartungen, welche die Organisation an ihre Mitglieder, im Falle eines Unternehmens also an die Mitarbeiter, richtet, dauerhaft festgelegt und beschrieben. Damit werden die Rollen, welche die Mitarbeiter aus der Sicht des Unternehmens zu übernehmen haben, mehr oder weniger präzise festgelegt, denn Rollen sind bekanntlich nichts anderes als formalisierte Verhaltenserwartungen.

3.1.1 Aufgaben

Wie gezeigt, ist Organisieren auf die Verwirklichung von Zweck und Zielen des jeweiligen Systems ausgerichtet. Aus dem Zweck und den Zielen leiten sich die Aufgaben und Teilaufgaben ab, die zu deren Erreichung erfüllt werden müssen. Der Begriff **Aufgabe** (task) wird damit zu einem Grundbegriff der Organisationslehre.

Aufgaben können statisch und dynamisch betrachtet werden. In einer statischen Betrachtung entspricht eine Aufgabe einer Soll-Leistung. In einer dynamischen Betrachtung entspricht eine Aufgabe einer Abfolge von Aktivitäten, die zur Erfüllung der Soll-Leistung erbracht werden müssen. Aktivitäten bilden die Elemente von Prozessen.

Aufgaben können nach verschiedenen Merkmalen charakterisiert werden, zum Beispiel nach dem Funktionsbereich, in dem sie gelöst werden (Beschaffung oder Marketing), nach ihrem Häufigkeitscharakter (repetitive oder innovative Aufgaben) oder danach, ob es sich um Leitungs- oder Ausführungsaufgaben handelt.

3.1.2 Kompetenzen und Verantwortung

Damit eine Aufgabe erfüllt werden kann, muss einem Mitarbeiter oder einem Team das Recht erteilt werden, tätig zu werden und die zur Aufgabenerfüllung notwendigen Massnahmen zu ergreifen. Die Handlungsrechte in einer Organisation werden als **Kompetenzen** bezeichnet. Dabei lassen sich verschiedene Kompetenzarten unterscheiden. Als wichtige und bekannte Beispiele sollen hier Entscheidungskompetenz, Mitsprachekompetenz, Vertretungskompetenz und Anordnungskompetenz genannt werden.

Die Zuweisung von Kompetenzen wiederum wird als **Delegation** bezeichnet. Eine solche Zuweisung von Aufgaben und Kompetenzen verpflichtet eine Stelle, diese richtig zu erfüllen. Diese Verpflichtung ist ihre Verantwortung.

Einer der wichtigsten organisatorischen Grundsätze – oft als **Kongruenzprinzip** bezeichnet – fordert die Übereinstimmung von Aufgabe, Kompetenz und Verantwortung einer Stelle. Aus der Verantwortung wiederum resultiert Verantwortlichkeit des Stelleninhabers für fahrlässige oder vorsätzliche Fehler, für die Nichtausübung von Kompetenzen und für Misserfolge.

Durch Delegation, die Übertragung von Aufgabe, Kompetenz und Verantwortung an einen Mitarbeiter oder ein Team, wird die Verantwortung des delegierenden Vorgesetzten nicht einfach aufgehoben, sie erhält nur eine neue Qualität. Zwar wird mit der Delegation von Aufgabe und Kompetenz auch die Verantwortung übertragen, für den Vorgesetzten bleibt aber die Gesamtverantwortung für die richtige Aufgabenerfüllung in seinem Bereich bestehen. Durch Delegation übernimmt der delegierende Vorgesetzte Führungsverantwortung: Ein Vorgesetzter nimmt seine Führungsverantwortung dann wahr, wenn er dafür sorgt, dass die Person, an die er Aufgaben und Kompetenzen überträgt, über die zur Aufgabenerfüllung erforderlichen Voraussetzungen verfügt. Weiter hat er durch geeignete Zielsetzungs-, Informations- und Kontrollverfahren sicherzustellen, dass die Aufgabe erfüllt wird.

3.1.3 Stellen

Stellen sind die kleinsten Einheiten, die Systemelemente, einer Organisation: «Als Stelle soll jede abstrakt gedachte Einheit von einem oder mehreren Aufgabenträgern bezeichnet werden, der im Rahmen einer Gesamtorganisation ein bestimmter Aufgabenkomplex zur Erfüllung übertragen ist und die mit den dazu notwendigen Kompetenzen, den entsprechenden Verantwortlichkeiten und den für die Koordination benötigten Verbindungswegen zu anderen Stellen ausgestattet ist» (Hill, Fehlbaum & Ulrich, 1994, S. 130).

Hill, Fehlbaum und Ulrich weisen zu Recht darauf hin, dass eine Stelle eine abstrakte Struktureinheit und kein konkreter Arbeitsplatz ist. Zwar gehört zu den meisten Stellen ein ganz bestimmter Arbeitsplatz, doch ist der Arbeitsplatz kein generelles Definitionsmerkmal einer Stelle. Eine Stelle kann mehrere Arbeitsplätze, variable Arbeitsplätze oder einen so genannt diffusen Arbeitsplatz aufweisen. Beispiele hierfür sind Fernfahrer, mobiles Reparaturteam, Vertreter, Wirtschaftsprüfer.

In Organisationen lassen sich unterschiedliche Arten von Stellen unterscheiden. Eine in der englischsprachigen Managementliteratur weit verbreitete Gliederung unterscheidet zwischen Linienstellen und unterstützenden Stellen.

- **Linienstellen** erfüllen in der Regel unmittelbar betriebliche Hauptaufgaben, das heisst, sie sind mit der Abwicklung von Primärprozessen der Organisation betraut. Je nach den zugewiesenen Kompetenzen können die Linienstellen weiter ausdifferenziert werden in Leitungsstellen und Ausführungsstellen.
- **Leitungsstellen**, auch als **Instanzen** bezeichnet, sind Stellen mit Leitungskompetenzen – Entscheidungs-, Weisungs- und Kontrollkompetenzen. In der Realität haben Leitungsstellen allerdings meist auch ausführende Aufgaben zu übernehmen.
- **Ausführungsstellen** sind Stellen ohne Leitungskompetenzen.
- **Unterstützende Stellen** tragen nur indirekt zur Erfüllung der Hauptaufgaben der Organisation bei; sie wickeln in der Regel sekundäre Prozesse ab. Die unterstützenden Stellen können in Stabsstellen und in zentrale Dienstleistungsstellen unterteilt werden.
- **Stabsstellen** sind Leitungshilfsstellen ohne Entscheidungs- und Weisungskompetenzen. Sie unterstützen in der Regel eine bestimmte Leitungsstelle. Typische Aufgaben von Stabsstellen sind das Beschaffen, Auswerten und Weiterleiten von Informationen. Ein weiterer Einsatzbereich ist die Entscheidungsvorbereitung durch Ausarbeiten, Bewerten und Präsentieren von Entscheidungsalternativen. Eine andere Stabsaufgabe ist die fachliche Beratung von Leitungsstellen. Häufig werden Stabsstellen auch zur Unterstützung und Überwachung ausführender Stellen etwa bei der Umsetzung bereits getroffener Entscheidungen eingesetzt. Stabsstellen lassen sich nochmals in Stabsspezialisten und in Stabsgeneralisten unterteilen: Die Stabsspezialisten erfüllen fachspezifische Aufgaben, häufig integriert in eine Stabsabteilung mit entsprechenden Spezialisten. Diese Stabsabteilungen sind oft bereichsübergreifend tätig.Die Stabsgeneralisten erfüllen fallweise unterschiedliche Aufgaben für eine Linienstelle. Als typische Beispiele sind hier die Stelle eines persönlichen Mitarbeiters, persönlichen Assistenten oder persönlichen Referenten zu nennen.
- **(Zentrale) Dienstleistungsstellen** nehmen Unterstützungsaufgaben für mehrere Leitungsstellen oder das ganze Unternehmen wahr. Sie werden häufig auch als Zentralabteilungen, Zentralstellen oder Service Center bezeichnet. Die zentralen Dienstleistungsstellen übernehmen damit Aufgaben, für die früher Linienstellen zuständig waren. Damit beanspruchen sie Entscheidungskompetenzen und erhalten teilweise auch funktionsbezogene Weisungskompetenzen oder Richtlinienkompetenzen, wodurch Konfliktpotenziale entstehen können. Beispiele für solche Zentralbereiche sind etwa Informatik-, Personal-, Planungs-, Controlling-, PR- und Rechtsabteilungen.

Jede Stelle muss durch mindestens eine Person als Aufgabenträger besetzt sein, denn nur Menschen können Kompetenzen und Verantwortung haben. Hingegen können weitere Personen als Aufgabenträger zusätzlich zu einer Stelle gehören. Dementsprechend kann unterschieden werden zwischen Ein-Personen-Stellen und Kollegien. Die Ein-Personen-Stelle entspricht der klassischen Sichtweise der Organisationslehre und ist der gedachten Arbeitskapazität einer abstrakten Person, eines Aufgabenträgers, angepasst. Ein Kollegium ist die Zusammenfassung mehrerer personaler Aufgabenträger zu einer Aufgaben-, Kompetenz- und Verantwortungseinheit. Ein Kollegium tritt nach aussen als Einheit auf. Dabei ist zwischen Kollegialinstanzen und Komitees zu unterscheiden:

- Eine **Kollegialinstanz** ist eine Zusammenfassung gleichrangiger Instanzen zu einem Organ, das sämtliche Leitungsaufgaben, welche alle direkt unterstellten Bereiche betreffen, gemeinsam erfüllt, die Verantwortung gemeinsam übernimmt und nach aussen gemeinsam auftritt (Kollegialprinzip).
- Ein **Komitee,** häufig auch als Ausschuss bezeichnet, ist eine vorübergehende beziehungsweise periodische Zusammenfassung von Personen zu einem Organ, das für die Erfüllung bestimmter Sonderaufgaben zuständig ist. Die Mitglieder eines Komitees sind daneben noch in einer anderen Stelle eingesetzt. Bei der Mitarbeit in einem Ausschuss handelt es sich also um eine Zweit-Stelle. Solche Sonderaufgaben können Projekte, die Lösung unvorhergesehener Probleme oder Konflikte, Expertenrunden, aber auch Koordinationsaufgaben sein. Je nach Kompetenz kann unterschieden werden zwischen Informations-, Beratungs- und Entscheidungsausschüssen.

Als organisatorisches Hilfsmittel für die Festlegung und Beschreibung von Aufgaben, Kompetenzen und Verantwortung von Stellen hat sich in der Praxis die **Stellenbeschreibung** bewährt. Eine Stellenbeschreibung dokumentiert neben den Aufgaben, Kompetenzen und der Verantwortung einer Stelle auch deren hierarchische Einordnung. Daneben können weitere stellenbezogene Informationen in die Stellenbeschreibung aufgenommen werden, wie zum Beispiel Stellvertretungsregelungen und Gehaltsgruppe. Eine Stellenbeschreibung gibt sowohl dem Stelleninhaber als auch seinen Vorgesetzten, Mitarbeitern und Kollegen eine gewisse Sicherheit darüber, welche Erwartungen berechtigterweise an den Stelleninhaber gerichtet werden dürfen. Die Rolle des jeweiligen Stelleninhabers wird damit weitgehend geklärt und festgeschrieben. Nachteilig an Stellenbeschreibungen ist, dass sie aus aktueller Sicht eher bürokratisch und schwerfällig scheinen, zumal auch ihre Anpassung an veränderte Umstände mit einem gewissen Aufwand verbunden ist.

3.2 Die Gestaltung der Primärstruktur

Die Aufbauorganisation gestaltet die **Grundstruktur** oder **Primärstruktur** einer Organisation. Zur Strukturierung stehen im Wesentlichen zwei Instrumente zur Verfügung: Die

Aufgabengliederung und die verschiedenen Formen der Kompetenzzuteilung in der Organisation, diese werden auch als Strukturtypen bezeichnet. In der Literatur werden weitere organisatorische Instrumente wie Delegation, Partizipation oder Standardisierung beschrieben. Diese haben aber für die eigentliche Strukturgestaltung nur nachrangige Bedeutung und werden deshalb hier nicht behandelt.

Aufgabengliederung und Strukturtypen bieten eine begrenzte Anzahl von Gestaltungsmöglichkeiten an, auf die sich alle traditionellen Formen der Aufbauorganisation zurückführen lassen.

3.2.1 Aufgabengliederung

Bei der **Aufgabengliederung** geht es um die Zuordnung von Aufgaben auf Stellen. Dabei werden die Aufgaben nach bestimmten Gesichtspunkten – auch als Kriterien, Merkmale oder Aspekte bezeichnet – auf die einzelnen Stellen verteilt, und zwar so, dass sinnvolle Aufgabenbündel entstehen. Diese Zuordnung von Aufgaben auf Stellen wird auch als **Zentralisation** von Aufgaben bezeichnet. Da aber in der Regel mehr als eine sinnvolle Möglichkeit der Aufgabengliederung besteht, kommt es zu so genannten Zentralisationskonflikten: Denn die Zentralisation von Aufgaben nach einem Merkmal bedeutet immer auch die Dezentralisation dieser Aufgaben nach allen anderen Merkmalen.

Dazu ein Beispiel: Für die 25-köpfige Personalabteilung eines grösseren mittelständischen Unternehmens mit 1800 Beschäftigten gibt es verschiedene Möglichkeiten für die Aufgabenverteilung und die interne Organisation: So kann sie nach den verschiedenen Funktionen, welche Personalabteilungen zu erfüllen haben, gegliedert werden. Damit entstünden zum Beispiel die Bereiche Personalbeschaffung, Personalverwaltung und Personalentwicklung. Eine andere Möglichkeit bestünde darin, die Aufgaben entsprechend den verschiedenen Mitarbeiterkategorien zu verteilen. Damit würden etwa die Bereiche Auszubildende, Mitarbeiter, Führungskräfte geschaffen werden. Eine dritte Möglichkeit bestünde darin, die Organisationsstruktur des Unternehmens in der Personalabteilung abzubilden. Eine weitere denkbare, wenn auch vielleicht nicht sehr sinnvolle Möglichkeit bestünde darin, die Abteilung entsprechend den Anfangsbuchstaben der Familiennamen der Mitarbeitenden zu gliedern (A–E, F–L, M–S, T–Z).
Auch wenn dies sicherlich nicht alle denkbaren Möglichkeiten sind, eine Personalabteilung zu strukturieren, so sollte dieses Beispiel doch deutlich gemacht haben, dass die Zentralisation von Aufgaben nach einem bestimmten Merkmal notwendigerweise bedeutet, dass diese Aufgaben nach allen anderen Merkmalen getrennt werden. Dies wird als **Dezentralisation** bezeichnet.

Organisationen sind also immer gleichzeitig zentralisiert und dezentralisiert. Die Vorteile, welche das Management aus der Zentralisation nach einem bestimmten Merkmal zieht, werden teilweise durch die Nachteile kompensiert, dass nach allen anderen Merkmalen nicht zentralisiert werden kann und damit zusammenhängende Frage- und Problemstellungen von der Organisation nur nachrangig behandelt werden können.

Im Folgenden werden die relevanten Kriterien vorgestellt, nach denen Aufgaben im Unternehmen gegliedert und auf Stellen verteilt und die Organisationsstruktur gestaltet werden. Es gibt dazu nur eine sehr begrenzte Anzahl von Möglichkeiten, die sich nach Funktionen, Objekten, Regionen gliedern lassen.

Gliederung nach Funktionen

Bei einer **Gliederung nach Funktionen** rücken die betrieblichen Funktionen dominant in den Vordergrund. Diese Gliederung wird auch als Gliederung nach Funktionsbereichen oder nach Zweckbereichen bezeichnet. Sie erfolgt entlang den grundlegenden Systemprozessen. Typisch für ein industriell tätiges Unternehmen ist eine Gliederung in die Bereiche Entwicklung, Beschaffung, Produktion, Absatz und Verwaltung.

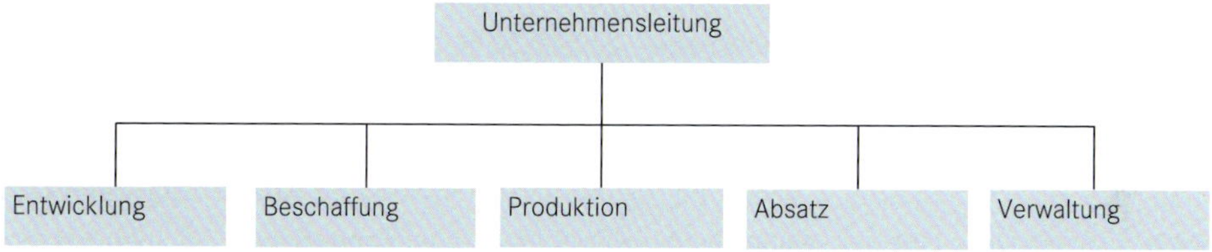

Abb. 1: Gliederung nach Funktionen (Beispiel)

Diese Gliederungsform ist besonders geeignet für kleinere bis mittlere Unternehmen mit einem überschaubaren, homogenen Produkt- und Leistungsprogramm in einer relativ stabilen Umwelt.

Die Vorteile einer Gliederung nach Funktionsbereichen liegen in der einfachen und überschaubaren Struktur, in klar abgegrenzten und damit gut kontrollierbaren Organisationseinheiten. Diese Struktur ermöglicht die Ausschöpfung von Spezialisierungseffekten innerhalb einzelner Funktionsbereiche. Die Nachteile liegen in den dadurch entstehenden Koordinationsproblemen, denn diese Struktur führt zu einer Vielzahl von Schnittstellen. Sie führt auch zum so genannten «Kamineffekt», der auftretende Probleme, besonders an den Schnittstellen, nach oben verschiebt und so das Management mit Koordinations- und Abstimmungsaufgaben belastet. Die dieser Gliederungsform eigene starke Betonung des Spezialistentums kann die Gefahr von Bereichsegoismen und damit von Suboptimierungen hervorrufen. Eine weitere Schwachstelle der Gliederung nach Funktionen ist darin zu sehen, dass ausserhalb des Funktionsbereichs «Marketing» das markt- und kundenorientierte Denken und Handeln häufig wenig ausgeprägt ist. Ein weiterer Nachteil ist, dass bei dieser Gliederung Karrieren in der Regel innerhalb eines Funktionsbereichs verlaufen und deshalb die Möglichkeiten zur Personalentwicklung begrenzt sind.

Trotz dieser kritischen Anmerkungen ist die Gliederung nach Funktionen für kleine und mittlere Unternehmen mit einer überschaubaren Anzahl Marktleistungen nach wie vor geeignet. Wird das Produkt- und Leistungsprogramm erweitert, nehmen die Koordinationsprobleme in einer funktional gegliederten Organisation stark zu, während die Spezialisierungsvorteile an Bedeutung verlieren. Die Transparenz der Strukturen und Prozesse wird kleiner, die Steuerung und Kontrolle des Unternehmens schwieriger. Als Alternative zu einer Gliederung nach Funktionen kommt vor allem die Gliederung nach Objekten in Frage.

Gliederung nach Objekten

Objekte sind in erster Linie Produkte oder Produktgruppen. Entsprechend wird häufig von einer Gliederung nach Produktgruppen, Produktbereichen oder auch von Sparten gesprochen. Andere mögliche Objekte, nach denen Unternehmen ebenfalls gegliedert werden können, sind Kundengruppen oder strategische Planungseinheiten. Beispiele für eine Gliederung nach Kundengruppen finden sich etwa in Softwareunternehmen, welche Anwendungen für Handel, Banken und Industrie anbieten und sich intern entsprechend strukturieren. Ein weiteres Beispiel wären Brauereien, welche häufig die Kundengruppen Getränkegrosshandel, Einzelhandel und Gastronomie getrennt bearbeiten. Eine Gliederung nach strategischen Planungseinheiten findet sich verbreitet in der Maschinenindustrie.

Der Übergang von einer Gliederung nach Funktionen zu einer **Gliederung nach Objekten** bietet sich dann an, wenn das Unternehmen immer mehr und vor allem unterschiedlichere Produkte herstellt und vertreibt. In einem solchen Fall werden die Schwachstellen einer funktionsorientierten Gliederung immer offensichtlicher, während ihre Vorteile gleichzeitig immer weniger zum Tragen kommen. Der Anwendungsbereich einer Gliederung nach Objekten ist in erster Linie bei Mehr-(Viel-)Produktunternehmen mit entsprechend heterogenem Leistungsangebot und unterschiedlichen Absatzmärkten in einer dynamischen Umwelt zu sehen. Historisch gesehen, waren die Voraussetzungen für den Übergang von einer Gliederung nach Funktionen zu einer Gliederung nach Objekten, konkret Produktgruppen, zuerst in der chemischen Industrie gegeben.

Durch eine Gliederung nach Objekten werden Entscheidungskompetenzen, die bei einer Gliederung nach Funktionen der obersten Führungsebene vorbehalten bleiben müssten, nach «unten» verlagert. Die einzelnen Objektbereiche können als kleinere, marktnahe, teilautonome Einheiten verstanden werden. Nachgeordnete Führungsebenen bekommen durch eine Gliederung nach Objektbereichen mehr Entscheidungsspielraum und Kompetenzen.

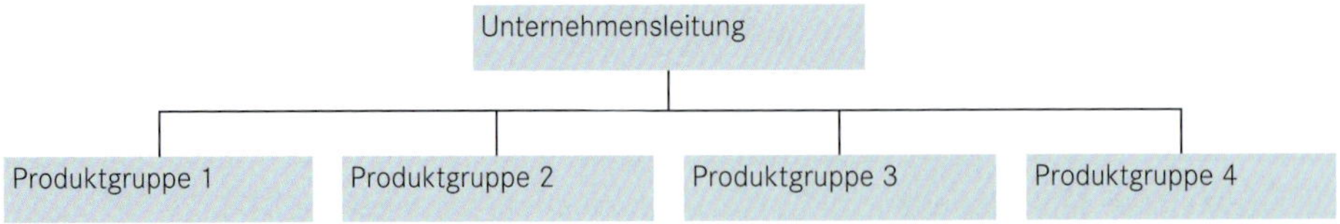

Abb. 2: Gliederung nach Objekten (Beispiel)

Die Vorteile einer Gliederung nach Objekten, oder eben einer Spartenorganisation, um diesen Begriff einzuführen, liegen zunächst in einer Entlastung der Unternehmensspitze vom Tagesgeschäft, was dieser die Möglichkeit zur vermehrten Konzentration auf strategische Fragen eröffnet. Die «Teilautonomie» eröffnet den einzelnen Sparten ein schnelleres und flexibleres Agieren auf dem jeweiligen Markt. Die relative Autonomie der Produktbereiche kann dabei von Fall zu Fall sehr unterschiedlich ausgestaltet werden.

Wenn die Sparten über eine weitgehende Autonomie verfügen, das heisst alle leistungsbezogenen Funktionsbereiche in eigener Verantwortung führen können, wird häufig auch von einer divisionalen Gliederung oder einer **Gliederung nach Divisionen** gesprochen. Eine Division ist eine Produktsparte mit weitgehender Autonomie, die divisionale Gliederung ein Spezialfall der Spartengliederung. In der Praxis werden solche relativ autonomen Einheiten – Sparten, Divisionen – häufig als Profit-Centers geführt. Damit sind die Verantwortlichkeiten der Divisions- oder Spartenleitungen klar definiert. Die relative Selbstständigkeit und klare Verantwortlichkeit ermöglicht den einzelnen Spartenleitern unternehmerisches Handeln. Die Beiträge der einzelnen Produktgruppen zum Unternehmenserfolg können exakter beurteilt werden. Die Tätigkeit in einer Sparte ermöglicht es, Nachwuchskräften die Chance zu bieten, unternehmerische Erfahrungen zu sammeln und sich so persönlich weiterzuentwickeln.

Die Nachteile einer Gliederung nach Objekten sind zunächst in der Möglichkeit des Entstehens eines Spartenegoismus zu sehen, das heisst, die Belange der Sparte werden über die Belange des Gesamtunternehmens gestellt. Um ein Auseinanderdriften der verschiedenen Sparten zu vermeiden, müssen entsprechende Koordinationsmechanismen vorgesehen werden. Insbesondere im Bereich der einzelnen betrieblichen Funktionen, die in einer Objektgliederung ja notwendigerweise nachrangig behandelt werden, kann es zu Suboptimierungen kommen. Eine Spartengliederung bedingt zudem einen Mehrbedarf an qualifizierten, das heisst vor allem unternehmerisch denkenden und handelnden Führungskräften im Unternehmen.

3

Gliederung nach Regionen

Bei einer **Gliederung nach Regionen** wird das Unternehmen nach regionalen Gesichtspunkten gegliedert. Dabei stehen als Strukturierungskriterium in der Regel die verschiedenen Absatzgebiete im Vordergrund. Formal kann eine Gliederung nach Regionen auch als Spezialfall einer Objektgliederung angesehen werden. Typischer Anwendungsbereich für eine Gliederung nach Regionen sind grosse und sehr grosse, in der Regel multinational tätige Unternehmen. Eine regionale Gliederung bietet sich dann an, wenn zwischen den einzelnen Absatzgebieten grosse sprachliche und/oder mentalitätsmässige Unterschiede bestehen. Teilweise sind auf den verschiedenen Absatzmärkten aufgrund von unterschiedlichen gesetzlichen Regelungen auch marktspezifische technische Spezifikationen der Produkte notwendig, welche über eine regionale Gliederung besser zu gewährleisten sind.

Traditionell arbeiten auch bestimmte Branchen – zum Beispiel Versicherungsunternehmen – mit regionalen Gliederungen (Hauptsitz und Regionaldirektionen). Eine Gliederung nach Regionen kann also auch innerhalb nationaler Grenzen zweckmässig erscheinen.

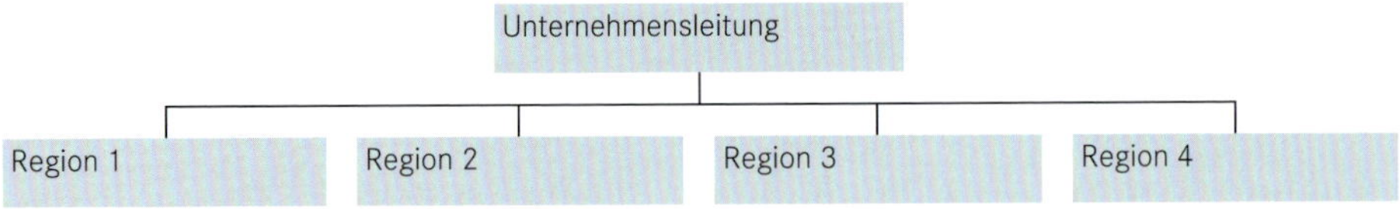

Abb. 3: Gliederung nach Regionen (Beispiel)

Der wesentliche Vorteil einer regionalen Gliederung besteht darin, dass das Unternehmen so näher bei seinen Kunden ist. Diese Nähe kann sich auf Sprache, Mentalität oder einfach nur auf Erreichbarkeit beziehen. Sie ermöglicht raschere, flexiblere, kundenfreundlichere und marktgerechtere Entscheidungen. Werden die vielfältigen Informationen über veränderte Kundenbedürfnisse und andere Marktentwicklungen konsequent genutzt, können sich aus einer regionalen Gliederung durchaus strategische Vorteile ergeben.

Die Nachteile einer regionalen Gliederung sind ähnlich wie bei der oben besprochenen Objektgliederung zu sehen. Besonders ins Gewicht fällt bei einer regionalen Gliederung allerdings die Gefahr, dass die verschiedenen Regionalbereiche zu weit auseinander driften und damit der einheitliche Auftritt des Gesamtunternehmens nach aussen Schaden nimmt oder sich in den einzelnen Regionen so dominante Subkulturen bilden, dass der innere Zusammenhalt nur noch mit Mühe aufrechterhalten werden kann.

3.2.2 Modelle der Kompetenzzuteilung (Strukturtypen)

Die Grundmodelle der Kompetenzzuteilung werden auch als Strukturtypen oder Strukturformen und – eher verwirrend – als Organisationsformen bezeichnet. Grundsätzlich lassen sich ein- und mehrdimensionale Grundmodelle der Kompetenzzuteilung unterscheiden (vgl. Abbildung 4).

Eindimensionale Strukturtypen	Mehrdimensionale Strukturtypen
– reine Linienorganisation – Mehrliniensystem – Stab-Linien-Organisation – Organisation mit Zentralbereichen	– Matrixorganisation – Tensororganisation

Abb. 4: Strukturtypen

Im Folgenden werden diese Strukturtypen näher vorgestellt:

Die reine Linienorganisation

Die **reine Linienorganisation** wird auch einfach als Linienorganisation oder als Ein-Liniensystem bezeichnet. Sie geht auf das von Henri Fayol formulierte Gesetz der **Einheit der Auftragserteilung** zurück, ist aber als Organisationsform schon viel länger bekannt. Der Grundgedanke dieses Strukturtyps und des erwähnten Gesetzes besteht darin, dass eine Stelle nur von einer einzigen übergeordneten Stelle Anweisungen erhalten soll. Die Linie, also der – vertikale – Verbindungsweg zwischen den Stellen, ist im Normalfall der einzig zugelassene Kommunikationsweg, der «Dienstweg». Zwischeninstanzen dürfen weder übersprungen noch umgangen werden.

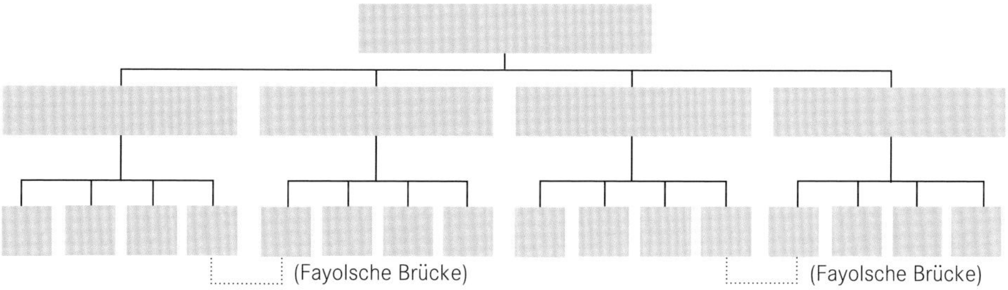

Abb. 5: Die reine Linienorganisation

Der wesentliche Vorteil einer reinen Linienorganisation ist darin zu sehen, dass sie zu einem einfachen, leicht überschaubaren Leitungssystem mit einer eindeutigen Klärung der hierarchischen Verhältnisse führt. Die reine Linienorganisation führt weiter zu einer klaren und eindeutigen Regelung von Kompetenzen und Verantwortung. Sie bietet zudem gute Kontrollmöglichkeiten für die übergeordneten Instanzen. Die Wahrscheinlichkeit von Kompetenzkonflikten ist bei diesem Strukturtyp eher gering.

Nachteilig bei der reinen Linienorganisation ist ihre Schwerfälligkeit durch lange Kommunikations- und Weisungswege. Diese langen Kommunikationswege beinhalten auch die Gefahr der Informationsfilterung durch Zwischeninstanzen. Eine Linienorganisation fördert das Hierarchiedenken in der Organisation. Ein ausgeprägt hierarchisches Denken führt wiederum zu einer starken persönlichen Abhängigkeit zwischen Vorgesetzten und Mitarbeitern. Nicht zuletzt werden die übergeordneten Instanzen durch Koordinationsaufgaben sehr stark belastet. Eine peinlich genaue Einhaltung des Dienstweges durch die Mitarbeiter führt im Grenzfall zur Lähmung der Organisation, zum Dienst nach Vorschrift.

Ein möglicher Ausweg, gewisse Schwachpunkte der reinen Linienorganisation zu kompensieren, ist die Einrichtung so genannter Fayolscher Brücken als Mitteilungswege. Diese verkürzen zwar den Dienstweg, höhlen aber auch die eindeutigen Kompetenzregelungen aus und führen unter Umständen zu einer Verunsicherung der betroffenen Mitarbeiter.

Das Mehrliniensystem

Das **Mehrliniensystem** bildet das Gegenmodell zum Modell der reinen Linienorganisation. Obwohl das Mehrliniensystem in seiner ursprünglichen Form heute keine praktische Bedeutung mehr hat, wird es hier angesprochen, denn es bildet die theoretische Grundlage für Strukturtypen wie die Stablinienorganisation und die Matrixorganisation.

Das Mehrliniensystem stellt, wie schon seine Bezeichnung andeutet, eine Abkehr von dem von Fayol formulierten Gesetz der Einheit der Auftragserteilung dar. Das Mehrliniensystem basiert auf dem von F. W. Taylor entwickelten Funktionsmeisterprinzip. Taylor hat sein Funktionsmeisterprinzip vor dem Hintergrund des Führungskräftemangels, vor allem auf der Meisterebene, in der Industrie der Vereinigten Staaten zu Beginn des 20. Jahrhunderts entwickelt. Das Mehrliniensystem beruht im Kern auf drei Prinzipien:

- dem Prinzip der Mehrfachunterstellung,
- dem Prinzip der Spezialisierung und
- dem Prinzip des direkten Weges.

Das Prinzip der **Mehrfachunterstellung** lässt es ausdrücklich zu, dass Mitarbeitende mehreren Instanzen unterstellt sind. Das Prinzip der Spezialisierung fordert eine Spezialisierung auch und gerade der Leitungsfunktionen, was es erlaubt, die Aufgaben und Kompetenzen – hier eines Meisters – auf mehrere, Taylor selbst sieht acht vor, angelernte «Funktionsmeister» zu verteilen. Das Prinzip des direkten Weges schliesslich führt dazu, dass auftretende Probleme direkt und ohne Zwischenstufen angegangen werden können. Aus diesen Prinzipien ergibt sich das Strukturmodell des Mehrliniensystems (vgl. Abbildung 6).

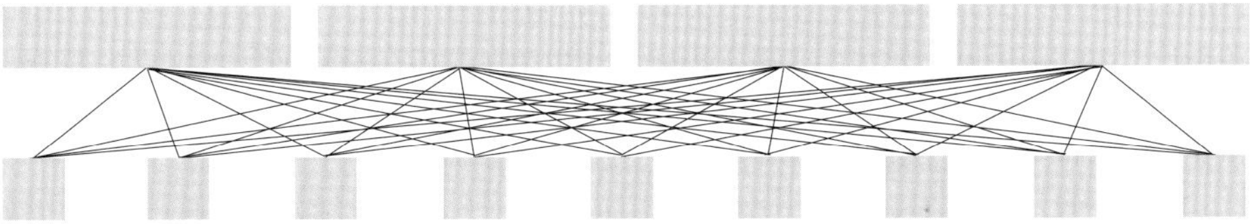

Abb. 6: Das Mehrliniensystem

Die Vorteile des Mehrliniensystems sind eine Spezialisierung der Leitung durch Verteilung einzelner Leitungsfunktionen auf verschiedene Instanzen. Dadurch können die spezifischen Kenntnisse und Fähigkeiten der einzelnen Führungskräfte optimal genutzt werden. Auch wird die Fachautorität gegenüber der hierarchischen Stellung betont. Durch ein Mehrliniensystem ergeben sich sehr direkte Weisungs- und Informationswege und eine strukturbedingte hohe Problemlösungskapazität.

Als Nachteile des Mehrliniensystems gelten die problematische Abgrenzung von Zuständigkeiten, Weisungsbefugnissen und Verantwortung zwischen den Funktionsmeistern. Damit verbunden ist die Gefahr von Kompetenzkonflikten und widersprüchlichen Weisungen gegenüber den Mitarbeitern. Ein Mehrliniensystem erfordert ständige und aufwändige Abstimmungen zwischen den Führungskräften.

Wie bereits erwähnt, findet das Mehrliniensystem in der von Taylor entwickelten reinen Form in der Praxis heute kaum mehr direkte Anwendung.

Stablinienorganisation

Die **Stablinienorganisation** baut auf der Grundstruktur der reinen Linienorganisation auf. Die Grundidee der Stablinienorganisation besteht darin, die Vorteile der reinen Linienorganisation, vor allem die klare Regelung von Kompetenzen und Verantwortung, mit den Vorteilen des Mehrliniensystems, insbesondere der Spezialisierung der Leitung zu verbinden. Dazu wird die Struktur der reinen Linienorganisation um Stabsstellen ergänzt, was zum Strukturtyp der Stablinienorganisation führt.

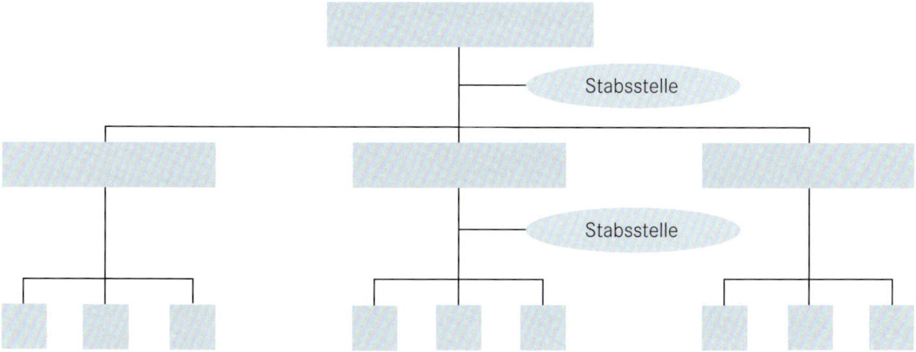

Abb. 7: Die Stablinienorganisation

Die Vorteile einer Stablinienorganisation sind zunächst darin zu sehen, dass das Leitungssystem einfach bleibt und auch eindeutige und klare Kommunikations- und Weisungsbeziehungen bestehen. Durch die Zuordnung von Stäben sollen die jeweiligen Instanzen besser informiert, aber auch entlastet werden. Dies vor allem dadurch, dass die spezialisierten Stabsstellen wesentliche Aufgaben bei der Entscheidungsvorbereitung übernehmen. Nicht von ungefähr werden Stabsstellen auch als Leitungshilfsstellen bezeichnet.

Die Nachteile einer Stablinienorganisation sind, kurz gesagt, darin zu sehen, dass die oben dargestellten Nachteile der reinen Linienorganisation mit den Nachteilen von Stabsstellen kombiniert werden. Als wesentliche Nachteile von Stabsstellen werden genannt: ihre Informationsmacht und die daraus abgeleitete nicht formalisierte funktionale Autorität der Stabsstellen, die sich häufig zu grauen Eminenzen entwickeln. So gesehen, sind Stabsstellen ein ständiger Verstoss gegen das Prinzip der Einheit von Aufgabe, Kompetenz und Verantwortung. Häufig fehlt den Stabsmitarbeitern auch die notwendige Akzeptanz bei den jeweiligen Linienstellen.

Konkret wird kritisiert, dass Stabsstellen die Entscheidungsprozesse im Unternehmen durch ihre vielfältigen Informations-, Anhörungs- und Mitspracherechte verzögern. Eine verbreitete Kritik an Stabsstellen lautet, dass diese eine konsequente Delegation von Entscheidungen verhindern. Die Einrichtung von Stabsstellen verursacht zudem hohe Kosten, ohne dass in jedem Fall ein entsprechender Nutzen zu erkennen ist. Nicht von ungefähr beginnen Unternehmenssanierungen nicht selten damit, dass die wenig produktiven Stabsstellen radikal abgebaut werden – häufig ohne dass das Unternehmen erkennbaren Schaden nimmt.

Organisation mit Zentralbereichen

Eine **Organisation mit Zentralbereichen** oder Zentralen Diensten kann als Sonderform der Stablinienorganisation aufgefasst werden. Zentralbereiche unterstützen bei diesem Konzept aber nicht einzelne Instanzen, sondern erbringen ihre Leistungen für das gesamte Unternehmen (vgl. Abbildung 8).

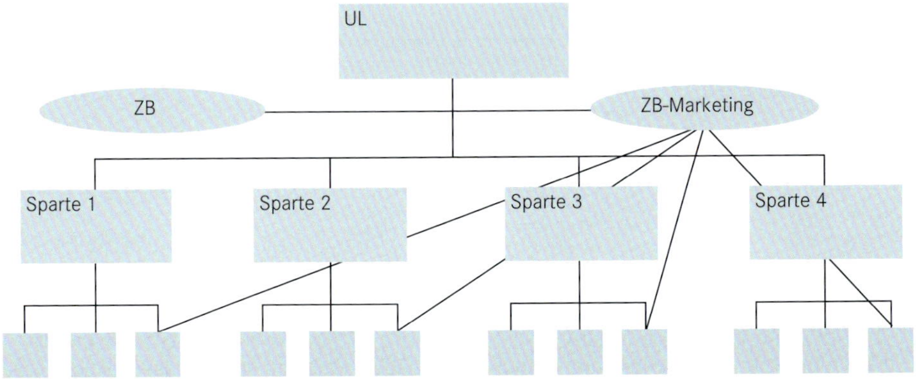

Abb. 8: Organisation mit Zentralbereichen

3

Relativ verbreitet ist die Einrichtung von Zentralbereichen bei der Spartenorganisation. In den Zentralbereichen sollen die Unternehmensfunktionen, welche durch die Spartenbildung in den Hintergrund gerückt sind, koordiniert werden, um so Synergieeffekte erzielen zu können. So können beispielsweise durch die Einrichtung eines Zentralbereichs Beschaffung, welcher den Einkauf für das Gesamtunternehmen übernimmt, in aller Regel günstigere Einkaufskonditionen erreicht werden als im Fall einer dezentralen, in den einzelnen Sparten angesiedelten Beschaffung. Allerdings wird durch eine zentrale Beschaffung die gewollte Autonomie der Sparte wieder eingeschränkt. Ein weiteres typisches Beispiel für Chancen und Risiken der Einrichtung von Zentralbereichen wäre ein zentraler Marketingbereich, welcher die Sparten in ihren Marketingaktivitäten unterstützen und einen einheitlichen Marktauftritt (Corporate Identity) des Gesamtunternehmens gewährleisten soll. Dass in einem solchen Fall Konflikte zwischen den Marketingverantwortlichen in den einzelnen Sparten und dem Zentralbereich vorprogrammiert sind, braucht eigentlich nicht speziell betont zu werden. Und falls schliesslich die getroffenen Massnahmen nicht den gewünschten Erfolg zeigen, wird die Verantwortung dafür mit Sicherheit zwischen Sparte und Zentralbereich hin und her geschoben werden. Die beiden Beispiele zeigen, dass mit der Einrichtung von Zentralbereichen in einer Spartenorganisation die Entscheidungskompetenzen zwischen Unternehmensleitung, Spartenleitern und Zentralbereichen subtil ausbalanciert werden müssen, um ein Übergewicht einer Seite zu vermeiden und die Balance des Gesamtsystems nicht zu gefährden.

Der Strukturtyp einer Organisation mit Zentralbereichen kann als Übergangsform zu den mehrdimensionalen Organisationsformen interpretiert werden.

Matrixorganisation

Die mehrdimensionalen Organisationsformen, die hier unter dem Begriff Matrixorganisation behandelt werden, haben den grossen Vorteil, dass durch sie die angesprochenen Zentralisationskonflikte und die damit verbundenen Probleme zumindest prinzipiell gelöst werden können. Mehrdimensionale Organisationsformen stellen zwei (Matrixorganisation) oder mehr als zwei Gliederungsarten (Tensororganisation) gleichberechtigt nebeneinander. Der Begriff Tensororganisation hat sich nicht überall durchgesetzt. Teilweise wird stattdessen auch von einer drei- oder mehrdimensionalen Matrixorganisation gesprochen. Aus diesem Grund werden hier unter dem Begriff Matrixorganisation sowohl zwei- als auch mehrdimensionale Organisationsformen besprochen.

Eine **Matrixorganisation** kann als spezielle Form des Mehrliniensystems angesehen werden. Bei einer Matrixorganisation werden Organisationseinheiten unter gleichzeitiger Anwendung von zwei oder mehr Gliederungskriterien gebildet. Gliederungskriterien bei der Bildung einer Matrixstruktur können, wie oben gezeigt, Funktionen, Objekte (Produktgruppen, Sparten, Kundengruppen oder strategische Geschäftseinheiten) und Regionen sein. In einer Matrixorganisation bekommen nachgeordnete Stellen Anweisungen von zwei oder mehr als zwei übergeordneten Leitungsstellen.

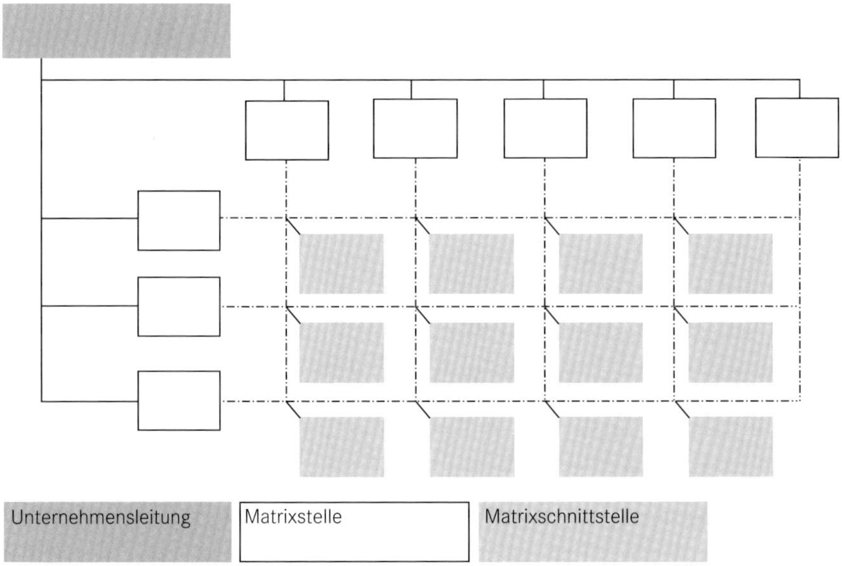

Abb. 9: Matrixorganisation

Matrixorganisationsformen eignen sich für grosse und sehr grosse Unternehmen, welche mit sehr unterschiedlichen Produktgruppen verschiedene Märkte in unterschiedlichen Ländern und Regionen bearbeiten, wobei mindestens zwei Gliederungsdimensionen für die Wettbewerbsfähigkeit des Unternehmens als wichtig angesehen werden.

Da sich über eine Matrixorganisation Projekte sehr gut in das Unternehmensgeschehen einbinden lassen, bietet sich eine Matrixstruktur auch für Unternehmen an, bei denen die parallele Abwicklung verschiedener (Kunden-)Projekte eine wichtige Rolle spielt (s. dazu Kapitel 3.3).

Die Vorteile einer Matrixorganisation sind in den direkten und kurzen Kommunikations- und Weisungswegen zu sehen, was eine umfassende Betrachtung der sich stellenden Aufgaben und Probleme ermöglicht. In einer Matrixorganisation kann zudem das Wissen und die Erfahrung der Spezialisten in den einzelnen Dimensionen optimal genutzt werden. Da eine Matrixorganisation im Prinzip eine weitgehende Abkehr von hierarchischen Strukturen bedeutet, werden positive Auswirkungen auf die Mitarbeitermotivation erwartet. Durch die Spezialisierung der Leitung wird die oberste Führungsebene entlastet. Konflikte – vor allem auch zwischen den verschiedenen Gliederungskriterien – können dort gelöst werden, wo sie auftreten. Werden solche Konflikte in einem positiven Klima bewältigt, erhöht sich die Problemlösungsfähigkeit der Organisation insgesamt. Die Befürworter von matrixartigen Organisationsstrukturen heben die verbesserte Problemlösungs- und Innovationsfähigkeit dieses Strukturtyps immer wieder hervor. Diese wird nicht zuletzt mit dem Vorrang von Sachkompetenz gegenüber hierarchischer Stellung in einer Matrixorganisation begründet.

Konflikte an den Schnittstellen der Dimensionen sind zugleich auch der grösste Nachteil einer Matrixorganisation. Stimmt das Klima im Unternehmen nicht, kommt es entweder zu Kompetenzkonflikten, welche durch das Topmanagement geregelt werden müssen, oder aber die beteiligten Dimensionen schliessen aus Bequemlichkeit faule, das heisst für das Unternehmen nicht optimale Kompromisse. Ein weiterer Nachteil einer Matrixorganisation gegenüber eindimensionalen Strukturmodellen ist in einem erhöhten Bedarf an qualifizierten Führungskräften zu sehen. Kritisch zu sehen ist auch der hohe Abstimmungs- und Sitzungsaufwand, welcher die Entscheidungsprozesse im Unternehmen verlangsamt. Kritisiert wird, nicht zuletzt auch von den involvierten Führungskräften selbst, der Verlust einer einheitlichen Leitung. Er kann auch bei den betroffenen Mitarbeitern zu einer gewissen Verunsicherung führen.

Damit sind die beiden wichtigsten organisatorischen Instrumente, die Aufgabengliederung und die Kompetenzverteilung, vorgestellt. Aus der Kombination der Möglichkeiten dieser beiden Instrumente, also aus der unternehmensspezifischen Kombination eines Strukturtyps mit einer Form der Aufgabengliederung, entsteht eine konkrete Organisations- oder Leitungsstruktur eines Unternehmens.

Dokumentiert und kommuniziert wird die Struktur einer Organisation mit einem **Organigramm**. Das Organigramm ist ein weit verbreitetes organisatorisches Hilfsmittel. Es bildet, gleichsam als Modell, die jeweilige Organisationsstruktur ab und dient so als Bezugsrahmen für alle organisatorischen Fragen und Diskussionen im Unternehmen. Das Organigramm bildet auch die Grundlage für ein anderes organisatorisches Hilfsmittel, das

Funktionendiagramm. Ein Organigramm ist eine statische Momentaufnahme der jeweiligen Organisation. Es gibt lediglich ein vereinfachtes und unvollständiges Bild der organisatorischen Wirklichkeit wieder. Dabei werden vor allem die hierarchischen Strukturen in den Vordergrund gerückt. Informelle Strukturen dagegen werden, ebenso wie die im nächsten Abschnitt besprochenen Sekundärstrukturen, nicht abgebildet.

3.3 Die Gestaltung der Sekundärstruktur

Mit der Entscheidung für eine Möglichkeit der Aufgabengliederung und deren Integration in einen bestimmten Strukturtyp entsteht die Grund- oder **Primärstruktur** eines Unternehmens. Wird dabei ein eindimensionaler Strukturtyp gewählt, besteht häufig die Notwendigkeit, die entstandene Primärstruktur durch so genannte Sekundär- oder Temporärstrukturen zu ergänzen. Eine solche **Sekundärstruktur** überlagert und ergänzt die Primärstruktur. In der Sekundärstruktur werden dann vor allem Fragen und Probleme behandelt, welche durch die Aufgabengliederung in der Primärstruktur in den Hintergrund gerückt sind.

Die Bezeichnung **Temporärstruktur** rührt daher, dass in die Sekundärstruktur oftmals zeitlich befristete Aufgaben ausgelagert und dort abgearbeitet werden. Ist ein solcher Aufgabenkomplex erfolgreich bewältigt, wird die entsprechende Struktur wieder aufgelöst. Das wohl bekannteste Beispiel für solche temporären Aufgabenkomplexe sind Projekte.

3.3.1 Projektstrukturen

Leider ist der Projektbegriff durch beinahe inflationären Gebrauch so stark verwässert worden, dass in der Praxis alles und jedes als Projekt bezeichnet wird. Es macht jedoch wenig Sinn, jede abteilungsinterne Sonderaufgabe als Projekt zu bezeichnen. Deshalb soll hier zunächst der Projektbegriff präziser gefasst werden. Als **Projekt** sollten deshalb nur Aufgabenkomplexe bezeichnet werden, welche die folgenden Merkmale aufweisen:

- klar definierte Zielsetzung und Aufgabenstellung
- festgelegter zeitlicher Rahmen, definierter Start und Abschlusstermin des Projekts
- begrenztes, definiertes Budget
- Neuartigkeit oder Einmaligkeit der Aufgabe
- verschiedenartige Stellen und Organisationsbereiche arbeiten zur Zielerreichung zusammen
- Umfang und Komplexität der Aufgabenstellung sind beachtlich

Aus diesen Merkmalen lässt sich eine einfache Arbeitsdefinition des **Projektbegriffs** ableiten: Ein Projekt ist ein zeitlich befristeter, innovativer Aufgabenkomplex.

Gerade diese innovativen Aufgaben sind der Grund, warum es oftmals ratsam ist, Projekte aus dem normalen Unternehmensgeschehen auszugliedern. Wie zuvor gezeigt wurde, sind die Primärstrukturen dazu ausgelegt, immer wieder gleiche oder zumindest ähnliche Aufgabenstellungen sehr effizient abzuarbeiten. Für die Bewältigung neuartiger Aufgabenstellungen sind solche Primärstrukturen dagegen in der Regel eher ungeeignet. Oftmals stehen Ziele und Aufgaben der Primärstruktur sogar in einem direkten Konkurrenzverhältnis zu denen der Projektstruktur. Es ist deshalb nahe liegend, solche innovativen Aufgaben, zumindest sofern sie eine gewisse Grösse und Komplexität erreichen, in eine eigenständige Struktur auszugliedern. Es wird eine eigenständige Projektstruktur etabliert. Solche Projektstrukturen haben temporären Charakter, und zwar einfach deshalb, weil sie nach der Erledigung der zeitlich befristeten Aufgabe nicht mehr benötigt und deshalb aufgelöst werden.

Alle Fragen, welche sich im Zusammenhang mit der Planung und Durchführung von Projekten stellen, werden üblicherweise unter dem Titel **Projektmanagement** behandelt. Die organisatorische Eingliederung von Projekten ist damit ein Teilbereich des Projektmanagements.

Die Möglichkeiten, Projekte in eine bestehende Organisationsstruktur einzugliedern, sollen hier kurz vorgestellt werden. Es stehen dazu drei prinzipielle Lösungsansätze zur Verfügung:

- Projektkoordination über eine Stabsstelle (Einfluss-Projekt-Organisation)
- reine Projektorganisation (Task-Force-Organisation)
- Matrix-Projektorganisation

Diese drei prinzipiellen Möglichkeiten, Projekte in eine bestehende Primärstruktur zu integrieren, unterscheiden sich vor allem durch die Stellung des Projektleiters in der Projektstruktur.

Projektkoordination

Die schwächste Stellung hat der Projektleiter bei der **Projektkoordination**. Seine Stelle ist als Stabsstelle ausgestaltet. Wie die Bezeichnung dieser Form schon andeutet, leitet der Projektleiter das Projekt nicht eigentlich, sondern übernimmt bei diesem Modell im Grunde nur Abstimmungs- und Koordinationsaufgaben. Formal gesehen, ist er gegenüber den Projektmitarbeitern nicht weisungsbefugt. Ebenso verbleiben sämtliche Entscheidungskompetenzen bei den Linieninstanzen der Primärstruktur. Dementsprechend kann der Projektleiter bei diesem Modell die Projektverantwortung nicht übernehmen. Projektverantwortung umfasst die Verantwortung für das Erreichen des Projektziels, die Verantwortung für die Einhaltung des Zeitplans und die Verantwortung für die Einhaltung des Kostenbudgets.

Das Modell der Projektkoordination eignet sich in erster Linie für kleinere Projekte, welche für das Unternehmen nicht von zentraler Bedeutung sind. Der Vorteil der Projektkoordination ist darin zu sehen, dass sie sehr flexibel ist und die Primärstruktur durch ein Projekt nicht verändert, sondern lediglich überlagert wird. Die Projektmitarbeiter sind für das Projekt nur teilzeitlich tätig und bleiben ihren bisherigen Linienvorgesetzten unterstellt.

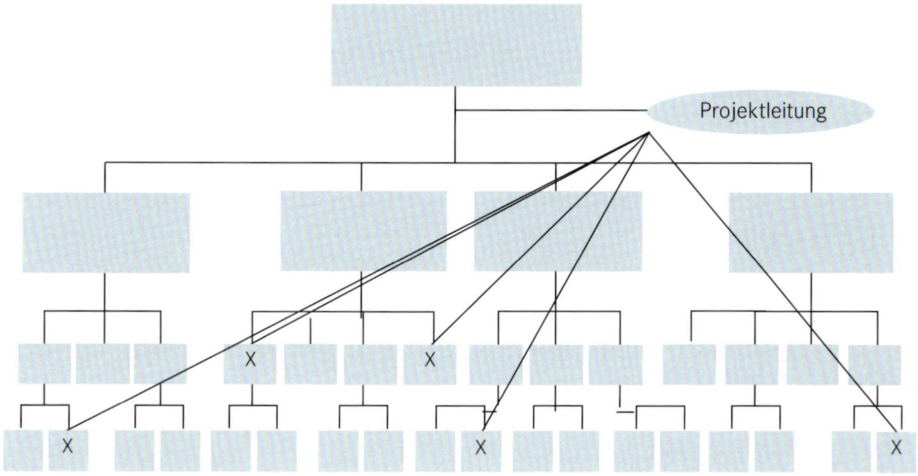

X Projektmitarbeitende

Abb. 10: Projektkoordination

Reine Projektorganisation

Die **reine Projektorganisation,** auch als Task-Force-Organisation bezeichnet, bildet das Gegenmodell zur Projektkoordination. Bei ihr wird das Projekt vollständig aus der Grundstruktur herausgelöst und in eine selbstständige Projektstruktur eingebettet. Der Projektleiter bekommt alle notwendigen Entscheidungs- und Weisungsbefugnisse übertragen. Damit übernimmt er aber auch die volle Verantwortung für das Projekt. Die Projektmitarbeiter sind bei der reinen Projektorganisation in aller Regel vollzeitig für das jeweilige Projekt tätig. Sie werden also für die Dauer des Projektes aus ihren bisherigen Abteilungen abgezogen und dem Projektleiter unterstellt.

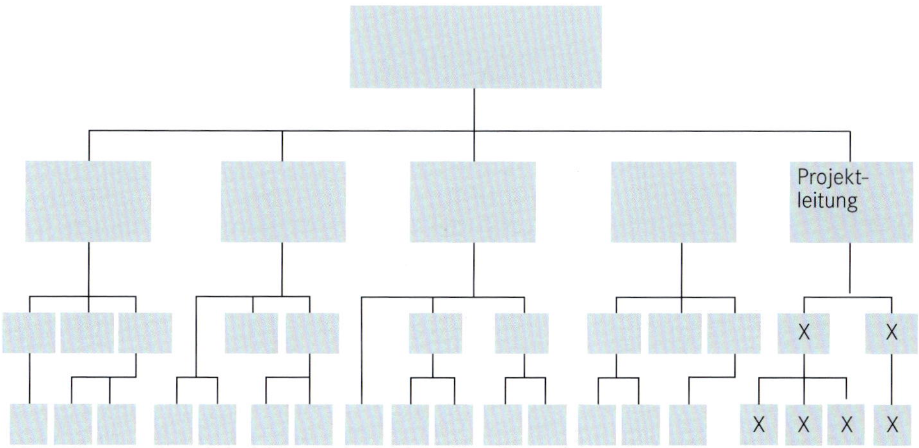

X Projektmitarbeitende

Abb. 11: Reine Projektorganisation oder Task-Force-Organisation

Die reine Projektorganisation eignet sich für grosse und sehr grosse Projekte mit entsprechender Bedeutung für das Unternehmen. Die Mitarbeiter können sich bei diesem Modell voll für das jeweilige Projekt engagieren, ohne Interessen- und Loyalitätskonflikte mit der Primärstruktur befürchten zu müssen. Nachteile der reinen Projektorganisation sind die geringe Personalflexibilität und mögliche Schwierigkeiten bei der Rekrutierung – interner – Mitarbeiter für das Projekt, aber auch deren Wiedereingliederung in die Primärstruktur nach Projektabschluss.

In der Praxis werden zwischen diesen beiden Modellen durchaus auch Zwischenformen realisiert, so dass Projektkoordination und reine Projektorganisation als Extrempositionen eines Kontinuums von Möglichkeiten der organisatorischen Behandlung von Projekten angesehen werden können.

Matrix-Projekt-Organisation

Die dritte Möglichkeit, Projekte organisatorisch zu behandeln, besteht darin, sie in die eine Dimension einer Matrixorganisation einzubetten. Dazu kann neu eine Matrixorganisation geschaffen oder eine bestehende Matrixorganisation durch eine weitere Dimension, eben die Projektdimension ergänzt werden. Speziell geeignet ist eine solche **Matrix-Projekt-Organisation,** wenn in einem Unternehmen gleichzeitig viele verschiedene Projekte abgewickelt werden müssen. Dies ist vor allem in Grossunternehmen und in Unternehmen, in welchen die Leistungserstellung primär in Form von Kundenprojekten erfolgt, der Fall – typische Beispiele hierfür sind Bauwirtschaft, Anlagenbau, Unternehmensberatung. Die Vor- und Nachteile einer Matrixorganisation gelten auch für die Matrix-Projekt-Organisation.

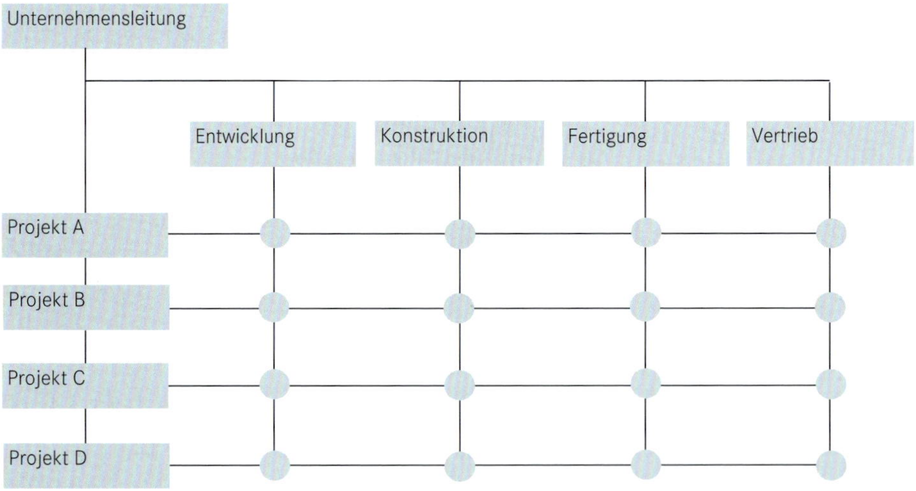

Abb. 12: Matrix-Projektorganisation

Neben dem Management einzelner Projekte rückt zunehmend die Frage der organisatorischen Behandlung vieler parallel laufender Projekte in den Vordergrund. Derartige Konstellationen ergeben sich typischerweise im Zuge von strategischen Neuorientierungen, bei komplexen Veränderungsprozessen im Gesamtunternehmen, bei Post Merger Integrationen und besonders häufig im Informatikumfeld. Die Besonderheit derartiger Projektkonstellationen liegt darin, dass die einzelnen Projekte über Schnittstellen miteinander verbunden sind, bzw. andere wechselseitige Abhängigkeiten bestehen, was die Komplexität des Projektmanagements deutlich erhöht.

Die gleichzeitige, erfolgreiche Durchführung vieler Projekte im Unternehmen wird so immer häufiger zum erfolgskritischen Faktor. Entsprechend wichtig werden Überlegungen zur Organisation und Führung derartiger Projektkonstellationen. Diese werden unter Begriffen wie Multiprojektmanagement, Projektportfoliomanagement oder Programmmanagement behandelt, die in der Literatur teilweise bewusst abgegrenzt, an anderen Stellen aber weitgehend synonym verwendet werden.

In diesem Beitrag kann nur die Frage der organisatorischen Behandlung derartiger Projektkonstellationen in den Grundzügen skizziert werden.

Bei der Gestaltung einer Multiprojektorganisation lassen sich die folgenden Komponenten unterscheiden: **Lenkungsausschuss, Programmleitung** und die einzelnen **Projektteams:**

Der **Lenkungsausschuss** ist das hierarchisch oberste Organ einer Multiprojektorganisation. Dieser konstituiert sich in der Regel aus Mitgliedern der Unternehmensleitung; daneben können beispielsweise auch externe Berater im Lenkungsausschuss Einsitz nehmen. Falls der Programm-Manager nicht Mitglied der Unternehmensleitung ist, sollte er ebenfalls in den Lenkungsausschuss aufgenommen werden, um die Kommunikation zwischen Lenkungsausschuss und Programmleitung zu optimieren. Der Lenkungsausschuss hat die Aufgabe der strategischen Steuerung des gesamten Projektportfolios. Brehm und Hackmann 2014 sprechen hier von einem **Management durch Projekte.**

Die zweite Ebene bildet die **Programmleitung,** die in der Regel aus dem Programm-Manager und den einzelnen Projektleitern besteht. Auf dieser Ebene kann von einem **Management von Projekten** gesprochen werden. Diese häufig als Kernteam bezeichnete Einheit soll nicht zuletzt die Koordination und den Informationsfluss zwischen den einzelnen Projekten sicherstellen. Teilweise wird die Programmleitung durch ein **Project Management Office** – auch als Projektbüro bezeichnet – ergänzt, das als Stabstelle projektübergreifende Unterstützungsleistungen bereitstellt.

Die dritte Ebene bilden die **Projektleiter mit ihren Projektteams,** wo die Abwicklung der einzelnen Projekte erfolgt. Hier kann von einem **Management des Projekts** gesprochen werden.

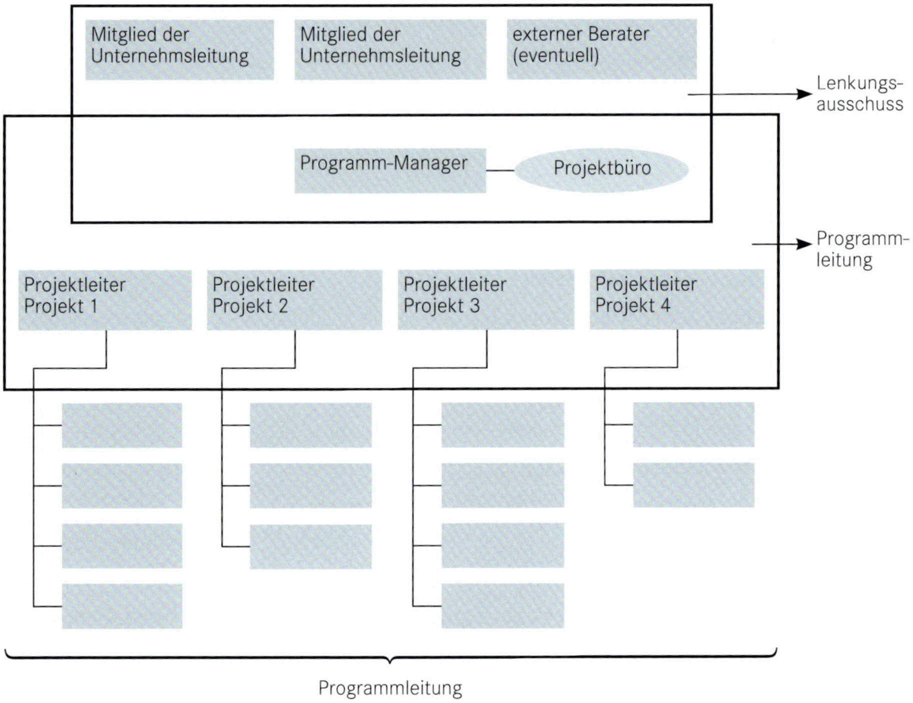

Abb. 13: Grundstruktur einer Multiprojektorganisation, eigene Darstellung in Anlehnung an Brehm & Hackmann, 2014

Der Vollständigkeit halber sei erwähnt, dass das Multiprojektmanagement, wie das Projektmanagement generell, als Teil der Sekundärorganisation zu verstehen ist. Entsprechend muss auch das Multiprojektmanagement in zweckmässiger Weise an die Primärorganisation angebunden werden.

3.3.2 Weitere Formen von Sekundärstrukturen

Neben der Ausgliederung von Projekten gibt es weitere verbreitete Formen von Sekundärstrukturen. Wie oben dargestellt, sind Sekundärstrukturen in der Tatsache begründet, dass in einer stark hierarchisch aufgebauten Grundstruktur mit ihrer Betonung von vertikalen Kommunikationsbeziehungen bestimmte Probleme nicht effizient gelöst werden können. Um die Aufmerksamkeit doch auf diese richten zu können, werden in Organisationen häufig Sekundärstrukturen etabliert. **Sekundärstrukturen** sind als hierarchieübergreifende und hierarchieergänzende Organisationseinheiten zu verstehen. Sie sollen in der Primärstruktur nicht ausreichend berücksichtigte Aspekte des Unternehmensgeschehens koordinieren.

Ein weit verbreitetes Beispiel für eine solche Sekundärstruktur ist das Produktmanagement, welches vor allem in einer funktionsorientierten Gliederung bereichsübergreifende «Interessen» einzelner Produkte oder Produktgruppen vertritt. Ähnlich ist es die Aufgabe des Kundenmanagements – Key Account Management –, als Vertreter wichtiger Kunden im Unternehmen zu agieren. Das Funktionsmanagement übernimmt die Vertretung von Querschnittsfunktionen im Unternehmen, welche, wenn sie nicht ausreichend vertreten sind, zu Suboptimierungen führen. Beispiele hierfür sind etwa die Logistik, das Qualitätsmanagement und das Controlling. In Organisationen, in welchen noch keine konsequente Prozessorientierung umgesetzt worden ist, kann ein Fallmanagement in der Sekundärstruktur als Korrektiv eingesetzt werden (Schulte-Zurhausen, 2014, S. 326 f.).

Im Falle von Sekundärstrukturen kann es geschehen, dass ursprünglich befristet gedachte Problemlösungsgruppen sich dauerhaft in der Organisationsstruktur etablieren können. Das führt dazu, dass eine an sich bewusst einfach gestaltete Grundstruktur durch vielfältige temporäre und dauerhafte Sekundärstrukturen überlagert wird. Die Entscheidungsprozesse im Unternehmen werden so komplizierter und sind teilweise nur noch für Insider durchschaubar. Die organisationale Wirklichkeit entfernt sich damit immer weiter von ihrer Abbildung, dem Organigramm. Diese Zusammenhänge zeigt eindrücklich Mintzberg (1992). Diese nicht unproblematische Entwicklung ist letztlich das Ergebnis der vielfältigen Anforderungen, die Unternehmen in einer modernen, hochgradig arbeitsteiligen Gesellschaft zu erfüllen haben.

3.4 Die Frage nach der optimalen Organisationsstruktur

Durch die Kombination der Möglichkeiten, welche die beiden Instrumente Aufgabengliederung und Strukturtypen eröffnen, lässt sich eine fast beliebig grosse Anzahl von konkreten unternehmensspezifischen Organisationsstrukturen gestalten. Diese können durch die zusätzliche Eingliederung von Sekundärstrukturen noch weiter ausdifferenziert und individualisiert werden. Damit stellt sich die Frage: Wie sieht eine **optimale Organisationsstruktur** aus?

Organisationstheorie und Organisationspraxis haben gelernt zu akzeptieren, dass es auf diese Frage keine eindeutige und schon gar keine endgültige Antwort gibt. Die konkrete Organisationsstruktur hängt von einer Vielzahl von Faktoren ab, die bei der Gestaltung angemessen berücksichtigt werden müssen. Vor allem der so genannte Situationsansatz hat sich mit den strukturbestimmenden Faktoren intensiv beschäftigt. Im Zuge dieser Forschungsarbeiten konnten relevante strukturbestimmende Situationsfaktoren ermittelt und systematisiert werden. Abbildung 14 gibt in Anlehnung an Kieser und Walgenbach (2010) die wichtigsten dieser Faktoren systematisiert wieder.

Bestimmungsfaktoren der internen Situation	der externen Situation
– Gegenwartsbezogene Faktoren – Leistungsprogramm – Unternehmensgrösse – Fertigungstechnologie – Informationstechnologie – Rechtsform – Eigentumsverhältnisse – Vergangenheitsbezogene Faktoren – Alter des Unternehmens – Art der Unternehmensgründung – Entwicklungsstadium des Unternehmens	– Aufgabenspezifische Umwelt – Kundenstruktur – Konkurrenzverhältnisse – Dynamik der technologischen Entwicklung – Globale Umwelt – Gesellschaftliche Bedingungen – Kulturelle Bedingungen

Abb. 14: Beurteilungsfaktoren für eine optimale Organisationsstruktur

Bei der Gestaltung einer unternehmensspezifischen Organisationsstruktur geht es darum, durch eine sorgfältige Situationsanalyse die relevanten strukturbestimmenden Faktoren zu ermitteln und ihrer Bedeutung entsprechend für das Unternehmen zu gewichten. Diese Informationen müssen in einem zweiten Schritt in Beziehung zu den vom Unternehmen verfolgten Zielen gesetzt werden, denn Organisationsstrukturen sind kein Selbstzweck, sondern sie dienen der Erreichung von Zielen. Für die Gestaltung von Organisationsstrukturen gilt nach wie vor der bereits in den späten fünfziger Jahren von Chandler (1962) geprägte Satz: «Structure follows strategy». Eine Aussage, die um die Prozesssicht ergänzt werden muss, wie noch gezeigt werden wird.

Damit lässt sich zusammenfassend sagen: Es gibt keine beste oder richtige Organisationsstruktur. Vielmehr muss eine gewählte Struktur «passen», passen im Sinne des englischen «to fit». Eine Organisationsstruktur muss in mehrfacher Hinsicht passen: zum Unternehmen; zur Situation, in der sich das Unternehmen befindet; zur Strategie, mit der das Unternehmen die Zukunft bewältigen will.

Daraus ergeben sich zwei Folgerungen: Die Gestaltung einer Organisationsstruktur für ein Unternehmen ist immer Massarbeit, welche auf der Grundlage sorgfältiger Analysen zu erfolgen hat, und eine bestehende Organisationsstruktur muss regelmässig überprüft und, wenn nötig, angepasst werden. Grundlegende Veränderungen von Situation und/oder Strategie machen in aller Regel Anpassungen der Struktur notwendig. Ebenso bleibt die Veränderung von Prozessen häufig nicht ohne Rückwirkung auf die Organisationsstruktur.

Angesichts der herrschenden Umweltdynamik wird die Anpassung von Strukturen, die Veränderung von Organisationen und damit auch die Frage nach einer geeigneten Reorganisationsmethodik aus der Sicht des Managements immer wichtiger. Dieser Fragenkomplex soll deshalb im folgenden Abschnitt angesprochen werden.

4 Veränderung von Organisationsstrukturen

4.1 Notwendigkeit der Anpassung von Organisationsstrukturen

Wie gezeigt, gibt es keine beste Organisationsstruktur. Vielmehr ist die Wahl einer geeigneten Organisationsstruktur abhängig von einer Vielzahl interner und externer Situationsfaktoren. Da sich nun sowohl die internen als auch die externen Rahmenbedingungen verändern, ist die **Notwendigkeit der Anpassung von Organisationsstrukturen** eigentlich hinreichend begründet. Allerdings ist für die gegenwärtige und wohl auch für die zukünftige Situation in Wirtschaft und Gesellschaft davon auszugehen, dass diese Veränderungen der externen Umwelt von Unternehmen noch schneller und diskontinuierlicher erfolgen werden. Als Begründungen für diese These sind unter anderem zu nennen: Internationalisierung, Globalisierung, offene Absatz- und Beschaffungsmärkte, rasante technologische Entwicklung, sinkende Transaktionskosten, die wiederum neue Geschäftsmodelle erforderlich machen. Weitere relevante Einflussfaktoren sind die Verkürzung der Technologie- und Produktlebenszyklen, die Unberechenbarkeit des Verbraucherverhaltens und als Folge die Instabilität der Märkte. Es ist dabei immer zu bedenken, dass die genannten Faktoren sich gegenseitig beeinflussen und so zu einem positiven Kreislauf verknüpft werden. Demzufolge werden sich auch die notwendigen strukturellen Anpassungen immer rascher vollziehen müssen, denn die teilweise dramatischen Veränderungen in der Unternehmensumwelt werden immer häufiger tief greifende strategische Anpassungen erforderlich machen. Folge dieser notwendigen strategischen Neuorientierungen werden organisatorische Anpassungen sein («Structure follows strategy»).

4.2 Probleme bei Reorganisationen

Als Konsequenz dieser Überlegungen liegt es nahe, sich mit dem Thema der **Reorganisation,** das heisst mit der Veränderung von Organisationen, intensiv auseinander zu setzen. Dies umso mehr als die praktische Erfahrung von Führungskräften und Beratern wie auch empirische Forschungsergebnisse zeigen, dass ein nicht unbeträchtlicher Teil der in Angriff genommenen Reorganisationsprojekte bei weitem nicht die gewünschten Ergebnisse zeitigen oder sogar völlig scheitern. Für dieses Scheitern gibt es verschiedene Ursachen. Ein Teil der Ursachen kann auf der Sachebene angesiedelt werden, wie zum Beispiel Schwächen im Reorganisationskonzept. Eine andere Ursache ist darin zu sehen, dass der neuen Struktur nicht genügend Zeit eingeräumt wird, sich einzuspielen und so wirksam zu werden.

Eine der häufigsten Ursachen für das Scheitern von Reorganisationsvorhaben überhaupt ist und bleibt der Widerstand der betroffenen Mitarbeiter und Führungskräfte (resistance to change), nicht zuletzt aus dem mittleren Management. Das mittlere Management wird deshalb heute teilweise schon als die eigentliche «Lähmschicht» der Organisation bezeichnet, wobei allerdings wohl übersehen wird, dass gerade die Führungskräfte der mittleren Ebene von den Veränderungen der jüngeren Vergangenheit am intensivsten gefordert wurden und werden. Die Erwartungen an das mittlere Management nehmen dabei ständig zu, während die Anerkennung für erbrachte Leistungen oft ausbleibt. Im Extremfall wird die Notwendigkeit mittlerer Führungsebenen grundsätzlich in Frage gestellt: «Wir brauchen schlanke Strukturen und flache Hierarchien.»

Betroffene Mitarbeiter und Führungskräfte fühlen sich durch die – nicht selten ungeschickte – Ankündigung von organisatorischen Veränderungen in ihrer Sicherheit und oder ihrem Status bedroht und leisten deshalb verdeckten oder offenen Widerstand, um diese Veränderungen zu verhindern oder mindestens aufzuhalten. Ein solches Verhalten ist insofern durchaus nachvollziehbar, als der Begriff «Restrukturierungsmassnahme» in der Vergangenheit häufig als Tarnbegriff für Entlassungen stand. Festzuhalten ist allerdings auch, dass Widerstand gegen organisatorische Veränderungen auch in den Zeiten von Hochkonjunktur und Vollbeschäftigung weit verbreitet war. In der Managementlehre hat man sich zumindest seit den fünfziger Jahren mit Widerstand gegen Veränderungen beschäftigt, ohne dieses Phänomen wirklich in den Griff zu bekommen. So wurde etwa das Bild des organisatorischen Eisbergs entwickelt. Dieses Bild macht die Probleme des Managements beim Umgang mit Organisationen sinnfällig: Nur ein Siebtel eines Eisberges schwimmt über der Wasseroberfläche und ist damit direkten Managementeingriffen zugänglich, während sechs Siebtel unter der Wasseroberfläche verbleiben und damit dem Zugriff des Managements mehr oder weniger entzogen sind (French & Bell, 1990, S. 32).

Mitte der achtziger Jahre wurde dann das Phänomen der Unternehmens- oder Organisationskultur entdeckt (vgl. dazu Sackmann, 2017, und dort zitierte Literatur). Damit konnten in der Folge viele Probleme im Umgang mit Organisationen besser beschrieben und erklärt werden. Auf dieser Grundlage konnten auch neue Lösungsansätze, etwa für die Gestaltung von Veränderungsprozessen in Organisationen, gefunden werden. Nicht zuletzt ist aber daran zu denken, dass Widerstandsphänomene auch eine positive Seite haben, denn sie können ein Indiz für Mängel und Schwachpunkte im Reorganisationskonzept sein.

Eine angemessene Beschäftigung mit Reorganisationsfragen muss diese Ursachen des Scheiterns im Blickpunkt haben. Sie zielt dementsprechend notwendigerweise in zwei Richtungen und muss auf die zwei folgenden Fragen antworten:

- Wie soll die neue Organisationsstruktur aussehen, welchen Herausforderungen der Zukunft muss sie gewachsen sein?
- Wie kann die neue Struktur ohne Reibungsverluste und Widerstand eingeführt werden?

Jedes Reorganisationsprojekt hat diese beiden Fragen möglichst optimal zu beantworten, wobei davon auszugehen ist, dass hinter den beiden Fragestellungen zumindest teilweise widersprüchliche Zielsetzungen stehen, sodass tragfähige Lösungen in der Regel Kompromisse erfordern. Eine zeitgemässe Reorganisationsmethodik hat von diesen Voraussetzungen auszugehen und sie angemessen zu berücksichtigen.

Die Frage nach einer angemessenen **Reorganisationsmethode** wirft auch die Frage nach dem grundlegenden Verständnis von Organisation überhaupt auf, denn unterschiedliche Sichtweisen und Vorstellungen führen zu gänzlich anderen Vorgehensweisen beim (Re-) Organisieren. Sehr intensiv mit möglichen Betrachtungsweisen von Organisationen hat sich Gareth Morgan (2008) beschäftigt. Er unterscheidet insgesamt acht Bilder von Organisationen, also Perspektiven, aus denen heraus Organisationen betrachtet und analysiert werden können, Organisationen als

- Maschinen (machine metaphor),
- Organismus (organismic metaphor),
- Gehirn (brain metaphor),
- Kultur (culture metaphor),
- politisches Spiel (political metaphor),
- Seelengefängnis (psychic prison metaphor),
- Entwicklungsstrom (flux metaphor),
- Unterdrückungsapparat (domination metaphor).

Diese verschiedenen möglichen Perspektiven werden in der Organisationstheorie häufig auf die zwei als gegensätzlich aufgefasste mechanistische und organismische Perspektive reduziert. In der mechanistischen Perspektive erscheint eine Organisation als Mechanismus, als Maschine. In der organismischen Perspektive dagegen erscheint eine Organisation als Organismus, als lebensfähiges System, ja beinahe als ein Lebewesen.

	Systemtyp	
	Mechanistisches System	**Organismisches System**
Merkmale von Organisation, Führung und Umwelt		
Hierarchie	steil, rigide	flach, lose
Arbeitsteilung	hoch	niedrig
Entscheidungsfindung	an der Spitze konzentriert	breit verteilt
Arbeitsteilung	starr	flexibel
Interaktion zwischen Bereichen	gering	stark ausgeprägt
Kommunikation	vertikal	vertikal und lateral
Führungsstil	autoritär	partizipativ
Verhalten der Mitarbeiter	konform	initiativ, kreativ
Umwelt	relativ stabil	dynamisch

Abb. 15: Mechanistisches vs. organismisches System

Abbildung 15 stellt Unterscheidungsmerkmale von mechanistischen und organismischen Systemen einander gegenüber. Ähnliche Darstellungen finden sich bei Staehle (1999), Ulrich und Fluri (1995) sowie Weinert (2004).

Es ist nun unmittelbar einleuchtend, dass je nach Betrachtungsweise einer Organisation sehr unterschiedliche Vorstellungen über Vorgehen und Durchführung von Reorganisationsprojekten zum Tragen kommen.

Wer von der Vorstellung **Organisation als Mechanismus** ausgeht, wird mit einer sachlich-rationalen, ingenieurmässigen Beziehung zur Organisation vorgehen. Die Probleme und Schwachstellen der bestehenden Organisation werden erfasst und analysiert und einem idealen, eindeutig definierten Sollzustand gegenübergestellt. Dann werden Konzepte entwickelt, wie dieser Idealzustand erreicht werden kann, um schliesslich die entsprechenden Massnahmen zu beschliessen und durchzuführen. Das ganze Projekt lässt sich nach Plan in verhältnismässig kurzer Zeit realisieren, wobei die betroffenen Mitarbeiter Objekt der zu realisierenden Veränderungen sind; ihre Bedürfnisse und Gefühle spielen allenfalls eine untergeordnete Rolle. Diese Vorgehensweise entspricht den Vorstellungen der klassischen betriebswirtschaftlichen Organisationslehre.

Wer hingegen von der Vorstellung **Organisation als Organismus** ausgeht, wird eine grundsätzlich andere Vorgehensweise wählen. Auch bei dieser Leitvorstellung wird zwar von den Schwachstellen der bestehenden Organisation ausgegangen. Dann allerdings wird ein Veränderungsprozess ausgelöst, der zunächst versucht, die betroffenen Mitarbeiter für die Notwendigkeit von Veränderungen zu sensibilisieren. Basierend auf dieser so entstandenen grundsätzlichen Veränderungsbereitschaft wird dann zusammen mit den betroffenen Mitarbeitern in einem ergebnisoffenen Prozess nach tragfähigen Lösungen gesucht. Gesteuert wird dieser Veränderungsprozess in der Regel von spezialisierten internen oder externen Beratern, so genannten «change agents». Diese Vorgehensweise entspricht den Vorstellungen des Organisationsentwicklungsansatzes.

Offensichtlich ist nun, dass beide Perspektiven und die darauf beruhenden Vorgehensweisen ganz spezifische Stärken und Schwächen aufweisen.

Orientiert sich ein Reorganisationsprojekt an der mechanistischen Perspektive, so resultiert daraus ein klar zielorientierter, durch das Management gesteuerter Veränderungsprozess, der sehr effizient und nach einem definierten Zeitplan durchgeführt werden kann. Als Schwachpunkt erweist sich in der Realität aber häufig, dass die konzipierte Ideallösung von den betroffenen Mitarbeitern nicht akzeptiert wird und deshalb ihr volles Potenzial bei weitem nicht ausschöpfen kann. Im schlimmsten Fall scheitert schon die Einführung der Ideallösung am Widerstand der betroffenen Mitarbeiter.

Orientiert sich ein Reorganisationsprojekt dagegen an der organismischen Perspektive, so wird ein teilweise ergebnisoffener Veränderungsprozess ausgelöst, der zunächst um die Akzeptanz und Unterstützung der betroffenen Mitarbeiter für die angestrebten Zielsetzungen wirbt. Zusammen mit den Betroffenen wird dann nach Verbesserungs- und Lösungsmöglichkeiten für die erkannten Schwachstellen gesucht. Der ausgelöste Veränderungsprozess ist für das Management nur bedingt steuerbar, und die Veränderungen können häufig schrittweise eingeführt werden. Die erarbeiteten Lösungen werden allerdings von den meisten betroffenen Mitarbeitern mitgetragen.

Diese knappe, idealtypische Gegenüberstellung der beiden Perspektiven und ihrer Konsequenzen für Reorganisationsprozesse zeigt auf, dass eine erfolgversprechende Reorganisationsmethodik beide Perspektiven integrieren muss.

4.3 Vorgehensweise bei Reorganisationsprojekten

Zumindest grössere und grosse Veränderungen der Organisationsstruktur sind häufig komplexe, mehr oder weniger das ganze Unternehmen betreffende Vorhaben, an welche Management, Mitarbeiter und teilweise sogar externe Anspruchsgruppen hohe Erwartungen richten.

Im Folgenden soll eine Reorganisationsmethodik skizziert werden, welche die geschilderten Anforderungen erfüllt und auch geeignet scheint, grosse **Reorganisationsprojekte** entsprechend zu strukturieren. Dabei wird der Reorganisationsprozess in sieben verschiedene Phasen untergliedert:

1. Problemerkennung und Auslösung des Reorganisationsprojektes
2. Informieren und Involvieren der Betroffenen
3. Organisationsanalyse
4. Organisationsgestaltung
5. Implementieren der neuen Organisationsstruktur
6. Anlaufphase
7. Erfolgskontrolle

Ähnliche Phasenmodelle finden sich beispielsweise bei Bea und Haas (2019), Vahs (2019) und Ulrich und Fluri (1995).

Hinter diesem Ablaufschema einer Reorganisation steht, wie bei den meisten anderen Konzepten zur Veränderung von Organisationsstrukturen, das Drei-Phasen-Modell, das Kurt Lewin schon in den 40er Jahren entwickelt hat. Er unterscheidet die Phasen «unfreezing» – Auftauen der Organisation–, «moving» – Verändern der Organisationstruktur – und «refreezing» – Restabilisieren der Organisation.

4.3.1 Problemerkennung und Auslösung des Reorganisationsprojektes

Ursache für die **Auslösung eines Reorganisationsprojektes** ist in der Regel die Unzufriedenheit mit der bestehenden Organisationsstruktur, welche sich an Indizien wie ungenügende Produktivität, Reibereien und Reibungsverlusten, unerledigten Aufgaben oder Doppelspurigkeiten, aber auch an sich häufenden Konflikten innerhalb des Unternehmens oder eines Bereichs festmacht. Weitere Ursachen können strategische Neuorientierungen des Unternehmens, Wechsel im Management oder die Einführung neuer Technologien sein. Häufig zu beobachten ist, dass eine Veränderung in einem begrenzten Bereich Veränderungen in benachbarten Bereichen erforderlich macht.

Erkannte Schwachstellen der bestehenden Organisationsstruktur führen dazu, dass die zuständigen Instanzen eine so genannte Vorstudie in Auftrag geben. Ziel einer solchen Vorstudie, die üblicherweise von einer internen Organisationsstelle oder -abteilung oder einer zu diesem Zweck gebildeten Projektgruppe erarbeitet wird, ist es, die prinzipielle Machbarkeit des Projektes zu beurteilen, einen ersten Problemlösungsansatz zu entwickeln sowie den Zeitbedarf und die zu erwartenden Kosten abzuschätzen. In diesem Zusammenhang sollte auch geklärt werden, ob das Projekt unternehmensintern bewältigt werden kann oder ob Externe, zum Beispiel Berater, hinzugezogen werden müssen. Sinnvollerweise werden in dieser Phase auch bereits Ideen entwickelt, wie die betroffenen Mitarbeiter informiert und für das Reorganisationsprojekt gewonnen werden sollen.

Diese erste Phase findet ihren Abschluss mit der Entscheidung der zuständigen Instanz, ob das Reorganisationsprojekt in der erarbeiteten Form durchgeführt wird. Mögliche Entscheidungsalternativen sind also die Genehmigung des vorliegenden Projektes, der Auftrag, das Projekt zu überarbeiten oder das Projekt – vorerst – nicht weiter zu verfolgen. Ein genehmigter Projektvorschlag bildet dann den eigentlichen Auslöser, den Startschuss für das gesamte Reorganisationsprojekt.

4

4.3.2 Informieren und Involvieren der Betroffenen

In der zweiten Phase geht es im Kern darum, die betroffenen Mitarbeiter und Führungskräfte von den geplanten Reorganisationsmassnahmen zu überzeugen und so «resistance to change» zu verhindern. **Informieren** und **Involvieren** sind hier die zentralen Aufgabenstellungen. Ziel ist es also, das Entstehen von so genannten «Widerstandsgruppen» unter den Betroffenen zu verhindern. Dies ist allerdings nur das Minimalziel dieser Phase. Idealerweise begrüssen die Mitarbeiter und Führungskräfte des betroffenen Bereichs die geplanten Veränderungen als wünschenswert und damit auch als unterstützenswert. Wenn die Mitarbeiter die geplanten Veränderungen aktiv mit tragen, sind Probleme bei der Implementierung kaum zu erwarten. Dies kann aber nur durch eine frühzeitige und offene Information erreicht werden, welche den Betroffenen alle Chancen und Risiken der geplanten Veränderungen und insbesondere auch ihre Einfluss- und Beteiligungsmöglichkeiten aufzeigt. Wenn hier von Betroffenen die Rede ist, sind sowohl die direkt betroffenen Mitarbeiter und Führungskräfte als auch die zuständigen Vertreter von Arbeitnehmerorganisationen gemeint.

An dieser Stelle sei aber auch noch auf eine typische Schwachstelle eines solchen Phasenkonzepts hingewiesen: Die Ausarbeitung einer Vorstudie wird in aller Regel von den Mitarbeitern und Führungskräften des betroffenen Bereichs nicht unbemerkt bleiben. Dies ist aber genau die Situation, in der wilde Gerüchte zu kursieren beginnen und sich Widerstand formiert, ohne dass irgendwelche gesicherten Informationen verfügbar sind: Je weniger Fakten aber verfügbar sind, umso heftiger brodelt die Gerüchteküche. Die Konsequenz, die aus diesen Überlegungen zu ziehen ist, lautet möglichst frühzeitige und offene Information, um so eine Vertrauensbasis für die weiteren Phasen aufzubauen. Im Drei-Phasen-Modell von Lewin spricht man von der Phase des «unfreezing».

4.3.3 Organisationsanalyse

In der dritten Phase wird zunächst eine **Analyse** der bestehenden Situation als Grundlage für alle weiteren Überlegungen und Massnahmen erstellt. Erfasst werden soll erstens der Ist-Zustand der derzeit bestehenden Organisation, wobei es darum geht, konsequent alle Schwachstellen der aktuellen Struktur offen zu legen. Es empfiehlt sich dabei, die Mitarbeiter und Führungskräfte des betroffenen Bereichs mit einzubeziehen. Dies aus zwei Gründen: Einerseits kennen sie die bestehende Struktur mit all ihren Stärken und Schwächen am besten. Andererseits zeigt die Beteiligung den Mitarbeitern aber auch, dass es dem Management ernst ist mit seiner Absicht, sie am Veränderungsprozess zu beteiligen. In der Analysephase können zudem externe Berater helfen, gewohnte Sehweisen zu ändern, und so wertvolle Impulse für die Neugestaltung geben.

Analysiert werden, als zweiter grosser Bereich, die internen und externen Rahmenbedingungen, welche den Hintergrund der geplanten Massnahmen bilden.

Sinnvollerweise werden als dritter Bereich auch die Ziele, welche mit der Reorganisation erreicht werden sollen, nochmals genauer überprüft und möglichst spezifisch formuliert. Allgemeine und entsprechend vage Zielformulierungen, wie sie in der Phase der Vorstudie formuliert worden sind, reichen zur zielgerichteten Lenkung eines konkreten Reorganisationsprojektes nicht aus. Eine möglichst konkrete **Zieldefinition** soll nicht zuletzt auch mögliche Widersprüche zwischen den Sachzielen der Organisation und den Mitarbeiterzielen offen legen, denn unausgesprochene Zielwidersprüche gefährden die Akzeptanz und damit die Realisierungschancen des Projektes in erheblicher Weise.

Auf der Grundlage dieser Analysen kann die Neugestaltung der Organisation in Angriff genommen werden.

4.3.4 Organisationsgestaltung

In der Phase der **Organisationsgestaltung** wird die neue Struktur «am Reissbrett» entwickelt. Dazu wird unter der Prämisse der formulierten Zielsetzungen eine neue Struktur definiert. Die Phase der Organisationsgestaltung ist die eigentlich kreative Phase des Reorganisationsprozesses. Hier geht es darum, innovative Lösungen für organisatorische Schwachstellen zu finden, um so die formulierten Ziele bestmöglich zu erreichen. Weiter sind die internen und externen Rahmenbedingungen zu beachten, und nicht zuletzt ist auch den Zielen und Bedürfnissen der Mitarbeiter Rechnung zu tragen. Es ist in dieser Phase besonders wichtig, die Betroffenen möglichst intensiv zu beteiligen. Diese Beteiligung sichert die spätere Akzeptanz der erarbeiteten Lösung, macht aber auch das enorme Wissen der Mitarbeiter für das Projekt verfügbar.

Stufen		Phasen
1	Den Ernst der Lage verdeutlichen, Dringlichkeitsgefühl vermitteln	Schaffen eines veränderungs-freundlichen Klimas
2	Eine Koalition von Erneuerern aufbauen	
3	Eine tragfähige, stimmige Vision der Veränderung entwickeln	
4	Die Vision im Unternehmen verbreiten	Die Organisation auf den Wandel verpflichten und dafür befähigen
5	Veränderungsbarrieren beseitigen	
6	Kurzfristige Erfolge ermöglichen und sichtbar machen	
7	Den Wandel stetig vorantreiben	Implementieren und Verstetigen des Wandels
8	Die Veränderungen in der Unternehmenskultur verankern	

Abb. 16: Stufen und Phasen des Kotter-Modells, eigene Darstellung in Anlehnung u. a. an Kotter, 2008, 2012a und 2012b, S. 18

Das Modell kann als eine Ausdifferenzierung und Weiterentwicklung des erwähnten Modells von Kurt Lewin (unfreezing – moving – refreezing) verstanden werden. Kotter bezieht sich dabei zusätzlich auf eigene umfangreiche Studien. Eine konsequente Orientierung an diesem Modell, so der Anspruch des Verfassers, erhöht die Wahrscheinlichkeit für erfolgreiche Veränderungsprozesse erheblich (Lewin, 1947).

4

5 Neue Konzepte der Organisationsgestaltung

In der Vergangenheit haben im Prinzip alle Reorganisationsmassnahmen am Grundsatz einer hierarchischen und bürokratischen Form der Organisationsstruktur festgehalten. Dieses Modell der bürokratisch-hierarchischen Organisation lässt sich letztlich immer auf die Grundstruktur einer Pyramide zurückführen, und die Pyramide ist im Grunde immer noch das Modell, welches unsere individuellen und gesellschaftlichen Vorstellungen von Organisationen prägt. Reorganisationsmassnahmen haben in der Vergangenheit vor allem versucht, diese Pyramide zu optimieren, beispielsweise durch die Reduktion von Hierarchiestufen, was bekanntlich zu einer flacheren Struktur führt, aber auch die Leitungspannen vergrössert. Ausnahmen von einer Orientierung an hierarisch-pyramidenförmigen Strukturen sind hier allenfalls die Matrixorganisation und die konsequente Einführung einer Prozessorganisation.

Angesichts der viel diskutierten Herausforderungen der Zukunft stellt sich die Frage, ob sich diese mit den wie auch immer optimierten klassischen Organisationsstrukturen bewältigen lässt. Bereits seit einiger Zeit stehen verschiedene neue Konzepte für eine grundsätzlich andere **Organisationsgestaltung** zur Verfügung. Angestrebt werden von diesen neuen Organisationsdesigns Ziele wie Verbesserung der Effizienz, Erhöhung der Flexibilität, verbesserte Kundenorientierung und als Ergebnis die Sicherung der Überlebensfähigkeit des Unternehmens. Diese Ziele sollen nicht zuletzt durch einen konsequenten Einsatz neuer Informations- und Kommunikationstechnologien erreicht werden.

5.1 Notwendigkeit neuer Organisationskonzepte

Eine wesentliche Gemeinsamkeit dieser neuen Konzepte ist eine mehr oder weniger radikale Abkehr von hierarchisch und damit letztlich pyramidenförmig gedachten Organisationskonfigurationen. So können die mehrdimensionalen Organisationsstrukturen durchaus auch schon zu den neuen Organisationsformen gerechnet werden.

Geprägt wird die Auseinandersetzung mit neuen Organisationsformen von Begriffen wie Teamorganisation, Clusterorganisation, Netzwerkorganisation, virtuelle Organisation und Stundenglasorganisation. Charakteristisch für die aktuelle Diskussion ist dabei, dass die verschiedenen Konzepte und Begriffe sich nicht exakt voneinander abgrenzen lassen. Vielmehr gibt es fliessende Übergänge zwischen den einzelnen Konzepten. Es ist deshalb nicht verwunderlich, dass manche Autoren auf eine exakte Unterscheidung der verschiedenen neuen Organisationskonzepte weitgehend verzichten und unter dem Begriff **«modulare Organisation»** stattdessen deren Gemeinsamkeiten herausstellen.

5.2 Neue Organisationskonzepte

Zunächst werden hier verschiedene neue Organisationskonzepte skizzenhaft vorgestellt. Darauf aufbauend werden deren zentrale Gemeinsamkeiten unter dem Begriff der modularen Organisation herausgearbeitet. Anschliessend wird das Konzept der Stundenglasorganisation vorgestellt, das einen anderen Fokus aufweist. Die aktuellsten Entwicklungen lassen sich mit dem Begriff der agilen Organisation verbinden, die abschliessend dargestellt wird.

5.2.1 Teamorganisation

Konzepte teamorientierter Organisationsstrukturen sind an sich nicht neu und werden bereits seit längerem in vielfältiger Form entwickelt und diskutiert. Hier sollen zunächst zwei bekannte Auffassungen vorgestellt werden: das Modell der überlappenden Gruppen und das der Teams als prägendes Merkmal der Sekundärstruktur von Organisationen.

Modell der überlappenden Gruppen nach Likert

Das von Likert (1972) geschaffene **Modell der überlappenden Gruppen** rückt bei der Betrachtung von Organisationen Stellen- beziehungsweise Mitarbeitergruppen in den Vordergrund. Damit erscheinen Organisationen als ein System überlappender Gruppen. Likert gelingt es so, die Bedeutung von Führungskräften als «linking pin», als verbindendes Element zwischen den einzelnen Hierarchieebenen und den verschiedenen Organisationsbereichen herauszuarbeiten. Mit Hilfe des Modells überlappender Gruppen lässt sich auch die Bedeutung der Entscheidungspartizipation, eines partizipativen Führungsstils, für Organisationen zeigen. Neuerdings wird das Modell der überlappenden Gruppen vermehrt nicht nur vertikal, sondern auch horizontal interpretiert. Damit wird die Rolle von Teams, aber auch die Bedeutung von Selbstabstimmungsprozessen in der Organisation hervorgehoben.

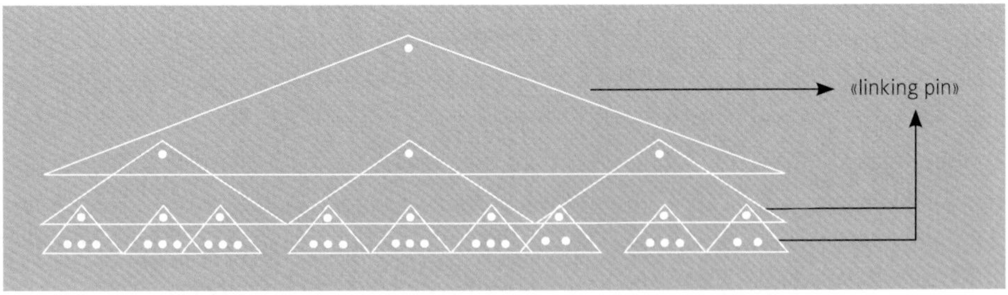

Abb. 17: Modell der überlappenden Gruppen nach Likert

Abbildung 17 (Likert, 1972, S. 111) zeigt aber auch deutlich, dass es sich beim Modell der überlappenden Gruppen nicht um eine Veränderung oder gar Abschaffung der Hierarchie handelt, sondern dass lediglich eine andere, wenn auch sehr interessante Sicht auf Hierarchien entwickelt wurde.

Teams in der Sekundärstruktur der Organisation

Eindimensionale Organisationsstrukturen rücken, wie oben ausführlich dargestellt, einen als wichtig erachteten Aspekt des Unternehmensgeschehens, zum Beispiel die Funktionen oder die Produkte, stark in den Vordergrund. Dies führt dazu, dass andere, im Prinzip ebenso wichtige Aspekte vernachlässigt werden: Zentralisation nach einem Merkmal bedeutet immer Dezentralisation nach allen anderen Merkmalen. Damit aber treten in der Organisation in aller Regel Defizite – häufig Schnittstellenprobleme – auf, welche dann durch die Einrichtung von **Teams** in Form von Arbeits-, Problemlöse- oder Projektgruppen bewältigt werden sollen.

Teamorganisation kann also zunächst einfach nur bedeuten, dass der Fokus des Betrachters auf die vielfältigen permanenten oder temporären Arbeitsgruppen innerhalb des Unternehmens gerichtet wird, welche die Primärstruktur überlagern und ergänzen. Teamorganisation wäre aus dieser Perspektive weder neu, noch bedeutete sie eine Abkehr von pyramidenförmigen Organisationsstrukturen.

Von Teamorganisation im engeren Sinn wäre dann zu sprechen, wenn sich die Primärstruktur weitgehend auflöst und sich das Unternehmen aus einer Anzahl sich überlappender Teams konstituiert. Damit nähern wir uns der Vorstellung einer Clusterorganisation.

5.2.2 Clusterorganisation

Clusterorganisationen können als konsequente Weiterentwicklung der verschiedenen Teamorganisationsansätze verstanden werden. Cluster ersetzen die klassischen Funktionsbereiche im Unternehmen. Die Funktion eines Clusters besteht darin, Kundenwünsche rasch zu erfüllen beziehungsweise Kundenprobleme zu lösen.

Cluster bestehen üblicherweise aus 30 bis 50 Mitarbeitern. Sie weisen im Innern keine formale Hierarchie auf. Die Führungskompetenz im Cluster, das als multidisziplinäres Team aufgefasst werden kann, wechselt von Projekt zu Projekt bzw. von Auftrag zu Auftrag. Mills definiert einen Cluster entsprechend «als semi-permanente, multidisziplinär zusammengesetzte Gruppe ohne interne Hierarchie» (Mills zitiert nach Gomez & Zimmermann, 1992, S. 189).

Die Cluster werden in ihrer Aufgabenerfüllung durch «support teams» unterstützt. Ihre Funktion besteht darin, die Effizienz und Effektivität der Gesamtorganisation zu steigern. Sie stellen insbesondere den Informationsaustausch zwischen den verschiedenen Clustern sicher, wobei diese jederzeit auch die Möglichkeit zu direkten Kontakten untereinander haben. In einer weiteren Funktion fungieren die «support teams» als Ansprechpartner, Ratgeber und Förderer, also quasi als Coaches für die einzelnen Mitarbeiter.

Clusterorganisationen weisen eine sehr geringe Hierarchisierung auf und gelten als sehr flexibel gegenüber dynamischen Umwelten. Sie fördern den Wissensaustausch im Unternehmen und weisen damit auch ein erhebliches Potenzial für die Mitarbeiterentwicklung auf. Bekannt ist, dass sich erfolgreiche kleinere und mittlere High-Tech-Unternehmen in ihrer Struktur häufig stark dem Modell der Clusterorganisation annähern.

5.2.3 Netzwerkorganisation

Die **Netzwerkorganisation** kann als das eigentliche Gegenmodell zu den hierarchisch-pyramidenförmigen Organisationskonzepten verstanden werden. Netzwerkartige Strukturen werden häufig auch als Heterarchien bezeichnet. Netzwerkorganisationen bestehen aus relativ autonomen Mitgliedern – Individuen, Gruppen oder anderen Organisationen. Die Mitglieder eines Netzwerkes sind durch gemeinsame Ziele miteinander verbunden. Zur Erreichung dieser Ziele tragen sie durch komplementäre Fähigkeiten und Kenntnisse bei.

Grundsätzlich kann zwischen internen – intraorganisationalen – und externen – extraorganisationalen – Netzwerken unterschieden werden. Vor dem Hintergrund der Tatsache, dass fliessende Aussengrenzen geradezu ein Charakteristikum neuer Organisationskonzepte sind, erscheint diese Unterscheidung zwar etwas akademisch und praxisfern. Aus Gründen der Anschaulichkeit soll sie hier aber beibehalten werden.

Interne Netzwerke setzen sich aus Personen und/oder Gruppen, die einem Unternehmen angehören, zusammen. Charakteristisch für ein solches Netzwerk ist die bereichs- und hierarchieübergreifende Zusammenarbeit seiner Mitglieder. Für die Zusammenarbeit in einem solchen Netzwerk werden Fachkompetenz, kollegiale Beziehungen und gegenseitiges Vertrauen als wichtiger angesehen als formale Autorität. Interne Netzwerke sind also flexible, partnerschaftliche Teamstrukturen. Diese überlagern und ergänzen in der Unternehmensrealität häufig die Grund- oder Primärstruktur der Organisation. Häufig bilden sich interne Netzwerke – ähnlich wie die oben besprochenen Teams –, um Schwachstellen der Primärorganisation zu kompensieren. Ansatzweise sind auch schon Konzepte zu erkennen, bei denen die Primärstruktur als internes Netzwerk ausgebildet ist.

In einem **externen Netzwerk** arbeiten rechtlich und wirtschaftlich selbstständige Unternehmen koordiniert zusammen, um so gemeinsam Marktleistungen zu entwickeln, herzustellen oder zu vermarkten. Die Mitglieder des Netzwerkes gruppieren sich dabei entlang einer Wertkette und tragen entsprechend ihren Kernkompetenzen zur Gesamtleistung bei. Ziel der Kooperation in einem solchen Netzwerk ist unter anderem der Aufbau von Synergiepotenzialen und Wettbewerbsvorteilen durch die Bündelung der hoch spezialisierten Kompetenzen der einzelnen Partner.

Als unabdingbare Erfolgsbedingung für externe Netzwerke gilt das wechselseitige Vertrauen der Netzwerkpartner, das sich nicht zuletzt im offenen Austausch von Wissen und Information zeigt. Eine weitere Erfolgsbedingung ist ein durchdacht konzipierter Einsatz von Informations- und Kommunikationstechnologien, um den beträchtlichen Koordinations- und Abstimmungsbedarf zwischen den Netzwerkpartnern effizient bewältigen zu können. Bei den externen Netzwerken lassen sich stabile Netzwerke und so genannt dynamische Netzwerke unterscheiden:

- **Stabile Netzwerke** sind als auf Dauer angelegte Wertschöpfungspartnerschaften zu verstehen. Dabei übernimmt häufig ein Unternehmen die Führungsrolle und baut, wie zum Beispiel in der Automobilindustrie, ein Netz von spezialisierten Zulieferern auf. Bezieht sich diese Kooperation auch auf strategisch relevante Bereiche, so wird von einem strategischen Netzwerk gesprochen. Dies wäre etwa dann der Fall, wenn der Zulieferer in die Entwicklung ganzer Komponenten mit einbezogen wird, die er dann nach Abschluss der Entwicklungsarbeiten auf der Grundlage fester vertraglicher Vereinbarungen zuliefert.

- **Dynamischen Netzwerken** fehlt grundsätzlich dieser Aspekt der Dauerhaftigkeit. In Abhängigkeit vom jeweiligen Projektauftrag arbeiten bei einem dynamischen Netzwerk wechselnde Partner zusammen. In der Praxis zeigt es sich häufig, dass sich durch eine gute Zusammenarbeit zwischen den einzelnen Partnern ebenfalls stabile Strukturen herausbilden, welche dann das Zentrum des dynamischen Netzwerks bilden oder dessen Aufgabe übernehmen. Dynamische Netzwerke werden oft auch als virtuelle Organisationen oder virtuelle Unternehmen bezeichnet. Besonders verbreitet sind solche netzwerkartigen Organisationsformen in der Kreativwirtschaft.

5.2.4 Virtuelle Organisation

Virtuelle Organisationen sind durch eine weitgehende Auflösung fester Strukturen charakterisiert, sie sind tatsächlich virtuell geworden. Virtuelle Organisationen können wie folgt definiert werden: «Eine virtuelle Organisation ist eine Netzwerkorganisation, deren Mitglieder gemeinsam eine wirtschaftliche Leistung in Form eines Produktes oder einer Dienstleistung erbringen und die gegenüber Dritten wie ein eigenständiges Unternehmen auftreten» (Schulte-Zurhausen, 2014, S. 297).

So stehen beispielsweise auch hinter bekannten Buchverlagen oder Full-Service-Werbeagenturen immer häufiger virtuelle Organisationen, dass heisst, ihre Marktleistung wird von einer ganzen Reihe geschickt verknüpfter selbstständiger Unternehmen erbracht. Die Kunden eines solchen virtuellen Unternehmens haben dagegen im Idealfall den Eindruck, von einem grossen und leistungsfähigen Unternehmen betreut zu werden.

Anzumerken bleibt, dass der Begriff der virtuellen Organisation auch für gewisse Formen interner Netzwerke verwendet wird: Unternehmen, in welchen die verschiedenen Arbeitsprozesse zeitlich und räumlich entkoppelt worden sind, werden ebenfalls als virtuelle Organisationen bezeichnet. Charakteristisch für diese Auffassung von virtueller Organisation ist, dass die Mitarbeiter ihre Aufgaben zumindest teilweise von einem heimischen Arbeitsplatz aus in Form von Telearbeit erfüllen. Virtuelle Unternehmen schaffen dann auch teilweise virtuelle Arbeitsplätze, etwa für Freelancer.

5.2.5 Modulare Organisation

Der Begriff der **modularen Organisation** beschreibt nicht in erster Linie ein eigenständiges Konzept, sondern ist vielmehr als Überbegriff für die bisher vorgestellten neuen Organisationskonzepte zu verstehen. Mit dem Begriff der modularen Organisation werden also die Gemeinsamkeiten der vorgestellten Konzepte ins Blickfeld gerückt. Diese sollen hier kurz zusammengestellt werden. Als wesentliche Charakteristika modularer Organisationsformen nennen Picot, Reichwald und Wigand (2003, S. 231 ff.) die folgenden sechs Merkmale:

- *Prozessorientierung:* Prozessorientierung bedeutet, dass die Module, die Einheiten der Organisation, sich konsequent an Prozessen auszurichten haben.
- *Kundenorientierung:* Kundenorientierung bedeutet, dass sich die verschiedenen Module konsequent an den Bedürfnissen der externen und internen Kunden der Organisation ausrichten sollen.
- *Integrierte Aufgaben:* Die Integriertheit der in einem Modul zusammengefassten Aufgaben ergibt sich aus den beiden erstgenannten Merkmalen und dient dem Ziel, Schnittstellen möglichst zu vermeiden.
- *Orientierung an kleinen Einheiten:* Schon der Begriff der modularen Organisation deutet an, dass es sich bei der Bildung kleiner Einheiten um den Kerngedanken des Konzeptes handelt. Kleine überschaubare Einheiten, häufig Teams, sollen Flexibilität, Kundennähe, aber auch eine höhere Arbeitszufriedenheit bewirken. Zudem besteht die Erwartung einer einfacheren Führbarkeit dieser «kleinen» Einheiten.
- *Dezentrale Entscheidungskompetenzen und Ergebnisverantwortung:* Selbstverständlich können die kleinen Einheiten die in sie gesetzten Erwartungen nur erfüllen, wenn sie über die entsprechenden Entscheidungskompetenzen und Verantwortlichkeiten verfügen. Deshalb kann die Verlagerung von Entscheidungskompetenzen und Verantwortung nach unten als eine weitere Gemeinsamkeit modularer Organisationsformen angesehen werden.
- *Nicht-hierarchische Koordination zwischen den Modulen:* Eine weitere Gemeinsamkeit modularer Organisationsformen besteht darin, dass für die Abstimmung zwischen den einzelnen Modulen neben die für Organisationen typische Koordination über die Hierarchie zunehmend auch nicht-hierarchische, also marktähnliche Koordinationsmechanismen treten. Ein eher traditionelles Beispiel für solche Marktelemente innerhalb der Organisation wären etwa interne Verrechnungspreise.

Die sechs genannten Merkmale können als gemeinsamer Nenner der bisher besprochenen neueren Organisationskonzepte betrachtet werden. Sie heben, wie schon gesagt, vor allem die Gemeinsamkeiten hervor, während die durchaus auch vorhandenen Unterschiede in den Hintergrund treten. Einen guten Überblick über die neueren Organisationskonzepte gibt auch Nicolai (2018). In diesem Beitrag wird die Bedeutung und der konsequente Einsatz moderner Informations- und Kommunikationstechnologien als Charakteristikum neuer Organisationskonzepte herausgearbeitet.

5.2.6 Stundenglasorganisation

Die unter anderem von Weinert (2004) entwickelte und beschriebene **Stundenglasorganisation** ist mit den bisher vorgestellten neuen Konzepten nur bedingt vergleichbar. Das Konzept bedeutet keine Abkehr von einer hierarchischen Organisationsstruktur. Es beruht vielmehr auf der nachvollziehbaren Überlegung, dass die modernen digitalen Informations- und Kommunikationstechnologien das mittlere Management weitestgehend substituieren können und sollen. Das führt im Ergebnis zu einer Organisationskonfiguration, die einem Stundenglas, einer Sanduhr, ähnelt. Hier soll eine kleine Gruppe von Topmanagern die Arbeit sehr vieler Mitarbeitender lenken und koordinieren. Das mittlere Management dagegen wäre weitgehend aus dem Unternehmen verschwunden.

Aus aktueller Sicht lässt sich feststellen, dass das Konzept das Potenzial zum Abbau von Hierarchiestufen im mittleren Management aufzeigt, was eine schlanke Organisation, allerdings um den Preis grosser Leitungsspannen, ermöglicht. Eine weitgehende Annäherung an eine Stundenglasorganisation wurde in der Praxis bisher nicht erreicht. Dafür dürften in erster Linie zwei Gründe ursächlich sein: Das Leistungspotenzial der verfügbaren digitalen Kommunikationstechnologien wurde überschätzt, die Leistungen des mittleren Managements dagegen zu stark auf die Funktionen «Informationsverarbeitung» und «Informationsweitergabe» reduziert. Übersehen wurde dabei unter anderem, dass in der Unternehmensrealität durch die zunehmende Entscheidungsdezentralisation viele notwendige und wichtige Veränderungsimpulse vom mittleren Management ausgehen. Auch aus der Sicht der Mitarbeitenden hat sich das mittlere Management als nicht ohne Weiteres substituierbar erwiesen; hier wurde die Bedeutung persönlicher Führung für die Motivation und Innovationsbereitschaft unterschätzt, denn Kreativität wird letztlich nicht durch Technologie, sondern durch intensive persönliche Kommunikation mit Vorgesetzten und Kollegen gefördert.

Umsetzbar erscheint das Konzept am ehesten in weitgehend automatisierten, digital gesteuerten Produktionsbereichen, während die Implementierung als Modell für eine Gesamtorganisation eher unrealistisch erscheint.

5.2.7 Agile Organisation

Agile Organisation ist bisher kein geschlossenes, ausgereiftes Konzept; es ist jedoch in einer rasanten Entwicklung begriffen, was sich aktuell in einer Vielzahl von Publikationen, Beratungsangeboten und Seminarveranstaltungen zum Thema niederschlägt. Das Konzept weckt in Theorie und Praxis aktuell hohe Erwartungen.

Agil, beziehungsweise Agilität ist derzeit ein eigentliches Buzzword der aktuellen Managementdiskussion, an dem sich viele Hoffnungen auf ein besseres, weil dynamischeres Management festmachen. Konkret verbindet sich mit dem Begriff die Erwartung an flexiblere, anpassungsfähigere und schneller veränderbare Organisationsstrukturen, welche dazu beitragen sollen, die tatsächlichen oder vermeintlichen Herausforderungen der Zukunft zu bewältigen.

Agilität, vom lateinischen «agiltas» abgeleitet, bedeutet Schnelligkeit und Beweglichkeit, ursprünglich von Schiffen, was deshalb interessant erscheint, weil für Grossunternehmen als Organisationen häufig das Bild von einem wenig beweglichen Tanker (sehr grosser Wendekreis, langer Bremsweg) verwendet wurde und wird. Im Managementsprachgebrauch schwingt beim Begriff Agilität zusätzlich noch der Aspekt von Reaktionsfähigkeit auf Veränderungen in der relevanten Umwelt mit.

Die Vorstellung einer agilen Organisation verbindet Kritik an den bestehenden Organisationskonzepten - zu starr, zu wenig flexibel, zu wenig reaktionsfähig - mit einem attraktiven Zukunftsbild einer adaptionsfähigen und beweglichen Organisation (Schnellboote statt Tanker). Konkret soll eine agile Organisation Kunden- und Marktorientierung stärken, Kreativität und Innovation fördern, schnellere Prozesse und hohes Wachstum («Exponentielle Organisation») ermöglichen, kurz: Unternehmen fit für die (digitale) Zukunft machen. Das erst in Umrissen erkennbare Konzept einer agilen Organisation fasst wesentliche Kritikpunkte an traditionellen, hierarchischen Organisationskonzepten zusammen und formuliert ein attraktives, wenn auch noch vages Konzept für eine zukunftsfähige Organisation.

Es stellt sich die Frage, warum mit dem Begriff «agil» aktuell so hohe Erwartungen verbunden werden. Dies dürfte in erster Linie damit zusammenhängen, dass die Begriffe «agil» und «Agilität» bereits eine erfolgreiche Geschichte im Managementkontext hinter sich haben. Ausgangspunkt war die Idee einer agilen Softwareentwicklung. Hier wurde richtigerweise davon ausgegangen, dass bei komplexen Softwareentwicklungsprojekten nicht von Beginn an sämtliche Kundenanforderungen bekannt sind, beziehungsweise, dass diese sich im Laufe eines längeren Projekts verändern können. Ein weiterer Grundgedanke der agilen Softwareentwicklung war, dass erste Produkttests durch den Kunden in den Entwicklungsprozess integriert werden sollten, um nicht an den Kundenerwartungen vorbei zu entwickeln. Diese Ideen wurden im Jahr 2001 von Kent Beck und 16 Koautoren - prominenten Softwareentwicklern - in einem «Agilen Manifest» einer breiteren Fachöffentlichkeit über das Internet vorgestellt. Das Manifest umfasst vier grundlegende Werte und 12 Prinzipien zum agilen Arbeiten. Diese Ideen veränderten die Softwareentwicklung in der Folge grundlegend.

In einem nächsten Schritt lag es nahe, die in der Softwareentwicklung bewährten Ideen auf das Projektmanagement zu übertragen: Die Idee eines agilen Projektmanagements war geboren. Das agile Projektmanagement löst sich von der seit Jahrzehnten angewandten Wasserfallmethode und dynamisiert diese entsprechend den Vorstellungen der agilen Softwareentwicklung. In der Praxis zeigte sich allerdings, dass industrielle Entwicklungsprojekte nur bedingt mit Softwareentwicklung vergleichbar sind (andere Zeitzyklen, mehr Schnittstellen, Probleme der Materialbeschaffung). Trotz dieser Unterschiede übernahm das Projektmanagement wichtige Impulse aus der agilen Softwareentwicklung.

Der wiederum naheliegende nächste Schritt war, die Idee von Agilität aus dem Projektmanagement auf Gesamtorganisationen zu übertragen, was nicht zuletzt deshalb möglich schien, weil seit dem Jahr 2001 neben den theoretischen Grundlagen auch ein umfangreicher, in der Praxis bewährter Werkzeugkasten (Inkrement, Sprint, Retrospektive) zum agilen Arbeiten entwickelt wurde. Dieser ist in der Fachöffentlichkeit vereinfachend unter dem Begriff **«Scrum»** bekanntgeworden und lässt sich, zumindest in Teilen, auch ausserhalb des Projektmanagements sinnvoll einsetzen. Festzuhalten ist allerdings auch, dass die Fachdiskussion bis dato noch keine allgemein akzeptierte Vorstellung oder gar Definition einer agilen Organisation erarbeitet hat. Schmidt und Konz haben unlängst immerhin eine

Arbeitsdefinition vorgelegt: «Eine Agile Aufbauorganisation ist eine formale Struktur, in der situativ und flexibel interne und externe Regelungsbedarfe identifiziert und durch die Kombination organisatorischer Beziehungen, Elemente und Dimensionen gelöst werden.» (2019, S. 249)

Es ist leicht erkennbar, dass diese formale Definition letztlich wenig über eine agile Organisation aussagt. Diese fehlende begriffliche Klarheit fördert die Umsetzung in der Praxis sicherlich nicht. Vielleicht besteht ein Teil der Faszination des Konzepts «Agile Organisation» aber auch gerade in seiner Unschärfe, die es erlaubt viele Wünsche und Erwartungen an ein anderes, besseres Organisationskonzept darauf zu projetzieren.

Der begrifflichen Unschärfe entspricht, dass es bisher noch kein allgemein akzeptiertes Strukturmodell einer agilen Organisation gibt. In der Diskussion stehen aktuelle zwei Ansätze im Vordergrund:

Das in der Praxis entwickelte und erfolgreich erprobte Organisationsmodell des Streaming-Dienstes Spotify und Modelle, die sich an der von Brian Robertson (2016) entwickelten Idee der Holokratie orientieren und vom Autor als Managementsystem für eine volatile Welt bezeichnet werden.

Das Organisationskonzept von Spotify beruht auf matrixartig vernetzten kleinen organisatorischen Einheiten. Hier bilden 6–12 Personen umfassende Squads (Trupps) die Basiseinheiten der Unternehmensorganisation. Squads sind selbstorganisierende Teams – die Mitglieder weisen unterschiedliche Kompetenzen auf - mit einem klaren Auftrag, aber ohne formal eingesetzte Führungsperson; allerdings gibt es einen «product owner», der für die Aufgabenpriorisierung zuständig ist. Die Squads haben Zugang zu einem «agil coach», der das Team bei der Verbesserung der teaminternen Zusammenarbeit unterstützen soll.

Die übergeordnete Organisationseinheit bilden Tribes (Stämme), welche Squads, die ein ähnliches Arbeitsgebiet bearbeiten, zusammenfassen. Die Grösse von Tribes ist auf etwa 100 Mitarbeitende begrenzt, um die Einführung einer weiteren Hierarchieebene zu vermeiden.

Die zweite Dimension der Struktur bilden «Chapters» (Verbände) und «Guilds» (Zünfte); so entsteht eine flexible Matrixstruktur. Chapters fassen Mitarbeitende mit einer ähnlichen Qualifikation oder Spezialisierung zusammen, die in einem Tribe tätig sind, und dienen dem Wissensaustausch und der Mitarbeitendenentwicklung. Chapters werden von «Chapter Leads»(einer Art Gruppenleiter) in Teilzeit geführt; den anderen Teil ihrer Arbeitszeit arbeiten Chapter Leads als «normale» Teammitglieder in einer Squad mit, was dazu führen soll, dass sich keine zusätzliche Hierarchieebene herausbilden kann.

Guilds, Zünfte - der deutsche Begriff passt hier besser - fassen unternehmensweit, also über alle Stämme hinweg, Mitarbeitende mit ähnlichem Wissen, Werkzeugen oder Praktiken zusammen. Sie dienen damit in erster Linie dem Austausch von Wissen und der Harmonisierung von Vorgehensweisen in der Gesamtorganisation. Chapters und Guilds erfüllen damit eine wichtige Integrationsfunktion für die Gesamtorganisation, sie koordinieren, «wie» die Aufgaben in den Squads und Tribes erfüllt werden, dort dagegen wird das «Was», welche Aufgaben bearbeitet werden, weitgehend autonom bestimmt. Als weiteres Integrationsinstrument dienen regelmässig und in kurzen zeitlichen Abständen abgehaltene «Town hall Meetings», wo das Topmanagement die gesamte Belegschaft informiert.

Eine andere Vorstellung, wie agile Organisationen aussehen können, vermittelt das von Brian Robertson (2016) entwickelte **«Holokratische Organisationsmodell»**, das im Jahr 2015 erstmals vorgestellt wurde und auf dem sehr viel älteren Soziokratieansatz aufbaut. Das Modell beruht ebenfalls auf kleinen vernetzten Teams, die als Kreise gedacht und bezeichnet werden. Diese Kreise sind untereinander vernetzt. Robertson spricht von einem «double-linking», also jeweils zwei Verbindungen zwischen zwei Kreisen, was eine hohe Abstimmungsqualität zwischen den organisatorischen Einheiten gewährleisten soll. Der Aufbau der Organisation aus verbundenen, ineinander verschachtelten Kreisen symbolisiert offensichtlich eine bewusste Abkehr von hierarchischen Vorstellungen (Pyramide als Strukturmodell) und schlägt damit einen grundlegend anderen Weg ein, als das oben vorgestellte Modell der überlappenden Gruppen nach Likert. Ein weiteres wichtiges Element der **Holokratie** sind Rollen, die übernommen oder übertragen werden können und zwischen den Rollenträgern sorgfältig geklärt werden sollten, um Missverständnisse und Konflikte zu vermeiden. Der holokratische Ansatz basiert auf einem komplexen Regelwerk, das nicht zuletzt für effiziente Meetings sorgen soll, was bei dem hohen Abstimmungsbedarf sicherlich sinnvoll ist. Schmidt und Konz (2019, S. 242 ff.) haben dazu anhand eines Zeitschriftenverlages ein modellhaftes, aber durchaus illustratives Praxisbeispiel erarbeitet.

Aus den vorliegenden Quellen und Erfahrungen lassen sich eine Reihe von Hinweisen und Gestaltungsprinzipien für agile Organisationen ableiten:

Agile Organisationen sind aus selbstorganisierenden Teams (Teamorganisation) von der Basis her aufgebaut (Subsidiaritätsprinzip); die Teams sind intensiv vernetzt (Netzwerkorganisation). Die Organisationsstruktur ist durch flache Hierarchien geprägt. Ein weiteres Charakteristikum agiler Organisationen ist eine ausgeprägt dezentrale Entscheidungsfindung; diese wird ermöglicht durch eine starke Orientierung am Unternehmenszweck (Purpose-Driven-Organization) und eine dazu passende starke Unternehmenskultur. Agile Organisationen können nur funktionieren, wenn die Spielregeln in Bezug auf Entscheidungsfindung und -durchsetzung in und zwischen den verschiedenen Teams klar und verbindlich formuliert sind und konsequent eingehalten werden. Dieses Regelwerk bildet auch den Rahmen, in dem dann die notwendigen und charakteristischen Selbstorganisationsprozesse ablaufen können. Wobei, das ein weiteres Merkmal, das Regelwerk als ständig veränderbar angesehen wird. Weiter stellt eine agile Organisation hohe Anforderungen an Mitarbeitende und Führungskräfte.

Für Mitarbeitende bedeutet, eine oder mehrere Rollen in einem fluiden Organisationssystem zu übernehmen, im Team auszuhandeln und auszufüllen, eine gänzlich andere

Anforderung, als eine wohldefinierte Aufgabe in einer eindeutigen Stellenstruktur zu erfüllen. Weitere Anforderungen an die Mitarbeitenden entstehen durch hohe Erwartungen an Selbststeuerung, Motivation, Kreativität und Durchsetzungsfähigkeit. Zu erwähnen ist, dass in agilen Organisationen die wahrgenommene Arbeitsplatzsicherheit in einem umfassenden Sinn kaum mehr gegeben sein wird. Andererseits kommt eine agile Organisation den Erwartungen einer jungen gut ausgebildeten Generation, den «digital natives», in hohem Masse entgegen, insbesondere in Bezug auf selbstbestimmtes Arbeiten, Möglichkeit zur Selbstorganisation und Erleben von Selbstwirksamkeit.

Führungskräfte werden in einer agilen Organisation nicht nur weitgehend ohne formale Autorität auskommen müssen (Expertise und Moderationskompetenz als Führungsgrundlagen, Coaching als Kernkompetenz), sie werden auch den ständigen Wechsel der Führungsrolle aufgrund unterschiedlicher relevanter Kompetenzen in verschiedenen Teamkonstellationen akzeptieren müssen.

Die vielleicht tief greifendste Veränderung besteht darin, dass agile Organisationen keine feste oder gar starre Struktur mehr kennen. Die Organisation ist vielmehr ständig im Fluss. Zutreffend ist hier die Vorstellung einer permanenten Organisationsentwicklung. Dies kann mit der Formel umschrieben werden, dass immer gleichzeitig *in* der vorhandenen Organisationsstruktur gearbeitet und *an* dieser Struktur gearbeitet wird. Dieses ständige Arbeiten an der Organisation ist nicht zuletzt auf ein wichtiges agiles Werkzeug, die in den Arbeitsprozess integrierten Reviews, zurückzuführen, welche die Zusammenarbeit in und zwischen den Teams verbessern sollen.

Versucht man die «Agile Organisation» zu würdigen, ist festzuhalten, dass hier eine Vielzahl von Kritikpunkten an traditionellen hierarchischen Organisationsstrukturen aufgenommen werden; das Konzept stellt zudem in Aussicht, diese Problemfelder in Hinblick auf die Herausforderungen einer digital vernetzten Wirtschaft bewältigen zu können. Diese Erwartung wird nicht zuletzt durch die hohe Kompatibilität mit anderen modernen Managementtools wie Industrie 4.0, Design Thinking und New Work gestützt. Kritisch anzumerken ist, dass erfolgreiche Praxisbeispiele bisher weitgehend auf die digitale Wirtschaft beschränkt sind. Relevante Beispiele aus dem Bereich der industriellen (Massen-)Produktion oder aus sicherheitssensiblen Dienstleistungsbereichen, also Feldern, wo eine hohe Zuverlässigkeit und Effizienz in der Leistungserbringung gefordert sind, fehlen weitgehend. Hier zeichnet sich allerdings die Option ab, eine Organisation mit «zwei Betriebssystemen» zu fahren, ohne dass die damit verbundenen Schnittstellenprobleme bereits gelöst wären. Eine solche Möglichkeit bietet die Chance, ausgehend von «agilen Inseln» das gesamte Unternehmen zu dynamisieren. In jedem Fall wird eine agile Organisation immer Massarbeit sein, die im jeweiligen System erarbeitet und ständig weiter entwickelt werden muss.

Offensichtlich ist, dass eine agile Organisation einen sehr hohen Koordinations- und Abstimmungsbedarf und so ein entsprechend hohes Engagement aller Organisationsmitglieder erforderlich macht. Unklar bleibt, wer in einer agilen Organisation die Organhaftung (Kapitalgesellschaften) übernehmen kann oder will.

Erste Praxiserfahrungen zeigen ferner, dass agile Organisationen, um wirksam werden zu können, einen gewissen Ressourcenüberschuss (organizational slack) benötigen. Mit anderen Worten: Agilität und Effizienzmaximierung schliessen sich in letzter Konsequenz gegenseitig aus.

Trotz dieser kritischen Anmerkungen werden sich Unternehmen in Zukunft in Richtung agiler Strukturen bewegen müssen, um die (digitale) Zukunft bewältigen zu können.

5.3 Beurteilung neuer Organisationskonzepte

Die Beurteilung neuer Organisationskonzepte hat differenziert zu erfolgen. Dabei ist zu unterscheiden zwischen der Entwicklung und Diskussion neuer Organisationskonzepte in der Fachöffentlichkeit und deren Implementierung in der Praxis. Zu beachten ist hier, dass neue Konzepte in der Regel von unternehmensexternen Akteuren (Beratern, Wissenschaftlern, Vortragsrednern) entwickelt und propagiert werden. Diese Akteure verfolgen mit der Publikation dieser Konzepte jedoch immer auch eigene Ziele: Sie wollen Aufmerksamkeit gewinnen und so Beratungstage, Seminare und/oder Auftritte als Vortragsredner verkaufen. Dazu werden möglichst eindrucksvoll die Schwächen und Defizite bestehender Organisationskonzepte aufgezeigt und auf der Grundlage dieser Diagnose dann das (mehr oder weniger) neue Konzept vorgestellt. Dieses muss in jedem Fall mit einem einprägsamen, anschlussfähigen und verkaufsfördernden Titel versehen sein, um die notwendige Aufmerksamkeit zu erzielen. Wenn eine derartige Diagnose und das darauf abzielende Konzept den Nerv der Zeit treffen, kann ein eigentlicher Hype ausgelöst werden, der sich schon nach kurzer Zeit in einem kaum mehr überschaubaren Angebot an Publikationen (Fachartikeln, Bücher), Seminarangeboten und Kongressen niederschlägt, denn weitere Berater, Wissenschaftler und Medien springen auf den fahrenden Zug auf.

Der Hype um ein solch tatsächlich oder vermeintlich neues Konzept, von den Autoren häufig als Allheilmittel für alle Probleme der Unternehmenspraxis angepriesen, wird in den Unternehmen selbstverständlich wahrgenommen und erfüllt dort auch eine relevante Funktion. Es weist auf Defizite von in der Unternehmenspraxis aktuell angewandter Organisationskonzepte hin und macht diese Schwachpunkte – überbordende Bürokratie, mangelnde Flexibilität, fehlende Kundennähe, zu langsame Prozesse, um einige häufig genannte Beispiele zu wiederholen – überhaupt erst thematisierbar und ermöglicht so unternehmensinterne Diskussionen darüber. Ein positiver Aspekt bei diesem Vorgehen besteht darin, dass damit auch sofort ein Lösungsvorschlag präsentiert wird, was die angestossene Diskussion nicht als Nörgelei erscheinen lässt.

Eine unmittelbare Reaktion, in Form einer Umsetzung des neuen Konzepts, unterbleibt aber dennoch in den meisten Fällen. Allenfalls zögerlich und gestützt auf überzeugende

Erfolgsberichte aus Pionierunternehmen implementieren weitere Unternehmen ein neues Konzept, zumindest als Pilotprojekt in einzelnen Unternehmensbereichen. Erst wenn sich dieses in der Praxis erkennbar breit bewährt hat, folgen dann weitere Unternehmen zum Teil mit einem erheblichen Timelag, also in einer Phase, in welcher der ursprüngliche Hype um das neue Konzept bereits wieder im Abflauen begriffen ist. Grundsätzlich lässt sich also mit Fug und Recht von einer erheblichen Umsetzungslücke bei der Einführung neuer Organisationskonzepte sprechen, die jedoch nicht unbedingt negativ zu beurteilen ist: Vielmehr kann es als ein Zeichen für solides und gutes Management betrachtet werden, wenn Führungskräfte nicht kritiklos jedem Trend hinterherlaufen, um ja nicht etwa als ewiggestrig angesehen zu werden.

In einigen Fällen werden neuartige Konzepte auch in der Unternehmenspraxis entwickelt und von dort nach aussen getragen. Sie dienen dann der Imagebildung oder bilden die Grundlage für eigene Beratungsaktivität als zusätzliches Geschäftsfeld.
Vor dem geschilderten Hintergrund kann eine grundsätzlichere inhaltliche Beurteilung neuer Organisationskonzepte erfolgen.

Was für eine mögliche Realisierung der neuartigen Organisationskonzepte spricht, ist zunächst einmal die Einschätzung, dass die oben beschriebenen Veränderungen der Unternehmensumwelt einen erheblichen Druck auf die Unternehmen ausüben werden, sich intern entsprechend neu zu strukturieren. Ein weiteres Argument ist die technologische Entwicklung, insbesondere im Bereich der Informations- und Kommunikationstechnologien, welche derart grundlegende Veränderungen der Organisationskonfiguration überhaupt erst ermöglichten.

Gegen eine baldige Realisierung der neuen Konzepte sprechen zunächst einmal die Vorstellungen und Selbstbilder, welche Führungskräfte und Manager von sich und ihren Aufgaben haben. Diese sind immer noch stark mit der Idee von Beherrschung und Kontrolle verbunden und werden wohl nicht ohne weiteres aufgegeben werden. Die oben skizzierten neuen Organisationskonzepte würden aber gerade einen weitgehenden Verzicht auf Beherrschung und Kontrolle bedeuten. Ein weiteres gewichtiges Gegenargument sind die Bedürfnisse und Gewohnheiten der Mitarbeitenden. Je radikaler die neuen Organisationskonzepte umgesetzt würden, desto stärker wären die Sicherheitsbedürfnisse der Mitarbeitenden tangiert. Derart tief greifende Veränderungen der Organisationsstruktur sind aber ohne Akzeptanz der betroffenen Mitarbeitenden und Führungskräfte nicht realisierbar. Ein weiteres Argument ist schliesslich auch die Leistungsfähigkeit und Anpassungsfähigkeit hierarchischer Organisationsstrukturen. Die «Pyramide» hat sich in der Vergangenheit als ausserordentlich widerstandsfähig erwiesen. Das hängt wiederum mit ihren ganz spezifischen Leistungsmerkmalen zusammen. Eine hierarchische Organisationsstruktur ist nämlich, entgegen vielen anders lautenden Behauptungen, sehr wohl in der Lage, auch sehr grosse Komplexität erfolgreich zu bewältigen (Mirow, 1999).

Letztlich ist bei der Beurteilung dieser Frage immer zu berücksichtigen, dass Organisationsstrukturen aus Managementsicht instrumentellen Charakter haben. Sie sind nicht

Selbstzweck, sondern werden zur Erreichung höherwertiger Ziele gestaltet. Ob nun aber diese Ziele erreicht werden können, hängt ganz wesentlich davon ab, ob die jeweilige Organisationsstruktur passt, zum Beispiel zur Strategie des Unternehmens, zu dessen Grösse, aber auch in die branchenspezifische Umwelt. Dieses Passen, der «fit» zwischen der Struktur und einer Vielzahl weiterer relevanter interner und externer Faktoren, wird schliesslich darüber entscheiden, welche Art von Organisationskonfiguration ein Unternehmen wählt. Dabei ist sicherlich davon auszugehen, dass für viele Unternehmen in den verschiedensten Branchen eine intelligent konzipierte Pyramide in einer wandlungsbereiten und wandlungsfähigen Kultur den Bedürfnissen der näheren Zukunft durchaus noch genügen wird. Umgekehrt wird es sehr interessant sein zu sehen, welche Erfahrungen Pionierunternehmen machen, die sich für eines der neuen Organisationskonzepte entscheiden.

Der Abschied von der Pyramide kann und wird aber mit hoher Wahrscheinlichkeit nicht isoliert erfolgen. Eine grundlegende Veränderung der Organisationsstruktur wird eher Endpunkt als Anfangspunkt einer grundlegenden Reformulierung von Aufgaben und Methoden des Managements sein.

Wenn für ein Unternehmen tatsächlich der Übergang zu einer dieser neuen Organisationsformen erwogen würde, so wäre dies ein so schwerwiegender Eingriff in die Struktur und Kultur der Organisation, welcher mit einer traditionellen Reorganisation kaum mehr vergleichbar wäre. Eine solche Transformation eines Unternehmens hätte für seine Anspruchsgruppen weitgehende Konsequenzen. Für die Mitarbeitenden etwa würde es wohl den endgültigen Abschied von traditionellen Sicherheitsvorstellungen bedeuten, die bisher mit einem festen Arbeitsplatz verbunden waren. Die dann noch verbleibenden Führungskräfte müssten die Vorstellung von Beherrschbarkeit und Kontrollierbarkeit ihres Unternehmens weitgehend aufgeben. Für die Öffentlichkeit und die anderen externen Anspruchsgruppen schliesslich würde es bedeuten, dass das Unternehmen wegen seiner fliessenden Grenzen für sie kaum noch fassbar wäre.

Abschliessend soll hier noch festgehalten werden, dass, selbst wenn radikale Veränderungen von Organisationen nicht unmittelbar zu erwarten sind, dennoch davon auszugehen ist, dass Veränderungen der Organisationsstruktur und der Prozesse innerhalb eines Unternehmens in Zukunft wohl noch häufiger und radikaler vollzogen werden müssen. Das würde etwa bedeuten, dass Veränderung und Veränderungsbereitschaft – und nicht etwa Stabilität – zu einem Kernelement einer zukunftsfähigen Organisationskultur werden müssten. Dementsprechend würden Reorganisationen nicht mehr nach dem Muster von «unfreezing, moving, refreezing» ablaufen, sondern die Organisation müsste in ständiger Veränderungsbereitschaft gehalten werden. Die Leitvorstellung wäre dann nicht mehr ein Eisberg, sondern eher ein Softeis: eine Organisation, die sich ständig in einem mehr oder weniger trägen Fluss befindet und bei der alles mit allem lose verkoppelt ist (Weick, 1995). Bei der Beurteilung neuer Organisationskonzepte ist abschliessend Stefan Kühl (2015) beizupflichten, der die Suche nach der optimalen Organisationsstruktur als Sisyphusarbeit bezeichnet, die zu tun sich aber lohnt.

6 Prozessorganisation – Einführung

Panta rhei! «Alles fliesst» wird als grundlegende Aussage auf den griechischen Philosophen Heraklit zurückgeführt und weist auf den fortlaufenden Wandel und damit auf die Prozessualität aller Dinge hin – auch im Unternehmen! Wenn Gefälle und Richtung im Wesentlichen stimmen, braucht die Fliessbewegung kaum Eingriffe oder Korrekturmassnahmen. Günstig angelegte Prozesse unterstützen die Beteiligten ohne künstliche Kraftanwendung in rascher und effizienter Weise bei der Erreichung gesteckter Ziele. Die besten Vorgänge sind meist diejenigen, welche von sich aus die Neigung haben, korrekt abzulaufen. Die Gestalter solcher Prozesse beachten dabei bewusst Faktoren wie das Wissen und die Fähigkeiten der Mitarbeitenden und die Unternehmungskultur und machen sich deren Wirken zu Nutze.

Zu beachten gilt, dass ganzheitlich formulierte, das heisst zu Gunsten möglichst vieler Begünstigter ausgestaltete Ziele von Beginn weg bessere Akzeptanz geniessen. Sie werden gleichsam automatisch angestrebt und in der Praxis auch vielfach ohne besonderes Zutun erreicht.

Zu Prozessvorgaben, die von übergeordneter Stelle durchgesetzt werden, mag es zwar gleichwertige Alternativen geben, die Einheitlichkeit der Vorgehensweise bringt aber dem Unternehmen als Ganzem Vorteile. Allgemeine, übergeordnete Prozessvorgaben übertreffen in der Regel individuelle mit teilweise suboptimalen Lösungen punkto Effektivität und Effizienz. In einem solchen Fall tritt die Individualität spezifischer Einzellösungen in den Hintergrund zugunsten optimierter Gesamtlösungen von Prozessen.

Von allen Betroffenen oder einer überwiegenden Mehrheit von ihnen abgelehnte Lösungen können hingegen meist nur vorübergehend etabliert werden. Beispiel: Wenn der Einsatz einer elektronischen Adressdatenverwaltung an mangelhafter Aktualität der Daten und damit am unbefriedigend ausgestalteten Prozess der Datenaktualisierung scheitert, führt dies dazu, dass einzelne Mitarbeitende wieder auf ihre alt bewährte Karteilösung zurückgreifen oder eigene Dateien zu verwalten beginnen. Die Ressourcenverschwendung ist in einem solchen Fall offensichtlich und beträchtlich.

7 Prozesse und Prozessstrukturen

7.1 Prozessbegriff

Zuerst soll der Begriff **Prozess** exakt definiert werden. Unter einem Prozess wird im Folgenden «[...] die zielgerichtete Erstellung einer Leistung durch eine Folge logisch zusammenhängender Aktivitäten [...], die innerhalb einer Zeitspanne nach bestimmten Regeln durchgeführt wird» verstanden (Vahs, 2019, S. 215). Dieses Festhalten an bestimmten Regeln stellt die Garantie dafür dar, dass eine wiederholte Durchführung – insbesondere auch durch andere Personen – zum immer gleichen im Voraus bestimmten Ergebnis des abgelaufenen Prozesses führt und somit eine als professionell empfundene Gleichartigkeit aufweist.

Die konsequente Kundenorientierung, das heisst, die Ausrichtung auf den Markt, ist unentbehrlich für den Erfolg. Prozessorientierung bedeutet immer auch Ausrichtung der Unternehmung an den Kundenbedürfnissen und -wünschen. Dies ist deshalb notwendig, weil bei der Gestaltung von Prozessstrukturen oft die interne Sichtweise im Vordergrund steht und die Kunden- und Marktorientierung darunter leiden können. Um eine der Kon-

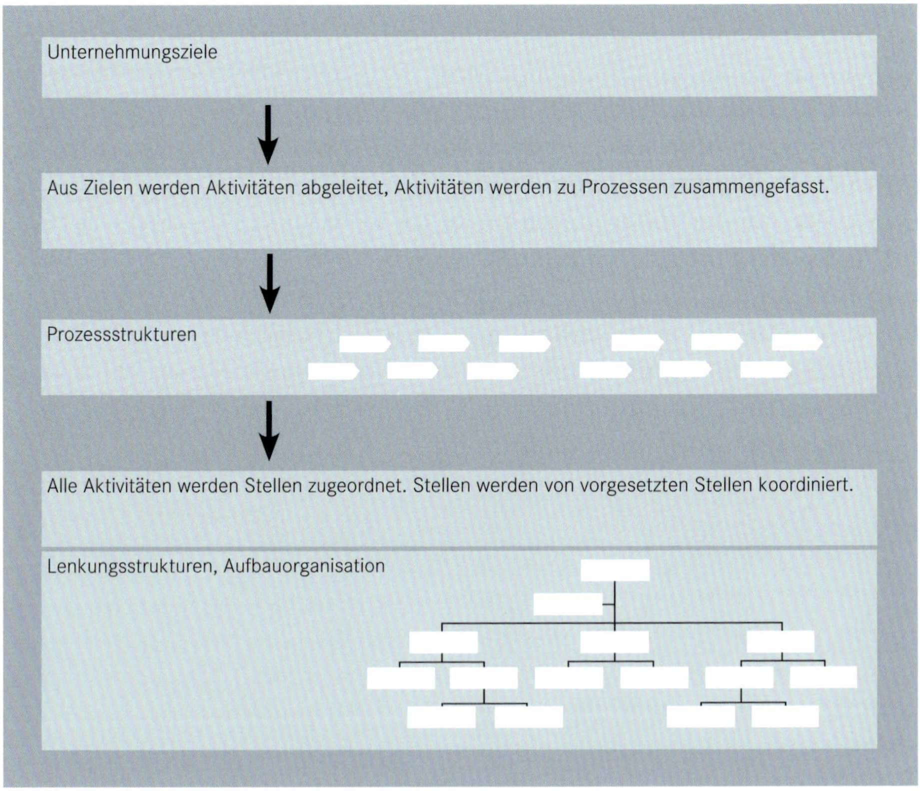

Abb. 18: Aufbauorganisation und Prozessstrukturen

kurrenz überlegene Organisation oder Prozessstruktur zu gestalten, muss von aussen nach innen gedacht werden (Picot, Dietl, Franck, Fiedler & Royer, 2015, S. 375). Von besonderer Tragweite ist die Ausweitung des Kundenbegriffs vom externen auf den internen Kunden. Auch innerhalb der Unternehmung werden Leistungen für «Kunden», für interne Leistungsempfänger, erbracht. Die optimale Einstellung auf die aktuellen Bedürfnisse der Leistungsempfänger ist eine wichtige Voraussetzung für die Steigerung der Leistungsfähigkeit der Organisation.

Bevor die Prozessorientierung in den Vordergrund trat, hatte die traditionelle Aufbauorganisation mit dem Fokus auf der Aufgabenverteilung, das heisst auf der Bildung von Stellen und auf der Zuordnung von Aktivitäten auf Stellen, dazu geführt, dass zwangsläufig Schnittstellen entstanden. Die Anzahl der Schnittstellen sollte aber möglichst gering gehalten werden, um Reibungsverluste zu vermeiden. Die horizontale, die prozessorientierte Ausrichtung gewinnt an Bedeutung (siehe Abbildung 18). Zeit wird zu einem zentralen Erfolgsfaktor: time-to-market, just-in-time und vieles mehr sind hierfür die Stichworte. Kein Unternehmen kann sich zeitraubende und ineffiziente Prozesse leisten.

7.2 Bestimmung des Organisationsgrades

Die Organisation von Prozessen stellt sich als eine Mischung aus fallweisen und generellen Regeln dar. Neben offiziellen entstehen in jeder Unternehmung auch inoffizielle Regeln, welche je nach Kenntnisstand und Position der Anwender den offiziellen Regeln folgen, sie ergänzen oder ihnen auch zuwiderlaufen können.

Die Festlegung des richtigen **Organisationsgrades** – des Ausmasses, in dem Strukturen vorgegeben werden, damit der Freiraum der Mitarbeitenden sinnvoll begrenzt, gleichzeitig aber Effizienz, Einheitlichkeit und Übersichtlichkeit gefördert wird – stellt eine Hauptschwierigkeit der Organisationsarbeit dar. Der Organisationsgrad hängt davon ab, in welchem Umfang innovative oder repetitive Aufgaben vorliegen. Er hängt natürlich auch von den eingesetzten Mitarbeitenden, von ihrem Ausbildungs- und Wissensstand, von ihrer Erfahrung ab (Bühner, 2004, S. 9).

Das Mass an organisatorischen Vorgaben ist sorgfältig festzulegen und in der Folge konsequent zu beachten. Zu viel an Organisation kann grossen administrativen Aufwand verursachen und die Akzeptanz schmälern, zu wenig führt zu Abweichungen von gewünschten Resultaten und wird in der Praxis oft als Inkompetenz interpretiert.

Immer wenn mehrere Personen an einem Prozess beteiligt sind, wenn also Arbeitsteilung vorliegt, ist darauf zu achten, dass Prozesse sicher ablaufen. Das heisst, dass die Prozessabwicklung jederzeit zum gewünschten Ergebnis in vorgegebener Qualität führt. Dies sollte auch dann sichergestellt sein, wenn neue Mitarbeitende diese Aktivitäten wahrnehmen.

Prozesse können und sollen aber nicht möglichst detailliert, sondern adäquat festgeschrieben werden. Ein Freiraum für deren Gestaltung, ein Freiraum für situative Anpassungen muss den Mitarbeitenden zu ihrer Motivation eingeräumt werden. Improvisation darf einen angemessenen Platz behalten. Dies steigert die Flexibilität.

Im Falle innovativer Aufgaben lassen sich Prozesse tendenziell weniger oder gar nicht strukturieren. Freiheiten wirken stimulierend. Viele atmosphärische Komponenten beeinflussen die intuitive Leistungsfähigkeit und Motivation derart, dass es am besten erscheint, nur gerade klare Rahmenbedingungen für den Prozessablauf zu schaffen. Alles Weitere entwickelt sich spontan. Die Folge sind Prozesse, die zwar formal nicht präzise gestaltet wurden, die deswegen aber nicht weniger zielführend sein müssen.

Neben der planmässigen Gestaltung von Prozessen innerhalb des Unternehmens werden immer häufiger Handlungsmuster und Praktiken beobachtet, die nicht explizit angestrebt oder vorgegeben wurden. Es wird dann von impliziten oder emergenten Prozessen oder informalen Prozessstrukturen gesprochen.

Organisation lässt sich ökonomisch als Investition in eine bessere Wahrnehmung von Aufgaben verstehen, was die Grundlage für Optimierung darstellt. Wenn das Ausmass der erwarteten Verbesserungen den Initialaufwand rechtfertigt und gleichzeitig die Akzeptanz erhalten bleibt oder sogar steigt, dann zahlt sich Organisation aus.

Prozesse werden im vorliegenden Zusammenhang immer als zielgerichtete und wertschöpfende Aktivitäten betrachtet. Ein solcher Geschäftsprozess besteht somit immer aus funktions- und organisationsübergreifenden Tätigkeiten, welche als Ergebnis die von den Kunden gewünschten Leistungen anstreben (Schmelzer & Sesselmann, 2013, S. 66).

7.3 Standardisierung von Prozesselementen

Die einzelnen Elemente, welche Prozesse charakterisieren, können auf eine einfache Grundstruktur zurückgeführt werden (siehe Abbildung 19).

Der Auslöser und damit Startpunkt eines Prozesses kann innnerhalb oder ausserhalb der Unternehmung liegen. Wahrzunehmende Aktivitäten enthalten eine Vorgabe hinsichtlich ihrer Dauer. Den effektiven Zeitbedarf nennt man Durchlaufzeit, auf deren Zusammensetzung wird später im Zusammenhang mit Optimierungsmassnahmen einzutreten sein.

In jeden Prozess geht ein Input, aus einer bestimmten Quelle stammend, ein. Der Inputaufnahme schliessen sich eine oder mehrere Aktivitäten an. Menschen, Sachmittel, Informationen und Methoden finden im Laufe der Prozessabwicklung Anwendung. Das Ergebnis des Prozesses ist ein bestimmter Output, der seinerseits wieder verwendet werden kann. Ein Prozess kann durch einen externen Anstoss, ein bestimmtes Ereignis, eine vorgelagerte Aktivität oder auch durch das Erreichen eines bestimmten Zeitpunktes ausgelöst werden.

Im Zentrum der Prozessabwicklung stehen Menschen als Prozessverantwortliche. Ihnen dienen Sachmittel, Informationen und Methoden. Der zielgerichtete Einsatz dieser Elemente entscheidet über Erfolg und Misserfolg. An **Schnittstellen,** wo die Arbeit ande-

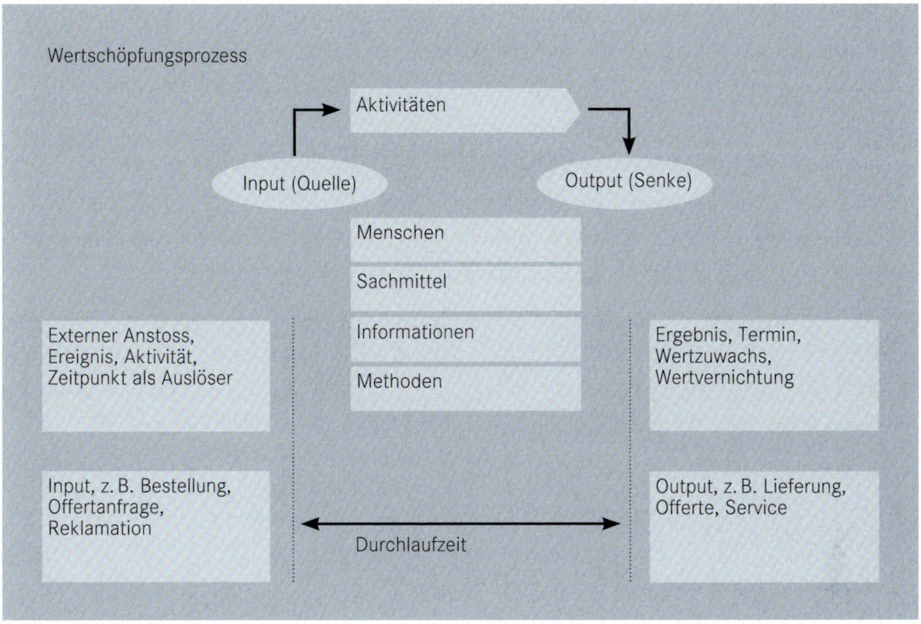

Abb. 19: Basiselemente von Prozessen

ren Mitarbeitenden übergeben wird, können Probleme, Missverständnisse und Fehler entstehen. Medienbrüche im Informationsfluss wenn Daten von einem an ein anderes Informationssystem übergeben werden – sind immer potenzielle Fehlerquellen. Schnittstellen sollten deshalb in ihrer Anzahl und Komplexität so klein wie möglich gehalten werden. Oft finden sich hier Ansatzpunkte für Optimierungen.

7.4 Pflege von Prozessen

Prozesse müssen nicht nur entworfen, verankert und umgesetzt werden. Sie wollen in der Praxis auch laufend überwacht, optimiert und angepasst sein. Mit andern Worten: Sie brauchen Pflege. Neben den Linienverantwortlichen in der primären Organisation ist es im Hinblick auf eine optimale Prozessabwicklung sinnvoll, **Prozessverantwortliche** zu benennen, die für die Qualität der Prozessabwicklung und -weiterentwicklung zuständig sind.

Der Einsatz von Prozessverantwortlichen führt zu Mehrfachunterstellungen in der Unternehmung und damit zu einem erhöhten Konfliktpotenzial. Die Entscheidungsbefugnisse der Linienverantwortlichen können in gewissen Situationen zugunsten der optimalen Prozessabwicklung beschnitten werden, andererseits verhindern starke Linienpositionen die Umsetzung geeigneter Abläufe über die Grenzen einzelner Abteilungen hinweg. Einheitlichkeit und Qualität der Prozesse sollten mit Blick auf grösseren Kundennutzen zwar höher eingestuft werden als die Autonomie einzelner organisatorischer Einheiten. Dies wird jedoch oft erst in «reiferen» Prozessorganisationen vollzogen.

7.5 Hierarchie und Typologie von Prozessen

Die Gestaltung von Prozessen empfiehlt sich wenn immer möglich, top-down in einer hierarchisch angelegten Vorgehensweise anzugehen (vgl. Abbildung 20).

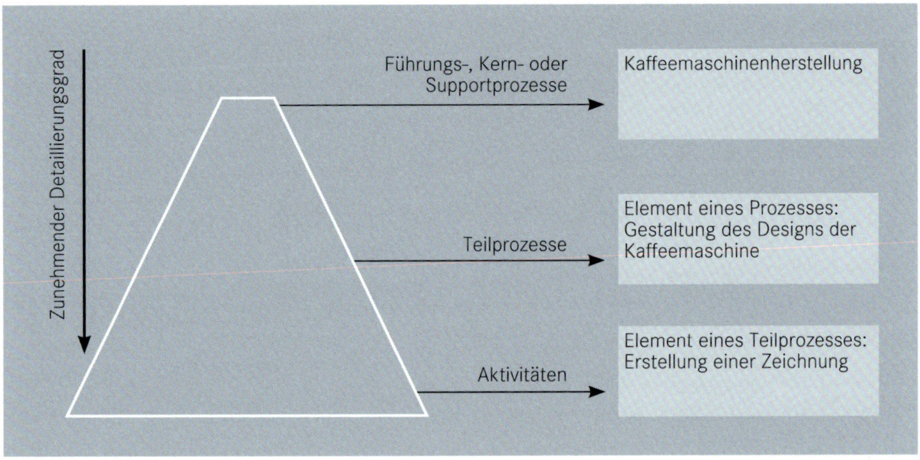

Abb. 20: Prozesshierarchie in der Unternehmung

Auf der Ebene der Gesamtunternehmung unterscheidet man in der klassischen Gliederung Kern-, Führungs- und Supportprozesse. Kernprozesse werden durch die oftmals ähnlich gestalteten und standardisierbaren Führungs- und Supportprozesse flankiert. Diese Einteilung erleichtert den Überblick und verdeutlicht das Zusammenspiel der Elemente.

Kernprozesse sind direkt auf die Kunden ausgerichtet, dienen letztlich der Befriedigung der aktuellen Kundenbedürfnisse, deren Wandel stets zu beachten oder gar zu antizipieren ist. Durch sie kann sich das Unternehmen von seinen Konkurrenten abheben. Optimierte Kernprozesse stellen ein Mittel zur Erlangung von Wettbewerbsvorteilen dar und entscheiden über den Erfolg der Unternehmung.

Auf der Stufe **Teilprozesse** wird die weitere Unterteilung vorgenommen. Eine sinnvolle Strukturierung und die Zuordnung auf Stellen erlauben eine effiziente Planung der zusammenhängenden Prozesse und Überbrückung von Schnittstellen.

Aktivitäten werden mit geeigneten grafischen Hilfsmitteln, zum Beispiel Prozessdiagrammen, festgehalten. Sie bieten einen Überblick über die abzuarbeitenden Aufgaben im Zeitablauf und zeigen das Zusammenwirken verschiedener Stellen. Derartige grafische Darstellungen bedingen zwar einen relativ hohen Aufwand bei ihrer Erstellung, sind dafür aber oft eine grosse Hilfe – unter anderem bei der Einarbeitung neuer Fachkräfte.

In Abbildung 21 sind die drei **Prozesstypen** dargestellt. Die vorliegende Gliederung nach Kern-, Führungs- und Supportprozessen stimmt in diesem Beispiel weitgehend mit der Struktur der Funktionsbereiche, genauer mit den Metafunktionen überein. Führungsprozesse entsprechen den Führungsfunktionen, Kernprozesse den marktleistungsbezogenen Funktionen und Supportprozesse den Versorgungs- und Querschnittfunktionen. Situationsbedingt kann einem bestimmten Prozesstyp oder einem bestimmten Funktionsbereich besondere Bedeutung zukommen, wenn der Kunde einen Teil des Prozesses selber abwickelt. So sind zum Beispiel im Falle einer Versicherung das Informations- und das Wissensmanagement zu den Kernprozessen zu zählen, wenn sie Bestandteil der Marktleistung werden oder einen direkten Beitrag leisten, indem die Kunden selber Geschäftsfälle abwickeln, sich Informationen beschaffen oder sie der Versicherung zukommen lassen.

Abbildung 21 zeigt auch eine oft verwendete Darstellungsform von Prozessen. Die Pfeilform hat sich für Prozessmodelle auf der Ebene des Gesamtunternehmens wie auch für einzelne Aktivitäten durchgesetzt. Der Pfeil verkörpert in gewisser Weise die Bewegung in Richtung Kunde und lässt das Element dynamisch erscheinen. Die Rückkopplung mit rückwärts gerichteten Pfeilen in geschlossenen Kreisläufen sowie der Einbezug der Umwelt (u. a. Kunden) haben ebenfalls breite Akzeptanz gefunden.

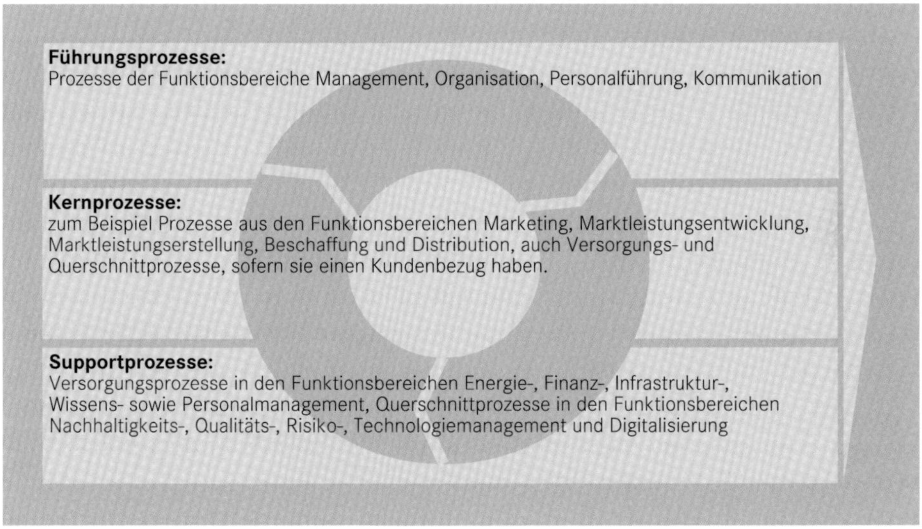

Abb. 21: Prozesstypen

Eine **Prozesslandschaft,** wie sie mit der Darstellung der drei klassischen Prozesstypen gegeben ist, gehört zu den praxisnahen Modellen praktisch jedes mittleren oder grösseren Unternehmens.

Erfahrungsgemäss verfeinern Unternehmungen ihre Prozesslandschaft laufend. Interessant ist dabei zu verfolgen, dass zunächst Themen, die neu ins Bewusstsein rücken, auch prominent im Prozessmodell abgebildet werden, um später, wenn sie eher zur alltäglichen Realität zählen, wieder von der Oberfläche zu verschwinden.

Ein Beispiel: Die Post hatte in einem ihrer ersten Prozessmodelle die «Kundenbeziehungen» und das «Qualitätsmanagement» als eigene Prozesskategorien neben Führungs- und Kernprozessen geführt. In einer späteren Version wurden sie in die Führungsprozesse beziehungsweise die Kernprozesse integriert. Die folgende Interpretation scheint naheliegend: Zuerst wurden die Schwergewichte in den erwähnten Themen als derart stark empfunden, dass eigene Kategorien von Prozessen festgelegt wurden. Mit der Zeit wurde die Organisation wieder an die oben beschriebene klassische Einteilung der Prozesstypen angeglichen.

7.6 Prozessorientierte Sichtweise

Wichtig an der horizontalen, prozessorientierten Sichtweise ist, dass die Prozesse mit Informationen begleitet werden. Moderne Informationstechnologien müssen Geld- und Güterflüsse beschreiben, sollen Führungskennzahlen und aussagekräftige Vergleichswerte für anstehende Entscheidungen bereitstellen.

Ein grundlegendes Modell für die Prozessorganisation haben Osterloh und Frost (2006, S. 52) vorgelegt. Sie propagieren eine *Triage-Idee* nach der Komplexität von Prozessen oder Aktivitäten, die bestens geeignet erscheint, den Grad des Organisierens, die Strukturierbarkeit zu bestimmen. Je nachdem, ob ein *Routinefall*, ein *Spezialfall* oder ein *Ausnahmefall* vorliegt, muss unterschiedlich intensiv beschrieben werden, was wirklich im Rahmen der Prozessabwicklung einzuhalten ist.

Bei Routinefällen – bei repetitiven Aufgaben – mit geringer Komplexität ist eine standardisierte Abwicklung möglich. Die Vorschriften sind sehr präzise und die Verhaltensregeln eindeutig zu fassen. Das ist auch Grundlage für die Formulierung von Anforderungen an operative Informationssysteme, die in geeigneter Weise den Informationsfluss zwischen den Aktivitäten innerhalb von Prozessen sicherstellen.

Bei Spezialfällen mittlerer Komplexität müssen neben den exakten Beschreibungen häufig noch die Interaktion der Parteien und eine individuelle Beurteilung der Situation erfolgen. Vielerorts ist auch noch ein gewisser Spielraum vorhanden, kundengerechte Lösungen aus einer teilweise sogar emotionalen Gesamtschau zu gestalten. Dieser Freiraum wird bewusst gewährt und durch die Zuständigen genutzt. Ihre Ausbildung, ihre Erfahrung und ihr Fingerspitzengefühl sind für die sinnvolle Bearbeitung solcher Fälle unabdingbare Voraussetzungen.

In der komplexesten und schwierigsten Kategorie, den Ausnahmefällen, sind die Möglichkeiten für eine standardisierte organisatorische Regelung praktisch nicht gegeben. Die Besonderheiten erfordern eventuell sogar Überlegungen und Entscheide, die in gleicher oder ähnlicher Form noch nie zur Diskussion gestanden sind.

Auf diese Weise wird die Triage-Idee mit ihren drei Ausprägungen als Grundlage für Entscheide betreffend Ausmass der Strukturierung oder der Standardisierung eingesetzt.

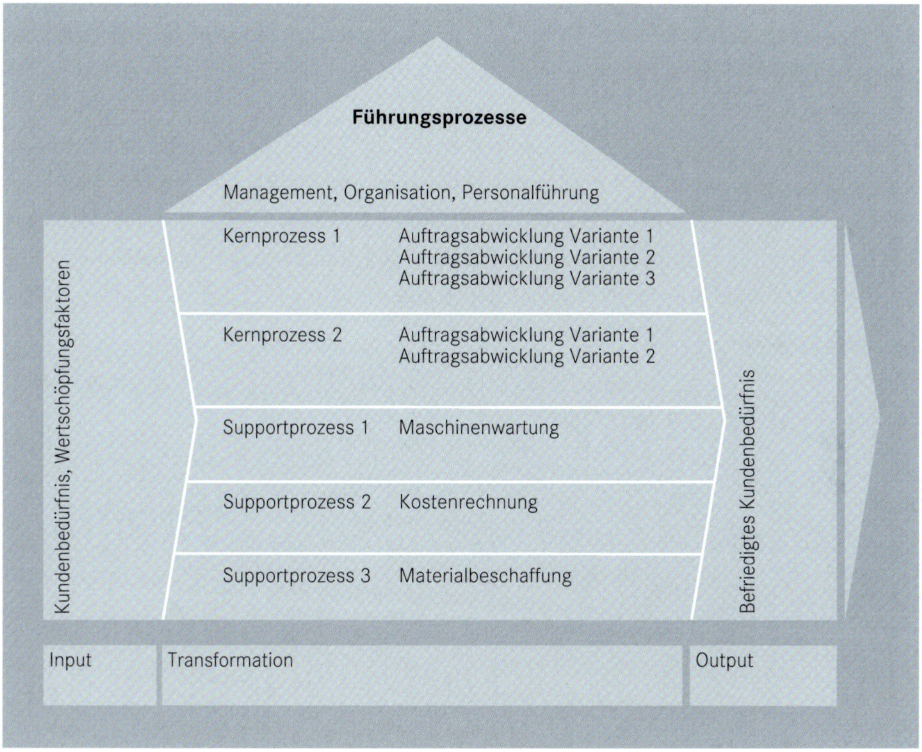

Abb. 22: Das Unternehmen als Prozessorganisation (Osterloh & Frost, 2006, S.101)

Im Modell der Prozessorganisation (vgl. Abbildung 22) sind die Kundenbedürfnisse und die erfüllten Kundenwünsche enthalten. Damit ist der direkte Bezug zur Umwelt und den Wertschöpfungsketten, in denen die Unternehmung eingebettet ist, gewährleistet.

7.7 Das Beispiel einer Prozesslandschaft

Das Beispiel einer Prozesslandschaft sei hier anhand einer Werkstatt für Menschen mit Beeinträchtigung angeführt. Es handelt sich um einen produzierenden Betrieb. Die Besonderheit liegt in der Dualität des Leistungsauftrags (siehe Abbildung 23). Neben der auftragsbezogenen Aufgabenerfüllung muss die Betreuung von Menschen mit Beeinträchtigungen gewährleistet werden. Eigentlich liegt die Priorität auf der Erfüllung des sozialen Auftrags, weil die primäre Ausrichtung, die Nähe zu den Klienten – Menschen mit Beeinträchtigung – und die Finanzierung schwergewichtig hieraus hervorgehen. Dennoch bleiben sinnvolle Aufträge aus der «freien Wirtschaft» besonders wichtig für das

Selbstverständnis der Mitarbeitenden. Das Selbstwertgefühl und die Gewissheit, für die vorgesehene Aufgabenerfüllung bedeutsam zu sein, beziehen auch Menschen in diesen Arbeitsstätten aus erfolgreich abgewickelten produktiven Aufträgen. Das Dilemma wird dann besonders deutlich, wenn Termine oder Qualitätsansprüche erfüllt werden müssen, gleichzeitig aber persönliche Krisen die Leistungsfähigkeit beeinträchtigen. Dann sind Prioritäten zu setzen.

Wie aus Praxisbeispielen schnell zu erkennen ist, unterscheiden sich Unternehmen primär durch die Gestaltung ihrer Kernprozesse. Hier sind natürlich ihre Wettbewerbsvorteile seitens der Kunden am ehesten wahrzunehmen und zu werten. In den Führungs- beziehungsweise Supportprozessen beschränken sich – aus der Kundenperspektive – die Unterschiede oft auf eine indirekte Wahrnehmung.

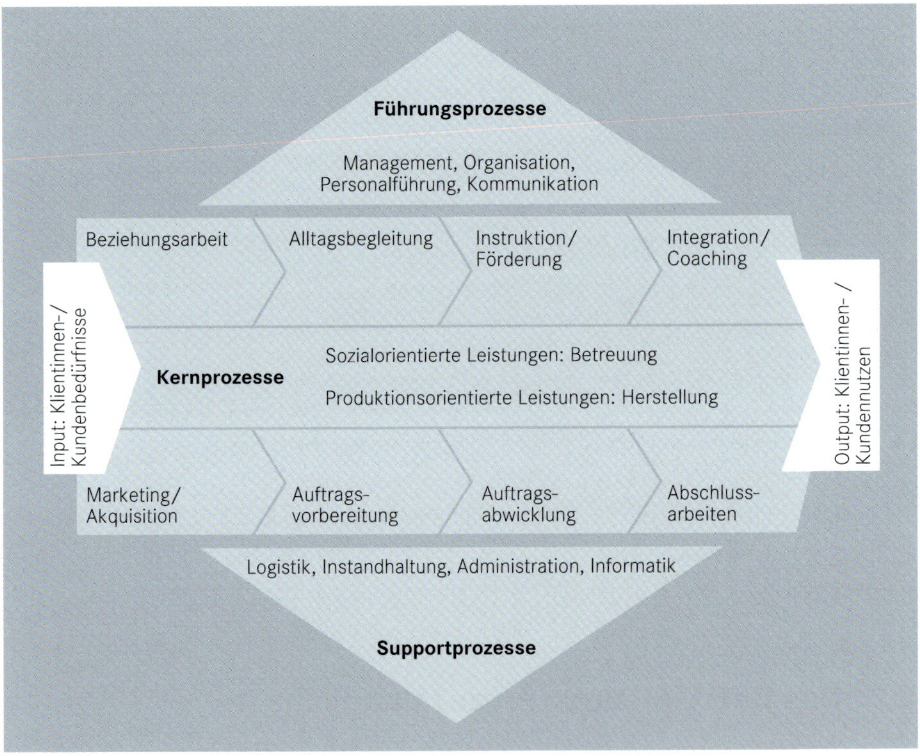

Abb. 23: Beispiel einer Prozesslandschaft

7.8 Detaillierte Darstellung von Prozessen

Der detaillierten **Darstellung von Prozessen,** ihrer aussagekräftigen Dokumentation auf dem Niveau der Aktivitäten, kommt zentrale Bedeutung zu. Die verwendeten Darstellungsformen sind sehr vielfältig. Sie alle weisen Vor- und Nachteile auf, weshalb ihre Eignung im Einzelfall zu prüfen ist. Wesentlich ist in jedem Fall, dass Klarheit und Übersichtlichkeit gewahrt sind (vgl. Abbildung 24).

Die Konventionen und Standards zur strukturierten Beschreibung von Prozessen finden vor allem im Bereich der Informatik seit langem grosse Beachtung. Wenn Stellen, Datenträger und Ausgabemedien genau spezifiziert werden müssen, bietet die Fliesstextform kaum sinnvolle Instrumente. Die Organisationslehre beschreibt vielfältige Darstellungsformen und -symbole. An dieser Stelle soll die Erläuterung einer kleinen Auswahl genügen.

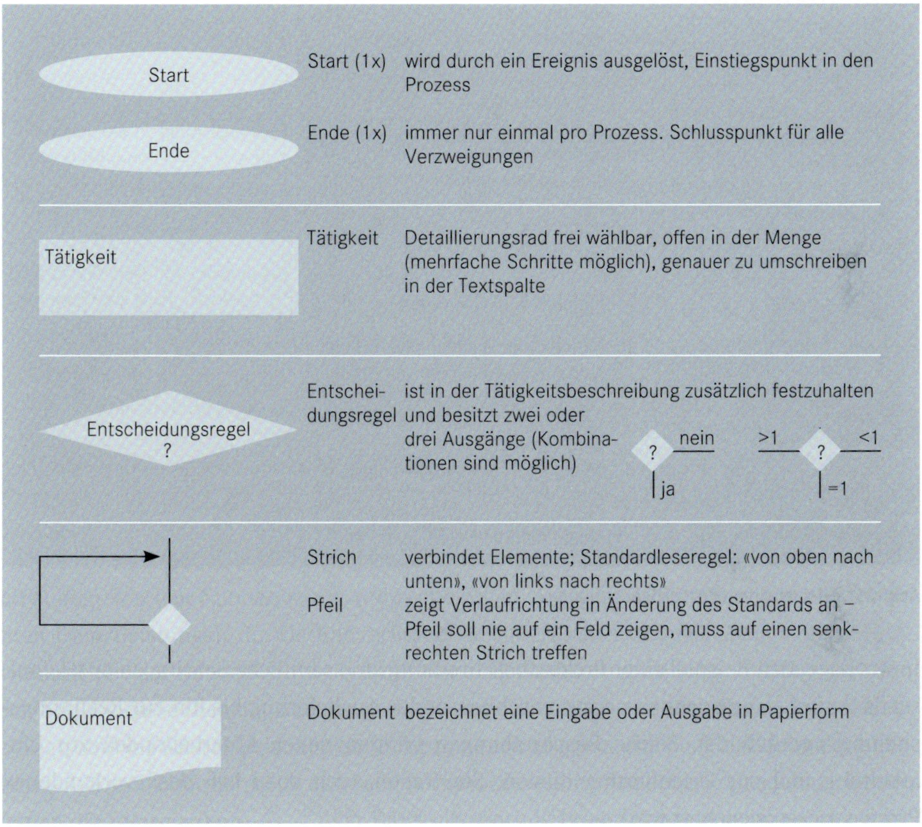

Abb. 24: Elemente zur Darstellung von Prozessen

Für gute Verständlichkeit einer Prozessbeschreibung erscheint es zentral, dass eine Darstellung nach Möglichkeit immer einen Anfang und ein Ende aufweist (vgl. Abbildung 25). Das verwendete Symbol dafür ist ein entsprechend mit «Start» oder «Ende» beschriftetes Oval. Aktivitäten werden geordnet nach ihrer zeitlichen Abfolge abgebildet und in Rechtecken eingetragen. Als weiteres wichtiges Symbol wird der Rhombus zur Darstellung von Entscheidungspunkten verwendet. Die korrekte Beschreibung und allfällige Kombination von Entscheidungspunkten erfordern vom Ersteller eine gewisse Fertigkeit. In einer zweiten Spalte werden die Aktivitäten näher erläutert.

«process» eingefügt werden. Dies lässt sich am Führungsprozess des Integralen Managements sehr gut zeigen. Im ersten Schritt werden die Ziele der strategischen Planungseinheit formuliert. Darauf aufbauend werden die Prozesse gestaltet. Die einzelnen Aktivitäten, welche diese Prozesse ausmachen, werden bestimmten Stellen zugeordnet. Diese müssen bei der Wahrnehmung ihrer Aktivitäten koordiniert werden. Damit sind wir bei den Lenkungsstrukturen angelangt. Chandlers Merksatz muss also angepasst lauten: «Structure follows process, process follows strategy.»

8.2 Führungs- und Supportprozesse

Sehr häufig wird die Frage gestellt, ob die Zuordnung von Prozessen zu Führungs- oder Supportprozessen einer Herabstufung einzelner Prozesse gleichkommt. Die Antwort lautet klar «nein!». Für die Erbringung der Marktleistung sind alle Wertschöpfungsprozesse unabdingbar. Die Unterscheidung zwischen Kern-, Führungs- und Supportprozessen ist dennoch wichtig, weil sie einer ersten logischen Gliederung dient und hilft, die vielfach komplizierten Strukturen gedanklich zu fassen:

- Die Kernprozesse werden überschaubarer.
- Das Benchmarking als Mittel zur Optimierung von Prozessen oder zur Bestimmung marktkonformer Verrechnungspreise wird erleichtert.
- Das Preis/Leistungs-Gefüge kann dem Kunden transparent gemacht, ein geforderter Preis gerechtfertigt werden.

Bei den keinen direkten Kundennutzen generierenden Support-Prozessen kann die Frage nach ihrer Auslagerung, ihrem **Outsourcing** mit Recht gestellt werden. Wenn ein externer professioneller Leistungserbringer gleiche Qualität zu tieferen Kosten anbieten kann, muss ein solcher Schritt ernsthaft geprüft werden. Die nachfolgend aufgelisteten Fragen – es können im Einzelfall noch weitere hinzukommen – müssen allerdings beantwortet sein, bevor eine Auslagerung, ein Outsourcing, befürwortet werden kann:

- Gehen Fachwissen und Kompetenz unwiederbringlich verloren?
- Wird Fachwissen auf einen Partner übertragen, der später ein Konkurrent sein könnte?
- Sind die auszulagernden Prozesse so abgrenzbar und können Schnittstellen so klar definiert werden, dass sinnvolle Arbeitspakete abgegeben werden?
- Verbleiben dem Unternehmen noch ausreichend Wertschöpfungsprozesse?
- Sind die zu erbringenden Leistungen in so genannten «service level agreements» (SLA) klar zu formulieren und in der Praxis exakt zu kontrollieren?
- Ist eine mittelfristig erfolgreiche Zusammenarbeit mit dem auszuwählenden Partner auf ökonomischer, persönlicher und sachlicher Ebene vorstellbar?

Wenn eine oder mehrere dieser Fragen negativ beantwortet werden müssen, sollte von einer Auslagerung der bisher intern erbrachten Leistungen abgesehen werden.

8.3 Permanente Prozessverbesserung

Die Unternehmungsumwelt und die Unternehmung selbst unterliegen einem steten Wandel. Dies zwingt jede Unternehmung zu ständigen Anpassungen an neue Umstände. Die **permanente Prozessverbesserung** ist eine Voraussetzung für unternehmerischen Erfolg. Chancen müssen genutzt, Gefahren vermieden werden. Im Total Quality Management **(TQM)** (Bruhn, 2013, S. 55) wird der kontinuierliche Verbesserungsprozess (KVP) als ein wesentliches Merkmal gepriesen. In dem nach seinem Erfinder benannten **Deming-Kreis** umfasst der KVP die Aktivitäten «plan – do – check – act». Dieser PDCA-Zyklus stellt eine andere Benennung für die Managementfunktionen Entscheiden, Umsetzen und Kontrollieren des Modells des Integralen Managements dar. Es handelt sich um einen ständig ablaufenden Prozess, was Voraussetzung für die angestrebte kontinuierliche Verbesserung ist.

8.4 Business Reengineering

Ein Gegenstück zum kontinuierlichen Verbesserungsprozess ist der Ansatz des Business Reengineerings. **Business Reengineering** ist genau genommen fundamentales Überdenken und radikales Redesign von Unternehmen oder wesentlichen Unternehmensprozessen. Das Resultat sind Verbesserungen um Grössenordnungen in entscheidenden, heute wichtigen und messbaren Leistungsgrössen in den Bereichen Kosten, Qualität, Service und Zeit» (Hammer & Champy, 1994, S. 48). Als Kernbegriffe des Business Reengineerings können der obigen Definition entnommen werden:

- fundamental
- radikal
- Verbesserungen um Grössenordnungen
- Unternehmensprozesse

Die Treiber solcher Verbesserungen sind häufig in technologischen Entwicklungen auszumachen. Wenn die Leistungsfähigkeit einer Technologie enorm steigt und/oder die Anwendungskosten rapide sinken, wie dies bei den Informationstechnologien in der Vergangenheit zu beobachten war, dann finden Anpassungs- und Substitutionsvorgänge statt. Als weitere Beispiele können die zunehmende Mobilität, Flexibilität und die Miniaturisierung von Geräten der elektronischen Datenverarbeitung herangezogen werden.

Wenn alles umgestellt und Verbesserungen um Grössenordnungen erreicht werden sollen, bedarf es konzeptioneller Neugestaltung der Unternehmensprozesse. Dies muss immer top-down geschehen. Viele Arbeitsplätze können oder müssen vernichtet, ersetzt oder umgestaltet werden, soll eine grundlegende Veränderung stattfinden. Entsprechend gross sind die Widerstände der Belegschaft. Von den Betroffenen werden in der Regel eine Vertiefung ihres Wissens, Spezialisierung und Verbesserung von Fertigkeiten verlangt.

Empirisch nachweisbare Erfolge des Business Reengineerings sind in der Praxis eher selten. Es existieren einige Beispiele, welche die beiden Autoren des Standardwerks zu diesem Thema (Hammer & Champy, 1994, S. 61) gerne selber anführen. Eines behandelt die Reorganisation des Kreditorenprozesses bei der Firma Ford. Nach der Zusammenführung der operativen Einheiten Mazda und Ford in einem Konzern konnte ein Benchmarking über die Kosten diverser Prozesse vorgenommen werden. Exemplarisch wurde der Kreditorenprozess der beiden Firmen verglichen. Bei ähnlichem Volumen wurden bei Ford ungefähr zehnmal so viele Ressourcen benötigt wie bei Mazda. Eine genauere Analyse ergab, dass der Mehraufwand durch Teil-, Fehl-, Zusatz-, Falschlieferungen und Ähnliches verursacht wurde. Die Korrektur bzw. Behebung solcher Probleme resultiert in einem immensen Zusatzaufwand, von dem man bis anhin annahm, er könne nicht vermieden werden. Die Praxis bei Mazda zeigte demgegenüber ein anderes Bild: Eine Bestellung konnte seitens der Lieferanten nur exakt richtig oder gar nicht abgewickelt werden. Einer unvollkommenen Anlieferung folgte vereinbarungsgemäss immer eine Zurückweisung. Nach einer schwierigen Anfangsphase waren die Lieferanten offenkundig so erzogen, dass sie die vorgegebenen Anforderungen praktisch vollkommen erfüllten. Die Ersparnisse in Folge geringer Nachbearbeitung auf beiden Seiten wurden durch den Besteller in Form von finanziellen Vergütungen belohnt.

8.5 Gefahren von Schnittstellen

Die **Schnittstellen** zwischen Personen, Organisationseinheiten oder Sachmitteln sind immer mehr oder weniger homogen. Schnittstellen stellen immer potenzielle Fehlerquellen dar.

Die Aufteilung von Arbeiten in Teilprozesse führt zu Spezialisierung und damit auch zu einer rationelleren Prozessabwicklung. Die Konsequenz davon ist aber auch eine Vielzahl von Schnittstellen mit den damit oft verbundenen Schwierigkeiten von zeitlichen Verzögerungen und unnötigen Liegezeiten. Diese Nachteile versucht man durch die Verlängerung der Prozessketten, die einer Gruppe von Mitarbeitenden übertragen sind, zu lindern. Die Ansatzpunkte, Fehler zu vermeiden und Prozessstrukturen zu verbessern, lassen sich durch eine Schnittstellenabstimmung auf drei Ebenen erreichen (Corsten, 1997, S. 63):

1. Abgegrenzte Aufgaben in Form eines Teilprozesses werden auf eine kleine Gruppe von Mitarbeitenden übertragen. Diese Gruppe übernimmt die Verantwortung für die sinnvolle Arbeitsteilung selber.
2. Zur effizienten Abwicklung der Teilprozesse werden die Lieferanten- und Kundenbeziehungen bezüglich Qualität, Durchlaufzeit und Lieferzuverlässigkeit genau spezi-

fiziert. Damit die Koordination zwischen den Abteilungen reibungslos funktioniert, wird ein Prozessverantwortlicher benannt.

3. Die Kopplung nacheinander auszuführender Aktivitäten – zum Beispiel Offertstellung, Arbeitsvorbereitung, Auftragsabwicklung, Logistikleistung etc. – setzt die Festlegung von ausreichenden Kapazitäten und die Vereinbarung von mengenmässigen und zeitlichen Puffern voraus. Die Abstimmung der Prozessaktivitäten kann einen Verantwortlichen erforderlich machen – beispielsweise in Person eines Prozessmanagers in übergeordneter Position.

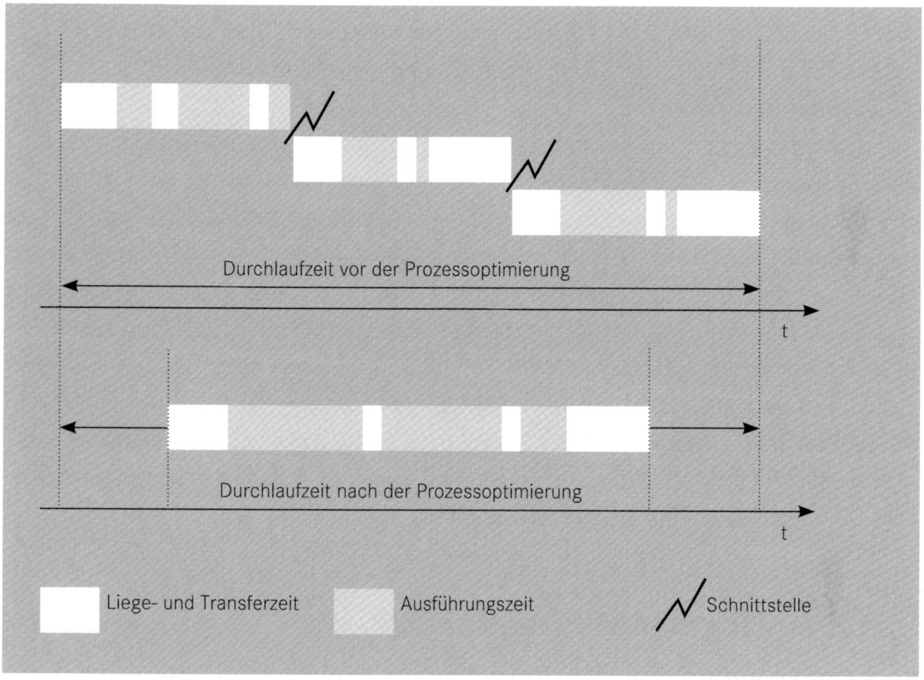

Abb. 26: Die Optimierung von Prozessketten setzt bei den Schnittstellen an (Vahs, 2019, S.227)

8.6 Qualitätsmanagement-Ansätze

Die regelmässige Prozessneugestaltung und kontinuierliche -verbesserung wird durch die weitreichende Nutzung von **Qualitätsmanagement-Systemen** gefördert. Alle modernen Systeme bedienen sich der Prozessorientierung. Dadurch sind sie in der Praxis besser einsetzbar, sodass sie eine grössere Akzeptanz finden, was wiederum bewirkt, dass Prozessmanagement an Bedeutung gewinnt. Man spricht auch von einer positiven Spirale, in der sich die modern organisierten Unternehmen bezüglich Qualität befinden.

Die Revision der Norm für Qualitätsmanagement-Systeme ISO 9001 hatte bereits im Jahr 2000 als eines der zentralen Themen genau diese Prozessorientierung im Fokus. Mit der Inkraftsetzung der angepassten Norm wurde in der Normendarstellung nachvollzogen, was sich in der Unternehmensrealität schon lange abgezeichnet hatte: Die Ausrichtung auf Kundenzufriedenheit oder sogar -begeisterung war zwingend in den Prozessen nachzuvollziehen.

Die ISO (International Organization for Standardization) legt in ihrem Normenwerk ISO 9001:2015 für Qualitätsmanagement-Systeme (QMS) fest, wie solche Systeme in einer Unternehmung aufgebaut werden müssen. Die Erfüllung dieser Vorgaben muss durch externe Stellen, so genannte Zertifizierungsstellen, in einem dreijährigen Rhythmus nachvollzogen und bestätigt werden. Die Zertifizierung an sich hat also – von der Meta-Ebene aus betrachtet – bereits einen prozesshaften Charakter. Durch die regelmässige Überprüfung wird der konsequenten Einhaltung der Qualitätsnormen und der Weiterentwicklung der Prozesse ein externer Impuls verliehen.

Ein nicht zu unterschätzender Nachteil ist der regelmässige, teilweise langjährige Kontakt zum Auditor, zur Zertifizierungsstelle. Damit kann die strikt externe Sicht mit der Zeit verwässert werden. Den unbestrittenen Vorteil behält dieser Ansatz dadurch, dass eine branchenunabhängige Systematik für Geschäftssysteme weltweit identisch aufgebaut und bestätigt werden kann. Der Inhalt der aktuellen Norm aus dem Jahr 2015 verlangt auch explizit die Sicherstellung interner Verbesserungskreisläufe in Kombination mit Instrumenten wie internen Audits, systematischer Auswertung von Verbesserungsvorschlägen und Berücksichtigung von externen Feedbacks.

Als Reifegradmodell hat sich das Modell der Europäischen Stiftung für Qualitätsmanagement (European Foundation for Quality Management, EFQM) bei einem darauf ausgerichteten Kreis von Interessierten etabliert.

8.7 Einbezug der Mitarbeitenden

Die Notwendigkeit der Akzeptanz neuer organisatorischer Strukturen durch die Betroffenen, oder besser durch die Beteiligten, wirft die Frage nach deren Bedürfnissen und Interessen auf und legt einen intensiven **Einbezug der Mitarbeitenden** nahe.

Die permanente Ausrichtung auf den Markt kommt einem mehr oder weniger intensiven und ständig ablaufenden Reorganisationsprozess gleich. Aus diesem Grund interessieren die Beweggründe der Mitarbeitenden für dessen Unterstützung besonders. Solche Präferenzstrukturen wurden im Rahmen diverser empirischer Studien ermittelt und bewertet. Für die Akzeptanz neuer Organisationsstrukturen geben die Befragten folgende Faktoren als relevant an:

1. Materielle Stabilität: Vermeidung finanzieller Einbussen; neuer Arbeitsplatz erscheint sicher; gerechte Bezahlung im Verhältnis zu Kollegen; kein Verlust an Bedeutung für den eigenen Bereich; Anwendbarkeit der eigenen Fähigkeiten auch im neuen Bereich.

2. Prozessqualität: Erleichterung der Erfüllung der eigenen Aufgabe; neue Arbeitsweise erscheint insgesamt sinnvoller als frühere; Kunden erkennen Vorteile der neuen Struktur, angenehmes Arbeitsumfeld; Stabilität und Dauerhaftigkeit der neuen Struktur.
3. Keine Mehrbelastung: keine gestiegene Arbeitsbelastung; keine längere Arbeitszeit; keine Überforderung durch neue Aufgabe.
4. Karriere: Möglichkeit, anderen Leuten Anweisungen zu geben; grösserer Verantwortungsbereich; deutliche Erkennbarkeit der Leistung des Einzelnen.
5. Soziale Stabilität: gleich bleibender Kollegenkreis; gleiche Vorgesetzte wie vorher; gleich bleibender Standort.

Die hohen Anforderungen an die Prozessmanagementprofessionals haben dazu geführt, dass den Themen des Prozessmanagements in der Praxis auch von dieser Seite immer mehr Beachtung geschenkt wird.

9 Zusammenfassung

Prozessmanagement hat in der organisatorischen Gesamtsicht des Unternehmens zunehmend an Bedeutung gewonnen. Kunden- und Marktorientierung, zeitkritische Handlungsnotwendigkeiten und hohe Flexibilität erfordern aktives Umdenken und Umorganisieren. Das Denken in Prozessen unterstützt diese Bestrebungen.

Prozesse können in Typen – Kern-, Führungs- und Supportprozesse – eingeteilt und beliebig detailliert werden, bis man bei Aktivitäten angelangt ist, bei denen eine weitere Aufgliederung keinen Sinn macht. Prozesslandschaften, Teilprozessübersichten und Prozessbeschreibungen sind die hierzu verwendeten Hilfsmittel.

Dank grösserer Transparenz der Prozesse wird die Unternehmungsführung verbessert. In Vergleichen mit Branchenbesten (Benchmarking) können strategische Ausrichtung und Effizienz der eigenen Organisation überprüft und nötigenfalls angepasst werden. Die Effektivität und Effizienz von Prozessen darf nicht nur auf der Grundlage von finanziellen Kennzahlen allein beurteilt werden. Hinzutreten müssen qualitative Überlegungen unternehmungspolitischer und strategischer Art. Die Mitarbeitenden müssen im Hinblick auf eine nachhaltige Entwicklung solche Vorgaben aktiv mittragen. Deren Interessen zu kennen und zu berücksichtigen erleichtert den Verantwortlichen die Lenkung der Organisationsentwicklung.

10 Literaturverzeichnis

Bea, F. X. & Göbel, E. (2019). *Organisation – Theorie und Gestaltung* (5. Aufl.). München: UVK Verlag.

Bea, F. X. & Haas, J. (2019). *Strategisches Management* (10. Aufl.). München: UVK Verlag.

Becker, J., Kugeler, M. & Rosemann, M. (Hrsg.) (2012). *Prozessmanagement. Ein Leitfaden zur prozessorientierten Organisation* (7. Aufl.). Berlin, Heidelberg: Springer.

Bruhn, M. (2013). *Qualitätsmanagement für Dienstleistungen. Handbuch für ein erfolgreiches Qualitätsmanagement. Grundlagen – Konzepte – Methoden* (9. Aufl.). Berlin, Heidelberg: Springer.

Bühner, R. (2004). *Betriebswirtschaftliche Organisationslehre* (10. Aufl.). München, Wien: Oldenbourg.

Chandler Jr., A. D. (1962). *Strategy and Structure: Chapters in the History of the American Industrial Enterprise.* Cambridge, Mass., London: M.I.T. Press.

Corsten, H. (Hrsg.) (1997). *Management von Geschäftsprozessen: Theoretische Ansätze – praktische Beispiele.* Stuttgart: Kohlhammer.

Doppler, K. & Lauterburg, C. (2019). *Change Management. Den Unternehmenswandel gestalten* (14. Aufl.). Frankfurt am Main, New York: Campus.

French, W. L. & Bell jr., C. H. (1990). *Organisationsentwicklung* (3. Aufl.). Bern: Haupt.

Gomez, P. & Zimmermann, T. (1992). *Unternehmensorganisation: Profile, Dynamik, Methodik.* Frankfurt am Main, New York: Campus.

Hamel, G. & Prahalad, C. K. (1992). *So spüren Unternehmen neue Märkte auf: Um Zukunftschancen zu nutzen, muss sich das Management auf die Kernkompetenzen konzentrieren.* Harvard Manager 2. S. 44–55.

Hammer, M. & Champy J. (1994). *Business Reengineering.* Frankfurt am Main: Campus.

Hill, W., Fehlbaum, R. & Ulrich, P. (1994, 1998). *Organisationslehre, Band 1+2* (5. Aufl.). Bern: Haupt.

Jones, G.R. & Bounken, R.B. (2008). *Organisation, Design und Wandel* (5. aktualisierte Aufl.). München: Pearson Studium.

Kieser, A. & Ebers, M. (Hrsg.) (2014). *Organisationstheorien* (7. Aufl.). Stuttgart: Kohlhammer.

Kieser, A. & Walgenbach, P. (2010). *Organisation* (6. Aufl.). Stuttgart: Schäffer-Poeschel.

Kotter, J. P. (2008). *Das Unternehmen erfolgreich erneuern.* In: Harvard Business Manager, April 2008, S. 140–152.

Kotter, J. P. (2012a). *Leading Change. Wie Sie Ihr Unternehmen in acht Schritten verändern.* München: Vahlen.

Kotter, J. P. (2012b). *The Heart of Change.* Boston, Mass.: Harvard University Press.

Kühl, S. (2011). *Organisationen: Eine sehr kurze Einführung.* Opladen: VS Verlag für Sozialwissenschaften.

Kühl, S. (2015). *Sisyphos im Management. Die vergebliche Suche nach der optimalen Organisationsstruktur* (2. Aufl.). Frankfurt am Main: Campus.

Lewin, K. (1947). *Frontiers in group dynamics.* In: Cartwright, D. (Ed.), *Field Theory in Social Science.* London: Social Science Paperbacks.

Likert, R. (1972). *Neue Ansätze der Unternehmungsführung.* Bern: Haupt.

Mintzberg, H. (1992). *Die Mintzberg-Struktur – Organisationen effektiver gestalten.* Landsberg/Lech: Verlag Moderne Industrie

Mirow, M. (1999). *Von der Kybernetik zur Autopoiese – Systemtheoretisch abgeleitete Thesen zur Konzernentwicklung.* ZfB, 69. Jg., H. 1, S. 13–27.

Morgan, G. (2008). *Bilder der Organisation* (4. Aufl.). Stuttgart: Schäffer-Poeschel.

Nicolai, Chr. (2018). *Die Organisation der Zukunft* (2. Aufl.). Konstanz, München: Universitätsverlag.

Osterloh, M. & Frost, J. (2006). *Prozessmanagement als Kernkompetenz: Wie Sie Business Reengineering strategisch nutzen können* (5. Aufl.). Wiesbaden: Gabler.

Picot, A., Dietl, H., Franck, E., Fiedler, M. & Royer, S. (2015). *Organisation: Theorie und Praxis aus ökonomischer Sicht* (7. Aufl.). Stuttgart: Schäffer-Poeschel.

Picot, A., Reichwald, R. & Wigand, R. T. (2003). *Die grenzenlose Unternehmung – Information, Organisation und Management* (5. Aufl.). Wiesbaden: Gabler.

Robertson, B. (2016). *Holacracy - Ein revolutionäres Management-System für eine volatile Welt.* München: Vahlen.

Sackmann, S. A. (2017). *Unternehmenskultur: Erkennen – Entwickeln – Verändern (2. Aufl.).* Neuwied, Kriftel: Luchterhand.

Schmelzer, H. J. & Sesselmann, W. (2013). *Geschäftsprozessmanagement in der Praxis* (8. Aufl.). München: Hanser.

Schmidt, G. (2011). *Organisatorische Grundbegriffe* (14. Aufl.). Giessen: Schmidt.

Schmidt, G. & Konz, C. (2019). *Organisation gestalten - Stabile und dynamische Unternehmensstrukturen.* Giessen: Schmidt.

Schulte-Zurhausen, M. (2014). *Organisation* (6. Aufl.). München: Vahlen.

Staehle, W. H. (1999). *Management: Eine verhaltenswissenschaftliche Perspektive* (8. Aufl.). München: Vahlen.

Ulrich, H. & Krieg, W. (1974). *St. Galler Management-Modell* (3. Aufl.). Bern: Haupt.

Ulrich, P. & Fluri, E. (1995). *Management: Eine konzentrierte Einführung* (7. Aufl.). Bern, Stuttgart, Wien: Haupt.

Vahs, D. (2019). *Organisation: Ein Lehr- und Managementbuch* (10. Aufl.). Stuttgart: Schäffer-Poeschel.

Walter-Busch, E. (1996). *Organisationstheorien von Weber bis Weick.* Amsterdam: G+B Verlag Fakultas.

Weick, K. E. (1995). *Der Prozess des Organisierens* (6. Aufl.). Frankfurt am Main: Suhrkamp.

Weinert, A. B. (2004). *Organisations- und Personalpsychologie* (7. Aufl.). Weinheim, Basel: Beltz Psychologie Verlags Union.

Personalführung F3

Urs Baldegger

Weiterführende Texte, Übungsaufgaben
und Lernkontrollen finden Sie unter
www.bwl-online.ch

Besonders intensiv wurden die Kontrollwahrnehmung und die gelernten Motive untersucht. Die Kontrollwahrnehmung variiert zwischen internaler und externaler Kontrollwahrnehmung. Menschen mit einer hohen internalen Kontrollwahrnehmung glauben, das eigene Leben weitgehend selber beeinflussen und gestalten zu können. External kontrollierte sind hingegen der Überzeugung, weitgehend vom Schicksal und von mächtigen Dritten abhängig zu sein. Mehrere Untersuchungen haben gezeigt (Yukl & Gardner, 2020, S. 197 ff.), dass sich erfolgreiche Führungskräfte in hohem Masse als selber kontrolliert empfinden und daran glauben, den Erfolg selber bestimmen zu können.

3.1.2 Gelernte Motive

Nach McClelland (1976, 1988) sind die meisten menschlichen **Motive** erlernt. Besonders wichtig für die Motiventwicklung sind Erfahrungen in der frühen Kindheit. Sie können in späteren Lebensphasen kaum mehr verlernt werden, was den relativ stabilen Charakter von Motiven ausmacht. Die psychologische Forschung beschäftigte sich vor allem mit drei gelernten Motiven:

- Kontaktmotiv (need for affiliation)
- Machtmotiv (need for power)
- Leistungsmotiv (need for achievement)

3

Beim Streben nach *sozialem Kontakt* (Anschluss oder Zugehörigkeit) geht es um etwas ganz Alltägliches: mit anderen Menschen Kontakt aufnehmen und sich in einer Weise unterhalten, die beide Seiten als befriedigend, anregend und bereichernd erleben. Menschen mit hohem Anschlussmotiv suchen die soziale Anerkennung und machen sich ständig Gedanken über die Gefühle und Erwartungen der anderen. Sie bevorzugen berufliche Tätigkeiten, die es ihnen erlauben, soziale Anerkennung zu gewinnen, persönliche Freundschaften aufzubauen und befriedigende zwischenmenschliche Beziehungen zu entwickeln.

Ein starkes Streben nach zwischenmenschlichen Bindungen kann im Widerspruch mit den Anforderungen stehen, die an Führungskräfte gestellt werden. Führungskräfte müssen auch Entscheidungen treffen, die unpopulär sind. In diesem Fall kann ein zu stark ausgeprägtes Anschlussmotiv die Entscheidungsfähigkeit behindern. Eine erfolgreiche Führungskraft zeichnet sich durch eine Motivmischung aus, in der das Anschlussmotiv deutlich schwächer ausgeprägt ist als das Machtmotiv.

Das *Machtmotiv* bezieht sich auf das Streben, andere Menschen zu beeinflussen und sich für andere Menschen verantwortlich zu fühlen. Menschen mit starkem Machtmotiv nutzen aktiv die Möglichkeit, auf das Handeln anderer einzuwirken und der Umwelt so markant wie möglich ihren Stempel aufzudrücken. McClelland (1988, S. 229ff.) unterscheidet zwischen einer personalisierten und einer sozialisierten Form des Machtmotivs: Bei der personalisierten Ausprägung steht Macht im Dienste der eigenen Person, sozusagen als Instrument zur Erhöhung der eigenen Glorie. Ein sozialisiertes Machtmotiv dient nicht den eigenen Interessen, sondern – gewissermassen auf einer höheren Entwicklungsstufe – der gestalterischen Umsetzung von Ideen, gepaart mit der Fähigkeit, andere für Ziele zu begeistern. Macht in diesem Sinne dient der Unternehmung als Ganzem.

Unter dem *Leistungsmotiv* ist die permanente Auseinandersetzung mit dem Zielzustand zu verstehen, etwas besser zu tun. Etwas besser zu tun, verlangt irgendeinen Vergleichsmassstab, der sich am besten als Input/Output-Ratio umschreiben lässt. Mehr Output mit geringerem Input zu erzielen oder etwas besser mit weniger Aufwand zu tun, erinnert stark an das ökonomische Prinzip. Personen mit einem starken Leistungsmotiv bevorzugen Tätigkeiten, die weder zu schwer noch zu leicht sind und bei denen die Erfolgschancen 50 zu 50 eingeschätzt werden. Die Tätigkeit muss es erlauben, die Ergebnisse der Leistung vom eigenen Können und nicht vom blossen Zufall abhängig zu sehen, sich also für die Zielerreichung persönlich verantwortlich zu fühlen. Und schliesslich sollte die Tätigkeit unmittelbare und eindeutige Rückmeldungen über das Ergebnis der Leistung ermöglichen.

Tätigkeiten mit solchen Merkmalen werden als unternehmerische Tätigkeiten bezeichnet, wie sie für Gründer neuer Unternehmungen, Mitarbeiter im Aussendienst oder in freien Berufen typisch sind. Unternehmerische Tätigkeiten enthalten immer ein gewisses Mindestmass an Risiko und Herausforderung, das folgenschwere Entscheidungen überhaupt erst möglich macht. In unternehmerischen Tätigkeiten werden wichtige Entscheidungen selten weder durch Dritte angeregt, noch während der Vorbereitung unterstützt und nachträglich überprüft; sie sind vielmehr selbstständig einzuleiten, und für deren Ergebnisse ist persönlich Verantwortung zu übernehmen. Erfolg oder Misserfolg von Entscheidungen messen sich nicht an subjektiven und globalen Beurteilungen der Leistungen durch Dritte, sondern an «harten», konkreten Rückmeldungen in Form von Daten über Umsatz oder Gewinn.

Die Merkmale der unternehmerischen Tätigkeit machen deutlich, dass Hochleistungsmotivierte die Ein-Mann-Show bevorzugen. Sie sind häufig Einzelgänger, Individualisten, die für sich selber arbeiten. Unternehmerische Tätigkeiten unterscheiden sich von den Anforderungen, die Führungskräfte in grossen, arbeitsteiligen Unternehmungen zu erfüllen haben. Ihre Aufgabe ist es, andere Menschen zur Erbringung der Leistung einzusetzen, und sie sind daher gezwungen, Einfluss auszuüben. Für erfolgreiche Manager und Managerinnen in grossen Unternehmungen ist eine Motivmischung charakteristisch, die ein hohes (sozialisiertes) Machtmotiv mit einem mittleren Leistungsmotiv und einem tiefen Anschlussmotiv kombiniert.

3.1.3 Big Five der Persönlichkeit

Die meisten Untersuchungen zu den Führungseigenschaften konzentrieren sich auf einen spezifischen Aspekt der Persönlichkeit. Beispiele dafür sind die Kontrollwahrnehmung oder das Leistungsmotiv. Sie nehmen für sich nicht in Anspruch, die «gesamte» Führungspersönlichkeit zu beschreiben. Ein Ziel war es daher, die Beschreibung der Führungspersönlichkeit zu systematisieren und Persönlichkeitsunterschiede mit möglichst wenigen Faktoren möglichst differenziert zu beschreiben.

Seit Mitte der 80er-Jahre hat sich ein Modell zur Beschreibung der Persönlichkeit etabliert, das fünf abstrakte Faktoren der Persönlichkeit umfasst und kurz als Big Five bezeichnet wird. Die fünf Persönlichkeitsfaktoren lassen sich durch jeweils sechs Unterfaktoren oder «Facetten» beschreiben (Ostendorf & Angleitner, 2004, S. 32ff.):

1. Emotionale Stabilität
   Emotionale Stabilität oder emotionale Robustheit wird üblicherweise durch den Gegenpol Neurotizismus definiert: Ängstlichkeit, Reizbarkeit, Depression, soziale Befangenheit, Impulsivität, Verletzlichkeit
2. Extraversion
   Herzlichkeit, Geselligkeit, Durchsetzungsfähigkeit, Aktivität, Erlebnishunger, Frohsinn
3. Offenheit für Erfahrungen
   Offenheit für Fantasie, Ästhetik, Gefühle, Handlungen und Ideen; Offenheit des Werte- und Normensystems
4. Verträglichkeit
   Vertrauen, Freimütigkeit, Altruismus, Entgegenkommen, Bescheidenheit, Gutherzigkeit
5. Gewissenhaftigkeit
   Kompetenz, Ordnungsliebe, Pflichtbewusstsein, Leistungsstreben, Selbstdisziplin, Besonnenheit

Das Modell der Big Five erlaubt einen groben, aber umfassenden Überblick über die Ausprägungen einer Person auf den wichtigsten Dimensionen individueller Persönlichkeitsunterschiede. Die Big Five sind weitgehend voneinander unabhängige Persönlichkeitsfaktoren. Vergleichbar den Grundfarben, können sie mit unterschiedlichen Anteilen vermischt sein und im Ergebnis das Profil einer einzigartigen Persönlichkeit beschreiben. Es ist auch möglich, dass ein Faktor der Persönlichkeit alle anderen überstrahlt und zum dominanten Merkmal einer Person wird (Furtner & Baldegger, 2016, S. 11 ff.).

Die Zusammenhänge zwischen den Big Five und dem Führungserfolg wurden mehrfach empirisch untersucht. Eine zusammenfassende Analyse von 73 Stichproben (nicht Personen!) zeigte folgende Ergebnisse (Judge, Bono, Ilies & Gebhardt, 2002, S. 770ff.), wobei sich die Angaben in den Klammern auf die Korrelationskoeffizienten beziehen. Ein Koeffizient von (1.0) zeigt einen perfekten Zusammenhang an. Führungskräfte sind erfolgreicher, wenn sie extravertiert (0.31), gewissenhaft (0.28), offen für Erfahrungen (0.24) und emotional stabil (neurotisch −0.24) sind; als nicht signifikant erwies sich die Verträglichkeit (0.08).

Eine besondere Stellung nimmt der Persönlichkeitsfaktor Gewissenhaftigkeit ein. Er ergibt für alle untersuchten Berufsgruppen und Leistungskriterien die höchste Gültigkeit (0.30) (Barrick, Mount & Judge 2001, S. 9ff.). Traditionelle Werte und Normen wie Verlässlichkeit, Sorgfalt, Pflichtbewusstsein, Planung, Organisation, Leistungsstreben und Ausdauer sind offenbar nicht nur bei Führungskräften, sondern auch bei anderen Berufsgruppen gefragt.

3.1.4 Anwendung und Beurteilung

Die meisten Untersuchungen zu den Führungseigenschaften konzentrieren sich auf einen spezifischen Aspekt der Persönlichkeit. Beispiele dafür sind die Kontrollwahrnehmung oder das Leistungsmotiv. Sie nehmen nicht für sich in Anspruch, mit einer möglichst geringen Anzahl von Merkmalen die «gesamte» Führungspersönlichkeit zu beschreiben. Das Modell der Big Five hingegen hat zu einer Systematisierung der Beschreibung der Persönlichkeit geführt.

Dass die Eigenschaften einer Person für den Führungserfolg nicht unbedeutend sein werden, zeigt der indirekte Weg über das Führungshandeln. Es wird kaum bezweifelt, dass das Führungsverhalten mit dem Erfolg in Beziehung steht, und dieses Führungshandeln ist wiederum von der Person des Führenden abhängig. Führungskräfte sind besonders dann erfolgreich, wenn sie über eine bestimmte Ausprägung von bestimmten Persönlichkeitsmerkmalen verfügen. Zu diesen Merkmalen gehören Intelligenz und internale Kontrollwahrnehmung, aber auch Extraversion, Gewissenhaftigkeit und emotionale Stabilität und – je nach Situation – das Leistungsmotiv oder Machtmotiv.

Das Verhältnis zwischen Leistungsmotiv und Machtmotiv zeigt, dass Führungskräfte in einer bestimmten Phase der Unternehmungsentwicklung erfolgreich sind, in anderen aber nicht. Führungseigenschaften haben keinen «universellen» Charakter, führen nicht in allen Situationen zum Erfolg. Es ist nicht nur für die Unternehmung, sondern auch für die Führungskräfte wichtig, wenn solche Erkenntnisse bei der Personalauswahl und bei der persönlichen Laufbahnplanung berücksichtigt werden.

3.2 Führungskompetenzen

3.2.1 3-K-Modell

Kompetenzen beziehen sich auf die Person des Führenden. In dieser Hinsicht gleichen sie den Führungseigenschaften, unterscheiden sich aber in einem wichtigen Punkt. Während Führungseigenschaften als relativ gefestigt und über die Zeit stabil gelten, können Kompetenzen gelernt und entwickelt werden. Für die Effektivität des Führenden sind Eigenschaften und Kompetenzen gleichermassen wichtig.

Die **Führungskompetenzen** einer Person sind als eine Relation zu verstehen: Kompetenz ist auf der einen Seite definiert durch die Anforderungen, die an eine Person in einer bestimmten Führungssituation gestellt werden; auf der anderen Seite stehen die Fähigkeiten und Potenziale der Führenden. Kompetenzen schliessen also die bisher nicht genutzten, quasi versteckten Potenziale mit ein. Erst aus dem Vergleich zwischen Anforderungen und Person kann abgeleitet werden, in welchem Masse eine Person über die erforderlichen Führungskompetenzen verfügt.

Bereits in den 70er-Jahren hat Katz (1974, 1980) sein 3-K-Modell formuliert. Das einfach verständliche Modell beschreibt effektive Führungskräfte in Form von drei Führungskompetenzen (Katz, 1980, S. 8ff.):

- fachliche Kompetenzen (technical skills)
- soziale Kompetenzen (human skills)
- konzeptionelle Kompetenzen (conceptual skills)

Fachliche Kompetenzen umfassen die Sachkenntnis und die Fähigkeit, Instrumente und Methoden auf eine konkrete Aufgabe anzuwenden. Es sind Kompetenzen, die in einem bestimmten Berufsbereich gefragt sind; spezielles Fachwissen, analytisch-logisches Denken und die Fähigkeit, Instrumente und Methoden angemessen anzuwenden. Die fachlichen Kompetenzen eines Anlageberaters umfassen beispielsweise die Kenntnis der Anlagepolitik der Bank, das aktuelle Wissen über die Finanzmärkte und die Fähigkeit, die Instrumente des Portfoliomanagements optimal einzusetzen. Das Beispiel macht deutlich, dass sich fachliche Kompetenzen auf konkrete berufliche Tätigkeiten beziehen und mit den Marktleistungen und Prozessen einer Unternehmung in einer bestimmten Branche in Verbindung stehen.

Fachliche und soziale Kompetenzen unterscheiden sich deutlich voneinander. Fachliche Kompetenzen beziehen sich auf Sachaufgaben; soziale Kompetenzen auf Menschen. Sie umfassen das Wissen und die Fähigkeit, mit anderen Menschen effektiv zusammenzuarbeiten, und sind auf mehreren Ebenen gefordert: auf der Ebene der unterstellten Mitarbeiter, der Kollegen, der Vorgesetzten und der Anspruchsträger der Unternehmung, beispielsweise der Lieferanten oder Kunden. Zur sozialen Kompetenz gehören eine grundsätzliche Bereitschaft zur Zusammenarbeit und die Fähigkeit, das Handeln anderer Menschen zu verstehen und sich in sie hineinzuversetzen. Der Leiter einer Projektgruppe mit hoher sozialer Kompetenz wird nicht versuchen, seinen Lösungsvorschlag in der Gruppe durchzusetzen; er wird vielmehr den Prozess der Gruppe moderieren, gemeinsam mit den Gruppenmitgliedern Lösungsalternativen entwickeln und versuchen, eine möglichst breit abgestützte Problemlösung zu finden.

Während fachliche Kompetenzen mit Sachen und soziale mit Menschen in Verbindung stehen, beziehen sich konzeptionelle Kompetenzen auf Ideen und Konzepte. Führungskräfte mit hoher konzeptioneller Kompetenz sind fähig, abstrakte Ideen in holzschnittartig einprägsame Visionen zu transformieren. Sie sehen die Unternehmung als Ganzes und erkennen, wie die verschiedenen Unternehmungsfunktionen ineinander greifen. Und sie versuchen, die unterschiedlichen Interessen der Anspruchsträger in der Umwelt der Unternehmung auszubalancieren, beispielsweise die Interessen der Kapitalgeber, Mitarbeiter und Kunden. Diese Fähigkeit, aus unterschiedlichen Perspektiven komplexe Probleme anzugehen, ohne den Blick für das Ganze zu verlieren, kann man auch als vernetztes Denken oder Helikopterfähigkeit (Hilb, 2011, S. 144) bezeichnen.

Konzeptionelle Kompetenzen sind zentral für die Entwicklung einer Unternehmungsstrategie. Ein Unternehmer mit hoher konzeptioneller Kompetenz analysiert die Chancen und Gefahren in der Umwelt der Unternehmung. Er erkennt die Stärken und Schwächen der Unternehmung als Ganzem und versteht die dynamischen Kräfte, die den Prozess der

Leistungserstellung steuern, beispielsweise das Zusammenspiel zwischen Finanzmanagement, Personalmanagement, Marktleistungsentwicklung und -erstellung sowie Marketing. Bei den strategischen Alternativen wird er die Auswirkungen auf wichtige Anspruchsträger einbeziehen und sich für jene Produkte und Märkte entscheiden, die eine nachhaltige Entwicklung der Unternehmung in den nächsten Jahren wahrscheinlich machen.

3.2.2 Führungsstufen und Kompetenzen

Effektive Führung ist im 3-K-Modell von drei grundlegenden Kompetenzen abhängig – von der fachlichen, der sozialen und der konzeptionellen Kompetenz. Je nach Führungssituation variiert die Bedeutung der Kompetenzen. Die Führungssituation ist durch drei hierarchisch angeordnete Führungsstufen definiert – untere, mittlere und obere Führungsstufe (Abbildung 3).

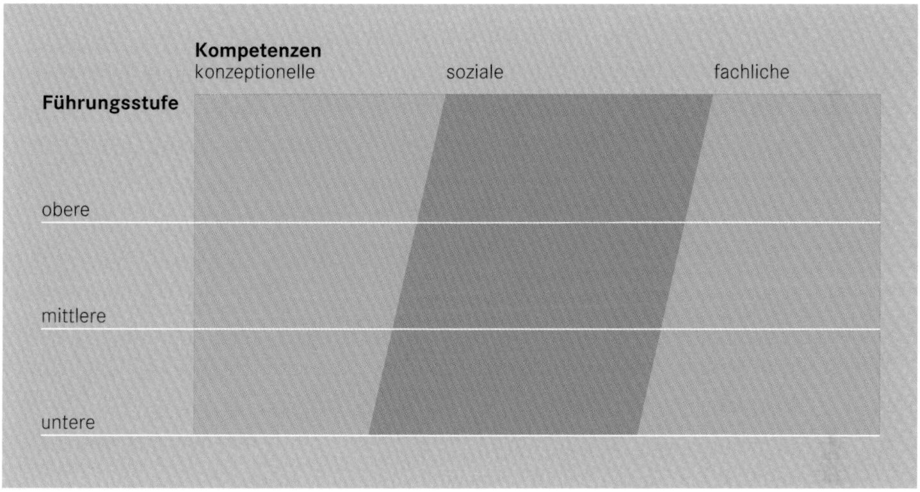

Abb. 3: Führungskompetenzen

Für Führungskräfte auf der unteren Stufe sind fachliche und soziale Kompetenzen wichtig. Wird eine Führungskraft auf die mittlere Führungsstufe befördert, beispielsweise als Leiter der Vermögensverwaltung einer Bank, verändern sich die Anforderungen. Alle drei Führungskompetenzen sind auf dieser Ebene gefragt. Auf der obersten Führungsstufe verlieren fachliche Kompetenzen relativ gesehen an Gewicht; es sind vor allem soziale und konzeptionelle Kompetenzen erforderlich. Obwohl die Bedeutung der Kompetenzen je nach Führungsstufe variiert, ist eine Konstante über alle Stufen hinweg feststellbar: die sozialen oder interpersonellen Kompetenzen sind auf jeder Führungsstufe wichtig.

Anforderungen auf einer Führungsstufe und Kompetenzen einer Person müssen übereinstimmen. Ein guter Anlageberater muss noch lange nicht ein erfolgreicher Projektleiter sein, und ein erfolgreicher Leiter der Vermögensverwaltung muss nicht zwangsläufig als Bankdirektor beruflichen Erfolg haben. Das Verhältnis zwischen Anforderungen und Kompetenzen wird dynamisch interpretiert. Kompetenzen können, im Unterschied zu Führungseigenschaften, gelernt und entwickelt werden. Führende können ihre Kompetenzen durch Erfahrung entwickeln. Ein Beispiel aus dem Sport soll das verdeutlichen: Selbst wenn man keine natürliche Begabung für Fussball oder Tennis hat, ist es wahrscheinlich, dass man bei zunehmenden Training und ausreichender Spielpraxis einige Fortschritte machen wird – wenigstens bis zu einem gewissen Punkt. Ähnlich verhält es sich in den Unternehmungen. Je mehr Führungskräfte im beruflichen Aufstieg mit komplexen Managementproblemen konfrontiert werden, desto stärker können sie ihre konzeptionellen Kompetenzen entwickeln.

3.2.3 Anwendung und Beurteilung

Führungskompetenzen sind lernbar. Das 3-K-Modell entfernt sich von der Vorstellung der relativ stabilen Führungseigenschaften und markiert den Beginn einer Forschungslinie, die lange Zeit unterbrochen war. Erst in den letzten zwei Jahrzehnten wurde die Suche nach den Kompetenzen wieder aufgenommen, unter Begriffen wie Schlüsselqualifikationen diskutiert und als Grundlage für Trainingsprogramme verwendet. Aus dieser Perspektive ist das Modell von Katz (1974, 1980) ein erster, einfach verständlicher Erklärungsraster, das in kaum einem amerikanischen Textbuch über Management fehlt (z. B. Daft, 2016, S. 12 ff.; Jones & George, 2003, S. 22 ff.).

Das Modell von Katz ist kognitiv, stark kopfgeladen. Man kann die Verkürzung auf drei Kompetenzen als kritisch beurteilen und darauf hinweisen, dass mindestens eine wichtige Kompetenz erfolgreicher Führungskräfte fehle, die im Modell zwar mitgedacht, aber nicht expliziert formuliert ist. Effektive Führungskräfte würden sich nicht bloss gedanklich mit Visionen und Strategien beschäftigen, sondern diese auch erfolgreich umsetzen. Aus dieser Sicht sei ausgeprägte Umsetzungskompetenz oder Handlungskompetenz aus dem Repertoire erfolgreicher Führungskräfte kaum wegzudenken (Wunderer & Bruch, 2000, S. 19ff.).

Das 3-K-Modell öffnet den Weg für das Verständnis von komplexen, empirisch fundierten Theorien (Mumford, Zaccaro, Harding, Owen, Jacobs & Fleishmann, 2000, S. 11ff.) und regt an, gültige und zuverlässige Methoden zur Diagnose von Führungskompetenzen zu entwickeln. Im deutschsprachigen Raum sind eine Vielzahl solcher Methoden entwickelt worden, die vor allem der Auswahl und dem Training von Führungsnachwuchskräften dienen (Erpenbeck & von Rosenstiel, 2011). Der Kompetenz-Explorer (Heyse, 2003, S. 376ff.) beispielsweise baut auf vier Grundkompetenzen auf: Fach- und Methodenkompetenz, sozial-kommunikative Kompetenz, personale Kompetenz und Aktivitäts- und Handlungskompetenz. Diese Kompetenzen werden wiederum in 64 Teilkompetenzen zerlegt, die aus der Strategie und den kulturellen Werten einer bestimmten Unternehmung abgeleitet werden. Ein Kompetenzmodell, das auf die spezifische Führungssituation einer Unternehmung abgestimmt ist, entfernt sich weit von der Vorstellung universell gültiger Führungseigenschaften. Kompetenzen von Führungskräften kann man als eine Brücke zu Erklärungsmodellen verstehen, in denen Führungssituationen typisiert werden – die situativen Führungsmodelle.

4 Führungsverhalten

Im Zentrum des Führungsverhaltens stehen nicht die Persönlichkeitsmerkmale des Führenden, sondern die Frage nach dem typischen Verhalten erfolgreicher Führungskräfte. Das Verhaltensmuster erfolgreicher Führungskräfte wird durch die persönliche Grundeinstellung (Menschenbild, Führungsphilosophie) geprägt und aus Sicht der Geführten ganzheitlich, eben als **Führungsstil**, erlebt. Der Stil definiert den Rahmen, innerhalb dessen sich individuelles Führungsverhalten langfristig bewegt.

Die meisten Untersuchungen zum Führungsverhalten orientieren sich an zwei Ausprägungen: am aufgabenorientierten und am mitarbeiterorientierten Verhalten des Führenden. Beim aufgabenorientierten Verhalten konzentriert sich die Beziehung des Vorgesetzten zum Mitarbeiter darauf, zu planen, organisieren, koordinieren und kontrollieren, um eine bestimmte Aufgabe zu lösen. Beim mitarbeiterorientierten Verhalten wird die Aufmerksamkeit des Vorgesetzen vorwiegend auf die Bedürfnisse und Erwartungen des Mitarbeiters gelenkt, beispielsweise auf seine Zufriedenheit und seine Entwicklungsmöglichkeiten.

Beide Ausprägungen kommen in zwei unterschiedlichen Richtungen zur Beschreibung des Führungsverhaltens vor. Eine Richtung orientiert sich an einem eindimensionalen Konzept des Führungsstils; die andere an einem Modell, das von zwei (oder mehreren) Dimensionen des Führungsstils ausgeht.

4.1 Eindimensionale Führungsstile

Das Konzept der eindimensionalen Führungsstile geht in den Ursprüngen auf eine klassische Untersuchung von Lewin (1939, S. 271ff.) zurück. Untersucht wurde, welchen Einfluss einerseits autoritäres, andererseits demokratisches Führungsverhalten auf Produktivität, Kreativität und Klima hatte. Demokratisches Führungsverhalten war dem autoritären Verhalten praktisch in allen Belangen überlegen (was sich auch als Reaktion auf die Zeitgeschichte erklärt). Die Polarisierung in autoritär versus demokratisch wurde später mehrfach umbenannt oder neu interpretiert. Bekannt geworden sind die Gegenüberstellungen autoritär/kooperativ, direktiv/partizipativ oder führerorientiert/mitarbeiterorientiert.

Im bekannten eindimensionalen Führungskontinuum von Tannenbaum und Schmidt (1958, S. 95ff.) ist die zentrale Einflussgrösse das Ausmass an Entscheidungsraum, das Mitarbeitern bei Entscheidungen zugestanden wird. Im Unterschied zu den frühen Untersuchungen von Lewin (1939, S. 271ff.) wird nicht davon ausgegangen, dass ein Vorgesetzter entweder autoritär oder demokratisch führt. Der Führungsstil kann vielmehr über sieben Stiltypen von autoritär bis kooperativ variieren (Abbildung 4).

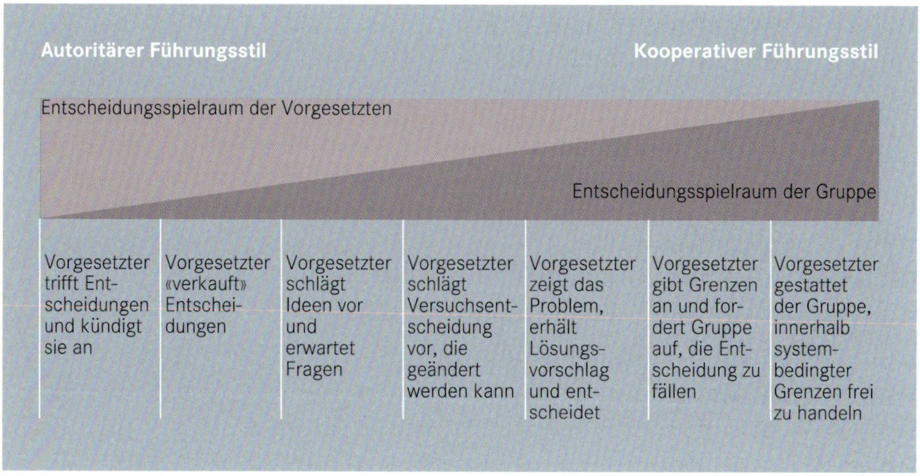

Abb. 4: Eindimensionale Führungsstile (Tannenbaum & Schmidt, 1958, S. 97)

Bei einem autoritären Führungsstil können die Mitarbeiter praktisch nichts entscheiden. Bei einem kooperativen Führungsstil werden – innerhalb bestimmter Grenzen – die Entscheidungen durch die Gruppe getroffen, und die Führungskraft übernimmt eine Koordinationsfunktion. Zwischen diesen Extrempunkten gibt es fünf weitere Ausprägungen, beispielsweise den konsultativen Führungsstil. Der Vorgesetzte informiert über seine beabsichtigten Entscheidungen, und die Mitarbeiter haben die Möglichkeit, ihre Meinung zu äussern, bevor der Vorgesetzte die definitive Entscheidung trifft.

4

4.2 Zweidimensionale Führungsstile

4.2.1 Vier-Felder-Matrix

Im eindimensionalen Konzept wird Führungsverhalten durch ein Kontinuum definiert, das in seinen entgegengesetzten Polen zwischen autoritär und kooperativ unterscheidet. Zweidimensionale Konzepte gehen von zwei voneinander unabhängigen Dimensionen aus. Das eindimensionale Kontinuum wird gewissermassen in der Mitte geknickt. Es entsteht ein rechtwinkliges Koordinatensystem, das durch zwei Dimensionen beschrieben wird.

Die beiden Dimensionen werden unterschiedlich bezeichnet, beispielsweise Mitarbeiterorientierung versus Aufgabenorientierung, Menschenorientierung versus Ergebnisorientierung oder Betonung der zwischenmenschlichen Bedürfnisse versus Betonung des Erreichens der Sachziele und der Produktivität. Nimmt man bei beiden Dimensionen einen Mittelwert an, entsteht eine Vier-Felder-Matrix, die in der Fassung von Kälin und Müri (2015, S. 29) wie Abbildung 5 aussieht.

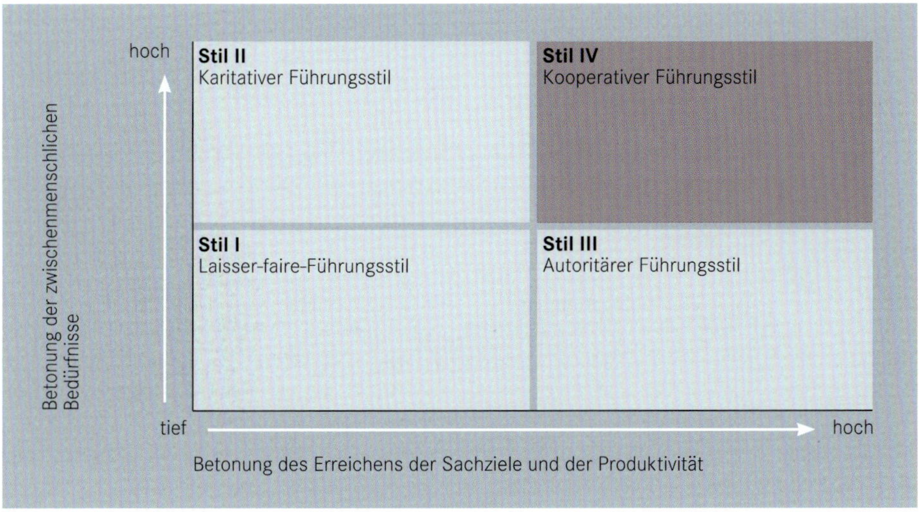

Abb. 5: Vier-Felder-Matrix der Führungsstile (Kälin & Müri, 2015, S. 29)

Beim Feld mit Stil I zieht sich der Vorgesetzte aus beiden Dimensionen des Führungsverhaltens zurück; die Mitarbeiter können ihre Aufgaben selbstständig erfüllen und bleiben sich selbst überlassen. Diesen Stil kann man als Laisser-faire- oder als Delegationsstil bezeichnen.

Bei Stil II konzentriert sich der Vorgesetzte auf die Bedürfnisse und Erwartungen der Geführten. Man kann diesen Stil karitativ, demokratisch oder sozial nennen.

Der Stil III beschreibt die umgekehrte Orientierung und wird üblicherweise als autoritär, direktiv oder sachbezogen bezeichnet. Im Zentrum steht das Ziel, die Aufgabe oder – in der Sprache des Militärs – der Auftrag. Die Bedürfnisse und Erwartungen der Mitarbeiter sind bei diesem Führungsverhalten weniger wichtig.

Der Stil IV integriert die Stile II und III und wird üblicherweise als kooperativer oder partizipativer Führungsstil bezeichnet. Im Unterschied zum eindimensionalen Führungskontinuum geht es nicht um ein Entweder-Oder an demokratischer oder autoritärer Führung. Dem Stil IV liegt eine Sowohl-als-auch-Haltung zugrunde: Es sind sowohl die Ziele der Unternehmung als auch die Bedürfnisse und Erwartungen der Mitarbeiter zu berücksichtigen.

4.2.2 Verhaltensgitter

Das Grundschema der Vierfelder-Matrix wird im **Verhaltensgitter** (Managerial Grid) von Blake und Mouton (1968, 1992) verfeinert und ergänzt. Auf dem rechtwinkligen Koordinatensystem wird für beide Dimensionen je nach Ausprägung ein Zahlenwert auf einer neunstufigen Skala aufgetragen, beispielsweise 9,1 oder 1,9. Der Wert für die Ergebnisorientierung steht an erster, der Mitarbeiterwert an zweiter Stelle. Insgesamt ergeben sich 81 unterschiedliche Führungsstile, die in der Regel auf fünf Führungsstile verdichtet werden.

Das ursprüngliche Konzept von Blake und Mouton wurde mehrfach variiert, umbenannt und in den deutschsprachigen Ausgaben unterschiedlich übersetzt. Die Abbildung 6 orientiert sich an der aktuellen Version von McKee & Carlson (2000, S. 34f.).

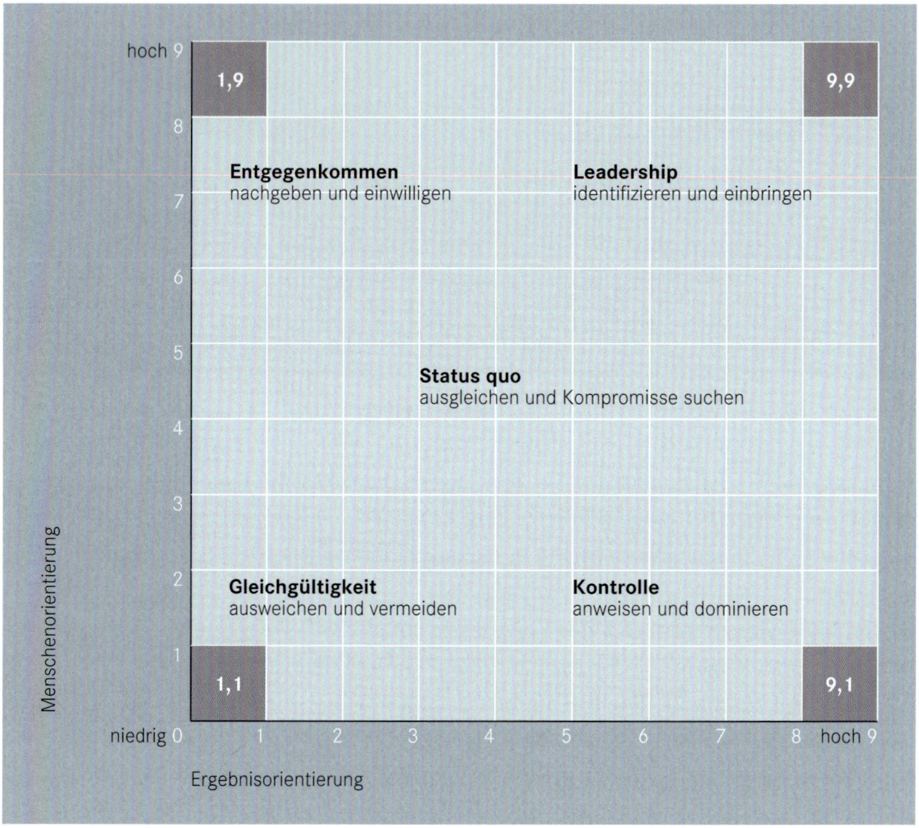

Abb. 6: Verhaltensgitter (McKee & Carlson, 2000, S. 34 f.)

9,1-Stil: Kontrolle – anweisen und dominieren

Der Vorgesetzte erwartet Ergebnisse und kontrolliert den Ablauf, indem er klare Vorgaben macht. Er setzt Regeln zur Sicherung ehrgeiziger Ziele und duldet keine Abweichungen.

1,9-Stil: Entgegenkommen – nachgeben und einwilligen

Der Vorgesetzte setzt sich für Ergebnisse ein, mit denen sich die Harmonie stärken beziehungsweise wieder herstellen lässt. Er sorgt für Begeisterung, indem er sich auf die positiven und angenehmen Aspekte der Arbeit konzentriert.

5,5-Stil: Status quo – ausgleichen und Kompromisse suchen

Der Vorgesetzte unterstützt populäre Ziele und warnt vor unnötigen Risiken. Er sondiert, wie seine Ansichten bei den Beteiligten ankommen.

1,1-Stil: Gleichgültigkeit – ausweichen und vermeiden

Der Vorgesetzte hält sich von aktiver Verantwortungsübernahme fern, um nicht in Probleme verstrickt zu werden. Unter Druck verhält er sich passiv oder unterstützend.

9,9-Stil: Leadership – sich identifizieren und einbringen

Der Vorgesetzte initiiert Teamarbeit so, dass die Teammitglieder dazu ermuntert werden, sich einzubringen und zu engagieren. Im Team erörtert er alle Fakten und Alternativen, damit sich alle gemeinsam auf die beste Lösung einigen können.

Mit dem als Leadership bezeichneten Stil 9,9 sind die Chancen am besten, dass im Unternehmen Spitzenresultate erzielt werden. In der Konzeption des Verhaltensgitters gibt es also, über längere Sicht betrachtet, so etwas wie einen optimalen Führungsstil. Er entsteht aus einer High-high-Konstellation, die eine hohe Mitarbeiterorientierung mit einer hohen Ergebnisorientierung verbindet. Von dieser grundlegenden Aussage abgesehen, wurden die einzelnen Elemente des Verhaltensgitters im Vergleich zur ursprünglichen Fassung (Blake & Mouton, 1968) mehrfach verändert. Zu den bereits bekannten fünf Führungsstilen kommen zwei weitere hinzu, die sich als eine Variation der fünf Grundstile interpretieren lassen (McKee & Carlson, 2000, S. 149ff.): der patriarchalische und der opportunistische Stil.

Der patriarchalische Führungsstil ist eine Kombination von zwei diametral entgegengesetzten Stilen, dem Stil 1,9 und dem Stil 9,1. Beim patriarchalischen Verhalten wird Belohnung und Anerkennung gegen Loyalität und Gehorsam getauscht; auf fehlenden Gehorsam folgt die Bestrafung.

Der opportunistische Stil bedient sich aller fünf Führungsstile. Der Opportunist geht an jede Situation mit der Einstellung heran: «Wo liegt mein Vorteil?» Leistung und Gegenleistung werden aufgerechnet. Dann benutzt er den Stil, der seine persönlichen Vorteile maximiert.

4.2.3 Anwendung und Beurteilung

Fragebogen zur Analyse des Führungsverhaltens sind in der Praxis der Personalentwicklung sehr populär. Zu Beginn des Trainings stufen die Führungskräfte mittels Fragebogen ihr Führungsverhalten ein. In mehrtägigen Trainings werden sie geschult, sich an den – langfristig gesehen – optimalen partizipativen Führungsstil anzunähern. Die Reflexion des persönlichen Führungsstils bringt eine realistischere Beurteilung der eigenen Handlungen mit sich und ermöglicht es, die Konsequenzen für die Mitarbeiter und Mitarbeiterinnen sowie die Unternehmung besser abzuschätzen. Konzepte zur Analyse des Führungsverhaltens haben also eine durchaus praktische Bedeutung.

Der Mangel der Modelle zum Führungsverhalten besteht darin, dass sie empirisch schwierig zu belegen sind. Eindeutige Zusammenhänge zwischen einer 9,9-Ausprägung des Führungsstils und dem Führungserfolg konnten nicht nachgewiesen werden (Yukl & Gardner, 2020, S. 42 ff.). Es kann also nicht davon ausgegangen werden, dass es so etwas wie einen optimalen Führungsstil gibt, der unter allen Umständen Erfolg verspricht. Eine wichtige Erklärung liegt darin, dass die Bedingungen in der Führungssituation zu wenig berücksichtigt wurden. Dazu gehören – wie das bereits Tannenbaum und Schmidt (1958, S. 95ff.) vorgeschlagen haben – das Wertesystem der Vorgesetzten, die fachliche Kompetenz der Mitarbeitenden oder die Art der Organisation. Partizipatives Führungsverhalten wird beispielsweise nicht sehr erfolgreich sein, wenn das dominierende Merkmal der Unternehmungskultur eine extrem ausgeprägte Leistungsorientierung ist.

5 Situative Führung

Anders als die klassischen Untersuchungen über das Führungsverhalten, geht die **situative Führung** davon aus, dass es einen optimalen Führungsstil als stabiles Verhaltensmuster nicht gibt. Der Führende muss seine Entscheidungen flexibel an die jeweilige Situation anpassen. Er sollte zunächst die Situation analysieren und erst in einem zweiten Schritt entscheiden, welches Führungsverhalten angemessen ist. Situation und Führungsverhalten müssen zueinander passen.

In den Modellen zur situativen Führung wird untersucht, welche Merkmale in der Situation für den Erfolg eines bestimmten Führungsverhaltens besonders wichtig sind. Es wird nicht von einer allgemeinen «Es kommt darauf an»-Regel ausgegangen, sondern es wird konkret bestimmt, worauf es wirklich ankommt; beispielsweise auf die Motivation und die Fähigkeiten der Mitarbeitenden (Hersey, Blanchard & Johnson, 2013), auf die Aufgabenstruktur, die Positionsmacht der Vorgesetzten und die Führer-Geführten-Beziehung (Fiedler, 1967) oder – im normativen Entscheidungsmodell – auf eine Kombination von mehreren Situationsmerkmalen.

5.1 Normatives Entscheidungsmodell

5.1.1 Führungsstile

Von welchen Situationsfaktoren hängt partizipatives Führungsverhalten ab? Welche Rolle spielen der Zeitdruck und die Entwicklung der Mitarbeiter bei der Wahl des Führungsstils? Sollte der Vorgesetzte allein entscheiden oder die Gruppenmitglieder in den Entscheidungsprozess mit einbeziehen? Mit diesen Fragen befasst sich das **normative Entscheidungsmodell** der Führung, das in mehreren Stufen entwickelt wurde (Vroom, 2003; Vroom, 2000; Vroom & Jago, 1998; Vroom & Yetton, 1973).

Im normativen Entscheidungsmodell wird das Entscheidungsverhalten des Führenden als ausschlaggebend für den Führungserfolg gesehen. Das Entscheidungsmodell beschreibt nicht, wie Führende im Alltag entscheiden, sondern wie sie sich entscheiden sollten. Es ist normativ angelegt. Das Modell baut auf einer festgelegten Abfolge von Regeln auf, die helfen sollen, den Führungsstil oder – präziser – den Entscheidungsstil zu wählen, der am besten zu einer bestimmten Situation passt.

Grundlage des Entscheidungsmodells ist das siebenstufige Führungskontinuum von Tannenbaum und Schmidt (1958, S. 95ff.). Das Kontinuum wurde von Vroom (2000, S. 83) adaptiert und auf fünf Führungsstile verdichtet. Es reicht von der alleinigen Entscheidung des Vorgesetzten (Entscheiden) bis zur Entscheidung durch die Gruppe (Delegieren) (Abbildung 7).

Entscheiden	**Einzeln konsultieren**	**Gruppe konsultieren**	**Moderieren**	**Delegieren**
Sie treffen die Entscheidung alleine. Sie präsentieren oder «verkaufen» der Gruppe Ihre Entscheidung. Sie nutzen Ihre Erfahrung und beschaffen sich die für die Entscheidung notwendigen Informationen von der Gruppe oder von Dritten.	Sie besprechen das Problem mit den Gruppenmitgliedern einzeln, ohne sie als Gruppe zusammenzubringen. Sie holen die notwendigen Informationen von Ihren Mitarbeitern ein und treffen dann selbst die Entscheidung.	Sie diskutieren das Problem mit Ihren Mitarbeitern als Gruppe und holen ihre gemeinsamen Ideen und Vorschläge ein. Sie entscheiden aber selbst über die Lösung des Problems.	Sie besprechen das Problem mit Ihren Mitarbeitern als Gruppe. Ihre Rolle entspricht der eines Moderators, der das Problem definiert und sicherstellt, dass sich die Problemlösung innerhalb bestimmter Rahmenbedingungen bewegt. Ihr Ziel ist es, einen Konsens für eine Lösung zu finden. Aufgrund Ihrer Position in der Gruppe stellen Sie sicher, dass Ihren Ideen und Vorschlägen nicht mehr Gewicht beigemessen wird als den Ideen und Vorschlägen der anderen Gruppenmitglieder.	Sie ermöglichen es der Gruppe, innerhalb gewisser Grenzen selbst zu entscheiden. Die Gruppe identifiziert und analysiert das Problem, entwickelt Lösungsalternativen und entscheidet über eine oder mehrere Alternativen. Im Gruppenprozess spielen Sie keine direkte Rolle, ausser Sie werden ausdrücklich angefragt. Ihre wichtige Rolle spielt sich hinter den Kulissen ab, indem Sie die benötigten Ressourcen bereitstellen und die moralische Unterstützung gewährleisten.

Abb. 7: Führungskontinuum (Tannenbaum & Schmidt in der Adaption von Vroom, 2000, S. 83)

5.1.2 Situative Faktoren

Die zwei wichtigsten Konsequenzen partizipativer Entscheidungen sind die Qualität und die Akzeptanz. Qualität bezieht sich auf den rationalen Aspekt der Entscheidung. Eine qualitativ hochwertige Entscheidung stimmt mit den Zielen der Unternehmung überein und beruht auf ausreichend Informationen, Wissen und Erfahrungen. Bei der Akzeptanz der Entscheidung geht es um die Frage, ob die Mitarbeiter die Entscheidung verstehen und unterstützen. Qualität, kombiniert mit Akzeptanz, bezeichnet Vroom (2003, S. 77) als Effektivität der Entscheidung. Sie wird durch sieben Fragen konkretisiert, die Führungskräfte bei der Diagnose einer Situation zu beantworten haben:

1. Bedeutung der Entscheidung (decision significance)

Wie wichtig ist die Entscheidung für den Erfolg des Projektes und den Erfolg der Unternehmung? Wenn die Entscheidung sehr wichtig ist und eine hohe Qualität für den Erfolg einer Sache des Projektes und der Unternehmung notwendig ist, muss der Vorgesetzte aktiv im Entscheidungsprozess beteiligt sein.

2. Wichtigkeit der Akzeptanz (importance of commitment)

Ist es für die Umsetzung der Entscheidung wichtig, dass die Mitarbeiter die Entscheidung akzeptieren? Wenn die Umsetzung einer Entscheidung eine hohe Akzeptanz der Gruppenmitglieder verlangt, sollten sie durch den Vorgesetzten in den Entscheidungsprozess eingebunden sein.

3. Kompetenz des Führenden (leader's expertise)

Hat der Vorgesetzte genügend Informationen, Wissen und Erfahrungen, um eine qualitativ hochwertige Entscheidung zu treffen? Wenn der Vorgesetzte nicht genügend Informationen, Wissen und Erfahrungen hat, sollte er die Gruppenmitglieder einbeziehen, um die Lücken zu schliessen.

4. Wahrscheinlichkeit der Akzeptanz (likelihood of commitment)

Wenn der Vorgesetzte die Entscheidung allein trifft, würde sie dann von der Gruppe akzeptiert? Wenn die Gruppenmitglieder mit den Entscheidungen des Vorgesetzten normalerweise einverstanden sind, ist ihre Einbindung in den Entscheidungsprozess weniger wichtig.

5. Gruppenunterstützung für Unternehmensziele (group support for objectives)

Teilen die Mitarbeiter die Unternehmensziele, zu denen die Lösung des Problems beitragen sollte? Wenn die Gruppenmitglieder die Ziele der Unternehmung wenig unterstützen, sollte sie der Vorgesetzte nicht allein entscheiden lassen.

6. Kompetenz der Gruppe (group expertise)

Hat die Gruppe genügend Informationen und Erfahrungen, um eine qualitativ hochwertige Entscheidung zu treffen? Wenn die Gruppenmitglieder viel Informationen, Wissen und Erfahrungen über das Problem haben, kann ihnen mehr Verantwortung für die Entscheidung delegiert werden.

7. Teamfähigkeit (team competence)

Sind die Gruppenmitglieder fähig, bei der Problemlösung zusammenzuarbeiten? Oder: Wie wahrscheinlich sind Konflikte innerhalb der Gruppe? Wenn die Gruppenmitglieder motiviert und fähig sind, die Probleme gemeinsam zu lösen, kann ihnen mehr Verantwortung für die Entscheidung delegiert werden.

5.1.3 Entscheidungsmodelle

Eine effektive Entscheidung ist eine Entscheidung, die hohe Qualität mit hoher Akzeptanz verbindet. Wie effizient eine Entscheidung ist, hängt von der verfügbaren Zeit und der Entwicklung der Mitarbeiter ab. Partizipation braucht Zeit. In Crash-Situationen ist die verfügbare Zeit der kritische Faktor; bei Gruppenmeetings mit endlosen Diskussionen im Open-End-Stil kann sich das Zeitfenster für die Implementierung der Entscheidung stark verengen. Der Zeitfaktor ist so etwas wie die Kostenseite der Partizipation. Auf der anderen Seite stehen die positiven Folgen. Partizipative Entscheidungsprozesse erweitern den Raum für die persönliche Entwicklung der Mitarbeiter. Ein ausgedehnter Handlungs- und Entscheidungsspielraum ermöglicht, die Konsequenzen der Entscheidung selber einzuschätzen, die Beziehungen innerhalb der Gruppe positiv zu gestalten und die individuellen Ziele besser mit den Unternehmenszielen abzustimmen.

Zeitfaktor und Entwicklung der Mitarbeiter überlagern die sieben Situationsvariablen und werden durch zwei separate Entscheidungsmodelle konkretisiert. Die zeitorientierte Version ist für Situationen bestimmt, in denen der Faktor Zeit zentral und die Entwicklung der Mitarbeiter kein vorrangiges Thema ist. Beim entwicklungsorientierten Modell wird von einem offenen Zeitfenster ausgegangen und es ist ein erklärtes Ziel, in die Entwicklung der Mitarbeiter zu investieren (Abbildung 8).

Anweisung: Die Matrix funktioniert wie ein Trichter. Sie beginnen von links mit einem spezifischen Entscheidungsproblem. Die Begriffe in der ersten Zeile kennzeichnen situationsspezifische Faktoren, die für das Problem vorhanden sind oder nicht. Stufen Sie jeden situationsspezifischen Faktor hinsichtlich seiner Relevanz für das Problem mit Hoch oder Tief (H oder T) ein. Fahren Sie von oben nach unten so lange fort, bis Sie alle relevanten situationsspezifischen Faktoren beurteilt haben und so zum empfohlenen Prozess gelangt sind.

Problembeschreibung	Bedeutung Entscheidung	Wichtigkeit Akzeptanz	Kompetenz Führender	Wahrscheinlichkeit Akzeptanz	Gruppen-unterstützung	Kompetenz Gruppe	Team-fähigkeit	
	H	H	H	H	–	–	–	Entscheiden
	H	H	H	T	H	H	H	Delegieren
	H	H	H	T	H	H	T	Konsultieren (Gruppe)
	H	H	H	T	H	T	–	Konsultieren (Gruppe)
	H	H	H	T	T	–	–	Konsultieren (Gruppe)
	H	H	T	H	H	H	H	Moderieren
	H	H	T	H	H	H	T	Konsultieren (einzeln)
	H	H	T	H	H	T	–	Konsultieren (einzeln)
	H	H	T	H	T	–	–	Konsultieren (einzeln)
	H	H	T	T	H	H	H	Moderieren
	H	H	T	T	H	H	T	Konsultieren (Gruppe)
	H	H	T	T	H	T	–	Konsultieren (Gruppe)
	H	H	T	T	T	–	–	Konsultieren (Gruppe)
	H	T	H	–	–	–	–	Entscheiden
	H	T	T	–	H	H	H	Moderieren
	H	T	T	–	H	H	T	Konsultieren (einzeln)
	H	T	T	–	H	T	–	Konsultieren (einzeln)
	H	T	T	–	T	–	–	Konsultieren (einzeln)
	T	H	–	H	–	–	–	Entscheiden
	T	H	–	T	–	–	H	Delegieren
	T	H	–	T	–	–	T	Moderieren
	T	T	–	–	–	–	–	Entscheiden

Abb. 8: Zeitorientiertes Entscheidungsmodell (Vroom, 2000, S. 86)

Das Entscheidungsmodell funktioniert wie ein Trichter. Man geht von einem bestimmten Problem aus, das ausreichend Entscheidungsspielraum offen lässt, und man überlegt sich, welche Gruppe in das Problem involviert sein könnte. Dann startet man auf der linken Seite der Matrix und beurteilt den ersten Situationsfaktor – die Bedeutung der Entscheidung. Ist die Bedeutung hoch, wird H (Hoch) gewählt; ist sie tief, wird T (Tief) gewählt. Die horizontale Linie darf bei diesem Entscheidungsprozess nicht überschritten werden. Der Weg bei der Wahl des Führungsstils führt über alle sieben Situationsfaktoren bis zur rechten Seite der Matrix, die auf den empfohlenen Führungsstil hinweist.

Ein Beispiel soll den Ablauf in der Entscheidungsmatrix illustrieren (Vroom, 2000, S. 88). Nehmen wir an, Sie sind Projektmanager bei einem Hersteller von Verbrennungsmotoren. Ihre Firma erhielt von einem der weltweit grössten Automobilhersteller den Auftrag, für ihr Flaggschiff – den Sportwagen – einen Motor zu produzieren. Der Motor mit japanischem Design ist nicht nur nach amerikanischen, sondern nach weltweiten Standards sehr komplex aufgebaut. Als Projektmanager sind Sie seit Beginn des Projekts dabei und stolz darauf, dass Ihr Motor von der internationalen Automobilpresse die besten Noten erhielt. Ihre Firma war bis jetzt ein renommierter Hersteller von Aussenbordmotoren für Schiffe. Das Image Ihrer Firma hat sich durch die Produktion des Motors für eines der schnellsten Sportautos wesentlich verbessert.

Ihre Begeisterung, seit Beginn ein Teil dieses Projektes gewesen zu sein, wurde durch einen Bericht über ernsthafte Motorprobleme bei bereits verkauften Autos erheblich getrübt. Siebzehn Besitzer dieser Autos meldeten Motorprobleme – ein Umstand, der den Hersteller zum Stopp des Fahrzeugverkaufs zwang, was den Produktionsstopp bedeutete. Die Besitzer der Fahrzeuge der diesjährigen Produktion mussten benachrichtigt werden, ihre Sportautos nicht mehr in Betrieb zu nehmen. Es muss nicht gesagt werden, dass diese Situation einem Desaster gleichkommt. Ohne schnelle Problemlösung könnte Ihre Firma einem umfangreichen Rechtsstreit ausgesetzt werden und die bis dato gegenseitige förderliche Beziehung wäre beendet.

Als Person, die sich am besten mit dem neuen Motor auskennt, haben Sie die letzten zwei Wochen im Testlabor verbracht, etliche eingezogene Motoren und Produktionsstätten inspiziert und den Produktionsprozess in Ihrer Firma überprüft. Sie sind davon überzeugt, dass als Fehlerursache nur die zu hohe Drehzahl bei kaltem Motor in Frage kommen kann. Der noch nicht warm gelaufene Motor baut in dieser Phase nicht genügend Öldruck auf, wodurch Motorschäden entstehen können. Die Lösung wäre der Einbau eines elektronischen Drehzahl-Reglers, der die Drehzahl so lange drosselt, bis der Motor seine Betriebstemperatur erreicht hat.

Das zeitorientierte Modell ergibt für die geschilderte Situation den Entscheidungsweg (H H H H – entscheiden); im entwicklungsorientierten Modell sieht der Weg wie folgt aus (H H H H T – Gruppe konsultieren). Der Zeitfaktor hemmt, wie das Beispiel zeigt, den Partizipationsgrad (Abbildung 9).

Problembeschreibung	Bedeutung Entscheidung	Wichtigkeit Akzeptanz	Kompetenz Führender	Wahrscheinlichkeit Akzeptanz	Gruppenunterstützung	Kompetenz Gruppe	Teamfähigkeit	
	H	H	–	H	H	H	H	Delegieren
							T	Moderieren
						T	–	Konsultieren (Gruppe)
					T	–	–	
				T	H	H	H	Delegieren
							T	Moderieren
						T	–	
					T	–	–	Konsultieren (Gruppe)
	T	T	–	–	H	H	H	Delegieren
							T	Moderieren
						T	–	Konsultieren (Gruppe)
					T	–	–	
		H	–	H	–	–	–	Entscheiden
				T	–	–	–	Delegieren
		T	–	–	–	–	–	Entscheiden

Abb. 9: Entwicklungsorientiertes Entscheidungsmodell (Vroom, 2000, S. 87)

Die einfache Struktur der Entscheidungsmatrix wird in Trainings für Führungskräfte durch komplexere Expertensysteme ersetzt. Mit rund 30 Kurzfällen werden die Führungskräfte in der Modellhandhabung trainiert. Ob Führungskräfte tatsächlich ihre Entscheidungen im Sinne der normativen Entscheidungstheorie treffen, wurde in zahlreichen Trainings überprüft. Führungskräfte variieren ihren Führungsstil in unterschiedlichen Situationen. Sie entscheiden sich vor allem dann partizipativ, wenn die Qualität der Entscheidung wichtig ist, wenn sie eine hohe Akzeptanz der Gruppe suchen und wenn ihnen wichtige Informationen fehlen. Die Erfahrungen in den Führungstrainings zeigen auch, dass Frauen partizipativer führen als Männer und dass Führung mit aufsteigender Hierarchieebene partizipativer ausfällt.

5.1.4 Beurteilung und Anwendung

Es ist unrealistisch, von Führungskräften zu erwarten, dass sie zwei unterschiedliche Entscheidungsmodelle, sieben Situationsfaktoren und fünf Führungsstile berücksichtigen, um im Geschäftsalltag das richtige Entscheidungsverhalten für ein bestimmtes Problem zu ermitteln. Für die Lösung von Alltagsproblemen ist die Entscheidungstheorie zu rational und zu komplex. Das normative Entscheidungsmodell ist vor allem für die Schulung von Führungskräften in situativer Führung geeignet und bietet einige wichtige Hinweise für die Führungspraxis.

Führungsverhalten ist variabel. In bestimmten Situationen kann partizipatives, in anderen autoritäres Führungsverhalten angemessen sein. Das Modell legitimiert in gewissen Situationen autoritäres Führungsverhalten, obwohl das vermutlich in Unternehmungen mit einer ausgeprägten «touch and feel»-Kultur sehr skeptisch beurteilt wird. Partizipatives Führungsverhalten ist nicht immer effektiv, ein Ergebnis, das ziemlich gut mit den Untersuchungen der Partizipationsforschung übereinstimmt.

Eine wichtige Frage in der Führungspraxis ergibt sich aus der Spannung zwischen individuellen und gemeinsamen Entscheidungen. Das normative Entscheidungsmodell spezifiziert, wann der Einfluss der Führenden, wann der Freiraum der Gruppe grösser sein sollte. Und schliesslich wird mit der Berücksichtigung des Zeitfaktors und der Entwicklung der Mitarbeiter ein Dilemma der Führung angesprochen, das in der Praxis häufig auftritt. Unter Zeitdruck wird partizipatives Führungsverhalten leicht durch autoritäres Führungsverhalten verdrängt. Die Entwicklung der Mitarbeiter braucht Zeit und ausreichenden Entscheidungsspielraum, der es den Mitarbeitern erlaubt, Fehler zu machen und aus den eigenen Erfahrungen zu lernen.

Allerdings hat das Modell auch einige Schwächen. Die normative Entscheidungstheorie konzentriert sich – wie es bereits die Bezeichnung ausdrückt – auf die Entscheidungsfindung. Die Managementfunktionen Umsetzen und Kontrollieren werden dabei ausgeblendet. Im Grunde genommen werden nicht Führungsstile, sondern Entscheidungsstile vorgeschlagen. Führung ist aus der Perspektive des Führenden definiert. Das Modell erlaubt zwar partizipatives Verhalten, aber es entscheidet immer der Führende, welcher Stil in einer bestimmten Situation anzuwenden ist. Und schliesslich ist das Modell ahistorisch aufgebaut, hat also kein Gedächtnis. Zuerst wird die Situation diagnostiziert, dann der Führungsstil gewählt. Welcher Stil der Führende vorher gewählt hat, wird nicht berücksichtigt.

Das kann zu starken Variationen zwischen autoritärem und kooperativem Führungsverhalten führen und von den Mitarbeitern als inkonsistent und als schwierig berechenbar erlebt werden.

5.2 Zielorientierte Führung

Führung ist zielbezogene Einflussnahme eines Führenden auf einen Geführten. Führung ist Einflussnahme auf Geführte, damit diese etwas tun: eine Aufgabe erfüllen, ein Ziel erreichen. Ob autoritäre oder partizipative Einflussnahme effektiv ist, hängt auch von den Geführten und den konkreten Bedingungen in der Führungssituation ab.

Man kann die Reihenfolge der Fragen auch umdrehen und beim Output beginnen, bei den Zielen der Führung (Gebert & Rosenstiel, 2002, S. 214). Welches ist das konkrete Ziel, zu dem der Mitarbeiter einen Beitrag leisten soll? Die Erhöhung des Umsatzes um 10 % oder die Entwicklung eines neuen Produktes? Welche Verhaltensweisen bringen die Geführten näher zum jeweiligen Ziel? Und schliesslich: Welches Geführtenverhalten verlangt nach welchem Führungsverhalten, immer unter Berücksichtigung der Bedingungen in der Situation, beispielsweise des Faktors Zeit, der Fähigkeiten der Mitarbeiter oder der Unternehmenskultur (Abbildung 10).

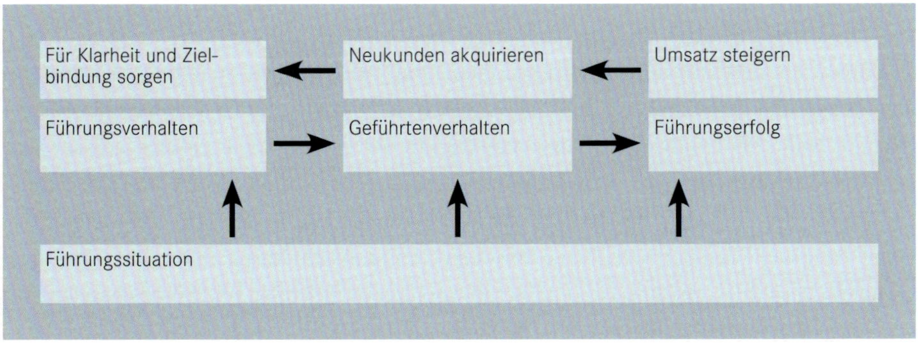

Abb. 10: Zielorientierte Führung (Gebert & Rosenstiel, 2002, S. 214)

5

Die konsequente Umdrehung der Fragestellung und die Fokussierung auf die Resultate wird als **zielorientierte Führung**, Führung mit Zielen, Führen durch Zielvereinbarung oder – in der Managementlehre – als Management by Objectives (MbO) bezeichnet (Furtner & Baldegger, 2016, S. 170 ff.). Hinter diesen Bezeichnungen stehen durchaus unterschiedliche theoretische Konzepte und Führungsphilosophien. Die Fokussierung auf die Ziele oder, anders formuliert, die Resultate, ist der gemeinsame Nenner. Ein Ziel kann definiert werden als ein in Zukunft liegender, eindeutig beschriebener und angestrebter Zustand. Ziele lassen sich als Soll-Grössen verstehen, die mit dem Ist-Zustand – der aktuellen Situation – verglichen werden. Führt dieser Vergleich zu Unterschieden, wird der Ist-Zustand so lange bearbeitet, bis er dem Soll-Zustand entspricht.

5.2.1 Ziele und Leistung

Ziele und Leistungen der Mitarbeiter hängen eng miteinander zusammen. In der Zielsetzungstheorie wurden zwei zentrale, empirisch vielfach bestätigte Annahmen entwickelt (Latham, 2003, S. 309ff.; Locke & Latham, 2002, S. 705ff.). Erstens führen schwierige, anspruchsvolle Ziele zu besseren Leistungen als mittlere oder leicht zu erreichende Ziele. Zweitens ziehen schwierige und präzise, spezifische Ziele bessere Leistungen nach sich als vage Ziele im Sinne von «Do your best».

Die Schwierigkeit von Zielen ist von den Mitarbeitern und ihren Leistungen abhängig. Ein und dasselbe Ziel kann für unterschiedliche Personen schwierig oder leicht sein.

Schwierig sind Ziele, wenn sie in einem dosierten, realistischen Masse über den bisher in vergleichbaren Aufgaben gezeigten Leistungen liegen. Hat beispielsweise ein Autoverkäufer im letzten Monat sechs Autos verkauft, so ist das Ziel, acht Autos zu verkaufen, herausfordernder als das Ziel, im nächsten Monat vier Autos abzusetzen.

Ziele können sehr unterschiedlich formuliert sein. Herausfordernde und spezifische Ziele führen zu höherer Leistung als allgemein gehaltene Ziele. «Neue Kunden akquirieren» ist ein vages Ziel, das viel Raum für Interpretationen und Missverständnisse öffnet. «Acht neue Autos bis Ende des Monats im Wert von CHF 300 000.– verkauft» ist ein spezifisches, smartes Ziel. Eine einprägsame Formel definiert, was smarte Ziele sind:

- S – spezifisch (specific)
- M – messbar, überprüfbar (measurable)
- A – anspruchsvoll, herausfordernd (achievable)
- R – realistisch (realistic)
- T – terminiert (time related)

Spezifische, smarte Ziele machen eindeutig klar, was eine effektive Leistung ist. Die Mitarbeiter wissen genau, was Vorgesetze erwarten und woran sie künftig gemessen werden.

5.2.2 Zielbindung und Führungsverhalten

Wie eng der Zusammenhang zwischen schwierigen, spezifischen Zielen und der Leistung der geführten Mitarbeiter ist, hängt von einer Reihe weiterer Faktoren ab, von der Zielbindung, dem Feedback über den Soll/Ist-Vergleich, dem aufgabenspezifischen Selbstvertrauen und der Aufgabenkomplexität (Locke & Latham, 2002, S. 707ff.). Besonders wichtig ist die Zielbindung, die sich auch als Commitment bezeichnen lässt.

Die Zielbindung beschreibt das Ausmass, mit dem sich ein Mitarbeiter einem Ziel verpflichtet fühlt, es mit eigenen Anstrengungen erreichen will und selbst angesichts drohender Rückschläge oder von Widerständen nicht aufgibt. Ziele haben nur dann eine Wirkung, wenn man sich ihnen verpflichtet fühlt. Je stärker sich die Mitarbeiter an ihre Ziele gebunden fühlen, desto enger ist der Zusammenhang zwischen den Zielen und der Leistung. Einen wichtigen Einfluss auf die Zielbindung hat die Art und Weise, wie Ziele gebildet werden. Unterschieden werden meistens folgende Arten der Zielfindung:

- selbst gewählte Ziele (self set goals)
- direktive Zielvorgaben (tell goals)
- Zielvorgaben mit Erklärungen (tell and sell goals)
- Zielvereinbarungen (participatively set goals)

Zielvereinbarungen bewirken im Vergleich zu direktiven Zielvorgaben eine stärkere Bindung an das Ziel im Sinne von «Ich will» oder «Ich muss». Bei Zielvereinbarungen versuchen Vorgesetzte und Mitarbeiter, ihre Vorstellungen und Erwartungen über die Ziele im Dialog abzugleichen. Wie dieses Gespräch geführt wird, hängt stark vom gegenseitigen Vertrauen ab. Umstritten ist, ob «tell and sell goals» eine vergleichbare Bindung erzeugen können wie Zielvereinbarungen. Bei «tell and sell goals» werden die Ziele vorgegeben und es wird ausführlich erläutert, warum es wichtig ist, diese Ziele zu erreichen. Wird einem Autoverkäufer gesagt, er müsse im nächsten Monat acht Autos verkaufen, wirkt das wie eine direktive Zielvorgabe (oder ein Befehl). Die Bindung an das Ziel ist fraglich. Gelingt es der Vorgesetzten, dem Mitarbeiter die Bedeutung des Ziels für den Erfolg der Unternehmung klar zu machen, ist eine Akzeptanz wahrscheinlicher, vor allem dann, wenn die Vorgesetzte als Autorität erlebt wird.

5.2.3 Management by Objectives

Ziele sind in Zukunft liegende, eindeutige beschriebene und angestrebte Zustände, die ein Mitarbeitender, ein Unternehmensbereich oder eine ganze Unternehmung erreichen sollen. Weil Ziele über diese drei Ebenen miteinander verschachtelt und vernetzt sind, wird die Abstimmung der verschiedenen Ziele auf den unterschiedlichen Hierarchiestufen und Handlungsebenen unter dem Begriff **Management by Objectives** schon lange diskutiert und bis in die jüngste Zeit popularisiert (Drucker & Paschek, 2004; Malik, 2019).

Im Mittelpunkt des Management by Objectives steht die Entwicklung der Unternehmungsziele und die Ableitung von Teilzielen für die verschiedenen organisatorischen Einheiten. Ausgehend von den Zielen der Unternehmungsleitung werden Ziele kaskadenförmig auf die verschiedenen Hierarchieebenen heruntergebrochen, wobei der Vorgesetzte die Ziele mit seinen Mitarbeitenden vereinbart. Das Zielsystem der Unternehmung wird auf diese Weise Schritt für Schritt konkretisiert.

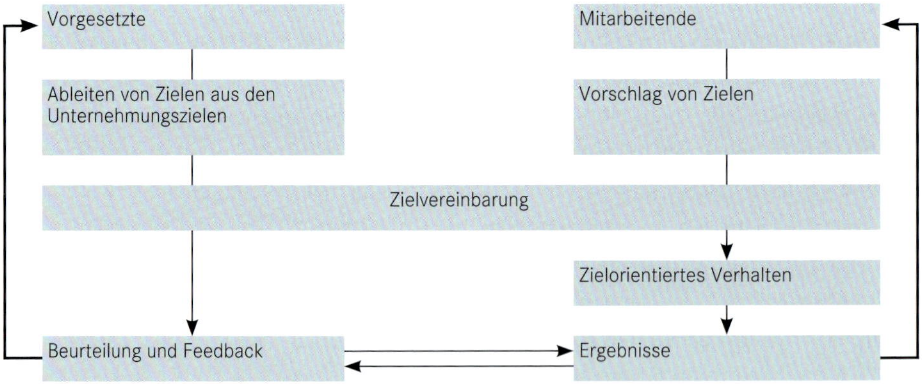

Abb. 11: Management by Objectives

Bei der Zielvereinbarung sprechen Vorgesetzte und Mitarbeitende über die in der nächsten Periode zu erreichenden Resultate und einigen sich auf bestimmte Ziele (Abbildung 11). Die konkreten Inhalte der Ziele hängen also von zwei Einflussgrössen ab: von den Unternehmenszielen und der Einschätzung der betroffenen Mitarbeiter über das, was sie in ihrem Arbeitsbereich für möglich und erreichbar halten. Am Ende der vereinbarten Periode werden die erreichten Ergebnisse mit den Zielen verglichen. Die Beurteilung der Soll/Ist-Abweichung umfasst eine Selbstbeurteilung der Mitarbeiter und ein Beurteilungsgespräch mit dem Vorgesetzten. Die Beurteilung wird zunächst vom Mitarbeiter selbst vorgenommen, weil er in die Lage versetzt werden soll, seinen eigenen Fortschritt bei der Zielverfolgung zu analysieren, und weil er in der Regel die besten Kenntnisse über die Situation besitzt, beispielsweise über die Störfaktoren bei der Zielerreichung. Die Selbstbeurteilung ist eine wichtige Grundlage für das Gespräch mit dem Vorgesetzten. Gemeinsam werden das erzielte Ergebnis diskutiert, Verbesserungsmöglichkeiten aufgezeigt und die Richtung für den erneuten Zielbildungsprozess festgelegt.

5.2.4 Anwendung und Beurteilung

Ziele bilden die Klammer zwischen direkter und indirekter Führung, zwischen Personalführung und Unternehmungsführung. Als integriertes Führungssystem hat sich Management by Objectives in der Praxis weitgehend durchgesetzt (Wolf, 2018; Malik, 2019). Im Idealfall bildet sich durch das MbO ein hierarchisches System von Zielen für Unternehmung, Organisationsbereiche und Mitarbeitende. Das Verhalten der Mitarbeitenden wird dann durch die Ziele gesteuert. Da die Ziele hierarchisch aufeinander abgestimmt sind, ergibt das einen Prozess, in dem jeder Mitarbeiter seine Ziele verfolgt und dadurch die Unternehmung als Ganzes ihre Ziele optimal erreicht.

Management by Objectives ist nicht auf allen Stufen der Unternehmung einsetzbar. An der Basis der Hierarchie mit den vielen Routineaufgaben fehlt der Spielraum, selbstständig über Massnahmen zur Zielerreichung zu entscheiden. Auf den obersten Ebenen der Unternehmung ist dieser Entscheidungsspielraum zwar vorhanden, aber es ist häufig schwierig, klare und präzise Ziele zu formulieren. In den mittleren Führungsstufen und bei allen Aufgaben mit ausreichendem Entwicklungspotenstial kann MbO aber sehr wirksam sein, immer unter der Voraussetzung, dass herausfordernde und präzise Ziele vereinbart werden. Die Zielvereinbarung ist eine gute Möglichkeit, die Mitarbeiter nach ihren Fähigkeiten einzusetzen und persönliche Ziele mit den Zielen der Unternehmung zu vernetzen.

6 Entwicklungstrends

Führungseigenschaften, Führungsverhalten und situative Führung gehören zum Repertoire der klassischen Führungstheorien und wurden in einer Vielzahl von Publikationen und Trainingsseminaren verbreitet. Seither hat sich die Forschung in einer kaum mehr überblickbaren Vielfalt an Forschungsansätzen und Theorienverästelungen weiterentwickelt, wie das beispielsweise in der vierbändigen Enzyklopädie der Führung (Goethals, Sorenson & Burns, 2004) dokumentiert wird. Zwei Entwicklungstrends werden exemplarisch herausgegriffen, die interkulturelle und die unternehmerische Führung.

Die zunehmende **Internationalisierung** stellt die Mitarbeiterführung vor neue Herausforderungen. Die Komplexität der Führung nimmt zu, wenn Vorgesetzte und Mitarbeitende unterschiedlichen Kulturen angehören und sich an den Werten und Normen dieser Kulturen orientieren. Bildlich gesprochen sind Vorgesetzte und Mitarbeitende «kulturell anders programmiert», was dazu führen kann, dass eine bestimmte Situation oder ein Führungsverhalten unterschiedlich interpretiert wird und zu Missverständnissen führt. Führung unter interkulturellen Bedingungen wird komplexer und stellt zusätzliche Anforderungen an die Führungskräfte. Sie müssen nicht nur fachlich, sozial und konzeptionell kompetent sein, sondern auch ein hohes Mass an interkultureller Kompetenz mitbringen.

In kulturvergleichenden Untersuchungen werden die Unterschiede und Gemeinsamkeiten in der Führung analysiert, beispielsweise beim Führungsstil, beim Zielsetzungsprozess oder beim Entscheidungsverhalten (Thomas & Stumpf, 2003, S. 82ff.). Da die Effektivität des Führungsstils wesentlich vom Partizipationsgrad abhängt, wurde diese Frage besonders intensiv analysiert. Viele Untersuchungen belegen, dass in industrialisierten Ländern ein eher partizipativer Führungsstil praktiziert wird, im Unterschied zu vorindustrialisierten Ländern, wo ein eher autoritärer Führungsstil vorherrscht. Selbst in Europa zeigen sich deutliche Unterschiede zwischen einem ausgeprägten partizipativen Führungsstil in England, einem zwischen partizipativ und autoritär angesiedelten Führungsstil in Deutschland und einen stark autoritären Führungsstil in Griechenland. Führung ist kulturgebunden und lässt sich nicht ohne weiteres von einer Kultur in eine andere übertragen. Das trifft auch für kulturell verwandte Länder wie Schweiz, Österreich und Deutschland zu (Weibler et al., 2000).

Der zweite Entwicklungstrend setzt bei der indirekten Führung an. Einfluss kann nicht nur durch direkte personale Führung, sondern auch über kulturelle Orientierungen, Strategien, Strukturen und Prozesse ausgeübt werden. Es wird zunehmend nach Strukturen und kulturellen Orientierungen gesucht, die Kreativität und Innovation fördern und es den Mitarbeitenden erlauben, unternehmerisch zu denken und zu handeln. Unternehmerische Personalführung, Mitunternehmer, Intrapreneurship oder Corporate Entrepreneurship sind die Stichworte für diese Entwicklung.

Durch eine dezentrale Struktur in Form von Profit- oder Wertschöpfungscenters werden umfassende Entscheidungs- und Handlungsspielräume für die Mitarbeiter geschaffen. Dezentrale Struktur und Kultur der Unternehmung müssen übereinstimmen, ein «Fit» zwischen Struktur und Kultur, der eine unternehmerische Kultur verlangt. Für unternehmerische Kulturen sind Orientierungen typisch, die durch grosse Autonomie, hohe Innovationskraft, ausgeprägte Risikobereitschaft, starken internen Wettbewerb und proaktives Handeln gekennzeichnet sind (Engelen, Engelen & Bachmann, 2015, S. 31 ff.). Innerhalb dieser Strukturen und Kulturen handeln Mitarbeiter als Intrapreneure, als Unternehmer im Unternehmen (Wunderer, 2009, S. 35 ff.; Wunderer & Dick, 1998). Sie spüren im eigenen Arbeitsbereich neue Geschäftschancen auf, managen das Risiko bei der Umsetzung und übernehmen dafür persönlich die Verantwortung.

Unternehmerisches Handeln erfordert persönliche Initiative, die mit den Zielen der Unternehmung übereinstimmt, langfristig ausgerichtet und proaktiv angelegt ist. Die Mitarbeiter handeln nicht nur aufgrund vereinbarter Ziele, sondern aus eigenem Antrieb heraus. Persönliche Initiative und unternehmerisches Handeln sind vor allem dann zu erwarten, wenn sich die Mitarbeiter emotional an ihre Unternehmung gebunden fühlen. Sie identifizieren sich mit der Unternehmung, glauben an ihre Aufgabe und fühlen sich der Unternehmung auch emotional verpflichtet. Eine wichtige Aufgabe der Führung besteht darin, die Mitarbeitenden emotional an die Unternehmung zu binden und persönliche Initiative und unternehmerisches Handeln zu fördern. Das ist eine der gemeinsamen Aufgaben für Vorgesetzte und Mitarbeitende, die dazu beiträgt, dass Führung auch in Zukunft als konfliktgeladen, anspruchsvoll, spannend und in vielen Fällen auch als persönlich bereichernd erlebt wird.

7 Zusammenfassung

Führung ist zielbezogene Einflussnahme. Sie kann indirekt und direkt erfolgen. Die indirekte, apersonale Einflussnahme geht von der Unternehmungsführung aus, von der Strategie, den Prozessen, den Strukturen und der Kultur. Die direkte, personale Einflussnahme ergibt sich aus den Beziehungen zwischen Führenden und Geführten.

Die wichtigsten Einflussgrössen der personalen Führung sind die Person des Führenden, sein Führungsverhalten, das Verhalten der Geführten, die Führungssituation und der Führungserfolg. Historisch gesehen wurde Führung vor allem aus der Sicht der Person des Führenden, seinen Eigenschaften und Kompetenzen, analysiert. Führungskräfte sind besonders dann erfolgreich, wenn sie über eine gewisse Ausprägung von bestimmten Persönlichkeitsmerkmalen verfügen, beispielsweise eine starke internale Kontrollwahrnehmung oder ein starkes sozialisiertes Machtmotiv. Während diese Persönlichkeitsmerkmale als relativ gefestigt und über die Zeit stabil gelten, können fachliche, soziale und konzeptionelle Kompetenzen gelernt und entwickelt werden. Für die Effektivität des Führenden sind Eigenschaften und Kompetenzen gleichermassen wichtig.

Im Zentrum des Führungsverhaltens stehen nicht die Persönlichkeitsmerkmale der Führenden, sondern die Frage nach dem Verhalten erfolgreicher Führungskräfte. Aufgabenorientierung und Mitarbeiterorientierung beschreiben das Führungsverhalten und kommen in eindimensionalen und zweidimensionalen Konzepten der Führungsstile vor. In eindimensionalen Konzepten bilden aufgabenorientiertes und mitarbeiterorientiertes Verhalten die beiden Pole. In zweidimensionalen Konzepten werden die beiden Ausprägungen miteinander kombiniert. Es wird davon ausgegangen, dass eine Verbindung von hoher Aufgabenorientierung mit hoher Mitarbeiterorientierung das ideale Führungsverhalten definiert.

Anders als die Untersuchungen über das Führungsverhalten, geht die situative Führung davon aus, dass es einen optimalen Führungsstil als stabiles Verhaltensmuster nicht gibt. Der Führende muss seine Entscheidungen flexibel an die jeweilige Situation anpassen, beispielsweise an die Teamfähigkeit der Gruppenmitglieder. Situation und Führungsverhalten müssen zueinander passen. Bei der zielorientierten Führung konzentriert sich die Führung auf die Resultate. Schwierige, anspruchsvolle und präzise formulierte Ziele führen zu besseren Leistungen der Mitarbeitenden als mittlere, leicht zu erreichende oder vage Ziele im Sinne von «Tut euer Bestes». Wie eng der Zusammenhang zwischen den Zielen und der Leistung der geführten Mitarbeiter ist, hängt auch von der Zielbindung ab, die sich als Commitment bezeichnen lässt. Zielvereinbarungen zwischen Vorgesetzten und Mitarbeitenden bewirken im Vergleich zu direktiven Zielvorgaben eine stärkere Anbindung an das Ziel im Sinne von «Ich will» oder «Ich muss». Zielvereinbarungen sind eine gute Möglichkeit, die Mitarbeitenden nach ihren Fähigkeiten einzusetzen und persönliche Ziele mit den Zielen der Unternehmung zu vernetzen. Ziele bilden die Klammer zwischen indirekter und direkter Führung, zwischen Unternehmungsführung und Personalführung.

8 Literaturverzeichnis

Barrick, M. R., Mount, M. L. & Judge, T. A. (2001). *Personality and performance at the beginning of the new millenium. What do we know and where do we go next?* International Journal of Selection and Assessment, 9, S. 9–30.

Blake, R. R. & Mouton, J. S. (1968). *Verhaltenspsychologie im Betrieb.* Düsseldorf: Econ.

Blake, R. R. & Mouton, J. S. (1992). *Das GRID-Führungsmodell.* Düsseldorf: Econ.

Daft, R. L. (2016). *Management* (12. Aufl.). Mason: South-Western.

Delhees, K. H. (1995). *Führungstheorien – Eigenschaftstheorie.* In: A. Kieser, G. Reber & R. Wunderer (Hrsg.), *Handwörterbuch der Führung* (2. Aufl., S. 897–906). Stuttgart: Schaeffer-Poeschel.

Drucker, P. F. & Paschek, P. (Hrsg.) (2004). *Kardinaltugenden effektiver Führung.* Frankfurt/M.: Redline Wirtschaft.

Engelen. A., Engelen, M. & Bachmann, J.-Th. (2015). *Corporate Entrepreneurship – Unternehmerisches Management in etablierten Unternehmen.* Wiesbaden: Springer Gabler.

Erpenbeck, J. & von Rosenstiel, L. (Hrsg.) (2011). *Handbuch Kompetenzmessung* (2. Aufl.). Stuttgart: Schäffer-Poeschel.

Fiedler, F. E. (1967). *A Theory of Leadership Effectiveness.* New York: McGraw-Hill.

French, J. R. P. & Raven, B. H. (1959). *The Bases of Social Power.* In: Cart-Wright, D. (Ed.), *Studies in Social Power* (S. 150–167). Ann Arbor: Institute for Social Research.

Furtner, M. & Baldegger, U. (2016). *Self-Leadership und Führung. Theorien, Modelle und praktische Umsetzung* (2. Aufl.). Wiesbaden: Springer Gabler.

Gebert, D., & von Rosenstiel, L. (2002). *Organisationspsychologie. Person und Organisation* (5. Aufl.). Stuttgart: Kohlhammer.

Goethals, G. R., Sorenson, G. J. & Burns, J. M. (Hrsg.) (2004). *Encyclopedia of Leadership* (vol. 1–4). Thousand Oaks: Sage.

Hersey, P., Blanchard, K. H. & Johnson, D. E. (2013). *Management of Organizational Behaviour. Leading Human Resources* (10. Aufl.). Upper Saddle River, NJ: Prentice Hall.

Heyse, V. (2003). *KODE X-Kompetenz-Explorer.* In: Erpenbeck, J. & von Rosenstiel, L. (Hrsg.), *Handbuch Kompetenzmessung.* Stuttgart: Schäffer-Poeschel.

Hilb, M. (2011). *Integriertes Personal-Management. Ziele – Strategien – Instrumente* (20. Aufl.). Neuwied-Kriftel: Luchterhand.

Jones G. R. & George, J. M. (2011). *Contemporary Management* (7.Aufl.). New York: McGraw-Hill.

Judge, T. A., Bono, J. E., Ilies, R. & Gebhardt, M.W. (2002). *Personality and Leadership. A qualitative and quantitative review.* Journal of Applied Psychology, 87, S. 751–765.

Kälin, K. & Müri P. (2015). *Sich und andere führen – Psychologie für Führungskräfte, Mitarbeiterinnen und Mitarbeiter* (16. Aufl.). Thun: Ott.

Katz, R. L. (1974). *Skills of an Effective Administrator.* Harvard Business Review, September-October 1974, S. 90–101.

Katz, R. L. (1980). *Welche Führungsfähigkeiten braucht ein Manager?* Harvard Business Manager, 1, S. 7–18, 1980.

Latham, G. P. (2003). *Goal setting: a five-step approach to behavior change.* Organizational Dynamics, 32 (3), S. 309–318.

Lewin, K., et al. (1939). *Patterns of aggressive behavior in experimentally created «social climates».* Journal of Social Psychology, 10, S. 271–299.

Locke, E. A. & Latham, G. P. (2002). *Building a practically useful theory of goal setting and task motivation.* American Psychologist, 57, S. 705–717.

Luthans, L. (2011). *Organizational Behavior* (12. Aufl.). Boston: McGraw-Hill.

Malik, F. (2019). *Führen, Leisten, Leben. Wirksames Management für eine neue Welt. Frankfurt am Main,* New York: Campus.

McClelland, D. C. (1976). *The Achieving Society.* New York: Ardent Media.

McClelland, D. C. (1988). *Human Motivation.* Cambridge: Cambridge University Press.

McKee, R. K. & Carlson, B. (2000). *Mut zum Wandel. Das GRID Führungsmodell.* München: Econ.

Mumford, M. D., Zaccaro, S. J., Harding, F. D., Owen, N., Jacobs, T. & Fleishmann, E. A. (2000). *Leadership Skills for a Changing world. Solving complex social problems.* Leadership Quarterly, 11 (1), S. 11–35.

Ostendorf, F., & Angleitner, A. (2004). *NEO-PI-R. NEO-Persönlichkeitsinventar nach Costa und McCrae* (revidierte Fassung). Hogrefe: Göttingen.

von Rosenstiel, L. (2014). *Grundlagen der Führung.* In: von Rosenstiel, L., Regnet, E., & Domsch, M. (Hrsg.), *Führung von Mitarbeitern* (7. Aufl., S. 3–28). Stuttgart: Schäffer-Poeschel.

Tannenbaum, R. & Schmidt, W. H. (1958). *How to choose a leadership pattern.* Havard Business Review, 36 (2), S. 95–101.

Thomas, A. & Stumpf, S. (2003). *Aspekte interkulturellen Führungsverhaltens.* In: Bergemann N., & Sourisseaux, A. L. J. (Hrsg.), *Interkulturelles Management* (3. Aufl., S. 69–107). Berlin: Springer.

Vroom, V. H. (2000). *Leadership and the decision-making process.* Organizational Dynamics, 68, S. 82–94.

Vroom, V. H. (2003). *Situational factors in leadership.* In: Chowdry, S. (Hrsg.), *Organizations 21C* (S. 69–87). Upper Saddle River, NJ: Financial Times Prentice Hall.

Vroom, V. H., & Yetton, P. W. (1973). *Leadership and Decision-making.* Pittsburg, PA: University of Pittsburg Press.

Vroom, V. H., & Jago, A. G. (1998). *The New Leadership. Managing Participation in Organizations.* Englewood Cliffs, NJ: Prentice Hall.

Weibler, J., Brodbeck, F., Szabo, E., Reber, G., Wunderer, R. & Mossmann, O. (2000). *Führung in kulturverwandten Regionen. Gemeinsamkeiten und Unterschiede bei Führungsidealen in Deutschland, Österreich und der Schweiz.* Die Betriebswirtschaft, 60 (5), S. 588–606.

Wolf, G. (2018). *Zielvereinbarungen in der Praxis.* Freiburg: Haufe.

Wunderer, R. (2011). *Führung und Zusammenarbeit. Eine unternehmerische Führungslehre* (9. Aufl.). München, Köln: Wolters Kluwer.

Wunderer, R., & Dick, P. (Hrsg.) (1998). *Mitarbeiter als Mitunternehmer.* Neuwied: Luchterhand.

Wunderer R. & Bruch, H. (2000). *Die Umsetzungskompetenz. Diagnose und Förderung in Theorie und Unternehmenspraxis.* München: Vahlen.

Yukl, G.A. & Gardner, W.L. (2020). *Leadership in Organizations* (9. Aufl.). Harlow, London: Pearson.

Kommunikation F4

Marc Aeschbacher • Valeria Legena

Weiterführende Texte, Übungsaufgaben und Lernkontrollen finden Sie unter www.bwl-online.ch ↗

1 Kommunikation als Managementfunktion

Es ist schwierig, **Kommunikation** als Führungsfunktion, welche im Managementsystem sämtliche Führungsstufen betrifft, auf einigen wenigen Seiten zu beschreiben. Schon die gebräuchlichen Begriffe – Corporate Communication, Business Communication, internal und external Public Relations – mit den dazugehörigen Bedeutungsunterschieden erschweren eine konsensorientierte Verständigung. Es kommt dazu, dass – im Gegensatz zu Finanzmanagement, Marketing, Personalmanagement und allen anderen Funktionsbereichen – im Rahmen der Unternehmensführung Menschen als Sprechende und Schreibende eben unablässig kommunizieren. Paul Watzlawick hat diesen Umstand, dass es dem Menschen gar nicht möglich ist, nicht zu kommunizieren (Watzlawick, Beavin & Jackson, 1969, S. 53), zu einem berühmt gewordenen Axiom der Kommunikation erhoben. So gesehen, ist Kommunikation die Grundlage all unseres zwischenmenschlichen Handelns und das, was wir als spezifische Managementfunktion hier thematisieren, findet als zweckbestimmtes Einzelgeschehnis auf dem Hintergrund dieses nie abreissenden allgemeinen Kommunizierens statt.

Nochmals zurück zu Watzlawicks Axiom: «Man kann nicht nicht kommunizieren.» Diese Feststellung bedeutet im Umkehrschluss, dass alles Botschaft ist und dass die Botschaft immer in einem Gesamtzusammenhang wirkt. Es ist für die Wirkung der Botschaft also mitentscheidend, unter welchen Umständen und in welchem Umfeld sie gemacht wird.

Harold D. Lasswell hat 1948 die Bedeutung der einzelnen **Kommunikationsaspekte** in einer Formel hervorgehoben:

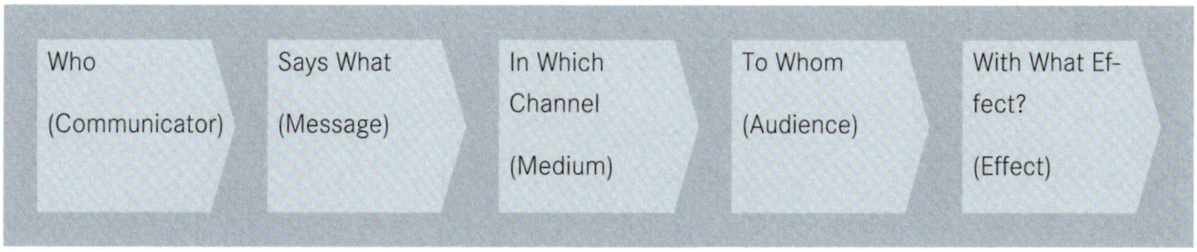

Abb. 1: Lasswell-Formel (grafische Wiedergabe in McQuail & Windahl, 1993, S. 13)

Lasswells Formel verdeutlicht die komplexe Vielschichtigkeit von Kommunikationsakten und dass jeder Aspekt für sich genommen ausschlaggebende Bedeutung für das Gelingen des gesamten Kommunikationsprozesses hat. Es gibt keine neutrale Kommunikation, vielmehr werden Botschaften in einem Kontext wahrgenommen, wobei jede und jeder anders und anderes wahrnimmt.

Für ein Unternehmen kann aber nicht der einzelne Kommunikationsvorgang alleine im Fokus stehen, sondern es geht um ein **ganzheitliches Kommunikationsmanagement**, das «seine Ziele aus der Strategie der Gesamtorganisation ableitet und bei dem die interne und externe Kommunikation mit den für die Organisation relevanten Bezugsgruppen in abgestimmter Weise geplant, realisiert und kontrolliert wird» (FHNW, 2014, S. 2).

Unternehmenskommunikation muss also als Gesamtzusammenhang begriffen und behandelt werden. Die dazu erforderliche systemische Vorgehensweise bestimmt dabei alle kommunikationsrelevanten Aspekte: die Botschaft, die Adressaten, den Mix der Kanäle, den Kommunikationsprozess und -zeitpunkt sowie die Kommunikationsintervalle.

Damit haben wir zugleich umrissen, wie wir das Thema angehen wollen: Kommunikation soll hier aufgefasst werden als zielgerichtete kommunikative Aktivität im Unternehmen und aus dem Unternehmen hinaus. Wir betrachten in diesem Kapitel einige grundlegende Elemente der Kommunikation nach aussen und einige spezifische Kommunikationsaktivitäten im Unternehmen.

Den Anfang macht die Unternehmenskommunikation nach aussen.

2 Externe Unternehmenskommunikation

2.1 Corporate Communications, PR, Markenkommunikation – oder doch mehr?

Noch im Jahr 2000 galten der Unternehmensauftritt und die **externe Kommunikation** für Unternehmungen als eine plan- und steuerbare Selbstdarstellung. Es ging darum, in der Öffentlichkeit klar, kompetent, glaubwürdig und attraktiv wahrgenommen zu werden, um den Absatz der Marktleistungen zu steigern.

Mit dem Aufkommen des Internets und insbesondere der Social Media sind diese Zeiten der simplen Kommunikationsanstrengungen endgültig vorbei. Das Internet hat einen alles verändernden Epochenwandel herbeigeführt, der binnen kürzester Zeit die vormaligen Kommunikationsmachtverhältnisse völlig ausser Kraft gesetzt hat. Zum ersten Mal in der Menschheitsgeschichte ist es Normalsterblichen möglich, was früher nur gekrönten Häuptern vorbehalten war, nämlich aus eigener kommunikativer Kraft weltweite Aufmerksamkeit zu erlangen. Das ist auch für die **Unternehmenskommunikation** eine neue Situation, mit der umzugehen gelernt werden muss.

Bezogen auf Unternehmen und Organisationen lässt sich diese Zeitenwende grafisch folgendermassen darstellen (Abbildungen 2 und 3):

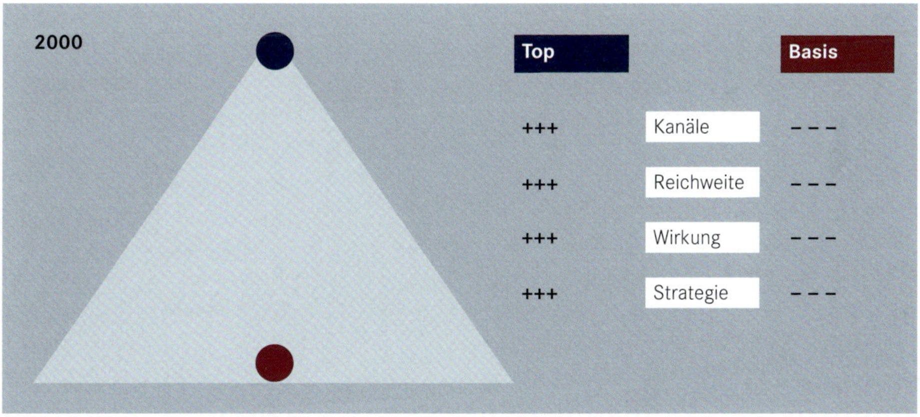

Abb. 2: Kommunikative Machtverteilung in Organisationen im Jahr 2000

Im Jahr 2000 verfügte die Unternehmensspitze, das Topmanagement, für die Kommunikation über alle zum damaligen Zeitpunkt zur Verfügung stehenden kommunikativen Mittel und Kanäle (in der Grafik durch die drei Pluszeichen ausgedrückt). Die damit mögliche Reichweite dieser kommunikativen Mittel kann als maximal erachtet werden. Ist die kommunikative Strategie klug gewählt, hier auch mittels drei Pluszeichen ausgedrückt, dann kann auch von einer maximalen Wirkung dieser Kommunikation ausgegangen werden.

Dem diametral entgegengesetzt stellte sich im Jahr 2000 die Situation für die Mitarbeitenden des Unternehmens an der Basis dar. Damals verfügten die Mitarbeitenden in der Regel über keine nennenswerten kommunikativen Kanäle (in der Grafik durch die drei Minuszeichen ausgedrückt). Ihre Äusserungen über das Unternehmen, ob positiv oder negativ, erreichten normalerweise nur den Kreis der Familie, Freunde und Bekannte. Wegen der geringen Reichweite, welche sie kommunikativ erzielen konnten, war auch die Wirkung äusserst beschränkt. Es kann bei diesen kommunikativen Akten der Mitarbeitenden mit Bezug auf das Unternehmen auch nicht von einem elaborierten, der Kommunikation zugrunde liegenden umfassenden Konzept ausgegangen werden. Im Jahr 2000 war also die kommunikative Machtverteilung im Unternehmen völlig einseitig, die Spitze verfügte über alle Instrumente und konnte unangefochten ihre Sicht in die Öffentlichkeit tragen, die Basis hingegen war für die Öffentlichkeit nicht wirklich vernehmbar.

Wer heute hingegen noch an eine einseitige Verteilung der **kommunikativen Macht** zwischen einem chancenlosen David an der Unternehmensbasis und einem übermächtigen Goliath an der Unternehmensspitze glaubt, der verkennt die kommunikativen Realitäten, die unsere Welt mittlerweile beherrschen. Die alten Denk- und Vorstellungsmuster haben gerade auf dem Gebiet der Kommunikation ihre Gültigkeit längst eingebüsst; in weniger als zwanzig Jahren hat sich eine komplette Verschiebung der Kommunikationsmachtverhältnisse im Unternehmen ergeben. Die Unternehmensspitze verfügt nach wie vor über die bisherigen Mittel, so gesehen bleibt dieser Aspekt des kommunikativen Potenzials unverändert.

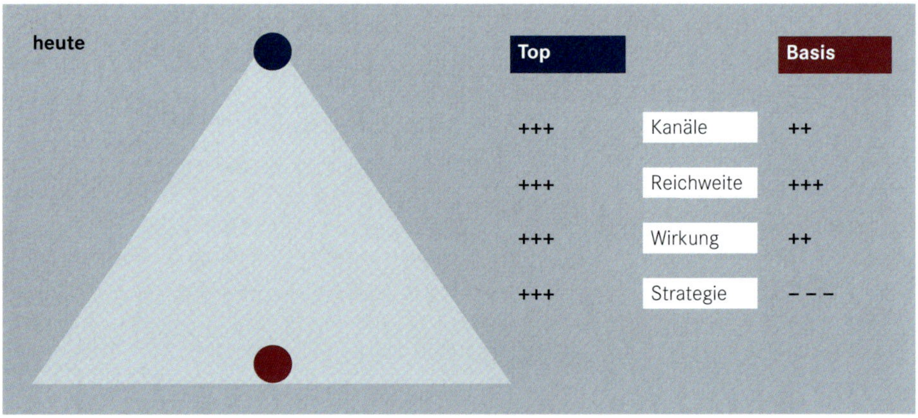

Abb. 3: Kommunikative Machtverteilung in Organisationen heute

Wie die Grafik zeigt: Die Situation für die Mitarbeitenden an der Basis ist heute vollständig anders. Binnen weniger als zwanzig Jahren hat sich eine kommunikative Revolution abgespielt, welche die Machtverhältnisse radikal veränderte und neu definierte. Standen vor zwanzig Jahren den Mitarbeitenden an der Basis kaum nennenswerte Kanäle zur Verfügung, um sich für ihre Mitteilungen aus dem und über das Unternehmen Gehör zu verschaffen, so können sie heute zum Beispiel mit Facebook (gegründet 2004), YouTube (2005), Twitter (2006) und Instagram (2010) eine ganze Reihe an Instrumenten nutzen. Das Arsenal ist an der Basis freilich noch immer nicht gleich gross wie an der Spitze des Unternehmens, was in der Grafik mit zwei Pluspunkten zum Ausdruck gebracht wird, im Gegensatz zu den drei Pluspunkten, mit denen die Kanäle der Unternehmungsführung taxiert werden. Aber es gilt, sich im Gegenzug vor Augen zu halten, welche Potenz in diesen kommunikativen Instrumenten steckt.

Ein Punkt auf der Liste blieb bisher unerwähnt, die Strategie. Und dieser Faktor hat mit ausschlaggebende Bedeutung für die Veränderung der Machtverhältnisse von Arbeitgebern und Arbeitnehmenden in der Unternehmenskommunikation. Es besteht nun im Grunde genommen für jeden Mitarbeitenden eines Unternehmens, egal auf welcher Hierarchiestufe, die Möglichkeit, seinen Arbeitgeber in Schwierigkeiten zu bringen. Die Situation stellt sich nämlich folgendermassen dar: Nach wie vor basiert eine gute Unternehmenskommunikation auf einer mit der Gesamtstrategie der Unternehmung abgestimmten Kommunikationsstrategie. Die einzelnen Kommunikationsakte sind in dieses Gesamtkonzept eingebettet und erfolgen zielgerichtet und systemkonform. Das gewährleisten die dafür verantwortlichen Führungskräfte aufgrund einer durchdachten Konzeption, Koordination und Kontrolle. Genau diese fundamentalen Grundbedingungen der Kommunikation sind nicht mehr gewährleistet, wenn die Anzahl der Kommunizierenden nicht begrenzt werden kann. Denn Einzelakteure folgen keiner koordinierten Strategie, sondern handeln völlig losgelöst: Es kommt zum «Paradigmenwandel von einer vornehmlich als Expertenaufgabe verstandenen, möglichst zentral gesteuerten Unternehmenskommunikation zu einer polyfonen Unternehmenskommunikation, die sich als Vielfalt der Stimmen (und Ohren) aller Organisationsmitglieder definiert» (Zerfass, 2014, S. 72).

Die Unternehmung muss sich damit abfinden, dass die Kontrolle über die Kommunikationsaktivitäten nach aussen nicht mehr wie früher bei der Unternehmensleitung liegt, wenn viele Einzelne unkoordiniert ihre eigenen Kommunikationsabsichten verfolgen. Das ist eines der grossen Probleme gegenwärtiger Unternehmenskommunikation. Gerade in demokratischen Gesellschaften hat das weitreichende Folgen und wirft grundsätzliche Fragen auf, Organisationen müssen sich überlegen, wie ihre **Communication Policy** definiert werden soll, ob sie zum Beispiel ihren Mitarbeitenden ein Verbot in Bezug auf Verlautbarungen zur Unternehmung auferlegen wollen. Der kommunikative Kontakt nach aussen ist noch anspruchsvoller geworden, denn er hat sich aufgrund der technischen Möglichkeiten zu einer wahrhaften Interaktion entwickelt, im Idealfall zum Involvement, im schlechtesten Fall, dem Shitstorm, zur Beschädigung von Image und Ruf mit schwer vorhersagbaren Folgen.

Obschon sich die Situation fundamental verändert hat, **Corporate Communications**, PR und alle anderen Kommunikationsanstrengungen anspruchsvoller und heikler geworden sind, hat sich für die Unternehmung am Ziel, «eine Einheit in der Kommunikation zu schaffen» (Bruhn, 2003, S. 17), nichts geändert. Auf dem Fundament einer integrierten Kommunikation werden einzelne Kampagnen und Massnahmencluster strukturiert entwickelt.

2.2 Die Strukturierung der Vorgehensweise

Kommunikation ist ein permanent ablaufender Prozess, der deshalb in Form eines Regelkreises zu gestalten ist, analog zu den Managementfunktionen Entscheiden, Umsetzen und Kontrollieren. Ausgangspunkt sind dabei immer die Ziele der Organisation und die aktuell vorliegende kommunikative Situation. Daraus ergibt sich, welche Kommunikationsprobleme zu lösen sind und welche Chancen oder Risiken dabei entstehen könnten. Auf dieser Basis werden in der Folge Zielsetzungen formuliert. Grundsätzlich ist zu entscheiden, was erreicht, welche Inhalte vermittelt und wer angesprochen werden soll. Dies wird im nächsten Schritt konkretisiert, umgesetzt, indem Massnahmen erarbeitet, ihre Durchführung geplant und ihre Wirksamkeit evaluiert, kontrolliert wird. Damit ist der Regelkreis geschlossen und beginnt erneut. Ein solches Vorgehen gewährleistet, dass die Vermittlung der zu kommunizierenden Inhalte adressatenorientiert, den Zielen entsprechend, effektiv, effizient, ressourcengemäss und fristgerecht stattfindet (vgl. Abbildung 4, in Anlehnung an Leipziger, 2007, S. 172).

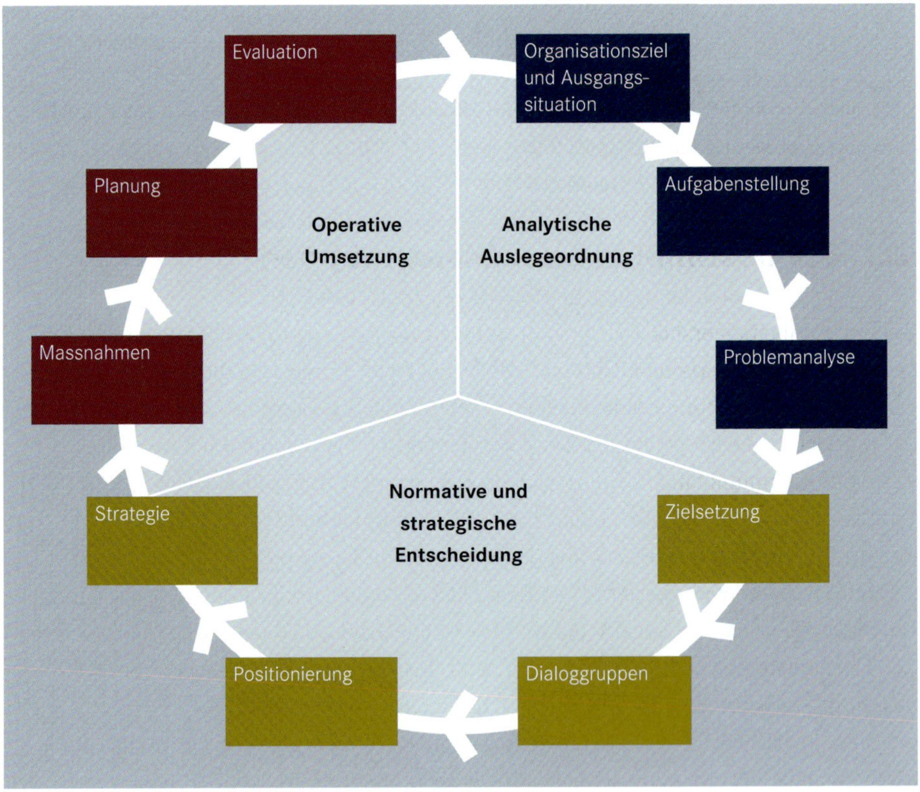

Abb. 4: Konzeptionsregelkreis

Die obige Konzeption kann Leipziger folgend in drei Bezugsphasen unterteilt werden:

Bezugsphase	Arbeitsschritt	Fragestellung
Analytische Auslegeordnung	Organisationsziel und Ausgangssituation	Wie sieht der kommunikative Kontext vor dem Hintergrund der Organisationsziele aus?
	Aufgabenstellung	Welche kommunikativen Probleme sind zu lösen?
	Problemanalyse	Was fördert die Problemlösung? Was behindert sie?
Strategische Entscheidung	Zielsetzung	Was soll mit Kommunikation erreicht, bewirkt, verändert werden?
	Dialoggruppen	Wer soll angesprochen, integriert, aktiviert, neutralisiert werden?
	Positionierung	Welche Meinung, Vorstellung soll vermittelt werden?
	Strategie	Wie wird generell der Meinungsbildungs-, der Informationsprozess gestaltet?
Operative Umsetzung	Massnahmen	Welche Instrumente, Aktivitäten sollen zu welchem Zweck und in welchem Kontext eingesetzt werden?
	Planung	Wo, wann und in welchem Umfang, mit welcher Häufigkeit und zu welchem Preis findet der Mitteleinsatz statt?
	Evaluation	Wie wird der Erfolg überprüft?

Abb. 5: Konzeptionsphasen nach Leipziger

2.3 Die Bestimmung der Dialoggruppen

Da Kommunikation erst dann gelingt, wenn Empfängerinnen und Empfänger der Botschaft diese so auffassen, wie es vom Sender beabsichtigt war, muss die volle Aufmerksamkeit immer dem Adressaten gelten, seinen Bedürfnissen, Ansprüchen, Erwartungen und Fähigkeiten.

Damit Kommunikation ihre Adressaten findet und nicht ins Leere zielt, geht es zuerst einmal darum zu definieren, wer überhaupt Empfängerin und Empfänger der Botschaft ist. Es gilt, die **Dialoggruppen** festzulegen.

Wie im Konzeptionsregelkreis schon ausgeführt, geht es darum, dass die Kommunikationsverantwortlichen sich Klarheit verschaffen, wer angesprochen, integriert, aktiviert, neutralisiert werden soll. Mit dieser funktionalen Typologie orientierten wir uns am **Stakeholdermodell** und bringen auf diese Weise zum Ausdruck, dass wir bewusst mit allen Teilöffentlichkeiten Kontakt aufnehmen wollen, welche auf unser Projekt, auf unsere Sache Einfluss nehmen können. Der Begriff Dialoggruppe übersteigt den Begriff des Zielpublikums, bei dem es in erster Linie um eine Ansprache und das Einleiten einer Aktion (Kaufakt, Information ...) geht, vielmehr werden hier der Aufbau einer Beziehung und anhaltende kommunikative Interaktion angestrebt.

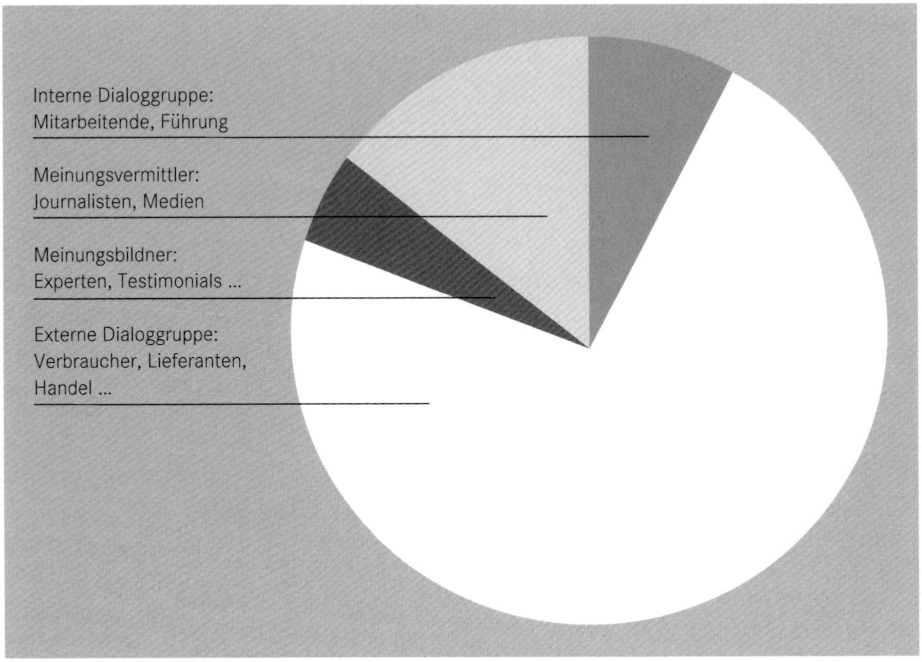

Abb. 6: Dialoggruppen

2

Es existieren vier klassische Dialoggruppen:

- Die interne Dialoggruppe, das sind die Mitarbeitenden und das Management der eigenen Organisation.
- Die externe Dialoggruppe. Dabei handelt es sich um die jeweils grösste Dialoggruppe. Sie setzt sich nämlich aus Kunden, Verbrauchern, Lieferanten, dem Handel, Verbänden, politischen Parteien, staatlichen Organisationen, NPOs, NGOs und vielen anderen Stakeholdern zusammen.
- Die Dialoggruppe der Meinungsbildner und Testimonials besteht in der Regel aus einer kleinen Gruppe von Expertinnen und Experten, die in den Augen der anzusprechenden Gruppen über ein Fachwissen und Einfluss auf dem spezifischen Gebiet verfügen und auf diese Weise die Meinung beeinflussen können.
- Bei der Dialoggruppe der Meinungsvermittler handelt es sich um die Medien, welche als Multiplikator für die Botschaft der Organisation dienen und ihr die nötige mediale Verbreitung geben. Zu ihnen gehören auch die Medienschaffenden, die als Kontakte für das Unternehmen von grosser Wichtigkeit sind, denn sie stehen mit der Unternehmung in einem «wechselseitigen, funktionalen Beziehungsverhältnis» (Meckel & Will, 2008, S. 295).

Das klassische Modell der Dialoggruppen hat in den letzten Jahren aufgrund der technischen Entwicklung eine interessante Zwischenform entwickelt. Influencer nehmen heute gleichzeitig die Rolle von Meinungsbildnern und Meinungsvermittlern ein. Das hat auch die Werbeindustrie erkannt und macht sich diese hybride Funktion von beliebtem Testimonial und Internet-Meinungsvermittlern zunutze.

Sind die Dialoggruppen bestimmt, geht es darum, die für sie spezifischen (kommunikativen) Massnahmen zu definieren. In der Praxis befinden sich Unternehmen bei diesem Schritt oftmals in einer Zwickmühle. Zum einen macht es keinen Sinn, Dialoggruppen zu bestimmen, ohne sie danach entsprechend in die Kommunikationsaktivitäten einzubeziehen, zum anderen werden die Möglichkeiten der operativen Umsetzung de facto durch die zur Verfügung stehenden Ressourcen beschränkt. Das führt im Alltag meist zu einer Nicht-Berücksichtigung bestimmter im Analyseprozess definierter Dialoggruppen. Die Alternative dazu wäre ein Vorgehen gleichsam mit der Giesskanne, welches die Mittel für die spezifischen Massnahmen pro Dialoggruppe dermassen minimieren würde, dass kein vernünftiger Bearbeitungsmix mehr zustande käme. Diese Gratwanderung ist eine der kommunikativen Realitäten des Tagesgeschäfts, das Beste aus ihr zu machen, ist die grosse kreative Kunst der Kommunizierenden.

2.4 Die Evaluation

Die vorher angesprochene Allokation der Mittel unterliegt in einer zeitgemäss geführten Unternehmung dem Zwang zur **Evaluation**, der Notwendigkeit der Rechtfertigung genauso wie dem Controlling und der Erfolgsevaluation. Sie erfolgt dem Systemansatz gemäss in einem Regelkreisverfahren, vergleichbar einem Baukasten, welcher modular ergänzt oder verschlankt werden kann, um den spezifischen Erfordernissen zu genügen. Ein zeitgemässes Evaluationsmodell stellt so eine Kombination von Standardisierung und Flexibilität dar. Das hier stellvertretend für andere vorgestellte **Evaluationsmodell** von Nanette Besson «besteht aus drei Abschnitten: den Voraussetzungen für die PR-Evaluation, der Programmevaluation und der Ergebnisverwertung» (Besson, 2012, S. 80).

«Das Modell ist in Kreisform aufgebaut, da diese Form die Forderung nach Kontinuität der Evaluation unterstützt. Gleichzeitig existiert eine kontinuierliche Feedbackfunktion, die sämtliche Phasen begleitet. Diese Funktion stellt die Rolle eines Koordinators dar, der die Einhaltung des Evaluationsplans kontrolliert und die Ergebnisse der Evaluation dem PR-Manager schon während des Prozesses zur Verfügung stellt. Auf diese Weise wird die sofortige Optimierung des PR-Programms ermöglicht. Jede Phase besteht aus verschiedenen Teilaspekten, die je nach PR-Konzept und Evaluationsvorhaben genutzt oder weggelassen werden können» (Besson, 2012, S. 80).

Die strukturierte und kontrollierte Evaluation ist hier ein weiteres Beispiel für das, was Grunig und Hunt «the management of communication between an organization and its public» (1984, S. 4) genannt haben.

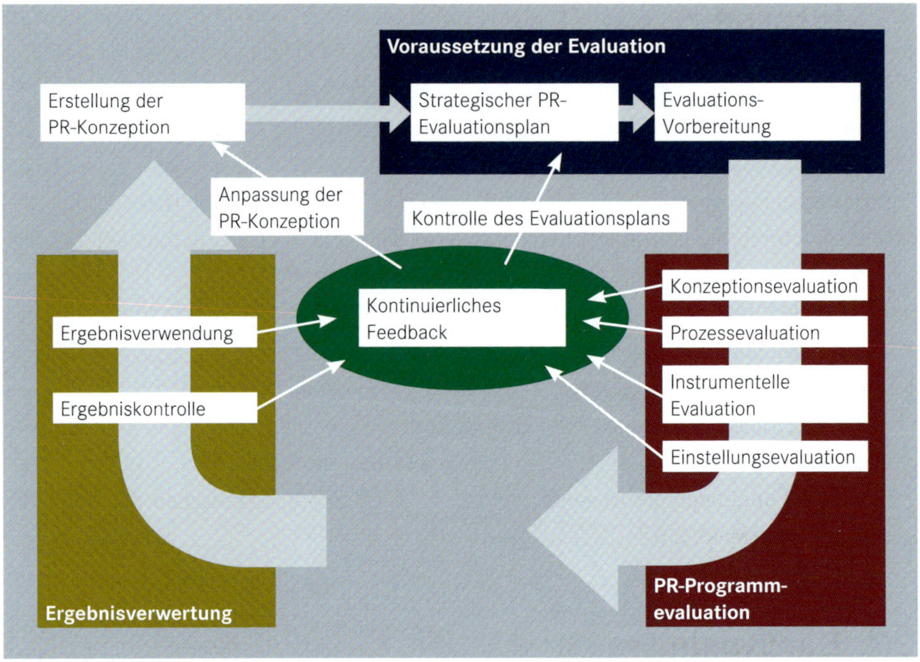

Abb. 7: Integriertes PR-Evaluationsmodell von Nanette Besson (2012, S. 80)

3 Interne Kommunikation

Externe und **interne Kommunikation** einer Unternehmung müssen ein aufeinander abgestimmtes Ganzes bilden, politisch, strategisch, kulturell, instrumentell und zeitlich.
Ein widersprüchliches Auftreten schadet der Glaubwürdigkeit der Unternehmung und ihrem Corporate Credit. Es zerstört die Bereitschaft zur Identifikation mit dem eigenen Unternehmen und beeinträchtigt nachhaltig die Motivation der Mitarbeitenden.

«Die Bedeutung der persönlichen Kommunikation der Vorgesetzten mit ihren Mitarbeitern, der Fachleute untereinander und im Kollegenkreis in einer Firma wird umso wichtiger, je überbordender die digitalen Angebote werden. Das persönliche Gespräch oder andere Formate der Face-to-Face-Kommunikation sind – wenn sie richtig eingesetzt und praktiziert werden – die wirksamsten und effizientesten Formen der Kommunikation, da sie mehrere Funktionen gleichzeitig erfüllen: Information, Interaktion, Interpretation und Beeinflussung» (Mast, 2019, S. 302).

3.1 Hauptziele der internen Kommunikation

Losgelöst von der Ausrichtung des Unternehmens – gewinnorientiert oder nicht – und unabhängig von Grösse oder Branchenzugehörigkeit gelten folgende vier **Hauptziele** der internen Kommunikation, wenn auch in unterschiedlicher Ausprägung und Gewichtung, für alle Organisationen:

1. Strategische Ausrichtung (strategic alignment)
   Das bedeutet in allererster Linie die Vermittlung von Orientierung und Sinn. Die Mitarbeitenden sollen Verständnis für das Unternehmen und seine Politik und Strategie entwickeln können. Dafür bedarf es der Information wie auch der Führung.
2. Mitarbeitendenloyalität
   Mit dem Ziel der Mitarbeitendenloyalität sind zugleich die Zufriedenheit und Motivation der Mitarbeitenden verknüpft. Die Einflussmöglichkeiten der internen Kommunikation sind hier im Rahmen eines Gesamtzusammenhangs zu sehen. Wenn die Rahmenbedingungen sonst nicht positiv sind, ist mit Kommunikation allein nicht mehr viel auszurichten.
3. Identifikation mit dem Unternehmen
   Das kann sich auf unterschiedliche Ebenen beziehen, zum Beispiel auf die Unternehmung selbst, ihre Werte, Überzeugungen und Motive, auf ihre Marktleistungen oder auf das Team. Die Mitarbeitenden verstehen sich als Botschafter des Unternehmens und vertreten seine Werte mit Stolz nach aussen.
4. Förderung und Weiterentwicklung der Unternehmenskultur
   Das vierte grundlegende Ziel der internen Kommunikation umschreibt einen sehr an-

spruchsvollen, langwierigen Prozess, der nur im Zusammenspiel von Wertsetzung und Wertschätzung, Kommunikation und Vorleben gelingen kann (Jäggi, 2007, S. 15ff.).

3.2 Funktionen

Folgende grundsätzlichen **Funktionen** der internen Kommunikation ermöglichen die Erreichung dieser vier Ziele in der Unternehmung:

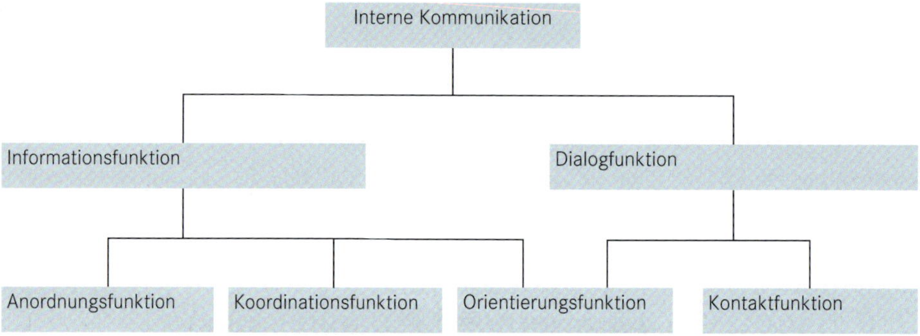

Abb. 8: Funktionsmodell der internen Kommunikation von Meier (2000, S. 22)

3

Für das Topmanagement gilt es, die Kommunikationsflüsse im Unternehmen sicherzustellen, und zwar von oben nach unten und – genauso wichtig – von unten nach oben. Es geht also um die Gewährleistung von Information und Dialog. Das lässt sich in Aktivitäten zwischen den und auf denselben Hierarchiestufen aufschlüsseln: anordnen und anweisen (Anordnungsfunktion), koordinieren und vermitteln (Koordinationsfunktion), orientieren und erklären (Orientierungsfunktion) sowie austauschen (Dialogfunktion).

Im Folgenden werden spezifische Beispiele für diese Funktionen vorgestellt. Wir beginnen mit dem Feedback, bei dem die Informations- und Dialogfunktion ineinander übergehen, wo es also gleichzeitig um Orientieren und Austauschen geht.

3.3 Feedback

Rückmeldung oder **Feedback** sind enorm wichtige kommunikative Akte in Organisationen, weil sie grundsätzliche Bedürfnisse tangieren, Klarheit schaffen und Sinn stiften:

- Mit Feedbacks wird dem menschlichen Grundbedürfnis nach Anerkennung Rechnung getragen. Alle Menschen benötigen Anerkennung, denn Anerkennung gibt Selbstvertrauen und zeigt Wertschätzung.
- Konstruktive Rückmeldungen motivieren, machen Mut und nehmen Unsicherheit.

- Fehlende Rückmeldungen hingegen verunsichern Mitarbeitende und lassen sie an sich selbst beziehungsweise an ihren Leistungen zweifeln.
- Noch schwerwiegendere Folgen kann ein ausbleibendes Feedback im Fall eines Fehlverhaltens haben. Mitarbeitende gehen dann nämlich davon aus, dass ihr Verhalten toleriert, stillschweigend akzeptiert oder gar gutgeheissen wird. Ein Beispiel hierfür sind Mobbingfälle in Unternehmen, wo das Ausbleiben eines Feedbacks die Eskalation jeweils erst ermöglicht.

Ein Feedback erfüllt seinen Zweck dann und ist als kommunikativer Prozess erfolgreich, wenn
- die Gesprächspartner einander aufmerksam, einfühlungsbereit und unterstützend zuhören,
- sie einander Respekt und Wertschätzung zeigen,
- sie für die Argumente des oder der anderen offen sind und auf sie eingehen,
- sie Hand für Lösungen bieten.

Wenn man diese Voraussetzungen für das Gelingen des Feedbacks näher ansieht, erkennt man, dass schon vor dem eigentlichen Gesprächsakt viele Weichenstellungen stattgefunden haben. Verantwortlich dafür ist die Unternehmenskultur, welche die gemeinsamen Werte und den Umgang miteinander bestimmt, aber auch definiert, wie man mit Fehlern umgeht.

Die Funktion von Feedback in der Organisation, hier insbesondere von Lob und Kritik, ist das Optimieren der Leistung im Rahmen der Arbeitsprozesse und das Korrigieren von Verhaltensweisen, die die Zusammenarbeit erschweren oder stören. Lob soll den persönlichen Entwicklungsprozess fördern, indem es motiviert, den Einsatzwillen fördert und das Verantwortungsgefühl steigert; Kritik dient auf der anderen Seite dazu, die Werte der Organisation vor Augen zu führen und bei dem oder der Betroffenen Einsicht zu schaffen, Fehlverhalten und Fehlleistungen zu verhindern und zur Verbesserung anzuspornen. Wenn die Kritik einen Sinn haben soll, dann muss den kritisierten Mitarbeitenden die Möglichkeit gegeben werden, mit eigenem Zutun die entstandene ungute Situation wieder zu verbessern. Kritik, die nur dazu benutzt wird, die Verärgerung abzureagieren, zu bestrafen und zu verletzen, Furcht zu erzeugen und Schuldige zu bezeichnen, verfehlt das eigentliche Ziel und führt zu Widerstand und Demotivation, zu einer Verschlechterung der Beziehungen und des Betriebsklimas.

Die Regeln für konstruktive **Kritik** sind:
- Kritisiere die konkrete Sache und das konkrete Verhalten, nie die Person beziehungsweise ihre Eigenschaften.
- Kritisiere unter vier Augen, nie vor anderen.
- Kritisiere offen und ehrlich und nicht indirekt. Rede nicht für andere. Mache keine Interpretationen, äussere auch die Gefühle, die durch das Verhalten der anderen Person bei dir entstanden sind (Ich-Botschaften).

- Kritisiere zum richtigen Zeitpunkt: nicht zu früh, wenn die Person noch selber korrigieren kann, und nicht zu spät, wenn der Vorfall schon vergessen ist.
- Lasse den Gesprächspartner seinen Standpunkt darlegen: Höre zu! Das gemeinsame Gespräch ist wichtig.
- Gib dem Gegenüber die Chance, sich selber Gedanken über seinen Fehler, dessen Auswirkungen und Korrekturmöglichkeiten zu machen. Verhaltensänderungen sollen durch Einsicht, nicht durch Druck erreicht werden.
- Beende das Kritikgespräch mit einer gegenseitigen Vereinbarung, um eine Wiederholung des Vorfalls zu vermeiden.

Genauso wie es Regeln für die Kritik gibt, existieren auch Regeln für das **Lob**:

- Lobe echt: Es muss etwas zu loben geben.
- Lobe ehrlich und angemessen: nicht zu sparsam bei Aussergewöhnlichem, nicht zu überschwänglich bei Kleinigkeiten. Äussere auch die Gefühle, die durch das Verhalten der anderen Person bei dir entstanden sind.
- Lobe ein Verhalten oder eine Leistung, nicht die Person.
- Lobe konkret («hier und jetzt»), nicht pauschal.
- Lobe selektiv (Anfänger für Leistungen, die bei «alten Hasen» selbstverständlich sind).
- Lobe auch mal bei kleinen Anlässen oder wenn über längere Zeit alles normal verläuft.
- Keine versteckte Kritik im Lob (ja, aber).
- Nicht nur verbal loben.

Das Ineinanderfliessen von Informations- und Dialogfunktion in der internen Kommunikation kann man am Beispiel des Feedbackgebens sehr schön erkennen. Es wird dabei auch augenfällig, wie zentral und wichtig es ist, selbst kritisierende Botschaften in einem dialogischen Austausch zu vermitteln. Denn in unserem Kulturkreis funktionieren hierarchische Einwegkommunikation und Vorgesetztenmonologe schon lange nicht mehr. Der Schlüssel für das Gelingen auch schwieriger **Gespräche** liegt in einer guten Unternehmenskultur, im Umgang und im Beziehungsaufbau zwischen Vorgesetzten und Mitarbeitenden und in der seriösen Vorbereitung auf das Zwiegespräch. Wer sich auf schwierige oder unangenehme Besprechungen nicht angemessen vorbereitet und einstimmt, läuft Gefahr, im Gegenüber nicht mehr einen Gesprächspartner, sondern einen Gegner zu sehen, sobald seine Reaktionen emotional werden. Dann wird aus einem Dialog im Nu eine Konfrontation und das eigentliche Ziel kann nicht mehr erreicht werden.

Auch wenn das nun folgende Delegieren von Aufträgen als Beispiel für die Anordnungsfunktion vorgestellt wird, versteht es sich von selbst, dass die vorgesetzte Person dem Bedürfnis der Mitarbeitenden nach einem dialogischen Austausch Rechnung tragen muss.

3.4 Delegation und Auftragserteilung

Delegation und **Auftragserteilung** sind ein wichtiges Einzelelement in der Führungspraxis und damit natürlich auch in der internen Kommunikation. Die Art und Weise, wie Anordnungen und Aufträge erteilt werden, sagt viel über die Stellung der Führungsperson gegenüber ihren Mitarbeitenden aus. Geschieht die Anweisung souverän und sicher oder ist die Person verunsichert und ängstlich? Werden die Mitarbeitenden über Ziele und Bedeutung der Aufträge ins Bild gesetzt oder bleibt die Sachlage und Tragweite unklar? Eine Voraussetzung für jede (Führungs-)Entscheidung und jede Anweisung ist, dass sie gegenüber der Mitarbeiterin oder dem Mitarbeiter begründet werden kann. Die Konsequenz ist nicht, dass jede Entscheidung und jede Anordnung immer begründet werden muss, sondern nur, dass Vorgesetzte ihr Handeln einem sorgfältigen Analyseprozess unterwerfen müssen, an dessen Ende ein wohlüberlegter Entscheid steht.

Normalerweise erfolgt eine Anordnung im Führungsprozess als schriftlicher oder als mündlicher Auftrag. Es gilt die Regel: Nur eindeutige Aufträge führen zu den gewünschten Ergebnissen. Je präziser ein Auftrag formuliert ist, desto geringer sind der Interpretationsspielraum und die Möglichkeit des Missverstehens für die beauftragte Person. Problematisch sind insbesondere jene Aufträge, die eine unausgesprochene Erwartung enthalten.

Eine gute Auftragserteilung ist:
- vollständig und klar,
- angemessen und
- begründet.

Um sicherzugehen, dass der delegierte Auftrag «vollständig und klar» ist, kann man eine einfache Kontrolle mit W-Fragen durchführen:

Was?	– Um welchen Auftrag oder Teilauftrag geht es? – Was ist zu tun?
Wer?	– Wer soll den Auftrag übernehmen? – Welche Mitarbeitenden können oder müssen für die Ausführung beigezogen werden?
Warum?	– Welchem Zweck dient der Auftrag? – Warum muss dieser Auftrag ausgeführt werden?
Wann?	– Welche Termine müssen eingehalten werden? – Wann muss die Ausführung begonnen werden, wann abgeschlossen sein?
Wo?	– Wo muss der Auftrag ausgeführt werden?
Wie?	– Welche Vorgaben oder Rahmenbedingungen sind einzuhalten? – Wie soll bei der Ausführung vorgegangen werden?
Womit?	– Welche Ressourcen, Hilfsmittel oder Methoden werden eingesetzt? – Welche Informationen sind zusätzlich zu beschaffen?

Angemessen bedeutet, dass die Aufträge sach- und personengerecht erteilt werden. Die Regeln dazu:

- Aufträge werden grundsätzlich nur den direkt unterstellten Mitarbeitenden erteilt, nicht über weitere Führungsstufen hinweg. Niemals soll dieselbe Aufgabe aus Sicherheitsgründen an zwei Mitarbeitende gleichzeitig und unabhängig voneinander delegiert werden.
- Der Auftrag muss für die beauftragte Person zu bewältigen sein, es gilt, die Mitarbeitenden zu fordern, aber nicht zu überfordern.
- Den Auftrag zum richtigen Zeitpunkt erteilen: immer so frühzeitig wie möglich und nicht nur kurzfristige, sondern auch ausgewählte mittel- oder langfristige Aufgaben.

Das Kriterium «begründet» bedeutet, dass Aufträge an Mitarbeitende weder eine Schikane noch eine unüberlegte, «aus dem Ärmel geschüttelte» Anweisung oder eine bedeutungsleere Pro-forma-Übung sein dürfen. Solche Auftragsdelegationen zerrütten das Verhältnis zwischen Vorgesetzten und Mitarbeitenden und haben einen verheerenden Einfluss auf die Unternehmenskultur.

3.5 Mitarbeitendengespräch

Das **Mitarbeitendengespräch** ist ein Beispiel für die Koordinationsfunktion. Als Zielvereinbarungs- beziehungsweise Standortbestimmungsgespräch geht es im Kern auf Peter F. Drucker und den von ihm entwickelten **Management by Objectives-Ansatz** (MbO) (Drucker, 1955) zurück. Anstelle der vormaligen hierarchischen Anweisungen und Vorgaben durch Vorgesetzte werden im Mitarbeitendengespräch gemeinsam Massnahmen und Ziele festgelegt, um angestrebte Kompetenzen und Verhaltensweisen zu fördern und die Arbeitssituation zu optimieren. Gleichzeitig dient es auch der Festlegung identischer Kriterien zur Beurteilung der zu erbringenden Leistungen und des erwarteten Verhaltens. Es erfasst die Vorstellungen der Mitarbeitenden zur beruflichen Weiterentwicklung und liefert auf diese Weise realistische Grundlagen für die individuelle Laufbahnplanung und die unternehmerische Personalplanung. Ebenso bietet es Mitarbeitenden die Gelegenheit, über allfällige Schwierigkeiten im Arbeitsverhältnis zu sprechen. Zielvereinbarungen sind also ein geeignetes Instrument, um Mitarbeitende in Arbeits-, Entscheidungs- und Entwicklungsprozesse einzubeziehen.

Voraussetzung für eine faire und umfassende Beurteilung ist die Beobachtung und Begleitung der Mitarbeitenden, ihrer Leistungen und ihres Verhaltens durch die vorgesetzte Person während des ganzen Jahres. Als Grundlage für die Qualifikation muss der Vorgesetzte sich Notizen machen und besondere Vorkommnisse oder Vorfälle hervorheben. Dabei ist es wichtig, dass kein verzerrtes Bild entsteht. Mitarbeitende sind aufgrund ihrer Gesamtleistung zu beurteilen und nicht aufgrund eines einzelnen Ausrutschers. Den

Abschluss der Beurteilungsperiode bildet dann das Gespräch selbst. Die oder der Vorgesetzte erläutert dem Mitarbeitenden ihre/seine Sicht der Dinge und bespricht mit ihm die einzelnen Qualifikationspunkte. Der Mitarbeiter seinerseits muss seinen Standpunkt, seine Sicht der Dinge ebenfalls einbringen dürfen. Verläuft ein Mitarbeitendengespräch einseitig oder fühlt sich ein Mitarbeiter unkorrekt qualifiziert, ist der motivierende Effekt des MbO-Ansatzes gescheitert.

Für die seriöse Vorbereitung beider Parteien gilt es zu beachten, dass eine frühzeitige Ankündigung des Mitarbeitendengesprächs essenziell ist. Im Gespräch selbst geht es dann darum, dass die vorgesetzte Person ihren Zufriedenheitsgrad mit der Aufgabenerfüllung klar und unmissverständlich zum Ausdruck bringt, dass nicht nur Probleme aufgezeigt werden, sondern auch die entsprechenden Vorschläge zur Verbesserung. Das Ableiten der adäquaten Massnahmen muss dann gemeinsam mit dem oder der Mitarbeitenden vorgenommen werden. Hier stehen folgende Fragen im Fokus:

- Welche Stärken wollen wir ausbauen?
- Welche Schwächen wollen wir besser in den Griff bekommen?
- Wo setzen wir den Schwerpunkt?
- Welche Massnahmen fixieren wir?

Im Anschluss an das Gespräch beginnt die Nachbearbeitung, bei der es für die Führungsperson wichtig ist, die vereinbarten Massnahmen zügig einzuleiten und zu überwachen.

Mitarbeitendengespräche bergen – wie alle subjektiven Bewertungen – viele Risiken: Ein erster prägender Eindruck beeinflusst zum Beispiel so, dass jedes zukünftige Verhalten durch diese «Brille» betrachtet wird. Oder die Beurteilung wird mit wachsender zeitlicher Distanz verzerrt, und Sympathie oder Antipathie tun das Übrige. Es kann auch geschehen, dass die Beurteilung durch taktische Erwägungen geleitet wird und deshalb nicht die eigentlichen Wahrnehmungen wiedergibt, sondern das zum Jetzigen oder Zukünftigen Passende.

Diese möglichen Gründe für Verzerrungen beweisen, wie anspruchsvoll es ist, Mitarbeitende korrekt und angemessen zu beurteilen. Noch herausfordernder ist es, einen Konflikt zu schlichten; das soll unser nächstes Thema sein.

3.6 Konfliktgespräch

Zu den kommunikativen Führungsaufgaben gehört es auch, **Konfliktgespräche** zu führen beziehungsweise Streit zu schlichten. Es ist unabdingbar, diese Gespräche gut vorzubereiten. Damit das Gespräch strukturiert ablaufen kann und die gesteckten Ziele erreicht werden, muss die Gesprächsleiterin oder der Gesprächsleiter eine Agenda vorbereiten. Diese Agenda hilft, ein Abschweifen oder Aus-dem-Ruder-Laufen des Gesprächs zu verhindern, versachlicht das Gespräch und vermindert Emotionalität.

In der folgenden Grafik sind die einzelnen Phasen des Gesprächs mit der dazugehörigen Vor- und Nachbereitung dargestellt:

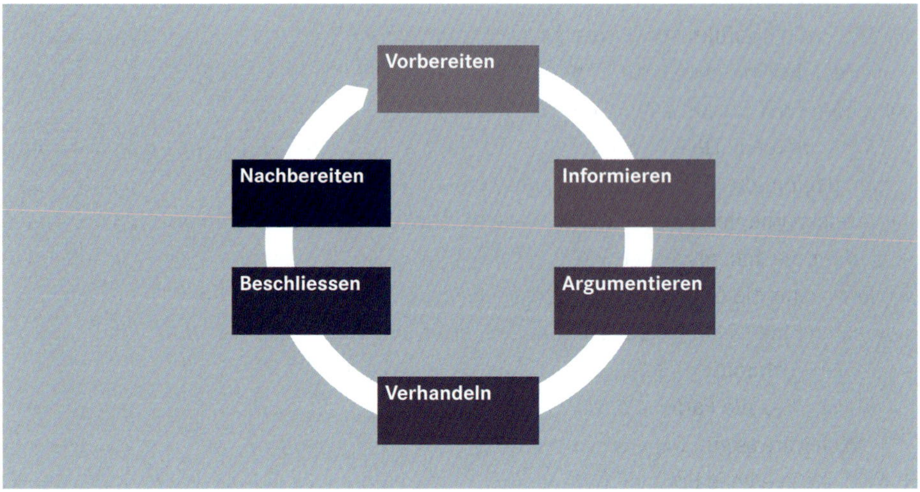

Abb. 9: Ablauf eines Konfliktgesprächs

3

In der Vorbereitungsphase muss sich die konfliktschlichtende Person intensiv mit der Vorgeschichte des Konflikts auseinandersetzen. Dazu gehört, dass sie sich mit Beteiligten und Betroffenen bespricht, ein möglichst komplettes Bild des gesamten Konfliktgeschehens gewinnt und sich Klarheit über die Umstände und Motive der Parteien verschafft. Dies gelingt am besten mit einem Analyseraster, welches folgende Kriterien enthält: Ursachen des Konflikts, Eskalationsstufe, Interessen und Ziele der involvierten Parteien, Nutzen und Schaden, Verhalten und Gefühle, mögliche Lösungen. Der Analyse folgt die Informationsphase. In ihr geht es darum, dass die Konfliktparteien ihre Bedürfnisse und Interessen präzise und konkret (als Ich-Botschaften) formulieren können. Wichtig ist hier, dass der Fokus auf die eigene Person gelegt wird, die Parteien sprechen in dieser Phase von sich und ihren Gefühlen: «Was löste das in mir aus ...». Im Harvard-Modell des sachbezogenen Verhandelns, entwickelt von Roger Fisher und William L. Ury, wird diesem Aspekt des veränderten Standpunkts grosse Bedeutung für die erfolgreiche Abwicklung von Verhandlungen beigemessen: «In vielen Verhandlungen legen beide Seiten lang und breit die Absichten und Motive des Gegenübers dar – um sie dann zu verwerfen. Aber man überzeugt mehr, wenn man ein Problem durch seine Wirkungen auf einen selbst beschreibt [...] ‹Wir fühlen uns im Stich gelassen› ist wesentlich besser als ‹Sie haben Ihr Wort gebrochen›. [...] Unterläuft Ihnen eine Behauptung, die die anderen als unwahr empfinden, werden sie sich ärgern oder die Bemerkung einfach ignorieren. Ihre Absichten bleiben auf der Strecke. Reden Sie aber nur über Ihren Gefühlszustand, kann niemand etwas daran aussetzen. Sie übermitteln auf diese Weise die Informationen ebenso gut und provozieren keine Verteidigungsreaktionen, die dann Ihre Argumente letztlich blockieren» (Fisher & Ury, 1991, S. 60).

Dieses gezielte Abrücken vom mentalen Fokus auf die Gegenseite ist eine Grundvoraussetzung, damit die Parteien die Köpfe wieder freibekommen und sich für eine Schlichtung öffnen können.

Wenn die Konfliktparteien emotional sehr aufgewühlt sind, drängt es sich auf, dass die Gespräche vorerst noch separat geführt werden, damit der Prozess des Loslassenkönnens nicht durch neue Eskalationen im Konfliktgespräch torpediert wird.

Jetzt, wo die Parteien imstande sind, distanziert und sachlich mit dem Konflikt umzugehen, beginnt die Argumentationsphase, in der alle Parteien die Möglichkeit haben, ihre Sichtweisen und ihre persönlichen Meinungen zur Situation und zum Konflikt darzulegen, und in der die dialogische Auseinandersetzung stattfindet.

Erst wenn die Gemeinsamkeiten und Unterschiede allen klar und bewusst geworden sind, kann eine Lösung erarbeitet werden.

In der **Verhandlungsphase** findet dann die konkrete Lösungserarbeitung statt. Das geschieht so, dass die Parteien zuerst ihre subjektiven Bedürfnisse und Wünsche formulieren: «Für mich wäre es gut, wenn ...». Das Verhandeln kann aber nicht funktionieren, wenn es nur darin besteht, eigene Erwartungen zu formulieren. Genauso wichtig ist es zu klären, was die Parteien bereit sind zu leisten, um das Verhältnis und die zukünftige Zusammenarbeit zu verbessern: «Mein Beitrag dazu wäre ...». Aufbauend auf diesen ausgehandelten konkreten Bedingungen sollte ein Konfliktgespräch bewusst den Sprung von den Konfliktbeteiligten zu den vom Konflikt (Mit-)Betroffenen machen, indem die Konfliktparteien darüber nachdenken und sprechen, was nach dem Konflikt geschehen sollte: «Ich denke, es wäre dem Team am meisten gedient, wenn ...». Das Formulieren eines Idealzustands für alle Beteiligten – die Parteien, das Team, das Unternehmen – schliesst die konkrete Lösungsfindung ab.

Die Lösung gewinnt für die Parteien an Gewicht und Verbindlichkeit, wenn sie schriftlich festgehalten wird. Das formale Verankern der Einigung stabilisiert sie und verhindert, dass Parteien im Nachhinein abstreiten können, zu diesem oder jenem Kompromiss Hand geboten zu haben. Als Konfliktschlichter sollte die vorgesetzte Person das Momentum des Beschliessens nutzen, um die Parteien aus ihren Erfahrungen mit dem konkreten Konflikt eine allgemeingültige (Verhaltens-)Regel für das Team aufstellen zu lassen. Das Beschliessen erhält so eine normative und präventive Funktion: Konfliktbewältigung wird Teambildung.

Wer nun glaubt, dass mit der Schlichtung alles gut wäre, irrt sich. Denn die Wunden aus dem Konflikt brauchen Zeit, um zu heilen. Aus diesem Grund ist die Nachbereitung eine wichtige Phase. Hier geht es darum, die persönlichen Betroffenheiten aufzuarbeiten: Je tiefer eine Person durch den Konflikt betroffen war, desto stärker schwingen die erlebten Emotionen und Gedanken nach. Es ist daher ratsam, dass die oder der Vorgesetzte wachsam bleibt und dem Verhältnis der am Konflikt beteiligten Personen weiterhin Aufmerksamkeit schenkt. In Einzelgesprächen müssen deren Befindlichkeiten zwischendurch erfragt werden, damit ein neues Verschlechtern der Situation frühzeitig erkannt und angegangen werden kann. In der Nachbereitungsphase findet auch die Führungsanalyse statt. Der Vorgesetzte muss seine Bewältigung des Konflikts kritisch aufarbeiten: «Wie habe ich den Konflikt bewältigt?» und «Was lerne ich daraus für mein Team?» sind hierbei die wichtigsten Fragen.

Konfliktgespräche gehören zweifellos zu den schwierigsten Gesprächssituationen. Sie sind ungemein anspruchsvoll und verdeutlichen auch erfahrenen Führungspersonen, wie sehr Kommunikation ein Geschehnis ist, das auf Gegenseitigkeit beruht. Kommunikation kann nicht gelingen, wenn sich der Gesprächspartner verweigert. Das bedeutet aber auch, dass Vorgesetzte in Vorleistung gehen und ihren Teil zum Gelingen beitragen müssen: durch gute Vorbereitung, achtsames Zuhören und eine aufmerksame, disziplinierte Gesprächsführung sowie ein bewusstes Festhalten der gemachten Aussagen und allfälligen Vereinbarungen. Wir wollen an dieser Stelle diesen mehr formalen Aspekten den gebührenden Raum bieten und auf das Gestalten des Gesprächsablaufs eingehen, weil man gerade damit viel zum erfolgreichen Ausgang eines Gesprächs beitragen kann.

3.7 Gesprächsführung

Gespräche ereignen sich nicht einfach, sondern sind das Produkt vieler Faktoren. Je bewusster ein Mensch mit seinen Mitmenschen kommuniziert und je intensiver er an dieser Kommunikation arbeitet, umso grösser ist die Wahrscheinlichkeit, dass die Kommunikationshandlungen erfolgreich und zielführend verlaufen. Das beginnt schon damit, dass man sich Klarheit über die Ziele verschafft, die man im Gespräch verfolgen will. Dazu gehören in der Regel vorgegebene Ziele, die die Führungsperson zu erreichen hat, aber auch eigene Ziele, die sie umsetzen will.

Mit einem einfachen Raster kann man sich bei der **Gesprächsvorbereitung** Rechenschaft über die Ziele geben, die man zu erreichen beabsichtigt:

Ziele des Gesprächs	Unterlagen / Informationen

Meine persönlichen Ziele: ....

....

....

Abb. 10: Zielbestimmung für die Gesprächsführung

Neben den inhaltlichen Zielen gilt es, auch formale Ziele für die **Gesprächsführung** festzuhalten; dies hilft, sich mental auf die Gesprächssituation einzustimmen. Die Führungsperson muss zusätzlich zu den Zielen für die Gesprächsführung die persönlichen Bedingungen wie Methoden, Indikatoren und Hilfsmittel, die ihr helfen, das Gespräch positiv zu gestalten und ins Ziel zu führen, mitdefinieren.

Bei den zum Einsatz kommenden Methoden geht es darum, sich zu überlegen, wie das eigene Verhalten das Gespräch positiv beeinflusst:

- Ich suche den Blickkontakt aller Anwesenden, während ich spreche: Ansprache, Bedeutsamkeit der Aussagen, Einbezug.
- Ich zähle bis 3, bevor ich eine Antwort gebe oder eine Aussage mache: Zeit zum Nachdenken gewinnen, Tempo aus dem Gespräch nehmen, Rolle der Gesprächsführung betonen.

Die folgenden Indikatoren können als Signale für (Fehl-)Entwicklungen des Gesprächs gelten:

- Ich achte auf die Körpersprache der Beteiligten: Distanzierung, Verbarrikadierung, Entspanntsein.
- Ich achte auf das Gesprächsverhalten: Ausredenlassen, Schweigen, Blickverweigerung.

Mit der Wahl des Ambiente und dem Schaffen von Atmosphäre erzeugt man eine angenehme Gesprächssituation.

3.7.1 Strategie und Taktik

Eine zweckmässige Vorbereitung muss nicht allein die eigene **Gesprächsstrategie** beinhalten, sondern auch eine differenzierte Auseinandersetzung mit dem, was die Gegenseite voraussichtlich in das Gespräch einbringt.

Mein/unser Problem	Problem der Gegenseite
Meine/unsere Ziele	Ziele der Gegenseite
Meine/unsere Argumente	Voraussichtliche Argumente der Gegenseite

Abb. 11: Taktisches Analyseraster

Die vorbereitete Liste ist dann hilfreich, wenn sie nicht nur die Themen enthält, welche voraussichtlich angesprochen werden, sondern bei jedem Punkt auch noch anmerkt, wie nicht in unproduktiven Ersatzhandlungen – Dampf ablassen, einander beschimpfen, Vorgeschichten aufwärmen, generell klagen – zu verlieren. Die Teilnehmenden müssen sich zur Einhaltung verpflichten, dieses Einverständnis muss für alle hörbar auch zum Ausdruck gebracht werden (Frage: «Sind Sie mit diesen Regeln einverstanden?» Antwort der Gesprächsteilnehmenden: «Ja»).

Bei weniger problembelasteten Sitzungen kann zu Beginn von der Gesprächsleiterin in höflicher Form auf die Bedeutung der Gesprächsregeln hingewiesen werden: «Mir ist es ein Anliegen, dass wir einander heute gut zuhören und achtgeben auf das, was der anderen Seite besonders wichtig ist, damit wir schnell zu einer für alle Seiten guten Entscheidung kommen können». Auf eine elegante und nicht autoritäre Weise wird den Sitzungsteilnehmenden so vor Augen geführt, dass sie sich an die Regeln halten sollen.

Der Inhalt von **Verhaltensregeln in Sitzungen** (wie auch in anderen Besprechungen) ist üblicherweise folgender:
- zuhören,
- ausreden lassen, nicht ins Wort fallen,
- sich nicht dem Gespräch und den Argumenten der Beteiligten verweigern,
- keine negativen körpersprachlichen Reaktionen wie Augenrollen, Kopfschütteln, Verwerfen der Hände, Verziehen der Mundwinkel etc.

3

Es existieren unterschiedliche Arten von Sitzungen mit unterschiedlichen Zielsetzungen, interessanterweise lassen sich aber bei aller Unterschiedlichkeit die zu Beginn vorgestellten vier Funktionen der internen Kommunikation wiedererkennen: die Anordnungs-, die Koordinations-, die Orientierungs- und die Dialogfunktion.

Sitzungen müssen sich durch eine **Zielsetzung** im Rahmen einer oder mehrerer dieser Funktionen rechtfertigen. Ohne ein klares Ziel ist eine Sitzung reine Zeitverschwendung. Aber hier gilt es gleich anzufügen, dass ein Teammeeting, bei welchem die Teamleiterin vorrangig die Befindlichkeit im Team wahrnehmen will, sehr wohl ein legitimes Ziel und einen guten Grund abgibt, denn hier steht die Dialogfunktion im Vordergrund. Wenn man hingegen Informationen auch auf der Cloud oder im Intranet ablegen kann, wenn Entscheidungen problemlos auch von den Betroffenen allein gefällt werden können, dann erübrigen sich Meetings. Notwendig sind Meetings, wenn:
- der Austausch für eine Problemlösung notwendig ist,
- der Kick-off eines Projekts stattfindet,
- neue Ideen und Lösungswege gefunden werden müssen,
- Meinungen und Erfahrungen ausgetauscht werden sollen,
- Abläufe und Informationen über die Ergebnisse einzelner Arbeitsbereiche innerhalb eines Teams koordiniert werden müssen,
- das Team gegenseitige Updates und den kommunikativen Austausch braucht oder
- es Krisen und Meinungsverschiedenheiten gibt, die das ganze Team betreffen.

Bei der Planung des Meetings ist genau festzulegen, welches Ziel erreicht werden soll, zum Beispiel Vorbesprechung einer Projektsitzung mit einem Lieferanten. Die sitzungsleitende Person hat mit der Zusammenstellung der Traktandenliste ein Steuerungs- und Gestaltungsinstrument in der Hand, welches ganz massgeblich über den Erfolg der Sitzung entscheidet, was gleichbedeutend mit dem Erreichen der Zielsetzungen ist. Die Effizienz des Treffens wird in einem hohen Grad dadurch bestimmt, dass die Teilnehmenden die Traktandenliste frühzeitig erhalten, ihre Beiträge vorbereiten und sich zu den anderen Tagesordnungspunkten Gedanken machen können.

Teilnehmende	Aufgaben / Beiträge

Abb. 13: Traktandenliste, Teilnehmende und Aufgaben / Beiträge

Die Teilnahme an einer Sitzung wird durch zwei Kriterien gerechtfertigt:
- Können die Teilnehmenden einen wesentlichen individuellen Beitrag leisten?
- Bringt die Teilnahme den Anwesenden einen echten Nutzen?

Zweifelsohne ist eine Einladung zum Meeting oft eine Prestigefrage: «Ich bekomme jede Einladung, ich bin wichtig». Doch wer effektive Besprechungen möchte, darf auf solche Eitelkeiten keine Rücksicht nehmen, denn je kleiner die Gruppe, desto effektiver ist die Kommunikation.

Geht es bei einem Arbeitstreffen um konkrete Problemlösungen, sollten nicht mehr als zehn bis zwölf Teilnehmende dabei sein. Zu solchen Meetings sind dann auch nur die Personen einzuladen, die unmittelbar etwas zum Erfolg beitragen können. Alle anderen bekommen am nächsten Tag das Protokoll und wissen so auch Bescheid.

Bei reinen Informationstreffen kann die Teilnehmerzahl höher sein.

Welche **Besprechungspunkte** müssen unbedingt bearbeitet werden? Eine Traktandenliste darf nicht überladen sein, es gilt, sich auf die wirklich wichtigen und notwendigen Punkte zu beschränken. Dies kann man sicherstellen, indem bei der Planung den Traktanden Prioritäten zugewiesen werden.

Traktanden:

Nr.	Besprechungspunkt	Priorität A / B / C	Dauer

Abb. 14: Traktandenliste, Priorisierung der Traktanden

Die Priorisierung der Besprechungspunkte schafft eine Hierarchie. In Kombination mit einer vorab pro Traktandum eingeplanten Dauer hilft sie der sitzungsleitenden Person, die zeitliche Struktur der Sitzung zu kontrollieren. Als Richtlinie kann gelten, dass ungefähr zwei Drittel der zur Verfügung stehenden Zeit für die Tagesordnungspunkte eingeplant werden. Man muss immer einen Puffer für Diskussionen lassen und sollte nicht die ganze Sitzungszeit verplanen.

3

Die Art, wie die vorgesetzte Person Sitzungen leitet, spiegelt ihren Führungsstil wider; die Art, wie die Teilnehmenden sich in der Sitzung verhalten, spiegelt die Unternehmenskultur wider. Für die sitzungsleitende Person eröffnen sich durch diesen Umstand Möglichkeiten und Chancen für eine bewusste und gezielte Formung der Zusammenarbeit und des Verhältnisses untereinander. Sitzungen bieten die Gelegenheit, Führung vorzuleben und zu praktizieren.

Das beginnt damit, dass Sitzungen pünktlich eröffnet werden; falls sämtliche Teilnehmende bereits vorher anwesend sind, wird sofort begonnen. Einige einleitende Worte zum Thema und Ziel der Besprechung konturieren den Anlass. Die formale Absicherung wird durch die Abnahme des Protokolls der letzten Sitzung gewährleistet. Wenn nicht klar ist, wer für die Protokollführung zuständig ist, wird eine Person aus dem Kreis der Teilnehmenden bestimmt, die diese Aufgabe übernimmt.

Sitzungen müssen konsequent und zugleich motivierend geleitet werden. Das geschieht, indem die sitzungsleitende Person die Disziplin aufrechterhält, zum Beispiel werden Teilnehmende konsequent zum Thema zurückgeführt, wenn sie davon abschweifen; nicht eingeplante Themen werden vertagt oder in anschliessenden Einzelgesprächen behandelt. Bei allfälligen Verstössen wie zum Beispiel störenden Verhaltensweisen einzelner Teilnehmer muss die Vorsitzende mit einem Hinweis auf die vereinbarten Spielregeln diese Verstösse offen ansprechen. Genauso darf sie nicht hinnehmen, dass persönliche

Konflikte zwischen den Teilnehmenden in der Sitzung ausgetragen werden. Diese schiedsrichterliche Funktion dient nicht allein dazu, den Ablauf der Sitzung zu gewährleisten. Sitzungen, die aus dem Ruder laufen, beschädigen nämlich auch die Autorität der Führungsperson.

Um eine gute Atmosphäre zu schaffen und motivierend durch die Sitzung zu leiten, ist es wichtig, positive Punkte hervorzuheben und durch Anerkennung zu verstärken, statt sich auf Misserfolge zu konzentrieren. Die Wortmeldungen aller Teilnehmenden sind anzuerkennen und bei unklaren Aussagen muss konsequent nachgefragt beziehungsweise konkret hinterfragt werden. Für die geleistete Arbeit, die Beiträge, welche die Teilnehmenden vorbereitet und in der Sitzung vorgestellt haben, muss immer gedankt werden.

Zum Schluss fasst die sitzungsleitende Person die Resultate der Sitzung zusammen, rekapituliert die Beschlüsse und die erteilten Aufträge mit den jeweiligen Verantwortlichen und den definierten Deadlines. Ein kurzer Ausblick, wie es weitergeht, und ein Dank an die Teilnehmenden für die konstruktive Mitarbeit runden die Sitzung ab.

4 Zusammenfassung

Die **Kommunikation** von Unternehmungen hat in den letzten Jahren stark an Bedeutung gewonnen. Die Management Boards grosser Unternehmungen sind sich bewusst geworden, dass die Digitalisierung gerade auch auf dem Gebiet der Kommunikation grosse Anforderungen an die eigene Organisation stellt. Diesen neuen Erfordernissen entsprechen die damit einhergehenden vermehrten Anstrengungen, ein integriertes Kommunikationssystem aufzubauen, welches alle externen und internen Kommunikationsaktivitäten plant, entwickelt, durchführt und kontrolliert. In modernen Organisationen sind alle Mitarbeitenden Akteure des Kommunikationssystems, sowohl nach innen wie auch nach aussen. Dies verdeutlicht, dass die Unternehmenskultur zu einem ganz entscheidenden Faktor für das Gelingen der Kommunikation geworden ist. Eine Organisation, die sich hier nach- oder fahrlässig verhält, wird die Folgen davon mit grosser Geschwindigkeit und grosser Wucht erfahren, und zwar von aussen wie von innen.

Die externe Unternehmenskommunikation stellt insbesondere KMU vor grosse Probleme, denn mit der wachsenden Anzahl der Instrumente und Kanäle ist der Aufwand enorm gestiegen. Die erforderliche Professionalisierung der Kommunikationsaktivitäten überfordert viele. Aber auch die interne Kommunikation hat mit dem Eintritt der Generationen nach den Babyboomers in die Arbeitswelt einen Wertewandel erfahren. Damit die interne Kommunikation gelingen kann, sind nicht allein die verwendeten Tools von entscheidender Bedeutung, sondern auch die unité de doctrine, ein gemeinsames Wertesystem, gut geschulte Vorgesetzte und Mitarbeitende und die unablässige, tägliche Anstrengung aller Beteiligten, in allen Kommunikationsakten dem Gegenüber und der Sache gerecht zu werden.

5 Literaturverzeichnis

Besson, N. A. (2012). *PR-Evaluation und Kommunikations-Controlling, Public Relations optimieren und steuern. Ein Handbuch für PR-Praktiker.* Edingen-Neckarhausen: Dr. Besson-Fachverlag.

Bruhn, M. (2003). *Integrierte Unternehmens- und Markenkommunikation. Strategische Planung und operative Umsetzung* (3. Aufl.). Stuttgart: Schäffer-Poeschel.

Drucker, P. F. (1955). *The Practice of Management.* Oxford: Butterworth-Heinemann.

FHNW (2014). *Das FHNW-Modell des integrierten Kommunikationsmanagements der Hochschule für Wirtschaft an der Fachhochschule Nordwestschweiz FHNW.* Olten: Institute for Competitiveness and Communication ICC. Gefunden am 15.12.2019 unter https://slidex.tips/ queue/das-fhnw-modell-des-integrierten-kommunikationsmanagements?&queue_id=1&v=1579356504&u=MmEwMjoxMjA1OjM0ZWY6M2IwMDoxOGU6MjU4MTpmOT czOmRlMzM=.

Fisher, R. & Ury, W. (1991). *Das Harvard-Konzept. Sachgerecht verhandeln – erfolgreich verhandeln* (10. Aufl.). Frankfurt am Main, New York: Campus.

Grunig, J. E. & Hunt, T. (1984). *Managing Public Relations* (6th ed.). Orlando, FL: Harcourt Brace Jovanovich.

Jäggi, A. (2007). *Was interne Kommunikation bewirkt.* In: Jäggi, A. & Egli, V., *Interne Kommunikation in der Praxis. Sieben Analysen. Sieben Fallbeispiele. Sieben Meinungen* (S. 11–23). Zürich: Verlag Neue Zürcher Zeitung.

Lasswell, H. D. (1948). *The structure and function of communication in society.* In: L. Bryson (Ed.), *The communication of ideas* (S. 37–51). New York: Harper and Row.

Leipziger, J. W. (2007). *Konzepte entwickeln. Handfeste Anleitungen für bessere Kommunikation.* Frankfurt: Frankfurter Allgemeine Buch.

Mast, C. (2019). *Unternehmenskommunikation. Ein Leitfaden* (7. Aufl.). München: UVK Verlag.

McQuail, D. & Windahl, S. (1993). *Communication models for the study of mass communications* (2nd ed.). New York: Longman.

Meckel, M. & Will, M. (2008). *Media Relations als Teil der Netzwerkkommunikation.* In: Meckel, M. & Schmid, B. F. (Hrsg.), *Unternehmenskommunikation. Kommunikationsmanagement aus Sicht der Unternehmensführung* (2. Aufl.) (S. 291–322). Wiesbaden: Gabler.

Meier, P. (2000). *Interne Kommunikation von Unternehmen. Theoretische und empirische Aspekte zur Organisation und Sprache der Internen Kommunikation grosser Unternehmen in der Schweiz.* Abhandlung zur Erlangung der Doktorwürde der Philosophischen Fakultät der Universität Zürich.

Watzlawick, P., Beavin, J. H. & Jackson, D. D. (1969). *Menschliche Kommunikation.* Bern, Stuttgart, Wien: Huber.

Zerfass, A. (2014). *Unternehmenskommunikation und Kommunikationsmanagement: Strategie, Management und Controlling.* In: Zerfass, A. & Piwinger, M. (Hrsg.), *Handbuch Unternehmenskommunikation. Strategie – Management – Wertschöpfung* (3. Aufl.) (S. 21–80). Wiesbaden: Springer Gabler.

Anhang

Weiterführende Texte, Übungsaufgaben
und Lernkontrollen finden Sie unter
www.bwl-online.ch

G

H

I

1

J

K

L

1

M

Q

R

S

1

Herausgeber, Autorinnen und Autoren

Die Herausgeber

Matthias Blattner, Betriebsökonom FH, Controller in einem internationalen Industriekonzern und ehemaliger Dozent für Betriebswirtschaftslehre an der Fachhochschule Nordwestschweiz.

Walter Hugentobler, Dr. oec. publ., Professor für Betriebswirtschaftslehre an der Fachhochschule Nordwestschweiz, Gründer der heutigen Kuoni-Tochter Kontiki Reisen, Verwaltungsrat der Yellowcamper AG.

Karl Schaufelbühl, Dr. oec. HSG, Professor für normatives und strategisches Management an der Fachhochschule Nordwestschweiz und geschäftsführender Partner einer international tätigen Unternehmensberatungsfirma.

Die Autorinnen und Autoren

Marc Aeschbacher, Dr. phil. hist., Dozent für Wirtschaftskommunikation unter anderem an der Fachhochschule Nordwestschweiz sowie Kommunikationsberater und Coach.

Nathalie Amstutz, Dr. phil., Professorin am Institut für Personalmanagement und Organisation an der Fachhochschule Nordwestschweiz. Arbeitsschwerpunkte: Gender und Diversität in Organisationen, Organisationskulturen, Human Resources Management und Führung.

Urs Baldegger, Prof. em. Dr., Assoziierter Wissenschaftler am Institut für Entrepreneurship an der Universität Liechtenstein, Visiting Professor an der Hochschule für Wirtschaft HSW-FR.

Veronika Bellone, Dipl.-Komunikationswirtin, Geschäftsführerin der Bellone Franchise Consulting GmbH und Professorin für Marketing an der Fachhochschule Nordwestschweiz. Tätigkeitsschwerpunkte: Marketing- und Franchise-Themen, Greenfranchising mit einem Greenfranchise Lab® in Zug.

Harald Brodbeck, Dr. sc. techn. ETH, Dipl. Kfm., Partner und Geschäftsführer der Boutique-Beratung Neosight AG in Zürich und Dozent an der Universität St. Gallen und an der Fernfachhochschule Schweiz.

Christian Buser, Dr. sc. ETH, eMBA HSG, Leiter Marktbereich Umwelt, Geologie & Naturgefahren sowie Mitglied des Managementteams Infrastruktur bei der weltweit operierenden Ingenieurunternehmung AFRY Schweiz AG.

Dieter Hartfelder, Dr. oec. HSG, Professor für Betriebswirtschaftslehre an der Dualen Hochschule Baden-Würtemberg, Standort Ravensburg, Studiengangleiter Medien- und Kommunikationswirtschaft.

Knut Hinkelmann, Dr. rer. nat., Professor an der Fachhochschule Nordwestschweiz und Studiengangleiter Master of Science in Business Information Systems, Leiter der Forschungsgruppe Intelligent Information Systems.

Daniel Jakobi, M.A. in Music/Conducting, eMBA HSG, Stv. Leiter Innovation & Entwicklung Raiffeisen Schweiz – Schwerpunkte: «Ökosystem Wohnen» und «Energetische Immobilienbewertung», ehemaliger Fachverantwortlicher «Nachhaltigkeit im Kerngeschäft» und Stv. Leiter CSR Management bei Raiffeisen Schweiz.

Georg Kassowitz, Dr. oec. publ., selbstständiger Unternehmensberater, Mitinhaber der KASSOWITZ & PARTNER AG, Zertifizierungen, und Dozent für Organisation, Informatik und Projektmanagement an diversen Lehrinstituten.

Ivan Köhle, Dr. oec. publ., Studiengangleitung BSc in Betriebsökonomie der Fachhochschule Nordwestschweiz, Professor für Corporate Finance und Verwaltungsratspräsident der SC TRAVELclub AG.

Valeria Legena, lic. phil. hist., Dozentin für Wirtschaftskommunikation unter anderem an der Fachhochschule Nordwestschweiz sowie Coach und Museologin.

Jürg Liechti, Dr. sc. nat., Physiker ETH, Geschäftsführer der Neosys AG, einer Dienstleisterin für umfassende Nachhaltigkeit. Consultant für Risiko- und Umweltmanagement.

Erhard Lüthi, Dr. rer. pol., Professor für Personalmanagement an der Fachhochschule Nordwestschweiz, Schwerpunkte der Tätigkeit: Strategisches Human Resource Management, Internationales Human Resource Management, Performance- und Total Rewards Management.

Andreas Mühlhäuser, lic. oec. publ., Dozent für Ökonomie an der Fachhochschule Nordwestschweiz.

Guy Ochsenbein, Dr. phil., Professor für Personalmanagement an der Fachhochschule Nordwestschweiz, Projektleiter internationale Akkreditierung AACSB und Dozent für HRM und Führung. Beratung in (Personal-)Strategieentwicklung und Veränderungsprojekten.

Ivan Raffainer, Dr. sc. techn. ETH, langjährige Erfahrung in der Prozessindustrie im Bereich Energiemanagement, Projektmanager bei cape7 in Dübendorf.

Herbert Ruile, Prof. Dr.-Ing. TU-München, MBA EIPM, Dozent für Einkauf, Logistik und SCM an der Universität St. Gallen und an der Fachhochschule Nordwestschweiz sowie an den Berufsakademien der Fachverbände für Einkauf procure.ch (CH) und BME (DE), Gründer und Geschäftsführer des Logistikum Schweiz.

Fabian Schmid, Dr. rer. pol., Certified Valuation Analyst (CVA), Geschäftsführer und Mitgründer der wevalue AG, Mandatsleiter Unternehmensberatung bei Hüsser Gmür + Partner AG und Dozent für Finanzmanagement (Corporate Finance) an der Fachhochschule Nordwestschweiz.

Andreas Stettin, Dr.-Ing., Dipl.-Wirt.-Ing. (FH), Professor für Fabrikmanagement an der Fachhochschule Nordwestschweiz und Leiter der Vertiefungsrichtung Operations Management.

Hugo Tschirky, Dr. Dr. sc. techn. ETH., em. Professor für Betriebswissenschaften an der ETH Zürich, Gastprofessuren am Tokyo Institute of Technology und Massachusetts Institute of Technology.

Martina Zölch, Dr. phil., Professorin für Personalmanagement, Leiterin des Instituts für Personalmanagement und Organisation an der Fachhochschule Nordwestschweiz. Tätigkeitsschwerpunkte: Personalrekrutierung, Retentionmanagement, Leadership, demografiegerechtes Personalmanagement sowie Flexibilisierung von Arbeit und Beschäftigungsverhältnissen.

Autorinnen, Autoren und Herausgeber danken den unten genannten Damen und Herren, die als Mitglieder der «Echogruppe» alle Manuskripte mit viel Sachverstand und grossem Engagement überprüften und wertvolle Anregungen und Kritiken aus studentischer, praktischer und pädagogisch-didaktischer Sicht einbrachten: **Dominic Bossard, Daniel Egloff, Alois Feltrin, Roman Frey, Thomas Legeret, Elvira Rumo, Andreas Rüttimann, Fabian Schmid, Daniel Steger, Marc Steinmann, Marcel Waller**